Vorwort zur 20. Auflage

Das „Kraftfahrtechnische Taschenbuch" soll ein handliches, knapp gefaßtes technisches Hilfsbuch sein. Es will in erster Linie dem Kraftfahrzeugingenieur und -techniker, aber auch allen anderen technisch Interessierten als Nachschlagewerk zuverlässige Werte und einen Einblick in den gegenwärtigen Stand der Kfz-Technik geben. Diesen Aufgaben entsprechend sind das Fachwissen auf **Personen- und Nutzkraftwagen** und der übrige Stoff auf den praktisch notwendigen Umfang beschränkt.

Eine umfassende Darstellung bestimmter Themen ist im Rahmen eines Taschenbuches nicht möglich. Auf allgemeine technische Themen und Daten wollten wir im Hinblick auf den weiten Benutzerkreis nicht verzichten.

Die 20. Auflage wurde, wie die früheren, zum größten Teil von Fachleuten unseres Hauses, aber auch anderer Firmen, bearbeitet. Allen Beteiligten sei an dieser Stelle für die Mitarbeit gedankt.

Die Redaktion

Zur Orientierung:

Gegenüber der 19. Auflage haben wir gekürzt:

Zündung
- Magnetzündung,
- Anpassung von Zündkerzen

Diesel-Einspritzpumpen
- Einsteckeinspritzpumpe

Kraftfahrzeugverkehr
- Kraftverkehrswirtschaft

Verschiedenes
- Nationalitätszeichen,
- Geschwindigkeiten,
- Geschichtliches

aktualisiert bzw. erweitert:

Aufladegeräte
- Spiral- und Rotationskolbenlader

Benzineinspritzung
- L-Jetronic

Diesel-Reiheneinspritzpumpen
- Elektronischer Regler

Abgastechnik
- Abgasgrenzwerte für Diesel- und Ottomotoren

Triebstrang, Lenkung
- Automatische Kupplung,
- Automatisierte Handschaltgetriebe,
- Allradantrieb,
- Verteilergetriebe mit Visco-Kupplung,
- Antriebsschlupfregelung

Bremsausrüstung
- ABS-Ausführungen,
- Bremsgeräte

Beleuchtung
- Polyellipsoid-Scheinwerfer.

Wir empfehlen:

Blättern Sie das Kraftfahrtechnische Taschenbuch vor Gebrauch durch. Dies wird Ihnen für die weitere Anwendung von Nutzen sein.

Autoren der 20. Auflage[1])

Grundlagen
Dipl.-Ing. W. Bazlen,
Ing. (grad.) J. Pfänder
Technische Statistik
Dipl.-Math. R. Lang
Datenverarbeitung
Dipl.-Ing. (FH) U. Adler,
Dipl.-Ing. (FH) R. Pütz
Regelungs- und Steuerungstechnik
Dipl.-Ing. (FH) U. Adler
Mechanik
Dipl.-Ing. W. Bazlen
Schwingungen
Dipl.-Phys. T. Aurenz
Akustik
Dipl.-Ing. G. Brüggen,
Dr.-Ing. H. Weltens,
H. Gillet KG, Edenkoben
Wärme
Dipl.-Ing. E. Ungerer
Festigkeitsrechnung
Dipl.-Ing. J. Huhnen
Technische Optik
Dr.-Ing. F. Prinzhausen
Elektrotechnik, Elektronik
Dr. rer. nat. W. Draxler,
Dr.-Ing. L. Verstege
Dr. rer. nat. G. Matthäi
Stoffe, Werkstoffe
Dr. rer. nat. F. Esper, Dr.-Ing. W. Gohl,
Dr. rer. nat. G. Leuze, Dr. rer. nat.
W. Draxler, Dipl.-Ing. R. Jonck,
Dr. rer. nat. H.-J. Spranger, Dr.-Ing.
J. Borowitz, Dr. rer. nat. K. Müller,
Dipl.-Ing. R. Mayer, Dr. phil. nat.
B. Peters, Dr. rer. nat. B. Blaich,
Chem.-Ing. Irmgard Thiel
Härte, Wärmebehandlung
Dipl.-Ing. D. Liedtke
Korrosion
Dr. rer. nat. H. Jahnke,
Dr. rer. nat. M. Schönborn
Gleit- und Wälzlager
Dr.-Ing. R. Heinz
Federberechnung
Dipl.-Ing. O. Krickau

1) Soweit nichts anderes angegeben, handelt es sich um Mitarbeiter der Robert Bosch GmbH

Verschraubungstechnik
Dipl.-Ing. J. Huhnen,
Dipl.-Ing. M. Nöcker
Zahnräder und Verzahnung
Dipl.-Ing. P.-I. Pladek; A. Müller
Riementriebe
Dipl.-Ing. D. Pfitzenmaier
Dynamik der Kraftfahrzeuge
Dipl.-Ing. (FH) W. Stumpe;
Dipl.-Ing. W. v. Kamp, Daimler-Benz AG,
Stuttgart; Dr.-Ing. G. Prigge,
Daimler-Benz AG, Stuttgart; Dipl.-Ing.
E. Siegert, Daimler-Benz AG, Stuttgart;
Dr.-Ing. E.-C. v. Glasner, Daimler-Benz AG, Stuttgart; Dipl.-Ing. H. Geißler,
Daimler-Benz AG, Stuttgart;
Dr.-Ing. H. Steinkampf, Institut für
Betriebstechnik der FAL, Braunschweig
Fahrzeugantriebe, Verbrennungsmotoren
Dr.-Ing. H. Hiereth, Daimler-Benz AG,
Stuttgart; Dipl.-Ing. K. Binder,
Daimler-Benz AG, Stuttgart
Hydrostatische Antriebe
Dipl.-Ing. G. Nonnenmacher
Elektrische Antriebe
Ing. (grad.) P. Pfeffer
Hybridantriebe
Dr.-Ing. C. Bader, Daimler-Benz AG,
Stuttgart
Filter
Dr.-Ing. O. Parr, Filterwerk Mann und
Hummel GmbH, Ludwigsburg
Motorkühlung
Dipl.-Ing. H. Isselhorst, Südd.
Kühlerfabrik Julius Fr. Behr, Stuttgart
Aufladegeräte
Dr.-Ing. N. Zloch, Aktiengesellschaft
Kühnle, Kopp u. Kausch, Frankenthal
Vergaser
Dr.-Ing. H. Reulein, Pierburg GmbH
u. Co. KG, Neuss
Benzineinspritzanlagen
Dipl.-Ing. G. Felger,
Dipl.-Ing. M. Lembke
Autogas-Anlagen
H. Niemeyer, Landi-Hartog GmbH,
Wuppertal
Dieseleinspritzanlagen
Dr.-Ing. M. Straubel, Dipl.-Ing.
R. Schwartz, Dr.-Ing. E. Eblen
Starthilfsanlagen
Dr. rer. nat. H. Pflug
Batteriezündung
Dipl.-Ing. H. Decker

Zündkerze
Ing. (grad.) L. Steinke
Kombiniertes Zünd- und Benzineinspritzsystem Motronic
Dr.-Ing. I. Gorille
Elektrische Energieversorgung im Kfz
Dipl.-Ing. F. Meyer
Batterie, Batterieladegeräte
Dipl.-Ing. A. Gerhard,
Ing. (grad.) T. Meyer-Staufenbiel
Drehstromgenerator
Dipl.-Ing. M. Frister
Startanlage
Dr.-Ing. K. Bolenz
Abgase
Dipl.-Ing. O. Glöckler,
Dipl.-Ing. B. Kraus,
Dipl.-Ing. G. Stumpp,
Dr.-Ing. H. Weltens,
H. Gillet KG, Edenkoben
Triebstrang, Lenkung
Dipl.-Ing. K. Lorenz, Bayerische Motoren Werke AG, München; Dipl.-Ing. P. Köpf, Zahnradfabrik Friedrichshafen AG; Dr. rer. nat. M. Schwab, Zahnradfabrik Friedrichshafen AG; Dr.-Ing. M. Vötter, Zahnradfabrik Friedrichshafen AG
Federung
O. Engfer
Radaufhängung
Dr.-Ing. G. Prigge, Daimler-Benz AG, Stuttgart
Radbremsen, Räder
Dr.-Ing. E.-C. v. Glasner, Daimler-Benz AG, Stuttgart; Dipl.-Ing. P. Weymann, Daimler-Benz AG, Stuttgart
Reifen
Dr.-Ing. H. Meyer, Continental Gummi-Werke AG, Hannover
Bremsausrüstung
O. Engfer, Dipl.-Ing. I. Grauel, Dr.-Ing H. Schramm, Dipl.-Ing. A. Czinczel, Dr.-Ing. E.-C. v. Glasner, Daimler-Benz AG, Stuttgart
Systematik der Straßenfahrzeuge
O. Engfer
Fahrzeugaufbau Pkw
Dipl.-Ing D. Weidemann, Daimler-Benz AG, Sindelfingen; Dipl.-Ing. W. Klie, Daimler-Benz AG, Sindelfingen; Dipl.-Ing. (FH) H. Weisshappel, Daimler-Benz AG, Sindelfingen
Fahrzeugaufbau Nkw
Dipl.-Ing. H. Geißler, Daimler-Benz AG, Stuttgart
Schaltzeichen, Schaltpläne, Klemmenbezeichnungen
W. Schneider
Leitungsberechnung
Dipl.-Ing. V. Kadelbach
Beleuchtung
Dipl.-Ing. G. Lindae
Signal- und Alarmanlagen
Ing. (grad.) W. Hofer, Ing. (grad.) E. Schemitzek, Dipl.-Ing. J. Wesemeyer
Glasscheiben und Scheibenreinigung
Ing. (grad.) G. Zorn
Heizung und Klimatisierung
Dipl.-Ing. H. Isselhorst, Südd. Kühlerfabrik, Julius Fr. Behr, Stuttgart
Autoradio
Dipl.-Kfm. M. Klippgen,
Blaupunkt-Werke GmbH, Hildesheim
Funkentstörung, EMV
Dr.-Ing. H. Neu
Fehleranzeige, Fahrdatenrechner
Ing. (grad.) D. Meyer,
Dipl.-Ing. (FH) A. Hoebel
Fahrtschreiber
R. Meister, Kienzle Apparate GmbH, VS-Villingen
Sitzverstellung, Dach- und Fensterantriebe
Ing. (grad.) E. Ursel
Insassen-Rückhaltesysteme
Dr.-Ing. Suchowerskyi
Fahrzeughydraulik
Dipl.-Ing. (FH) F.-W. Höfer, Dipl.-Ing. W. Kötter, Dipl.-Ing. (FH) A. Kraisel, Dr.-Ing. E. Lechner, Dipl.-Ing.K.-H. Müller, Dipl.-Ing. G. Nonnenmacher, Ing. (grad.) H. Walter
Fahrzeugpneumatik
Dipl.-Ing. S. Straub
Prüftechnik
Dipl.-Ing. (FH) W. Dieter
Klimabeanspruchung
Ing. (grad.) H. Veith
Kraftfahrzeugdaten
D. Baer
Straßenverkehrsrecht
E. U. Orlopp, DDD Motor-Bericht, Herrenberg

Inhalt

Größen und Einheiten

SI-Einheiten

SI bedeutet „Système International d'unités" (Internationales Einheitensystem). Das System ist festgelegt in ISO 31 und ISO 1000 (ISO: International Organization for Standardization) und für die Bundesrepublik Deutschland in DIN 1301 (DIN: Deutsches Institut für Normung).

SI-Einheiten sind die sieben SI-Basiseinheiten und die aus ihnen kohärent, d. h. mit dem Zahlenfaktor 1 abgeleiteten Einheiten.

SI-Basiseinheiten

Basisgröße und Formelzeichen		SI-Basiseinheit Name	Zeichen
Länge	l	Meter	m
Masse	m	Kilogramm	kg
Zeit	t	Sekunde	s
elektrische Stromstärke	I	Ampere	A
thermodynamische Temperatur	T	Kelvin	K
Stoffmenge	n	Mol	mol
Lichtstärke	I	Candela	cd

Aus den Basisgrößen und Basiseinheiten werden sämtliche anderen Größen und Einheiten abgeleitet. So erhält man die internationale Einheit der Kraft, wenn man in das Newtonsche Gesetz

Kraft = Masse × Beschleunigung

$$F = m \cdot a$$

m = 1 kg und a = 1 m/s^2 einsetzt, zu F = 1 kg · 1 m/s^2 = 1 kg m/s^2 = 1 N (Newton).

Definitionen der SI-Basiseinheiten

1 Meter ist die Länge der Strecke, die Licht im Vakuum während der Zeit von 1/299 792 458 Sekunden durchläuft, 17. CGPM, 1983[1]). Das Meter wird damit durch die Lichtgeschwindigkeit im Vakuum c = 299 792 458 m/s definiert und nicht mehr durch die Wellenlänge der Strahlung des Krypton-Nuklids ^{86}Kr. Ursprünglich war das Meter definiert als vierzigmillionster Teil eines Erdmeridians (Urmeter Paris, 1875).

1 Kilogramm ist die Masse des Internationalen Kilogrammprototyps, 1. CGPM, 1889 und 3. CGPM, 1901.[1])

1 Sekunde ist das 9 192 631 770fache der Periodendauer der dem Übergang zwischen den beiden Hyperfeinstrukturniveaus des Grundzustandes von Atomen des Nuklids ^{133}Cs entsprechenden Strahlung, 13. CGPM, 1967.[1])

1 Ampere ist die Stärke eines zeitlich unveränderlichen elektrischen Stromes, der, durch zwei im Vakuum parallel im Abstand von 1 m voneinander angeordnete, geradlinige, unendlich lange Leiter von vernachlässigbar kleinem, kreisförmigem Querschnitt fließend, zwischen diesen Leitern je 1 m Leiterlänge die Kraft $2 \cdot 10^{-7}$ N hervorrufen würde, 9. CGPM, 1948.[1])

1 Kelvin ist der 273,16te Teil der thermodynamischen Temperatur des Tripelpunktes[2]) des Wassers, 13. CGPM, 1967.[1])

1 Mol ist die Stoffmenge eines Systems, das aus ebensoviel Einzelteilchen besteht, wie Atome in 12/1000 Kilogramm des Kohlenstoffnuklids ^{12}C enthalten sind. Bei Verwendung des Mol müssen die Einzelteilchen des Systems spezifiziert sein und können Atome, Moleküle, Ionen, Elektronen sowie andere Teilchen oder Gruppen solcher Teilchen genau angegebener Zusammensetzung sein, 14. CGPM, 1971.[1])

1 Candela ist die Lichtstärke, mit der 1/600 000 m^2 der Oberfläche eines Schwarzen Strahlers[3]) bei der Temperatur des beim Druck 101 325 N/m^2 erstarrenden Platins senkrecht zu seiner Oberfläche leuchtet, 13. CGPM, 1967.[1])

---

[1]) CGPM: Conférence Génerale des Poids et Mesures (Generalkonferenz für Maß und Gewicht)

[2]) Fixpunkt der internationalen Temperaturskala. Der Tripelpunkt ist der einzige Zustand, bei dem alle drei Aggregatzustände (fest, flüssig, gasförmig) miteinander im Gleichgewicht stehen (bei 1013,25 hPa). Er liegt mit 273,16 K um 0,01 K über dem Eispunkt des Wassers (273,15 K).

[3]) Ein „Schwarzer Strahler" ist dadurch gekennzeichnet, daß er die auf ihn fallende Licht- und Wärmestrahlung restlos verschluckt und daher, wenn er erhitzt wird, das Maximum an Licht aussendet, das ein Körper auszustrahlen vermag. Ein schwarzer Strahler ist z. B. die Öffnung eines Kohlenrohrs.

Dezimale Teile und Vielfache der SI-Einheiten

Dezimale Teile und Vielfache der SI-Einheiten werden durch Vorsätze vor den Namen der Einheit bzw. Vorsatzzeichen vor dem Einheitenzeichen bezeichnet. Das Vorsatzzeichen wird ohne Zwischenraum vor das Einheitenzeichen gesetzt und bildet mit diesem eine eigene Einheit, also z. B. Milligramm (mg). Zusammengesetzte Vorsätze, z. B. Mikrokilogramm (μkg), dürfen **nicht** verwendet werden.

Bei den Winkeleinheiten Grad, Minute, Sekunde, den Zeiteinheiten Minute, Stunde, Tag, Jahr und der Temperatureinheit Grad Celsius keine Vorsätze verwenden.

Vorsatz	Vorsatzzeichen	Zehnerpotenz	Name
Atto	a	10^{-18}	Trillionstel
Femto	f	10^{-15}	Billiardstel
Piko	p	10^{-12}	Billionstel
Nano	n	10^{-9}	Milliardstel
Mikro	μ	10^{-6}	Millionstel
Milli	m	10^{-3}	Tausendstel
Zenti	c	10^{-2}	Hundertstel
Dezi	d	10^{-1}	Zehntel
Deka	da	10^{1}	Zehn
Hekto	h	10^{2}	Hundert
Kilo	k	10^{3}	Tausend, Tsd.
Mega	M	10^{6}	Million, Mio.
Giga	G	10^{9}	Milliarde, Mrd.[1])
Tera	T	10^{12}	Billion, Bio.[1])
Peta	P	10^{15}	Billiarde
Exa	E	10^{18}	Trillion

Gesetzliche Einheiten

Das Gesetz über Einheiten im Meßwesen vom 2. Juli 1969 und die Ausführungsverordnung dazu vom 26. Juni 1970 legen fest, daß in der Bundesrepublik Deutschland im geschäftlichen und amtlichen Verkehr die „gesetzlichen Einheiten" anzuwenden sind.
Gesetzliche Einheiten sind

- die SI-Einheiten,
- dezimale Teile und Vielfache der SI-Einheiten.
- weitere zugelassene Einheiten, siehe Übersicht auf den folgenden Seiten.

Im Bosch Kraftfahrtechnischen Taschenbuch werden die gesetzlichen Einheiten verwendet. Soweit es erforderlich erschien, sind in manchen Abschnitten die Werte in Einheiten des Technischen Maßsystems zusätzlich (z. B. in Klammern) angegeben.

Nicht mehr anzuwendende Einheitensysteme

Das Physikalische Maßsystem

Das Physikalische Maßsystem verwendete wie das SI die Basisgrößen Länge, Masse und Zeit, benützte aber dafür die Basiseinheiten Zentimeter (cm), Gramm (g) und Sekunde (s) (CGS-System).

Das Technische Maßsystem

Das Technische Maßsystem verwendete folgende Basisgrößen und Basiseinheiten

Basisgröße	Basiseinheit Name	Zeichen
Länge	Meter	m
Kraft	Kilopond	kp
Zeit	Sekunde	s

Die Verbindung zwischen dem Internationalen Einheitensystem und dem Technischen Maßsystem bildet das Newtonsche Gesetz

$$F = m \cdot a,$$

wobei für F die Gewichtskraft G und für a die Fallbeschleunigung g einzusetzen ist.

Die Fallbeschleunigung und damit die Gewichtskraft sind – im Gegensatz zur Masse – ortsabhängig. Als Normwert der Fallbeschleunigung (Normfallbeschleunigung) ist festgelegt $g_n = 9{,}80665\ \text{m/s}^2$ (DIN 1305). In technischen Berechnungen meist ausreichender Näherungswert

$$g = 9{,}81\ \text{m/s}^2.$$

1 kp ist die Kraft, mit der die Masse von 1 kg an einem Ort der Erde auf ihre Unterlage drückt. Mit

$$G = m \cdot g$$

ist also

$$1\ \text{kp} = 1\ \text{kg} \cdot 9{,}81\ \text{m/s}^2 = 9{,}81\ \text{N}.$$

[1]) In den USA: 10^9 = 1 Billion, 10^{12} = 1 Trillion

Größen und Einheiten

Übersicht (aus DIN 1301)

Die folgende Tabelle gibt eine Übersicht über die wichtigsten physikalischen Größen mit den genormten Formelzeichen und eine Auswahl der für diese Größen festgelegten gesetzlichen Einheiten. Weitere gesetzliche Einheiten können durch Vorsätze (s. S. 7) gebildet werden. In der Spalte „weitere Einheiten" sind deshalb nur die dezimalen Vielfachen und Teile der SI-Einheiten aufgeführt, die eigene Namen haben. Nicht mehr anzuwendende Einheiten und ihre Umrechnung sind in der letzten Spalte aufgeführt. Seitenzahlen weisen auf Umrechnungstabellen hin.

Größe und Formelzeichen	gesetzliche Einheiten SI	weitere	Name	Beziehung	nicht mehr anzuwendende Einheiten und ihre Umrechnung
1. Länge, Fläche, Volumen (S. 13 ... 21)					
Länge l	m		Meter		1 µ (Mikron) = 1 µm 1 Å (Ångström) = 10^{-10} m 1 X.E. (X-Einheit) ≈ 10^{-13} m 1 p (typograph. Punkt) = 0,376 mm
		sm	Seemeile	1 sm = 1852 m	
Fläche A	m^2		Quadratmeter		
		a	Ar	1 a = 100 m^2	
		ha	Hektar	1 ha = 100 a = 10^4 m^2	
Volumen V	m^3		Kubikmeter		
		l	Liter	1 l = 1 dm^3	
2. Winkel (S. 46)					
(ebener) Winkel α, β usw.	rad[1])		Radiant	$1\ \text{rad} = \frac{1\ \text{m Bogen}}{1\ \text{m Radius}}$	1 ∟ (Rechter Winkel) = 90° = (π/2) rad = 100 gon 1^g (Neugrad) = 1 gon 1^c (Neuminute = 1 cgon 1^{cc} (Neusekunde) = 0,1 mgon
		°	Grad	1 rad = 180°/π = 57,296° ≈ 57,3°	
		′	Minute	1° = 0,017453 rad	
		″	Sekunde	1° = 60′ = 3600″	
		gon	Gon	1 gon = (π/200) rad	
Raumwinkel Ω	sr		Steradiant	$1\ \text{sr} = \frac{1\ m^2\ \text{Kugeloberfläche}}{1\ m^2\ \text{Kugelradius}^2}$	
3. Masse (S. 22 ... 25)					
Masse (Gewicht)[2]) m	kg		Kilogramm		1 γ (Gamma) = 1 µg 1 dz (Doppelzentner) = 100 kg
		g	Gramm		
		t	Tonne	1 t = 1 Mg = 10^3 kg	
		Kt	metr. Karat	1 Kt = 0,2 g	

[1]) Die Einheit rad (s. S. 46) kann beim Rechnen durch die Zahl 1 ersetzt werden.

[2]) Der Begriff „Gewicht" ist im Sprachgebrauch doppeldeutig; er wird sowohl zur Bezeichnung der Masse als auch zur Bezeichnung der Gewichtskraft verwendet (DIN 1305).

Größe und Formelzeichen	gesetzliche Einheiten SI	weitere	Name	Beziehung	nicht mehr anzuwendende Einheiten und ihre Umrechnung
Dichte ϱ	kg/m³			1 kg/dm³ = 1 kg/l = 1 g/cm³ = 1000 kg/m³	Wichte γ (kp/dm³ bzw. p/cm³). Umrechnung: Der Zahlenwert der Wichte in kp/dm³ ist angenähert gleich dem Zahlenwert der Dichte in kg/dm³
		$\frac{kg}{dm^3}$			
		kg/l			
		g/cm³			
Trägheitsmoment (Massenträgheitsmom., Massenmoment 2. Grades) J	kg · m²			$J = m \cdot i^2$ i = Trägheitshalbmesser	Schwungmoment $G \cdot D^2$, Umrechnung: Zahlenwert von $G \cdot D^2$ in kp · m² = 4 × Zahlenwert von J in kg · m²

4. Zeitgrößen (S. 33 ... 35)

Größe und Formelzeichen	SI	weitere	Name	Beziehung	nicht mehr anzuwendende Einheiten und ihre Umrechnung
Zeit, Zeitdauer, Zeitspanne t	s		Sekunde[1]		
		min	Minute[1]	1 min = 60 s	
		h	Stunde[1]	1 h = 60 min	
		d	Tag	1 d = 24 h	
		a	Jahr	1 a = 365 d = 8760 h	
Frequenz f	Hz		Hertz	1 Hz = 1/s	
Drehzahl (Umdrehungsfrequenz) n	s^{-1}			$1\ s^{-1} = 1/s$	U/min (Umdrehungen in der Minute) für Drehzahlangaben weiterhin zulässig, aber besser durch min^{-1} ersetzen (1 U/min = 1 min^{-1})
		min^{-1} 1/min		$1\ min^{-1}$ $= 1/min = (1/60)\ s^{-1}$	
Kreisfrequenz $\omega = 2\pi f$ ω	s^{-1}				
Geschwindigkeit v	m/s	km/h		1 km/h = (1/3,6) m/s	
		kn	Knoten	1 kn = 1 sm/h = 1,852 km/h	
Beschleunigung a	m/s²			Fallbeschleunigung g s. S. 7	
Winkelgeschwindigkeit ω	rad/s[2]				
Winkelbeschleunigung α	rad/s²[2]				

5. Kraft, Energie, Leistung (S. 26 ... 30)

Größe und Formelzeichen	SI	weitere	Name	Beziehung	nicht mehr anzuwendende Einheiten und ihre Umrechnung
Kraft F Gewichtskraft G	N N		Newton [njuten]	1 N = 1 kg · m/s²	1 p (Pond) = 9,80665 mN 1 kp (Kilopond) = 9,80665 N ≈ 10 N 1 dyn (Dyn) = 10^{-5} N

[1]) Uhrzeitangaben: h, m, s erhöht, Beispiel: $3^h 25^m 6^s$.
[2]) Die Einheit rad kann beim Rechnen durch die Zahl 1 ersetzt werden.

Größe und Formelzeichen	gesetzliche Einheiten SI	weitere	Name	Beziehung	nicht mehr anzuwendende Einheiten und ihre Umrechnung
Druck, allg. p	Pa		Pascal	$1\,\mathrm{Pa} = 1\,\mathrm{N/m^2}$	1 at (techn. Atmosphäre) $= 1\,\mathrm{kp/cm^2}$ $= 0{,}980665\,\mathrm{bar} \approx 1\,\mathrm{bar}$ 1 atm (physikal. Atmosphäre) = 1,01325 bar[1]) 1 mm WS (Wassersäule) $= 1\,\mathrm{kp/m^2} = 0{,}0980665\,\mathrm{hPa}$ $\approx 0{,}1\,\mathrm{hPa}$ 1 Torr = 1 mm Hg (Quecksilbersäule) = 1,33322 hPa $1\,\mathrm{dyn/cm^2} = 1\,\mu\mathrm{bar}$
absoluter Druck p_{abs} Atmosphärendruck p_{amb}		bar	Bar	$1\,\mathrm{bar} = 10^5\,\mathrm{Pa} = 10\,\mathrm{N/cm^2}$ $1\,\mu\mathrm{bar} = 0{,}1\,\mathrm{Pa}$ $1\,\mathrm{mbar} = 1\,\mathrm{hPa}$	
Überdruck p_e $p_e = p_{abs} - p_{amb}$	Überdruck usw. wird nicht mehr beim Einheitenzeichen angegeben, sondern beim Formelzeichen. Unterdruck wird als negativer Überdruck angegeben. Beispiele: bisher / jetzt 3 atü, $p_e = 2{,}94\,\mathrm{bar} \approx 3\,\mathrm{bar}$ 10 ata, $p_{abs} = 9{,}81\,\mathrm{bar} \approx 10\,\mathrm{bar}$ 0,4 atu, $p_e = -0{,}39\,\mathrm{bar} \approx -0{,}4\,\mathrm{bar}$.				
mechanische Spannung σ, τ	$\mathrm{N/m^2}$			$1\,\mathrm{N/m^2} = 1\,\mathrm{Pa}$	$1\,\mathrm{kp/mm^2} = 9{,}81\,\mathrm{N/mm^2}$ $\approx 10\,\mathrm{N/mm^2}$ $1\,\mathrm{kp/cm^2} \approx 0{,}1\,\mathrm{N/mm^2}$
		$\mathrm{N/mm^2}$		$1\,\mathrm{N/mm^2} = 1\,\mathrm{MPa}$	
Härte (S. 179)	Als Einheit bei Brinell- und Vickershärte wird nicht mehr $\mathrm{kp/mm^2}$ angegeben. Statt dessen wird hinter den bisherigen Zahlenwert das Kurzzeichen der betr. Härte (gegebenenfalls mit Angabe der Prüfkraft usw.) als Einheit geschrieben.				Beispiele: bisher / jetzt $\mathrm{HB} = 350\,\mathrm{kp/mm^2}$ / 350 HB HV30 $= 720\,\mathrm{kp/mm^2}$ / 720 HV30 HRC = 60 / 60 HRC
Energie, E, W Arbeit	J		Joule [dschul]	$1\,\mathrm{J} = 1\,\mathrm{N\cdot m} = 1\,\mathrm{W\cdot s} = 1\,\mathrm{kg\cdot m^2/s^2}$	1 kp · m (Kilopondmeter) $= 9{,}81\,\mathrm{J} \approx 10\,\mathrm{J}$ 1 PS · h (PS-Stunde) $= 0{,}7355\,\mathrm{kW\cdot h}$ $\approx 0{,}74\,\mathrm{kW\cdot h}$ 1 erg (Erg) $= 10^{-7}\,\mathrm{J}$ 1 kcal (Kilokalorie) $= 4{,}1868\,\mathrm{kJ} \approx 4{,}2\,\mathrm{kJ}$ 1 cal (Kalorie) $= 4{,}1868\,\mathrm{J} \approx 4{,}2\,\mathrm{J}$
Wärme, Q Wärmemenge (S. 28, 29)	W · s		Wattsekunde		
		kW · h	Kilowattstunde	$1\,\mathrm{kW\cdot h} = 3{,}6\,\mathrm{MJ}$	
		eV	Elektronvolt	$1\,\mathrm{eV} = 1{,}60219 \cdot 10^{-19}\,\mathrm{J}$	
Drehmoment M	N · m		Newtonmeter		1 kp · m (Kilopondmeter) $= 9{,}81\,\mathrm{N\cdot m} \approx 10\,\mathrm{N\cdot m}$
Leistung P Wärmestrom Q, Φ (S. 28, 29)	W		Watt	$1\,\mathrm{W} = 1\,\mathrm{J/s} = 1\,\mathrm{N\cdot m/s}$	$1\,\mathrm{kp\cdot m/s} = 9{,}81\,\mathrm{W} \approx 10\,\mathrm{W}$ 1 PS (Pferdestärke) $= 0{,}7355\,\mathrm{kW} \approx 0{,}74\,\mathrm{kW}$ $1\,\mathrm{kcal/s} = 4{,}1868\,\mathrm{kW}$ $\approx 4{,}2\,\mathrm{kW}$ $1\,\mathrm{kcal/h} = 1{,}163\,\mathrm{W}$

6. Viskosimetrische Größen (S. 32)

dynamische η Viskosität	Pa · s		Pascalsekunde	$1\,\mathrm{Pa\cdot s} = 1\,\mathrm{N\cdot s/m^2} = 1\,\mathrm{kg/(s\cdot m)}$	1 P (Poise) = 0,1 Pa · s 1 cP (Zentipoise) = 1 mPa · s
kinematische ν Viskosität	$\mathrm{m^2/s}$			$1\,\mathrm{m^2/s} = 1\,\mathrm{Pa\cdot s/(kg/m^3)}$	1 St (Stokes) $= 10^{-4}\,\mathrm{m^2/s} = 1\,\mathrm{cm^2/s}$ 1 cSt (Zentistokes) $= 1\,\mathrm{mm^2/s}$

[1]) 1,01325 bar = 1013,25 hPa = 760 mm Quecksilbersäule ist der Normwert des Luftdrucks.

Größe und Formelzeichen	gesetzliche Einheiten SI	weitere	Name	Beziehung	nicht mehr anzuwendende Einheiten und ihre Umrechnung

7. Temperatur und Wärme (S. 30, 31)

Größe und Formelzeichen	SI	weitere	Name	Beziehung	nicht mehr anzuwendende Einheiten und ihre Umrechnung
Temperatur T	K		Kelvin	$t = (T - 273{,}15\,\text{K})\,\frac{°\text{C}}{\text{K}}$	
t		°C	Grad Celsius		
Temperaturdifferenz ΔT	K		Kelvin	1 K = 1 °C	
Δt		°C	Grad Celsius		
	Temperaturdifferenzen bei zusammengesetzten Einheiten in K angeben, z. B. kJ/(m·h·K); Schreibweise bei Toleranzangaben für Celsiustemperaturen z. B. t = (40 ± 2) °C oder t = 40 °C ± 2 °C oder t = 40 °C ± 2 K.				
Wärmemenge und Wärmestrom siehe unter 5.					
spezifische Wärmekapazität (spez. Wärme) c	$\frac{\text{J}}{\text{kg}\cdot\text{K}}$				1 kcal/(kg · grd) = 4,187 kJ/(kg · K) ≈ 4,2 kJ/(kg · K)
Wärmeleitfähigkeit λ	$\frac{\text{W}}{\text{m}\cdot\text{K}}$	$\frac{\text{kJ}}{\text{m}\cdot\text{h}\cdot\text{K}}$		1 W/(m · K) = 3,6 kJ/(m·h·K)	1 kcal/(m·h·grd) = 1,163 W/(m · K) ≈ 1,2 W/(m · K) 1 cal/(cm·s·grd) = 4,187 W/(cm · K)

8. Elektrische Größen (S. 102)

Größe und Formelzeichen	SI	weitere	Name	Beziehung	nicht mehr anzuwendende Einheiten und ihre Umrechnung
elektrische Stromstärke I	A		Ampere		
elektrische Spannung U	V		Volt	1 V = 1 W/A	
elektrischer Leitwert G	S		Siemens	1 S = 1 A/V = 1/Ω	
elektrischer Widerstand R	Ω		Ohm	1 Ω = 1/S = 1 V/A	
Elektrizitätsmenge Q	C		Coulomb	1 C = 1 A · s	
		A · h	Amperestunde	1 A · h = 3600 C	
elektrische Kapazität C	F		Farad	1 F = 1 C/V	
elektrische Flußdichte, Verschiebung D	C/m²				
elektrische Feldstärke E	V/m				

Größe und Formelzeichen	gesetzliche Einheiten SI	weitere	Name	Beziehung	nicht mehr anzuwendende Einheiten und ihre Umrechnung
9. Magnetische Größen (S. 102)					
magnetischer Fluß Φ	Wb		Weber	1 Wb = 1 V · s	1 M (Maxwell) = 10^{-8} Wb
magnetische Flußdichte, Induktion B	T		Tesla	1 T = 1 Wb/m²	1 G (Gauß) = 10^{-4} T
Induktivität L	H		Henry	1 H = 1 Wb/A	
magnetische Feldstärke H	A/m				1 Oe (Oersted) = $10^3/(4\pi)$ A/m = 79,58 A/m
10. Lichttechnische Größen (S. 96)					
Lichtstärke I	cd		Candela[1])		
Leuchtdichte L	cd/m²				1 sb (Stilb) = 10^4 cd/m² 1 asb (Apostilb) = $1/\pi$ cd/m²
Lichtstrom Φ	lm		Lumen	1 lm = 1 cd · sr (sr = Steradiant)	
Beleuchtungsstärke E	lx		Lux	1 lx = 1 lm/m²	
11. Atomphysikalische u. a. Größen					
Energie W		eV	Elektronvolt	1 eV = $1{,}60219 \cdot 10^{-19}$ J 1 MeV = 10^6 eV	
Aktivität einer radioaktiven Substanz A	Bq		Becquerel	1 Bq = 1 s^{-1}	1 Ci (Curie) = $3{,}7 \cdot 10^{10}$ s^{-1}
Energiedosis D	Gy		Gray	1 Gy = 1 J/kg	1 rd (Rad) = 10^{-2} J/kg 1 rem (Rem) = 10^{-2} J/kg
Energiedosisrate $\dot{D}$	W/kg				
Ionendosis J	C/kg				1 R (Röntgen) = $258 \cdot 10^{-6}$ C/kg
Ionendosisrate $\dot{J}$	A/kg				
Stoffmenge n	mol		Mol		

Literatur zu den Seiten 6 ... 12:

DIN 1301: Einheiten, Teil 1 bis 3. Feb. 1978, DIN 1304: „Allgemeine Formelzeichen". Feb. 1978.

Haeder, W.: Gärtner, E.: „Die gesetzlichen Einheiten in der Technik". 5. Aufl. Deutsches Institut für Normung e.V., Berlin 1980. Beuth-Verlag GmbH

[1]) Betonung auf der zweiten Silbe: die Candela.

Umrechnungstabellen

Längeneinheiten

Fettgedruckte Zahlen siehe Umrechnungstabellen S. 14 ... 17
Umrechnungstabellen für Geschwindigkeiten s. S. 34

Einheit		X.E.	pm	Å	nm	µm	mm	cm	dm	m	km
1 X.E.	≈	1	10^{-1}	10^{-3}	10^{-4}	10^{-7}	10^{-10}	10^{-11}	10^{-12}	10^{-13}	–
1 pm	=	10	1	10^{-2}	10^{-3}	10^{-6}	10^{-9}	10^{-10}	10^{-11}	10^{-12}	–
1 Å	=	10^{3}	10^{2}	1	10^{-1}	10^{-4}	10^{-7}	10^{-8}	10^{-9}	10^{-10}	–
1 nm	=	10^{4}	10^{3}	10	1	10^{-3}	10^{-6}	10^{-7}	10^{-8}	10^{-9}	10^{-12}
1 µm	=	10^{7}	10^{6}	10^{4}	10^{3}	1	10^{-3}	10^{-4}	10^{-5}	10^{-6}	10^{-9}
1 mm	=	10^{10}	10^{9}	10^{7}	10^{6}	10^{3}	1	10^{-1}	10^{-2}	10^{-3}	10^{-6}
1 cm	=	10^{11}	10^{10}	10^{8}	10^{7}	10^{4}	10	1	10^{-1}	10^{-2}	10^{-5}
1 dm	=	10^{12}	10^{11}	10^{9}	10^{8}	10^{5}	10^{2}	10	1	10^{-1}	10^{-4}
1 m	=	–	10^{12}	10^{10}	10^{9}	10^{6}	10^{3}	10^{2}	10	1	10^{-3}
1 km	=	–	–	–	10^{12}	10^{9}	10^{6}	10^{5}	10^{4}	10^{3}	1

X.E. (X-Einheit) und Å (Ångström) nicht mehr anwenden

Einheit		in	ft	yd	mile	n mile	mm	m	km
1 in	=	1	0,08333	0,02778	–	–	**25,4**	**0,0254**	–
1 ft	=	12	1	0,33333	–	–	304,8	**0,3048**	–
1 yd	=	36	3	1	–	–	914,4	**0,9144**	–
1 mile	=	63 360	5280	1760	1	0,86898	–	1609,34	**1,609**
1 n mile[1]	=	72 913	6076,1	2025,4	1,1508	1	–	1852	**1,852**
1 mm	=	**0,03937**	$3{,}281 \cdot 10^{-3}$	$1{,}094 \cdot 10^{-3}$	–	–	1	0,001	10^{-6}
1 m	=	39,3701	**3,2808**	**1,0936**	–	–	1000	1	0,001
1 km	=	39 370	3280,8	1093,6	**0,62137**	**0,53996**	10^{6}	1000	1

in = inch, ft = foot, y = yard, mile = statute mile, n mile = nautical mile

Weitere anglo-amerikanische Einheiten
1 µin (microinch) = 0,0254 µm
1 mil (milliinch) = 0,0254 mm
1 link = 201,17 mm
1 rod = 1 pole = 1 perch = 5,5 yd
= 5,0292 m
1 chain = 22 yd = 20,1168 m
1 furlong = 220 yd = 201,168 m
1 fathom = 2 yd = 1,8288 m

Astronomische Einheiten
1 Lj (Lichtjahr)
= $9{,}46053 \cdot 10^{15}$ m (von elektromagnetischen Wellen in 1 Jahr zurückgelegte Strecke)
1 AE (astronomische Einheit)
= $1{,}496 \cdot 10^{11}$ m (mittlere Entfernung Erde—Sonne)

1 pc (Parsec, Parallaxensekunde)
= 206 265 AE = $3{,}0857 \cdot 10^{16}$ m (Entfernung, von der aus die AE unter einem Winkel von 1 Sekunde erscheint)

Nicht mehr anwenden
1 Linie (Uhrenindustrie) = 2,256 mm
1 p (typographischer Punkt)
= 0,376 mm
1 deutsche Landmeile = 7500 m
1 geographische Meile = 7420,4 m
(≈ 4 Bogenminuten des Äquators)

[1]) 1 n mile = 1 sm = 1 internationale Seemeile ≈ 1 Bogenminute des Längengrads. 1 Knoten = 1 n mile/h = 1,852 km/h.

Längeneinheiten

	Umrechnung von in	ft	yd	mile	sm	m	m	km	km
↓	in m	in m	in m	in km	in km	in ft	in yd	in mile	in sm
1,0	0,0254	0,305	0,914	1,609	1,852	3,281	1,094	0,621	0,540
1,1	0,0279	0,335	1,006	1,770	2,037	3,609	1,203	0,684	0,594
1,2	0,0305	0,366	1,097	1,931	2,222	3,937	1,312	0,746	0,648
1,3	0,0330	0,396	1,189	2,092	2,408	4,265	1,422	0,808	0,702
1,4	0,0356	0,427	1,280	2,253	2,593	4,593	1,531	0,870	0,756
1,5	0,0381	0,457	1,372	2,413	2,778	4,921	1,640	0,932	0,810
1,6	0,0406	0,488	1,463	2,574	2,963	5,249	1,750	0,994	0,864
1,7	0,0432	0,518	1,554	2,735	3,148	5,577	1,859	1,06	0,918
1,8	0,0457	0,549	1,646	2,896	3,334	5,905	1,968	1,12	0,972
1,9	0,0483	0,579	1,737	3,057	3,519	6,234	2,078	1,18	1,03
2,0	0,0508	0,610	1,829	3,218	3,704	6,562	2,187	1,24	1,08
2,1	0,0533	0,640	1,920	3,379	3,889	6,890	2,297	1,30	1,13
2,2	0,0559	0,671	2,012	3,540	4,074	7,218	2,406	1,37	1,19
2,3	0,0584	0,701	2,103	3,701	4,260	7,546	2,515	1,43	1,24
2,4	0,0610	0,732	2,195	3,862	4,445	7,874	2,625	1,49	1,30
2,5	0,0635	0,762	2,286	4,022	4,630	8,202	2,734	1,55	1,35
2,6	0,0660	0,792	2,377	4,183	4,815	8,530	2,843	1,62	1,40
2,7	0,0686	0,823	2,469	4,344	5,000	8,858	2,953	1,68	1,46
2,8	0,0711	0,853	2,560	4,505	5,186	9,186	3,062	1,74	1,51
2,9	0,0737	0,884	2,652	4,666	5,371	9,514	3,171	1,80	1,57
3,0	0,0762	0,914	2,743	4,827	5,556	9,842	3,281	1,86	1,62
3,2	0,0813	0,975	2,926	5,149	5,926	10,50	3,500	1,99	1,73
3,4	0,0864	1,036	3,109	5,471	6,297	11,15	3,718	2,11	1,84
3,6	0,0914	1,097	3,292	5,792	6,667	11,81	3,937	2,24	1,94
3,8	0,0965	1,158	3,475	6,114	7,038	12,47	4,156	2,36	2,05
4,0	0,1016	1,219	3,658	6,436	7,408	13,12	4,374	2,49	2,16
4,2	0,1067	1,280	3,840	6,758	7,778	13,78	4,593	2,61	2,27
4,4	0,1118	1,341	4,023	7,080	8,149	14,44	4,812	2,73	2,38
4,6	0,1168	1,402	4,206	7,401	8,519	15,09	5,031	2,86	2,48
4,8	0,1219	1,463	4,389	7,723	8,890	15,75	5,249	2,98	2,59
5,0	0,1270	1,524	4,572	8,045	9,260	16,40	5,468	3,11	2,70
5,2	0,1321	1,585	4,755	8,367	9,630	17,06	6,687	3,23	2,81
5,4	0,1372	1,646	4,938	8,689	10,00	17,72	5,905	3,36	2,92
5,6	0,1422	1,707	5,121	9,010	10,37	18,37	6,124	3,48	3,02
5,8	0,1473	1,768	5,304	9,332	10,74	19,03	6,343	3,60	3,13
6,0	0,1524	1,829	5,486	9,654	11,11	19,68	6,562	3,73	3,24
6,2	0,1575	1,890	5,669	9,976	11,48	20,34	6,780	3,85	3,35
6,4	0,1626	1,951	5,852	10,30	11,85	21,00	6,999	3,98	3,46
6,6	0,1676	2,012	6,035	10,62	12,22	21,65	7,218	4,10	3,56
6,8	0,1727	2,073	6,218	10,94	12,59	22,31	7,436	4,23	3,67
7,0	0,1778	2,134	6,401	11,26	12,96	22,97	7,655	4,35	3,78
7,5	0,1905	2,286	6,858	12,07	13,89	24,61	8,202	4,66	4,05
8,0	0,2032	2,438	7,315	12,87	14,82	26,25	8,749	4,97	4,32
8,5	0,2159	2,591	7,772	13,68	15,74	27,89	9,296	5,28	4,59
9,0	0,2236	2,743	8,230	14,48	16,67	29,53	9,842	5,59	4,86
9,5	0,2413	2,896	8,687	15,29	17,59	31,17	10,39	5,90	5,13

Beispiele: 1 ft = 0,305 m; 7,5 yd = 6,858 m.

Inch — Millimeter

zugrunde gelegt ist 1 inch = 25,4 mm

inch		0	1	2	3	inch		0	1	2	3
	—	—	**25,40**	**50,80**	**76,20**	**1/2**	0,5	12,700	38,10	63,50	88,90
1/64	0,015 625	0,397	25,80	51,20	76,60	**33/64**	0,515 625	13,097	38,50	63,90	89,30
1/32	0,031 25	0,794	26,19	51,59	76,99	**17/32**	0,531 25	13,494	38,89	64,29	89,69
3/64	0,046 875	1,191	26,59	51,99	77,39	**35/64**	0,546 875	13,891	39,29	64,69	90,09
1/16	0,062 5	1,588	26,99	52,39	77,79	**9/16**	0,562 5	14,288	39,69	65,09	90,49
5/64	0,078 125	1,984	27,38	52,78	78,18	**37/64**	0,578 125	14,684	40,08	65,48	90,88
3/32	0,093 75	2,381	27,78	53,18	78,58	**19/32**	0,593 75	15,081	40,48	65,88	91,28
7/64	0,109 375	2,778	28,18	53,58	78,98	**39/64**	0,609 375	15,478	40,88	66,28	91,68
1/8	0,125	3,175	28,58	53,98	79,38	**5/8**	0,625	15,875	41,28	66,68	92,08
9/64	0,140 625	3,572	28,97	54,37	79,77	**41/64**	0,640 625	16,272	41,67	67,07	92,47
5/32	0,156 25	3,969	29,37	54,77	80,17	**21/32**	0,656 25	16,669	42,07	67,47	92,87
11/64	0,171 875	4,366	29,77	55,17	80,57	**43/64**	0,671 875	17,066	42,47	67,87	93,27
3/16	0,187 5	4,763	30,16	55,56	80,96	**11/16**	0,687 5	17,463	42,86	68,26	93,66
13/64	0,203 125	5,159	30,56	55,96	81,36	**45/64**	0,703 125	17,859	43,26	68,66	94,06
7/32	0,218 75	5,556	30,96	56,36	81,76	**23/32**	0,718 75	18,256	43,66	69,06	94,46
15/64	0,234 375	5,953	31,35	56,75	82,15	**47/64**	0,734 375	18,653	44,05	69,45	94,85
1/4	0,25	6,350	31,75	57,15	82,55	**3/4**	0,75	19,050	44,45	69,85	95,25
17/64	0,265 625	6,747	32,15	57,55	82,95	**49/64**	0,765 625	19,447	44,85	70,25	95,65
9/32	0,281 25	7,144	32,54	57,94	83,34	**25/32**	0,781 25	19,844	45,24	70,64	96,04
19/64	0,296 875	7,541	32,94	58,34	83,74	**51/64**	0,796 875	20,241	45,64	71,04	96,44
5/16	0,312 5	7,938	33,34	58,74	84,14	**13/16**	0,812 5	20,638	46,04	71,44	96,84
21/64	0,328 125	8,334	33,73	59,13	84,53	**53/64**	0,828 125	21,034	46,43	71,83	97,23
11/32	0,343 75	8,731	34,13	59,53	84,93	**27/32**	0,843 75	21,431	46,83	72,23	97,63
23/64	0,359 375	9,128	34,53	59,93	85,33	**55/64**	0,859 375	21,828	47,23	72,63	98,03
3/8	0,375	9,525	34,93	60,33	85,73	**7/8**	0,875	22,225	47,63	73,03	98,43
25/64	0,390 625	9,922	35,32	60,72	86,12	**57/64**	0,890 625	22,622	48,02	73,42	98,82
13/32	0,406 25	10,319	35,72	61,12	86,52	**29/32**	0,906 25	23,019	48,42	73,82	99,22
27/64	0,421 875	10,716	36,12	61,52	86,92	**59/64**	0,921 875	23,416	48,82	74,22	99,62
7/16	0,437 5	11,113	36,51	61,91	87,31	**15/16**	0,937 5	23,813	49,21	74,61	100,01
29/64	0,453 125	11,509	36,91	62,31	87,71	**61/64**	0,953 125	24,209	49,61	75,01	100,41
15/32	0,468 75	11,906	37,31	62,71	88,11	**31/32**	0,968 75	24,606	50,01	75,41	100,81
31/64	0,484 375	12,303	37,70	63,10	88,50	**63/64**	0,984 375	25,003	50,40	75,80	101,20

Die Werte über 1 inch sind auf hundertstel Millimeter gerundet. Man erhält sie auf 0,001 mm genau, indem man die mm-Werte für die ganzen inch (über 3 inch s. S. 16) u. die für den inch-Bruch zusammenzählt. **Beispiel:** $3^{11}/_{32}$ inch = 76,20 + 8,731 = 84,931 mm.

Inch — Millimeter

Inch	0,0	0,1	0,2	0,3	0,4	0,5	0,6	0,7	0,8	0,9
	Millimeter									
0	–	2,540	5,080	7,620	10,16	12,70	15,24	17,78	20,32	22,86
1	25,40	27,94	30,48	33,02	35,56	38,10	40,64	43,18	45,72	48,26
2	50,80	53,34	55,88	58,42	60,96	63,50	66,04	68,58	71,12	73,66
3	76,20	78,74	81,28	83,82	86,36	88,90	91,44	93,98	96,52	99,06
4	101,60	104,14	106,68	109,22	111,76	114,30	116,84	119,38	121,92	124,46
5	127,00	129,54	132,08	134,62	137,16	139,70	142,24	144,78	147,32	149,86
6	152,40	154,94	157,48	160,02	162,56	165,10	167,64	170,18	172,72	175,26
7	177,80	180,34	182,88	185,42	187,96	190,50	193,04	195,58	198,12	200,66
8	203,20	205,74	208,28	210,82	213,36	215,90	218,44	220,98	223,52	226,06
9	228,60	231,14	233,68	236,22	238,76	241,30	243,84	246,38	248,92	251,46
10	254,00	256,54	259,08	261,62	264,16	266,70	269,24	271,78	274,32	276,86
11	279,40	281,94	284,48	287,02	289,56	292,10	294,64	297,18	299,72	302,26
12	304,80	307,34	309,88	312,42	314,96	317,50	320,04	322,58	325,12	327,66
13	330,20	332,74	335,28	337,82	340,36	342,90	345,44	347,98	350,52	353,06
14	355,60	358,14	360,68	363,22	365,76	368,30	370,84	373,38	375,92	378,46
15	381,00	383,54	386,08	388,62	391,16	393,70	396,24	398,78	401,32	403,86
16	406,40	408,94	411,48	414,02	416,56	419,10	421,64	424,18	426,72	429,26
17	431,80	434,34	436,88	439,42	441,96	444,50	447,04	449,58	452,12	454,66
18	457,20	459,74	462,28	464,82	467,36	469,90	472,44	474,98	477,52	480,06
19	482,60	485,14	487,68	490,22	492,76	495,30	497,84	500,38	502,92	505,46
20	508,00	510,54	513,08	515,62	518,16	520,70	523,24	525,78	528,32	530,86

Inch	0,000	0,001	0,002	0,003	0,004	0,005	0,006	0,007	0,008	0,009
	Millimeter									
0,00	–	0,0254	0,0508	0,0762	0,102	0,127	0,152	0,178	0,203	0,229
0,01	0,254	0,279	0,305	0,330	0,356	0,381	0,406	0,432	0,457	0,483
0,02	0,508	0,533	0,559	0,584	0,610	0,635	0,660	0,686	0,711	0,737
0,03	0,762	0,787	0,813	0,838	0,864	0,889	0,914	0,940	0,965	0,991
0,04	1,016	1,041	1,067	1,092	1,118	1,143	1,168	1,194	1,219	1,245
0,05	1,270	1,295	1,321	1,346	1,372	1,397	1,422	1,448	1,473	1,499
0,06	1,524	1,549	1,575	1,600	1,626	1,651	1,676	1,702	1,727	1,753
0,07	1,778	1,803	1,829	1,854	1,880	1,905	1,930	1,956	1,981	2,007
0,08	2,032	2,057	2,083	2,108	2,134	2,159	2,184	2,210	2,235	2,261
0,09	2,286	2,311	2,337	2,362	2,388	2,413	2,438	2,464	2,489	2,515

Beispiel: 4,312 inch = ? mm

aus der oberen Tabelle 4,3 inch = 109,22 mm
aus der unteren Tabelle 0,012 inch = 0,305 mm

4,312 inch = 109,525 mm

Microinch — Mikrometer

μin	0	100	200	300	400	500	600	700	800	900
μm	0	2,54	5,08	7,62	10,16	12,70	15,24	17,78	20,32	22,86

μin	0	1	2	3	4	5	6	7	8	9
					μm					
0	0	0,0254	0,0508	0,0762	0,1016	0,1270	0,1524	0,1778	0,2032	0,2286
10	0,254	0,279	0,305	0,330	0,356	0,381	0,406	0,432	0,457	0,483
20	0,508	0,533	0,559	0,584	0,610	0,635	0,660	0,686	0,711	0,737
30	0,762	0,787	0,813	0,838	0,864	0,889	0,914	0,940	0,965	0,991
40	1,016	1,041	1,067	1,092	1,118	1,143	1,168	1,194	1,219	1,245
50	1,270	1,295	1,321	1,346	1,372	1,397	1,422	1,448	1,473	1,499
60	1,524	1,549	1,575	1,600	1,626	1,651	1,676	1,702	1,727	1,753
70	1,778	1,803	1,829	1,854	1,880	1,905	1,930	1,956	1,981	2,007
80	2,032	2,057	2,083	2,108	2,134	2,159	2,184	2,210	2,235	2,261
90	2,286	2,311	2,337	2,362	2,388	2,413	2,438	2,464	2,489	2,515

Beispiel: 675 μin = ? μm

aus der oberen Tabelle 600 μin = 15,24 μm
aus der unteren Tabelle 75 μin = 1,905 μm

675 μin = 17,145 μm

Millimeter — Inch

mm	0,0	0,1	0,2	0,3	0,4	0,5	0,6	0,7	0,8	0,9
					inch					
0	–	0,00394	0,00787	0,0118	0,0157	0,0197	0,0236	0,0276	0,0315	0,0354
1	0,0394	0,0433	0,0472	0,0512	0,0551	0,0591	0,0630	0,0669	0,0709	0,0748
2	0,0787	0,0827	0,0866	0,0906	0,0945	0,0984	0,1024	0,1063	0,1102	0,1142
3	0,1181	0,1220	0,1260	0,1299	0,1339	0,1378	0,1417	0,1457	0,1496	0,1535
4	0,1575	0,1614	0,1654	0,1693	0,1732	0,1772	0,1811	0,1850	0,1890	0,1929
5	0,1969	0,2008	0,2047	0,2087	0,2126	0,2165	0,2205	0,2244	0,2283	0,2323
6	0,2362	0,2402	0,2441	0,2480	0,2520	0,2559	0,2598	0,2638	0,2677	0,2717
7	0,2756	0,2795	0,2835	0,2874	0,2913	0,2953	0,2992	0,3031	0,3071	0,3110
8	0,3150	0,3189	0,3228	0,3268	0,3307	0,3346	0,3386	0,3425	0,3465	0,3504
9	0,3543	0,3583	0,3622	0,3661	0,3701	0,3740	0,3780	0,3819	0,3858	0,3898
10	0,3937	0,3976	0,4016	0,4055	0,4094	0,4134	0,4173	0,4213	0,4252	0,4291
11	0,4331	0,4370	0,4409	0,4449	0,4488	0,4528	0,4567	0,4606	0,4646	0,4685
12	0,4724	0,4764	0,4803	0,4843	0,4882	0,4921	0,4961	0,5000	0,5039	0,5079

Für zehnfache Werte Komma um eine Stelle nach rechts verschieben.

Beispiel: 74 mm = ? inch

aus Tabelle 7,4 mm = 0,2913 inch
also 74 mm = 2,913 inch

Flächeneinheiten

Fettgedruckte Zahlen siehe Umrechnungstabelle S. 19

Einheit		in²	ft²	yd²	mile²	cm²	dm²	m²	a	ha	km²
1 in²	=	1	–	–	–	**6,4516**	0,06452	–	–	–	–
1 ft²	=	144	1	0,1111	–	929	9,29	**0,0929**	–	–	–
1 yd²	=	1296	9	1	–	8361	83,61	**0,8361**	–	–	–
1 mile²	=	–	–	–	1	–	–	–	–	259	**2,59**
1 cm²	=	**0,155**	–	–	–	1	0,1	–	–	–	–
1 dm²	=	15,5	0,1076	0,01196	–	100	1	0,01	–	–	–
1 m²	=	1550	**10,76**	**1,196**	–	10000	100	1	0,01	–	–
1 a	=	–	1076	119,6	–	–	10000	100	1	0,01	–
1 ha	=	–	–	–	–	–	–	10000	100	1	0,01
1 km²	=	–	–	–	**0,3861**	–	–	–	10000	100	1

in² = square inch (sq in),
ft² = square foot (sq ft),
yd² = square yard (sq yd),
mile² = square mile (sq mile)

Weitere anglo-amerikanische Einheiten

1 mil² (square mil) = 10^{-6} in²
= 0,0006452 mm²

1 cir mil (circular mil) = $\frac{\pi}{4}$ mil²
= 0,0005067 mm²
(Kreisfl. mit Durchmesser 1 mil)

1 cir in (circular inch) = $\frac{\pi}{4}$ in² = 5,067 cm²
(Kreisfläche mit Durchmesser 1 in)

1 line² (square line) = 0,01 in²
= 6,452 mm²
1 rod² (square rod) = 1 pole² (square pole) = 1 perch² (square perch)
= 25,29 m²
1 chain² (square chain) = 16 rod²
= 404,684 m²
1 rood = 40 rod² = 1011,71 m²
1 acre = 4840 yd² = 4046,86 m²
= **40,4686 a**
1 section (US) = 1 mile² = 2,59 km²
1 township (US) = 36 mile² = 93,24 km²

Alte deutsche Feldmaße
(nicht mehr anwenden)

1 Badischer Morgen = 36 a
1 Bayerisches Tagwerk = 34,07 a
1 Preußischer Morgen = 25,53 a
1 Württ. Morgen = 31,52 a

Papierformate
(DIN 476)

Maße in mm

A 0	841 × 1189	**A 6**	105 × 148
A 1	594 × 841	**A 7**	74 × 105
A 2	420 × 594	**A 8**	52 × 74
A 3	297 × 420	**A 9**	37 × 52
A 4	210 × 297[1])	**A 10**	26 × 37
A 5	148 × 210		

[1]) USA: 216 × 279

Flächeneinheiten

	Umrechnung von in²	ft²	yd²	acre	mile²	cm²	m²	m²	km²
↓	in cm²	in m²	in m²	in a	in km²	in in²	in ft²	in yd²	in mile²
1,0	6,45	0,0929	0,836	40,5	2,59	0,155	10,8	1,20	0,386
1,1	7,10	0,102	0,920	44,5	2,85	0,171	11,8	1,32	0,425
1,2	7,74	0,111	1,00	48,6	3,11	0,186	12,9	1,44	0,463
1,3	8,39	0,121	1,09	52,6	3,37	0,202	14,0	1,55	0,502
1,4	9,03	0,130	1,17	56,7	3,63	0,217	15,1	1,67	0,541
1,5	9,68	0,139	1,25	60,7	3,89	0,233	16,1	1,79	0,579
1,6	10,3	0,149	1,34	64,7	4,14	0,248	17,2	1,91	0,618
1,7	11,0	0,158	1,42	68,8	4,40	0,264	18,3	2,03	0,656
1,8	11,6	0,167	1,50	72,8	4,66	0,279	19,4	2,15	0,695
1,9	12,3	0,177	1,59	76,9	4,92	0,295	20,5	2,27	0,734
2,0	12,9	0,186	1,67	80,9	5,18	0,310	21,5	2,39	0,772
2,1	13,5	0,195	1,76	85,0	5,44	0,326	22,6	2,51	0,811
2,2	14,2	0,204	1,84	89,0	5,70	0,341	23,7	2,63	0,849
2,3	14,8	0,214	1,92	93,1	5,96	0,357	24,8	2,75	0,888
2,4	15,5	0,223	2,01	97,1	6,22	0,372	25,8	2,87	0,927
2,5	16,1	0,232	2,09	101	6,47	0,388	26,9	2,99	0,965
2,6	16,8	0,242	2,17	105	6,73	0,403	28,0	3,11	1,00
2,7	17,4	0,251	2,26	109	6,99	0,419	29,1	3,23	1,04
2,8	18,1	0,260	2,34	113	7,25	0,434	30,1	3,35	1,08
2,9	18,7	0,269	2,42	117	7,51	0,450	31,2	3,47	1,12
3,0	19,4	0,279	2,51	121	7,77	0,465	32,3	3,59	1,16
3,2	20,6	0,297	2,68	129	8,29	0,496	34,4	3,83	1,24
3,4	21,9	0,316	2,84	138	8,81	0,527	36,6	4,07	1,31
3,6	23,2	0,334	3,01	146	9,32	0,558	38,8	4,31	1,39
3,8	24,5	0,353	3,18	154	9,84	0,589	40,9	4,54	1,47
4,0	25,8	0,372	3,34	162	10,4	0,620	43,1	4,78	1,54
4,2	27,1	0,390	3,51	170	10,9	0,651	45,2	5,02	1,62
4,4	28,4	0,409	3,68	178	11,4	0,682	47,4	5,26	1,70
4,6	29,7	0,427	3,85	186	11,9	0,713	49,5	5,50	1,78
4,8	31,0	0,446	4,01	194	12,4	0,744	51,7	5,74	1,85
5,0	32,3	0,465	4,18	202	12,9	0,775	53,8	5,98	1,93
5,2	33,5	0,483	4,35	210	13,5	0,806	56,0	6,22	2,01
5,4	34,8	0,502	4,51	219	14,0	0,837	58,1	6,46	2,08
5,6	36,1	0,520	4,68	227	14,5	0,868	60,3	6,70	2,16
5,8	37,4	0,539	4,85	235	15,0	0,899	62,4	6,94	2,24
6,0	38,7	0,557	5,02	243	15,5	0,930	64,6	7,18	2,32
6,2	40,0	0,576	5,18	251	16,1	0,961	66,7	7,42	2,39
6,4	41,3	0,595	5,35	259	16,6	0,992	68,9	7,65	2,47
6,6	42,6	0,613	5,52	267	17,1	1,02	71,0	7,89	2,55
6,8	43,9	0,632	5,69	275	17,6	1,05	73,2	8,13	2,63
7,0	45,2	0,650	5,85	283	18,1	1,09	75,3	8,37	2,70
7,5	48,4	0,697	6,27	304	19,4	1,16	80,7	8,97	2,90
8,0	51,6	0,743	6,69	324	20,7	1,24	86,1	9,57	3,09
8,5	54,8	0,790	7,11	344	22,0	1,32	91,5	10,2	3,28
9,0	58,1	0,836	7,52	364	23,3	1,40	96,9	10,8	3,47
9,5	61,3	0,883	7,94	384	24,6	1,47	102	11,4	3,67

Die Tabelle gilt auch für dezimale Vielfache und Teile
Beispiele: 1 in² = 6,45 cm²; 5,8 yd² = 4,85 m²; 58 yd² = 48,5 m²

Volumeneinheiten

Fettgedruckte Zahlen siehe Umrechnungstabelle S. 21

Einheit		in^3	ft^3	yd^3	gal (UK)	gal (US)	cm^3	dm^3 (l)	m^3
1 in^3	=	1	–	–	–	–	**16,3871**	0,01639	–
1 ft^3	=	1728	1	0,03704	6,229	7,481	–	**28,3168**	0,02832
1 yd^3	=	46656	27	1	168,18	201,97	–	764,555	**0,76456**
1 gal (UK)	=	277,42	0,16054	–	1	1,20095	4546,09	**4,54609**	–
1 gal (US)	=	231	0,13368	–	0,83267	1	3785,41	**3,78541**	–
1 cm^3	=	0,06102	–	–	–	–	1	0,001	–
1 dm^3 (l)	=	61,0236	0,03531	0,00131	0,21997	0,26417	1000	1	0,001
1 m^3	=	61023,6	35,315	1,30795	219,969	264,172	10^6	1000	1

in^3 = cubic inch (cu in), yd^3 = cubic yard (cu yd),
ft^3 = cubic foot (cu ft), gal = gallon

Weitere Volumeneinheiten
Schiffsvolumen

1 RT (Registerton) = 100 ft^3 = 2,832 m^3; BRT (Brutto-RT) = gesamter Schiffsinnenraum, Netto-Registerton = Laderaum eines Schiffes.
BRZ (Bruttoraumzahl) = gesamter Schiffsraum (Außenhaut) in m^3.
1 ocean ton = 40 ft^3 = 1,1327 m^3.

Großbritannien (UK)

1 min (minim) = 0,059194 cm^3
1 fluid drachm = 60 min = 3,5516 cm^3
1 fl oz (fluid ounce) = 8 fl drachm = 0,028413 l
1 gill = 5 fl oz = 0,14207 l
1 pt (pint) = 4 gills = **0,56826** l
1 qt (quart) = 2 pt = 1,13652 l
1 gal (gallon) = 4 qt = **4,5461** l
1 bbl (barrel) = 36 gal = 163,6 l

für Trockengüter:
1 pk (peck) = 2 gal = 9,0922 l
1 bu (bushel) = 8 gal = 36,369 l
1 qr (quarter) = 8 bu = 290,95 l

Alte deutsche Flüssigkeitsmaße

1 Schoppen:
Württemberg = 0,5 l
1 Maß:
Bayern = 1,07 l
1 Eimer:
Württemberg = 293,93 l
Bayern = 68,42 l
Preußen = 68,7 l
1 Fuder:
Württemberg = 1763,56 l
Baden = 1500 l
Pfalz = 1000 l

Vereinigte Staaten (US)

1 min (minim) = 0,061612 cm^3
1 fluid dram = 60 min = 3,6967 cm^3
1 fl oz (fluid ounce) = 8 fl dram = 0,029574 l
1 gill = 4 fl oz = 0,11829 l
1 liq pt (liquid pint) = 4 gills = **0,47318** l
1 liq quart = 2 liq pt = 0,94635 l
1 gal (gallon) = 231 in^3 = 4 liq quarts = **3,7854** l
1 liq bbl (liquid barrel) = 119,24 l
1 barrel petroleum[1]) = 42 gal = **158,99** l

für Trockengüter:
1 dry pint = 0,55061 dm^3
1 dry quart = 2 dry pints = 1,1012 dm^3
1 peck = 8 dry quarts = 8,8098 dm^3
1 bushel = 4 pecks = 35,239 dm^3
1 dry bbl (dry barrel) = 7056 in^3 = 115,63 dm^3

[1]) für Rohöl

Volumeneinheiten, Durchflußmenge

↓	in^3 in cm^3	ft^3 in l	yd^3 in m^3	pt (UK) in l	liq pt (US) in l	gal (UK) in l	gal (US) in l	barrel petrol. in l	ft^3/min cfm in m^3/h
	Umrechnung von								
1,0	16,4	28,3	0,765	0,568	0,473	4,55	3,79	159	1,70
1,1	18,0	31,1	0,841	0,625	0,520	5,00	4,16	175	1,87
1,2	19,7	34,0	0,917	0,682	0,568	5,46	4,54	191	2,04
1,3	21,3	36,8	0,994	0,739	0,615	5,91	4,92	207	2,21
1,4	22,9	39,6	1,07	0,796	0,662	6,36	5,30	223	2,38
1,5	24,6	42,5	1,15	0,852	0,710	6,82	5,68	238	2,55
1,6	26,2	45,3	1,22	0,909	0,757	7,27	6,06	254	2,72
1,7	27,9	48,1	1,30	0,966	0,804	7,73	6,44	270	2,89
1,8	29,5	51,0	1,38	1,02	0,852	8,18	6,81	286	3,06
1,9	31,1	53,8	1,45	1,08	0,899	8,64	7,19	302	3,23
2,0	32,8	56,6	1,53	1,14	0,946	9,09	7,57	318	3,40
2,1	34,4	59,5	1,61	1,19	0,994	9,55	7,95	334	3,57
2,2	36,1	62,3	1,68	1,25	1,04	10,0	8,33	350	3,74
2,3	37,7	65,1	1,76	1,31	1,09	10,5	8,71	366	3,91
2,4	39,3	68,0	1,83	1,36	1,14	10,9	9,08	382	4,08
2,5	41,0	70,8	1,91	1,42	1,18	11,4	9,46	397	4,25
2,6	42,6	73,6	1,99	1,48	1,23	11,8	9,84	413	4,42
2,7	44,2	76,5	2,06	1,53	1,28	12,3	10,2	429	4,59
2,8	45,9	79,3	2,14	1,59	1,32	12,7	10,6	445	4,76
2,9	47,5	82,1	2,22	1,65	1,37	13,2	11,0	461	4,93
3,0	49,2	85,0	2,29	1,70	1,42	13,6	11,4	477	5,10
3,2	52,4	90,6	2,45	1,82	1,51	14,5	12,1	509	5,44
3,4	55,7	96,3	2,60	1,93	1,61	15,5	12,9	541	5,78
3,6	59,0	102	2,75	2,05	1,70	16,4	13,6	572	6,12
3,8	62,3	108	2,91	2,16	1,80	17,3	14,4	604	6,46
4,0	65,5	113	3,06	2,27	1,89	18,2	15,1	636	6,80
4,2	68,8	119	3,21	2,39	1,99	19,1	15,9	668	7,14
4,4	72,1	125	3,36	2,50	2,08	20,0	16,7	700	7,48
4,6	75,4	130	3,52	2,61	2,18	20,9	17,4	731	7,82
4,8	78,7	136	3,67	2,73	2,27	21,8	18,2	763	8,16
5,0	81,9	142	3,82	2,84	2,37	22,7	18,9	795	8,50
5,2	85,2	147	3,98	2,95	2,46	23,6	19,7	827	8,83
5,4	88,5	153	4,13	3,07	2,56	24,5	20,4	859	9,17
5,6	91,8	159	4,28	3,18	2,65	25,5	21,2	890	9,51
5,8	95,0	164	4,43	3,30	2,74	26,4	22,0	922	9,85
6,0	98,3	170	4,59	3,41	2,84	27,3	22,7	954	10,2
6,2	102	176	4,74	3,52	2,93	28,2	23,5	986	10,5
6,4	105	181	4,89	3,64	3,03	29,1	24,2	1018	10,9
6,6	108	187	5,05	3,75	3,12	30,0	25,0	1049	11,2
6,8	111	193	5,20	3,86	3,22	30,9	25,7	1081	11,6
7,0	115	198	5,35	3,98	3,31	31,8	26,5	1113	11,9
7,5	123	212	5,73	4,26	3,55	34,1	28,4	1192	12,7
8,0	131	227	6,12	4,55	3,79	36,4	30,3	1272	13,6
8,5	139	241	6,50	4,83	4,02	38,6	32,2	1351	14,4
9,0	147	255	6,88	5,11	4,26	40,9	34,1	1431	15,3
9,5	156	269	7,26	5,40	4,50	43,2	36,0	1510	16,1

Die Tabelle gilt auch für dezimale Vielfache und Teile

Beispiele: 1 in^3 = 16,4 cm^3; 3 gal (UK) = 13,6 l; 30 gal (UK) = 136 l

Masseneinheiten

(in der Umgangssprache auch „Gewichtseinheiten“ genannt)

Fettgedruckte Zahlen siehe Umrechnungstabelle S. 24

Avoirdupois-System (in UK und US allgemein gebräuchliches Handelsgewicht)

Einheit		gr	dram	oz	lb	cwt (UK)	cwt (US)	ton (UK)	ton (US)	g	kg	t
1 gr	=	1	0,03657	0,00229	1/7000	–	–	–	–	**0,064799**	–	–
1 dram	=	27,344	1	0,0625	0,00391	–	–	–	–	**1,77184**	–	–
1 oz	=	437,5	16	1	0,0625	–	–	–	–	**28,3495**	–	–
1 lb	=	7000	256	16	1	0,00893	0,01	–	0,0005	453,592	**0,45359**	–
1 cwt (UK)[1]	=	–	–	–	112	1	1,12	0,05	–	–	**50,8023**	–
1 cwt (US)[2]	=	–	–	–	100	0,8929	1	0,04464	0,05	–	**45,3592**	–
1 ton (UK)[3]	=	–	–	–	2240	20	22,4	1	1,12	–	1016,05	**1,01605**
1 ton (US)[4]	=	–	–	–	2000	17,857	20	0,8929	1	–	907,185	**0,90718**
1 g	=	15,432	0,5644	0,03527	–	–	–	–	–	1	0,001	–
1 kg	=	–	–	35,274	2,2046	0,01968	0,02205	–	–	1000	1	0,001
1 t	=	–	–	–	2204,6	19,684	22,046	0,9842	1,1023	10^6	1000	1

UK = Großbritannien, US = Vereinigte Staaten von Amerika.

gr = grain, oz = ounce, lb = pound, cwt = hundredweight

1 slug = 14,5939 kg = Masse, die von einer Kraft von 1 lbf um 1 ft/s^2 beschleunigt wird
1 st (stone) = 14 lb = 6,35 kg (nur UK)
1 qr (quarter) = 28 lb = 12,7006 kg (nur UK, selten verwendet)
1 quintal = 100 lb = 1 cwt (US) = 45,3592 kg
1 tdw (ton dead weight) = 1 ton (UK) = 1,016 t.
In tdw wird die Tragfähigkeit von Frachtdampfern (Ladung + Ballast + Brennstoff + Verpflegung) angegeben.

[1]) auch „long cwt (cwt l)“
[2]) auch „short cwt (cwt sh)“
[3]) auch „long ton (tn l)“
[4]) auch „short ton (tn sh)“

Troy-System in UK und US für Edelsteine und Edelmetalle) und
Apothecaries-System (in UK und US für Drogen)

Einheit		gr	s ap	dwt	dr ap	oz t = oz ap	lb t = lb ap	Kt	g
1 gr	=	1	0,05	0,04167	0,01667	–	–	0,324	**0,064799**
1 s ap	=	20	1	0,8333	0,3333	–	–	–	1,296
1 dwt	=	24	1,2	1	0,4	0,05	–	–	1,5552
1 dr ap	=	60	3	2,5	1	0,125	–	–	3,8879
1 oz t = 1 oz ap	=	480	24	20	8	1	0,08333	–	31,1035
1 lb t = 1 lb ap	=	5760	288	240	96	12	1	–	373,24
1 Kt	=	3,086	–	–	–	–	–	1	0,2000
1 g	=	15,432	0,7716	0,643	0,2572	0,03215	0,002679	5	1

gr = grain,
s ap = apothecaries' scruple,
dwt = pennyweight,
dr ap = apothecaries' drachm (US: apothecaries' dram),
oz t (UK: oz tr) = troy ounce,
oz ap (UK: oz apoth) = apothecaries' ounce,
lb t = troy pound,
lb ap = apothecaries' pound,
Kt = metrisches Karat, nur für Edelsteine[1])

Längenbezogene Masse
SI-Einheit kg/m
1 lb/ft = **1,48816** kg/m , 1 lb/yd = **0,49605** kg/m
Einheiten in der Textiltechnik (DIN 60905 und 60910):
1 tex = 1 g/km, 1 mtex = 1 mg/km,
1 dtex = 1 dg/km, 1 ktex = 1 kg/km
Frühere Einheit (nicht mehr anwenden):
1 den (Denier) = 1 g/9 km = 0,1111 tex, 1 tex = 9 den

Dichte
SI-Einheit kg/m^3
$1\ kg/dm^3 = 1\ kg/l = 1\ g/cm^3 = 1000\ kg/m^3$
$1\ lb/ft^3 = \mathbf{16{,}018}\ kg/m^3 = 0{,}016018\ kg/l$
1 lb/gal (UK) = **0,099776** kg/l, 1 lb/gal (US) = **0,11983** kg/l

[1]) Bei Goldlegierungen wurde früher „Karat" in anderer Bedeutung zur Kennzeichnung des Goldgehalts verwendet: Reines Gold (Feingold) = 24 Karat; 14karätiges Gold 14/24 = 585/1000 Massenanteil Feingold.

Masseneinheiten (Gewichte)

↓	grain in g	dram in g	oz in g	lb in kg	cwt (UK) in kg	cwt (US) in kg	ton (UK) in t	ton (US) in t
	Umrechnung von							
1,0	0,0648	1,77	28,3	0,454	50,8	45,4	1,02	0,907
1,1	0,0713	1,95	31,2	0,499	55,9	49,9	1,12	0,998
1,2	0,0778	2,13	34,0	0,544	61,0	54,4	1,22	1,09
1,3	0,0842	2,30	36,9	0,590	66,0	59,0	1,32	1,18
1,4	0,0907	2,48	39,7	0,635	71,1	63,5	1,42	1,27
1,5	0,0972	2,66	42,5	0,680	76,2	68,0	1,52	1,36
1,6	0,104	2,83	45,4	0,726	81,3	72,6	1,63	1,45
1,7	0,110	3,01	48,2	0,771	86,4	77,1	1,73	1,54
1,8	0,117	3,19	51,0	0,816	91,4	81,6	1,83	1,63
1,9	0,123	3,37	53,9	0,862	96,5	86,2	1,93	1,72
2,0	0,130	3,54	56,7	0,907	102	90,7	2,03	1,81
2,1	0,136	3,72	59,5	0,953	107	95,3	2,13	1,91
2,2	0,143	3,90	62,4	0,998	112	99,8	2,24	2,00
2,3	0,149	4,08	65,2	1,04	117	104	2,34	2,09
2,4	0,156	4,25	68,0	1,09	122	109	2,44	2,18
2,5	0,162	4,43	70,9	1,13	127	113	2,54	2,27
2,6	0,168	4,61	73,7	1,18	132	118	2,64	2,36
2,7	0,175	4,78	76,5	1,22	137	122	2,74	2,45
2,8	0,181	4,96	79,4	1,27	142	127	2,84	2,54
2,9	0,188	5,14	82,2	1,32	147	132	2,95	2,63
3,0	0,194	5,32	85,0	1,36	152	136	3,05	2,72
3,2	0,207	5,67	90,7	1,45	163	145	3,25	2,90
3,4	0,220	6,02	96,4	1,54	173	154	3,45	3,08
3,6	0,233	6,38	102	1,63	183	163	3,66	3,27
3,8	0,246	6,73	108	1,72	193	172	3,86	3,45
4,0	0,259	7,09	113	1,81	203	181	4,06	3,63
4,2	0,272	7,44	119	1,91	213	191	4,27	3,81
4,4	0,285	7,80	125	2,00	224	200	4,47	3,99
4,6	0,298	8,15	130	2,09	234	209	4,67	4,17
4,8	0,311	8,50	136	2,18	244	218	4,88	4,35
5,0	0,324	8,86	142	2,27	254	227	5,08	4,54
5,2	0,337	9,21	147	2,36	264	236	5,28	4,72
5,4	0,350	9,57	153	2,45	274	245	5,49	4,90
5,6	0,363	9,92	159	2,54	284	254	5,69	5,08
5,8	0,376	10,3	164	2,63	295	263	5,89	5,26
6,0	0,389	10,6	170	2,72	305	272	6,10	5,44
6,5	0,421	11,5	184	2,95	330	295	6,60	5,90
7,0	0,454	12,4	198	3,18	356	318	7,11	6,35
7,5	0,486	13,3	213	3,40	381	340	7,62	6,80
8,0	0,518	14,2	227	3,63	406	363	8,13	7,26
8,5	0,551	15,1	241	3,86	432	386	8,64	7,71
9,0	0,583	15,9	255	4,08	457	408	9,14	8,16
9,5	0,616	16,8	269	4,31	483	431	9,65	8,62

Die Tabelle gilt auch für dezimale Vielfache und Teile.

Beispiele: 1 lb = 0,454 kg; 5 ton (UK) = 5,08 t; 42 oz = 1190 g.

Längenbezogene Masse und Dichte

↓ Umrechnung von	lb/ft	lb/yd	lb/ft³	lb/gal (UK)	lb/gal (US)
	in kg/m	in kg/m	in kg/m³	in kg/l	in kg/l
1,0	1,49	0,496	16,0	0,0998	0,120
1,1	1,64	0,546	17,6	0,110	0,132
1,2	1,79	0,595	19,2	0,120	0,144
1,3	1,93	0,645	20,8	0,130	0,156
1,4	2,08	0,694	22,4	0,140	0,168
1,5	2,23	0,744	24,0	0,150	0,180
1,6	2,38	0,794	25,6	0,160	0,192
1,7	2,53	0,843	27,2	0,170	0,204
1,8	2,68	0,893	28,8	0,180	0,216
1,9	2,83	0,943	30,4	0,190	0,228
2,0	2,98	0,992	32,0	0,200	0,240
2,1	3,13	1,04	33,6	0,210	0,252
2,2	3,27	1,09	35,2	0,220	0,264
2,3	3,42	1,14	36,8	0,229	0,276
2,4	3,57	1,19	38,4	0,239	0,288
2,5	3,72	1,24	40,0	0,249	0,300
2,6	3,87	1,29	41,6	0,259	0,312
2,7	4,02	1,34	43,2	0,269	0,324
2,8	4,17	1,39	44,9	0,279	0,336
2,9	4,32	1,44	46,5	0,289	0,348
3,0	4,46	1,49	48,1	0,299	0,359
3,2	4,76	1,59	51,3	0,319	0,383
3,4	5,06	1,69	54,5	0,339	0,407
3,6	5,36	1,79	57,7	0,359	0,431
3,8	5,66	1,89	60,9	0,379	0,455
4,0	5,95	1,98	64,1	0,399	0,479
4,2	6,25	2,08	67,3	0,419	0,503
4,4	6,55	2,18	70,5	0,439	0,527
4,6	6,85	2,28	73,7	0,459	0,551
4,8	7,14	2,38	76,9	0,479	0,575
5,0	7,44	2,48	80,1	0,499	0,599
5,2	7,74	2,58	83,3	0,519	0,623
5,4	8,04	2,68	86,5	0,539	0,647
5,6	8,33	2,78	89,7	0,559	0,671
5,8	8,63	2,88	92,9	0,579	0,695
6,0	8,93	2,98	96,1	0,599	0,719
6,5	9,67	3,22	104	0,649	0,779
7,0	10,4	3,47	112	0,698	0,839
7,5	11,2	3,72	120	0,748	0,899
8,0	11,9	3,97	128	0,798	0,959
8,5	12,6	4,22	136	0,848	1,02
9,0	13,4	4,46	144	0,898	1,08

Tabelle gilt auch für dezimale Vielfache und Teile.

↓ Umrechnung von	+ °Bé	– °Bé	°API
	in kg/l	in kg/l	in kg/l
0	1,000	1,000	1,076
2	1,014	0,986	1,060
4	1,029	0,973	1,044
6	1,043	0,960	1,029
8	1,059	0,947	1,014
10	1,074	0,935	1,000
12	1,091	0,923	0,986
14	1,107	0,912	0,973
16	1,125	0,900	0,959
18	1,143	0,889	0,946
20	1,161	0,878	0,934
22	1,180	0,868	0,922
24	1,200	0,857	0,910
26	1,220	0,847	0,898
28	1,241	0,837	0,887
30	1,262	0,828	0,876
32	1,285	0,818	0,865
34	1,308	0,809	0,855
36	1,332	0,800	0,845
38	1,357	0,792	0,835
40	1,384	0,783	0,825
45	1,453	0,762	0,802
50	1,530	0,743	0,780
55	1,616	0,724	0,759
60	1,712	0,706	0,739
65	1,820	0,689	0,720
70	1,942	0,673	0,702

°Bé (Baumégrad) ist ein Maß für die Dichte von Flüssigkeiten, die schwerer (+ °Bé) oder leichter (– °Bé) sind als Wasser (bei 15 °C). °Bé nicht mehr anwenden.

$\varrho = 144{,}3/(144{,}3 \pm n)$

ϱ Dichte in kg/l, n Aräometergrade in °Bé

°API (American Petroleum Institute) wird in den USA für Dichteangaben von Kraftstoffen und Ölen verwendet.

$\varrho = 141{,}5/(131{,}5 + n)$

ϱ Dichte in kg/l, n Aräometergrade in °API

Beispiele: 7 lb/gallon (US) = 0,839 kg/l; –30 °Bé = 0,828 kg/l

Krafteinheiten

Fettgedruckte Zahlen siehe Umrechnungstabelle S. 27

Einheit		N	kp	lbf
1 N (Newton)	=	1	0,101972	0,224809
Nicht mehr anwenden 1 kp (Kilopond)	=	**9,80665**	1	2,204615
1 lbf (pound-force)	=	**4,44822**	0,453594	1

1 pdl (poundal) = 0,138255 N = Kraft, die eine Masse von 1 lb um 1 ft/s² beschleunigt.
1 sn (sthène)* = 10^3 N

Druck- und Spannungseinheiten

Fettgedruckte Zahlen siehe Umrechnungstabelle S. 27

Einheit[1])		Pa	µbar	hPa	bar	N/mm²	kp/mm²	at	kp/m²	Torr	atm	lbf/in²	lbf/ft²	tonf/in²
1 Pa = 1 N/m²	=	1	10	0,01	10^{-5}	10^{-6}	–	–	0,10197	0,0075	–	–	–	–
1 µbar	=	0,1	1	0,001	10^{-6}	10^{-7}	–	–	0,0102	–	–	–	–	–
1 hPa = 1 mbar	=	100	1000	1	0,001	0,0001	–	–	10,197	0,7501	–	0,0145	2,0886	–
1 bar	=	10^5	10^6	1000	1	0,1	0,0102	1,0197	10197	750,06	0,9869	14,5037	2088,6	–
1 N/mm²	=	10^6	10^7	10000	10	1	0,10197	10,197	101972	7501	9,8692	145,037	20886	0,06475
Nicht mehr anwenden														
1 kp/mm²	=	–	–	98066,5	98,0665	**9,80665**	1	100	10^6	73556	96,784	1422,33	–	0,63497
1 at = 1 kp/cm²	=	98066,5	–	980,665	**0,98066**	0,0981	0,01	1	10000	735,56	0,96784	14,2233	2048,16	–
1 kp/m² = 1 mmWS	=	9,80665	98,0665	0,0981	–	–	10^{-6}	10^{-4}	1	–	–	–	0,2048	–
1 Torr = 1 mmHg	=	133,322	1333,22	**1,33322**	–	–	–	0,00136	13,5951	1	0,00132	0,01934	2,7845	–
1 atm	=	101325	–	1013,25	**1,01325**	–	–	1,03323	10332,3	760	1	14,695	2116,1	–
Anglo-amerikanische Einheiten														
1 lbf/in²	=	6894,76	68948	68,948	**0,0689**	0,00689	–	0,07031	703,07	51,715	0,06805	1	144	–
1 lbf/ft²	=	**47,8803**	478,8	0,4788	–	–	–	–	4,8824	0,35913	–	–	1	–
1 tonf/in²	=	–	–	–	154,443	**15,4443**	1,57488	157,488	–	–	152,42	2240	–	1

lbf/in² = pound-force per square inch (psi), lbf/ft² = pound-force per square foot (psf), tonf/in² = ton-force (UK) per square inch
1 pdl/ft² (poundal per square foot) = 1,48816 Pa
1 barye* = 1 µbar; 1 pz (pièce)* = 1 sn/m² (sthène/m²)* = 10^3 Pa

Normen: DIN 66034 Umrechnungstabellen Kilopond – Newton, Newton – Kilopond, DIN 66037 Umrechnungstabellen Kilopond/cm² – Bar, Bar – Kilopond/cm², DIN 66038 Umrechnungstabellen Torr – Millibar, Millibar – Torr

[1]) Namen der Einheiten s. S. 9 und 10. * französische Einheiten.

Kraft-, Druck- und Spannungseinheiten

↓	Umrechnung von kp/mm² [1])	at	atm	Torr	lbf	lbf/in²	tonf/in²	lbf/ft²
	in N/mm²	in bar	in bar	in hPa	in N	in bar	in N/mm²	in Pa
1,0	9,807	0,9807	1,013	1,333	4,448	0,0689	15,44	47,88
1,1	10,79	1,079	1,115	1,467	4,893	0,0758	16,99	52,67
1,2	11,77	1,177	1,216	1,600	5,338	0,0827	18,53	57,46
1,3	12,75	1,275	1,317	1,733	5,783	0,0896	20,08	62,24
1,4	13,73	1,373	1,419	1,867	6,228	0,0965	21,62	67,03
1,5	14,71	1,471	1,520	2,000	6,672	0,103	23,17	71,82
1,6	15,69	1,569	1,621	2,133	7,117	0,110	24,71	76,61
1,7	16,67	1,667	1,723	2,266	7,562	0,117	26,26	81,40
1,8	17,65	1,765	1,824	2,400	8,007	0,124	27,80	86,18
1,9	18,63	1,863	1,925	2,533	8,452	0,131	29,34	90,97
2,0	19,61	1,961	2,026	2,666	8,896	0,138	30,89	95,76
2,1	20,59	2,059	2,128	2,800	9,341	0,145	32,43	100,5
2,2	21,57	2,157	2,229	2,933	9,786	0,152	33,98	105,3
2,3	22,56	2,256	2,330	3,066	10,23	0,158	35,52	110,1
2,4	23,54	2,354	2,432	3,200	10,68	0,165	37,07	114,9
2,5	24,52	2,452	2,533	3,333	11,12	0,172	38,61	119,7
2,6	25,50	2,550	2,634	3,466	11,57	0,179	40,16	124,5
2,7	26,48	2,648	2,736	3,600	12,01	0,186	41,70	129,3
2,8	27,46	2,746	2,837	3,733	12,46	0,193	43,24	134,1
2,9	28,44	2,844	2,938	3,866	12,90	0,200	44,79	138,9
3,0	29,42	2,942	3,040	4,000	13,34	0,207	46,33	143,6
3,2	31,38	3,138	3,242	4,266	14,23	0,220	49,42	153,2
3,4	33,34	3,334	3,445	4,533	15,12	0,234	52,51	162,8
3,6	35,30	3,530	3,648	4,800	16,01	0,248	55,60	172,4
3,8	37,27	3,727	3,850	5,066	16,90	0,262	58,69	181,9
4,0	39,23	3,923	4,053	5,333	17,79	0,276	61,78	191,6
4,2	41,19	4,119	4,256	5,600	18,68	0,289	64,87	201,1
4,4	43,15	4,315	4,458	5,866	19,57	0,303	67,95	210,7
4,6	45,11	4,511	4,661	6,133	20,46	0,317	71,04	220,2
4,8	47,07	4,707	4,864	6,399	21,35	0,331	74,13	229,8
5,0	49,03	4,903	5,066	6,666	22,24	0,345	77,22	239,4
5,2	50,99	5,099	5,269	6,933	23,13	0,358	80,31	249,0
5,4	52,96	5,296	5,472	7,199	24,02	0,372	83,40	258,6
5,6	54,92	5,492	5,674	7,466	24,91	0,386	86,49	268,1
5,8	56,88	5,688	5,877	7,733	25,80	0,400	89,58	277,7
6,0	58,84	5,884	6,079	7,999	26,69	0,413	92,67	287,3
6,5	63,74	6,374	6,586	8,666	28,91	0,448	100,4	311,2
7,0	68,65	6,865	7,093	9,333	31,14	0,482	108,1	335,2
7,5	73,55	7,355	7,599	9,999	33,36	0,517	115,8	359,1
8,0	78,45	7,845	8,106	10,67	35,59	0,551	123,6	383,0
8,5	83,36	8,336	8,613	11,33	37,81	0,586	131,3	407,0
9,0	88,26	8,826	9,119	12,00	40,03	0,620	139,0	430,9
9,5	93,16	9,316	9,626	12,67	42,26	0,655	146,7	454,9

Die Tabelle gilt auch für dezimale Vielfache und Teile.
Beispiel: 260 lbf/in² = 17,9 bar

[1]) gilt auch für die Umrechnung von kp in N.

Energieeinheiten
(Arbeitseinheiten) Fettgedruckte Zahlen siehe Umrechnungstabelle S. 29

Einheit[1])	J	kW · h	kp · m	PS · h	kcal	ft · lbf	Btu
1 J =	1	$277{,}8 \cdot 10^{-9}$	0,10197	$377{,}67 \cdot 10^{-9}$	$\mathbf{238{,}85 \cdot 10^{-6}}$	0,73756	$947{,}8 \cdot 10^{-6}$
1 kW · h =	$3{,}6 \cdot 10^{6}$	1	367098	**1,35962**	859,85	$2{,}6552 \cdot 10^{6}$	3412,13
Nicht mehr anwenden							
1 kp · m =	**9,80665**	$2{,}7243 \cdot 10^{-6}$	1	$3{,}704 \cdot 10^{-6}$	$2{,}342 \cdot 10^{-3}$	7,2330	$9{,}295 \cdot 10^{-3}$
1 PS · h =	$2{,}6478 \cdot 10^{6}$	**0,735499**	270000	1	632,369	$1{,}9529 \cdot 10^{6}$	2509,6
1 kcal[2]) =	**4186,8**	$1{,}163 \cdot 10^{-3}$	426,935	$1{,}581 \cdot 10^{-3}$	1	3088	3,9683
Anglo-amerikanische Einheiten							
1 ft · lbf =	**1,35582**	$376{,}6 \cdot 10^{-9}$	0,13826	$512{,}1 \cdot 10^{-9}$	$323{,}8 \cdot 10^{-6}$	1	$1{,}285 \cdot 10^{-3}$
1 Btu[3]) =	**1055,06**	$293{,}1 \cdot 10^{-6}$	107,59	$398{,}5 \cdot 10^{-6}$	0,2520	778,17	1

ft lbf = foot pound-force, Btu = British thermal unit
1 in ozf (inch ounce-force) = 0,007062 J, 1 in lbf (inch pound-force) = **0,112985** J,
1 ft pdl (foot poundal) = 0,04214 J,
1 hph (horsepower hour) = $2{,}685 \cdot 10^{6}$ J = **0,7457** kW · h,
1 thermie (franz.) = 1000 frigories (franz.) = 1000 kcal = 4,1868 MJ,
1 kg SKE (Kilogramm Steinkohleneinheiten)[4]) = 29,3076 MJ = 8,141 kWh
1 t SKE (Tonne Steinkohleneinheiten)[4]) = 1000 kg SKE = 29,3076 GJ = 8,141 MWh

Leistungseinheiten
Fettgedruckte Zahlen siehe Umrechnungstabelle S. 29

Einheit[1])	W	kW	kp · m/s	PS	kcal/s	hp	Btu/s
1 W =	1	0,001	0,10197	$1{,}3596 \cdot 10^{-3}$	$238{,}8 \cdot 10^{-6}$	$1{,}341 \cdot 10^{-3}$	$947{,}8 \cdot 10^{-6}$
1 kW =	1000	1	101,97	**1,35962**	$\mathbf{238{,}8 \cdot 10^{-3}}$	1,34102	$947{,}8 \cdot 10^{-3}$
Nicht mehr anwenden							
1 kp · m/s =	**9,80665**	$9{,}807 \cdot 10^{-3}$	1	$13{,}33 \cdot 10^{-3}$	$2{,}342 \cdot 10^{-3}$	$13{,}15 \cdot 10^{-3}$	$9{,}295 \cdot 10^{-3}$
1 PS =	735,499	0,735499	75	1	0,17567	0,98632	0,69712
1 kcal/s =	4186,8	**4,1868**	426,935	5,6925	1	5,6146	3,9683
Anglo-amerikanische Einheiten							
1 hp =	745,70	**0,74570**	76,0402	1,0139	0,17811	1	0,70678
1 Btu/s =	1055,06	**1,05506**	107,586	1,4345	0,2520	1,4149	1

hp = horsepower
1 ft · lbf/s = **1,35582** W
1 ch (cheval vapeur) (franz.) = 1 PS = 0,7355 kW,
1 poncelet (franz.) = 100 kp · m/s = 0,981 kW
Menschliche Dauerleistung ≈ 0,1 kW

Normen: DIN 66035 Umrechnungstabellen Kalorie – Joule, Joule – Kalorie
DIN 66036 Umrechnungstabellen Pferdestärke – Kilowatt, Kilowatt – Pferdestärke
DIN 66039 Umrechnungstabellen Kilokalorie – Wattstunde, Wattstunde – Kilokalorie

---

[1]) Namen der Einheiten s. S. 10 und unter den Tabellen.
[2]) 1 kcal ≈ Wärmemenge, die nötig ist, um 1 kg Wasser von 15 °C um 1 °C zu erwärmen
[3]) 1 Btu ≈ Wärmemenge, die nötig ist, um 1 lb Wasser um 1 °F zu erwärmen. 1 therm = 10^{5} Btu
[4]) Den Energieeinheiten kg SKE und t SKE lag ein spezifischer Heizwert H_u von 7000 kcal/kg Steinkohle zugrunde.

Energie- und Leistungseinheiten

	Umrechnung von kp · m *kp · m/s*	PS · h *PS*	kW · h *kW*	kcal *kcal/s*	kJ *kW*	ft · lbf *ft · lbf/s*	in · lbf *in · lbf/s*	hp · h *hp*	Btu *Btu/s*
↓	in J *W*	in kW · h *kW*	in PS · h *PS*	in kJ *kW*	in kcal *kcal/s*	in J *W*	in J *W*	in kW · h *kW*	in kJ *kW*
1,0	9,807	0,7355	1,360	4,187	0,2388	1,356	0,1130	0,7457	1,055
1,1	10,79	0,8090	1,496	4,605	0,2627	1,491	0,1243	0,8203	1,161
1,2	11,77	0,8826	1,632	5,024	0,2866	1,627	0,1356	0,8948	1,266
1,3	12,75	0,9561	1,767	5,443	0,3105	1,763	0,1469	0,9694	1,372
1,4	13,73	1,030	1,903	5,862	0,3344	1,898	0,1582	1,044	1,477
1,5	14,71	1,103	2,039	6,280	0,3583	2,034	0,1695	1,119	1,583
1,6	15,69	1,177	2,175	6,699	0,3822	2,169	0,1808	1,193	1,688
1,7	16,67	1,250	2,311	7,118	0,4060	2,305	0,1921	1,268	1,794
1,8	17,65	1,324	2,447	7,536	0,4299	2,440	0,2034	1,342	1,899
1,9	18,63	1,397	2,583	7,955	0,4538	2,576	0,2147	1,417	2,005
2,0	19,61	1,471	2,719	8,374	0,4777	2,712	0,2260	1,491	2,110
2,1	20,59	1,545	2,855	8,792	0,5016	2,847	0,2373	1,566	2,216
2,2	21,57	1,618	2,991	9,211	0,5255	2,983	0,2486	1,641	2,321
2,3	22,56	1,692	3,127	9,630	0,5493	3,118	0,2599	1,715	2,427
2,4	23,54	1,765	3,263	10,05	0,5732	3,254	0,2712	1,790	2,532
2,5	24,52	1,839	3,399	10,47	0,5971	3,390	0,2825	1,864	2,638
2,6	25,50	1,912	3,535	10,89	0,6210	3,525	0,2938	1,939	2,743
2,7	26,48	1,986	3,671	11,30	0,6449	3,661	0,3051	2,013	2,849
2,8	27,46	2,059	3,807	11,72	0,6688	3,796	0,3164	2,088	2,954
2,9	28,44	2,133	3,943	12,14	0,6927	3,932	0,3277	2,163	3,060
3,0	29,42	2,206	4,079	12,56	0,7165	4,067	0,3390	2,237	3,165
3,2	31,38	2,354	4,351	13,40	0,7643	4,339	0,3616	2,386	3,376
3,4	33,34	2,501	4,623	14,24	0,8121	4,610	0,3841	2,535	3,587
3,6	35,30	2,648	4,895	15,07	0,8598	4,881	0,4067	2,685	3,798
3,8	37,27	2,795	5,167	15,91	0,9076	5,152	0,4293	2,834	4,009
4,0	39,23	2,942	5,438	16,75	0,9554	5,423	0,4519	2,983	4,220
4,2	41,19	3,089	5,710	17,58	1,003	5,694	0,4745	3,132	4,431
4,4	43,15	3,236	5,982	18,42	1,051	5,966	0,4971	3,281	4,642
4,6	45,11	3,383	6,254	19,26	1,099	6,237	0,5197	3,430	4,853
4,8	47,07	3,530	6,526	20,10	1,146	6,508	0,5423	3,579	5,064
5,0	49,03	3,677	6,798	20,93	1,194	6,779	0,5649	3,728	5,275
5,5	53,94	4,045	7,478	23,03	1,314	7,457	0,6214	4,101	5,803
6,0	58,84	4,413	8,158	25,12	1,433	8,135	0,6779	4,474	6,330
6,5	63,74	4,781	8,838	27,21	1,552	8,813	0,7344	4,847	6,858
7,0	68,65	5,148	9,517	29,31	1,672	9,491	0,7909	5,220	7,385
7,5	73,55	5,516	10,20	31,40	1,791	10,17	0,8474	5,593	7,913
8,0	78,45	5,884	10,88	33,49	1,911	10,85	0,9039	5,966	8,440
8,5	83,36	6,252	11,56	35,59	2,030	11,52	0,9604	6,338	8,968
9,0	88,26	6,619	12,24	37,68	2,150	12,20	1,017	6,711	9,496
9,5	93,16	6,987	12,92	39,77	2,269	12,88	1,073	7,084	10,02

Die Tabelle gilt auch für dezimale Vielfache und Teile.
Beispiel: 3,8 PS = 2,795 kW; 38 PS = 27,95 kW

Wärmetechnische Einheiten

↓ Umrechnung von	kcal/(kg · K) [1] / Btu/(lb · °R) [1]	kcal/(m · h · K) [2][4]	Btu/(s · ft · °R) [2]	Btu/(s · ft² · °R) [3]	Btu/ft²	Btu/lb	Btu/ft³
	in kJ/(kg·K)	in W/(m·K)	in kW/(m·K)	in kW/(m²·K)	in kJ/m²	in kJ/kg	in kJ/m³
1,0	4,1868	1,1630	6,2306	20,442	11,357	2,3260	37,259
1,1	4,605	1,279	6,854	22,49	12,49	2,559	40,98
1,2	5,024	1,396	7,477	24,53	13,63	2,791	44,71
1,3	5,443	1,512	8,100	26,57	14,76	3,024	48,44
1,4	5,862	1,628	8,723	28,62	15,90	3,256	52,16
1,5	6,280	1,744	9,346	30,66	17,03	3,489	55,89
1,6	6,699	1,861	9,969	32,71	18,17	3,722	59,61
1,7	7,118	1,977	10,59	34,75	19,31	3,954	63,34
1,8	7,536	2,093	11,22	36,80	20,44	4,187	67,07
1,9	7,955	2,210	11,84	38,84	21,58	4,419	70,79
2,0	8,374	2,326	12,46	40,88	22,71	4,652	74,52
2,1	8,792	2,442	13,08	42,93	23,85	4,885	78,24
2,2	9,211	2,559	13,71	44,97	24,98	5,117	81,96
2,3	9,630	2,675	14,33	47,02	26,12	5,350	85,70
2,4	10,05	2,791	14,95	49,06	27,26	5,582	89,42
2,5	10,47	2,907	15,58	51,10	28,39	5,815	93,15
2,6	10,89	3,024	16,20	53,15	29,53	6,048	96,87
2,7	11,30	3,140	16,82	55,19	30,66	6,280	100,6
2,8	11,72	3,256	17,45	57,24	31,80	6,513	104,3
2,9	12,14	3,373	18,07	59,28	32,93	6,745	108,1
3,0	12,56	3,489	18,69	61,33	34,07	6,978	111,8
3,2	13,40	3,722	19,94	65,41	36,34	7,443	119,2
3,4	14,24	3,954	21,18	69,50	38,61	7,908	126,7
3,6	15,07	4,187	22,43	73,59	40,88	8,374	134,1
3,8	15,91	4,419	23,68	77,68	43,16	8,839	141,6
4,0	16,75	4,652	24,92	81,77	45,43	9,304	149,0
4,2	17,58	4,885	26,17	85,86	47,70	9,796	156,5
4,4	18,42	5,117	27,41	89,94	49,97	10,23	163,9
4,6	19,26	5,350	28,66	94,03	52,24	10,70	171,4
4,8	20,10	5,582	29,91	98,12	54,51	11,16	178,8
5,0	20,93	5,815	31,15	102,2	56,78	11,63	186,3
5,5	23,03	6,396	34,27	112,4	62,46	12,79	204,9
6,0	25,12	6,978	37,38	122,7	68,14	13,96	223,6
6,5	27,21	7,559	40,50	132,9	73,82	15,12	242,2
7,0	29,31	8,141	43,61	143,1	79,50	16,28	260,8
7,5	31,40	8,722	46,73	153,3	85,17	17,44	279,4
8,0	33,49	9,304	49,85	163,5	90,85	18,61	298,1
8,5	35,59	9,885	52,96	173,8	96,53	19,77	316,7
9,0	37,68	10,47	56,08	184,0	102,2	20,93	335,3
9,5	39,77	11,05	59,19	194,2	107,9	22,10	354,0

Die Tabelle gilt auch für dezimale Vielfache und Teile.
Beispiele: 2,9 kcal/(m · h · K) = 3,373 W/(m · K), 1,2 Btu/lb = 2,791 kJ/kg

[1] Spezifische Wärmekapazität.
[2] Wärmeleitfähigkeit.
[3] Wärmeübergangskoeffizient.
[4] 1 cal/(cm · s · K) = 360 kcal/(m · h · K) = 418,68 W/(m · K).

Temperatureinheiten

°C = Grad Celsius, K = Kelvin,
°F = Grad Fahrenheit, °R = Grad Rankine

Temperaturpunkte

$$T_K = (273{,}15\,°C + t_C)\,\frac{K}{°C} = \frac{5}{9}\,T_R$$

$$T_R = (459{,}67\,°F + t_F)\,\frac{°R}{°F} = 1{,}8\,T_K$$

$$t_C = \frac{5}{9}(t_F - 32\,°F)\frac{°C}{°F} = (T_K - 273{,}15\,K)\frac{°C}{K}$$

$$t_F = (1{,}8\,t_C + 32\,°C)\frac{°F}{°C} = (T_R - 459{,}67\,°R)\frac{°F}{°R}$$

t_C, t_F, T_K und T_R bedeuten die Temperaturpunkte in °C, °F, K und °R.

Temperaturdifferenz

1 K = 1 °C = 1,8 °F = 1,8 °R

Nullpunkte: 0 °C ≙ 32 °F, 0 °F ≙ −17,78 °C
Absoluter Nullpunkt der Temperatur:
0 K ≙ −273,15 °C ≙ 0 °R ≙ −459,67 °F

Internationale praktische Temperaturskala: Siedepunkt des Sauerstoffs −182,97 °C, Tripelpunkt des Wassers 0,01 °C[1]), Siedepunkt des Wassers 100 °C, Siedepunkt des Schwefels 444,6 °C, Erstarrungspunkt des Silbers 960,8 °C, Erstarrungspunkt des Goldes 1063 °C.

[1]) Temperaturpunkt des reinen Wassers, bei dem gleichzeitig Eis, Wasser und Dampf miteinander im Gleichgewicht auftreten (bei 1013,25 hPa). Siehe auch Fußnote [2]) auf S. 6.

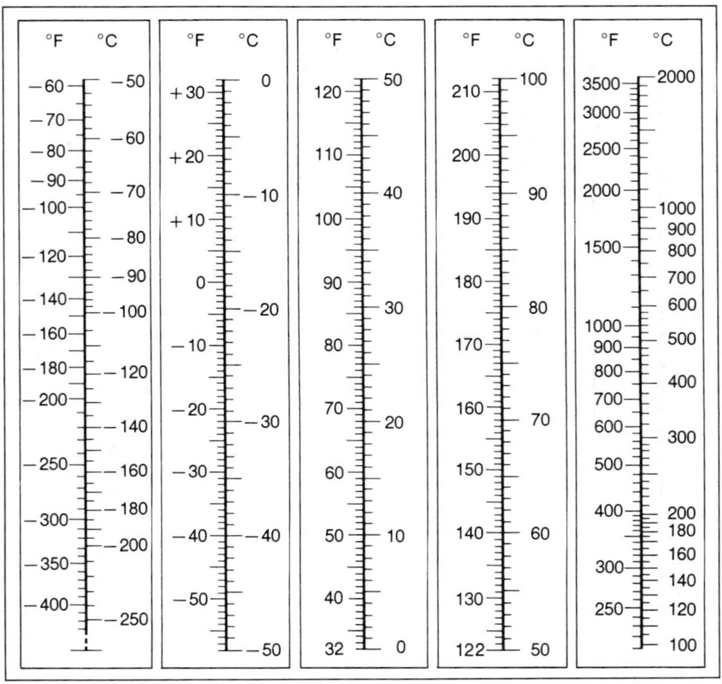

Viskositätseinheiten

Gesetzliche Einheiten der kinematischen Viskosität ν
$1\,m^2/s = 1\,Pa \cdot s/(kg/m^3) = 10^4\,cm^2/s = 10^6\,mm^2/s$

Anglo-amerikanische Einheiten:
$1\,ft^2/s = 0{,}092903\,m^2/s$
RI-Sekunden = Auslaufzeit aus Redwood-I-Viskosimeter (UK)
SU-Sekunden = Auslaufzeit aus Saybolt-Universal-Viskosimeter (US)

Nicht mehr anwenden:
St (Stokes) = cm^2/s, cSt = mm^2/s

Konventionelle Einheiten
E (Englergrad) = relative Auslaufzeit aus Engler-Gerät DIN 51560
Für $\nu > 60\,mm^2/s$ ist $1\,mm^2/s = 0{,}132$ E

Englergrade geben unter 3 E kein richtiges Bild vom wahren Viskositätsverlauf, da z. B. eine Flüssigkeit mit 2 E nicht die doppelte, sondern die 12fache kinematische Viskosität hat wie eine Flüssigkeit mit 1 E.

A-Sekunden = Auslaufzeit aus Auslaufbecher DIN 53211

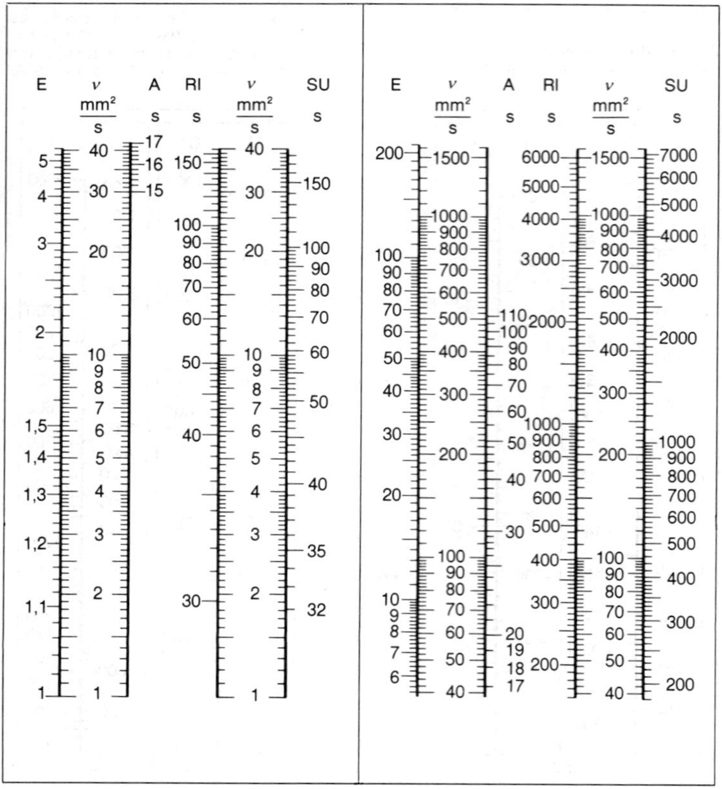

Zeiteinheiten

Einheit[1])		s	min	h	d
1 s[2]) (Sekunde)	=	1	0,01667	$0{,}2778 \cdot 10^{-3}$	$11{,}574 \cdot 10^{-6}$
1 min (Minute)	=	60	1	0,01667	$0{,}6944 \cdot 10^{-3}$
1 h (Stunde)	=	3600	60	1	0,041667
1 d (Tag)	=	86 400	1440	24	1

1 bürgerliches Jahr = 365 (bzw. 366) Tage = 8760 (8784) Stunden (für Zinsberechnungen im Bankwesen 1 Jahr = 360 Tage)
1 Sonnenjahr[3]) = 365,2422 mittlere Sonnentage = 365 d 5 h 48 min 46 s
1 Sternjahr[4]) = 365,2564 mittlere Sonnentage

Stunden- und Winkeldezimalen in Minuten und Sekunden

h (°)	0,00	0,01	0,02	0,03	0,04	0,05	0,06	0,07	0,08	0,09
					min (′) und s (″)					
0,0	0′00″	0′36″	1′12″	1′48″	2′24″	3′00″	3′36″	4′12″	4′48″	5′24″
0,1	6′00″	6′36″	7′12″	7′48″	8′24″	9′00″	9′36″	10′12″	10′48″	11′24″
0,2	12′00″	12′36″	13′12″	13′48″	14′24″	15′00″	15′36″	16′12″	16′48″	17′24″
0,3	18′00″	18′36″	19′12″	19′48″	20′24″	21′00″	21′36″	22′12″	22′48″	23′24″
0,4	24′00″	24′36″	25′12″	25′48″	26′24″	27′00″	27′36″	28′12″	28′48″	29′24″
0,5	30′00″	30′36″	31′12″	31′48″	32′24″	33′00″	33′36″	34′12″	34′48″	35′24″
0,6	36′00″	36′36″	37′12″	37′48″	38′24″	39′00″	39′36″	40′12″	40′48″	41′24″
0,7	42′00″	42′36″	43′12″	43′48″	44′24″	45′00″	45′36″	46′12″	46′48″	47′24″
0,8	48′00″	48′36″	49′12″	49′48″	50′24″	51′00″	51′36″	52′12″	52′48″	53′24″
0,9	54′00″	54′36″	55′12″	55′48″	56′24″	57′00″	57′36″	58′12″	58′48″	59′24″
1,0	60′00″									

Beispiele: 0,58 h = 34 min 48 s; 0,58° = 34′48″; 12,46° = 12° 27′36″

Minuten in Stunden- oder Graddezimalen (oder Sekunden in Minutendezimalen)

min	0	1	2	3	4	5	6	7	8	9
					h bzw. °					
0	–	0,017	0,033	0,050	0,067	0,083	0,100	0,117	0,133	0,150
10	0,167	0,183	0,200	0,217	0,233	0,250	0,267	0,283	0,300	0,317
20	0,333	0,350	0,367	0,383	0,400	0,417	0,433	0,450	0,467	0,483
30	0,500	0,517	0,533	0,550	0,567	0,583	0,600	0,617	0,633	0,650
40	0,667	0,683	0,700	0,717	0,733	0,750	0,767	0,783	0,800	0,817
50	0,833	0,850	0,867	0,883	0,900	0,917	0,933	0,950	0,967	0,983
60	1,000									

Sekunden in Stunden- oder Graddezimalen

s (″)	5	10	15	20	25	30	35	40	45	50	55	60
h (°)	0,001	0,003	0,004	0,006	0,007	0,008	0,010	0,011	0,012	0,014	0,015	0,017

Beispiele: 32 min = 0,533 h oder 0,533°; 14 min 45 s = 0,233 + 0,012 h = 0,245 h oder 0,245°

[1]) Siehe auch S. 9.
[2]) Basiseinheit des SI, Definition s. S. 6.
[4]) wahre Umlaufzeit der Erde um die Sonne.
[3]) Zeit zwischen zwei aufeinanderfolgenden Durchgängen der Erde durch den Frühlingspunkt.

Geschwindigkeiten

1 km/h = 0,27778 m/s
1 mile/h = 1,60934 km/h
1 kn (Knoten) = 1,852 km/h
1 ft/min = 0,3048 m/min

1 m/s = 3,6 km/h
1 km/h = 0,62137 mile/h
1 km/h = 0,53996 kn
1 m/min = 3,28084 ft/min

$$x \text{ km/h} \mathrel{\hat{=}} \frac{60}{x} \text{ min/km} \mathrel{\hat{=}} \frac{3600}{x} \text{ s/km} \qquad x \text{ mile/h} \mathrel{\hat{=}} \frac{37{,}2824}{x} \text{ min/km} \mathrel{\hat{=}} \frac{2236{,}9}{x} \text{ s/km}$$

$$x \text{ s/km} \mathrel{\hat{=}} \frac{3600}{x} \text{ km/h}$$ (Tabelle s. nächste Seite)

	Umrechnung von								
	km/h	**m/s**	**km/h**	**mile/h (mph)**	**kn**	**ft/min**	**km/h**	**mile/h (mph)**	**km/h**
↓	in m/s	in km/h	in mile/h	in km/h	in km/h	in m/min	in Zeit/km	in Zeit/km	in Zeit/100 km
10	2,78	36,0	6,21	16,1	18,52	3,05	6 min	3 min 44 s	10 h
20	5,56	72,0	12,4	32,2	37,04	6,10	3 min	1 min 52 s	5 h
30	8,33	108	18,6	48,3	55,56	9,14	2 min	1 min 15 s	3 h 20 min
40	11,1	144	24,9	64,4	74,08	12,2	1 min 30 s	55,9 s	2 h 30 min
50	13,9	180	31,1	80,5	92,60	15,2	1 min 12 s	44,7 s	2 h
60	16,7	216	37,3	96,6	111	18,3	1 min	37,3 s	1 h 40 min
70	19,4	252	43,5	113	130	21,3	51,4 s	32,0 s	1 h 26 min
80	22,2	288	49,7	129	148	24,4	45 s	28,0 s	1 h 15 min
90	25,0	324	55,9	145	167	27,4	40 s	24,9 s	1 h 6,7 min
100	27,8	360	62,1	161	185	30,5	36 s	22,4 s	1 h
110	30,6	396	68,4	177	–	33,5	32,7 s	20,3 s	54 min 33 s
120	33,3	432	74,6	193	–	36,6	30 s	18,6 s	50 min
130	36,1	468	80,8	209	–	39,6	27,7 s	17,2 s	46 min 9 s
140	38,9	504	87,0	225	–	42,7	25,7 s	16,0 s	42 min 51 s
150	41,7	540	93,2	241	–	45,7	24 s	14,9 s	40 min
160	44,4	576	99,4	257	–	48,8	22,5 s	14,0 s	37 min 30 s
170	47,2	612	106	274	–	51,8	21,2 s	13,2 s	35 min 18 s
180	50,0	648	112	290	–	54,9	20,0 s	12,4 s	33 min 20 s
190	52,8	684	118	306	–	57,9	18,9 s	11,8 s	31 min 35 s
200	55,6	720	124	322	–	61,0	18 s	11,2 s	30 min
250	69,4	900	155	402	–	76,2	14,4 s	8,9 s	24 min
300	83,3	1080	186	483	–	91,4	12 s	7,5 s	20 min
400	111	1440	249	644	–	122	9 s	5,6 s	15 min
500	139	1800	311	805	–	152	7,2 s	4,5 s	12 min
600	167	2160	373	966	–	183	6 s	3,7 s	10 min
800	222	2880	497	1287	–	244	4,5 s	2,8 s	7 min 30 s
1000	278	3600	621	1609	–	305	3,6 s	2,2 s	6 min
1200	333[1])	–	746	–	–	366	3 s	–	5 min
1400	389	–	870	–	–	427	2,6 s	–	4 min 17 s

Die **Machzahl** Ma gibt an, wievielmal schneller ein Körper sich bewegt als der Schall. $Ma = 1{,}3$ bedeutet also 1,3fache Schallgeschwindigkeit.

[1]) Etwa Schallgeschwindigkeit in Luft.

Umrechnung gestoppter Zeit für 1 km (s/km) in Geschwindigkeit (km/h)

s/km	0	1	2	3	4	5	6	7	8	9
	Geschwindigkeit in km/h									
10	360	327	300	277	257	240	225	212	200	189
20	180	171	164	157	150	144	138	133	129	124
30	120	116	113	109	106	103	100	97	95	92
40	90	88	86	84	82	80	78	77	75	73
50	72	71	69	68	67	65	64	63	62	61
60	60	59	58	57	56	55	55	54	53	52
70	51	51	50	49	49	48	47	47	46	46
80	45	44	44	43	43	42	42	41	41	40
90	40	40	39	39	38	38	38	37	37	36

Beispiel: Gestoppte Kilometerzeit 41 s/km entspricht einer Fahrgeschwindigkeit von 88 km/h.

Uhrzeiten

Um 12 Uhr MEZ haben die Zeitzonen folgende Uhrzeiten[1]):

Uhrzeit	Zeitzonenmeridian	Länder (Beispiele)
	westl. Länge	
1.00	150°	Alaska.
3.00	120°	Westküste von Kanada u. USA.
4.00	105°	Westl. Zentralzone von Kanada und USA.
5.00	90°	Zentralzone von Kanada und USA, Mexiko, Mittelamerika.
6.00	75°	Kanada zw. 68° und 90°, östl. USA, Ecuador, Kolumbien, Panama, Peru.
7.00	60°	Kanada östl. 68°, Bolivien, Chile, Venezuela.
8.00	45°	Argentinien, Brasilien, Grönland, Paraguay, Uruguay.
11.00	0°	**Westeuropäische Zeit (WEZ)**[2]): Großbritannien, Irland, Kanarische Inseln, Portugal, Westafrika.

Uhrzeit	Zeitzonenmeridian	Länder (Beispiele)
	östl. Länge	
12.00	15°	**Mitteleuropäische Zeit (MEZ):** Belgien, Dänemark, Deutschland, Frankreich, Italien, Jugoslawien, Luxemburg, Niederlande, Norwegen, Österreich, Polen, Schweden, Schweiz, Spanien, Tschechoslowakei, Ungarn; Algerien, Israel, Libyen, Nigeria, Tunesien, Zaire.
13.00	30°	**Osteuropäische Zeit (OEZ):** Bulgarien, Finnland, Griechenland, Rumänien; Ägypten, Libanon, Jordanien, Sudan, Südafrika, Syrien.
14.00	45°	Westl. UdSSR, Türkei, Irak, Saudi-Arabien, östl. Afrika.
14.30	52,5°	Iran.
16.30	82,5°	Indien, Sri Lanka.
18.00	105°	Indonesien, Kambodscha, Laos, Thailand, Vietnam.
19.00	120°	Chinesische Küste, Philippinen, Westaustralien.
20.00	135°	Japan, Korea.
20.30	142,5°	Nord- und Südaustralien.
21.00	150°	Ostaustralien.

[1]) In Ländern mit Sommerzeit wird in den Sommermonaten die Uhr gegenüber der Zonenzeit um 1 Stunde vorgestellt (nördl. des Äquators etwa von April bis Sept., südl. des Äquators etwa von Okt. bis März).

[2]) = Weltzeit UT (Universal Time), mittlere Sonnenzeit des Nullmeridians von Greenwich, bzw. Koordinierte Weltzeit UTC, definiert durch die unveränderliche Sekunde des Internationalen Einheitensystems (s. S. 6). Da sich die Erdrotation im Laufe der Jahre verlangsamt, wird die UTC ab und zu durch Einfügen einer Schaltsekunde an die UT angepaßt (letztmals am 1. 7. 1983).

Kraftstoffverbrauch

1 g/PS · h = 1,3596 g/kW · h
1 lb/hp · h = 608,277 g/kW · h
1 liq pt/hp · h = 634,545 cm³/kW · h
1 pt (UK)/hp · h = 762,049 cm³/kW · h

x mile/gal (US) ≙ $\frac{235{,}21}{x}$ l/100 km

x mile/gal (UK) ≙ $\frac{282{,}48}{x}$ l/100 km

1 g/kW · h = 0,7355 g/PS · h
1 g/kW · h = 0,001644 lb/hp · h
1 cm³/kW · h = 0,001576 liq pt/hp · h
1 cm³/kW · h = 0,001312 pt (UK)/hp · h

x l/100 km ≙ $\frac{235{,}21}{x}$ mile/gal (US)

x l/100 km ≙ $\frac{282{,}48}{x}$ mile/gal (UK)

Anglo-amerikanische Einheitennamen s. S. 20 und 28.

↓	Umrechnung von g/PS · h in g/kW · h	Umrechnung von g/kW · h in g/PS · h
100	136,0	73,55
120	163,2	88,26
140	190,3	103,0
160	217,5	117,7
180	244,7	132,4
200	271,9	147,1
220	299,1	161,8
240	326,3	176,5
260	353,5	191,2
280	380,7	205,9
300	407,9	220,6
320	435,1	235,4
340	462,3	250,1
360	489,5	264,8
380	516,6	279,5
400	543,8	294,2
420	571,0	308,9
440	598,2	323,6
460	625,4	338,3
480	652,6	353,0
500	679,8	367,7
520	707,0	382,5
540	734,2	397,2
560	761,4	411,9
580	788,6	426,6
600	815,8	441,3
650	883,7	478,1
700	951,7	514,8
750	1020	551,6
800	1088	588,4
900	1224	661,9

↓	Umrechnung von lb/hp · h in g/kW · h	Umrechnung von liq pt/hp · h in cm³/kW · h	Umrechnung von pt (UK)/hp · h in cm³/kW · h
0,10	60,83	63,45	76,20
0,15	91,24	95,18	114,3
0,20	121,7	126,9	152,4
0,25	152,1	158,6	190,5
0,30	182,5	190,4	228,6
0,32	194,6	203,1	243,9
0,34	206,8	215,7	259,1
0,36	219,0	228,4	274,3
0,38	231,1	241,1	289,6
0,40	243,3	253,8	304,8
0,42	255,5	266,5	320,1
0,44	267,6	279,2	335,3
0,46	279,8	291,9	350,5
0,48	292,0	304,6	365,8
0,50	304,1	317,3	381,0
0,52	316,3	330,0	396,3
0,54	328,5	342,7	411,5
0,56	340,6	355,3	426,7
0,58	352,8	368,0	442,0
0,60	365,0	380,7	457,2
0,62	377,1	393,4	472,5
0,64	389,3	406,1	487,7
0,66	401,5	418,8	503,0
0,68	413,6	431,5	518,2
0,70	425,8	444,2	533,4
0,75	456,2	475,9	571,5
0,80	486,6	507,6	609,6
0,85	517,0	539,4	647,7
0,90	547,4	571,1	685,8
0,95	577,9	602,8	723,9

↓	Umrechnung von mile/gal (US) in l/100 km	Umrechnung von mile/gal (UK) in l/100 km
10	23,5	28,2
11	21,4	25,7
12	19,6	23,5
13	18,1	21,7
14	16,8	20,2
15	15,7	18,8
16	14,7	17,7
17	13,8	16,6
18	13,1	15,7
19	12,4	14,9
20	11,8	14,1
22	10,7	12,8
24	9,80	11,8
26	9,05	10,9
28	8,40	10,1
30	7,84	9,42
32	7,35	8,83
34	6,92	8,31
36	6,53	7,85
38	6,19	7,43
40	5,88	7,06
42	5,60	6,73
44	5,35	6,42
46	5,11	6,14
48	4,90	5,88
50	4,70	5,65
55	4,28	5,14
60	3,92	4,71
70	3,36	4,04
80	2,94	3,53
90	2,61	3,14

Beispiel: 240 g/PS · h = 326,3 g/kW · h

Beispiel: 0,68 liq pt/hp · h = 431,5 cm³/kW · h

Beispiel: 18 mile/gal (US) = 13,1 l/100 km

Toleranzen

Form- und Lagetoleranzen

Form- und Lagetoleranzen (DIN 7184, ISO 1101) können zusätzlich zu den Maßtoleranzen angegeben werden, um Funktion und Austauschbarkeit sicherzustellen.

Beispiele

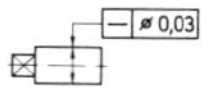	Die Achse des Bolzens muß innerhalb eines Zylinders vom Durchmesser 0,03 mm liegen.
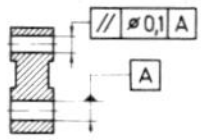	Die tolerierte Achse muß innerhalb eines zur Bezugsachse parallel liegenden Zylinders vom Durchmesser 0,1 mm liegen.

Begriffe und Symbole

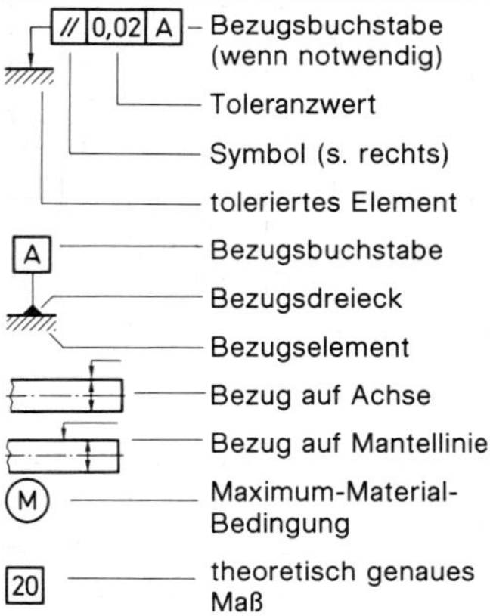

—	Geradheit
⏥	Ebenheit
○	Rundheit
⌭	Zylinderform
⌒	Linienform
⌓	Flächenform
//	Parallelität
⊥	Rechtwinkligkeit
∠	Neigung (Winkligkeit)
⌖	Position
⌯	Symmetrie
◎	Koaxialität, Konzentrizität
↗	Rundlauf, Planlauf
⌰	Summenrundlauf

ISO-Toleranzen und -Passungen

Erläuterungen zu S. 38 und 39

Zweck der ISO-Toleranzen ist, die Fertigung austauschbarer Teile mit einer Mindestzahl von Werkzeugen, Vorrichtungen und Lehren zu ermöglichen.

Die ISO-Kurzzeichen bestehen aus Buchstaben und Zahlen. Es bezeichnen:

— **Buchstaben** die Lage der Toleranz zum Nennmaß (Nullinie), Kleinbuchstaben bei Außenmaßen (Wellen), Großbuchstaben bei Innenmaßen (Bohrungen).

— **Zahlen** 01, 0, 1 bis 18 die Größe der Toleranz (ISO-Qualität).

Die ISO-Toleranzfelder von Wellen und Bohrungen können beliebig zu Passungen zusammengesetzt werden, doch werden die Paßsysteme Einheitsbohrung EB und Einheitswelle EW bevorzugt.

Einheitsbohrung: Die Grundabmaße aller Bohrungen sind gleich, die verschiedenen Passungen erhält man durch entsprechende Wahl der Abmaße der Wellen.

Einheitswelle: Die Grundabmaße aller Wellen sind gleich, die verschiedenen Passungen erhält man durch entsprechende Wahl der Abmaße der Bohrungen.

Mit der folgenden Auswahl von ISO-Abmaßen aus DIN 7160 und 7161 können die gebräuchlichsten Spiel-, Übergangs- und Preßpassungen gebildet werden. Die Auswahl entspricht etwa DIN 7157.

ISO = **I**nternational **O**rganization for **St**andardization

ISO-Abmaße

Auswahl (Erläuterungen s. S. 37)

Nennmaß mm über	bis	Außenmaße (Wellen) z 6*	u 6*	u 8[1])	s 6	r 6	p 6*	n 6	k 6	j 6	h 6	h 8*	h 9	h 11	g 6
1	3	+ 32	+ 24	+ 34	+ 20	+ 16	+12	+10	+ 6	+ 4	0	0	0	0	− 2
		+ 26	+ 18	+ 20	+ 14	+ 10	+ 6	+ 4	0	− 2	− 6	−14	− 25	− 60	− 8
3	6	+ 43	+ 31	+ 46	+ 27	+ 23	+20	+16	+ 9	+ 6	0	0	0	0	− 4
		+ 35	+ 23	+ 28	+ 19	+ 15	+12	+ 8	+ 1	− 2	− 8	−18	− 30	− 75	−12
6	10	+ 51	+ 37	+ 56	+ 32	+ 28	+24	+19	+10	+ 7	0	0	0	0	− 5
		+ 42	+ 28	+ 34	+ 23	+ 19	+15	+10	+ 1	− 2	− 9	−22	− 36	− 90	−14
10	14	+ 61		+ 67											
		+ 50	+ 44	+ 40	+ 39	+ 34	+29	+23	+12	+ 8	0	0	0	0	− 6
14	18	+ 71	+ 33	+ 72	+ 28	+ 23	+18	+12	+ 1	− 3	−11	−27	− 43	−110	−17
		+ 60		+ 45											
18	24	+ 86	+ 54	+ 87											
		+ 73	+ 41	+ 54	+ 48	+ 41	+35	+28	+15	+ 9	0	0	0	0	− 7
24	30	+101	+ 61	+ 81	+ 35	+ 28	+22	+15	+ 2	− 4	−13	−33	− 52	−130	−20
		+ 88	+ 48	+ 48											
30	40	+128	+ 76	+ 99											
		+112	+ 60	+ 60	+ 59	+ 50	+42	+33	+18	+11	0	0	0	0	− 9
40	50	−	+ 86	+109	+ 43	+ 34	+26	+17	+ 2	− 5	−16	−39	− 62	−160	−25
		−	+ 70	+ 70											
50	65	−	+106	+133	+ 72	+ 60									
		−	+ 87	+ 87	+ 53	+ 41	+51	+39	+21	+12	0	0	0	0	−10
65	80	−	+121	+148	+ 78	+ 62	+32	+20	+ 2	− 7	−19	−46	+ 74	−190	−29
		−	+102	+102	+ 59	+ 43									
80	100	−	+146	+178	+ 93	+ 73									
		−	+124	+124	+ 71	+ 51	+59	+45	+25	+13	0	0	0	0	−12
100	120	−	+166	+198	+101	+ 76	+37	+23	+ 3	− 9	−22	−54	− 87	−220	−34
		−	+144	+144	+ 79	+ 54									
120	140	−	+195	+233	+117	+ 88									
		−	+170	+170	+ 92	+ 63									
140	160	−	+215	+253	+125	+ 90	+68	+52	+28	+14	0	0	0	0	−14
		−	+190	+190	+100	+ 65	+43	+27	+ 3	−11	−25	−63	−100	−250	−39
160	180	−	+235	+273	+133	+ 93									
		−	+210	+210	+108	+ 68									
180	200	−	+265	+308	+151	+106									
		−	+236	+236	+122	+ 77									
200	225	−	+287	+330	+159	+109	+79	+60	+33	+16	0	0	0	0	−15
		−	+258	+258	+130	+ 80	+50	+31	+ 4	−13	−29	−72	−115	−290	−44
225	250	−	+313	+356	+169	+113									
		−	+284	+284	+140	+ 84									
250	280	−	+347	+396	+190	+126									
		−	+315	+315	+158	+ 94	+88	+66	+36	+16	0	0	0	0	−17
280	315	−	+382	+431	+202	+130	+56	+34	+ 4	−16	−32	−81	−130	−320	−49
		−	+350	+350	+170	+ 98									
315	355	−	+426	+479	+226	+144									
		−	+390	+390	+190	+108	+98	+73	+40	+18	0	0	0	0	−18
355	400	−	+471	+524	+244	+150	+62	+37	+ 4	−18	−36	−89	−140	−360	−54
		−	+435	+435	+208	+114									

[1]) bis 24 mm Nennmaß: x 8, über 24 mm Nennmaß: u 8. *) nicht in DIN 7157 enthalten.

Abmaße in µm = $^1/_{1000}$ mm

f 7	f 8*	e 8	e 9*	d 9	c 11	a 11	Innenmaße (Bohrungen) H 7	H 8	H 11	G 7	F 8	E 9	D 10	C 11	A 11
− 6	− 6	− 14	− 14	− 20	− 60	− 270	+10	+14	+ 60	+ 12	+ 20	+ 39	+ 60	+120	+ 330
− 16	− 20	− 28	− 39	− 45	−120	− 330	0	0	0	+ 2	+ 6	+ 14	+ 20	+ 60	+ 270
− 10	− 10	− 20	− 20	− 30	− 70	− 270	+12	+18	+ 75	+16	+ 28	+ 50	+ 78	+145	+ 345
− 22	− 28	− 38	− 50	− 60	−145	− 345	0	0	0	+ 4	+ 10	+ 20	+ 30	+ 70	+ 270
− 13	− 13	− 25	− 25	− 40	− 80	− 280	+15	+22	+ 90	+20	+ 35	+ 61	+ 98	+170	+ 370
− 28	− 35	− 47	− 61	− 70	−170	− 370	0	0	0	+ 5	+ 13	+ 25	+ 40	+ 80	+ 280
− 16	− 16	− 32	− 32	− 50	− 95	− 290	+18	+27	+110	+24	+ 43	+ 75	+120	+205	+ 400
− 34	− 43	− 59	− 75	− 93	−205	− 400	0	0	0	+ 6	+ 16	+ 32	+ 50	+ 95	+ 290
− 20	− 20	− 40	− 40	− 65	−110	− 300	+21	+33	+130	+28	+ 53	+ 92	+149	+240	+ 430
− 41	− 53	− 73	− 92	−117	−240	− 430	0	0	0	+ 7	+ 20	+ 40	+ 65	+110	+ 300
					−120	− 310								+280	+ 470
− 25	− 20	− 50	− 50	− 80	−280	− 470	+25	+39	+160	+34	+ 64	+112	+180	+120	+ 310
− 50	− 64	− 89	−112	−142	−130	− 320	0	0	0	+ 9	+ 25	+ 50	+ 80	+290	+ 480
					−290	− 480								+130	+ 320
					−140	− 340								+330	+ 530
− 30	− 30	− 60	− 60	−100	−330	− 530	+30	+46	+190	+40	+ 76	+134	+220	+140	+ 340
− 60	− 76	−106	−134	−174	−150	− 360	0	0	0	+10	+ 30	+ 60	+100	+340	+ 550
					−340	− 550								+150	+ 360
					−170	− 380								+390	+ 600
− 36	− 36	− 72	− 72	−120	−390	− 600	+35	+54	+220	+47	+ 90	+159	+260	+170	+ 380
− 71	− 90	−126	−159	−207	−180	− 410	0	0	0	+12	+ 36	+ 72	+120	+400	+ 630
					−400	− 630								+180	+ 410
					−200	− 460								+450	+ 710
					−450	− 710								+200	+ 460
− 43	− 43	− 85	− 85	−145	−210	− 520	+40	+63	+250	+54	+106	+185	+305	+460	+ 770
− 83	−106	−148	−185	−245	−460	− 770	0	0	0	+14	+ 43	+ 85	+145	+210	+ 520
					−230	− 580								+480	+ 830
					−480	− 830								+230	+ 580
					−240	− 660								+530	+ 950
					−530	− 950								+240	+ 660
− 50	− 50	−100	−100	−170	−260	− 740	+46	+72	+290	+61	+122	+215	+355	+550	+1030
− 96	−122	−172	−215	−285	−550	−1030	0	0	0	+15	+ 50	+100	+170	+260	+ 740
					−280	− 820								+570	+1110
					−570	−1110								+280	+ 820
					−300	− 920								+620	+1240
− 56	− 56	−110	−110	−190	−620	−1240	+52	+81	+320	+69	+137	+240	+400	+300	+ 920
−108	−137	−191	−240	−320	−330	−1050	0	0	0	+17	+ 56	+110	+190	+650	+1370
					−650	−1370								+330	+1050
					−360	−1200								+720	+1560
− 62	− 62	−125	−125	−210	−720	−1560	+57	+89	+360	+75	+151	+265	+440	+360	+1200
−119	−151	−214	−265	−350	−400	−1350	0	0	0	+18	+ 62	+125	+210	+760	+1710
					−760	−1710								+400	+1350

Oberflächen-Rauheit

Meßtechnische Begriffe

Maßgenauigkeit

Die Maßgenauigkeit gibt die zulässigen Maßtoleranzen eines Werkstücks an (Abmaße vom angegebenen Nennmaß und Lage des Toleranzfeldes zum Nennmaß). Für die einwandfreie Funktion eines Werkstücks sind häufig eingeengte Form- und Lagetoleranzen notwendig. Nach DIN ISO 1101 sind Form- und Lagetoleranzen direkt in die Zeichnung einzutragen, wenn die Allgemeintoleranzen (DIN 7168, Teil 2) zu groß sind.

Formtoleranzen

Formtoleranzen begrenzen die Abweichungen eines Formelements, z. B. einer Fläche oder Linie von der geometrisch idealen Form.

Lagetoleranzen

Lagetoleranzen begrenzen die Abweichungen der gegenseitigen Lage zweier oder mehrerer Formelemente, z. B. Flächen. Form- und Lagetoleranzen sind nach DIN 7184 (s. S. 37) mit Hilfe von Symbolen in Zeichnungen anzugeben.

Oberflächen

Die Istoberfläche eines Werkstücks weicht in ihrer geometrischen Form von der idealen Oberfläche ab. Ursachen sind Maß-, Lage- und Formgenauigkeiten des Fertigungs-Prozesses, Kinematik der Fertigung, verwendete Werkzeuge, Werkstoff und andere Störgrößen.

Technische Oberflächen enthalten häufig gleichzeitig Gestaltabweichungen 1. bis 4. Ordnung.

Maßtoleranz und Formtoleranz haben Vorrang vor der Rauheitstoleranz.

Oberflächengüte

Unter der Oberflächengüte versteht man die Gestaltabweichungen 3. bis 5. Ordnung (kurzwellige Gestaltabweichungen der Oberfläche). Zur Erfassung der Rauhheit wird eine Bezugsstreckenfilterung eingesetzt, das heißt,

Ordnungssystem für Gestaltabweichung (DIN 4760)

Gestaltabweichung (als Profilschnitt überhöht dargestellt)	Beispiele für die Art der Abweichung	Beispiele für die Entstehungsursachen
1. Ordnung: Formabweichungen 	Geradheits-, Ebenheits-, Rundheits-Abweichung.	Fehler in den Führungen der Werkzeugmaschine, Durchbiegung der Maschine oder des Werkstückes, falsche Einspannung des Werkstückes.
2. Ordnung: Welligkeit 	Wellen (s. DIN 4761).	außermittige Einspannung, Form- oder Laufabweichungen eines Fräsers, Schwingungen.
3. Ordnung: Rauheit 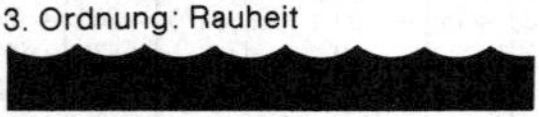	Rillen (s. DIN 4761).	Form der Werkzeugschneide, Vorschub oder Zustellung des Werkzeuges.
4. Ordnung: Rauheit 	Riefen, Schuppen, Kuppen (s. DIN 4761).	Vorgang der Spanbildung, Werkstoffverformung beim Sandstrahlen, Knospenbildung bei galvanischer Behandlung.
5. Ordnung: Rauheit (nicht mehr in einfacher Weise bildlich darstellbar)	Gefügestruktur.	Kristallisationsvorgänge, chemische Einwirkung (z. B. Beizen), Korrosionsvorgänge.
6. Ordnung: (nicht mehr einfach darstellbar)	Gitteraufbau des Werkstoffes.	–

die langwelligen Abweichungen kommen durch eine relativ kurz gewählte Bezugsstrecke nicht zur Wirkung. Die Rauhheit einer Oberfläche wird hauptsächlich mit elektrischen Tastschnittgeräten bestimmt. Weitere Verfahren: optischer Vergleich mit Oberflächen-Vergleichsmuster und Messung des Oberflächenprofils mit optischem Meßverfahren. Die Definition des gebräuchlichen Rauhheitswertes R_t ist nicht eindeutig und deshalb für die industrielle Praxis nicht geeignet (keine DIN-Festlegung über Meßbedingungen).

Den größten Informationsgehalt über die Topographie einer Oberfläche bietet das Profildiagramm. Als Vorzugs-Oberflächenkenngrößen werden R_z, R_{max}, R_a und P_t empfohlen, da nur für diese Größen eindeutige Meßbedingungen genormt sind.

Meßverfahren

Maximale und mittlere Rauhtiefe. *l_e Einzelmeßstrecken, l_m Gesamtmeßstrecke, R_{max} maximale Rauhtiefe $z_1 \dots z_5$ Einzelrauhheiten.*

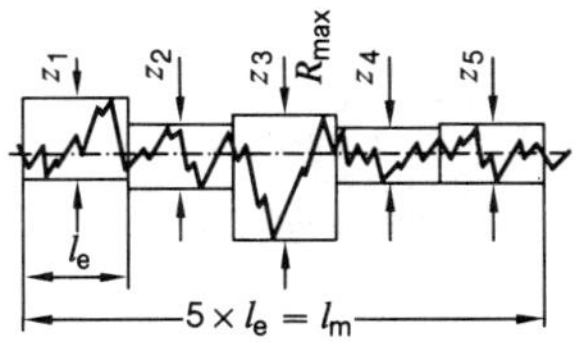

Mittenrauhwert. *l_m Auswertelänge, R_a Mittenrauhwert.*

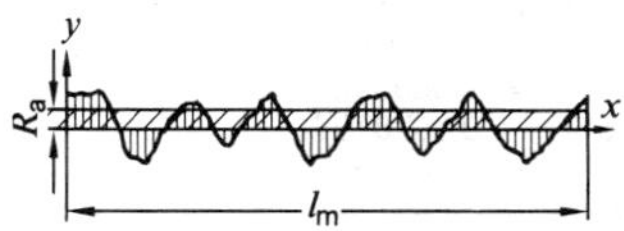

Profiltiefe. *l Bezugsstrecke, P_t Profiltiefe.*

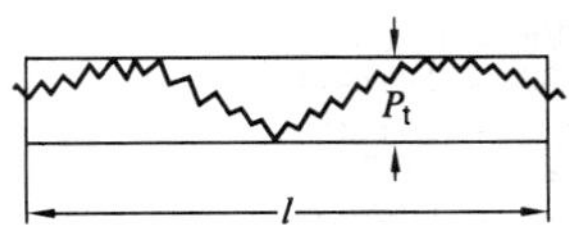

Gemittelte Rauhtiefe

Gemittelte Rauhtiefe R_z (DIN 4768) ist der Mittelwert aus den Einzelrauhheiten $z_1 \dots z_5$ fünf aufeinanderfolgender Einzelmeßstrecken l_e.

$$R_z = (z_1 + z_2 + z_3 + z_4 + z_5)/5$$

Maximale Rauhtiefe

Maximale Rauhtiefe R_{max} ist die größte Einzelrauhtiefe innerhalb der Gesamtmeßstrecke l_m.

Mittenrauhwert

Mittenrauhwert R_a (DIN 4768) ist der arithmetrische Mittelwert aller Beträge des Rauhheitsprofils R innerhalb der Gesamtmeßstrecke l_m.

$$R_a = 1/l_m \cdot \int_{x=0}^{x=l_m} |y(x)| \, dx$$

Profiltiefe

Profiltiefe P_t (DIN 4771) ist der Abstand zwischen zwei parallelen Begrenzungslinien, die das Profil P innerhalb der Bezugsstrecke l kleinstmöglich einschließen. Profiltiefe P_t ist die Summe der Gestaltsabweichungen 1. bis 4. Ordnung, soweit sich diese innerhalb der zur Profiltiefe gehörenden Bezugsstrecke l auswirken.

Für die Messung der Profiltiefe P_t ist ein Bezugsflächentastsystem (Freitastsystem) notwendig. Bei der Messung der Rauhheitskenngrößen R_a, R_z und R_{max} dagegen sind grundsätzlich die genormten Wellenfilter (gekoppelt an Rauhheitsbereich) zu verwenden. Die mittlere Linie wird durch RC-Filter oder digitale Filter erzeugt. Alle Auswertungen, die von der mittleren Linie ausgehen, werden mit „R" gekennzeichnet.

Mathematik

Mathematische Zeichen

$\approx$	ungefähr gleich
$\ll$	klein gegen
$\gg$	groß gegen
$\triangleq$	entspricht
$\ldots$	und so weiter, bis
$=$	gleich
$\neq$	nicht gleich
$<$	kleiner als
$\leq$	kleiner oder gleich
$>$	größer als
$\geq$	größer oder gleich
$+$	plus
$-$	minus
$\cdot$ oder $\star$ oder $\times$	mal[1])
— oder /	geteilt durch[2])
oder :	[3])
Σ	Summe
Π	Produkt
$\sim$	proportional
$\sqrt{\ }$	Wurzel aus ($\sqrt[n]{\ }$ n-te Wurzel aus)
$n!$	n Fakultät (z. B. $3! = 1 \cdot 2 \cdot 3 = 6$)
$\lvert x \rvert$	Betrag von x
$\rightarrow$	nähert sich, strebt nach
∞	unendlich
i oder j	imaginäre Einheit, $i^2 = -1$
$\perp$	rechtwinklig zu
$\parallel$	parallel zu
$\sphericalangle$	Winkel
$\triangle$	Dreieck
lim	limes (Grenzwert)
Δ	Delta (Differenz zweier Werte)
d	vollständiges Differential
δ	partielles Differential
$\int$	Integral
ln	Logarithmus zur Basis e[4])
lg	Logarithmus zur Basis 10

Häufig gebrauchte Zahlen

e	= 2,718282[4])
e^2	= 7,389056
1/e	= 0,367879
lg e	= 0,434294
$\sqrt{e}$	= 1,648721
1/lg e	= 2,302585
ln 10	= 2,302585
1/ln 10	= 0,434294
π	= 3,14159
$\sqrt{\pi}$	= 1,77245
$1/\pi$	= 0,31831
π^2	= 9,86960
$180/\pi$	= 57,29578
$\pi/180$	= 0,017453
$\sqrt{2}$	= 1,41421
$1/\sqrt{2}$	= 0,70711
$\sqrt{3}$	= 1,73205

Lösung der quadratischen Gleichung

$$ax^2 + bx + c = 0$$

$$x = \frac{-b \pm \sqrt{b^2 - 4ac}}{2a}$$

Goldener Schnitt (stetige Teilung)

$1 : x = x : (1 - x)$, daraus $x = 0{,}618$

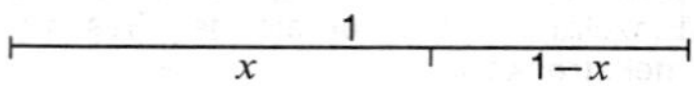

Umrechnung von Logarithmen

$\lg N = 0{,}434294 \cdot \ln N$
$\ln N = 2{,}302585 \cdot \lg N$

Geometrische Reihe

$a + aq + aq^2 + aq^3 + \ldots$

n-tes Glied $= aq^{n-1}$

für $q > 1$: $\sum_n = a\,(q^n - 1)/(q - 1)$

für $q < 1$: $\sum_n = a\,(1 - q^n)/(1 - q)$

für $n \rightarrow \infty$ wird $q^n = 0$

$$\sum_{n \rightarrow \infty} = a/(1 - q)$$

Arithmetische Reihe

$a + (a + d) + (a + 2d) + (a + 3d) + \ldots$

n-tes Glied $= a + (n - 1)\,d$

$$\sum_n = \frac{n}{2}\,[2a + (n - 1)\,d]$$

---

1) Produkte werden i. allg. durch Nebeneinanderschreiben der Faktoren ohne Punkt dargestellt (xy); Multiplikationspunkt nur wenn erforderlich, z. B. bei Zahlen ($6 \cdot 7$). In der Datenverarbeitung Multiplikationsstern ($\star$) statt Multiplikationspunkt. Das Multiplikationskreuz ($\times$) in mathematischen Formeln möglichst nicht verwenden.

2) Bei Anwendung des schrägen Bruchstrichs Unklarheiten durch Setzen von Klammern vermeiden, z. B. nicht $\pi/2 \sin x$, sondern entweder $\pi/(2 \sin x)$ oder $(\pi/2) \sin x$.

3) Doppelpunkt nur im Zahlenrechnen oder zum Schreiben von Proportionen.

4) $e = 1 + 1/1! + 1/2! + 1/3! + \ldots$ (Basis der natürlichen Logarithmen).

Normzahlen

Normzahlen sind gerundete Glieder geometrischer Reihen mit den Stufensprüngen (Verhältnis eines Glieds zum vorhergehenden):

Reihe	R 5	R 10	R 20	R 40
Stufensprung	$\sqrt[5]{10}$	$\sqrt[10]{10}$	$\sqrt[20]{10}$	$\sqrt[40]{10}$

Sie werden für die Wahl und Stufung von Größen und Abmessungen verwendet. Außer den Grundreihen enthält DIN 323 noch die Ausnahmereihe R 80 und Rundwertreihen.

Nennwerte elektrischer Bauelemente wie Widerstände und Kondensatoren werden nach E-Reihen gestuft:

Reihe	E 6	E 12	E 24
Stufensprung	$\sqrt[6]{10}$	$\sqrt[12]{10}$	$\sqrt[24]{10}$

Normzahlen (DIN 323)

Grundreihen				Genau-werte	
R 5	**R 10**	**R 20**	**R 40**		lg
1,00	**1,00**	**1,00**	1,00	1,0000	0,0
			1,06	1,0593	0,025
		1,12	1,12	1,1220	0,05
			1,18	1,1885	0,075
	1,25	**1,25**	1,25	1,2589	0,1
			1,32	1,3335	0,125
		1,40	1,40	1,4125	0,15
			1,50	1,4962	0,175
1,60	**1,60**	**1,60**	1,60	1,5849	0,2
			1,70	1,6788	0,225
		1,80	1,80	1,7783	0,25
			1,90	1,8836	0,275
	2,00	**2,00**	2,00	1,9953	0,3
			2,12	2,1135	0,325
		2,24	2,24	2,2387	0,35
			2,36	2,3714	0,375
2,50	**2,50**	**2,50**	2,50	2,5119	0,4
			2,65	2,6607	0,425
		2,80	2,80	2,8184	0,45
			3,00	2,9854	0,475
	3,15	**3,15**	3,15	3,1623	0,5
			3,35	3,3497	0,525
		3,55	3,55	3,5481	0,55
			3,75	3,7584	0,575
4,00	**4,00**	**4,00**	4,00	3,9811	0,6
			4,25	4,2170	0,625
		4,50	4,50	4,4668	0,65
			4,75	4,7315	0,675
	5,00	**5,00**	5,00	5,0119	0,7
			5,30	5,3088	0,725
		5,60	5,60	5,6234	0,75
			6,00	5,9566	0,775
6,30	**6,30**	**6,30**	6,30	6,3096	0,8
			6,70	6,6834	0,825
		7,10	7,10	7,0795	0,85
			7,50	7,4989	0,875
	8,00	**8,00**	8,00	7,9433	0,9
			8,50	8,4140	0,925
		9,00	9,00	8,9125	0,95
			9,50	9,4409	0,975
10,0	**10,0**	**10,0**	10,0	10,0000	1,0

E-Reihen (DIN 41 426)

E 6	**E 12**	**E 24**
1,0	1,0	1,0
		1,1
	1,2	1,2
		1,3
1,5	1,5	1,5
		1,6
	1,8	1,8
		2,0
2,2	2,2	2,2
		2,4
	2,7	2,7
		3,0
3,3	3,3	3,3
		3,6
	3,9	3,9
		4,3
4,7	4,7	4,7
		5,1
	5,6	5,6
		6,2
6,8	6,8	6,8
		7,5
	8,2	8,2
		9,1
10,0	10,0	10,0

Winkelfunktionen

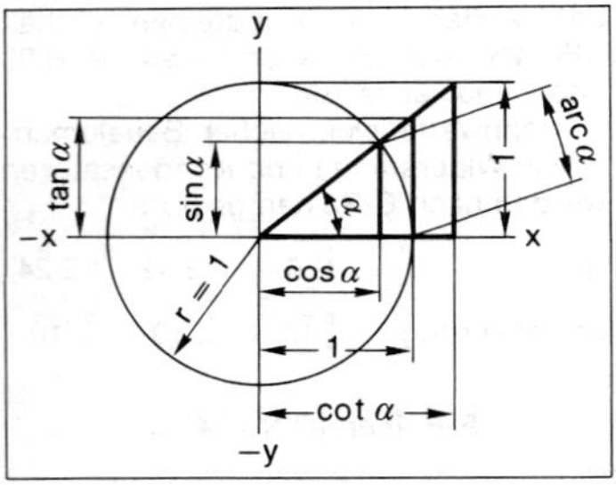

$\varphi =$	$\pm\alpha$	$90 \pm \alpha$	$180 \pm \alpha$	$270 \pm \alpha$
$\sin\varphi =$	$\pm\sin\alpha$	$\cos\alpha$	$\mp\sin\alpha$	$-\cos\alpha$
$\cos\varphi =$	$+\cos\alpha$	$\mp\sin\alpha$	$-\cos\alpha$	$\pm\sin\alpha$
$\tan\varphi =$	$\pm\tan\alpha$	$\mp\cot\alpha$	$\pm\tan\alpha$	$\mp\cot\alpha$
$\cot\varphi =$	$\pm\cot\alpha$	$\mp\tan\alpha$	$\pm\cot\alpha$	$\mp\tan\alpha$

Sinus α = Gegenkathete/Hypotenuse
Cosinus α = Ankathete/Hypotenuse
Tangens α = Gegenkathete/Ankathete
Cotangens α = Ankathete/Gegenkathete
Arcus $\alpha = \widehat{\alpha}$ = Bogenmaß von α im Kreis von Radius 1

$$\sin 0^\circ = \cos 90^\circ = 0$$
$$\cos 0^\circ = \sin 90^\circ = 1$$
$$\tan 0^\circ = \cot 90^\circ = 0$$
$$\cot 0^\circ = \tan 90^\circ = \infty$$
$$\sin 30^\circ = \cos 60^\circ = 0{,}5$$
$$\cos 30^\circ = \sin 60^\circ = 0{,}5\sqrt{3}$$
$$\tan 30^\circ = \cot 60^\circ = \sqrt{3}/3$$
$$\cot 30^\circ = \tan 60^\circ = \sqrt{3}$$

$$\widehat{\alpha} = \operatorname{arc}\alpha = \frac{\pi \cdot \alpha}{180^\circ}\ \text{rad} = \frac{\alpha}{57{,}3^\circ}$$

$$\widehat{1}^\circ = \operatorname{arc} 1^\circ = \frac{\pi}{180} = 0{,}017453$$

$$\operatorname{arc} 57{,}3^\circ = 1$$

$$\cos^2\alpha + \sin^2\alpha = 1$$

$$\tan\alpha = \frac{\sin\alpha}{\cos\alpha} = \frac{1}{\cot\alpha}$$

$$1 + \tan^2\alpha = \frac{1}{\cos^2\alpha}$$

$$1 + \cot^2\alpha = \frac{1}{\sin^2\alpha}$$

$$\sin\alpha \approx \widehat{\alpha} - \frac{\widehat{\alpha}^3}{6}$$

Fehler < 1 % bei $\alpha < 58^\circ$

$$\sin\alpha \approx \widehat{\alpha}$$

Fehler < 1 % bei $\alpha < 14^\circ$

$$\cos\alpha \approx 1 - \frac{\widehat{\alpha}^2}{2}$$

Fehler < 1 % bei $\alpha < 37^\circ$

$$\cos\alpha \approx 1$$

Fehler < 1 % bei $\alpha < 8^\circ$

$$\sin 2\alpha = 2\sin\alpha \cdot \cos\alpha$$
$$\cos 2\alpha = \cos^2\alpha - \sin^2\alpha$$
$$\tan 2\alpha = 2/(\cot\alpha - \tan\alpha)$$
$$\cot 2\alpha = (\cot\alpha - \tan\alpha)/2$$
$$\sin 3\alpha = 3\sin\alpha - 4\sin^3\alpha$$
$$\cos 3\alpha = 4\cos^3\alpha - 3\cos\alpha$$

$$\sin(\alpha \pm \beta) = \sin\alpha \cdot \cos\beta \pm \cos\alpha \cdot \sin\beta$$
$$\cos(\alpha \pm \beta) = \cos\alpha \cdot \cos\beta \mp \sin\alpha \cdot \sin\beta$$
$$\tan(\alpha \pm \beta) = \frac{\tan\alpha \pm \tan\beta}{1 \mp \tan\alpha \tan\beta}$$
$$\cot(\alpha \pm \beta) = \frac{\cot\alpha \cdot \cot\beta \mp 1}{\cot\beta \pm \cot\alpha}$$

$$\sin\alpha \pm \sin\beta = 2\sin\frac{\alpha \pm \beta}{2} \cdot \cos\frac{\alpha \mp \beta}{2}$$
$$\cos\alpha + \cos\beta = 2\cos\frac{\alpha + \beta}{2} \cdot \cos\frac{\alpha - \beta}{2}$$
$$\cos\alpha - \cos\beta = -2\sin\frac{\alpha + \beta}{2} \cdot \sin\frac{\alpha - \beta}{2}$$
$$\tan\alpha \pm \tan\beta = \frac{\sin(\alpha \pm \beta)}{\cos\alpha \cdot \cos\beta}$$
$$\cot\alpha \pm \cot\beta = \frac{\sin(\beta \pm \alpha)}{\sin\alpha \cdot \sin\beta}$$

Eulersche Formel
(Grundlage der symbolischen Rechnung):

$$e^{\pm ix} = \cos x \pm i \sin x$$

$$\sin x = \frac{e^{ix} - e^{-ix}}{2i}; \quad \cos x = \frac{e^{ix} + e^{-ix}}{2}$$

wobei $i = \sqrt{-1}$

Winkelfunktionen

°	arc α	sin α	tan α	cot α	inv α[1]	cos α	–	–
0	0,0000	0,0000	0,0000	∞	0,00000	1,0000	1,5708	90
1	175	175	175	57,290	00	0,9998	533	89
2	349	349	349	28,636	01	94	359	88
3	524	523	524	19,081	05	86	184	87
4	698	698	699	14,301	11	76	010	86
5	873	872	875	11,430	22	62	1,4835	85
6	0,1047	0,1045	0,1051	9,514	38	45	661	84
7	222	219	228	8,144	61	25	486	83
8	396	392	405	7,115	91	03	312	82
9	571	564	584	6,314	0,00130	0,9877	137	81
10	745	736	763	5,671	79	48	1,3963	80
11	920	908	944	5,145	0,00239	16	788	79
12	0,2094	0,2079	0,2126	4,705	0,00312	0,9781	614	78
13	269	250	309	4,331	97	44	439	77
14	443	419	493	4,011	0,00498	03	265	76
15	618	588	679	3,732	615	659	090	75
16	793	756	867	487	749	613	1,2915	74
17	967	924	0,3057	271	902	563	741	73
18	0,3142	0,3090	249	078	0,01076	511	566	72
19	316	256	443	2,904	271	455	392	71
20	491	420	640	747	490	397	217	70
21	665	584	839	605	734	336	043	69
22	840	746	0,4040	475	0,02005	272	1,1868	68
23	0,4014	907	245	356	305	205	694	67
24	189	0,4067	452	246	635	135	519	66
25	363	226	663	145	998	063	345	65
26	538	384	877	050	0,03395	0,8988	170	64
27	712	540	0,5095	1,963	829	910	1,0996	63
28	887	695	317	881	0,04302	829	821	62
29	0,5061	848	543	804	816	746	647	61
30	236	0,5000	774	732	0,05375	660	472	60
31	411	150	0,6009	664	981	572	297	59
32	585	299	249	600	0,06636	480	123	58
33	760	446	494	540	0,07345	387	0,9948	57
34	934	592	745	483	0,08110	290	774	56
35	0,6109	736	0,7002	428	934	192	599	55
36	283	878	265	376	0,09822	090	425	54
37	458	0,6018	536	327	0,1078	0,7986	250	53
38	632	157	813	280	181	880	076	52
39	807	293	0,8098	235	291	771	0,8901	51
40	981	428	391	192	410	660	727	50
41	0,7156	561	693	150	537	547	552	49
42	330	691	0,9004	111	674	431	378	48
43	505	820	325	072	820	314	203	47
44	679	947	657	036	977	193	029	46
45	854	0,7071	1,0000	1,000	0,2146	071	0,7854	45
–	–	cos α	cot α	tan α	–	sin α	arc α	°

[1]) Evolventenfunktion inv α = tan α – arc α.

Winkeleinheiten

Einheitennamen s. S. 8.

Einheit[1]		°	′	″	rad	gon	cgon	mgon
1°	=	1	60	3600	0,017453	1,1111	111,11	1111,11
1′	=	0,016667	1	60	–	0,018518	1,85185	18,5185
1″	=	0,0002778	0,016667	1	–	0,0003086	0,030864	0,30864
1 rad	=	57,2958	3437,75	206265	1	63,662	6366,2	63662
1 gon	=	0,9	54	3240	0,015708	1	100	1000
1 cgon	=	0,009	0,54	32,4	–	0,01	1	10
1 mgon	=	0,0009	0,054	3,24	–	0,001	0,1	1

$1\ \text{rad} = 10^3\ \text{mrad} = 10^6\ \mu\text{rad}$

$$1\ \text{rad} = \frac{1\ \text{m Bogen}}{1\ \text{m Radius}} = \frac{360°}{2\pi} = 57{,}296° \approx 57{,}3°$$

$$1\ \text{gon} = \frac{\pi}{200}\ \text{rad}$$

$$1\ \text{Vollwinkel} = 2\pi\ \text{rad} = 6{,}28318\ \text{rad} = 360° = 400\ \text{gon}$$

Nicht mehr anzuwendende Einheiten und ihre Umrechnung

$1^{\llcorner}$ (Rechter Winkel) $= \frac{\pi}{2}\ \text{rad} = 90° = 100\ \text{gon}$

1^{g} (Neugrad) = 1 gon

1^{c} (Neuminute) = 1 cgon

1^{cc} (Neusekunde) = 0,1 mgon

Gleichungen für das ebene und sphärische Dreieck

Ebenes Dreieck

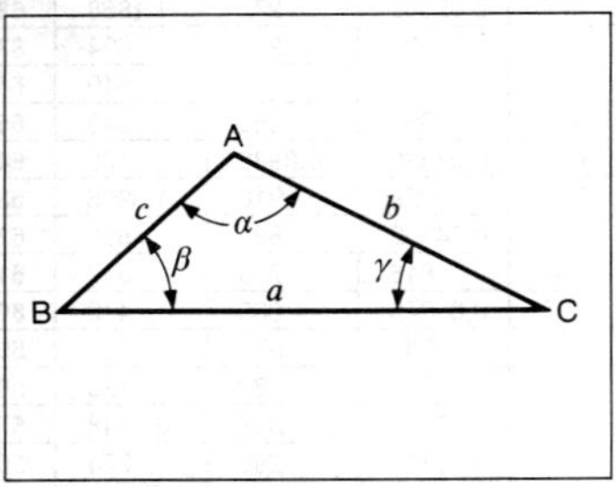

$\alpha + \beta + \gamma = 180°$

Sinussatz

$a : b : c = \sin\alpha : \sin\beta : \sin\gamma$

Satz des Pythagoras (Kosinussatz)

$a^2 = b^2 + c^2 - 2bc\cos\alpha$

für das rechtwinklige Dreieck

$a^2 = b^2 + c^2$

Sphärisches Dreieck

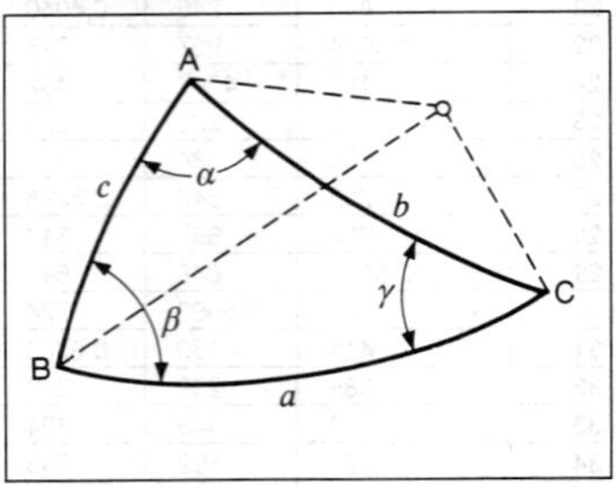

Sinussatz

$\sin a : \sin b : \sin c = \sin\alpha : \sin\beta : \sin\gamma$

Kosinussatz für die Seiten

$\cos a = \cos b \cos c + \sin b \sin c \cos\alpha$

Kosinussatz für die Winkel

$\cos\alpha = -\cos\beta\cos\gamma + \sin\beta\sin\gamma\cos a$

---

[1] Es ist zweckmäßig, in jeder Winkelangabe nur eine der genannten Einheiten zu benutzen, also z. B. nicht $\alpha = 33°\,17'\,27{,}6''$ zu schreiben, sondern $\alpha = 33{,}291°$ oder $\alpha = 1997{,}46'$ oder $\alpha = 119\,847{,}6''$.

Potenzen, Kreisumfang, -inhalt, natürliche Logarithmen

n	n^2	n^3	ln n	πn	$\pi n^2/4$	n	n^2	n^3	ln n	πn	$\pi n^2/4$
1	1	1	0,000	3,142	0,785	**51**	2601	132651	3,932	160,2	2043
2	4	8	0,693	6,283	3,142	**52**	2704	140608	3,951	163,4	2124
3	9	27	1,099	9,425	7,069	**53**	2809	148877	3,970	166,5	2206
4	16	64	1,386	12,57	12,57	**54**	2916	157464	3,989	169,6	2290
5	25	125	1,609	15,71	19,63	**55**	3025	166375	4,007	172,8	2376
6	36	216	1,792	18,85	28,27	**56**	3136	175616	4,025	175,9	2463
7	49	343	1,946	21,99	38,48	**57**	3249	185193	4,043	179,1	2552
8	64	512	2,079	25,13	50,27	**58**	3364	195112	4,060	182,2	2642
9	81	729	2,197	28,27	63,62	**59**	3481	205379	4,078	185,4	2734
10	100	1000	2,303	31,42	78,54	**60**	3600	216000	4,094	188,5	2827
11	121	1331	2,398	34,56	95,03	**61**	3721	226981	4,111	191,6	2922
12	144	1728	2,485	37,70	113,1	**62**	3844	238328	4,127	194,8	3019
13	169	2197	2,565	40,84	132,7	**63**	3969	250047	4,143	197,9	3117
14	196	2744	2,639	43,98	153,9	**64**	4096	262144	4,159	201,1	3217
15	225	3375	2,708	47,12	176,7	**65**	4225	274625	4,174	204,2	3318
16	256	4096	2,773	50,27	201,1	**66**	4356	287496	4,190	207,3	3421
17	289	4913	2,833	53,41	227,0	**67**	4489	300763	4,205	210,5	3526
18	324	5832	2,890	56,55	254,5	**68**	4624	314432	4,220	213,6	3632
19	361	6859	2,944	59,69	283,5	**69**	4761	328509	4,234	216,8	3739
20	400	8000	2,996	62,83	314,2	**70**	4900	343000	4,248	219,9	3848
21	441	9261	3,044	65,97	346,4	**71**	5041	357911	4,263	223,1	3959
22	484	10648	3,091	69,11	380,1	**72**	5184	373248	4,277	226,2	4072
23	529	12167	3,135	72,26	415,5	**73**	5329	389017	4,290	229,3	4185
24	576	13824	3,178	75,40	452,4	**74**	5476	405224	4,304	232,5	4301
25	625	15625	3,219	78,54	490,9	**75**	5625	421875	4,317	235,6	4418
26	676	17576	3,258	81,68	530,9	**76**	5776	438976	4,331	238,8	4536
27	729	19683	3,296	84,82	572,6	**77**	5929	456533	4,344	241,9	4657
28	784	21952	3,332	87,96	615,8	**78**	6084	474552	4,357	245,0	4778
29	841	24389	3,367	91,11	660,5	**79**	6241	493039	4,369	248,2	4902
30	900	27000	3,401	94,25	706,9	**80**	6400	512000	4,382	251,3	5027
31	961	29791	3,434	97,39	754,8	**81**	6561	531441	4,394	254,5	5153
32	1024	32768	3,466	100,5	804,2	**82**	6724	551368	4,407	257,6	5281
33	1089	35937	3,497	103,7	855,3	**83**	6889	571787	4,419	260,8	5411
34	1156	39304	3,526	106,8	907,9	**84**	7056	592704	4,431	263,9	5542
35	1225	42875	3,555	110,0	962,1	**85**	7225	614125	4,443	267,0	5675
36	1296	46656	3,584	113,1	1018	**86**	7396	636056	4,454	270,2	5809
37	1369	50653	3,611	116,2	1075	**87**	7569	658503	4,466	273,3	5945
38	1444	54872	3,638	119,4	1134	**88**	7744	681472	4,477	276,5	6082
39	1521	59319	3,664	122,5	1195	**89**	7921	704969	4,489	279,6	6221
40	1600	64000	3,689	125,7	1257	**90**	8100	729000	4,500	282,7	6362
41	1681	68921	3,714	128,8	1320	**91**	8281	753571	4,511	285,9	6504
42	1764	74088	3,738	131,9	1385	**92**	8464	778688	4,522	289,0	6648
43	1849	79507	3,761	135,1	1452	**93**	8649	804357	4,533	292,2	6793
44	1936	85184	3,784	138,2	1521	**94**	8836	830584	4,543	295,3	6940
45	2025	91125	3,807	141,4	1590	**95**	9025	857375	4,554	298,5	7088
46	2116	97336	3,829	144,5	1662	**96**	9216	884736	4,564	301,6	7238
47	2209	103823	3,850	147,7	1735	**97**	9409	912673	4,575	304,7	7390
48	2304	110592	3,871	150,8	1810	**98**	9604	941192	4,585	307,9	7543
49	2401	117649	3,892	153,9	1886	**99**	9801	970299	4,595	311,0	7698
50	2500	125000	3,912	157,1	1963	**100**	10000	1000000	4,605	314,2	7854

Inhalt von Flächen

Art der Fläche		Flächeninhalt A $\pi = 3{,}1416$
Dreieck	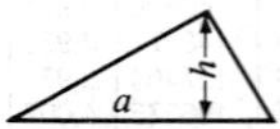	$A = \frac{a \cdot h}{2}$
Trapez	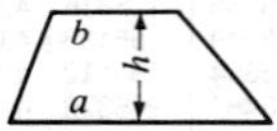	$A = \frac{a+b}{2} h$
Parallelogramm	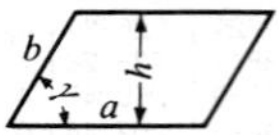	$A = a \cdot h = a \cdot b \cdot \sin \gamma$
Kreis	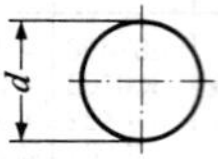	$A = \frac{\pi \cdot d^2}{4} = 0{,}785\, d^2$ Umfang $U = \pi \cdot d$ Tabelle s. S. 47
Kreisring		$A = \frac{\pi}{4}(D^2 - d^2) = \frac{\pi}{2}(D+d)\, b$
Kreisausschnitt	 φ in Grad	$A = \frac{\pi \cdot r^2 \cdot \varphi}{360°} = 8{,}73 \cdot 10^{-3} \cdot r^2 \cdot \varphi$ Bogenlänge $l = \frac{\pi \cdot r \cdot \varphi}{180°} = 1{,}75 \cdot 10^{-2} \cdot r \cdot \varphi$
Kreisabschnitt	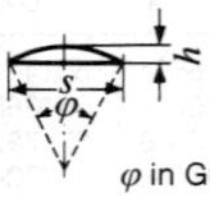 φ in Grad	$A = \frac{r^2}{2}\left(\frac{\pi \cdot \varphi}{180°} - \sin \varphi\right) \approx h \cdot s \left[0{,}667 + 0{,}5 \left(\frac{h}{s}\right)^2\right]$ Sehnenlänge $s = 2\, r \cdot \sin \frac{\varphi}{2}$ Bogenhöhe $h = r\left(1 - \cos \frac{\varphi}{2}\right) = \frac{s}{2} \tan \frac{\varphi}{4} = 2\, r \cdot \sin^2 \frac{\varphi}{4}$
Sechseck	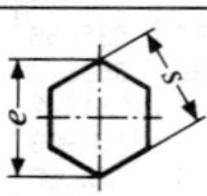	$A = \frac{\sqrt{3}}{2} s^2 = 0{,}866\, s^2$ Eckenmaß $e = \frac{2\, s}{\sqrt{3}} = 1{,}155\, s$
Ellipse	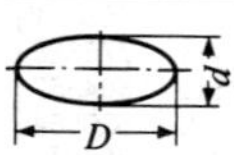	$A = \pi \cdot D \cdot d/4 = 0{,}785\, D \cdot d$ Umfang $U \approx 0{,}75\, \pi\, (D+d) - 0{,}5\, \pi \sqrt{D \cdot d}$
Guldinsche Regel für Flächen	Schwerpunkt 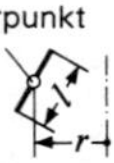 Drehachse	Der Inhalt einer Umdrehungsfläche ist gleich der Länge l der erzeugenden Linie mal dem Weg des Schwerpunkts $A = 2\, \pi \cdot r \cdot l$.

Inhalt und Oberfläche von Körpern

Art des Körpers	Inhalt V, Oberfläche S, Mantelfläche M $\pi = 3{,}1416$
Kreiszylinder 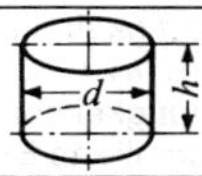	$V = \frac{\pi \cdot d^2}{4} h = 0{,}785\, d^2 \cdot h$ $M = \pi \cdot d \cdot h, \; S = \pi \cdot d\,(d/2 + h)$
Pyramide A Grundfläche, h Höhe 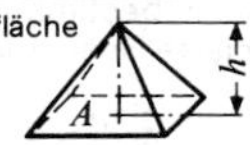	$V = \frac{1}{3} A \cdot h$
Kreiskegel 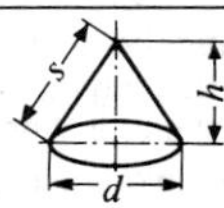	$V = \frac{\pi \cdot d^2 \cdot h}{12} = 0{,}262\, d^2 \cdot \mathrm{h}$ $\mathrm{M} = \frac{\pi \cdot d \cdot s}{2} = \frac{\pi \cdot d}{4} \sqrt{d^2 + 4h^2} = 0{,}785 d \cdot \sqrt{d^2 + 4h^2}$
Kegelstumpf 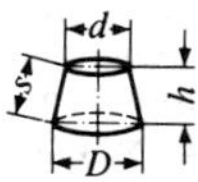	$V = \frac{\pi \cdot h}{12} (D^2 + D \cdot d + d^2) = 0{,}262 h\,(D^2 + D \cdot d + d^2)$ $M = \frac{\pi\,(D + d)\,s}{2} \quad s = \sqrt{\frac{(D-d)^2}{4} + h^2}$
Kugel 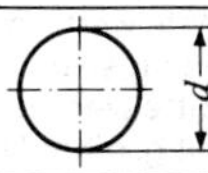	$V = \frac{\pi \cdot d^3}{6} = 0{,}524\, d^3$ $S = \pi \cdot d^2$
Kugelabschnitt (Kalotte) 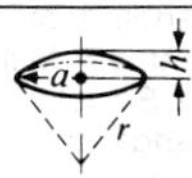	$V = \frac{\pi \cdot h}{6} (3a^2 + h^2) = \frac{\pi \cdot h^2}{3} (3r - h)$ $M = 2\pi \cdot r \cdot h = \pi\,(a^2 + h^2)$
Kugelausschnitt (Kugelsektor) 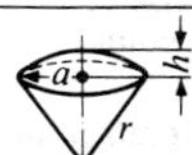	$V = \frac{2\pi \cdot r^2 \cdot h}{3} = 2{,}094\, r^2 \cdot h$ $S = \pi \cdot r\,(2h + a)$
Kugelzone 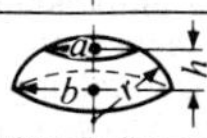 r Kugelhalbmesser	$V = \frac{\pi \cdot h}{6} (3a^2 + 3b^2 + h^2)$ $M = 2\pi \cdot r \cdot h$
zylindrischer Ring 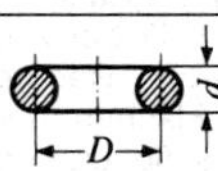	$V = \frac{\pi^2}{4} D \cdot d^2 = 2{,}467\, D \cdot d^2$ $S = \pi^2 \cdot D \cdot d = 9{,}870\, D \cdot d$
Ellipsoid d_1, d_2, d_3 Länge der Achsen	$V = \frac{\pi}{6} d_1 \cdot d_2 \cdot d_3 = 0{,}524\, d_1 \cdot d_2 \cdot d_3$
kreisrundes Faß D Durchmesser am Spund, d Durchmesser am Boden, h Abstand der Böden	$V \approx \frac{\pi \cdot h}{12} (2D^2 + d^2) \approx 0{,}26\, h\,(2D^2 + d^2)$
Guldinsche Regel für Körper 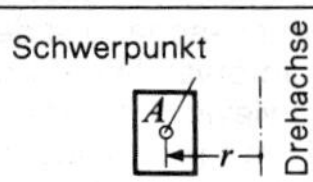	Der Inhalt eines Umdrehungskörpers ist gleich der erzeugenden Fläche A mal dem Weg des Schwerpunkts $V = 2\pi \cdot r \cdot A$.

Technische Statistik

Aufgabe der Statistik

1. Beschreibung von Mengen gleichartiger Elemente mit bestimmten, unterschiedlichen Merkmalswerten durch statistische Kennwerte, die objektive Vergleiche und Bewertungen ermöglichen.
2. Aussagen über statistische Kennwerte größerer Mengen (Grundgesamtheiten) auf Grund von relativ wenigen Einzeldaten (Stichproben).

Da sich solche Aussagen auf die Zufallsgesetze und die Wahrscheinlichkeitsrechnung stützen, gelten sie mit einer bestimmten Aussagewahrscheinlichkeit, für die in der Technik normalerweise 95 % vorgegeben sind.

Beispiele für Grundgesamtheiten:

– Alle Erzeugnisse gleichen Typs aus einem bestimmten Fertigungsabschnitt,
– Menge aller denkbaren Meßwerte bei wiederholter Bestimmung einer Meßgröße unter gleichen Bedingungen.

Bei den Merkmalen unterscheidet man:
– Variablenmerkmale, meistens physikalische Meßgrößen, daher im Folgenden als Meßwerte bezeichnet,
– Attributmerkmale, z. B. „gut“ – „schlecht“, im Folgenden als Prüfergebnis bezeichnet.

Darstellung von Meßwerten

N Umfang der Grundgesamtheit: Menge aller Einheiten, die der statistischen Betrachtung zugrunde liegen
n Anzahl der Meßwerte in der Stichprobe
n' Anzahl der Meßwerte in Untergruppen der Stichprobe
m Anzahl der Stichprobengruppen
x Einzelner Meßwert
R Spannweite: $R = x_{max} - x_{min}$
k Anzahl der Klassen, in die R aufgeteilt wird. $k = \sqrt{n}$ (mind. 5)
w Klassenbreite
i Ordnungszahl der Meßwerte (als Index)
j Ordnungszahl der Klassen (als Index)
x_j Klassenmitte der Klasse Nr. j
n_j Besetzungszahl der Klasse Nr. j: Zahl der Meßwerte in der Klasse Nr. j
h_j Häufigkeit in der Klasse Nr. j, $h_j = n_j/n$
h_j/w Häufigkeitsdichte
G_j Kumulierte Besetzungszahl: bis zu einer bestimmten Klasse aufsummierte Besetzungszahl

$$G_j = \sum_{r=1}^{j} n_r$$

H_j Häufigkeitssumme $= G_j/n$
$F(x)$ Verteilungsfunktion: Wahrscheinlichkeit für Werte $\leq x$
$f(x)$ Häufigkeitsdichtefunktion $\dfrac{\mathrm{d}F(x)}{\mathrm{d}x}$
μ Mittelwert der Grundgesamtheit
$\bar{x}$ Mittelwert in der Stichprobe (ausgesprochen „x quer“)

$$\bar{x} = \sum_{i=1}^{n} x_i/n$$

$\bar{\bar{x}}$ Mittelwert von mehreren $\bar{x}$-Werten
a Bezugswert, meist angenäherter Mittelwert oder Mitte der Klasse mit größter Häufigkeit
σ Standardabweichung der Grundgesamtheit: Maß für die Schwankung der Einzelwerte um den Mittelwert
s Standardabweichung der Stichprobe
u Streufaktor

Häufigkeitsschaubild und Summenkurve einer empirischen Verteilung

Das einfachste Verfahren zur übersichtlichen Darstellung einer größeren Anzahl von Meßwerten ist die Klasseneinteilung mit Häufigkeitsschaubild (Histogramm). Dabei werden über den Klassenbreiten Rechtecke eingezeichnet, deren Flächen den Besetzungszahlen oder Häufigkeiten proportional sind. Die Höhe dieser Rechtecke ist also den Häufigkeitsdichten proportional. Die Summenkurve erhält man, wenn man die Häufigkeitssumme H_j über den zugehörigen oberen Klassengrenzen abträgt. Die Summenkurve bietet gegenüber dem Häufigkeitsschaubild den Vorteil, daß für jedes Intervall leicht abgelesen werden kann, wieviel Prozent der Meßwerte in ihm liegen (Abschätzung von Fehleranteilen außerhalb der Toleranz).

Empirische Verteilung.

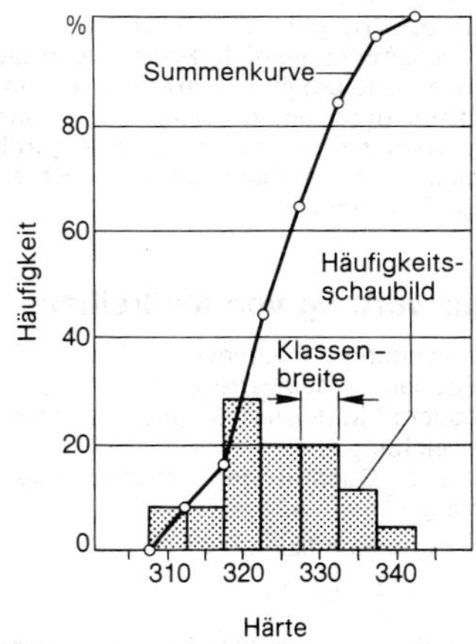

Gaußverteilung.

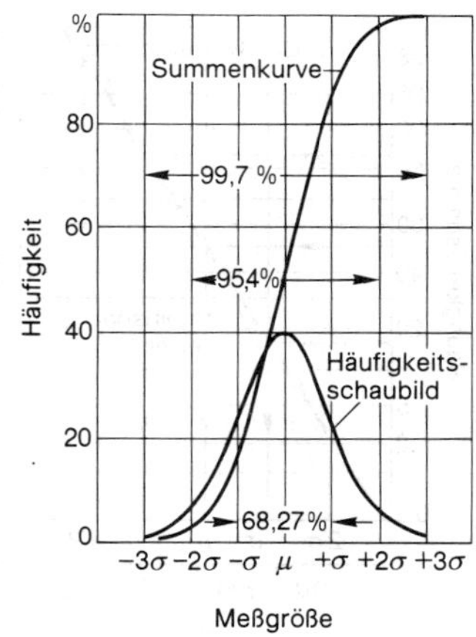

Verteilungen und statistische Kennwerte

Eine Zufallsvariable x ist gekennzeichnet durch ihre Verteilung. Die Verteilungsfunktion $F(x)$ beschreibt den Zusammenhang zwischen x und der Häufigkeitssumme oder Wahrscheinlichkeit für Werte $\leq x$. Bei empirischen Verteilungen entspricht sie der Summenkurve. Dem Histogramm entspricht die Häufigkeitsdichtefunktion

$f(x) = \mathrm{d}F(x)/\mathrm{d}x$.

Die wichtigsten Kennwerte einer Verteilung sind:

μ Mittelwert: „Schwerpunkt" der x-Werte

σ Standardabweichung: mittlere quadratische Abweichung der x-Werte von μ.

μ und σ werden bei empirischen Verteilungen mit $\overline{x}$ und s bezeichnet (Formeln s. S. 53).

Die Gauß'sche Normalverteilung

Die Gauß'sche Normalverteilung ist der mathematisch idealisierte Grenzfall, der sich immer dann einstellt, wenn sich viele, voneinander unabhängige Zufallseinflüsse addieren. Die Wahrscheinlichkeitsdichtefunktion der durch μ und σ eindeutig bestimmten Gaußverteilung ist glockenförmig symmetrisch.

Die gesamte Fläche unter der Glokkenkurve entspricht $1 = 100\,\%$. Durch die Standardabweichung σ und ihr Vielfaches lassen sich bestimmte Bereiche mit den Grenzen $\mu \pm u\sigma$ abgrenzen, in denen $P\,\%$ der Meßwerte liegen (Tabelle 1). Auf jeder Seite außerhalb dieser Bereiche liegen die Anteile

$\alpha = (100 - P)/2$.

Tabelle 1. Meßwerthäufigkeit P innerhalb und α außerhalb $\pm u\,\sigma$.

u	1,00	1,28	1,64	1,96	2,00	2,33	2,58	3,00	3,29
$P\,\%$	68,27	80	90	95	95,4	98	99	99,7	99,9
$\alpha\,\%$	15,86	10	5	2,5	2,3	1	0,5	0,15	0,05

Wahrscheinlichkeitsnetz.

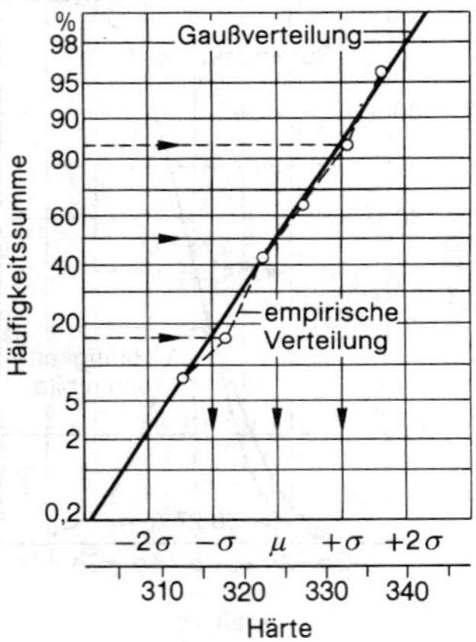

Empirische Verteilung und Gaußverteilung im Wahrscheinlichkeitsnetz

Im „Wahrscheinlichkeitsnetz" wird die Ordinate so verzerrt, daß die S-förmige Summenkurve in eine Gerade übergeht.

Bestimmung von μ und σ aus dem Wahrscheinlichkeitsnetz:

1. Bei 50%-Häufigkeitssumme μ ablesen.
2. Bei 16% und 84% Abszissenwerte ablesen.

Differenz entspricht 2σ.

Fehlerfortpflanzungsgesetz

Für Mittelwert und Standardabweichung einer Zufallsvariablen $z = a \cdot x + b \cdot y$, die durch lineare Kombination von 2 unabhängig verteilten Zufallsvariablen x und y entsteht, gilt:

$$\mu_z = a \cdot \mu_x + b \cdot \mu_y$$
$$\sigma_z^2 = a^2 \cdot \sigma_x^2 + b^2 \cdot \sigma_y^2$$

Anwendungsbeispiele:

1. Passungen. Durchmesser der Bohrung: x. Durchmesser der Welle: y. Spiel: $z = x - y$.
Für $\sigma_x = \sigma_y$ gilt: $\sigma_z^2 = 2 \cdot \sigma_x^2$
2. Zusammengesetzte Maße. Wenn die Einzelmaße um ihre Toleranzmitten statistisch unabhängig verteilt sind, kann die Toleranz für das Gesamtmaß durch quadratische Addition gebildet werden (vgl. DIN 7186).

Auswertung von Meßreihen

Berechnung der Kennwerte $\overline{x}$ und s.
Gegeben: n Meßwerte $x_1, x_2, \ldots, x_n$.
Gesucht: Mittelwert $\overline{x}$ und Standardabweichung s.
Varianz: Quadrat der Standardabweichung s^2.

Variationskoeffizient

$$V = \frac{s}{\overline{x}} \cdot 100\,\%$$

gibt das auf den Mittelwert bezogene Ausmaß der Streuung an.

Normen

DIN 55303 Statistische Auswertung von Daten
DIN 53804 Statistische Auswertung von Stichproben
DIN 55 350 Begriffe der Qualitätssicherung und Statistik
DIN 40080 Vorschriften, Tabellen für Attribut-Stichprobenprüfung

Tabelle 2. Hilfszahlen zur Auswertung von Meßreihen.

n	d_n	t-Werte für $P =$ 90 %	95 %	99 %	D_u für $P = 95\%$	D_o
2	1,13	6,31	12,7	63,7	0,03	2,24
3	1,69	2,92	4,30	9,92	0,16	1,92
5	2,33	2,13	2,78	4,60	0,35	1,67
10	3,08	1,83	2,26	3,25	0,55	1,45
20	3,74	1,73	2,09	2,86	0,68	1,32
50	–	1,68	2,01	2,68	0,80	1,20
∞	–	1,65	1,96	2,58	1,00	1,00

Berechnungsformeln

Meßwerte	Hilfswerte	Mittelwert	Standardabweichung
$n < 25$	$S_1 = \sum_{i=1}^{n} (x_i - a)$ $S_2 = \sum_{i=1}^{n} (x_i - a)^2$ a geschätzt	$\overline{x} = a + \frac{S_1}{n}$	$s = \sqrt{\frac{1}{n-1}\left(S_2 - \frac{S_1^2}{n}\right)}$
$n > 25$ Klassen-einteilung	$S_1 = \Sigma\, j \cdot n_j$ $S_2 = \Sigma\, j^2 \cdot n_j$	$\overline{x} = a + \frac{w}{n} S_1$ a Klassenmitte bei $j = 0$	$s = \sqrt{\frac{w^2}{n-1}\left(S_2 - \frac{1}{n} S_1^2\right)}$

Näherungsweise

$n < 20$	$R = x_{max} - x_{min}$	$\overline{x} \approx \frac{1}{2}(x_{max} + x_{min})$ bei symmetr. Verteilung	$s \approx \frac{R}{d_n}$ d_n aus Tabelle 2
$n > 20$	$\overline{R}$ Mittelwert der R-Werte aus m Gruppen von je $n' = 5 \ldots 10$ Meßwerten	$\overline{\overline{x}}$ Mittel der $\overline{x}$-Werte der Gruppen	$s \approx \frac{\overline{R}}{d_n}$

Zufallsbereich für $\overline{x}$ und s
(direkter Schluß)
Entnimmt man aus ein- und derselben Grundgesamtheit mit dem Mittelwert μ und der Standardabweichung σ viele Stichproben von je n Werten, so streuen die Mittelwerte $\overline{x}_1$, $\overline{x}_2$ ... der Stichproben mit der Standardabweichung

$\sigma_{\overline{x}} = \frac{\sigma}{\sqrt{n}}$ um den wahren Wert μ.

(vgl. Fehlerfortpflanzungsgesetz)

In ähnlicher Weise kann man für s und R Zufallsbereiche definieren.

Größe	Zufallsbereich untere Grenze	obere Grenze
$\overline{x}$	$\mu - u\frac{s}{\sqrt{n}}$	$\mu + u\frac{\sigma}{\sqrt{n}}$
S	$D_u \cdot \sigma$	$D_o \cdot \sigma$
R	$D_u \cdot \sigma \cdot d_n$	$D_o \cdot \sigma \cdot d_n$

D_u und D_o in Abhängigkeit von n und P aus Tabelle 2.

Vertrauensbereich für μ und σ
(Rückschluß)
Wenn nur Stichproben $\overline{x}$ und s bekannt sind und eine Aussage über den bei unendlich vielen Messungen sich einstellenden wahren Mittelwert μ gemacht werden soll, so kann ein sogenannter Vertrauensbereich angegeben werden, in dem μ mit P% Wahrscheinlichkeit liegt.

95%-Vertrauensbereich für μ: Intervall, in dem der unbekannte wahre Wert μ mit 95% Wahrscheinlichkeit liegt. Eine entsprechende Definition gilt für σ.

Größe	Vertrauensbereich untere Grenze	obere Grenze
μ	$\overline{x} - t\frac{s}{\sqrt{n}}$	$\overline{x} + t\frac{s}{\sqrt{n}}$
σ	$\frac{s}{D_o}$	$\frac{s}{D_u}$

Abschätzung von Ausschußprozentsätzen

Problemstellung:
Auf Grund der Meßwerte ($\bar{x}$ und s) einer Probeserie soll abgeschätzt werden, wieviel % der Teile außerhalb der Toleranzen liegen.

Rechnungsgang:
Bei Kenntnis des wahren Mittelwertes μ und der Standardabweichung σ müßte nur der Abstand zwischen der Toleranzgrenze a und μ in σ-Einheiten ausgedrückt, d. h. $|a-\bar{x}|/\sigma$ berechnet werden. $|a-\bar{x}|/\sigma = 1{,}65$ entsprechen z. B. 5 % Ausschuß im Mittel (im Bild, rechts: Schnittpunkt der Abszisse 1,65 mit der Kurve „wahrscheinlichster Wert"). Bekannt sind aber nur $\bar{x}$ und s der Stichprobe. Weil diese Werte zufallsabhängig sind, kann für den Ausschußprozentsatz nur ein Vertrauensbereich angegeben werden, in dem er mit einer bestimmten Aussagewahrscheinlichkeit liegt. Im Bild lassen sich die Vertrauensgrenzen in Abhängigkeit von $|a-\bar{x}|/s$ ablesen, die nur mit 5 % Wahrscheinlichkeit überschritten werden. Diese Betrachtung ist für beide Toleranzgrenzen erforderlich.

Anmerkung:
Statt $|a-\bar{x}|/s$ kann auch $|a-\bar{x}|/R$ bzw. $|a-\bar{\bar{x}}|/R$ berechnet und damit im Diagramm abgelesen werden.

Beispiel:
Vorgeschriebene Toleranz für geschliffene Rollen $14\,{}^{-0{,}016}_{-0{,}043}$ mm.

Geprüft 14 Teile mit 13,961 bis 13,983 mm. $\bar{x} = 13{,}972$ mm; $R = 0{,}022$ mm. Abgeschätzt werden soll der Ausschuß über der oberen und unter der unteren Toleranzgrenze.

Berechnung für obere Toleranzgrenze:

$$\frac{|a-\bar{x}|}{R} = \frac{13{,}984-13{,}972}{0{,}022} = \frac{0{,}012}{0{,}022} = 0{,}54$$

somit aus dem Bild:

größtmöglicher Ausschuß	≈	15 %
wahrscheinlichster Wert	≈	3,1 %
kleinstmöglicher Wert	≈	0,5 %

Untere Toleranzgrenze:

$$\frac{|a-\bar{x}|}{R} = \frac{|13{,}957-13{,}972|}{0{,}022} = \frac{0{,}015}{0{,}022} = 0{,}68$$

somit aus dem Bild:

größtmöglicher Ausschuß	≈	9 %
wahrscheinlichster Wert	≈	1 %
kleinstmöglicher Wert	<	0,5 %

Statistische Prozeßregelung (SPC)

Qualitätsregelkarten werden zur Sicherstellung gleichbleibender Qualität im Fertigungsprozeß verwendet. In festgelegten Zeitabständen werden kleine Stichproben geprüft und – bei mengenbezogenen Meßwerten – die Werte $\bar{x}$ und R eingetragen.

T = Differenz aus oberer und unterer Toleranzgrenze (Toleranzbreite),
$\bar{\bar{x}}\,\bar{R}$ = Mittelwert aus 20 Meßwerten einer Versuchsserie,
$\sigma = R/d_n$ = Standardabweichung,
$c_p = T/(6 \times \sigma)$ = Prozeßfähigkeit.

Ein „beherrschter" Prozeß liegt vor, wenn
1) $c_p > 1$ (besser: $c_p = 1{,}33$),
2) kein ungewöhnlicher Kurvenverlauf vorliegt (keine Trends usw.),
3) $\bar{x}$ und R innerhalb der „Eingriffsgrenzen" liegen.

Tabelle 3 zeigt die angenäherten Werte für Eingriffsgrenzen in Prozent von T, errechnet unter folgenden Annahmen: 99,7 %-Zufallsbereiche und $c_p = 1$.

Für den vorzugsweise verwendeten Wert $c_p = 1{,}33$ müssen die Meßwerte durch 1,33 dividiert werden.

Tabelle 3. Hilfszahlen zur Abschätzung von Ausschußprozentsätzen

Stichprobengröße n (Stück)	3	4	5	6	7	8	9	10	11	12	13	14	15
max. Streubreite der Stichprobe in % der Toleranzbreite	72	78	82	84	86	88	90	91	92	93	94	95	95
max. Abweichung des Stichprobenmittelwertes von der Toleranzmitte in % der Toleranzbreite	29	25	22	20	19	18	17	16	15	14	14	13	13

Vertrauensgrenzen für den Ausschußprozentsatz in einer Grundgesamtheit in Abhängigkeit von dem Abstand des Mittelwerts $\overline{x}$ einer Stichprobe von der Toleranzgrenze.

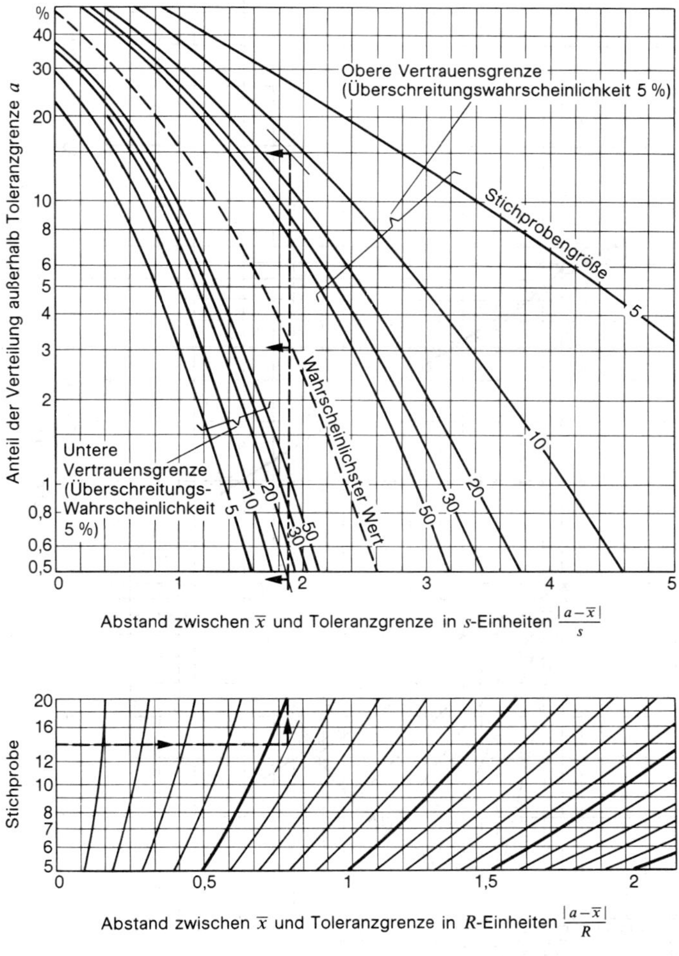

Auswertung eines Dauerversuchs mit n ***= 19 Schaltern im Weibull-Netz.***

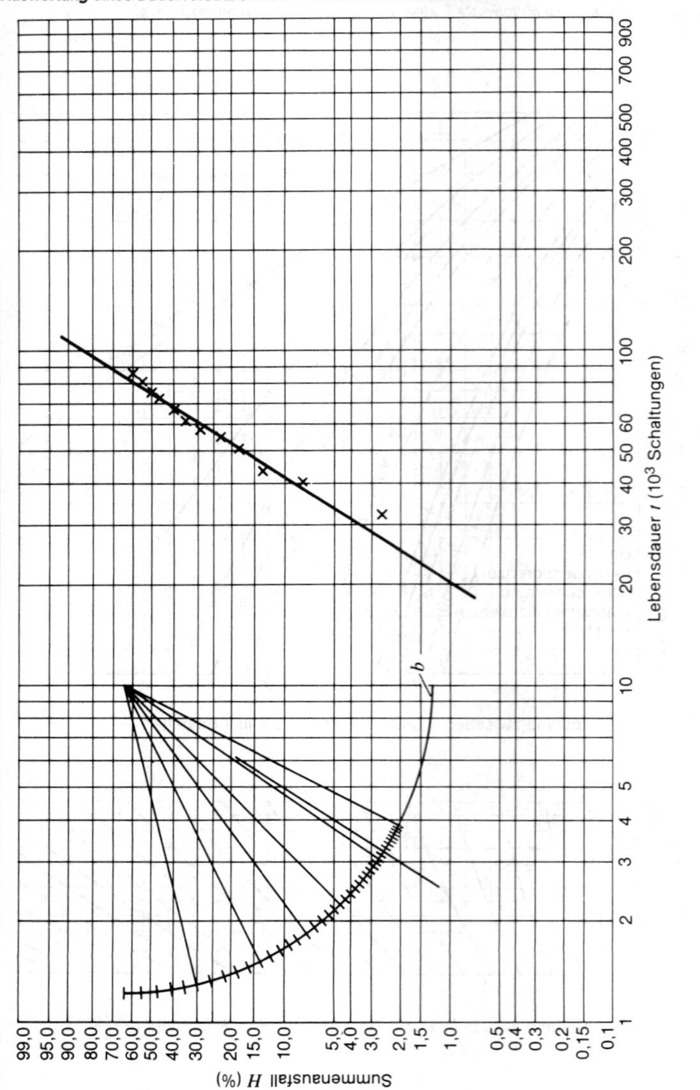

Die Weibull-Verteilung von Lebensdauern

Für die Untersuchung von Lebensdauern technischer Erzeugnisse hat sich die Weibull-Verteilung als Standard eingeführt. Ihre Verteilungsfunktion (Wahrscheinlichkeit für Lebensdauern $\leq t$) ist:

$$F(t) = 1 - e^{-(t/T)^b}$$

Überlebenswahrscheinlichkeit (Zuverlässigkeitsfunktion)

$$R(t) = 1 - F(t)$$

Ausfallrate (Ausfall je Zeiteinheit bezogen auf Restbestand)

$$\lambda(t) = f(t)/R(t)$$

mit

- T Charakteristische Lebensdauer, zugehöriger Summenausfall 63,2 %.
- b Ausfallsteilheit,
  - $b < 1$: fallend (Frühausfälle)
  - $b = 1$: konstant (Zufallsausfälle)
  - $b > 1$: steigend (Verschleiß)

Im Weibullnetz mit Abszisse $\ln t$, Ordinate $\ln(-\ln R[t])$, wird $F(t)$ eine Gerade.

Auswertung eines Dauerversuchs mit n Prüflingen:
Über den der Größe nach geordneten Lebensdauern t wird als Summenausfall

$$H = (i - 0{,}5)/n$$

aufgetragen.

Das Bild links zeigt die Auswertung eines Dauerversuchs mit 19 Schaltern, von denen 12 ausgefallen sind. Es ergibt sich als

charakteristische Lebensdauer
$T = 83\,000$ Schaltungen,

Ausfallsteilheit $b = 3{,}2$
(Verschleißverhalten).

T und b sind wie $\overline{x}$ und s Zufallsgrößen. Vertrauensbereiche für die „wahren Werte" liefern näherungsweise ($n \geq 50$) die Formeln:

$$T \pm (u/\sqrt{n}) \cdot 1{,}052 \cdot (T/b)$$
$$b \pm (u/\sqrt{n}) \cdot 0{,}78 \cdot b$$

u siehe Tabelle 1.

Statistische Auswertung von Prüfergebnissen

- N Umfang der Grundgesamtheit: Anzahl der Teile im Los. Im Folgenden wird N als sehr groß vorausgesetzt.
- n Anzahl der Teile in der Stichprobe
- I Fehlerhafte Stücke oder Fehlerzahl im Los
- i Fehlerhafte Stücke oder Fehlerzahl in der Stichprobe
- p Ausschußanteil in der Stichprobe $p = i/n$
- p' Ausschußanteil im Los. $p' = I/N$

Zufallsbereich für den Ausschußanteil *p* in Stichproben

Die Ausschußzahl i der Stichprobe ist eine Zufallsgröße. Der Ausschußanteil p in der Stichprobe weicht deshalb vom wahren Ausschußanteil p' in der Grundgesamtheit ab. Am häufigsten wird i in der Nähe des theoretisch zu erwartenden Wertes $n \cdot p'$ liegen. Die Standardabweichung der beobachteten Werte i vom Erwartungswert $n \cdot p'$ ist $\sqrt{np'(1-p')}$. Grenzwerte für den Ausschußanteil p, die nur mit $\alpha = 10\,\%$ Wahrscheinlichkeit überschritten werden, erhält man in Abhängigkeit von der Stichprobengröße aus Bild S. 58 und Tabelle 4.

Beispiel:
Ausschuß in Teillieferungen soll $\leq 3\,\%$ sein. Die Stichprobengröße bei den Teillieferungen ist $n = 250$. Wie groß dürfen die Fehlerzahlen in den Stichproben beim Hersteller und beim Abnehmer sein?
Ergebnis:
Die Ordinate $p' = 3\,\%$ schneidet im Bild die beiden Stichprobenlinien $n = 250$ bei $p = 1{,}4\,\%$ und $p = 4{,}8\,\%$.

Beim Hersteller dürfen also die Stichproben höchstens $i = n \cdot p = 250 \cdot 0{,}014 = 3$ fehlerhafte Stücke enthalten. Nur dann ist mit mindestens 90 % Wahrscheinlichkeit $p' \leq 3\,\%$. Der Abnehmer muß in den Stichproben $i = n \cdot p = 250 \cdot 0{,}048 = 12$ fehlerhafte Stücke zulassen, denn erst bei noch höheren Fehlerzahlen ist die Anforderung an die Teillieferung mit großer Wahrscheinlichkeit nicht erfüllt.

Vertrauensbereich (Konfidenzintervall) für den Ausschußanteil p' im Los

Hat man in einer Stichprobe von n Stück einen Ausschußanteil p festgestellt, so können dem Bild Grenzwerte für den wahren Ausschußanteil p' in der Grundgesamtheit entnommen werden, die nur mit $\alpha = 10\,\%$ Wahrscheinlichkeit überschritten werden. Bei kleineren Ausschußanteilen ($p \leq 10\,\%$) erhält man diese Grenzwerte genauer, indem man die Zahlen der Tabelle 4 durch n dividiert. Voraussetzung $n \geq 50$.

Beispiel (zu Tabelle 4):
Stichprobe von $n = 200$ Stück,
Ausschuß $i = 2$ Stück.

Aussagewahrscheinlichkeit
$P = (100\,\% - 2\alpha) = 100 - 20 = 80\,\%$.

Lt. Tabelle 4 liegt bei 10 % Überschreitungswahrscheinlichkeit die untere Grenze für die wahren Ausschußanteile bei $np'_u = 0{,}532$ und die obere bei $np'_o = 5{,}32$. In der Grundgesamtheit liegt der Ausschuß somit zwischen

$$\frac{0{,}532}{n} \cdot 100\,\% = 0{,}27\,\% \text{ und}$$

$$\frac{5{,}32}{n} \cdot 100\,\% = 2{,}66\,\%.$$

Zufalls- bzw. Vertrauensgrenze für Ausschußprozentsätze (Binomialverteilung). Überschreitungswahrscheinlichkeit für jede Grenze $\alpha = 10\,\%$.

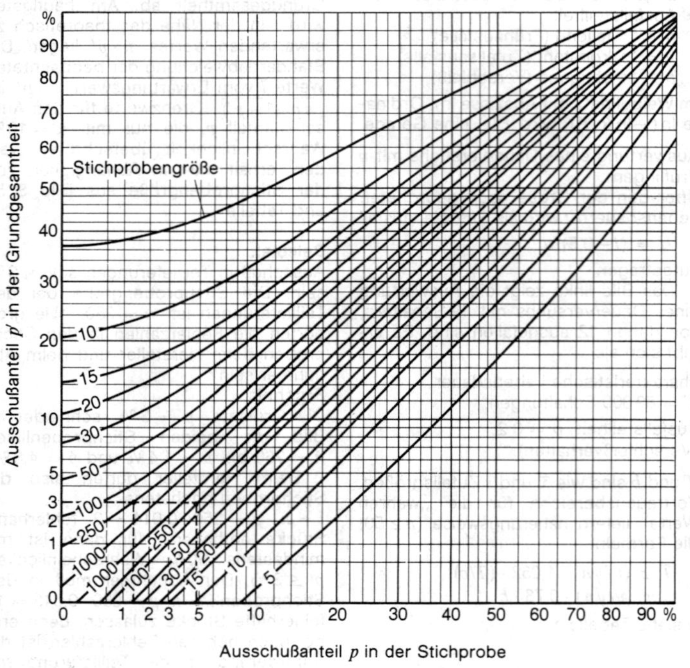

Tabelle 4. Vertrauensgrenzen der Poisson-Verteilung.

Beobachtete Ausschußstückzahl i	Untere Grenze $n p'_u$		Obere Grenze $n p'_o$	
	Überschreitungswahrscheinlichkeit α			
	2,5 %	10 %	10 %	2,5 %
0	–	–	2,30	3,69
1	0,025	0,105	3,89	5,57
2	0,242	0,532	5,32	7,22
3	0,619	1,10	6,68	8,77
4	1,09	1,74	8,00	10,24
5	1,62	2,43	9,27	11,67
6	2,20	3,15	10,53	13,06
7	2,81	3,89	11,77	14,42
8	3,45	4,66	12,99	15,76
9	4,12	5,43	14,21	17,08
10	4,80	6,22	15,41	18,39

Grundbegriffe der Meßtechnik

Messungen können erst dann die Grundlage sinnvoller Entscheidungen bilden, wenn Angaben über die Fehlergrenzen vorliegen. Dazu werden Begriffe der Statistik verwendet.

Begriffsdefinitionen (nach DIN 1319):

Meßgröße
Physikalische Größe, die gemessen wird (Länge, Dichte, ...).

Meßwert
Spezieller Wert der Meßgrößen, z. B. 3 m.

Meßergebnis
Aus 1 oder mehreren Meßwerten berechneter Wert, z. B. Mittel $\overline{x}$.

Meßfehler $F = x_a - x_r$
x_a angezeigter Meßwert
x_r „richtiger" Meßwert
Ursachen: Meßgegenstand, Meßgerät, Meßverfahren, Umwelt, Beobachter.

Relativer Meßfehler
normalerweise: F/x_r
Bei Kennzeichnung von Meßgeräten F/x_e, hierbei x_e = Endausschlag des Meßgeräts.

Systematische Meßfehler
Meßfehler, die unter gleichen Bedingungen gleiche Größe und Vorzeichen haben.

Erfaßbare systematische Fehler sind durch eine Berichtigung $B = -F$ zu korrigieren, andernfalls ist das Meßergebnis unrichtig. Nicht erfaßbare systematische Fehler sind abzuschätzen (f).

Zufällige Meßfehler
Meßfehler, die in Größe und Vorzeichen zufällig streuen. Abschätzung durch die Standardabweichung s.

Ergebnis einer Meßreihe
Wenn n Meßwerte x_i unter gleichen Bedingungen gemessen wurden, dann sollte als Meßergebnis angegeben werden:

$y = \overline{x}_E \pm u$ Vertrauensgrenzen für den richtigen Meßwert, dabei:
$\overline{x}_E = \overline{x} + B$ berichtigter Mittelwert
$u = t \cdot s/\sqrt{n} + |f|$ Meßunsicherheit.
Berechnung von s s. S. 53,
Tabelle 2 für t s. S. 52,
f nicht erfaßte systematische Fehler.

Trennung von Meß- und Fertigungsgenauigkeit
An n Erzeugnissen wird ein Merkmal x_i mit Meßfehler f_{ik} je 2mal gemessen:

$$y_{ik} = x_i + f_{ik} \quad (i = 1, \ldots n; \; k = 1, 2)$$

Die Differenzen zwischen den 2 Meßwerten vom selben Erzeugnis enthalten 2 Meßfehler:

$$z_i = y_{i1} - y_{i2} = f_{i1} - f_{i2}$$

$$\sigma_z^2 = 2\,\sigma_f^2$$

$$\sigma_y^2 = \sigma_x^2 + \sigma_f^2$$

Aus den letzten 2 Beziehungen kann die Standardabweichung σ_f der Meßfehler und die bereinigte Standardabweichung σ_x des Erzeugnismerkmals x ermittelt werden.

Begriffe der Datenverarbeitung für Arbeitsplatzcomputer (PC)

Begriffe	Synonym/Unterbegriffe	Kenngrößen (Beispiele)	Aufgabe, Anwendung, Hinweise	
Geräte	**Hardware**			
Zentraleinheit	CPU (Central-Processor-Unit)	8-bit, **16-bit-**Processor	Rechner.	Die Leistungsfähigkeit einer Zentraleinheit resultiert aus CPU und Bus und Takt.
	BUS (Datenübertragungseinrichtung)	8-bit, 16-bit-Bus	Datenstromsteuerung.	
	Taktgeber	8 MHz	Zeitsteuerung.	
	E/A-, I/O- (Input/Output)-Processor		Ein-Ausgabe-Steuerung.	
Hauptspeicher	RAM (Random Access Memory)	128, **256**, 384, 640 KB	Frei verfügbarer Speicher für Betriebssystem-Software und Anwendungssoftware.	
	ROM (Read Only Memory)	vom Gerätehersteller belegt	Festwertspeicher. Der Speicherinhalt kann nicht verändert, nur gelesen werden.	
Externe Speicher	Volume		Massenspeicher zur Kapazitätserweiterung.	
Festplatte	Winchester (-Platte)	Ø 5¼″, 10 MB (≈ 4000 Seiten)	Ablage von momentan nicht im Arbeitsspeicher benötigten Daten und Programmen und zur Langzeitspeicherung. Formatieren: Betriebssystemabhängige Anordnung der Daten auf der Diskette.	
Wechselspeicher	(Floppy-)Disk(ette)	Ø 5¼″, 360 KB (max. 1,2 MB)		
		auch Ø 3½″ und andere		
Peripherie				
Bildschirm	Display	12″, 14″ (diagonal) 80 Zeichen × 25 Zeilen	einfarbig, normal: 70 Pkt-Zeichen-Matrix; hochauflösend: 108 Pkt-Zeichen-Matrix.	
		Btx: 40 Zeichen × 24 Zeilen	Farbmonitor.	
	Cursor		Steuermarke am Bildschirm.	
Drucker[2])	Printer			
	Matrix-Drucker	min.: 7×7 Matrix (NLQ: 12×18)	Text und Grafik, schnell (NLQ: Near Letter Quality).	
	Typenrad-Drucker		Texte (Schönschrift).	
	Laser-Drucker		Texte (Schönschrift) und Grafik.	
Plotter	Zeichengerät	mehrere Farben	Grafiken, Zeichnungen.	

Begriffe	Synonyme, Unterbegriffe, Beispiele (auch Markennamen)	Aufgabe, Anwendung, Hinweise
Programme	**Software**	Datenverwaltung, -steuerung.
Betriebssystem-Software[1]) (Beispiele)		Programmablauf-Steuerung.
	CP/M-80	Diskettenorientiertes Betriebssystem für 8-bit-Rechner.
	CP/M-86, MS-DOS, PC-DOS	Diskettenorientierte Betriebssysteme für 16-bit-Rechner.
	UNIX, XENIX	Mehrplatz-Betriebssysteme für 16-bit-Rechner.
Anwendungs-Programme[2])		Problemlösungs-Programme.
Programmiersprachen[3]) (verbreitete)	BASIC	Einfach zu erlernende Programmiersprache.
	FORTRAN	Technisch orientierte Programmiersprache.
	COBOL	Kaufmännisch orientierte Programmiersprache.
Dateneinheiten	bit (vgl. Daten-Codes)	Kleinste binäre Einheit.
	Byte; 1 Byte = 8 bit 1 KB = 1024 Byte (= 1 K) 1 MB = 1000 KB	Kleinste Dateneinheit für ein Zeichen 1 Schreibmaschinenseite = 250 Wörter = 2500 Zeichen = 2,5 KB.
Daten-Codes	ASCII: 7 bit/Zeichen	American Standard Code for Information Interchange (sprich: ASKI).
	EBCDIC: 8 bit/Zeichen	IBM-Code.
Daten-Sätze	Records	Inhaltlich zusammengehörige Daten.
Dateien	Files	Organisationsstruktur von Sätzen.

[1]) Ausgabe (Release) beachten.
[2]) Von Betriebssystem-Software abhängig.
[3]) Von Betriebssystem-Software bzw. Compiler (Umwandlungs-Software), in manchen Fällen (Grafik) auch von Hardware abhängig.

Begriffe der Datenverarbeitung für Arbeitsplatzcomputer (PC) (Fortsetzung)

Begriffe	Unterbegriffe/Kenngröße	Aufgabe, Anwendung, Hinweise
Kommunikation		Datenaustausch.
on-line		direkter, unmittelbarer Datenaustausch mit EDV-Anlage.
off-line		zwischengespeicherter Datenaustausch (z. B. über Datenerfassung).
Modem		Umformer digital-analog-digital, z. B. für Telefonnetz (Akustikkoppler).
Datenübertragungseinrichtung (DÜE)		Anpassungsgerät an digitale Netze.
Schnittstellen	Interface	Datenübergabestelle.
parallel	z. B. Centronics[1])	8-bit/16-bit-parallel, z. B. zum Drucker.
seriell	z. B. V.24/RS 232 C[1]) synchron: im gleichen Takt, z. B. BSC (IBM); asynchron: ohne Takt	Daten in Blöcken hintereinander („bit für bit").
DFÜ	Remote bzw. Lokal	Datenfernübertragung bzw. Datenübertragung im Hause.
– Wege/Netze	Telefon	Analoges Netz, Wählvermittlung, Kosten zeit- und entfernungsabhängig.
	Datex-L (L = Leitungsvermittlung) stapelorientiert	Digitales Netz, Wählvermittlung, freie Datenvereinbarung; Kosten primär zeitabhängig; (2. Entfernungszonen: nah [50 km] und fern); gleiche Übertragungsrate zwischen Sender und Empfänger.
	Datex-P (P = Paketvermittlung) dialogorientiert	Digitales Netz, Wählvermittlung, freie Datenvereinbarung; Kosten nur von Datenmenge abhängig. Unabhängig von der Übertragungsgeschwindigkeit des Senders oder des Empfängers wird innerhalb des Datex-P-Netzes mit 64 000 bit/s gearbeitet.
	Btx (Bildschirmtext) dialogorientiert	spezielle Wählverbindung innerhalb von Datex-P, Datenaustausch mit fester Datenkonvention nach dem CEPT-Standard.
– Übertragungsraten	1200, 2400, 4800, 9600, ... bit/s	1 bit/s = 1 Baud.
Protokolle		Vereinbarung über die Form der Nachrichtenübertragung.
Dialog	3270 (IBM); MSV1 (Siemens); CEPT (Btx)	Für interaktives Arbeiten mit Rechnern.
Stapel (Batch)	2780/3780 (IBM); MSV2 (Siemens)	Für Abarbeiten geschlossener Aufträge, z. B. Datenübertragung (File-transfer).

[1]) Für analoge Netze. Bei Digital-Netzen gibt es entsprechende Schnittstellen, z. B. „X.21 bis" und „X.21" bei Datex-L.

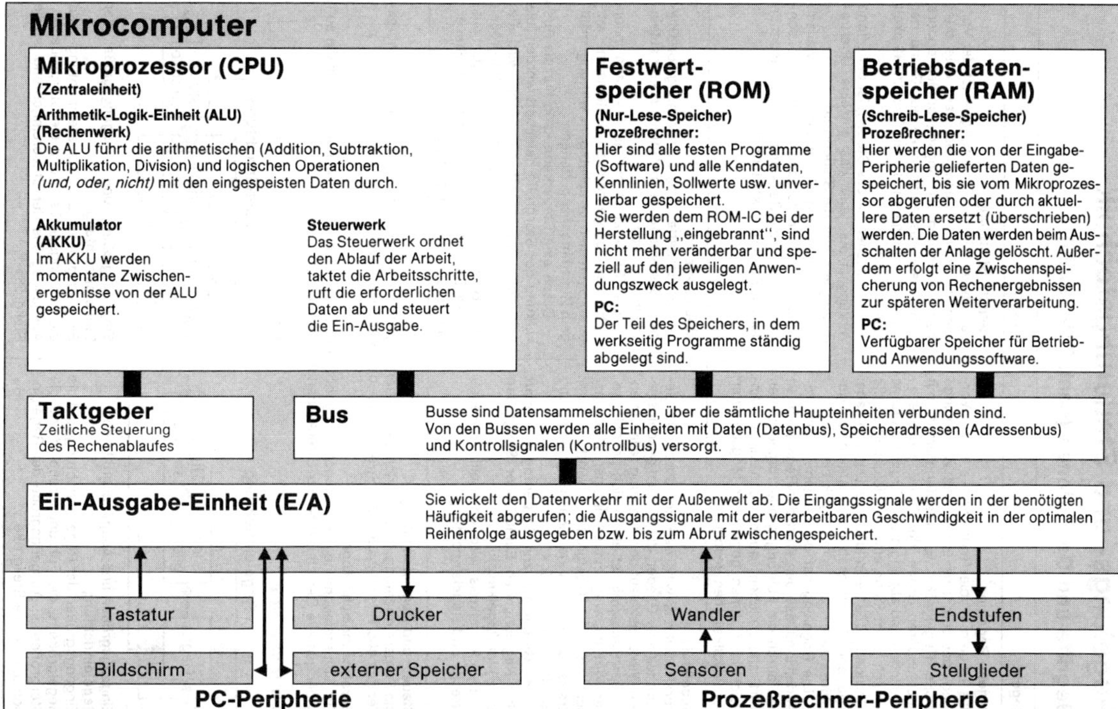
Mikrocomputer
Mikroprozessor (CPU)
(Zentraleinheit)
Arithmetik-Logik-Einheit (ALU)
(Rechenwerk)
Die ALU führt die arithmetischen (Addition, Subtraktion, Multiplikation, Division) und logischen Operationen (und, oder, nicht) mit den eingespeisten Daten durch.
Akkumulator
(AKKU)
Im AKKU werden momentane Zwischenergebnisse von der ALU gespeichert.
Steuerwerk
Das Steuerwerk ordnet den Ablauf der Arbeit, taktet die Arbeitsschritte, ruft die erforderlichen Daten ab und steuert die Ein-Ausgabe.
Festwertspeicher (ROM)
(Nur-Lese-Speicher)
Prozeßrechner:
Hier sind alle festen Programme (Software) und alle Kenndaten, Kennlinien, Sollwerte usw. unverlierbar gespeichert.
Sie werden dem ROM-IC bei der Herstellung „eingebrannt", sind nicht mehr veränderbar und speziell auf den jeweiligen Anwendungszweck ausgelegt.
PC:
Der Teil des Speichers, in dem werkseitig Programme ständig abgelegt sind.
Betriebsdatenspeicher (RAM)
(Schreib-Lese-Speicher)
Prozeßrechner:
Hier werden die von der Eingabe-Peripherie gelieferten Daten gespeichert, bis sie vom Mikroprozessor abgerufen oder durch aktuellere Daten ersetzt (überschrieben) werden. Die Daten werden beim Ausschalten der Anlage gelöscht. Außerdem erfolgt eine Zwischenspeicherung von Rechenergebnissen zur späteren Weiterverarbeitung.
PC:
Verfügbarer Speicher für Betrieb- und Anwendungssoftware.
Taktgeber
Zeitliche Steuerung des Rechenablaufes
Bus
Busse sind Datensammelschienen, über die sämtliche Haupteinheiten verbunden sind. Von den Bussen werden alle Einheiten mit Daten (Datenbus), Speicheradressen (Adressenbus) und Kontrollsignalen (Kontrollbus) versorgt.
Ein-Ausgabe-Einheit (E/A)
Sie wickelt den Datenverkehr mit der Außenwelt ab. Die Eingangssignale werden in der benötigten Häufigkeit abgerufen; die Ausgangssignale mit der verarbeitbaren Geschwindigkeit in der optimalen Reihenfolge ausgegeben bzw. bis zum Abruf zwischengespeichert.
Tastatur
Bildschirm
Drucker
externer Speicher
PC-Peripherie
Wandler
Sensoren
Endstufen
Stellglieder
Prozeßrechner-Peripherie

Regelungs- und Steuerungstechnik

Begriffe und Definitionen (nach DIN 19226)

Regeln	Steuern
Regeln, Regelung Das Regeln — die Regelung — ist ein Vorgang, bei dem eine Größe, die zu regelnde Größe (Regelgröße x), fortlaufend erfaßt, mit einer anderen Größe, der Führungsgröße w_1 verglichen und abhängig vom Ergebnis dieses Vergleichs im Sinne einer Angleichung an die Führungsgröße beeinflußt wird. Der sich dabei ergebende Wirkungsablauf findet in einem geschlossenen Kreis, dem Regelkreis, statt. Die Regelung hat die Aufgabe, trotz störender Einflüsse den Wert der Regelgröße an den durch die Führungsgröße vorgegebenen Wert anzugleichen, auch wenn dieser Angleich im Rahmen gegebener Möglichkeiten nur unvollkommen geschieht.	**Steuern, Steuerung** Das Steuern — die Steuerung — ist der Vorgang in einem System, bei dem eine oder mehrere Größen als Eingangsgrößen andere Größen als Ausgangsgrößen auf Grund der dem System eigentümlichen Gesetzmäßigkeit beeinflussen. Kennzeichen für das Steuern ist der offene Wirkungsablauf über das einzelne Übertragungsglied oder die Steuerkette. Die Benennung Steuerung wird vielfach nicht nur für den Vorgang des Steuerns, sondern auch für die Gesamtanlage verwendet, in der die Steuerung stattfindet.
Regelkreis Der Regelkreis wird gebildet durch die Gesamtheit aller Glieder, die an dem geschlossenen Wirkungsablauf der Regelung teilnehmen. Der Regelkreis ist ein in sich geschlossener Wirkungsweg mit einsinniger Wirkungsrichtung. Die Regelgröße x wirkt in einer Kreisstruktur im Sinne einer Gegenkopplung auf sich selbst zurück. **Im Gegensatz zur Steuerung bekämpft eine Regelung den Einfluß aller Störgrößen (z^1, z^2) im Regelkreis.** Der Regelkreis wird unterteilt in Regelstrecke und Regeleinrichtung.	**Steuerkette** Eine Steuerkette ist eine Anordnung von Gliedern (Systemen), die in Kettenstruktur aufeinander einwirken. Eine Steuerkette als Ganzes kann innerhalb eines übergeordneten Systems mit weiteren Systemen in beliebigem wirkungsmäßigem Zusammenhang stehen. Durch eine Steuerkette kann nur die Auswirkung der Störgröße bekämpft werden, die von dem Steuergerät gemessen wird (im Bild 2, Beispiel also z_1); andere Störgrößen (zum Beispiel z_2) wirken sich ungehindert aus. Die Steuerkette wird unterteilt in Steuereinrichtung und Steuerstrecke.

Steuer- und Regeleinrichtung
Die Steuereinrichtung, Regeleinrichtung ist derjenige Teil des Wirkungsweges, welcher die aufgabengemäße Beeinflussung der Strecke über das Stellglied bewirkt.

Gerätetechnische Abgrenzung
Zur Steuereinrichtung, Regeleinrichtung gehören diejenigen Geräte, die unmittelbar für die aufgabengemäße Beeinflussung der Strecke benötigt werden.

Bild 1: Regelkreis

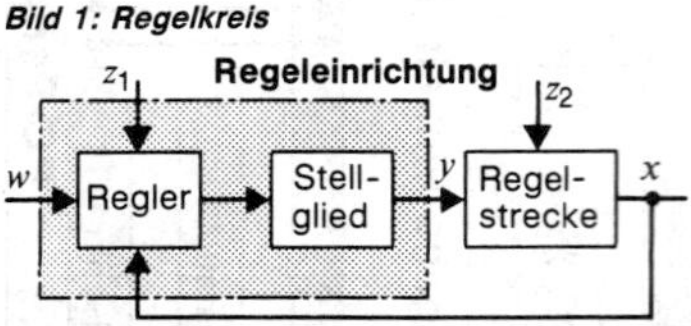

Eingangsgrößen und Ausgangsgröße der Regeleinrichtung
Eingangsgrößen der Regeleinrichtung sind die Regelgröße x, die Führungsgröße w und die Störgrößen z_1. Ausgangsgröße der Regeleinrichtung ist die Stellgröße y.

Bild 2: Steuerkette

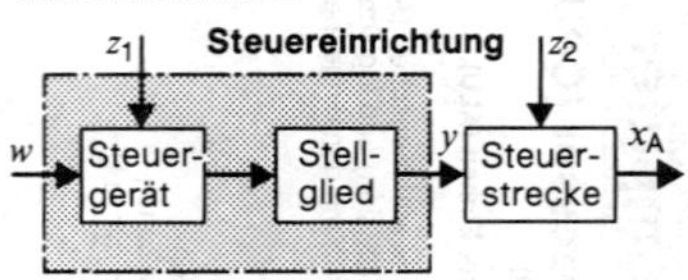

Eingangsgrößen und Ausgangsgröße der Steuereinrichtung
Eingangsgrößen der Steuereinrichtung sind die Führungsgröße w und die Störgrößen z_1. Ausgangsgröße der Steuereinrichtung ist die Stellgröße y.

Regeln	Steuern

Strecke (Steuer- und Regelstrecke)
Die Strecke (Steuerstrecke, Regelstrecke) ist derjenige Teil des Wirkungsweges, welcher den aufgabengemäß zu beeinflussenden Bereich der Anlage darstellt.

Eingangsgrößen und Ausgangsgrößen der Regelstrecke Eingangsgrößen der Regelstrecke sind die Stellgröße y und die Störgrößen z_2. Ausgangsgröße der Regelstrecke ist die Regelgröße x.	**Eingangs- und Ausgangsgrößen der Steuerstrecke** Die Eingangsgröße ist die Stellgröße y. Ausgangsgröße ist die Aufgabengröße x_A oder eine Ausgangsgröße, welche die Aufgabengröße in vorbestimmter Weise beeinflußt.

Glieder, Übertragungs- und Bauglieder
Regelungen und Steuerungen lassen sich längs des Wirkungsweges in Glieder aufteilen.

Bei der gerätetechnischen Betrachtung spricht man von Baugliedern, bei der wirkungsmäßigen Betrachtung von Übertragungsgliedern.

Bei der wirkungsmäßigen Betrachtung einer Regelung oder Steuerung beschreibt man allein den Zusammenhang der Größen und ihrer Werte, die im System miteinander in Beziehung treten.

Wirkungsweg, Wirkungsrichtung
Die Steuerkette und der Regelkreis stellen die Zusammenschaltung einzelner Glieder (oder Systeme) zu einem Wirkungsweg dar.

Der Wirkungsweg ist der Weg, längs dessen die einen Vorgang des Regelns oder Steuerns bestimmenden Wirkungen übertragen werden. Die Wirkungsrichtung ist die Richtung der Übertragung dieser Wirkungen.

Weg und Richtung der Wirkungen müssen nicht mit Weg und Richtung zugehöriger Energieflüsse und Massenströme übereinstimmen.

Stellglied, Stellort
Das Stellglied ist das am Eingang der Strecke liegende Glied, das dort in einen Massenstrom oder Energiefluß eingreift. Der Ort des Eingriffs heißt Stellort.

Störort
Störort ist der Angriffspunkt einer von der Anlage nicht beeinflußten Größe am Wirkungsweg, die den aufgabengemäß einzuhaltenden Zustand stört.

Stellgröße y, Stellbereich Y_h
Die Stellgröße y ist die Ausgangsgröße der Steuer- oder Regeleinrichtung und zugleich Eingangsgröße der Strecke. Sie überträgt die steuernde Wirkung der Einrichtung auf die Strecke.

Der Stellbereich Y_h ist der Bereich, innerhalb dessen die Stellgröße einstellbar ist.

Führungsgröße w, Führungsbereich W_h
Die Führungsgröße w einer Steuerung oder Regelung ist eine von der betreffenden Steuerung oder Regelung unmittelbar nicht beeinflußte Größe, die der Steuerkette oder dem Regelkreis von außen zugeführt wird und der die Ausgangsgröße der Steuerung oder Regelung in vorgegebener Abhängigkeit folgen soll.

Der Führungsbereich W_h ist der Bereich, innerhalb dessen die Führungsgröße w einer Steuerung oder Regelung liegen kann.

Störgrößen z, Störbereich Z_h
Störgrößen z in Steuerungen und Regelungen sind alle von außen wirkenden Größen, soweit sie die beabsichtigte Beeinflussung in einer Steuerung oder Regelung beeinträchtigen. In vielen Fällen ist die Belastung oder der Durchsatz durch die Anlage die wichtigste Störgröße. Der Störbereich Z_h ist der Bereich, innerhalb dessen die Störgröße liegen darf, ohne daß die Funktionsfähigkeit der Steuerung oder Regelung beeinträchtigt wird.

Aufgabengröße x_A, Aufgabenbereich X_{Ah}
Die Aufgabengröße x_A einer Steuerung oder Regelung ist die Größe, die zu beeinflussen Aufgabe der Steuerung oder Regelung ist.

Der Aufgabenbereich X_{Ah} bei einer Steuerung oder Regelung ist der Bereich, innerhalb dessen die Aufgabengröße bei voller Funktionsfähigkeit der Steuerung oder Regelung liegen kann.

Beispiele für Regelsysteme am Kfz (vereinfacht)

Regelsystem	Größen: Aufgabengröße (x_A)	Größen: Regelgröße (x)	Größen: Führungsgröße (w)	Größen: Stellgröße (y)	Größen: Störgrößen (z)	Glieder: Regeleinrichtung	Glieder: Stellglied	Glieder: Regelstrecke
Lambda-Regelung	Luft-Kraftstoffverhältnis (λ)	O_2-Gehalt im Abgas	$\lambda = 1{,}0$ (Festwertregelung)	Einspritzmenge	Ungenaue Vorsteuerung, Undichtheit, Kurbelgehäuseentlüftung	Lambda-Regelgerät und Lambda-Sonde	Einspritzventile	Brennraum; Teil v. Saugtrakt u. Abgassystem bis λ-Sonde
Drehzahl-Regelung bei Dieselmotoren	Motordrehzahl		Solldrehzahl (Folgeregelung)	Einspritzmenge	Last	Drehzahlregler	Einspritzpumpe	Gemischbildungsbereich im Motor
Leerlauf-Füllungs-Regelung	Leerlaufdrehzahl		Soll-Leerlauf-Drehzahl (Festwertregelung)	Ansaugluftmenge	Änderungen von Last, Luftdichte u. Leckluft; Motortemperatur	Leerlauf-Drehzahl-Regelgerät und Drehzahlfühler	Leerlauf-Steller im Ansaugluftbereich	Motor
Klopfregelung	Klopfsignale		Klopfhäufigkeit	Zündzeitpunkt bzw. Zündwinkel + Ladedruck	Motortemperatur, Drehzahl, Kraftstoffqualität	Klopfregler und Klopfsensor	Steuergerät f. Zündwinkel bzw. Zündwinkel + Ladedruck	Verbrennungsraum
Anti-Blockier-System (ABS)	Schlupfgrenze	Drehzahl	Schlupfgrenze (Festwertregelung)	Bremsdruck	Straßenzustand	Regler im ABS-Steuergerät und Drehzahlfühler	Drucksteuerventil	Reifen/Straße
Temperaturregelung (Innenraum)	Innenraumtemperatur	Innenraum-, Ausblas-, Außenlufttemperatur	Soll-Temperatur (Folgeregelung)	Heißwasserdurchfluß oder Mischungsverhältnis Warm-/Kaltluft	Motor-, Außentemperatur; Wärmeeinstrahlung; Fahrgeschwindigkeit; Motordrehzahl	Temperaturregelgerät und Temperaturfühler	Elektromagnetisches Heizungsventil bzw. Luftklappe	Innenraum

Beispiele für Steuersysteme am Motor

Steuersystem	Größen				Glieder		
	Aufgabengröße (x_A)	Störgrößen (z)	Führungsgröße (w)	Stellgröße (y)	Steuer-einrichtung	Stellglied	Steuer-strecke
Jetronic Benzin-einspritzung	Luft-Kraftstoff-verhältnis	Motordrehzahl (Last) Motortemperatur Lufttemperatur Luftdruck Bordnetzspannung (Je nach Komplexität des Jetronic-Steuer-systems werden mehr oder wenige Störgrößen berücksichtigt.)	Drosselklappen-stellung (Ansaugluft-masse) (Folge-steuerung)	Einspritzmenge	Jetronic-Steuergerät mit ver-schiedenen Meßgliedern	Einspritz-ventile	Gemisch-bildungs-bereich
Elektronische Zündsysteme	Entflammungs-zeitpunkt	Mechanische Toleranzen	Kennfelder (Folge-steuerung)	Zündzeitpunkt	Zündungs-steuergerät und Auf-lösesystem	Zündungs-endstufe	Verbren-nungsraum im Motor
Ladedruck-abhängige Vollaststeuerung beim Dieselmotor	Luft-Kraftstoff-verhältnis	–	Ladedruck (Folge-steuerung)	Einspritzmenge	Ladedruck-abhängige Anpaßgruppe (am Dreh-zahlregler)	Einspritz-aggregat	Gemisch-bildungs-bereich
Ladedruck-steuerung	Ladedruck	Drehzahl, Last, Abgastemperatur	Kennfeld	Tastverhältnis vom Steuerventil	Steuergerät	Steuerventil + Wastegate	Abgas-Turbolader

Grundgleichungen der Mechanik

Namen der Einheiten s. S. 8 ... 12

Formelzeichen	Größe	SI-Einheit
A	Fläche	m^2
a	Beschleunigung	m/s^2
a_{cf}	Zentrifugalbeschleunigung	m/s^2
d	Durchmesser	m
E	Energie	J
E_k	kinetische Energie	J
E_p	potentielle Energie	J
F	Kraft	N
F_{cf}	Zentrifugalkraft	N
G	Gewichtskraft	N
g	Fallbeschleunigung ($g = 9{,}81\ m/s^2$, s. S. 7)	m/s^2
h	Höhe	m
i	Trägheitshalbmesser	m
J	Trägheitsmoment (Massenmoment 2. Grades)	$kg \cdot m^2$
L	Drehimpuls, Drall	$N \cdot s \cdot m$
l	Länge	m

Formelzeichen	Größe	SI-Einheit
M	Drehmoment	$N \cdot m$
m	Masse (Gewicht)	kg
n	Drehzahl	s^{-1}
P	Leistung	W
p	Impuls	$N \cdot s$
r	Halbmesser	m
s	Weglänge	m
T	Periodendauer, Umlaufzeit	s
t	Zeit	s
V	Körperinhalt	m^3
v	Geschwindigkeit v_1 Anfangs-, v_2 Endgeschwindigkeit, v_m mittlere Geschwindigkeit	m/s
W	Arbeit, Energie	J
α	Winkelbeschleunigung	rad/s^2 [1]
φ	Drehwinkel	rad [1]
ϱ	Dichte	kg/m^3
ω	Winkelgeschwindigkeit	rad/s [1]

Größengleichungen und Zahlenwertgleichungen
Die folgenden Gleichungen sind, wenn nichts anderes angegeben, Größengleichungen, d. h. die Größen können in beliebigen Einheiten eingesetzt werden (z. B. in den oben angegebenen SI-Einheiten). Die Einheit der auszurechnenden Größe ergibt sich aus den gewählten Einheiten der Gleichungselemente.

In einigen Fällen sind zusätzlich Zahlenwertgleichungen für gebräuchliche Einheiten (z. B. Zeit in s, aber Geschwindigkeit in km/h) aufgenommen. Sie sind durch die Wortangabe ,,Zahlenwertgleichung" gekennzeichnet und gelten nur mit den jeweils unter der Gleichung angegebenen Einheiten.

Geradlinige Bewegung

gleichförmige geradlinige Bewegung

Geschwindigkeit
$v = s/t$

gleichförmig beschleunigte geradlinige Bewegung

mittlere Geschwindigkeit
$v_m = (v_1 + v_2)/2$

Beschleunigung
$a = (v_2 - v_1)/t = (v_2^2 - v_1^2)/(2s)$

Zahlenwertgleichung:
$a = (v_2 - v_1)/(3{,}6\,t)$
a in m/s^2, v_2 und v_1 in km/h, t in s

Weg nach der Zeit t
$s = v_m \cdot t = v_1 \cdot t + (a \cdot t^2)/2$
$= (v_2^2 - v_1^2)/(2a)$

Endgeschwindigkeit
$v_2 = v_1 + a \cdot t = \sqrt{v_1^2 + 2a \cdot s}$

Anfangsgeschwindigkeit
$v_1 = v_2 - a \cdot t = \sqrt{v_2^2 - 2a \cdot s}$

Bei der gleichförmig verzögerten Bewegung (v_2 kleiner als v_1) ist a negativ.

Bei Beschleunigung aus der Ruhe ist $v_1 = 0$ einzusetzen. Bei Verzögerung bis zur Ruhe ist $v_2 = 0$ einzusetzen.

[1]) Die Einheit rad (= m/m) kann durch 1 ersetzt werden.

Kraft
$F = m \cdot a$

Arbeit, Energie
$W = F \cdot s = m \cdot a \cdot s = P \cdot t$

Potentielle Energie (Lageenergie)
$E_p = G \cdot h = m \cdot g \cdot h$

Kinetische Energie (Bewegungsenergie)
$E_k = m \cdot v^2/2$

Leistung
$P = W/t = F \cdot v$

Hubleistung
$P = m \cdot g \cdot v$

Impuls
$p = m \cdot v$

Drehbewegung

gleichförmige Drehbewegung

Umfangsgeschwindigkeit
$v = r \cdot \omega$
Zahlenwertgleichungen:
$v = \pi \cdot d \cdot n/60$
v in m/s, d in m, n in min^{-1}
$v = 6 \cdot \pi \cdot d \cdot n/100$
v in km/h, d in m, n in min^{-1}

Winkelgeschwindigkeit
$\omega = \varphi/t = v/r = 2\pi \cdot n$
Zahlenwertgleichung:
$\omega = \pi \cdot n/30$
ω in s^{-1}, n in min^{-1}

gleichförmig beschleunigte Drehbewegung

Winkelbeschleunigung
$\alpha = (\omega_2 - \omega_1)/t$
Zahlenwertgleichung:
$\alpha = \pi (n_2 - n_1)/(30\, t)$
α in $1/s^2$, n_1 und n_2 in min^{-1}, t in s

Endwinkelgeschwindigkeit
$\omega_2 = \omega_1 + \alpha \cdot t$

Anfangswinkelgeschwindigkeit
$\omega_1 = \omega_2 - \alpha \cdot t$

Bei der gleichförmig verzögerten Drehbewegung (ω_2 kleiner als ω_1) ist α negativ.

Zentrifugalkraft (Fliehkraft)
$F_{cf} = m \cdot r \cdot \omega^2 = m \cdot v^2/r$

Zentrifugalbeschleunigung
$a_{cf} = r \cdot \omega^2$

Drehmoment
$M = F \cdot r = P/\omega$
Zahlenwertgleichung:
$M = 9550 \cdot P/n$
M in N · m, P in kW, n in min^{-1}

Trägheitsmoment (s. S. 72)
$J = m \cdot i^2$

Arbeit
$W = M \cdot \varphi = P \cdot t$

Leistung
$P = M \cdot \omega = M \cdot 2\pi \cdot n$
Zahlenwertgleichung:
$P = M \cdot n/9550$ (Diagramm s. S. 74)
P in kW, M in N · m (= W · s),
n in min^{-1}

Drehenergie
$E_{rot} = J \cdot \omega^2/2 = J \cdot 2\pi^2 \cdot n^2$
Zahlenwertgleichung:
$E_{rot} = J \cdot n^2/182{,}4$
E_{rot} in J (= N · m), J in kg m^2,
n in min^{-1}

Drehimpuls, Drall
$L = J \cdot \omega = J \cdot 2\pi \cdot n$
Zahlenwertgleichung:
$L = J \cdot \pi \cdot n/30 = 0{,}1047\, J \cdot n$
L in N · s · m, J in kg · m^2, n in min^{-1}

Pendelbewegung

(Mathematisches Pendel, d. h. punktförmige Masse an masselosem Faden)

Ebenes Pendel
Schwingungsdauer (Hin- und Hergang)
$T = 2\pi \cdot \sqrt{l/g}$
Genau nur für kleine Ausschläge α aus der Ruhelage (bei $\alpha = 10°$ Fehler etwa 0,2 %).

Kegelpendel

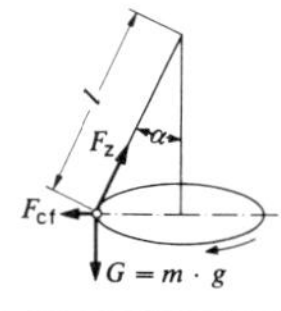

Umlaufzeit
$T = 2\pi \cdot \sqrt{(l \cos \alpha)/g}$
Zentrifugalkraft
$F_{cf} = m \cdot g \cdot \tan \alpha$
Zugkraft am Faden
$F_z = m \cdot g/\cos \alpha$

Wurf und Fall

(Formelzeichen s. S. 68)

Wurf senkrecht nach oben (ohne Luftwiderstand). Gleichförmig verzögerte Bewegung, Verzögerung $a = g = 9{,}81\ \text{m/s}^2$	Steiggeschwindigkeit	$v = v_1 - g \cdot t = v_1 - \sqrt{2g \cdot h}$
	Steighöhe	$h = v_1 \cdot t - 0{,}5 g \cdot t^2$
	Steigzeit	$t = \frac{v_1 - v}{g} = \frac{v_1 - \sqrt{v_1^2 - 2g \cdot h}}{g}$
	Im Umkehrpunkt ist	$v_2 = 0;\ h_2 = \frac{v_1^2}{2g};\ t_2 = \frac{v_1}{g}$
Wurf schräg nach oben (ohne Luftwiderstand), Wurfwinkel α; Überlagerung von geradliniger gleichförmiger Bewegung und freiem Fall	Wurfweite (Größtwert bei $\alpha = 45°$)	$s = \frac{v_1^2 \cdot \sin 2\alpha}{g}$
	Wurfdauer	$t = \frac{s}{v_1 \cdot \cos\alpha} = \frac{2 v_1 \cdot \sin\alpha}{g}$
	Wurfhöhe	$h = \frac{v_1^2 \cdot \sin^2\alpha}{2g}$
	Wurfenergie	$E = G \cdot h = m \cdot g \cdot h$
Freier Fall (ohne Luftwiderstand). Gleichförmig beschleunigte Bewegung, Beschleunigung $a = g = 9{,}81\ \text{m/s}^2$	Fallgeschwindigkeit	$v = g \cdot t = \sqrt{2g \cdot h}$
	Fallhöhe	$h = \frac{g \cdot t^2}{2} = \frac{v^2}{2g} = \frac{v \cdot t}{2}$
	Fallzeit	$t = \frac{2h}{v} = \frac{v}{g} = \sqrt{\frac{2h}{g}}$
Fall mit Berücksichtigung des Luftwiderstandes Ungleichförmig beschleunigte Bewegung, Anfangsbeschleunigung $a_1 = g = 9{,}81\ \text{m/s}^2$, Endbeschleunigung $a_2 = 0$	Die Fallgeschwindigkeit strebt einer Grenzgeschwindigkeit v_0 zu, bei der der Luftwiderstand $F_L = \varrho \cdot c_W \cdot A \cdot v_0^2/2$ so groß ist wie die Gewichtskraft $G = m \cdot g$ des fallenden Körpers. Daraus:	
	Grenzgeschwindigkeit	$v_0 = \sqrt{2m \cdot g/(\varrho \cdot c_W \cdot A)}$ (ϱ Luftdichte, c_W Luftwiderstandszahl, A Querschnittsfläche des Körpers).
	Fallgeschwindigkeit	$v = v_0 \cdot \sqrt{1 - 1/\varkappa^2}$ Zur Abkürzung ist eingesetzt: $\varkappa = e^{g\,h/v_0^2};\ e = 2{,}718$
	Fallhöhe	$h = \frac{v_0^2}{2g} \ln \frac{v_0^2}{v_0^2 - v^2}$
	Fallzeit	$t = \frac{v_0}{g} \ln (\varkappa + \sqrt{\varkappa^2 - 1})$

Beispiel: Ein schwerer Körper (Masse $m = 1000$ kg, Querschnittsfläche $A = 1\ \text{m}^2$, Luftwiderstandszahl $c_W = 0{,}9$) fällt aus großer Höhe herunter. Im ganzen Bereich seien Luftdichte $\varrho = 1{,}293\ \text{kg/m}^3$ und Fallbeschleunigung $g = 9{,}81\ \text{m/s}^2$ wie am Boden.

Fallhöhe	Ohne Luftwiderstand wäre am Ende der angegebenen Fallhöhe			Mit Luftwiderstand ist am Ende der angegebenen Fallhöhe		
m	Fallzeit s	Fallgeschw. m/s	Energie kJ	Fallzeit s	Fallgeschw. m/s	Energie kJ
10	1,43	14,0	98	1,43	13,97	97
50	3,19	31,3	490	3,2	30,8	475
100	4,52	44,3	980	4,6	43	925
500	10,1	99	4900	10,6	86,2	3690
1000	14,3	140	9800	15,7	108	5850
5000	31,9	313	49 000	47,6	130	8410
10 000	45,2	443	98 000	86,1	130	8410

Luftwiderstandszahlen c_W

	Körperform	c_W		Körperform	c_W
	Scheibe, Platte	1,1		langer Zylinder $Re < 200\,000$ $Re > 450\,000$	 1,0 0,35
	offene Schale, Fallschirm	1,4			
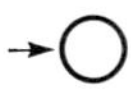	Kugel $Re < 200\,000$ $Re > 250\,000$	 0,45 0,20	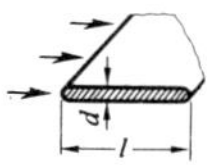	lange Platte $l:d = 30$ $Re \approx 500\,000$ $Re \approx 200\,000$	 0,78 0,66
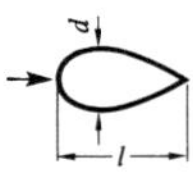	schlanker Rotationskörper $l:d = 6$	0,05	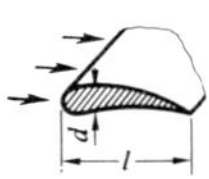	lang. Tragflügel $l:d = 18$ } $Re \approx 10^6$ $l:d = 8$ } $Re \approx 10^6$ $l:d = 5$ } $Re \approx 10^6$ $l:d = 2$ $Re \approx 2 \cdot 10^5$	 0,2 0,1 0,08 0,2

Reynolds-Zahl

$Re = (v + v_0) \cdot l/\nu$

v Körpergeschwindigkeit in m/s,
v_0 Luftgeschwindigkeit in m/s,
l Körperlänge in m (in Strömungsrichtung),
d Körperdicke in m,
ν kinematische Viskosität im m^2/s.

Für Luft mit $\nu = 14 \cdot 10^{-6}\ m^2/s$ (Jahresmittel 200 m über NN) ist

$Re \approx 72\,000\,(v + v_0) \cdot l$ mit v und v_0 in m/s
$Re \approx 20\,000\,(v + v_0) \cdot l$ mit v und v_0 in km/h

Die Ergebnisse von Strömungsmessungen zweier geometrisch ähnlicher, aber verschieden großer Körper sind nur vergleichbar, wenn in beiden Fällen die Reynolds-Zahl gleich groß ist (wichtig bei Modellversuchen!).

Luftaustritt aus Düsen

Die untenstehenden Kurven geben nur Richtwerte. Die ausströmende Luftmenge ist außer vom Druck und vom Düsenquerschnitt abhängig von Oberfläche und Länge der Düsenbohrung und der Zuleitung und von der Rundung der Kanten der Austrittsöffnung.

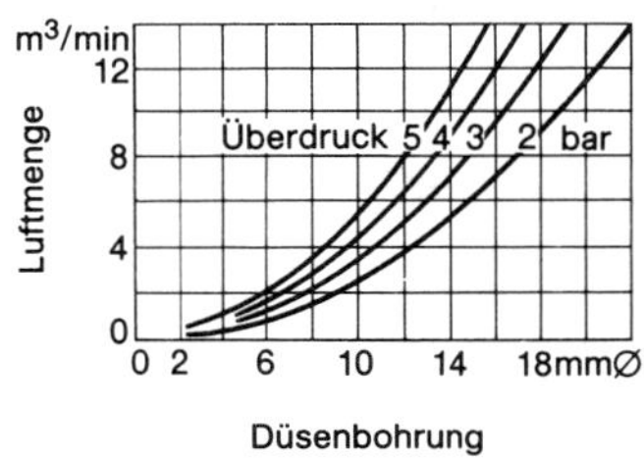

Gravitation

Anziehungskraft zweier Massen
$F = f\,(m_1 \cdot m_2)/r^2$
r Abstand der Massenmittelpunkte
f Gravitationskonstante
$= 6{,}67 \cdot 10^{-11}\ N \cdot m^2/kg^2$

Hebelgesetz

$F_1 \cdot r_1 = F_2 \cdot r_2$

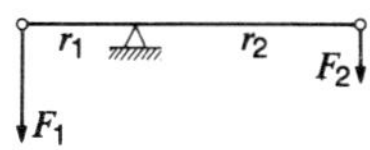

Trägheitsmomente

Formelzeichen s. S. 68, Masse $m = V \cdot \varrho$, Körperinhalte V s. S. 49, Dichte ϱ s. S. 9, 168, Flächenträgheitsmomente s. S. 95.

Art des Körpers		**Trägheitsmomente** J_x um die x-Achse[1]), J_y um die y-Achse[1])
Rechtkant, Quader	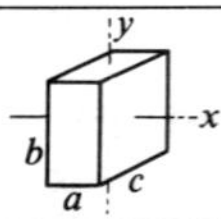	$J_x = m \frac{b^2+c^2}{12}$ $J_y = m \frac{a^2+c^2}{12}$ Würfel mit Seitenlänge a: $J_x = J_y = m \frac{a^2}{6}$
Kreiszylinder	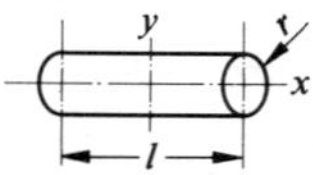	$J_x = m \frac{r^2}{2}$ $J_y = m \frac{3r^2+l^2}{12}$
hohler Kreis-Zylinder	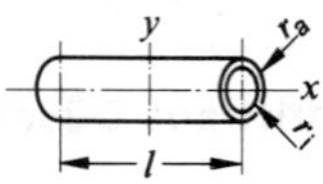	$J_x = m \frac{r_a^2+r_i^2}{2}$ $J_y = m \frac{r_a^2+r_i^2+l^2/3}{4}$
Kreiskegel	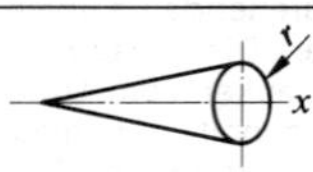	$J_x = m \frac{3r^2}{10}$ Kegelmantel (ohne Grundfläche) $J_x = m \frac{r^2}{2}$
Kreiskegelstumpf	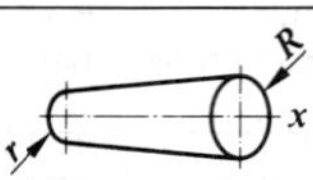	$J_x = m \frac{3(R^5-r^5)}{10(R^3-r^3)}$ Kegelmantel (ohne Endflächen) $J_x = m \frac{R^2+r^2}{2}$
Pyramide	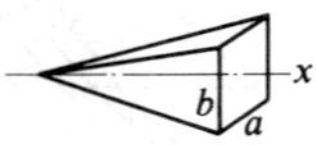	$J_x = m \frac{a^2+b^2}{20}$
Kugel und Halbkugel	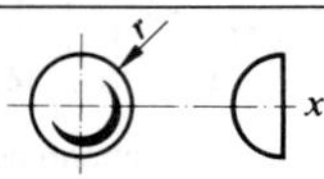	$J_x = m \frac{2r^2}{5}$ Kugeloberfläche $J_x = m \frac{2r^2}{3}$
Hohlkugel	r_a äußerer Kugelhalbmesser r_i innerer Kugelhalbmesser	$J_x = m \frac{2(r_a^5-r_i^5)}{5(r_a^3-r_i^3)}$
zylindrischer Ring	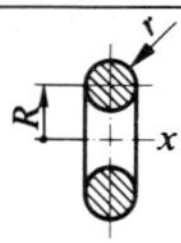	$J_x = m \left(R^2 + \frac{3}{4} r^2\right)$

[1]) Das Trägheitsmoment für eine zur x-Achse bzw. y-Achse im Abstand a parallel verlaufende Achse ist $J_A = J_x + m \cdot a^2$ bzw. $J_A = J_y + m \cdot a^2$.

Reibung

(Reibungszahlen μ s. unten)

In waagrechter Ebene
Reibungskraft (Reibwiderstand)
$F_R = \mu \cdot m \cdot g$

In schiefer Ebene
Reibungskraft (Reibwiderstand)
$F_R = \mu \cdot F_N = \mu \cdot m \cdot g \cdot \cos\alpha$

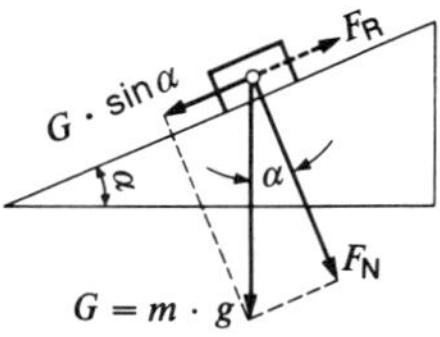

Kraft in Richtung der schiefen Ebene[1])
$F = G \cdot \sin\alpha - F_R = m \cdot g(\sin\alpha - \mu \cdot \cos\alpha)$

Beschleunigung in Richtung der schiefen Ebene[1])
$a = g(\sin\alpha - \mu \cdot \cos\alpha)$

Geschwindigkeit nach Weg s (bzw. Höhe $h = s \cdot \sin\alpha$)
$v = \sqrt{2g \cdot h(1 - \mu \cdot \cot\alpha)}$

[1]) Wenn $(\sin\alpha - \mu \cdot \cos\alpha)$ negativ oder Null ist, bleibt der Körper in Ruhe.

Reibung bei Umschlingung
Spannkräfte
$F_1 = F_2 \cdot e^{\mu\varepsilon}$

übertragbare Umfangskraft
$F_u = F_1 - F_2 = F_1(1 - e^{-\mu\varepsilon}) = F_2(e^{\mu\varepsilon} - 1)$
$e = 2{,}718$ (Grundzahl der natürlichen Logarithmen)

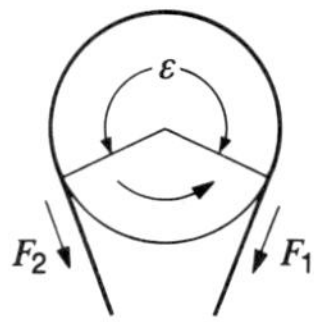

Reibungszahlen

Werkstoffe	Bewegungsreibung (Gleitreibung) μ trocken	Bewegungsreibung (Gleitreibung) μ geschmiert	Ruhereibung (Haftreibung) μ_r trocken	Ruhereibung (Haftreibung) μ_r geschmiert
Stahl auf Stahl	0,12	0,08	0,15	0,12
Stahl auf Bronze oder Grauguß	0,18	0,06	0,2	0,1
Stahl auf Eis	0,014	–	0,03	–
Stahl auf Holz	0,5	0,1	0,6	0,12
Grauguß auf Grauguß	0,28	0,08	0,3	0,2
Grauguß auf Bronze	0,2	0,08	0,3	0,2
Leder auf Metall	0,48	0,15	0,6	–
Leder auf Holz	0,4	–	0,5	–
Gummi auf Metall	0,5	–	–	–
Bremsbelag auf Stahl	0,5	–	–	–
Stein auf Stein	0,65	–	0,7	–
Holz auf Holz	0,5	–	0,6	–

Ruhereibung ist meist etwas größer als Bewegungsreibung.

Leistung und Drehmoment

Gleichungen s. S. 69

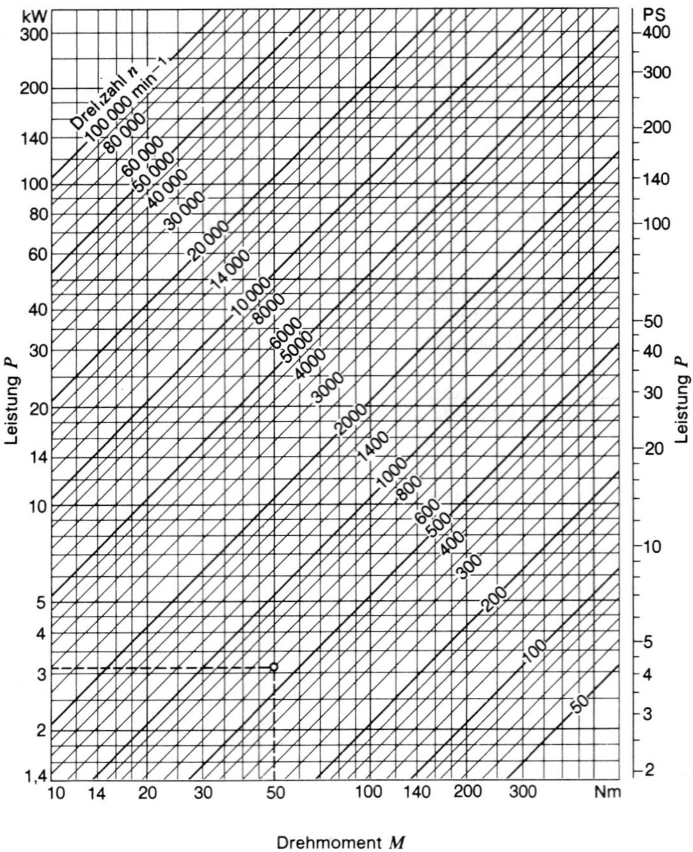

Einem Vielfachen von M oder von n entspricht dasselbe Vielfache von P.

Beispiele: Für $M =$ 50 N·m und $n =$ 600 min^{-1} ist $P =$ 3,15 kW (4,3 PS)
Für $M =$ 5 N·m und $n =$ 600 min^{-1} ist $P =$ 0,315 kW (0,43 PS)
Für $M =$ 5000 N·m und $n =$ 60 min^{-1} ist $P =$ 31,5 kW (43 PS)

Mechanik der Flüssigkeiten

Formelzeichen	Größe	SI-Einheit
A	Querschnittsfläche	m^2
A_b	Bodenfläche	m^2
A_s	Seitenfläche	m^2
F	Kraft	N[1]
F_a	Auftriebskraft	N
F_b	Bodenkraft	N
F_s	Seitenkraft	N
G	Gewichtskraft	N
g	Fallbeschleunigung $g = 9{,}81\ m/s^2$	m/s^2
h	Flüssigkeitshöhe	m

Formelzeichen	Größe	SI-Einheit
m	Masse	kg
p	Flüssigkeitsdruck	Pa[2]
	$p_1 - p_2$ Druckunterschied	Pa
p_e	Überdruck gegenüber Atmosphärendruck	Pa
Q	Flußmenge	m^3/s
V	Volumen	m^3
v	Durchflußgeschwindigkeit	m/s
ϱ	Dichte	kg/m^3
	Dichte des Wassers[3] $\varrho_W = 1\ kg/dm^3 = 1000\ kg/m^3$	

Ruhende Flüssigkeit in einem offenen Gefäß

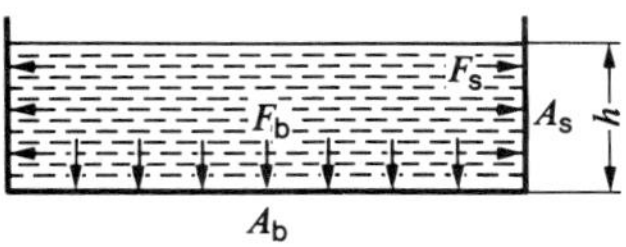

Bodenkraft $F_b = A_b \cdot h \cdot \varrho \cdot g$

Seitenkraft $F_s = 0{,}5\, A_s \cdot h \cdot \varrho \cdot g$

Auftriebskraft $Fa = V \cdot \varrho \cdot g$

= Gewichtskraft des verdrängten Flüssigkeitsvolumens. Körper schwimmt, wenn $F_a \geq G$

Hydraulische Presse

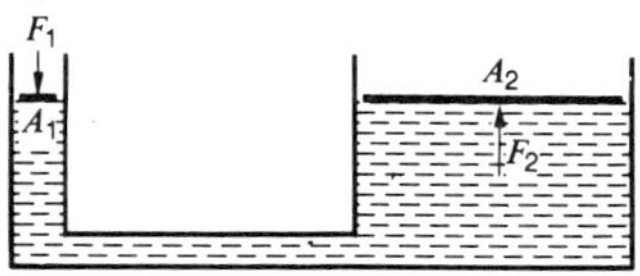

Flüssigkeitsdruck $p = \dfrac{F_1}{A_1} = \dfrac{F_2}{A_2}$

Kolbenkräfte $F_1 = p \cdot A_1 = F_2 \dfrac{A_1}{A_2}$

$$F_2 = p \cdot A_2 = F_1 \frac{A_2}{A_1}$$

Strömung mit Querschnittsänderung

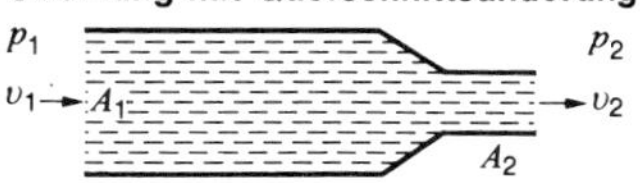

Durchflußmenge

$$Q = A_1 \cdot v_1 = A_2 \cdot v_2 = \sqrt{\frac{2}{\varrho} \cdot \frac{p_1 - p_2}{1/A_2^2 - 1/A_1^2}}$$

Ausfluß aus Gefäßen

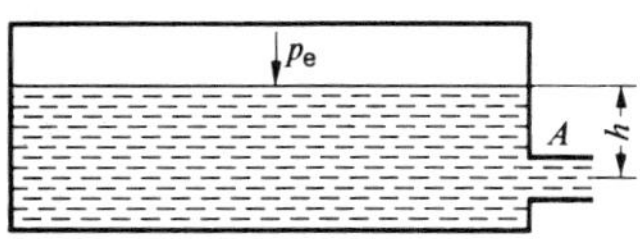

Ausflußgeschwindigkeit

$$v_a = \psi \cdot \sqrt{2g \cdot h + 2p_e/\varrho}$$

Ausflußmenge

$$Q_a = \varkappa \cdot A \cdot v_a = \varkappa \cdot \psi \cdot A \cdot \sqrt{2g \cdot h + 2p_e/\varrho}$$

Einschnürzahl $\varkappa$ bei scharfer Kante 0,62 ... 0,64, bei leicht gebrochener Kante 0,7 ... 0,8, bei schwach gerundeter Kante 0,9, bei stark gerundeter, glatter Kante 0,99.
Ausflußzahl ψ = 0,97 ... 0,998.

[1]) 1 N = 1 kg m/s² (s. S. 6)
[2]) 1 Pa = 1 N/m²; 1 bar = 10^5 Pa; 1 at (= 1 kp/cm²) = 0,981 bar ≈ 1 bar (Druckeinheiten s. S. 26).
[3]) Dichte anderer Flüssigkeiten s. S. 172.

Schwingungen

Formelzeichen und Einheiten

Namen der Einheiten s. S. 8 ... 12

mechanisches translatorisches System			mechanisches Drehschwingungssystem			elektrisches System		
Größe		Einheit	Größe		Einheit	Größe		Einheit
x	Augenblickswert	m	α	Winkel	rad	Q	Ladung	C
$\hat{x}$	Amplitude	m						
c	Federkonstante	N/m	D	Direktionsmoment	N · m	$1/C$	1/Kapazität	1/F
Λ	logarithmisches Dämpfungsdekrement		Λ	logarithmisches Dämpfungsdekrement		Λ	logarithmisches Dämpfungsdekrement	
f	Frequenz	Hz	f	Frequenz	Hz	f	Frequenz	Hz
m	Masse	kg	J	Trägheitsmoment	kg · m²	L	Selbstinduktion	H
F	Kraft	N	M	Drehmoment	N · m	U	Spannung	V
r	Dämpfungskonstante (lineare Dämpfung)	N · s/m	R	Drehdämpfungskonstante	N · s · m	R	Ohmscher Widerstand	Ω
t	Zeit	s	t	Zeit	s	t	Zeit	s
T	Schwingungsdauer	s	T	Schwingungsdauer	s	T	Schwingungsdauer	s
v	Schwinggeschwindigkeit	m/s	ω	Winkelgeschwindigkeit	1/s	I	Strom	A
δ	Dämpfungsfaktor	1/s	δ	Dämpfungsfaktor	1/s	δ	Dämpfungsfaktor	1/s
φ	Phasenwinkel für $t = 0$	rad	φ	Phasenwinkel für $t = 0$	rad	φ	Phasenwinkel für $t = 0$	rad
ω	Kreisfrequenz	1/s	ω	Kreisfrequenz	1/s	ω	Kreisfrequenz	1/s

Begriffe

(siehe auch DIN 1311)

Schwingung

Schwingung nennt man die Änderung einer physikalischen Größe, die sich mehr oder weniger regelmäßig zeitlich wiederholt und deren Richtung mit ähnlicher Regelmäßigkeit wechselt.

Schwingungsdauer

Schwingungsdauer ist die Zeit, in der eine einzelne Schwingung abläuft (Periode).

Frequenz

Frequenz ist der reziproke Wert der Schwingungsdauer T, also die Zahl der Schwingungen in einer Sekunde $f = 1/T$.

Kreisfrequenz

Kreisfrequenz ist die Zahl der Schwingungen in 2π Sekunden $\omega = 2\pi f$.

Schwinggeschwindigkeit

Schwinggeschwindigkeit oder Schnelle ist der Augenblickswert der Wechselgeschwindigkeit eines Teilchens in seiner Schwingungsrichtung. Sie darf nicht mit der Ausbreitungsgeschwindigkeit einer fortschreitenden Welle (z. B. Lichtgeschwindigkeit) verwechselt werden.

Amplitude

Amplitude ist der maximale Augenblickswert (Scheitelwert) der zu einer Sinusschwingung gehörenden physikalischen Größe.

Fourier-Reihe

Jede periodische Funktion, die stückweise monoton und stetig ist, läßt sich als Summe von sinus- und cosinusförmigen Grund- und Oberschwingungen darstellen.

Schwebungen

Schwebungen entstehen, wenn zwei Sinusschwingungen, deren Frequenzen nicht sehr voneinander verschieden sind, überlagert werden. Die Schwebung ist ebenfalls sinusförmig; Frequenz gleich der Differenz der Grundfrequenzen.

Eigenschwingungen
Eigenschwingungen (freie Schwingungen) sind Schwingungen, deren Frequenz nur von den Eigenschaften des schwingenden Systems abhängt.

Dämpfung
Dämpfung ist ein Maß für die Energieverluste in einem Schwingungsgebilde bei der Umwandlung von einer Energieform in eine andere.

Dämpfungsverhältnis
Dämpfungsverhältnis $\hat{x}_n/\hat{x}_{n+1}$ ist das Verhältnis zweier um eine Periode auseinanderliegender Amplituden $\hat{x}_n$ und $\hat{x}_{n+1}$. Logarithmisches Dekrement $\Lambda = \ln(\hat{x}_n/\hat{x}_{n+1})$, Dämpfungsfaktor $\delta = \Lambda/T$.

Ungedämpfte (stationäre = zeitunabhängige) Schwingung
Amplituden bleiben konstant, d. h. $\Lambda = 0$.

Gedämpfte bzw. angefachte Schwingungen
Amplituden nehmen ab (Λ positiv) bzw. zu (Λ negativ).

Erzwungene Schwingungen
Das System schwingt nicht mit seiner Eigenfrequenz, sondern mit der Frequenz einer von außen angreifenden Kraft.

Resonanz
Resonanz tritt auf, wenn die Frequenz der von außen wirkenden Kraft der Eigenfrequenz des Systems entspricht.

Kopplung
Werden zwei Schwingungssysteme miteinander gekoppelt – mechanisch durch Masse oder Elastizität, elektrisch durch induktive oder kapazitive Beeinflussung –, so findet ein periodischer Energieaustausch zwischen den Systemen statt.

Welle
Welle ist eine sich räumlich ausbreitende Zustandsänderung, bei der Energie transportiert wird. Es gibt Transversalwellen (z. B. Seilwellen, Wasserwellen) und Longitudinalwellen (z. B. Schallwellen in Luft).

Interferenz
Prinzip der ungestörten Überlagerung. Erreichen mehrere Wellen einen bestimmten Raumpunkt zur selben Zeit, so ist dort die resultierende Amplitude gleich der Summe der Amplituden der Einzelwellen. Die Amplitude jeder Einzelwelle ist an diesem Punkt so groß, als ob die Welle allein vorhanden wäre.

Stehende Wellen
Stehende Wellen entstehen durch Interferenz gegenläufiger Wellen gleicher Frequenz, Wellenlänge und Amplitude. Im Gegensatz zur fortschreitenden Welle bleibt die Amplitude der stehenden Welle an jedem Ort konstant; es treten „Bäuche" (maximale Amplitude) und „Knoten" (Amplitude null) auf. Stehende Wellen treten dann durch Reflexion eines Wellenzuges in sich selbst auf, wenn der Wellenwiderstand des Mediums vom Widerstand des reflektierenden Mittels sehr verschieden ist. Ist der Abschlußwiderstand gleich dem Wellenwiderstand, so tritt keine Reflexion auf.

Arithmetischer Mittelwert
Für eine Sinuskurve ist

$$x_{ar} = 2\hat{x}/\pi = 0{,}637\,\hat{x}.$$

Quadratischer Mittelwert oder Effektivwert

$$x_{eff} = \sqrt{\frac{\hat{x}_1^2 + \hat{x}_2^2 + \hat{x}_3^2 + \dots \hat{x}_n^2}{n}}$$

Für eine Sinuskurve ist

$$x_{eff} = \hat{x}/\sqrt{2} = 0{,}707\,\hat{x}.$$

Formfaktor $= x_{eff}/x_{ar}$.
Für eine Sinuskurve ist

$$x_{eff}/x_{ar} = 1{,}11.$$

Schwingung.

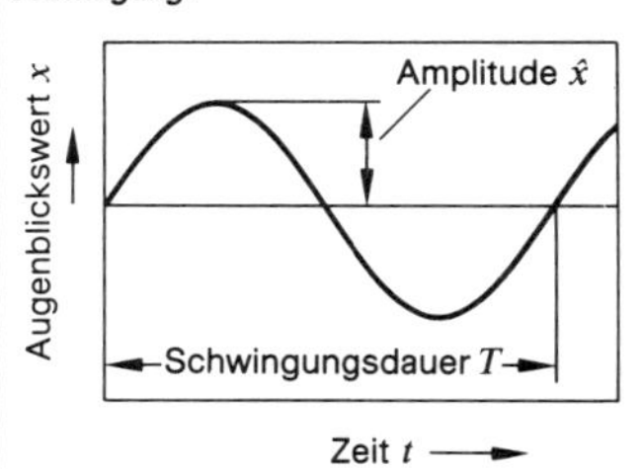

Mechanisches Schwingungssystem.

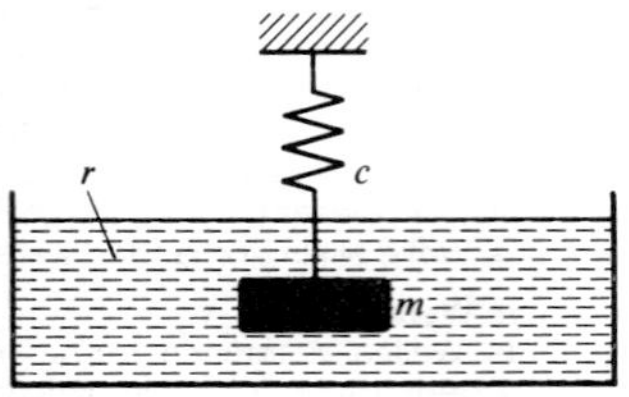

Elektrisches Schwingungssystem.

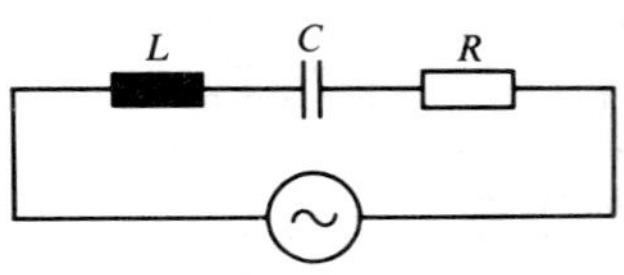

Gleichungen

Die Gleichungen beziehen sich auf ein mechanisches translatorisches System, in dem eine Masse m sich in einem Mittel mit der Dämpfungskonstante r an einer Feder mit der Federkonstanten c bewegt.

Sie gelten sinngemäß für Drehschwingungen und für elektrische Schwingungen mit Reihenschaltung von Induktivität L, Kapazität C und Ohmschem Widerstand R, wenn man die entsprechenden Größen aus Tabelle S. 76 einsetzt.

	Mechanisches System	Elektrisches System
Schwingungsdauer	$T = 1/f$	
Kreisfrequenz	$\omega = 2\pi f$	
Augenblickswert einer sinusförmigen Schwingung	$x = \hat{x} \sin \omega t$	
Schwinggeschwindigkeit eines schwingenden Teilchens	$v = \frac{\mathrm{d}x}{\mathrm{d}t} = \omega \hat{x} \cos \omega t = \omega \hat{x} \sin(\omega t + \pi/2)$	
Beschleunigung	$a = \frac{\mathrm{d}v}{\mathrm{d}t} = \frac{\mathrm{d}^2 x}{\mathrm{d}t^2} = -\omega^2 \hat{x} \sin \omega t = \omega^2 \hat{x} \sin(\omega t + \pi)$	
Freie Schwingungen		
Kreisfrequenz der ungedämpften Schwingung	$\omega_o = \sqrt{\frac{c}{m}}$	$\omega_o = \sqrt{\frac{1}{LC}}$
Frequenz der ungedämpften Schwingung	$f_o = \frac{\omega_o}{2\pi} = \frac{\sqrt{c/m}}{2\pi}$	$f_o = \frac{\omega_o}{2\pi} = \frac{1}{2\pi\sqrt{LC}}$
Schwingungsdauer der ungedämpften Schwingung	$T_o = 1/f_o = 2\pi\sqrt{m/c}$	$T_o = 1/f_o = 2\pi\sqrt{LC}$
Logarithmisches Dämpfungsdekrement	$\Lambda = \ln\left(\frac{\hat{x}_n}{\hat{x}_{n+1}}\right) = \frac{\pi r}{\sqrt{cm - r^2/4}}$	$\Lambda = \ln\left(\frac{\hat{x}_n}{\hat{x}_{n+1}}\right) = \frac{\pi R}{\sqrt{L/C - R^2/4}}$
Dämpfungsfaktor	$\delta = \frac{\Lambda}{T_o} = \frac{r}{2m}$	$\delta = \frac{\Lambda}{T_o} = \frac{R}{2L}$
Kreisfrequenz der gedämpften Schwingung	$\omega_d = \sqrt{\omega_o^2 - \delta^2}$	$\omega_d = \sqrt{\omega_o^2 - \delta^2}$
Frequenz der gedämpften Schwingung	$f_d = \frac{\omega_d}{2\pi} = \frac{1}{2\pi}\sqrt{\frac{c}{m} - \left(\frac{r}{2m}\right)^2}$	$f_d = \frac{\omega_d}{2\pi} = \frac{1}{2\pi}\sqrt{\frac{1}{LC} - \left(\frac{R}{2L}\right)^2}$
Schwingungsdauer der gedämpften Schwingung	$T_d = \frac{1}{f_d} = \frac{2\pi}{\sqrt{\frac{c}{m} - \left(\frac{r}{2m}\right)^2}}$	$T_d = \frac{1}{f_d} = \frac{2\pi}{\sqrt{\frac{1}{LC} - \left(\frac{R}{2L}\right)^2}}$

Akustik

Formelzeichen und Einheiten
(s. a. DIN 1332)

Größe		SI-Einheit
c	Schallgeschwindigkeit	m/s
f	Frequenz	Hz
I	Schallintensität	W/m^2
L_I	Schallintensitätspegel	dB
L_{Aeq}	äquivalenter Dauerschallpegel, A-bewertet	dB (A)
L_{pA}	Schalldruckpegel, A-bewertet	dB (A)
L_r	Beurteilungspegel	dB (A)
L_{WA}	Schalleistungspegel, A-bewertet	dB (A)
P	Schalleistung	W
p	Schalldruck	Pa
S	Fläche	m^2
T	Nachhallzeit	s
v	Schallschnelle	m/s
Z	spezifische Schallimpedanz	Pa·s/m
α	Schallabsorptionsgrad	1
λ	Wellenlänge	m
ϱ	Dichte	kg/m^3
ω	Kreisfrequenz ($= 2\pi f$)	1/s

Allgemeine Begriffe
(s. a. DIN 1320)

Schall
Mechanische Schwingungen und Wellen eines elastischen Mediums, insbesondere im hörbaren Frequenzbereich (16 bis 20 000 Hz).

Ultraschall
Mechanische Schwingungen oberhalb des Frequenzbereiches des menschlichen Hörens.

Schallausbreitung
Der Schall breitet sich im allgemeinen kugelförmig von der Schallquelle aus. Im freien Schallfeld nimmt der Schallpegeldruck mit der Entfernung von der Schallquelle um 6 dB je Entfernungsverdoppelung ab. Reflektierende Gegenstände beeinflussen das Schallfeld, und die Pegelabnahme je Entfernungsverdoppelung wird geringer.

Schallgeschwindigkeit c
Ausbreitungsgeschwindigkeit einer Schallwelle.

Wellenlänge $\lambda = c/f = 2\pi\, c/\omega$

Schallschnelle v
Wechselgeschwindigkeit eines schwingenden Teilchens. Im freien Schallfeld: $v = p/Z$. Die Vibrationsempfindung ist bei niedrigen Frequenzen annähernd der Schallschnelle proportional.

Schalldruck p
Durch Schallschwingung im Medium hervorgerufener Wechseldruck. Im freien Schallfeld: $p = v \cdot Z$. Er wird meist als Effektivwert gemessen.

Spezifische Schallimpedanz Z
Kennzeichnet die Übertragungseigenschaften eines Mediums für Schallwellen. $Z = p/v = \varrho \cdot c$. Für Luft von 20°C bei 1013 mbar (760 Torr) ist $Z = 415$ Ns/m^3, für Wasser von 10°C ist $Z = 1{,}44 \cdot 10^6\ Ns/m^3 = 1{,}44 \cdot 10^6\ Pa \cdot s/m$.

Schalleistung P
Von einer Schallquelle abgegebene Schalleistung. Schalleistung einiger Schallquellen:

Unterhaltungssprache, Mittelwert	$7 \cdot 10^{-6}$ W
Geige, fortissimo	$1 \cdot 10^{-3}$ W
Spitzenleistung der menschlichen Stimme	$2 \cdot 10^{-3}$ W
Klavier, Trompete	0,2 ... 0,3 W
Orgel	1 ... 10 W
Pauke	10 W
Orchester (75 Musiker)	bis 65 W

Schallintensität I
(Schallstärke) $I = P/S$, d. h. Schalleistung durch Fläche senkrecht zur Ausbreitungsrichtung. Im Schallfeld ist
$I = p^2/\varrho \cdot c = v^2 \cdot \varrho \cdot c$.

Dopplersches Prinzip
bei bewegten Schallquellen: Wird die Entfernung Schallquelle—Beobachter kleiner, so erscheint der beobachtete Ton (f') höher als der wirkliche Ton (f); er erscheint tiefer bei zunehmender Entfernung. Bewegen sich Beobachter und Schallquelle auf einer Linie, so ist
$f'/f = (c - u')/(c - u)$.
c Schallgeschwindigkeit, u' Geschwindigkeit des Beobachters, u Geschwindigkeit der Schallquelle.

Intervall
Intervall oder Tonstufe ist das Verhältnis der Schwingungszahlen zweier Töne. Bei der „gleichschwebend temperierten Stimmung" unserer Musikinstrumente (eingeführt von J. S. Bach) ist die Oktave (Intervall 2:1) in 12 gleiche Halbtonstufen mit einem Stufensprung $\sqrt[12]{2} = 1{,}0595$ eingeteilt, d. h. eine Folge beliebig vieler temperierter Intervalle führt stets wieder zu einem temperierten Intervall. Bei der „reinen Stimmung" dagegen führt eine Folge reiner Intervalle meist nicht zu einem reinen Intervall. (Die reine Stimmung hat die Tonstufen 1, 16/15, 9/8, 6/5, 5/4, 4/3, 7/5, 3/2, 8/5, 5/3, 9/5, 15/8, 2.)

Schallspektrum
Die Abhängigkeit des Schalldruckpegels (Luft- oder Körperschall) von der Frequenz wird im Schallspektrum dargestellt, das mittels einer Frequenzanalyse erstellt wird.

Oktavbandspektrum
Die Schallpegel werden in Oktavbandbreite bestimmt und dargestellt. Oktave: Frequenzbereiche mit Eckfrequenzen, die sich wie 1:2 verhalten. Mittlere Frequenz der Oktave $f_m = \sqrt{f_1 \cdot f_2}$. Empfohlene Mittenfrequenzen: 31,5; 63; 125; 250; 500; 1000; 2000; 4000; 8000 Hz.

Terzbandspektrum
Die Schallpegel werden in Terzband- bzw. Eindrittel-Oktavbandbreite bestimmt und dargestellt. Bandbreite wie beim Oktavbandspektrum zur Mittenfrequenz relativ konstant.

Schalldämmung
Minderung der Schalleinwirkung durch Einfügen einer reflektierenden (dämmenden) Wand zwischen Schallquelle und Einwirkungsort.

Schalldämpfung, Schallabsorption
Verlust an Schallenergie bei der Reflexion an Begrenzungsflächen, aber auch bei der Ausbreitung im Medium.

Schallabsorptionsgrad α
Verhältnis der nicht reflektierten zur auffallenden Schallenergie. Bei vollständiger Reflexion ist $\alpha = 0$, bei vollständiger Absorption ist $\alpha = 1$.

Meßgrößen für Geräusch-Emissionen

Üblicherweise werden Schallfeldgrößen als Effektivwerte und nach einer frequenzabhängigen Bewertung (A-Bewertung) angegeben. Dies wird durch den Index A an dem betreffenden Formelzeichen ausgedrückt.

Schalleistungspegel L_W
Die Schalleistung einer Schallquelle wird durch den Schalleistungspegel L_W beschrieben. Er ist der zehnfache Zehnerlogarithmus des Verhältnisses aus berechneter Schalleistung zur Bezugsschalleistung $P_0 = 10^{-12}$ W. Die Schalleistung ist nicht direkt meßbar. Sie wird aus Größen des Schallfeldes, das sich um die Quelle herum ausbildet, berechnet. Üblicherweise werden dazu die Schalldruckpegel L_p an bestimmten Positionen um die Quelle herum herangezogen (s. DIN 45635). Auch aus Schallintensitätspegeln L_I, gemessen auf Teilflächen einer gedachten Hüllfläche um die Schallquelle, ist die Berechnung von L_W möglich. Tritt die gesamte Geräuschabstrahlung gleichmäßig durch eine Fläche von $S_0 = 1\ \text{m}^2$ hindurch, so haben auf dieser Fläche Schalldruckpegel L_p und Schallintensitätspegel L_I den Wert des Schalleistungspegels L_W.

Schalldruckpegel L_p
Der zehnfache Zehnerlogarithmus des Verhältnisses aus dem Quadrat des Schalldruckeffektivwertes und dem Quadrat des Bezugsschalldruckes

$p_0 = 20\,\mu\text{Pa}$. $L_p = 10 \log p^2/p_0^2$
oder
$L_p = 20 \log p/p_0$.
Angabe in Dezibel (dB).

Als frequenzabhängig A-bewerteter Schalldruckpegel L_{pA} wird er für einen Meßabstand von $d = 1$ m häufig zur Charakterisierung von Schallquellen benutzt.

Schallintensitätspegel L_I
Zehnfacher Zehnerlogarithmus des Verhältnisses aus Schallintensität und Bezugsschallintensität
$I_0 = 10^{-12}\ \text{W/m}^2$. $L_I = 10 \log I/I_0$.

Zusammenwirken mehrerer Schallquellen
Überlagern sich zwei unabhängige Schallfelder, dann müssen die Schallintensitäten oder die Schalldruckquadrate addiert werden. Der Gesamtschallpegel ergibt sich dann wie folgt aus den Einzelschallpegeln:

Differenz zwischen 2 Einzelschallpegeln	Gesamtschallpegel = höherer Einzelschallpegel + Zuschlag von:
0 dB	3 dB
1 dB	2,5 dB
2 dB	2,1 dB
3 dB	1,8 dB
4 dB	1,5 dB
6 dB	1 dB
8 dB	0,6 dB
10 dB	0,4 dB

Geräuschmessungen an Kraftfahrzeugen

Es bestehen genormte Geräusch-Meßmethoden für das Außen- und Innengeräusch von fahrenden Kfz und für das Standgeräusch von Kfz.

Fahrgeräusch
Es wird bei der Typ-Prüfung bei beschleunigter Vorbeifahrt (s. a. DIN 45636 und DIN ISO 362 [z. Z. noch Entwurf]) in einem Abstand von 7,5 m von der Fahrspurmitte als A-bewerteter Schalldruckpegel ermittelt. Der Wert in dB (A) wird in die Kfz-Papiere eingetragen. (Zusatz „E" heißt: „nach EG-Meßvorschrift".)

Standgeräusch
Es wird zur Erleichterung einer späteren Überprüfung der Geräuschentwicklung eines Kfz im Nahfeld des Auspuffschalldämpfers gemessen. Während der Messung ist der Motor auf $^3/_4$ der Drehzahl zu bringen, bei der er seine Nennleistung entwickelt. Nach Erreichen der konstanten Drehzahl ist die Drosselklappe rasch in Leerlaufstellung zu bringen. Während dieses Ablaufes wird in 50 cm Abstand von der Mündung unter einem horizontalen Winkel von $(45 \pm 10)°$ zur Ausströmrichtung der maximale A-bewertete Schalldruckpegel gemessen. Dieser wird in dB (A) mit dem Zusatz „P" (zur Unterscheidung von Angaben nach älteren Meßverfahren) in die Kfz-Papiere eingetragen.

Innengeräusch
Es wird z. B. bei konstanter oder nur gering beschleunigter Fahrt im Bereich ab 60 km/h oder 40 % der max. Fahrgeschwindigkeit (die niedrigeren Werte jeweils) als A-bewerteter Schalldruckpegel gemessen und über der Fahrgeschwindigkeit aufgetragen. Ein Meßort ist stets am Fahrersitz, weitere Meßorte sind unter Berücksichtigung der Ohrpositionen von Fahrgästen auszuwählen. Eine Einwertangabe des Innengeräusches ist nicht vorgesehen.

Meßgrößen für Geräuschimmissionen

Beurteilungspegel L_r
Die Geräuscheinwirkung auf den Menschen wird mit dem Beurteilungspegel L_r (s. a. DIN 45645) bewertet. Er ist ein Maß für die mittlere Geräuschimmission während einer Beurteilungszeit (z. B. 8 Arbeitsstunden), und er wird bei zeitlich schwankenden Geräuschen entweder mit integrierenden Meßgeräten direkt gemessen oder aus einzelnen Schalldruckpegelmessungen und den zugehörigen Zeitspannen der einzelnen Schalleinwirkungen errechnet (s. a. DIN 45641). Besonderheiten des einwirkenden Geräusches, wie Impulshaltigkeit oder Tonhaltigkeit, können durch Pegelzuschläge berücksichtigt werden (Richtwerte s. S. 82).

Energieäquivalenter Dauerschallpegel L_{Aeq}
Bei zeitlich schwankenden Geräuschen ist der aus den Schalldruckpegeln unter Berücksichtigung ihrer Einwirkungszeit gebildete mittlere A-bewertete Schalldruckpegel gleich dem energieäquivalenten Dauerschallpegel, wenn er die mittlere Einwirkungsenergie in der gesamten Beurteilungszeit beschreibt (s. a. DIN 45641). Der äquivalente Dauerschallpegel nach dem „Gesetz zum Schutz gegen Fluglärm" wird davon abweichend gebildet (siehe DIN 45643).

Richtwerte des Beurteilungspegels (TA Lärm v. 16. 7. 1968), gemessen vor dem nächstgelegenen Wohnhaus (0,5 m vor geöffnetem Fenster):

	bei Tag	bei Nacht
Reine Industriegebiete	70 dB (A)	70 dB (A)
Gebiete mit vorwiegend gewerblichen Anlagen	65 dB (A)	50 dB (A)
Gemischte Gebiete	60 dB (A)	45 dB (A)
Gebiete mit vorwiegend Wohnungen	55 dB (A)	40 dB (A)
Reine Wohngebiete	50 dB (A)	35 dB (A)
Kurgebiete, Krankenhäuser usw.	45 dB (A)	35 dB (A)

Lautstärkepegel L_S

Vergleichsmaß für die Stärke der subjektiven Wahrnehmung eines Schallvorganges, gemessen in phon. Der Lautstärkepegel eines Schalles (Ton oder Geräusch) wird durch Hörvergleich mit dem Standardschall subjektiv ermittelt. Standardschall ist dabei eine von vorn auf den Kopf des Beobachters treffende ebene Schallwelle der Frequenz 1000 Hz. International wird der Lautstärkepegel mit „Loudness Level" bezeichnet. Ein Unterschied von 8 bis 10 phon wird als doppelt bzw. halb so laut empfunden.

phon

Der als gleich laut empfundene Standardschall hat einen bestimmten Wert in dB. Dieser Wert wird als Lautstärkepegel des Testschalles mit der Benennung phon angegeben. Weil das menschliche Schallempfinden frequenzabhängig ist, stimmen z. B. für Töne die dB-Werte des Testschalles nicht mit den dB-Werten des Standardschalles überein (Ausnahme: Bezugsfrequenz 1000 Hz), wohl aber die phon-Zahlen. Kurven gleicher Lautstärke nach Fletcher-Munson (s. Bild).

Lautheit S (Loudness) in sone

Maß für die Größe der subjektiven Schallempfindung, bei der man von der Frage ausging, wieviel lauter oder leiser ein Geräusch empfunden wird, wenn man es mit einem anderen vergleicht. Festlegung: Lautstärkepegel von L_S = 40 phon entspricht der Lautheit S = 1 sone. Der Zusammenhang ist nicht linear; Verdoppelung oder Halbierung der Lautheit ergibt Unterschied im Lautstärkepegel von ungefähr 10 phon.

***Zuordnung von Geräuschen** zu objektiven und subjektiven Skalen, Kurven gleichen Lautstärkepegels, Bewertungskurve A des Schallpegelmessers.*

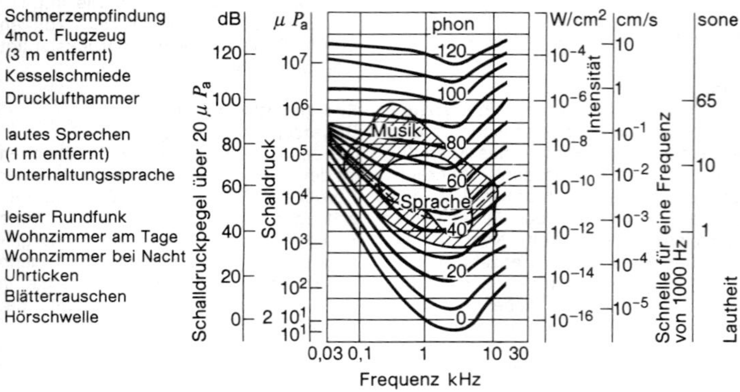

Grenzwerte für Kraftfahrzeuge

Die gesetzlichen Prüfverfahren bei Kraftfahrzeugen beziehen sich ausschließlich auf das Außengeräusch. Die 1981 erschienene EG-Richtlinie 81/334 definiert Meßverfahren und Grenzwerte zum Stand- und Fahrgeräusch.

Fahrgeräusch
Das Fahrzeug fährt mit einer konstanten Geschwindigkeit bis zur Linie AA, die 10 m von der Mikrofonebene entfernt ist und beschleunigt dann mit Vollgas bis zum Verlassen der Meßstrecke an der Linie BB (ebenfalls 10 m von der Mikrofonebene entfernt).

Als Fahrgeräuschwert wird der dabei maximal auftretende Schallpegel definiert (Mikrofonabstand 7,5 m von der Fahrbahnspurmitte).

Pkw mit Schaltgetriebe und höchstens 4 Vorwärtsgängen werden im 2. Gang geprüft, bei mehr als 4 Vorwärtsgängen nacheinander im 2. und 3. Gang. Der Fahrgeräuschwert entspricht dem arithmetischen Mittel beider max. Schallpegel. Bei automatischen Getrieben gelten besondere Vorschriften.

Standgeräusch
Zur Standtypgeräuschmessung sind keine Grenzwerte vorgeschrieben.

Grenzwerte zur Geräuschemission von Kraftfahrzeugen

Fahrzeugkategorie		Bundesrepublik Deutschland Grenzwert dB (A)		Schweiz Grenzwert dB (A)	
		seit 1.1.1982 (70/157 EWG u. 81/334 EWG)	ab 1.10.1988 (70/157/EWG u. 84/424 EWG)	seit 1.10.1982	ab 1.10.1986
Pkw mit Otto- oder Dieselmotor		80	–	77	75
mit Otto- oder Kammer-Dieselmot.		–	77	–	–
mit Direkteinspritz-Dieselmotor		–	78	–	–
KOM zulässiges Gesamtgewicht > 3,5 t Motorleistung:	< 147 kW	82	–	82	80
	< 150 kW	–	80	–	–
	≥ 147 kW	85	–	84	82
	≥ 150 kW	–	83	–	–
Lkw und KOM zulässiges Gesamtgewicht ≤ 3,5 t		81	–	79	77
zulässiges Gesamtgewicht ≤ 2 t		–	78[1])	–	–
mit Direkteinspritz-Dieselmotor		–	79[1])	–	–
zulässiges Gesamtgewicht ≤ 3,5 t		–	79[1])	–	–
mit Direkteinspritz-Dieselmotor		–	80[1])	–	–
Lkw zulässiges Gesamtgewicht > 3,5 t Motorleistung:	< 75 kW	86	81[1])	84	82
	< 147 kW	86	–	84	82
	< 150 kW	–	83[1])	–	–
	≥ 147 kW	88	–	86	84
	≥ 150 kW	–	84[1])	–	–

[1]) Technische Betriebserlaubnis der EG bei Fahrzeugen mit Dieselmotor ab 1. 10. 1989.

Wärme

Formelzeichen und Einheiten

Namen der Einheiten s. S. 8 ... 12, Umrechnung von Wärmeeinheiten S. 30, 31, Wärmedehnung, Schmelzwärme, Verdampfungswärme S. 136

Größe		SI-Einheit
A	Fläche, Querschnitt	m^2
c	spez. Wärmekapazität c_p isobare (Druck konst.) c_v isochore (Vol. konst.)	J/(kg K)
k	Wärmedurchgangskoeffizient	$W/(m^2\,K)$
m	Masse	kg
p	Druck	N/m^2
H	Enthalpie (Wärmeinhalt)	J
Q	Wärme	J
$\dot{Q}$	Wärmestrom $= Q/z$	W
R	molare Gaskonstante = 8,314 J/mol K (für alle Gase gleich)	J/(mol K)
R_i	spezielle Gaskonstante $R_i = R/M$ (M = Molekulargewicht)	J/(kg K)
S	Entropie	J/K
s	Abstand	m

Größe		SI-Einheit
T	thermodynam. Temperatur $T = t + 273$ T_1 höhere, T_2 tiefere	K
ΔT	Temperaturunterschied $= T_1 - T_2 = t_1 - t_2$	K
t	Celsius-Temperatur t_1 höhere, t_2 tiefere	°C
V	Volumen	m^3
v	spezifisches Volumen	m^3/kg
W	Arbeit	J
z	Zeit	s
α	Wärmeübergangskoeffizient α_a außen, α_i innen	$W/(m^2\,K)$
ε	Emissionsgrad	
λ	Wärmeleitfähigkeit (Werte s. S. 11)	W/(m K)
ϱ	Dichte	kg/m^3

Umrechnung nicht mehr zugelassener Einheiten (s. auch S. 10 und 11)

1 kcal (Kilokalorie) = 4186,8 J
≈ 4200 J ≈ 4,2 kJ

1 kcal/(m h grd) = 1,163 W/(m K)

Enthalpie (Wärmeinhalt)

$$H = m \cdot c \cdot T$$

Enthalpiedifferenz (ΔH) ist die freiwerdende Wärme (Q) bei Temperaturänderung ($\Delta T = T_1 - T_2$)

$$\Delta H = H_1 - H_2 = Q = m \cdot c \cdot \Delta T = V \cdot \varrho \cdot c \cdot \Delta T$$

Wärmeübertragung

Man unterscheidet drei Formen des Wärmetransportes:

Wärmeleitung: Wärme wird innerhalb eines festen, flüssigen oder gasförmigen Körpers durch Berührung der Teilchen weitergeleitet.

Konvektion: Wärme wird durch die Teilchen eines bewegten flüssigen oder gasförmigen Körpers mitgeführt. Bei freier Konvektion wird der Bewegungszustand durch Auftriebserscheinungen hervorgerufen, bei erzwungener Konvektion wird er künstlich aufrechterhalten.

Strahlung: Wärme wird durch elektromagnetische Wellen ohne stofflichen Träger von einem Körper zum anderen übertragen.

Wärmeleitung

Der in einem Körper von konstantem Querschnitt A zwischen zwei parallelen Querschnittsebenen im Abstand s bei einem Temperaturunterschied ΔT herrschende Wärmestrom ist

$$\dot{Q} = \frac{\lambda}{s} A \cdot \Delta T$$

Wärmestrahlung

Strahlungsdurchlässig sind der leere Raum und Luft. Strahlungsundurchlässig sind feste Körper, die meisten Flüssigkeiten und verschiedene Gase in bestimmten Wellenlängenbereichen.

Die von der Fläche A mit der Temperatur T ausgesandte Wärmestrahlung ist

$$\dot{Q} = \varepsilon \cdot \sigma \cdot A \cdot T^4$$

Dabei ist $\sigma = 5{,}67 \cdot 10^{-8}\ W/m^2\,K^4$ die Strahlungskonstante des Schwarzen Strahlers[1]) und ε der Emissionsgrad der Fläche (nebenstehende Tabelle).

[1]) Schwarzer Strahler s. S. 6, Anmerkung 3.

Emissionsgrad ε
im Bereich bis 300°C (573 K)

Schwarzer Strahler[1])	1
Aluminium, roh	0,07
Aluminium, poliert	0,04
Eis	0,9
Emaillack, weiß	0,91
Glas	0,93
Gußeisen, rauh, oxydiert	0,94
Gußeisen gedreht	0,44
Holz, glatt	0,9
Kalkmörtel, rauh, weiß	0,93
Kupfer, oxydiert	0,64
Kupfer, poliert	0,05
Messing, matt	0,22
Messing, poliert	0,05
Nickel, poliert	0,07
Öl	0,82
Papier	0,80
Porzellan, glasiert	0,92
Ruß	0,93
Silber, poliert	0,02
Stahl, matt oxydiert	0,96
Stahl, poliert, ölfrei	0,06
Stahl, poliert, geölt	0,40
Wasser	0,92
Ziegelsteine	0,93
Zink, matt	0,23
Zink, poliert	0,05
Zinn, poliert	0,06

Wärmedurchgang durch eine Wand
Der durch eine Wand mit der Fläche A und der Dicke s bei einem Temperaturunterschied ΔT gehende Wärmestrom ist

$$\dot{Q} = k \cdot A \cdot \Delta T$$

Der Wärmedurchgangskoeffizient k wird errechnet aus

$$1/k = 1/\alpha_i + s/\lambda + 1/\alpha_a$$

Wärmedurchlaßwiderstand
Er setzt sich zusammen aus den Wärmedurchlaßwiderständen der einzelnen Wandschichten:

$$s/\lambda = s_1/\lambda_1 + s_2/\lambda_2 + \ldots$$

Wärmeleitfähigkeit λ verschiedener Stoffe s. S. 168.

[1]) s. S. 6, Anmerkung 3.

Wärmeübergangskoeffizienten α
(Konvektion + Strahlung)

Art des Stoffes, der Wandfläche usw.	α_i bzw. α_a W/m² K
Natürliche Luftbewegung in geschlossenem Raum	
Wandflächen, Innenfenster	8
Außenfenster	11
Fußböden, Decken	
von unten nach oben	8
von oben nach unten	6
Zwangsbewegte Luft an ebener Wand	
mittl. Windgeschwindigkeit $w = 2$ m/s	15
mittl. Windgeschwindigkeit $w > 5$ m/s	$6{,}4 \cdot w^{0,75}$
Wasser an ebener Wand	
ruhend	500 ... 2000
bewegt	2000 ... 4000
siedend	2000 ... 6000

Wärmedurchlaßwiderstand von Luftschichten s/λ
(Leitung + Konvektion + Strahlung)

Lage der Luftschicht	Dicke der Luftschicht mm	Wärmedurchlaßwiderstand s/λ m² K/W
Luftschicht senkrecht	10	0,14
	20	0,16
	50	0,18
	100	0,17
	150	0,16
Luftschicht waagerecht Wärmestrom von unten nach oben	10	0,14
	20	0,15
	50	0,16
Wärmestrom von oben nach unten	10	0,15
	20	0,18
	50	0,21

Wärmebedarf für die Heizung von Wohnhäusern
Für 1 m² beheizte Wohnfläche benötigt man 50 bis 60 W.

Technische Temperaturmessung

(VDE/VDI-Richtlinie 3511)

Meßanordnung	Meßbereich	Wirkungsweise	Anwendungsbeispiele
Flüssigkeits-Glasthermometer	–200 ... 1000°C	Wärmedehnung der Flüssigkeit wird in Glasröhrchen angezeigt. Füllung: Pentan (–200 ... 30°C), Alkohol (–100 ... 210°C), Toluol (–90 ... 100°C), Quecksilber (–38 ... 600°C), Gallium (... 1000°C).	Für Flüssigkeiten und Gase, zur Überwachung von Dampf-, Heiz- und Trokkenanlagen; Kühlanlagen; in Rohrleitungen strömende Medien.
Feder-thermometer	–50 ... 500°C	Eine Flüssigkeit in einem Tauchgefäß betätigt über eine Rohrfeder durch ihren Ausdehnungsdruck (Quecksilber, Toluol) oder Dampfdruck (Äther, Hexan, Toluol, Xylol) einen Zeiger oder ein Schreibgerät.	Zur Temperaturüberwachung und Registrierung (Fernanzeige bis 35 m) in Kraftwerken, Fabriken, Heizungsanlagen, Kühlräumen.
Stab-ausdehnungs-thermometer	0 ... 1000°C	Unterschiedliche Wärmedehnung zweier Metalle (Stab in Rohr).	Temperaturregler.
Bimetall-thermometer	–50 ... 400°C	Krümmung eines aus zwei verschiedenen Metallen bestehenden Streifens.	Temperaturregler.
Widerstands-thermometer	–220 ... 850°C	Widerstandsänderung bei Temperaturunterschied. Pt-Drähte –220 ... 850°C, Ni-Drähte –60 ... 150°C, Cu-Drähte –50 ... 150°C, Halbleiter –40 ... 180°C.	Temperaturmessungen an Maschinen, Wicklungen, Kühlanlagen. Fernübertragung möglich.
Heißleiter (Thermistoren)	0 ... 500°C (2200°)	Starke Verringerung des elektrischen Widerstandes bei steigender Temperatur.	Messung kleiner Temperaturdifferenzen, da hohe Meßempfindlichkeit.
Thermoelemente	–200 ... 3000°C	Thermospannung zweier Metalle, deren Verbindungsstellen verschiedene Temperaturen haben.	Temperaturmessungen an und in Maschinen, Fernübertragung möglich.
Strahlungs-thermometer (Pyrometer, Infrarot-thermometer)	> 600°C (speziell auch ab –40°C)	Die von einem Körper ausgesandte Strahlung dient als Temperaturmaß. Sie wird mit Thermo- oder Photoelementen oder durch Leuchtdichtevergleich ermittelt.	Schmelz- und Glühöfen. Oberflächentemperaturen.
Temperatur-meßfarben Temperatur-meßstifte	40 ... 1350°C	Farbumschlag bei Überschreiten bestimmter Temperaturen. Es gibt Farben und Stifte mit 1 Umschlag und mit mehreren (bis 4) Umschlägen. Umschlagfarbe bleibt nach Erkalten bestehen.	Temperaturen an umlaufenden Teilen, an unzugänglichen Stellen, bei Zerspanungsvorgängen; Warnung vor Übertemp.; Werkstoffprüfung (Risse).
Segerkegel (Schmelzpunkte s. DIN 51063, Bl. 2)	600 ... 2000°C	Erweichen geeichter keramischer Kegel (Pyramiden von 6 cm Höhe).	Wärme- und Schmelzöfen.

Andere Temperaturmeßmethoden: Spektroskopie, Interferometrie, Quarzthermometrie, Rauschthermometrie, Flüssigkristalle, akustische und magnetische Thermometer.

Thermodynamik

1. Hauptsatz:
Energie kann auf keine Weise aus nichts entstehen oder vernichtet werden. Energiearten können nur umgewandelt werden, z. B. Wärme in mechanische Energie.

2. Hauptsatz:
Wärme läßt sich nie vollständig in eine andere Energieform, z. B. in mechanische Arbeit umwandeln. Alle natürlichen und technischen Energieumwandlungsprozesse sind nicht umkehrbar (irreversibel) und laufen in eine Richtung (nach dem wahrscheinlichen Zustand). Wärme geht freiwillig nur von wärmeren auf kältere Körper über, umgekehrt nur bei Energiezufuhr.

Die **Entropie** S ist das Maß für die nicht mehr arbeitsfähige Wärmeenergie eines Systems. Der arbeitsfähige Energieteil wird auch mit Exergie bezeichnet.

Für umkehrbare (reversible) Vorgänge ist die Summe der Entropieänderungen gleich Null.

Der größtmögliche Nutzeffekt bei der Umwandlung von Wärme in mechanische Arbeit wird mit einem umkehrbaren Prozeß erzielt. Dann gilt:
thermischer Wirkungsgrad

$$\eta_{th} = (Q_1 - Q_2)/Q_1 = (T_1 - T_2)/T_1$$

Arbeit bei einem Umlauf

$$W = Q_1\,(T_1 - T_2)/T_1$$

(Carnot-Kreisprozeß)

Zustandsänderungen bei Gasen

(allgemeine Zustandsgleichung: $p \cdot v = R_i \cdot T$)

Zustandsänderung	Kennzeichen	Spez. Wärmekapazität[1]	Gleichungen (k, K = Konstante)[1]	Beispiele
isobar	Druck unveränderlich	c_p	$p = k$ $v = K \cdot T$	„Gleichdruck“-Verbrennung bei Dieselmotor; Erwärmung oder Kühlung in einem Durchlaufkessel.
isochor	Volumen unveränderlich	c_v	$v = k$ $p = K \cdot T$	„Gleichraum“-Verbrennung beim Ottomotor, Erwärmung oder Kühlung in einem abgeschlossenen Kessel.
isotherm	Temperatur unveränderlich	—	$T = k$ $p \cdot v = K$	Langsam verlaufende Zustandsänderung (Wärme strömt durch die Trennwände).
adiabat	Wärme weder zu- noch abgeführt	—	$P \cdot v^{\varkappa} = k$ $T \cdot v^{\varkappa - 1} = k$ $T^{\varkappa} \cdot p^{1-\varkappa} = k$	Verdichtungs- oder Entspannungshub ohne Kühlverluste (bei raschlaufenden Maschinen angestrebt und annähernd erreicht).
isentrop	adiabat und reibungsfrei (reversibel)	—		Theoretisch optimal erreichbare Vergleichsprozesse.
polytrop	allgemeine Zustandsänderung	$c = \dfrac{c_v\,(n - \varkappa)}{n - 1}$	$P \cdot v^n = K$ $T \cdot v^{n-1} = K$ $T^n \cdot p^{1-n} = K$	Verdichtungs- und Arbeitshub bei Verbrennungsmotoren, Dampfmaschinen (n = 1,2 ... 1,4).

[1]) c_p, c_v und $\varkappa = c_p/c_v$ s. S. 174, $n = \dfrac{\lg p_2 - \lg p_1}{\lg v_1 - \lg v_2}$

Festigkeitsrechnung

Formelzeichen und Einheiten

Namen der Einheiten s. S. 8 ... 10

Größe		Einheit
A	Querschnittsfläche	mm^2
E	Elastizitätsmodul	N/mm^2
F	Kraft, Belastung	N
G	Schubmodul	N/mm^2
I_a	axiales Flächenträgheitsmoment (s. S. 95)	mm^4
I_p	polares Flächenträgheitsmoment (s. S. 95)	mm^4
l	Länge	mm
M_b	Biegemoment	N mm
M_t	Drehmoment	N mm
S	Sicherheitsfaktor	–
s	größte Durchbiegung	mm
W_b	Widerstandsmoment bei Biegung (s. S. 95)	mm^3
W_t	Widerstandsmoment bei Torsion (s. S. 95)	mm^3
α_k	Formzahl (Kerbfaktor)	–
β_k	Kerbwirkungszahl	–
γ	elastische Schiebung	rad
δ	Bruchdehnung[1])	%
ε	elastische Dehnung bzw. Stauchung	%
σ	Spannung	N/mm^2
$\sigma_{0,2}$	0,2-Dehngrenze[1])[2])	N/mm^2
σ_{gr}	Grenzspannung	N/mm^2
σ_B	Zugfestigkeit[1])	N/mm^2
σ_D	Dauer(schwing)festigkeit = Dauerfestigkeit	N/mm^2
σ_S	Streckgrenze[1])	N/mm^2
σ_W	Wechselfestigkeit (Zug/Druck)	N/mm^2
σ_a	Spannungsamplitude	N/mm^2
σ_{bB}	Biegefestigkeit	N/mm^2
σ_{bF}	Biegefließgrenze	N/mm^2
σ_{bW}	Biegewechselfestigkeit	N/mm^2
τ	Torsionsspannung (Schubspannung)	N/mm^2
τ_{gr}	Torsionsgrenzspannung	N/mm^2
τ_B	Torsionsfestigkeit	N/mm^2
τ_F	Torsionsfließgrenze	N/mm^2
τ_W	Torsionswechselfestigkeit	N/mm^2
ψ	Drehwinkel	rad

Umrechnung nicht mehr zugelassener Einheiten (s. auch S. 9 und 10):
1 kp = 9,81 N ≈ 10 N,
1 kp mm ≈ 10 N mm,
1 kp/mm² ≈ 10 N/mm²

Die Gleichungen dieses Abschnitts sind allgemeine Größengleichungen, d. h. sie gelten auch bei Wahl anderer Einheiten, mit Ausnahme der Gleichungen für die Knickung.

Mechanische Spannungen

Zug und Druck

(senkrecht zur Fläche)

Zug-(Druck-)Spannung $\sigma = \frac{F}{A}$

Dehnung (Stauchung) $\varepsilon = \frac{\Delta l}{l}$

Δl Verlängerung (bzw. Verkürzung)
l ursprüngliche Länge

Elastizitätsmodul $E = \frac{\sigma}{\varepsilon}$[3])

Auf Druck beanspruchte lange und dünne Stäbe müssen auch auf Knickfestigkeit untersucht werden.

Biegung

Bei längeren Biegebalken können die Auswirkungen einer Querkraft vernachlässigt werden. Zur Berechnung von Biegespannungen (auf Grund von Biegemomenten ohne Querkraft) kann damit aus Symmetriegründen (Balkenachse wird kreisförmig) vorausgesetzt werden, daß ebene Querschnitte eben bleiben. Außerdem ergibt sich, daß die neutrale Faser (Nullinie) bei jedem denkbaren Querschnitt durch seinen Schwerpunkt geht.
Unter diesen Voraussetzungen gilt:

$$M_b = \frac{E \cdot I}{R}$$

Randspannung $\sigma_b = \frac{M_b}{I} \cdot e_1 = \frac{M_b}{W}$,

wenn $W = \frac{I}{e_1}$.

I axiales Trägheitsmoment: Summe der Produkte aller Querschnittsteilchen mit dem Quadrat ihrer Abstände von der Nullinie.
W Widerstandsmoment eines Querschnittes: zeigt für die Randspannung 1 das innere Moment an, mit welchem der Querschnitt einer äußeren Biegebelastung widerstehen kann.
Q Querkraft: Summe aller Kräfte rechts oder links eines betrachteten Querschnittes, den sie auf Schub beansprucht. Bei kurzen Biegebalken müssen auch die durch Q erzeugten Schubspannungen berechnet werden.
e_1 Abstand der äußersten Randfaser von der neutralen Faser.

Tabelle 1. Belastungsfälle für Biegung.

$F_A = F$ $M_{b\,max} = l \cdot F$	$s = \frac{l^3}{3} \cdot \frac{F}{E \cdot I_a}$	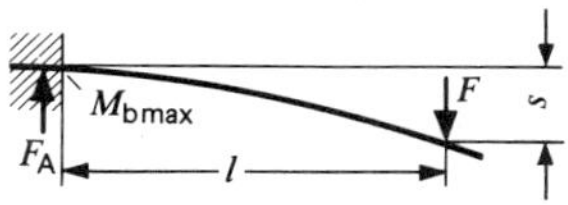
$F_A = \frac{b}{l} F$; $F_B = \frac{a}{l} F$ $M_{b\,max} = \frac{a \cdot b}{l} F$	$s = \frac{a^2 \cdot b^2}{3\,l} \cdot \frac{F}{E \cdot I_a}$	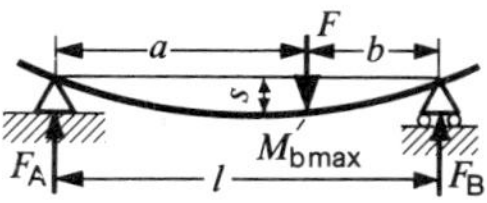
$F_A = F$ $M_{b\,max} = \frac{l}{2} F$	$s = \frac{l^3}{8} \cdot \frac{F}{E \cdot I_a}$	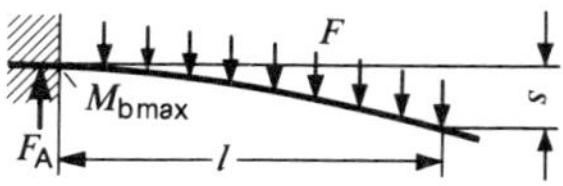
$F_A = F_B = \frac{F}{2}$ $M_{b\,max} = \frac{l}{8} F$	$s \approx \frac{l^3}{77} \cdot \frac{F}{E \cdot I_a}$	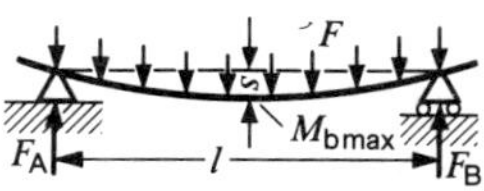

Knickung

Bei gedrückten Stäben muß die Druckspannung $\sigma = F/A$ stets kleiner sein als die zulässige Knickspannung

$$\sigma_{k\,zul} = \sigma_k / S,$$

da sonst der Stab seitlich ausknickt.

Je nach Mittigkeit des Kraftangriffs Sicherheitsfaktor $S \geq 3 \ldots \geq 6$ wählen.

Schlankheitsgrad $\lambda = l_k / \sqrt{I_a/A}$

l_k freie Knicklänge (s. Bild)

Knickspannung $\sigma_k = \pi^2 \frac{E}{\lambda^2} \approx 10 \frac{E \cdot I_a}{l_k^2 A}$

Die obenstehende Gleichung für σ_k (Euler-Formel) gilt nur für schlanke Stäbe mit

$\lambda \geq 100$ bei Stahl St 37,
$\lambda \geq \pi \sqrt{E/\sigma_S}$ bei Stählen mit anderen σ_s als St 37,
$\lambda \geq 80$ bei Grauguß GG 25,
$\lambda \geq 100$ bei Nadelholz.

Für kleinere λ-Werte gilt nach Tetmajer
für Stahl St 37 $\sigma_k = (284 - 0{,}8\,\lambda)$ N/mm²
für Stahl St 52 $\sigma_k = (578 - 3{,}74\,\lambda)$ N/mm²
für Grauguß GG 25
$\sigma_k = (760 - 12\,\lambda + 0{,}05\,\lambda^2)$ N/mm²
für Nadelholz $\sigma_k = (29 - 0{,}19\,\lambda)$ N/mm²

Knickfälle.

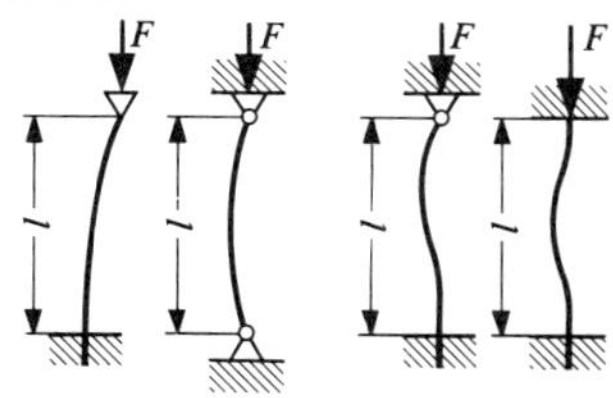

Fall 1 $l_k = 2\,l$ | Fall 2 $= l$ | Fall 3 $= 0{,}707\,l$[4]) | Fall 4 $= 0{,}5\,l$[4])

[1]) Nach neuer internationaler Norm gilt: R_m statt σ_B, $R_{p0,2}$ statt $\sigma_{0,2}$, R_e statt σ_s, A_5 statt δ_5. Da A und R international auch für Flächen und Radien vorgesehen sind, werden hier gemäß Hochschulgebrauch die Zeichen σ_B, $\sigma_{0,2}$, σ_S und δ beibehalten.

[2]) 0,2-Dehngrenze: Spannung, bei der die bleibende Dehnung 0,2 % beträgt.

[3]) Hookesches Gesetz, gilt nur für elastische Formänderung, d. h. praktisch angenähert bis zur Fließgrenze (Streckgrenze, Biegefließgrenze, Torsionsfließgrenze; s. a. S. 91).

[4]) Gilt für ideale Einspannung und ohne Exzentrizität der Einspannstellen. Sicherer ist die Berechnung nach Fall 2.

Schub
Schubspannung $\tau = F/A$
τ Schubkraft je Flächeneinheit eines Körperquerschnitts. Die Spannung wirkt in Richtung des Flächenelements. Die Schiebung γ ist die Winkeländerung am Körperelement infolge Schubspannung.

Schubmodul (Gleitmodul) $G = \tau/\gamma$ [1][2]

Torsion (Verdrehung)
Torsionsspannung $\tau = M_t / W_t$
Widerstandsmomente W_t s. S. 95.
Drehmoment M_t = Drehkraft × Hebelarm
Das Drehmoment erzeugt in jeder Querschnittsebene über jedem Durchmesser den dargestellten Schubspannungsverlauf.

Drehwinkel $\psi = \dfrac{l \cdot M_t}{G \cdot I_p} = \dfrac{l \cdot W_t \cdot \tau}{I_p \cdot G}$

Der Drehwinkel ψ ist der Verdrillwinkel in rad eines Stabs von der Länge l. (Umrechnung: 1 rad ≈ 57,3°, s. S. 46)
Polare Flächenträgheitsmomente I_p s. S. 95.

Schub.

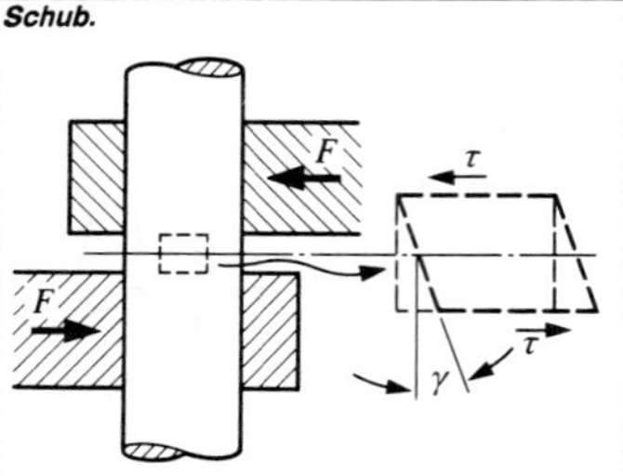

Torsion.

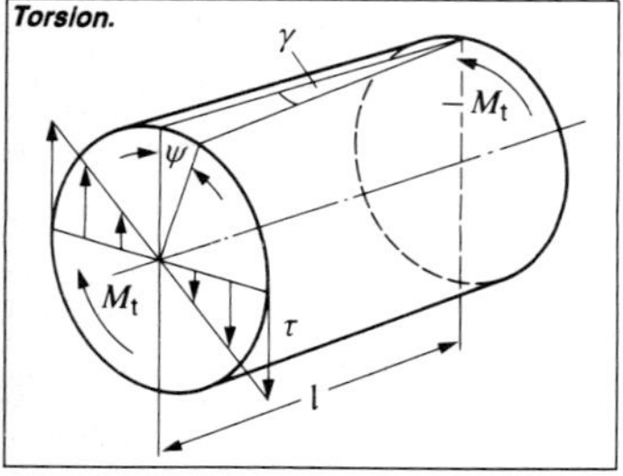

Kerbwirkung

Die bisher genannten Gleichungen gelten für glatte Stäbe; wenn Kerben vorhanden sind, ergeben diese Gleichungen die (auf den Restquerschnitt bezogenen) Nennspannungen

$\sigma_n = F/A$ bei Zug (siehe Bild)
$\sigma_n = M_b/W_b$ bei Biegung
$\tau_n = M_t/W_t$ bei Torsion

Kerben (wie Rillen, Bohrungen) und Querschnittsänderungen (Absätze, Kröpfungen) sowie Einspannungen erzeugen Spannungsspitzen σ_{max}, die meist weit über die Nennspannungen hinausgehen:

$\sigma_{max} = \alpha_k \cdot \sigma_n$

Formzahl α_k s. S. 94.

Kerben vermindern die Zeit- und Dauerschwingfestigkeit (s. S. 92 u. 93), bei spröden Stoffen die Schlagfestigkeit; bei zähen Stoffen tritt die erste bleibende (plastische) Verformung früher ein. Die Formzahl α_k ist um so größer, je schärfer und je tiefer die Kerbe ist (Spitzkerben, Haarrisse, schlecht bearbeitete, „gerupfte“ Oberflächen) und je scharfkantiger Querschnittsänderungen sind.

[1]) S. Fußnote 3 auf S. 89.
[2]) Zwischen Schubmodul G und Elastizitätsmodul E besteht für metallische Werkstoffe die Beziehung $G \approx 0{,}385\,E$; Werte für E s. S. 142 f.

Kerbwirkung durch Rillen und Bohrungen.

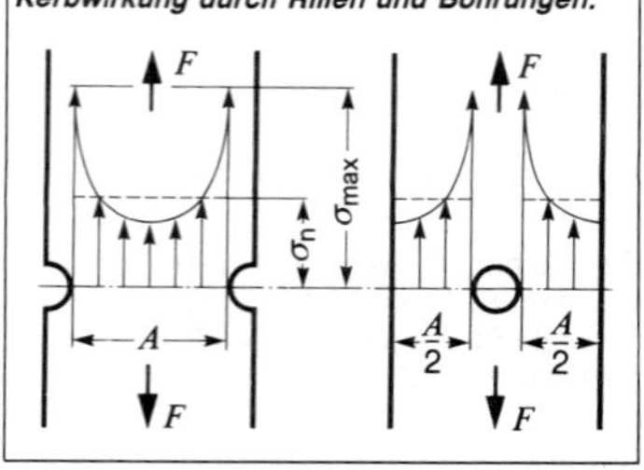

Zulässige Beanspruchungen

Die Gleichungen in den Abschnitten „Mechanische Spannungen" und „Kerbwirkung" gelten nur im elastischen Bereich; in der Praxis kann angenähert bis zur Fließgrenze bzw. 0,2-Grenze (s. Fußnote 2 auf S. 89) damit gerechnet werden. Die zulässigen Beanspruchungen werden durch Werkstoffprüfung und Festigkeitslehre bestimmt und richten sich nach Werkstoff, Werkstoffart (zäh, spröde) und Beanspruchungsart (ruhend, wechselnd).

σ_B Zugfestigkeit. Für Stahl bis ≈ 600 HV gilt σ_B (in N/mm²) ≈ 3,3 · HV-Wert; s. S. 142f. und S. 183.

σ_F Spannung an der Fließgrenze (bei Zug speziell σ_S Streckgrenze)

δ (plastische) Bruchdehnung

Tabelle 2. Grenzspannungen σ_{gr}, τ_{gr} bei ruhender Beanspruchung.

Die Grenzspannungen σ_{gr} bzw. τ_{gr}, bei denen ein Versagen des Werkstoffes (große Verformung oder Bruch) eintritt, dürfen in der Praxis nicht erreicht werden. Je nach Genauigkeit der Beanspruchungsrechnung und je nach Werkstoff und Beanspruchungsart und den möglichen Schäden im Falle des Versagens muß ein Sicherheitsfaktor $S = \sigma_{gr}/\sigma_{zul}$ berücksichtigt werden (σ_{zul} zulässige maximale Spannung im Betrieb). Bei zähen Werkstoffen S = 1,2 ... 2 (... 4), bei spröden Werkstoffen S = (1,2 ...) 2 ... 4 (... 10) wählen.
Es muß sein $\sigma_{max} \leq \sigma_{zul}$ (σ_{max} größte Spannung, Spannungsspitze, im Betrieb).

Grenzspannung	zähe Werkstoffe	spröde Werkstoffe
bei Zug	σ_{gr} = Streckgrenze σ_S (≈ Grenze der elastischen Dehnung). Bei Stahl bis etwa σ_B = 600 N/mm² und kaltgewalzten Metallen ist σ_S = 0,6 ... 0,8 σ_B. σ_{gr} = 0,2-Dehngrenze $\sigma_{0,2}$ (s. Fußnote 2 auf S. 89). Bei Werkstoffen ohne ausgeprägte Streckgrenze wie Stahl mit $\sigma_B \gtrsim$ 600 N/mm² und z. B. Cu, Al.	σ_{gr} = Zugfestigkeit σ_B.
bei Druck	σ_{gr} = Quetschgrenze σ_{dF} (Grenze der elastischen Stauchung, entspricht etwa der Streckgrenze).	σ_{gr} = Druckfestigkeit σ_{dB}.
bei Biegung	σ_{gr} = Biegefließgrenze σ_{bF} (Grenze der federnden Durchbiegung). σ_{bF} ist je nach Werkstoff und Querschnittsform meist höher als die Streckgrenze bei Zug. Bei Überschreiten von σ_{bF} bleibende Krümmung.	σ_{gr} = Biegefestigkeit $\sigma_{bB} \approx \sigma_B$. Für Grauguß bis GG 40 jedoch σ_{bB} = 1,4 ... 2,0 σ_B, da $\varepsilon = \sigma/E$ nicht gilt wegen Verschiebung der neutralen Faser.
bei Torsion	τ_{gr} = Torsionsfließgrenze τ_{tF} (Grenze der elastischen Verdrehung). Torsionsgrenze τ_{tF} ≈ 0,5 ... 0,6 σ_S. Bei Überschreiten bleibende Verdrehung.	τ_{gr} = Torsionsfestigkeit τ_{tB}. Es ist τ_{tB} = 0,5 ... 0,8 σ_B, für Grauguß bis GG 25 jedoch τ_{tB} = 1 ... 1,3 σ_B.
bei Schub	τ_{gr} = Schubfließgrenze τ_{sF} ≈ 0,5 σ_S.	τ_{gr} = Schubfestigkeit τ_{sB}.
bei Scherung	Abscherfestigkeit τ_{aB} kennzeichnet die Spannung, die zum Abscheren erforderlich ist. τ_{aB} ≈ 0,8 σ_B, abhängig von Abscherbedingungen.	

Grenzspannungen bei schwingender Beanspruchung
Wechselt die Beanspruchung zwischen zwei Spannungswerten, so treten andere (geringere) Grenzspannungen σ_{gr} auf: Der größte um eine gegebene Mittelspannung schwingende Spannungsausschlag, der „unendlich" oft, ohne Bruch und ohne unzulässige Verformung ertragen wird, heißt Dauer(schwing)festigkeit σ_D. Versuchsmäßig wird σ_D durch schwingende Beanspruchung von Proben bis zum Bruch bestimmt; werden mehrere Proben dabei verschieden stark beansprucht, dann ergeben die Bruchlastspielzahlen eine „Wöhlerkurve".

Bei Stahl verläuft die Wöhlerkurve ab 2 ... 10 Millionen, bei Nichteisenmetallen ab etwa 100 Millionen Lastspielen nahezu waagerecht. Kommen im Betrieb keine Zusatzeinflüsse vor (Verschleiß, Korrosion, mehrfache Überlastungen u. ä.), dann tritt nach dieser „Grenzlastspielzahl" kein Bruch mehr ein. Es ist zu beachten, daß $s \cdot \sigma_a \leq \sigma_W$ bzw. bei erhöhten Mittelspannungen $s \cdot \sigma_a \leq \sigma_A$; Sicherheitsfaktor s = 1,25 bis ≥ 3 (Beanspruchungswerte haben kleine, Dauerfestigkeitswerte große Indizes). Ein Dauerbruch zeigt im allgemeinen keine plastische Verformung. Bei Kunststoffen kann die Grenzlastspielzahl nicht immer angegeben werden.

Dauerfestigkeitsschaubild.

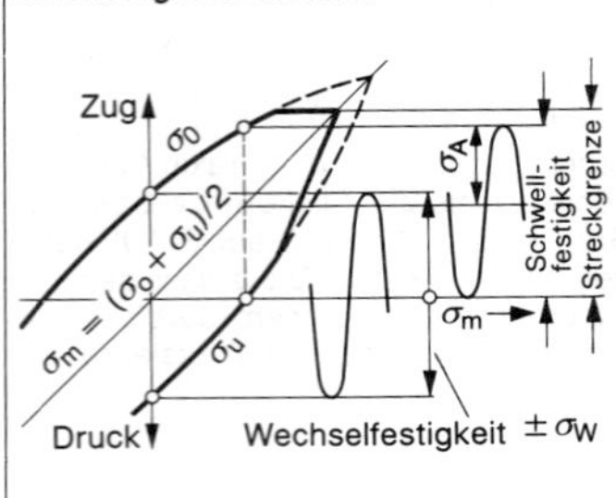

Einfluß der Oberflächenbeschaffenheit auf die Dauerfestigkeit bei Biegung, Zug/Druck.

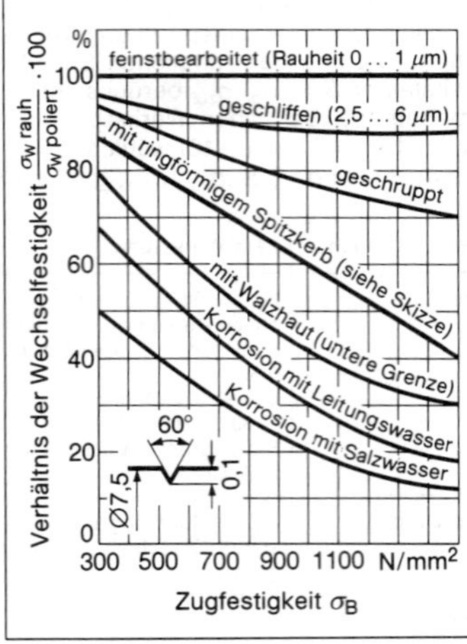

Dauerfestigkeitsschaubild
Für jede Unterspannung σ_u oder Mittelspannung σ_m kann der größte „unendlich oft" ertragene Spannungsausschlag aus dem Dauerfestigkeitsschaubild (s. Bild) ermittelt werden.

Sonderfälle der Dauerfestigkeit

Wechselfestigkeit:
Die Spannung wechselt zwischen zwei entgegengesetzt gleich großen Grenzwerten; die Mittelspannung ist dabei Null.

Zwischen Wechselfestigkeit σ_W und statischer Festigkeit σ_B bestehen etwa folgende Beziehungen:
für Zug-Druck bei Stahl $\sigma_W \approx 0{,}30 \dots 0{,}45\ \sigma_B$,
bei Nichteisenmetallen $\sigma_W \approx 0{,}2 \dots 0{,}4\ \sigma_B$;
für Biegung bei Stahl $\sigma_{bW} \approx 0{,}40 \dots 0{,}55\ \sigma_B$,
bei Nichteisenmetallen $\sigma_W \approx 0{,}3 \dots 0{,}5\ \sigma_B$.

Schwell-(oder Ursprungs-)festigkeit:
Die Spannung schwingt zwischen Null oder nahezu Null und einem positiven (oder negativen) Grenzwert.

$\sigma_{sch} = \sigma_m \pm \sigma_A$, wobei $\sigma_m \geq \sigma_A$

Tabelle 3. Relaxation bei verschiedenen Werkstoffen.

Werkstoff	Bauteil	σ_B N/mm²	Anfangs-Spannung N/mm²	Temperatur °C	Zeit h	Relaxation %
Zn Al4 Cu1	Gewinde	280	150[1])	20	500	30
Mg Al8 Zn1	Druck-probe	157	60	150	500	63
Al Si12 (Cu)		207	60	150	500	3,3
Cq35	Schraube	800	540	160	500	11
40Cr Mo V47	Zugstab	850	372	300	1000	12

Zulässige schwingende Beanspruchung an gekerbten Bauteilen

Die Dauerfestigkeit gekerbter Bauteile ist meist höher, als mit der Formzahl α_k (s. S. 90) berechnet wird. Auch sind die Werkstoffe gegenüber Kerbwirkung bei Dauer(schwing)beanspruchung verschieden empfindlich, z. B. Federstähle, hochvergütete Baustähle, hochfeste Bronzen mehr als Gußeisen, rostbeständiger Stahl und ausgehärtete Aluminiumlegierungen. Statt α_k gilt bei Dauer(schwing)beanspruchung die Kerbwirkungszahl β_k, so daß z. B. bei $\sigma_m = 0$ der wirksame Spannungsausschlag am Bauteil $\sigma_{wn} \beta_k$ ist (σ_{wn} auf Restquerschnitt bezogene Nennwechselspannung). Es muß sein

$$\sigma_{wn} \beta_k \leq \sigma_{w\,zul} = \sigma_w / S$$

Es wurde vielfach versucht, β_k aus α_k abzuleiten, wobei z. B. Thum eine Kerbempfindlichkeit η_k einführte und festlegte

$$\beta_k = 1 + (\alpha_k - 1)\,\eta_k$$

η_k ist jedoch keine Werkstoffkonstante und ist auch abhängig von Vergütungszustand und Beanspruchungsart (z. B. wechselnd oder schwellend).

Wechselfestigkeitswerte

σ_W für verschiedene Werkstoffe s. S. 142 u. 146.

Formzahlen

α_k für verschiedene Kerbformen s. S. 94.

[1]) In Spannungsquerschnitt von Stahlschraube.

Gestaltfestigkeit

Bei vielen Bauteilen ist es schwierig oder gar nicht möglich, eine Formzahl α_k und daraus eine Kerbwirkungszahl β_k zu bestimmen. Man muß hier die Dauerfestigkeit des ganzen Bauteils („Gestaltfestigkeit") durch Versuche ermitteln bzw. mit Versuchsergebnissen aus der Literatur vergleichen.

Zeitstandverhalten

Wenn Werkstoffe bei **erhöhten Temperaturen** und/oder **hohen Spannungen** über **lange Zeiten** beansprucht werden, kann Kriechen bzw. Relaxation eintreten. Sind die dabei auftretenden, im allgemeinen sehr kleinen Verformungen unerwünscht, dann muß das „Zeitstandverhalten" berücksichtigt werden:

Kriechen:

Bleibende Verformung bei gleichbleibender Belastung und (annähernd) gleichbleibender Spannung (Beispiel: Turbinenschaufel).

Relaxation:

Nachlassen der Spannkräfte und der Spannungen bei Konstanthalten der anfänglich aufgebrachten (meist rein elastischen) Verformung (Beispiele s. Tabelle 3).

Bei schwingender Beanspruchung (mit $\sigma_a \geq 0{,}1\,\sigma_B$) und Oberspannungen und Temperaturen gemäß statischen Relaxationsversuchen treten die Verformungen bzw. Kraftverluste gemäß den statischen Versuchen erst nach ca. 10facher Zeit oder mehr auf.

Formzahl α_k für verschiedene Kerbformen

Formzahlen für Flachstäbe

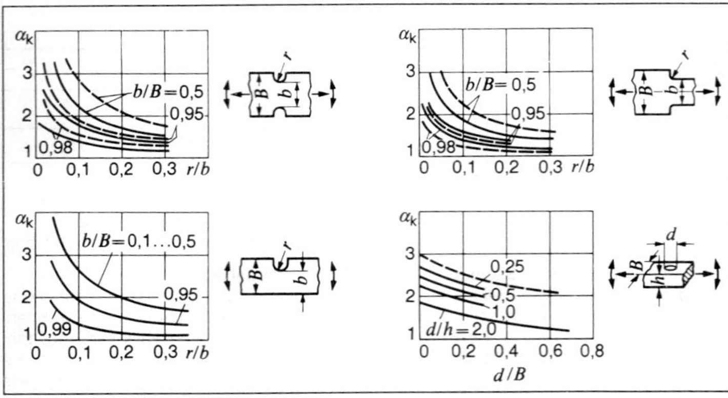

Formzahlen für Rundstäbe

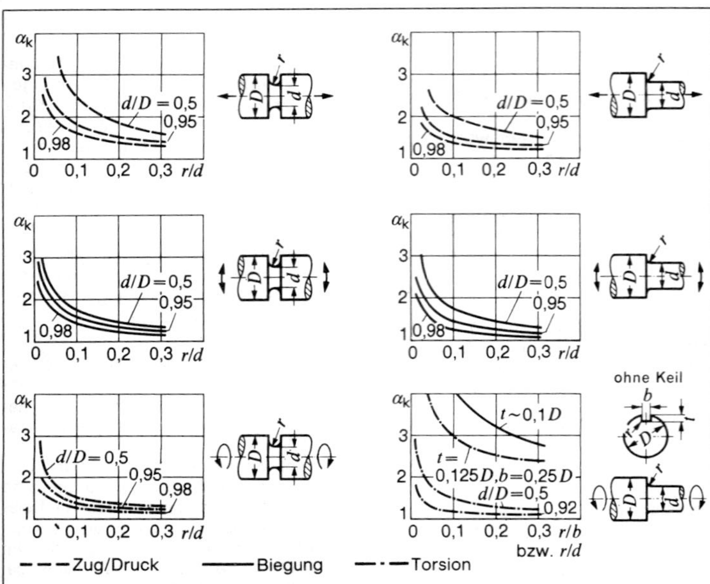

Widerstandsmomente und Flächenträgheitsmomente

NL = „Neutrale Faser"

Massenträgheitsmomente s. S. 72

	Widerstandsmoment W_b bei Biegung W_t bei Torsion	**Flächenträgheitsmoment** I_a axial, bezogen auf NL I_p polar, bezogen auf den Schwerpunkt
	$W_b = 0{,}098\ d^3$ $W_t = 0{,}196\ d^3$	$I_a = 0{,}049\ d^4$ $I_p = 0{,}098\ d^4$
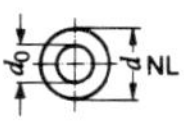	$W_b = 0{,}098\ (d^4 - d_0^4)/d$ $W_t = 0{,}196\ (d^4 - d_0^4)/d$	$I_a = 0{,}049\ (d^4 - d_0^4)$ $I_p = 0{,}098\ (d^4 - d_0^4)$
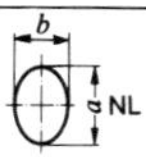	$W_b = 0{,}098\ a^2 \cdot b$ $W_t = 0{,}196\ a \cdot b^2$	$I_a = 0{,}049\ d^3 \cdot b$ $I_p = 0{,}196 \dfrac{a^3 \cdot b^3}{a^2 + b^2}$
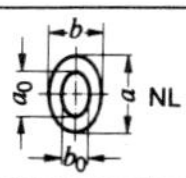	$W_b = 0{,}098\ (a^3 \cdot b - a_0^3 \cdot b_0)/a$ $W_t = 0{,}196\ (a \cdot b^3 - a_0 \cdot b_0^3)/b$	$I_a = 0{,}049\ (a^3 \cdot b - a_0^3 \cdot b_0)$ $I_p = 0{,}196 \dfrac{n^3\,(b^4 - b_0^4)}{n^2 + 1}$ für $\dfrac{a_0}{b_0} = \dfrac{a}{b} = n \geq 1$
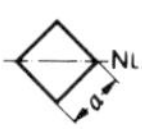	$W_b = 0{,}118\ a^3$ $W_t = 0{,}208\ a^3$	$I_a = 0{,}083\ a^4$ $I_p = 0{,}140\ a^4$
$h:b$ | x | η 1 | 0,208 | 0,140 1,5 | 0,231 | 0,196 2 | 0,246 | 0,229 3 | 0,267 | 0,263 4 | 0,282 | 0,281 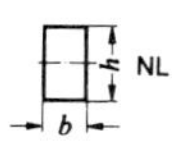	$W_b = 0{,}167\ b \cdot h^2$ $W_t = x \cdot b^2 \cdot h$	$I_a = 0{,}083\ b \cdot h^3$ $I_p = \eta \cdot b^3 \cdot h$
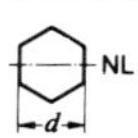	$W_b = 0{,}104\ d^3$ $W_t = 0{,}188\ d^3$	$I_a = 0{,}060\ d^4$ $I_p = 0{,}115\ d^4$
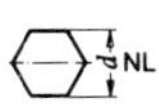	$W_b = 0{,}120\ d^3$ $W_t = 0{,}188\ d^3$	$I_a = 0{,}060\ d^4$ $I_p = 0{,}115\ d^4$
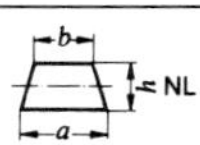	$W_b = \dfrac{h^2\,(a^2 + 4a \cdot b + b^2)}{12\,(2a + b)}$	$I_a = \dfrac{h^3\,(a^2 + 4a \cdot b + b^2)}{36\,(a + b)}$
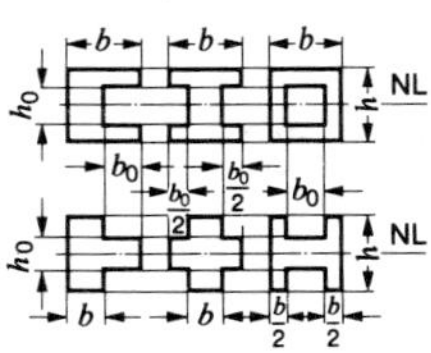	$W_b = \dfrac{b \cdot h^3 - b_0 \cdot h_0^3}{6\,h}$	$I_a = \dfrac{b \cdot h^3 - b_0 \cdot h_0^3}{12}$
	$W_b = \dfrac{b \cdot h^3 + b_0 \cdot h_0^3}{6\,h}$	$I_a = \dfrac{b \cdot h^3 + b_0 \cdot h_0^3}{12}$

Technische Optik

Elektromagnetische Strahlung

Ausbreitung mit Lichtgeschwindigkeit. Wellennatur. Keine Ablenkung durch elektrische oder magnetische Felder. Wellenlänge $\lambda = c/f$, c = Lichtgeschwindigkeit $\approx 3 \cdot 10^8$ m/s ($\approx$ 300 000 km/s), f = Frequenz in Hz.

Bezeichnung	Wellenlängenbereich	Erzeugung	Beispiele für Anwendung
Höhenstrahlung	< 0,1 pm	Beschluß der Erdatmosphäre mit kosmischen Elementarteilchen.	Kernphysikalische Versuche.
Gammastrahlung	0,1 ... 10 pm	Radioaktiver Zerfall.	Kernphysik, Isotopentechnik.
Röntgenstrahlung	10 pm ... 10 nm	Röntgenröhre (Auftreffen hochenergetischer Elektronen auf Antikatode).	Materialuntersuchung, medizinische Diagnose.
Ultraviolett-Strahlung	10 ... 380 nm	Gasentladungslampen.	Harttherapie, Fotolithographie bei IC-Fertigung.
Sichtbare Strahlung	380 ... 780 nm	Gasentladungslampen, Glühlampen.	Technische Optik, Fotographie.
Infrarot-Strahlung	780 nm ... 1 nm	Thermische Strahler, Infrarotdioden.	Therapie, Abstandmessung bei Kfz.
EHF-Wellen	1 mm ... 1 cm	Laufzeitröhren, Schwingkreis.	Satellitenfunk, Mikrowellenwarnung, Verkehrsader, Fernsehen, Rundfunk, Funkdienste.
SHF-Wellen	1 ... 10 cm		
UHF-Wellen	10 cm ... 1 m		
VHF-Wellen	1 ... 10 m		
HF-Wellen	10 ... 100 m		
MF-Wellen	100 m ... 1 km		
LF-Wellen	1 ... 10 km		
VLF-Wellen	10 ... 100 km		

Licht stellt innerhalb der elektromagnetischen Strahlung nur einen kleinen Ausschnitt dar. Obwohl sich die einzelnen Strahlungsbereiche nur durch die Wellenlänge unterscheiden, führen sie in der Tendenz zu völlig unterschiedlichen Effekten, Verhalten und Disziplinen. Im Rahmen dieses Taschenbuches interessiert das Licht als sichtbare Strahlung.

Lichttechnische Größen und Einheiten

Namen der Einheiten s. S. 12

Größe	SI-Einheit
A Fläche	m²
A_1 strahlende Fläche	
A_2 angestrahlte Fläche	
E Beleuchtungsstärke	lx = lm/m²
I Lichtstärke	cd
L Leuchtdichte	cd/m²
M spezifische Lichtausstrahlung	lm/m²
P Leistung	W
Q Lichtmenge	lm · s

Größe	SI-Einheit
r Entfernung	m
t Zeit	s
ε_1 Winkel, einfallender Strahl (gegen Flächennormale)	°
ε_2 Winkel, gebrochener Strahl	°
ε_3 Winkel, reflektierter Strahl	°
η Lichtausbeute	lm/W
Φ Lichtstrom	lm
Ω Raumwinkel	sr
λ Wellenlänge	nm

Geometrische Optik

In vielen Fällen sind die geometrischen Abmessungen der Medien, in denen sich die optische Strahlung ausbreitet, groß im Vergleich zur Wellenlänge. Dann kann die Strahlungsausbreitung durch „Lichtstrahlen" erklärt und durch einfache geometrische Gesetze beschrieben werden.

An der Grenzfläche zweier Medien wird ein einfallender Strahl in einen gebrochenen und einen reflektierten Strahl aufgeteilt.
Für den gebrochenen Strahl gilt das Brechungsgesetz:

$n_1 \cdot \sin\varepsilon_1 = n_2 \cdot \sin\varepsilon_2$

Für Vakuum und die sog. dielektrischen Medien (Luft, Glas, Kunststoffe, nicht Metalle) sind die Brechzahlen n_1 und n_2 reelle, sonst komplexe Zahlen. Daher läßt sich das Brechungsgesetz praktisch nur für Vakuum und Dielektrika verwenden.

Die Brechzahlen von Medien sind von der Wellenlänge abhängig (Dispersion). In den meisten Fällen nehmen sie mit steigender Wellenlänge ab.

Brechzahlen n_D (für gelbes Natriumlicht, Wellenlänge λ =589,3 nm) für

Vakuum, Luft	1,00
Eis (0 °C)	1,31
Wasser (+20°C)	1,33
Flußspat	1,43
Quarzglas	1,46
Borsilikatglas	1,47
Fensterglas, Glas für Scheinwerferstreuscheibe	1,52
Kronglas	1,58
Flintglas	1,6 ... 1,9
Saphirkristall	1,76
Diamant	2,42
Polymethylmethacrylat	1,49
Polyvinylchlorid	1,54
Polycarbonat	1,58
Polystyrol	1,59
Epoxydharz	1,60

[1]) Abhängig vom Auftreffwinkel.

Brechung und Reflexion.
1 Einfallender Strahl, 2 gebrochener Strahl, 3 reflektierter Strahl.

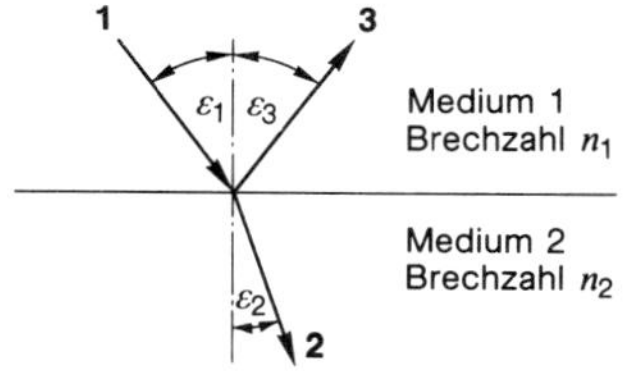

Für die Richtung des reflektierten Strahls gilt:

$\varepsilon_3 = \varepsilon_1$

Das Intensitätsverhältnis von reflektierter zu einfallender Strahlung (Reflexionsgrad) hängt vom Einfallswinkel und von den Brechzahlen der aneinandergrenzenden Medien ab. Beim Übergang von Luft ($n_1 = 1{,}00$) nach Glas ($n_2 = 1{,}52$) wird bei senkrechtem Strahleinfall ($\varepsilon_1 = 0$) 4,3 % der Strahlenergie reflektiert.

Falls der Strahl aus dem optisch dichteren Medium kommt ($n_1 > n_2$), kann Totalreflexion auftreten, falls der Einfallswinkel ε_1 den Grenzwinkel der Totalreflexion $\varepsilon_{1\,max}$ erreicht oder überschreitet. Aus dem Brechungsgesetz folgt:

$\sin\varepsilon_{1\,max} = n_2/n_1$

Für viele technische Anwendungen (z. B. Scheinwerferreflektoren) wird ein hoher Reflexionsgrad angestrebt. Für Kfz-Scheinwerfer wird eine Beschichtung von Aluminium mit Korrosionsschutzschicht verwendet.

Reflexionsgrad einiger Materialien:

Silber, poliert	93 %
Aluminium, im Vakuum aufgedampft	89 %
aufgedampftes Aluminium mit Schutzschicht (Reflektor)	86 %
Aluminium, poliert	65 ... 80 %
Zink, poliert	70 ... 75 %
Chrom, poliert	60 ... 70 %
Gips, weiß	85 %
Magnesiumoxyd, weiß	95 %
Glasfläche[1])	4 ... 100 %
Straßendecke, hell	20 ... 30 %
Straßendecke, dunkel	5 ... 15 %

Komponenten

Zylinderlinsen
Parallele Strahlen werden durch eine Zylinderlinse in einer Brennlinie vereinigt. Im Kfz-Scheinwerfer werden Elemente aus Zylinderlinsen und Prismen eingesetzt, um die aus dem Reflektor kommende Strahlung günstig zu beeinflussen.

Prismen
Diese Elemente werden zur Strahlablenkung um einen gewünschten Winkel eingesetzt. Parallele Strahlen bleiben nach der Ablenkung durch ein Prisma parallel.

Reflektoren
Das nach allen Richtungen austretende Licht eines Leuchtkörpers wird, wenn er sich im Brennpunkt eines Parabolspiegels befindet, gesammelt und nahezu parallel auf ein entferntes Ziel hin gerichtet. Von dort aus beobachtet wirkt die gesamte Austrittsöffnung des Spiegels als Lichtquelle mit der Leuchtdichte des im Brennpunkt stehenden Leuchtkörpers (Reflexions- und Absorptionsverluste vernachlässigt). Durch diese scheinbare Vergrößerung der Lichtquelle wird deren Lichtstärke in Richtung der Spiegelachse vervielfacht.

Die Lichtstärke eines solchen Scheinwerfers (ohne Streuscheibe) ergibt sich deshalb als das Produkt aus Leuchtdichte der Lichtquelle, Reflexionsgrad und Lichtaustrittsfläche des Reflektors.

Zylindrisches Streuelement einer Scheinwerferstreuscheibe.

Farbfilter
Für Leuchten am Kfz müssen je nach Verwendungszweck (Blinkleuchte, Bremsleuchte) genaue Vorschriften bezüglich des Farborts eingehalten werden. Durch Verwendung von Farbfiltern, durch welche Strahlung bestimmter Spektralbereiche geschwächt wird, kann die Anpassung an die Zulassungsvorschriften erreicht werden.

Optoelektrische Anzeigen
(Flüssigkristallanzeigen)
LCD: Liquid Crystal Display.
Der am häufigsten verwendete LCD-Typ ist die Drehzelle oder TN-Zelle.

Zwischen zwei im Abstand von ca. 10 µm angeordneten Glasplatten befindet sich die Flüssigkristallsubstanz. Im Segment-(Anzeige-)bereich sind die Glasplatten mit einer transparenten leitfähigen Schicht (Schichtdicke ca. 140 nm) bedeckt, so daß zwischen den gegenüberliegenden Elektroden ein elektrisches Feld angelegt werden kann. Die beide Glasplatten überdeckenden Orientierungsschichten rufen eine spezielle wendelförmig um 90° verdrehte Anordnung der Flüssigkristallmoleküle im nicht angesteuerten Zustand hervor. Diese Ausrichtung hat eine Drehung der Polarisationsebene von durch die Zelle strahlendem Licht um 90° zur Folge. Bei Aufbringen von zueinander gekreuzten Polarisatoren an den beiden Außenseiten der gesamten Anordnung ist die Zelle in diesem Zustand lichtdurchlässig. Im Bereich zweier gegenüberliegender Elektroden werden die Flüssigkristallmoleküle nach Anlegen einer Spannung in Richtung des elektrischen Feldes, also senkrecht zur Elektrodenoberfläche, ausgerichtet. In diesem Fall unterbleibt die Drehung der Polarisationsebene und der angesteuerte Bereich wird lichtundurchlässig. Durch Ausbildung getrennt ansteuerbarer Segmentbereiche können Ziffern, Buchstaben oder Symbole dargestellt werden.

Licht und Physiologie des Sehens

Da der Empfindlichkeitsbereich für sichtbare Strahlung individuell unterschiedlich ist, gibt es für lichttechnische Rechnungen und Messungen eine allgemeine Hellempfindlichkeitsfunktion, deren Verlauf z. B. in Tabellenform in DIN 5031, Teil 3, festgelegt ist. Diese Funktion heißt spektraler Hellempfindlichkeitsgrad für Tagessehen $V(\lambda)$. Mit Hilfe dieser Funktion können die lichttechnischen Werte aus den objektiven physikalischen Werten eindeutig berechnet werden.

Die Definition der lichttechnischen Größen und Einheiten:

Lichtstrom Φ
Von einer Lichtquelle ausgestrahlte, mit der spektralen Hellempfindlichkeit bewertete Strahlungsleistung

$$\Phi = K_m \cdot \int P_\lambda \cdot V(\lambda)\,d\lambda$$

K_m Maximalwert des photometrischen Strahlungsäquivalents für Tagessehen = 683 lm/W
$V(\lambda)$ spektraler Hellempfindlichkeitsgrad für 2°-Gesichtsfeld nach DIN 5031, Teil 3
P_λ spektrale Strahlungsleistung

Lichtmenge Q
Die mit $V(\lambda)$ bewertete spektrale Strahlungsenergie. Für zeitlich konstanten Lichtstrom gilt:

$$Q = \Phi \cdot t$$

Lichtstärke I
Verhältnis von Lichtstrom zu durchstrahltem Raumwinkel.

$$I = \Phi / \Omega$$

Beleuchtungsstärke E
Verhältnis von auffallendem Lichtstrom zur Größe der beleuchteten Fläche.

$$E = \Phi / A_2$$

Leuchtdichte L
Verhältnis der Lichtstärke zur scheinbaren (projektiven) Größe der Fläche, von der sie ausgestrahlt wird.

$$L = I / (A_1 \cdot \cos\alpha)$$

α Winkel zwischen Strahlrichtung und Flächennormale

Spezifische Lichtausstrahlung M
Verhältnis des von einer leuchtenden Fläche ausgestrahlten Lichtstromes zur Größe der Fläche.

$$M = \Phi / A_1$$

Lichtausbeute η
Verhältnis des ausgestrahlten Lichtstromes zur aufgenommenen Leistung.

$$\eta = \Phi / P$$

Die Lichtausbeute kann den Höchstwert des „Photometrischen Strahlungsäquivalents" K_m = 683 lm/W bei der Wellenlänge λ = 555 nm nicht übersteigen.

Raumwinkel Ω
Verhältnis des durchstrahlten Stückes der Kugeloberfläche einer zur Strahlungsquelle konzentrischen Kugel zum Quadrat des Kugelhalbmessers. Der volle Raumwinkel ist

$$\Omega = 4\pi \cdot \text{sr} = 12{,}56 \cdot \text{sr}$$

sr Steradiant

Kontrast
Leuchtdichteverhältnis zweier benachbarter Flächen.

Funktionsweise einer Flüssigkristallanzeige (Drehzelle).
1 Polarisator, 2 Glas, 3 Orientierung und Isolierung, 4 Elektrode, 5 Polarisator (und Reflektor), a Segmentbereich.

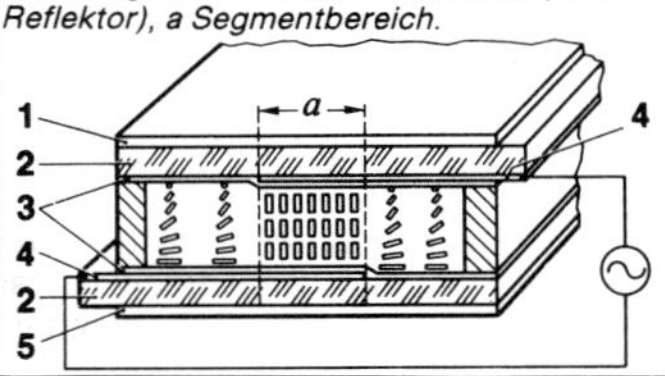

Relative spektrale Augenempfindlichkeit $V(\lambda)$ des helladaptierten Auges.

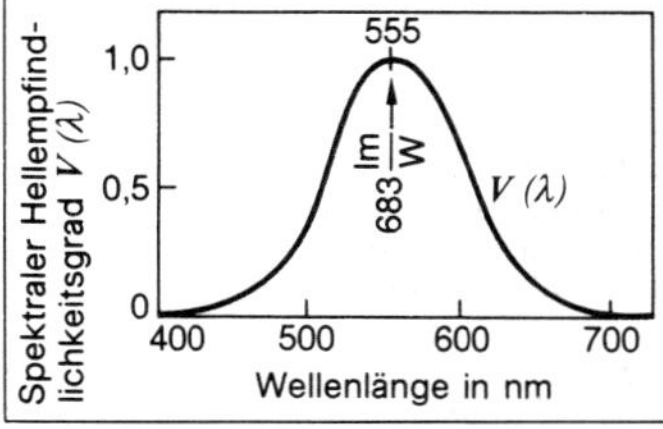

Blendung

Zu hohe Leuchtdichte im Gesichtsfeld blendet und setzt damit die Grundempfindlichkeit des Auges herab.

Am empfindlichsten stört eine Blendlichtquelle in unmittelbarer Sehlinie: **Direktblendung.** Mit zunehmendem Blendwinkel (Abweichung der Blendrichtung von der Sehlinie) nimmt die Blendung ab: **Indirektblendung.** Beispiel: Vorbeisehen an den Scheinwerfern eines begegnenden Fahrzeugs macht Blendung erträglich; in engen Straßen stärkere Blendung als auf breiten Straßen.

Ist die blendende Fläche nur relativ zu ihrer Umgebung zu hell (zu großer Kontrast), so herrscht **Relativblendung.** Verringerung des Kontrasts durch erhöhte Umfeldbeleuchtung (Adaptationsleuchtdichte des Auges wird größer) kann Relativblendung mindern. Beispiel: Bei guter Allgemeinbeleuchtung der Straße ist die Blendung durch entgegenkommende Fahrzeuge gering.

Leuchtdichten von etwa 20 cd/cm^2 = 20 · 10^4 cd/m^2 an blenden „**absolut**", ihre Blendwirkung kann durch zusätzliche Beleuchtung nicht verringert werden.

Während die lichttechnischen Werte einen durch die Hellempfindlichkeit charakterisierten objektiven Beobachter berücksichtigen, ist die tatsächliche Empfindung des Beobachters durch die individuelle Empfindlichkeit des Auges bestimmt. Dies hängt u. a. von folgenden Einflüssen ab:

Akkommodation

Anpassung der Augenoptik an die Entfernungsverhältnisse (verschiedene Wölbung der Linse).

Adaptation

Anpassung des Auges an die Beleuchtungsverhältnisse (verschiedene Öffnung der Iris); Fähigkeit der Netzhaut, einmal die farbenempfindlichen „Zapfen" (helladaptiert), das andere Mal die nur grau-, aber viel stärker lichtempfindlichen „Stäbchen" (dunkeladaptiert) in Tätigkeit treten zu lassen.

Grundempfindlichkeiten

Drei Grundempfindlichkeiten kennzeichnen die Leistungsfähigkeit des Auges:

1. Unterschiedsempfindlichkeit. Sie ermöglicht es, Unterschiede der Leuchtdichte (Kontraste) wahrzunehmen. Mit der Größe der gesehenen Dinge und der Beleuchtungsstärke nimmt die Unterschiedsempfindlichkeit zu.

2. Formenempfindlichkeit. Die Fähigkeit, Einzelheiten der Formen festzustellen (Sehschärfe), wächst mit dem Kontrast der gesehenen Dinge und der Beleuchtungsstärke.

3. Wahrnehmungsgeschwindigkeit. Die Fähigkeit des Auges, schnell wechselnde Bilder zu erfassen, ist die für den Straßenverkehr wichtigste. Sie nimmt mit dem Kontrast und der Größe der Dinge und mit der Beleuchtungsstärke zu.

Aus den drei Grundempfindlichkeiten ergibt sich der Grundsatz für gute Beleuchtung: Je kleiner die gesehenen Dinge sind, je geringer ihr Kontrast ist und je schneller sie erkannt werden sollen, um so besser müssen sie beleuchtet werden.

Die Blendung durch Kraftfahrzeugscheinwerfer bei der Begegnung wird durch vorübergehende Verminderung der Blendlichtstärke (Abblenden) auf ein erträgliches Maß gebracht.

Neben der Leuchtdichte spielt die Größe (Sehwinkel) der Blendlichtquelle eine Rolle. In grober Annäherung ist die Blendung der am Auge durch die Blendlichtquelle hervorgerufenen Beleuchtungsstärke proportional. Bei Kraftfahrzeugscheinwerfern z. B. gilt nach Straßenverkehrszulassungsordnung die Blendung als behoben, wenn in 25 m Entfernung und Scheinwerferhöhe nicht mehr als 0,7 lx je Scheinwerfer erzeugt wird.

Die Sollwerte (Bild) gelten für die Messung der Beleuchtungsstärke auf einem zur Scheinwerferachse senkrechten Schirm in 25 m Entfernung (Scheinwerfer mit H4-Lampe). Der Meßpunkt 1 liegt auf der Scheinwerferachse (HV-Punkt).

Perspektivisches Bild mit Meßpunkten für die Beleuchtungsstärke nach ECE-Reglement 20.
Sollwerte in lx für Scheinwerfer mit H4-Lampe bei 25 m Entfernung.

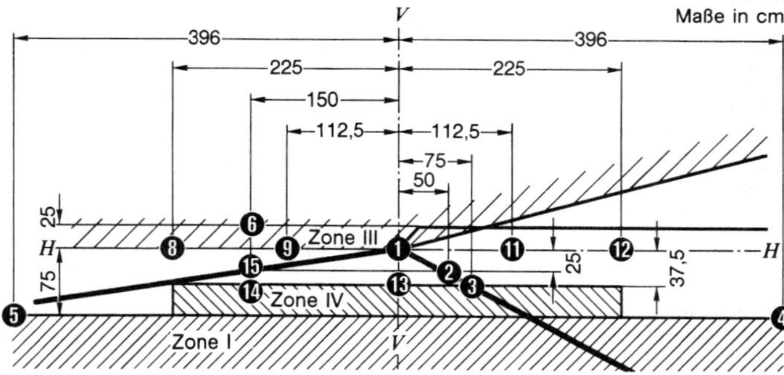

Abblendlicht			
Meßpunkte	Sollwerte lx	Meßpunkte	Sollwerte lx
1. E_{HV}	$\leq 0{,}7$	Größtwert in Zone I	$\leq 2\ E_{50R}$
2. E_{75R}	≥ 12	Größtwert in Zone III	$\leq 0{,}7$
3. E_{50R}	≥ 12	Kleinstwert in Zone IV	≥ 3
4. E_{25R}	≥ 2	13. E_{50V}	≥ 6
5. E_{25L}	≥ 2	14. E_{50L}	≤ 15
6. E_{B50L}	$\leq 0{,}4$	15. E_{75L}	≤ 12

Fernlicht	
Meßpunkte	Sollwerte lx
7. E_{max}	> 48 $< 16 \times E_{75R}$ (< 240)
8. $E_{H-5,15°}$	≥ 6
9. $E_{H-2,55°}$	≥ 24
10. E_{HV}	$\geq 0{,}8\ E_{max}$
11. $E_{H+2,55°}$	≥ 24
12. $E_{H+5,15°}$	≥ 6

Straßenbeleuchtung

Entscheidend für den Helligkeitseindruck auf der Fahrbahn ist die Leuchtdichte. Nicht ausreichende Straßenbeleuchtung vermindert die Verkehrssicherheit und hemmt den Verkehr. Bei ungleichmäßiger Beleuchtung werden Hindernisse schlecht erkannt und Geschwindigkeiten von Fahrzeugen falsch eingeschätzt.

Richtwerte für ortsfeste Verkehrsbeleuchtung für den Kraftfahrzeugverkehr sind in DIN 5044 enthalten.

Innenraumbeleuchtung

Die Raumbeleuchtung soll gute Sehbedingungen schaffen und dadurch zum Wohlbefinden des Menschen beitragen, vorzeitigem Ermüden entgegenwirken und die Unfallgefahr verringern. In der Regel ist Allgemeinbeleuchtung vorzusehen. Zusätzliche Einzelplatzbeleuchtung ist zu empfehlen, wenn sehr schwierige Sehaufgaben vorliegen.

Eine ausführliche Zusammenstellung von Richtwerten für die Innenraumbeleuchtung von Arbeitsstätten mit künstlichem Licht ist in DIN 5035, Teil 2, enthalten.

Elektrotechnik

Größen und Einheiten

Größe		SI-Einheit
A	Fläche	m^2
a	Abstand	m
B	magnetische Flußdichte, Induktion	$T = Wb/m^2 = V \cdot s/m^2$
C	elektrische Kapazität	F = C/V
D	elektrische Flußdichte, Verschiebung	C/m^2
E	elektrische Feldstärke	V/m
F	Kraft	N
f	Frequenz	Hz
G	elektrischer Leitwert	$S = 1/\Omega$
H	magnetische Feldstärke	A/m
I	elektrische Stromstärke	A
J	magnetische Polarisation	T
k	elektrochemisches Äquivalent[1]	kg/C
L	Induktivität	$H = Wb/A = V \cdot s/A$
l	Länge	m
M	elektrische Polarisation	C/m^2
P	Leistung	$W = V \cdot A$
P_s	Scheinleistung[2]	$V \cdot A$
P_q	Blindleistung[3]	var
Q	Elektrizitätsmenge, Ladung	$C = A \cdot s$
q	Querschnittsfläche	m^2
R	elektrischer Widerstand	$\Omega = V/A$
t	Zeit	s
r	Radius	m
U	elektrische Spannung	V
V	magnetische Spannung	A
W	Arbeit, Energie	$J = W \cdot s$
w	Windungszahl	—
X	Blindwiderstand (Reaktanz)	Ω
Z	Scheinwiderstand (Impedanz)	Ω
ε	Dielektrizitätskonstante	$F/m = C/(V \cdot m)$
ε_0	elektrische Feldkonstante $= 8{,}854 \cdot 10^{-12}$ F/m	
ε_r	Dielektrizitätszahl	—
Θ	elektrische Durchflutung	A
μ	Permeabilität	$H/m = V \cdot s/(A \cdot m)$
μ_0	magnetische Feldkonstante $= 1{,}257 \cdot 10^{-6}$ H/m	
μ_r	Permeabilitätszahl	—
ϱ	spezifischer elektrischer Widerstand[4]	$\Omega \cdot m$
σ	spezifische elektrische Leitfähigkeit $(= 1/\varrho)$	$1/(\Omega \cdot m)$
Φ	magnetischer Fluß	$Wb = V \cdot s$
φ	Phasenverschiebungswinkel	° (Grad)
$\varphi(P)$	Potential im Punkt P	V
ω	Kreisfrequenz $(= 2 \cdot \pi \cdot f)$	Hz

Weitere Formelzeichen und Einheiten im Text

Umrechnung nicht mehr zugelassener Einheiten (s. auch S. 11)
- magnetische Feldstärke H:
  1 Oe (Oersted) = 79,577 A/m
- magnetische Flußdichte B:
  1 G (Gauß) = 10^{-4} T
- magnetischer Fluß Φ
  1 M (Maxwell) = 10^{-8} Wb

Elektromagnetische Felder

Elektromagnetische Felder und deren Wirkungen sind Gegenstand der Elektrotechnik. Ursache dieser Felder sind elektrische Ladungen (jeweils ganzzahlige Vielfache der elektrischen Elementarladung). Ruhende Ladungen erzeugen ein elektrisches, bewegte zusätzlich ein magnetisches Feld. Die Verknüpfung der beiden Felder wird durch die Maxwellschen Gleichungen beschrieben. Der Nachweis der Felder gelingt durch ihre Kraftwirkung auf andere elektrische Ladungen. Die Kraft zwischen zwei Punktladungen Q_1 und Q_2 beschreibt das

[1]) Gebräuchliche Einheit ist g/C.
[2]) Scheinleistungen werden statt in W meist in V · A angegeben.
[3]) Blindleistungen werden statt in W meist in var (Voltamperereaktiv) angegeben.
[4]) Gebräuchliche Einheit ist $\Omega\,mm^2/m$, mit Drahtquerschnitt in mm^2 und Drahtlänge in m; Umrechnung: $1\,\Omega mm^2/m = 10^{-6}\,\Omega m = 1\,\mu\Omega m$.

Coulombsche Gesetz:

$F = Q_1 \cdot Q_2/(4\pi \cdot \varepsilon_0 \cdot a^2)$

Die Kraft auf eine bewegte Ladung im Magnetfeld wird durch die Lorentz-Kraft ausgedrückt:

$F = Q \cdot \upsilon \cdot B \cdot \sin\alpha$

ε_0 elektrische Feldkonstante, Q_1 und Q_2 Ladungen, a Abstand von Q_1 und Q_2, υ Geschwindigkeit der Ladung Q, B magnetische Induktion, α Winkel zwischen Bewegungsrichtung und Magnetfeld.

Elektrisches Feld

Das elektrische Feld läßt sich durch folgende Größen beschreiben:

Elektrisches Potential φ(P) bzw. Spannung U

Das elektrische Potential φ(P) im Punkt P gibt an, welche Arbeit pro Ladung erforderlich ist, um die Ladung Q von einem Bezugspunkt nach P zu bringen:

$\varphi(\mathrm{P}) = W(\mathrm{P})/Q$

Die elektrische Spannung U ist die Potentialdifferenz (bei gleichem Bezugspunkt) zwischen zwei Punkten P_1, P_2:

$U = \varphi(\mathrm{P}_2) - \varphi(\mathrm{P}_1)$

Elektrische Feldstärke E

Die elektrische Feldstärke im Punkt P ist abhängig vom Ort P und den umgebenden Ladungen. Sie beschreibt die maximale Steigung des Potentialgefälles im Punkt P. Für die Feldstärke im Abstand a von einer punktförmigen Ladung Q gilt:

$E = Q/(4\pi \cdot \varepsilon_0 \cdot a^2)$

Auf eine Ladung Q wirkt im Punkt P die Kraft

$F = Q \cdot E$

Elektrisches Feld und Materie

Elektrische Polarisation M und Verschiebungsdichte D

Ein elektrisches Feld erzeugt in einem polarisierbaren Stoff (Dielektrika) elektrische Dipole (positive und negative Ladungen im Abstand a; $Q \cdot a$ heißt Dipolmoment). Das Dipolmoment pro Volumeneinheit heißt Polarisation M.

Die Verschiebungsdichte D gibt die Dichte des elektrischen Verschiebungsflusses an, es gilt:

$D = \varepsilon \cdot E = \varepsilon_r \cdot \varepsilon_0 \cdot E = \varepsilon_0 \cdot E + M$

Dabei ist:

- ε: Dielektrizitätskonstante (DK) des Stoffes, $\varepsilon = \varepsilon_r \cdot \varepsilon_0$
- ε_0: elektrische Feldkonstante (DK des Vakuums)
- ε_r: Dielektrizitätszahl (relative DK) für Luft ist $\varepsilon_r = 1$, für andere Werkstoffe s. S. 159, 160.

Kapazität C einiger Leiteranordnungen in F

Plattenkondensator mit n parallelen Platten	$C = (n-1)\dfrac{\varepsilon_r \cdot \varepsilon_0 \cdot A}{a}$	ε_r, ε_0 n A a	siehe oben Anzahl der Platten Oberfläche einer Platte in m^2 Plattenabstand in m
Parallele Leiter (Doppelleitung)	$C = \dfrac{\pi \varepsilon_r \cdot \varepsilon_0 \cdot l}{\ln\left(\dfrac{a-r}{r}\right)}$	l a r	Länge der Doppelleitung in m Leiterabstand in m Leiterradius in m
Konzentrische Leitung (Zylinderkondensator)	$C = \dfrac{2\pi \cdot \varepsilon_r \cdot \varepsilon_0 \cdot l}{\ln(r_2/r_1)}$	l r_1, r_2	Länge der Leitung in m Leiterradius in m mit $r_2 > r_1$
Leiter gegen Erde	$C = \dfrac{2\pi \cdot \varepsilon_r \cdot \varepsilon_0 \cdot l}{\ln(2a/r)}$	l a r	Länge des Leiters in m Abstand des Leiters von der Erde in m Leiterradius in m
Kugel gegen ferne Fläche	$C = 4\pi \cdot \varepsilon_r \cdot \varepsilon_0 \cdot r$	r	Kugelradius in m

Kondensator
Zwei durch ein Dielektrikum getrennte Elektroden heißen Kondensator. Beim Anlegen einer Spannung werden die Elektroden gleich stark, aber ungleichnamig aufgeladen. Für die aufgenommene Ladung Q gilt:

$$Q = C \cdot U$$

C heißt die Kapazität des Kondensators. Sie ist abhängig von der geometrischen Form der Elektroden, ihrem Abstand und der Dielektrizitätskonstanten des Dielektrikums.
Energieinhalt eines geladenen Kondensators:

$$W = Q \cdot U/2 = Q^2/(2\,C) = C \cdot U^2/2$$

Anziehungskraft zweier paralleler Platten (Fläche A) im Abstand a beträgt:

$$F = E \cdot D \cdot A/2 = \varepsilon_r \cdot \varepsilon_0 \cdot U^2 \cdot A/(2\,a^2)$$

Gleichstrom

Bewegte Ladungen bilden einen Strom I, der durch die Stromstärke charakterisiert wird. Sie wird in Ampere angegeben. Beim Gleichstrom sind Richtung und Größe des Stromes unabhängig von der Zeit.

Stromrichtung und Messung
Außerhalb der Stromquelle wird die Richtung vom Pluspol zum Minuspol als positiv bezeichnet (technische Stromrichtung; tatsächlich wandern die Elektronen vom Minus- zum Pluspol).

Die Strommessung erfolgt mit einem Amperemeter (A) im Stromweg; die Spannungsmessung mit einem Voltmeter (V) im Nebenschluß.

Strom- und Spannungsmessung.
R Verbraucher, A Amperemeter im Stromweg, V Voltmeter im Nebenschluß.

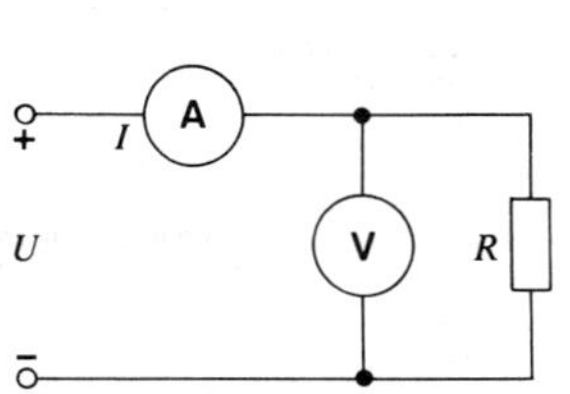

Ohmsches Gesetz
Es beschreibt den Zusammenhang zwischen Spannung und Strom in festen und flüssigen Elektrizitätsleitern.

$$U = R \cdot I$$

Die Proportionalitätskonstante R heißt Ohmscher Widerstand, die Angabe erfolgt in Ohm (Ω). Der Kehrwert des Widerstandes heißt Leitwert G

$$G = 1/R$$

Ohmscher Widerstand[1])
Er ist vom Material und seinen Abmessungen abhängig.
Runddraht $R = \varrho \cdot l/q = l/(q \cdot \sigma)$
Hohlleiter $R = \ln(r_2/r_1)/(2\pi \cdot l \cdot \sigma)$
ϱ spezifischer Widerstand in $\Omega \mathrm{mm}^2/\mathrm{m}$
$\sigma = 1/\varrho$ elektrische Leitfähigkeit
l Drahtlänge in m
q Drahtquerschnitt in mm^2
r_2 und r_1 Drahtradien mit $r_2 > r_1$
In Metallen nimmt der Widerstand mit steigender Temperatur zu:

$$R_\vartheta = R_{20}\,[1 + \alpha\,(\vartheta - 20°\,\mathrm{C})]$$

R_ϑ Widerstand bei ϑ° C
R_{20} Widerstand bei 20° C
α Temperaturkoeffizient[2]) in 1/K (= 1/° C)
ϑ Temperatur in °C

In Nähe des absoluten Nullpunkts (−273° C) geht der Widerstand vieler Metalle gegen Null (Supraleitfähigkeit).

Arbeit und Leistung
In einem stromdurchflossenen Widerstand gilt für die geleistete Arbeit bzw. für die entwickelte Wärmemenge:

$$W = U \cdot I \cdot t = R \cdot I^2 \cdot t$$

und damit für die Leistung:

$$P = U \cdot I = R \cdot I^2$$

Kirchhoffsche Gesetze.
1. Knotenpunktregel.
Für jeden Verzweigungspunkt (Knoten) ist die Summe der zufließenden gleich der Summe der abfließenden Ströme.

2. Maschenregel.
Für jeden geschlossenen Kreis (Masche) eines Leiternetzes ist die Summe der Teilspannungen an den Widerständen gleich der Gesamtspannung.

---
[1]) Diagramm für Runddraht s. S. 176, Drahttabelle s. S. 177, Tabelle für ϱ s. S. 175.
[2]) Tabelle für α s. S. 175.

Gleichstromkreise

Stromkreis mit Verbraucher

$U = (R_a + R_l) \cdot I$

R_a Verbraucher
R_l Leitungswiderstand

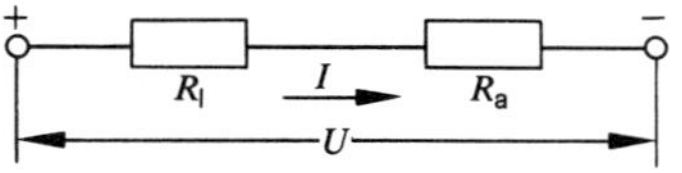

Ladung einer Batterie

$U - U_0 = (R_v + R_i) \cdot I$

U Netzspannung, U_0 Leerlaufspannung (Urspannung)[1]) der Batterie, R_v Vorwiderstand, R_i Innenwiderstand der Batterie.
Bedingung beim Laden: Ladespannung > Leerlaufspannung der Batterie.

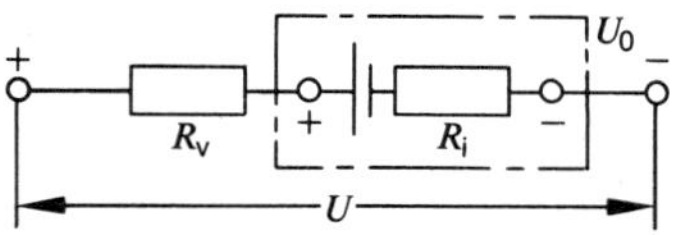

Auf- und Entladen eines Kondensators
Entscheidend für den Lade- und Entladevorgang eines Kondensators ist die Zeitkonstante $\tau = R \cdot C$.

Ladevorgang

$I = U/R \cdot \exp(-t/\tau)$
$U_C = U[1 - \exp(-t/\tau)]$

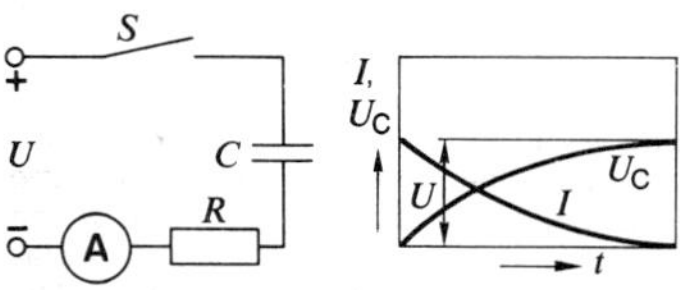

Schaltung, Spannungs- und Stromverlauf

Entladevorgang

$I = I_0 \cdot \exp(-t/\tau)$
$U_C = U_0 \cdot \exp(-t/\tau)$

U Ladespannung, I Ladestrom, U_C Kondensatorspannung, I_0 Anfangsstrom, U_0 Spannung bei Entladungsbeginn.

[1]) Früher EMK (Elektromotorische Kraft).

Reihenschaltung von Widerständen

$R_{ges} = R_1 + R_2 + \dots$
$U = U_1 + U_2 + \dots$

Gleicher Strom in allen Widerständen.

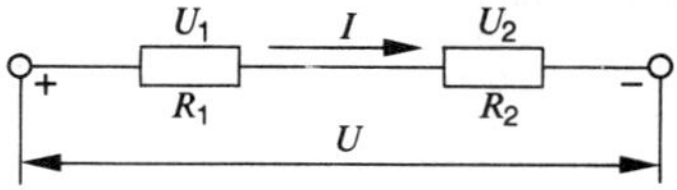

Parallelschaltung von Widerständen

$1/R_{ges} = 1/R_1 + 1/R_2$ oder
$G = G_1 + G_2$
$I = I_1 + I_2;\ I_1/I_2 = R_2/R_1$

An allen Widerständen liegt dieselbe Spannung (2. Kirchhoffsches Gesetz).

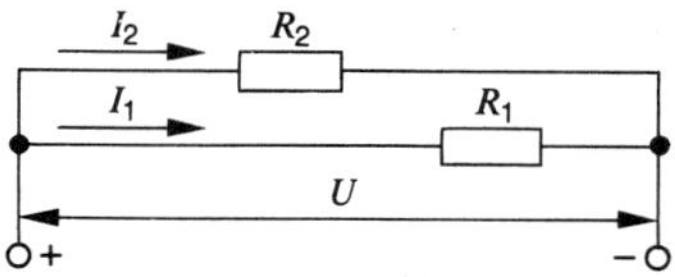

Messung eines Widerstandes
Sie kann durch Strom- und Spannungsmessung, direkt anzeigende Ohmmeter oder Brückenmeßmethoden, z. B. Wheatstonesche Brücke, erfolgen. Wird das Galvanometer A der Wheatstoneschen Brücke durch den Schleifkontakt D stromlos eingestellt, dann gilt:

$I_1 \cdot R_x = I_2 \cdot \varrho \cdot a/q$
$I_1 \cdot R = I_2 \cdot \varrho \cdot b/q$

daraus: $R_x = R \cdot a/b$

Wheatstonesche Brückenschaltung.
R_x unbekannter Widerstand,
R bekannter Widerstand, AB homogener Meßdraht (spezifischer Widerstand ϱ) mit überall gleichem Querschnitt q,
A Galvanometer, D Schleifkontakt.

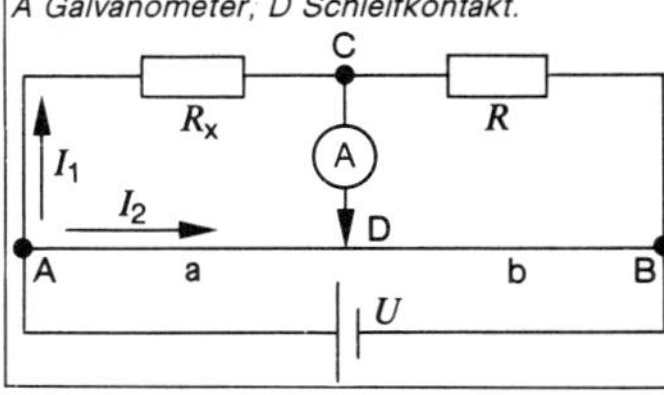

Elektrolytische Stromleitung

Stoffe, deren Lösungen oder Schmelzen (Salze, Säuren, Basen) den Strom leiten, heißen Elektrolyte. Im Gegensatz zur Stromleitung in Metallen ist hier der Stromdurchgang mit einer chemischen Zersetzung an den Elektroden verbunden. Die Zersetzung heißt Elektrolyse, die Elektroden Anode (Pluspol) und Kathode (Minuspol).

Beim Auflösen spaltet sich der Elektrolyt (Dissoziation) in verschiedene Ionen, die frei beweglich sind. Wird eine Spannung angelegt, wandern die positiven Ionen (Kationen) zur Katode und die negativen (Anionen) zur Anode. Kationen sind z. B. alle Metallionen, aber auch Ammoniakionen (NH_4^+) und Wasserstoffionen (H^+). Anionen sind die Ionen der Nichtmetalle, Sauerstoff, Halogene, Säurerest- und OH-Ionen (Anwendung bei Batterie s. S. 424).

An den Elektroden neutralisieren sich die Ionen und werden abgeschieden. Der Zusammenhang zwischen abgeschiedener Stoffmenge und transportierter Ladung wird durch die Faradayschen Gesetze beschrieben:

1. Die abgeschiedene Masse ist proportional zur Stromstärke und Zeit

$$m = k \cdot I \cdot t$$

m Masse in g, I Strom in A, t Zeit in s, k elektrochemisches Äquivalent in g/C. Das elektrochemische Äquivalent k gibt an, wieviel g der Ionen von 1 Coulomb abgeschieden werden:

$$k = A/(F \cdot w) = 1{,}036 \cdot 10^{-5} A/w$$

A Atomgewicht s. S. 132, w Wertigkeit (s. Tabelle), F Faradaysche Konstante mit dem Wert F = 96485 C/g-Äquivalent. g-Äquivalent ist die Menge in g, die dem Äquivalentgewicht A/w entspricht.

2. Die durch gleiche Elektrizitätsmengen abgeschiedenen Massen verschiedener Elektrolyte verhalten sich entsprechend der Äquivalentgewichte.

Elektrochemisches Äquivalent k

Stoff	Wertigkeit w	elektrochemisches Äquivalent k 10^{-3} g/C
Kationen		
Aluminium Al	3	0,0932
Blei Pb	2	1,0735
Chrom Cr	3	0,1796
Cadmium Cd	2	0,5824
Kupfer Cu	1	0,6588
	2	0,3294
Natrium Na	1	0,2384
Nickel Ni	2	0,3041
	3	0,2027
Silber Ag	1	1,1180
Wasserstoff H	1	0,01044
Zink Zn	2	0,3387
Anionen		
Chlor Cl	1	0,3675
Sauerstoff O	2	0,0829
Hydroxyl OH	1	0,1763
Chlorat ClO_3	1	0,8649
Chromat CrO_4	2	0,6011
Karbonat CO_3	2	0,3109
Manganat MnO_4	2	0,6163
Permanganat MnO_4	1	1,2325
Nitrat NO_3	1	0,6426
Phosphat PO_4	3	0,3280
Sulfat SO_4	2	0,4978

Elektrolytische Polarisation

Für die Stromleitung in Elektrolyten gilt in guter Näherung das Ohmsche Gesetz. Bei der Elektrolyse scheiden sich jedoch die sog. inkonstanten Elemente an den Elektroden ab und bauen eine Spannung U_z auf, die der angelegten entgegengerichtet ist. Für den Strom in der Zelle mit dem Widerstand R gilt:

$$I = (U - U_z)/R$$

Die Veränderung der Elektroden wird als galvanische oder elektrolytische Polarisation bezeichnet. Sie kann durch oxydierende Chemikalien (sog. Depolarisatoren), z. B. Braunstein für H_2-Abscheidungen, weitgehend vermieden werden.

Galvanische Elemente
wandeln chemische in elektrische Energie um und bestehen aus zwei verschiedenen Metallen in einer oder zwei elektrolytischen Lösungen. Die Leerlaufspannung ist abhängig vom Elektroden- und Elektrolytmaterial. Beispiele:

Weston-Normalelement
Elektroden: Cd + Hg(−) und Hg_2SO_4 + Hg(+)
Elektrolyt: $CdSO_4$
Spannung: 1,0187 V bei 20° C

Leclanché-Element (Trockenbatterien)
Elektroden: Zn(−) und C(+)
Depolarisator: MnO_2
Elektrolyt: NH_4Cl
Spannung: 1,5 V

Akkumulator bzw. Batterie (s. S. 424)

Wechselstrom-Darstellung.
T Dauer einer ganzen Schwingung (Periode) in s, f Frequenz in Hz (f = 1/T), $\hat{i}$ Scheitelwert (Amplitude) des Stroms, $\hat{u}$ Scheitelwert (Amplitude) der Spannung, ω Kreisfrequenz in 1/s (ω = 2π · f), φ Phasenverschiebungswinkel (phasenverschoben heißt: Strom und Spannung erreichen zu verschiedener Zeit ihren Scheitelwert bzw. ihren Nulldurchgang) zwischen Strom und Spannung.

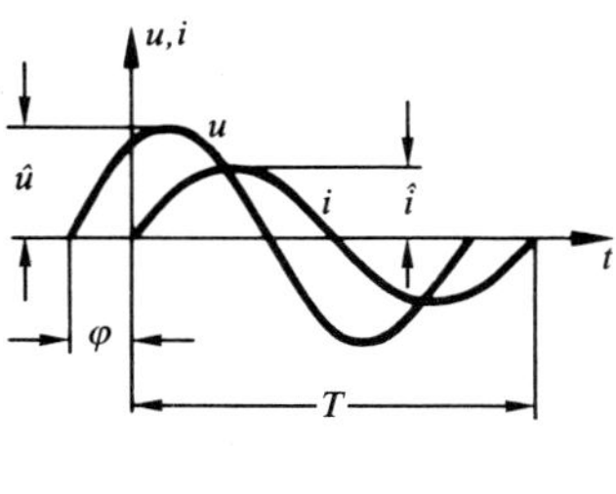

Wechselstrom

Ein Strom, der sich periodisch (häufig sinusförmig) in Größe und Richtung ändert, heißt Wechselstrom. Die besondere technische Bedeutung liegt in seinen günstigen Eigenschaften für die Energie-Fernübertragung, weil er durch Transformatoren auf hohe Spannungswerte transformiert werden kann.

Übliche Frequenzen für Wechselstromnetze:
Afrika 50 Hz, Asien meist 50 Hz, Australien 50 Hz, Europa 50 Hz, Nordamerika 60 Hz, Südamerika 50/60 Hz.
Bahnnetz: Deutschland, Norwegen, Österreich, Schweden, Schweiz 16⅔ Hz, USA 20 Hz.

Elektrolytischer (galvanischer) Mittelwert des sinusförmigen Wechselstroms. Er ist das arithmetische Mittel, d. h.

$$I_{galv} = 2\hat{i}/\pi = 0{,}64\,\hat{i}$$
$$U_{galv} = 2\hat{u}/\pi = 0{,}64\,\hat{u}$$

und entspricht in seinen elektrolytischen Wirkungen einem Gleichstrom dieser Größe.

Effektivwerte des sinusförmigen Wechselstroms:

$$I\ (= I_{eff}) = \hat{i}/\sqrt{2} = 0{,}71\,\hat{i}$$
$$U\,(= U_{eff}) = \hat{u}/\sqrt{2} = 0{,}71\,\hat{u}$$

Sie geben an, mit welchen Gleichstromwerten die gleiche Wärmemenge erzeugt werden kann.

Im Wechselstromkreis wird zwischen 3 Leistungsangaben unterschieden:

Wirkleistung $P = U \cdot I \cdot \cos\varphi$
Blindleistung $P_q = U \cdot I \cdot \sin\varphi$
Scheinleistung $P_s = U \cdot I$

Der Leistungsfaktor $\cos\varphi$ gibt an, welcher Teil der Scheinleistung effektiv verwertbar ist. Der Rest, die Blindleistung, pendelt nutzlos zwischen Stromquelle und Verbraucher hin und her, belastet jedoch die Leitungen.

Um die Leitungen nicht unnötig groß dimensionieren zu müssen, wird deshalb der Phasenwinkel φ meist mit Hilfe von Phasenschiebern (z. B. Kapazitäten) möglichst klein gehalten.

Wechselstromkreise

Wechselstromkreis mit Spulen
Eine Spule mit der Induktivität L (s. S. 115) wirkt wie ein Widerstand der Größe $R_L = \omega \cdot L$ (induktiver Widerstand). Da er keine Energie verbraucht, heißt er auch Blindwiderstand. Die induzierte Gegenspannung U_L (Induktionsgesetz s. S. 114) hinkt dem Strom um 90° und dieser der angelegten Spannung um 90° hinterher.

$$U = U_L = \omega \cdot L \cdot I$$

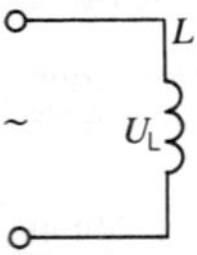

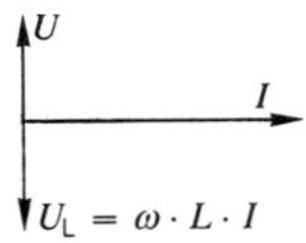

Für die Induktivität zusammengeschalteter Spulen gilt:

Spulen in Reihenschaltung

$$L_{ges} = L_1 + L_2$$

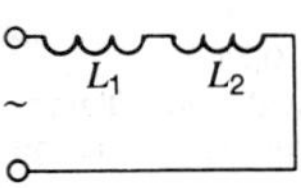

Spulen in Parallelschaltung

$$\frac{1}{L_{ges}} = \frac{1}{L_1} + \frac{1}{L_2} + \ldots$$

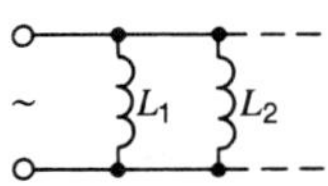

Wechselstromkreis mit Kondensator
Ein Kondensator mit der Kapazität C wirkt wie ein Widerstand der Größe $R_C = 1/(\omega \cdot C)$ (kapazitiver Widerstand); auch er verbraucht keine Leistung (Blindwiderstand). Die Gegenspannung U_C am Kondensator läuft dem Strom um 90° und dieser der angelegten Spannung U um 90° voraus.

$$U = U_C = I/(\omega \cdot C)$$

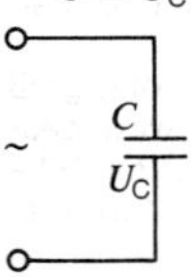

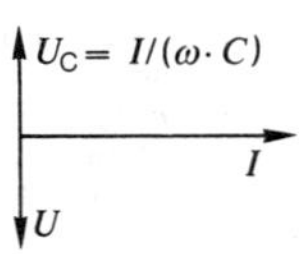

Für die Kapazität zusammengeschalteter Kondensatoren gilt:

Kondensator in Reihenschaltung

$$1/C_{ges} = 1/C_1 + 1/C_2$$

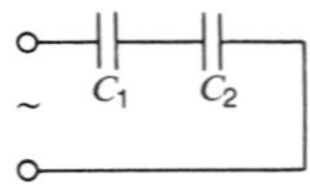

Kondensator in Parallelschaltung

$$C_{ges} = C_1 + C_2 + \ldots$$

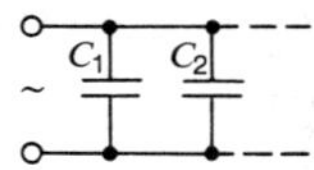

Ohmsches Gesetz für Wechselstrom
Im Wechselstromkreis mit Ohmschen Widerstand (R), Spule (Induktivität L) und Kondensator (Kapazität C) gelten für die elektrischen Kenngrößen Widerstand, Spannung und Strom die gleichen Gesetze wie im Gleichstromkreis.

Bei der Berechnung des Gesamtwiderstandes, der Spannung und des Stromes im Kreis ist jedoch deren Phasenlage zu berücksichtigen, d. h. die Werte müssen vektoriell addiert werden. Häufig geschieht dies mit Hilfe von Vektordiagrammen.

Reihenschaltung

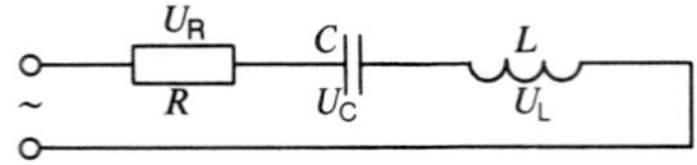

Vektordiagramme zur Bestimmung von U, Z, φ

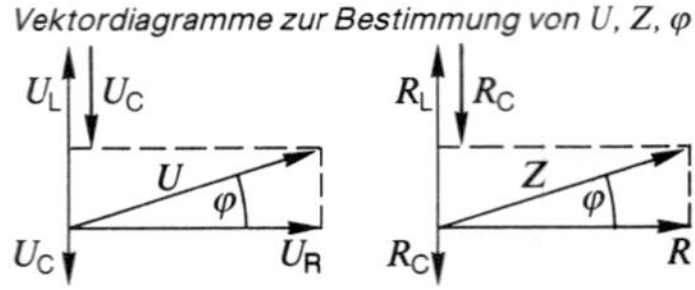

Das Ohmsche Gesetz lautet: $U = Z \cdot I$

Z heißt Impedanz oder Scheinwiderstand und ist die Vektorsumme der Einzelwiderstände.

$$Z = \sqrt{R^2 + X^2}$$

R Ohmscher Widerstand, X Reaktanz oder Blindwiderstand.

$X = \omega \cdot L - 1/(\omega \cdot C)$

$\omega \cdot L$ ist der induktive, $1/(\omega \cdot C)$ der kapazitive Widerstandsanteil.

Für die Phasenverschiebung φ zwischen Strom und Spannung gilt:

$$\tan\varphi = [\omega \cdot L - 1/(\omega \cdot C)]/R$$

Im Resonanzfall fließt der maximal mögliche Strom ($I = U/R$), die Bedingung hierfür lautet:

$$\omega^2 \cdot L \cdot C = 1; \text{ (d. h. } X = 0)$$

Parallelschaltung

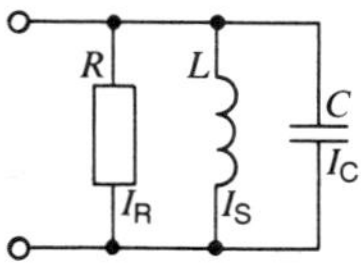

Vektordiagramme zur Bestimmung von I, Y, φ

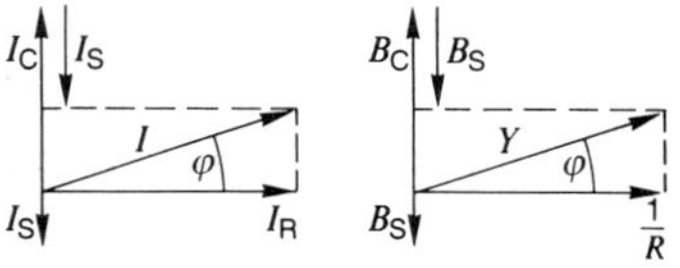

Für den Strom gilt: (Ohmsches Gesetz)

$$I = U \cdot Y$$

Y ist der komplexe Scheinleitwert

$$Y = \sqrt{G^2 + B^2}$$

$G(= 1/R)$ Wirkleitwert
$B[= \omega \cdot C - 1/(\omega \cdot L)]$ Blindleitwert

Für die Phasenverschiebung zwischen Strom und Spannung gilt:

$$\tan\varphi = R \cdot [\omega \cdot C - 1/(\omega \cdot L)]$$

Die Resonanzbedingung (minimaler Strom in der Hauptleitung) lautet wie bei der Reihenschaltung:

$$\omega^2 \cdot L \cdot C = 1 \text{ (d. h. } B = 0)$$

Drehstrom

Drehstrom nennt man ein System von drei um 120° gegeneinander verschobenen Wechselströmen: Zur Erzeugung dienen Drehstromgeneratoren mit drei voneinander unabhängigen Wicklungen, die um zwei Drittel einer Polteilung (120°) gegeneinander versetzt sind.

Zur Verringerung der Leiterzahl beim Spannungstransport von sechs auf drei bzw. vier werden die Teilspannungen verkettet, üblich sind die Dreieck- und Sternschaltung.

Sternschaltung

$I = I_p$
$U = \sqrt{3} \cdot U_p$

Dreieckschaltung

$I = \sqrt{3} \cdot I_p$
$U = U_p$

I Leiterstrom, I_p Phasen-(Strang-)Strom, U Leiterspannung, U_p Phasen-(Strang-)Spannung.
Die übertragene Leistung ist unabhängig von der Schaltung, für sie gilt:

Scheinleistung:

$$P_s = \sqrt{3} \cdot U \cdot I = 3\,U_p \cdot I_p$$

Wirkleistung:

$$P = P_s \cdot \cos\varphi = \sqrt{3} \cdot U \cdot I \cdot \cos\varphi$$

Sternschaltung

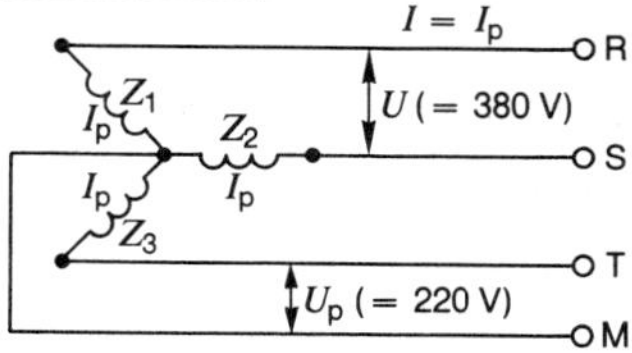

Dreieckschaltung

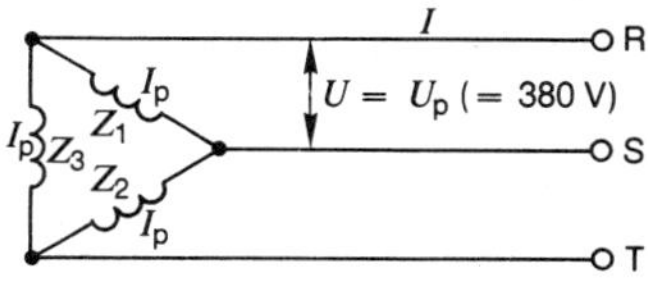

Magnetisches Feld

Magnetische Felder werden durch bewegte elektrische Ladungen, stromführende Leiter, magnetisierte Körper oder durch ein elektrisches Wechselfeld erzeugt.

Der Nachweis erfolgt über die Kraftwirkung auf bewegte elektrische Ladungen (Lorentz-Kraft) oder magnetische Dipole (gleichnamige Pole stoßen sich ab, ungleichnamige Pole ziehen sich an).

Zur Charakterisierung des magnetischen Feldes dient der Vektor der magnetischen Flußdichte B (Induktion). Die Bestimmung kann durch eine Kraftmessung oder durch eine Spannungsmessung erfolgen, weil durch ein sich änderndes Magnetfeld in einer Leiterschleife eine Spannung induziert wird (Induktionsgesetz s. S. 114)

$$U = \Delta\,(B \cdot q)/t$$

$\Delta\,(B \cdot q)$ Änderung des Produkts aus magnetischer Induktion (in T) und Fläche der Leiterschleife (in m²), t Zeit (in s).

Die Induktion B hängt mit den übrigen Feldgrößen wie folgt zusammen:

Magnetischer Fluß Φ

$$\Phi = B \cdot q$$

q Querschnitt in m²

Magnetische Feldstärke H

Im Vakuum gilt:

$$B = \mu_0 \cdot H$$

$\mu_0 = 1{,}257 \cdot 10^{-6}$ H/m, magnetische Feldkonstante

Magnetisches Feld und Materie

In Materie setzt sich die Induktion B formal aus zwei Teilen zusammen. Der eine Teil rührt vom angelegten Feld her, der andere von der Materie (siehe auch Zusammenhang zwischen elektrischer Verschiebungsdichte und elektrischer Feldstärke).

$$B = \mu_0 \cdot H + J$$

J ist die magnetische Polarisation und beschreibt den Beitrag der Materie zur Flußdichte. Physikalisch bedeutet J das magnetische Dipolmoment je Volumeneinheit und ist im allgemeinen eine Funktion der Feldstärke H.

Für viele Werkstoffe ist $J \ll \mu_0 \cdot H$ und proportional zu H, dann gilt:

$$B = \mu_r \cdot \mu_0 \cdot H$$

μ_r Permeabilitätszahl, im Vakuum hat sie den Wert $\mu_r = 1$.

Entsprechend dem Wert für die Permeabilitätszahl werden die Werkstoffe in 3 Gruppen unterteilt:

Diamagnetische Stoffe $\mu_r < 1$

(z. B. Ag, Au, Cd, Cu, Hg, Pb, Zn, Wasser, organische Stoffe, Gase)

μ_r ist unabhängig von der magnetischen Feldstärke und kleiner als 1, die Werte liegen im Bereich

$$(1 - 10^{-11}) > \mu_r > (1 - 10^{-5})$$

Paramagnetische Stoffe $\mu_r > 1$

(z. B. O_2, Al, Pt, Ti)

μ_r ist unabhängig von der magnetischen Feldstärke und größer als 1, die Werte liegen im Bereich

$$(1 + 4 \cdot 10^{-4}) > \mu_r > (1 + 10^{-8})$$

Ferromagnetische Stoffe $\mu_r \gg 1$

(z. B. Fe, Co, Ni, Ferrite)

Bei diesen Werkstoffen erreicht die Polarisation sehr große Werte und ändert sich nicht linear mit der Feldstärke H; außerdem ist sie abhängig von der Vorgeschichte (Hysterese). Wählt man trotzdem, wie in der Elektrotechnik üblich, die Darstellung $B = \mu_r \cdot \mu_0 \cdot H$, so ist μ_r eine Funktion von H und zeigt Hysterese; die Werte für μ_r liegen im Bereich

$$5 \cdot 10^5 > \mu_r > 10^2$$

Die Hysteresekurve, die den Zusammenhang zwischen B und H bzw. J und H zeigt, wird wie folgt durchlaufen:

Ausgangspunkt ist der feldfreie, unmagnetische Zustand ($B = J = H = 0$). Bei Anlegen eines Feldes wird der Werkstoff entlang der Neukurve (1) magnetisiert. Wenn ab einer bestimmten Feldstärke alle magnetischen Dipole gerichtet sind, erreicht J den Wert der Sättigungspolarisation (materialabhängig) und kann nicht mehr erhöht werden. Bei einer Verminderung von H wird Kurventeil (2) durchlaufen. Dieser geht nicht mehr durch den Nullpunkt, sondern schneidet die B- bzw. J-Achse im Remanenzpunkt B_r bzw. J_r (es gilt

Hysteresekurve *(z. B. Hartferrit).*

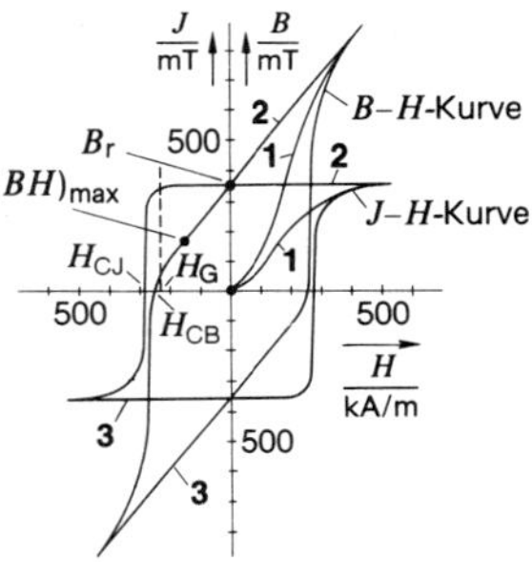

Die wichtigsten Kennwerte der Hysteresekurve sind:

– Sättigungspolarisation J_s,
– Remanenz B_r (bleibende Induktion für $H = 0$),
– Koerzitivfeldstärke H_{CB} (entmagnetisierende Feldstärke, bei der $B = 0$ wird) bzw.
– Koerzitivfeldstärke H_{CJ} (entmagnetisierende Feldstärke bei der $J = 0$ wird; nur für Dauermagnete von Bedeutung),
– Grenzfeldstärke H_G (bis zu dieser Feldstärke ist ein Dauermagnet stabil),
– μ_{max} (maximale Steigung der Neukurve, nur für Weichmagnete wichtig),
– Hystereseverlust (Energieverlust im Werkstoff bei einem Ummagnetisierungszyklus, entspricht der Fläche der B–H-Hysteresekurve; nur für Weichmagnete wichtig).

$B_r = J_r$). Erst durch Anlegen eines Gegenfeldes der Feldstärke $_BH_c$ bzw. $_JH_c$ wird die Flußdichte bzw. die Polarisation zu Null; diese Feldstärke heißt Koerzitivfeldstärke. Bei weiterer Erhöhung der Feldstärke wird die Sättigungspolarisation in der Gegenrichtung erreicht. Wird die Feldstärke wieder reduziert und das Feld umgekehrt, so wird die zu Kurventeil 2 symmetrische Kurve (3) durchlaufen.

Ferromagnetische Werkstoffe

Dauermagnetwerkstoffe
Dauermagnetwerkstoffe haben hohe Koerzitivfeldstärken; die Werte liegen im Bereich

$$H_{CJ} > 1\,\frac{\text{kA}}{\text{m}}$$

Damit können hohe entmagnetisierende Felder H auftreten, ohne daß der Werkstoff seine magnetische Polarisation verliert. Der magnetische Zustand und Arbeitsbereich eines Dauermagneten liegt im 2. Quadranten der Hysteresekurve, auf der sogenannten Entmagnetisierungskurve. In der Praxis liegt der Arbeitspunkt eines Dauermagneten nie im Remanenzpunkt, weil aufgrund der inneren Eigenentmagnetisierung immer ein entmagnetisierendes Feld vorliegt, das den Arbeitspunkt nach links verschiebt.

Neben den bereits bekannten Kenngrößen spielt das Produkt $(B \cdot H)_{max}$ noch eine wichtige Rolle bei der Charakterisierung der Eigenschaften eines Dauermagneten. Das ist der Punkt auf der Entmagnetisierungskurve, in dem $(B \cdot H)$ den höchsten Wert erreicht; er ist ein Maß für die maximal erzielbare Luftspaltenenergie.

Die z. Z. technisch bedeutsamen Dauermagnete sind die AlNiCo-, Ferrit- und SeCo-Magnete; die Entmagnetisierungskurven zeigen die typischen Merkmale der einzelnen Sorten.

(Kenngrößen für Dauermagnetwerkstoffe s. S. 157)

Weichmagnetische Werkstoffe
Weichmagnetische Werkstoffe haben eine niedrige Koerzitivfeldstärke ($H_c <$ 1000 A/m), d. h. eine schmale Hysteresekurve. Die Flußdichte nimmt bereits für kleine Feldstärken hohe Werte an (große μ_r-Werte), so daß bei üblichen Anwendungen $J \gg \mu_0 \cdot H$ ist, d. h. in der Praxis braucht nicht zwischen $B(H)$- und $J(H)$-Kurven unterschieden zu werden.

Wegen der hohen Induktion bei niedrigen Feldstärken werden weichmagnetische Werkstoffe als Leiter für den magnetischen Fluß verwendet. Beim Einsatz in magnetischen Wechselfeldern sollte die Hysteresekurve des Werkstoffs möglichst schmal sein, d. h. die Koerzitivfeldstärke niedrig sein, damit die Verluste beim Ummagnetisieren klein bleiben.

Die Hysteresekurve dieser Werkstoffe ist weitgehend von der Vorbehandlung abhängig. Durch mechanische Bearbeitung (z. B. spanabhebend) steigt die Koerzitivfeldstärke an, d. h. die Hysteresekurve wird breiter. Mit einer werkstoffspezifischen Glühung bei höheren Temperaturen (magnetisches Schlußglühen) können diese Einflüsse wieder rückgängig gemacht werden. Für einige wichtige weichmagnetische Werkstoffe sind die Magnetisierungskurven, d. h. der B–H-Zusammenhang, angegeben.

Ummagnetisierungsverluste

In der folgenden Tabelle geben P1 und P1,5 den Ummagnetisierungsverlust bei einer Aussteuerung von 1 bzw. 1,5 Tesla mit 50 Hz bei 20°C an. Die Verluste setzen sich aus den Hysterese- und Wirbelstromverlusten zusammen. Die Wirbelstromverluste werden durch Spannungen verursacht, die in den weichmagnetischen Kreisteilen bei der Wechselfeldmagnetisierung durch Flußänderungen induziert werden (Induktionsgesetz). Mit folgenden Maßnahmen, die die elektrische Leitfähigkeit verringern, können die Wirbelstromverluste klein gehalten werden:

- Blechung des Kerns,
- Verwendung legierter Werkstoffe (z. B. Siliziumeisen),
- im Bereich höherer Frequenzen durch Unterteilung in isolierte Pulverteilchen (Pulverkerne),
- Verwendung keramischer Werkstoffe (Ferrite).

Magnetisierungskurven für Weichmagnete.

1 Reineisen — *4 Ni-Zn-Ferrit* — *7 Baustahl*
2 78 NiFe (Permalloy) — *5 50 CoFe* — *8 Gußeisen*
3 36 NiFe — *6 V360-50A (Elektroblech)* — *9 Fe-Pulverkern*

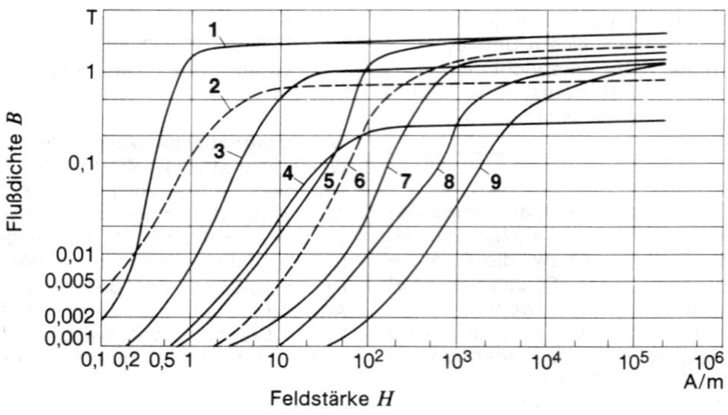

Entmagnetisierungskurven verschiedener Dauermagnetwerkstoffe.

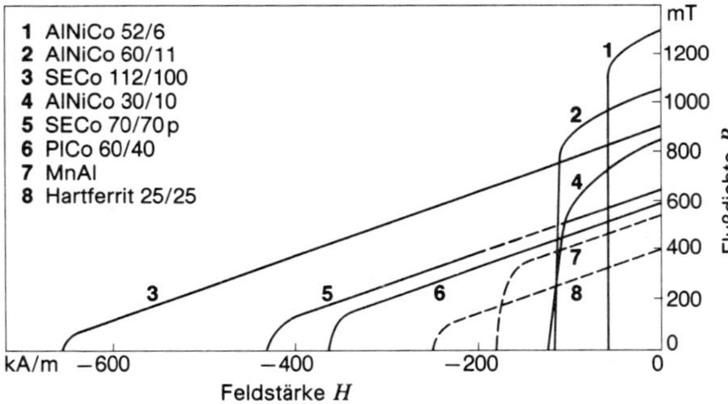

Blechsorte	Nenndicke	Ummagnetisierungs-verlust W/kg		B (für H = 10 kA/m)	
	mm	P 1	P 1,5	T	
V 110−35 A	0,35	1,1	2,7	1,71	kaltgewalzt
V 130−35 A	0,35	1,3	3,3	1,71	
V 170−50 A	0,5	1,7	4,0	1,72	
V 230−50 A	0,5	2,3	5,3	1,75	
V 360−50 A	0,5	3,6	8,1	1,78	
V 90−35 B	0,35	0,9	2,3	1,70	warmgewalzt
V 110−35 B	0,35	1,1	2,7	1,70	
V 130−35 B	0,35	1,3	3,3	1,70	
V 170−50 B	0,5	1,7	4,1	1,71	
V 230−50 B	0,5	2,3	5,4	1,74	
V 360−50 B	0,5	3,6	8,2	1,77	

Der magnetische Kreis

Neben den Materialgleichungen sind für die Auslegung solcher Kreise folgende Gleichungen bestimmend:

1. Das Durchflutungsgesetz (magnetische Spannungsgleichung)
Bei einem geschlossenen Umlauf im magnetischen Kreis ist

$$\sum_i H_i \cdot l_i = V_1 + V_2 + \ldots + V_i = I \cdot w \text{ oder } 0,$$

je nachdem, ob eine Stromquelle im Kreis ist oder nicht.

$I \cdot w = \Theta$ Durchflutung (Amperewindungszahl)

$H_i \cdot l_i = V_i$ magnetische Spannung ($H_i \cdot l_i$ ist für Teilstrecken zu berechnen, in denen H_i konstant ist).

2. Das Kontinuitätsgesetz (magnetische Flußgleichung)
In den einzelnen Teilgebieten des Kreises fließt der gleiche magnetische Fluß Φ $(= B \cdot A)$:

$$\Phi = \text{const oder } \Phi_1 = \Phi_2 = \ldots = \Phi_i$$

Entscheidend für die Güte eines Kreises ist, wieviel Fluß im Arbeitsluftspalt zur Verfügung steht. Dieser Fluß wird Nutzfluß genannt; sein Verhältnis zum Gesamtfluß (Fluß des Dauer- bzw. Elektromagneten) heißt Streufaktor σ (praktische Werte für σ liegen zwischen 0,2 und 0,9). Der Streufluß, die Differenz zwischen Gesamt- und Nutzfluß, schließt sich außerhalb des Arbeitsluftspaltes und trägt nichts zur Arbeitsleistung des magnetischen Kreises bei.

Magnetisches Feld und elektrischer Strom

Bewegte Ladungen erzeugen ein Magnetfeld, d. h. stromdurchflossene Leiter sind von einem Magnetfeld umgeben. Die Stromrichtung (⊗ Strom nach hinten, ⊙ Strom nach vorne gerichtet) und die Richtung der magnetischen Feldstärke bilden eine Rechtsschraube. Für das Magnetfeld H verschiedener Leiteranordnungen siehe Tabelle S. 115.

Zwei parallele Leiter, die in gleicher Richtung vom Strom durchflossen werden, ziehen sich an; fließt der Strom entgegengesetzt, stoßen sie sich ab. Für die Kraft zwischen zwei Leitern im Abstand a und der Länge l, die von den Strömen I_1 bzw. I_2 durchflossen werden, gilt:

$$F = \frac{\mu_0 \cdot \mu_r \cdot I_1 \cdot I_2 \cdot l}{2\pi \cdot a}$$

und in Luft näherungsweise

$$F \approx 0{,}2 \cdot 10^{-6} \cdot I_1 \cdot I_2 \cdot l/a$$

F Kraft in N, I_1 und I_2 Strom in A, l und a Länge in m.

In einem Magnetfeld B wird auf einen stromführenden Leiter (Strom I) der Länge l eine Kraft ausgeübt; für diese gilt, wenn der Stromleiter und das Feld den Winkel α miteinander bilden:

$$F = B \cdot I \cdot l \cdot \sin\alpha$$

F Kraft in N, B Induktion in T, I Strom in A, l Länge in m.

Die Richtung der Kraft kann mit Hilfe der Dreifingerregel der rechten Hand gefunden werden (Daumen in Stromrichtung, Zeigefinger in Richtung des Magnetfeldes, dann zeigt der Mittelfinger in die Richtung der Kraft).

Stromleiter und zugehörige Feldlinien (H).
a) Einzelner stromdurchflossener Leiter mit Magnetfeld.
b) Parallele Leiter ziehen sich an, wenn der Strom in gleiche Richtung fließt.
c) Parallele Leiter stoßen sich ab, wenn der Strom in entgegengesetzte Richtung fließt.
d) Ein Magnetfeld (B) übt Kraft auf einen stromführenden Leiter aus. Die Richtung der Kraft wird mit der Drei-Finger-Regel bestimmt.

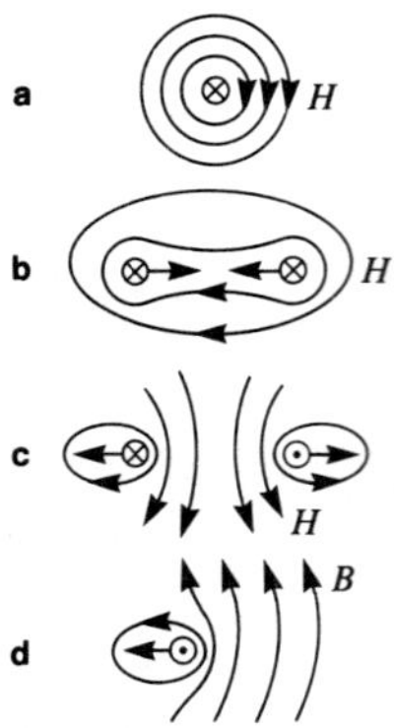

Induktionsgesetz

Ändert sich der von einer Leiterschleife umfaßte magnetische Fluß Φ, beispielsweise durch Bewegen der Schleife oder durch Ändern der Stärke des Feldes, so wird in der Leiterschleife eine Spannung U_i induziert.

In einem im magnetischen Feld in Richtung C bewegten Leiter entsteht eine nach hinten gerichtete Spannung U_i:

$$U_i = B \cdot l \cdot v$$

Drei-Finger-Regel.

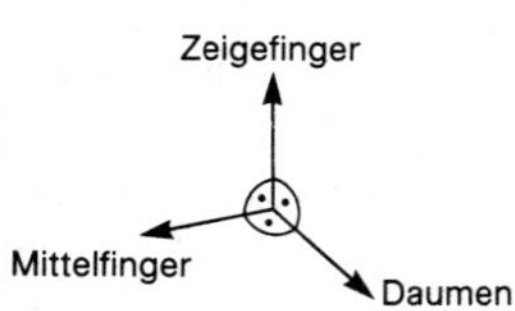

Induktion. *B Magnetfeld, C Richtung des bewegten Leiters, U_i induzierte Spannung.*

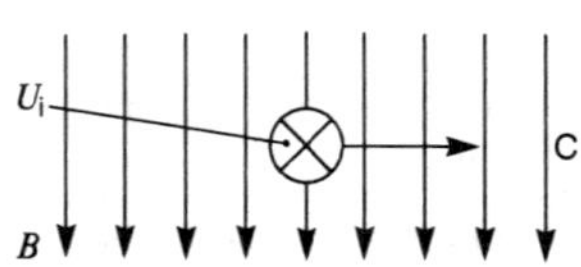

U_i in V, B in T, l Leiterlänge in m, v Geschwindigkeit in m/s.

Bei der Gleichstrommaschine ist

$$U_i = p \cdot n \cdot z \cdot \Phi/(60\,a)$$

U_i in V, Φ von der Erregerwicklung (Feldwicklung) herrührender magnetischer Fluß in Wb, p Polpaarzahl, n Drehzahl in min^{-1}, z Drahtzahl auf der Ankeroberfläche, a halbe Anzahl der parallelen Ankerzweige.

Bei der Wechselstrommaschine ist

$$U_i = 2{,}22\,f \cdot z \cdot \Phi$$

U_i in V, Φ von der Erregerwicklung herrührender magnetischer Fluß in Wb, f Frequenz des Wechselstroms in Hz $= p \cdot n/60$, p Polpaarzahl, n Drehzahl in min^{-1}, z Drahtzahl auf der Ankeroberfläche.

Beim Transformator ist

$$U_1 = 4{,}44\,f \cdot w \cdot \Phi$$

U_i in V, Φ magnetischer Fluß in Wb, f Frequenz in Hz, w Windungszahl der Spule, die den Fluß Φ umfaßt.

Die Klemmenspannung U ist um den Ohmschen Spannungsverlust in der Wicklung (etwa 5 %) kleiner (Generator) bzw. größer (Motor) als U_i. Bei Wechselspannung ist U_i der Effektivwert.

Selbstinduktion

Das magnetische Feld eines stromdurchflossenen Leiters oder einer Spule ändert sich bei Änderung des Leiterstroms. Im Leiter selbst wird dadurch eine der Stromänderung proportionale Spannung induziert, die der erzeugenden Stromänderung entgegenwirkt:

$$U_s = -L\,\frac{\mathrm{d}I}{\mathrm{d}t}$$

Die Induktivität L ist abhängig von der Permeabilitätszahl μ_r, die für die meisten Werkstoffe praktisch gleich 1 und konstant ist, mit Ausnahme der ferromagnetischen Werkstoffe (s. S. 111). Für Spulen mit Eisenkern hängt deshalb L stark von den Betriebsbedingungen ab.

Energie des magnetischen Feldes

$$W = L \cdot I^2/2$$

Feldstärke H einiger Leiteranordnungen

Kreisförmig gebogener Leiter	Im Kreismittelpunkt ist $H = I/(2\,a)$	H Feldstärke in A/m I Stromstärke in A a Leiterkreishalbmesser in m
Langer, gerader Leiter	Außerhalb des Leiters ist $H = I/(2\pi \cdot a)$ innerhalb des Leiters ist $H = I \cdot a/(2\pi \cdot r^2)$	a Entfernung von der Leiterachse in m r Leiterhalbmesser in m
Zylinderspule (Solenoid)	$H = I \cdot w/l$	w Windungszahl der Spule l Länge der Spule in m

Induktivität L einiger Leiteranordnungen

Zylinderspule	$L = \frac{1{,}257\,\mu_r}{10^6} \cdot \frac{w^2 \cdot q}{l}$	L Induktivität in H μ_r Permeabilitätszahl w Windungszahl q Spulenquerschnitt in m^2 l Spulenlänge in m
Doppelleitung (in Luft, $\mu_r = 1$)	$L = \frac{4\,l}{10^7}\ \ln(a/r)$	l Länge der Leitung in m a Leiterabstand in m r Leiterhalbmesser in m
Leitung gegen Erde (in Luft, $\mu_r = 1$)	$L = \frac{2\,l}{10^7}\ \ln(2\,a/r)$	l Länge der Leitung in m a Abstand des Leiters von der Erde in m r Leiterhalbmesser in m

Elektrische Effekte in metallischen Leitern

Kontaktspannung zwischen Leitern

Analog zur Reibungs- oder Kontaktelektrizität bei Isolatoren (z. B. Glas-Hartgummi) treten bei Leitern Kontaktspannungen auf. Verbindet man zwei verschiedene Metalle (gleicher Temperatur) leitend miteinander und trennt sie anschließend, so herrscht zwischen ihnen eine Kontaktspannung. Ursache sind verschieden hohe Austrittsarbeiten der Elektronen. Die Höhe der Spannung ist abhängig von der Stellung der Elemente in der Voltaschen Spannungsreihe. Verbindet man mehrere Leiter, so setzt sich die resultierende Kontaktspannung additiv aus den Einzelspannungen zusammen.

Kontaktspannungen

Werkstoffpaarung	Kontaktspannung
Zn/Pb	0,39 V
Pb/Sn	0,06 V
Sn/Fe	0,30 V
Fe/Cu	0,14 V
Cu/Ag	0,08 V
Ag/Pt	0,12 V
Pt/C	0,13 V
Zn/Pb/Sn/Fe	0,75 V
Zn/Fe	0,75 V
Zn/Pb/Sn/Fe/Cu/Ag	0,97 V
Zn/Ag	0,97 V
Sn/Cu	0,44 V
Fe/Ag	0,30 V
Ag/Au	–0,07 V
Au/Cu	–0,09 V

Thermoelektrizität

Auf Grund verschieden hoher Elektronenaustrittsarbeiten bildet sich an der Berührungsstelle zweier Leiter eine Potentialdifferenz, die Galvani-Spannung. In einem geschlossenen Leiterkreis (mit überall gleicher Temperatur) ist die Summe der Galvani-Spannungen Null. Eine Messung ist nur indirekt über ihre Temperaturabhängigkeit (thermoelektrischer Effekt, Seebeck-Effekt) möglich. Die Werte der Thermospannung zeigen starke Abhängigkeit von Verunreinigungen und der Vorbehandlung der Stoffe. Für kleine Temperaturdifferenzen gilt näherungsweise:

$$U_{th} = \Delta T \cdot a + \Delta T^2 \cdot b/2 + \Delta T^3 \cdot c/3$$

mit

U_{th} Thermospannung
$\Delta T = T_1 - T_2$ Temperaturdifferenz
a, b, c Materialkonstanten

In der thermoelektrischen Spannungsreihe sind die differentiellen Thermokräfte gegen ein Bezugsmetall (meist Platin, Kupfer oder Blei) angegeben. An der erwärmten Lötstelle fließt der Strom vom Leiter mit der niedrigeren zu dem mit der höheren differentiellen Thermokraft. Die Thermokraft η für ein beliebiges Paar (Thermoelement) ist gleich der Differenz der differentiellen Thermokräfte.

Thermoelektrische Spannungsreihe
(bezogen auf Platin)

Werkstoff	Thermospannung 10^{-6} V/°C
Selen	1003
Tellur	500
Silizium	448
Germanium	303
Antimon	47 ... 48,6
Nickelchrom	22
Eisen	18,7 ... 18,9
Molybdän	11,6 ... 13,1
Cer	10,3
Kadmium	8,5 ... 9,2
Stahl (V2A)	7,7
Kupfer	7,2 ... 7,7
Silber	6,7 ... 7,9
Wolfram	6,5 ... 9,0
Iridium	6,5 ... 6,8
Rhodium	6,5
Zink	6,0 ... 7,9
Manganin	5,7 ... 8,2
Gold	5,6 ... 8,0
Zinn	4,1 ... 4,6
Blei	4,0 ... 4,4
Magnesium	4,0 ... 4,3
Aluminium	3,7 ... 4,1
Platin	±0
Quecksilber	–0,1
Natrium	–2,1
Kalium	–9,4
Nickel	–19,4 ... –12,0
Kobalt	–19,9 ... –15,2
Konstantan	–34,7 ... –30,4
Wismut ⊥ Achse	–52
Wismut ∥ Achse	–77

Gebräuchliche Thermoelemente

Werkstoffpaarung	Temperatur
Kupfer-Konstantan	bis 600 °C
Eisen-Konstantan	bis 900 °C
Nickelchrom-Konstantan	bis 900 °C
Nickelchrom-Nickel	bis 1200 °C
Platinrhodium-Platin	bis 1600 °C
Platinrhodium-Platinrhodium	bis 1800 °C
Iridium-Iridiumrhodium	bis 2300 °C
Wolfram-Wolframmolybdän[1]	bis 2600 °C
Wolfram-Tantal[1]	bis 3000 °C

Außer zur Temperaturmessung wird das Thermoelement auch als Thermogenerator verwendet. Bisher erreichte Wirkungsgrade: ca. 10 % (Anwendung in Satelliten).

Die Umkehrung des Seebeck-Effekts ist der Peltier-Effekt, bei dem durch elektrische Energie eine Temperaturdifferenz erzeugt wird (Wärmepumpe). Schickt man Strom durch eine Leiterfolge A-B-A, so kühlt sich eine Lötstelle ab; die andere erwärmt sich, mehr als es der Jouleschen Wärmeentwicklung entspricht. Für die erzeugte Wärmemenge gilt:

$$\Delta Q = \pi \cdot I \cdot \Delta t$$

π Peltier-Koeffizient
I Stromstärke
Δt Zeitintervall

Zwischen dem Peltier-Koeffizienten π und der Thermokraft η besteht der Zusammenhang

$$\pi = \eta \cdot T$$

mit T Temperatur

Die Wärmeerzeugung durch Strom ist auch im homogenen Leiter möglich, wenn man darin ein Temperaturgefälle $\Delta T/l$ aufrechterhält (Thomson-Effekt). Während die Joule-Leistung proportional zu I^2 ist, gilt für die durch den Thomson-Effekt erzeugte Leistung

$$P = -\sigma \cdot I \cdot \Delta T$$

σ Thomson-Koeffizient
I Stromstärke
ΔT Temperaturdifferenz

Die Umkehrung des Thomson-Effekts ist der Benedicks-Effekt, bei dem durch unsymmetrische Temperaturverteilung eine elektrische Spannung erzeugt wird (besonders an Stellen mit starker Querschnittsänderung).

Hall-Effekt.
B Magnetfeld, I_H Hallstrom, I_V Versorgungsstrom, U_H Hallspannung, d Dicke des Leiters.

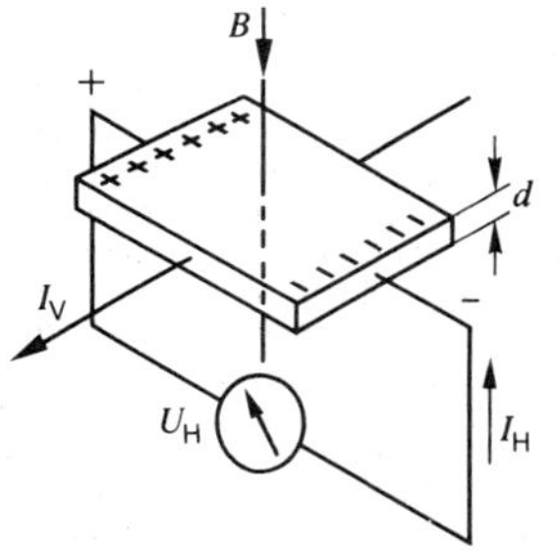

Galvano- und thermomagnetische Effekte

Darunter versteht man Änderungen der elektrischen oder thermischen Durchströmung eines Leiters, die durch ein Magnetfeld hervorgerufen werden. Es gibt 12 Effekte dieser Art. Die bekanntesten sind der Hall-, Ettingshausen-, Righi-Leduc- und Nernst-Effekt.

Von besonderer technischer Bedeutung ist der Hall-Effekt (Hallgeber s. S. 403). Legt man an einen Leiter eine Spannung und senkrecht dazu ein Magnetfeld an, entsteht senkrecht zur Stromrichtung und zum Magnetfeld eine Spannung, die Hall-Spannung U_H:

$$U_H = R \cdot I_V \cdot B/d$$

R Hall-Konstante, I_V Versorgungsstrom, B Magnetfeld, d Dicke des Leiters

Aus der Hall-Konstanten kann die Teilchenzahldichte und Beweglichkeit der Elektronen bzw. Defektelektronen bestimmt werden. Bei ferromagnetischen Stoffen ist die Hall-Spannung von der Magnetisierung abhängig (Hysterese).

[1]) in reduzierter Atmosphäre.

Elektrische Maschinen

Wirkungsweise

Elektrische Maschinen dienen zur Wandlung von elektrischer und mechanischer Energie. Bei Betrieb als Motor wird elektrische Energie in mechanische umgesetzt, im Generatorbetrieb verläuft die Umwandlung in entgegengesetzter Richtung. Die Maschinen bestehen aus einem feststehenden Teil (Ständer) und einem rotierenden Teil (Läufer). Davon abweichend gibt es Sonderbauarten wie z. B. Linearmaschinen, die eine lineare Bewegung erzeugen. Im Ständer und Läufer werden entweder durch Dauermagnete oder durch mehrere elektrische Spulen (Wicklung) magnetische Felder erzeugt, die zwischen den beiden Maschinenteilen ein Drehmoment bewirken. Zur Führung der magnetischen Felder bestehen Ständer und Läufer aus Eisen. Bei zeitveränderlichen magnetischen Flüssen muß dieses Eisen aus einzelnen Blechen aufgebaut sein, die gegeneinander isoliert sind. Die räumliche Anordnung der Spulen und die Wahl des Stromsystems (Gleich-, Wechsel- oder Drehstrom) führen zu verschiedenen Bauarten elektrischer Maschinen. Sie unterscheiden sich in ihrem Betriebsverhalten und haben daher unterschiedliche Anwendungsbereiche.

Gleichstrommaschinen

Der Ständer einer Gleichstrommaschine enthält einzelne Pole, die durch Gleichstrom-Erregerwicklungen magnetisiert werden. Im Läufer (hier auch Anker genannt) sind die Spulen in Nuten des geblechten Eisenpaktes verteilt und an einen Kommutator angeschlossen. Im Ständergehäuse schleifen Kohlebürsten auf dem Kommutator (Stromwender) und übertragen einen Gleichstrom in die Ankerspulen. Durch die Drehung des Kommutators wechselt die Stromrichtung in den Spulen. Die Wahl der Verschaltung von Erregerwicklung und Anker ergibt unterschiedliche Drehzahl-Drehmoment-Charakteristik:

Reihenschaltung (Reihenschlußverhalten)
Ausgeprägte Abhängigkeit der Drehzahl von der Belastung; großes Anlaufmoment; bei Entlastung unzulässig hohe Drehzahl möglich, daher starre Kupplung mit der Belastung erforderlich; Drehrichtungsänderung durch Umkehren der Stromrichtung in der Anker- oder Erregerwicklung; Anwendung z. B. als Fahrzeug-Antriebsmotor oder Starter für Verbrennungsmotoren.

Parallelschaltung (Nebenschlußverhalten)
Drehzahl ändert sich bei Belastung nur wenig; Drehrichtungsänderung durch Umkehren der Stromrichtung in der Anker- oder Erregerwicklung; Anwendung z. B. als Antriebsmotor für Werkzeugmaschinen oder Gleichstrom-Generator.

Bei Speisung der Erregerwicklung durch eine weitere Stromversorgung

Reihenschlußmaschine.

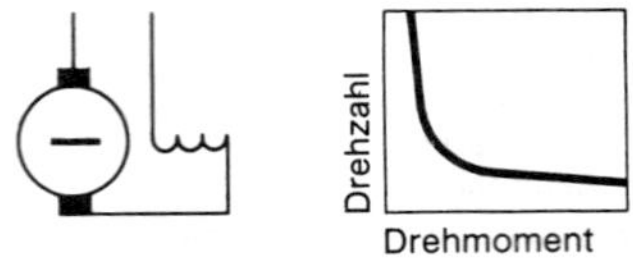

Nebenschlußmaschine.

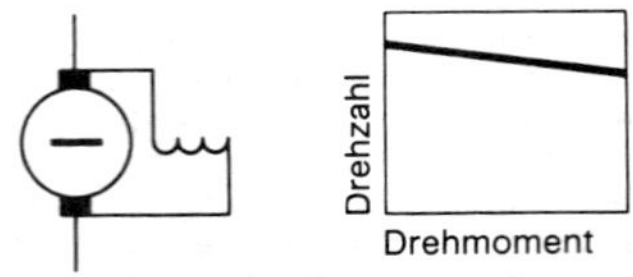

Motor mit Dauermagneterregung.

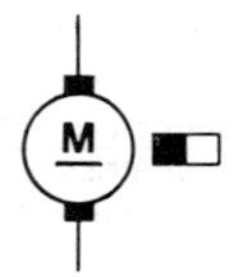

(Fremderregung) oder bei Dauermagnetpolen im Ständer erhält man ebenfalls eine Nebenschlußcharakteristik. Anwendung für permanenterregte Motoren im Kfz: Starter-, Wischer- und Kleinmotoren für verschiedene Antriebe. Bei Einbau von Reihen- und Nebenschlußerregerwicklungen (Doppelschluß bzw. Compound) lassen sich Zwischenstufen in der Drehzahl-Drehmoment-Charakteristik erreichen; Anwendung: z. B. große Startermotoren.

Mit geringem Aufwand sind bei allen Gleichstrommaschinen große Drehzahlveränderungen möglich. Wenn durch den Einsatz von Stromrichtergeräten eine einstellbare Ankerspannung zur Verfügung steht, kann die Drehzahl stufenlos eingestellt werden. Eine Verkleinerung des Erregerstromes (Feldschwächung) ermöglicht bei Erreichen der Ankernennspannung eine weitere Drehzahlerhöhung. Ein Nachteil der Gleichstrommaschinen ist der Verschleiß der Kohlebürsten und des Kommutators, der regelmäßige Wartung erforderlich macht.

Drehstrommaschinen

Im Ständer einer Drehstrommaschine ist eine dreisträngige Wicklung in Nuten verteilt. Die drei Phasen des Drehstroms erzeugen ein drehendes Magnetfeld (Drehfeld). Die Drehzahl n_0 des Drehfeldes errechnet sich aus

$$n_0 = f/p$$

f Frequenz, p Polpaarzahl

Beispiele für Drehfeldzahlen

Polzahl	Frequenz 50 Hz	Frequenz 150 Hz	Frequenz 200 Hz
	Drehfelddrehzahl in min^{-1}		
2	3000	9000	12000
4	1500	4500	6000
6	1000	3000	4000
8	750	2250	3000
10	600	1800	2400
12	500	1500	2000

Drehstrommaschinen teilen sich wegen unterschiedlicher Läuferausführungen in Asynchron- und Synchronmaschinen auf.

Drehstrom-Asynchronmotor mit Käfigläufer.
Ständerwicklung
in Sternschaltung *in Dreieckschaltung*

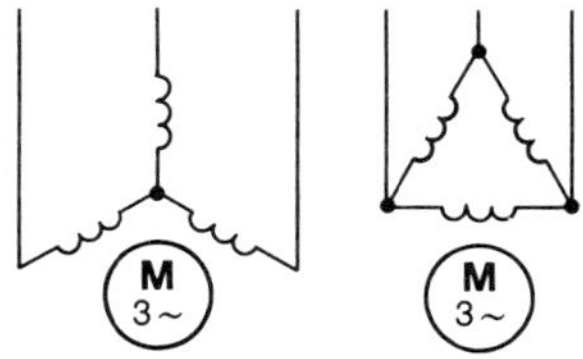

Asynchronmaschinen

Der geblechte Läufer enthält entweder eine Drehstromwicklung wie im Ständer oder eine Stabwicklung. Die Drehstromwicklung ist an Schleifringe angeschlossen, die direkt oder über Vorwiderstände kurzgeschlossen sind. Bei der Stabwicklung sind die Stäbe durch zwei Kurzschlußringe miteinander verbunden (Käfigläufer). Solange die Läuferdrehzahl von n_0 abweicht, induziert das Ständerdrehfeld in den Läuferwicklungen Ströme, wodurch ein Drehmoment entsteht. Die Abweichung der Läuferdrehzahl n von n_0 kennzeichnet man durch den Schlupf s:

$$s = (n_0 - n)/n$$

Wirtschaftlicher Dauerbetrieb ist nur in der Nähe von n_0 möglich, da die Verluste mit steigendem Schlupf wachsen (Nennschlupf $\leq 5\,\%$). In diesem Bereich hat die Asynchronmaschine Nebenschlußverhalten. Für $n < n_0$ arbeitet die Maschine als Motor, für $n > n_0$ als Generator. Die Drehrichtung wird durch Vertauschen zweier Phasen geändert.

Die Asynchronmaschine ist der am häufigsten verwendete Elektromotor in der Antriebstechnik. Mit Käfigläufer ist sie leicht zu bedienen und erfordert nur geringe Wartung.

Synchronmaschinen

Im Läufer (hier auch Polrad genannt) werden Pole mit Gleichstromspulen magnetisiert. Der Strom wird in der Regel über zwei Schleifringe auf den Läufer übertragen. Das Polrad kann aus massivem Stahl gebaut sein, da der magnetische Fluß zeitlich konstant ist.

Drehstrom-Synchrongenerator in Sternschaltung.
Schleifringläufer mit Erregerwicklung.

Kondensatormotor mit Anlauf- und Betriebs-Kondensator.

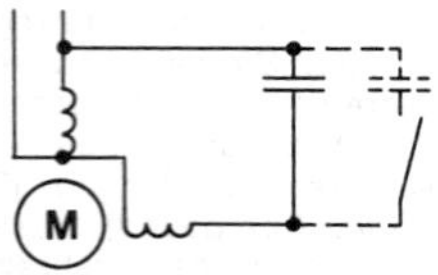

Sofern der Läufer mit n_0 dreht, entsteht ein konstantes Drehmoment. Andernfalls ergibt sich ein periodisch zwischen einem positiven und negativem Maximalwert schwankendes Drehmoment mit unzulässig großen Strömen.

Daher kann eine Synchronmaschine nicht ohne Hilfseinrichtungen anlaufen. Weiterhin unterscheidet sich die Synchronmaschine dadurch von der Asynchronmaschine, daß die Blindleistungsaufnahme bzw. -abgabe einstellbar ist. Die häufigste Verwendung findet die Synchronmaschine als Kraftwerksgenerator in der Energieversorgung. Synchronmotoren werden eingesetzt, wenn bei Speisung mit konstanter Netzfrequenz die starre Drehzahl gewünscht wird oder eine Blindleistungsanforderung besteht. Der Kfz-Drehstromgenerator ist eine Sonderbauart der Synchronmaschine.

Die Drehzahl aller Drehstrommaschinen wird durch die Frequenz im Ständer festgelegt. Stromrichtergeräte, die die Frequenz verändern, ermöglichen daher eine weite Drehzahlverstellung.

Einphasenwechselstrommaschinen

Universalmotoren

Der Gleichstrom-Reihenschlußmotor kann mit Wechselstrom betrieben werden, wenn auch der Ständer aus geblechtem Eisen aufgebaut ist. Er wird dann Universalmotor genannt.

Bei Wechselstrombetrieb ist dem konstanten Anteil des Drehmoments ein Anteil mit der doppelten Frequenz des Stromes überlagert.

Einphasenasynchronmotoren mit Käfigläufer

Die einfachste Ausführung eines Einphasenasynchronmotors ergibt sich, wenn eine Drehstromasynchronmaschine mit nur zwei Ständersträngen an Wechselstrom angeschlossen wird. Bei etwa gleichem Betriebsverhalten sind jedoch die Leistung und das maximale Drehmoment vermindert. Außerdem kann die einphasig gespeiste Asynchronmaschine nicht selbständig anlaufen.

Maschinen, die nur für Einphasenbetrieb vorgesehen sind, erhalten im Ständer nur eine einphasige Hauptwicklung und Hilfsschaltungen für den Anlauf. Dazu wird im Ständer parallel zur Hauptwicklung eine Hilfswicklung eingebaut. Die notwendige Phasenverschiebung des Hilfswicklungsstroms kann durch vergrößerten Wicklungswiderstand (geringes Anzugsmoment) oder durch einen Kondensator in Reihe zur Hilfswicklung (etwas größeres Anzugsmoment) erzielt werden.

Nach dem Anlauf wird die Hilfswicklung abgeschaltet. Eine Drehrichtungsänderung wird durch Vertauschen der zwei Hilfs- oder Hauptwicklungsanschlüsse erreicht. Der Motor mit Kondensator in der Hilfswicklung wird Kondensatormotor genannt. Kondensatormotoren mit Anlauf- und Betriebskondensator arbeiten auch im Dauerbetrieb mit Hilfswicklung und Kondensator. Durch richtige Wahl des Kondensators kann für einen Betriebspunkt ein optimales Betriebsverhalten erreicht werden. Zur Erhöhung des Anlaufmoments wird häufig ein Zusatzkondensator verwendet, der nach dem Anlauf wieder abgeschaltet wird.

Nennbetriebsarten elektrischer Maschinen

(VDE 0530)

Dauerbetrieb S 1
Betrieb mit konstantem Belastungszustand (Nennleistung), dessen Dauer ausreicht, um den thermischen Beharrungszustand zu erreichen.

Kurzzeitbetrieb S 2
Der Betrieb mit konstantem Belastungszustand ist so kurz, daß der thermische Beharrungszustand nicht erreicht wird. Die Pause ist so lang, daß die Maschine sich auf die Temperatur des Kühlmittels abkühlt.

Empfohlene Werte für die Dauer des Kurzzeitbetriebs: 10, 30, 60 und 90 min.

Aussetzbetrieb S 3 bis S 5
Dauernde Folge von Belastungszeiten und Stillstandszeiten. Innerhalb eines Spiels wird der thermische Beharrungszustand weder während der Belastungszeit noch während der Abkühlzeit erreicht.

S 3 Aussetzbetrieb ohne Einfluß des Anlaufs auf die Temperatur.

S 4 Aussetzbetrieb mit Einfluß des Anlaufs auf die Temperatur.

S 5 Aussetzbetrieb mit Einfluß des Anlaufs und der Bremsung auf die Temperatur.

Durchlaufbetrieb S 6
Betrieb mit Aussetzbelastung. Dauernde Folge von Belastungszeiten und Leerlaufzeiten, sonst wie S 3.

Ununterbrochener Betrieb S 7
Betrieb mit Anlauf und Bremsung.

Ununterbrochener Betrieb S 8
Betrieb mit Polumschaltung.

Bei S 3 und S 6 Spieldauer, falls nicht anders vereinbart, 10 min; empfohlene Werte für die relative Einschaltdauer 15, 25, 40 und 60 %. Bei S 2, S 3 und S 6 ist hinter dem Kurzzeichen die Betriebsdauer oder die Spieldauer und die relative Einschaltdauer anzugeben; die Spieldauer nur, wenn sie von 10 min abweicht. Z. B.: S 2 – 60 min, S 3 – 25 %.

Relative Einschaltdauer
Relative Einschaltdauer ist das Verhältnis aus der Dauer des Laufs unter Last, einschließlich Anlauf und Bremsen, und der Spieldauer.

Wicklungstemperatur
Die Temperatur t_2 der Wicklung elektrischer Maschinen kann aus der Widerstandszunahme bestimmt werden:

$$t_2 = \frac{R_2 - R_1}{R_1} \quad (\tau + t_1) + t_1$$

wobei

$$\tau = \frac{1}{\alpha} - 20°\,C$$

α Temperaturkoeffizient s. S. 175.

Schutzarten elektrischer Maschinen

(DIN 40050)

Schutzart IP 00
Kein Berührungsschutz, kein Schutz gegen fremde Festkörper, kein Wasserschutz.

Schutzart IP 11
Schutz gegen großflächige Berührung mit der Hand, Schutz gegen große, feste Fremdkörper, Schutz gegen Tropfwasser.

Schutzart IP 23
Schutz gegen Berührung mit den Fingern, Schutz gegen mittelgroße, feste Fremdkörper, Schutz gegen Sprühwasser aus senkrechter und schräger Richtung bis zu 60° zur Senkrechten.

Schutzart IP 44
Schutz gegen Berührung mit Werkzeugen oder ähnlichem, Schutz gegen kleine, feste Fremdkörper, Schutz gegen Spritzwasser aus allen Richtungen.

Explosionsschutz Ex (VDE 0170/0171)
Kurzzeichen d: Druckfeste Kapselung; Kurzzeichen f: Fremdbelüftung; Kurzzeichen e: Erhöhte Sicherheit; Kurzzeichen s: Sonderschutz, z. B. für Maschinen, die in brennbaren Flüssigkeiten laufen.

Elektronik

Grundlagen der Halbleitertechnik

Elektrische Leitfähigkeit von Festkörpern

Die spezifische Eignung der verschiedenen Stoffe zur Stromleitung wird durch Zahl und Beweglichkeit der freien Ladungsträger in ihnen bestimmt. Die elektrische Leitfähigkeit fester Körper hat bei Raumtemperatur die Variationsbreite von 24 Zehnerpotenzen. Das führt zur Einteilung in drei elektrische Stoffklassen (Beispiele):

Leiter Metalle	Halbleiter	Nichtleiter Isolatoren
Silber Kupfer Aluminium	Germanium Silizium Gallium- arsenid	Teflon Quarzglas Aluminium- oxid

Metalle, Isolatoren, Halbleiter

Alle Festkörper haben je cm^3 rund 10^{22} Atome, die durch elektrische Kräfte zusammengehalten werden.

In Metallen ist die Zahl der freien Ladungsträger sehr groß (je Atom ein freies Elektron), ihre Beweglichkeit ist mäßig, die elektrische Leitfähigkeit hoch. Leitfähigkeit guter Leiter: 10^6 Siemens/cm. In Isolatoren ist die Zahl der freien Ladungsträger praktisch Null und dementsprechend die elektrische Leitfähigkeit verschwindend klein. Leitfähigkeit guter Isolatoren: 10^{-18} Siemens/cm.

Die elektrische Leitfähigkeit der Halbleiter liegt zwischen der von Metallen und Isolatoren. Sie ist – im Gegensatz zur Leitfähigkeit von Metallen und Isolatoren – stark abhängig von Druck (beeinflußt Beweglichkeit der Ladungsträger), Temperatur (Zahl und Beweglichkeit der Ladungsträger), Belichtung (Zahl der Ladungsträger) und zugefügten Fremdstoffen (Zahl und Art der Ladungsträger).

Druck-, Temperatur- und Lichtempfindlichkeit der Halbleiter macht sie als Sensoren geeignet.

Die Möglichkeit, durch Dotieren (kontrollierter Einbau von elektrisch wirksamen Fremdstoffen) die Leitfähigkeit von Halbleitern definiert und lokalisiert einstellen zu können, ist Grundlage der Halbleiterbauelemente von heute. Die durch Dotieren sicher zu fertigende elektrische Leitfähigkeit von Silizium reicht von 10^4 bis 10^{-2} Siemens/cm.

Elektrische Leitfähigkeit von Halbleitern

Im folgenden wird vom Silizium gesprochen. Silizium bildet im festen Zustand ein Kristallgitter, in dem jedes Siliziumatom jeweils vier gleich weit entfernte Nachbaratome hat. Jedes Siliziumatom hat 4 Außenelektronen. Die Bindung mit den Nachbaratomen erfolgt durch je zwei gemeinsame Elektronen. In diesem Idealzustand besitzt das Silizium keine freien Ladungsträger, ist also ein Nichtleiter. Das ändert sich grundlegend durch geeignete Zusätze und bei Energiezufuhr.

N-Dotierung: Einbau von Fremdatomen mit 5 Außenelektronen (z. B. Phosphor) liefert freie Elektronen; denn zur Bindung in das Siliziumgitter werden nur 4 Elektronen benötigt. Jedes eingebaute Phosphoratom liefert also ein freies, negativ geladenes Elektron. Das Silizium wird N-leitend: N-Silizium.

P-Dotierung: Einbau von Fremdatomen mit 3 Außenelektronen (z. B. Bor) erzeugt Elektronenlücken („Löcher"); denn zur vollständigen Bindung in das Siliziumgitter fehlt dem Boratom ein Elektron. Diese Bindungslücke heißt Loch oder Defektelektron.

Löcher (Defektelektronen) sind im Silizium beweglich; in einem elektrischen Feld wandern sie in entgegengesetzter Richtung wie die Elektronen. Löcher verhalten sich wie freie positive Ladungsträger. Jedes eingebaute Boratom liefert also ein freies, positiv geladenes Defektelektron (Loch). Das Silizium wird P-leitend: P-Silizium.

Eigenleitung

Durch Wärmezufuhr oder Lichteinstrahlung werden auch im undotierten Silizium freie bewegliche Ladungsträger erzeugt: Elektron-Loch-Paare, die zu einer Eigenleitfähigkeit des Halbleiters führen. Sie ist im allgemeinen klein gegenüber der durch Dotieren erzeugten Leitfähigkeit. Mit steigender Temperatur nimmt die Zahl der Elektron-Loch-Paare exponentiell zu und verwischt schließlich die durch Dotieren erzeugten elektrischen Unterschiede zwischen P- und N-Gebieten. Dadurch ergeben sich Grenzen für die maximale Betriebstemperatur von Halbleiterbauelementen:

Germanium	90 ... 100 °C
Silizium	150 ... 200 °C
Galliumarsenid	300 ... 350 °C

Im N- wie im P-Halbleiter sind stets eine kleine Zahl von Ladungsträgern entgegengesetzter Polarität vorhanden. Diese Minoritätsladungsträger sind für die Arbeitsweise fast aller Halbleiterbauelemente wesentlich.

PN-Übergang im Halbleiter

Der Grenzbereich zwischen einer P-leitenden Zone und einer N-leitenden Zone im selben Halbleiterkristall wird PN-Übergang genannt. Seine Eigenschaften sind grundlegend für die meisten Halbleiterbauelemente.

PN-Übergang ohne äußere Spannung

Im P-Gebiet sind sehr viele Löcher (○), im N-Gebiet extrem wenige; im N-Gebiet sind sehr viele Elektronen (●), im P-Gebiet extrem wenige. Dem Konzentrationsgefälle folgend diffundieren die beweglichen Ladungsträger ins jeweils andere Gebiet (Diffusionsströme).

Durch den Verlust an Löchern lädt sich das P-Gebiet negativ auf; durch den Verlust an Elektronen lädt sich das N-Gebiet positiv auf. Dadurch bildet sich zwischen P- und N-Gebiet eine Spannung aus (Diffusionsspannung), die der Ladungsträgerwanderung entgegenwirkt. Der Ausgleich von Löchern und Elektronen kommt hierdurch zum Stillstand.

Ergebnis: Am PN-Übergang entsteht eine an beweglichen Ladungsträgern verarmte, elektrisch schlecht leitende Zone, die Raumladungszone oder Sperrschicht. In ihr herrscht ein starkes elektrisches Feld.

PN-Übergang mit äußerer Spannung

Sperrfall: Minuspol am P-Gebiet und Pluspol am N-Gebiet verbreitert die Raumladungszone. Infolgedessen ist der Stromfluß gesperrt bis auf einen geringen Rest (Sperrstrom), der von den Minoritätsladungsträgern herrührt.

Durchlaßfall: Pluspol am P-Gebiet und Minuspol am N-Gebiet baut die Sperrschicht ab, Ladungsträger überschwemmen den PN-Übergang, und es fließt ein großer Strom in Durchlaßrichtung.

Durchbruchspannung: Spannung in Sperrichtung, von der ab eine geringe Spannungserhöhung einen steilen Anstieg des Sperrstroms hervorruft.

Ursache: Herauslösen gebundener Elektronen aus dem Kristallgitter in der Raumladungszone infolge hoher Feldstärke (Zenerdurchbruch) oder infolge von Stößen beschleunigter Elektronen, die andere Elektronen aus ihren Bindungen schlagen, was zu lawinenartiger Ladungsträgervermehrung führt (Lawinendurchbruch).

PN-Übergang mit äußerer Spannung.
1 Sperrfall, 2 Durchlaßfall.

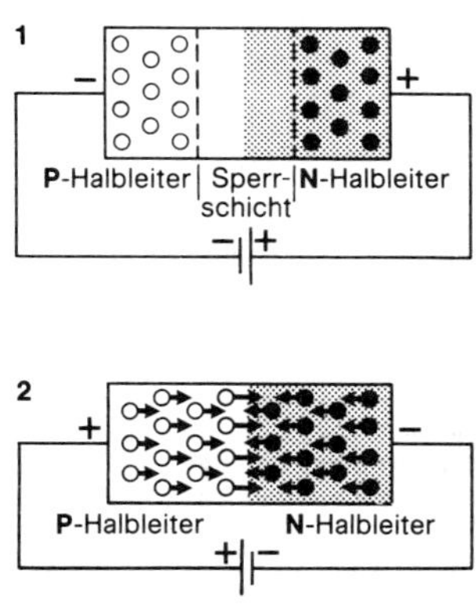

Diskrete Halbleiterbauelemente

Halbleiterdioden
Die Eigenschaften des PN-Übergangs werden bei Halbleiterdioden technisch genutzt. Das spezifische Verhalten wird durch den jeweiligen Verlauf der Dotierungskonzentration im Kristall bestimmt. Dioden mit mehr als 1 A Durchlaßstrom heißen Leistungsdioden.

Gleichrichterdiode
Sie wirkt wie ein Stromventil und ist deshalb das geeignete Bauelement zur Gleichrichtung von Wechselströmen. Der Strom in Sperrichtung (Sperrstrom) kann etwa 10^7mal kleiner sein als der Durchlaßstrom. Er wächst mit steigender Temperatur stark an.

Gleichrichter für hohe Sperrspannungen
Hohe Sperrspannung erfordert, daß mindestens eine Zone niedrige Leitfähigkeit hat (hoher Widerstand in Durchlaßrichtung und damit zu starke Erwärmung). Durch Einschalten einer sehr schwach dotierten Zone (I) zwischen hochdotierten P- und N-Zonen entsteht ein PIN-Gleichrichter, der hohe Sperrspannung, aber niedrigen Durchlaßwiderstand hat (Leitfähigkeitsmodulation).

Schaltdiode
Vorzugsweise für rasches Umschalten von hoher auf niedrige Impedanz und umgekehrt. Die Schaltzeit wird durch zusätzliche Diffusion von Gold verkürzt (begünstigt die Rekombination von Elektronen und Löchern).

Z-Diode
Halbleiterdiode, bei der im Fall wachsender Spannung in Rückwärtsrichtung von einer bestimmten Spannung ab ein steiler Anstieg des Stroms infolge Zener- oder/und Lawinendurchbruchs eintritt. Z-Dioden sind für Dauerbetrieb im Bereich dieses Durchbruchs konstruiert.

Kapazitätsdiode
Die Raumladungszone am PN-Übergang wirkt wie ein Kondensator; Dielektrikum ist das von Ladungsträgern entblößte Halbleitermaterial. Erhöhung der angelegten Spannung verbreitert die Sperrschicht und verkleinert die Kapazität; Spannungserniedrigung vergrößert die Kapazität.

Schottky-Diode
Halbleiterdiode mit einem Metall-Halbleiter-Übergang. Weil Elektronen leichter aus N-Silizium in die Metallschicht gelangen als umgekehrt, entsteht im Halbleiter eine an Elektronen verarmte Randschicht: Schottky-Sperrschicht. Ladungstransport erfolgt ausschließlich durch Elektronen; dadurch extrem schnelles Umschalten, weil keine Minoritäten-Speichereffekte auftreten.

Fotodiode
Halbleiterdiode, bei der der Sperrschichtfotoeffekt ausgenutzt wird. Am PN-Übergang liegt Sperrspannung. Einfallendes Licht löst Elektronen aus der Gitterbindung. Es entstehen dadurch zusätzlich freie Elektronen und Löcher. Sie erhöhen den Sperrstrom (Fotostrom) proportional zur Lichtintensität.

Fotoelement
Wie bei der Fotodiode entstehen durch Lichteinfall freie Ladungsträger; jedoch wird am PN-Übergang keine Spannung von außen angelegt. Erreichen die Elektronen und Löcher den PN-Übergang, werden sie durch das innere Feld der Raumladungszone getrennt. Es entsteht eine Fotospannung, die im Außenkreis einen Fotostrom liefert.

Leuchtdiode
Auch Luminiszenzdiode oder LED (Light Emitting Diode) genannt, emittiert beim Betrieb in Durchlaßrichtung Licht. Umkehrung des Fotodioden-Effektes: freie Elektronen und Löcher rekombinieren; die dabei freiwerdende Energie wird als Licht abgestrahlt. Als Halbleiterwerkstoffe werden Galliumarsenid und Galliumphosphid verwendet.

Transistoren
Halbleiterbauelemente, mit denen Leistungsverstärkung erzielt werden kann und die drei oder mehr Anschlüsse haben. Sie wirken als Verstärker elektrischer Signale oder als Schalter.

Bipolare Transistoren
Bipolare Transistoren bestehen aus drei Zonen unterschiedlicher Leitfähigkeit: PNP oder NPN. Die Zonen (und ihre Anschlüsse) heißen: Emitter E, Basis B und Kollektor C.

Nach Einsatzgebieten unterscheidet man: Kleinsignaltransistoren (bis 1 Watt Verlustleistung), Leistungstransistoren, Schalttransistoren, NF-Transistoren, HF-Transistoren, Mikrowellentransistoren, Fototransistoren usw. Sie heißen bipolar, weil Ladungsträger beider Polaritäten (Löcher und Elektronen) beteiligt sind. Im NPN-Transistor steuern positive Ladungsträger (Löcher) des Basisstroms etwa die 100fache Menge von negativen Ladungsträgern (Elektronen), die vom Emitter zum Kollektor fließen.

Wirkungsweise eines Bipolartransistors (erklärt für NPN-Transistor)
Der Emitter-Basis-Übergang (EB) wird in Durchlaßrichtung gepolt. Dadurch werden Elektronen in die Basiszone injiziert.

Der Basis-Kollektor-Übergang (BC) wird in Sperrichtung gepolt. Dadurch bildet sich eine Raumladungszone mit einem starken elektrischen Feld aus. Eine merkliche Kopplung (Transistoreffekt) tritt ein, wenn die beiden PN-Übergänge sehr nahe beieinander liegen (im Silizium ≈ 10 µm). Dann diffundieren die bei EB injizierten Elektronen durch die Basis zum Kollektor. Sobald sie in die Reichweite des elektrischen Feldes von BC kommen, werden sie ins Kollektorgebiet hinein beschleunigt und fließen als Kollektorstrom weiter. Das Konzentrationsgefälle in der Basis bleibt also bestehen und damit auch die Ursache für weitere Elektronenwanderungen vom Emitter zum Kollektor. Bei üblichen Transistoren geraten 99 % und mehr aller vom Emitter ausgehenden Elektronen in die Raumladungs-

Die Transistorfamilie

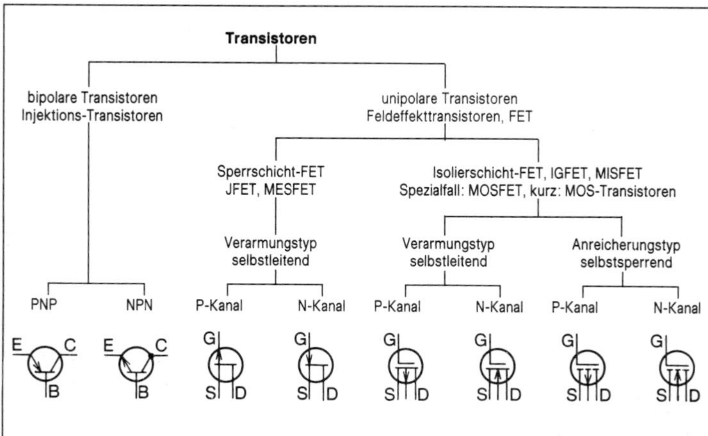

FET = Field Effect Transistor
J = Junction
IG = Insulated Gate
MIS = Metal-Insulator-Semiconductor
MOS = Metal-Oxide-Semiconductor
MES = Metal-Semiconductor

zone und werden zum Kollektorstrom. Die wenigen fehlenden Elektronen sind beim Durchwandern der P-dotierten Basis in die dort befindlichen Elektronenlücken geraten. Sofern nichts anderes geschieht, laden sie die Basis negativ auf, und durch Abstoßungskräfte würde binnen kürzester Zeit (50 ns) das Nachfließen weiterer Elektronen überhaupt verhindert. Durch einen kleinen Basisstrom aus positiven Ladungsträgern (Löchern) kann beim Transistor diese negative Aufladung ganz oder teilweise kompensiert werden. Kleine Änderungen im Basisstrom bewirken somit große Änderungen im Emitter-Kollektor-Strom. Der NPN-Transistor ist ein bipolares, stromgesteuertes, verstärkendes Halbleiterbauelement.

Feldeffekt-Transistoren (FET)
Bei ihnen wird der Strom in einem leitenden Kanal im wesentlichen durch ein elektrisches Feld gesteuert, das durch eine über eine Steuerelektrode angelegte Spannung entsteht. Im Gegensatz zum bipolaren Transistor arbeiten Feldeffekt-Transistoren nur mit Ladungsträgern einer Sorte, Elektronen oder Löchern, daher auch die Bezeichnung Unipolartransistoren. Unterscheidung in:
– Sperrschicht - Feldeffekt - Transistoren (Junction-FET, JFET).
– Isolierschicht-Feldeffekt-Transistoren, insbesondere MOS-Feldeffekt-Transistoren (MOSFET), kurz: MOS-Transistoren.

MOS-Transistoren eignen sich gut für hochintegrierte Schaltungen. Leistungs-FET sind für viele Anwendungen ernstzunehmende Konkurrenten zu bipolaren Leistungstransistoren. Anschlüsse: Gate G, Source S, Drain D.

Wirkungsweise eines Sperrschicht-FET
(erklärt für N-Kanal-Typ)
An den Enden eines N-leitenden Kristalls liegt Gleichspannung. Elektronen fließen von Source zu Drain. Die Breite des Kanals wird von zwei seitlich eindiffundierten P-Zonen und der an diesen anliegenden negativen Spannung bestimmt. Erhöht man die negative Gate-Spannung, dehnen sich die Raumladungszonen stärker in den Kanal hinein aus und schnüren die Strombahn ein.

Bipolarer NPN-Transistor *(Schema).*

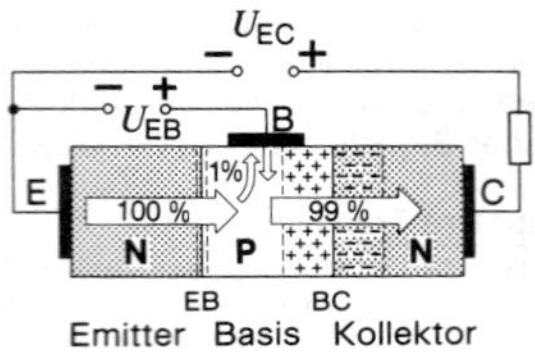

Sperrschicht-Feldeffekt-Transistor *(Schema).*

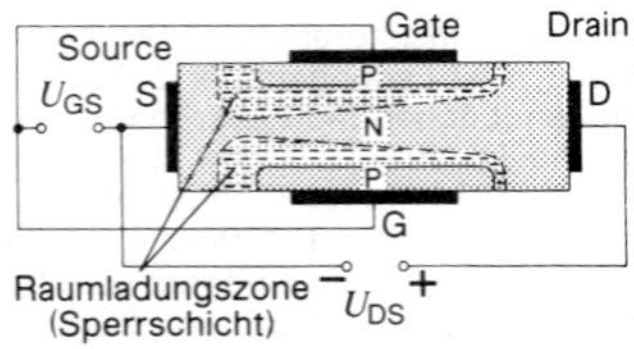

PMOS-Transistor *(Schema).*

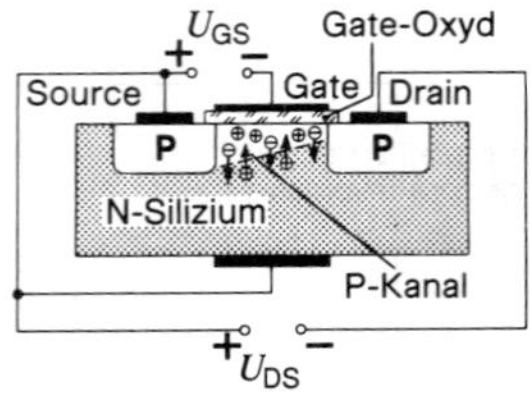

CMOS-Transistorpaar *(Schema).*

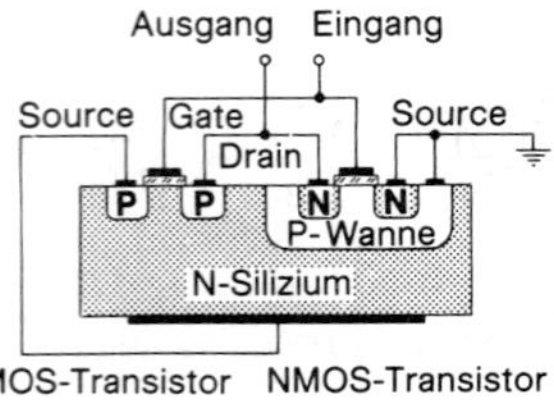

Die Spannung an der Steuerelektrode G steuert somit den Strom zwischen Source S und Drain D. Für die Funktion des FET sind nur Ladungsträger einer Polarität notwendig. Die Steuerung des Stromes erfolgt nahezu leistungslos. Der Sperrschicht-FET ist also ein unipolares, spannungsgesteuertes Bauelement.

Wirkungsweise eines MOS-Transistors (für P-Kanal-Anreicherungstyp)

MOS steht für die typische Schichtenfolge: Metal-Oxide-Semiconductor. Ohne Spannung an der Gate-Elektrode fließt zwischen Source und Drain kein Strom: die PN-Übergänge sperren. Durch eine negative Spannung am Gate werden im N-Gebiet unter dieser Elektrode die Elektronen in das Kristallinnere verdrängt und Löcher – die ja als Minoritätsladungsträger auch im N-Silizium immer vorhanden sind – an die Oberfläche gezogen. Es entsteht eine schmale P-leitende Schicht unter der Oberfläche: ein P-Kanal. Zwischen beiden P-Gebieten, Source und Drain, kann jetzt Strom fließen. Er besteht nur aus Löchern. Da die Gate-Spannung über eine isolierende Oxidschicht wirkt, fließt kein Strom im Steuerkreis: die Steuerung erfolgt leistungslos. Der MOS-Transistor ist also ein unipolares, spannungsgesteuertes Bauelement.

PMOS-, NMOS-, CMOS-Transistoren

Neben dem P-Kanal-MOS-Transistor, kurz PMOS-Transistor, gibt es durch Vertauschen der Dotierung den NMOS-Transistor. NMOS-Transistoren sind wegen der höheren Beweglichkeit der Elektronen schneller als PMOS-Transistoren, die aus physikalischen Gründen leichter herstellbar und daher zuerst verfügbar waren.

Wenn PMOS- und NMOS-Transistoren paarweise im selben Silizium-Chip hergestellt werden, so spricht man von komplementärer MOS-Technik oder Complementary MOS-Transistoren, kurz CMOS-Transistoren. Besondere Vorteile von CMOS-Transistoren: sehr niedrige Verlustleistung, hohe Störsicherheit, TTL-Kompatibilität, unkritische Versorgungsspannung, Eignung für Analogsignalverarbeitung.

Thyristoren

Halbleiterelemente mit mindestens drei PN-Übergängen (von denen auch einer durch einen geeigneten Metall-Halbleiterkontakt ersetzt sein kann), die von einem Sperrzustand in einen Durchlaßzustand (oder umgekehrt) umgeschaltet werden können. Die Benennung „Thyristor" wird als Oberbegriff für alle Arten von Bauelementen, die dieser Definition entsprechen, benutzt. Einsatzgebiet in der Leistungselektronik: Drehzahl- und Frequenzsteuerung; Gleichrichtung und Umrichtung; Schalter. Im speziellen Sprachgebrauch wird unter „Thyristor" die rückwärtssperrende Thyristortriode verstanden.

Vierschichtdiode

Nach DIN: rückwärtssperrende Thyristordiode. Bauelement mit zwei Anschlüssen (Anode A, Katode K) und Schaltereigenschaften. Sie hat vier Schichten wechselnder Dotierung. Ihr elektrisches Verhalten läßt sich verstehen, wenn man sich die Vierschichtstruktur als zwei Transistorstrecken T_1 und T_2 vorstellt. Wird die Spannung zwischen A und K erhöht, so steigen die Sperrströme beider Transistoren. Sperrstrom von T_1 ist aber Basisstrom von T_2, und Sperrstrom von T_2 ist Basissstrom von T_1. Bei einem bestimmten Spannungswert von U_{AK}, der Schaltspannung, wird schließlich der Sperrstrom des einen Transistors so

Vierschichtdiode und Thyristoreffekt.
1 Vierschichtstruktur, 2 aufgelöst in zwei Transistorstrecken.

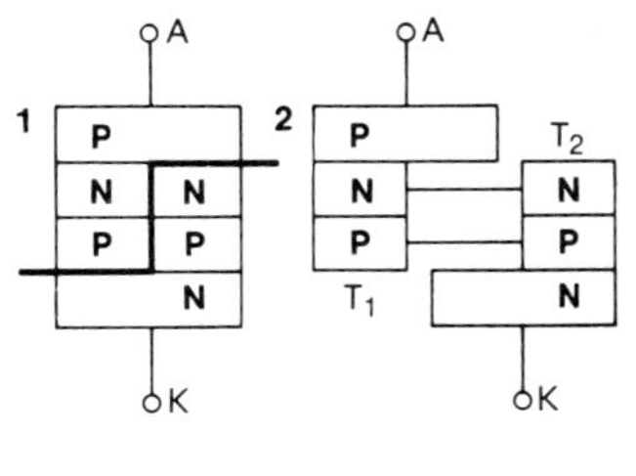

groß, daß er den andern ein wenig aufsteuern kann; umgekehrt erfolgt das gleiche. Beide Transistoren steuern sich so gegenseitig sehr schnell auf, und die Vierschichtdiode wird leitend: Thyristoreffekt.

Die Vierschichtdiode kann erst wieder in den hochohmigen Zustand übergehen, wenn der Strom I einen bestimmten Mindestwert, den Haltestrom, unterschritten hat.

Diac

Nach DIN: Zweirichtungs-Thyristordiode (Diac = Diode Alternating Current Switch) hat fünf Schichten wechselnder Dotierung. Den Fünfschichter kann man als Antiparallelschaltung von zwei Vierschichtdioden auffassen, von denen nach Überschreiten der Kippspannung je nach Polung die eine oder die andere im Betrieb ist. Diacs und Vierschichtdioden heißen auch Triggerdioden.

Thyristoren mit Steueranschluß

Nach DIN: Thyristortrioden (auch SCR = Silicon Controlled Rectifier), steuerbare Bauteile mit Schaltereigenschaften. Sie bestehen aus vier Zonen wechselnden Leitfähigkeitstyps und haben wie die Vierschichtdiode zwei stabile Zustände (hochohmig und niederohmig). Das Umschalten von einem Zustand in den anderen ist über einen Steueranschluß G (Gate) steuerbar.

GTO-Thyristor

Nach DIN: Abschaltthyristor (GTO = Gate-Turn-Off), der sich durch einen positiven Steuerimpuls zünden und mit einem negativen Steuerimpuls am gleichen Gate wieder löschen läßt.

Triac

Nach DIN: Zweirichtungs-Thyristortriode (Triac = Triode Alternating Current Switch), ein steuerbarer Thyristor mit drei Anschlüssen. Er hat zwei Schaltrichtungen, in denen er im wesentlichen gleiche Eigenschaften besitzt.

Mikroelektronik

Gemäß DIN 41857 versteht man unter Mikroelektronik ein Teilgebiet der Technik, das Entwurf, Konstruktion, Technologie, Fertigung und Anwendung von stark miniaturisierten elektronischen Schaltungen betrifft.

Diese Definition macht deutlich, daß sich die Mikroelektronik mit kleinsten Schaltungen und nicht etwa mit miniaturisierten diskreten Bauelementen befaßt. Nur integrierte Schicht- und Halbleiterschaltungen sowie zusammengesetzte Mikroschaltungen (Hybridschaltungen) fallen unter diesen Begriff.

Monolithische integrierte Schaltungen

Planartechnik

Die Planartechnik nutzt aus, daß sich Siliziumscheiben (Wafer) leicht oxidieren lassen und daß Dotierstoffe um viele Zehnerpotenzen langsamer ins Oxid als ins Silizium eindringen: nur wo Öffnungen in der Oxidhaut sind, erfolgt Dotierung. Sie werden durch mikrolithografische Verfahren (Maskentechnik) präzise in Lage und Form bestimmt. Alle Prozeßschritte (Oxidieren, Abtragen, Dotieren, Abscheiden) erfolgen nacheinander von einer Oberflächenebene her (planar).

Monolithische Integration

Durch die Planartechnik ist es möglich, alle Komponenten einer Schaltung (Widerstände, Kondensatoren, Dioden, Transistoren, Thyristoren) einschließlich der leitenden Verbindungen in einem gemeinsamen Fertigungsprozeß auf einem einzigen Siliziumplättchen (Chip) herzustellen.

Aus Halbleiterkomponenten werden monolithische integrierte Halbleiterschaltungen:

IS = Integrierte Schaltung

IC = Integrated Circuit

Da man in einem IC keine „selbständigen“ Bauelemente mehr hat (Bauelemente haben äußere Anschlüsse), spricht man von Schaltelementen oder Funktionselementen.

Integrationsgrad
Anzahl der Funktionselemente oder der Transistoren oder der Gatter je Chip. Nach Integrationsgrad (und Chipfläche) unterscheidet man

SSI (Small Scale Integration)
Bis etwa 100 Funktionselemente pro Chip, mittlere Chip-Fläche 3 mm^2.

MSI (Medium Scale Integration)
Etwa 100 bis 1000 Funktionselemente pro Chip, mittlere Chip-Fläche 8 mm^2.

LSI (Large Scale Integration)
Unter 100 000 Funktionselemente pro Chip, mittlere Chip-Fläche 20 mm^2.

VLSI (Very Large Scale Integration)
Über 100000 Funktionselemente pro Chip, mittlere Fläche 30 mm^2.

Die Definition der Integrationsstufen ist nicht einheitlich, die Grenzen sind fließend. LSI und VLSI erfordern rechnergestützte Entwurfsmethoden (CAD).

Einteilung der integrierten Schaltungen

— nach Transistortechnologie:
bipolar — unipolar (MOS)

— nach Schaltungstechnik:
analog — digital — kombinatorisch

Mischformen:

— MOS- und Bipolartechnik auf einem Chip (z. B. BIFET)

— Analog- und Digitalschaltungen auf einem Chip (in Bipolar- oder CMOS-Technik).

Integrierte Analogschaltungen
Grundstrukturen: Konstantspannungsquellen, Konstantstromquellen, Differenzverstärkerstufen, Koppelschaltungen, Potentialverschiebungen, Ausgangsstufen.

Anwendungsorientierte Klassen: Operationsverstärker (OP = Op Amp), Spannungsregler, Komparatoren, Zeitgeber, Wandler, Interface-Schaltungen.

Spezielle Analog-IC: Spannungsreferenzen, Breitbandverstärker, Analog-Multiplier, Funktionsgeneratoren, Phasenregelschaltkreise, Analogfilter, Analogschalter.

Integrierte Digitalschaltungen
Die Skala reicht von SSI (Gatter) über MSI/LSI (kombinatorische integrierte Schaltungen) bis LSI/VLSI (Speicher, Mikroprozessoren, Mikrocontroller).

Digitalbausteine lassen sich nur dann zu einem System zusammenschalten, wenn Versorgungsspannungen, Logikpegel und die Größenordnung der Schaltzeiten und Signallaufzeiten übereinstimmen. Diese Forderung wird jeweils innerhalb einer Schaltkreisfamilie erfüllt. Die wichtigsten sind:

— Standard TTL (Transistor — Transistor — Logik)
— Schottky TTL
— Low Power Schottky TTL
— ECL (Emitter Coupled Logic)
— I^{2}L (Integrated Injection Logic)
— MOS-Logik, insb. CMOS-Logik.

Einfache monolithische integrierte Schaltung (bipolar). *Schaltung und Ausführung. 1 ... 5 Anschlüsse.*

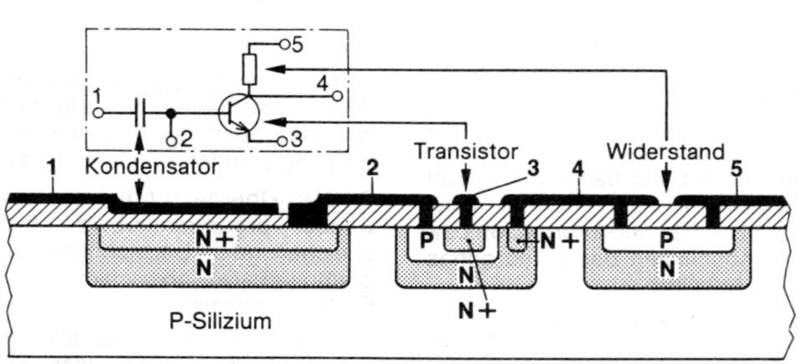

Halbleiterspeicher

Speichern umfaßt Aufnahme (Schreiben, Einschreiben), dauerhaftes Aufbewahren (das eigentliche Speichern), Wiederauffinden und Abgabe (Lesen, Auslesen) von Informationen. Speicher lassen sich durch Ausnutzung solcher physikalischer Effekte realisieren, die zwei verschiedene Zustände (binäre Information) eindeutig und leicht erzeugen und erkennen lassen: geladen/ungeladen, leitend/nichtleitend, magnetisiert/unmagnetisiert usw. Halbleiterspeicher bieten die Möglichkeit der funktionalen Integration in größere Systeme (Mikroprozessoren, Mikrocomputer u. a.).

Kurzzeitspeicher (RAM)

Speicher, deren Informationsinhalt beim Abschalten der Versorgungsspannung verloren geht, heißen flüchtige Speicher, Kurzzeitspeicher. Diese Speicherart wird auch als Schreib-Lese-Speicher oder als Speicher mit wahlfreiem Zugriff bezeichnet. Kurzbezeichnung:
RAM = Random Access Memory.
Man unterscheidet dynamische RAM (DRAM) und statische RAM (SRAM).

Dynamische RAM speichern die Information durch Aufladen einer internen Kapazität; infolge der unvermeidbaren Leckströme mit einhergehendem Ladungsverlust muß ein Auffrischen der Information erfolgen. Dazu wird i. a. alle 2 ms diese bestimmte Speicherzelle neu adressiert und der Speicherinhalt neu eingeschrieben (Refresh).

Vorteil: sehr kleine Speicherzellen (1 M bit auf ca. 55 mm^2 Chip-Fläche). Nachteil: Zusätzlicher Bausteinaufwand für Refresh.

Statische RAM speichern die Information in Transistorzellen, die als Flipflops verschaltet sind und damit einen stabilen Zustand bis zum Überschreiben oder Löschen der Zell-Information bzw. bis zum Abschalten der Versorgungsspannung behalten.

Vorteil: geringere Störanfälligkeit, geringere Verlustleistung (besonders bei CMOS-Version), kein Aufwand für Refresh. Nachteil: größere Speicherzellen (256 K bit auf ca. 55 mm^2 Chip-Fläche).

Langzeitspeicher (ROM)

Speicher, deren Informationsinhalt beim Abschalten der Versorgungsspannung nicht verloren gehen, heißen nichtflüchtige Speicher, Langzeitspeicher. Man nennt sie auch Festwertspeicher, weil der Informationsinhalt nicht oder nur selten geändert wird. Eine andere Bezeichnung ist Lesespeicher. Kurzbezeichnung: ROM = Read Only Memory. Man unterscheidet einmalig programmierbare Festwertspeicher (PROM = Programmable ROM) und wiederholt programmierbare Festwertspeicher (REPROM = Reprogrammable ROM, meist EPROM = Erasable Programmable ROM). Beide haben verschiedene Ausführungsformen.

Einmalig programmierbare Speicher (PROM)

Ein Masken-ROM ist ein PROM, dessen Informationsinhalt beim Hersteller durch den letzten Chip-Fertigungsschritt fixiert wird. Ein FL-PROM (Fusible Link PROM) ist ein PROM, das sich vom Anwender programmieren läßt.

Wiederholt programmierbare Speicher (EPROM)

Ein UV-EPROM ist ein EPROM, dessen Inhalt durch Bestrahlung des Chips mit UV-Licht gelöscht werden kann, wofür eigens ein Fenster auf der Gehäuseoberseite vorgesehen ist. Ein EEPROM, auch E^2PROM (Electrically Erasable PROM) ist ein EPROM, dessen Inhalt nur in toto elektrisch löschbar ist. Ein EAROM (Electrically Alterable Programmable ROM) ist ein EPROM, dessen Inhalt wortweise elektrisch löschbar ist.

Existierende Doppeldeutigkeiten

ROM: Oberbegriff für alle Festwertspeicher oder Bezeichnung für maskenprogrammierte Festwertspeicher.

PROM: Oberbegriff für alle vom Anwender programmierbaren Festwertspeicher oder Bezeichnung für programmierbare, aber nicht löschbare Festwertspeicher.

EPROM: Oberbegriff für alle löschbaren Festwertspeicher oder Bezeichnung für UV-löschbare Festwertspeicher.

Mikroprozessoren, Mikrocomputer
Der Mikroprozessor ist die Integration der Zentraleinheit eines Rechners auf einem Chip. Sie gelang 1971 und ist der wesentliche Durchbruch der Mikroelektronik zu ihrer heutigen Bedeutung. Die Konzeption des Mikroprozessors vermeidet Individualisierung trotz Großintegration und ermöglicht die Anpassung an die vielfältigen Anforderungen der Praxis durch Programmierung. Ein Mikroprozessor ist für sich allein nicht funktionsfähig: er ist stets Teil eines Mikrocomputers.

Der Mikrocomputer besteht aus:
- Mikroprozessor als Zentraleinheit (CPU = Central Processing Unit).
- Ein- und Ausgabeeinheiten (E/A oder I/O = Input/Output), die den Datenverkehr mit der Peripherie abwickeln.
- Programmspeicher, in dem das Arbeitsprogramm (Anwenderprogramm) unverlierbar untergebracht ist, daher ROM oder PROM oder EPROM.
- Datenspeicher mit den sich momentan in Arbeit befindlichen Daten. Diese Informationen ändern sich dauernd, daher RAM.
- Taktgenerator und Stromversorgungssystem.

Das Bussystem verbindet die einzelnen Elemente des Mikrocomputers. Ein Taktgenerator sorgt dafür, daß alle Operationen im Mikrocomputer in einem festgelegten Zeitraster erfolgen. Als Zusatzlogik werden Bausteine mit Sonderaufgaben bezeichnet, wie z. B. Unterbrechung (Interrupt) eines Programms, Einschieben eines Zwischenprogramms, u. ä.

Der Mikroprozessor enthält seinerseits Steuerwerk und Rechenwerk. Im Rechenwerk werden arithmetische und logische Operationen ausgeführt; das Steuerwerk sorgt für die Ausführung der Befehle aus dem Programmspeicher. Zur Peripherie zählen Ein- und Ausgabegeräte und externe Speicher.

Die Hauptkomponenten eines Mikrocomputers sind entweder als selbständige Großschaltkreise auf Leiterplatten vereinigt oder in einem einzigen Siliziumplättchen integriert. Ein Bauelement, das die CPU-Funktion, Festwertspeicher (als ROM, EPROM oder EEPROM), Eingabe-Ausgabe-Fähigkeit (I/O) und Schreib-Lese-Speicher (RAM) integriert enthält und ohne zusätzliche Komponenten arbeiten kann, heißt: Einchip-Mikrocomputer, Einchip-Rechner oder Mikrocontroller.

Schicht- und Hybridschaltungen

Schichtschaltungen
Integrierte Schaltungen, bei denen wesentliche Teile der Schaltung (Leiterbahnen, Widerstände, Kondensatoren und Isolierungen) aus aufgetragenen Schichten auf einem Träger (Substrat) bestehen. Sie können gegebenenfalls mit anderen aktiven oder passiven Bauelementen zu zusammengesetzten Mikroschaltungen vereinigt werden.

Dünnschichtschaltungen
Integrierte Schichtschaltungen, bei denen die Schichten vorzugsweise mit Vakuumbeschichtungsverfahren auf Trägern aus Glas oder Keramik aufgebracht werden. Die so aufgebrachten Schichten können anschließend noch durch ein anderes Verfahren (z. B. galvanisch) verstärkt werden.

Dickschichtschaltungen
Integrierte Schichtschaltungen, bei denen die Schichten vorzugsweise im Siebdruckverfahren auf keramischen Trägern aufgebracht und anschließend eingebrannt werden. Die Bezeichnungen „dünn" und „dick" sind historisch bedingt: Die ersten Dünnschichtschaltungen waren dünner als einige µm; die ersten Dickschichtschaltungen waren dicker als einige µm.

Hybridschaltungen
Integrierte Schichtschaltungen mit zusätzlichen Bauelementen (Kondensatoren, Dioden, Transistoren und integrierten Halbleiterschaltungen), die durch Löten, Kleben, Bonden oder andere Verfahren eingefügt werden.

Je nach verwendeter Schichttechnik unterscheidet man Dünnschicht- und Dickschicht-Hybridschaltungen.

Chemische Elemente

Element	Zeichen	Art[1])	Ord-nungs-zahl	Atom-gewicht	Wertig-keit	Jahr der Entdek-kung	Entdecker
Actinium	Ac	m	89	227	3	1899	Debierne
Aluminium	Al	m	13	26,98	3	1827	Wöhler
Americium[2])	Am	m	95	243	3; 4; 5; 6	1945	Seaborg, Morgan
Antimon	Sb	m	51	121,75	3; 5	Altertum	
Argon	Ar	g	18	39,95	0	1894	Ramsay, Rayleigh
Arsen	As	n	33	74,92	3; 5	1649	Schröder
Astatium	At	n	85	210	1; 3; 5; 7	1940	Karlik u. Bernert
Barium	Ba	m	56	137,34	2	1808	Davy
Berkelium[2])	Bk	m	97	245	3; 4	1950	Seaborg
Beryllium	Be	m	4	9,01	2	1827	Wöhler
Blei	Pb	m	82	207,19	2; 4	Altertum	
Bor	B	n	5	10,81	3	1808	Gay-Lussac, Thénard
Brom	Br	n	35	79,91	1; 5	1826	Balard
Cadmium	Cd	m	48	112,4	2	1818	Strohmeyer
Cäsium	Cs	m	55	132,9	1	1860	Bunsen, Kirchhoff
Calcium	Ca	m	20	40,08	2	1808	Davy
Californium[2])	Cf	m	98	246	2; 3; 4	1950	Seaborg
Cer	Ce	m	58	140,12	3; 4	1814	Berzelius
Chlor	Cl	g	17	35,46	1; 3; 5; 7	1774	Scheele
Chrom	Cr	m	24	52,00	2; 3; 6	1797	Vauquelin
Curium[2])	Cm	m	96	243	3; 4; 5; 6	1945	Seaborg u. James
Dysprosium	Dy	m	66	162,5	3	1886	Lecoq de Boisbaudran
Einsteinium[2])	Es		99	246	3	1955	Seaborg u. a.
Eisen	Fe	m	26	55,85	2; 3; 6	Altertum	
Erbium	Er	m	68	167,26	3	1843	Mosander
Europium	Eu	m	63	151,96	3	1892	Lecoq de Boisbaudran
Fermium[2])	Fm		100	250	1; 2; 3	1955	Seaborg u. a.
Fluor	F	g	9	19,00	1	1887	Moissan
Francium	Fr	m	87	223	1	1939	Perey
Gadolinium	Gd	m	64	157,25	3	1880	Marignac
Gallium	Ga	m	31	69,72	2; 3	1875	Lecoq de Boisbaudran
Germanium	Ge	m	32	72,59	2; 4	1886	Winkler
Gold	Au	m	79	196,97	1; 3	Altertum	
Hafnium	Hf	m	72	178,49	4	1923	Hevesy u. Coster
Hahnium[2])	Ha	m	105			1970	USA
Helium	He	g	2	4,003	0	1894	Ramsay, Rayleigh
Holmium	Ho	m	67	164,93	3	1911	Holmberg
Indium	In	m	49	114,82	3	1863	Reich u. Richter
Iridium	Ir	m	77	192,2	3; 4	1803	Tennant
Jod	J	n	53	126,9	1; 3; 5; 7	1811	Courtois

[1]) m Metall, n Nichtmetall, g Gas.
[2]) Künstlich hergestellt, kommt in der Natur nicht vor.
[3]) In den USA Rutherfordium (Rf), 1969/70.
[4]) In der UdSSR Joliotium (Jo).

Element	Zeichen	Art[1])	Ordnungszahl	Atomgewicht	Wertigkeit	Jahr der Entdekkung	Entdecker
Kalium	K	m	19	39,10	1	1807	Davy
Kobalt	Co	m	27	58,93	2; 3	1735	Brandt
Kohlenstoff	C	n	6	12,01	2; 4	Altertum	
Krypton	Kr	g	36	83,80	0	1898	Ramsay
Kupfer	Cu	m	29	63,54	1; 2	Altertum	
Kurchatovium[2])[3])	Kt	m	104			1965	UdSSR
Lanthan	La	m	57	138,91	3	1839	Mosander
Lawrencium[2])	Lr	m	103	257	3	1961	Lawrence u. a.
Lithium	Li	m	3	6,94	1	1817	Arfvedson
Lutetium	Lu	m	71	174,97	3	1905	Auer v. Welsbach
Magnesium	Mg	m	12	24,31	2	1808	Davy
Mangan	Mn	m	25	54,94	2; 3; 4; 6; 7	1780	Gahn, Scheele
Mendelevium[2])	Md		101	256	1; 2; 3	1955	Seaborg
Molybdän	Mo	m	42	95,94	3; 4; 6	1782	Hjelm
Natrium	Na	m	11	22,99	1	1807	Davy
Neodym	Nd	m	60	144,24	3	1885	Auer v. Welsbach
Neon	Ne	g	10	20,18	0	1898	Ramsay, Travers
Neptunium[2])	Np	m	93	237	3; 4; 5; 6	1938	Fermi, Hahn, Millan
Nickel	Ni	m	28	58,71	2; 3	1751	Cronstedt, Bergmann
Niob	Nb	m	41	92,91	3; 5	1801	Hatchett
Nobelium[2])[4])	No	m	102	254		1957	Schwed. u. engl. Gruppe
Osmium	Os	m	76	190,2	2; 3; 4; 8	1803	Tennant
Palladium	Pd	m	46	106,4	2; 4	1803	Wollaston
Phosphor	P	n	15	30,97	3; 5	1669	Brandt
Platin	Pt	m	78	195,1	2; 4	1748	Ulloa
Plutonium[2])	Pu	m	94	242	3; 4; 5; 6	1940	Seaborg
Polonium	Po	m	84	210	6	1898	P. u. M. Curie
Praseodym	Pr	m	59	140,91	3	1885	Auer v. Welsbach
Promethium	Pm	m	61	145	3	1926	Hopkins, Yntema
Protactinium	Pa	m	91	231	5	1917	Hahn u. Meitner
Quecksilber	Hg	m	80	200,59	1; 2	Altertum	
Radium	Ra	m	88	226,0	2	1898	Curie
Radon	Rn	g	86	222	0	1900	Dorn
Rhenium	Re	m	75	186,2	3; 4; 5; 6; 7	1925	Noddack
Rhodium	Rh	m	45	102,9	3	1803	Wollaston
Rubidium	Rb	m	37	85,47	1	1860	Bunsen, Kirchhoff
Ruthenium	Ru	m	44	101,07	4; 8	1848	Klaus
Samarium	Sm	m	62	150,35	3	1879	Lecoq de Boisbaudran
Sauerstoff	O	g	8	16,00	2	1774	Priestley, Scheele
Scandium	Sc	m	21	44,96	3	1879	Nilson
Schwefel	S	n	16	32,08	2; 4; 6	Altertum	
Selen	Se	n	34	78,96	2; 4; 6	1817	Berzelius
Silber	Ag	m	47	107,87	1; 2	Altertum	
Silicium	Si	n	14	28,09	4	1823	Berzelius
Stickstoff	N	g	7	14,01	2; 3; 5	1772	Scheele
Strontium	Sr	m	38	87,62	2	1808	Davy →

Chemische Elemente (Fortsetzung)

Element	Zeichen	Art[1])	Ordnungszahl	Atomgewicht	Wertigkeit	Jahr der Entdekkung	Entdecker
Tantal	Ta	m	73	180,95	5	1802	Eckeberg
Technetium	Tc	m	43	99	7	1937	Perrier, Segré, Wu
Tellur	Te	m	52	127,6	2; 4; 6	1789	Klaproth
Terbium	Tb	m	65	158,92	3	1842	Mosander
Thallium	Tl	m	81	204,37	1; 3	1861	Crookes
Thorium	Th	m	90	232,04	4	1828	Berzelius
Thulium	Tm	m	69	168,93	3	1879	Cleve
Titan	Ti	m	22	47,90	2; 3; 4	1791	Gregor
Uran	U	m	92	238,03	3; 4; 5; 6	1786	Klaproth
Vanadium	V	m	23	50,94	2; 3; 4; 5	1830	Sefström
Wasserstoff	H	g	1	1,008	1	1766	Cavendish
Wismut	Bi	m	83	208,9	3; 5	1546	Agricola
Wolfram	W	m	74	183,85	2; 3; 4; 5; 6	1785	Elhuyar
Xenon	X	g	54	131,3	0	1898	Ramsay
Ytterbium	Yb	m	70	173,04	3	1907	Auer v. Welsbach
Yttrium	Y	m	39	88,90	3	1843	Mosander
Zink	Zn	m	30	65,37	2	Altertum	
Zinn	Sn	m	50	118,69	2; 4	Altertum	
Zirkonium	Zr	m	40	91,22	4	1824	Berzelius

[1]) m Metall, n Nichtmetall, g Gas.

Periodisches System der Elemente

Im Periodischen System (L. Meyer, D. Mendelejeff, 1869) sind sämtliche chemischen Elemente geordnet nach steigender Ordnungszahl (waagerechte Zeilen = ,,Perioden" oder ,,Schalen") und periodisch wiederkehrenden chemischen Eigenschaften (senkrechte Spalten = ,,Gruppen"). Von der N-Periode an sind die Gruppen in a- und b-Reihen unterteilt. (In einigen wissenschaftlichen Unterlagen werden umgekehrt die b-Reihen mit a und die a-Reihen mit b bezeichnet.) Die Gruppen enthalten die Elemente mit jeweils ähnlichen chemischen und physikalischen Eigenschaften. In den Perioden stehen die Elemente nach steigender Ordnungszahl. Diese und die Zahl der Elemente innerhalb einer Periode hängen mit dem Atomaufbau zusammen. Am Ende jeder Periode in Gruppe 0 steht ein nullwertiges Edelgas. Die 14 Lanthaniden (seltene Erdmetalle) und die Transurane sind aus Gründen des Atombaus einander ähnlich. Die Elemente 19, 37, 43, 61, 62, 71 und ab 84 besitzen natürliche Radioaktivität. Die Elemente mit gerader Ordnungszahl kommen in der Natur häufiger vor als die mit ungerader.

Periode oder Schale	Zahl der Elemente je Periode	Gruppe I		Gruppe II		Gruppe III		Gruppe IV		Gruppe V		Gruppe VI		Gruppe VII		Gruppe VIII	Gruppe 0
		a	b	a	b	a	b	a	b	a	b	a	b	a	b		
K	$2 \cdot 1^2 = 2$	1 **H**															2 **He**
L	$2 \cdot 2^2 = 8$	3 **Li**		4 **Be**		5 **B**			6 **C**		7 **N**		8 **O**		9 **F**		10 **Ne**
M	$2 \cdot 2^2 = 8$	11 **Na**		12 **Mg**		13 **Al**			14 **Si**		15 **P**		16 **S**		17 **Cl**		18 **Ar**
N	$2 \cdot 3^2 = 18$	19 **K**	29 **Cu**	20 **Ca**	30 **Zn**	21 **Sc**	31 **Ga**	22 **Ti**	32 **Ge**	23 **V**	33 **As**	24 **Cr**	34 **Se**	25 **Mn**	35 **Br**	26 **Fe** 27 **Co** 28 **Ni**	36 **Kr**
O	$2 \cdot 3^2 = 18$	37 **Rb**	47 **Ag**	38 **Sr**	48 **Cd**	39 **Y**	49 **In**	40 **Zr**	50 **Sn**	41 **Nb**	51 **Sb**	42 **Mo**	52 **Te**	43 **Tc**	53 **J**	44 **Ru** 45 **Rh** 46 **Pd**	54 **X**
P	$2 \cdot 4^2 = 32$	55 **Cs**	79 **Au**	56 **Ba**	80 **Hg**	57 **La**[1])	81 **Tl**	72 **Hf**	82 **Pb**	73 **Ta**	83 **Bi**	74 **W**	84 **Po**	75 **Re**	85 **At**	76 **Os** 77 **Ir** 78 **Pt**	86 **Rn**
Q		87 **Fr**		88 **Ra**		89 **Ac**		90 **Th**		91 **Pa**		92 **U**[2])					

[1]) von 58 ... 71 ,,Lanthaniden": 58 **Ce**, 59 **Pr**, 60 **Nd**, 61 **Pm**, 62 **Sm**, 63 **Eu**, 64 **Gd**, 65 **Tb**, 66 **Dy**, 67 **Ho**, 68 **Er**, 69 **Tm**, 70 **Yb**, 71 **Lu**.
[2]) von 93 ... 106 ,,Transurane" (künstlich hergestellt):
93 **Np**, 94 **Pu**, 95 **Am**, 96 **Cm**, 97 **Bk**, 98 **Cf**, 99 **Es**, 100 **Fm**, 101 **Md**, 102 **No**, 103 **Lr**, 104 **Kt**, 105 **Ha**, 106.

Stoffliche Begriffe[1])

Aggregatzustand
Je nach dem Ordnungsgrad der Elementarbausteine (Atome, Moleküle, Ionen) von Stoffen unterscheidet man die drei klassischen Aggregatzustände, d. h. Grundtypen des Stoffzustands: Festkörper, Flüssigkeit, Gas. Hinzu kommt das Plasma (ionisiertes Gas mit hoher elektrischer Leitfähigkeit), das oft als vierter Aggregatzustand bezeichnet wird.

Lösung
Lösung ist ein homogenes Gemisch verschiedener Stoffe mit atomarer bzw. molekularer Verteilung der Komponenten.

Verbindung
Verbindung ist eine Vereinigung chemischer Elemente in bestimmten Massenverhältnissen. Verbindungen mit metallischen Eigenschaften nennt man intermetallische Verbindungen.

Dispersion
Dispersion oder disperses System besteht aus mindestens zwei Stoffen, wobei in dem einen Stoff, dem Dispersionsmittel, die anderen Stoffe, die disperse Phase, fein verteilt sind.

Suspension
Suspension oder Aufschlämmung ist ein disperses System, in dem feste Teilchen in einer Flüssigkeit verteilt sind. Beispiele: Graphit in Öl, Ton in Wasser.

Emulsion
Emulsion ist ein disperses System, in dem Flüssigkeitströpfchen in einer zweiten Flüssigkeit verteilt sind. Beispiele: Bohröl, Milchfett in der Milch.

Kolloid
Kolloid ist ein disperses System, in dem die Teilchen der dispersen Phase lineare Abmessungen von etwa 10^{-9} bis 10^{-6} m haben. Beispiele: Rauch, Latex, Goldrubinglas.

[1]) Hier sind die wichtigsten stofflichen Begriffe und Kenngrößen, die in den folgenden Stofftabellen vorkommen und nicht an anderer Stelle definiert sind, aufgeführt.

Stoffkenngrößen[1])

Dichte
Dichte ist der Quotient aus der Masse und dem Volumen einer bestimmten Stoffmenge.

Spezielle Dichtebenennungen siehe DIN 1306, Ausgabe 1984.

Radiale Bruchfestigkeit
Radiale Bruchfestigkeit ist eine Festigkeitskenngröße, die insbesondere bei Sintermetallen für Gleitlager angegeben wird. Man ermittelt sie aus dem Druckversuch beim Zerdrücken eines Hohlzylinders. Näheres siehe „Technische Lieferbedingungen für Sinterteile (Sint 03)", Ausgabe August 1981.

0,2 %-Dehngrenze
0,2 %-Dehngrenze ist diejenige Zugspannung, die in einem festen Körper eine bleibende (plastische) Dehnung von 0,2 % hervorruft.

Die zügige 0,2 %-Dehngrenze wird der $\sigma-\varepsilon$-Kurve des normalen Zugversuchs entnommen. Bei zyklischer Beanspruchung einer Probe durch Zug—Druck-Spannungen mit steigender Amplitude erhält man die zyklische $\sigma-\varepsilon$-Kurve und daraus die zyklische 0,2 %-Dehngrenze. Sie ist, im Vergleich zur zügigen 0,2 %-Dehngrenze, ein Maß für die eventuelle Ent- oder Verfestigung bei zyklischer Überlastung.

Das Dehngrenzenverhältnis γ ist der Quotient aus zyklischer und zügiger 0,2 %-Dehngrenze. $\gamma > 1$ bedeutet zyklische Verfestigung, $\gamma < 1$ zyklische Entfestigung.

Bruchzähigkeit
Bruchzähigkeit oder K_{Ic}-Faktor ist eine Werkstoffkenngröße der Bruchmechanik. Der K_{Ic}-Faktor ist diejenige Spannungsintensität vor der Spitze eines Risses, die zur instabilen Ausbreitung des Risses und damit zum Bruch des Bauteils führt. Bei bekanntem K_{Ic}-Faktor eines Werkstoffs kann man entweder aus der gegebenen Rißlänge die kritische Bruchlast oder aus der gegebenen äußeren Belastung die kritische Rißlänge berechnen.

Spezifische Wärmekapazität

Spezifische Wärmekapazität (spezifische Wärme) ist diejenige Wärmemenge in J, die erforderlich ist, um 1 kg eines Stoffes um 1 K zu erwärmen. Sie ist von der Temperatur abhängig.

Bei Gasen muß man zwischen der spezifischen Wärmekapazität bei konstantem Druck und bei konstantem Volumen unterscheiden (Formelzeichen c_p bzw. c_v). Bei festen und flüssigen Stoffen ist der Unterschied meist vernachlässigbar.

Spezifische Schmelzwärme

Spezifische Schmelzwärme ist diejenige Wärmemenge in J, die erforderlich ist, um 1 kg eines festen Stoffes bei der Schmelztemperatur in den flüssigen Zustand zu überführen.

Spezifische Verdampfungswärme

Spezifische Verdampfungswärme ist diejenige Wärmemenge in J, die erforderlich ist, um 1 kg einer Flüssigkeit bei der Siedetemperatur zu verdampfen. Sie hängt stark vom Druck ab.

Wärmeleitfähigkeit

Wärmeleitfähigkeit ist diejenige Wärmemenge in J, die in 1 s durch eine Stoffprobe von 1 m^2 Fläche und 1 m Dicke strömt, wenn der Temperaturunterschied zwischen den beiden Stirnflächen der Probe 1 K beträgt.

Die Wärmeleitfähigkeit ist bei Flüssigkeiten und Gasen oft stark temperaturabhängig, bei festen Stoffen im allgemeinen nur wenig.

Wärmeausdehnungskoeffizient

Der lineare oder Längen-Ausdehnungskoeffizient gibt die relative Längenänderung eines Stoffes bei einer Temperaturänderung um 1 K an. Analoges gilt für den kubischen oder Volumen-Ausdehnungskoeffizienten. Der Volumen-Ausdehnungskoeffizient beträgt bei Gasen etwa 1/273. Bei festen Stoffen ist er etwa dreimal so groß wie der Längen-Ausdehnungskoeffizient.

Permeabilität

Die Permeabilität μ bzw. die Permeabilitätszahl oder relative Permeabilität μ_r beschreibt die Abhängigkeit der magnetischen Induktion vom angelegten Feld.

$$B = \mu_r \cdot \mu_0 \cdot H$$

Je nach Einsatzgebiet des magnetischen Werkstoffes definiert man verschiedene Permeabilitäten (etwa 15), abhängig vom Aussteuerungsbereich und von der Beanspruchung (Gleich- oder Wechselfeldbeanspruchung). Beispiele:

Anfangspermeabilität μ_a

Neigung der Neukurve für $H \rightarrow 0$. Meist wird jedoch nicht dieser Grenzwert, sondern die Steigung für eine bestimmte Feldstärke (in mA/cm) angegeben. Schreibweise: μ_4 ist die Steigung der Neukurve für $H = 4\,\text{mA/cm}$.

Maximalpermeabilität μ_{max}

Maximale Steigung der Neukurve.

Permanente Permeabilität μ_p oder μ_{rec}

Mittlere Neigung einer rückläufigen Magnetisierungschleife, deren Fußpunkt meist auf der Entmagnetisierungskurve liegt.

$$\mu_p = \Delta B / (\Delta H \cdot \mu_0)$$

Temperaturkoeffizient der magnetischen Polarisation $TK(J_s)$

Er gibt die relative Änderung der Sättigungspolarisation mit der Temperatur in % pro Kelvin an.

Temperaturkoeffizient der Koerzitivfeldstärke $TK(H_c)$

Er gibt die relative Änderung der Koerzitivfeldstärke mit der Temperatur in % pro Kelvin an.

Curie-Punkt (Curie-Temperatur) T_c

Er gibt an, bei welcher Temperatur die Magnetisierung ferro- und ferrimagnetischer Werkstoffe Null ist und sie sich wie Paramagnetika verhalten (gelegentlich auch anders definiert, Eigenschaftswerte Weichferrite s. S. 156).

Werkstoffgruppen

Die heute in der Technik eingesetzten Werkstoffe können in 4 Werkstoffgruppen eingeteilt werden, wobei die einzelnen Gruppen noch Untergruppen enthalten:
– Metalle: Erschmolzene Metalle, Sintermetalle
– Nichtmetallische anorganische Werkstoffe: Keramik, Gläser
– Nichtmetallische organische Werkstoffe: Naturstoffe, Kunststoffe
– Verbundwerkstoffe

Magnetwerkstoffe als wichtige Werkstoffgruppe mit besonderen Eigenschaften werden gesondert beschrieben.

Metalle

Die Metalle haben im allgemeinen einen kristallinen Aufbau. Die Atome sind regelmäßig im Kristallgitter angeordnet. Die äußeren Elektronen der Atome sind nicht an diese gebunden, sondern können sich frei im Metallgitter bewegen (metallische Bindung).

Die Besonderheit des Aufbaus erklärt die charakteristischen Eigenschaften der Metalle: die große, mit zunehmender Temperatur sich verringernde elektrische Leitfähigkeit, die gute Wärmeleitfähigkeit, die geringe Lichtdurchlässigkeit, das große optische Reflexionsvermögen (metallischer Glanz), die Duktilität und die daraus folgende gute Verformbarkeit. Legierungen sind Metalle, die aus zwei oder mehreren Komponenten bestehen, von denen mindestens eine ein Metall ist.

Erschmolzene Metalle

Diese enthalten, abgesehen von kleinen Fehlstellen, wie Lunkern und nichtmetallischen Einschlüssen, keine Hohlräume. Bauteile werden durch Gießen gefertigt, entweder direkt (z. B. Grauguß, Al-Druckguß) oder über Halbzeug, das spanlos oder spangebend verarbeitet wird.

Sintermetalle

Sie enthalten neben dem Festkörperanteil (Metall oder Legierung) noch einen mehr oder weniger großen Porenanteil. Sintermetalle werden im allgemeinen durch Formpressen von Pulver bei Raumtemperatur und anschließendes Sintern der Preßkörper hergestellt. Beim Sintern, einer Wärmebehandlung im Bereich von 800 ... 1300 °C, werden die mechanische Festigkeit und die anderen charakteristischen Eigenschaften erzeugt. Neben der chemischen Zusammensetzung bestimmt der Porenanteil wesentlich die Eigenschaften und auch die Anwendung. Aus Sintermetallen können kompliziert geformte Bauteile entweder einbaufertig oder mit nur geringer Nachbearbeitung oft besonders wirtschaftlich hergestellt werden.

Nichtmetallische anorganische Werkstoffe

In diesen Werkstoffen gibt es Ionenbindung (z. B. Keramik), gemischte (hetero-/homöopolare) Bindung (z. B. Glas) oder homöopolare Bindung (z. B. Kohlenstoff). Diese Art der Bindung ist wiederum bestimmend für einige charakteristische Eigenschaften: im allgemeinen schlechte Wärme- und elektrische Leitfähigkeit (letztere nimmt mit steigender Temperatur zu), schlechtes Lichtreflexionsvermögen, Sprödigkeit und damit praktisch nicht vorhandene Kaltverformbarkeit.

Keramik

Keramische Werkstoffe enthalten mindestens 30 % kristalline Anteile; hinzu kommen in den meisten Fällen amorphe Anteile und Poren. Sie werden – ähnlich wie die Sintermetalle – jedoch aus nichtmetallischen Pulvern oder Pulvermischungen geformt und erhalten durch Sintern bei Temperaturen von allgemein höher als 1000 °C ihre charakteristischen Eigenschaften. Gelegentlich geschieht auch die Formgebung bei hoher Temperatur oder gar über den Schmelzfluß mit anschließender Kristallisation.

Gläser
Gläser sind als unterkühlte eingefrorene Flüssigkeiten anzusehen. In ihnen besteht nur eine Nahordnung der Atome. Sie werden als amorph bezeichnet. Bei der Transformationstemperatur T_g (T_g ist von der früheren Bezeichnung Glasbildungstemperatur abgeleitet) bildet sich aus der Schmelze das feste Glas. T_g ist von verschiedenen Parametern abhängig und daher nicht eindeutig bestimmt, so daß man besser von einem Transformationsbereich spricht.

Nichtmetallische organische Werkstoffe

Diese Werkstoffe bestehen im wesentlichen aus Verbindungen der Elemente Kohlenstoff und Wasserstoff, wobei Stickstoff, Sauerstoff und andere Elemente vielfach miteingebaut sind. Im allgemeinen haben diese Stoffe eine geringe Wärme- und elektrische Leitfähigkeit und sind brennbar.

Naturstoffe
Die bekanntesten Naturstoffe sind Holz, Leder, Harz, Naturkautschuk, Fasern aus Wolle, Baumwolle, Flachs, Hanf und Seide. Zum größten Teil werden die Naturstoffe in bearbeiteter oder vergüteter Form eingesetzt oder dienen als Rohstoffe für Kunststoffe.

Kunststoffe
Die Kunststoffe haben als wesentliches Kennzeichen eine makromolekulare Struktur. Man unterscheidet Thermoplaste, Duroplaste und Elastomere. Bei Thermoplasten und Duroplasten liegt die Einfriertemperatur T_E oberhalb der Anwendungstemperatur, bei den Elastomeren darunter. Unter T_E (vergleichbar mit der Transformationstemperatur T_g der Gläser) versteht man die Temperatur, unterhalb der die Eigenbewegung der Moleküle einfriert.

Die überragende Bedeutung der thermo- und duroplastischen Kunststoffe liegt in ihrer Formgebungsmöglichkeit durch spanlose Verarbeitung.

Thermoplaste
Die Thermoplaste verlieren oberhalb T_E ihre Formbeständigkeit durch Erweichen. Ihre Festigkeitseigenschaften sind stark temperaturabhängig. Durch Mischungen von thermoplastischen Polymeren läßt sich diese Temperaturabhängigkeit etwas reduzieren.

Duroplaste
Die Duroplaste erhalten durch eine engmaschige Vernetzung bei der Verarbeitung eine bis in die Nähe der Verarbeitungstemperatur reichende Formstabilität. Ihre mechanischen Eigenschaften sind weniger temperaturabhängig als die der Thermoplaste. Wegen ihrer Sprödigkeit werden den duroplastischen Harzen allgemein Füllstoffe zugesetzt.

Elastomere
Elastomere werden wegen ihrer Gummielastizität, die nur oberhalb T_E vorhanden ist, eingesetzt. Um den Zusammenhalt des Molekülverbandes zu gewährleisten, werden die Elastomere vulkanisiert (weitmaschige Vernetzung).

Verbundwerkstoffe

Verbundwerkstoffe bestehen aus mindestens zwei physikalisch oder chemisch verschiedenen Komponenten. Diese müssen über eine Grenzschicht fest miteinander verbunden sein. Ihre Bildung muß ohne negative Veränderung der miteinander verbundenen Komponenten ablaufen. Unter diesen beiden Bedingungen besteht die Möglichkeit, viele Werkstoffe miteinander zu kombinieren. Die Verbundwerkstoffe besitzen Kombinationen von Eigenschaften, die keine der Komponenten allein aufweist. Einteilung in:
Teilchenverbundwerkstoffe
(z. B. pulvergefüllte Harze, Hartmetalle, kunststoffgebundene Magnete, Cermets),
Schichtverbundwerkstoffe
(z. B. Sandwichplatten, Hartgewebe),
Faserverbundwerkstoffe
(z. B. glasfaser-, kohlenstoffaser-, baumwollfaserverstärkte Kunststoffe).

Magnetwerkstoffe

Stoffe mit ferro- oder ferrimagnetischen Eigenschaften werden als Magnetwerkstoffe bezeichnet. Sie gehören entweder zur Gruppe der Metalle oder der nichtmetallischen anorganischen Werkstoffe. Charakteristisch sind das Speichervermögen für magnetische Energie (Dauermagnete) oder die guten Leiteigenschaften für den magnetischen Fluß (Weichmagnete). Neben den Ferro- und Ferritmagneten gibt es noch dia-, para- und antiferromagnetische Stoffe. Die Unterscheidung erfolgt entweder über den Wert der Permeabilität μ (s. S. 110) oder über die Temperaturabhängigkeit der Suszeptibilität $\varkappa$.[1])

$\mu_r = 1 + \varkappa$

Diamagnete: Suszeptibilität $\varkappa_{Dia}$ ist unabhängig von der Temperatur. Beispiele s. S. 110.

Paramagnete: Suszeptibilität $\varkappa_{Para}$ sinkt mit steigender Temperatur. Curiesches Gesetz:

$\varkappa_{Para} = C/T$

C Curie-Konstante, T Temperatur in K. Beispiele s. S. 110.

Ferro- und Ferrimagnete: Beide zeigen spontane Magnetisierung, die im Curie-Punkt (Curie-Temperatur T_c) verschwindet. Oberhalb der Curie-Temperatur verhalten sie sich paramagnetisch. Für die Suszeptibilität $\varkappa$ gilt bei $T > T_c$ das Curie-Weissche Gesetz:

$\varkappa = C/(T - T_c)$

Ferromagnete haben höhere Sättigungsinduktionen als Ferrimagnete, da bei ihnen alle Momente parallel gerichtet sind. Bei Ferrimagneten sind dagegen die Momente der beiden Untergitter antiparallel gerichtet. Da die Momente der beiden Untergitter ungleich groß sind, resultiert trotzdem eine nach außen wirksame Magnetisierung.

Antiferromagnete:

Beispiele: MnO, MnS, $FeCl_2$, FeO, NiO, Cr, V_2O_3, V_2O_4.

Wie bei den Ferrimagneten stehen benachbarte Momente antiparallel. Da sie gleich groß sind, resultiert keine nach außen wirksame Magnetisierung.

Oberhalb des Néel-Punktes (Néel-Temperatur T_N) verhalten sie sich paramagnetisch. Für die Suszeptibilität $\varkappa$ gilt bei $T > T_N$:

$\varkappa = C/(T + \Theta)$

Θ Asymptotische Curie-Temperatur

Weichmagnetische Werkstoffe

Die angegebenen Zahlenwerte sind Auszüge aus den jeweiligen DIN-Normen.

Elektroblech und -band (DIN 46 400)

Bezeichnung:

a) Kennbuchstabe:

V kalt- und warmgewalzt, nichtkornorientiert (DIN 46 400, Blatt 1)

VH kaltgewalzt, nicht schlußgeglüht (DIN 46 400, Blatt 2)

VM kornorientiert (DIN 46 400, Blatt 3)

b) Hundertfache des gewährleisteten Höchstwertes für den Ummagnetisierungsverlust, bei einer Aussteuerung mit 1 Tesla (P 1,0) in W/kg

c) Hundertfache der Nenndicke des Erzeugnisses in mm

d) Bei Blechen mit Kennbuchstabe V zusätzlich ein Kennbuchstabe für die Herstellungsart

A kaltgewalztes Elektroblech und -band

B warmgewalztes, im Durchlaufofen geglühtes Elektroblech und -band.

Stoffwerte s. S. 152.

Werkstoffe für Übertrager (DIN 41 301)

Definition: Werkstoffpermeabilität μ_x:

$\mu_x = \hat{B}/(\hat{H} \cdot \mu_0)$

mit $\hat{B}$ Scheitelwert der Grundschwingung der Induktion

$\hat{H}$ Scheitelwert der sinusförmigen Feldstärke

Index x gibt die Meßfeldstärke in A/cm an.

Stoffwerte s. S. 153.

Werkstoffe für Gleichstromrelais (DIN 17 405), Stoffwerte s. S. 154.

Bezeichnung:

a) Kennbuchstabe R (Relaiswerkstoff)

[1]) Verhältnis der Magnetisierung einer Substanz zur magnetischen Feldstärke oder Erregung.

b) Kennbuchstaben für die kennzeichnenden Legierungsbestandteile:
  Fe unlegiert
  Si Siliziumstähle
  Ni Nickelstähle oder -legierung
c) Kennzahl für den Höchstwert der Koerzitivfeldstärke
d) Kennbuchstabe für gewünschten Lieferzustand:
  U unbehandelt
  GB biegbar vorgeglüht
  GT tiefziehbar vorgeglüht
  GF fertiggeglüht

Sintermetalle für weichmagnetische Bauteile
Werkstoff-Leistungsblätter für Sinterwerkstoffe, Ausgabe 1974.
Stoffwerte s. S. 155.

Weichmagnetische Ferritkerne (DIN 41 280)
Weichmagnetische Ferrite sind Formteile aus einem Sinterwerkstoff der allgemeinen Formel $MO \cdot Fe_2O_3$, wobei M eines oder mehrere der bivalenten Metalle Cd, Co, Ca, Mg, Mn, Ni, Zn ist.
Bezeichnung:
Die Sorten sind nach dem Nennwert der Anfangspermeabilität in Hauptgruppen unterteilt, Kennzeichnung durch Großbuchstaben. Durch Zusatzzahlen erfolgt evtl. Aufteilung in Untergruppen; sie stellen keine Qualitätsbewertung dar.

Die Koerzitivfeldstärke der Weichferrite liegt üblicherweise im Bereich $4\,A/m < H_c < 500\,A/m$. Die Induktion liegt bei einer Feldstärke von 3000 A/m im Bereich $350\,mT < B < 470\,mT$.
Stoffwerte s. S. 156.

Dauermagnetwerkstoffe
(DIN 17 410, IEC 404-1)
Soweit chemische Symbole in den Kurznamen der Werkstoffe verwendet werden, weisen sie auf die hauptsächlichen Legierungsbestandteile hin. Die Zahlen in Kurznamen vor dem Schrägstrich bezeichnen den $(B\text{–}H)_{max}$-Wert in kJ/m^3 und nach dem Schrägstrich ein Zehntel des ${}_JH_C$-Wertes in kA/m (gerundete Werte). Dauermagnete mit Bindemittel werden durch ein nachgesetztes p gekennzeichnet.

Schematische Darstellung der magnetischen Dipole für Ferro, Ferri- und Antiferromagnete für $T < T_c$ bzw. $T < T_N$.

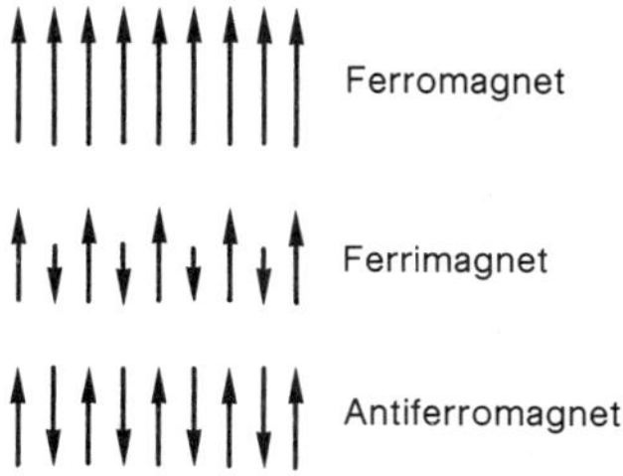

Bezeichnung durch Kurzname oder Werkstoffnummer

DIN	IEC
Werkstoffnummer nach DIN 17 007, Teil 2 und Teil 4	Aufbau der Werkstoffnummern: Kennbuchstabe: R – Metallische Dauermagnetwerkstoffe S – Keramische Dauermagnetwerkstoffe 1. Zahl – kennzeichnet Materialart, z. B. 1-AlNiCo, 5 RECo 2. Zahl – 0: isotropes Material 1: anisotropes Material 2: isotropes Material mit Binder 3: anisotropes Material mit Binder 3. Zahl – kennzeichnet die verschiedenen Qualitätsstufen

Stoffwerte s. S. 157.

Eigenschaftswerte von Werkstoffen

Werkstoff	DIN	Kurzname (DIN 17 006)	Wesentliche Legierungs-bestandteile, Mittelwerte Gewichts-%.	R_m 1) mind. N/mm²	R_e 2) mind. N/mm²	A_5 3) mind. %	σ_{bW} 4) mind. N/mm²	τ_W 5) mind. N/mm²	Eigenschaften Verwendungsbeispiele
Gußeisen und Temperguß E in 10^3 N/mm² für GG-15 6) ≈ 79, GG-25 6) ≈ 121, GGG ≈ 172, GTW u. GTS ≈ 175									
Grauguß	1691	GG-15	3,5 C; 2,1 Si; 0,6 Mn; 0,7 P	150	–	–	70	50	spröde, gut bearbeitbar.
		GG-25	3,0 C; 1,4 Si; 0,8 Mn; <0,3 P	250	–	–	120	90	spröde, gut bearbeitbar.
Gußeisen mit Kugelgraphit	1693	GGG-40	3,6 C; 2,8 Si; 0,4 Mn	400	250	15	200	140	gut bearbeitbar, vergütbar.
Temperguß	1692	GTW-40	3,1 C; 0,6 Si; 0,4 Mn; 0,2 S	400	220	5	190	140	gut bearbeitbar, zäh.
		GTS-35	2,5 C; 1,3 Si; 0,4 Mn; 0,1 S	350	200	12	170	125	gut bearbeitbar, zäh.
Stahl (Elastizitätsmodul $E \approx$ 206 000 N/mm²)									
Automatenstahl (∅ 16 ... 40 mm)	1651	9 SMn 28 K	≤ 0,14 C; 1,1 Mn; 0,28 S	460	375	8	–	–	einsatzhärtbar.
		35 S 20 K	0,35 C; 0,7 Mn; 0,2 S	540	315	8	–	–	vergütbar.
Bänder und Bleche aus weichen unlegierten Stählen	1623	St 12	≤ 0,1 C; ≤ 0,007 N	<410	<280	28	–	–	einfache Tiefziehteile.
		St 13	≤ 0,1 C; ≤ 0,007 N	<370	<250	32	–	–	schwierige Tiefziehteile.
		St 14	≤ 0,08 C; ≥ 0,02 Al	<350	<220	36	–	–	sehr schwierige Tiefziehteile.
Baustahl (gewalzt)	17 100	St 37-2	0,17 C	340	235	25	170	95	wenig beanspruchte Teile.
		St 60-2	0,40 C	570	335	15	280	160	höher beanspruchte Teile.
Einsatzstahl (Eht > 0,7mm, Kernhärtung, ∅ 11 mm)	17 210			Härte (mind.):					
		Ck 15	0,15 C; 0,45 Mn; 0,25 Si	Ofl.	HV 700	–	–	–	einfache Teile.
				Kern	HV 235				
		16 MnCr 5	0,16 C; 1,15 Mn; 1 Cr	Ofl.	HV 700	–	–	–	Zahnräder und ähnliche Teile.
				Kern	HV 280				
		20 MoCr 4	0,2 C; 0,75 Mn; 0,4 Cr; 0,45 Mo	Ofl.	HV 700	–	–	–	Zahnräder und ähnliche Teile.
				Kern	HV 280				
		15 CrNi 6	0,15 C; 0,5 Mn; 1,5 Cr; 1,5 Ni	Ofl.	HV 700	–	–	–	schlagbeanspruchte Teile.
				Kern	HV 300				

Hartmetalle	–	–	W (Ti, Ta)-Karbid + Co	800 ... 1800 HV			Sinterwerkstoffe, äußerst druck- und verschleißfest, aber spröde; Zerspanungs-, Schnitt-, Umformwerkzeuge.	
Nitrierstahl (vergütet, nitriert)	17 211	34 CrAlMo 5	0,35 C; 1 Al; 1,15 Cr; 0,2 Mo	780 Off'härte ≈ 950 HV	590	14	–	–	gute Verschleißfestigkeit.
Rostbeständiger Stahl	17 440	X 5 CrNi 189	≦ 0,07 C; 18 Cr; 9 Ni	500 Härte ≥ 130 HV	185	45	–	–	korrosionsbeständig, unmagn., nicht härtbar.
Schnellarbeitsstahl	–	S 6-5-2	0,8 C; 6 W; 5 Mo; 2 V	63 ... 65 HRC			warmverschleißfest; universell verwendbar, Spiralbohrer, Fräser, Fließpreßwerkzeuge.		
Stahlguß	1681	GS-45	≤ 0,25 C; 0,6 Si	450	230	22	210	140	vergütbar.
Vergütungsstahl (vergütet, ∅ 16 ... 40 mm)	17 200	Ck 45 42 CrMo 4 30 CrNiMo 8	0,45 C; 0,65 Mn; 0,25 Si 0,4 C; 0,65 Mn; 1 Cr; 0,2 Mn 0,3 C; 2 Cr; 0,4 Mo; 2 Ni	660 980 1230	410 765 1030	16 11 9	325 480 590	185 275 345	hochbeanspruchte Teile. sehr hoch beanspr. Teile. sehr hoch beanspr. Teile.
Wälzlagerstahl (gehärtet, angelassen)	–	100 Cr 6	1 C; 0,3 Mn; 0,25 Si; 1,5 Cr	Härte ≥ 60 HRC			–	–	verschleißfest.
Werkzeugstahl	–	C 80 W 1	0,8 C	Übliche Härte: 60 ... 63 HRC			Wasserhärter; einfache Gesenke.		
		115 CrV 5	1,15 C; 0,7 Cr; 0,1 V	60 ... 63 HRC			Wasser-Öl-Härter, Spiralbohrer, Gewindebohrer, Metallsägen, Stempel.		
		21 MnCr 5	0,2 C; 1,3 Mn; 1,2 Cr	Oberfläche 60 HRC, Kern 32 HRC			Einsatzstahl; Kunststoffpreßformen.		
		90 MnV 8	0,9 C; 2 Mn; 0,1 V	60 ... 63 HRC			Ölhärter; Schnitt-, Präge-, Tiefzieh-, Schneidwerkzeuge, Kunststoff- und Gummipreßformen, Gewindebohrer.		
		X 210 CrW 12	2,1 C; 12 Cr; 0,7 W	60 ... 63 HRC			Öl- und Lufthärter, höchstverschleißfest; Schnitt- und Ziehwerkzeuge.		
		X 40 CrMoV 51	0,4 C; 5 Cr; 1 Mo; 1 V	43 ... 45 HRC			Warmarbeitsstahl; allgemein verwendbar.		

[1]) Zugfestigkeit.
[2]) Streckgrenze (oder R_p).
[3]) Bruchdehnung.
[4]) Umlauf-Biegewechselfestigkeit (bei Stahl ist Flach-Biegewechselfestigkeit ≈ 0,8 × Umlauf-Biegewechselfestigkeit).
[5]) Torsionswechselfestigkeit.
[6]) E sinkt bei Grauguß mit wachsender Zugbeanspruchung und bleibt bei steigender Druckbeanspruchung nahezu konstant. Die angegebenen Werte gelten für eine Zugbeanspruchung von 10 ... 80 N/mm².

Stahl (Fortsetzung)

Federstahl

Werkstoff	DIN	Wesentliche Legierungsbestandteile, etwa Gewichts-%	Durch-messer mm	R_m[1] mind. N/mm²	Z[2] %	σ_b[3] N/mm²	τ_{kh}[4] N/mm²	τ_{zul}[5] N/mm²	Kennzeichnende Eigenschaften Verwendung
Federstahlband Ck 85[6]	17 222	0,85 C; 0,55 Mn; 0,25 Si	h ≤ 2,5	1470	–	1270	σ_{bh} = 640	–	hochbeanspruchte Blattfedern.
Federstahldraht C patentiert und federhart gezogen[6]	17 223 Bl. 1	0,8 C; 0,6 Mn; < 0,35 Si	1 3 10	2230 1840 1350	40 40 30	1590 1280 930	320[7] 320[7] 320[7]	1115 920 675	für hohe Oberspannungen (s. S. 230).
Nichtrostender Federstahldraht	17 224	< 0,12 C; 17 Cr; 7,5 Ni	1 3	2000 1600	40 40	1400 1130	– –	1000 800	rostbeständige Federn.
Nichtrostendes Federstahlband	17 224	< 0,12 C; 17 Cr; 7,5 Ni	h ≤ 1	1370	–	1230	σ_{bh} = 590	–	rostbeständige Blattfedern.
Vergüteter Ventilfederstahldraht	17 223 Bl. 2	0,65 C; 0,7 Mn; ≤ 0,30 Si	1 3 8	1720 1480 1390	45 45 38	1200 1040 930	380[8] 380[8] 360[8]	860 740 690	für große Dauerschwingbeanspruchung.
Vergüteter und legierter Ventilfederstahldraht Cr-Si	–	0,55 C; 0,7 Mn; 0,65 Cr; 1,4 Si	1 3 8	2060 1920 1720	50 50 40	– – –	430 430 380	1030 960 860	für höchste Dauerschwingbeanspruchung und höhere Temperaturen.
Vergüteter und legierter Ventilfederstahldraht Cr-V	–	0,7 C; 0,7 Mn; 0,5 Cr; 0,15 V; ≤ 0,30 Si	1 3 8	1860 1670 1420	45 45 40	– – –	470 470 400	930 835 710	für höchste Dauerschwingbeanspruchung.

[1]) Zugfestigkeit. [2]) Brucheinschnürung. [3]) zulässige Biegespannung. [4]) zulässige Hubspannung. [5]) zulässige Gesamtspannung.
[6]) Dauerfestigkeitsschaubilder s. S. 230 und 231. [7]) bei gestrahlten Federn 400 N/mm². [8]) bei gestrahlten Federn 500 N/mm².

Karosseriebleche

Werkstoff Kurzname	übliche Materialdicken mm	$R_{p0,2}$[1]) N/mm²	R_m[2]) N/mm²	A_{80}[3]) %	Eigenschaften Verwendungsbeispiele
St 12	0,6 ... 2,5	≈ 250	≈ 340	≈ 30	für einfache Ziehteile.
St 13		≈ 225	≈ 320	≈ 35	für schwierige Ziehteile.
St 14		≈ 200	≈ 300	≈ 40	für sehr schwierige Tiefziehteile, Außenhautteile (Dach, Türen, Kotflügel usw.; 0,75 ... 1,0 mm); siehe auch DIN 1623.
ZE 260	0,75 ... 2,0	260 ... 340	≈ 370	≈ 28	für hochbeanspruchte Trägerteile, deren Verformungsgrad nicht zu schwierig ist.
ZE 340		340 ... 420	≈ 420	≈ 24	
AlMg 0,4 Si 1,2	0,8 ... 2,5	≈ 140	≈ 250	≈ 28	für Außenhautteile wie Vorderkotflügel, Türen, Motorhaube, Heckdeckel u. a., meist 1,25 mm; siehe DIN 1745.
AlMg 4,5 Mn 0,3	0,5 ... 3,5	≈ 130	≈ 270	≈ 28	für Innenversteifungen von Klappen, für Teile, die nicht im Sichtbereich liegen; Fließfiguren toleriert.

[1]) Streckgrenze. [2]) Zugfestigkeit. [3]) Bruchdehnung.

Nichteisenmetalle

Werkstoff	DIN	Kurzname	Zusammensetzung, Mittelwerte, Gewichts-%	E [1] N/mm²	R_m [2] mind. N/mm²	$R_{p0,2}$ [3] mind. N/mm²	σ_{bW} [4] mind. N/mm²	Eigenschaften Verwendungsbeispiele
Schwermetalle								
Leitkupfer	1787	E-Cu 57 F 20	99,90 Cu	$128 \cdot 10^3$	200	120 [5]	70	sehr gute elektrische Leitfähigkeit.
Messing	17 660	CuZn 20 F 32	80 Cu; 20 Zn	$119 \cdot 10^3$	320	200	110	tiefziehbar.
		CuZn 37 F 44	63 Cu; 37 Zn	$110 \cdot 10^3$	440	370	140	gut kaltumformbar.
		CuZn 39 Pb 3 F 43	58 Cu; 39 Zn; 3 Pb	$96 \cdot 10^3$	430	250	150	Automatenteile.
Neusilber	17 663	CuNi 12 Zn 24 F 43	64,5 Cu; 23,5 Zn; 12 Ni	$125 \cdot 10^3$	430	230	–	korrosionsbeständig.
Zinnbronze	17 662	CuSn 6 F 41	94 Cu; 6 Sn	$118 \cdot 10^3$	410	300	175	gute Laufeigenschaften; Lagerbuchsen, Federn.
Guß-Zinnbronze	1705	G-CuSn 12	86 Cu; 12 Sn	$100 \cdot 10^3$	260 [6]	140 [6]	90	korrosionsbeständig, verschleißfest; Zahnräder.
Rotguß	1705	G-CuSn 5 ZnPb	85 Cu; 5 Sn; 5 Zn; 5 Pb	$85 \cdot 10^3$	220 [6]	90 [6]	75	korrosionsbeständig.
Hüttenblei	1719		99,9 Pb	$17 \cdot 10^3$	10	–	2	weich, säurebeständig; Dichtungen.
Hartblei	17 641	PbSb 5	94 Pb; 6 Sb		30	–	–	säurebeständig; Armaturen, Batterieplatten.
Blei-Druckguß	1741	GD-Pb 87 Sb	87 Pb; 13 Sb		60	–	–	maßgenaue Schwung- u. Ausgleichsgewichte.
Zinn-Legierung	1703	LgSn 80	80 Sn; 12 Sb; 6 Cu; 2 Pb	$30 \cdot 10^3$	80	–	–	Gleitlager.
Zink-Druckguß	1743	GD-ZnAl 4	96 Zn; 4 Al	$128 \cdot 10^3$	250	200	60	maßgenaue Gußteile.
Heizleiterlegierung	17 470	NiCr 80 20	80 Ni; 20 Cr	–	600	300	–	hoher elektrischer Widerstand (s. S. 175).
	17 743	NiCu 30 Al	64 Ni; 31 Cu; 3 Al; 1 Fe; 1 Ti	–	680	360	–	
Widerstandslegierung	17 471	CuNi 44	55 Cu; 44 Ni; 1 Mn	–	420	–	–	
		CuNi 30 Mn	67 Cu; 30 Ni; 3 Mn	–	400	–	–	
		CuMn 12 NiAl	82 Cu; 12 Mn; 5 Ni; 1 Al	–	400	–	–	

[1]) Elastizitätsmodul, Richtwerte. [2]) Zugfestigkeit. [3]) 0,2%-Dehngrenze. [4]) Biegewechselfestigkeit. [5]) höchstens.
[6]) am gesondert gegossenen Probestab.

Leichtmetalle

Werkstoff	Zusammensetzung, Mittelwerte Gewichts-%	R_m[1]) mind. N/mm²	$R_{p0,2}$[2]) mind. N/mm²	σ_{bW}[3]) mind. N/mm²	Eigenschaften Verwendungsbeispiele
Aluminium-Knetlegierungen (DIN 1712, 1725, 1745 ... 1749, 40501), Elastizitätsmodul $E \approx 70\,000$ N/mm²					
Al 99,5 W 7	99,5 Al	65	55[4])	40	weich, sehr gut leitend, eloxierbar, polierbar.
AlMg 2 Mn 0,8 W 19	97 Al; 2 Mg; 0,8 Mn	190	80	90	meerwasserbeständig, eloxierbar.
AlMgSi 1 F 28	97 Al; 0,9 Mg; 1 Si; 0,7 Mn	275	200	90	warmausgehärtet, meerwasserbeständig.
AlCuMg 1 F 40	94 Al; 4 Cu; 0,7 Mg; 0,7 Mn; 0,5 Si	395	265	120	kaltausgehärtet, gutes Zeitstandverhalten.
AlZnMgCu 1,5 F 53	90 Al; 6 Zn; 2 Mg; 2 Cu; 0,2 Cr	530	450	140	höchste Festigkeit.
Aluminium-Gußlegierungen[5]) (DIN 1725, Bl. 2), Elastizitätsmodul $E \approx 70\,000$ N/mm²					
GK-AlSi 12	88 Al; 12 Si; 0,2 Mn	180	80	70	dünnwandige, schwingungsfeste Teile.
GK-AlMg 5 Si	94 Al; 5 Mg; 1 Si; 0,2 Mn; 0,1 Ti	180	110	70	meerwasserbeständig; eloxierbar, polierbar.
GK-AlSi 10 Mg wa	89 Al; 10 Si; 0,4 Mg; 0,2 Mn	240	210	100	warmausgehärtet; hochbeanspruchte schwingungsfeste Teile.
GK-AlSi 5 Mg wa	94 Al; 5 Si; 0,6 Mg; 0,2 Mn; 0,1 Ti	260	240	80	warmausgehärtete hochbeanspruchte Teile.
GK-AlCu 4 Ti wa	95 Al; 5 Cu; 0,2 Ti	330	220	90	warmausgehärtet; einfache Teile mit höchsten Festigkeits- und Zähigkeitsansprüchen.
GD-AlSi 8 Cu 3	88 Al; 8 Si; 3 Cu; 0,4 Mn; 0,2 Mg	240	160	70[6])	warmfest; kompliziert gestaltete Druckgußteile.
GD-AlMg 9	90 Al; 9 Mg; 1 Si; 0,4 Mn	200	140	55[6])	meerwasserbeständig; mittelbeanspr. Teile.
Magnesium-Legierungen (DIN 1729, 9715), Elastizitätsmodul $E \approx 45\,000$ N/mm²					
MgAl 6 Zn F 27	93 Mg; 6 Al; 1 Zn; 0,3 Mn	270	195	–	mittel bis hoch beanspruchte Teile (Späne brennbar)
GK-MgAl 9 Zn 1 wa	90 Mg; 9 Al; 0,6 Zn; 0,2 Mn	240	150	80	warmausgehärtet (Späne brennbar)
GD-MgAl 9 Zn 1	90 Mg; 9 Al; 0,6 Zn; 0,2 Mn	200	150	50	kompliziert gestaltete Druckgußteile (Späne brennbar)
Titan-Legierungen (DIN 17850, 17851, 17860 ... 17864), Elastizitätsmodul $E \approx 110\,000$ N/mm²					
Titan weich	99,7 Ti	290	180	–	korrosionsbeständig.
TiAl 6 V 4 F 89	90 Ti; 6 Al; 4 V	890	820	–	korrosionsbeständig, höchste Festigkeitsansprüche.

[1]) Zugfestigkeit. [2]) 0,2%-Dehngrenze. [3]) Umlauf-Biegewechselfestigkeit. [4]) höchstens. [5]) Festigkeitswerte gelten für Kokillen- und Druckguß für gesondert gegossene Probestäbe. Sandguß hat etwas geringere Werte als Kokillenguß. [6]) Flach-Biegewechselfestigkeit.

Lote

Lotart	Kurzname	wesentliche Legierungsbestandteile Mittelwerte Gewichts-%	Schmelzbereich des Lotes °C	Mindesttemperatur am Werkstück °C	Eigenschaften vorzugsweise Verwendung
Weichlote (Auswahl aus DIN 1707)					
Blei-Zinn-weichlote	L-PbSn 20 Sb 3	20 Sn; max. 3 Sb; Rest Pb	186 ... 270	270	Weichlöten im Karosseriebau.
	L-PbSn 12 Sb	12 Sn; max. 0,7 Sb; Rest Pb	250 ... 295	295	Weichlöten von Kupfer im Kühlerbau.
	L-PbSn 40 (Sb)	40 Sn; max. 0,5 Sb; Rest Pb	183 ... 235	235	Verzinnen; Weichlöten von Feinblechpackungen.
	L-PbSn 8 (Sb)	8 Sn; max. 0,5 Sb; Rest Pb	280 ... 305	305	Weichlöten von Elektromotoren; Kühlerbau.
Zinn-Blei-weichlote	L-Sn 63 Pb	63 Sn; Rest Pb	183	183	Wellenlöten von gedruckten Schaltungen.
	L-Sn 60 Pb	60 Sn; Rest Pb	183 ... 190	190	Verzinnen von Kupfer und -legierungen in der Elektroindustrie.
Zinn-Blei-weichlote mit Ag-, Cu- oder P-Zusatz	L-Sn 63 PbAg	63 Sn; max. 1,5 Ag; Rest Pb	178	178	Wellenlöten von gedruckten Schaltungen.
	L-Sn 60 PbCu 2	60 Sn; max. 2 Cu; Rest Pb	183 ... 190	190	Kolbenlöten von Kupfer und -legierungen in der Elektroindustrie.
	L-Sn 60 PbCuP	60 Sn; max. 0,2 Cu; max. 0,004 P; Rest Pb	183 ... 190	190	Tauchlöten von Kupfer und -legierungen in der Elektroindustrie.
Sonder-weichlote	Woodmetall	25 Pb; 12,5 Sn; 12,5 Cd; Rest Bi	69 ... 71	71	Weichlöten von wärmeempfindlichen Teilen; Schmelzsicherungen.
	L-SnIn 50	50 Sn; Rest In	117 ... 125	125	Weichlöten von Glas/Metall.
	L-SnAg 5	max. 5 Ag; Rest Sn	221 ... 240	240	Weichlöten von Kupfer in der Elektroindustrie und bei der Wasserinstallation.
	L-SnSb 5	max. 5,5 Sb; Rest Sn	230 ... 240	240	Weichlöten von Kupfer in der Kältetechnik und bei der Wasserinstallation.
	L-SnCu 3	max. 3,5 Cu; Rest Sn	230 ... 250	250	Weichlöten von Kupfer bei der Wasserinstallation.
	L-SnZn 10	max. 15 Zn; Rest Sn	200 ... 250	250	Ultraschall-Weichlöten von Aluminium und Kupfer ohne Flußmittel.
	L-ZnAl 5	max. 6 Al; Rest Zn	380 ... 390	390	

Lotart	Kurzname	wesentliche Legierungsbestandteile Mittelwerte Gewichts-%	Schmelzbereich des Lotes °C	Mindesttemperatur[1]) am Werkstück °C	Eigenschaften vorzugsweise Verwendung
Hart- und Hochtemperaturlote (Auswahl aus DIN 8513)					
Aluminiumbasislote	L-AlSi 12 L-AlSi 10 L-AlSi 7,5	12 Si; Rest Al 10 Si; Rest Al 7,5 Si; Rest Al	575 ... 590 575 ... 595 575 ... 615	590 595 605	Hartlöten von Aluminium und -legierungen mit ausreichend hohem Schmelzpunkt.
silberhaltige Lote	L-Ag 40 Cd L-Ag 55 Sn	40 Ag; 20 Cd; 19 Cu; Rest Zn 55 Ag; 22 Cu; 5 Sn; Rest Zn	595 ... 630 620 ... 660	610 650	Hartlöten von Stahl, Kupfer und -legierungen, Nickel und -legierungen mit Flußmittel.
	L-Ag 49	49 Ag; 16 Cu; 7,5 Mn; 4,5 Ni; Rest Zn	625 ... 705	690	Hartlöten von Hartmetall, Stahl, Wolfram, Molybdän, Tantal mit Flußmittel.
	L-Ag 56 InNi	56 Ag; 14 In; 4 Ni; Rest Cu	620 ... 730	730	Hartlöten von Chrom- und Chrom/Nickelstählen.
	L-Ag 44 L-Ag 72	44 Ag; 30 Cu; Rest Zn 72 Ag; Rest Cu	675 ... 735 780	730 780	Hartlöten von Stahl, Kupfer und -legierungen, Nickel und -legierungen mit Flußmittel. Hartlöten von Kupfer und -legierungen, Nickel und -legierungen.
	L-Ag 5	5 Ag; 55 Cu; max. 0,2 Si Rest Zn	820 ... 870	860	Hartlöten von Stahl, Kupfer, Nickel und -legierungen mit Flußmittel.
Kupferbasislote	L-CuP 7 L-CuZn 40	7 P; Rest Cu 60 Cu; 0,2 Si, Rest Zn	710 ... 820 890 ... 900	720 900	Hartlöten von Kupfer/Kupfer ohne Flußmittel. Hartlöten von Stahl, Kupfer, Nickel und -legierungen.
	L-CuSn 6 L-SFCu	6 Sn; max. 0,4 P; Rest Cu 100 Cu	910 ... 1040 1083	1040 1100	Hartlöten von Stahl u. a. unter Schutzgas oder im Vakuum.
Nickelbasislote	L-Ni 6 L-Ni 1 L-Ni 5	11 P; Rest Ni 3 B; 14 Cr; 4,5 Fe; 4,5 Si; Rest Ni 19 Cr; 10 Si; Rest Ni	880 980 ... 1040 1080 ... 1135	925 1065 1150	Hartlöten von Nickel, Cobalt und ihre Legierungen, unlegierten, niedrig und hoch legierten Stählen im Vakuum oder Wasserstoff-Schutzgas.

[1]) Abhängig von Verfahren.

Sintermetalle[1]) für Gleitlager

Werkstoff	Bezeichnung Sint-	Dichte ϱ g/cm³	Porosität $\Delta V/V$ %	Chemische Zusammensetzung % (Massenanteile) C	Cu	Sn	Fe	andere	R_m[2]) N/mm² mind.	K[3]) N/mm² mind.	Härte HB mind.	A_5[4]) % mind.	E[5]) N/mm² mind.
Sintereisen	A 00 B 00	5,6 ... 6,0 6,0 ... 6,4	25±2,5 20±2,5	0 ... 0,3	0 ... 1		Rest	<3	60 80	150 170	25 30	3 3	70 000 80 000
Sinterstahl, kupferhaltig	A 10 B 10	5,6 ... 6,0 6,0 ... 6,4	25±2,5 20±2,5	0 ... 2 (0 ... 0,3)[6])	1 ... 5		Rest	<3	120 150	150 180	35 40	2 2	80 000 90 000
Sinterstahl, kupfer- und kohlenstoffhaltig	A 11 B 11	5,6 ... 6,0 6,0 ... 6,4	25±2,5 20±2,5	0,4 ... 1,5 (0,4 ... 1)[6])	1 ... 5		Rest	<3	200 250	200 250	50 70	<1 <1	70 000 80 000
Sinterstahl, höher kupferhaltig	A 20 B 20	5,6 ... 6,0 6,0 ... 6,4	25±2,5 20±2,5	0 ... 0,3	5 ... 25		Rest	<3	150 170	200 220	40 45	2 2	60 000 75 000
Sinterbronze	A 50 B 50	6,4 ... 6,8 6,8 ... 7,2	25±2,5 20±2,5	0 ... 0,2	Rest	9 ... 11		<3	70 90	100 160	25 25	4 5	40 000 45 000
Sinterbronze mit Graphitzusatz	A 51 B 51	6,2 ... 6,6 6,6 ... 7,0	25±2,5 20±2,5	0,2 ... 2	Rest	9 ... 11		<3	60 80	100 140	18 20	3 4	35 000 40 000

[1]) Nach „Werkstoff-Leistungsblätter für Sinterwerkstoffe", Ausgabe 1974.
[2]) Zugfestigkeit.
[3]) Radiale Bruchfestigkeit.
[4]) Bruchdehnung.
[5]) Elastizitätsmodul.
[6]) Klammerwerte bedeuten gebundenen Kohlenstoff.

Sintermetalle[1]) für Formteile

Werkstoff	Bezeichnung Sint-	Dichte ϱ g/cm³	Porosität $\Delta V/V$ %	Chemische Zusammensetzung % (Massenanteile) C	Cu	–	Fe	andere	R_m[2]) N/mm² mind.	$R_{P0,2}$[3]) N/mm² mind.	Härte HB mind.	A_5[4]) % mind.	E[5]) N/mm² mind.	σ_{bW}[6]) für $\alpha_k = 1$ N/mm²	$\alpha_k = 2{,}5$ N/mm²	γ[7])
Sinterstahl, kupferhaltig	C 10 D 10 E 10	6,4 ... 6,8 6,8 ... 7,2 7,2 ... 7,5	15 ± 2,5 10 ± 2,5 6 ± 1,5	0 ... 0,3	1 ... 5		Rest	< 3	200 300 350	160 230 240	55 80 100	3 7 10	100 000 130 000 160 000	90 135 170	85 110 130	1,03 1,05 1,06
Sinterstahl, kupfer- und kohlenstoffhaltig	C 11 D 11	6,4 ... 6,8 6,8 ... 7,2	15 ± 2,5 10 ± 2,5	0,4 ... 1,5 (0,4 ... 1)[8])	1 ... 5		Rest	< 3	400 500	280 320	100 120	< 1 < 1	100 000 130 000	105 145	85 120	0,92 0,93
Sinterstahl, höher kupferhaltig	C 20	6,4 ... 6,8	15 ± 2,5	0 ... 0,3	5 ... 25		Rest	< 3	200	150	60	2	90 000			
Sinterstahl, kupfer- und nickelhaltig	C 30 D 30	6,4 ... 6,8 6,8 ... 7,2	15 ± 2,5 10 ± 2,5	0 ... 0,3	1 ... 5	1 ... 5 Ni	Rest	< 3	260 550	160 400	80 110	2 5	100 000 140 000	95 140	90 115	1,09 1,14
Sinterstahl, phosphorhaltig	C 35 D 35	6,4 ... 6,8 6,8 ... 7,2	15 ± 2,5 10 ± 2,5	0 ... 0,3	0 ... 1	0,2 ... 0,6 P	Rest	< 3	230 300	160 210	65 85	3 5	110 000 140 000	70 140	65 105	1,00 1,01

[1]) Nach „Sintermetall Werkstoff-Leistungsblätter (WLB)": DIN V 30910, 30911, 30912, Ausgabe Juni 1986.
[2]) Zugfestigkeit.
[3]) Zügige 0,2 %-Dehngrenze.
[4]) Bruchdehnung.
[5]) Elastizitätsmodul.
[6]) Biegewechselfestigkeit für Formfaktor (Kerbfaktor) α_k; Mittelwerte, die für mittlere Dichte und Zusammensetzung der jeweiligen Werkstoffklasse gelten (nicht in Werkstoffleistungsblättern enthalten).
[7]) 0,2 %-Dehngrenzenverhältnis; Mittelwerte.
[8]) Klammerwerte bedeuten gebundenen Kohlenstoff.

Weichmagnetische Werkstoffe

Elektroblech und -band

Blechsorte: Kurzname	Werkstoffnummer	Nenndicke mm	Dichte g/cm³	max. Ummagnetisierungsverlust (50 Hz) W/kg bei Aussteuerung P 1,0	P 1,5	Magnetische Induktion T (Tesla) min. bei Feldstärke H in A/m: 2500 (B 25)	5000 (B 50)	10 000 (B 100)	30 000 B (300)	stat. Koerzitivfeldstärke A/m	Permeabilität μ_{max}	Kennzeichnende Eigenschaften, Verwendung
V110 – 35A	1.0899	0,35	7,60	1,1	2,7	1,49	1,60	1,71	1,89			
V130 – 35A	1.0898	0,35	7,65	1,3	3,3	1,49	1,60	1,71	1,89			
V135 – 50A	1.0897	0,50	7,60	1,35	3,3	1,49	1,60	1,71	1,89			
V230 – 50A	1.0893	0,50	7,70	2,3	5,3	1,54	1,64	1,75	1,97			
V360 – 50A	1.0890	0,50	7,80	3,6	8,1	1,58	1,68	1,78	2,01			Ummagnetisierungsverluste.
V 90 – 35B	1.0883	0,35	7,55	0,9	2,3	1,47	1,59	1,70	1,88			
V130 – 35B	1.0880	0,35	7,60	1,3	3,3	1,47	1,59	1,70	1,88			
V110 – 50B	1.0879	0,50	7,55	1,1	2,7	1,47	1,59	1,70	1,88	≈ 100 ... 300	≈ 5000	Bau magnetischer Kreise mit Wechselmagnetisierung (z. B. Motoren).
V170 – 50B	1.0875	0,50	7,60	1,7	4,1	1,48	1,60	1,71	1,89			
V230 – 50B	1.0873	0,50	7,65	2,3	5,4	1,51	1,63	1,74	1,96			
VH 280 – 50	1.0361	0,50	–	2,80	6,60	1,62	1,70	1,80	2,02			
VH 430 – 50	1.0363	0,50	–	4,30	10,50	1,58	1,65	1,78	2,02			
VH 330 – 65	1.0364	0,65	–	3,30	8,00	1,62	1,70	1,80	2,02			
VH 500 – 65	1.0366	0,65	–	5,00	12,00	1,58	1,65	1,78	2,02			
						bei Feldstärke H in A/m 800 (B 8)						
VM 89 – 27	1.0865	0,27	–	0,89	1,40	1,75						
VM 97 – 30	1.0861	0,30	–	0,97	1,50	1,75				≈ 1	≈ 30 000	
VM 111 – 35	1.0856	0,35	–	1,11	1,65	1,75						

Werkstoffe für Übertrager

Werkstoffsorte Kurzname	Werkstoffsorte Werkstoff-nummer	Chemische Zusammen-setzung	Dicke mm	Dichte g/cm³	spez. el. Wider-stand[1]) Ω·mm²/m	stat. Koerzi-tivfeld-stärke[1]) A/m	Sätti-gungs-induk-tion[1]) T (Tesla)	Curie-Tempe-ratur[1]) °C	Werkstoff-permeabilität[1]) μ_{16}	Werkstoff-permeabilität[1]) μ_4	Ummagne-tisierungs-verlust bei 50 Hz W/kg	Kennzeichnende Eigenschaften, Verwendung
A 0	1.3850	Stahl mit ≈ 2,5 ... 4,5 % Si	0,5 0,35	7,7	0,40	100	2,03	750	450	–	–	Permeabilität bei kleinen Feldstärken.
A 2	1.3852		0,35	7,63	0,55	60	2,0	750	900	–		
A 3	1.3853		0,35 0,20	7,57	0,68	35	1,92	750	900 750	– –		
C 2	1.3856	Stahl mit ≈ 3,5 ... 4,5 % Si	0,35	7,55	0,5	30	2,0	750	1300	–	P 1,5: ≈ 1	
C 5	1.3859		0,35	7,65	0,45	15	2,0	750	abhängig von Walzrichtung			
D 1a	1.3915	Stahl mit ≈ 36 ... 40% Ni	0,35 0,05	8,15	0,75	50	1,3	250	2400 2300	– –	P 1,0: ≈ 0,5 ... 1	Herstellung von Übertragern in der Nachrichten-technik.
			0,35 0,1						2200	–		
D 3	1.3916		0,35 0,05	8,15	0,75	15	1,3	250	2900 2500	– –		
E 3	2.4591	Ni-Fe-Legierung mit ≈ 75 % Ni, weitere Zusätze	0,35 0,05	8,6	0,5	2	0,7 – 0,8	400	– –	20 000 16 000	P 0,5: ≈ 0,03	
E 4	2.4592		0,35 0,05	8,7	0,55	1	0,6 – 0,8	270 400	– –	35 000 30 000		
F 3	1.3922	Ni-Fe-Leg. mit ≈ 50% Ni	0,35 0,05	8,25	0,45	10	1,5	470	–	4000	P 1,0: ≈ 0,3	

[1]) Richtwerte.

Werkstoffe für Gleichstromrelais

Werkstoffsorte Kurzname	Werkstoffnummer	Legierungsbestandteile Massenanteil %	Dichte[1]) g/cm³	Härte[1]) HV	Remanenz[1]) T (Tesla)	Permeabilität[1]) μ_{max}	spez. el. Widerstand[1]) $\frac{\Omega \cdot mm^2}{m}$	Koerzitivfeldstärke A/m max.	Magnetische Induktion T (Tesla) min. bei Feldstärke H in A/m: 20	50	100	200	300	500	1000	4000	Kennzeichnende Eigenschaften, Verwendung
Unlegierte Stähle																	
RFe 160	1.1011				–	–	0,15	160	–	–	–	–	1,15	1,30	–	1,60	Geringe Koerzitivfeldstärke. Gleichstromrelais und ähnliche Zwecke.
RFe 80	1.1014				1,10	–	0,15	80	–	–	–	1,10	1,20	1,30	1,45	1,60	
RFe 60	1.1015	–	7,85	max. 150	1,20	–	0,12	60	–	–	–	1,15	1,25	1,35	1,45	1,60	
RFe 20	1.1017				1,20	≈ 20 000	0,10	20	–	–	1,15	1,25	1,30	1,40	1,45	1,60	
RFe 12	1.1018				1,20		0,10	12	–	–	1,15	1,25	1,30	1,40	1,45	1,60	
Siliziumstähle																	
RSi 48	1.3840	2,5	7,55	130	0,50	–	0,42	48	–	–	0,60	–	1,10	1,20	–	1,50	
RSi 24	1.3843	–	–	–	1,00	≈ 20 000	–	24	–	–	1,20	–	1,30	1,35	–	1,50	
RSi 12	1.3845	4 Si	7,75	200	1,00	≈ 10 000	0,60	12	–	–	1,20	–	1,30	1,35	–	1,50	
Nickelstähle und -legierungen																	
RNi 24	1.3911	≈ 36 Ni	8,2	130...180	0,45	≈ 5000	0,75	24	0,20	0,45	0,70	–	0,90	1,00	–	1,18	
RNi 12	1.3926	≈ 50 Ni	8,3	130...180	0,60	≈ 30 000	0,45	12	0,50	0,90	1,10	–	1,25	1,35	–	1,45	
RNi 8	1.3927	≈ 50 Ni	8,3	130...180	0,60	30000...100000	0,45	8	0,50	0,90	1,10	–	1,25	1,35	–	1,45	
RNi 5	2.4596	70 ... 80 Ni kleine Mengen Cu, Cr, Mo	8,7	120...170	0,30	≈ 40 000	0,55	5	0,50	0,65	0,70	–	–	–	–	0,75	
RNi 2	2.4595		8,7	120...170	0,30	≈ 100 000	0,55	2	0,50	0,65	0,70	–	–	–	–	0,75	

[1]) Richtwerte.

Sintermetalle für weichmagnetische Bauelemente

Bezeichnung	Dichte	Porosität	Chemische Zusammensetzung % (Massenanteile)			Koerzitivfeldstärke[1]) A/m	Magnetische Induktion[1]) T (Tesla)	Permeabilität[1]) μ_{max}	Hystereseverluste[1])[4]) $P_{H1,0}$	Wirbelstromverluste[1])[4]) $P_{W1,0}$	Verwendung
	g/cm³	%	C	andere	Fe	max.	min.	min.	W/kg	W/kg	
Sint-C 02	6,4 ... 6,8	15±2,5	0 ... 0,1	<0,5	Rest	200	0,9[2])	2000	–	–	Magnetkreiselemente.
Sint-D 02	6,8 ... 7,2	10±2,5	0 ... 0,1	<0,5	Rest	160	1,2[2])	2500	–	–	
Sint-E 02	7,2 ... 7,5	6±1,5	0 ... 0,1	<0,5	Rest	120	1,5[2])	5000	–	–	
Bosch-Qualitäten (nicht genormt)											
Fe spezial	7,0 ... 7,2	8 ... 10	0 ... 0,05	<0,2	Rest	100	1,4[3])	4000	6	45	
Fe-P	7,0 ... 7,2	8 ... 10	0 ... 0,05	0,45 P	Rest	120	1,4[3])	4000	8	30	
Fe-P spezial	7,0 ... 7,2	8 ... 10	0 ... 0,05	0,45 P	Rest	50	1,4[3])	8500	2	33	
Fe-P-Si	7,0 ... 7,2	8 ... 10	0 ... 0,05	2 Si, 0,45 P	Rest	120	1,35[3])	3800	4	16	

[1]) Messung im gesinterten bzw. weichgeglühten Zustand.
[2]) Bei Feldstärke $H = 2500$ A/m (B_{25}).
[3]) Bei Feldstärke $H = 13\,500$ A/m (B_{135}).
[4]) Richtwerte bei $\hat{B} = 1{,}0$ T und 50 Hz.

Weichmagnetische Ferrite

Ferritsorte	Anfangs-permeabilität[1]) μ_i ±25 %	Bezogener Verlustfaktor tan δ/μ_i[2]) 10^{-6}	MHz	Bezogene Verlustleistung[3]) mW/g	Amplitudenpermeabilität[4]) μ_a	Curie-Temperatur[5])[6]) Θ_c °C	Frequenz für $0{,}8 \cdot \mu_i$[6]) MHz	Kennzeichnende Eigenschaften, Verwendung
Werkstoffe in weitgehend offenen magnetischen Kreisen								Anfangspermeabilität. Im Vergleich zu metallischen magnetischen Werkstoffen hoher spez. Widerstand ($10^0 \ldots 10^5\ \Omega \cdot m$, Metalle $10^{-7} \ldots 10^{-6}\ \Omega \cdot m$), deshalb geringe Wirbelstromverluste. Nachrichtentechnik (Spulen, Übertrager).
C 1/12	12	350	100	–	–	> 500	400	
D 1/50	50	120	10	–	–	> 400	90	
F 1/250	250	100	3	–	–	> 250	22	
G 2/600	600	40	1	–	–	> 170	6	
H 1/1200	1200	20	0,3	–	–	> 150	2	
Werkstoffe in weitgehend geschlossenen magnetischen Kreisen								
E 2	60 ... 160	80	10	–	–	> 400	50	
G 3	400 ... 1200	25	1	–	–	> 180	6	
J 4	1600 ... 2500	5	0,1	–	–	> 150	1,5	
M 1	3000 ... 5000	5	0,03	–	–	> 125	0,4	
P 1	5000 ... 7000	3	0,01	–	–	> 125	0,3	
Werkstoffe für Leistungsanwendungen								
W 1	1000 ... 3000	–	–	45	1200	> 180	–	
W 2	1000 ... 3000	–	–	25	1500	> 180	–	

1) Nennwerte.
2) tan δ/μ_i kennzeichnet die frequenzabhängigen Werkstoffverluste bei kleiner Flußdichte ($B < 0{,}1$ mT).
3) Verluste bei großer Flußdichte. Messung vorzugsweise bei: $f = 25$ kHz, $B = 200$ mT, $\Theta = 100$ °C.
4) Permeabilität bei stärkerer, sinusförmiger Aussteuerung. Messung bei: $f \leq 25$ kHz, $\hat{B} = 320$ mT, $\Theta = 100$ °C.
5) Curie-Temperatur Θ_c ist hier diejenige Temperatur, bei der die Anfangspermeabilität μ_i unter 10 % ihres Wertes bei 25 °C absinkt.
6) Richtwerte.

Dauermagnetwerkstoffe

Werkstoff Kurzname	Werkstoffnummer DIN	IEC	Chemische Zusammensetzung[1]) Gewichts-% Al	Co	Cu	Nb	Ni	Ti	Fe	Dichte ϱ[1]) g/cm³	$(BH)_{max}$[2]) kJ/m³	Remanenz B_r[2]) mT	Koerzitivfeldstärke[2]) der Flußdichte $_BH_c$ kA/m	Koerzitivfeldstärke[2]) der Polarisation $_JH_c$ kA/m	Rel. permanente Permeabilität[1]) μ_p	Curie-Temp.[1]) T_c K	Temp.-Koeff. der Polar. $TK(J_s)$ [1])[3]) % K	Temp. Koeff. der Koerzit. $TK(H_c)$ [1])[3]) % K	Herstellung, Bearbeitung, Verwendung
Metallische Magnete																			
Isotrop																			
AlNiCo 9/5	1.3728	R 1-0-3	11 ...13	0 ... 5	2 ... 4	–	21 ... 28	0 ... 1		6,8	9,0	550	44	47	4,0 ... 5,0	1030		+0,03	
AlNiCo 18/9	1.3756	–	6 ... 8	24 ... 34	3 ... 6	–	13 ... 19	5 ... 9	Rest	7,2	18,0	600	80	86	3,0 ... 4,0	...	–0,02	...	
AlNiCo 7/8p	1.3715	R 1-2-3	6 ... 8	24 ... 34	3 ... 6	–	13 ... 19	5 ... 9		5,5	7,0	340	72	84	2,0 ... 3,0	1180		–0,07	Herstellung: Gießen oder Sintern. Bei Magneten mit Binder Pressen oder Spritzen. Bearbeitung: Schleifen. Verwendung: max. 400 ... 500 °C.
Anisotrop																			
AlNiCo 35/5	1.3761	–	8 ... 9	23 ... 26	3 ... 4	0 ... 1	13 ... 16	–		7,2	35,0	1120	47	48	3,0 ... 4,5				
AlNiCo 44/5	1.3757	R 1-1-2	8 ... 9	23 ... 26	3 ... 4	0 ... 1	13 ... 16	–		7,2	44,0	1200	52	53	2,5 ... 4,0	1030		+0,03	
AlNiCo 52/6	1.3759	–	8 ... 9	23 ... 26	3 ... 4	0 ... 1	13 ... 16	–	Rest	7,2	52,0	1250	55	56	1,5 ... 3,0	...	–0,02	...	
AlNiCo 60/11	1.3763	R 1-1-6	6 ... 8	35 ... 39	2 ... 4	0 ... 1	13 ... 15	4 ... 6		7,2	60,0	900	110	112	1,5 ... 2,5	1180		–0,07	
AlNiCo 30/14	1.3765	–	6 ... 8	38 ... 42	2 ... 4	0 ... 1	13 ... 15	7 ... 9		7,2	30,0	680	136	144	1,5 ... 2,5				
			V	Co	Cr	Fe													
FeCoVCr 11/2	2.4570	R 3-1-3	8 ... 15	51 ... 54	0 ... 4	Rest				–	11,0	800	24	24	2,0 ... 8,0	1000	–0,01	≈ 0	
FeCoVCr 4/1	2.4571	–	3 ... 15	51 ... 54	0 ... 6					–	4,0	1000	5	5	9,0 ... 25,0				
ReCo 80/80	–	R 5-1-1								8,1	80	650	500	800					
ReCo 120/96	–	R 5-1-2								8,1	120	770	590	960	1,05	1000	–0,05	–0,3	
ReCo 160/80	–	R 5-1-3								8,1	160	900	640	800					
ReCo 48/60p	–	R 5-3-1								5,2	48	500	360	600					

1) Richtwerte.
2) Mindestwerte.
3) Im Bereich 273 ... 373 K.

Werkstoff Kurzname	Werkstoffnummer DIN	Werkstoffnummer IEC	Dichte[1]) ϱ g/cm³	$(BH)_{max}$[2]) kJ/m³	Remanenz[2]) B_r mT	Koerzitivfeldstärke[2]) der Flußdichte $_BH_c$ kA/m	Koerzitivfeldstärke[2]) der Polarisation $_JH_c$ kA/m	Rel. permanente Permeabilität[1]) μ_p	Curie-Temp.[1]) T_c K	Temp.-Koeff. der Polarisation[1]) $TK(J_s)$ %/K	Temp. Koeff. der Koerzit.[1]) $TK(H_c)$ %/K	Herstellung, Bearbeitung
Keramische Magnete												
Isotrop												
Hartferrit 7/21	1.3641	S 1-0-1	4,9	6,5	190	125	210	1,2	723	–0,2	0,2 … 0,5	Herstellung: Sintern. Kunststoffgebundene Magnete durch Pressen, Spritzen, Walzen, Extrudieren. Bearbeitung: Schleifen.
Hartferrit 3/18p	1.3614	S 1-2-2	3,9	3,2	135	85	175	1,1				
Anisotrop												
Hartferrit 20/19	1.3643	S 1-1-1	4,8	20,0	320	170	190	1,1	723	–0,2	0,2 … 0,5	
Hartferrit 20/28	1.3645	S 1-1-2	4,6	20,0	320	220	280	1,1				
Hartferrit 24/23	1.3647	S 1-1-3	4,8	24,0	350	215	230	1,1				
Hartferrit 25/25	1.3651	S 1-1-5	4,8	25,0	370	230	250	1,1				
Hartferrit 9/19p	1.3616	S 1-3-1	3,4	9,0	220	145	190	1,1				
Hartferrit 10/22p	–	S 1-3-2	3,5	10,0	230	165	225	1,1				
Bosch-Qualitäten (nicht genormt)												
RBX HC 375			4,7 … 4,9	23	350	260	360					
RBX 370				25	360	240	260					
RBX 380K				27	380	240	300					
RBX 380				27	380	255	260					
RBX HC 400				27	375	290	370					
RBX 400				32	400	250	260					
RBX 400K				32	400	290	300					
RBX 420				35	420	255	260					

[1]) Richtwerte.
[2]) Mindestwerte.

Keramische Werkstoffe

Werkstoff	Zusammen-setzung	ϱ[1]) g/cm³	σ_{bB}[2]) N/mm²	σ_{dB}[3]) N/mm²	E[4]) N/mm²	α_t[5]) K^{-1}	λ[6]) W/m·K	c[7]) kJ/kg·K	ϱ_D[8]) Ω·cm	ε_r[9])	tan δ[10])
Aluminiumoxid[11])	Al_2O_3 > 99 %	3,9	350	–	$380 \cdot 10^3$	$7{,}8 \cdot 10^{-6}$	30	0,840	$> 10^{11}$	9	$0{,}2 \cdot 10^{-3}$
Berylliumoxid DKG 740	BeO > 99 %	2,9	190	–	$280 \cdot 10^3$	$4-5 \cdot 10^{-6}$	240	1,000	–	6,5	$0{,}2 \cdot 10^{-3}$
Cordierit KER 410	$2\,MgO \cdot 2\,Al_2O_3 \cdot 5\,SiO_2$	2,1	50	–	$70 \cdot 10^3$	$1 \cdot 10^{-6}$	2	0,840	$1 \cdot 10^{11}$	5	$7 \cdot 10^{-3}$
Graphit für Chemieapparate DKG 3020	C > 99,7 %	1,85	30	–	$15 \cdot 10^3$	$3{,}5 \cdot 10^{-6}$	120	10	10	–	–
Kohlenstoff DKG 3040	C > 99,7 %	1,65	45	–	$15 \cdot 10^3$	$2{,}5 \cdot 10^{-6}$	4	10	40	–	–
Porzellan z. B. KER 110·2 (unglasiert)	Al_2O_3 30–35 % Rest SiO_2 + Glasphase	2,3	80	550	$50 \cdot 10^3$	$3 \cdot 10^{-6}$	1,2	0,790	–	6	$25 \cdot 10^{-3}$
Siliziumcarbid drucklos gesintert (SSiC)[11])	SiC 90 %	3,1	400	–	$390 \cdot 10^3$	$4{,}5 \cdot 10^{-6}$	90	0,800	10^3	–	–
Si_3N_4[11]) (RBSN) (reaktions-gebunden)	Si_3N_4 > 90 %	2,5	250	–	$180 \cdot 10^3$	$3{,}0 \cdot 10^{-6}$	15	0,700	$> 10^{14}$	–	–
Si_3N_4[11]) (SSN) (drucklos gesintert)		3,2	500	–	$300 \cdot 10^3$	$3{,}3 \cdot 10^{-6}$	20	0,850	$> 10^8$	–	–
Spinell DKG 725	$MgO \cdot Al_2O_3$	3,4	170	1000	–	$6{,}5 \cdot 10^{-6}$	12	–	–	–	–

Erläuterungen und Fußnoten s. S. 160.

Keramische Werkstoffe (Fortsetzung)

Werkstoff	Zusammensetzung	ϱ[1]) g/cm³	σ_{bB}[2]) N/mm²	σ_{dB}[3]) N/mm²	E[4]) N/mm²	α_t[5]) K^{-1}	λ[6]) W/m·K	c[7]) kJ/kg·K	ϱ_D[8]) Ω·cm	ε_r[9])	tan δ[10])
Steatit KER 220	SiO_2 55–65% MgO 25–35% Al_2O_3 2–6% Alkalioxid <1,5%	2,6	120	850	$80 \cdot 10^3$	$7 \cdot 10^{-6}$	2,3	0,790	–	6	$2{,}5 \cdot 10^{-3}$
Steinzeug z. B. DKG 152	Al_2O_3 25–35% Rest SiO_2 + Glasphase	2,3	45	200	$55 \cdot 10^3$	$4 \cdot 10^{-6}$	–	–	–	–	–
Titanoxid KER 310/311	Hauptbestandteil TiO_2	≥ 3,5	90	–	–	$6 \cdot 10^{-6}$	3,1	0,700	–	40	$0{,}8 \cdot 10^{-3}$
Zirkonoxid teilstabilisiert[11])	ZrO_2	5,7	500	–	$200 \cdot 10^3$	$10 \cdot 10^{-6}$	2,0	0,400	$> 10^8$	–	–
Normen		DIN 51065 DIN 40685/ VDE 0335 DIN 1306	DIN 40685/ VDE 0335 DIN 51221	DKG-Fachausschuß Ber. Nr. 22	DIN 40685/ VDE 0335	DIN 40685/ VDE 0335	DIN 40685/ VDE 0335	DIN 40685/ VDE 0335	DIN 40685/VDE 0335 VDE 0303 VDE 0446 VDE 0560 VDE 0674		

Je nach Rohstoff, Zusammensetzung und Herstellverfahren können die Eigenschaftswerte der einzelnen Werkstoffe in weiten Grenzen variieren. Die angegebenen Daten sind Mindestwerte.

Die Bezeichnung „KER" entspricht DIN 40685, Teil 1, bzw. VDE 0335, Teil 1. „DKG" steht für noch nicht genormte Werkstoffe, die im DKG-Fachausschuß-Bericht Nr. 23 aufgeführt sind.

[1]) Dichte.
[2]) 3-Punkt-Biegefestigkeit, Bestimmung siehe DKG-Fachausschußbericht Nr. 22.
[3]) Druckfestigkeit, Bestimmung siehe DKG-Fachausschußbericht Nr. 22.
[4]) Elastizitätsmodul.
[5]) Längenausdehnungskoeffizient bei 20 ... 100 °C.
[6]) Wärmeleitfähigkeit bei 20 °C.
[7]) Spezifische Wärmekapazität.
[8]) spezifischer elektrischer Widerstand bei 20 °C und 50 Hz.
[9]) Dielektrizitätszahl.
[10]) Dielektrizitätsverlustfaktor bei 25 °C und 10 MHz.
[11]) Mittelwert verschiedener Hersteller.

Schichtpreßstoffe

Typ	Harzart	Füllstoff	ϑ_G[1] °C	σ_{bB}[2] mind. N/mm²	$a_{k\,10}$[3] mind. kJ/m²	KC[4] mind. Stufe	Eigenschaften; Verwendungsbeispiele
Hartpapier (DIN 7735)							
Hp 2061	Phenolharz	Papierbahnen	120	150	5	KC 100	für mechanische Beanspruchung.
Hp 2062.8	Phenolharz	Papierbahnen	120	80	2,5	KC 100	geringe Wasseraufnahme, tropenfest.
Hp 2063	Phenolharz	Papierbahnen	120	80	2,5	KC 100	für elektrische Beanspruchung; Leiterplatten-Basismaterial FR 2.
Hp 2262	Melaminharz	Papierbahnen	90	100	–	KC 600	besonders kriechstromfest; Dekorplatten.
Hp 2361.1	Epoxidharz	Papierbahnen	90	120	2	KC 100	gute elektrische und mechanische Eigenschaften; flammwidrig; Leiterplatten-Basismaterial FR 3.
Hartgewebe (DIN 7735)							
Hgw 2072	Phenolharz	Glasfilamentgewebe	130	200	40	KC 100	hohe mechanische, elektrische und thermische Festigkeit.
Hgw 2082	Phenolharz	Baumwollfeingewebe	110	130	10	KC 100	gut zu verarbeiten, gutes Gleit- und
Hgw 2083	Phenolharz	Baumwollfeinstgewebe	110	150	12	KC 100	Verschleißverhalten; insbesondere für Zahnräder, Lager.
Hgw 2372.1	Epoxidharz	Glasfilamentgewebe	120	350	50	KC 200	beste mechanische und elektrische Eigenschaften; Leiterplatten-Basismaterial FR 4.
Hgw 2572	Silikonharz	Glasfilamentgewebe	180	125	25	KC 400	für hohe Gebrauchstemperatur.
Hartmatte (DIN 7735)							
Hm 2472	ungesättigtes Polyesterharz	Glasfilamentmatte	130	200	60	KC 500	mechanisch und elektrisch hochwertig, besonders kriechstromfest.

[1]) Grenztemperatur nach VDE 0304, Teil 2, für 25 000 h Gebrauchsdauer.
[2]) Biegefestigkeit nach DIN 53 452.
[3]) Kerbschlagzähigkeit nach DIN 53 453.
[4]) Kriechstromfestigkeit nach DIN 53 480 Verfahren KC.

Kunststoff-Formmassen

Chemische Bezeichnung	Kurzzeichen	t_G[1]) °C	E[2]) N/mm²	$a_{k\,10}$[3]) mind. kJ/m²	Beständigkeit bei 20° gegen[4]) Benzin	Benzol	Dieselkraftstoff	Alkohol	Mineralöl	Sonstige Eigenschaften Verwendungsbeispiele
Thermoplaste (Auswahl aus DIN 7740 ... 7749; DIN 16771 ... 16779)										
Acrylnitrit-Butadien-Styrol	ABS	80	2000	5 ... 10	0	–	×	+	+	Hoher Glanz, auch transparente Sorten; schlagzähe Gehäuseteile.
Celluloseacetat	CA	120/80	2000	5	×	0	+	0	+	Transparent; Formteile, Platten, Folien.
Celluloseacetobutyral	CAB	60/50	1500	2	+	–	+	–	+	Auch bei tiefen Temperaturen schlagfest.
Fluorierte Kohlenwasserstoffe	PFEP[7]) PFA[7])	250/205 260	600 650	[6]) [6])	+ +	+ +	+ +	+ +	+ +	Starke Abnahme der Steifigkeit mit zunehmender Temperatur, chemikalienbeständig; Beschichtungen, Gleitteile, Dichtungen.
Polyamid 11, 12	PA 11, 12	140/120	1500	18	+	+	+	0	+	Zähhart und abriebfest, kleiner Reibungskoeffizient, gute Schalldämpfung, etwa 1 ... 3 % Wasseraufnahme für gute Zähigkeit erforderlich, PA 11/12 wesentlich kleinere Wasseraufnahme.
Polyamid 6	PA 6	170/120	2000	15	+	+	+	×	+	
Polyamid 66	PA 66	190/120	2500	10	+	+	+	×	+	
Polyamid 6 + GF[5])	PA 6-GF	190/120	7000	8 ... 14	+	+	+	×	+	Schlagfeste Maschinengehäuse.
Polyamid 66 + GF[5])	PA 66-GF	200/120	7000	6 ... 12	+	+	+	×	+	
Polybutylenterephthalat	PBTP	160/120	1700	2 ... 4	+	+	+	+	+	Verschleißfest, chemisch unempfindlich, ab 60°C Abnahme der Steifigkeit.
Polybutylenterephthalat + GF[5])	PBTP-GF	180/120	4500	5 ... 9	+	+	+	+	+	Gegenüber PBTP ohne GF erhöhte Steifigkeit.
Polycarbonat	PC	130/125	2500	20	+	–	+	0	+	Zäh u. steif üb. weiten Temp.-Bereich, transp.
Polycarbonat + GF[5])	PC-GF	130	4000	6 ... 7	+	–	+	0	+	Bauteile hoher Steifigkeit.
Polyethylen	PE	80	1000	[6])	×	0	+	+	+	Säurefeste Behälter und Rohre, Folien.
Polyethylenterephthalat	PETP	180/120	2000	2 ... 7	+	+	+	+	+	Verschleißfest, chemisch unempfindlich, ab 60°C Abnahme der Steifigkeit.

Polyethylenterephthalat + GF[5])	PETP-GF	200/120	7000	5 ... 12	+	+	+	+	+	Gegenüber PETP ohne GF erhöhte Steifigkeit.
Polymethylmethacrylat	PMMA	80	3000	2	+	–	×	0	+	Glasklar und in allen Farben, witterungsbeständig; Streuscheiben, Linsen.
Polyoxymethylen	POM	120	2000	5 ... 7	+	0	+	+	+	Empfindlich gegen Spannungsrißbildung bei Säureeinwirkung; genaue Formteile.
Polyoxymethylen + GF	POM-GF	135	6000	3 ... 5	+	0	+	+	+	
Polyphenylenoxid	PPO	120/100	2500	4 ... 14	0	–	0	0	+	Heißwasserbeständig, flammwidrig.
Polyphenylensulfid	PPS	270	3600	1,4	+	+	+	+	+	Überzüge, Spritz- u. Preßteile, (auch m. Glasf.).
Polypropylen	PP	130/110	2000	6	×	0	+	+	+	Haushaltartikel, Batteriekästen, Abdeckhauben.
Polypropylen + GF[5])	PP-GF	130/110	3000	4 ... 8	×	0	+	+	+	Lüfterräder.
Polystyrol	PS	80	2500	2	–	–	0	+	+	Formteile, transp. u. gedeckt in allen Farben.
Polyvinylchlorid weichmacherhaltig	PVC	80/70	200	[6])	–	–	0	0	+	Kunstleder, elastische Hauben, Kabelisolierungen, Schläuche, Dichtungen.
Polyvinylchlorid weichmacherfrei	PVC	70/60	3000	2 ... 30	+	–	+	+	+	Witterungsbeständige Außenteile, Rohrleitungen, galvanische Einrichtungen.
Polyurethan hart	PUR	150/130	900	2,5	+	+	+	0	+	Shore D = 80; Gleit- und Verschleißteile.
Polyurethan weich	PUR	120/100	40	[6])	+	0	+	0	+	Shore A = 90; Membranen; Isolierungen.
Styrol-Acrylnitril	SAN	90	3000	2	0	–	×	0	+	Formteile, chem. gut beständig, auch transp.
Styrol-Butadien	SB	60	1500	4 ... 14	–	–	–	+	+	Schlagzähe Gehäuseteile für viele Bereiche.
Nur durch Pressen und Sintern verarbeitbare unvernetzte Kunststoffe										
Polyimid	PI	320/290	3100	2	+	+	+	+	+	Hochwärme- und strahlenbeständig, hart.
Polytetrafluoräthylen	PTFE	300/240	400	13 ... 15	+	+	+	+	+	Starke Abnahme d. Steifigk. mit wachsender Temp., hohe Wärme-, Alterungs- u. Chemikalienbeständigk., niederer Reibungskoeffizient, Gleitteile.

[1]) maximale Gebrauchstemperatur, kurzzeitig (1 h)/langzeitig (5000 h).
[2]) Elastizitätsmodul, ungefähre Richtwerte.
[3]) Kerbschlagzähigkeit nach DIN 53 453.
[4]) + gut beständig, × bedingt beständig, 0 wenig beständig, – unbeständig.
[5]) GF Glasfaser (25 ... 35 Gew.%).
[6]) kein Bruch. [7]) Kurzzeichen noch nicht genormt.

Typ	Harzart	Füllstoff	t_G[1]) °C	σ_{bB}[2]) mind. N/mm²	a_n[3]) mind. kJ/m²	KC[4]) mind. Stufe	Eigenschaften, Verwendungsbeispiele
Duroplaste (Auswahl aus DIN 7708, 16911, 16912)							
11.5	Phenol-Kresol	Gesteinsmehl	180/130	50	3,5	KC 150	Thermisch beanspruchte Teile, hohe Glutfestigkeit, gute Wärmeableitung, geringe Maßänderungen in feuchter Atmosphäre. Gute elektrische Eigenschaften bei Typ 11.5 und 13.5.
12		Asbestfasern	200/140	50	3,5	KC 150	
13.5		Glimmer	180/130	50	3,0	KC 150	
16		Asbestschnur	200/140	70	15	KC 150	
30.5		Holzmehl	140/100	60	5	KC 125	Typ 30.5 und 31.5 für elektrisch hochbeanspruchte Teile.
31 und 31.5		Holzmehl	140/100	70	6	KC 125	
51		Zellstoff[5])	140/100	60	5	KC 150	Etwas höhere Wasseraufnahme als bei den Typen 11 ... 16. Für Teile mit guter Isolierfähigkeit im Niederspannungsbereich. Typ 74 schlagzäh.
71		Baumwollfasern[5])	140/100	60	6	KC 150	
74		B.gewebeschnitzel[5])	140/100	60	12	KC 150	
83		Baumwollfasern[6])	140/100	60	5	KC 150	Zäher als Typ 31.
–		Glasfasern, kurz	180/140	80	6	KC 150	Hohe mechan. Festigkeit, glutbeständig.
150	Melamin	Holzmehl	120/80	70	6	KC 600	Glutfest, elektr. hochwertig, hohe Nachschwindung.
181	Melamin-Phenol	Zellstoff	120/80	80	7	KC 250	Für elektrisch und mechanisch beanspruchte Teile.
801 und 803	Polyester	Glasfasern, anorganische Füllstoffe	170/130	60	22	KC 600	Typ 801, 804 geringer Preßdruck nötig (großflächige Teile möglich); Typ 803, 804 glutbeständig.
802 und 804			170/130	55	4,5	KC 600	
870	Epoxid	Gesteinsmehl	180/130	50	5	KC 500	Typ 870 und 871 als Niederdruckmasse zum Ummanteln von Metallteilen und elektronischen Bauteilen. Niedrige Erweichungstemperaturen, schwundarm.
871		Glasfasern, kurz	180/130	80	8	KC 500	
872		Glasfasern, lang	180/130	90	15	KC 500	
–	Silikon	Glasfasern, kurz	340/180	55	2	KC 600	Hochtemperaturbeständig, elektrisch hochwertig.
–	Bismaleinimid	Glasfasern, lang	320/170	200	25	KC 150	Hohe Festigkeit auch bei hohen Temperaturen; für Gleitteile und Lager bei hohen Temperaturen.
–		Graphit	290/160	65	4	–	

Werkstoff	Kurzzeichen[7])	Anwendungsbereich[8]) °C	Shore-A-Härte	Reißfestigkeit[9]) N/mm²	Reißdehnung[9]) %	Beständigkeit gegen[11]) Witterung	Ozon	Ottokraftstoff	Dieselkraftstoff	Mineralöl	Schwerentflammbare Hydraulikflüssigkeiten HF[12]) A	B	C	D
Elastomere														
Acrylat-Kautschuk	ACM	–20 ... +150	55 ... 90	5 ... 13	100 ... 350	×	+	–	×	+	+	×	×	–
Acrylnitril-Butadien-K.	NBR	–30 ... +120	35 ... 100	10 ... 25	100 ... 700	×[10])	–[10])	×	×	+	×	×	+	–
Butyl-Kautschuk	IIR	–40 ... +125	40 ... 85	7 ... 17	300 ... 600	×[10])	×[10])	–	–	–	–	–	+	×
Chloropren-Kautschuk	CR	–40 ... +110	20 ... 90	7 ... 25	100 ... 800	×	×[10])	×	×	×	0	0	+	–
Chlorpolyethylen-K.	CM	–30 ... +140	50 ... 95	10 ... 20	100 ...700	+	+	0	0	×	×	×	+	–
Chlorsulfoniertes Polyethylen	CSM	–30 ... +140	50 ... 85	15 ... 25	200 ... 500	+	+	–	0	0	×	×	+	–
Epichlorhydrin-K.	ECO	–40 ... +135	50 ... 90	6 ... 15	150 ... 500	+	+	×	×	+	×	×	–	–
Ethylen-Acrylat-K.	EA	–40 ... +185	50 ... 75	7 ... 14	200 ... 500	+	+	0	0	0	+	×	×	–
Ethylen-Propylen-K.	EPDM	–50 ... +150	20 ... 85	7 ... 17	150 ... 500	+	+	–	–	–	–	–	+	+
Fluorkautschuk	FPM	–25 ... +250	40 ... 90	7 ... 17	100 ... 350	+	+	+	+	+	+	+	–	+
Fluorsilikon-Kautschuk	MFQ	–60 ... +200	40 ... 70	4 ... 9	100 ... 400	+	+	×	+	+	+	+	–	+
Naturkautschuk	NR	–55 ... +90	20 ... 100	15 ... 30	100 ... 800	0[10])	–[10])	–	–	–	–	–	+	–
Polyurethan-Kautschuk	AU EU	–25 ... +80	50 ... 98	20 ... 50	300 ... 700	×	×	–	–	0	–	–	–	–
Silikon-Kautschuk	MVQ	–60 ... +200	20 ... 80	4 ... 9	100 ... 400	+	+	–	0	×	+	+	+	+
Styrol-Butadien-K.	SBR	–50 ... +110	30 ... 100	7 ... 30	100 ... 800	0[10])	–[10])	–	–	–	–	–	+	–

[1]) maximale Gebrauchstemperatur, kurzzeitig (100 h)/dauernd (20000 h).
[2]) Biegefestigkeit.
[3]) Schlagzähigkeit.
[4]) Kriechstromfestigkeit nach DIN 53 480 Verfahren KC.
[5]) mit oder ohne Zusatz anderer organischer Füllstoffe.
[6]) und/oder Holzmehl.
[7]) DIN ISO 1629.
[8]) keine Dauertemperatur.
[9]) je nach Mischungs-Zusammensetzung.
[10]) kann durch Zugabe von Schutzmitteln gebessert werden.
[11]) + gut beständig, × bedingt beständig, 0 wenig beständig, – unbeständig.
[12]) A Öl-in-Wasser-Emulsion; B Wasser-in-Öl-Emulsion; C Polyglycol-Wasser-Lösung; D synthetische Flüssigkeiten.

Kunststoff-Kurzzeichen mit chemischer Bezeichnung und Handelsnamen

Kurzzeichen	Chemische Bezeichnung	Handelsnamen
ABS	Acrylnitril-Butadien-Styrol	Cycolac, Novodur, Ronfalin, Terluran
ACM	Acrylat-Kautschuk	Cyanacryl, Hycar
ANM	Ethylen-Acrylat-Kautschuk	Vamac
APE[1])	Aromatischer Polyester	Arylef
Aramid	entspr. aromatischem Polyamid	Kevlar, Nomex
ASA	Acrylnitril-Styrol-Acrylester	Luran S
AU	Polyurethan-Kautschuk	Urepan
CA	Celluloseacetat	Cellidor
CAB	Celluloseacetobutyrat	
CM	Chlorpolyethylen-Kautschuk	Bayer CM, CPE
CR	Chloropren-Kautschuk	Baypren, Neoprene
CSM	Chlorsulfoniertes Polyethylen	Hypalon
ECO	Epichlorhydrin-Kautschuk	Herclor, Hydrin
EP	Epoxid	Araldit
EPDM	Ethylen-Propylen-Kautschuk	Buna AP, Dutral, Keltan, Nordel, Vistalon
EU	Polyurethan-Kautschuk	Adiprene C
FPM	Fluorkautschuk	DAI-EL, Fluorel, Tecnoflon, Viton
IR	Isopren-Kautschuk	Cariflex IR, Natsyn
MVQ	Silikon-Kautschuk	Rhodorsil, Silastic, Silopren
NBR	Acrylnitril-Butadien-Kautschuk	Buna N, Chemigum, Hycar, Perbunan
PA	Polyamid	Trogamid T
PA 6	Polyamid 6 (Polymere aus -Caprolactam)	Durethan B, Grilon, Perlon, Renyl, Sniamid, Technyl, Ultramid B, Wellamid
PA 66	Polyamid 66 (Polymere aus Hexamethylendiamid und Adipinsäure)	Akulon, Durethan A, Minlon, Nylon, Sniamid, Technyl, Ultramid A, Wellamid, Zytel
PA 11	Polyamid 11 (Polymere aus 11-Aminoundecansäure)	Rilsan B
PA 12	Polyamid 12 (Polymere aus 12-Dodecalactam)	Grilamid, Rilsan A, Vestamid
PAI[1])	Polyamid-Imid	Torlon
PAN	Polyacrylnitril	Dralon, Orlon
PBTP	Polybutylenterephthalat	Crastin, Pocan, Ultradur, Vestodur
PC	Polycarbonat	Makrolon, Orgalan, Sinvet, Lexan

Kurzzeichen	Chemische Bezeichnung	Handelsnamen
PC-PBTP	–	Makroblend PR, Xenoy
PE	Polyethylen	Hostalen, Lupolen, Stamylan, Vestolen
PEEK[1])	Polyether-Etherketon	Victrex „PEEK"
PEI[1])	Polyetherimid	Ultem
PES[1])	Polyethersulfon	Victrex „PES"
PETFE[1])	Polytetrafluorethylen-Ethylen-Copolymer	Hostaflon ET, Tefzel
PETP	Polyethylenterephthalat	Arnite, Crastin, Mylar, Rynite, Trevira
PFA[1])	Perfluoralkoxy	Teflon PFA
PFEP[1])	Tetrafluorethylen-Hexafluorpropylen-Copolymer	Teflon FEP
PI	Polyimid	Kapton, Kerimid, Kinel, Vespel
PMMA	Polymethylmethacrylat	Degalan, Diakon, Perspex, Plexiglas, Resarit, Vedril
POM	Polyoxymethylen, Polyformaldehyd (ein Polyacetal)	Delrin, Hostaform C, Ultraform
PP	Polypropylen	Daplen, Hostalen PP, Moplen, Stamylan P, Starpylen, Vestolen
PPO	Polyphenylenoxid	Noryl
PPS	Polyphenylensulfid	Ryton
PPVC	Polyvinylchlorid	Trosiplast
PS	Polystyrol	Edistir, Hostyren, Lustrex
PSU	Polysulfon	Udel
PTFE	Polytetrafluorethylen	Fluon, Hostaflon, Teflon
PUR	Polyurethan	Desmopan, Elastollan, Lycra, Vulkollan
PVC	Polyvinylchlorid	Hostalit, Mipolam, Vestolit
PVDF	Polyvinylidenfluorid	Dyflor, Kynar, Solef
PVF	Polyvinylfluorid	Tedlar
SAN	Styrol-Acrylnitril	Kostil, Luran, Tyril
SB	Styrol-Butadien	Hostyren, Lustrex
SBR	Styrol-Butadien-Kautschuk	Buna Hüls, Buna S, Cariflex S
TPE[1])	Thermoplastisches Elastomer	Hytrel, Kraton, Solpren, TPR
UP	Ungesättigte Polyester	Keripol, Leguval, Palatal
UPVC	Polyvinylchlorid	Trovidur

[1]) Stoffkurzzeichen noch nicht genormt.

Eigenschaftswerte fester Stoffe[9])

Stoff		Dichte g/cm³	Schmelztemperatur[1]) °C	Siedetemperatur[1]) °C	Wärmeleitfähigkeit[2]) W/(m·K)	Mittl. spez. Wärmekapazität[3]) kJ/(kg·K)	Spez. Schmelzwärme[4]) kJ/kg	Längenausdehnungskoeffiz.[3]) x10⁻⁶/K
Aluminium	Al	2,70	660	2270	204	0,94	356	23,9
Aluminiumlegierungen		2,60 ... 2,85	480 ... 655	–	70 ... 240	–	–	21 ... 24
Antimon	Sb	6,69	630,5	1635	22	0,21	163	–
Arsen	As	5,72	–	–	–	0,35	–	–
Asbest		2,1 ... 2,8	≈ 1300	–	–	0,81	–	–
Asphalt		1,1 ... 1,4	80 ... 100	≈ 300	0,70	0,92	–	–
Barium	Ba	3,59	704	1700	–	0,29	–	–
Bariumchlorid		3,10	955	1600	–	0,38	–	–
Basalt		2,6 ... 3,3	–	–	1,67	0,86	–	–
Bernstein		1,0 ... 1,1	≈ 300	zerfällt	–	–	–	–
Beryllium	Be	1,85	1280	≈ 3000	165	1,02	–	–
Beton		1,8 ... 2,2	–	–	≈ 1,0	0,88	–	–
Bitumen		1,05	≈ 90	–	0,17	1,78	–	–
Blei	Pb	11,3	327,4	1740	34,7	0,13	24,3	29
Bleioxid, -glätte	PbO	9,3	880	1480	–	0,22	–	–
Bor	B	2,34	2500	> 3800	–	1,05	–	–
Borax		1,72	740	–	–	1,00	–	–
Bronze CuSn 6		8,8	910	2300	64	0,37	–	17,5
Cadmium	Cd	8,64	321	765	91	0,23	54	30
Calcium	Ca	1,54	850	1400	–	0,66	–	–
Celluloseacetat		1,3	–	–	0,26	1,47	–	100...160
Chlorcalcium		2,2	774	–	–	0,69	–	–
Chrom	Cr	7,1	1800	2700	69	0,46	–	8,4
Chromoxid	Cr_2O_3	5,2	2300	–	0,42 (pulv.)	0,75	–	–
Dachpappe		1,1	–	–	0,19	–	–	–
Diamant	C	3,5	–	–	–	0,52	–	1,1
Duroplaste								
Phenolharz o. Füllstoff		1,3	–	–	0,20	1,47	–	80
Phenolharz m. Asbestfaser		1,8	–	–	0,70	1,25	–	15 ... 30
Phenolharz m. Holzmehl		1,4	–	–	0,35	1,47	–	30 ... 50
Phenolharz m. Gewebeschnitzel		1,4	–	–	0,35	1,47	–	15 ... 30
Melaminharz m. Cellulosefaser		1,5	–	–	0,35	–	–	≈ 60
Eis (0 °C)		0,92	0	100	2,33[5])	2,09[5])	–	51[6])
Eisen, rein	Fe	7,87	1530	3070	81	0,47	–	12
Germanium	Ge	5,3	936	2700	55	0,31	–	6,1
Gips		2,3	1200	–	0,45	1,09	–	–
Glas, Fenster-		2,4 ... 2,7	≈ 700	–	0,81	0,83	–	≈ 8
Glas, Quarz-		–	–	–	–	–	–	0,5
Glimmer		2,6 ... 2,9	zerfällt bei	700 °C	0,35	0,87	–	3
Gold	Au	19,29	1063	2960	310	0,13	67	14,2
Granit		2,7	–	–	3,49	0,83	–	–
Graphit, rein	C	2,24	≈ 3800	≈ 4200	168	0,71	–	7,8
Grauguß		7,25	1200	2500	58	0,50	125	10,5

[1]) Bei 1,013 bar. [2]) Bei 20 °C. [3]) Bei 0 ... 100 °C. [4]) Bei Schmelztemperatur und 1,013 bar.
[5]) Bei –20 ... 0 °C. [6]) Bei –20 ... –1 °C.

Stoff		Dichte g/cm³	Schmelztemperatur[1]) °C	Siedetemperatur[1]) °C	Wärmeleitfähigkeit[2]) W/(m·K)	Mittl. spez. Wärmekapazität[3]) kJ/(kg·K)	Spez. Schmelzwärme[4]) kJ/kg	Längenausdehnungskoeffiz.[3]) $\times 10^{-6}$/K
Hartgewebe, -papier		1,3 ... 1,4	–	–	0,23	1,47	–	10 ... 25[8])
Hartgummi		1,2 ... 1,5	–	–	0,16	1,42	–	50 ... 90[8])
Hartmetall K 20		14,8	> 2000	≈ 4000	81,4	0,80	–	5 ... 7
Hartschaum, luftgefüllt[5])		0,015 ... 0,06	–	–	0,036 ... 0,06	–	–	–
frigengefüllt		0,015 ... 0,06	–	–	0,02 ... 0,03	–	–	–
Heizleiterlegierung NiCr 8020		8,3	1400	2350	14,6	0,50[6])	–	–
Holz[7]) Ahorn		0,62	–	–	0,16	2,1...2,9 (Ahorn bis Pappel)	–	in Faserrichtung 3...4, quer zur Faser 22...43 (Ahorn bis Pappel)
Balsa		0,20	–	–	0,06		–	
Birke		0,63	–	–	0,14		–	
Buche		0,72	–	–	0,17		–	
Eiche		0,69	–	–	0,17		–	
Esche		0,72	–	–	0,16		–	
Fichte, Tanne		0,45	–	–	0,14		–	
Kiefer		0,52	–	–	0,14		–	
Nußbaum		0,65	–	–	0,15		–	
Pappel		0,50	–	–	0,12		–	
Holzkohle		0,3 ... 0,5	–	–	0,084	1,0	–	–
Holzwolle-Leichtbauplatten		0,36 ... 0,57	–	–	0,093	–	–	–
Indium	In	7,3	156	2000	24,4	0,23	–	–
Iridium	Ir	22,5	2454	> 4800	59	0,13	–	–
Jod	J	5,0	113,6	183	0,44	0,23	–	–
Kalium	K	0,86	63,6	760	110	0,78	65	–
Kautschuk, roh		0,92	125	–	0,15	–	–	–
Kesselstein		≈ 2,5	≈ 1200	–	0,12...2,3	0,80	–	–
Kobalt	Co	8,8	1490	3100	69,1	0,43	268	–
Kochsalz		2,15	802	1440	–	0,92	–	–
Koks		1,6 ... 1,9	–	–	0,18	0,83	–	–
Kolophonium		1,08	100 ... 130	zerfällt	0,32	1,21	–	–
Kork		0,1 ... 0,3	–	–	0,04...0,06	1,7 ... 2,1	–	–
Kreide		1,8 ... 2,6	Zerfällt in CaO und CO_2		0,92	0,84	–	–
Kupfer	Cu	8,93	1083	≈ 2500	384	0,39	213	17
Leder, trocken		0,86 ... 1	–	–	0,14 ... 0,16	≈ 1,5	–	–
Linoleum		1,2	–	–	0,19	–	–	–
Lithium	Li	0,534	180	1370	65	3,6	–	–
Magnesium	Mg	1,74	650	1110	172	1,04	368	–
Magnesiumlegierungen		≈ 1,8	≈ 630	1500	46 ... 139	–	–	24,5
Mangan	Mn	7,43	1244	2100	21	0,48	–	–
Marmor	$CaCO_3$	2,6...2,8	zerfällt in CaO und CO_2		2,8	0,84	–	–
Mennige, Blei-	Pb_3O_4	8,6...9,1	bildet PbO		0,70	0,092	–	–

[1] Bei 1,013 bar. [2]) Bei 20 °C. [3]) Bei 0 ... 100 °C. [4]) Bei Schmelztemperatur und 1,013 bar. [5]) Phenolharz-Hartschaum, Polystyrol-H., Polyäthylen-H. usw. Werte abhängig vom Zelldurchmesser und vom Füllgas. [6]) Bei 0 ... 1000 °C. [7]) Mittlere Werte für lufttrockenes Holz (Feuchtigkeit etwa 12 %). Wärmeleitfähigkeitswerte radial; axial etwa doppelt so groß. [8]) Bei 20 ... 50 °C. [9]) Werkstoffe s. S. 138 ... 167.

Stoff		Dichte g/cm³	Schmelz-tempe-ratur[1]) °C	Siede-tempe-ratur[1]) °C	Wärme-leitfähig-keit[2]) W/(m·K)	Mittl. spez. Wärme-kapa-zität[3]) kJ/(kg·K)	Spez. Schmelz-wär-me[4]) kJ/kg	Längen-ausdeh-nungs-koeffiz.[3]) x10⁻⁶/K
Messing CuZn 37		8,4	900	1110	113	0,38	167	18,5
Molybdän	Mo	10,2	2600	5500	145	0,26	–	5,2
Monelmetall		8,8	1240... 1330	–	19,7	0,43	–	–
Mörtel, Kalk-		1,6 ... 1,8	–	–	0,87	–	–	–
Mörtel, Zement-		1,6 ... 1,8	–	–	1,40	–	–	–
Natrium	Na	0,97	97,8	883	126	1,3	113	–
Neusilber CuNi12Zn24		8,7	1020	–	48	0,40	–	18
Nickel	Ni	8,9	1452	2730	59	0,45	306	13
Niob	Nb	8,6	2415	2900	53	0,27	–	–
Osmium	Os	22,5	2500	>5300	–	0,13	–	–
Palladium	Pd	12,0	1555	2930	71	0,23	–	–
Papier		0,7 ... 1,2	–	–	0,14	1,34	–	–
Paraffin		0,9	52	300	0,26	3,27	–	–
Pech		1,25	–	–	0,13	–	–	–
Phosphor (gelb)	P	1,82	44	280	–	0,80	21	–
Platin	Pt	21,5	1773	4400	70	0,13	113	9
Plutonium	Pu	17,6	640	>3300	–	0,16	–	–
Polyamid		1,1	–	–	0,31	–	–	70...150
Polyäthylen		0,94	–	–	0,41	2,1	–	200
Polycarbonat		1,2	–	–	0,20	1,17	–	–
Polystyrol		1,05	–	–	0,17	1,3	–	70
Polyvinylchlorid		1,4	–	–	0,16	–	–	70...150
Porzellan		2,3...2,5	≈ 1600	–	1,6[5])	1,2[5])	–	4...5
Quarz		2,1...2,5	1480	2230	9,9	0,80	–	8[6])/14,6[7])
Radium	Ra	5	960	1140	–	–	–	–
Rhenium	Re	21	3180	≈ 5500	71	0,14	–	–
Rotguß CuSn5ZnPb		8,8	950	2300	38	0,67	–	–
Rubidium	Rb	1,52	39	701	58	0,33	–	–
Ruß		1,7...1,8	–	–	0,07	0,84	–	–
Sand, Quarz-, trocken		1,5 ... 1,7	≈ 1500	2230	0,58	0,80	–	–
Sandstein		2 ... 2,5	≈ 1500	–	2,3	0,71	–	–
Schamotte		1,7 ... 2,4	≈ 2000	–	1,4	0,80	–	–
Schaumgummi		0,06 ... 0,25	–	–	0,04 ... 0,06	–	–	–
Schlacke, Hochofen-		2,5 ... 3	1300... 1400	–	0,14	0,84	–	–
Schwefel	S	1,96... 2,06	115	444,6	0,20	0,70	46	–
Selen	Se	4,4	220	688	0,20	0,33	–	–
Silber	Ag	10,5	960,5	2170	407	0,23	105	19,7
Silicium	Si	2,33	1420	2600	83	0,75	–	4,2
Siliciumcarbid		2,4	zerfällt über 3000°C		9[8])	1,05[8])	–	–
Sillimanit		2,4	1820	–	1,51	1,0	–	–
Sinterstahl		–	–	–	–	–	–	11,5
Sinterkorund		–	–	–	–	–	–	6,5[9])

1) Bei 1,013 bar. 2) Bei 20°C. 3) Bei 0 ... 100°C. 4) Bei Schmelztemperatur und 1,013 bar.
5) Bei 800°C. 6) Parallel zur Kristallachse. 7) Senkrecht zur Kristallachse.
8) Bei 1000°C. 9) Bei 20 ... 1000°C.

Stoff		Dichte g/cm³	Schmelz-tempe-ratur¹) °C	Siede-tempe-ratur¹) °C	Wärme-leitfähig-keit²) W/(m·K)	Mittl. spez. Wärme-kapa-zität³) kJ/(kg·K)	Spez. Schmelz-wär-me⁴) kJ/kg	Längen-ausdeh-nungs-koeffiz.³) $x 10^{-6}$/K
Stahl, unlegiert u. niedrig leg.		7,9	1460	2500	48 ... 58	0,49	205	11,5
Stahl, rostbeständig (18Cr, 8Ni)		7,9	1450	–	14	0,51	–	16
Stahl, Wolframstahl (18W)		8,7	1450	–	26	0,42	–	–
Stahl, Chromstahl		–	–	–	–	–	–	11
Stahl, Dynamoblech		–	–	–	–	–	–	12
Stahl, Magnetstahl AlNiCo 12/6		–	–	–	–	–	–	11,5
Stahl, Schnellarbeitsstahl		–	–	–	–	–	–	11,5
Stahl, Nickelstahl 36% Ni (Invar)		–	–	–	–	–	–	1,5
Steatit		2,6 ... 2,7	≈ 1520	–	1,6⁶)	0,83	–	8 ... 9⁵)
Steinkohle (Anthrazit)		1,35	–	–	0,24	1,02	–	–
Talg, Rinder-		0,9 ... 0,97	40 ... 50	≈ 350	–	0,87	–	–
Tantal	Ta	16,6	2990	4100	54	0,14	–	–
Tellur	Te	6,24	455	1300	4,9	0,20	–	–
Thorium	Th	11,7	≈ 1700	≈ 4000	38	0,14	–	–
Titan	Ti	4,5	1670	3200	15,5	0,47	–	8,2
Tombak CuZn20		8,65	1000	≈ 1300	159	0,38	–	–
Ton, trocken		1,5 ... 1,8	≈ 1600	–	0,9 ... 1,3	0,88	–	–
Torfmull, lufttrocken		0,19	–	–	0,081	–	–	
Uran	U	19,1	1133	≈ 3800	28	0,12	–	–
Vanadium	V	6,1	1890	≈ 3300	31,4	0,50	–	–
Vulkanfiber		1,28	–	–	0,21	1,26	–	–
Wachs		0,96	60	–	0,084	3,4	–	–
Watte		0,01	–	–	0,04	–	–	–
Weichgummi		1,08	–	–	0,14 ... 0,24	–	–	–
Widerstandsleg. CuNi 44		8,9	1280	≈ 2400	22,6	0,41	–	15,2
Wismut	Bi	9,8	271	1560	8,1	0,12	59	12,1
Wolfram	W	19,2	3410	5900	130	0,13	–	4,5
Zement, abgebunden		2 ... 2,2	–	–	0,9 ... 1,2	1,13	–	–
Ziegelmauerwerk		> 1,9	–	–	1,0	0,9	–	–
Zink	Zn	7,14	419,5	906	113	0,40	101	29
Zinn	Sn	7,28	231,9	2500	65,7	0,24	59	23
Zirkonium	Zr	6,5	1852	≈ 3600	22	0,29	–	–

¹) Bei 1,013 bar. ²) Bei 20 °C. ³) Bei 0 ... 100 °C. ⁴) Bei Schmelztemperatur und 1,013 bar. ⁵) Bei 20 ... 1000 °C. ⁶) Bei 100 ... 200 °C.

Eigenschaftswerte flüssiger Stoffe

Stoff		Dichte[2]) g/cm³	Schmelztemperatur[1]) °C	Siedetemperatur[1]) °C	Wärmeleitfähigkeit[2]) W/(m·K)	Spezifische Wärmekapazität[2]) kJ/(kg·K)	Spezifische Schmelzwärme[3]) kJ/kg	Spezifische Verdampfungswärme[4]) kJ/kg	Volumenausdehnungskoeffizient x 10^{-3}/K
Aceton	$(CH_3)_2CO$	0,79	−95	56	0,16	2,21	–	523	–
Äthanol[8])	C_2H_5OH	0,79	−114	78	0,17	2,43	–	904	1,1
Äthyläther[8])	$(C_2H_5)_2O$	0,71	−116	35	0,13	2,28	–	377	1,6
Äthylchlorid[8])	C_2H_5Cl	0,90	−139	12,5	0,11[5])	1,54[5])	–	–	–
Äthylenglykol[8])		1,114	−12	197	0,25	2,40	–	–	–
Benzin (Ottokraftstoff)		0,72 ... 0,75	−30 ... −50	25 ... 210	0,13	2,02	–	–	1,0
Benzol	C_6H_6	0,88	+5,5[6])	80	0,15	1,70	127	394	1,25
Dieselkraftstoff		0,81 ... 0,85	−30	150 ... 360	0,15	2,05	–	–	–
Gefrierschutzmittel-Wasser-Gemisch									
23 Vol.-%		1,03	−12	101	0,53	3,94	–	–	–
38 Vol.-%		1,04	−25	103	0,45	3,68	–	–	–
54 Vol.-%		1,06	−46	105	0,40	3,43	–	–	–
Glyzerin	$C_3H_5(OH)_3$	1,26	+19	290	0,29	2,37	200	–	0,5
Heizöl EL		≈ 0,83	−10	> 175	0,14	2,07	–	–	–
Kochsalzlösung (20 %)		1,15	−18	109	0,58	3,43	–	–	–
Leinöl		0,93	−15	316	0,17	1,88	–	–	–
Methanol	CH_3OH	0,79	−98	65	0,20	2,51	–	1109	–
Methylchlorid	CH_3Cl	0,99[7])	−92	−24	0,16	1,38	–	406	–
m-Xylol		–	–	–	–	–	–	339	–
Paraffinöl		–	–	–	–	–	–	–	0,764
Petroläther		0,66	−160	> 40	0,14	1,76	–	–	–
Petroleum		0,76 ... 0,86	−70	> 150	0,13	2,16	–	–	1,0
Quecksilber[9])	Hg	13,5	−39	357	10	0,14	11,3	285	0,18
Rüböl		0,91	±0	300	0,17	1,97	–	–	–

[1]) Bei 1,013 bar. [2]) Bei 20 °C. [3]) Bei Schmelztemperatur und 1,013 bar. [4]) Bei Siedetemperatur und 1,013 bar. [5]) Bei 0 °C. [6]) Erstarrungstemperatur 0 °C. [7]) Bei −24 °C. [8]) Moderne Schreibweise mit E statt mit Ä. [9]) Für Umrechnung von Torr in Pa Wert 13,5951 g/cm³ (bei 0 °C) verwenden.

Stoff		Dichte[2]) g/cm³	Schmelztemperatur[1]) °C	Siedetemperatur[1]) °C	Wärmeleitfähigkeit[2]) W/(m·K)	Spezifische Wärmekapazität[2]) kJ/(kg·K)	Spezifische Schmelzwärme[3]) kJ/kg	Spezifische Verdampfungswärme[4]) kJ/kg	Volumenausdehnungskoeffizient $x 10^{-3}$/K
Salpetersäure, konz.	HNO_3	1,51	−41	84	0,26	1,72	–	–	–
Salzsäure, 10%	HCl	1,05	−14	102	0,50	3,14	–	–	–
Schmieröl		0,91	−20	>300	0,13	2,09	–	–	–
Schwefelsäure, konz.	H_2SO_4	1,83	+10,5[5])	338	0,47	1,42	–	–	0,55
Silikonöl		0,76 ... 0,98	–	–	0,13	1,09	–	–	–
Spiritus 95 %[6])		0,81	−114	78	0,17	2,43	–	–	–
Teer (Koksofen-)		1,2	−15	300	0,19	1,56	–	–	–
Terpentinöl		0,86	−10	160	0,11	1,80	–	293	1,0
Toluol[3])	C_7H_8	0,87	−95	110	0,14	1,67	–	364	–
Transformatorenöl		0,88	−30	170	0,13	1,88	–	–	–
Trichloräthylen	C_2HCl_3	1,47	−86	87	0,12	0,93	–	–	1,19
Wasser		1,00[7])	±0	100	0,60	4,18	332	2256	0,18[8])

Wasserdampf

Absoluter Druck bar	Siedetemperatur °C	Spez. Verdampfungswärme kJ/kg[2])
0,1233	50	2382
0,3855	75	2321
1,0133	100	2256
2,3216	125	2187
4,760	150	2113
8,925	175	2031
15,55	200	1941

Absoluter Druck bar	Siedetemperatur °C	Spez. Verdampfungswärme kJ/kg[2])
25,50	225	1837
39,78	250	1716
59,49	275	1573
85,92	300	1403
120,5	325	1189
165,4	350	892
221,1	374,2	0

[1]) Bei 1,013 bar.
[2]) Bei 20°C.
[3]) Bei Schmelztemperatur und 1,013 bar.
[4]) Bei Siedetemperatur und 1,013 bar.
[5]) Erstarrungstemperatur 0°C.
[6]) Äthanol vergällt.
[7]) Bei 4°C.
[8]) Volumenausdehnung beim Gefrieren: 9%.

Eigenschaftswerte gasförmiger Stoffe

Stoff		Dichte[1] kg/m^3	Schmelztemperatur[2] °C	Siedetemperatur[2] °C	Wärmeleitfähigkeit[3] W/(m·K)	Spezifische Wärmekapazität kJ/(kg·K) c_p	c_v	c_p/c_v	Spez. Verdampfungswärme[2] kJ/kg
Acetylen	C_2H_2	1,17	−84	−81	0,021	1,64	1,33	1,23	–
Ammoniak	NH_3	0,77	−78	−33	0,024	2,06	1,56	1,32	1369
Argon	Ar	1,78	−189	−186	0,018	0,52	0,31	1,67	–
Äthan[6]	C_2H_6	1,36	−183	−88	0,021	1,66	1,36	1,22	–
Äthanoldampf[6]		2,04	−114	+78	0,015	–	–	1,13	–
Äthylen[6]	C_2H_4	1,26	−169	−103	0,020	1,47	1,18	1,24	–
n-Butan	C_4H_{10}	2,70	−135	+0,5	0,016	–	–	–	–
i-Butan	C_4H_{10}	2,67	−145	−10,2	0,016	–	–	1,11	–
Chlor	Cl_2	3,22	−102	−34	0,010	0,50	0,37	1,34	–
Chlorwasserstoff	HCl	1,64	−114	−85	0,014	0,81	0,57	1,42	–
Cyan		2,33	−34	−21	–	1,72	1,35	1,27	–
Difluordichlormethan (Frigen)	CF_2Cl_2	5,51	−140	−30	0,010	–	–	1,14	–
Erdgas		≈ 0,83	–	−162	–	–	–	–	–
Fluor	F_2	1,69	−220	−188	0,026	–	–	–	–
Gichtgas		1,28	−210	−170	0,024	1,05	0,75	1,40	–
Helium	He	0,18	−272	−269	0,15	5,23	3,15	1,66	–
Kohlenoxid	CO	1,25	−205	−191	0,025	1,05	0,75	1,40	–
Kohlendioxid	CO_2	1,98	−57[4]	−78	0,016	0,82	0,63	1,30	368
Krypton	Kr	3,74	−157	−153	0,0095	0,25	0,15	1,67	–
Luft		1,293	−220	−191	0,026	1,005	0,716	1,40	209
Methan	CH_4	0,72	−183	−162	0,033	2,19	1,68	1,30	–
Methylchlorid	CH_3Cl	2,31	−92	−24	–	0,74	0,57	1,29	–
Neon	Ne	0,90	−249	−246	0,049	1,03	0,62	1,67	–
Ozon	O_3	2,14	−251	−112	0,019	–	–	1,29	–
Propan	C_3H_8	2,00	−190	−43	0,018	–	–	1,14	–
Propylen	C_3H_6	1,91	−185	−47	0,017	–	–	–	–
Sauerstoff	O_2	1,43	−219	−183	0,026	0,91	0,65	1,40	214
Schwefeldioxid	SO_2	2,93	−75	−10	0,010	0,64	0,46	1,40	402
Schwefelkohlenstoff	CS_2	3,41	−112	+46	0,0073	0,67	0,56	1,19	–
Schwefelwasserstoff	H_2S	1,54	−86	−60	–	0,96	0,72	1,34	553
Stadtgas		0,56...0,61	−230	−210	0,064	2,14	1,59	1,35	–
Stickstoff	N_2	1,25	−210	−196	0,026	1,04	0,74	1,40	201
Wasserdampf bei 100 °C[5]		0,60	±0	+100	0,025	2,01	1,52	1,32	–
Wasserstoff	H_2	0,09	−259	−253	0,18	14,24	10,10	1,41	461
Xenon	X	5,89	−112	−108	0,0055	0,16	0,096	1,67	–

[1]) Bei 0 °C und 1,013 bar.
[2]) Bei 1,013 bar.
[3]) Bei 20 °C und 1,013 bar.
[4]) Bei 5,3 bar.
[5]) Bei Sättigung und 1,013 bar, s. a. Tabelle „Eigenschaftswerte flüssiger Stoffe".
[6]) Moderne Schreibweise mit E statt mit Ä.

Elektrische Eigenschaftswerte

Spezifischer elektrischer Widerstand bei 20 °C
(Widerstand eines Drahtes von 1 m Länge mit 1 mm² Querschnitt)

Spez. Widerstand stark abhängig von der Reinheit der Metalle. Der mittlere Temperaturkoeffizient α bezieht sich, soweit möglich, auf Temperaturen zwischen 0 und 100 °C. Spez. Widerstand bei Temperatur t °C ist $\varrho_t = \varrho_{20}\,[1+\alpha(t-20\,°C)]$. Berechnung der Temperatur einer Wicklung aus der Widerstandszunahme s. S. 121.

$1\,\Omega mm^2/m = 1\,\mu\Omega\,m$, $1\,S\,m/mm^2 = 1\,MS/m$ (S = Siemens)

Werkstoff	Spezifischer elektr. Widerstand ϱ µΩm	Elektr. Leitfähigkeit $\gamma = 1/\varrho$ MS/m	Mittlerer Temperaturkoeffizient α $\times 10^{-3}$ 1/°C	Obere Anwendungstemperatur etwa °C
Aluminium, Al 99,5 (weich)	0,0286	35	3,8	–
Aluminiumlegierung E-AlMgSi	< 0,0328	> 30,5	3,8	–
Blei Pb 99,94	0,207	4,8	4	–
Bronze CuBe 0,5, ausgehärtet	0,04 ... 0,05	20 ... 25	–	300
Cadmium	0,077	13	–	–
Elektroblech I	0,21	4,76	–	–
Elektroblech IV	0,56	1,79	–	–
Gold (Feingold)	0,022	45	4	–
Gold-Chrom-Legierung Cr 2,05	0,33	3,03	± 0,001	–
Grauguß	0,6 ... 1,6	0,62 ... 1,67	1,9	–
Heizleiterlegierung[1]) CrAl 20 5	1,37	0,73	0,05	1200
NiCr 30 20	1,04	0,96	0,35	1100
NiCr 60 15	1,13	0,88	0,15	1150
NiCr 80 20	1,12	0,89	0,05	1200
Kohlebürsten, nicht gefüllt	10 ... 200	0,1 ... 0,05	–	–
metallgefüllt	0,05 ... 30	20 ... 0,03	–	–
Kupfer, weich	0,01754	57	3,9	–
hart (kaltgereckt)	0,01786	56	3,9	–
Messing CuZn 39 Pb 3	0,0667	15	2,33	–
CuZn 20	0,0525	19	1,60	–
Molybdän	0,054	18,5	4,7	1600[3])
Neusilber CuNi 12 Zn 24	0,232	4,3	–	–
Nickel Ni 99,6	0,095	10,5	5,5	–
Platin	0,0981	10,2	3,923	–
Quecksilber	0,964	1,0386	0,9	–
Silber (Feinsilber)	0,015	66,5	4,056	–
Stahl C 15	0,14 ... 0,16	7,15	–	–
Tantal	0,124	8,06	3,82	–
Widerstandslegierung[2]) CuMn 12 Ni	0,43	2,33	± 0,01	140
CuNi 30 Mn	0,40	2,50	0,14	500
CuNi 44	0,49	2,04	± 0,04	600
Wismut	1,25	0,8	4,54	–
Wolfram	0,0548	18,2	4,82	–
Zink	0,06	16,67	4,17	–
Zinn	0,114	8,82	4,4	–

[1]) DIN 17 470. [2]) DIN 17 471. [3]) Unter Schutzgas bzw. Vakuum.

Widerstand von Kupfer- und Aluminiumdraht

$R = \frac{4 \cdot l \cdot \varrho}{\pi \cdot d^2}$ R in Ω, ϱ = spez. elektr. Widerstand in $\mu\Omega$ m (= Ω mm²/m), l in m, d in mm.

Zugrundegelegt: Für Kupfer $\varrho = 0{,}018\ \mu\Omega$ m, für Aluminium $\varrho = 0{,}029\ \mu\Omega$ m.

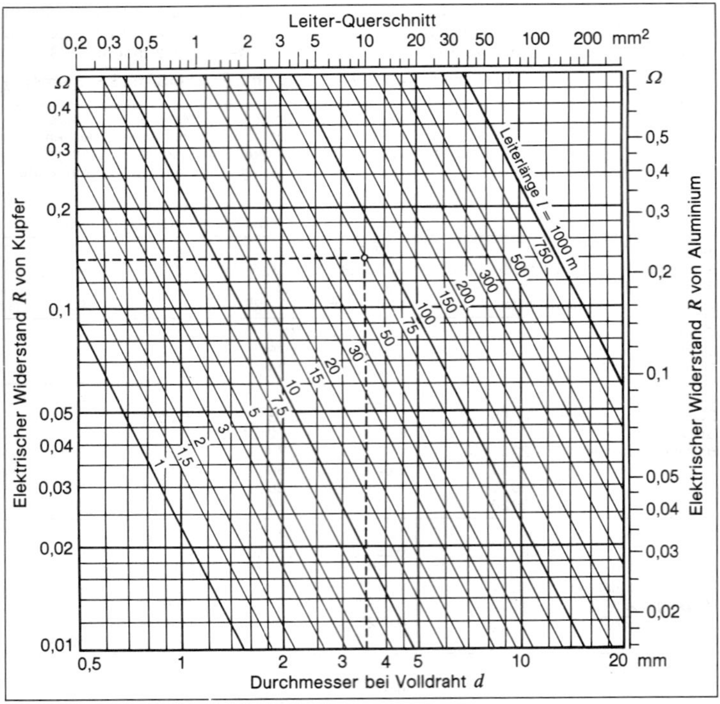

Einem Vielfachen der Drahtlänge entspricht dasselbe Vielfache des elektr. Widerstands,
einem 10mal größeren Drahtdurchmesser entspricht der 100ste Teil des elektr. Widerstands,
einem 10mal kleineren Drahtdurchmesser entspricht der 100fache elektr. Widerstand.

Beispiele: Bei d = 3,5 mm und l = 75 m ist $R_{Cu} = 0{,}14\ \Omega$, $R_{Al} = 0{,}225\ \Omega$,
bei d = 3,5 mm und l = 750 m ist $R_{Cu} = 1{,}4\ \Omega$, $R_{Al} = 2{,}25\ \Omega$,
bei d = 0,35 mm und l = 75 m ist $R_{Cu} = 14\ \Omega$, $R_{Al} = 22{,}5\ \Omega$.

Literatur zu den Seiten 168 ... 178:
D'Ans-Lax: Taschenbuch für Chemiker und Physiker, Springer-Verlag, 3. Auflage.
Landolt-Börnstein: Zahlenwerte und Funktionen. Springer-Verlag, 6. Auflage.
Hütte, Band 1. Verlag Wilhelm Ernst und Sohn, Berlin, 28. Auflage.

Kupferrunddraht
einfach (1 L) und doppelt (2 L) lackisoliert (aus DIN 46435)

Durchmesser blank mm	Toleranz mm	Gleichstrom-Widerstand bei 20 °C: Nennwert[1] Ω/m	Kleinstwert[2] Ω/m	Größtwert[3] Ω/m	Außendurchmesser einfach lackisoliert: Kleinstmaß mm	Größtmaß mm	doppelt lackisoliert: Kleinstmaß mm	Größtmaß mm
0,063		5,531	5,196	5,848	0,068	0,078	0,077	0,085
0,071		4,355	4,104	4,610	0,076	0,088	0,087	0,095
0,08	[4]	3,430	3,235	3,625	0,088	0,098	0,099	0,105
0,09		2,710	2,556	2,864	0,098	0,110	0,109	0,117
0,1		2,195	2,072	2,318	0,109	0,121	0,121	0,129
0,112		1,74	1,646	1,864	0,122	0,134	0,135	0,143
0,125		1,405	1,328	1,488	0,135	0,149	0,147	0,159
0,14		1,120	1,064	1,180	0,152	0,166	0,164	0,176
0,16	± 0,003	0,8575	0,8192	0,8983	0,173	0,187	0,185	0,199
0,18		0,6775	0,6499	0,7068	0,195	0,209	0,206	0,222
0,2		0,5488	0,5282	0,5706	0,216	0,230	0,227	0,245
0,224		0,4375	0,4224	0,4534	0,242	0,256	0,252	0,272
0,25		0,3512	0,3374	0,3659	0,268	0,284	0,279	0,301
0,28	± 0,004	0,2800	0,2698	0,2907	0,301	0,315	0,310	0,334
0,315		0,2212	0,2139	0,2289	0,336	0,352	0,349	0,371
0,355		0,1742	0,1689	0,1797	0,377	0,395	0,392	0,414
0,4		0,1372	0,1327	0,1419	0,424	0,442	0,438	0,462
0,45	± 0,005	0,1084	0,1051	0,1118	0,475	0,495	0,490	0,516
0,5		0,08781	0,08534	0,09037	0,526	0,548	0,543	0,569
0,56	± 0,006	0,07000	0,06794	0,07215	0,578	0,611	0,606	0,632
0,63		0,05531	0,05381	0,05687	0,658	0,684	0,678	0,706
0,71	± 0,007	0,04355	0,04234	0,04481	0,739	0,767	0,762	0,790
0,75	± 0,008	0,03903	0,03788	0,04022	0,779	0,809	0,802	0,832
0,8		0,03430	0,03334	0,03530	0,829	0,861	0,853	0,885
0,85	± 0,009	0,03038	0,02950	0,03131	0,879	0,913	0,905	0,937
0,9		0,02710	0,02634	0,02789	0,929	0,965	0,956	0,990
0,95	± 0,010	0,02432	0,02362	0,02506	0,979	1,017	1,007	1,041
1		0,02195	0,02134	0,02259	1,030	1,068	1,059	1,093
1,06	± 0,011	0,01953			1,090	1,130	1,121	1,153
1,12		0,01750			1,150	1,192	1,181	1,217
1,18	± 0,012	0,01576			1,210	1,254	1,241	1,279
1,25	± 0,013	0,01405			1,281	1,325	1,313	1,351
1,32		0,01259			1,351	1,397	1,385	1,423
1,4	± 0,014	0,01120			1,433	1,479	1,466	1,506
1,5	± 0,015	0,009757			1,533	1,581	1,568	1,608
1,6	± 0,016	0,008575			1,633	1,683	1,669	1,711
1,7	± 0,017	0,007596			1,733	1,785	1,771	1,813
1,8	± 0,018	0,006775			1,832	1,888	1,870	1,916
1,9	± 0,019	0,006081			1,932	1,990	1,972	2,018
2	± 0,020	0,005488			2,032	2,092	2,074	2,120

[1]) Gerechnet mit 1/58 ≈ 0,0172 μΩ m (Ω mm^2/m). [2]) Gerechnet mit 1/58,5 ≈ 0,0171 μΩ m.
[3]) Gerechnet mit 1/57,5 ≈ 0,0174 μΩ m. [4]) Nicht festgelegt, verbindlich Widerstandswerte.

Elektrische Eigenschaftswerte von Isolierstoffen

Eigenschaften stark abhängig von Reinheit, Homogenität, Weiterverarbeitung und Alterung des Isolierstoffs, von Feuchtigkeitsgehalt und Temperatur. Nachfolgend Richtwerte für nicht gealterte Probekörper bei Raumtemperatur und mittlerem Feuchtigkeitsgehalt, 1 min Prüfspannung bei 50 Hz; Proben 3 mm dick.
Verlustfaktor $\tan\delta$ = Wirkleistung/Blindleistung; in USA: Lossfactor = $\varepsilon_r \cdot \tan\delta$.

Isolierstoff	Dielektrizitätszahl bei 800 Hz (Luft = 1) ε_r	Verlustfaktor $\tan\delta$ bei 800 Hz $\times 10^{-3}$	Verlustfaktor $\tan\delta$ bei 10^6 Hz $\times 10^{-3}$	Spezifischer Durchgangswiderstand $10^n\,\Omega\,m$ Werte von n	Durchschlagfestigkeit kV_{eff}/mm	Kriechstromfestigkeit nach DIN 53 480 Stufe
Celluloseacetate	4,7 ... 5,8	17 ... 24	48 ... 66	11 ... 13	32	–
Epoxidgießharze und -preßmassen	3,2 ... 5	2 ... 30	2 ... 60	10 ... 15	6 ... 15	KA 3b, KA 3c
Glimmer	5 ... 8	0,1 ... 1	0,2	13 ... 15	60	KA 3c
Hartporzellan	5 ... 6,5	≈ 15	6 ... 12	> 9	30 ... 40	KA 3c
Paraffine	1,9 ... 2,3	< 0,3	< 0,3	13 ... 16	10 ... 30	–
Phenolharzpreßmassen anorganisch gefüllt	5 ... 30	30 ... 400	50 ... 200	6 ... 11	5 ... 30	KA 1
Phenolharzpreßmassen organisch gefüllt	4 ... 9	50 ... 500	50 ... 200	6 ... 10	5 ... 20	KA 1
Polyamide	8 ... 14	20 ... 200	20 ... 200	6 ... 12	10 ... 50	KA 3b, KA 3c
Polyäthylen	2,3	0,2 ... 0,6	0,2 ... 0,6	> 15	≈ 80	KA 3c
Polycarbonate	3	1,0	10	14 ... 16	25	KA 1
Polyestergießharze und -preßmassen	3 ... 7	3 ... 100	6 ... 60	8 ... 14	6 ... 25	KA 3c
Polymethylmethacrylat	3,1 ... 3,4	40	20	> 13	30	KA 3c
Polypropylen	2,3	< 0,5	< 0,5	> 15	–	KA 3b
Polystyrol	2,5	0,1	0,1	14	40	KA 2, KA 1
Polytetrafluoräthylen	2	0,1 ... 0,5	0,1 ... 0,5	13 ... 15	50	KA 3c
Polyvinylchlorid	3,3 ... 6,5	15 ... 150	10 ... 100	10 ... 14	15 ... 50	KA 3b
Quarzglas	3,5 ... 4,2	0,5	0,2	14 ... 16	25 ... 40	KA 3c
Silicone	5 ... 8	≈ 4	≈ 4	10 ... 14	20 ... 60	KA 3c
Steatit	5,5 ... 6,5	1 ... 3	0,3 ... 2	10 ... 12	20 ... 45	KA 3c
Titankeramik	12 ... 10 000	–	0,05 ... 100	–	2 ... 30	–
Transformatorenöl, trocken	2 ... 2,7	≈ 1	≈ 10	11 ... 12	5 ... 30	–
Weichgummi	2 ... 14	0,2 ... 100	–	2 ... 14	15 ... 30	KA 1 ... KA 3c

Härte

Härte ist ein Maß für den Widerstand, den feste Körper dem Eindringen definierter Prüfkörper entgegensetzen. Durch eine Härtemessung wird nahezu zerstörungsfrei ein Werkstoffkennwert ermittelt, mit dem Festigkeit und Brucheinschnürung metallischer Werkstoffe abgeschätzt und weitere Eigenschaften (Zerspanbarkeit, Verschleißverhalten u. a.) beurteilt werden können.

Härtemessung
Es wird zwischen statischer und dynamischer Messung unterschieden. Bei der statischen Messung wird der bleibende Eindruck eines definierten Prüfkörpers gemessen. Genormte Verfahren hierzu sind die Rockwell-, Brinell- und Vickershärte für das Prüfen metallischer Werkstoffe. Bei dynamischer Messung wird der Rückprall eines definierten Prüfkörpers, der auf die Oberfläche des zu prüfenden Werkstücks beschleunigt wird, als Maß für die Härte verwendet.

Andere Verfahren beruhen auf dem Ritzen mit härteren Prüfkörpern. Aus DIN 50150 können Vergleichswerte zwischen verschiedenen Härte-Meßverfahren und der Zugfestigkeit entnommen werden.

Vergleich der Härtebereiche der verschiedenen Meßverfahren.
Die Zahlen an den Bereichsgrenzen sind Härtewerte der betreffenden Verfahren. HB-Meßverfahren mit Belastungsgraden 30 (1); 10 (2); 5 (3); 2,5 (4) und 1,25 (5).

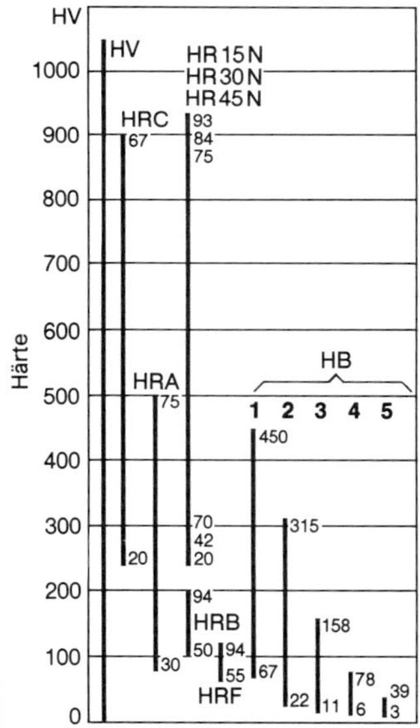

Tabelle 1. Übersicht über die Rockwell-Verfahren

Kurzbezeichnung	Prüfkörper	Vorlast N	Gesamt-Prüflast N	Zahlenwert der Härte (e Prüfkörper-Eindringtiefe)	
HRC	Diamantkegel	98 ± 2	1471 ± 9	100 − e/0,002	20 ... 70
HRA	Diamantkegel	98 ± 2	588 ± 5	100 − e/0,002	60 ... 88
HRB	Stahlkugel	98 ± 2	980 ± 6,5	130 − e/0,002	35 ... 100
HRF	Stahlkugel	98 ± 2	588 ± 5	130 − e/0,002	60 ... 100
HR 15 N HR 30 N HR 45 N	Diamantkegel	29,4 ± 0,6	147 ± 1 294 ± 2 441 ± 3	100 − e/0,001	66 ... 92 39 ... 84 17 ... 75
HR 15 T HR 30 T HR 45 T	Stahlkugel	3 ± 0,06	15 ± 0,1 30 ± 0,2 45 ± 0,3	100 − e/0,001	50 ... 94 10 ... 84 0 ... 75

Rockwellhärte (DIN 50103)

Dieses Verfahren eignet sich besonders für die Massenprüfung von metallischen Werkstücken. Der Prüfkörper aus Stahl oder Diamant wird auf die Oberfläche des zu prüfenden Werkstücks mit einer festgelegten Vorlast aufgesetzt und mindestens 30 s lang mit unterschiedlichen Gewichten belastet. Die Tiefe des nach dem Entlasten bleibenden Eindrucks e in mm ist ein Maß für den Zahlenwert der Rockwellhärte (Tabelle 1: Gegenüberstellung der verschiedenen Rockwellverfahren). Die zu prüfende Oberfläche sollte glatt (je nach Härtebereich $\leq R_{max} = 1{,}2 \ldots 3{,}4$ µm) und eben sein. Bei einem kleineren Krümmungsradius als 20 mm muß der Meßwert in Abhängigkeit von der Härte korrigiert werden. Die Dicke des Prüflings bzw. der „harten" Schicht bestimmt die Anwendbarkeit der einzelnen Meßverfahren (vgl. Bild 3 in DIN 50103). In der Schreibweise ist hinter dem Zahlenwert die Kurzbezeichnung des Verfahrens anzugeben, z. B.: 65 HRC, 76 HR 45 N usw. Meßunsicherheit ±1 HRC.

Vorteile: wirtschaftlich, da schnelle Vorbereitung der Prüffläche und Durchführung des Meßvorgangs; relativ geringe Kosten für das Meßgerät, da keine optische Meßeinrichtung erforderlich, Automatisierung möglich.

Nachteile: Fehlermöglichkeit durch Verlagerung der Probe und des Eindringkörpers während des Messens, Empfindlichkeit des Diamant-Prüfkörpers gegen Stoß, Beschädigung des Diamanten während des Messens nicht erkennbar, Gefahr von Fehlmessungen.

Brinellhärte (DIN 50351)

Das Verfahren wird für wenig bis mittelharte metallische Werkstoffe angewendet. Der Prüfkörper ist eine Kugel aus Hartmetall (oder gehärtetem Stahl) und wird mit unterschiedlicher Belastung F mindestens 15 s[1]) lang auf die Oberfläche des zu messenden Teils gedrückt. Der Durchmesser d des nach dem Entfernen des Prüfkörpers bleibenden Eindrucks wird mit einer Meßlupe ausgemessen und ist ein Maß für die Brinellhärte, die aus Tabellen abgelesen oder berechnet werden kann:

$$\text{Brinellhärte} = \frac{0{,}204 \cdot F}{\pi \cdot D \cdot (D - \sqrt{D^2 - d^2})} \text{ (HB)}$$

F Belastung in N
D Kugeldurchmesser in mm
d Durchmesser des Eindruckes in mm

[1]) bei Blei, Zink usw. mindestens 30 s.

Tabelle 2. Anwendung der Brinell-Härteprüfung

Kugeldurchmesser D mm	Prüflast F N bei Belastungsgrad 30	10	5	2,5	1,25
10	29420	9800	4900	2450	1225
5	7355	2450	1225	613	306,5
2,5	1840	613	306,5	153,2	76,6
1	294	98	49	24,5	12,25
erfaßbarer Härtebereich HB	67 ... 450	22 ... 315	11 ... 158	6 ... 78	3 ... 39
Mit Brinell-Härteprüfung prüfbare Werkstoffe	Eisen-Werkstoffe, vergüteter Stahl, hochfeste Legierungen.	Leichtmetall, Leichtmetall-Legierungen, Kupfer, Messing, Bronze, Nickel.	Reinaluminium, Magnesium, Zink, Gußmessing.	Lagermetall.	Blei, Zink, Weichmetall.

Die Prüflasten reichen von 12,25 N bis 29 420 N. Meßwerte, die mit verschieden großen Kugeln ermittelt wurden, sind nur bedingt vergleichbar. Es sollte die größtmögliche Kugel und der Belastungsgrad so gewählt werden, daß der Durchmesser des Kugeleindrucks zwischen $(0{,}2 \ldots 0{,}7) \cdot D$ liegt. Tabelle 2 zeigt den erfaßbaren Härtebereich für verschiedene Werkstoffgruppen (nach DIN 50351).

Die Schreibweise für die Brinellhärte besteht aus dem Zahlenwert und dem Kurzzeichen für das Verfahren mit Angabe des Kugeldurchmessers und der mit 0,102 multiplizierten Prüflast in N, z. B.: 250 HB 2,5/187,5. Oberhalb 350 HB muß eine Hartmetallkugel als Prüfkörper verwendet werden (bis 450 HB).

Vorteile: die Prüffläche muß nicht fein bearbeitet sein (Ausnahme: 1-mm-Kugel); wegen relativ großem Eindruck auch für Werkstoffe mit inhomogenem Zustand anwendbar; billige Prüfkörper; relativ genaue empirische Beziehung zwischen Brinellhärte und Zugfestigkeit bei Stahl.

Nachteile: keine Anwendung bei dünnen Teilen; Anwendungsbereich begrenzt (gehärteter Stahl kann nicht gemessen werden); Zeitaufwand für notwendiges Anschleifen von Rohteilen (Gußteile, Schmiedestücke) sowie für das Messen der Eindrücke; Meßunsicherheit durch Verformung der Eindrücke.

Vickershärte

Das Verfahren kann für alle metallischen Werkstoffe jeglicher Härte, für besonders kleine und dünne Werkstükke sowie speziell für randschicht-, einsatzgehärtete oder nitrocarburierte Werkstücke angewendet werden. Als Prüfkörper dient eine vierseitige Diamantpyramide mit 136° Spitzenwinkel, die mit unterschiedlicher Belastung F auf die Oberfläche des zu prüfenden Werkstücks aufgesetzt wird. Die Diagonale d des rautenförmigen, nach Entfernen des Prüfkörpers bleibenden Eindrucks, wird mit einer Meßlupe ausgemessen und ist ein Maß für die Vickershärte, die aus Tabellen entnommen oder berechnet wird:

$$\text{Vickershärte} = \frac{0{,}189 \cdot F}{d^2} \text{ (HV)}$$

F Belastung in N
d Diagonale des Eindruckes in mm

In DIN 50133 sind die in Tabelle 3 angegebenen Belastungsstufen festgelegt.

In der Schreibweise wird dem Zahlenwert das Kurzzeichen HV sowie der mit 0,102 multiplizierte Zahlenwert der Belastung F in N und evtl. durch Schrägstrich getrennt, die Belastungsdauer in s (sofern länger als 15 s belastet) angefügt, z. B.: 700 HV 10/25. Die Oberfläche am zu prüfenden Werkstück muß glatt ($R_{max} \leq 0{,}005 \cdot d$) und eben sein. Bei gekrümmten Oberflächen ist der Einfluß auf den Härtewert nach DIN 50133 durch einen Korrekturwert auszugleichen. Die Prüflast richtet sich nach der Dicke des zu prüfenden Werkstücks bzw. der „harten" Randschicht (vgl. Bild 2 in DIN 50133). Nach praktischen Erfahrungen beträgt die Meßunsicherheit ±25 HV. Die Härtewerte sind, obwohl geometrisch ähnlich, abhängig von der Belastung.

Vorteile: unbegrenzte Anwendbarkeit; Prüfmöglichkeit dünner Bleche und Rohre, dünner Schichten sowie von Gefügebestandteilen; in der Regel keine Beeinträchtigung der Bauteilfestigkeit durch die Eindrücke mit kleiner Belastung; weitgehende Unabhängigkeit des Ergebnisses von der Auflagebedingung der Probe; weitgehende Übereinstimmung von Vickers- und Brinellhärte im Bereich bis 350 HV.

Nachteile: Zeitaufwand zum Erzielen einer genügend feinen Oberfläche an der Meßstelle, Zeitaufwand für das

Tabelle 3. Übersicht über die Belastungsstufen bei der Vickershärte

Kurzbezeichnung	HV0,2	HV0,3	HV0,5	HV1	HV2	HV3	HV5	HV10	HV20	HV30	HV50	HV100
Belastung N	1,96	2,94	4,9	9,8	19,6	29,4	49	98	196	294	490	980

Messen der Eindrücke; Abhängigkeit des Härtewertes von der Belastung im Kleinlastbereich; Stoßempfindlichkeit des Eindringkörpers und hoher Preis im Vergleich zu Prüfkugeln.

Knoophärte

Dieses Verfahren ist dem Vickershärteverfahren ähnlich. Es wird besonders in den angelsächsischen Ländern für das Prüfen dünner Schichten angewendet. Der Prüfkörper ist so geformt, daß ein schmaler Rhombus als Eindruck entsteht. Die lange Diagonale d ist siebenmal länger als die schmale. Nur die lange Diagonale wird ausgemessen. Die Belastung liegt unter 9,8 N. Der Härtewert errechnet sich aus:

$$\text{Knoophärte} = \frac{1{,}451 \cdot F}{d^2} \text{ (HK)}$$

F Belastung in N
d lange Diagonale in mm

Vorteile: die gegenüber Vickershärteeindrücken rd. 2,8mal längere Diagonale kann mit geringerer Meßunsicherheit ausgemessen werden; die Eindringtiefe ist um 1/3 geringer als bei der Vickershärtemessung, so daß an dünneren Teilen oder Schichten gemessen werden kann; durch Anbringen von Knoopeindrücken in verschiedenen Richtungen kann die Anisotropie am Prüflingswerkstoff besser erkannt werden.

Nachteile: Verfahren nicht genormt; es können nur Belastungen bis 9,8 N verwendet werden; kein Bezug zur Vickershärte; aufwendiges Ausrichten der Prüfoberfläche erforderlich.

Shorehärte (DIN 53505)

Dieses Verfahren wird hauptsächlich zur Prüfung von Gummi und weichen Kunststoffen angewendet. Der Prüfkörper ist ein Stahlstift (∅ 1,25 mm), der durch Federkraft auf die zu prüfende Werkstückoberfläche gedrückt wird. Die dabei veränderte Länge der Feder (Federweg) ist ein Maß für die Shorehärte.

Beim Verfahren Shore D wird eine Federvorlast von 0,55 N aufgebracht; der Stahlstift weist einen Kegelstumpf auf (Prüfung von Hartgummi). Die Federrate c beträgt 4 N/mm.

Beim Verfahren Shore A wird ohne Federvorlast mit einem abgerundeten kegelförmigen Stahlstift gemessen. Die Federrate c beträgt 17,8 N/mm. Jeweils 0,025 mm Federweg entsprechen 100 Shore-Einheiten.

Kugeldruckhärte (DIN 53456)

Dieses Verfahren ist die übliche Meßmethode für Thermoplaste, Duroplaste und z. T. bei Hartgummi. Der Prüfkörper ist eine gehärtete und polierte Stahlkugel (∅ 5 mm). Sie wird auf die Oberfläche des zu prüfenden Teils, das mindestens 4 mm dick sein soll, mit einer Vorlast von 9,81 N gedrückt. Danach wird weiter mit einer Belastung von 49, 132, 358 oder 961 N gedrückt und nach 30 s die Eindringtiefe gemessen und analog angezeigt. Die Prüfkraft F sollte so gewählt werden, daß sich Eindringtiefen h zwischen 0,15 ... 0,35 mm ergeben.

Die Kugeldruckhärte ist definiert als Verhältnis zwischen der Prüfkraft und der Oberfläche des gemessenen Eindrucks. Sie wird aus Tabellen entnommen oder berechnet:

$$\text{Kugeldruckhärte} = \frac{0{,}21 \cdot F}{1{,}25 \cdot \pi \cdot (h - 0{,}04)} \text{ (N/mm}^2\text{)}$$

F Prüfkraft in N
h Eindringtiefe in mm

Skleroskophärte

Es handelt sich um ein dynamisches Meßverfahren, speziell für große schwere Werkstücke. Das Prinzip besteht im Messen der Rückprallhöhe (Stoßenergie) eines Prüfkörpers aus Stahl mit Diamant- oder Hartmetallspitze, der aus einer festgelegten Höhe auf die zu messende Oberfläche fällt.

Nachteil: Verfahren nicht genormt, kein Bezug zur Vickershärte.

Umwertungsvergleich Härte-Festigkeit nach DIN 50 150.

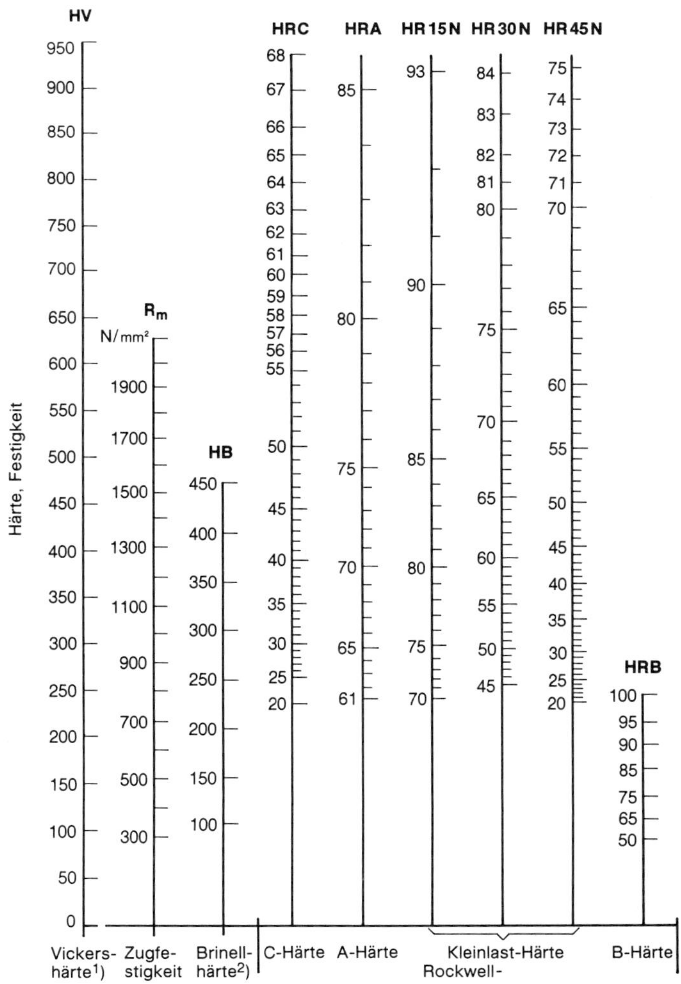

---

[1]) Belastung ≥ 98 N.
[2]) Belastungsgrad 30.

Wärmebehandlung

Die Wärmebehandlung besteht aus ein oder mehreren Zeit-Temperatur-Folgen (Zyklen), durch die der Werkstoffzustand über Struktur und/oder Zusammensetzung verändert wird. Dadurch können u. a. Härte, Festigkeit, Verformbarkeit, Zähigkeit oder der Verschleißwiderstand so beeinflußt werden, daß fertigungsgerechte Verarbeitungseigenschaften und produktgerechte Gebrauchseigenschaften entstehen. Fachbegriffe mit Erklärung siehe DIN 17014.

Härten

Das Härten bewirkt bei hierfür geeigneten Eisenwerkstoffen (Härtbarkeit, siehe DIN 50191, Stirnabschreckversuch) das Entstehen der Martensit-Struktur und dadurch eine Steigerung von Härte und Festigkeit.

Beim Härten wird zum Herstellen der Austenit-Struktur und Auflösen von Carbiden (oder Graphit beim Gußeisen) auf die Härte- oder Austenitisiertemperatur erwärmt, bestimmte Dauer gehalten und mit einer für die Bildung des Martensits ausreichenden Geschwindigkeit (dem ZTU-Schaubild des jeweiligen Stahls zu entnehmen) auf Raumtemperatur oder darunter abgekühlt bzw. abgeschreckt.

Die Härtetemperatur richtet sich nach Art und Zusammensetzung des

Übersicht über die Härtetemperaturen

Stahlart	Gütenorm DIN	Härtetemperatur °C
Unlegierte und niedrig legierte Stähle < 0,8 Masse-% C	17 200 17 211 17 212	780 ... 950
≥ 0,8 Masse-% C	–	780 ... 820
Kaltarbeits- und Warmarbeitsstähle	17 350	950 ... 1100
Schnellarbeitsstähle		1150 ... 1230
Gußeisen	–	850 ... 900

Werkstoffs (genaue Daten in Gütevorschriften der Stähle).

Die höchste erreichbare Härte (Aufhärtbarkeit) kann mit nachstehender Formel abgeschätzt werden:

$$H_{max} = 35 + \frac{\% \mathrm{C} \cdot 100}{2} \pm 2\,(\mathrm{HRC})$$

Die Formel gilt für einen Kohlenstoffgehalt zwischen 0,15 ... 0,60 Masse-%, für legierte und unlegierte Stähle. Voraussetzung: nahezu vollständig martensitisches Gefüge.

Gehärtete Werkstücke besitzen im Kern meist eine geringere Härte als am Rand. Der Unterschied ist um so größer, je größer die Abmessungen und je weiter die Abkühlgeschwindigkeit unterhalb der für Martensitbildung erforderlichen Abkühlgeschwindigkeit liegt.

Übersicht über die Wärmebehandlungsverfahren

Härten	**Anlassen**	**Glühen**	**Thermochemische Behandlung**	**Aushärten**	**Bainitisches Umwandeln**
Härten über den ganzen Querschnitt Randschicht-Härten Härten aufgekohlter Teile (Einsatzhärten)	Anlassen gehärteter Teile Anlassen oberhalb 500° C zum Vergüten	Spannungsarm-Glühen Weich-Glühen Rekristallisations-Glühen Normal-Glühen Diffusions-Glühen	Nitrieren Nitrocarburieren Aufkohlen Carbonitrieren Borieren Chromieren	Lösungsglühen und Kalt- oder Warmauslagern	Isothermisches Umwandeln in der Bainit-Stufe

Bei Werkstücken aus unlegierten Stählen kann selbst bei schroffstem Abschrecken bei Wanddicken über 10 mm im Kern praktisch keine Härtung mehr erreicht werden.

Bei Stählen, die gezielt mit Molybdän, Mangan oder Chrom legiert werden, kann die Einhärtbarkeit so weit erhöht werden, daß auch bei größeren Abmessungen im Kern eine Härtung eintritt bzw. formkomplizierte, riß- und verzugsgefährdete Werkstücke bei ausreichender Härteannahme langsam genug abgekühlt werden können.

Aus der Härte kann nach DIN 50150 die Zugfestigkeit R_m in N/mm² abgeschätzt werden:

$$R_m \approx (32 \ldots 38) \cdot \text{Rockwell-C-Härte}$$

bzw. $R_m \approx (3{,}2 \ldots 3{,}35) \cdot \text{Vickers-Härte}$

Die Streckgrenze R_e in N/mm² kann aus der Zugfestigkeit mit Hilfe des Verhältnisses von Isthärte zur höchsterreichbaren Härte näherungsweise ermittelt werden:

$$R_e \approx \left(0{,}42 + 0{,}5 \cdot \frac{\text{Isthärte}}{\text{Maximalhärte}}\right) \cdot R_m$$

Für die Brucheinschnürung Z in % gilt:

$$Z \approx 110 - \left(0{,}06 - 0{,}03 \cdot \frac{\text{Isthärte}}{\text{Maximalhärte}}\right) \cdot R_m - 50 \cdot \%\text{C}$$

Maßgebend für die Festigkeit von Werkstücken ist jedoch immer die Gestaltfestigkeit. Hinweise für die praktische Durchführung des Härtens von Bauteilen und Werkzeugen sind in DIN 17022, Teil 1 und 2 zu finden.

Durch das Härten nimmt das spezifische Volumen zu und es entstehen Spannungen im Werkstück: Im Normalfall Zugspannungen am Rand und Druckspannungen im Kern. Bei Stählen mit einem C-Gehalt über ca. 0,6 Masse-% enthält das Gefüge nach dem Härten anteilig instabile Reste von nicht umgewandeltem Austenit. Dieser Restaustenit kann durch Tiefkühlen (hierzu je nach Stahlzusammensetzung bis zu –150 °C erforderlich) oder Anlassen mehr oder weniger beseitigt werden, sofern dies z. B. wegen hohen Anforderungen an die Maßstabilität und den Verschleißwiderstand erforderlich ist.

Randschichthärten

Bei diesem Verfahren bleibt das Austenitisieren und Härten auf die Werkstückrandschicht beschränkt. Das Erwärmen wird meist durch Elektroinduktion (mittel- oder hochfrequenter Wechselstrom) oder mit Gasbrennern vorgenommen, kann jedoch auch konduktiv, mittels Reibung, mit dem Elektronen- oder Laserstrahl, im Stand, im Vorschub sowie mit und ohne Rotation der Werkstücke, linien- oder flächenförmig erfolgen. Abgeschreckt wird durch Tauchen oder Spritzen. Das Verfahren eignet sich besonders zum Eingliedern in eine Fertigungsstraße.

Wegen der sehr raschen Erwärmung sind 50 ... 100 °C höhere Temperaturen als bei Verwendung von Öfen erforderlich. Es werden meist unlegierte Stähle mit 0,35 ... 0,60 Masse-% C verwendet, jedoch auch legierte Vergütungsstähle und Wälzlagerstahl oder Gußeisen. Zu empfehlen sind die Stähle nach DIN 17211. Auch aufgekohlte Teile können auf diese Weise gehärtet werden.

Durch Randschichthärten vorher vergüteter Bauteile kann eine hohe Grundfestigkeit mit hoher Randhärte an besonders hoch beanspruchten Stellen, Einstichen, Lagerstellen, Querschnittsübergängen usw. kombiniert werden.

Die Dicke der eingehärteten Randschicht ergibt sich aus dem Härteverlauf als Einhärtungstiefe, kurz Rht, in mm (vgl. DIN 50190, Teil 2). Im Normalfall liegen in der Randschicht Druck-, im Kern Zugeigenspannungen vor, woraus eine höhere Belastbarkeit bei schwingender Beanspruchung resultiert.

Bainitisches Umwandeln

Bei dieser Behandlung wird nach einem Erwärmen und Halten auf Austenitisiertemperatur auf eine Temperatur je nach Stahl zwischen 200 und 350 °C abgekühlt und so lange auf dieser Temperatur gehalten, bis sich das Stahlgefüge in Bainit umgewandelt hat, danach wird auf Raumtemperatur abgekühlt.

In diesem Zustand ist die Härte geringer als die von Martensit, jedoch die Zähigkeit höher. Das Verfahren gilt als Alternative zum Härten, wenn hohe Zähigkeit und nicht zu hohe Härte erforderlich ist und wenn Verzug und Maßänderung minimiert werden müssen.

Anlassen

Anlassen ist eine Wärmebehandlung, die dem gehärteten und relativ spröden Werkstoffzustand eine höhere Zähigkeit verleihen soll. Es besteht in einem Erwärmen auf Temperaturen im Bereich 160 ... 650 °C mit ausreichender Haltedauer und Abkühlen auf Raumtemperatur. Durch das Anlassen wird die Härte verringert, die Festigkeit nimmt ab und die Verformbarkeit und die Zähigkeit nehmen zu. Eventuell vorhandener Restaustenit wird je nach Stahl bei Temperaturen über 230 °C umgewandelt. Der Härteabfall beträgt bei Anlaßtemperaturen zwischen 160 ... 180°C je nach Stahl 1 ... 5 HRC und vermindert das Risiko eines verzögert nach dem Härten auftretenden Reißens infolge der hohen Eigenspannungen bzw. das Auftreten von Schleifrissen.

Beim Anlassen von Stählen, die Mangan, Chrom, Mn und Cr, Cr und V, Cr und Ni enthalten, sollte der Temperaturbereich zwischen 350 und 550 °C vermieden und bei höheren Anlaßtemperaturen möglichst rasch durch diesen Bereich abgekühlt werden, da die Gefahr einer Versprödung besteht. Wenn eine hohe Verformbarkeit und/oder Zähigkeit erforderlich ist, sollte oberhalb von 500 °C angelassen werden (Vergüten).

Die Höhe des Härteabfalls durch Anlassen ist von Stahl zu Stahl unterschiedlich. Der Zusammenhang zwischen Härte, Zugfestigkeit, Streckgrenze, Brucheinschnürung und Dehnung einerseits und der Anlaßdauer andererseits ist im Anlaßschaubild der jeweiligen Stahlsorte dargestellt. Das Anlassen verkleinert das spezifische Volumen und beeinflußt den Eigenspannungszustand. Hinweise zur praktischen Durchführung des Anlassens gehärteter Bauteile und Werkzeuge s. DIN 17022, Teil 1 und 2.

Anlaßverhalten verschiedener Stähle. *1 unlegierter Vergütungsstahl (C 45), 2 unlegierter Kaltarbeitsstahl (C 80 W 2), 3 niedrig legierter Kaltarbeitsstahl (105 WCr 6), 4 legierter Kaltarbeitsstahl (X 165 CrV 12), 5 Warmarbeitsstahl (X 40 CrMoV 5 1), 6 Schnellarbeitsstahl (S 6-5-2).*

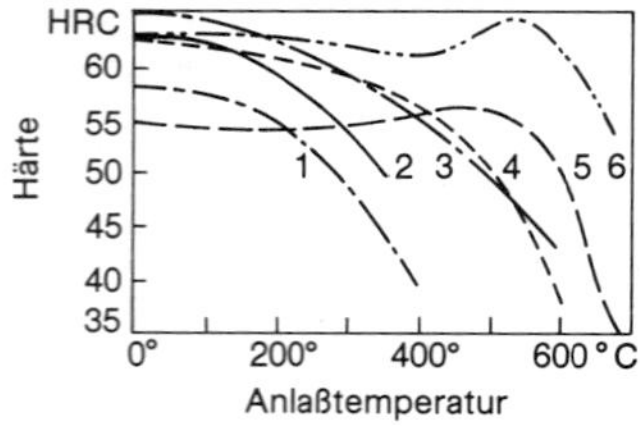

Vergüten

Die Kombination aus Härten und Anlassen oberhalb 500 °C wird als Vergüten bezeichnet. Es soll ein optimales Verhältnis zwischen Festigkeit und Zähigkeit herbeiführen.

Thermochemische Behandlung

Diese besteht in einem Glühen in Mitteln, die Elemente abgeben, welche in das Werkstück eindiffundieren und dadurch die Randschichtzusammensetzung verändern. Für das Wärmebehandeln von Stahl sind die wichtigsten Elemente Kohlenstoff, Stickstoff, Bor und Chrom.

Aufkohlen, Carbonitrieren und Einsatzhärten

Beim Aufkohlen wird die Randschicht mit Kohlenstoff, beim Carbonitrieren gleichzeitig mit Kohlenstoff und Stickstoff angereichert. Dies geschieht im Temperaturbereich zwischen 850 ... 980 °C (gelegentlich auch bei noch höherer Temperatur) in Salzschmelzen, Granulat oder Gas. Die Härtung erfolgt durch Abschrecken entweder direkt von der Behandlungstemperatur (Direkthärten) oder nach Abkühlen auf Raumtemperatur (Einfachhärten) bzw. auf eine geeignete Zwischentemperatur (Härten nach isothermischer Umwandlung) und Wiedererwärmen auf Härtetemperatur. Sie erfaßt die aufgekohlte oder carbonitrierte Randschicht und mehr oder weniger vollständig auch den Kern.

Die Härtetemperatur kann auf den höher C-haltigen Rand („Randhärten") oder den nicht aufgekohlten Kern („Kernhärten") abgestimmt sein (siehe DIN 17022, Teil 3).

Die Dauer des Aufkohlens oder Carbonitrierens richtet sich nach der erforderlichen Tiefe und hängt von der Temperatur und dem Aufkohlungsmittel ab. Der zum Härten erforderliche Kohlenstoffgehalt beträgt theoretisch 0,65 Masse-%, wenn eine Härte von ca. 65 HRC bzw. 800 HV angestrebt wird. Ein zu hoher C-Gehalt kann zu Restaustenit und/oder Carbiden am Rand führen, wodurch bestimmte Gebrauchseigenschaften beeinträchtigt werden können. Daher kommt der Steuerung des Kohlenstoffangebots über den C-Pegel besondere Bedeutung zu.

Entsprechend dem von außen nach innen abnehmenden Kohlenstoffgehalt ergibt sich bei einsatzgehärteten Teilen ein Härteverlauf, aus dem die Einsatzhärtungstiefe Eht in mm entnommen werden kann. Nach DIN 50190, Teil 1, ist dies der Abstand von der Oberfläche, bis zu dem die Härte in der Randschicht noch mindestens 550 HV beträgt.

Im Normalfall liegen in der Randschicht Druck-, im Kern Zugeigenspannungen vor, woraus sich eine höhere Belastbarkeit bei schwingender Beanspruchung ergibt.

Der beim Carbonitrieren aufgenommene Stickstoff verbessert die Härtbarkeit der Randschicht und die Anlaßbeständigkeit sowie den Verschleißwiderstand. Weitere Hinweise auf die praktische Durchführung des Einsatzhärtens sind DIN 17022, Teil 3, bzw. dem Merkblatt 452 der Beratungsstelle für Stahlverwendung zu entnehmen.

Nitrieren und Nitrocarburieren

Beim Nitrieren (Aufsticken) wird die Randschicht mit Stickstoff, beim Nitrocarburieren gleichzeitig mit Stickstoff und Kohlenstoff angereichert. Dies geschieht im Temperaturbereich von 500 ... 580 °C in Salzschmelzen, in Gas, in Granulat oder im Plasma. Wegen der relativ niedrigen Behandlungstemperatur findet keine Gefügeumwandlung wie beim Härten statt. Dadurch sind wesentlich geringere Maß- und Formänderungen zu erwarten. Durch die Stickstoffaufnahme wird die Randschicht verfestigt und bei Stählen mit Aluminium, Chrom, Vanadin oder Titan entstehen harte Nitride, welche die Härte erhöhen.

Die Nitrierschicht besteht aus der äußeren einige µm dicken und je nach Stahl 700 bis über 1200 HV harten, so bezeichneten Verbindungsschicht und einer darunterliegenden einige Zehntel mm dicken Diffusionsschicht. Die Stickstoffanreicherung erhöht die Randschichthärte. Es ergibt sich ein Härteverlauf, aus dem die Nitrierhärtetiefe Nht in mm entnommen werden kann. Nach DIN 50190, Teil 3, ist dies der Abstand von der Oberfläche, bis zu dem die Randhärte noch 50 HV über der Kernhärte liegt.

Das Nitrocarburieren kann bei allen Eisenwerkstoffen durchgeführt werden und erhöht den Widerstand gegenüber Verschleiß und Korrosion und die Dauerfestigkeit bei schwingender Beanspruchung (s. a. Merkblatt 447 der Beratungsstelle für Stahlverwendung).

Borieren

Hierbei wird die Randschicht mit Bor angereichert. Das Behandeln erfolgt meist in Granulat, jedoch kann zum örtlich begrenzten Borieren auch eine Paste verwendet werden. Die Behandlungstemperatur liegt zwischen 850 ... 1050 °C. Dabei entsteht je nach Stahl und Behandlungsbedingungen eine 30 µm ... 0,2 mm dicke Eisenboridschicht mit einer Härte von 2000 ... 2500 HV (s. a. Merkblatt 446 der Beratungsstelle für Stahlverwendung).

Glühen

Durch Glühen werden sowohl Gebrauchs- als auch Verarbeitungseigenschaften beeinflußt und optimiert. Es besteht in einem Erwärmen auf die jeweils erforderliche Glühtemperatur, einem ausreichend langen Halten und einem dem jeweiligen Zweck angepaßten Abkühlen.

Spannungsarmglühen

Spannungsarmglühen wird zwischen 450 ... 650 °C durchgeführt, um in Werkstücken und Werkzeugen oder Rohlingen vorhandene Eigenspannungen durch plastische Verformungen abzubauen. Nach einer Glühdauer von 0,5 ... 1 h muß möglichst langsam abgekühlt werden, damit keine neuen Spannungen entstehen.

Rekristallisationsglühen

Rekristallisationsglühen wird bei spanlos umgeformten Werkstücken angewandt, um eingetretene Verfestigungen aufzuheben und eine Kornneubildung herbeizuführen, damit ein nachfolgendes Umformen ermöglicht bzw. erleichtert wird. Die Temperatur richtet sich nach dem Verformungsgrad; sie liegt bei Stahl im allgemeinen zwischen rund 550 ... 730 °C.

Weichglühen

Das Weichglühen soll die spanende und spangebende Bearbeitung erleichtern, wenn Werkstücke durch Härten, Aushärten, Kaltverformen verfestigt worden sind. Oft tritt dabei gleichzeitig eine Rekristallisation ein. Die Temperatur richtet sich nach dem Werkstoff: bei Stahl 650 ... 750 °C, bei Nichteisenmetallen darunter. Soll ein bestimmter Gefügezustand, gekennzeichnet durch eine körnige Einformung der Carbide, erreicht werden, dann wird „Glühen auf kugeligen Zementit" (abgekürzt: GKZ-Glühen) angewandt. Dabei ist zwischen GKZ 2 (Ausgangszustand: Martensit oder Bainit) und GKZ 1 (Ausgangszustand: Normalglühgefüge) zu unterscheiden.

Normalglühen

Das Normalglühen wird bei Austenitisiertemperatur durchgeführt. Abgekühlt wird nach ausreichend langer Haltedauer mit einer Geschwindigkeit, durch die bei Raumtemperatur das Gefüge aus Ferrit und Perlit besteht. Das Normalglühen wird zum Verfeinern eines grobkörnigen Gefüges und zum Erzielen einer möglichst homogenen Ferrit-Perlit-Verteilung angewendet. Es sollte auch anstelle eines Rekristallisationsglühens angewendet werden, wenn bei unterkritisch verformten Werkstücken eine Grobkornbildung zu befürchten ist.

Aushärten

Das Aushärten besteht aus Lösungsglühen, Abschrecken und Auslagern oberhalb Raumtemperatur (Warmauslagern). Bei aushärtbaren Stählen und NE-Metallegierungen hängt die Löslichkeit der verschiedenen Legierungselemente innerhalb der Struktur des Basiswerkstoffs von der Temperatur ab, so daß durch Lösungsglühen eine Lösung im festen Zustand hergestellt und durch Abkühlen mit ausreichender Geschwindigkeit auf Raumtemperatur beibehalten werden kann. In diesem Zustand ist die Verformbarkeit der Werkstoffe besonders günstig.

Durch ein Auslagern erfolgt ein Entmischen und Ausscheiden intermetallischer Verbindungen bestimmter im Grundwerkstoff gelöster Lösungselemente. Hierbei verändern sich Werkstoffeigenschaften wie z. B. Härte, Festigkeit, Verformbarkeit, Zähigkeit.

Die Eigenschaftsänderungen hängen, richtiges Lösungsglühen und Abkühlen vorausgesetzt, von Temperatur und Dauer beim Auslagern ab, wobei meist nach Durchschreiten eines Maximums ein „Überalterungszustand" mit weniger günstigen Eigenschaften vorliegt. Temperatur und Dauer beim Auslagern sind innerhalb gewisser Grenzen austauschbar. Die erforderlichen Behandlungsdaten richten sich nach der Werkstoffzusammensetzung und sind entsprechenden Unterlagen zu entnehmen.

Korrosion und Korrosionsschutz

Unter Korrosion versteht man den von der Oberfläche ausgehenden Abtrag eines Metalls infolge elektrochemischer Reaktion mit Partnern aus der Umgebung. Dabei gehen die Metallatome aus dem metallischen in den nichtmetallischen Zustand über, sie werden oxidiert. Dieser Vorgang entspricht, thermodynamisch betrachtet, einem Übergang vom geordneten, energiereicheren Zustand in den weniger geordneten, energieärmeren und somit stabileren Zustand.

Korrosionsvorgänge sind stets Phasengrenzreaktionen. Zu ihnen gehört beispielsweise auch das Zundern der Metalle, d. h. die Oxidation in heißen Gasen. Hier soll jedoch ausschließlich die Korrosion an der Phasengrenze Metall/wäßrige Phase behandelt werden, die allgemein als elektrochemische Korrosion bezeichnet wird.

Korrosiver Angriff

Bei jedem korrosiven Angriff laufen zwei prinzipiell verschiedene Reaktionen ab: im anodischen Teilprozeß, dem unmittelbar erkennbaren Korrosionsvorgang, geht das Metall infolge der auftretenden Potentialdifferenz unter Zurücklassung einer äquivalenten Zahl von Elektronen gemäß der Reaktionsgleichung

$Me \rightarrow Me^{n+} + ne^-$

in den oxidierten Zustand über. Die gebildeten Metallionen können entweder gelöst in den Elektrolyten übergehen oder aber sich nach Reaktionen mit Bestandteilen des angreifenden Mediums auf dem Metall niederschlagen.

Dieser anodische Teilprozeß kann nur solange ablaufen, wie die gebildeten Elektronen in einem zweiten Prozeß verbraucht werden. Bei diesem Prozeß handelt es sich um eine kathodische Teilreaktion. In neutralen oder alkalischen Medien wird dabei Sauerstoff gemäß

$O_2 + 2H_2O + 4e^- \rightarrow 4OH^-$

zu Hydroxylionen reduziert, die ihrerseits beispielsweise mit den Metallionen reagieren können, während in sauren Medien die Wasserstoffionen unter Bildung von freiem Wasserstoff reduziert werden, der gasförmig entweicht:

$2H^+ + 2e^- \rightarrow H_2$

Stehen zwei verschiedenartige Metalle, die beide von demselben Medium benetzt sind, miteinander in elektrischem Kontakt, so wird der kathodische Teilprozeß am edleren und der anodische Teilprozeß am unedleren Metall ablaufen. Man spricht in diesem Fall von Kontaktkorrosion.

Beide Reaktionen können aber auch an ein und demselben Metall stattfinden, man spricht dann von „freier Korrosion". Kathodische und anodische Teilvorgänge können an der Grenzfläche Metall/Lösung in ständigem Wechsel mit statistisch ungeordneter Verteilung von Ort und Zeitpunkt des Einzelvorganges aufeinanderfolgen.

Jeder der beiden Teilreaktionen entspricht eine Teil-Strom/Spannungskurve. Der Gesamtstrom setzt sich additiv aus den beiden Teilströmen I_a und I_k zusammen:

$I_{gesamt} = I_a + I_k$

Die beiden Teil-Strom/Spannungskurven addieren sich zur Summen-Strom/Spannungskurve.

Freie Korrosion an der Phasengrenze Metall/korrosive Flüssigkeit.
Im aggressiven Medium wird am korrodierenden Metall Sauerstoff reduziert unter gleichzeitiger Bildung der Korrosionsprodukte.

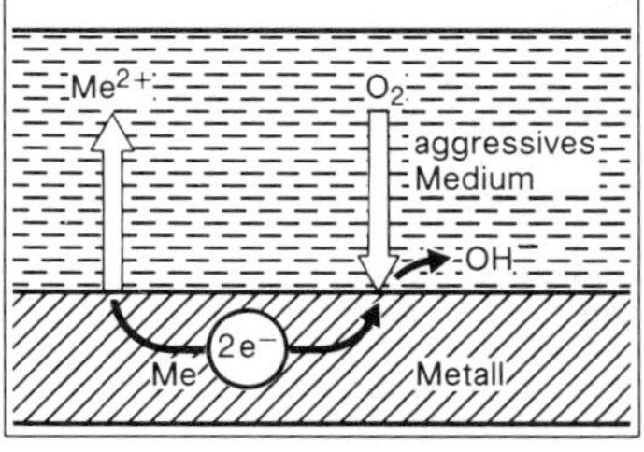

Bei Abwesenheit einer von außen aufgeprägten Spannung, also bei freier Korrosion, nimmt das System denjenigen Zustand ein, bei dem sich der anodische und der kathodische Teilstrom gerade kompensieren:

$$I_a = -I_k = I_{korr}$$

Man bezeichnet den anodischen Teilstrom in diesem Fall als den Korrosionsstrom I_{korr}. Das zugehörige Potential, bei dem diese Kompensation der Teilströme eintritt, nennt man das ,,Freie Korrosionspotential" oder auch kurz das ,,Ruhepotential" E_{korr}.

Das Ruhepotential ist ein Mischpotential, bei dem kein Gleichgewicht herrscht, da hier ständig ein Stoffumsatz gemäß der Bruttogleichung

$$O_2 + 2H_2O + \frac{4}{n}\,Me \rightarrow \frac{4}{n}\,Me^{n+} + 4\,OH^-$$

stattfindet.

Sinngemäß das gleiche gilt auch für die Kontaktkorrosion, doch sind hier die Verhältnisse komplizierter, da neben den jeweils zwei Teil-Strom/Spannungskurven an jedem der beiden Metalle und den daraus resultierenden zwei Summen-Strom/Spannungskurven auch die resultierende Gesamt-Strom/Spannungskurve des Gesamtsystems als nach außen in Erscheinung tretende Größe zu berücksichtigen ist.

Teil- und Summen-Strom/Spannungskurven für freie Korrosion (oben) und Kontaktkorrosion (unten).

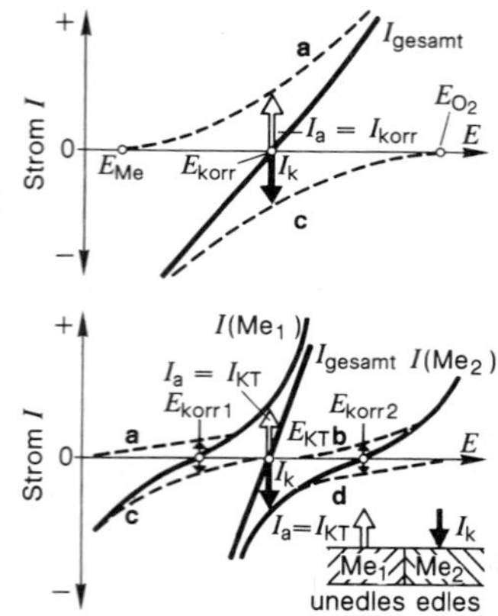

a $Me_1 \rightarrow Me_1^{++} + 2e$

b $Me_2 \rightarrow Me_2^{++} + 2e$

c $\frac{1}{2}O_2 + H_2O + 2e \rightarrow 2OH^-$ (an Me_1)

d $\frac{1}{2}O_2 + H_2O + 2e \rightarrow 2OH^-$ (an Me_2)

Spannungsreihen

Häufig werden die Metalle nach steigenden Werten des ,,Normalpotentials" als ,,elektrochemische Spannungsreihe" angeordnet. Der Begriff ,,Normalpotential" besagt dabei, daß die betreffenden Werte für Standardbedingungen gelten, insbesondere also für die Aktivitäten (elektrochemisch wirksamer Anteil der Konzentrationen) der gelösten Metallionen sowie des Wasserstoffs von jeweils 1 mol/l, für einen Wasserstoffdruck von 1 bar bei 25 °C. Derartige Bedingungen sind in der Praxis äußerst selten gegeben, insbesondere liegen unter praxisnahen Bedingungen normalerweise Lösungen vor, die von Ionen des betrachteten Metalls praktisch frei sind.

Normalpotentiale der Metalle.

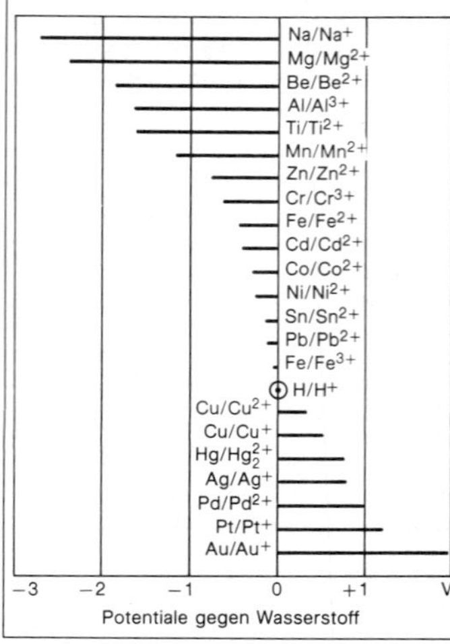

Es muß betont werden, daß die Aufstellung rein thermodynamische Werte angibt. Einflüsse der Korrosionskinetik, etwa infolge der Ausbildung schützender Deckschichten, sind hier nicht berücksichtigt. So erscheint hier beispielsweise das Blei als unedles Metall, das sich in Schwefelsäure auflösen müßte. „Praktische" oder „technische" Spannungsreihen weisen diesen Nachteil zwar nicht auf, können jedoch trotzdem nur sehr eingeschränkt benutzt werden. Elektrochemische Korrosionsmessungen liefern dagegen eindeutige Ergebnisse.

Als Anhaltspunkt kann für Metalle, die unter keiner äußeren elektrischen Spannung stehen, folgender Zusammenhang zwischen Potential und Korrosionsempfindlichkeit gegeben werden, vorausgesetzt, daß keine Sekundärreaktionen wie etwa Komplexbildungsreaktionen oder Ausbildung von Deckschichten das Verhalten beeinflussen:

sehr unedle Metalle (Potential unter −0,4V), z. B. Na, Mg, Be, Al, Ti und Fe, korrodieren in neutralen wäßrigen Lösungen auch bei Abwesenheit von Sauerstoff.

unedle Metalle (Potential zwischen −0,5 ... 0V), z. B. Cd, Co, Ni, Sn und Pb, können in neutralen wäßrigen Lösungen bei Gegenwart von Sauerstoff, in Säuren auch bei Abwesenheit von Sauerstoff unter Wasserstoffentwicklung korrodieren.

halbedle Metalle (Potential zwischen 0 ... +0,7V), z. B. Cu, Hg und Ag, können in allen Lösungen nur bei Gegenwart von Sauerstoff korrodieren.

Edelmetalle (Potentiale über +0,7V), z. B. Pd, Pt und Au, sind im allgemeinen stabil.

Stehen die betreffenden Metalle unter äußerer elektrischer Spannung, so können sie sich erheblich anders verhalten als oben angegeben. Davon wird beim elektrochemischen Korrosionsschutz Gebrauch gemacht (vgl. Abschnitt „Elektrochemischer Korrosionsschutz").

Phänomenologie der Korrosion

Flächenkorrosion
Gleichmäßiger Abtrag von der gesamten Grenzfläche Werkstoff/angreifendes Medium. Sehr häufig auftretende Korrosionsart, bei der sich aus dem Korrosionsstrom der Dickenabtrag pro Zeiteinheit berechnen läßt.

Lochfraßkorrosion
Punktförmiger Angriff des korrosiven Mediums auf den Werkstoff, so daß Löcher entstehen, die fast stets tiefer sind als ihr Durchmesser. Außerhalb der Lochfraßstellen erfolgt praktisch kein Flächenabtrag. Lochfraßkorrosion wird häufig durch Halogenidionen verursacht.

Spaltkorrosion
Bevorzugter korrosiver Angriff in engen Spalten, bedingt durch Konzentrationsunterschiede im korrosiven Medium, beispielsweise infolge langer Diffusionswege für den Sauerstoff. Zwischen Anfang und Ende des Spalts entstehen dann Potentialunterschiede, die eine erhöhte Korrosion an den weniger belüfteten Stellen verursachen.

Spannungsrißkorrosion
Korrosion bei gleichzeitiger Einwirkung von korrosivem Medium und mechanischer Zugspannung, die auch eine Eigenspannung im Werkstück sein kann. Die Risse bilden sich inter- oder transkristallin, häufig, ohne daß sichtbare Korrosionsprodukte entstehen.

Schwingungsrißkorrosion
Korrosion bei gleichzeitiger Einwirkung von korrosivem Medium und mechanischer Wechselbeanspruchung, etwa durch Schwingungen. Es kommt zu transkristallinen Rissen, häufig, ohne daß Verformungen beobachtet werden.

Reibkorrosion
Korrosion, verursacht durch gleichzeitige Einwirkung von korrosivem Medium und mechanischer Reibung, wird gelegentlich auch als Reiboxidation bezeichnet.

Interkristalline und transkristalline Korrosion
Korrosionsarten, bei denen die Korrosion selektiv entlang den Korngrenzen bzw. annähernd parallel zur Verformungsrichtung durch das Innere der Körner verläuft.

Entzinkung
Aus dem Messing wird selektiv das Zink herausgelöst, wobei ein poröses Kupfergerüst zurückbleibt. Analog spricht man auch von Entnickelung und Entaluminierung.

Rostbildung
Entstehung oxidischer und hydroxidischer eisenhaltiger Korrosionsprodukte auf Eisen und Stahl.

Korrosionsprüfungen

Elektrochemische Korrosionsprüfverfahren (DIN 50918)
Bei den elektrochemischen Korrosionsprüfverfahren werden neben der Potentialabhängigkeit der korrodierenden Werkstoffe während der Korrosionsreaktion vor allem die Korrosionsströme bestimmt, aus denen sich bei gleichmäßiger Flächenkorrosion sowohl der Gewichts- als auch der Dikkenverlust pro Zeiteinheit exakt berechnen lassen. Die entsprechenden Umrechnungsfaktoren sind in Tabelle 2 zusammengestellt.

Die elektrochemischen Verfahren sind insoweit wertvolle Ergänzung der nichtelektrochemischen Methoden.

Tabelle 1. Übersicht über einige genormte nichtelektrochemische Korrosionsprüfverfahren.

Norm	Art des Korrosionsprüfverfahrens
DIN 50907	Prüfung auf Meerklima- und Meerwasserbeständigkeit (Bewitterungs-, Wechseltauch-, Dauertauchversuch)
DIN 50018	Prüfung im Wechselklima mit SO_2-haltiger Atmosphäre (Kesternich-Test)
DIN 50905	Chemische Korrosionsuntersuchungen (Flächenkorrosion, Lochfraßkorrosion, interkristalline Korrosion)
DIN 50019	Freibewitterung in Prüfständen
DIN 50016	Wechselklimate mit feuchter Wärme
DIN 50017	Wechselklimate mit feuchter Wärme und Schwitzwasser
DIN 50908 DIN 50113 DIN 50142	Korrosionsprüfungen bei gleichzeitiger mechanischer Beanspruchung
DIN 51213	Porentest für Zinnüberzüge auf Stahl
ASTM B 380	Corrodkotetest für verchromte Kraftfahrzeugteile
ASTM B 185	Dauertauchversuche in künstlichem Meerwasser
ASTM B 192	Wechseltauchversuche
ASTM B 117	Korrosionsprüfung im Salznebel
ASTM B 287	Korrosionsprüfung in Essigsäure- und Salznebel

Im Falle freier Korrosion bestimmt man diese aus dem Polarisationswiderstand, der die Neigung der Gesamt-Strom-/Spannungskurve am Ruhepotential ist und durch kleine anodische und kathodische Impulse, die abwechselnd auf das Metall gegeben werden, ermittelt werden kann.

Bei der Messung der Kontaktkorrosion wird der Strom gemessen, der zwischen den beiden Metallpartnern fließt, wenn beide in dieselbe korrosive Flüssigkeit tauchen.

Die aus elektrochemischen Messungen erhaltenen Abtragsraten stimmen sehr gut mit den Ergebnissen von Feldversuchen überein. Neben der kurzen Versuchszeit (1 Tag) und der geringen Menge an korrosivem Medium (einige Zehntel Liter) besitzen sie gegenüber den nichtelektrochemischen Verfahren den Vorteil, daß sie quantitative Abtragsraten liefern.

Nichtelektrochemische Korrosionsprüfverfahren

Bei den nichtelektrochemischen Verfahren wird entweder der Gewichtsverlust durch Wägung oder aber der Rostgrad bestimmt. Gemäß DIN 53210 wird zwischen 5 verschiedenen Rostgraden unterschieden, die entsprechend der rostbedeckten bzw. durchgerosteten Fläche definiert sind (Tabelle 3).

Die entsprechenden Korrosionstests wurden aus den Anforderungen im praktischen Betrieb abgeleitet. Neben den nach DIN oder ASTM genormten Korrosionsprüfverfahren (Tabelle 1) haben sich in der Praxis Prüfverfahren durchgesetzt, die an die speziellen Anforderungen, beispielsweise im Kraftfahrzeug (Freibewitterung im Fahrbetrieb, Schwallwassertests zur Prüfung von Gemischaufbereitungssystemen) angepaßt sind und die infolge verschärfter Bedingungen in verkürzter Zeit auf die Lebensdauer im praktischen Betrieb schließen lassen.

Tabelle 2. Masseverlust und Dickenabtrag bei der flächenhaften Korrosion verschiedener Metalle mit einer Korrosionsstromdichte von 1 μA/cm².

Metalle	Atomgewicht	Dichte g/cm³	Masseverlust mg/(cm²·Jahr)	Dickenabtrag μm/Jahr
Fe	55,9	7,87	9,13	11,6
Cu	63,5	8,93	10,4	11,6
Cd	112,4	8,64	18,4	21,0
Ni	58,7	8,90	9,59	10,8
Zn	65,4	7,14	10,7	15,0
Al	26,9	2,70	2,94	10,9
Sn	118,7	7,28	19,4	26,6
Pb	207,2	11,3	33,9	30,0

Tabelle 3. Umrechnung zwischen Rostgradskala nach DIN und europäischer Rostgradskala.

Rostgrad nach DIN 53210	Rostgrad nach europäischer Rostgradskala
R_i0	R_e0
R_i1	R_e1
R_i2	R_e2
R_i3	R_e3
–	R_e4
R_i4	R_e5
–	R_e6
R_i5	R_e7
–	R_e8
–	R_e9

Korrosionsschutz

Elektrochemische Verfahren
Die Wirkungsweise dieser Verfahren läßt sich an der schematischen Strom-/Spannungs-Kurve eines passivierbaren Metalls darstellen. Die auf der Ordinatenachse nach oben aufgetragenen Stromdichten entsprechen dabei anodischen Strömen, die gemäß

$$Me \longrightarrow Me^{n+} + ne^-$$

einer Korrosionsreaktion entsprechen, die nach unten aufgetragenen Stromdichten dagegen kathodischen Strömen, für die die Reaktionsgleichung von rechts nach links zu lesen ist. Aus dem Schema lassen sich direkt Maßnahmen ablesen, wie man durch Anlegen einer äußeren Spannung die Korrosion unterdrücken kann. Dazu bieten sich prinzipiell zwei Möglichkeiten:

Beim kathodischen Schutz wird das Potential so weit nach links verschoben, daß keine anodischen Ströme fließen, also $U < U_a$ wird. Außer durch Anlegen einer äußeren Spannung kann die Potentialverschiebung auch durch Einbringen eines unedlen Metalls erfolgen, das dadurch zur Opferanode wird.

Das Potential der zu schützenden Elektrode kann aber auch in den Passivbereich verschoben werden, also in den Potentialbereich zwischen U_p und U_d. Man spricht dann von anodischem Schutz. Die im Passivbereich fließenden anodischen Ströme liegen je nach Art des Metalls und der korrosiven Flüssigkeit um 3 bis 6 Zehnerpotenzen unter den Strömen des aktiven Bereichs, so daß das betreffende Metall sehr gut geschützt ist. Das Potential darf jedoch nicht größer als U_d sein, da in diesem transpassiven Bereich Sauerstoff entwickelt wird und u. U. zusätzlich Metall oxidiert wird. Beide Effekte bedingen den Anstieg des Stroms.

Der Verlauf der Strom-/Spannungs-Kurve kann aber auch durch Zusatz von Inhibitoren beeinflußt werden. Darunter versteht man Substanzen, die in geringen Konzentrationen (bis maximal einige 100 ppm) dem angreifenden Medium zugesetzt und an den Metallen chemisorbiert werden und die die Korrosionsraten drastisch herabsetzen, indem sie entweder den anodischen oder den kathodischen Teilprozeß (häufig auch beide gleichzeitig) blockieren. Als Inhibitoren werden vor allem organische Amine sowie Amide organischer Säuren eingesetzt. Im Kraftfahrzeug sind Inhibitoren beispielsweise Bestandteile der Kraftstoffadditive; sie werden außerdem den Frostschutzmitteln zugesetzt, um Korrosionsschäden im Kühlmittelkreislauf auszuschließen.

Schematische Strom-/Spannungs-Kurve eines passivierbaren Metalls.
U_a freies Korrosionspotential des Metalls im aktiven Zustand,
U_p Passivierungspotential,
U_d Durchbruchspotential.

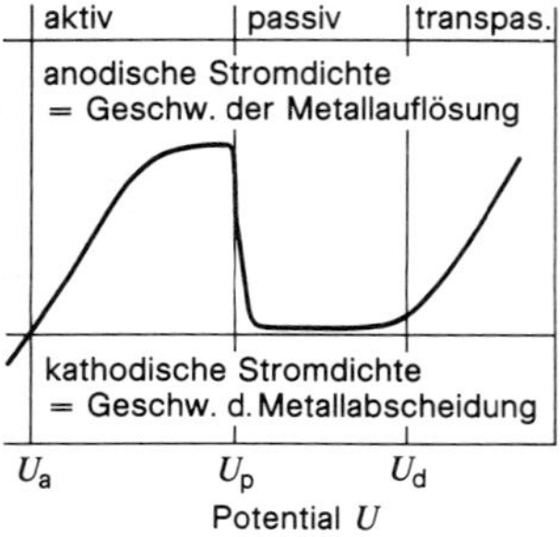

Beschichtungen

Das Prinzip dieser Art von Korrosionsschutz ist es, Schutzschichten zu bilden, die direkt auf dem zu schützenden Metall aufliegen und auf diese Weise dem Angriff des korrosiven Mediums Widerstand entgegensetzen. Diese Schutzschichten dürfen nicht porös und nicht leitend sein und müssen eine genügend große Dicke besitzen. In Systemen, die Maßhaltigkeit erfordern, ergeben sich deshalb häufig Schwierigkeiten.

Anorganische nichtmetallische Beschichtungen
Schutzschichten können unter Beteiligung des zu schützenden Werkstoffs ausgebildet werden. So kann beispielsweise die Bildung stabiler oxidischer

Deckschichten verbessert werden, wenn man manchen Metallen kleine Mengen fremder Metalle zulegiert, so z. B. Silizium bei Gußeisen oder Molybdän bei Chromnickelstählen. Deckschichten können sich auch bei Gegenwart von Phosphaten, Chromaten oder Silikaten ausbilden. Davon macht man häufig, beispielsweise in der Kraftfahrzeug-Industrie für Karosserien („Phosphatieren") oder aber in Kühlsystemen, Gebrauch.

Diffusionsverfahren
Die Oberflächenbehandlung kann gezielt mit einer Oberflächenhärtung verbunden werden, indem mit dem Diffusionsverfahren thermochemisch aufgekohlt, karbonitriert, boriert, chromiert oder vanadiert wird. Ohne Härten kann auch oxidiert, nitriert oder sulfidiert werden.

Brünieren
Durch Brünieren können Deckschichten erzeugt werden, die kurzzeitig einen gewissen Schutz bieten. Der eisenhaltige Werkstoff wird dazu in heiße konzentrierte $NaNO_2$-haltige Natronlauge getaucht.

Eloxieren
Das Eloxieren ist auf Aluminium beschränkt. Diese anodische Oxidation in schwefel-, chrom- oder oxalsäurehaltigen Elektrolyten ergibt meist sehr beständige Deckschichten, die ihrerseits durch Chromatieren weiter stabilisiert und verschiedenfarbig eingefärbt werden können. Auch Cadmium- und Magnesiumoberflächen können chromatiert werden.

Emaillieren
Emaillieren bringt einen hohen Korrosionsschutz, vor allem auf unlegiertem Stahl. Andererseits sind Emailüberzüge jedoch spröde und daher besonders bei Schlagbeanspruchung sowie bei thermischen Schocks gefährdet. Sie müssen außerdem stets Druckeigenspannungen aufweisen, da Zugspannung (z. B. bei Überschreiten der Fließgrenze des Trägermaterials) wegen mangelnder Zähigkeit des Emails zu Rissen führt. Bei der Herstellung wird zum Verbessern der Haftfestigkeit zunächst als Zwischenschicht ein Grundmaterial aufgeschmolzen, das dann seinerseits mit der eigentlichen Schutzschicht auf Silicatbasis beschichtet wird.

Glaskeramik
Die neu entwickelten Glaskeramiken besitzen nicht die Nachteile des Emails bei mechanischer oder thermischer Beanspruchung. Zu ihrer Herstellung erhält der Werkstoff durch gesteuertes Kristallisieren thermodynamisch instabiler Gläser einen teilkristallinen Überzug mit etwa 50 % Kristallisationsgrad, der durch eine nachgeschaltete Wärmebehandlung eingestellt wird.

Metallische Beschichtungen
Die Möglichkeiten, fremde Metalle oder Metallverbindungen auf das Grundmaterial aufzubringen, sind vielfältig. Häufig ist dabei die Aufgabe des Korrosionsschutzes mit dem Schutz vor Verschleiß oder mit der Bildung dekorativer Oberflächen verknüpft. Die üblichen Verfahren, die dafür geeigneten Metalle und ihr Anwendungsbereich sind in Tabelle 5 zusammengestellt. Dabei ist nicht jedes Metall für jede Art von Schutz geeignet (z. B. bietet thermisch aufgespritztes Aluminium keinen Verschleißschutz).

Galvanische Abscheidung
Die galvanische Abscheidung erfolgt durch kathodische Reduktion der Überzugsmetalle aus einer Lösung ihrer Salze in Umkehrung der Korrosionsreaktion. Die Schichtdicken liegen im allgemeinen unter 20 µm.

Außenstromlose (chemische) Abscheidung
Dabei handelt es sich im Prinzip um den gleichen Prozeß wie bei der galvanischen Abscheidung, wobei jedoch die zur Reduktion notwendigen Elektronen nicht von einer äußeren Stromquelle, sondern von einem zugesetzten Reduktionsmittel, meist Natrium-Hypophosphit oder Natrium-Boranat, geliefert werden. Deshalb werden häufig die Elemente Phosphor oder Bor in die am meisten erzeugten Nickelschichten eingebaut.

Schmelztauchverfahren

Unter den Schmelztauchverfahren wird das Feuerverzinken von Eisen und Stahl am häufigsten, auch in der Kraftfahrzeugindustrie, angewandt. Dabei wird das vorbehandelte (gebeizte, flußmittelbenetzte) Beschichtungsgut in die flüssige Metallschmelze getaucht, so daß an der Phasengrenze entsprechend den Löslichkeitsverhältnissen der Zustandsdiagramme Legierungsschichten entstehen, die die Haftung zwischen Grundlage und Deckmetall vermitteln. Auf diese Weise können erheblich dickere Schichten als durch galvanische Abscheidung erzielt werden.

Bedampfung

Aus Kostengründen werden Bedampfungen nur für spezielle Aufgaben eingesetzt, vor allem für dünne Schichten auf kleinflächigen Gegenständen. Häufig müssen derartig dünne Schichten noch ihrerseits durch einen anorganischen oder organischen Überzug zusätzlich geschützt werden (Beispiel: Scheinwerferspiegel). Das Beschichtungsmaterial wird im Hochvakuum durch elektrischen Strom erhitzt und zum Verdampfen gebracht.

Thermisches Spritzen

Beim thermischen Spritzen wird das Beschichtungsmaterial, das meist als Pulver vorliegt, beim Austritt aus der Spritzpistole durch das Plasma („Plasmaspritzen") oder den Lichtbogen aufgeschmolzen. Durch das Verfahren bedingt, bilden sich Inhomogenitäten und eine gewisse Porosität, so daß große Schichtdicken (150 bis 200 µm) aufgebracht werden müssen, um einen guten Korrosionsschutz zu erreichen.

Plattieren

Unter Plattieren versteht man eine bei normalen Beanspruchungen nicht trennbare, durch erhöhte Temperatur und/oder Druck erzeugte Vereinigung zweier oder mehrerer Metallschichten. Man unterscheidet zwischen Walz-, Sprung- und mechanischem Plattieren. Die Verzahnung der Partner entsteht durch Diffusionsprozesse, verbunden mit Legierungsbildung, oder aber durch mechanische Verzahnung. Die Auflagewerkstoffe sind einige Millimeter dick.

Tabelle 4. Anwendung anorganischer Schutzüberzüge.

Auftragsverfahren	Art der Metalle	Vorwiegend eingesetzt für
Außenstromlose (chemische) Abscheidung	Ni (NiB, NiP, NiPCu), Cu, Dispersionsschichten (NiB + SiC, NiP + SiC).	Korrosionsschutz, Verschleißschutz, dekorative Oberflächen.
Bedampfen	Al, Au, Ta.	Korrosionsschutz.
Galvanische Abscheidung (mit Fremdstrom)	Ag, Au, Cd, Cr, Ni, Sn, Zn.	Korrosionsschutz, dekorative Oberflächen.
Plattieren	Al, Cu, Ni, Pb, Ti, Zr und deren Legierungen, Edelstähle.	Korrosionsschutz.
Schmelztauchen (u. a. „Feuerverzinken")	Al, Pb, Sn, Zn.	Korrosionsschutz.
Thermisches Spritzen	Al und Legierungen, Cr, Ni, NiCr, NiCrBSi, Ti, Boride, Carbide, Oxide.	Korrosionsschutz, Verschleißschutz.

Organische Beschichtungen
Als Schutzschichten kommen hier vor allem Thermo-, Elasto- und Duroplaste in Frage, die in Form von Lacken, Wirbelsintermassen, Auskleidungsfolien, faserverstärkten Harzen und Spachtelmassen auch in der Kraftfahrzeugtechnik eingesetzt werden. Die Schutzwirkung ist dabei außer vom Plasttyp auch vom Bindemittel, vom Alterungsschutzmittel, von UV-Stabilisatoren sowie vom verwendeten Füllstoff und Pigment abhängig. Die entsprechenden Beschichtungen können entweder für sich allein oder aber in Verbindung mit einer bereits erwähnten anorganischen Beschichtung eingesetzt werden.

Lackieren
Das Lackieren kann je nach den Bedingungen durch konventionelles Streichen, durch Walzenauftrag, durch Druckluft- und Hochdruckspritzen, Tauchlackieren (auch unter Anwendung von Elektrophorese) und durch elektrostatisches Spritzlackieren erfolgen. Auf die vorbehandelte Metalloberfläche wird ein haftvermittelnder Grundanstrich und darauf der eigentlich korrosionsschützende Deckanstrich aufgebracht. Durch Verdunsten der Lösungsmittel oder durch Aufnahme von Sauerstoff bildet sich ein geschlossener Film.

Pulverbeschichten
Kunststoffpulver, die bei Raumtemperatur nur schwierig in eine flüssige Phase zu bringen sind, können durch Pulverbeschichten aufgebracht werden. Das Pulver kann dabei entweder auf die vorgeheizten Teile aufgesintert oder flammgespritzt oder elektrostatisch aufgespritzt werden, wobei gegebenenfalls durch eine Wärmebehandlung homogene und dichte Schichten erzielt werden können. Die Pulverbeschichtungsverfahren sind gegenüber den Lackierverfahren meist wirtschaftlicher und umweltfreundlicher und erfordern einen geringeren Sicherheitsaufwand.

Gummieren und Auskleiden
Durch Gummieren und Auskleiden werden häufig Transport- und Lagertanks, Apparate und Rohrleitungen geschützt. Eingesetzt werden sowohl vorvernetzte Folien auf der Basis von Natur- und Synthesekautschuken als auch vorbehandelte Thermoplastfolien unter Verwendung vernetzender Kleber, die nach dem Aufbringen auf die blanken Trägerwerkstoffe thermisch oder katalytisch endvernetzt werden.

Glimmpolymerisation
Neue Möglichkeiten zur Beschichtung bietet die Glimmpolymerisation, bei der organische Monomere unter der Wirkung eines Gasentladungsplasmas auf dem zu beschichtenden Werkstoff polymerisieren. Mit einem solchen Polymerfilm können alle Metalle überzogen werden. Man erhält bläschenfreie organische Filme ohne die üblichen flüchtigen Komponenten, wie man sie häufig in Massivpolymeren findet.

Weitere Möglichkeiten des Korrosionsschutzes

Häufig ist es möglich, durch eine zweckentsprechende Konstruktion von vornherein die Korrosionsgefährdung des entsprechenden Teils herabzusetzen. So sollten bei der Konstruktion möglichst nur glatte Flächen entstehen, also Spalten und Engstellen vermieden werden. Bei der Konstruktion von Anlagen, die möglicherweise zwei flüssige Phasen enthalten (z. B. Benzin/Wasser), von denen nur die eine (Wasser) korrosiv wirkt, ist dafür zu sorgen, daß in Stillstandzeiten kritische Metallteile nicht mit der korrosiven Phase benetzt sind. Kontaktkorrosion kann vermieden werden, indem an den durch Umgebungseinflüsse gefährdeten Stellen nur jeweils ein Metall eingesetzt wird. Falls diese Forderung von der Konstruktion her nicht zu verwirklichen ist, sollten die beiden Metalle elektrisch voneinander isoliert werden. Vom Korrosionsschutz her ist es dabei günstiger, den edleren Partner mit einem Überzug zu bedecken als den unedleren.

Benennung von Chemikalien

Gewerbliche Benennung deutsch	englisch	französisch	Chemische Benennung	Chemische Formel
Alaun, Kali-	Potash alum	Alun de potassium	Kaliumaluminiumsulfat	$KAl(SO_4)_2 \cdot 12\,H_2O$
Alkohol (Ethanol; Ethylalkohol)	Ethanol; ethyl alcohol	Alcool éthylique	Ethanol	C_2H_5OH
Arsenik	White arsenic	Anhydride arsénieux	Arsentrioxid	As_2O_3
Äther (Ether)	Ether	Éther	Ether; Diethylether	$C_2H_5OC_2H_5$
Ätzkali	Caustic potash	Potasse caustique	Kaliumhydroxid	KOH
Ätzkalk (gebrannter Kalk)	Quick lime	Chaux vive	Calciumoxid	CaO
Ätznatron	Caustic soda	Soude caustique	Natriumhydroxid	$NaOH$
Baryt	Barite	Barytine	Bariumsulfat	$BaSO_4$
Bauxit	Bauxite	Bauxite	Aluminiumoxidhydrat	$Al_2O_3 \cdot H_2O$
Bittersalz	Epsom salt	Sel d'Epsom	Magnesiumsulfat	$MgSO_4 \cdot 7\,H_2O$
Blaugel (Silikagel)	Self-indicating silica gel	(Gel de silice)	poröses Siliciumdioxid mit Feuchteindikator	SiO_2 mit Kobaltsalz
Blausäure	Hydrocyanic acid	Acide cyanhydrique	Cyanwasserstoff	HCN
Bleiessig	Vinegar of lead	Eau blanche; vinaigre de plomb	wäßrige Lösung von Bleiacetat und Bleihydroxid	$(CH_3COO)_2Pb + Pb(OH)_2$
Bleiglätte	Litharge	Litharge	Blei(II)-Oxid	PbO
Bleitetraäthyl	Tetraethyl lead	Plomb tétraéthyle	Tetraethylblei	$Pb(C_2H_5)_4$
Bleiweiß	White lead	Blanc de céruse	basisches Bleicarbonat	$2\,PbCO_3 \cdot Pb(OH)_2$
Bleizucker	Sugar of lead; lead acetate	Sel de Saturne; Diacétate de plomb	Blei(II)-acetat	$(CH_3COO)_2Pb$
Blutlaugensalz, gelbes; Kaliumferrocyanid	Yellow prussiate of potash	Ferrocyanure de potassium	Kaliumhexacyanoferrat (II)	$K_4[Fe(CN)_6]$
Blutlaugensalz, rotes; Kaliumferricyanid	Red prussiate of potash	Ferricyanure de potassium	Kaliumhexacyanoferrat (III)	$K_3[Fe(CN)_6]$
Borax (Tinkal)	Borax	Borax	Natriumtetraborat	$Na_2B_4O_7 \cdot 10\,H_2O$
Borwasser	Boric acid solution	Eau boriquée	wäßrige Lösung v. Borsäure	$B(OH)_3$
Braunstein	Pyrolusite	Pyrolusite	Mangandioxid	MnO_2
Bullrichsalz	Baking soda	Sel de Vichy	Natriumhydrogencarbonat	$NaHCO_3$

Carbid	Calcium carbide	Carbure de calcium	Calciumcarbid	CaC_2
Carbolsäure	Carbolic acid	Acide carbolique	Phenol	C_6H_5OH
Carborundum	Carborundum	Carborundum	Siliciumcarbid	SiC
Carnallit	Carnallite	Carnallite	Kalium-Magnesiumchlorid	$KCl \cdot MgCl_2 \cdot 6\,H_2O$
Chlorkalk	Bleaching powder	Chlorure de chaux	Calciumhypochlorit-Calciumchlorid	$Ca(OCl)Cl$
Chromgelb	Chrome yellow	Jaune de chrome	Bleichromat	$PbCrO_4$
Chromrot	Chrome red	Rouge de chrome	basisches Bleichromat	$PbCrO_4 \cdot PbO$
Chromsäure	Chromic anhydride	Anhydride chromique	Chromtrioxid (Chromsäureanhydrid)	CrO_3
Cyankali	Potassium cyanide	Cyanure de potassium	Kaliumcyanid	KCN
Dekalin	Decalin	Décaline	Dekahydronaphthalin	$C_{10}H_{18}$
Eisenvitriol	Green vitriol	Vitriol vert; couperose verte	Eisen(II)-Sulfat	$FeSO_4 \cdot 7\,H_2O$
Essigessenz (Eisessig)	(Glacial) Acetic acid	Acide acétique	Essigsäure	CH_3COOH
Fixiersalz (Antichlor)	Fixing salt; (hypo)	Sel fixateur; hyposulfite de sodium	Natriumthiosulfat	$Na_2S_2O_3 \cdot 5\,H_2O$
Flüssiggas	Liquid gas	Gaz liquéfié	Propan, Butan, Isobutan	$C_3H_8 + C_4H_{10}$
Flußsäure	Hydrofluoric acid	Acide fluorhydrique	wäßrige Lösung von Fluorwasserstoff	$(HF)_2$
Flußspat	Fluorite	Fluorine	Calciumfluorid	CaF_2
Formalin	Formalin	Formol	wäßrige Lösung von Formaldehyd	H_2CO
Freon®; Frigen®	Freon; frigene	Fréon; frigène	Verbindungen aus C, H, F, Cl (Br)	Ziffernkennzeichnung[1])

[1]) Nummerncodes der Freone/Frigene (Fluor-Chlorderivate der n-Alkane CH_4 und C_2H_6):
Hunderterziffer = Zahl der C-Atome −1
Zehnerziffer = Zahl der H-Atome +1
Einerziffer = Zahl der F-Atome
Differenz zur Valenzabsättigung: Zahl der Cl-Atome
Beispiele: Freon 113 = $C_2F_3Cl_3$; Freon 21 = $CHFCl_2$.

Benennung von Chemikalien (Fortsetzung)

Gewerbliche Benennung deutsch	englisch	französisch	Chemische Benennung	Chemische Formel
Fuselöl	Fusel oil	Fusel	Pentanolgemisch (Amylalkohol-Isomere)	$C_5H_{11}OH$
Gips	Gypsum	Plâtre; gypse	Calciumsulfat	$CaSO_4 \cdot 2\,H_2O$
Glaubersalz	Glauber's salt	Sel de Glauber	Natriumsulfat	$Na_2SO_4 \cdot 10\,H_2O$
Glycerin	Glycerin	Glycérine	1.2.3-Trihydroxypropan	$CH_2OHCHOHCH_2OH$
Glykol	Glycol	Glycol	1.2-Dihydroxyethan	CH_2OHCH_2OH
Goldschwefel	Golden antimony sulphide	Pentasulfure d'antimoine	Antimonpentasulfid	Sb_2S_5
Graphit	Graphite	Graphite	Graphit	C
Grubengas; (Sumpfgas)	Mine gas	Grisou	Methan	CH_4
Grünspan	Blue verdigris	Vert-de-gris	basisches Kupferacetat	$[(CH_3COO)_2Cu]_n \cdot [Cu(OH)_2]_m$
Hirschhornsalz	Hartshorn salt	–	Ammoniumhydrogencarbonat + Ammoniumcarbaminat	$NH_4HCO_3 + NH_4OCONH_2$
Höllenstein	Silver nitrate	Pierre infernale	Silbernitrat	$AgNO_3$
Hydrochinon	Hydroquinone	Hydroquinone	1.4-Dihydroxybenzol	$C_6H_4(OH)_2-1.4$
Jodtinktur	Tincture of iodine	Teinture d'iode	wäßrig-alkoholische Lösung von Iod und Iodkali	$KI \cdot I_2$
Kali, übermangansaures	Potassium permanganate	Permanganate de potassium	Kaliumpermanganat	$KMnO_4$
Kalilauge	Caustic potash lye	Lessive de potasse	wäßrige Lösung von Kaliumhydroxid	KOH
Kaliummetabisulfit	Potassium metabisulphite	Métabisulfite de potassium	Kaliumdisulfit	$K_2S_2O_5$
Kalk, gebrannter	Quick lime	Chaux vive	Calciumoxid	CaO
Kalk, gelöschter	Slaked lime	Chaux éteinte	Calciumhydroxid	$Ca(OH)_2$
Kalkstickstoff	Cyanamide of calcium	Chaux azotée	Calciumcyanamid	$CaCN_2\,(+C)$

Kalkstein	Limestone	Calcaire	Calciumcarbonat (mit Ton)	$CaCO_3$ (+ Al-Silikat)
Kalomel	Calomel	Calomel	Quecksilber(I)-Chlorid	Hg_2Cl_2
Kaolin (Kaolinit)	Kaolin	Kaolin (kaolinite)	Aluminiumsilikat	$[Al(OH)_2]_2 \cdot [Si_2O_5]$
Kieselsäure	Silicic acid	Acide silicique	Siliciumdioxid (Kieselsäure-anhydrid)	SiO_2
Kleesalz (Sauerkleesalz)	Salt of sorrel	Sel d'oseille	Kaliumhydrogenoxalat – Oxalsäure – Doppelsalz	$(COOH)_2 \cdot (COOHCOOK) \cdot 2\,H_2O$
Kleesäure	Oxalic acid	Acide oxalique	Oxalsäure	$(COOH)_2$
Knallquecksilber	Mercury fulminate	Fulminate de mercure	Quecksilberfulminat	$Hg(CNO)_2$
Knallsilber	Silver fulminate	Fulminate d'argent	Silberfulminat	AgCNO
Kochsalz	Table salt	Sel de cuisine	Natriumchlorid	NaCl
Kohlensäure	Carbonic acid	Gaz carbonique	Kohlendioxid (Kohlensäure-anhydrid)	CO_2
Königswasser	Aqua regia	Eau régale	Salpetersäure – Salzsäure-gemisch	$HNO_3 + HCl$ (1+3)
Korund	Corundum	Corindon	α-Aluminiumoxid	Al_2O_3
Kreide	Chalk	Craie	Calciumcarbonat	$CaCO_3$
Kryolith	Cryolite	Cryolite	Natriumhexafluoroaluminat	$Na_3(AlF_6)$
Kupfervitriol	Blue vitriol	Vitriol bleu	Kupfersulfat	$CuSO_4 \cdot 5\,H_2O$
Lachgas („Stickoxydul")	Laughing gas	Gaz hilarant	Distickstoffoxid	N_2O
Lithopon	Lithopone	Lithopone	Bariumsulfat + Zinksulfid	$BaSO_4 + ZnS$
Lötwasser	Soldering flux	Eau de soudure	wäßr. Lösg. v. Zinkchlorid	$ZnCl_2$
Magnesia	Magnesia	Magnésie	Magnesiumoxid	MgO
Marmor	Marble	Marbre	Calciumcarbonat	$CaCO_3$
Mennige	Minium	Minium	Blei(II)-Orthoplumbat	Pb_2PbO_4 (Pb_3O_4)
Methylalkohol	Methyl alcohol	Alcool méthylique	Methanol	CH_3OH
Mohr'sches Salz	Mohr's salt	Sel de Mohr	Eisen(II)-Ammoniumsulfat	$(NH_4)_2Fe(SO_4)_2 \cdot 6\,H_2O$

Benennung von Chemikalien (Fortsetzung)

Gewerbliche Benennung deutsch	englisch	französisch	Chemische Benennung	Chemische Formel
Natron (Natriumbicarbonat)	Baking soda	Sel de Vichy	Natriumhydrogencarbonat	$NaHCO_3$
Natronlauge	Sodium lye	Lessive de soude	wäßrige Lösung von Natriumhydroxid	$NaOH$
Nitroglycerin	Nitroglycerin	Nitroglycérine	Glycerintrinitrat	$CHONO_2\,(CH_2ONO_2)_2$
Oleum (Vitriolöl)	Oleum	Oléum	Schwefelsäure – Dischwefelsäuregemisch	$H_2SO_4 + H_2S_2O_7$
Per	Tetrachloroethylene	Tétrachloréthylène	Tetrachlorethylen (Perchlorethylen)	$Cl_2C{=}CCl_2$
Perhydrol	Hydrogen peroxide	Eau oxygénée	Wasserstoffperoxid	H_2O_2
Phosgen	Phosgene gas	Phosgène	Kohlensäuredichlorid	$COCl_2$
Phosphin	Phosphine	Phosphure d'hydrogène	Phosphorwasserstoff	PH_3
Polierrot	English red	Rouge d'Angleterre	Eisen(III)-Oxid	Fe_2O_3
Pottasche	Potash	Potasse	Kaliumcarbonat	K_2CO_3
Präpariersalz	Sodium stannate	Stannate de sodium	Natriumstannat	$Na_2SnO_3 \cdot 3\,H_2O$
Präzipitat, schmelzbares	Fusible white precipitate	Précipité blanc fusible	Diamminquecksilber(II)-Chlorid	$[Hg\,(NH_3)_2]\,Cl_2$
Präzipitat, unschmelzbares	Ammonobasic infusible precipitate	Précipité infusible	Quecksilber(II)-Amidochlorid	$Hg\,(NH_2)\,Cl$
Pyrit	Iron pyrite	Pyrite de fer	Natürliches Eisendisulfid	FeS_2
Quarz; Quarzsand	Quartz	Quartz	kristallines Siliciumdioxid; Quarz	SiO_2
Rost	Rust	Rouille	Eisen(III)-Oxidhydrat	$Fe_2O_3 \cdot H_2O$
Salmiak (Salmiaksalz)	Sal ammoniac	Sel ammoniaque	Ammoniumchlorid	NH_4Cl
Salmiakgeist	Ammonia liquor	Ammoniaque	wäßrige Lösung von Ammoniumhydroxid	NH_4OH

Salpeter, Ammon-	Ammonium nitrate	Nitrate d'ammonium	Ammoniumnitrat	NH_4NO_3
Salpeter, Chile-; (Natron-)	Soda niter	Salpêtre du Chili	Natriumnitrat	$NaNO_3$
Salpeter, Kali-	Saltpeter	Salpêtre	Kaliumnitrat	KNO_3
Salzsäure	Hydrochloric acid	Acide chlorhydrique	wäßrige Lösung von Chlorwasserstoff	HCl
Scheidewasser	Aqua fortis; (Nitric acid)	Eau forte; (Acide nitrique)	Salpetersäure	HNO_3
Schmirgel	Emery	Emeri	natürliches α-Aluminiumoxid	Al_2O_3
Soda	Soda crystals	Cristaux de soude	Natriumcarbonat	Na_2CO_3
Spiritus	Alcohol	Alcool	Ethanol (vergällt)	C_2H_5OH
Stanniol	Tin foil	Papier d'étain	Zinnfolie	Sn
Sublimat	Corrosive sublimate	Sublimé corrosif	Quecksilber(II)-Chlorid	$HgCl_2$
Tetra	Carbon tetrachloride	Tétrachlorure de carbone	Tetrachlorkohlenstoff	CCl_4
Tetralin	Tetralin	Tétraline	Tetrahydronaphthalin	$C_{10}H_{12}$
Titanweiß	Titanium white	Blanc de titane	Titandioxid — Bariumsulfat-gemisch	$TiO_2 + BaSO_4$
Tonerde, essigsaure	Aluminium acetate	Acétate d'alumine	wäßrige Lösung von Aluminiumacetat	$(CH_3COO)_3Al$
Tri	Trichloroethylene	Trichloréthylène	Trichlorethen (Trichlor-ethylen)	$Cl_2C=CHCl$
Trockeneis	Dry ice	Carboglace	festes Kohlendioxid	CO_2
Urotropin	Urotropine	Urotropine	Hexamethylentetramin	$N_4(CH_2)_6$
Wasserglas, Kali-	Water glass	Verre soluble	Kaliumsilikatlösung	$SiO_3 + xK_2Si_2O_5$
Wasserglas, Natron-	Water glass	Verre soluble	Natriumsilikatlösung	$Na_2SiO_3 + xNa_2Si_2O_5$
Zinkweiß	Zinc white	Blanc de zinc	Zinkoxid	ZnO
Zinnober	Cinnabar	Cinabre	Quecksilber(II)-Sulfid	HgS
Zinnsalz; (Chlorzinn)	Tin salt; (stannous chloride)	Sel d'étain; (chlorure stanneux)	Zinn(II)-Chlorid	$SnCl_2 \cdot 2\,H_2O$

Schmierstoffe

Begriffe und Definitionen

Schmierstoff ist das Trennmittel zwischen zwei relativ gegeneinander in Bewegung stehenden Reibpartnern. Seine Aufgabe ist es, den direkten Kontakt zwischen ihnen zu verhindern und dadurch Reibung und Verschleiß herabzusetzen. Zusätzlich kann der Schmierstoff kühlen und die Reibstelle abdichten. Es gibt feste, konsistente, flüssige und gasförmige Schmierstoffe. Die Auswahl richtet sich nach der konstruktiven Begebenheit, der Materialpaarung und den Beanspruchungen der Reibstelle.

Additive
Wirkstoffe, die zur Verbesserung der Eigenschaften dem Schmierstoff zugesetzt werden. Es gibt Additives, die die physikalischen Eigenschaften verbessern (z. B. Stockpunkterniedriger, VT-Verbesserer) und solche, die dem Schmierstoff neue Eigenschaften verleihen (z. B. eine Trennschicht aufbauen durch chemische Reaktionen mit den Gleitpartnern). Um antagonistische Effekte zu unterbinden, müssen die Additive aufeinander und auch auf die Inhaltsstoffe des Schmierstoffes abgestimmt sein.

ATF (Automatic Transmission Fluid)
Spezialschmierstoffe, die den hohen Anforderungen in automatischen Getrieben angepaßt sind.

Asche (DIN 51 575, 51 803)
Der mineralische Rückstand, der nach Oxid- und Sulfatveraschung zurückbleibt.

Ausblutung
Neigung von Schmierstoffen, eine flüssige Phase aus dem Fettverband auszuscheiden.

Bingham-Körper
Plastische Massen mit einer Fließgrenze. Oberhalb dieser Grenze ist ihr rheologisches Verhalten newtonsch, unterhalb nicht newtonsch.

Brennpunkt (DIN 51 376)
Niedrigste Temperatur (bezogen auf 1013 mbar), bei der die Dämpfe nach dem Entflammen mindestens 5 s weiterbrennen.

Cloudpoint (DIN 51 597)
Temperatur, bei der Mineralöl trübe wird (Paraffin oder andere feste Stoffe ausgeschieden werden).

EP-Schmierstoffe (Extreme Pressure)
Siehe Hochdruckschmierstoffe.

Flammpunkt (DIN 51 755, 51 376, 51 758)
Niedrigste Temperatur (bei 1013 mbar), bei der die verdampften Bestandteile bei Annäherung einer Zündflamme kurz aufflammen.

Fließdruck (DIN 51 805)
Nach Kesternich der Druck, der zum Herauspressen eines Schmierfettes aus einer Prüfdüse erforderlich ist.

Fließgrenze (DIN 13 342)
Kleinste Schubspannung τ, bei der ein Stoff zu fließen beginnt. Oberhalb der Fließgrenze verhält sich ein plastischer Stoff rheologisch wie eine Flüssigkeit.

Friction Modifier
Polare Schmierstoff-Additives, die durch Adsorption auf der Metalloberfläche die Reibung mindern sowie das Lasttragevermögen erhöhen. Sie verhindern das Entstehen von Stick-Slip.

Gelfette
Schmierstoffe mit anorganischen Konsistenzgebern (z. B. Bentonite, Baragel, Aerosil).

Hochdruckschmierstoffe
Enthalten Additive zur Erhöhung des Lasttragevermögens und zur Verhinderung von Freßerscheinungen.

Induktionszeit
Zeitraum, der bis zum Beginn der Schmierstoff-Alterung bei oxidationsinhibierten Schmierstoffen vergeht.

Inhibitoren
Schmierstoff schützende Additives (z. B. Korrosions-, Oxidationsinhibitoren).

Kaltschlamm
Ölabbauprodukte, die sich bei geringer Belastung des Motors und niedriger Betriebstemperatur bilden und sich im Kurbelgehäuse absetzen. Kaltschlamm

erhöht den Verschleiß und kann Motorschaden verursachen.

Konsistenz (DIN 51 804, 51 818)
Maß für Verformbarkeit von Schmierfetten und Pasten.

Legierte Schmierstoffe
Schmierstoffe, die Additives zur Verbesserung spezieller Eigenschaften enthalten (z. B. Lasttragevermögen, Verschleißschutz, Alterungsstabilität, Korrosionsschutz, Viskositäts-Temperatur-Verhalten).

Mehrbereichsöle
Motoren- und Getriebeöle mit einem günstigen Viskositäts-Temperaturverhalten (VT). Diese Öle haben einen hohen Viskositätsindex (VI) und überdekken deshalb mehrere Viskositätsklassen.

Mineralöl
Mineralöl wird hauptsächlich aus Erdöl, in kleinen Mengen auch aus Holzschiefer, Braunkohle und Steinkohle gewonnen. Mineralöle bestehen aus zahlreichen Kohlenwasserstoffen verschiedener chemischer Strukturen. Je nachdem, ob und welche Strukturen vorherrschen, spricht man von gemischtbasischen, paraffinischen, aromatischen oder naphthenbasischen Ölen. Die Öle unterscheiden sich im Viskositäts-Temperatur-Verhalten, in der Alterungsstabilität und Dichte.
Paraffine:
gesättigte azyklische Kohlenwasserstoffe
Aromaten:
ungesättigte zyklische Kohlenwasserstoffe
Naphthene:
gesättigte zyklische Kohlenwasserstoffe mit 5 bzw. 6 Kohlenstoffatomen im Ring (seltener mit 7 oder 8).

Molybdändisulfid MoS_2
Ein Trockenschmiermittel mit Schichtgitter-Struktur. Zwischen den einzelnen Schichten bestehen nur geringe Kohäsionskräfte. Diese geringen Kräfte ermöglichen ein leichtes Verschieben der Schichten aufeinander und somit einen kleinen Reibwert bei Gleitbewegung. Zwischen Schwefel und Molybdän hingegen bestehen starke Ionenbindungen. Auf diese starken Bindungen ist das hohe Lasttragevermögen von MoS_2 zurückzuführen. MoS_2 wird Hochdruck-Ölen, -Schmierfetten und -Pasten inkorporiert. Für Reibstellen mit hohen Lasten und kleiner Gleitgeschwindigkeit werden auch MoS_2-haltige Gleitlakke verwendet.

Neutralisationszahl (NZ)
Diese Zahl macht eine Aussage über den Gehalt an Säuren oder Laugen in Schmierstoffen. Die NZ gibt die Anzahl mg KOH an, die für 1 g Schmierstoff
— zur Neutralisation der sauren Bestandteile benötigt wird (NZ s) oder
— die äquivalent ist dem Gehalt an alkalischen Bestandteilen (NZ a).

Es wird unterschieden zwischen Gesamtsäuren und wasserlöslichen Säuren, zwischen starken Basen (pH-Wert des Öles $\geq$ 10) und Gesamtgehalt basischer Anteile.
— strong acid number (SAN):
wasserlösliche Säuren
— total acid number (TAN):
Gesamtsäure
— strong base number (SBN):
starke Basen
— total base number (TBN):
Gesamtgehalt basischer Anteile.

Penetration (DIN 51 804)
Eindringtiefe eines genormten Kegels in einen pastösen Stoff (z. B. Schmierfett) in Abhängigkeit von der Zeit. Gemessen wird die Eindringtiefe in 10^{-1} mm. Je größer dieser Wert ist, um so weicher ist der pastöse Stoff.

Polare Stoffe
Die Polarität ist die Eigenschaft der Schmierstoffkomponenten, an Metalloberflächen zu haften. Die Moleküle werden infolge ihres Dipolcharakters von der Metalloberfläche adsorbiert. Solche Polaritätsverbesserer sind z. B. Fettsäuren, Ester, Ether. Als Additive, einem Schmierstoff zugesetzt, erhöhen sie die Haftfähigkeit und das Tragevermögen. Die Reibung zwischen den Gleitpartnern hingegen wird verringert.

Rheologie
Lehre vom Fließverhalten von Stoffen. Die Darstellung erfolgt üblicherweise in Form von Fließkurven. Wichtige Einflußgröße ist die Schubspannung τ

$\tau = F/A$ (N/cm²)

F Kraft, A Fläche

Sie wird gegen das Geschwindigkeitsgefälle D (Schergefälle) aufgetragen.

$D = \upsilon/y$ (s^{-1})

υ Gleitgeschwindigkeit, y Schmierfilmdicke

Für Newtonsche Flüssigkeiten erhält man bei konstanter Temperatur und konstantem Druck eine Gerade. Da die dynamische Viskosität

$\eta = \tau/D$ (Pa·s)

ist, läßt sich daraus die Viskosität des Stoffes berechnen.

Die dynamische Viskosität, gegen das Geschwindigkeitsgefälle aufgetragen, ergibt parallele Geraden. Ein solches Fließverhalten ist charakteristisch für Newtonsche Flüssigkeiten. Besteht die Proportionalität zwischen Schubspannung und Geschwindigkeitsgefälle nicht, spricht man von Nicht-Newtonschen Flüssigkeiten. Nicht-Newtonsches Fließverhalten wird auch Scheinviskosität genannt.

Strukturviskoses Fließverhalten
Fließverhalten Nicht-Newtonscher Stoffe, deren Viskosität durch Steigerung des Schergefälles abnimmt. Typische Vertreter sind Mehrbereichsöle mit scherinstabilen Viskositätsindex-Verbesserern (hochpolymere Zusätze).

Fließkurven.

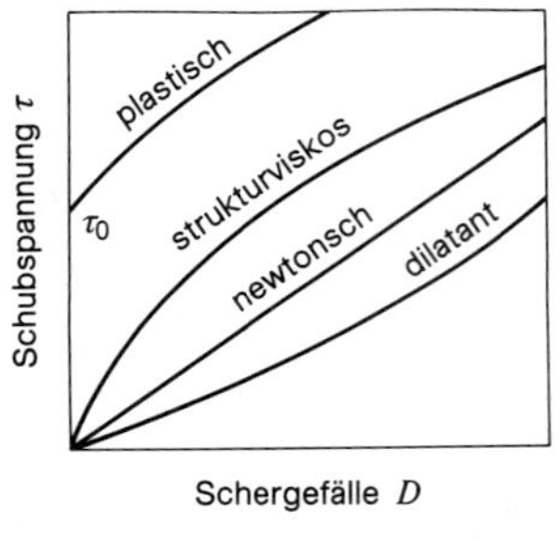

Plastisches Fließverhalten
Fließverhalten Nicht-Newtonscher Stoffe, die zur Überwindung der inneren Reibung bis zur Fließgrenze τ_0 eine endliche Schubkraft benötigen. Oberhalb der Fließgrenze verhält sich ein plastischer Stoff strukturviskos. Die meisten Schmierfette haben ein plastisches Fließverhalten.

Dilatantes Fließverhalten
Fließverhalten Nicht-Newtonscher Stoffe, deren Viskosität mit dem Schergefälle zunimmt.

Thixotrope Stoffe
Stoffe mit Nicht-Newtonschem Fließverhalten. Ihre Viskositätsabnahme bei Scherbeanspruchung ist abhängig von der Zeit.

Stribeck-Kurve
Die Stribeck-Kurve stellt die Reibung als Funktion der Gleitgeschwindigkeit (Drehzahl) dar.

Viskosität
Maß für die innere Reibung von Stoffen. Es ist der Widerstand, den die Stoffteilchen der Kraft beim Verschieben entgegensetzen.

Dynamische Viskosität
Kraft in N, die nötig ist, um in einer Flüssigkeitsschicht von 1 m² Fläche und 1 m Schichthöhe die obere Schicht parallel zur unteren mit der Geschwindigkeit von 1 m/s wegzubewegen (Einheit Pa·s).

Kinematische Viskosität
Dynamische Viskosität bezogen auf Dichte (Einheit m²/s).

Viskositätsindex (VI)
Dieser Index macht eine Aussage über das Viskositäts-Temperatur-Verhalten eines Öles. Die rechnerisch ermittelte Zahl ist eine empirische Größe. Je größer der VI, desto geringer ist der Einfluß der Temperatur auf die Viskosität.

Motorenöle

Die gebräuchlichsten Motorenöle sind additivierte Mineralöle. Aufgrund der steigenden Beanspruchung der Motoröle werden zunehmend auch synthetische und halbsynthetische Öle verwendet. Die Qualität des Motoröles hängt von der Herkunft und Raffination des Grundöls (entfällt bei synthetischen Ölen), der Viskositätsklasse (SAE) und der Effektivität der Additives ab. Entsprechend ihrer Aufgabe unterscheidet man folgende Additivtypen: Viskositäts-Indexverbesserer (VI), Oxidations- und Korrosionsinhibitoren, Detergent/Dispergent-Wirkstoffe, Hochdruckzusätze (EP).

Im Verbrennungsmotor wird das Motoröl thermisch und mechanisch hoch beansprucht.

Die für einen Motor geeigneten Motorenöle werden von den Motorherstellern durch Versuche ermittelt und für Ölwechsel vorgeschrieben. Kriterien dafür sind u. a.:
- Motorart (Otto- oder Dieselmotor bzw. Saug- oder Lademotor),
- Belastung der Motor-Triebwerksteile und -Lager,
- Betriebstemperatur des Motoröls (Sumpftemperatur),

Viskositäts-Temperatur-Verlauf von Mehr- bzw. Einbereichs-Motorenölen.

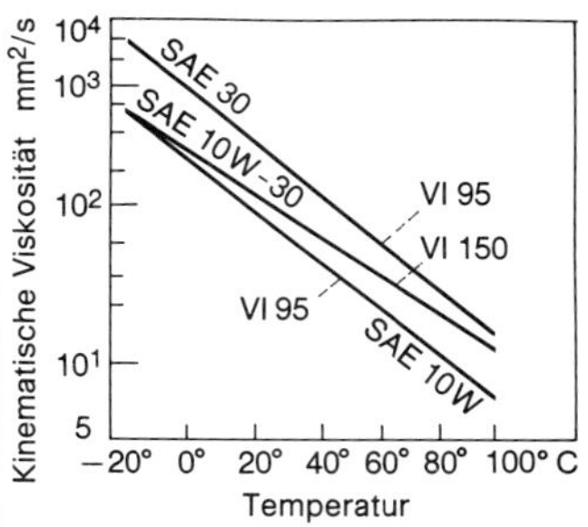

- Verbrennungsschmutzanfall, chemische Belastung des Öls durch saure Verbrennungsrückstände,
- Reinigungs- und Schmutztragevermögen des Motorenöls,
- Ölfüllmenge des Motors,
- vorgesehene Ölwechselintervalle,
- Art der Ölkühlung (z. B. Ölkühler).

HD-Öle (Heavy-Duty-Öle)
HD-Öle enthalten Detergentien- und Dispersants-Additives. Diese Zusätze sind heute für Motorenöle allgemein üblich.

Tabelle 1. SAE-Viskositätsklassen für Motoren-Schmieröle nach DIN 51 511.

SAE-Viskositätsklasse	scheinbare Viskosität bei −18 °C nach DIN 51 377 mPa · s	kinematische Viskosität bei 100 °C nach DIN 51 550 mm²/s	
		min.	max.
5 W	... 1250	3,8	–
10 W	1250 ... 2500	4,1	–
15 W	2500 ... 5000	5,6	–
20 W	5000 ... 10000	5,6	–
20	–	5,6	≤ 9,3
30	–	9,3	≤ 12,5
40	–	12,5	≤ 16,3
50	–	16,3	≤ 21,9

Beispiel vorgeschriebener Viskositätsklassen für Pkw-Motorenöle.[1])

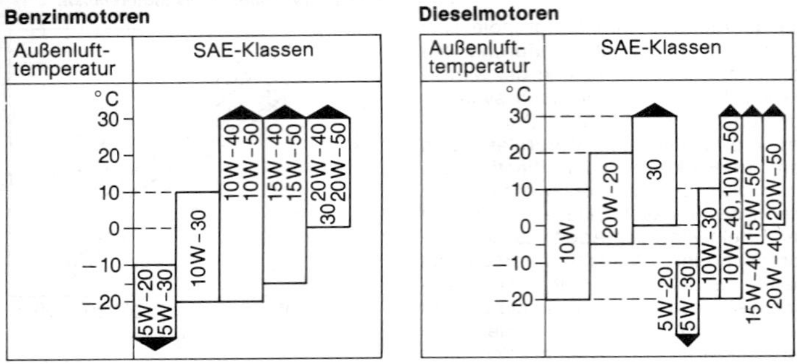

---

[1]) nach Daimler-Benz, Betriebsstoff-Vorschriften bzw. D. Klamann, „Schmierstoffe und verwandte Produkte", Verlag Chemie (1982).

SAE-Viskositätsklassen (DIN 51511)
Die SAE-Viskositätsklassen (SAE Society of Automotive Engineers) dienen ausschließlich der Einteilung der Öle nach ihrer Viskosität. Über die Qualität und Eignung eines Öles für einen bestimmten Einsatz sagen sie nichts aus. Man unterscheidet zwischen Ein- und Mehrbereichsölen. Allgemein haben sich heute die Mehrbereichsöle durchgesetzt.

Mehrbereichsöle
Mehrbereichsöle sind Motorenöle mit einer flachen Viskositäts-Temperatur-Kurve. Die Viskosität nimmt also bei steigender Temperatur weniger ab als bei Einbereichsölen. Das Kurzzeichen eines Mehrbereichsöles setzt sich aus den Kurzzeichen der Viskositätsklassen zusammen, deren Forderungen hinsichtlich der scheinbaren Viskosität bei −18 °C und der kinematischen Viskosität bei 100 °C erfüllt werden.

Beispiel: Ein Mehrbereichsöl SAE 10 W−30 hat bei −18 °C eine scheinbare Viskosität von 1500 mPa·s (SAE 10 W) und bei 100 °C eine kinematische Viskosität von 10 mm^2/s (SAE 30). Das Öl überdeckt drei Viskositätsklassen und erleichtert dadurch die Sicherstellung der Schmierung auch während der schmiertechnisch kritischen Phasen bei Tief- und Hochtemperatur.

Bei Mehrbereichsölen mit VI-Verbesserern ist ein fristgerechter Ölwechsel für den Motor von großer Bedeutung, weil außer der üblichen Additiv-Verarmung während der Gebrauchsdauer zusätzlich noch die Viskosität absinken kann. Dies ist auf Scherinstabilität von VI-Verbesserern zurückzuführen.

Getriebeöle

Die Art des Getriebes und dessen Beanspruchung bestimmen die Qualität des Getriebeöles. Kraftfahrzeuggetriebe stellen hohe Anforderungen an das Öl. Die Anforderungen (wie erhöhtes Druckaufnahmevermögen, günstiges Viskositäts-Temperatur-Verhalten, hohe Alterungsbeständigkeit, geringe Neigung zur Schaumbildung, Verträglichkeit mit allen Dichtungsmaterialien) können von unlegierten Ölen nicht erfüllt werden.

Für Kfz-Getriebeöle kommen deshalb nur additivierte Öle in Frage, wobei das Grundöl schon hohe Qualität haben muß. Auch die Viskosität muß dem Anwendungsfall angepaßt sein. Für Kfz-Getriebe gibt die DIN 51512 die Viskositätsklassen an.

Typische Getriebeschäden durch ungeeignete Schmiermittel sind Zahnflankenschäden und Lagerschäden.

API-Klassifikationen von Getriebeölen[3])

GL-1 unlegierte Getriebeöle für Zahnrad- und Schneckengetriebe, für schräg- und bogenverzahnte Achsenantriebe bei leichten Betriebsbedingungen.

GL-2 Getriebeöle für Achsenantrieb mit Schneckentrieben, die aufgrund der Anforderungen mit GL-1 Getriebeöl nicht mehr einwandfrei betrieben werden können.

GL-3 mildlegierte Getriebeöle für Schalt- und Sondergetriebe sowie für Achsenantriebe bei leichten bis mittleren Betriebsbedingungen.

GL-4 Getriebeöle für hypoidverzahnte Achsenantriebe bei normalen Betriebsbedingungen sowie für hochbelastete Schalt- und Sondergetriebe; entspricht etwa der MIL-L 2105.

GL-5 Getriebeöle für hochbeanspruchte hypoidverzahnte Achsenantriebe, entspricht in etwa der MIL-L 2105 B.

Schmierfette

Schmierfette sind verdickte Schmieröle. Die meisten Schmierfette enthalten als flüssige Komponente Mineralöl; jedoch für hochbeanspruchte Reibstellen werden zunehmend auch synthetische Öle verwendet. Als Verdicker eignen sich Stoffe, die im Öl quellen. Hauptsächlich werden Seifen dafür verwandt. Je nach Seifentyp (Fettsäure, Kation) und Herstellungsverfahren bilden sich Seifenmizellen unterschiedlicher Formen aus. Das Grundöl wird dabei von dem schwammartig ausgebildeten Seifengerüst eingeschlossen, wie auch durch Kapillarkräfte gehalten. Eine mengenmäßig untergeordnete Rolle für Schmierfette spielen die Verdicker (z. B. auf Basis von Polyharnstoff, Bentonite, Baragele). Zur Verbesserung spezieller Eigenschaften können Schmierfette Additive und Festschmierstoffe enthalten.

Tabelle 3. Konsistenz-Einteilung für Schmierfette (DIN 51 818).

NLGI-Klasse	Walkpenetration nach DIN 51 804, Blatt 1, Zentel-Millimeter (0,1 mm)
000	445 ... 475
00	400 ... 430
0	355 ... 385
1	310 ... 340
2	265 ... 295
3	220 ... 250
4	175 ... 205
5	130 ... 160
6	85 ... 115

Tabelle 2. SAE-Viskositätsklassen für Kfz-Getriebeöle nach DIN 51 512.

SAE-Viskositäts-klasse	Kinematische Viskosität bei −17,8 °C (≙ 0 °F) mindestens mm²/s	−17,8 °C (≙ 0 °F) höchstens mm²/s	98,9 °C (≙ 210 °F) mindestens mm²/s	98,9 °C (≙ 210 °F) höchstens mm²/s
75	–	unter 3250	4,2	–
80	3250[1])	unter 21 700	4,2	–
90	–	–	14,2	unter 25,0[2])
140	–	–	25,0	unter 43,0
250	–	–	43,0	–

[1]) Diese Forderung fällt weg, wenn die kinematische Viskosität bei 98,9 °C nicht unter 6,7 mm²/s liegt.

[2]) Diese Forderung fällt weg, wenn die kinematische Viskosität bei −17,8 °C nicht über 162 900 mm²/s liegt.

[3]) W. Heine, „Kurzgefaßtes Mineralölalphabet", 1981.

Kraftstoffe

Kraftstoff-Kenngrößen

Heizwert, Brennwert
Der spezifische Heizwert H_u (früher „unterer Heizwert") und der spezifische Brennwert H_o (früher „oberer Heizwert" oder „Verbrennungswärme") sind Größen für den Energieinhalt von Brennstoffen. Bei Kraftstoffen, in deren Verbrennungserzeugnissen Wasser auftritt, hat nur der spezifische Heizwert H_u (Verbrennungswasser dampfförmig) Bedeutung. Geringer Heizwert des Kraftstoffs erfordert große Kraftstoffmengen und beeinträchtigt in Verkehrsmitteln Nutzraum, Nutzlast und Reichweite.

Für die Leistung des Motors ist der Heizwert des brennfähigen Kraftstoff-Luft-Gemisches maßgebend, der für alle verwendeten flüssigen Kraftstoffe und Flüssiggase nahezu gleich groß ist (etwa 3700 kJ/m^3).

Verdampfungswärme
Durch Verdampfung des zunächst nur vernebelten Kraftstoffs kühlt das Luft-Kraftstoff-Gemisch ab. Der dadurch eintretende Temperaturabfall im Vergaser kann bei feuchtkühler Witterung (etwa +2 ... +8 °C und Luftfeuchte >65 %) zu Vergaservereisung führen; Wasserdampf der Ansaugluft kondensiert, gefriert und behindert als Reif oder Eis die Funktion der Drosselklappe. Abhilfe kann durch Zusätze erreicht werden (s. Additive).

Reinheit, Verbrennungsrückstände
Kraftstoffe müssen frei von festen Verunreinigungen sein, die Leitungen, Pumpen, Düsen usw. verstopfen oder abnützen können. Flüssiges Wasser darf nicht enthalten sein. Ottokraftstoffe dürfen keine Rückstände bilden, um Ablagerungen im Ansaugsystem des Motors zu verhindern. Alle Kraftstoffe sollen möglichst geringen Schwefelgehalt aufweisen, damit in den Abgasen wenig SO_2 enthalten ist und Korrosionsschäden vermieden werden.

Otto-Kraftstoffe (DIN 51 600)

Die Mindestanforderungen an Ottokraftstoffe sind in DIN 51 600 festgelegt (s. Tabelle). Darin wird zwischen Normalkraftstoff und Superkraftstoff unterschieden. Superkraftstoff weist eine höhere Klopffestigkeit auf; dies ist für höher verdichtete Motoren notwendig. Außerdem sind für Sommer- und Winterkraftstoffe verschiedene Flüchtigkeits-Eigenschaften spezifiziert. Im einzelnen sind folgende spezifische Kenngrößen von Bedeutung:

Dichte (DIN 51 757)
Die Dichte dient zur Kennzeichnung bestimmter Kraftstofftypen bzw. Kraftstoffkomponenten. Geringe Dichte erhöht den Kraftstoffverbrauch. Superkraftstoffe haben wegen des höheren Aromatengehalts i. a. eine höhere Dichte als Normalbenzine.

Klopffestigkeit (Oktanzahl)
Die Oktanzahl kennzeichnet die Klopffestigkeit eines Ottokraftstoffs. Je größer die Oktanzahl, desto klopffester ist der Kraftstoff. Zur Bestimmung der Oktanzahl werden international zwei verschiedene Verfahren angewendet, die Research-Methode und die Motor-Methode (DIN 51 756; ASTM D 2699-70 und ASTM D 2700-70).

ROZ
(Research-Oktanzahl) nennt man die nach der Research-Methode bestimmte Oktanzahl.

MOZ
(Motor-Oktanzahl) nennt man die nach der Motor-Methode bestimmte Oktanzahl.

Die Motor-Methode unterscheidet sich von der Research-Methode durch Gemischvorwärmung, höhere Drehzahl und veränderliche Zündzeitpunkteinstellung, wodurch sich eine höhere thermische Beanspruchung des zu untersuchenden Kraftstoffs ergibt. Die MOZ-Werte sind niedriger als die ROZ-Werte.

FOZ
(Frontoktanzahl) ist die ROZ der bis 100 °C überdestillierbaren Anteile eines Kraftstoffs. Sie gibt einen Anhaltspunkt über das Verhalten hinsichtlich des Beschleunigungsklopfens.

Der Zahlenwert der Oktanzahl bis 100 gibt an, wieviel Volumenprozent iso-Oktan C_8H_{18} (Trimethylpentan) sich in einem Gemisch mit n-Heptan C_7H_{16} befindet, das in einem Prüfmotor (CFR-Prüfmotor oder BASF-Prüfmotor) gleiches Klopfverhalten zeigt wie der zu prüfende Kraftstoff. Dem sehr klopffesten iso-Oktan wird dabei die Oktanzahl 100 ROZ bzw. MOZ, dem sehr klopffreudigen n-Heptan die Oktanzahl 0 zugeordnet.

Erhöhung der Klopffestigkeit
Normales Destillat-Benzin hat eine sehr niedrige Klopffestigkeit. Erst durch Aufmischen verschiedener, klopffester Raffinerie-Komponenten kann ein Kraftstoff mit ausreichender Oktanzahl erhalten werden. Dabei muß darauf geachtet werden, daß ein möglichst hohes Oktanzahlniveau über den ganzen Siedebereich vorliegt. Kohlenwasserstoffe mit ringförmigem Molekülaufbau (Aromaten) und verzweigten Ketten (iso-Paraffine) sind klopffester als geradkettige Moleküle (n-Paraffine).

Zusätze von sauerstoffhaltigen Komponenten (Methanol, Ethanol, Methyltertiärbutylether) wirken sich positiv auf die Oktanzahl aus, können aber zu anderen Schwierigkeiten führen (Alkohole erhöhen die Flüchtigkeit und können Materialprobleme verursachen).

Sehr wirksam für die Oktanzahlerhöhung sind „Klopfbremsen" auf metallorganischer Basis (s. Additive).

Flüchtigkeit
Kraftstoffe für Ottomotoren müssen leichtflüchtig sein. Für einen störungsfreien Betrieb (Vermeidung von Dampfblasen, gute Fahrbarkeit in kaltem und warmem Zustand sowie gutes Übergangsverhalten) müssen hohe Anforderungen an die Flüchtigkeitsmerkmale gestellt werden.

Siedeverlauf
Für das Verhalten im Motor sind drei Bereiche der Siedekurve wichtig, die durch den bei drei Temperaturen verdampften Anteil gekennzeichnet werden können (s. Tabelle „Mindestanforderungen"). Das verdampfte Volumen bis 70 °C soll für leichtes Anspringen des kalten Motors groß, zur Vermeidung von Dampfblasen bei heißem Motor aber nicht zu groß sein. Das verdampfte Volumen bis 180 °C soll nicht zu niedrig liegen, um Schmierölverdünnung besonders bei kaltem Motor zu vermeiden. Der bei 100 °C verdampfte Kraftstoffanteil bestimmt neben dem Anwärmverhalten vor allem Betriebsbereitschaft und Beschleunigungsverhalten des warmen Motors.

Dampfdruck
Der Dampfdruck von Kraftstoffen bei 38 °C ist in DIN 51 600 für Sommerkraftstoffe bei 0,7 bar und für Winterkraftstoffe bei 0,9 bar begrenzt. Der Verlauf der Dampfdruckkurven über der Temperatur hängt aber stark von der Zusammensetzung der Benzine ab. So sind die Kurven alkoholhaltiger Kraftstoffe wesentlich steiler als die reiner Kohlenwasserstoff-Aufmischungen. Dies führt dazu, daß solche Produkte bei höheren Temperaturen leichter zu Störungen wegen Dampfblasen führen.

Dampf-Flüssigkeits-Verhältnis
Diese Kenngröße ist ein gutes Maß für die Neigung eines Kraftstoffs zur Dampfblasenbildung. Sie ist das aus einer Kraftstoffeinheit entstandene Dampfvolumen bei einer bestimmten Temperatur; hierbei ist der atmosphärische Gegendruck wichtig: bei geringem Druck – d. h. in großen Höhen – kann bei der gleichen Temperatur ein größeres Dampfvolumen entstehen als z. B. auf Meereshöhe. Dies führt zu größeren Dampfblasenstörungen bei Bergfahrten. Außerdem wird das Dampf-Flüssigkeits-Verhältnis durch Zugabe von Alkoholen, besonders von Methanol, erhöht.

Additive

Die Qualität von Kraftstoffen wird neben der Zusammensetzung der Kohlenwasserstoffe ganz wesentlich durch Zusätze (Additive) bestimmt.

Klopfbremsen

Die wirksamsten Antiklopfmittel sind organische Bleiverbindungen (Tetraethylblei, TEL und Tetramethylblei, TML), die, je nach Kohlenwasserstoffstruktur, die Oktanzahl um einige Punkte steigern können. Zulässig sind nach DIN 51600 max. 150 mg Pb/l, in anderen europäischen Ländern z. T. bis zu 0,4 und 0,6 g/l. Aufgrund von Umweltaspekten sollen diese Zusätze reduziert bzw. verboten werden (s. bleifreies Benzin).

Alterungsschutz

Zur Erhöhung der Lagerstabilität, vor allem beim Einsatz von Crack-Komponenten werden den Kraftstoffen Alterungsschutzmittel, meist phenolische Komponenten, zugesetzt.

Einlaßsystem-Reinhaltung

Häufig werden dertergierende Stoffe eingesetzt, die vorwiegend Ablagerungen der aus der Kurbelgehäuse-Entlüftung stammenden, harzartigen Verunreinigungen verhindern sollen.

Vereisungsschutz

Durch die bei der Kraftstoff-Verdampfung der Luft entzogene Wärme kommt es zur Bildung von Eiskristallen aus der Luftfeuchtigkeit. Moderne Antiicing Additive verhindern, daß sich diese Kristalle an der Drosselklappe festsetzen und so zur Störung der Gemischaufbereitung führen.

Korrosionsschutz

Einschleppung von Wasser kann im Kraftstoffsystem zu Korrosion führen. Durch Zusatz von Korrosionsschutz-Additiven, die den Wasserfilm unterwandern, kann diese sehr wirksam unterbunden werden.

Mindestanforderungen an flüssige Ottokraftstoffe
(Auszug aus DIN 51600, Juni 1985)

Anforderungen	Super Sommer	Super Winter	Normal Sommer	Normal Winter	Prüfung nach
Dichte bei 15 °C g/ml	0,730 ... 0,780		0,715 ... 0,765		DIN 51757
Klopffestigkeit mind. ROZ mind. MOZ	98,0 88,0		91,0 82,7		DIN 51756
Bleigehalt (Bleialkyle) höchst. g Pb/l	0,15		0,15		DIN 51769 DIN EN 13
Siedeverlauf: insgesamt verdampfte Mengen					DIN 51751
bis 70 °C Vol.-%	15 ... 40	20 ... 45	15 ... 40	20 ... 45	
bis 100 °C Vol.-%	42 ... 65	45 ... 70	42 ... 65	45 ... 70	
bis 180 °C mind. Vol.-%	90	90	90	90	
Siedeendpunkt höchst. °C	215		215		
Destillationsrückstand höchst. Vol.-%	2		2		DIN 51751
Dampfdruck nach Reid bar	0,45...0,7	0,6 ... 0,9	0,45...0,7	0,6 ... 0,9	DIN 51754
Abdampfrückstand höchst. mg/100 ml	5		5		DIN EN 5
Schwefelgehalt höchst. Gew.-%	0,10		0,10		DIN EN 41 DIN 51400

Bleifreies Benzin (DIN 51607)

Wegen des Einsatzes von Katalysatoren zur Abgasnachbehandlung ist der Betrieb mit bleifreiem Benzin notwendig. Die wirksamsten Katalysatoren für diesen Zweck haben eine Edelmetallbeschichtung (z. B. Platin, Rhodium), die durch Blei geschädigt und damit inaktiv wird.

Durch Weglassen der Bleialkyle erhält man Kraftstoffe, die für moderne Motoren mit hohem Wirkungsgrad ungenügende Oktanzahlen aufweisen. Es ist daher notwendig, bleifreie Kraftstoffe aus besonders hochwertigen, hochoktanigen Komponenten aufzumischen. Im wesentlichen sind dies Platformate, Alkylate und Isomerisate mit hohem Anteil an Aromaten und Isoparaffinen. Als metallfreie Zusätze zur Erhöhung der Klopffestigkeit können mit guter Wirkung Methyltertiärbutylether (MTBE) in Konzentrationen von 3 ... 15 % sowie Alkoholgemische (Methanol 2 ... 3 %, höhere Alkohole) zugegeben werden.

Die Oktanzahlen der unverbleiten Kraftstoffe müssen für Super $\geq$85,95 (MOZ) bzw. 96 (ROZ) und für Normal $\geq$82,5 (MOZ) bzw. 91 (ROZ) betragen; der Bleigehalt ist auf max. 10 mg/l begrenzt.

Diesel-Kraftstoffe (DIN 51601)

Dieselkraftstoff ist ein Gemisch aus verschiedenartigen, etwa zwischen 180 ... 360 °C siedenden Kohlenwasserstoffen, die beim Destillieren des Erdöls (z. B. als „Gasöl") sowie beim Cracken und Hydrieren von Rückstandsölen anfallen. Die Mindestanforderungen an Dieselkraftstoffe sind in der DIN 51601 festgelegt. Die dort aufgeführten Werte haben folgende Bedeutung:

Dichte

Besonders durch Einsatz von Crackkomponenten und hochsiedender Fraktionen steigt die Dichte von Dieselkraftstoffen an. Starke Dichteschwankungen auf dem Markt machen sich ungünstig bemerkbar, weil bei fest vorgegebener volumetrischer Kraftstoff-Zumessung dann Luftbedarf und Heizwert schwanken. Besonders die Ruß-Emissionen werden durch Kraftstoffe hoher Dichte angehoben, wenn die Einspritzanlage nicht angepaßt wird.

Siedeverlauf

Ein zu hoher Anteil im unteren Siedebereich hat – neben ungünstigeren Cetanzahlen – wegen niedriger Viskosität negative Auswirkungen auf den Verschleiß an der Einspritzausrüstung. Wegen der besseren Ausnutzung der Rohöle wird versucht, das Siedeende möglichst auszuweiten. Für eine notwendige Kältefestigkeit müssen dabei aber Paraffine entfernt oder umgewandelt werden. Ein zu hohes Siedeende wirkt sich auch nachteilig auf die Verkokung der Düsen und die Ruß-Emission aus.

Viskosität

Für eine ausreichende Schmierung der E-Pumpen darf die Viskosität nicht zu niedrig sein.

Flammpunkt

Wegen der Lager- und Transportvorschriften für eine Flüssigkeit der Gefahrklasse A III darf der Flammpunkt von Dieselkraftstoffen nicht unter 55 °C liegen. Durch das im Winter oft praktizierte Zumischen von Petroleum oder Normalbenzin zum Dieselkraftstoff kann der Flammpunkt erheblich abgesenkt werden. So können schon wenige % von Ottokraftstoff im Dieselkraftstoff zu Flammpunkten in der Gegend der Raumtemperatur und damit zu explosiblen Gemischen über dem Kraftstoff führen.

Kältebeständigkeit, Fließvermögen

Durch Ausscheiden von Paraffinkristallen kann es im Winter zur Verstopfung von Filtern kommen. Um das zu vermeiden, müssen die Kraftstoffe entparaffiniert oder mit Fließverbesserern versehen werden (s. Additive). Gemessen wird die Kältebeständigkeit an der Filtrierbarkeit, d. h. an seiner Fähigkeit, das Kraftstoffilter zu passieren.

Verkokungsneigung (Koksrückstand)
Sie gibt ein Maß an für die Neigung der Kraftstoffe zum Verkoken der Einspritzdüsen. Die Vorgänge bei der Verkokung sind komplex und lassen sich einfach nicht beschreiben.

Zündwilligkeit
Die Cetanzahl (CZ) kennzeichnet die Zündwilligkeit eines Dieselkraftstoffs. Je größer die Cetanzahl, desto zündwilliger ist der Kraftstoff (Bestimmung der Zündwilligkeit s. DIN 51773 bzw. ASTM D 613–65).

Der Zahlenwert der Cetanzahl gibt an, wieviel Volumenprozent n-Cetan $C_{16}H_{34}$ (n-Hexadecan) sich in einem Gemisch mit α-Methylnaphthalin $C_{11}H_{10}$ befindet, bei dem in einem Prüfmotor (CFR-Prüfmotor oder BASF-Prüfmotor) gleicher Zündverzug festgestellt wird wie bei dem zu prüfenden Dieselkraftstoff. Dem sehr zündwilligen Cetan wird dabei die Cetanzahl 100, dem zündträgen Methylnaphthalin die Cetanzahl 0 zugeordnet.

Zündwilligkeit ist die Eigenschaft eines Kraftstoffs, die in einem Dieselmotor Selbstzündung bewirkt. Zur Selbstzündung ist bei jedem Kraftstoff außer Zerstäubung, Druck und Temperatur eine Aufbereitungszeitspanne (Zündverzug) vom Einspritzbeginn bis zur feststellbaren Verbrennung erforderlich. Der Zündverzug wird in Grad Kurbelwinkel gemessen.

Klopffestigkeit und Zündwilligkeit von Kraftstoffen verlaufen einander entgegen. Ein für Ottomotoren geeigneter klopffester Kraftstoff ist wenig zündwillig und für Dieselmotoren ungeeignet. Ausreichende Zündwilligkeit eines Dieselkraftstoffs ist die Voraussetzung für einen normalen Verbrennungsablauf im Motor. Nagelnde Verbrennung setzt ein, wenn die Zündwilligkeit des Kraftstoffs niedriger ist als die Anforderungen, die der Motor in bezug auf die Zündwilligkeit an den Kraftstoff stellt.

Erhöhung der Zündwilligkeit
Mitteldestillate aus Erdöl sind im allgemeinen für moderne Dieselmotoren genügend zündwillig. Dagegen weisen Kraftstoffe mit hohen Crackanteilen Cetanzahlen auf, die am unteren Ende der Toleranz nach der Norm liegen können. Ein Kraftstoff ist um so zündwilliger, je leichter seine Moleküle zerfallen (kettenförmiger Aufbau). Schwere Öle, z. B. Heizöle (große Moleküle), zerfallen leichter, zünden also leichter. Die Verwendungsmöglichkeit schwerer Öle ist begrenzt durch Viskosität und Fließvermögen, Gehalt an verkokenden Sauerstoff- und Schwefelverbindungen (Asphalte) usw.

Weniger zündwillige Kraftstoffe lassen sich durch Mischung mit zündwilligen Kraftstoffen verbessern. Die Cetanzahl eines solchen Gemisches liegt dann zwischen den Cetanzahlen der Bestandteile und ist etwa das Mittel aus den anteilmäßigen Cetanzahlen der Bestandteile.

Additive
Bei Dieselkraftstoffen ist der Einsatz von Additiven weniger verbreitet als bei Ottokraftstoffen. Nur in Winterkraftstoffen kommen Zusätze zur Verbesserung der Fließfähigkeit zum Einsatz.

Fließverbesserer
Hierbei handelt es sich um polymere Stoffe, die zwar das Ausscheiden von Paraffinkristallen bei tiefen Temperaturen nicht verhindern, jedoch deren Kristallwachstum so stark hemmen, daß sie mikroskopisch klein das Filter noch passieren können.

Die Wirkung dieser Additive ist abhängig von dem Strukturaufbau des Kraftstoffs. Eine nachträgliche „Auflösung“ bereits ausgeschiedener Paraffinkristalle ist nicht möglich. In diesen Fällen wirkt Zugabe von Petroleum positiv, jedoch entstehen hierbei u. U. Gefahren wegen der Herabsetzung des Flammpunkts.

Alterungsschutz
Normale Mitteldestillate sind genügend lagerbeständig, dagegen weisen Crack-Komponenten erhöhte Alterungsneigung auf. Dort wirken sich Zusätze zur Herabsetzung der Oxidationsneigung positiv aus.

Mindestanforderungen an Dieselkraftstoff (Auszug aus DIN 51601, Februar 1986)

Anforderungen				Prüfung nach
Dichte bei 15 °C		g/ml	0,820 ... 0,860	DIN 51757
Siedeverlauf: bis 250 °C verdampfte Menge bis 350 °C verdampfte Menge	 höchstens mindestens	 Vol.-% Vol.-%	 65 85	DIN 51751
Kinematische Viskosität bei 20 °C		mm^2/s (cSt)	2 ... 8	DIN 51561 DIN 51562
Flammpunkt	höher als	°C	55	DIN 51755
Fließvermögen: Grenzwert der Filtrierbarkeit im Sommer im Winter	 höchstens höchstens	 °C °C	 0 –15	DIN 51428
Schwefelgehalt	höchstens	Gew.-%	0,3	DIN EN 41 DIN 51400
Koksrückstand	höchstens	Gew.-%	0,1	DIN 51551
Zündwilligkeit (Cetanzahl)	mindestens	CZ	45	DIN 51773

Alternativkraftstoffe

Kohle-Verflüssigung

Ausgangsstoffe sind im wesentlichen Kohle und Koks; diese werden zunächst in Wassergas ($H_2 + CO$) umgewandelt und anschließend katalytisch zu Kohlenwasserstoffen umgesetzt. Hieraus können Benzin und Dieselkraftstoff gewonnen werden, Nebenprodukte sind Flüssiggas und Paraffin. Die Fischer-Tropsch-Synthese hat vor allem in Südafrika Bedeutung erlangt, wo großindustrielle Anlagen nach diesem Verfahren aufgebaut wurden.

Flüssiggas (Autogas)

Dieses auch als LPG (Liquified Petroleum Gas) bezeichnete Gemisch aus den Hauptkomponenten Propan und Butan wird in geringem Umfang auch für den Betrieb von Kraftfahrzeugen eingesetzt. Es fällt bei der Gewinnung von Rohöl sowie bei Raffinerieprozessen an und läßt sich unter Druck verflüssigen ($\approx$20 bar). LPG zeichnet sich durch eine hohe Oktanzahl aus (ROZ $>$100).

Alkohole

Als alternative Kraftstoffe für Ottomotoren werden vor allem Methanol und Ethanol sowie daraus abgeleitete Produkte (z. B. Ether) diskutiert und auch angewandt. Methanol kann aus reichlich vorhandenen, kohlenstoffhaltigen Rohstoffen wie Kohle, Erdgas, Schweröl usw. hergestellt werden. Ethanol wird in bestimmten Ländern (z. B. Brasilien) aus Biomasse gewonnen und als Kraftstoff eingesetzt.

Mischkraftstoffe mit wenigen Vol.-% Methanol sind marktüblich, Treibstoffe mit höheren Gehalten (15 ... 95 %) wurden in Großversuchen getestet.

Sowohl für diese Mischungen als auch für Reinalkohol entstehen spezifische Probleme, die in ihrer Gesamtheit noch nicht gelöst sind. Feuchtigkeitsverhalten, Materialverträglichkeit, Heizwert und andere, von herkömmlichen Kraftstoffen unterschiedliche Eigenschaften machen zum Teil spezifische Änderungen oder Anpassungen an den Fahrzeugen notwendig.

Stoffwerte flüssiger Kraftstoffe und Kohlenwasserstoffe

Stoff	Dichte kg/l	Hauptbestandteile Gewichts-%	Siedetemperatur °C	Spezif. Verdampfungswärme kJ/kg[1])	Spezif. Heizwert MJ/kg[1])	Zündtemperatur °C	Luftbedarf, theoretisch kg/kg	Zündgrenze untere Vol.-% Gas in Luft	Zündgrenze obere Vol.-% Gas in Luft
Ottokraftstoff,									
Normal	0,715 ... 0,765	86 C, 14 H	25 ... 215	380 ... 500	42,7	≈ 300	14,8	≈ 0,6	≈ 8
Super	0,730 ... 0,780	86 C, 14 H	25 ... 215	–	43,5	≈ 400	14,7	–	–
Flugbenzin	0,720	85 C, 15 H	40 ... 180	–	43,5	≈ 500	–	≈ 0,7	≈ 8
Kerosin	0,77 ... 0,83	87 C, 13 H	170 ... 260	–	43	≈ 250	14,5	≈ 0,6	≈ 7,5
Dieselkraftstoff	0,815 ... 0,855	86 C, 13 H	180 ... 360	≈ 250	42,5	≈ 250	14,5	≈ 0,6	≈ 6,5
Erdöl (Rohöl)	0,70 ... 1,0	80 ... 83 C, 10 ... 14 H	25 ... 360	222 ... 352	39,8 ... 46,1	≈ 220	–	≈ 0,6	≈ 6,5
Braunkohlenteeröl	0,850 ... 0,90	84 C, 11 H	200 ... 360	–	40,2 ... 41,9	–	13,5	–	–
Steinkohlenteeröl	1,0 ... 1,10	89 C, 7 H	170 ... 330	–	36,4 ... 38,5	–	–	–	–
Pentan C_5H_{12}	0,63	83 C, 17 H	36	352	45,4	285	15,4	1,4	7,8
Hexan C_6H_{14}	0,66	84 C, 16 H	69	331	44,7	240	15,2	1,2	7,4
n-Heptan C_7H_{16}	0,68	84 C, 16 H	98	310	44,4	220	15,2	1,1	6,7
iso-Oktan C_8H_{18}	0,69	84 C, 16 H	99	297	44,6	410	15,2	1	6
Benzol C_6H_6	0,88	92 C, 8 H	80	394	40,2	550	13,3	1,2	8
Toluol C_7H_8	0,87	91 C, 9 H	110	364	40,6	530	13,4	1,2	7
Xylol C_8H_{11}	0,88	91 C, 9 H	144	339	40,6	460	13,7	1	7,6
Ether $(C_2H_5)_2O$	0,72	64 C, 14 H, 22 O	35	377	34,3	170	7,7	1,7	36
Aceton $(CH_3)_2CO$	0,79	62 C, 10 C, 28 O	56	523	28,5	540	9,4	2,5	13
Ethanol C_2H_5OH	0,79	52 C, 13 H, 35 O	78	904	26,8	420	9	3,5	15
Methanol CH_3OH	0,79	38 C, 12 H, 50 O	65	1110	19,7	450	6,4	5,5	26

Viskosität bei 20 °C in mm^2/s (= cSt, s. S. 32): Benzine ≈ 0,6; Dieselkraftstoff ≈ 4; Ethanol ≈ 1,5; Methanol ≈ 0,75.

[1]) Werte je l = Werte je kg × Dichte in kg/l. Umrechnungstabellen s. S. 28 ... 30.

Stoffwerte gasförmiger Kraftstoffe und Kohlenwasserstoffe

Stoff	Dichte bei 0 °C und 1013 mbar kg/m³	Hauptbestandteile Gewichts-%	Siedetemp. bei 1013 mbar °C	Spezifischer Heizwert Kraftstoff MJ/kg[1]	Spezifischer Heizwert Kraftstoff-Luft-Gemisch MJ/m³ [1]	Zündtemperatur °C	Luftbedarf, theoretisch kg/kg	Zündgrenze untere Vol.-% Gas in Luft	Zündgrenze obere Vol.-% Gas in Luft
Flüssiggas (Autogas)	2,25[2]	C_3H_8, C_4H_{10}	−30	46,1	3,39	≈ 400	15,5	1,5	15
Stadtgas	0,56 ... 0,61	50 H, 8 CO, 30 CH_4	−210	≈ 30	≈ 3,25	≈ 560	10	4	40
Erdgas	≈ 0,83	76 C, 24 H	−162	47,7	–	–	–	–	–
Wassergas	0,71	50 H, 38 CO	–	15,1	3,10	≈ 600	4,3	6	72
Hochofengichtgas	1,28	28 CO, 59 N, 12 CO_2	−170	3,20	1,88	≈ 600	0,75	≈ 30	≈ 75
Klärgas (Faulgas)[3]	–	46 CH_4, 54 CO_2	–	27,2[3]	3,22	–	–	–	–
Wasserstoff H_2	0,090	100 H	−253	120,0	2,97	560	34	4	77
Kohlenoxid CO	1,25	100 CO	−191	10,05	3,48	605	2,5	12,5	75
Methan CH_4	0,72	75 C, 25 H	−162	50,0	3,22	650	17,2	5	15
Acetylen C_2H_2	1,17	93 C, 7 H	−81	48,1	4,38	305	13,25	1,5	80
Ethan C_2H_6	1,36	80 C, 20 H	−88	47,5	–	515	17,3	3	14
Ethen C_2H_4	1,26	86 C, 14 H	−102	47,1	–	425	14,7	2,75	34
Propan C_3H_8	2,0[2]	82 C, 18 H	−43	46,3	3,35	470	15,6	1,9	9,5
Propen C_3H_6	1,92	86 C, 14 H	−47	45,8	–	450	14,7	2	11
Butan C_4H_{10}	2,7[2]	83 C, 17 H	−10; +1[4]	45,6	3,39	365	15,4	1,5	8,5
Buten C_4H_8	2,5	86 C, 14 H	−5; +1[4]	45,2	–	–	14,8	1,7	9

[1]) Werte je m³ = Werte je kg × Dichte in kg/m³. Umrechnungstabellen s. S. 28 ... 30.
[2]) Dichte für flüssiges Flüssiggas 0,54 kg/l, Dichte für flüssiges Propan 0,51 kg/l, Dichte für flüssiges Butan 0,58 kg/l.
[3]) gereinigtes Klärgas enthält 95 % CH_4 (Methan) und hat einen Heizwert von 37,7 MJ/kg.
[4]) Erster Wert für iso-, zweiter für n-Butan bzw. -Buten.

Gleit- und Wälzlager

Gleitlager

Die Palette der Gleitlager reicht von den Lagern mit meist vollständiger Trennung der Gleitflächen durch einen Schmierfilm (Flüssigkeitsreibung) über die selbstschmierenden Lager, die überwiegend im Bereich der Mischreibung laufen (d. h. die Tragkräfte werden teilweise durch Festkörperkontakte der Gleitflächen übernommen), bis zu den Trockengleitlagern, welche im Bereich der Festkörperreibung (d. h. völlig ohne wirksamen flüssigen Schmierfilm) laufen, aber noch eine ausreichende Lebensdauer erreichen.

Die im Kraftfahrzeug überwiegend verwendeten hydrodynamischen Gleitlagertypen sind kreiszylindrische Radialgleitlager (oft mit Zitronenspiel) zur Lagerung von Kurbel- und Nockenwellen und Turboverdichterlager. Axiallager dienen meist nur zur axialen Führung ohne hohe Kräfte.

Hydrodynamische Gleitlager

Formelzeichen (DIN 31 652)

Benennung	Formelzeichen	Einheit
Lagerbreite, tragend	B	m
Lagerinnendurchmesser (Nennmaß)	D	m
Wellendurchmesser (Nennmaß)	d	m
Exzentrizität (Verlagerung der Wellenachse gegenüber der Lagerachse)	e	m
Lagerkraft (Last)	F	N
Minimale Schmierfilmdicke	h_0	m
Örtlicher Schmierfilmdruck	p	$\mathrm{Pa} = \mathrm{N/m^2}$
Spezifische Lagerbelastung $\overline{p} = F/(B \cdot D)$	$\overline{p}$	Pa
Lagerspiel $s = (D - d)$	s	m
Sommerfeldzahl	So	–
Relative Exzentrizität $2\,e/s$	ε	–
Effektive dynamische Viskosität des Schmierstoffs	η_{eff}	$\mathrm{Pa \cdot s}$
Relatives Lagerspiel $\psi = s/D$	ψ	–
Verlagerungswinkel	β	°
Hydrodynamisch effektive Winkelgeschwindigkeit	ω_{eff}	$\mathrm{s^{-1}}$

Ein hydrodynamisches Gleitlager ist betriebssicher, wenn es eine ausreichende Sicherheit gegenüber folgenden Beanspruchungen aufweist:
– Verschleiß (ausreichende Trennung der Gleitpartner durch den Schmierstoff),
– mechanische Beanspruchung (ausreichender Abstand zu Lagerwerkstoff-Festigkeit),
– thermische Beanspruchung (Beachtung von Warmfestigkeit des Lagerwerkstoffes und Viskositäts-Temperatur-Abhängigkeit des Schmierstoffes).

Für die Tragfähigkeit, d. h. zur Beurteilung der Schmierfilmbildung, ist die dimensionslose Sommerfeld-Zahl So kennzeichnend:

$$So = F \cdot \psi^2/(D \cdot B \cdot \eta_{\mathrm{eff}} \cdot \omega_{\mathrm{eff}})$$

Mit größer werdender Sommerfeldzahl So steigt die relative Exzentrizität ε und damit sinkt die minimale Schmierfilmdicke h_0.

$$h_0 = (D - d)/2 - e = 0{,}5\,D \cdot \psi \cdot (1 - \varepsilon)$$

mit der relativen Exzentrizität

$$\varepsilon = 2\,e/(D - d)$$

Tabelle 1. Größenordnung der Reibungszahlen bei unterschiedlichen Reibungsarten.
Die angegebenen Reibungszahlen sind ungefähre Werte und dienen lediglich zum Vergleich der unterschiedlichen Reibungsarten.

Reibungsart	Reibungszahl f
Festkörperreibung	0,1 ... >1
Mischreibung	0,01 ... 0,1
Flüssigkeitsreibung	0,01
Wälzreibung bei Wälzlagern	0,001

Tabelle 2. Erfahrungswerte für höchstzulässige spezifische Lagerbelastung.

Lagerwerkstoffe	Höchstzulässige spezifische Lagerlast $\overline{p}_{\mathrm{lim}}$ in $\mathrm{N/mm^2}$
Pb- und Sn-Legierungen (Weißmetalle)	5 ... 15
Bronze auf Basis Blei	7 ... 20
Bronze auf Basis Zinn	7 ... 25
AlSn-Legierungen	7 ... 18
AlZn-Legierungen	7 ... 20

Die Sommerfeldzahl dient auch zur Bestimmung der Reibungszahl im Lager und damit zur Berechnung von Reibleistung und thermischer Beanspruchung (vgl. DIN 31652; VDI-Richtlinie 2204).

Da auch hydrodynamische Lager zeitweise im Mischreibungsgebiet laufen, einen gewissen Grad an Verschmutzung ohne Funktionsverlust ertragen müssen und insbesondere in Kolbenmotoren zusätzlich dynamisch und thermisch hoch belastet sind, muß der Lagerwerkstoff eine ganze Reihe teilweise entgegengesetzter Anforderungen erfüllen:

– Schmiegsamkeit (Abbau von Kantenträgern durch plastische Deformation ohne Lebensdauerverlust),
– Schmierstoffbenetzbarkeit,
– Einbettfähigkeit (Aufnahme von Schmutzteilchen in die Lagerfläche ohne Nachteil für Lager- bzw. Wellenverschleiß),
– Verschleißwiderstand (bei Mischreibung),
– Widerstand gegen Fressen (Widerstand gegen Verschweißen mit dem Wellenwerkstoff bei hoher Flächenpressung und Gleitgeschwindigkeit),
– Notlaufeigenschaften (Verschweißwiderstand),
– Einlaufvermögen (Komplex von Schmiegsamkeit, Verschleißwiderstand, Einbettfähigkeit),
– Mechanische Belastbarkeit,
– Ermüdungsfestigkeit (unter wechselnder Belastung, insbesondere bei hoher thermischer Beanspruchung).

Liegen für eine Lagerung (z. B. Kolbenbolzenbuchsen) hohe Belastungen bei gleichzeitig niedrigen Gleitgeschwindigkeiten vor, so sind möglichst hohe Werte bezüglich Ermüdungsfestigkeit und Verschleißwiderstand vorrangig gegenüber dem Freßwiderstand. Die hierfür eingesetzten Lagerwerkstoffe sind harte Bronzen, z. B. Zinn-Blei-Bronzen (Tabelle 3).

Besonders vielseitige Anforderungen werden an die Pleuel- und Kurbelwellenlager von Verbrennungsmotoren mit ihren hohen instationären Belastungen bei großen Gleitgeschwindigkeiten gestellt. Dafür haben sich die **Mehrschichtlager,** vor allem die Dreistofflager, gut bewährt.

Eine weitere Steigerung der Lebensdauer von Kurbelwellenlagern erreicht man mit Hilfe von **Rillenlagern**, bei denen feine Rillen in Umfangsrichtung der Lauffläche mit einer weichen Laufschicht aufgefüllt sind (galvanische Schicht ähnlich der beim Dreistoff-Lager). Daneben liegen Kämme aus härterem Leichtmetall.

Geringe Verschleißraten und eine hohe Ermüdungsfestigkeit bei gleichzeitig guten Einbettfähigkeiten von Schmierstoffverunreinigungen werden erreicht.

Mehrschichtlager
(Aufbau eines Dreistoff-Lagers).
1 Stahl-Stützschale, 2 gegossene Bleibronze (0,4 mm), 3 Nickeldamm zwischen Bleibronze und Weißmetall (1 ... 2 μm), 4 galvanisch aufgebrachte Weißmetallschicht (Overlay, z. B. 20 μm).

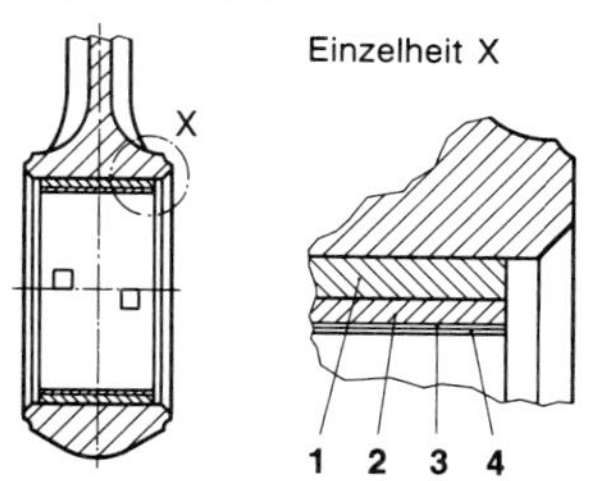

Schnitt durch ein Rillenlager
(MIBA-Patent). Lauffläche mit feinsten Rillen in Laufrichtung.
1 verschleißfestes Leichtmetall, 2 weiche Laufschicht, 3 Nickeldamm.

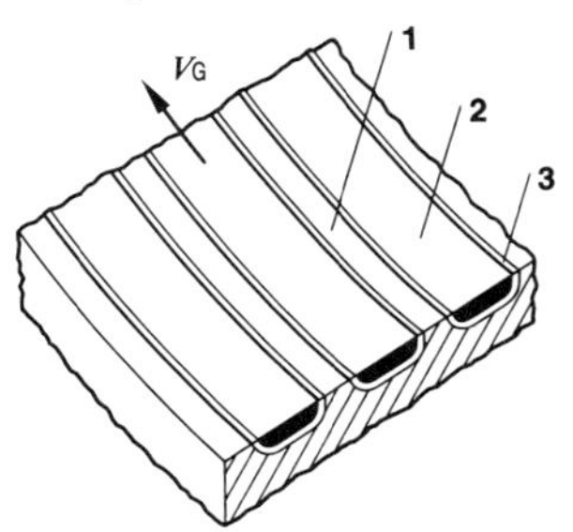

Tabelle 3. Werkstoffauswahl für hydrodynamische Gleitlager.

Werkstoff	Legierungs-bezeichnung	Zusammen-setzung in %	Härte HB 20°C	Härte HB 100°C	Bemerkung Verwendungsbeispiel
Weißmetall auf Basis Zinn	LgPbSn 80 (WM 80)	80 Sn; 12 Sb; 6 Cu; 2 Pb	27	10	Sehr weich, gute Anpassung der Gleitflächen bei Verkanten, sehr gute Notlaufeigenschaften.
Weißmetall auf Basis Blei	LgPbSn 10 (WM 10)	73 Pb; 16 Sb; 10 Sn; 1 Cu	23	9	Stützkörper notwendig, z. B. als Stahlverbundguß oder mit Ni-Zwischenschicht auf Bleibronze.
Bronze auf Basis Blei	G-CuPb 25	74 Cu; 25 Pb; 1 Sn	50	47	Sehr weich, sehr gute Notlaufeigenschaften, gegen Verschleiß weniger beständig.
	G-CuPb 22	70 Cu; 22 Pb; 6 Sn; 3 Ni	86	79	
Bronze auf Basis Blei-Zinn	G-CuPb 10 Sn 10	80 Cu; 10 Pb; 10 Sn	75	67	Durch Pb bessere Notlaufeigenschaften. Gegen Verkanten unempfindlicher als reine Zinnbronzen, daher hochbelastbare Pb-Sn-Bronzen bevorzugt bei Kurbeltrieben. Verbundlager in Verbrennungsmotorenbau, Kolbenbolzenbüchsen. $\overline{p}$ bis 100 N/mm^2.
	G-CuPb 23 Sn	76 Cu; 23 Pb; 1 Sn	55	53	Verbundguß für Lagerstellen mit geringerer Belastung (70 N/mm^2). Auch dickwandige Lagerschalen. Besonders gute Notlaufeigenschaften. Kurbelwellenlager, Nockenwellen, Pleuellager.
Bronze auf Basis Zinn	G-CuSn 10 Zn	88 Cu; 10 Sn; 2 Zn	85		Harter Werkstoff. Gleitlagerschalen mäßig belastbar mit niedriger Gleitgeschwindigkeit. Schneckenräder.
	CuSn 8	92 Cu; 8 Sn	80 ... 220		Hochwertige Knetlegierung. Günstig bei hoher Belastung und Mangelschmierung, Achsschenkellagerungen. Besonders für dünnwandige Gleitlagerbuchsen.
Rotguß	G-CuSn 7 ZnPb	83 Cu; 6 Pb; 7 Sn; 4 Zn	75	65	Zinn teilweise durch Zink und Blei ersetzt. Ersatz für Zinn-Bronze, aber nur für mittlere Beanspruchungen (40 N/mm^2). Gleitlager für allgemeinen Maschinenbau. Kolbenbolzen, Buchsen, Kurbel- und Kniehebellager.

Werkstoff	Legierungs-bezeichnung	Zusammen-setzung in %	Härte HB 20°C	Härte HB 100°C	Bemerkung Verwendungsbeispiel
Messing	CuZn 31 Si	68 Cu; 31 Zn; 1 Si	90 ... 200		Zn-Gehalt bei höheren Lagertemperaturen ungünstig. Ersatz für Zinnbronze, geringe Beanspruchung.
Al-Bronze	CuAl 9 Mn	88 Cu; 9 Al; 3 Mn	110 ... 190		Vergleichbare Wärmeausdehnung wie Leichtmetall, gut für Preßsitz in Leichtmetallgehäusen. Verschleißfester als Zinnbronze, aber höhere Reibung.
Al-Legierung	AlSi 12 Cu NiMn	1 Cu; 85 Al; 12 Si; 1 Ni; 1 Mn	110	100	Kolbenlegierung für geringe Gleitgeschwindigkeiten.
Al-Walz-Plattierung	AlSn 6	1 Cu; 6 Sn; 90 Al; 3 Si	40	30	Zinnseigerung durch Walzen gestreckt, dadurch hohe Belastbarkeit, gute Gleiteigenschaften. Verbesserung durch galvanische Schicht.
Galvanische Schichten	PbSn 10 Cu	2 Cu; 88 Pb; 10 Sn	50 ... 60		Für moderne Dreistoff-Lager 10 bis 30 μm dick galvanisch aufgebracht, sehr feines Korn. Ni-Zwischenschicht am Lagermetall.

Werkstoffe s. a. DIN 1703, 1705, 1716, 17660, 17662, 17665, 1494, 1725, 1743.

Tabelle 4. Sintermetallager-Werkstoffe.
Sint-B bedeutet 20 % PV (Porenvolumen) (Sint-A: 25 % PV; Sint-C: 15 % PV).

Werkstoff-gruppe	Bezeichnung Sint-...	Zusammen-setzung	Bemerkungen
Sintereisen	B 00	Fe	Standard-Werkstoff bei nicht zu hohen Anforderungen an Belastung und Geräusch.
Sinterstahl, Cu-haltig	B 10	< 0,3 C 1 ... 5 Cu Rest Fe	Gute Verschleißfestigkeit, höher belastbar als reine Fe-Lager.
Sinterstahl, höher Cu-haltig	B 20	20 Cu Rest Fe	Preisgünstiger als Sinterbronze, gutes Geräuschverhalten u. p·v-Werte.
Sinterbronze	B 50	< 0,2 C 9 ... 10 Sn Rest Cu	Standard-Werkstoff auf Cu-Sn-Basis, gutes Geräuschverhalten.

Sintermetall-Gleitlager

Sintermetall-Gleitlager bestehen aus gesinterten Metallen mit einem verbleibenden Porenvolumen, das mit flüssigen Schmierstoffen imprägniert wird. Für viele Hilfsaggregate im Kraftfahrzeugbau (Kleinmotoren) stellt dieser Lagertyp einen guten Kompromiß von Präzision, Einbau, Wartungsfreiheit, Lebensdauer und Kosten dar. Der Anwendungsschwerpunkt liegt bei Wellendurchmessern von 1,5 ... 12 mm. Für Kraftfahrzeuge werden Sintereisenlager und Sinterstahllager (preisgünstig, geringere Wechselwirkung mit dem Schmierstoff) gegenüber Sinterbronzelagern bevorzugt (Tabelle 4). Vorteile der Sinterbronzelager sind höhere Belastbarkeit, geringeres Geräusch und geringere Reibwerte (für Phonogeräte, Büro- und Datenanlagen, Kameras).

Die Leistungsfähigkeit der Sinterlager über längere Laufzeiten ist eng mit dem Einsatz des optimalen Schmierstoffs gekoppelt.

Mineralöle: gute mechanische Belastbarkeit, aber hohe Verdampfungsneigung.

Syntheseöle (z. B. Ester, Polyäther): gute thermische Belastbarkeit, geringe Verdampfungsneigung.

Synthetische Fließfette (Basis Esteröle): geringe Anlaufreibwerte.

Trockengleitlager

(s. Tabelle 5, S. 224)

Vollpolymer-Lager aus Thermoplasten

Vorteile: kostengünstig, kein Fressen auf Metallen.

Nachteile: geringe Wärmeleitfähigkeit, relativ niedrige Betriebstemperaturen, Quellen durch Feuchtigkeit möglich, geringe Belastbarkeit, großer Wärmeausdehnungskoeffizient.

Die am häufigsten benutzten Polymerwerkstoffe sind: Polyethylen (PE), Polyacetal (POM, POM-C), Polyamide (PA), Polyethylen- und Polybutylenterephtalat (PETP, PBTP).

Durch Zusatz von Schmierstoffen und Verstärkungen im thermoplastischen Grundwerkstoff lassen sich die tribologischen Eigenschaften und auch die mechanischen Kenngrößen in weiten Grenzen variieren.

Schmierstoffzusätze: Polytetrafluorethylen (PTFE), Graphit (C), Silikonöl und andere flüssige Schmierstoffe.

Verstärkungszusätze: Glasfaser, Kohlefaser.

Anwendungsbeispiele: Scheibenwischerlager (PA und Glasfaser), Fliehgewichtlager von Zündverteiler (PA und Kohlefaser).

Polymerlager aus Duroplasten und Elastomeren

Diese Werkstoffe mit hoher Eigenreibung werden in Kfz als Lagermaterial wenig eingesetzt. Duroplaste sind: Phenolharze (hohe Reibung, z. B. Resitex), Epoxidharze (Zusätze von PTFE oder C erforderlich, wegen Eigensprödigkeit Verstärkung meist durch Fasern notwendig), Polyimid (thermisch und mechanisch hoch belastbar).

Anwendungsbeispiel: axialer Anlaufpilz im Wischermotor aus Polyimid.

Verbundlager

Verbundlager sind Kombinationen von Polymerwerkstoffen, Fasern und Metallen. Durch den jeweiligen Aufbau ergeben sich gegenüber den reinen bzw. gefüllten Polymergleitlagern Vorteile bezüglich Belastbarkeit, Lagerspiel, Wärmeleitung und Montage (Eignung bei oszillierenden Bewegungen).

Aufbaubeispiel: Stahlrücken (wenige Millimeter) galvanisch verzinnt oder kupferplattiert, darüber 0,2 ... 0,35 mm dicke Bronzekugelschicht mit 30 ... 40 % Porenvolumen aufgesintert, darin eingewalzt ein reibungsarmer Polymerwerkstoff als Gleitschicht. Gleitschicht aus a) Acetalharz, ölimprägniert oder mit Schmiernäpfchen bzw. b) PTFE + Pb oder MoS_2-Zusatz.

Verbundlager gibt es in vielfältiger Form und Zusammensetzung. Besonders hoch belastbar und geeignet für Kugelgelenke sind Verbundlager mit eingewebten PTFE-Fasern.

Anwendungsbeispiele für Kfz: Kolbenstangenlager von Federbeinen, Ausrückhebellager von Kupplungsdruckplatten, Bremsbackenlagerung von Trommelbremsen, Kugelgelenklager, Türscharnierlager, Lager von Sicherheitsgurt-Aufwickelwellen, Achsschenkellagerungen, Zahnradpumpenlager.

Schnitt durch ein selbstschmierendes Verbundlager.
1 Polymergleitschicht, 2 Bronzekugelschicht, 3 Kupferschicht, 4 Stahlrücken, 5 Zinnschicht.

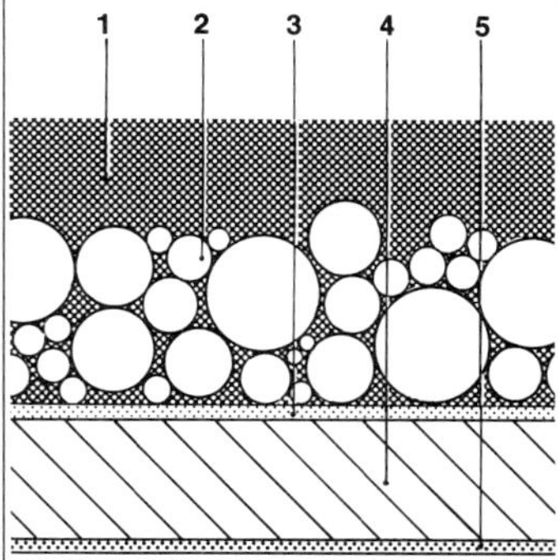

Kunstkohlelager

Kunstkohlelager zählen auf Grund des Herstellungsverfahrens und der Materialeigenschaften zu den keramischen Lagern. Basismaterialien sind pulverförmige Kohlenstoffe; als Binder dienen Peche oder Kunstharze.

Vorteile: Temperaturbeständigkeit bis 350° C (Hartbrandkohle), bis 500° C (Elektrographit), gutes Reibverhalten, gute Korrosionsbeständigkeit, gute Wärmeleitfähigkeit, gute Thermoschockbeständigkeit. Zu beachten ist die hohe Sprödigkeit.

Anwendungsbeispiele für Kunstkohlelager: Lager von Kraftstoffpumpen, Lager in Trockenöfen, verstellbare Leitschaufeln von Turboverdichtern.

Verbundlager mit Gewebe aus PTFE-Fasern und Glasfasern.
1 PTFE-Fasergewebe, 2 Klebefäden, 3 Harz, 4 Glasfaser-Stützgewebe, 5 Kleber, 6 Stahlrücken.

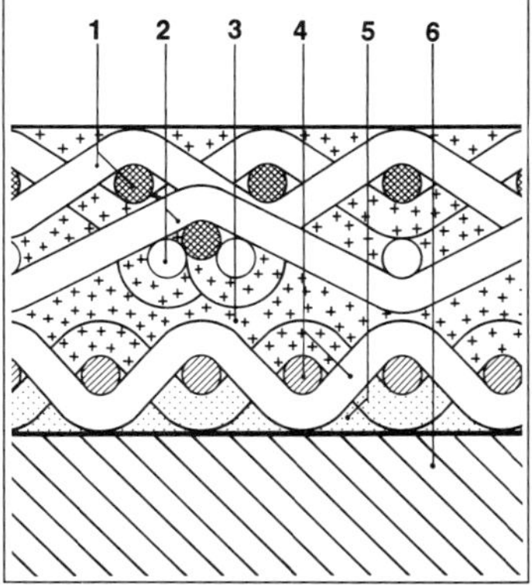

Metallkeramische Lager

Metallkeramische Lager bestehen aus pulvermetallurgisch hergestelltem Material, das neben der metallischen Matrix feinverteilte Festschmierpartikel enthält.

Matrix: z. B. Bronze, Eisen, Nickel.
Schmierstoff: z. B. Graphit, MoS_2.

Diese Werkstoffe eignen sich für besonders hohe Belastungen bei gleichzeitiger Selbstschmierung.

Anwendungsbeispiel: Achsschenkellager.

Tabelle 5. Eigenschaften wartungsfreier, selbstschmierender Gleitlager.

	Sinterlager ölgetränkt		Polymerlager		Verbundlager Laufschicht		Kunstkohle
	Sintereisen	Sinterbronze	Thermoplast Polyamid	Duroplast Polyimid	PTFE + Zusatz	Acetalharz	
Druckfestigkeit N/mm²	80 ... 180		70	110	250	250	100 ... 200
Max. Gleitgeschwindigkeit m/s	10	20	2	8	2	3	10
Typische Belastung N/mm²	1 ... 4 (10)		15	50 (bei 50° C) 10 (bei 200° C)	20 ... 50	20 ... 50	50
Zul. Betriebstemp. °C	−60 ... 180 (ölabhängig)		−130 ... 100	−100 ... 250	−200 ... 280	−40 ... 100	−200 ... 350
Kurzzeitig	200		120	300		130	500
Reibungszahl ohne Schmierung	mit Schmierung 0,04 ... 0,2		0,2 ... 0,35	0,2 ... 0,5 (ungefüllt) 0,1 ... 0,4 (gefüllt)	0,04 ... 0,2	0,07[1]) ... 0,2 [1]) PTFE gefüllt	0,1 ... 0,35
Wärmeleitfähigkeit W/(m · K)	20 ... 40		0,3	0,4 ... 1	46	2	10 ... 65
Korrosionsbeständigkeit	weniger gut	gut	sehr gut		gut	gut	sehr gut
Chem. Beständigkeit	nein		sehr gut		bedingt	bedingt	gut
Max. $p \cdot v$ (N/mm²) · (m/s)	20		0,05	0,2	1,5 ... 2		0,4 ... 1,8
Einbettfähigkeit von Schmutz und Abrieb	weniger gut		gut	gut	weniger gut	gut	weniger gut

Wälzlager

Bei Wälzlagern erfolgt die Kraftübertragung durch Wälzkörper (Kugeln oder Rollen). Wälzen ist eine aus Rollen und Gleiten zusammengesetzte Bewegungsart. Auch bei Wälzlagern tritt praktisch stets neben dem reinen Rollen ein Mikroschlupf (d. h. ein Gleiten) auf, der bei Mischreibung zu verstärktem Verschleiß führt.

Vorteile:
niedriger Anfahrreibwert (0,001 ... 0,002), daher besonders geeignet für häufiges Anfahren,
geringer Wartungsaufwand,
geeignet für Dauerschmierung,
geringer Schmierstoffverbrauch,
kleine Lagerbreite,
hohe Genauigkeit.

Nachteile:
empfindlich gegen stoßartige Belastung,
schmutzempfindlich,
Lagergeräusche für manche Anwendungsfälle zu hoch,
Standardlager nur einteilig.

Lagerwerkstoffe
Lagerringe und Wälzkörper bestehen aus chromlegiertem Sonderstahl (100 Cr6H) mit hohem Reinheitsgrad und Härten von 58 ... 65 HRC.

Die Käfige bestehen je nach Einsatzfall aus gepreßtem Stahl- oder Messingblech. Neuerdings werden wegen einfacherer Fertigung, besserer Anpassung an die Lagergeometrie und weiterer tribologischer Vorteile (z. B. Gleiteigenschaften) Käfige aus Polymerwerkstoffen eingesetzt. Polymerwerkstoffe aus glasfaserverstärktem Polyamid 66 können bis 120° C Dauertemperatur betrieben werden, kurzzeitig bis 140° C.

Statische Tragfähigkeit
Als Maß für die Tragfähigkeit bei sehr langsam laufenden oder stillstehenden Wälzlagern wird die statische Tragzahl C_0 benutzt. C_0 ist die Belastung, bei der die gesamte bleibende Verformung von Wälzkörpern und Laufbahnen an der höchstbeanspruchten Berührstelle 0,0001 des Wälzkörperdurchmessers beträgt. Die Belastung in Höhe dieser Tragzahl C_0 erzeugt in der Mitte des am höchsten belasteten Rollenkörpers eine maximale Flächenpressung von 4000 N/mm².

Dynamische Tragfähigkeit (ISO 281)
Für die Berechnung der Lebensdauer beim rotierenden Wälzlager wird die dynamische Tragzahl C verwendet. C gibt die Lagerbelastung an, bei der sich eine nominelle Lebensdauer von 1 Million Umdrehungen ergibt.

Lebensdauergleichung $L_{10} = \left(\frac{C}{P}\right)^p$

L_{10} nominelle Lebensdauer in Millionen Umdrehungen, die von 90 % einer größeren Menge gleicher Lager erreicht oder überschritten wird,
C dynamische Tragzahl in N (aus Versuchen),
P äquivalente dynamische Lagerbelastung in N,
p experimentell ermittelter Exponent der Lebensdauergleichung: Kugellager $p = 3$, Rollenlager $p = 10/3$

Modifizierte nominelle Lebensdauer
Die obige Lebensdauergleichung kann in Sonderfällen durch die nachfolgende Gleichung ersetzt werden, in der weitere Einflüsse auf die Lebensdauer im einzelnen berücksichtigt werden.

$$L_{na} = a_1 \cdot a_{23} \cdot f_t \cdot \left(\frac{C}{P}\right)^p$$

L_{na} modifizierte nominelle Lebensdauer in Millionen Umdrehungen,
a_1 Beiwert für die Erlebenswahrscheinlichkeit, z. B. 90 %: $a_1 = 1$; 95 %: $a_1 = 0{,}62$,
a_{23} Beiwert für Betriebsbedingungen, d. h. Werkstoff und Schmierung. Der Faktor a_{23} enthält viele Einflußgrößen, die z. T. nur als Ganzes gesehen werden können (z. B. die unterschiedlichen Roll-Gleitverhältnisse, die Schmierbedingungen und die Sauberkeit),
f_t Temperaturfaktor, z. B. $f_t = 1$ (bis 150° C), $f_t = 0{,}73$ (bis 200° C).

Federberechnung

Namen der Einheiten s. S. 8 ... 10

Größe		Einheit
b	Breite des Federblattes	mm
c	Federrate (Federkonstante): für Blatt- und Schraubenfedern Federkraftzunahme je mm Federweg;	N/mm
	für Drehstabfedern, Schenkel- und Spiralfedern Federmomentzunahme je Grad Drehwinkel	N · mm/°
E	Elastizitätsmodul für Federstahl $= 206\,000$ N/mm², für andere Werkstoffe s. S. 144	N/mm²
F	Federkraft	N

Größe		Einheit
G	Schubmodul: für warmgeformte Federn $\approx 78\,500$ N/mm² für kaltgeformte Federn $\approx 81\,400$ N/mm²	N/mm²
h	Höhe des Federblattes	mm
n	Anzahl federnde Windungen	—
M	Federmoment	N · mm
Q	Federkraft in Federmitte bei Blattfedern ($Q = 2\,F$)	N
s	Federweg	mm
α	Drehwinkel	°
σ_b	Biegespannung	N/mm²
τ	Torsionsspannung	N/mm²

Umrechnung nicht mehr zugelassener Einheiten:
1 kp = 9,81 N ≈ 10 N, 1 kp/mm ≈ 10 N/mm, 1 kp mm ≈ 10 N mm,
1 kp mm/° ≈ 10 N mm/°, 1 kp/mm² ≈ 10 N/mm².

Auf Biegung beanspruchte Federn

Federart	Biegespannung	Federrate
Einfache gerade Blattfeder, gleich bleibender Querschnitt 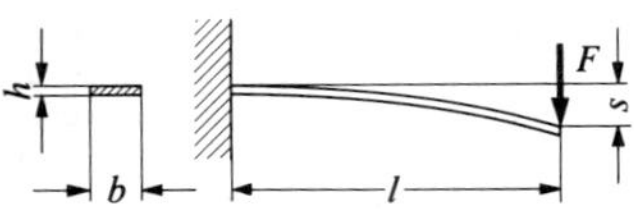	$\sigma_b = \frac{6\,l}{b \cdot h^2}\,F$ Dauerfestigkeitsschaubild s. S. 227	$c = \frac{F}{s} = \frac{E \cdot b \cdot h^3}{4 \cdot l^3}$
Einblattfeder, parabolisch ausgewalzt (Fahrzeugfeder) 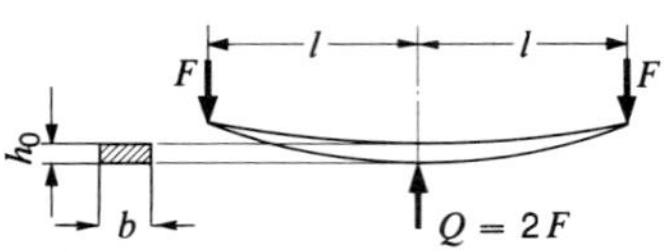	$\sigma_b = \frac{3\,l}{b \cdot h_0^2}\,Q$	$c = \frac{Q}{s} = \frac{E \cdot b \cdot h_0^3}{4 \cdot l^3}$
Geschichtete Blattfeder, gleich bleibender Querschnitt der Einzelblätter (Fahrzeugfeder) 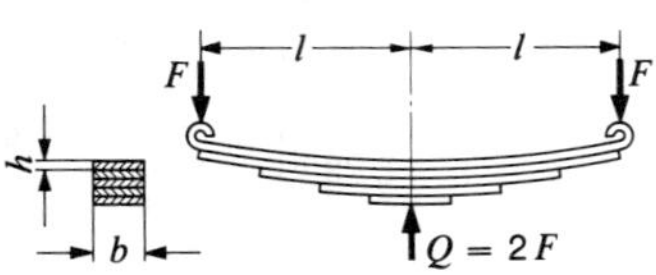	$\sigma_b = \frac{3\,l}{n \cdot b \cdot h^2}\,Q$ n = Anzahl der Federblätter n' = Anzahl der Blätter an den Federenden	$c = \frac{(2 + n'/n)\,E \cdot n \cdot b \cdot h^3}{6 \cdot l^3}$

Federart	Biegespannung	Federrate
Drehfeder, Schenkelfeder (DIN 2088) 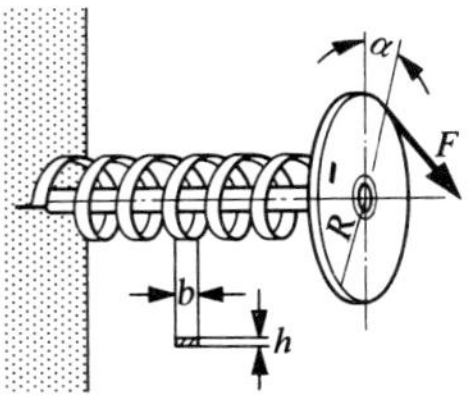 	Rechteckquerschnitt $\sigma_b = \frac{6}{b \cdot h^2} M$ Kreisquerschnitt $\sigma_b = \frac{32}{\pi \cdot d^3} M$ wobei $M = F \cdot R$ l = gestreckte Materiallänge $= 2\pi \cdot r \cdot n$ (r mittlerer Windungshalbmesser) Bei schwingender Belastung Spannungserhöhung infolge Krümmung berücksichtigen	 $c = \frac{M}{\alpha} = \frac{E \cdot b \cdot h^3}{57{,}3 \cdot 12 \cdot l}$ $c = \frac{M}{\alpha} = \frac{E \cdot \pi \cdot d^4}{57{,}3 \cdot 64 \cdot l}$
Spiralfeder (beide Enden fest eingespannt) 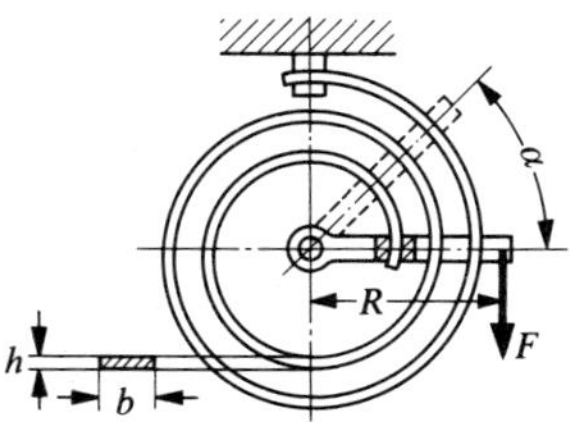 	Gleichungen wie bei Drehfeder (s. oben)	

Dauerfestigkeitsschaubild
für poliertes Federstahlband (nicht für Fahrzeugfedern) nach DIN 17222 Ck 75 und Ck 85 vergütet auf 430 ... 500 HV[1]) sowie Ck 85 und Ck 101 vergütet auf 500 ... 580 HV.

Beispiel (eingezeichnete Strichlinie): Für eine Blattfeder mit 430 ... 500 HV ist bei einer Unterspannung von

$\sigma_u = 600$ N/mm^2

die zulässige Hubspannung

$\sigma_{h\,zul} = 480$ N/mm^2

und die Oberspannung

$\sigma_0 = \sigma_u + \sigma_{h\,zul} = 1080$ N/mm^2.

Aus Sicherheitsgründen Hubspannung etwa 30% kleiner wählen. Beschädigungen der Oberfläche (Rostnarben, Riefen) setzen die Dauerfestigkeit stark herab.

Biegung

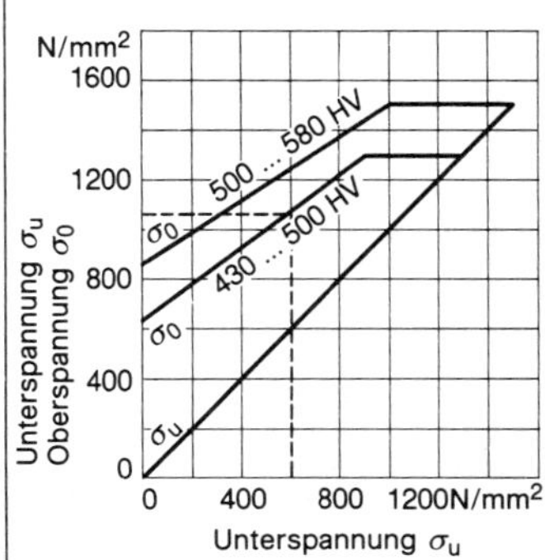

1) Vickershärte, s. S. 182.

Auf Torsion beanspruchte Federn

Federart	Torsionsspannung	Federrate
Drehstabfeder mit Kreisquerschnitt (DIN 2091) 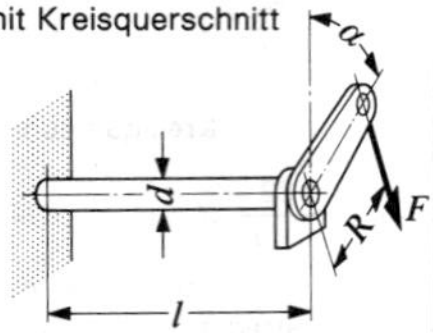	$\tau = \frac{16}{\pi \cdot d^3} M$	$c = \frac{M}{\alpha} = \frac{G \cdot \pi \cdot d^4}{57{,}3 \cdot 32 \cdot l}$
	wobei $M = F \cdot R$	
Schraubenfedern aus Runddraht (DIN 2089) Druckfeder 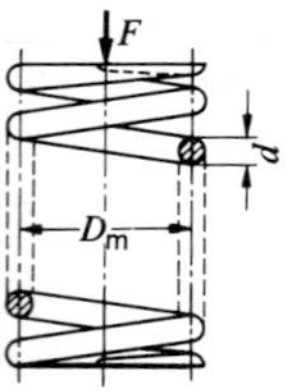 Zugfeder 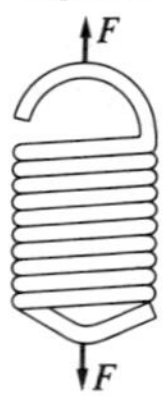 oben: halbe „deutsche" Öse, unten: hifo-Haken (s. S. 231)	a) bei ruhender bzw. selten wechselnder Belastung braucht der Einfluß der Drahtkrümmung nicht berücksichtigt zu werden: $\tau = \frac{8 \cdot D_m}{\pi \cdot d^3} F$ b) bei schwingender Belastung muß die ungleichmäßige Verteilung der Torsionsspannungen in Ansatz kommen: $\tau_k = k \cdot \tau = \frac{8\,k \cdot D_m}{\pi \cdot d^3} F$	$c = \frac{F}{s} = \frac{G \cdot d^4}{8 \cdot n \cdot D_m^3}$ Bei Druckfedern mit nur 1 ... 3 Windungen ist die Federkennlinie keine Gerade mehr; die Federrate c ist zuerst kleiner, später größer als die errechnete.

Der Beiwert k hängt vom Wickelverhältnis D_m/d ab:

D_m/d	3	4	6	8	10	20
k	1,55	1,38	1,24	1,17	1,13	1,06

$D_m/d < 3$ und > 20 vermeiden.

Die zulässigen maximalen Spannungen τ_{k0} für Temperaturen bis etwa 40° C können aus den RDZ-Schaubildern auf den nächsten Seiten an den senkrechten Begrenzungslinien für verschiedene Drahtdurchmesser entnommen werden (Zwischenwerte interpolieren). Für höhere Temperaturen Kurven für den Kraftverlust (Relaxation) beachten! Nach 300 h sind die Relaxationen etwa 1,5 mal so groß wie nach 10 h. Werte für andere Stoffe s. S. 144.

Für Zugfedern mit eingewundener Vorspannung sind die zulässigen max. Spannungen auf 90 % der Diagrammwerte zu reduzieren, da das sog. Setzen hier nicht möglich ist.

Erläuterung zur Leitertafel auf der nächsten Seite

Die Leitertafel gilt für zylindrische, auf Zug oder Druck beanspruchte Schraubenfedern mit kreisförmigem Drahtquerschnitt aus Stahldraht (Schubmodul $G = 81\,400$ N/mm²). Bei Werkstoffen mit anderem Schubmodul G' ist der Federweg mit G/G' zu multiplizieren.

Die Leitertafel ergibt den Federweg s' einer Windung. Den Gesamtfederweg s erhält man, indem man s' mit der Zahl der federnden Windungen (n) multipliziert: $s = n \cdot s'$.

Leitertafel zur Schraubenfederberechnung

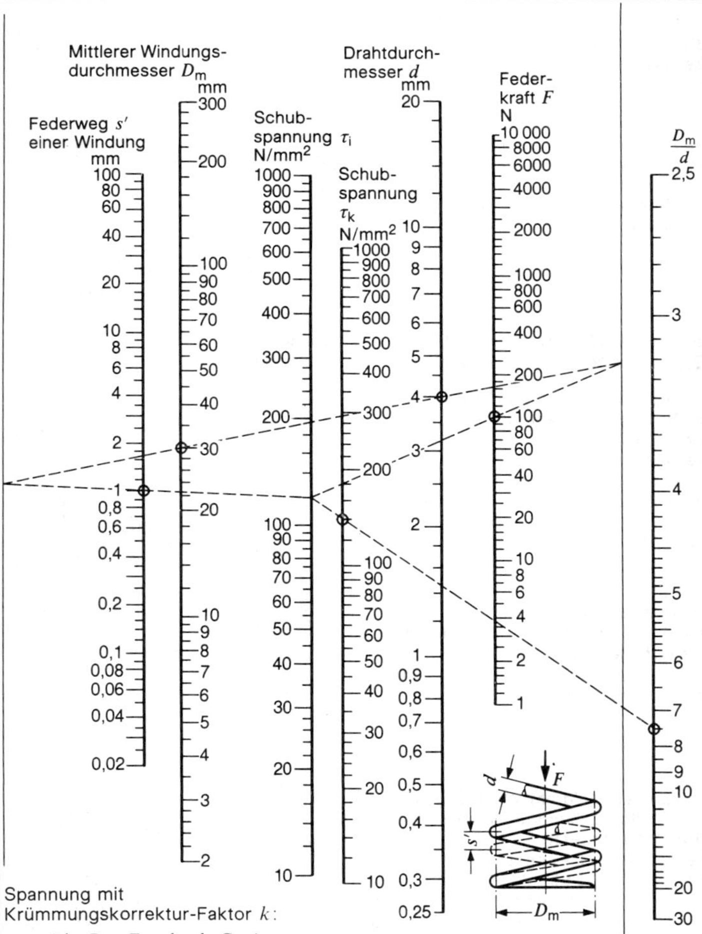

Spannung mit Krümmungskorrektur-Faktor k:

$$\tau_k = \frac{8k \cdot D_m \cdot F}{\pi \cdot d^3} = \frac{k \cdot d \cdot G \cdot s'}{\pi \cdot D_m^2}$$

k siehe S. 228.

Beispiel: gegeben $D_m = 30$ mm, $d = 4$ mm, $F = 100$ N;
gefunden $\tau = 120$ N/mm², $\tau_k = 140$ N/mm², $s' = 1{,}02$ mm

Dauerfestigkeitsschaubild für Drehfedern

Federstahldraht Sorte C DIN 17 223 Blatt 1. Drehfedern ungestrahlt.
Beispiel (eingezeichnete Strichlinie): Für eine Drehfeder mit $d = 2$ mm Draht-∅ ist bei einer Unterspannung von $\sigma_u = 800$ N/mm² die zulässige Hubspannung, die über 10^7 Lastspiele und mehr ohne Bruch ertragen wird $\sigma_{bh} = 500$ N/mm².
Die Oberspannung ist dann

$$\sigma_0 = \sigma_u + \sigma_{bh} = 1300\,\text{N/mm}^2$$

Biegung

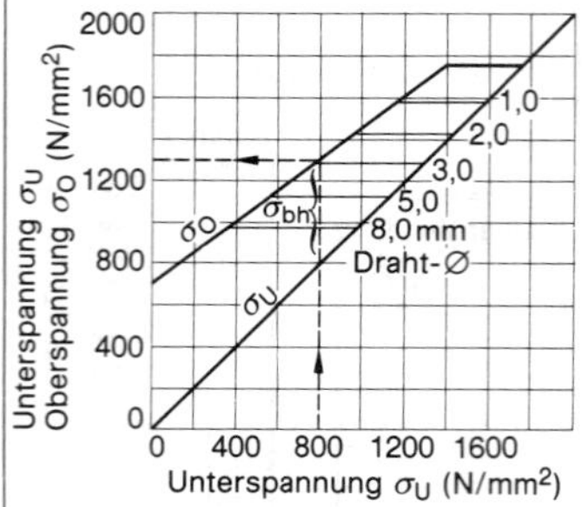

Schaubilder für Relaxation, Dauer- und Zeitfestigkeit

Federstahldraht Sorte C DIN 17 223 Blatt 1. Schraubendruckfedern ungestrahlt, kaltgesetzt.
Beispiel (eingezeichnete Strichlinie): Eine Schraubendruckfeder mit 3 mm Draht-∅ zeigt bei einer Oberspannung von $\tau_{ko} =$ 900 N/mm² nach 10 h und 80° C Betriebstemperatur einen Kraftverlust von

$\Delta F_{10} = 5{,}5\,\%$.

Wenn eine Lastspielzahl bis zum Bruch von 4×10^5 gefordert wird, kann mit einer Hubspannung von

$\tau_{kh} = \tau_{k0} - \tau_{kU} = 900 - 480 = 420$ N/mm² gerechnet werden.

Torsion
Kraftverlust ΔF_{10} (%) bei $t = 80\,°C$

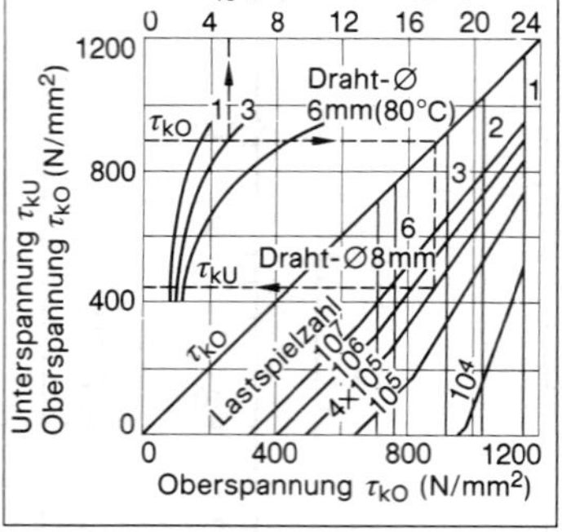

Ventilfederstahldraht VD DIN 17 223 Blatt 2. Schraubendruckfedern ungestrahlt, kaltgesetzt.
Beispiel (eingezeichnete Strichlinie): Eine Schraubendruckfeder mit 3 mm Draht-∅ zeigt bei einer Oberspannung von $\tau_{k0} =$ 700 N/mm² nach 10 h und 80° C Betriebstemperatur einen Kraftverlust von $\Delta F_{10} = 5\,\%$.

Bei einer Dauerbeanspruchung (> 10^7 Lastspiele) darf eine Hubspannung von

$\tau_{kh} = 700 - 320 = 380$ N/mm²

zugelassen werden.

Torsion
Kraftverlust ΔF_{10} (%) bei $t = 80\,°C$

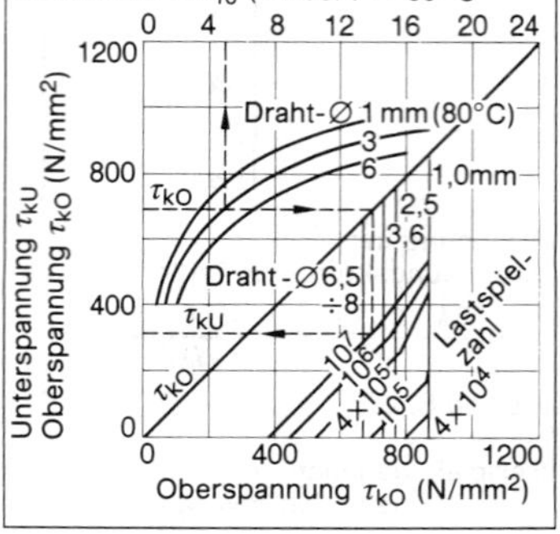

Ventilfederstahldraht 70 Cr V2.[1]) **Schraubendruckfedern ungestrahlt, kaltgesetzt.**
Beispiel (eingezeichnete Strichlinie): Eine Schraubendruckfeder mit 3 mm Draht-∅ zeigt bei einer Oberspannung von $\tau_{kO} = 700\ N/mm^2$ nach 10 h und 160° C Betriebstemperatur einen Kraftverlust von $\Delta F_{10} = 6\%$.

Bei einer Dauerbeanspruchung ($> 10^7$ Lastspiele) darf eine Hubspannung von

$\tau_{kh} = 700 - 240 = 460\ N/mm^2$

zugelassen werden.

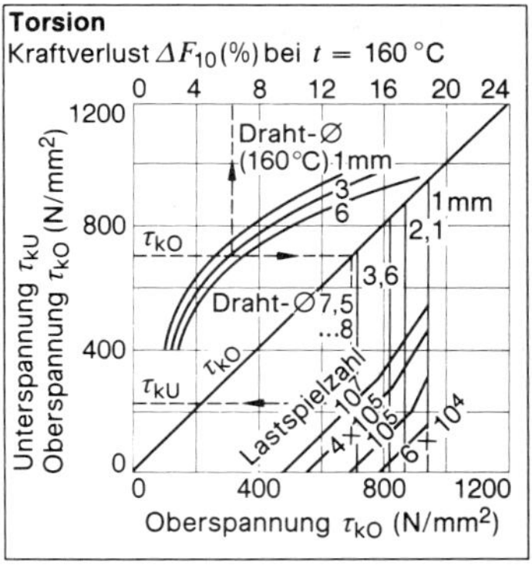

Ventilfederstahldraht 55 Si Cr6.[1]) **Schraubendruckfedern ungestrahlt, kaltgesetzt.**
Beispiel (eingezeichnete Strichlinie): Eine Schraubendruckfeder mit 3 mm Draht-∅ zeigt bei einer Oberspannung von $\tau_{kO} = 900\ N/mm^2$ nach 10 h und 160° C Betriebstemperatur einen Kraftverlust von $\Delta F_{10} = 3{,}5\%$.

Bei einer Dauerbeanspruchung ($> 10^7$ Lastspiele) darf eine Hubspannung von

$\tau_{kh} = 900 - 510 = 390\ N/mm^2$

zugelassen werden.

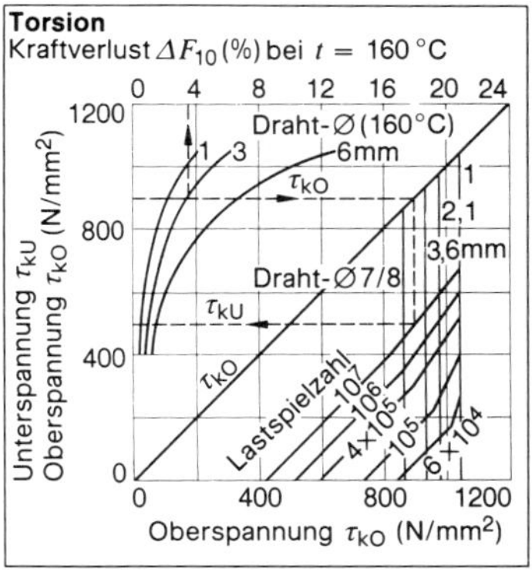

Bei Gefahr von Eigenschwingungen und anderen zusätzlichen Beanspruchungen Hubspannung etwa 30% kleiner wählen. Kugelstrahlen erhöht die zulässige Hubspannung um etwa 30%.

Bei **Druckfedern** wird für möglichst geringe Kraftexzentrizität an jedem Ende das Drahtende an der nächsten Windung anliegend gewickelt und senkrecht zur Federachse plangeschliffen (Drahtende $\approx d/4$). Es ist dann:
Gesamtwindungszahl $n_t = n + 2$.
Länge Gang auf Gang $\leq (n+2)\,d$.

Schrauben-Zugfedern sind an normalen Haken und Ösen etwa 50% überbeansprucht, wenn der Federkörper mit zulässigen Hubspannungen beansprucht wird. hifo-Haken (DB Patent u. a.) sind infolge hoher innerer Vorspannkraft F_0 dauerschwingfest.

Drillgewickelte Zugfedern können infolge günstiger Eigenspannungen gleich hoch wie Druckfedern beansprucht werden und haben kleinere Relaxationen als diese. Bei hohen inneren Vorspannungen F_0 (= hifo) kann bis zu 50% des Bauraumes normaler Zugfedern bei F_1 eingespart werden.

[1]) Noch nicht nach DIN genormt.

Grundlagen der Verschraubungstechnik

Größen und Einheiten

Größe		Einheit
A_s	Spannungsquerschnitt des Schraubengewindes s. S. 234.	mm^2
D_{Km}	Wirksamer Durchmesser für das Reibmoment in der Schraubenkopf- oder Mutterauflage	mm
F_M	Montage-Spannkraft (allg.)	N
F_{sp}	(Axiale) Montage-Spannkraft der Schraube bei 90%iger Ausnutzung der Streck- bzw. Dehngrenze	N
M_M	Anziehmoment für die Montage	N · m
M_{sp}	Spannmoment (Anziehdrehmoment zum Spannen einer Schraube auf F_{sp})	N · m
P	Steigung des Schraubengewindes	mm
d	Schraubendurchmesser (Gewindeaußendurchmesser)	mm
d_2	Mittlerer Flankendurchmesser des Schraubengewindes	mm
d_3	Kerndurchmesser des Schraubengewindes	mm
μ_G	Reibbeiwert im Gewinde (Reibungszahl, Reibbeiwert, Reibkoeffizient)	–
μ_{ges}	Mittlerer Reibbeiwert für Gewinde- und Kopf- bzw. Mutter-Auflage	–
μ_K	Reibbeiwert für die Kopf- bzw. Mutter-Auflage	–
$\sigma_{0,2}$	0,2%-Dehngrenze des Schraubenwerkstoffes (bei Schrauben geringer Festigkeiten gilt statt dessen die Streckgrenze σ_s; siehe Anm. [1]) S. 89)	N/mm^2

Grundregeln

Schrauben sollen die zu verbindenden Teile mit so großen Kräften zusammenspannen, daß die Teile bei allen Betriebskräften noch ausreichend stark, ohne sich gegenseitig zu verschieben, aufeinandergedrückt werden. Auf Scherung dürfen Schrauben nicht beansprucht werden.

Von den etwa in Richtung der Schraubenachse auftretenden und in ihrer Größe meist wechselnden Betriebskräften muß die Schraube bei richtiger Vorspannung nur einen Bruchteil aufnehmen. Möglichst starre zu verbindende Teile und elastische Schrauben (der Güten 8.8 bis 12.9 mit optimaler Spannkraft) ergeben die kleinsten Dauerschwingbeanspruchungen der Schrauben; große Spannungen sind auch die beste Sicherung gegen Lokkern (nachträgliches Setzen in den Fugen) und Losdrehen. Als Faustregel kann mit einer Verminderung der Montage-Spannkraft einer 8.8-Schraubenverbindung durch Setzen von 10 ... 20 % gerechnet werden, wenn die Temperatur max. 100° C beträgt und die verspannten Teile aus Metallen mit mindestens 300 N/mm^2 Zugfestigkeit bestehen.

Die Federkraft von Sicherungselementen (Federringe u. ä.) soll im plangespannten Zustand so groß wie die Spannkraft der Schraube sein! Bei Schrauben der Festigkeitsklassen ≥ 8.8 und freien Schrauben-Dehnlängen $> 2{,}5\,d$ bzw. metallischen Bauteilen sind Federringe meist nachteilig (da $F \ll F_{sp}$ und zusätzliche Setzfuge). Bei 4.8- und 5.6/5.8-Schrauben sind Federringe bei Dehnlängen $\geq 5\,d$ i. a. überflüssig.

Die Flächenpressungen unter Kopf und Mutter dürfen die Quetschgrenze (entspricht mindestens der Streck- bzw. 0,2%-Dehngrenze) des Werkstoffes der verspannten Teile nicht überschreiten (ggf. große Unterlegscheiben oder Sechskant-Flanschschrauben). Der gespannte Teil der Schraube soll eine freie Gewindelänge von mindestens $0{,}5\,d$, möglichst jedoch $1{,}0\,d$ enthalten. Flanschbefestigungen mit 4 Schrauben sind wesentlich sicherer als solche mit nur 3 Schrauben im Winkel von je 120° (hier bei Bruch einer Schraube Totalausfall).

Festigkeitsklassen

Das Bezeichnungssystem für Schrauben besteht aus zwei durch einen Punkt getrennten Zahlen. Die erste Zahl gibt ≈ 1/100 der Mindestzugfestigkeit in N/mm^2 an, die zweite das 10fache des Verhältnisses Mindeststreckgrenze (bzw. 0,2-Dehngrenze) zu Mindestzugfestigkeit.

Tabelle 1. Festigkeitswerte und Kennzeichnung von Schrauben. Schrauben aus borlegierten Stählen mit niedrigem C-Gehalt haben unter dem Kennzeichen einen Strich, z. B. 8.8 (s. a. DIN-ISO 898, Teil 1).

Festigkeitsklasse		3.6	4.6	4.8	5.6	5.8	6.8	8.8	10.9	12.9
Zugfestigkeit σ_B N/mm²	min	330	400	420	500	520	600	800	1040	1220
	max ≈	490	550		700		800	1000	1200	1400
Streckgrenze σ_s N/mm²	min	180	240	320	300	400	480	–	–	–
0,2-Dehngrenze $\sigma_{0,2}$	min	–	–	–	–	–	–	640	900	1080
Vickershärte HV 30	min	95	120	130	155	160	190	230	310	370
	max	220					250	300	380	440
Farbkennzeichnung der Verpackung		–	–		–		–	rot	blau	gelb

Die Festigkeitsklassen normaler Muttern (mit Nennhöhen $\geq 0{,}8d$ und Schlüsselweiten $\geq 1{,}45d$) werden mit einer Zahl entsprechend 1/100 der Prüfspannung in N/mm² bezeichnet. Die Prüfspannung entspricht der Mindestzugfestigkeit einer Schraube mit gleicher Festigkeitsklasse. Das Ertragen der Prüfspannung wird mit einem Schraubengewinde größerer Festigkeit (mind. 45 HRC) geprüft; nach Entlasten muß die Mutter auf dem Gewinde noch beweglich sein.

Festigkeitsklassen für Muttern:

4	5	6	8	10	12

für Muttern mit eingeschränkter Belastbarkeit:

04	05

(z. B. flache Muttern)

Ab 5 mm Gewindedurchmesser müssen

– Schrauben der Festigkeitsklasse 6.6 und größer sowie
– Muttern der Festigkeitsklasse 8 und größer

auf dem Schraubenkopf bzw. der Mutterstirnfläche mit der Festigkeitsklasse gekennzeichnet sein (bei kleinen Schrauben kann Punkt zwischen den Zahlen entfallen; bei Muttern kann auch nach Kodesystem mit Kerben und Punkten auf den Fasen gekennzeichnet werden).

Tabelle 2. Gütewerte für Schrauben aus anderen Werkstoffen.

Werkstoff	Kennzeichnung	Gewinde	0,2-Dehngrenze N/mm²
X5CrNi 1911	A2-70	≤ M20	450
CuZn37	Cu2	≤ M6	340
		M8 ... M39	250
CuSn6	Cu4	≤ M12	340
		M14 ... M39	200
AlMg5	Al2	≤ M14	205
AlMgSi1	Al3	≤ M39	250

Die Dauerhaltbarkeit kaltgeformter Stahlschrauben bis M12 beträgt $\sigma_D = \sigma_m \pm 50 \ldots 60$ N/mm² (bezogen auf Kernquerschnitt), und zwar bis zu Mittelspannungen $\sigma_m = 0{,}6 \cdot \sigma_{0,2}$ und für alle Güten von 4.8 bis 12.9. Schlußgerollte Schrauben (Gewinde nach dem Vergüten gerollt) bis M8 können $\sigma_D = 450 \pm 100$ N/mm², bei GG- und Al-Muttergewinden ± 120 N/mm² erreichen.

Anziehen von Schraubenverbindungen

Von Hand können die erforderlichen Anziehdrehmomente mit Schraubendrehern bis M5—8.8, mit Innensechskantschlüsseln bis max. M8—10.9 und mit Ringschlüsseln bis max. M12—10.9 erreicht werden (für $\mu = \mu_G = \mu_K = 0{,}14$ ermittelt).

Beim Anziehen von Schraubenverbindungen mit der (konventionellen) Drehmomentmessung treten in der Spannkraft Streuungen auf, und zwar ca. 1:2 durch

— Streuungen der Reibbeiwerte μ_K und μ_G (für Kopf und Gewinde),

— Streuungen des Anziehdrehmomentes (bei Handmontage und bei Schraubern).

Bei $\mu_G = \mu_K = 0{,}1$ beträgt das Nutzmoment zur Erzeugung der Spannkraft 17 %, bei $\mu_G = \mu_K = 0{,}2$ nur 9,5 % des Anziehdrehmomentes.

Mit der Winkelanzugsmethode und dem streckgrenzgesteuerten Anziehen als Schrauben-Anziehverfahren können die höchstmöglichen Spannkräfte von Schraubenverbindungen mit sehr kleinen Streuungen erreicht werden. Für diese Verfahren sind jedoch Vorberechnungen und Versuche bzw. elektronisch gesteuerte Spezialschrauber notwendig. Außerdem eignet sich die Winkelanzugsmethode vorwiegend nur für Dehnschrauben; für streckgrenzgesteuertes Anziehen sollte die Klemmlänge (Gesamtdicke der verspannten Teile) mindestens dem Nenndurchmesser der Schraube entsprechen.

Grundformeln für Anziehen mit Drehmomentmessung

Es wird maximal eine Montage-Spannkraft zugelassen, die eine Vergleichsspannung von 0,9 × Mindest-Dehngrenze ergibt; diese Montage-Spannkraft wird F_{sp} genannt. Die Vergleichsspannung wird für den Spannungsquerschnitt

$$A_s = \frac{\pi}{4} \cdot \left(\frac{d_2 + d_3}{2}\right)^2$$

errechnet, mit dem die statischen, axialen Zugspannungen und die Torsionsspannungen (von der Gewindereibung herrührend) so betrachtet werden können, als wäre ein glattes Bauteil vorhanden (A_s ist wegen der Verformungsbehinderung durch die Gewindegänge größer als der Kernquerschnitt). Damit wird

$$F_{sp} = \frac{0{,}196\,(d_2 + d_3)^2 \cdot 0{,}9 \cdot \sigma_{0,2}}{\sqrt{1 + 4{,}86\left(\dfrac{P + \mu_G \cdot 3{,}63\,d_2}{d_2 + d_3}\right)^2}}$$

Mit dieser Formel wurde für verschiedene Gewinde-Reibbeiwerte μ_G die Tabelle 5 für die Montage-Spannkräfte F_{sp} auf Seite 237 errechnet.

Zur Bestimmung der Anziehdrehmomente war es früher üblich, $\mu_G = \mu_K = \mu_{ges}$ anzunehmen, um zu der vereinfachten Formel

$$M_{sp} = F_{sp}\left[0{,}16\,P + \mu_{ges}\left(0{,}58\,d_2 + \frac{D_{Km}}{2}\right)\right]$$

bzw. entsprechenden Diagrammen zu gelangen. Bei unterschiedlichen Kopf- und Gewinde-Reibbeiwerten (siehe Beispiel auf S. 238) können mit dieser Formel die notwendigen Anziehdrehmomente jedoch nicht richtig festgelegt werden (siehe auch Anmerkung über Tabelle 4).

Eine einfache, praktikable Art zur Berechnung der Anziehdrehmomente mit verschiedenen Reibbeiwerten μ_G und μ_K ist die K-Methode (von Gill vorgeschlagen, in USA in Gebrauch, in VDI-Richtlinie 2230, Ausg. 1977, enthalten):

Das Montage-Anziehdrehmoment ist danach

$$M_M = K \cdot F_M \cdot d$$

und für 90%ige Dehngrenzenausnutzung

$$M_{sp} = K \cdot F_{sp} \cdot d$$

wobei

$$K = \frac{0{,}16 \cdot P + \mu_G \cdot 0{,}58 \cdot d_2 + \mu_K \cdot D_{Km}/2}{d}$$

Für verschiedene Reibbeiwerte μ_G und μ_K und einen großen Schrauben-Abmessungsbereich kann K unabhängig von d in Tabellenform angegeben werden (s. Tabelle 4).

Reib-Beiwerte

Mit der folgenden Tabelle 3 werden getrennt voneinander und nacheinander die beiden Reibbeiwerte für Kopfreibung (μ_K) und Gewindereibung (μ_G) bestimmt.

Sperrzahnschrauben, Zwischenscheiben mit scharfen, etwa radial verlaufenden Kanten und Sicherungsmuttern können die Reibbeiwerte stark erhöhen; solche Schraubenverbindungen müssen nach besonderen Vorschriften angezogen werden.

Anziehen von Schraubverbindungen.

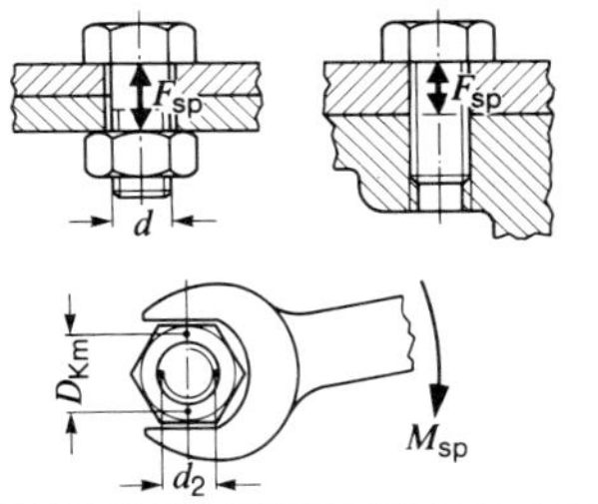

Tabelle 3.
Reibbeiwerte μ_K und μ_G für verschiedene Oberflächen- und Schmierzustände.
Mit $\mu_{G\,min}$ (kleinerer Wert aus Tabelle 3) wird die Spannkraft F_{sp} in Tabelle 5 ermittelt.

Oberflächen am Gegenbauteil: Auflagefläche am Bauteil (μ_K) bzw. *Muttergewinde* (μ_G)		Schmierzustand	**Oberflächen an der Schraube:** Schraubenkopf- oder Mutter-Unterseite (μ_K) bzw. *Schraubengewinde* (μ_G) Stahl, geschwärzt oder Zn-phosph. gepreßt gerollt	gedreht geschnitten	Stahl verzinkt 6 µm
Stahl,	gewalzt	leicht geölt	0,13 ... 0,19	0,10 ... 0,18	0,10 ... 0,18
	gehobelt, gefräst, gedreht, geschnitten	leicht geölt	0,10 ... 0,18	–	0,10 ... 0,18
	geschliffen	leicht geölt	0,16 ... 0,22	0,10 ... 0,18	0,10 ... 0,18
GG,	gehobelt, gefräst, gedreht, geschnitten	leicht geölt	0,10 ... 0,18	–	0,10 ... 0,18
GTS,	geschliffen	leicht geölt	0,16 ... 0,22	0,10 ... 0,18	0,10 ... 0,18
Stahl,	verkadmet 6 µm	leicht geölt	0,08 ... 0,16	0,08 ... 0,16	–
	verzinkt 6 µm	leicht geölt	0,10 ... 0,18	0,10 ... 0,16	0,16 ... 0,20
	verzinkt, Innengewinde	leicht geölt	–	–	0,10 ... 0,18
	geschliffen, gewalzt, phosphatiert	leicht geölt	0,12 ... 0,20	–	–
	spanend bearbeitet, phosphatiert	leicht geölt	0,10 ... 0,18	–	–
Al-Mg-Legierungen, bearbeitet, geschnitten		leicht geölt	0,08 ... 0,20	–	–
Stahl,	verkadmet 6 µm	trocken	0,08 ... 0,16	–	–
	verkadmet, Innengewinde	trocken	0,08 ... 0,14	–	–
	verzinkt 6 µm	trocken	0,10 ... 0,18	–	0,20 ... 0,30
	verzinkt, Innengewinde	trocken	0,08 ... 0,16	–	0,12 ... 0,20

Tabelle 4. K-Werte.
Die K-Werte gelten für Regelgewinde von M1,4 bis M42 und für Kopf- bzw. Muttergrößen entsprechend Sechskantschrauben DIN 931, 933; Zylinderschrauben mit Schlitz DIN 84, Innensechskantschrauben DIN 912, 6912, 7984; Muttern DIN 934.
Für Gewinde M16 bis M42 ist der K-Wert um 5 % zu verringern, da zwischen M14 und M16 ein deutlicher Sprung der Gewindefeinheit d/P vorliegt.
Zwischenwerte können mit ausreichender Genauigkeit interpoliert werden.
Anmerkung: Wenn in Sonderfällen bisher nur μ_{ges} ermittelt wurde, wird der K-Wert mit $\mu_K = \mu_G = \mu_{ges}$ bestimmt (s. auch S. 234).

	Reibbeiwert für Schraubenkopf- bzw. Mutterauflage μ_K										
Reibbeiwert für Gewinde μ_G	0,04	0,06	0,08	0,10	0,12	0,14	0,16	0,18	0,20	0,24	0,28
0,008	0,094	0,108	0,120	0,134	0,148	0,162	0,176	0,190	0,204	0,232	0,260
0,10	0,104	0,118	0,132	0,146	0,158	0,172	0,186	0,200	0,214	0,242	0,270
0,12	0,114	0,128	0,142	0,156	0,170	0,184	0,196	0,210	0,224	0,252	0,280
0,14	0,124	0,138	0,152	0,166	0,180	0,194	0,208	0,222	0,234	0,262	0,290
0,16	0,134	0,148	0,162	0,176	0,190	0,204	0,218	0,232	0,246	0,272	0,300
0,18	0,146	0,160	0,172	0,186	0,200	0,214	0,228	0,242	0,256	2,284	0,312
0,20	0,156	0,170	0,184	0,198	0,210	0,224	0,238	0,252	0,266	0,294	0,322
0,24	0,176	0,190	0,204	0,218	0,232	0,246	0,260	0,274	0,286	0,314	0,342
0,28	0,198	0,212	0,224	0,238	0,252	0,266	0,280	0,294	0,308	0,336	0,362

Axiale Spannkräfte von Schraubenverbindungen

Geltungsbereich der Tabelle 5 für die Montage-Spannkräfte F_{sp}
Tabelle 5 gilt nur für
– Schrauben mit Regelgewinde und

$$\frac{\text{Schaftdurchmesser } d_1}{\text{Kerndurchmesser } d_3} \geq 1{,}05$$

– festigkeitsmäßig richtiger Paarung von Schraube und Mutter;
– Mutterhöhe mind. 0,8 × Gewindedurchmesser bzw. ausreichend lange Gewinde in Gehäusen u. ä.

Korrekturfaktoren für Spannkräfte und Reibbeiwerte (Auswahl)
Flache Muttern mit einer Höhe von $0{,}5 \cdot d$ und gleicher Festigkeit wie die Schraube erlauben nur eine Spannkraft der Verbindung von 80 % der Tabellenwerte; bei flachen Muttern niedriger Festigkeit (04) auf 12.9-Schrauben ist nur 33 % von F_{sp} zulässig.

Bei Schraubenköpfen und Muttern mit kleineren oder größeren Auflageflächen sowie bei Stell- und Fixierschrauben, die nicht mit dem Kopf aufliegen, muß der μ_K-Wert in dem Verhältnis verkleinert oder vergrößert werden, in dem der mittlere Reibdurchmesser ihrer Auflageflächen zum mittleren Reibdurchmesser der oben genannten normmäßigen Sechskant- usw. -Schrauben und -Muttern steht. Erst mit diesem korrigierten, fiktiven μ_K-Wert wird dann der K-Wert bestimmt (deshalb in Tabelle 4 μ_K ab 0,04). Bei Senkschrauben muß zusätzlich die Konuswirkung des Senkwinkels, aber auch die größere Elastizität des Kopfaußenrandes berücksichtigt werden; bei normmäßigen Senkschrauben (Senkwinkel 90°) erhöht sich daher μ_K fiktiv um den Faktor 1,25.

Tabelle 5. Spannkräfte F_{sp} in 10^3 N für Regelgewinde und Reibbeiwerte μ_G im Gewinde (bei 90 % Ausnutzung von $\sigma_{0,2}$).

Abmessung (Steigung)	Festig-keits-klasse	F_{sp} (10^3 N) bei Reibbeiwerten μ_G im Gewinde									
		0,06	0,08	0,10	0,12	0,14	0,16	0,18	0,20	0,24	0,28
	4.8	2,3	2,2	2,1	2,0	1,9	1,9	1,8	1,7	1,6	1,4
	5.8	2,8	2,7	2,6	2,5	2,4	2,3	2,2	2,1	2,0	1,8
M 4	8.8	4,5	4,4	4,2	4,1	3,9	3,7	3,6	3,4	3,2	2,9
	10.9	6,4	6,2	5,9	5,7	5,5	5,3	5,0	4,8	4,4	4,1
(0,7)	12.9	7,7	7,4	7,1	6,9	6,6	6,3	6,0	5,8	5,3	4,9
	4.8	3,7	3,6	3,5	3,3	3,2	3,1	2,9	2,8	2,6	2,4
	5.8	4,6	4,5	4,3	4,2	4,0	3,8	3,6	3,5	3,2	3,0
M 5	8.8	7,4	7,2	6,9	6,6	6,4	6,1	5,9	5,6	5,2	4,8
	10.9	10,4	10,1	9,7	9,4	9,0	8,6	8,3	7,9	7,3	6,7
(0,8)	12.9	12,5	12,1	11,7	11,2	10,8	10,3	9,9	9,5	8,7	8,1
	4.8	5,2	5,1	4,9	4,7	4,5	4,3	4,1	4,0	3,7	3,4
	5.8	6,6	6,3	6,1	5,9	5,6	5,4	5,2	5,0	4,6	4,2
M 6	8.8	10,5	10,1	9,8	9,4	9,0	8,6	8,3	7,9	7,3	6,7
	10.9	14,7	14,2	13,7	13,2	12,7	12,1	11,7	11,2	10,3	9,5
(1,0)	12.9	17,7	17,1	16,5	15,8	15,2	14,6	14,0	13,4	12,3	11,4
	4.8	9,6	9,3	8,9	8,6	8,3	7,9	7,6	7,3	6,7	6,2
	5.8	12,0	11,6	11,2	10,8	10,3	9,9	9,5	9,1	8,4	7,7
M 8	8.8	19,2	18,6	17,9	17,2	16,5	15,7	15,2	14,6	13,4	12,4
	10.9	27,0	26,1	25,2	24,2	23,2	22,3	21,4	20,5	18,9	17,4
(1,25)	12.9	32,4	31,3	30,2	29,0	27,9	26,8	25,7	24,6	22,6	20,9
	4.8	15,3	14,8	14,2	13,7	13,2	12,6	12,1	11,6	10,7	9,9
	5.8	19,0	18,5	17,8	17,1	16,5	15,9	15,1	14,5	13,4	12,3
M 10	8.8	30,5	29,5	28,5	27,4	26,3	25,3	24,2	23,2	21,4	19,7
	10.9	42,9	41,5	40,1	38,5	37,0	35,5	34,1	32,7	30,1	27,7
(1,5)	12.9	51,5	49,8	48,1	46,2	44,4	42,6	40,1	39,2	36,1	33,2
	4.8	22,2	21,5	20,8	20,0	19,2	18,4	17,7	16,9	15,6	14,4
	5.8	27,8	26,9	25,9	25,0	24,0	23,0	22,1	21,2	19,5	18,0
M 12	8.8	44,5	43,0	41,5	40,0	38,4	36,8	35,3	33,9	31,2	28,7
	10.9	62,5	60,5	58,4	56,2	54,0	51,8	49,7	47,7	43,8	40,4
(1,75)	12.9	75,0	72,6	70,0	67,4	64,8	62,2	59,6	57,2	52,6	48,5
	4.8	30,5	29,6	28,5	27,4	26,4	25,3	24,3	23,3	21,4	19,7
	5.8	38,1	36,9	35,6	34,3	32,9	31,6	30,3	29,1	26,8	24,7
M 14	8.8	61,0	59,1	57,0	54,9	52,7	50,6	48,5	46,5	42,8	39,5
	10.9	85,8	83,1	80,1	77,1	74,1	71,2	68,3	65,5	60,2	55,5
(2,0)	12.9	103	99,7	96,2	92,6	89,0	85,4	81,9	78,5	72,3	66,6
	4.8	41,8	40,5	39,2	37,7	36,3	34,8	33,4	32,1	29,5	27,2
	5.8	52,3	50,7	48,9	47,2	45,4	43,6	41,8	40,1	36,9	34,0
M 16	8.8	83,6	81,1	78,3	75,5	72,3	69,7	66,9	64,2	59,0	54,4
	10.9	118	114	110	106	102	98,0	94,1	90,2	83,0	76,5
(2,0)	12.9	141	137	132	127	122	118	113	108	99,6	91,9
	4.8	65,3	63,3	61,2	59,0	56,7	54,5	52,2	50,1	46,1	42,5
	5.8	81,7	79,2	76,5	73,7	70,9	68,1	65,3	62,7	57,7	53,2
M 20	8.8	131	127	122	118	113	109	105	100	92,3	85,1
	10.9	184	178	172	166	159	153	147	141	130	120
(2,5)	12.9	220	214	206	199	191	184	176	169	156	144

Gegenüber 5.8-Schrauben sind die Spannkräfte F_{sp} bei Schrauben anderer (auch NE-)Festigkeitsklassen gemäß deren Streck- bzw. Dehngrenzen umzurechnen; z. B. für M6-Cu2-Schraube und $\mu_G = 0{,}10$ ist $F_{sp} = (340/400) \cdot 6{,}1 \cdot 10^3 \approx 5{,}2 \cdot 10^3$ N.

Vorteile der K-Methode gegenüber bisheriger Anziehdrehmoment-Bestimmung

- Berücksichtigung von verschiedenen Reibbeiwerten μ_K und μ_G ohne großen Aufwand möglich.

Dadurch sicherere Auslegung bzw. größere minimale Montage-Spannkraft erzielbar (Beispiel unten mit $\mu_{ges} = \mu_K$ gerechnet, ergibt unzulässige Erhöhung der max. Spannkraft bis knapp an die Dehngrenze. Würde mit $\mu_{ges} = \mu_G$ gerechnet, wären die Anziehdrehmomente kleiner und die minimale Spannkraft nur 68 % von 14800 N).

- Um die in Tabelle 3 aufgeführten Werte als μ_{ges}-Werte anzugeben, wären umfangreiche Tabellenwerke erforderlich. Die Tabelle 3 beansprucht nur einen Bruchteil davon.
- Die K-Methode dient der genauen Festlegung der Anziehdrehmomente beim Anziehen mit Drehmomentschlüsseln und ist ein vorteilhafter Ersatz für bisherige Tabellen bzw. etwas unübersichtliche Diagramme.
- Mit streckgrenz- oder winkelgesteuertem Anziehen werden nach wie vor noch bessere Ausnutzungsgrade von Verschraubungen erzielt, siehe S. 234.

Bestimmung der Spannkräfte und Anziehdrehmomente

Die maximal erreichbare Montage-Spannkraft $F_{sp\,max}$ wird mit dem kleinsten Gewindereibbeiwert μ_G und Tabelle 5 bestimmt. (Von dem in den Schraubenschaft eingeleiteten Drehmoment wird der größte Teil zur Überwindung der Gewindereibung verbraucht, und nur der Rest wandelt sich gemäß der Gewindesteigung in Spannkraft um; beim Größtwert dieses Drehmoments und dem kleinsten μ_G darf die max. zulässige Spannkraft nicht überschritten werden.)

Das max. zulässige Montage-Anziehdrehmoment $M_{sp\,max}$ wird mit dem K-Wert aus den niedrigsten Werten für μ_K und μ_G berechnet (denn beim Zusammentreffen des größten Anziehdrehmomentes mit den kleinsten Reibbeiwerten darf die max. zulässige Spannkraft nicht überschritten werden).

$$M_{sp\,max} = K_{min} \cdot F_{sp\,max} \cdot d$$

Das kleinste Montage-Anziehdrehmoment $M_{sp\,min}$ ergibt sich aus der Güte des Anziehverfahrens bzw. der verwendeten Geräte. Bei guten Schraubern bzw. aufmerksamem Anziehen von Hand mit Drehmomentschlüsseln ist eine Streuung von ±10 % des Nennmoments üblich. Damit wird das kleinste Montage-Anziehdrehmoment

$$M_{sp\,min} \approx 0{,}8 \cdot M_{sp\,max}$$

Die möglicherweise auftretende kleinste Montage-Spannkraft $F_{sp\,min}$ wird mit dem K-Wert aus den beiden höchsten Reibbeiwerten μ_K und μ_G dann

$$F_{sp\,min} = M_{sp\,min}/(K_{max} \cdot d)$$

***Beispiel:** Eine M10-8.8-Schraube (gepreßt und gerollt, phosphatiert) verspannt ein geschliffenes Stahlteil auf einem AlMg-Gehäuse mit Gewinde-Sacklöchern; die Teile sind leicht geölt.*

Aus Tabelle 1: μ_K = 0,16 . . . 0,22

μ_G = 0,08 . . . 0,20 ⟶ mit μ_G = 0,08 wird nach Tabelle 3: $F_{sp\,max}$ = 29500 N

Aus Tabelle 2: K_{min} = 0,176 | K_{max} = 0,280

⟶ $M_{sp\,max}$ = 0,176 · 29500 · 0,010 = 51,9 N·m

$M_{sp\,min}$ = 0,8 · $M_{sp\,max}$ = 41,5 N·m

⟶ $F_{sp\,min}$ = 41,5/(0,280 · 0,010) = 14800 N

dabei d (in m)

Gewinde (Auswahl)

Metrisches ISO-Gewinde

(DIN 13); Nennmaße

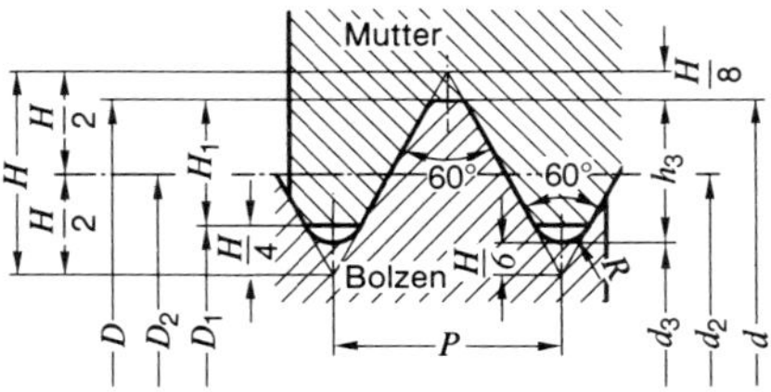

Metrisches Regelgewinde

Bezeichnungsbeispiel: M8 (Gewinde-Nenn-∅ 8 mm)

Gewinde-Nenn-∅ $d = D$	Steigung P	Flanken-∅ $d_2 = D_2$	Kern-∅ d_3	Kern-∅ D_1	Gewindetiefe h_3	Gewindetiefe H_1	Spannungsquerschnitt A_s in mm²
3	0,5	2,675	2,387	2,459	0,307	0,271	5,03
4	0,7	3,545	3,141	3,242	0,429	0,379	8,78
5	0,8	4,480	4,019	4,134	0,491	0,433	14,2
6	1	5,350	4,773	4,917	0,631	0,541	20,1
8	1,25	7,188	6,466	6,647	0,767	0,677	36,6
10	1,5	9,026	8,160	8,376	0,920	0,812	58,0
12	1,75	10,863	9,853	10,106	1,074	0,947	84,3
16	2	14,701	13,546	13,835	1,227	1,083	157
20	2,5	18,376	16,933	17,294	1,534	1,353	245
24	3	22,051	20,319	20,752	1,840	1,624	353

Metrisches Feingewinde

Bezeichnungsbeispiel: M8 × 1 (Gewinde-Nenn-∅ 8 mm und Steigung 1 mm)

Gewinde-Nenn-∅ $d = D$	Steigung P	Flanken-∅ $d_2 = D_2$	Kern-∅ d_3	Kern-∅ D_1	Gewindetiefe h_3	Gewindetiefe H_1	Spannungsquerschnitt A_s in mm²
8	1	7,350	6,773	6,917	0,613	0,541	39,2
10	1,25	9,188	8,466	8,647	0,767	0,677	61,2
10	1	9,350	8,773	8,917	0,613	0,541	64,5
12	1,5	11,026	10,160	10,376	0,920	0,812	88,1
12	1,25	11,188	10,466	10,647	0,767	0,677	92,1
16	1,5	15,026	14,160	14,376	0,920	0,812	167
18	1,5	17,026	16,160	16,376	0,920	0,812	216
20	2	18,701	17,546	17,835	1,227	1,083	258
20	1,5	19,026	18,160	18,376	0,920	0,812	272
22	1,5	21,026	20,160	20,376	0,920	0,812	333
24	2	22,701	21,546	21,835	1,227	1,083	384
24	1,5	23,026	22,160	22,376	0,920	0,812	401

UST-Gewinde (Unified Screw Thread); Nennmaße

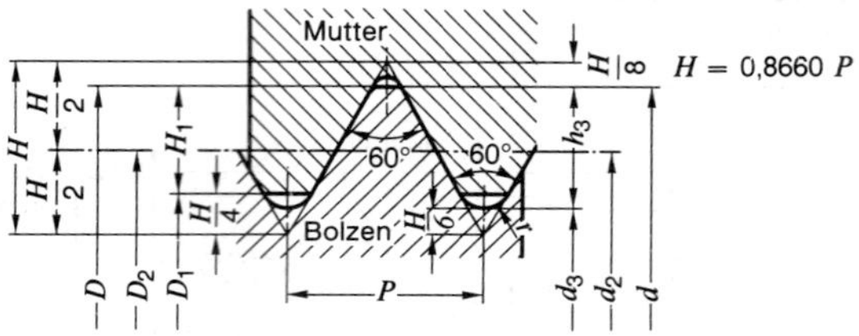

UNC (Grobgewinde)

Bezeichnungsbeispiel: 1/4-20 UNC (Gewinde-Nenn-∅ 1/4 inch und 20 Gänge/inch)

Gewinde-Nenn-∅ inch	Gewinde-Außen-∅ $d = D$ mm	Gangzahl auf 1 inch	Steigung P mm	Flanken-∅ $d_2 = D_2$ mm	Kern-∅ d_3 mm	Kern-∅ D_1 mm	Spannungs-Querschnitt A_s mm²
1/4	6,35	20	1,270	5,524	4,793	4,976	20,5
5/16	7,94	18	1,411	7,021	6,205	6,411	33,8
3/8	9,53	16	1,588	8,494	7,577	7,805	50,0
7/16	11,11	14	1,814	9,934	8,887	9,149	68,6
1/2	12,70	13	1,954	11,430	10,302	10,584	91,5
9/16	14,29	12	2,117	12,913	11,692	11,996	117
5/8	15,88	11	2,309	14,376	13,043	13,376	146
3/4	19,05	10	2,540	17,399	15,933	16,299	215
7/8	22,23	9	2,822	20,391	18,763	19,169	298
1	25,40	8	3,175	23,338	21,504	21,963	391

UNF (Feingewinde)

Bezeichnungsbeispiel: 1/4-28 UNF (Gewinde-Nenn-∅ 1/4 inch und 28 Gänge/inch)

Gewinde-Nenn-∅ inch	Gewinde-Außen-∅ $d = D$ mm	Gangzahl auf 1 inch	Steigung P mm	Flanken-∅ $d_2 = D_2$ mm	Kern-∅ d_3 mm	Kern-∅ D_1 mm	Spannungs-Querschnitt A_s mm²
1/4	6,35	28	0,907	5,761	5,237	5,367	23,5
5/16	7,94	24	1,058	7,249	6,640	6,792	37,4
3/8[1])	9,53	24	1,058	8,837	8,227	8,379	56,6
7/16	11,11	20	1,270	10,287	9,555	9,738	76,6
1/2[1])	12,70	20	1,270	11,874	11,143	11,326	103
9/16	14,29	18	1,411	13,371	12,555	12,761	131
5/8	15,88	18	1,411	14,958	14,143	14,348	165
3/4	19,05	16	1,588	18,019	17,102	17,330	241
7/8	22,23	14	1,814	21,046	20,000	20,262	328
1	25,40	12	2,117	24,026	22,804	23,109	428

[1]) Diese amerikanischen Gewinde werden u. a. auch als Aufnahmegewinde für Bohrfutter verwendet.

Rohrgewinde für nicht im Gewinde dichtende Verbindungen

(DIN ISO 228, Teil 1); zylindrisches Innen- und Außengewinde; Nennmaße

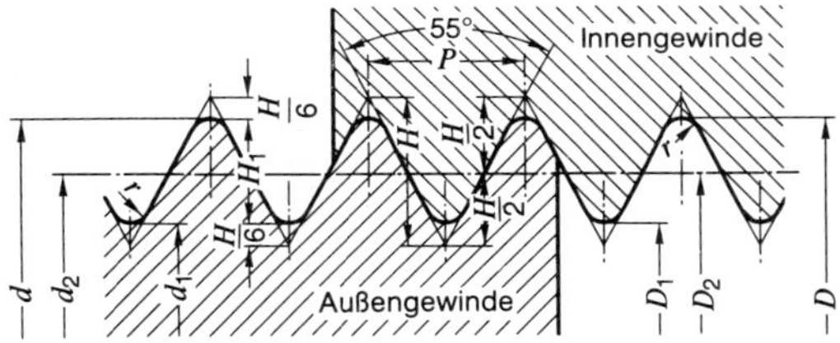

Bezeichnungsbeispiel: G 1/2 (Gewinde-Nenngröße 1/2)

Gewinde-Nenngröße	Gangzahl auf 25,4 mm	Steigung P mm	Gewindetiefe h mm	Außendurchmesser d mm	Flankendurchmesser d_2 mm	Kerndurchmesser d_1 mm
1/4	19	1,337	0,856	13,157	12,301	11,445
3/8	19	1,337	0,856	16,662	15,806	14,950
1/2	14	1,814	1,162	20,955	19,793	18,631
3/4	14	1,814	1,162	26,441	25,279	24,117
1	11	2,309	1,479	33,249	31,770	30,291

Whitworth-Rohrgewinde für Gewinderohre und Fittings

(DIN 2999); zylindrisches Innen- und kegeliges Außengewinde; Nennmaße (in mm)

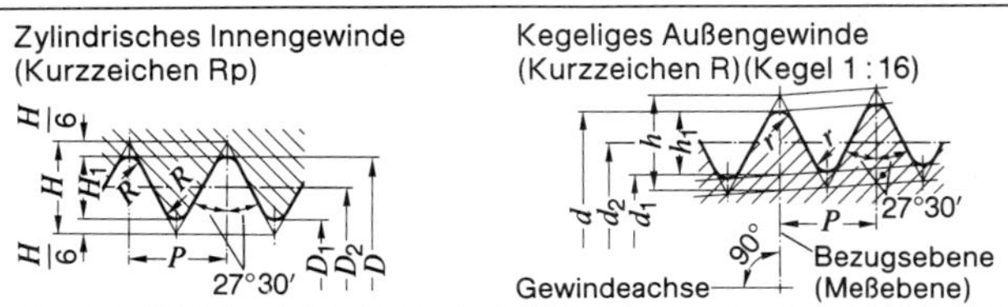

Kurzzeichen		Außendurchmesser	Flankendurchmesser	Kerndurchmesser	Steigung	Gangzahl auf 25,4 mm
Außengewinde	Innengewinde	$d = D$	$d_2 = D_2$	$d_1 = D_1$	P	Z
R 1/4	**Rp 1/4**	13,157	12,301	11,445	1,337	19
R 3/8	**Rp 3/8**	16,662	15,806	14,950	1,337	19
R 1/2	**Rp 1/2**	20,955	19,793	18,631	1,814	14
R 3/4	**Rp 3/4**	26,441	25,279	24,117	1,814	14
R 1	**Rp 1**	33,249	31,770	30,291	2,309	11

Anwendungsgebiete: Verbindungen von zylindrischen Innengewinden an Armaturen, Fittings, Gewindeflanschen usw. mit kegeligen Außengewinden.

Zahnräder und Verzahnungen

(mit evolventischen Flanken)

Größen und Einheiten (DIN 3960)

Größe	Einheit
a Achsabstand	mm
b Zahnbreite	mm
d Teilkreisdurchmesser	mm
d_a Kopfkreisdurchmesser	mm
d_b Grundkreisdurchmesser	mm
d_f Fußkreisdurchmesser	mm
h_a Zahnkopfhöhe	mm
h_f Zahnfußhöhe	mm
m Modul $m = d/z$	mm
n Drehzahl	min^{-1}
p Teilung $p = \pi \cdot m$	mm
s Zahndicke	mm
W Zahnweite	mm
x Profilverschiebungsfaktor	–
z Zähnezahl	–

Größe	Einheit
α Eingriffswinkel	°
β Schrägungswinkel	°
ε Überdeckung	°
Indizes	
1 bezogen auf Rad 1	
2 bezogen auf Rad 2	
a bezogen auf Zahnkopf	
b bezogen auf Grundkreis	
f bezogen auf Zahnfuß	
n bezogen auf Normalschnitt	
t bezogen auf Stirnschnitt	
w bezogen auf Betriebswälzkreis	
F bezogen auf Zahnfuß-beanspruchung	
W bezogen auf Wälzpressung	

Die Form und Art der Zahnräder wird bestimmt durch die Lage der Wellen, die zur Übertragung von Kräften oder Bewegungen durch Zahnräder verbunden werden.

Zykloidenverzahnung: Sie wird hauptsächlich in der Uhrenindustrie verwendet. Sie erlaubt kleine Zähnezahlen ohne Unterschnitt bei kleiner Wälzpressung, ist aber empfindlich gegen Achsabstandsänderungen.

Evolventenverzahnung: Sie ist dagegen unempfindlich gegen Achsabstandsänderungen. Sie läßt sich mit verhältnismäßig einfachen Werkzeugen im Wälzverfahren herstellen. Im Kraftfahrzeugbau ist fast ausschließlich die Evolventenverzahnung üblich. Auf diese beschränken sich auch die folgenden Ausführungen.

Alle Stirnräder mit gleichem Modul (und gleichem Eingriffswinkel) können unabhängig von Zähnezahl und Profilverschiebung mit dem gleichen Wälzwerkzeug hergestellt werden. Um die Zahl dieser Werkzeuge und der zur

Einfluß der Profilverschiebung an einem achtzähnigen Rad *(α = 20°).*
1 ohne Profilverschiebung, 2 mit Profilverschiebung

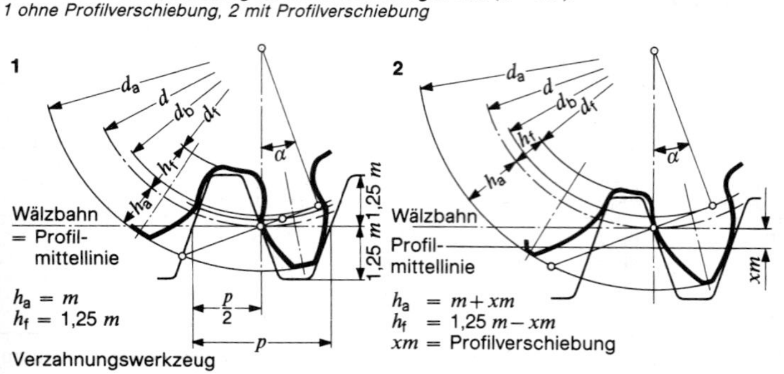

Definitionen

Getriebearten

Lage der Wellen	Getriebeart	Eigenschaften	Anwendungsbeispiele aus dem Kraftfahrzeugbau
parallel	Außen- oder Innenstirnradgetriebe mit Gerad- oder Schrägverzahnung	Schrägverzahnung laufruhiger, jedoch Axialschub	Gangschaltgetriebe
sich schneidend	Kegelradgetriebe mit Gerad-, Schräg- oder Bogenverzahnung		Ausgleichsgetriebe
sich kreuzend	Versetzte Kegelradgetriebe mit Schräg- oder Bogenverzahnung		Hinterachsantrieb
	Schraubenradgetriebe	für kleine Leistungen	Zündverteilerantrieb
	Schneckengetriebe	große Übersetzungen in einer Stufe	Scheibenwischergetriebe
gleichachsig	Zahnwelle und Zahnnabe	verschiebbare Wellenverbindung	Starter
	Steilgewindewelle und -nabe		

Verzahnungsprüfung notwendigen Lehrzahnräder zu beschränken, ist eine Reihe von Moduln genormt:

Modul für Stirn- und Kegelräder DIN 780 (s. Tabelle auf S. 245), Modul für Schnecken und Schneckenräder DIN 780, Modul für Zahnwellen und Zahnnaben DIN 5480 (DIN 5482).

Der Modul im Normalschnitt für Schraubenräder wird in den meisten Fällen auch nach DIN 780 gewählt. Für bogenverzahnte Kegelräder wird meist eine dem Herstellungsverfahren angepaßte Modulreihe verwendet.

Zahnform

Bezugsprofil für Stirnräder DIN 867, DIN 58400, Bezugsprofil für Kegelräder DIN 3971, Bezugsprofil für Schnecken und Schneckenräder DIN 3975, Bezugsprofil für Zahnwellen und Zahnnaben DIN 5480 (DIN 5482).

Die Zahnform für Schraubenräder kann ebenfalls nach dem Bezugsprofil DIN 867 ausgeführt werden. Außer den genormten Eingriffswinkeln (20° für Laufgetriebe und 30° für Zahnwellen und -naben) werden auch noch Eingriffswinkel von 12°, 14°30′, 15°, 17°30′, 22°30′ und 25° verwendet.

Profilverschiebung

Profilverschiebung (s. Bild) wird angewendet, um Unterschnitt bei kleinen Zähnezahlen zu vermeiden, um die Zahnfußfestigkeit zu vergrößern, um einen bestimmten Achsabstand zu erreichen.

V-Null-Getriebe

Profilverschiebungen an Ritzel und Rad gleich groß, aber entgegengesetzt. Dadurch ändert sich der Achsabstand nicht. Wird vorzugsweise bei Schraubenrad- und Kegelradgetrieben angewendet.

V-Getriebe

Profilverschiebungen von Ritzel und Rad heben sich nicht auf, deshalb Änderung des Achsabstandes.

Bestimmungsgrößen und Fehler

Erläuterung in folgenden Normen: Stirnräder DIN 3960, DIN 58405, Kegelräder DIN 3971, Schnecken und Schneckenräder DIN 3975.

Grundgleichungen für Stirnräder

Benennung	Geradverzahnung	Schrägverzahnung
Teilkreis-durchmesser	$d = z \cdot m$ Modul m s. S. 242	$d = \dfrac{z \cdot m_n}{\cos\beta}$ Modul m_n s. S. 242
	Bei Innenverzahnung ist z_2 negativ einzusetzen.	
Grundkreis-durchmesser	$d_b = d \cdot \cos\alpha$	$d_b = d \cdot \cos\alpha_t$
Achsabstand, spielfrei (Flankenspiel $j_n = 0$)	$a = m \dfrac{z_1+z_2}{2} \cdot \dfrac{\cos\alpha}{\cos\alpha_w} = \dfrac{d_{b1}+d_{b2}}{2 \cdot \cos\alpha_w}$ nach DIN 867 ist $\alpha = 20°$ α_w aus: $\operatorname{inv}\alpha_w = \dfrac{2\,(x_1+x_2)\tan\alpha}{z_1+z_2} + \operatorname{inv}\alpha$	$a = m_t \dfrac{z_1+z_2}{2} \cdot \dfrac{\cos\alpha_t}{\cos\alpha_{wt}} = \dfrac{d_{b1}+d_{b2}}{2 \cdot \cos\alpha_{wt}}$ $m_t = \dfrac{m_n}{\cos\beta}$ $\tan\alpha_t = \dfrac{\tan\alpha_n}{\cos\beta}$ $\operatorname{inv}\alpha_{wt} = \dfrac{2\,(x_1+x_2)\tan\alpha_n}{z_1+z_2} + \operatorname{inv}\alpha_t$
Involute	$\operatorname{inv}\alpha = \tan\alpha - \hat{\alpha}$ s. a. Tabellenbücher,	für $\alpha = 20°$ ist $\operatorname{inv}\alpha = 0{,}014904$
Wälzkreis-durchmesser	$d_w = d_b/\cos\alpha_w$	$d_w = d_b/\cos\alpha_{wt}$
Fußkreis-durchmesser	$d_f = d + 2xm - 2h_{a0}^* \cdot m$	$d_f = d + 2xm_n - 2h_{a0}^* \cdot m_n$
	bei Werkzeugkopfhöhe $h_{a0}^* \cdot m$ ($h_{a0}^* = 1{,}167$ oder $1{,}25$)	
Kopfkreis-durchmesser	$d_{a1} = 2a - d_{f2} - 2\,(h_{a0}^* - 1)\,m$ $d_{a2} = 2a - d_{f1} - 2\,(h_{a0}^* - 1)\,m$	$d_{a1} = 2a - d_{f2} - 2\,(h_{a0}^* - 1)\,m_n$ $d_{a2} = 2a - d_{f1} - 2\,(h_{a0}^* - 1)\,m_n$
	bei Werkzeugkopfhöhe $h_{a0}^* \cdot m$ ($h_{a0}^* = 1{,}167$ oder $1{,}25$)	
Zahndicke im Teilkreis (Bogenmaß)	$s = m\,(\pi/2 + 2x \cdot \tan\alpha)$	Normalschnitt $s_n = m_n\,(\pi/2 + 2x\tan\alpha_n)$ Stirnschnitt $s_t = s_n/\cos\beta = m_t\,(\pi/2 + 2 \cdot x \cdot \tan\alpha_n)$
Ideelle Zähnezahl	$z_i = z$	$z_i = z\,\dfrac{\operatorname{inv}\alpha_t}{\operatorname{inv}\alpha_n}$
Meß-zähnezahl	$z' \approx z_i \dfrac{\alpha_{nx}}{180} + 0{,}5$ α_{nx} aus $\cos\alpha_{nx} \approx \dfrac{z_i}{z_i+2x}\cos\alpha_n$ für z' nächstliegende ganze Zahl wählen	
Zahnweite über z' Zähne	$W = [(z'-0{,}5)\,\pi + z_i \operatorname{inv}\alpha_n]\,m_n \cos\alpha_n + x m_n \cdot 2 \cdot \sin\alpha_n$ für $\alpha_n = 20°$ ist $W = [(z'-0{,}5) \cdot 2{,}95213 + z_i \cdot 0{,}01401]\,m_n + x m_n \cdot 0{,}68404$	
Profilüber-deckung für Räder ohne Berücksichtigung des Unterschnitts	$\varepsilon_\alpha = \dfrac{\sqrt{d_{a1}^2 - d_{b1}^2} + \dfrac{z_2}{\lvert z_2\rvert}\sqrt{d_{a2}^2 - d_{b2}^2} - (d_{b1}+d_{b2})\tan\alpha_w}{2 \cdot \pi \cdot m \cdot \cos\alpha}$ (Geradverzahnung) $\varepsilon_\alpha = \dfrac{\sqrt{d_{a1}^2 - d_{b1}^2} + \dfrac{z_2}{\lvert z_2\rvert}\sqrt{d_{a2}^2 - d_{b2}^2} - (d_{b1}+d_{b2})\tan\alpha_{wt}}{2 \cdot \pi \cdot m_t \cdot \cos\alpha_t}$ (Schrägverzahnung)	
Sprungüber-deckung	–	$\varepsilon_\beta = \dfrac{b \cdot \sin\lvert\beta\rvert}{m_n \cdot \pi}$
Gesamtüber-deckung	$\varepsilon_\gamma = \varepsilon_\alpha > 1$	$\varepsilon_\gamma = \varepsilon_\alpha + \varepsilon_\beta$
	Bedingung: $\varepsilon_\gamma > 1$ bei $d_{a\,min}$ und a_{max}	

Die vorstehenden Formeln ergeben ein flankenspielfreies Getriebe. Die zur Flankenspielerzeugung notwendigen Abmaße für Zahndicke bzw. Zahnweite können nach DIN 3963, DIN 3967, DIN 58405 unter Berücksichtigung der Qualität der Zahnräder festgelegt werden. Dabei ist darauf zu achten, daß das Kleinstflankenspiel so groß bemessen ist, daß Verzahnungsfehler (wie Wälzfehler, Flankenrichtungsfehler, Achsabstandsfehler usw.) aufgefangen werden können, ohne daß das Flankenspiel gleich Null wird oder gar Klemmen eintritt. Darüber hinaus müssen noch die zulässigen Werte für (Zweiflanken-) Wälzfehler nach DIN 3963, DIN 3967, DIN 58405, (Zweiflanken-)Wälzsprung nach DIN 3963, DIN 3967, DIN 58405, Flankenrichtungsfehler nach DIN 3963, DIN 3967, DIN 58405, Achsabstandsabmaß nach DIN 3964, DIN 58405 festgelegt werden.

Modulreihe für Stirn- und Kegelräder in mm (Auszug aus DIN 780)

0,3	**1**	**3**	**10**	**32**
0,35	1,125	3,5	11	36
0,4	**1,25**	**4**	**12**	**40**
0,45	1,375	4,5	14	45
0,5	**1,5**	**5**	**16**	**50**
0,55	1,75	5,5	18	55
0,6	**2**	**6**	**20**	**60**
0,65	2,25	7	22	70
0,7	**2,5**	**8**	**25**	
0,75	2,75	9	28	
0,8				
0,85				
0,9				
0,95				

Fettgedruckte Moduln bevorzugen.

DIN-Zahnradqualitäten (DIN 3961 bis DIN 3964)

Qualität	Verwendungsbeispiele	Herstellung
2	Urlehrzahnräder.	Formschleifen (50 ... 60% Ausschuß).
3	Lehrzahnräder für den Meßraum.	Form- und Wälzschleifen.
4	Lehrzahnräder für den Betrieb, Meßgetriebe.	
5	Getriebe von Werkzeugmaschinen, Turbinen, Meßgeräten.	
6	wie 5, ferner obere Gänge von Pkw- und Omnibusgetrieben.	
7	Getriebe von Kraftfahrzeugen (obere Gänge), Werkzeugmaschinen, Schienenfahrzeuge, Hebe- und Fördermitteln, Turbinen, Büromaschinen.	nicht gehärtete Räder (bei genügender Sorgfalt) durch Walzfräsen, -stoßen, -hobeln (nachfolgendes Schaben ist zweckmäßig); bei gehärteten Rädern ist zusätzliches Schleifen notwendig.
8 und 9	Getriebe von Kraftfahrzeugen (mittlere und untere Gänge), Schienenfahrzeugen, Werkzeug- und Büromaschinen.	Walzfräsen, -stoßen, -hobeln (nicht geschliffene gehärtete Räder).
10	Getriebe von Ackerschleppern, Landmaschinen, untergeordnete Getriebe des allgemeinen Maschinenbaus, Hebezeuge.	alle gebräuchlichen Verfahren anwendbar, auch Fließpressen und Sintern, bei Kunststoffrädern Spritzen.
11 und 12	allgemeiner Landmaschinenbau.	

Profilverschiebungsfaktor x

für Geradverzahnung, $\alpha = 20°$, Bezugsprofil I DIN 3972 ($h_{fP} = 1{,}167 \cdot m$)

1	2	3	4
Zähnezahl z, bei Schrägverzahnung z_i	Zahn unterschnittfrei, wenn $x \geq$	Kopfdicke $0{,}2 \cdot m$, wenn $x \approx$	Zahn spitz, wenn $x \geq$
7	+0,47	–	+0,49
8	+0,45	–	+0,56
9	+0,4	+0,4	+0,63
10	+0,35	+0,45	+0,70
11	+0,3	+0,5	+0,76
12	+0,25	+0,56	+0,82
13	+0,2	+0,62	+0,87
14	+0,15	+0,68	+0,93
15	+0,1	+0,72	+0,98
16	0	+0,76	+1,03

Wird Profilverschiebung angewendet zur Erhöhung der Festigkeit, zum Einhalten eines bestimmten Achsabstands usw., so darf x nie größer werden als in Spalte 3 (notfalls Spalte 4 bei einsatzgehärteten Rädern, dann aber Kopfkürzung vornehmen) angegeben, und nie kleiner als in Spalte 2 angegeben, bzw. bei größeren Zähnezahlen nie kleiner als

$x = (16 - z)/17$,

bei Schrägverzahnung $x = (16 - z_i)/17$.

Starterverzahnungen

Das im Maschinenbau übliche, in DIN 3961 festgelegte Zahnradpassungssystem „Einheitsachsabstand", bei dem das benötigte Flankenspiel durch negative Zahndickenabmaße erzeugt wird, läßt sich bei Starterverzahnungen nicht anwenden. Starterverzahnungen brauchen wegen des Einspurvorgangs ein wesentlich größeres Flankenspiel als dauernd im Eingriff stehende Zahnräder. Dieses wird zweckmäßigerweise durch Vergrößern des Achsabstands erzeugt.

Das zum Starten notwendige große Drehmoment erfordert ein hohes Übersetzungsverhältnis (i = 10 bis 20). Damit ist eine kleine Zähnezahl des Starterritzels verbunden (z = 9, 10, 11). Das Ritzel weist meist eine positive Profilverschiebung auf. Im Ausland wird bei Pitch-Verzahnungen diese Profilverschiebung durch folgende Schreibweise ausgedrückt: Zähnezahl z. B. = 9/10.

Das bedeutet, daß auf einem Radkörper mit einem Durchmesser für 10 Zähne nur 9 Zähne geschnitten werden, was einem Profilverschiebungsfaktor von +0,5 entspricht; geringfügige Abweichungen von $x = +0{,}5$ sind dabei durchaus üblich, dies ändert an der Schreibweise Zähnezahl = 9/10 nichts. (Nicht zu verwechseln mit Schreibweise P 8/10, siehe unten und nächste Seite.)

Gebräuchliche Starterverzahnungen

Modul m mm	Diametral Pitch P 1/inch	Eingriffswinkel des Bezugsprofils	Öffentliche Norm
2,1167	12/14	12°	SAE J 543 c
2,5	–	15°	DIN 72463, zurückgezogen
2,54	10/12	20°	SAE, BNA, SMMT
3	–	15°	DIN 72463, zurückgezogen
3,175	8/10	20°	SAE, BNA, SMMT
3,5	–	15°	–
4,233	6/8	20°	SAE, BNA 84

Eine ISO-Norm über Starterverzahnungen ist in Beratung, s. a. Entwurf ISO/DIS 8123 vom 14. 4. 1983.

Amerikanische Zahnräder

An Stelle des Moduls ist die Zahl der Zähne auf 1 inch Teilkreisdurchmesser = Diametral Pitch (P) der Normung zugrunde gelegt.

$P = z/d$

Für die Umrechnung gilt
Modul m = 25,4 mm/P

Die Zahnteilung im Teilkreis wird mit Circular Pitch (CP) bezeichnet:

$$CP = \frac{1\ \text{inch}}{P} \cdot \pi$$

Teilung t = 25,4 mm · CP

Normalzähne (full-depth teeth)
haben Zahnkopfhöhe $h_a = m$ wie deutsche Norm, dagegen oft eine etwas abweichende Zahnfußtiefe.

Stumpfzähne (stub teeth)
Die Formeln sind dieselben wie bei Normalzähnen, für die Berechnung der Zahnhöhe wird aber ein anderer Modul zugrunde gelegt als für die übrigen Abmessungen. Schreibweise (Beispiel)

$P5/7$ —— $P7$ für Berechnung der Zahnhöhe
└—— $P5$ für Berechnung aller anderen Abmessungen

Begriffe mit Umrechnung:

Outside Diameter:

$OD = d_a$
d_a Kopfkreisdurchmesser

Pitch Diameter:

$PD = z/P = d$ in inch
d Teilkreisdurchmesser

Root Diameter:

$RD = d_f$
d_f Fußkreisdurchmesser

Layout Diameter:

$LD = (z+2x)/P$ in inch
$LD = (z+2x) \cdot m$ in mm
$LD \approx d_w$
d_w Wälzkreisdurchmesser

Measurement over D_M-pins:

M_d = Rollenmaß über D_M-Rollen

Rückrechnung Profilverschiebungsfaktor x aus Zahnweite W_k über k Zähne:

$$x = \frac{(W/m_n) - [(k-0{,}5)\cdot\pi + z_i \cdot \mathrm{inv}\,\alpha_n] \cdot \cos\alpha_n}{2 \cdot \sin\alpha_n}$$

Diametral Pitches P und daraus errechnete Moduln

Diametral Pitch P 1/inch	entspricht Modul m mm
20	1,27000
18	1,41111
16	1,58750
14	1,81429
12	2,11667
11	2,30909
10	2,54000
9	2,82222
8	3,17500
7	3,62857

Diametral Pitch P 1/inch	entspricht Modul m mm
6	4,23333
5,5	4,61818
5	5,08000
4,5	5,64444
4	6,35000
3,5	7,25714
3	8,46667
2,75	9,23636
2,5	10,16000
2,25	11,28889

Diametral Pitch P 1/inch	entspricht Modul m mm
2	12,70000
1,75	14,51429
1,5	16,93333
1,25	20,32000
1	25,40000
0,875	29,02857
0,75	33,86667
0,625	40,64000
0,5	50,80000

Tragfähigkeitsberechnung

Da DIN 3990 Bl. 1 ... 10 „Tragfähigkeitsberechnung von Gerad- und Schrägstirnrädern" z. Z. noch Entwurf ist und u. a. die zulässigen Werkstoffwerte fehlen, wird die nachfolgende Rechnungsweise als Überschlagsrechnung beibehalten. Sie gilt für eine einfache Radpaarung mit 2 Zahnrädern als Standgetriebe.
In den nachstehenden Formeln sind die Größen in folgenden Einheiten einzusetzen:

Größe		Einheit
P	Leistung	kW
P_{PS}	Leistung	PS
M	Drehmoment	N · m
n	Drehzahl	min^{-1}
F	Umfangskraft	N
u	Zähnezahlverhältnis	–

Größe		Einheit
φ	Lebensdauerfaktor	–
HB	Brinellhärte	
HRC	Rockwellhärte	
b_N	nutzbare Zahnbreite	mm
k	Wälzpressung	N/mm^2
L_h	Lebensdauer	h

Leistung	$P = 0{,}736 \cdot P_{PS}$ $= M \cdot n/9549{,}3$ $= F_t \cdot d \cdot n/(19{,}1 \cdot 10^6)$	
Umfangskraft im Wälzkreis	$F_{tw} = 2000 \cdot M/d_w = 19{,}1 \cdot 10^6 \cdot P/(d_w \cdot n)$	
im Teilkreis	$F_t = 2000 \cdot M/d = 19{,}1 \cdot 10^6 \cdot P/(d \cdot n)$	
Zähnezahlverhältnis	$u = z_2/z_1 = n_1/n_2$	bei Hohlradpaarungen $u < -1$
Lebensdauerfaktor	$\varphi = \sqrt[6]{5000/L_h}$	oder aus Tabelle S. 249
Wälzpressung für das kleine Rad	$k_{zul.} = \dfrac{(HB)^2}{2560 \cdot \sqrt[6]{n}} = \dfrac{(HRC)^2}{23{,}1 \cdot \sqrt[6]{n}}$	oder aus Tabelle S. 249
Geradverzahnung	$k_{IST} = \dfrac{F_{tw}}{b_N \cdot d_{w1}} \cdot \dfrac{4\,(u+1)}{u \cdot \sin 2\alpha_w}$	
Schrägverzahnung	$k_{IST} = \dfrac{F_{tw}}{b_N \cdot d_{w1}} \cdot \dfrac{4\,(u+1) \cdot \cos^2\beta}{u \sin 2\alpha_{wt}}$	$\cos^2\beta$ nur bei vollem Tragbild, sonst $= 1$
Sicherheit gegen Grübchenbildung	$S_w = \varphi \cdot k_{zul}/k_{IST} \geq 1$	

Sicherheit gegen Grübchenbildung und Verschleiß infolge zu hoher Wälzpressung ist vorhanden, wenn die Gleichungen für S_w für das kleinere Rad (Rad 1) einen Wert gleich oder größer als 1 ergeben. Bei Räderpaarungen mit $z_1 < 20$ wegen der größeren Wälzpressung am inneren Einzeleingriffspunkt $S_w \geq 1{,}2 \ldots 1{,}5$ wählen. Da die Wälzpressung k für Rad und Gegenrad gleich groß ist, kann für Rad 2 aus Tabelle für k_{zul} ein Werkstoff gewählt werden, der bei Drehzahl n_2 mindestens die gleiche Wälzpressung wie Rad 1 hat.

Die k_{zul}-Werte der Tabelle gelten für den Fall, daß beide Räder aus Stahl sind. Für Guß auf Stahl oder Bronze auf Stahl sind etwa 1,5mal größere Werte anzunehmen, für Guß auf Guß oder Bronze auf Bronze etwa 1,8mal größere. Für das Rad mit nicht gehärteten Oberflächen können 20% höhere k_{zul}-Werte zugelassen werden, wenn es gegen ein Rad mit gehärteten Zahnflanken läuft. Die Tabellenwerte gelten für eine Lebensdauer von 5000 Stunden. Eine andere Lebensdauer wird in der Gleichung Sicherheit S_w durch den Lebensdauerfaktor φ berücksichtigt.

Zulässige Wälzpressung k_{zul} in N/mm² bei Lebensdauer $L_h = 5000$ h.

Härte der Zähne		Drehzahl min^{-1} (bei 1 Lastwechsel je Umdrehung)											
HB	HRC	10	25	50	100	250	500	750	1000	1500	2500	5000	10000
90		2,2	1,9	1,7	1,5	1,3	1,1	1,05	1,0	0,94	0,86	0,77	0,68
100		2,7	2,3	2,0	1,8	1,6	1,4	1,3	1,2	1,15	1,06	0,94	0,84
120		3,8	3,3	2,9	2,6	2,2	2,0	1,9	1,8	1,66	1,53	1,36	1,21
140		5,2	4,5	4,0	3,6	3,0	2,7	2,5	2,4	2,26	2,08	1,85	1,65
170		7,7	6,6	5,9	5,2	4,5	4,0	3,75	3,6	3,34	3,06	2,73	2,43
200		10,7	9,1	8,1	7,3	6,2	5,6	5,2	4,9	4,6	4,24	3,78	3,37
230		14,1	12,1	10,8	9,6	8,2	7,3	6,9	6,5	6,1	5,61	5,0	4,45
260		18,0	15,4	13,8	12,2	10,5	9,4	8,8	8,4	7,8	7,17	6,39	5,69
280		20,9	17,9	16,0	14,2	12,2	10,9	10,2	9,7	9,0	8,31	7,41	6,6
300		24,0	20,6	18,3	16,3	14,0	12,5	11,7	11,1	10,4	9,54	8,5	7,6
330		29,0	24,9	22,2	19,8	17,0	15,1	14,1	13,5	12,6	11,6	10,3	9,2
400		42,6	36,6	32,6	29,0	24,9	22,2	20,7	19,8	18,5	17,0	15,1	13,5
	57	96,0	82,3	73,3	65,3	56,0	49,9	46,7	44,5	41,6	38,2	34,0	30,3
	≥62	112	96,5	86,0	76,6	65,8	58,6	54,8	52,2	48,8	44,8	39,9	35,6

Entsprechende Werkstoffe in Tabelle „Festigkeitswerte" S. 251 wählen.

Lebensdauerfaktor φ

Faktor zum Umrechnen der Tabellenwerte bei Lebensdauer von 5000 Stunden für eine andere Lebensdauer.

Lebensdauer in Betriebsstunden L_h	10	50	150	312	625	1200	2500	5000	10000	40000	80000	150000
Lebensdauerfaktor φ	2,82	2,15	1,79	1,59	1,41	1,27	1,12	1	0,89	0,71	0,63	0,57

Richtlinien für die Wahl der Lebensdauer: vollbelastete Dauergetriebe 40000 ... 150000 Betriebsstunden, nur zeitweise eingeschaltete oder nur zeitweise vollbelastete Getriebe 50 ... 5000 Betriebsstunden.

Berechnung der Zähne auf Biegung bzw. Zahnbruch

Umfangsgeschwindigkeit $v_1 = v_2$ m/s	$v_1 = \frac{\pi \cdot d_1 \cdot n_1}{60\,000}$ d_1 in mm, n_1 in min^{-1}, $\pi = 3{,}1416$	
Geschwindigkeitsfaktor f_v	aus Tabelle S. 250 entnehmen oder berechnen.	
zul. Zahnfußspannung $\sigma_{F\,zul}$ N/mm²	$\sigma_{F\,lim}$ und Y_{NT} aus Tabelle S. 251 entnehmen, Zwischenwerte abschätzen. $\sigma_{F\,zul} = \sigma_{F\,lim} \cdot Y_{NT} \cdot Y_L$ $Y_L = 1$ bei Schwellbeanspruchung. $Y_L = 0{,}7$ bei Wechsellast.	
Zahnformfaktor Y_{Fa}	aus untenstehendem Diagramm entnehmen	
Zahnfußspannung $\sigma_{F\,IST}$ N/mm²	bei Geradverzahnung $\sigma_{F\,IST} = \frac{F_t}{b \cdot m} \cdot \frac{Y_{Fa}}{f_v \cdot \varepsilon_\alpha}$ ε_α s. S. 244 m, m_n, b in mm, F_t in N s. S. 248	bei Schrägverzahnung $\sigma_{F\,IST} = \frac{F_t}{b \cdot m_n} \cdot \frac{Y_{Fa}}{f_v \cdot \varepsilon_\alpha}\left(1 - \frac{\varepsilon_\beta \cdot \beta}{120°}\right)$ wobei $(1 - \varepsilon_\beta \cdot \beta/120°) \geq 0{,}75$ sein muß. ε_β s. S. 244, β in °.
Sicherheit gegen Zahnbruch S_F	$S_F = \sigma_{F\,zul}/\sigma_{F\,IST} \geq 1$	

Sicherheit gegen Zahnbruch ist vorhanden, wenn die Gleichungen für S_F für das kleinere Rad (Rad 1) einen Wert gleich oder größer als 1 ergeben.

Falls für Rad 1 ein besserer Werkstoff als für Rad 2 gewählt wird, so ist die Berechnung auf Biegung auch für Rad 2 durchzuführen.

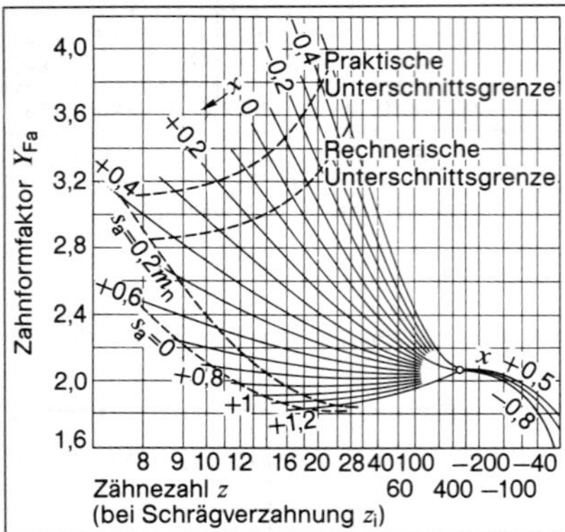

Zahnformfaktor *Y_{Fa} ($\alpha = 20°$) in Abhängigkeit von Zähnezahl z und Profilverschiebungsfaktor x.*
Bei Innenverzahnung ist $Y_{Fa} \leq 2{,}07$ (siehe Diagramm).

$$Y_{Fa} = \frac{6 \cdot h_{Fa} \cdot \cos\alpha_{Fan}/m_n}{(s_{Fn}/m_n)^2 \cdot \cos\alpha_n}$$

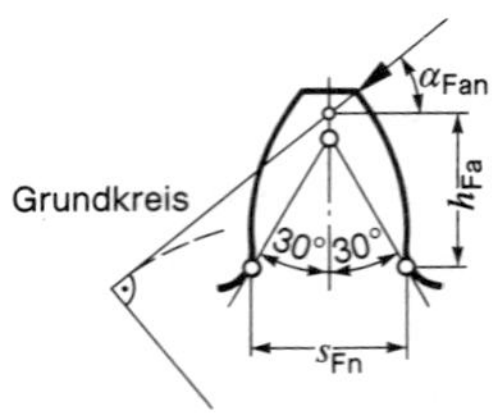

Geschwindigkeitsfaktor f_v

Werkstoffe	Umfangsgeschwindigkeit v m/s 0,25	0,5	1	2	3	5	10	zugrunde gelegte Gleichung
Stahl und andere Metalle	Geschwindigkeitsfaktor f_v 0,96	0,93	0,86	0,75	0,67	0,55	0,38	$f_v = \frac{A}{A + v}$ [1])
Hartgewebe und andere Nichtmetalle	0,85	0,75	0,62	0,5	0,44	0,37	0,32	$f_v = \frac{0{,}75}{1 + v} + 0{,}25$

Zahnrad-Werkstoffe

	Werkstoff	Zustand	Zugfestigk. R_m N/mm² mind.	Biegewechselfestigk. σ_{bw} N/mm² mind.	Härte HB bzw. HRC mind.	Zul. Zahnfußspannung²) $\sigma_{F\,lim}$ N/mm²	Lebensdauerfaktor Y_{NT}³) bei Lastwechselzahl $N_L = L_h \cdot 60 \cdot n$ ≥3·10⁶	10⁶	10⁵	10⁴	10³
Vergütungsstahl	St 60-2, C 45	geglüht vergütet vergütet	590 685 980	255 295 410	170 HB 200 HB 280 HB	160 185 245	1	1,25	1,75	2,5	2,5
	St 70-2, C 60	geglüht vergütet vergütet	685 785 980	295 335 410	200 HB 230 HB 280 HB	185 209 245					
	50 Cr V 4	geglüht vergütet vergütet	685 1130 1370	335 550 665	200 HB 330 HB 400 HB	185 294 344					
	37 Mn Si 5	geglüht vergütet vergütet	590 785 1030	285 355 490	170 HB 230 HB 300 HB	160 200 270					
Einsatzstahl	RSt 34-2, C 15	geglüht ofl'geh.	335 590	175 255	100 HB 57 HRC	110 160	1 1	1,25 1,2	1,75 1,5	2,5 1,9	2,5 2,5
	16 Mn Cr 5	geglüht ofl'geh.	800 1100	– –	150 HB 57 HRC	– 300	– 1	– 1,2	– 1,5	– 1,9	– 2,5
	20 Mn Cr 5	geglüht ofl'geh.	590 1180	275 590	170 HB 57 HRC	172 330	– 1	– 1,2	– 1,5	– 1,9	– 2,5
	18 Cr Ni 8	geglüht ofl'geh.	640 1370	315 590	190 HB 57 HRC	200 370	– 1	– 1,2	– 1,5	– 1,9	– 2,5
Guß	GG-18	–	175		200 HB	50	1	1,1	1,25	1,4	1,6
	GS-52.1	–	510		140 HB	110	1	1,25	1,75	2,5	2,5
	G-SnBz 14	–	195		90 HB	100	1	1,25	1,75	2,5	2,5
Polyamid PA 66 PA 66+30% GF		bei 60°C	– 140	40 43	– –	27 29	1	1,2	1,75	–	–
Hartgewebe fein grob			– –	– –	– –	75 50	1 1	1,15 1,2	1,4 1,6	1,65 2,1	2,0 2,8

Bei den Vergütungsstählen sind für den vergüteten Zustand jeweils zwei Werte angegeben. Bei kleineren Rädern bis etwa Modul 3 kann der größere der beiden Werte vorgeschrieben werden. Bei sehr großen Rädern ist dagegen mit Sicherheit nur der kleinere Wert erreichbar.

---

¹) Werte gelten für $A = 6$ (entspricht mittlerer Verzahnungsqualität). Für gegossene Zahnräder gilt $A = 3$, für Zahnräder höchster Genauigkeit gilt $A = 10$.
²) Für schwellende Beanspruchung bei Dauerfestigkeit von $N_L \geq 3 \cdot 10^6$. Bei wechselnder Beanspruchung (Zwischenräder) Wechselfaktor Y_L berücksichtigen.
³) Im Gebiet der Zeitfestigkeit wird die Zahnfußbiegespannung je nach Lastwechselzahl $N_L = L_h \cdot 60 \cdot n$ mit dem Faktor Y_{NT} multipliziert.

Riementriebe

Kraftschlüssige Riementriebe

Größen und Einheiten

Größe		Einheit
A	Profilquerschnitt	mm^2
F	Anpreßkraft	N
F_1	Trumkraft im Lasttrum	N
F_2	Trumkraft im Leertrum	N
F_F	Fliehkraft des Riemens	N
F_f	Fliehkraft je Trum	N
F_R	Reibungskraft	N
F_u	Umfangskraft	N
F_v	Vorspannkraft	N
F_w	Wellenspannkraft	N
P	geforderte Leistungsübertragung	kW
k_1	Faktor zur Berücksichtigung der Betriebsbedingungen	–
k_2	Faktor für vereinfachte Riemenberechnung	–
υ	Riemengeschwindigkeit	m/s
z	Anzahl der Riemen	–
α	Keilwinkel	°
β	Umschlingungswinkel	°
μ	Reibbeiwert	–
μ'	Keilreibbeiwert	–
ϱ	mittl. Dichte Riemenwerkstoff	g/cm^3

Kraftübertragung

Aus der allgemeinen Reibungsgleichung

$$F_R = \mu \cdot F$$

folgt für Keilriemenscheiben (s. Bild)

$$F_R = \mu \cdot 2 \cdot F'$$

oder $F_R = \mu' \cdot F$

mit $\mu' = \mu / \sin(\alpha/2)$

Grenzbeziehung für den Übergang von Haftreibung in Gleitreibung ist die Eytelweinsche Gleichung:

$$F_1/F_2 = e^{\mu'\beta}$$

mit $\mu' \approx 0{,}5 \pm 0{,}15$

nach Angaben der Keilriemenhersteller

Kräfte am Keilriemen.

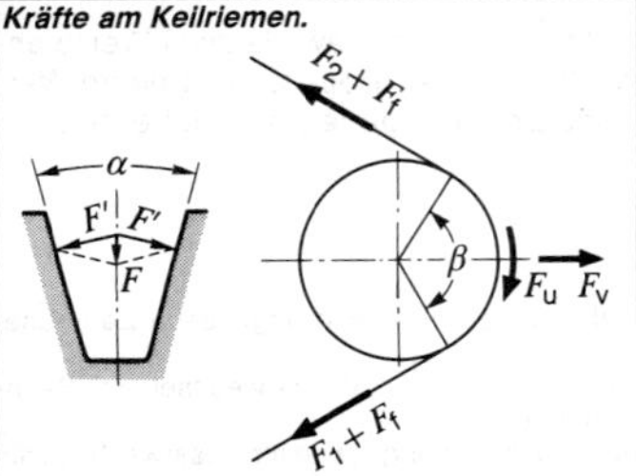

unter Einbeziehung verschiedener Sicherheitsfaktoren.

Solange das Trumkraftverhältnis

$$F_1/F_2 \leq e^{\mu'\beta}$$

ist, rutscht der Riemen bei der Übertragung der Umfangskraft

$$F_u = F_1 - F_2 = P \cdot 1020/\upsilon$$

nicht durch.

Zur Übertragung der Umfangskraft F_u wird die Vorspannkraft F_v benötigt; bei hohen Drehzahlen muß außerdem der Fliehkraftanteil F_F des Riemens berücksichtigt werden.

Die Vorspannkraft ist

$$F_v = F_w + F_F$$

mit $F_w = F_u \cdot (e^{\mu'\beta}+1)/(e^{\mu'\beta}-1)$

$$F_F = 2 \cdot z \cdot F_f \cdot \sin(\beta/2)$$

$$F_f = \varrho \cdot A \cdot \upsilon^2 \cdot 10^{-3}$$

oder vereinfacht

$$F_F = z \cdot k_2 \cdot \upsilon^2 \cdot \sin(\beta/2)$$

In der Praxis genügt zur Berechnung der Vorspannkraft häufig das Näherungsverfahren[1]):

$$F_v = (k_1 \cdot F_u + z \cdot k_2 \cdot \upsilon^2) \cdot \sin(\beta/2)$$

oder bei Antrieben mit 2 Scheiben die Faustformel

$$F_v = (1{,}5 \ldots 2) \cdot F_u$$

Zur Kontrolle der Riemenvorspannung wird die statische Trumkraft je Riemen

$$F_s = F_v / (2z \cdot \sin(\beta/2))$$

mit dem über die Eindrücktiefe ermittelten Wert verglichen.

Bei richtig ausgelegten Trieben liegt der Schlupf unter 1 % und die Keilriemen arbeiten mit einem Wirkungsgrad von 94 ... 97 %. Die Berechnung des Riementriebs erfolgt nach DIN 2218 bzw. nach den von den Riemenherstellern herausgegebenen Unterlagen. Den Leistungswerten der Keilriemen liegt dabei eine theoretische Lebensdauer von 25 000 h zugrunde. Für Lebensdauerberechnungen werden Rechnerprogramme verwendet.

Die Lebensdauer der Keilriemen wird durch Überschreiten der max. zulässigen Riemengeschwindigkeit und Biegefrequenz, Unterschreitung der kleinsten zulässigen Scheibendurchmesser und Anbringung von Spannrollen auf dem Riemenrücken negativ beeinflußt.

[1]) Nach Fa. Continental.

Ermittlung der statischen Trumkraft F_s über die Eindrücktiefe t_e beim Eindrücken mit der Prüfkraft F_e.

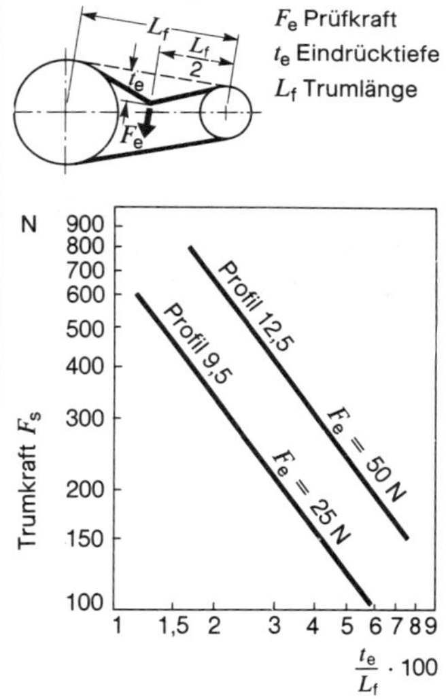

Betriebsbedingungen	Faktor k_1
leichte Antriebe, konstante Belastung	1,3
mittlere Belastung	1,5
schwere Antriebe, Stoßbelastung, häufige Schaltwechsel	2,0

Riemenprofil	Faktor k_2
9,5	0,147
12,5	0,244

Keilriemenarten.
1 ummantelte Normalkeilriemen
2 ummantelter Schmalkeilriemen
3 flankenoffener Schmalkeilriemen

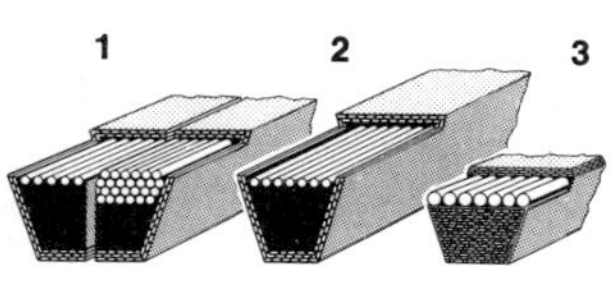

Normalkeilriemen
(klassische Keilriemen)
Nach DIN 2215, für Haushaltsgeräte, Landmaschinen, Schwermaschinenbau. Verhältnis obere Breite zu Höhe: 1,6. Ausführungen mit Kabelcord- und Paketfaden-Zugstrang übertragen wesentlich geringere Leistungen als gleich breite Schmalkeilriemen. Sie sind wegen hoher Zugfestigkeit und Quersteifigkeit für rauhen und stoßhaften Betrieb geeignet. Riemengeschwindigkeit bis 30 m/s und Biegefrequenz bis $40\ s^{-1}$ zulässig. Zugehörige Riemenscheibenmaße s. DIN 2217.

Schmalkeilriemen
Nach DIN 7753 Teil 1, Maschinenbau, Kfz der 1960er und 1970er Baujahre. Verhältnis obere Breite zu Höhe: 1,2. Aus Normalkeilriemen entwickelt durch Weglassen des an der Leistungsübertragung weniger beteiligten mittleren Teils. Höheres Leistungsvermögen als Normalkeilriemen gleicher Breite. Gezahnte Ausführung für geringere Walkarbeit bei Biegung über kleine Scheiben. Riemengeschwindigkeit bis 42 m/s und Biegefrequenz bis $100\ s^{-1}$ zulässig. Zugehörige Riemenscheibenmaße s. DIN 2211.

Flankenoffene Keilriemen
Flankenoffene Normalkeilriemen nach DIN 2215 und flankenoffene Schmalkeilriemen für den Kraftfahrzeugbau nach DIN 7753 Teil 3 (Entwurf). Quer zur Laufrichtung ausgerichtete Fasern im Riemenunterbau ergeben hohe Flexibilität bei gleichzeitig extremer Quersteifigkeit und großer Abriebfestigkeit. Außerdem wird der besonders präparierte Zugstrang sehr gut abgestützt. Damit ergibt sich vor allem bei kleinem Riemenscheibendurchmesser ein höheres Leistungsvermögen und eine höhere Lebensdauer als bei ummantelten Schmalkeilriemen.

Weiterentwicklung
Neueste Entwicklung sind Keilriemen mit Kevlar als Zugstrangmaterial. Kevlar besitzt eine sehr hohe Zugfestigkeit bei sehr geringer Dehnung und eine höhere thermische Beständigkeit.

Keilrippenriemen (Poly-V-Riemen)
Nach DIN 7867 (Entwurf). Sehr flexibel, Riemenscheibenlauf auch auf dem Riemenrücken möglich. Dadurch ist Antrieb mehrerer Aggregate (Generator, Ventilator, Wasserpumpe, Klimakompressor, Lenkhilfpumpe usw.) in einem Trieb mit jeweils ausreichendem Umschlingungswinkel möglich. Von den Profilen H, J, K, L und M findet z. Z. das Profil K Eingang beim Kfz. Kleinere Scheibendurchmesser ($d_{w\,min} \approx 40$ mm) als bei Schmalkeilriemen des Profils SPZ möglich. Für gleiche Leistungsübertragung ist etwa gleiche Vorspannung wie bei Schmalkeilriemen nötig.

***Keilrippenriemen** (Poly-V-Riemen).*

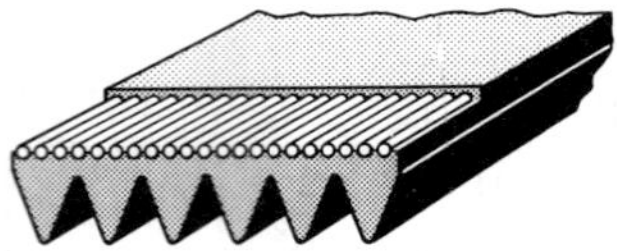

Schmalkeilriemen für Kfz nach DIN 7753 Teil 3
Bezeichnungsbeispiel: Schmalkeilriemen DIN 7753-G 9,5 × 750 La-G
Flankenoffen, gezahnt (G) mit Riemenprofil-Kurzzeichen 9,5 $L_a = 750$ mm.

Schmalkeilriemen		ummantelt (U)		flankenoffen Vollprofil (V)		flankenoffen gezahnt (G)	
Riemenprofil	Kurzzeichen	9,5	12,5	9,5	12,5	9,5	12,5
	ISO-Kurzz.	AV 10	AV 13	–	–	–	–
Obere Riemenbreite	$b_0 \approx$	10	13	10	13	10	13
Riemenhöhe	$h \approx$	8	10	7,5	8,5	8	9
Bezugsliniendifferenz	h_b	1,8	2,6	0,9			
Riemenüberstand	f_{max}	–		2,4			
Bezugslänge	L_a	500 bis 2550: gestuft um 25 mm					

Maße in mm

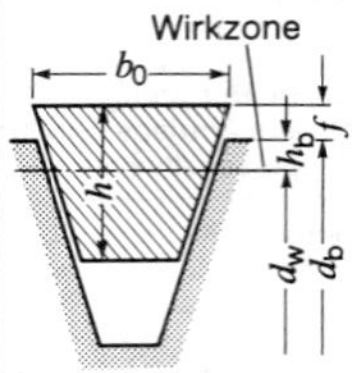

Rillenquerschnitt		9,5		12,5	
	Kurzzeichen	9,5		12,5	
	ISO-Kurzz.	AV 10		AV 13	
Bezugsdurchmesser	d_b	<57	≥57	<70	≥70
Rillenwinkel	$\alpha \pm 0{,}5°$	34	36	34	36
Bezugsbreite	b_b	9,7		12,7	
Rillentiefe	t_{min}	11		13,75	
Rundungsradius	r	0,8			

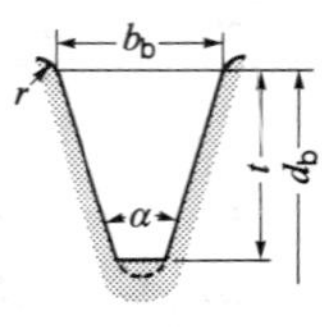

Formschlüssige Riementriebe

Zahnriemen nach DIN/ISO 5296
Anwendung im Kfz als Nockenwellenantrieb und vereinzelt als Zündverteiler-Antrieb.

Zahnriemen mit trapezförmigem oder abgerundetem Zahnprofil verbindet die Vorteile eines Riementriebs (beliebiger Achsabstand, geräuscharmer Lauf, geringe Wartung) mit den Vorteilen der formschlüssigen Kraftübertragung (synchroner Lauf, Schonung der Lager durch geringe Achslast). Zahnriemen müssen auf beiden Seiten geführt werden, um ein Ablaufen zu verhindern. Dafür werden entweder eine Zahnscheibe mit zwei Bordscheiben oder zwei Zahnscheiben mit je einer Bordscheibe wechselseitig verwendet.

Zugehörige Zahnscheibenmaße s. DIN/ISO 5294.

Zahnriemen.
1 mit trapezförmigem Zahnprofil
2 mit abgerundetem Zahnprofil

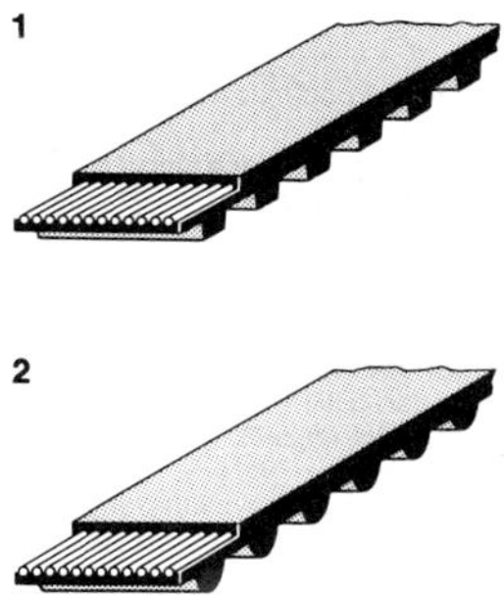

Zahnriemen nach DIN/ISO 5296 und **Zahnscheiben** nach DIN/ISO 5294

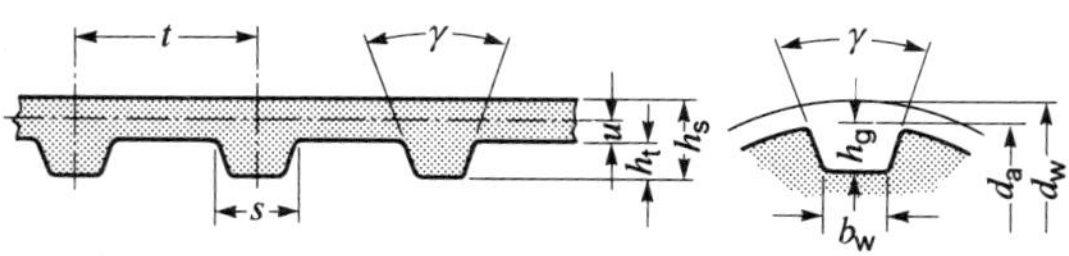

Maße in mm (ohne Toleranzangaben)

Bezeichnung		MXL	XL	L	H	XH	XXH
Zahnteilung	t	2,032	5,080	9,525	12,700	22,225	31,750
Flankenwinkel	γ	40°	50°	40°			
Wirklinienabstand $u = (d_w - d_a)/2$		0,254	0,254	0,381	0,686	1,397	1,524
Riemendicke	h_s	1,14	2,3	3,6	4,3	11,2	15,7
Zahnhöhe	h_t	0,51	1,27	1,9	2,29	6,35	9,53
obere Zahnbreite	s	1,14	2,57	4,65	6,12	12,57	19,05
Zahntiefe	h_g	0,69	1,65	2,67	3,05	7,14	10,31
untere Zahnbreite	b_w	0,84	1,32	3,05	4,19	7,90	12,17

Breitenbezeichnung	012	019	025	031	037	050	075	100	150	200	300	400	500
Riemenbreite	3	4,8	6,4	7,9	9,5	12,7	19,1	25,4	38,1	50,8	76,2	101,6	127,0

Dynamik der Kraftfahrzeuge

Fahrzeuglängsdynamik

Größe		Einheit
A	Größter Querschnitt des Fahrzeugs[1])	m^2
a	Beschleunigung, Verzögerung	m/s^2
c_w	Luftwiderstandszahl	—
F	Antriebskraft	N
F_{cf}	Fliehkraft	N
F_L	Luftwiderstand	N
F_{Ro}	Rollwiderstand	N
F_{St}	Steigungswiderstand	N
F_W	Fahrwiderstand	N
f	Rollwiderstandszahl	—
G	Gewichtskraft $= m \cdot g$	N
G_B	Summe der Radkräfte auf den angetriebenen oder gebremsten Rädern	N
g	Fallbeschleunigung $= 9{,}81\ m/s^2 \approx 10\ m/s^2$	m/s^2
M	Motordrehmoment	N·m

Größe		Einheit
m	Fahrzeugmasse (-gewicht)	kg
n	Motordrehzahl	min^{-1}
P	Leistung	W
P_W	Fahrleistung	W
p	Steigung, Gefälle ($= 100 \tan \alpha$)	%
r	Treibradhalbmesser (dyn. Reifenhalbmesser)	m
s	zurückgelegte Strecke, Weg	m
t	Zeit	s
$\ddot{u}$	Übersetzung zwischen Motor und Antriebsrädern	—
v	Fahrgeschwindigkeit	m/s
v_0	Gegenwindgeschwindigkeit	m/s
W	Arbeit	J
α	Steigungs-, Gefällwinkel	°
μ_r	Haftreibungszahl	—

Weitere Formelzeichen und Einheiten im Text.

Gesamt-Fahrwiderstand

Der Fahrwiderstand berechnet sich zu:

$$F_W = F_{Ro} + F_L + F_{St}$$

Fahrwiderstandsleistung

Die an den Treibrädern zur Überwindung der Fahrwiderstände aufzuwendende Antriebsleistung ist:

$$P_W = F_W \cdot v$$

oder

$$P_W = \frac{F_W \cdot v}{3600}$$

mit P_W in kW, F_W in N, v in km/h.

[1]) Bei Pkw ist $A \approx 0{,}9 \times$ Spurweite $\times$ Höhe.

Fahrwiderstand.

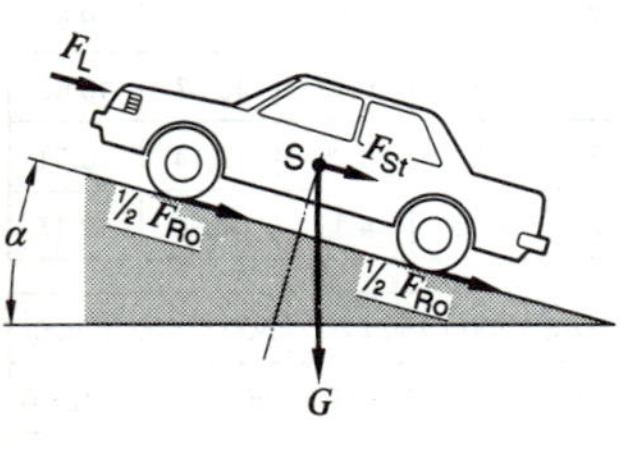

Rollwiderstand

Der Rollwiderstand F_{Ro} entsteht durch Formänderungsarbeit an Rad und Fahrbahn.

$$F_{Ro} = f \cdot G = f \cdot m \cdot g$$

Zur angenäherten Berechnung des Rollwiderstands kann mit den Rollwiderstandszahlen der nachstehenden Tabelle gerechnet werden.

Die Rollwiderstandszahl f ist um so größer, je kleiner der Radhalbmesser und je größer die Formänderung ist. Sie steigt also mit zunehmender Bela-

Straßendecke	Rollwiderstandszahl f
Luftreifen auf	
Großpflaster	0,015
Kleinpflaster	0,015
Beton, Asphalt	0,015
Schotter, gewalzt	0,02
Teermakadam	0,025
Erdweg	0,05
Ackerboden	0,1 ... 0,35
Greiferräder auf	
Ackerboden	0,14 ... 0,24
Kettenschlepper auf	
Ackerboden	0,07 ... 0,12
Rad auf Schiene	0,001 ... 0,002

stung, zunehmender Geschwindigkeit und abnehmendem Reifenluftdruck.

Bei Fahrt in der Kurve vergrößert sich der Rollwiderstand um den Kurvenwiderstand

$F_K = f_K \cdot G$

Die Kurvenwiderstandszahl f_K ist abhängig von der Fahrgeschwindigkeit, vom Kurvenhalbmesser, von der Achskinematik, von der Bereifung, vom Reifenluftdruck und von der Seitenreibzahl.

Rollwiderstand von Gürtelreifen und Diagonalreifen auf glatter, ebener Fahrbahn bei normaler Belastung und vorgeschriebenem Reifenluftdruck.

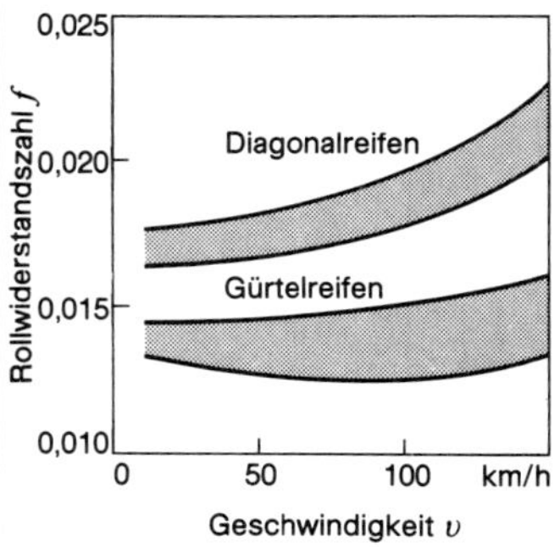

Luftwiderstand

Der Luftwiderstand berechnet sich zu:

$F_L = 0{,}5 \cdot \varrho \cdot c_w \cdot A\,(v + v_0)^2$

Mit v in km/h:

$F_L = 0{,}0386 \cdot \varrho \cdot c_w \cdot A \cdot (v + v_0)^2$

Luftdichte ϱ
(in 200 m Höhe $\varrho = 1{,}202 \text{kg/m}^3$),
Luftwiderstandszahlen c_w s. S. 71 und S. 258.

Luftwiderstandsleistung

$P_L = F_L \cdot v = 0{,}5 \cdot \varrho \cdot c_w \cdot A \cdot v \cdot (v + v_0)^2$

oder

$P_L = 12{,}9 \cdot 10^{-6} \cdot c_w \cdot A \cdot v \cdot (v + v_0)^2$

mit P_L in kW, F_L in N, v und v_0 in km/h, A in m², $\varrho = 1{,}202$ kg/m³.

Bestimmung von Luftwiderstands- und Rollwiderstandszahl durch Versuch

Fahrzeug bei Windstille und ausgeschaltetem Gang auf ebener Straße auslaufen lassen. Bei einer großen Geschwindigkeit v_1 und einer kleinen Geschwindigkeit v_2 werden die mittleren Verzögerungen a_1 und a_2 ermittelt. Rechnungsgang und Beispiel siehe untenstehende Tabelle.

Das Zahlenbeispiel gilt für ein Fahrzeug mit Gewicht $m = 1450$ kg und Querschnitt $A = 2{,}5$ m².

Diese Methode ist für Fahrgeschwindigkeiten unter 100 km/h anwendbar.

	1. Versuch (große Geschwindigkeit)	2. Versuch (kleine Geschwindigkeit)
Anfangsgeschwindigkeit Endgeschwindigkeit Zeit zwischen v_a und v_b	$v_{a1} = 60$ km/h $v_{b1} = 55$ km/h $t_1 = 4$ s	$v_{a2} = 15$ km/h $v_{b2} = 10$ km/h $t_2 = 7{,}6$ s
mittlere Geschwindigkeit	$v_1 = \frac{v_{a1} + v_{b1}}{2} = 57{,}5$ km/h	$v_2 = \frac{v_{a2} + v_{b2}}{2} = 12{,}5$ km/h
mittlere Verzögerung	$a_1 = \frac{v_{a1} - v_{b1}}{t_1} = 1{,}25 \frac{\text{km/h}}{\text{s}}$	$a_2 = \frac{v_{a2} - v_{b2}}{t_2} = 0{,}66 \frac{\text{km/h}}{\text{s}}$
Luftwiderstandszahl	$c_w = \frac{6m \cdot (a_1 - a_2)}{A \cdot (v_1^2 - v_2^2)} = 0{,}65$	
Rollwiderstandszahl	$f = \frac{28{,}2\,(a_2 \cdot v_1^2 - a_1 \cdot v_2^2)}{10^3 \cdot (v_1^2 - v_2^2)} = 0{,}018$	

Luftwiderstandszahlen und Luftwiderstandsleistung verschiedener Fahrzeugbauformen

	Luftwiderstandszahl c_w	Luftwiderstandsleistung in kW, mittlere Werte für $A = 2\,m^2$ und verschiedene Geschwindigkeiten[1]) 40 km/h	80 km/h	120 km/h	160 km/h
 Offenes Kabriolett	0,5 ... 0,7	1	7,9	27	63
 Kastenaufbau	0,5 ... 0,6	0,91	7,2	24	58
 Pontonform	0,4 ... 0,55	0,78	6,3	21	50
 Keilform, Scheinwerfer u. Stoßstangen im Rumpf integriert, Räder abgedeckt, Unterbodenverkleidung, optimierte Kühlluftdurchströmung.	0,3 ... 0,4	0,58	4,6	16	37
 Scheinwerfer und alle Räder im Rumpf; Boden verkleidet	0,2 ... 0,25	0,37	3,0	10	24
 K-Form (kleiner Abreißquerschnitt)	0,23	0,38	3,0	10	24
 Günstige windschnittige Form	0,15 ... 0,20	0,29	2,3	7,8	18
Lastkraftwagen, Lastzüge	0,8 ... 1,5	–	–	–	–
Motorräder	0,6 ... 0,7	–	–	–	–
Omnibusse	0,6 ... 0,7	–	–	–	–
Omnibusse mit Stromlinienform	0,3 ... 0,4	–	–	–	–

[1]) ohne Gegenwind ($v_0 = 0$).

Steigungswiderstand, Gefällekraft

Der Steigungswiderstand (F_{St} mit positivem Vorzeichen) oder die Gefällekraft (F_{St} mit negativem Vorzeichen) errechnen sich zu:

$$F_{St} = G \cdot \sin\alpha$$
$$= m \cdot g \cdot \sin\alpha$$

oder näherungsweise

$$F_{St} \approx 0{,}01 \cdot m \cdot g \cdot p$$

gültig bis etwa $p = 20\,\%$ Steigung (Fehler unter 2 %).

Die Steigungsleistung ergibt sich aus:

$$P_{St} = F_{St} \cdot v$$

Mit P_{St} in kW, F_{St} in N, v in km/h:

$$P_{St} = \frac{F_{St} \cdot v}{3600} = \frac{m \cdot g \cdot v \cdot \sin\alpha}{3600}$$

oder näherungsweise

$$P_{St} \approx \frac{m \cdot g \cdot p \cdot v}{360\,000}$$

gültig bis etwa $p = 20\,\%$ Steigung (Fehler unter 2 %).

Die Steigung ist:

$$p = (h/l) \cdot 100\,\%$$

wobei h die Höhe auf die Strecke l ist. Im anglo-amerikanischen Raum rechnet man mit *Gradient*.

Die Umrechnung ist:

$$Gradient = 1 \text{ in } p/100\,\%$$

Beispiel: 1 in 2, gesprochen „one in two".

Steigungswinkel α	Steigung p %	Steigung *Gradient*	Steigungswiderstand bei m = 1000 kg N

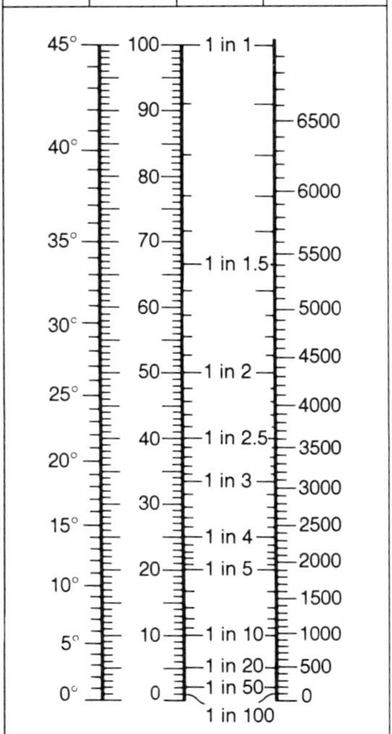

Werte bei m = 1000 kg

Steigungswiderstand F_{St} N	Steigungsleistung P_{St} in kW bei verschiedenen Geschwindigkeiten 20 km/h	30 km/h	40 km/h	50 km/h	60 km/h
6500	36	54	72	–	–
6000	33	50	67	–	–
5500	31	46	61	–	–
5000	28	42	56	69	–
4500	25	37	50	62	–
4000	22	33	44	56	67
3500	19	29	39	49	58
3000	17	25	33	42	50
2500	14	21	28	35	42
2000	11	17	22	28	33
1500	8,3	12	17	21	25
1000	5,6	8,3	11	14	17
500	2,3	4,2	5,6	6,9	8,3
0	0	0	0	0	0

Beispiel: Zur Überwindung einer Steigung von $p = 18\,\%$ werden von einem 1500 kg schweren Fahrzeug etwa 1,5 · 1700 N = 2550 N Antriebskraft und bei $v = 40$ km/h Geschwindigkeit etwa 1,5 · 19 kW = 28,5 kW Steigungsleistung verlangt.

Antriebskraft

Die an den Treibrädern zur Verfügung stehende Antriebskraft F ist um so größer, je größer das Motordrehmoment M, je größer die Gesamtübersetzung $\ddot{u}$ zwischen Motor und Antriebsrädern und je geringer die Übertragungsverluste sind:

$$F = \frac{M \cdot \ddot{u}}{r} \cdot \eta \quad \text{oder} \quad F = \frac{P \cdot \eta}{v}$$

η Wirkungsgrad der Kraftübertragung
(Motorlängseinbau $\eta \approx 0{,}88 \ldots 0{,}92$)
(Motorquereinbau $\eta \approx 0{,}91 \ldots 0{,}95$)

Hydrodynamischer Wandler.
1 Antrieb, 2 Turbine, 3 Pumpe, 4 Leitrad, 5 Freilauf, 6 Abtrieb.

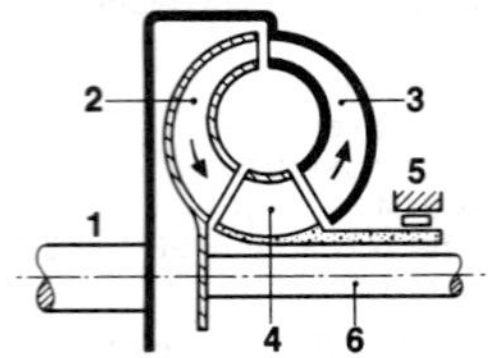

Die Antriebskraft F wird zum Teil zur Überwindung der Fahrwiderstände F_w benötigt. Den mit der Steigung stark zunehmenden Fahrwiderständen wird die Antriebskraft durch größere Übersetzungen stufenweise angepaßt (Wechselgetriebe).

Geschwindigkeit und Motordrehzahl

$$n = \frac{60 \cdot v \cdot \ddot{u}}{2 \cdot \pi \cdot r}$$

oder mit v in km/h:

$$n = \frac{1000 \cdot v \cdot \ddot{u}}{2 \cdot \pi \cdot 60 \cdot r}$$

Beschleunigung

Die Überschußkraft $F - F_W$ beschleunigt das Fahrzeug (oder verzögert es, wenn F_W größer ist als F).

$$a = \frac{F - F_W}{k_m \cdot m} \quad \text{oder} \quad a = \frac{P \cdot \eta - P_W}{v \cdot k_m \cdot m}$$

k_m Massenfaktor, der die scheinbare Vergrößerung der Fahrzeugmasse durch die Drehmassen (Räder, Schwungrad, Kurbelwelle usw.) erfaßt.

Antriebskraft und Geschwindigkeit bei Fahrzeugen mit automatischen Getrieben

Bei automatischen Getrieben mit hydrodynamischem Wandler oder hydrodynamischer Kupplung ist in der Formel für die Antriebskraft an Stelle des Motormomentes M das Moment an der Wandlerturbine und in der Formel für die Motordrehzahl die Drehzahl der Wandlerturbine einzusetzen (s. auch S. 462).

Die Ermittlung des Zusammenhangs $M_{Turb} = f(n_{Turb})$ aus der Motorkennlinie $M_{Mot} = f(n_{Mot})$ erfolgt über die Kennlinien des hydrodynamischen Wandlers.

Ermittlung des Massenfaktors k_m.

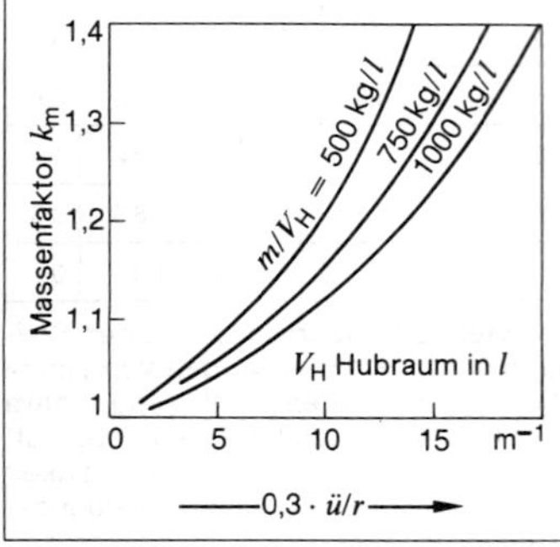

Fahrdiagramm für einen Pkw mit automatischem Getriebe und hydrodynamischem Trilok-Wandler bei Vollast.

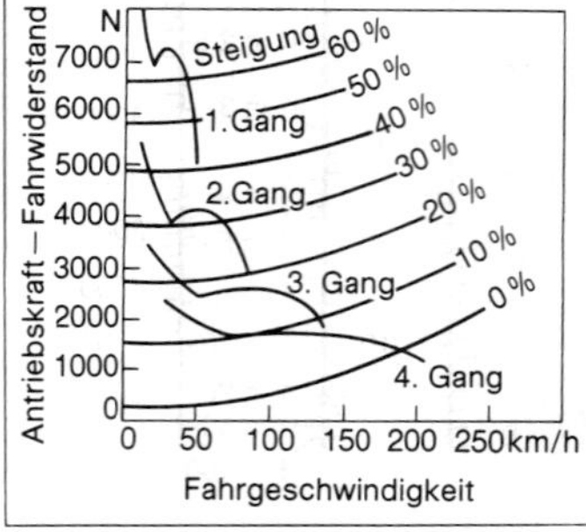

Bodenhaftung

Haftreibungszahlen von Luftreifen auf Straßendecken

Fahrgeschwindigkeit km/h	Reifenzustand	Straßenzustand trocken	naß Wasserhöhe etwa 0,2 mm	starker Regen Wasserhöhe etwa 1 mm	Pfützen Wasserhöhe etwa 2 mm	vereist
		Haftreibungszahl μ_r				
50	neu	0,85	0,65	0,55	0,5	0,1 und kleiner
	abgenützt[1])	1	0,5	0,4	0,25	
90	neu	0,8	0,6	0,3	0,05	
	abgenützt[1])	0,95	0,2	0,1	0,05	
130	neu	0,75	0,55	0,2	0	
	abgenützt[1])	0,9	0,2	0,1	0	

Mit Rennreifen werden Haftreibungszahlen bis 1,5 erreicht

Die Haftreibungszahl (der „Kraftschlußbeiwert") ist abhängig von der Fahrgeschwindigkeit, vom Reifenzustand und vom Straßenzustand (s. obenstehende Tabelle). Die Werte gelten für Straßendecken aus Beton und Teermakadam in gutem Zustand. Die Gleitreibungszahlen (bei blockiertem Rad) sind im allgemeinen kleiner als die Haftreibungszahlen.

Höchstwerte von Beschleunigung und Steigfähigkeit bzw. Verzögerung und Gefällebremsung s. S. 263.

Aquaplaning (Wasserglätte)
Besonders stark wird die Haftreibung durch das Aquaplaning beeinflußt. Man versteht darunter die Erscheinung, daß ein Reifen auf dem Wasserfilm einer nassen Fahrbahn schwimmt, weil sich unter seine gesamte Aufstandsfläche ein Wasserkeil geschoben und ihn vom Boden abgehoben hat. Das Aquaplaning ist abhängig von der Wasserhöhe auf der Fahrbahn, von der Geschwindigkeit des Fahrzeugs, von der Profilform und von der Abnützung des Reifens und von der Last, mit der der Reifen auf die Fahrbahn gedrückt wird. Im Zustand des Aquaplanings ist das Fahrzeug führer- und bremslos, denn seine Vorderräder drehen sich nicht mehr und weder Bremskräfte noch Lenkbewegungen können auf die Fahrbahn übertragen werden.

Aquaplaning.
1 Reifen, 2 Wasserkeil, 3 Fahrbahn.

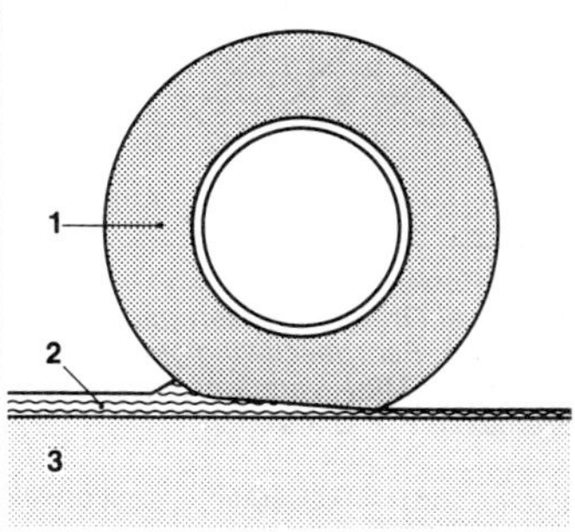

[1]) Abgenützt auf 1 mm Profilhöhe (Mindestwert nach § 36.2 StVZO).

Antreiben und Bremsen

Gleichmäßig beschleunigte oder verzögerte Bewegung liegt vor, wenn a konstant ist. Für Anfangs- bzw. Endgeschwindigkeit = 0 ist:

	Gleichungen für v in m/s	Gleichungen für v in km/h
Beschleunigung oder Verzögerung in m/s²	$a = \frac{v^2}{2 \cdot s} = \frac{v}{t} = \frac{2 \cdot s}{t^2}$	$a = \frac{v^2}{26 \cdot s} = \frac{v}{3{,}6 \cdot t} = \frac{2 \cdot s}{t^2}$
Antriebs- oder Bremszeit in s	$t = \frac{v}{a} = \frac{2 \cdot s}{v} = \sqrt{\frac{2 \cdot s}{a}}$	$t = \frac{v}{3{,}6 \cdot a} = \frac{7{,}2 \cdot s}{v} = \sqrt{\frac{2 \cdot s}{a}}$
Antriebs- oder Bremsweg[1]) in m	$s = \frac{v^2}{2 \cdot a} = \frac{v \cdot t}{2} = \frac{a \cdot t^2}{2}$	$s = \frac{v^2}{26 \cdot a} = \frac{v \cdot t}{7{,}2} = \frac{a \cdot t^2}{2}$

Anhalteweg s. S. 264.
Formelzeichen und Einheiten s. S. 9.

Gleichmäßig beschleunigte oder verzögerte Bewegung.

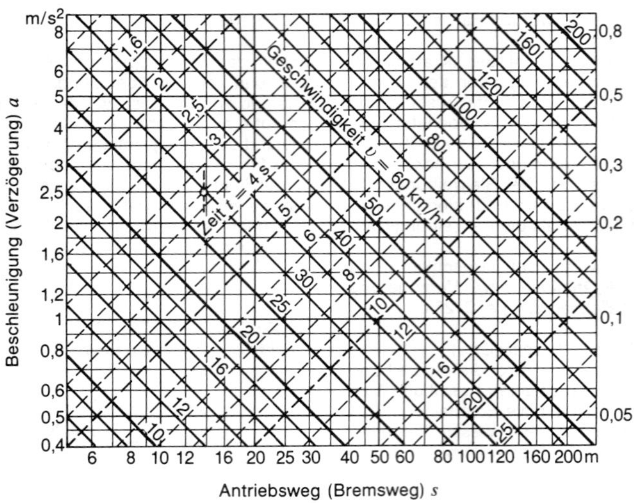

Jeder Punkt des Diagramms verknüpft die Größen v, a bzw. z[2]), s und t miteinander. Zwei Größen müssen gegeben sein, die anderen Größen ergeben sich.
Gegeben: Fahrgeschwindigkeit v = 30 km/h, Bremsweg s = 13,5 m
Gefunden: Mittl. Verzögerung a = 2,5 m/s², Abbremsung z = 0,25, Bremszeit t = 3,3 s

[1]) Wenn Endgeschwindigkeit v_2 nicht 0, dann ist der Bremsweg $s = v_1 \cdot t - at^2/2$ bei v_1 in m/s
[2]) Definition s. S. 506.

Höchstwerte der Beschleunigung und Verzögerung
Wenn auf Fahrzeugräder Antriebs- oder Bremskräfte von solcher Größe wirken, daß die Räder auf der Fahrbahn gerade noch haften (maximaler Kraftschluß), dann bestehen zwischen Steigungswinkel α, Haftreibungszahl μ_r[1]) und größtmöglicher Beschleunigung oder Verzögerung nachstehende Beziehungen. Die praktisch erreichbaren Werte liegen niedriger, weil nicht bei jeder Beschleunigung (Verzögerung) alle Räder gleichzeitig den maximal möglichen Kraftschluß nutzen. Elektronisch geregelte Antriebs- und Bremssysteme (ASR, ABS)[2]) regeln im Bereich der Haftreibungszahl.

k = Verhältnis der Radlasten der angetriebenen oder gebremsten Räder zum Gesamtgewicht. Alle Räder angetrieben oder gebremst: $k = 1$, auf angetriebenen Rädern ruht die Hälfte des anzutreibenden Gesamtgewichts: $k = 0{,}5$
Beispiel: $k = 0{,}5$; $g = 10\ \text{m/s}^2$,
$\mu_r = 0{,}6$; $p = 15\ \%$
$a_{max} = 0{,}5 \cdot 10 \cdot (0{,}6 \pm 0{,}15)$
bergauf bremsen (+): $a_{max} = 3{,}75\ \text{m/s}^2$,
bergab bremsen (−): $a_{max} = 2{,}25\ \text{m/s}^2$

Arbeit und Leistung
Bei gleichmäßiger Beschleunigung (Verzögerung) ändert sich die dafür nötige Leistung mit der Fahrgeschwindigkeit. Verfügbare Beschleunigungsleistung:
$P_a = P - P_w$; wobei P Motorleistung, P_w Fahrleistung.

Beschleunigung und Verzögerung

	Ebene Fahrbahn	Geneigte Fahrbahn $\alpha°$; $p = 100 \cdot \tan\alpha\ \%$	
Grenzbeschlg. oder -verzög. a_{max} in m/s²	$a_{max} \leqq k \cdot g \cdot \mu_{Hf}$	$a_{max} \leqq k \cdot g\,(\mu_{Hf} \cos\alpha \pm \sin\alpha)$ angenähert[3]): $a_{max} \leqq k \cdot g\,(\mu_{Hf} \pm 0{,}01 \cdot p)$	+ bei bergauf bremsen oder bergab beschleunigen − bei bergauf beschleunigen oder bergab bremsen

Erreichbare Beschleunigung a_e (P_a in kW, v in km/h, m in kg)

Ebene Fahrbahn	Geneigte Fahrbahn	
$a_e = \dfrac{3600 \cdot P_a}{m \cdot v}$	$a_e = \dfrac{3600 \cdot P_a}{m \cdot v} \pm g \cdot \sin\alpha$	+ bergab beschleunigen − bergauf beschleunigen für $g \cdot \sin\alpha$ gilt angenähert[3]) $g \cdot p/100$

Arbeit und Leistung

	Ebene Fahrbahn	Geneigte Fahrbahn $\alpha°$; $p = 100 \tan\alpha\ \%$	
Antriebs- oder Bremsarbeit W in J[4])	$W = m \cdot a \cdot s = \dfrac{m \cdot v^2}{2}$	$W = m \cdot s\,(a \pm g \cdot \sin\alpha)$ angenähert[3]): $W = m \cdot s\,(a \pm g \cdot p/100)$	+ bei bergab bremsen oder bergauf beschleunigen − bei bergab beschleunigen oder bergauf bremsen v in m/s. Für v in km/h ist $v/3{,}6$ zu setzen.
Antriebs- oder Bremsleistung bei Geschwindigkeit v in W	$P_a = m \cdot a \cdot v$	$P_a = m \cdot v\,(a \pm g \cdot \sin\alpha)$ angenähert[3]): $P_a = m \cdot v\,(a \pm g \cdot p/100)$	

[1]) Zahlenwerte s. S. 261.
[2]) ABS = Anti-Blockier-System s. S. 516, 520.
ASR = Antriebsschlupfregelung s. S. 517.
[3]) Gilt bis etwa $p = 20\ \%$ (Fehler unter 2 %)
[4]) J = N · m = W · s, Umrechnungen s. S. 10.

Anhalteweg

Der Weg, der nach Erkennen eines Hindernisses bis zum Stillstand des Fahrzeugs noch zurückgelegt wird, setzt sich aus den Fahrstrecken während der Reaktionsdauer t_r und der Bremsenansprechdauer t_a bei konstanter Fahrgeschwindigkeit v sowie der Strecke während der Bremswirkung t_w zusammen. Die Vollverzögerung a wird in der Bremsenschwellzeit t_s erreicht. Ersatzweise kann die halbe Schwelldauer als vollverzögert betrachtet werden. Die Zeiten ohne Verzögerung werden zur Verlustzeit t_{vz} zusammengefaßt

$$t_{vz} = t_r + t_a + t_s/2.$$

Die Verzögerung ist nach oben durch die Haftreibung zwischen Reifen und Straße (s. S. 261), nach unten durch die gesetzlichen Mindestwerte (s. S. 508) begrenzt.

Anhaltezeit und -weg unterscheiden sich von Bremszeit bzw. -weg durch t_{vz} bzw. $v \cdot t_{vz}$. Auf Seite 506 schließt die Bremsbetätigungsdauer die Zeiten $t_a + t_s/2$ ein.

Reaktionsdauer

Die Reaktionsdauer umfaßt die Zeitspanne zwischen dem Wahrnehmen eines Gegenstandes, der Entscheidung und dem Umsetzen des Fußes bis zum Berühren des Bremspedals. Diese Zeit ist nicht konstant; sie bewegt sich je nach den persönlichen Bedingungen und äußeren Umständen zwischen 0,3 und 1,7 s (s. S. 265).

Die Bestimmung des individuellen Reaktionsverhaltens erfordert Spezialuntersuchungen (z. B. Medizinisch-Psychologisches Institut für Verkehrssicherheit beim Technischen Überwachungs-Verein Stuttgart e.V.).

Verzögerung und Anhalteweg.

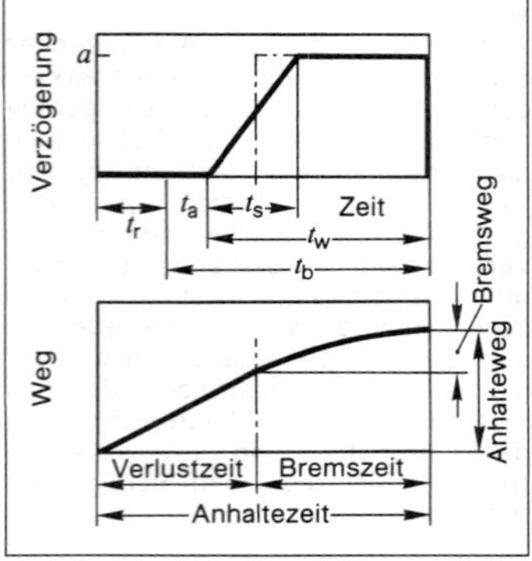

	Gleichungen für v in m/s	Gleichungen für v in km/h
Anhaltezeit t_h in s	$t_h = t_{vz} + \frac{v}{a}$	$t_h = t_{vz} + \frac{v}{3{,}6 \cdot a}$
Anhalteweg s_h in m	$s_h = v \cdot t_{vz} + \frac{v^2}{2 \cdot a}$	$s_h = \frac{v}{3{,}6}\, t_{vz} + \frac{v^2}{26 \cdot a}$

Wahrnehmungsgegenstand (Verkehrszeichen) →

Persönliche Bedingungen der Reaktionsdauer				
Psychophysische Reaktion ←→			Muskuläre Reaktion	
wahrnehmen	erfassen	entscheiden	mobilisieren	bewegen
Optisches Leistungsvermögen	Wahrnehmung und Auffassung	Psychische Verarbeitung	Bewegungsapparat	Persönliches Tempo

→ Handlungsgegenstand (Bremspedal)

Abhängigkeit der Reaktionsdauer von persönlichen und äußeren Faktoren

	Verkürzung bis 0,3 s ⟵	⟶ **Verlängerung** bis 1,7 s
A) persönliche Faktoren	eingeübte Reflexhandlungen	Wahlhandlung
	gute Disposition; optimale Leistungsfähigkeit	schlechte Disposition, z. B. Ermüdung
	hohe Fahrbegabung	mindere Begabung
	Jugendlichkeit	höheres Alter
	Erwartungsspannung	Unaufmerksamkeit, Ablenkung
	körperliche und psychische Gesundheit	krankhafte Störungen im Bereich der Funktionsgruppen
		Schreckwirkung, Alkohol
B) äußere Faktoren Verkehrssituation	einfach, übersichtlich, vorausberechenbar, bekannt	kompliziert, unübersichtlich, unberechenbar, selten
Art des Wahrnehmungsgegenstandes	prägnant auffällig	nicht prägnant unauffällig
Ort des Wahrnehmungsgegenstandes	im Blickfeld	am Rand des Gesichtsfeldes
Art des Handlungsgegenstandes	zweckmäßige Anordnung der Mechanik	unzweckmäßige Anordnung der Mechanik

Bremsenansprech- und Bremsenschwelldauer
Die Betätigungs- und Übertragungseinrichtung sowie die Bremse und deren momentaner Zustand (z. B. nasse Bremsscheiben) bestimmen die Bremsenanspech- und Bremsenschwelldauer t_a und t_s. Gesetzlich zulässige Werte für t_a und t_s bei eng eingestellten Bremsen s. ECE R 13. Bei der Prüfung auf Wirksamkeit von Bremsanlagen enthält die Bremsweggleichung der Vorschrift[1]) für $t_a + t_s/2$ Werte von 0,36 s (Fahrzeugklasseneinteilung M_1) und 0,54 s (Fahrzeugklasseneinteilung M_2, M_3, N_1 ... N_3). Ein schlechter Zustand der Bremsanlage verlängert die Ansprech- und Schwelldauern. Bei einer Verlustzeit von 1 s beträgt der Anhalteweg (s. Tabelle):

[1]) EG-Ratsrichtlinie 71/320/EWG.

Verzögerung a in m/s²	Fahrgeschwindigkeit vor dem Bremsen in km/h												
	10	30	50	60	70	80	90	100	120	140	160	180	200
	Weg während der Verlustzeit von 1 s (nicht gebremst) in m												
	2,8	8,3	14	17	19	22	25	28	33	39	44	50	56
	Anhalteweg in m												
4,4	3,7	16	36	48	62	78	96	115	160	210	270	335	405
5	3,5	15	33	44	57	71	87	105	145	190	240	300	365
5,8	3,4	14	30	40	52	65	79	94	130	170	215	265	320
7	3,3	13	28	36	46	57	70	83	110	145	185	230	275
8	3,3	13	26	34	43	53	64	76	105	135	170	205	250
9	3,2	12	25	32	40	50	60	71	95	125	155	190	225

Überholen

Größe		Einheit
a	Beschleunigung	m/s^2
l_1, l_2	Fahrzeuglänge	m
s_1, s_2	Sicherheitsabstand	m
s_H	relative Fahrstrecke des Überholers	m
s_L	Fahrstrecke des Überholten	m
s_u	Überholweg	m
t_u	Überholzeit	s
v_L	Geschwindigkeit des langsameren Fahrzeugs	km/h
v_H	Geschwindigkeit des schnelleren Fahrzeugs	km/h

Der Überholvorgang setzt sich aus den Vorgängen Ausscheren, Vorbeifahren, Wiedereinscheren zusammen. Er kann sich unter den verschiedensten Verhältnissen und Bedingungen abspielen, die rechnerisch nur schwer zu erfassen sind. Für die rechnerische und graphische Lösung werden deshalb im folgenden nur zwei Grenzfälle betrachtet: das Überholen mit konstanter Geschwindigkeit und das Überholen mit konstanter Beschleunigung.

Für die graphische Darstellung ist es günstig, den Überholweg s_u aus zwei Teilstücken zusammenzusetzen und den zum Vorbeifahren notwendigen Seitenversatz zu vernachlässigen.

Überholweg

$$s_u = s_H + s_L$$

Die vom schnelleren Fahrzeug gegenüber dem langsameren – ortsfest gehaltenen – relativ zurückzulegende Strecke s_H setzt sich aus den Fahrzeuglängen l_1 und l_2 und den Sicherheitsabständen s_1 und s_2 zusammen.

$$s_H = s_1 + s_2 + l_1 + l_2$$

Während der Überholzeit t_u legt das langsamere Fahrzeug die Strecke s_L zurück, die das schnellere Fahrzeug entsprechend zu fahren hat, damit der Sicherheitsabstand erhalten bleibt.

$$s_L = t_u \cdot v_L / 3{,}6$$

Überholweg.

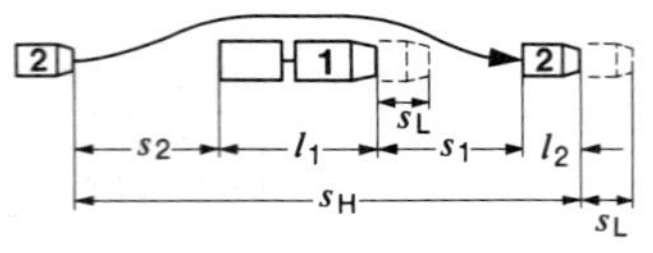

Der Sicherheitsabstand

muß mindestens der während der Verlustzeit t_{vz} (s. S. 264) zurückgelegten Fahrstrecke entsprechen. Bei einer Verlustzeit von $t_{vz} = 1{,}08$ s für Geschwindigkeiten in km/h wären dies $(0{,}3 \cdot v)$ Meter. Außerhalb geschlossener Ortschaften ist aber mind. $0{,}5 \cdot v$ empfehlenswert.

Überholen mit konstanter Geschwindigkeit

Auf Straßen mit mehr als zwei Fahrbahnen hat das überholende Fahrzeug oft schon die erforderliche Geschwindigkeit, wenn es zum Überholen ansetzt. Die Überholzeit (vom Beginn des Ausscherens bis zur Beendigung des Wiedereinscherens) ist dann:

$$t_u = \frac{3{,}6 \cdot s_H}{v_H - v_L}$$

t in s, s in m, v in km/h

Der Überholweg ist

$$s_u = \frac{t_u \cdot v_H}{3{,}6} = \frac{s_H \cdot v_H}{v_H - v_L}$$

Überholen mit konstanter Beschleunigung

Auf schmalen Straßen muß meist zuerst die Geschwindigkeit auf die des vorausfahrenden Fahrzeugs verringert und dann für das Überholen wieder beschleunigt werden. Die erreichbaren Beschleunigungen sind abhängig von Motorleistung, Fahrzeuggewicht, Geschwindigkeit und Fahrwiderstand (s. S. 263). Sie liegen in der Größenordnung von $0{,}4 \ldots 0{,}8\ m/s^2$, in niederen Gängen bis $1{,}4\ m/s^2$, wodurch der Überholvorgang vorteilhaft gekürzt werden kann. Grundsätzlich sollte jeder Überholvorgang innerhalb der halben frei übersehbaren Strecke abgeschlossen werden.

Unter der Voraussetzung, daß eine konstante Beschleunigung während des ganzen Überholvorgangs eingehalten werden kann, wird die Überholzeit

$t_u = \sqrt{2 \cdot s_H / a}$

In dieser Zeit legt das langsamere Fahrzeug die Strecke $s_L = t_u \cdot v_L / 3{,}6$ zurück. Damit ist der Überholweg:

$$s_u = s_H + t_u \cdot v_L / 3{,}6 \qquad t \text{ in s}, \; s \text{ in m}, \; v \text{ in km/h}$$

Im Diagramm sind im linken Teil die relative Fahrstrecke s_H für verschiedene Geschwindigkeitsunterschiede $v_H - v_L$ bzw. Beschleunigungen a dargestellt, im rechten Teil die Fahrstrecke s_L des überholten, langsameren Fahrzeugs für verschiedene Geschwindigkeiten v_L. Der Überholweg s_u ist jeweils die Summe aus s_H und s_L.

Man errechnet zunächst die Fahrstrecke s_H des Überholers und trägt diese Strecke im linken Teil des Diagramms zwischen der Ordinate und der zugehörigen $(v_H - v_L)$-Linie bzw. Beschleunigungslinie ein. Dann verlängert man die Linie nach rechts bis zur entsprechenden Geschwindigkeitslinie v_L.

Beispiel (eingezeichnete Strichpunktlinie)

$v_L = v_H = 50$ km/h
$a = 0{,}4$ m/s²
$l_1 = 10$ m, $l_2 = 5$ m,
$s_1 = s_2 = 0{,}3 \cdot v_L = 0{,}3 \cdot v_H = 15$ m

Lösung: Schnittpunkt von $a = 0{,}4$ m/s² mit $s_H = 15 + 15 + 10 + 5 = 45$ m in den linken Teil des Diagramms einzeichnen.
Abgelesen $t_u = 15$ s, $s_L = 210$ m
Damit $s_u = s_H + s_L = 255$ m

Sichtweite

Damit man gefahrlos überholen kann, muß auf schmalen Straßen die Sichtweite mindestens gleich der Summe aus dem Überholweg und dem von einem entgegenkommenden Fahrzeug während des Überholens zurückgelegten Weg sein. Bei Geschwindigkeiten der begegnenden Fahrzeuge von 90 km/h und des überholten Fahrzeugs von 60 km/h sind dies etwa 400 m.

Graphische Ermittlung des Überholwegs.

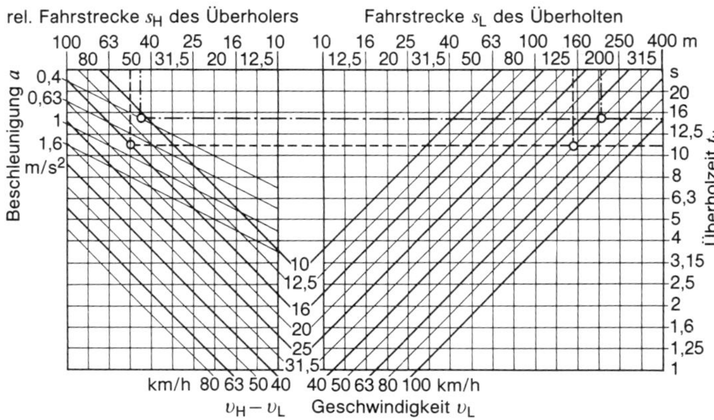

Beeinflussung des Kraftstoffverbrauchs durch Maßnahmen am Fahrzeug

Streckenverbrauch ← Kraftstoffverbrauch →

Triebstrang ← Fahrwiderstände →

Motor, Rollwiderstand, Luftwiderstand, Beschleunigungswiderstand, Steigungswiderstand, Bremswiderstand

$$B_e = \frac{\int b_e \cdot \frac{1}{\eta_ü} \left[\left(m \cdot f \cdot g \cdot \cos\alpha + \frac{\varrho}{2} \cdot c_W \cdot A \cdot v^2 \right) + m\,(a + g \cdot \sin\alpha) + B_r \right] \cdot v \cdot dt}{\int v \cdot dt}$$

Strecke

	Größe	Einheit
B_e	Streckenverbrauch	g/m
$n_ü$	Übertragungswirkungsgrad des Triebstranges	–
m	Wagenmasse	kg
f	Rollwiderstandsbeiwert	–
g	Erdbeschleunigung	m/s²
	Steigungswinkel	°
	Dichte der Luft	kg/m³
c_W	Luftwiderstandsbeiwert	–
A	Stirnfläche	m²
v	Fahrgeschwindigkeit	m/s
a	Beschleunigung	m/s²
B_r	Bremswiderstand	N
t	Zeit	s
b_e	spezifischer Kraftstoffverbrauch	g/kWh

Nach der Verbrauchsformel sind drei Gruppen von Einflußgrößen zu unterscheiden:
- Motor (s. S. 335),
- Getriebe und
- äußere Fahrwiderstände.

Getriebe

Der Einfluß des Getriebes beruht zum einen auf den Übertragungsverlusten (die gering zu halten sind), zum anderen auf den gewählten Übersetzungen, durch die für eine bestimmte Fahrgeschwindigkeit der Betriebspunkt im Motor-Verbrauchskennfeld festgelegt wird. „Längere" Übersetzungen verschieben in der Regel die Betriebspunkte in günstigere Kennfeldbereiche (s. Bild), verringern aber das Beschleunigungsvermögen.

Äußere Fahrwiderstände

Die äußeren Fahrwiderstände können durch Verringerung des Gewichtes, Verbesserung der Aerodynamik und durch Verminderung des Rollwiderstandes reduziert werden.

Bei einem durchschnittlichen Serienfahrzeug führen 10 % Verringerung des Gewichtes, des Luftwiderstandes und des Rollwiderstandes zu etwa 6 %, 3 %, 2 % Verbesserung des Kraftstoffverbrauches.

In der angegebenen Formel wird zwischen Beschleunigungswiderstand und Bremswiderstand unterschieden. Dadurch wird deutlich, daß Beschleunigungsvorgänge vor allem dann verbrauchserhöhend sind, wenn bei einer späteren Verzögerung die Betriebsbremse benutzt wird. Andernfalls wird die kinetische Energie des Fahrzeugs zum Vortrieb ausgenutzt (Verzögerung = negative Beschleunigung) und der Verbrauch teilweise reduziert.

Motor-Verbrauchskennfeld.

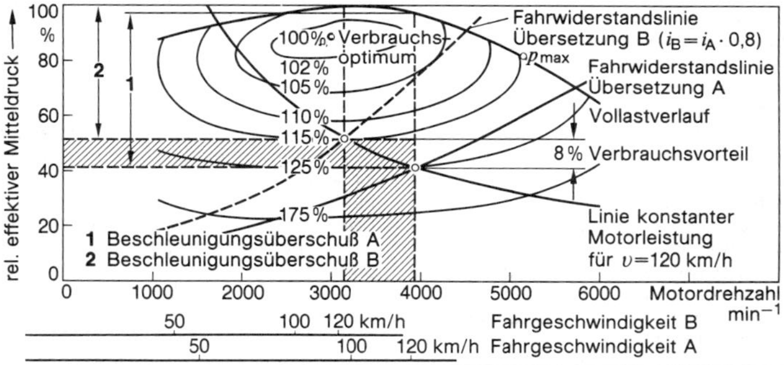

Ermittlung des Kraftstoffverbrauchs

(nach DIN 70030)

Verfahren für Pkw

Der Kraftstoffverbrauch ist nach drei festgelegten Verfahren zu bestimmen, einem Fahrzyklus, der den Stadtfahrbetrieb simuliert, (s. Seite 448) und zwei konstanten Fahrgeschwindigkeiten von 90 km/h und 120 km/h.

Der Fahrzyklus wird auf der Rolle simuliert. Die Konstantfahrt-Verbräuche können auf der Rolle oder auf der Straße gemessen werden. Die Prüfstrecke muß mindestens 2 km lang sein, die Steigung muß innerhalb ±2 % liegen.

Beim Fahrzyklus muß das Fahrzeug das für die Abgasprüfung vorgeschriebene Gewicht haben. Bei den Konstantfahrten muß die Zuladung der halben Nutzlast entsprechen, jedoch mindestens 180 kg betragen.

Kraftstoffverbrauch

Nach Norm wird der Kraftstoffverbrauch C in Liter je 100 km angegeben.

Bei gravimetrischer Messung:

$$C = \frac{m}{\varrho_r \cdot s} \cdot 100 \quad \mathrm{l/100\,km}$$

m verbrauchtes Kraftstoffgewicht in kg,
ϱ_r Dichte des Kraftstoffes in kg/l bei Bezugsbedingungen,
s zurückgelegte Wegstrecke in km.

Bei volumetrischer Messung:

$$C = \frac{V(1 + \alpha(20° - t_k))}{s} \cdot 100 \quad \mathrm{l/100\,km}$$

V verbrauchtes Kraftstoffvolumen in l,
α Ausdehnungskoeffizient des Kraftstoffes (≈ 0,001/°C),
t_k Temperatur des Kraftstoffs in °C.

Verfahren für Kraftfahrzeuge allgemein

(außer Pkw und Zugmaschinen)

Der Kraftstoffverbrauch wird auf ebener Prüfstrecke (± 1,5 % Steigung) von ca. 10 km Länge in beiden Richtungen gemessen. Die Strecke ist möglichst gleichmäßig mit ¾ der Höchstgeschwindigkeit zu durchfahren. Die Höchstgrenze der Prüfgeschwindigkeit ist bei Krafträdern 110 km/h, bei anderen Fahrzeugen die nach der StVZO höchstzulässige Fahrgeschwindigkeit.

Das Fahrzeug muß mit der halben Nutzlast beladen sein, Krafträder mit einer Person von ca. 65 kg.

Kraftstoffverbrauch

Nach Norm wird der Kraftstoffverbrauch C in Liter je 100 km angegeben.

$$C = 1{,}1 \cdot \frac{V}{s} \cdot 100 \quad \mathrm{l/100\,km}$$

V verbrauchtes Kraftstoffvolumen in l,
s zurückgelegte Wegstrecke in km,
1,1 als Sicherheitsfaktor zur Berücksichtigung ungünstiger Umstände im normalen Straßenverkehr.

Fahrzeugquerdynamik

Fahrverhalten bei Seitenwind

Durch starken seitlichen Windeinfall wird ein Kraftfahrzeug insbesondere bei höherer Fahrgeschwindigkeit aus seiner Bahn abgelenkt. Bei plötzlich einsetzendem Seitenwind, wie er z. B. beim Herausfahren aus einem Einschnitt auftreten kann, sind bereits innerhalb der Reaktionsdauer (s. S. 264) bei ungünstig gebauten Fahrzeugen beträchtliche seitliche Versetzungen und Gierwinkeländerungen möglich. Es ist daher notwendig, bereits bei der Konstruktion die entsprechenden Gesichtspunkte zu beachten.

Bei Schräganblasen des Fahrzeugs entsteht neben dem Luftwiderstand auch eine Komponente der Luftkraft in Querrichtung. Man kann sich diese über die ganze Karosserie verteilte Kraft auf eine Einzelkraft, die Seitenwindkraft, reduziert denken. Diese Seitenwindkraft greift im sogenannten Druckpunkt an. Die Lage des Druckpunktes ist abhängig von der Form der Karosserie und vom Anströmwinkel.

Der Druckpunkt liegt im allgemeinen in der vorderen Wagenhälfte, bei Karosserien mit Stufenheck (Pontonform) jedoch näher an der Wagenmitte als bei Karosserien mit abfallendem Heck („Fastback", Stromlinienkarosserie), bei denen er in Extremfällen sogar vor der Vorderachse liegen kann. Pontonformen sind weitgehend „druckpunktfest", während Stromlinienwagen über dem Anströmwinkel eine stärkere Druckpunktwanderung aufweisen. Die größeren Seitenkräfte treten (bei sonst gleichen Parametern) bei der Pontonform auf.

Um zu einer allgemeinen Darstellung des Seitenwindeinflusses zu gelangen, ist also der Druckpunkt als Bezugspunkt ungeeignet, da er nicht fest im Fahrzeug liegt. Ebenso ist die Lage des Schwerpunktes abhängig vom Beladungszustand. Es erweist sich als zweckmäßig, als Bezugspunkt einen Punkt in Wagenmitte am vordersten Ende der Karosserie zu wählen, so daß die Angaben auch unabhängig von der relativen Lage des Fahrwerks zur Karosserie sind.

Bei Angabe der Seitenwindkraft für einen vom Druckpunkt verschiedenen Bezugspunkt muß noch das Moment der Seitenwindkraft um den jeweiligen Druckpunkt hinzukommen. In der Aerodynamik ist es üblich, an Stelle von Kräften und Momenten dimensionslose Beiwerte anzugeben, die von der Anströmgeschwindigkeit unabhängig sind. Im Diagramm ist der Verlauf von Seitenwindkraft- und Giermomentbeiwerten für ein Fahrzeug mit Pontonform und ein Fahrzeug mit abfallendem Heck dargestellt. Es kann sich bei der Vielfalt der möglichen Karosserieformen hier natürlich nur um Anhaltswerte

Fahrzeug bei Seitenwind.
$F_s + M_z$ in O angreifend entspricht F_s in D angreifend
v_s Seitenwindgeschwindigkeit,
v_w Fahrtwindgeschwindigkeit,
v_r Anströmungsgeschwindigkeit.

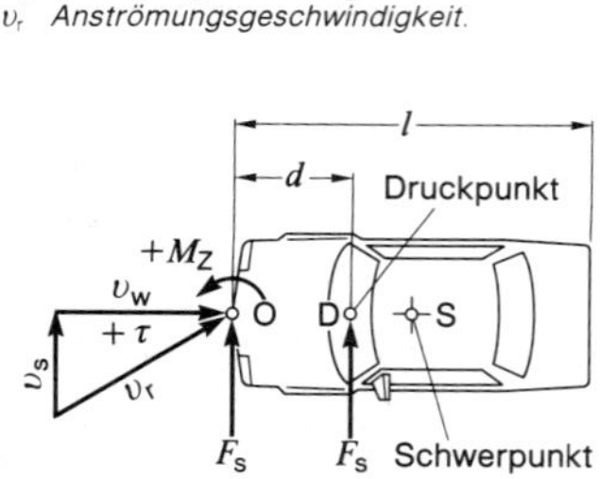

Seitenwindkraftbeiwerte c_s und Giermomentbeiwerte c_{MZ} in Abhängigkeit vom Anströmwinkel.

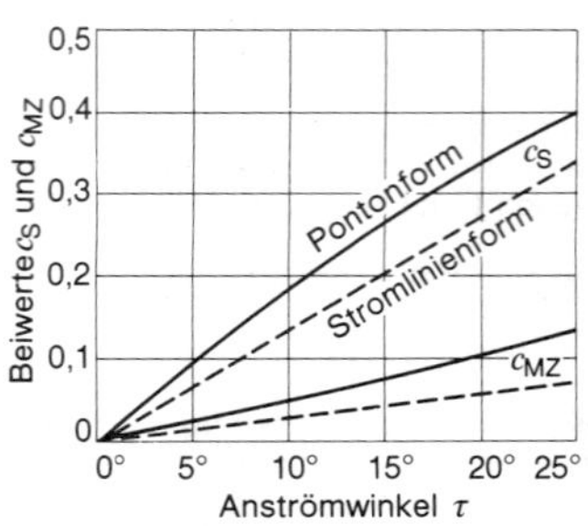

Seitenführungskraft in Abhängigkeit vom Schräglaufwinkel.

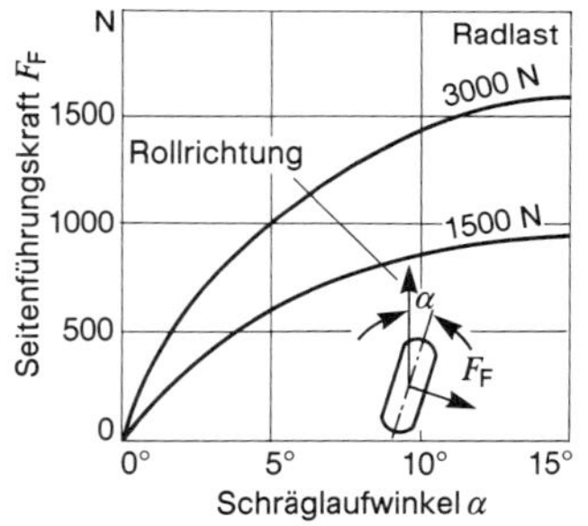

Windangriff im Schwerpunkt, abdrehendes und eindrehendes Verhalten.

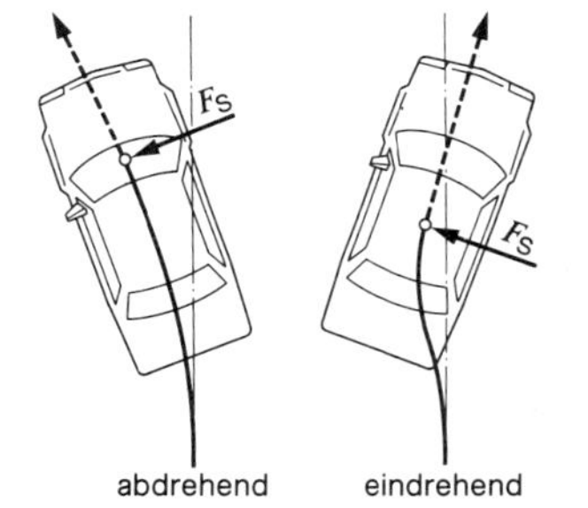

handeln; für exakte Aussagen über eine bestimmte Karosserie ist in jedem Fall eine Windkanalmessung erforderlich.

Aus den Beiwerten erhält man Kräfte und Momente nach folgenden Gleichungen:

Seitenwindkraft $F_s = c_S \cdot \varrho \cdot (v_r^2/2) \cdot A_s$

Giermoment $M_Z = c_{MZ} \cdot \varrho \cdot (v_r^2/2) \cdot A_s \cdot l$

ϱ Luftdichte, v_r resultierende Anblasegeschwindigkeit, A_s projizierte Seitenfläche des Fahrzeugs, l Gesamtlänge des Fahrzeugs (in kohärenten Einheiten), c_s Seitenwindkraftbeiwert, c_{MZ} Seitenwind-Giermomentbeiwert.

Den Abstand des Druckpunktes vom Wagenbug erhält man aus

$d = M_z/F_s = l \cdot c_{MZ}/c_S$

Die Seitenwindkraft wird über Seitenführungskräfte an den Rädern abgestützt. Die Seitenführungskraft eines Luftreifens ist neben dem Schräglaufwinkel und der Radlast abhängig von Reifenbauart und -größe, vom Innendruck und von den Reibungseigenschaften der Fahrbahn.

Aufgrund der spezifischen Eigenschaften eines Luftreifens steigt bei Erhöhung der Radlast und konstant gehaltenem Schräglaufwinkel die Seitenführungskraft nicht im selben Maß wie die Radlast. Im Beispiel (Diagramm) steigt bei Verdopplung der Radlast die Seitenführungskraft nur um das 1,5 ... 1,7fache. Um eine Verdopplung der Seitenführungskraft zu erreichen, muß zusätzlich der Schräglaufwinkel vergrößert werden. Aus diesem Grund nimmt die höher belastete Achse bei gleichem Verhältnis von Seitenkraft zu Aufstandskraft einen größeren Schräglaufwinkel an als die Achse mit der kleineren Aufstandskraft.

Greift die Seitenwindkraft im Schwerpunkt an, so verteilen sich die nötigen Seitenführungskräfte auf Vorder- und Hinterachse im Verhältnis der Radlasten, d. h. es herrscht an beiden Achsen das gleiche Verhältnis von Aufstandskraft zu Seitenkraft. Bei vornliegendem Schwerpunkt wirkt die Seitenwindkraft wegen des an der Vorderachse nötigen höheren Schräglaufwinkels „abdrehend", bei hintenliegendem Schwerpunkt „eindrehend". Der Fahrzeugschwerpunkt bewegt sich dabei in jedem Falle nach der windabgewandten Seite der ursprünglichen Kurslinie. Nach Aufhören der Seitenwindkraft entfernt sich das abdrehende Fahrzeug weiter von der ursprünglichen Kurslinie, das eindrehende Fahrzeug kehrt zur Kurslinie zurück und überschreitet diese.

Nun fällt aber der Angriffspunkt der Seitenwindkraft, der Druckpunkt, im allgemeinen nicht mit dem Schwerpunkt zusammen, sondern liegt je nach Karosserieform mehr oder weniger weit vor der Wagenmitte. Das bei Windangriff im Schwerpunkt eindrehende Fahrzeug verhält sich daher bei realem

Windangriff ebenfalls abdrehend. Wegen des weiter vorn liegenden Druckpunkts weist ein Fahrzeug mit abfallendem Heck bei Seitenwind eine stärker abdrehende Tendenz auf und ist schwerer zu beherrschen als ein Fahrzeug mit Stufenheck.

Es besteht wohl die Möglichkeit, durch senkrecht stehende Stabilisierungsflossen am Heck den Druckpunkt nach hinten in die Nähe des Schwerpunkts zu verlegen. In der Praxis wurde von dieser Möglichkeit allerdings außer bei Rennfahrzeugen und Spezialkonstruktionen bisher kein Gebrauch gemacht.

Um die Fahrtrichtungsstabilität bei Seitenwind günstig zu beeinflussen, ist eine Lage des Druckpunkts nahe beim Fahrzeugschwerpunkt erwünscht. Minimale Bahnkrümmung ergibt sich beim übersteuernden Fahrzeug, wenn der Druckpunkt vor dem Schwerpunkt liegt. Beim untersteuernden Fahrzeug ist die günstigste Lage des Druckpunktes kurz hinter dem Schwerpunkt.

Da die Seitenwindkraft aber im allgemeinen klein gegenüber der Aufstandskraft und die Nichtlinearität des Verhältnisses Aufstandskraft/Seitenkraft bei kleinen Seitenkräften nur schwach ausgeprägt ist, sind die Reifeneigenschaften allein nicht bestimmend für das Seitenwindverhalten eines Fahrzeugs. Eine wesentliche Rolle spielen z. B. auch die Elastizitäten in den Radaufhängungen und in der Lenkung. Hier liegt auch eine wirksame Möglichkeit der Einflußnahme auf die Seitenwindeigenschaften durch den Fahrwerkskonstrukteur.

Über- und Untersteuern

Seitenführungskräfte können zwischen Fahrbahn und gummibereiftem Rad nur dann entstehen, wenn das Rad schräg zu seiner Ebene abrollt; es ist ein Schräglaufwinkel nötig.

Als untersteuernd wird ein Fahrzeug bezeichnet, bei dem mit zunehmender Querbeschleunigung der Schräglaufwinkel an der Vorderachse stärker anwächst als der Schräglaufwinkel an der Hinterachse. Das umgekehrte Verhalten wird als übersteuernd bezeichnet.

Es ist nicht notwendigerweise so, daß ein Fahrzeug im ganzen möglichen Bereich der Querbeschleunigung das gleiche Eigenlenkverhalten aufweist. Es gibt neben Fahrzeugen, die immer untersteuernd oder immer übersteuernd sind, auch solche, die bei kleinen Querbeschleunigungen untersteuern, bei höheren Querbeschleunigungen jedoch zum übersteuernden Verhalten wechseln und umgekehrt.

Literatur:

Barth, R.: „Windkanalmessungen an Fahrzeugmodellen und rechteckigen Körpern mit verschiedenem Seitenverhältnis bei unsymmetrischer Anströmung"; Dissertation, TH Stuttgart 1958.

Barth, K.: „Luftkräfte am Kraftfahrzeug"; Deutsche Kraftfahrtforschung und Straßenverkehrstechnik, Heft 184, Düsseldorf. VDI-Verlag 1966.

Mitschke, M.: „Dynamik der Kraftfahrzeuge", Springer-Verlag 1972.

Kurvenverhalten

Fliehkraft in der Kurve

$$F_{cf} = \frac{m \cdot v^2}{r_K}$$ (s. auch S. 69)

oder mit v in km/h und r_K Kurvenhalbmesser in m

$$F_{cf} = \frac{m \cdot v^2}{12{,}96 \cdot r_K}$$

Fliehkraft in der Kurve.
b Spurweite in m
h_S Schwerpunktshöhe in m.

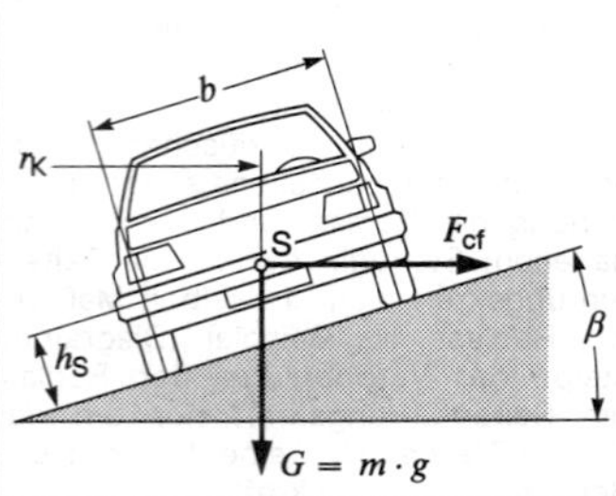

Grenzgeschwindigkeiten

Das Zahlenbeispiel der untenstehenden Tabelle gilt für einen Wagen mit Spurweite $b = 1{,}5$ m, Schwerpunkthöhe $h_S = 0{,}6$ m; max. Kraftschlußbeiwert $\mu_r = 0{,}8$, Kurvenhalbmesser $r_K = 90$ m, Kurvenüberhöhung $\beta = 20°$.

	Nicht überhöhte Kurve	Überhöhte Kurve
Geschwindigkeit, bei der das Fahrzeug die Haftgrenze überschreitet	$v \leq 11{,}28\sqrt{\mu_r \cdot r_K}$ km/h	$v \leq 11{,}28\sqrt{\dfrac{(\mu_r + \tan\beta)\,r_K}{1-\mu_r \cdot \tan\beta}}$ km/h
Beispiel:	≤ 96 km/h	≤ 137 km/h
Gescnwindigkeit, bei der das Fahrzeug kippt	$v \geq 11{,}28\sqrt{\dfrac{b \cdot r_K}{2 \cdot h_S}}$ km/h	$v \geq 11{,}28\sqrt{\dfrac{\left(\dfrac{b}{2 \cdot h_s} + \tan\beta\right) \cdot r_K}{1 - \dfrac{b}{2 \cdot h_s} \cdot \tan\beta}}$ km/h
Beispiel:	≥ 120 km/h ($\mu_r \geq 1{,}25$)	≥ 184 km/h ($\mu_r \geq 1{,}25$)

Querneigung in der Kurve

Querstabilitätsachse oder Rollachse

Die im Schwerpunkt angreifende Fliehkraft erzeugt beim Durchfahren einer Kurve eine Neigung quer zur Fahrtrichtung. Die Größe der Neigung hängt von der Federrate bei wechselseitiger Einfederung und dem Hebelarm der Fliehkraft (Abstand des Schwerpunkts von der Rollachse) ab. Die Rollachse ist die momentane Schraubachse der Karosserie gegenüber der Fahrbahn. Als starrer Körper im Raum vollführt die Karosserie in jedem Augenblick eine Schraubung, also eine Drehung, verbunden mit einer Schiebung entlang der Momentanachse.

Je höher, d. h. je näher die Rollachse zu einer ihr parallelen Schwerachse liegt, desto höher ist die Querstabilität oder desto geringer die Kurvenneigung. Da hierzu aber in der Regel die Momentanachsen der Räder ebenfalls nach oben wandern müssen, wächst dabei die Spurweitenänderung (ungünstig für die Fahrsicherheit). Man strebt daher Konstruktionen an, die ein hohes Momentanzentrum mit möglichst geringer Spurweitenänderung verbinden, bei denen also die Momentanachsen der Räder gegenüber der Karosserie nicht nur möglichst hoch, sondern auch möglichst weit von der Karosserie entfernt liegen.

Ermittlung der Rollachse

Näherungsweise wird die Rollachse häufig so bestimmt, daß die Drehpole einer Ersatzbewegung der Karosserie in den beiden zur Fahrbahn senkrechten Ebenen durch die Vorder- und Hinterachse ermittelt werden. Die Drehpole sind (gedachte) Punkte der Karosserie, die bei der Drehung in Ruhe bleiben. Die Rollachse ist dann die Verbindungslinie dieser Drehpole (Momentanzentren). Für die graphische Bestimmung der Momentanzentren gilt die Regel, daß die Momentanpole dreier relativ zueinander bewegter Systeme auf der gemeinsamen Polgeraden liegen.

Für eine genauere räumliche Betrachtung bei räumlichen Radführungen empfiehlt es sich jedoch, wegen des Umfangs der auszuführenden Operationen Methoden zu benutzen, die durch Matrizenschreibweise computergestütztes Rechnen zulassen (Vektoralgebra, Liniengeometrie und dergleichen).

Literatur:

E. v. d. Osten-Sacken: „Berechnung allgemein räumlicher, vielgliedriger Gelenkgetriebe"; Diss. TH Aachen 1970.

G. Prigge: „Grundsätzliches der Ermittlung der Rollachse von Kraftfahrzeugen mit räumlichen Radführungen"; Diss. TU Braunschweig 1972.

ISO-Vorschläge zur Untersuchung des Fahrverhaltens

Prüfverfahren „Stationäre Kreisfahrt"
Das Prüfverfahren ,,Stationäre Kreisfahrt" soll Aussagen liefern, ob ein Fahrzeug sich untersteuernd, übersteuernd oder neutralsteuernd verhält. Bei entsprechender Auftragungsart des Lenkwinkels an der Vorderachse minus dem Ackermann-Anteil (Winkel, der benötigt wird, um seitenkraftfrei eine Kurve zu durchfahren) als Funktion der Querbeschleunigung kann definiert werden, welches Eigenlenkverhalten das untersuchte Fahrzeug besitzt. Das Wort ,,Unter-/Übersteuerindex" ist die Definition für die vorhergenannte Beziehung ,,Lenkwinkel minus Ackermann-Anteil".

Prüfverfahren „Bremsen in der Kurve"
Das Bremsen in der Kurve ist ein für die Fahrsicherheit äußerst wichtiger Teilaspekt des Gesamtfahrverhaltens eines Fahrzeugs. Dabei ist der Giergeschwindigkeitsaufbau nach einer bestimmten Zeit (je nach Fahrzeug- bzw. Bremsanlagentyp unterschiedlich zwischen 1 und 2 Sekunden) eine aussagefähige Größe für die Stabilität des Fahrzeugs. Typisches Verhalten zweier verschiedener Fahrzeugkonzepte: Das eine Fahrzeug vergrößert die Giergeschwindigkeit mit zunehmender Abbremsung; das Fahrzeug beginnt zu schleudern. Im anderen Fall steigt mit zunehmender Abbremsung die Giergeschwindigkeit kaum an und erst im Moment des Ausnutzens des vollen Kraftschlusses schiebt das Fahrzeug mit blockierenden Rädern tangential aus der Kurve.

Prüfverfahren „Lenkwinkelsprung"
Die wesentlichen Fahrzeugparameter für dieses Prüfverfahren sind Querbeschleunigung, Wankwinkel, Lenkradwinkel und Giergeschwindigkeit als Funktion der Zeit nach Eingabe des Lenkwinkelsprungs.

Oft wird versucht, aus solchen Normungsarbeiten Vorschriften für das Fahrverhalten von Fahrzeugen zu entwickeln. Typisches Beispiel dafür sind die ESV-Grenzkurven. Sie legen fest, inwieweit die eingeleitete Störung über das Normalmaß von 100 % gehen darf und wie schnell sich diese Störung wieder abbauen muß. D. h., für ein Verhältnis einer momentanen Giergeschwindigkeit zur stationären Giergeschwindigkeit bei Kreisfahrt muß eine bestimmte Zeit nach Eingabe des Lenkwinkelsprunges wieder der Ausgangswert 100 % erreicht werden.

Literatur: Mischke, Göhring, Wolsdorf, von Glasner:
Automobil-Industrie, 4/1980.
SAE-Paper 83 0643.

Prüfverfahren „Stationäre Kreisfahrt".
Unter-/Übersteuer-Index in Abhängigkeit von der Querbeschleunigung.

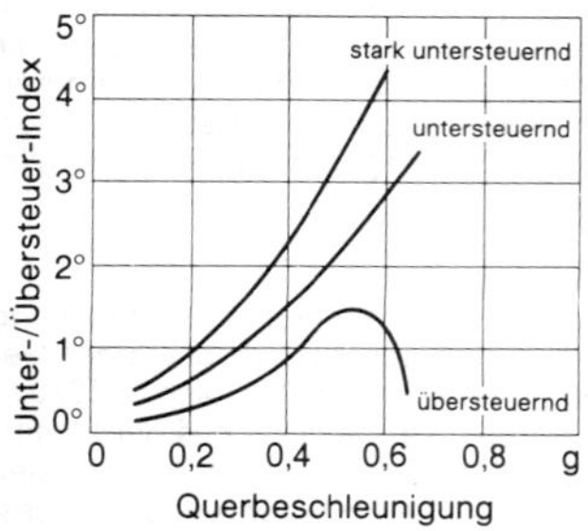

Prüfverfahren „Bremsen in der Kurve".
Giergeschwindigkeit in Abhängigkeit von der Längsverzögerung.

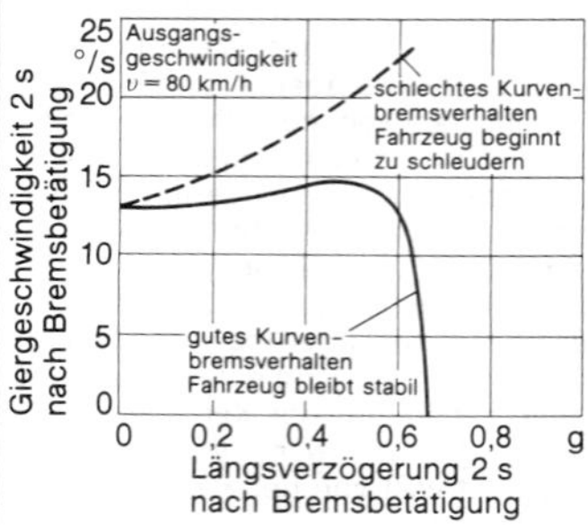

Spezielle Fahrdynamik für Nutzkraftwagen

Fahrverhalten
Die Beurteilung des Fahrverhaltens von Einzelnutzfahrzeugen und mehrgliedrigen Fahrzeugketten erfolgt im Prinzip durch ähnliche Fahrmanöver wie bei den Personenwagen.

Bauartbedingt stehen allerdings zusätzliche Kriterien wie Seitenneigung bei Kurvenfahrt, Kippstabilität und Flächenbedarf mit im Vordergrund. Die meßtechnische Bewertung und die subjektive Beurteilung der Fahrmanöver geschieht bei Nutzfahrzeugen wegen der starken Spezialisierung nach einsatz- und aufgabenorientierten Maßstäben.

Fahrzeugreaktionen
Bei Last- und Sattelzügen können Störungen des Geradeauslaufs durch Drehschwingungen der Fahrzeugmassen um eine Hochachse gegen die Reifen als Federelemente auftreten. Diese Pendelschwingungen, insbesondere die der Anhänger, werden eingeleitet durch

- schnelle Lenkradbewegungen beim Umfahren von Hindernissen
- seitliche Windstöße
- Neigungen, einseitige Hindernisse und Spurrillen in der Fahrbahn.

Für stabilen Fahrbetrieb müssen diese Schwingungsüberhöhungen schnell abklingen. Zur rechnerischen Simulation des Fahrverhaltens werden dreidimensionale, oft mehrgliedrige Fahrzeugersatzsysteme gewählt, die insbesondere die Lenkungs-, Reifen- und Radaufhängungseigenschaften berücksichtigen. Der Fahrer kann dabei näherungsweise durch Funktionen simuliert werden, die mit Verzögerungen auf Kursabweichung, z. B. Kurswinkelfehler und Querversatz reagieren und Lenkkorrekturen während des rechnerischen Fahrmanövers vornehmen.

Bei Sattelkraftfahrzügen besteht unter Bremsbedingungen in extremen Situationen die Gefahr des Einknickens (jackknifing). Dabei dreht die Sattelzugmaschine um den Königszapfen (Kingpin) der Sattelkupplung.

Eingeleitet werden kann dieser Vorgang durch Seitenkraftverlust der Zugmaschinenhinterachse beim Überbremsen auf schlüpfriger Fahrbahn oder durch ein sehr hohes Giermoment beim Bremsen auf Fahrbahnen mit stark unterschiedlichen Reibwerten links/rechts und hohem Kraftschlußbedarf an der Hinterachse. Die sicherste Methode zur Verhinderung von jackknifing in diesen extremen Betriebszuständen ist der Einbau von Anti-Blockier-Systemen (s. S. 520).

Prüfverfahren „Lenkwinkelsprung".
Verlauf der wesentlichsten Fahrzeugparameter über der Zeit. Verhältnis der momentanen zur stationären Giergeschwindigkeit (relative Giergeschwindigkeit) über der Zeit (ESV-Grenzkurven).

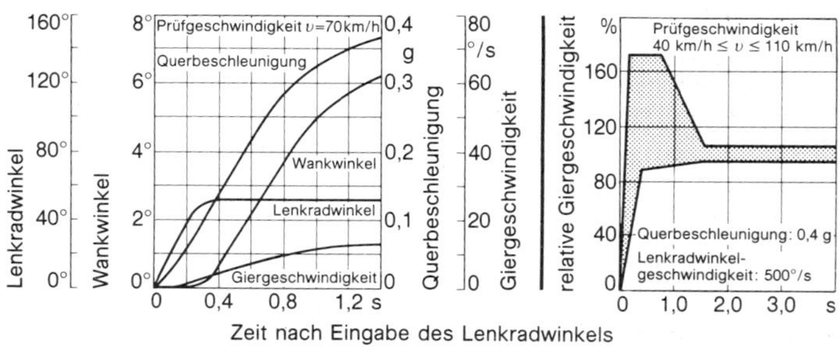

Räumliches Schwingungsersatzsystem zur Berechnung des Fahrverhaltens.
1 Schwerpunkt vordere Masse, 2 Schwerpunkt hintere Masse.

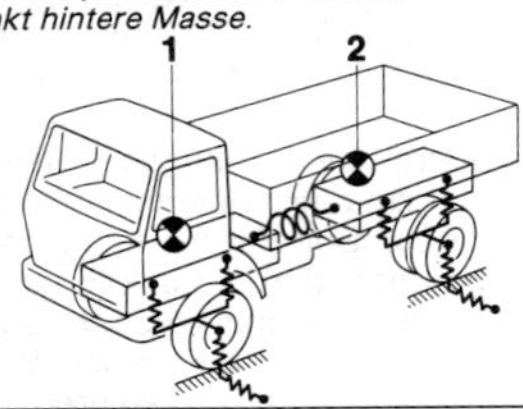

Einknicken bei Seitenkraftverlust der überbremsten Sattelzugmaschinen-Hinterachse.
1 Königszapfen der Sattelkupplung (Drehpunkt).

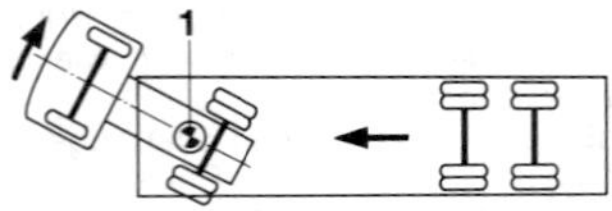

Eigenlenkverhalten

Wesentliche Fahrzeugeigenschaften können durch das Eigenlenkverhalten charakterisiert werden. Hier sind die Störungen ohne Fahrereinfluß im Geradeaus- bzw. Kurvenlaufverhalten, resultierend aus dem Zusammenspiel von Lenkung und Radaufhängung, bei Einfederung zu untersuchen. Wichtig sind stationäre Kurvenfahrt, Abbremsung und einseitige Radanhebung vorn und hinten.

Die wesentlichen Einflußgrößen sind
— Aufbaugestaltung, Massen- und Steifigkeitsverteilung
— Rahmenverdrehsteifigkeit um die Fahrzeuglängsachse
— Lenkanlage, Geometrie und Steifigkeit
— Achseigenlenken, Rollsteuern der Starrachsen, Aufhängungselastizitäten
— Stabilisierungsverteilung vorn/hinten
— Reifenschräglauf
— Querführungseigenschaften der Mehrachsaggregate.

Bei der Fahrzeugabstimmung wird unter Zuhilfenahme komplexer Meß- und Prüfstandstechnik die gegenseitige Beeinflussung dieser Größen analysiert und das Fahrverhalten des Fahrzeugs optimiert. Für rechnerische Parameterstudien eignet sich die Methode der finiten Elemente unter Berücksichtigung geometrischer Nichtlinearitäten.

Die bei Lastkraftwagen üblichen Starrachsen mit Blattfederanlenkung führen bei einseitiger Einfederung eine Drehbewegung um die Fahrzeughochachse aus. Dieses Rollsteuern kann durch die Blattfederneigung stark beeinflußt werden. Das aus Gründen der Fahrsicherheit gewünschte neutrale oder leicht untersteuernde Eigenlenkverhalten erreicht man durch leichte Neigung der Vorderfeder von vorn oben nach hinten unten und an der Hinterfeder von vorn unten nach hinten oben.

Lastkraftwagen haben große Raddruckunterschiede leer zu beladen an den Hinterachsen. Bedingt durch die wachsende Reifenschräglaufdifferenz Vorderachse zu Hinterachse ergibt sich eine Untersteuertendenz mit abnehmender Beladung.

Beim Dreiachsfahrzeug mit nicht gelenkter Doppelachse entsteht bei Kurvenfahrt durch die Geradeauslaufstabilisierung des Doppelachsaggregates ein Verzwängungsmoment um die Fahrzeughochachse. Der dadurch entstehende Seitenführungskraftbedarf an Vorder- und Hinterachsen kann näherungsweise für langsame Fahrt unter Vernachlässigung der Massenwirkung folgendermaßen ermittelt werden:

Seitenführungskräfte

$$F_{S1} = F_{S2} - F_{S3} \quad \text{mit}$$
$$F_{S2} = c_{p2} \cdot n_2 \cdot \alpha_2$$
$$F_{S3} = c_{p3} \cdot n_3 \cdot \alpha_3$$

Schräglaufwinkel

$$\alpha_2 = \frac{1}{r} \cdot \frac{c_{p3} \cdot n_3 \cdot b \cdot (a+b)}{c_{p3} \cdot n_3 \cdot (a+b) + c_{p2} \cdot n_2 \cdot \alpha}$$

$$\alpha_3 = (b/r) - \alpha_2$$

c_p Seitenführungsbeiwert aus Reifenkennfeld,
n Anzahl der Reifen pro Achse, übrige Bezeichnungen nach Bild.

FE-Modell eines 2-Achs-Lkw zur Ermittlung des Eigenlenkverhaltens. *Berücksichtigt sind Lenk- und Achsaufhängungskinematik sowie die Rahmenverdrehsteifigkeit.*

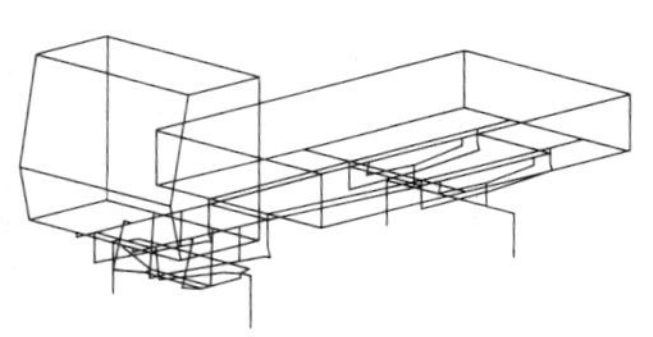

Eigenlenkwinkel eines 16-t-Lkw bei Kurvenfahrt mit 3 m/s² Querbeschleunigung.

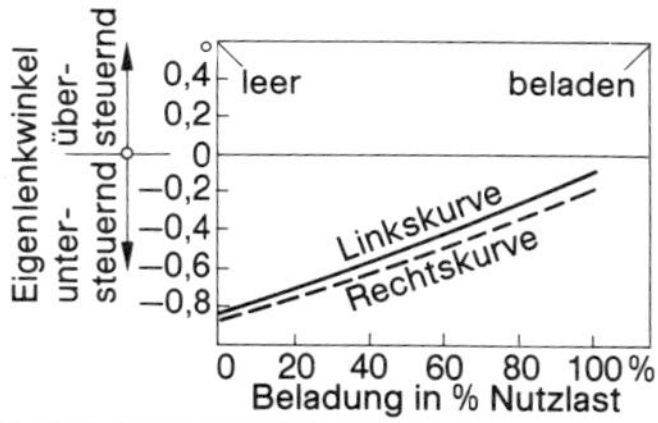

Bei schneller Fahrt muß zur rechnerischen Untersuchung die Massenwirkung berücksichtigt werden. Wegen der bedeutenden Nichtlinearitäten in den Reifenkennfeldern geschieht dies zweckmäßiger mit den mathematischen Ersatzmodellen der rechnerischen Fahrverhaltensanalyse.

Bei Kurvenfahrt haben Kraftfahrzeuge und Züge, abhängig von der Art ihrer Lenkung und Zugwagen-Anhängerverbindung einen größeren Breitenbedarf als bei Geradeausfahrt. Als Maß für die Eignung der Fahrzeuge in bestimmten Einsätzen (z. B. enge Ortsdurchfahrten) und zum Nachweis der Einhaltung von gesetzlichen Vorschriften wird für ausgewählte Fahrmanöver die von den äußersten Kanten bestrichene Fläche dargestellt.

Der Breitenbedarf bei langsamer Fahrt kann auf grafischem Wege über den Kurvenverlauf ausgewählter Punkte der Fahrzeugkonturen und aus der Lenkgeometrie am zweckmäßigsten mit CAD (Computer Aided Design) ermittelt werden. Bei schneller Fahrt, wenn z. B. die erreichbare Grenzgeschwindigkeit bei vorgegebener Fahrbahnbreite interessiert, muß die Simulation mit dynamischen Modellen wie bei den Analysen zum Fahrverhalten erfolgen.

Literatur:

Buschmann, Koessler: „Handbuch der Kraftfahrzeugtechnik".

Seitenführungskräfte und Schräglaufwinkel beim Dreiachsfahrzeug mit nicht gelenkter Doppelachse.

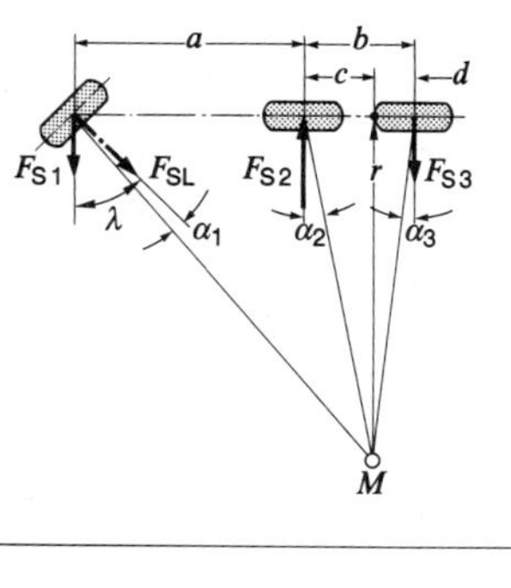

Sattelzug im BO-Kraftkreis nach der StVZO.

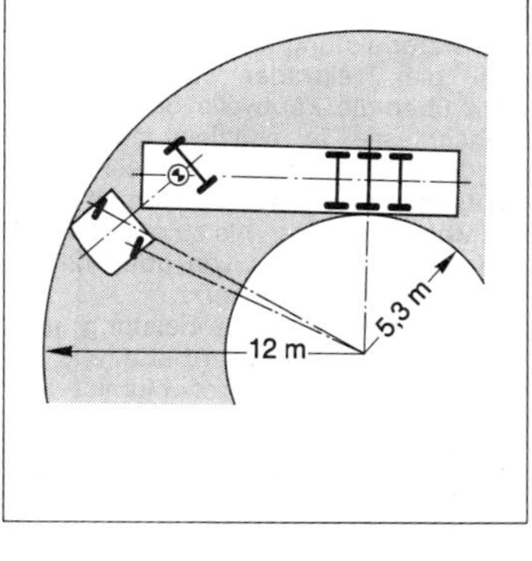

Anforderungen an Ackerschlepper

Größen und Einheiten

Größe		Einheit
F	Gewichtskraft (Radlast) eines Rades	N
F_R	Rollwiderstand	N
F_{Rh}	Rollwiderstand hinten	N
F_{Rv}	Rollwiderstand vorn	N
F_{St}	Steigungswiderstand	N
F_T	Triebkraft am Radumfang	N
F_{Th}	Triebkraft hinten	N
F_{Tv}	Triebkraft vorn	N
F_w	Bodenwiderstand	N
F_Z	Zugkraft des Schleppers	N
$F_{Zerf.}$	Zugkraftbedarf des Gerätes	N
P_e	effektive Motorleistung	kW
$P_{Getr.}$	Getriebeverlustleistung	kW
P_N	Motornennleistung	kW
P_R	Leistung für Eigenfortbewegung	kW
P_S	Schlupfverlustleistung	kW
P_{St}	Steigungsleistung	kW
P_Z	Zugleistung	kW
υ	Fahrgeschwindigkeit	km/h
υ_0	Umfangsgeschwindigkeit eines Treibrades	km/h
$\eta_{Getr.}$	Getriebewirkungsgrad	–
η_L	Laufwerkwirkungsgrad eines Ackerschleppers	–
η_T	Laufwerkwirkungsgrad eines Treibrades	–
η_Z	Zugwirkungsgrad	–
λ	Motorauslastungsgrad	–
$\varkappa$	Triebkraftbeiwert	–
ϱ	Rollwiderstandsbeiwert	–
σ	Schlupf	%

Einsatzbereich

Ackerschlepper werden für Feld-, Transport- und Hofarbeiten eingesetzt. Die Motorleistung wird je nach Gerät über die Treibräder oder zusätzlich auch über die Zapfwelle oder Hydraulikanschlüsse in Nutzleistung umgewandelt. In der Bundesrepublik Deutschland werden Ackerschlepper mit Motorleistungen bis zu etwa 250 kW und Gewichtskräften von über 120 kN hergestellt und eingesetzt.

Mit steigender Motorleistung nehmen die Probleme der Abstützung der Gewichtskräfte über großvolumige Reifen entsprechender Tragfähigkeit auf den Boden sowie der Umwandlung der Motorleistung in Zugleistung bei sinnvollen Fahrgeschwindigkeiten zu.

Einsatzbedingungen

– Hohe Zugkraft, hoher Zugwirkungsgrad.

– Motor mit hohem Drehmomentanstieg und geringem spezifischen Kraftstoffverbrauch.

– Fahrgeschwindigkeit bis 25 km/h (bzw. bis 32 oder 40 km/h); vielfach und sinnvoll gestuft, insbesondere bis 12 km/h, möglichst lastschaltbar.

– Antriebsmöglichkeit für Arbeitsgeräte über Zapfwelle und Hydraulikanschlüsse. Möglichkeit auch des Frontanbaues und -antriebes von Geräten.

– Kontrolle und Bedienung von Arbeitsgeräten vom Fahrersitz aus, z. B. über Kraftheber (s. S. 629).

– Übersichtliche und ergonomisch sinnvolle Anordnung der Betätigungshebel.

– Spurweitenverstellung bei Pflegeschleppern zur Anpassung an den Reihenabstand von Kulturen.

– Schutz des Fahrers vor Erschütterungen, Staub, Lärm, Klimaeinflüssen und Unfällen.

– Universelle Verwendbarkeit.

Zugkraftbedarf und Zugleistung eines Ackerschleppers

Die Zugkraft ist in erster Linie abhängig von der Gewichtskraft des Schleppers, der Antriebsart (Hinterrad- oder Allradantrieb) und den Betriebseigenschaften der Schlepperreifen. Die Betriebseigenschaften eines Ackerschlepper-Treibradreifens sind u. a. wieder abhängig vom Bodenzustand (Feuchtegehalt, Porenvolumen), den Reifenabmessungen, der Karkassenbauart (Diagonalreifen), dem Reifenprofil und dem Reifenluftdruck. Diesen Betriebseigenschaften entsprechend erreicht ein Ackerschlepper seine maximale Zugkraft erst bei hohem Schlupf, seine maximale Zugleistung jedoch bei relativ kleinem Schlupf und kleiner Zugkraft.

Die Zugleistung eines Allradschleppers kann bei einer Motorauslastung von 90 % unter günstigen Bedingungen höchstens 60 % der Motornennleistung betragen.

Die effektive Motorleistung ist:

$P_e = P_Z + P_R + P_S + P_{Getr.}$
$(+ P_{St}$ bei Steigungen)

Die Zugleistung errechnet sich zu:

$P_Z = F_Z \cdot v$

Die Leistung für Eigenfortbewegung ist bei Hinterradantrieb:

$P_R = F_{Rv} \cdot v + F_{Rh} \cdot v_o$

Die Schlupfverlustleistung ist:

$P_S = F_T \cdot (v_o - v) = F_T \cdot \sigma \cdot v_o$

Die Getriebeverlustleistung entspricht der Gleichung:

$P_{Getr.} = P_e \cdot (1 - \eta_{Getr.})$

Für die Wirkungsgrade gilt:

bei Hinterradantrieb:

$$\eta_L = \frac{F_{Th} - F_{Rv}}{F_{Th} + F_{Rh}} \cdot (1 - \sigma)$$

bei Allradantrieb:

$$\eta_L = \frac{F_{Th} + F_{Tv}}{F_{Th} + F_{Tv} + F_{Rh} + F_{Rv}} \cdot (1 - \sigma)$$

beim Einzelrad:

$$\eta_T = \frac{F_T}{F_T + F_R} \cdot (1 - \sigma) = \frac{\varkappa}{\varkappa + \varrho} (1 - \sigma)$$

$\eta_Z = \eta_{Getr.} \cdot \eta_L = P_Z / P_e$

Die Beiwerte errechnen sich wie folgt:

$\varkappa = F_T / F$
$\varrho = F_R / F$
$\lambda = P_e / P_N$
$\sigma = (v_o - v) / v_o$

Betriebseigenschaften eines Ackerschlepper-Treibradreifens.
Reifen: 16,9/14-30 AS; Radlast 1582 daN; Innendruck 1,1 bar; Boden: LT, Weizenstoppel scheibengeeggt, Feuchte 17,3 ... 20,8 %.

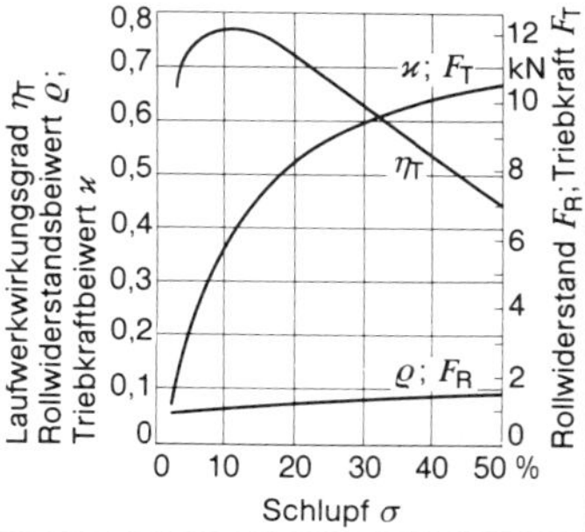

Zugkraftbedarf von Geräten und Ackerwagen

Beim Zugkraftbedarf handelt es sich bei unbeschleunigter Fahrt in der Ebene entweder um den Rollwiderstand F_R (z. B. Ackerwagen) oder um den Bodenwiderstand F_W (z. B. Saatbettkombination) oder um beides gleichzeitig (z. B. gezogener Rübenroder). Der Rollwiderstand errechnet sich aus dem Rollwiderstandsbeiwert und der Summe der über die Räder abgestützten Gewichtskräfte zu

$F_R = \varrho \cdot \Sigma F$

für Luftreifen auf Asphalt: $\varrho \leq 0{,}03$
für Luftreifen auf Ackerboden:
$\varrho = 0{,}04 \ldots 0{,}35$

Der Bodenwiderstand ist abhängig von Bodenart, Bodenzustand, Zahl und Form der Werkzeuge, Arbeitstiefe und Fahrgeschwindigkeit. Beim Pflügen kann man mit einem spezifischen Bodenwiderstand von 400 ... 600 N/dm² auf mittlerem und von 600 ... 1000 N/dm² auf schwerem Boden rechnen. Beim Grubbern liegt der Bodenwiderstand je Meter Arbeitsbreite auf mittlerem Boden und Geschwindigkeiten zwischen 6 und 9 km/h bei 5500 ... 7800 N bzw. 11 000 ... 12 500 N bei Arbeitstiefen von 13 ... 15 cm bzw. 22 ... 25 cm.

Beispiele zum Leistungsbedarf zapfwellenangetriebener Bodenbearbeitungsgeräte auf mittlerem Boden bei einer Arbeitsbreite von 1 m.

Gerät	erforderliche Motorleistung kW	Arbeitstiefe cm	Arbeitsgeschwindigkeit km/h
Fräse auf lockerem Boden	10,5 ... 25	8	3 ... 7
Rüttelegge	8 ... 22	8	3,5 ... 6,5
Kreiselegge	0 ... 15	8	3,5 ... 6,5

Fahrzeugantriebe

Anforderungen an Straßenfahrzeuge

Fahrbarkeit

Ein Fahrzeug muß aus dem Stillstand anfahrbar sein, Steigungen bewältigen und in angemessener Zeit auf gewünschte Fahrgeschwindigkeit beschleunigen. Das bedeutet im Idealfall, daß in jedem Betriebspunkt des Antriebssystemes bei vorgewählter Leistung P das Moment M und die Drehzahl n variabel sind nach $P = M \cdot n$. Das Betriebsfeld ist dann durch die Maximalleistung P_{Nenn} begrenzt, die mit abnehmender Fahrgeschwindigkeit immer höhere Momente ergibt (sog. Zugkrafthyperbel als Grenzlinie).

Leistungsdichte und Speicherdichte

Die Leistungsdichte (W/kg) sowie die Speicherdichte (Wh/kg) des Gesamtsystems Motor/Speicher selbst müssen hoch sein, um die Fahrzeuggröße und damit die zu beschleunigende Masse des Fahrzeugs gering zu halten. Bei niedriger Leistungs- und Speicherdichte würden Größe und zu beschleunigende Masse des Fahrzeugs und damit auch Leistungseinsatz und Energieverbrauch hoch liegen, um die gewünschten Fahrleistungen (Beschleunigung, Geschwindigkeit) zu erreichen.

Entladungs- oder Nutzungsdauer des Energiespeichers

Die Nutzungsdauer hängt neben der Speicherdichte auch von der benötigten Leistung und damit vom Leistungsgewicht der Antriebsmaschine ab.

Leistungs- und Speicherdichte von verschiedenen Antriebskonzepten *(Motor und Speicher).*[1]
1 Gasturbine, 2 Verbrennungsmotor, 3 Motor mit äußerer Verbrennung, Elektromotor mit 4 Brennstoffzelle, 5 Lithium-Chlor-Batterie, 6 Zink-Luft-Batterie, 7 Nickel-Kadmium-Batterie, 8 Blei-Batterie.

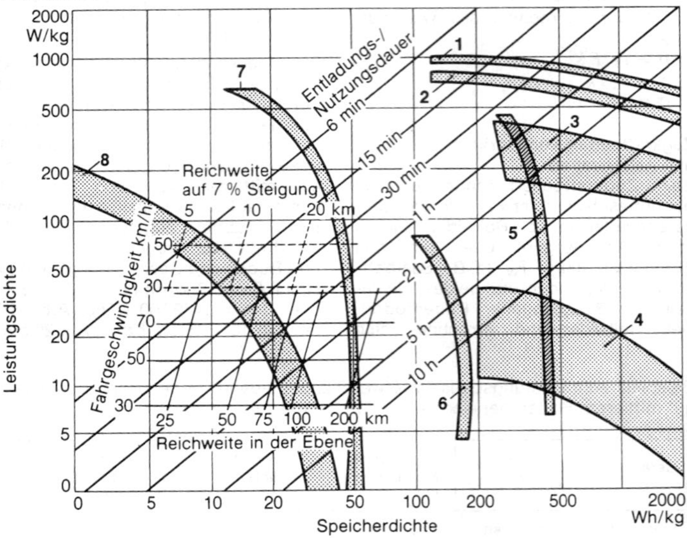

[1]) Nach „The Automobile and Air Pollution", US Dep. of Commerce (Morsebericht); Mahle „Kolben-Handbuch".

Die Bilder zeigen den Zusammenhang der kritischen Größen Leistungs- und Speicherdichte und Nutzungsdauer sowie die Drehmomentcharakteristika bekannter Antriebssysteme. Daraus geht hervor, daß einerseits Verbrennungsmotoren bezüglich Bauraumleistung und Speicherdichte (Fahrzeit mit einer Tankfüllung) besonders für den Fahrzeugeinsatz geeignet sind, andererseits aber die Drehmomentverläufe, vor allem der Kolbenkraftmaschinen (Diesel-, Ottomotor), ohne Getriebe nicht besonders gut zum Fahrzeugantrieb geeignet sind. Sie benötigen deshalb ein Getriebe, das in der Lage sein muß, sowohl Drehmoment bei Drehzahlschlupf (Anfahren) zu übertragen als auch Drehmoment zu wandeln (Bergsteigefähigkeit oder Geschwindigkeit). Selbst Elektro- und Dampfmotoren sind in ihrem maximalen Moment durch maximalen Strom bzw. maximalen Dampfdruck begrenzt und benötigen ein Getriebe.

Relatives Drehmoment für verschiedene Antriebsmaschinen.
1 Bezugspunkt: Gasturbinen-Auslegungspunkt, Kolbenmotor n_{max}, 2 Dampfmotor, 3 Elektromotor, 4 Begrenzung des max. Druckes bzw. des max. Stromes, 5 Zweiwellen-Gasturbine, 6 Ottomotor, 7 Dieselmotor, 8 Einwellen-Gasturbine.

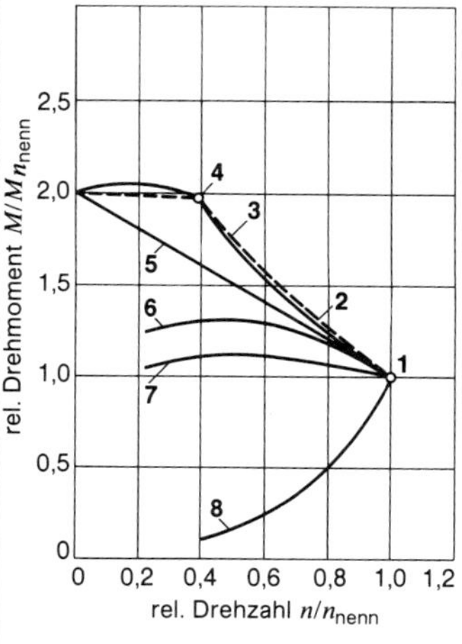

Neben den genannten Hauptforderungen sind noch weitere Forderungen an das Antriebs- und Energiespeicherungssystem zu stellen:

Wirtschaftlichkeit mit
niedrigem Kraftstoffverbrauch,
niedrigen Herstellungskosten und Wartungskosten,
hoher Lebensdauer;

Umweltfreundlichkeit mit
niedrigen Schadstoffemissionen,
niedrigen Geräuschemissionen,
geringem Materialverbrauch;

Betriebsverhalten mit
gutem Startverhalten von −30° C bis +50° C,
Unabhängigkeit von Klima und Höhenlage,
gutem Anfahr-, Beschleunigungs- und Bremsverhalten.

Für frei bewegliche Fahrzeuge kommen auch danach in erster Linie Verbrennungsmotoren in Betracht, wobei je nach Einsatzfall die oben genannten Forderungen unterschiedlich gewichtet werden, zum Beispiel:

Pkw: hohe Leistungsdichte, niedriges Geräusch und günstige Herstellungskosten,

Lkw und Bus: höchste Wirtschaftlichkeit und Lebensdauer.

In Sonderfällen oder bei besonderen Einsatzbedingungen sind Sonderausführungen von Antriebssystemen wie reiner Elektrobetrieb oder hybride Formen (Duo-Bus usw.) sinnvoll und notwendig. Beispiele:

externe Energieversorgung (O-Bus),

Untertagebetrieb mit der Forderung nach geringstem Schadstoffausstoß bzw. Emissionsfreiheit oder

innerstädtischer Betrieb mit geringstmöglicher Lärm- und Emissionsbelästigung.

Verbrennungsmotoren

Arbeitsweise und Systematik

Die häufigsten im Kraftfahrzeug angewandten Antriebsmaschinen sind die Verbrennungskraftmaschinen. Sie erzeugen ihre Leistung durch Wandlung der im Kraftstoff gebundenen chemischen Energie in Wärme und durch Umsetzen dieser Wärme in mechanische Arbeit.

Die Umwandlung der chemischen Energie in Wärme erfolgt durch Verbrennung, die Umsetzung der Wärmeenergie in mechanische Arbeit durch deren Übertragung auf ein Arbeitsmedium, dessen Druck daraufhin ansteigt und bei der anschließenden Expansion Arbeit leistet.

Als Arbeitsmedien kommen Flüssigkeiten, die durch Phasenumwandlung (Verdampfung) oder Gase, die durch Kompressibilität eine Zunahme des Arbeitsdruckes erreichen, in Frage.

Zur Verbrennung des meist aus Kohlenwasserstoffen bestehenden Kraftstoffes wird Sauerstoff benötigt, der noramlerweise mit der Luft zugeführt wird.

Findet die Verbrennung im Arbeitsraum selbst statt, nennt man dies innere Verbrennung. Das Brenngas wird in diesem Falle direkt als Arbeitsmedium verwendet.

Findet die Verbrennung außerhalb des Arbeitsraumes statt, handelt es sich um äußere Verbrennung.

Soll die Abgabe mechanischer Arbeit fortwährend erfolgen, so kann das nur durch einen entweder zyklischen (Kolbenmotor) oder kontinuierlichen (Strömungsmaschine) Ablauf von Wärmeaufnahme, Expansion (Arbeitsabgabe) und Rückführung des Arbeitsmediums auf seinen Ausgangszustand erfolgen (Kreisprozeß).

Wird das Arbeitsmedium bei der Wärmeaufnahme, z. B. durch Verwendung eines Teils seiner Bestandteile als Oxidationsmittel verändert, so ist eine Rückführung auf den Ausgangszustand nur durch Austausch möglich.

Man spricht dann von einer offenen Prozeßführung und Gaswechsel (Ausschieben der Brenngase und Zuführen von Frischladung) bei zyklischer Arbeitsweise. Die innere Verbrennung bedingt demzufolge immer eine offene Prozeßführung.

Tabelle 1. Systematik der Verbrennungskraftmaschine.

<table>
<tr><td colspan="2" rowspan="5">Art der Prozeßführung</td><td colspan="4">offener Prozeß</td><td colspan="2">geschlossener Prozeß</td></tr>
<tr><td colspan="4">innere Verbrennung</td><td colspan="2">äußere Verbrennung</td></tr>
<tr><td colspan="4" rowspan="3">Brenngas ≙ Arbeitsmedium</td><td colspan="2">Brenngas ≠ Arbeitsmedium</td></tr>
<tr><td colspan="2">Phasenumwandlung des Arbeitsmediums</td></tr>
<tr><td>nein</td><td>ja</td></tr>
<tr><td colspan="2">Art der Verbrennung</td><td colspan="3">zyklische Verbrennung</td><td colspan="3">kontinuierliche Verbrennung</td></tr>
<tr><td colspan="2">Art der Zündeinleitung</td><td>Selbstzündg.</td><td colspan="5">Fremdzündung</td></tr>
<tr><td rowspan="2">Art der Maschine</td><td>Motor ≙ arbeitsraumbildende Maschine</td><td>Diesel</td><td>Hybrid</td><td>Otto</td><td>Rohs</td><td>Stirling</td><td>Dampf</td></tr>
<tr><td>Turbine ≙ Strömungsmaschine</td><td>–</td><td>–</td><td>–</td><td>Gas</td><td>Heißdampf</td><td>Dampf</td></tr>
<tr><td colspan="2">Art des Gemisches</td><td colspan="2">heterogen</td><td>homogen</td><td colspan="3" rowspan="2">heterogen
(in kontinuierlicher Flamme)</td></tr>
<tr><td colspan="2"></td><td colspan="3">(im Brennraum)</td></tr>
</table>

Bei äußerer Verbrennung bleibt das eigentliche Arbeitsmedium chemisch unverändert, kann also durch geeignete Maßnahmen (Kühlung, Kondensation) auf seinen Ausgangszustand zurückgeführt werden. Damit ist eine geschlossene Prozeßführung möglich.

Neben den übergeordneten Merkmalen Prozeßführung (offen/geschlossen) und Art der Verbrennung (zyklisch/kontinuierlich) können die Arbeitsverfahren von Verbrennungskraftmaschinen auch noch nach Art der Gemischbildung und Zündeinleitung unterschieden werden.

Erfolgt die Gemischbildung außerhalb des Brennraums, spricht man von äußerer Gemischbildung. Da bei dieser Gemischbildungsart zum Zeitpunkt der Verbrennungseinleitung im wesentlichen homogenes Luft-Kraftstoff-Gemisch vorliegt, wird sie auch als homogene Gemischbildung bezeichnet.

Unter innerer Gemischbildung versteht man die direkte Einbringung des Kraftstoffs in den Brennraum. Je später die innere Gemischbildung erfolgt, desto heterogener wird das Luft-Kraftstoff-Gemisch zum Zeitpunkt der Verbrennungseinleitung sein. Die innere Gemischbildung wird deshalb auch heterogene Gemischbildung genannt. Erfolgt die Verbrennungseinleitung durch einen elektrischen Funken oder durch eine Glühkerze, so spricht man von Fremdzündung. Eine Selbstzündung liegt vor, wenn das Gemisch infolge Erreichen oder Überschreiten der Zündtemperatur während seiner Verdichtung entflammt wird.

Kreisprozesse

Das p-V-Diagramm

Die Wärmeenergie kann nur dann fortlaufend in mechanische Energie gewandelt werden, wenn das Arbeitsmedium seinen Zustand ändert, und zwar mit einer möglichen Rückführung auf seinen Ausgangszustand.

Für die technische Arbeit sind dabei nur Druckänderungen mit den dazugehörigen Volumensänderungen interessant, die in einem Druck-Volumen-Arbeits-Diagramm, kurz p-V-Diagramm, dargestellt werden können.

Wärmezufuhr und Zustandsänderungen des Arbeitsmediums müssen, wie das Bild zeigt, so durchgeführt werden, daß beim Durchlaufen des Prozesses von 1→2 die geleistete Arbeit größer ist als die Rückführarbeit von 2→1, mithin eine Fläche entsteht, die der gewinnbaren Arbeit $L = \oint V \mathrm{d}p$ entspricht.

Das T-S-Diagramm

Um die bei diesem Kreisprozeß zu- und abzuführenden Wärmeenergien in ähnlicher Weise veranschaulichen zu können, bedient man sich des Temperatur-Entropie-Diagrammes, kurz T-S-Diagramm genannt.

Schema eines thermodynamischen Kreisprozesses im p-V-Diagramm.

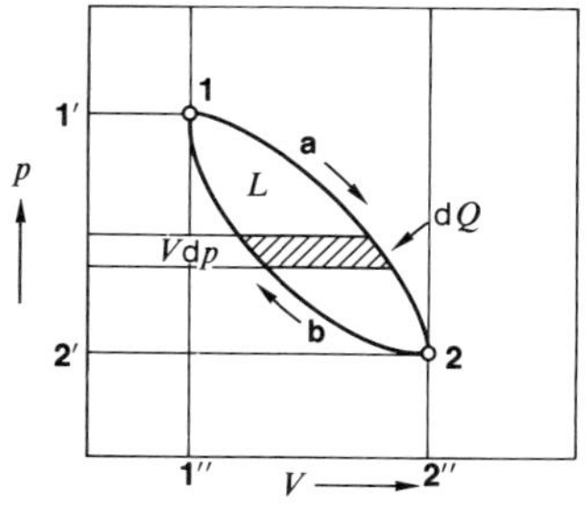

Schema eines thermodynamischen Kreisprozesses im T-S- oder H-S-Diagramm.

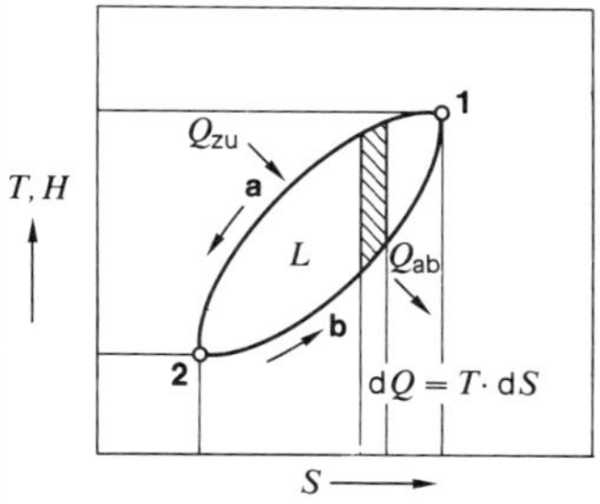

Im T-S-Diagramm lassen sich Wärmemengen als Flächen darstellen wie im p-V-Diagramm Arbeiten. Mit bekannten spezifischen Wärmen des Arbeitsmediums erhält man nach $\mathrm{d}H = c_p \cdot \mathrm{d}T$ aus dem T-S- das H-S-Diagramm, das sogenannte Enthalpie-Entropie-Diagramm.

Der im p-V-Diagramm S. 283 dargestellte Kreisprozeß liefert in diesem Diagramm die längs a zugeführte Wärme

$$Q_{zu} = \int_2^1 T_a \, \mathrm{d}S$$

und die längs b abgeführte Wärme

$$Q_{ab} = \int_2^1 T_b \, \mathrm{d}S, \text{ wobei}$$

$$Q_{zu} - Q_{ab} = L = \oint V \mathrm{d}p$$

(Differenz der zu- und abgeführten Wärmen) der gewinnbaren mechanischen Arbeit entspricht. Das Diagramm zeigt weiter, daß aufgrund der Gleichheit von mechanischer Arbeit und Differenz der Wärmemengen ein thermischer Wirkungsgrad $\eta_{th} = (Q_{zu} - Q_{ab})/Q_{zu}$ definiert werden kann, und daß es zwischen zwei gegebenen Temperaturen für das Arbeitsmedium theoretisch einen Kreisprozeß geben muß, der eine maximale technische Arbeit ermöglicht.

Der Carnot-Prozeß

Dieser 1824 von Carnot beschriebene Kreisprozeß besteht aus zwei isothermen[1]) und zwei isentropen[2]) Zustandsänderungen, die im T-S-Diagramm die max. Fläche zwischen T_{max} und T_{min} ergeben. Er wird im Wirkungsgrad von keinem anderen, zwischen denselben Temperaturgrenzen laufenden Prozeß übertroffen, und wäre somit der bestmögliche Weg für Umwandlung von Wärme in Arbeit:

$$\eta_{th\,Carnot} = (T_{max} - T_{min})/T_{max}$$

Da aber sowohl isotherme Verdichtung, d. h. Druckerhöhung im Arbeitsmedium ohne Temperaturerhöhung, als auch isotherme Expansion technisch nicht realisierbar sind, arbeiten Verbrennungsmotoren nach anderen Kreisprozessen.

Zur theoretischen Behandlung werden heute folgende Vergleichsprozesse herangezogen:

der Gleichraumprozeß für alle Kolbenmotoren mit periodischer Verbrennung und Arbeitserzeugung und

der Gleichdruckprozeß für alle Strömungsmaschinen mit kontinuierlicher Verbrennung und Arbeitserzeugung.

Auf beide Prozesse wird bei der Behandlung der entsprechenden Maschinen näher eingegangen.

[1]) Isotherme Zustandsänderung: Temperatur unveränderlich.

[2]) Isentrope Zustandsänderung: adiabat (Wärme weder zu- noch abgeführt) und reibungsfrei (reversibel).

[3]) Isochore Zustandsänderung: Volumen unveränderlich s. S. 285.

Carnot-Prozeß im** p-V- **und** T-S-**Diagramm.

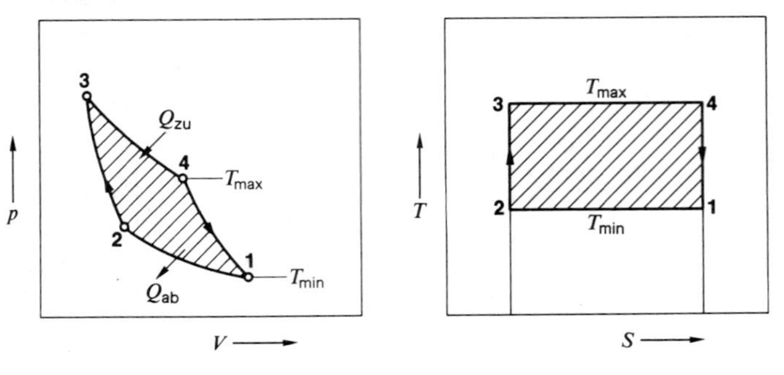

Anforderungen an den Kraftstoff

Die geringsten Anforderungen an den Brenn- oder Kraftstoff stellen Motoren mit äußerer Verbrennung, da hier Brenn- und Arbeitsgas nicht identisch sind und nicht miteinander in Berührung kommen. Bei Verbrennungsmotoren mit innerer Verbrennung muß der Kraftstoff praktisch rückstandsfrei und genügend schnell verbrennen.

Hubkolbenmotor mit innerer Verbrennung

Arbeitsweise

Bei allen Hubkolbenmotoren wird im Arbeitszylinder periodisch Luft oder Luft-Kraftstoff-Gemisch verdichtet, das Gemisch entzündet oder Kraftstoff in die heiße, verdichtete Luft eingespritzt und eine Verbrennung des Kraftstoffes in Gang gesetzt. Die entstehende Nutzarbeit wird mittels Kurbeltrieb in ein am Kurbelwellenende zur Verfügung stehendes Drehmoment umgewandelt.

Neben dem längs des Kolbenweges entstehenden p-V-Diagramm, das den realen, im Motor ablaufenden Arbeitsprozeß beschreibt und den mittleren Arbeitsdruck p_{mi} im Zylinder während eines kompletten Arbeitszyklus ergibt, verwendet man heute auch die leichter zu erzeugenden Druck-Zeit- ($p-t$-) oder auf die Position der Kurbelwelle bezogenen Druck-Kurbelwinkel-Diagramme ($p-\alpha$-), deren Fläche zwar kein unmittelbares Maß für die indizierte Arbeit ist, die aber so wichtige Daten wie Zündzeitpunkt oder Spitzendruck während der Verbrennung sehr anschaulich vermitteln. Das Produkt aus mittlerem Arbeitsdruck im Zylinder und Hubraum ergibt die Kolbenarbeit, die Zahl der Arbeitsperioden in der Zeiteinheit die Kolbenleistung oder die innere („indizierte") Leistung eines Motors. Die Leistung eines Hubkolben-Verbrennungsmotors steigt also mit der Drehzahl.

Vergleichs-Kreisprozeß für Kolbenmotoren mit innerer Verbrennung

Als thermodynamischer Vergleichsprozeß dient für Hubkolbenmotoren mit innerer Verbrennung der sog. „Gleichraumprozeß", bestehend aus einer isentropen Verdichtung, einer isochoren[3]) Wärmezufuhr sowie einer isentropen Expansion und einer ebenfalls isochoren Rückführung des idealen Arbeitsgases auf den Ausgangszustand des Prozesses. Prozeßrandbedingungen dabei sind:

– keine Wärme- und Gasverluste, kein Restgas;

– ideales Gas mit konstanten spezifischen Wärmen c_p, c_v und
$\varkappa = c_p/c_v = 1{,}4$;

– unendlich schnelle Wärmezu- und -abfuhr;

– keine Strömungsverluste.

Ablauf des motorischen Arbeitsprozesses,
1 im Druck-Volumen-Schaubild, 2 im Druck-Zeit- bzw. Druck-Kurbelwinkel-Schaubild.

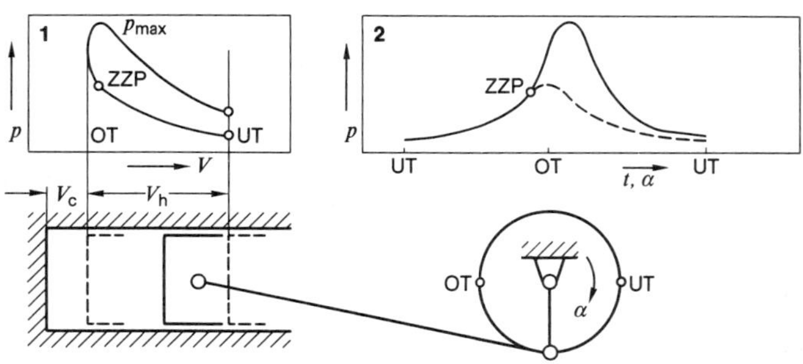

Gleichraum-Vergleichsprozeß im** p-V- **und** T-S-**Diagramm.

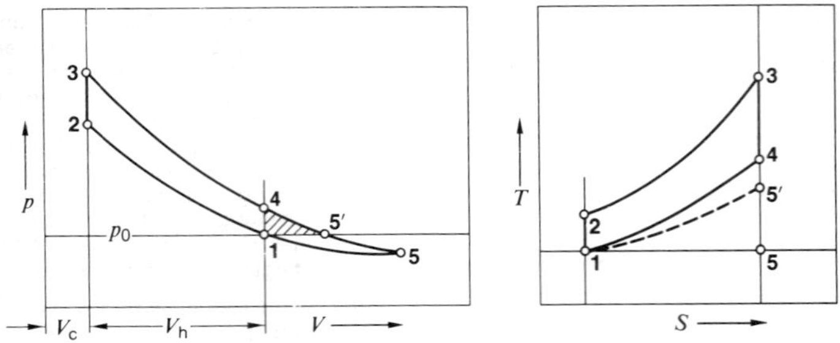

Die Fläche 4—5—1 ist wegen der endlichen durch den Kurbeltrieb gegebenen Expansion nicht direkt nutzbar. Bei Nachschaltung einer Abgasturbine kann der über der atmosphärischen Linie liegende Teil 4—5'—1 genutzt werden.

Der Wirkungsgrad des Gleichraum-Vergleichsprozesses wird wie alle thermischen Wirkungsgrade berechnet:

$\eta_{th} = \eta_v = (Q_{zu} - Q_{ab})/Q_{zu}$

mit $Q_{zu} = Q_{23} = m \cdot c_v \cdot (T_3 - T_2)$ und

$Q_{ab} = Q_{41} = m \cdot c_v \cdot (T_4 - T_1)$

Mit gleichem $\varkappa$ für Kompression und Expansion:

$$\eta_{th} = 1 - Q_{ab}/Q_{zu} = 1 - \frac{T_4 - T_1}{T_3 - T_2} = 1 - T_1/T_2$$

mit $T_2/T_1 = \varepsilon^{\varkappa-1}$ ergibt sich $\eta_{th} = 1 - \varepsilon^{1-\varkappa}$ wobei das Verdichtungsverhältnis definiert ist als $\varepsilon = (V_c + V_h)/V_c$ mit dem Hubvolumen V_h und dem Kompressionsvolumen V_c.

Verbrennungsmotoren arbeiten jedoch nicht mit idealen Kreisprozessen, sondern mit realem Gas und haben strömungstechnische, thermodynamische und mechanische Verluste.

Wirkungsgradkette (DIN 1940)

Der Nutzwirkungsgrad η_e erfaßt die Summe aller Verluste und kann deshalb als das Verhältnis der nach außen abgegebenen (effektiven) mechanischen Arbeit zum mechanischen Arbeitsäquivalent des zugeführten Kraftstoffs definiert werden:

$\eta_e = W_e/W_B$ mit

W_e an der Kupplung effektiv verfügbare Arbeit,

W_B Arbeitsinhalt des zugeführten Brennstoffs.

Um die Verluste besser unterscheiden zu können, kann man weiter aufteilen:

Der Brennstoffumsetzungsgrad η_B gibt die Verbrennungsgüte an:

$\eta_B = (W_B - W_{Bo})/W_B$, wobei

W_B Arbeitsinhalt des zugeführten Brennstoffes,

W_{Bo} Arbeitsinhalt des unverbrannten Brennstoffes.

Eine vollkommene Verbrennung ist nämlich bei keinem Betriebszustand möglich.

Ein Teil des zugeführten Brennstoffes verbrennt nicht (Kohlenwasserstoffbestandteile im Abgas) oder nur unvollkommen (CO-Abgasanteil). Bei bestimmten Betriebszuständen wird sogar bewußt eine unvollständige Verbrennung unter Luftmangel (Luft-Kraftstoff-Verhältnis $\lambda < 1$), z. B. für hohe Vollast-Leistungsausbeute oder durch unvollständige Verdampfung des Kraftstoffs im Warmlauf, herbeigeführt.

Für betriebswarme Dieselmotoren und für Vergleichsbetrachtungen wird η_B sehr oft zu 1 gesetzt.

Tabelle 2. Darstellung und Definition der Einzel- und Gesamtwirkungsgrade des Hubkolbenmotors.

Arbeitsdiagramm	Bezeichnung	Randbedingungen	Definition	Wirkungsgrade		
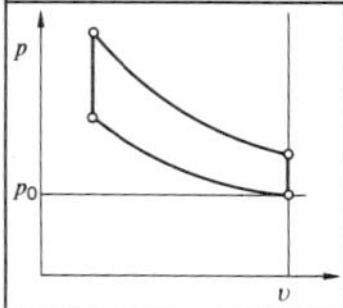	theoretischer Vergleichs-Gleichraum-prozeß	ideales Gas, konstante spezifische Wärmen, unendlich schnelle Wärmezu- und abfuhr usw.	$\eta_{th} = 1 - \varepsilon^{1-\varkappa}$ theoretischer oder thermischer Wirkungsgrad	η_{th}		
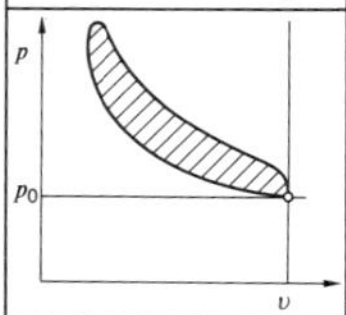	realer Hochdruck-Arbeitsprozeß	Wandwärmeverluste, reales Gas, endliche Wärmezu- und -abfuhrgeschwindigkeiten, veränderliche spezifische Wärmen	η_{gHP} Gütegrad des Hochdruckprozesses		η_i	η_e
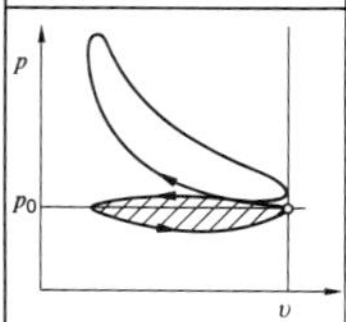	realer Ladungswechsel (4-Takt)	Strömungsverluste, Aufheizung des Gemisches oder der Luft usw.	η_{gLW} Ladungswechselwirkungsgrad	η_g		
mechanische Verluste	Verluste durch Reibung, Kühlung, Nebenaggregate	realer Motor	η_m	η_m	η_m	

Der indizierte Wirkungsgrad η_i ergibt sich als Verhältnis der indizierten Arbeit des Hochdruckteils zum Wärmeäquivalent des zugeführten Kraftstoffes $\eta_i = W_i/W_B$.

Der Gütegrad η_g enthält alle inneren Verluste sowohl des Hochdruck- als auch des Niederdruckprozesses wie: reales Arbeitsgas, Restgas, Wandwärmeverluste, Gasverluste sowie die Ladungswechselverluste, weshalb η_g heute besser in η_{gHD} für den Hochdruckanteil und η_{gLW} für den Ladungswechsel aufgeteilt wird. Der Gütegrad zeigt deshalb die Güte, mit der der theoretische Vergleichsprozeß angenähert werden kann:

$$\eta_g = \eta_{gHD} \cdot \eta_{gLW} = W_i/W_{th} \text{ mit}$$

W_i indizierte Arbeit,
W_{th} Arbeit des Vergleichsprozesses.

Der mechanische Wirkungsgrad η_m setzt die mechanischen Verluste, insbesondere die Reibverluste von Triebwerk und Gaswechsel-Steuerorganen, von Öl- und Wasserpumpe, Kraftstoff-Förderpumpe, Generator usw. ins Verhältnis zur indizierten Arbeit:

$$\eta_m = W_e/W_i \text{ mit}$$

W_e an der Kupplung effektiv verfügbare Arbeit,
W_i indizierte Arbeit.

Die Wirkungsgradkette sieht demnach wie folgt aus:

$$\eta_e = \eta_B \cdot \eta_{th} \cdot \eta_{gHD} \cdot \eta_{gLW} \cdot \eta_m$$

(Vergleiche Tabelle 2).

Der Ottomotor

Unter Ottomotor wird ein Kolbenmotor mit homogener äußerer oder innerer Gemischbildung und Fremdzündung verstanden. Das homogene Kraftstoff-Luft-Gemisch wird dabei im Kompressionstakt auf ca. 15...25 bar ($\varepsilon = 7...10$) verdichtet. Die dabei entstehende Kompressionsendtemperatur von 400... 600 °C liegt noch unter der Selbstzündungsgrenze des Gemisches, so daß es kurz vor OT durch einen Zündfunken entflammt werden muß. Die nachfolgende Verbrennung und damit die Wirtschaftlichkeit und Leistungsausbeute hängt im wesentlichen von der erreichbaren Flammgeschwindigkeit und damit Brenndauer ab.

Gemischbildung
Aufgabe des Gemischbildungssystems beim Ottomotor:
Herstellung brennfähiger, homogener Luft-Kraftstoff-Gemische. Homogen können aber nur Gas- bzw. Gas-Dampfmischungen sein, d. h. aller Kraftstoff muß vor der Zündeinleitung verdampft sein. Kann die Verdampfung des Kraftstoffs z. B. beim Kaltstart nicht vollständig erfolgen, weil die Temperaturen dafür zu niedrig liegen, so muß soviel mehr Kraftstoff zugegeben werden, daß der verdampfbare Kraftstoffanteil zu einem brennbaren Luft-Kraftstoff-Verhältnis führt (Kaltstart-Gemischanreicherung).
Neben der Gemischhomogenisierung muß das Gemischbildungssystem auch die Laststeuerung des Motors bewerkstelligen können. Da homogene Luft-Kraftstoff-Gemische nur in einem engen λ-Bereich (0,8 ... 1,2) „sauber" verbrennen, muß die Laststeuerung über die in den Zylinder gelangende Gemischmenge (Quantitätssteuerung) erfolgen, was durch Drosselung des Einströmvorgangs in die Arbeitszylinder bei Teillast erreicht wird (Drosselsteuerung). Schließlich hat die Gemischbildung so zu erfolgen, daß möglichst geringe Abweichungen im Luft-Kraftstoff-Verhältnis von Zylinder zu Zylinder, aber auch von Arbeitsspiel zu Arbeitsspiel auftreten.

Vergaser- und Einspritzmotoren können diese Forderung unterschiedlich gut realisieren und zeigen im Motorkennfeld gegenläufiges Verhalten. Die angestellte Drosselklappe bedingt im unteren Lastbereich bei der Einpunktgemischbildungsanlage des Vergasers zwar eine ungleichmäßige Luftverteilung und damit Zylinderfüllung; der mit abnehmender Last fallende Saugrohrdruck wirkt sich jedoch positiv auf den Kraftstoffdampftanteil und damit – wie das Bild zeigt – auf die Gemischstreuung von Zylinder zu Zylinder aus.

Mit zunehmender Last, d. h. zunehmendem Saugrohrdruck, nimmt die Ungleichmäßigkeit der Gemischverteilung zu.

Bei der Saugrohreinspritzung ist die relative Mengenstreuung von Zylinder zu Zylinder im niederen Lastbereich am ungünstigsten. Da gleichzeitig im unteren Kennfeldbereich die Luftverteilung auf die einzelnen Zylinder ungleichmäßig ist, ergibt sich dort ein stärkerer Unterschied in der Luft-Kraftstoff-Verteilung auf die Zylinder. Mit zunehmender Last und damit besserer Luftverteilung wird die λ-Streuung geringer.

Bei beiden Gemischbildungssystemen müssen Änderungen des Luft-Kraftstoffdampf-Verhältnisses (reales λ) beim Kaltstart und während der Warmlaufphase durch Anreicherung korrigiert werden.

Zündung
Das Zündsystem muß in der Lage sein, das verdichtete Gemisch auch bei instationären Betriebszuständen, und damit hinsichtlich Gemischbewegung und Luft-Kraftstoff-Verhältnis stark wechselnden Bedingungen, an einem vorgegebenen Zeitpunkt sicher zu entflammen. Durch Anordnung der Zündkerze in Bereichen guter Gemischzugänglichkeit und geordneter Gemischbewegung kann die Entflammungssicherheit vor allem im mageren Bereich und bei extremer Teillast verbessert werden. Auch die Anordnung der Zündkerze in kleinen Nebenkammern, den sog. Zündkammern, kann diesbezüglich Vorteile bringen.

Gemischbildung.
Unterschiede im Luft-Kraftstoff-Verhältnis λ der einzelnen Zylinder über Last und Drehzahl:

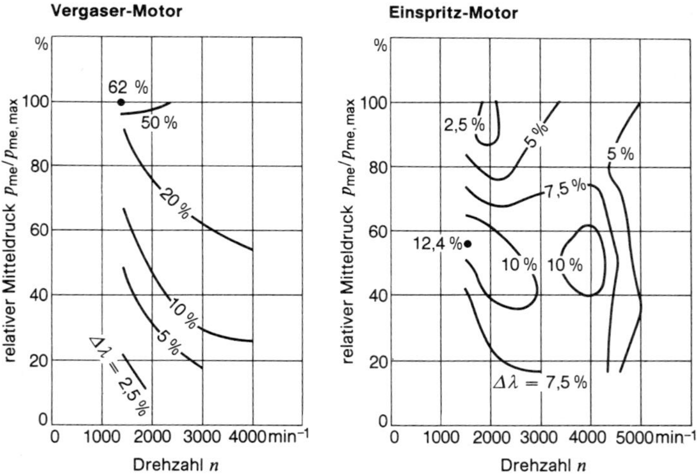

Die erforderliche Zündenergie hängt von den verwendeten Luft-Kraftstoff-Gemischen ab. Bei Benzin-Luft-Gemischen wird im stöchiometrischen Bereich eine Zündenergie von 0,2 mJ benötigt. Dagegen benötigen fette und magere Gemische bis 3 mJ pro Zündung.

Verbrennungsablauf
Die erste zwischen der Zündenergiezufuhr des Zündfunkens und der exothermen Reaktion des Kraftstoff-Luft-Gemisches ablaufende thermische Reaktion, die sog. Entflammungsphase, ist in etwa zeitkonstant und nur von der Gemischzusammensetzung abhängig. Dies bedeutet einen mit steigender Motordrehzahl auf die Kolbenbewegung bezogenen, anwachsenden und sich mit λ ändernden Zündverzug.

Der Verlauf der Wärmefreisetzung wird vor allem durch die Form des Brennraumes und die Lage des Zündortes, die Brenndauer hauptsächlich durch die Geschwindigkeit der Flammenausbreitung (Brenngeschwindigkeit) bestimmt. Die Brenngeschwindigkeit ist bei ca. 10 % Luftmangel, also λ ≈ 0,9 am größten und beträgt 20 ... 40 m/s. Sie wird durch Diffusionsvorgänge in der Flammfront sowie durch Turbulenzstärke und Temperaturverlauf im noch nicht verbrannten Gemischanteil (Endgas) bestimmt.

Die Turbulenzstärke im Brennraum bzw. in der Flammfront kann u. a. durch Gestaltung der Gemisch-Einlaßorgane, die Brennraumform (z. B. mit turbulenzerzeugenden Kanten) und die Ausnutzung der Kolbenbewegung zu sog. Quetschströmungen beeinflußt werden. Sie kann sich aber auch durch die Flammenausbreitung und die damit verbundene Drucksteigerung selbst generieren und ist in jedem Falle von den Motorparametern Verdichtung, Ansauglufttemperatur und Drehzahl abhängig.

Die Drucksteigerung während der Verbrennung ist auch für den Temperaturverlauf im Endgas maßgebend, während Wärmeleitung und -strahlung vernachlässigt werden können.

Günstig für niedrigen Kraftstoffverbrauch und somit hohen Wirkungsgrad sind zum einen kurze Brenndauern, also hohe Brenngeschwindigkeiten, und zum anderen die richtige Lage der Wärmefreisetzung in Zuordnung zur Kolbenbewegung. Der Schwerpunkt der Wärmefreisetzung sollte dabei kurz (ca. 5 ... 10 °KW) nach dem oberen Totpunkt liegen. Zu früher Umsetzungsschwerpunkt erhöht die Wandwärme- und die mechanischen Verluste (hoher Spitzendruck). Zu späte Wärmefreisetzung führt zu ungünstiger Wärmenutzung (Gütegrad) und hohen Abgastemperaturen.

Die richtige Lage der Wärmefreisetzung muß durch die Wahl des Zündzeitpunktes unter Berücksichtigung
— des Gemischzustandes (λ),
— der Turbulenzabhängigkeit von den Motorparametern und
— den zeitkonstant ablaufenden Entflammungsvorgängen, also unterschiedlich langer Zündverzüge,
sichergestellt werden.

Probleme und Grenzen der Verbrennung

In der Praxis verbietet eine sichere Flammeinleitung und Flammausbreitung bei Motoren mit äußerer Gemischbildung und Fremdzündung ein Abmagern des Gemischs auf Luftzahlen $\lambda > 1{,}3$, obwohl dies zur Verbesserung des theoretischen Wirkungsgrades (Polytropenexponent), des Gaswechselwirkungsgrades (geringe Drosselverluste) und zur Verringerung der Wandwärmeverluste und der Dissoziationsverluste (Absenkung der Verbrennungstemperatur) wünschenswert wäre. Versuche in dieser Richtung werden mit Schichtlademotoren gemacht.

Einer Verbesserung des Teillastwirkungsgrades durch höhere Verdichtung steht die klopfende Verbrennung bei Vollast gegenüber. Von klopfender Verbrennung spricht man, wenn Flammgeschwindigkeiten im Bereich der Schallgeschwindigkeit auftreten. Dies kann vor allem gegen Ende der Verbrennung auftreten, wenn das Endgas bereits hoch verdichtet ist und hohe Temperaturen aufweist. Im Vergleich

Klopfende Verbrennung im Vergleich zu normaler Verbrennung und Schleppbetrieb im p–α-Diagramm.

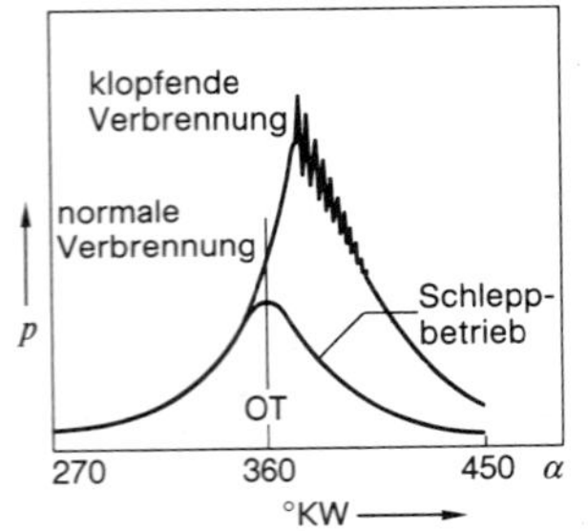

zur normalen Verbrennung treten bei klopfender Verbrennung hohe Druckspitzen auf, die sich mit Schallgeschwindigkeit im Brennraum fortpflanzen und Kolben, Dichtung und Zylinderkopf beschädigen. Die Gefahr klopfender Verbrennung kann durch Kraftstoffzusätze oder durch Einsatz fetter Gemische (zusätzliche Innenkühlung) verringert werden. Die heute übliche Zurücknahme des Zündzeitpunktes in Richtung spät zur Vermeidung von klopfender Verbrennung ist vor allem bei hochverdichteten Motoren nicht ganz unproblematisch, da die Zündkennlinie (Mitteldruck in Abhängigkeit vom Zündzeitpunkt) mit zunehmender Verdichtung immer steiler verläuft und damit neben einer Mitteldruckeinbuße extrem hohe Abgastemperaturen ereicht werden. Bei Verdichtungsverhältnissen $\varepsilon = 12 \ldots 13$ ist deshalb eine sichere Erkennung und Vermeidung klopfender Verbrennung notwendig.

Die geringe Abmagerfähigkeit des Ottomotors bedingt in weiten Kennfeldbereichen die Laststeuerung über den angesaugten Luftmassenstrom. Dies kann durch Drosselung und damit über die Luftdichte oder durch vorzeitiges Schließen des Einlaßventils und damit über die Ansaugdauer geschehen. Das technisch einfachste, bezüglich Wirkungsgrad jedoch ungünstigste Verfahren, stellt die Drosselsteuerung dar.

Fahrbarer Mitteldruck an der Klopfgrenze in Abhängigkeit von Verdichtungsverhältnis und Zündwinkel.

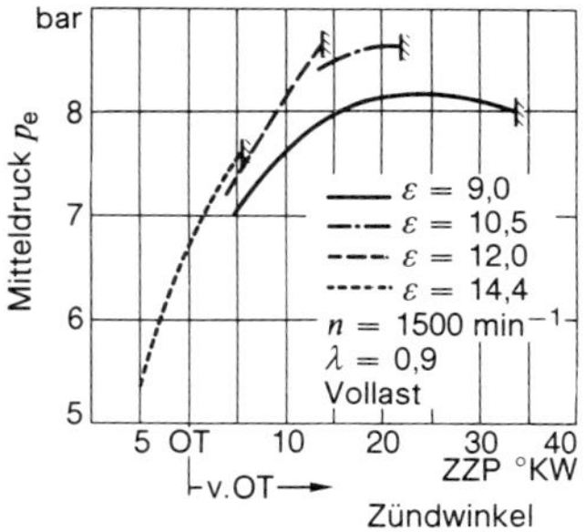

Verlauf des indizierten Wirkungsgrades eines Ottomotors mit Drosselregelung über Last und Drehzahl.

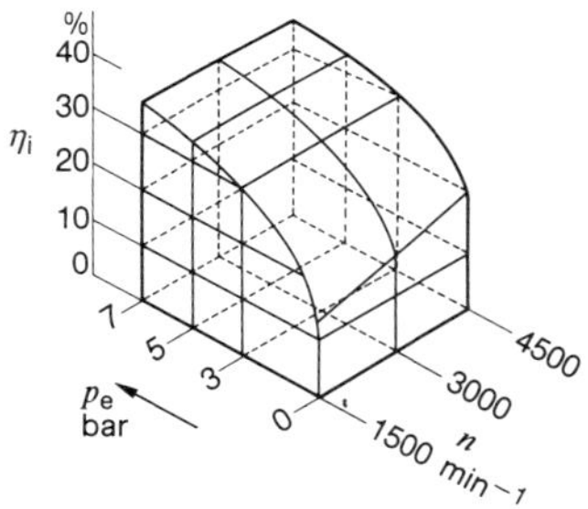

Leistungsausbeute, Wirtschaftlichkeit
Der indizierte Wirkungsgrad eines Motors mit äußerer Gemischbildung und Fremdzündung fällt vor allem im unteren Kennfeldbereich ab (s. Bild). Die Ursachen sind sowohl im Gütegrad der Verbrennung (zu geringe Turbulenz, zu geringe Ladungsdichte) als auch im ungünstigsten Gaswechselwirkungsgrad zu suchen. Der in diesem Kennfeldbereich ungünstige mechanische Wirkungsgrad bedingt eine weitere Verringerung des effektiven Wirkungsgrades.

Alle Maßnahmen, die geeignet sind, diese unteren Kennfeldbereiche zu vermeiden, verbessern somit den Gesamtwirkungsgrad des Motors.

Durch Kraftstoffabschaltung für einzelne Zylinder werden die gefeuerten Zylinder höher ausgelastet, wodurch Gütegrad der Verbrennung und Gaswechselwirkungsgrad verbessert werden. Durch zusätzliche Stillegung der Gaswechselventile der nicht gefeuerten Zylinder, die sog. Ventilabschaltung, wird die Gaswechselarbeit weiter verringert. Bei der Zylinderabschaltung wird auch das Triebwerk der nicht gefeuerten Zylinder stillgelegt. Dadurch kann zusätzlich der mechanische Wirkungsgrad verbessert werden.

Während diese Maßnahmen z. Z. noch nicht serienreif sind, bewirkt die Drehzahlabsenkung des Motors ebenfalls Verbesserungen des Gütegrades und des Gaswechselwirkungsgrades. Zudem wird der Reibmitteldruck verringert und damit der mechanische Wirkungsgrad verbessert.

Vorteile des Ottomotors:
- einfacher Aufbau,
- hohe Leistungsdichte,
- idealer Wärmefreisetzungsverlauf und damit guter Vollastkraftstoffverbrauch,
- hohe Drehzahlen realisierbar durch Ansteigen der Flammgeschwindigkeit proportional zur Drehzahl,
- Abgasemission gut beeinflußbar (Dreiweg-Katalysator).

Nachteile des Ottomotors:
- schlechter Teillastwirkungsgrad durch Quantitätsregelung,
- relativ hohe Schadstoffmengen NO, HC, CO im Abgas.

Der Dieselmotor

Unter Dieselmotor wird ein Hubkolbenmotor mit innerer und damit heterogener Gemischbildung und Selbstzündung verstanden. Im Kompressionstakt wird Luft auf 30 ... 55 bar verdichtet und dabei auf 700 ... 900 °C erhitzt. Diese Temperatur reicht aus, um den kurz vor Kompressionsende nahe dem oberen Totpunkt des Kolbens eingespritzten Kraftstoff zur Selbstzündung zu bringen. Der Ablauf der nachfolgenden Verbrennung sowie die Ausnutzung der angesaugten Verbrennungsluft und damit der erzielbare Mitteldruck hängen bei heterogenen Verfahren entscheidend von der Gemischbildung ab.

Gemischbildung

Bei heterogenen Gemischen überdeckt das Luft-Kraftstoff-Verhältnis λ den Bereich von reiner Luft in der Strahlaußenzone ($\lambda = \infty$) bis zu reinem Kraftstoff im Strahlkern ($\lambda = 0$).

Das Bild zeigt für einen ruhenden Einzeltropfen schematisch die λ-Verteilung und die zugeordnete Flammzone. Da diese Zone prinzipiell bei jedem Tropfen des Einspritzstrahls auftritt, ist bei heterogener Gemischbildung die Laststeuerung über die eingebrachte Kraftstoffmenge möglich. Man spricht von der sogenannten Qualitätssteuerung.

Die Verbrennung findet – wie bei homogenen Gemischen – in dem relativ engen Bereich von $0{,}3 < \lambda < 1{,}5$ statt. Der für die Erzeugung dieser brennbaren Gemische notwendige Massentransport erfolgt durch Diffusion und Turbulenzen und wird durch die nachfolgend beschriebenen Gemischbildungsenergieträger, aber auch durch die Verbrennung selbst, bewerkstelligt.

Kinetische Energie des Kraftstoffstrahls

Sie hängt vom Druckgefälle am Spritzloch der Düse ab und bestimmt zusammen mit dem durch die Düsengeometrie festgelegten Strahlkegel und der sich ergebenden Kraftstoffaustrittsgeschwindigkeit den Interaktionsraum Luft-Kraftstoff und das Tröpfchengrößenspektrum in diesem Raum.

Beeinflußt wird die Strahlenenergie durch die Förderrate der Einspritzpumpe und die Durchflußquerschnitte an der Einspritzdüse.

Wärmeenergie

Die Wärmeenergie von Brennraumwänden und verdichteter Luft dient der Verdampfung des eingespritzten Kraftstoffs zum einen in Form der Filmverdampfung und zum anderen in Form der Tropfenverdampfung.

Brennraumform

Die Brennraumform kann bei geeigneter Gestaltung mit Hilfe der Kolbenbewegung zur Turbulenzerzeugung (Quetschströmung) genutzt werden.

Geordnete Luftbewegung (Drall)

Eine der Verbrennungsluft im Brennraum aufgezwungene Bewegung, meist in Form einer Festkörper-Drehströmung, verbessert die Luftzufuhr zum Kraftstoffstrahl und entfernt die verbrannten Gase aus ihm, wenn Kraftstoffrichtung und Luftdrehrichtung in etwa senkrecht zueinander verlaufen und Tropfenverdampfung vorliegt.

Bei Wand-Filmverdampfung sorgt die Luftdrehbewegung für die Abtragung der Dampfschicht und eine thermische Separierung von Brenn- und Frischgas. Die der Festkörper-Drehströmung überlagerten Mikroturbulenzen bewirken dabei eine rasche Mischung von Kraftstoff und Luft. Die geordnete „Festkörper-Drehbewegung“

Verlauf des Luft-Kraftstoff-Verhältnisses λ am ruhenden Einzeltropfen.

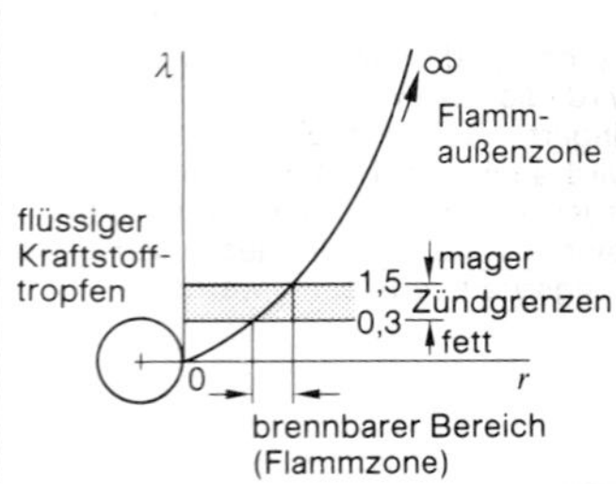

der Luft wird entweder durch besondere Gestaltung der Einlaßkanalform oder durch Überschieben eines Teils der Zylinderladung in eine rotationssymmetrische Nebenkammer (durch einen tangential mündenden Kanal) erzeugt.

Teilverbrennung in einer Nebenkammer

Die Teilverbrennung von Kraftstoff in einer Nebenkammer bewirkt eine Drucksteigerung in dieser Kammer gegen den Hauptbrennraum, wodurch über einen oder mehrere Verbindungskanäle teiloxidierte Brenngase und verdampfter Kraftstoff in den Hauptbrennraum gedrückt und dort intensiv mit der restlichen Verbrennungsluft vermischt wird.

Die Anwendung einer oder meist mehrerer dieser Gemischbildungsmöglichkeiten in sinnvoller Kombination führt zu den Diesel-Brennverfahren.

Direkteinspritzverfahren

Dieser Begriff faßt Verfahren zusammen, bei denen auf eine Unterteilung des Brennraumes verzichtet wird.

Strahleinspritzverfahren

Das Strahleinspritzverfahren besteht aus einer weiten Brennraummulde im Kolben und einer zentrisch zu diesem Brennraum angeordneten 6- bis 8-Loch-Düse. Es nutzt überwiegend die Energie der Einspritzstrahlen und arbeitet ohne Luftdrall. Dieses Verfahren wird meist bei langsam laufenden Großdieselmotoren, die mit hohem Luftüberschuß betrieben werden, angewandt.

Mehrlochdüsen-Verbrennungsverfahren

Dieses Verfahren weist eine deutlich engere Kolbenmulde als Brennraum und eine ebenfalls zu diesem Brennraum zentrisch angeordnete 3- bis 4-Loch-Düse auf. Es wird heute bei den meisten Lkw-Motoren angewandt, wobei zur Verbesserung der Luftausnutzung und Steigerung der Gemischbildungsgeschwindigkeit neben der Einspritz-Strahlenenergie ein im Einlaßkanal erzeugter Drall zusätzlich angewandt wird. Die Drallstärke wird dabei so gewählt, daß das um einen Einspritzstrahl sich bildende Luft-Kraftstoff-Gemisch durch die senkrecht zur Einspritzstrahlrichtung angreifende Luft-Drallströmung während der Einspritzdauer eben das Brennraumsegment bis zum nächsten Einspritzstrahl ausfüllen kann.

Wird das Brennraumsegment nicht voll erfaßt, leidet die Luftausnutzung und damit die Leistungsausbeute. Überstreicht das Gemisch mehr als den Strahlzwischenraum, tritt durch zu hohe örtliche Kraftstoffanhäufung und damit Luftmangel verstärkte Rußbildung auf. Sowohl Strahleinspritzverfahren als auch Mehrlochdüsenverfahren werden als luftverteilende Verfahren bezeichnet.

Brennraumform und Düsenanordnung für Strahleinspritzverfahren ohne Luftdrall.

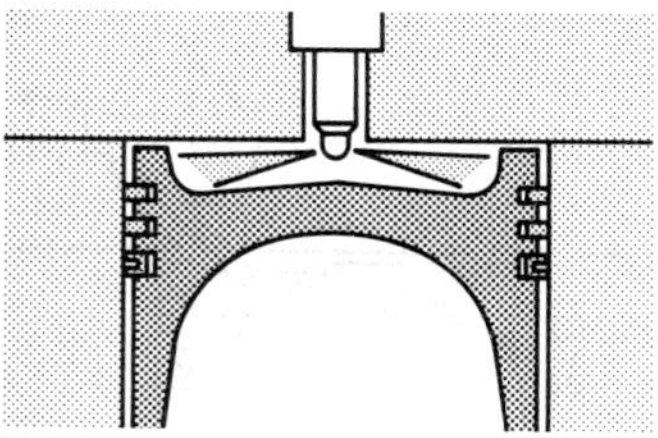

Brennraumform und Düsenanordnung für Mehrlochdüsenverfahren mit Luftdrall.

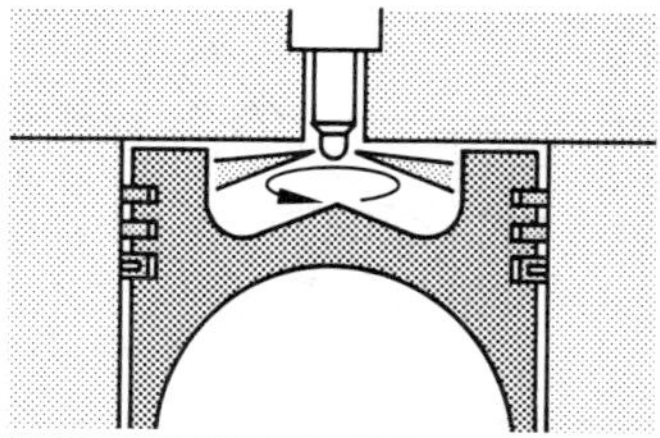

M-Verfahren

Das wandverteilende Brennverfahren der MAN (M-Verfahren), bei dem der Kraftstoff vorzugsweise auf die Brennraumwand aufgetragen wird, nutzt neben der Einspritzstrahlenergie vor allem die Wärme der Brennraumwandung und die Luftdrallströmung zur Gemischbildung. Dabei wird der Kraftstoff mit einer exzentrisch in einem engen Muldenbrennraum angeordneten Einloch-Düse in Richtung der Drallströmung auf die Brennraumwand gespritzt. Er bildet dort einen Film, der abdampft und sich dabei sehr intensiv mit der vorbeirotierenden Brennraumluft mischt. Das Verfahren hat eine sehr gute Luftausnutzung und niedrige Abgastrübungswerte.

Nebenkammer-Verbrennungsverfahren

Nebenkammer-Verbrennungsverfahren eignen sich für kleine schnellaufende Dieselmotoren, meist für Pkw. Auf diesem Gebiet werden einerseits sehr hohe Anforderungen an die Gemischbildungsgeschwindigkeit und die Luftausnutzung (fahrbares λ) gestellt. Andererseits sollen aus Kostengründen teure Einspritzausrüstungen für hohe Einspritzstrahlenenergien vermieden werden. Darüber hinaus können aus Gründen einer guten Zylinderfüllung Drall-Einlaßkanäle hier nicht problemlos angewandt werden.

Wirbelkammerverfahren

Dieses Verfahren ist durch eine am Rand des Hauptbrennraums angeordnete, nahezu kugelförmige Nebenkammer von ca. 50 % des gesamten Verdichtungsvolumens gekennzeichnet. Die Nebenkammer ist über einen Schußkanal, der tangential in die Kammer mündet und auf die Kolbenmitte gerichtet ist, mit dem Hauptbrennraum verbunden. Sie nimmt auch Düse und Glühkerze (Starthilfe) auf. In der Wirbelkammer entsteht beim Kompressionstakt ein starker Luftwirbel, in den der Kraftstoff – ähnlich dem M-Verfahren – exzentrisch und in Drallrichtung auch auf die Kammerwand eingespritzt wird. Das Verfahren ist für sehr hohe Drehzahlen bis 5000 min^{-1} geeignet, zeigt gute Luftausnutzung und ist raucharm.

Vorkammerverfahren

Das Vorkammerverfahren ist durch eine möglichst zentral zum Hauptbrennraum angeordente Nebenkammer mit 25 ... 35 % Kompressionsanteil gekennzeichnet. Die Vorkammer nimmt ebenfalls Einspritzdüse und Glühkerze (Starthilfe) auf. Sie ist durch mehrere Bohrungen mit dem Hauptbrennraum verbunden, um eine möglichst vollständige Erfassung der Hauptbrennraumluft durch die aus der Kammer austretenden Brenngase zu gewährleisten. Das Verfahren hat eine sehr gute Luftausnutzung und ist ebenfalls für hohe Drehzahlen geeignet.

Brennraumform und Düsenanordnung für das MAN-M-Verfahren.

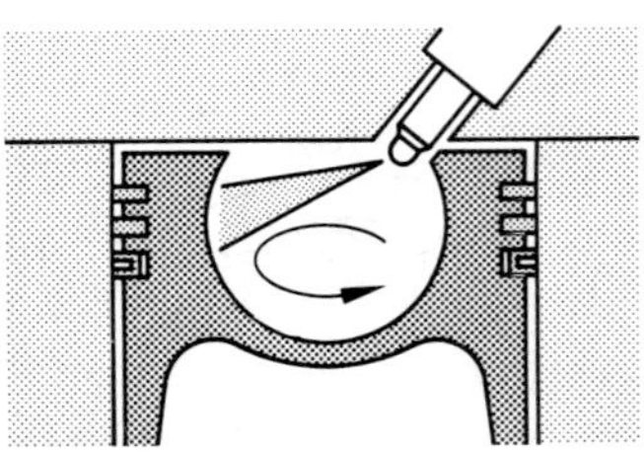

Brennraumform und Düsenanordnung für das Wirbelkammer-Verfahren.

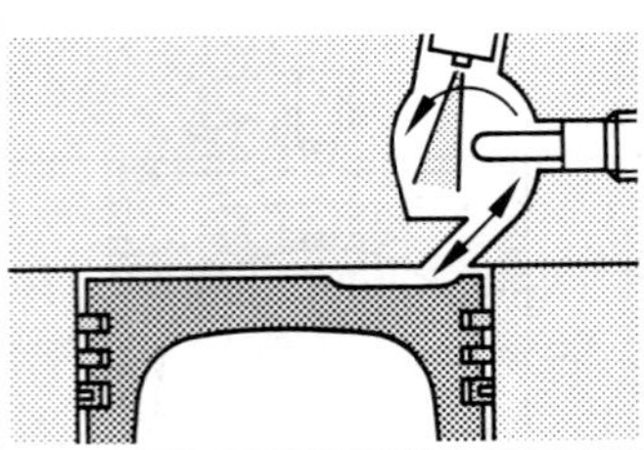

Verbrennungsablauf

Zwischen Einspritzbeginn und damit dem Beginn der Gemischaufbereitung und Beginn der exothermen Reaktion (Zündbeginn) liegt eine gewisse Zeit: der Zündverzug. Er hängt von der Zündwilligkeit des Kraftstoffs (Cetanzahl), vom Verdichtungsverhältnis und damit der Kompressionsendtemperatur sowie der gewählten Art der Gemischaufbereitung und dem Belastungszustand des Motors (Bauteiltemperatur) ab.

Die mit dem Zündbeginn einsetzende Verbrennung unterteilt man in zwei Phasen. In der Phase der „vorgemischten Flamme" wird der bis zum Zündbeginn eingespritzte und mit der Luft gemischte Kraftstoff verbrannt. Der nach Zündbeginn eingespritzte Kraftstoff verbrennt in einer „Diffusionsflamme".

Der Anteil der sehr rasch brennenden vorgemischten Flamme an der Gesamtverbrennung ist hauptsächlich verantwortlich für die Drucksteigerung und damit das Verbrennungsgeräusch sowie die entstehende Stickoxidmenge. Die langsamer brennende Diffusionsflamme verursacht vor allem die Entstehung von Ruß und unverbrannten Kohlenwasserstoffen.

Der Wärmefreisetzungsverlauf eines Diesel-Verbrennungsverfahrens hängt somit direkt von der Art der Gemischbildung ab und kann durch Veränderung der vorgenannten Parameter in weiten Genzen variiert werden.

Die zweistufige Verbrennung der Nebenkammerverfahren ermöglicht die Steuerung des Verbrennungsablaufs zusätzlich durch die Wahl der Überströmquerschnitte Nebenkammer/Hauptbrennraum.

Brennraumform und Düsenanordnung für das Vorkammerverfahren.

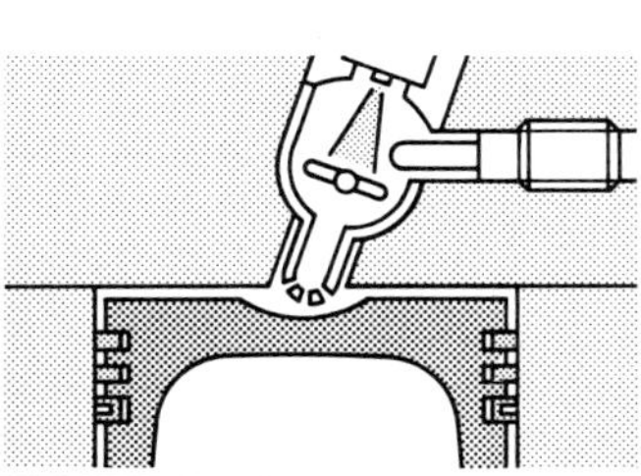

Wärmefreisetzungsverläufe
1 bei luftverteilender Direkteinspritzung, 2 bei wandverteilender Direkteinspritzung, bei Nebenkammerverfahren 3a in Nebenkammer, 3b in Hauptbrennkammer.

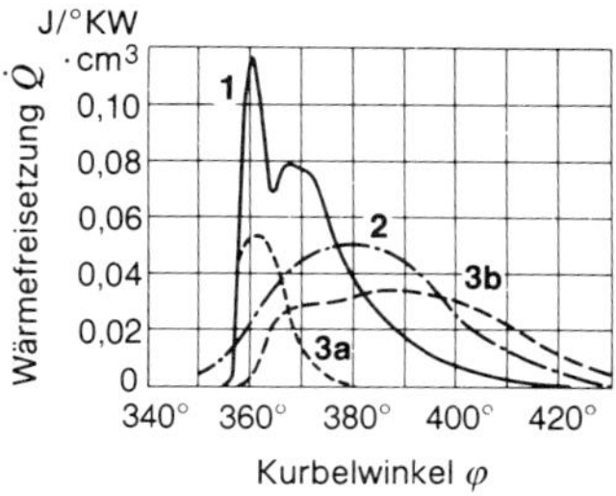

Das Diagramm zeigt die Wärmefreisetzungsverläufe für eine luftverteilende Direkteinspritzung, eine wandverteilende Direkteinspritzung und ein Nebenkammerverfahren. Die Verfahren unterscheiden sich vor allem in der ersten Phase der Verbrennung. Die hohe Umsatzspitze der luftverteilenden Direkteinspritzung bei Brennbeginn kann durch Auftragen des Kraftstoffs auf die Brennraumwand bzw. verstärkt durch die zweistufige Verbrennung der Nebenkammerverfahren abgebaut werden, wobei allerdings der Wirkungsgrad nachteilig beeinflußt wird.

Probleme und Grenzen der Verbrennung

Da bei Dieselmotoren der eingespritzte Kraftstoff durch Selbstzündung entflammt wird, muß vom Kraftstoff gute Zündwilligkeit gefordert werden (CZ ≈ 45 ... 50). Trotz hohem Verdichtungsverhältnis können beim Start – insbesondere beim Kaltstart – Zündprobleme auftreten, da bei der niedrigen Startdrehzahl des Motors die Verdichtung erst nach Schließen der Einlaßventile, also deutlich nach UT beginnt, womit das effektive Verdichtungsverhältnis und damit die Kompressionstemperatur stark abgesenkt werden. Kalte

Motorbauteile begünstigen außerdem den Wärmefluß aus der verdichteten Luft (Polytropenexponent $1{,}1 < n < 1{,}2$). Die Beziehung $T_1 = T_0 \cdot \varepsilon^{n-1}$ zeigt, daß durch eine Verringerung der effektiven Verdichtung oder des Polytropenexponenten die Kompressionsendtemperatur reduziert wird. Zudem ist bei niedrigen Drehzahlen die Kraftstoffaufbereitung unbefriedigend (große Kraftstofftropfen) und die Luftbewegung gering. Durch Bereitstellung einer längeren Verdampfungszeit (früherer Einspritzbeginn) und eine Erhöhung der Kraftstoffmenge deutlich über die Vollastmenge hinaus (Bereitstellung einer größeren Menge leichtsiedenden Kraftstoffs) kann das Startproblem nur teilweise gelöst werden, da die schwerer siedenden Bestandteile des Kraftstoffs den Motor in Form von Weißrauch bzw. Blaurauch verlassen. Starthilfen durch Temperaturerhöhung in Form von Glühkerzen oder Flammstartanlagen sind deshalb vor allem bei kleinen Motoren notwendig.

Da bei heterogenen Verfahren ein beträchtlicher Teil der Gemischbildung während der Verbrennung abläuft, kommt es in der Diffusionsflamme zu örtlichen Überfettungen und damit zum Teil schon bei mittleren Luftüberschußzahlen zu einem Anstieg der Schwarzrauchemission. Das an der gesetzlich festgelegten Rauchgrenze fahrbare Luft-Kraftstoff-Verhältnis ist ein Maß für die Güte der Luftausnutzung. Nebenkammermotoren fahren an der Rauchgrenze mit einem Luftüberschuß von 10 ... 25 %, direkteinspritzende Dieselmotoren von 40 ... 50 %. Dabei ist zu beachten, daß großvolumige Dieselmotoren auch aus Gründen der thermischen Bauteilbelastung mit deutlichem Luftüberschuß fahren müssen.

Da bei heterogener Verbrennung stets Ruß entstehen muß, kann ein rußfreier Dieselmotor nicht dargestellt werden. Es wird deshalb an regenerativen Rußfiltern zur Sammlung und Nachverbrennung des Rußes gearbeitet.

Da bei Selbstzündverfahren der während des Zündvorgangs verdampfte und mit der Luft vermischte Kraftstoff schlagartig verbrennt, kennzeichnet diese Verfahren eine „harte" Verbrennung mit mehr oder weniger starker Brenngeräuschemission. Diese kann durch Verringerung des Zündverzugs (Ansaugluftvorwärmung, Aufladung, Hochverdichtung) und/oder durch Verringerung der während des Zündverzugs eingebrachten Kraftstoffmenge (Drosselzapfendüse) reduziert werden.

Nicht zu verwechseln mit dieser verfahrensspezifischen harten Verbrennung ist das sog. Nageln, das vor allem im mittleren und unteren Kennfeldbereich der Dieselmotoren auftritt und durch Unzulänglichkeiten des Gemischbildungssystems, wie z. B. nicht schnarrende oder verkokte Einspritzdüsen, verursacht wird und sich durch ein impulshaltiges, metallisches Geräusch äußert.

Die aus Start- und Geräuschgründen erforderliche hohe Verdichtung von Dieselmotoren sowie die durch die Selbstzündung verursachten hohen Verbrennungsspitzendrücke bedingen ein vergleichsweise schweres Triebwerk. Da heterogene Verfahren zudem auch bei Vollast mit Luftüberschuß betrieben werden müssen, haben Dieselmotoren im allgemeinen eine niedrige Leistungsdichte.

Vorteile des Dieselmotors:
- sehr guter Kraftstoffverbrauch,
- lange Lebensdauer,
- geringe Schadstoffemission,
- leicht aufladbar.

Nachteile des Dieselmotors:
- teuer in der Herstellung,
- lautes Laufgeräusch,
- rauher Motorlauf.

Hybrid-Verfahren

Hybridmotoren besitzen Merkmale des Diesel- und des Ottomotors.

Ladungsschichtung
Bei Motoren mit Ladungsschichtung wird das Gemisch im Bereich der Zündkerze so weit angereichert, daß eine sichere Entflammung garantiert ist, die Verbrennung im Mittel aber bei stark abgemagertem Gemisch stattfindet. Dadurch sollen dieselähnliche Teillastverbräuche, vor allem aber niedrige NO_x- und CO-Emissionen erreicht werden.

Bei den „offenen" Verfahren, die in der Mehrzahl ihrer Merkmale dieselähnlich sind (Qualitätssteuerung, Hochdruckeinspritzung usw.) wird versucht, durch innere Gemischbildung (Texaco TCCS, Ford PROCO, Ricardo, MAN-FM, KHD-AD) ein zündfähiges Gemisch an der Zündkerze zu erzeugen, während im übrigen Bereich des Brennraums bis hin zu reiner Luft abgemagert wird.

Die Verfahren mit innerer Gemischbildung liegen hinsichtlich der Luftausnutzung im Bereich von Dieselmotoren.

Bei den Kammerverfahren, die eher ottomotorische Eigenschaften (Drosselsteuerung, Gemischansaugung usw.) aufweisen, wird die Zündkerze in einer kleinen Nebenkammer, der Zündkammer (Volumen etwa 5 ... 25 % des Kompressionsvolumens), angeordnet. Die Zündkammer ist durch eine oder mehrere Bohrungen (Schußkanäle) mit dem Hauptbrennraum verbunden.
Dabei wird
eine Teilkraftstoffmenge über ein zusätzlich in der Kammer angeordnetes Einspritzventil eingespritzt (VW, Porsche-SKS) oder ein
Teil-Luft-Kraftstoff-Gemisch über ein zusätzlich in der Kammer angeordnetes Ventil angesaugt (Honda-CVCC).

Nachteil dieser Verfahren ist ein höherer Bauaufwand und eine höhere HC-Emission aufgrund der niedrigen Abgastemperaturen und der dadurch geringeren bzw. fehlenden Nachreaktionen im Auslaßtrakt.

Vielstoffmotoren
Vielstoffmotoren stellen keine oder nur geringe Anforderungen an Zündwilligkeit oder Klopffestigkeit des eingesetzten Kraftstoffes und müssen Kraftstoff unterschiedlicher Qualität ohne Motorschäden verarbeiten können. Da der Kraftstoff geringe Klopffestigkeit aufweisen darf, besteht bei äußerer Gemischbildung die Gefahr von klopfender Verbrennung bzw. Frühzündung. Vielstoffmotoren arbeiten deshalb ausschließlich mit innerer Gemischbildung und spätem (dieselähnlichen) Spritzbeginn. Die Einspritzpumpe für den Vielstoffbetrieb ist mit einem Ringschmierkanal für das Pumpenelement versehen, wodurch die Stempel durch Motorenöl aus der Druckumlaufschmierung geschmiert werden können und ein Hindurchtreten von Kraftstoff in den Nockenwellenraum der Pumpe verhindert wird. Da andererseits die Zündwilligkeit der Kraftstoffe keine oder nur erschwert Selbstzündung garantieren, werden Vielstoffmotoren extrem hoch verdichtet (DB, MTU: $\varepsilon = 25:1$) oder sie werden mit fremden Zündquellen in Form von Zündkerze oder Glühkerze versehen (MAN-FM). Das Verdichtungsverhältnis dieser fremdgezündeten Motoren liegt mit $\varepsilon = 14 \ldots 15$ zwischen Otto- und Dieselmotoren.

Eine besondere Art der Zündeinleitung ist das von Alkohol- oder Gasmotoren bekannte Zündstrahlverfahren (KHD, MWM), bei dem ein zusätzlich direkt in den Brennraum eingespritzter Dieselstrahl von 5 ... 10 % der Diesel-vollastmenge die Entflammung sicherstellt. Der Hauptenergieträger kann dabei durch äußere oder innere Gemischbildung eingebracht werden.

Keines der genannten Verfahren hat sich bis heute in größerem Umfang (Ausnahme militärische Einsatzzwecke) durchsetzen können.

Gaswechsel

Bei Verbrennungskraftmaschinen mit offener Prozeßführung und innerer Verbrennung kommen dem Gas- oder Ladungswechsel zwei entscheidende Aufgaben zu:

1. das Arbeitsgas wird durch Austausch auf den Ausgangszustand des Kreisprozesses gebracht,
2. der zur Kraftstoffverbrennung erforderliche Sauerstoff wird in Form von Frischluft bereitgestellt.

Eine Beurteilung des Gaswechsels ist mit Hilfe der in DIN 1940 festgelegten Kenngrößen möglich. Während beim Luftdurchsatz (Luftaufwand $\lambda_a = m_g/m_{th}$) die gesamte während eines Arbeitsspiels durchgesetzte Ladung m_g auf die durch das Hubvolumen vorgegebene theoretische mögliche Ladung bezogen wird, betrachtet man beim Liefergrad $\lambda_{a1} = m_z/m_{th}$ lediglich die im Zylinder tatsächlich vorhandene bzw. verbleibende Frischladung m_z. Diese unterscheidet sich von der insgesamt durchgesetzten Ladung m_g durch den Anteil, der während der Überschneidungsphase direkt in den Auslaß strömt und somit der Verbrennung nicht zur Verfügung steht. Der Fanggrad

$$\lambda_z = m_z/m_g$$

ist ein Maß für die im Zylinder verbleibende Ladung. Der Spülgrad

$$\lambda_S = m_z/(m_z + m_r)$$

gibt an, wie hoch der Anteil der Frischladung m_z im Vergleich zu der aus Frischladung und Restgasanteil m_r bestehenden Gesamtladung ist. Dabei beschreibt m_r den nach Auslaßende im Zylinder verbleibenden Gasrest aus früheren Arbeitsspielen.

Erfolgt der Gaswechsel bei jeder Kurbelwellenumdrehung am Ende der Expansion im Bereich des unteren Totpunkts, spricht man vom Zweitaktverfahren. Wird zwischen jedem Verbrennungstakt ein separater Gaswechseltakt, bestehend aus Ausschubhub und Ansaughub, eingeschoben, spricht man vom Viertaktverfahren.

Viertaktverfahren

Zur Steuerung des Gaswechsels wird hier eine mit halber Motordrehzahl drehende Steuerwelle, die Nockenwelle, von der Kurbelwelle angetrieben. Die Nockenwelle öffnet die für das Ausschieben der verbrauchten Gase und Ansaugen der Frischgase separat ausgelegten Gaswechselventile gegen die Ventilfedern. Kurz vor dem unteren Totpunkt (UT) öffnet das Auslaßventil und bei überkritischem Druckverhältnis verlassen während dieses Vorauslassens ca. 50 % der Brenngase den Brennraum. Der sich nach oben bewegende Kolben sorgt während des Ausschubtaktes für eine nahezu vollständige Entfernung der Brenngase aus dem Brennraum.

Kurz vor dem oberen Totpunkt des Kolbens (OT) öffnet das Einlaßventil bei noch geöffnetem Auslaßventil. Zur Unterscheidung zum Zünd-OT (ZOT), bei dem die Verbrennung abläuft, nennt man diese Stellung der Kurbelwelle den Gaswechsel-OT (GOT) oder auch Überschneidungs-OT (ÜOT), weil sich in diesem Bereich die sonst strikt getrennten Einlaß- und Auslaßvorgänge überschneiden. Kurz nach GOT schließt das Auslaßventil und bei geöffnetem Einlaßventil kann der sich nach unten bewegende Kolben Frischluft ansaugen. Dieser zweite Takt des Gaswechsels, der Ansaugakt, dauert bis kurz nach UT. Mit Verdichtung und Verbrennung (Ex-

Darstellung des Viertakt-Gaswechselverfahrens im p-V-Diagramm.

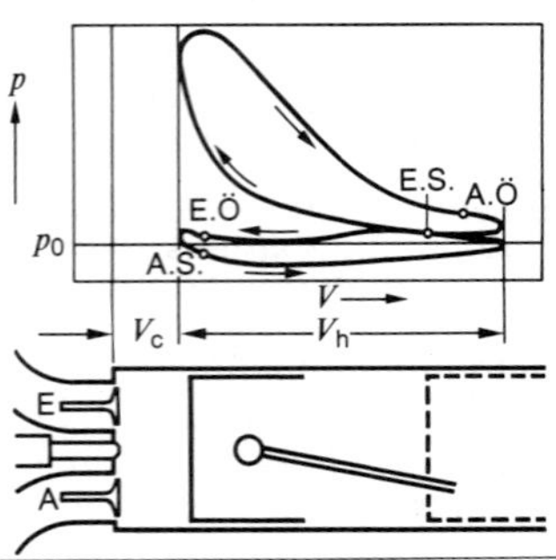

pansion) schließen sich die beiden restlichen Takte des Viertaktverfahrens an.

Während der Überschneidungsphase strömen beim drosselgesteuerten Ottomotor vor allem bei Teillast infolge hohen Saugrohrunterdrucks Abgase direkt vom Brennraum in den Einlaßkanal oder vom Auslaßkanal zurück in den Brennraum und dann in den Einlaßkanal. Diese „innere" Abgasrückführung wirkt sich besonders im Leerlauf ungünstig aus. Sie kann aber nicht ganz vermieden werden, da ein Kompromiß zwischen befriedigendem Leerlaufverhalten einerseits und ausreichenden Zeitöffnungsquerschnitten der Ventile bei hohen Drehzahlen andererseits gefunden werden muß.

Ein frühes Öffnen des Auslaßventils ermöglicht einen großen Vorauslaß und garantiert damit geringe Restgasverdichtung durch den nach oben gehenden Kolben, verringert aber die indizierte Arbeit der Brenngase.

Die Steuerzeit „Einlaßventil schließt" (ES) beeinflußt entscheidend den Liefergradverlauf über der Drehzahl.

Viertakt-Gaswechselverfahren.

A	*Auslaß*	*OT*	*Oberer Totpunkt*
AÖ	*Auslaß öffnet*	*ÜOT*	*Überschneidungs-OT*
AS	*Auslaß schließt*		
E	*Einlaß*	*ZOT*	*Zünd-OT*
EÖ	*Einlaß öffnet*	*UT*	*Unterer Totpunkt*
ES	*Einlaß schließt*	*ZZ*	*Zündzeitpunkt*

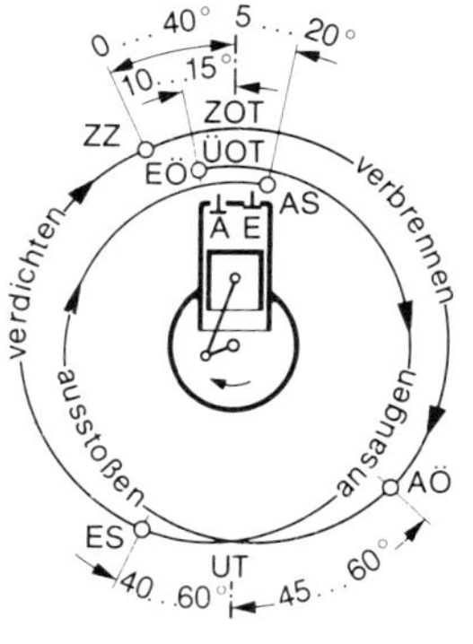

Bei frühem Schließen des Einlaßventils (ES) wird das Liefergradmaximum im unteren Drehzahlbereich liegen, bei spätem Schließen des Einlaßventils (ES) im oberen Bereich.

Einlaß- und Auslaßkanäle können durch stationäre Durchströmuntersuchungen anhand der Durchflußziffer oder des Kanalwirkungsgrades beurteilt werden. Dabei ist es sinnvoll, die Auslaßkanäle im unteren Ventilhubbereich anhand von überkritischen Druckverhältnissen, wie sie beim Vorauslaß auftreten, zu bewerten. Die für Einlaß- und Auslaßkanäle gängigen Kanalwirkungsgrade zeigen, daß die Erzeugung der Drallströmung der Verbrennungsluft im Zylinder durch Einlaßkanalgestaltung eine drastische Verschlechterung des Kanalwirkungsgrades und damit der Zylinderfüllung bedeutet.

Vorteile des Viertaktverfahrens:
Sehr gute Zylinderfüllung im gesamten Drehzahlbereich, große Unempfindlichkeit gegen Druckverluste im Auspuffsystem sowie relativ gute Beeinflussungsmöglichkeiten des Liefergradverlaufs durch Wahl der Steuerzeiten nach Anpassung des Saugsystems.

Nachteile des Viertaktverfahrens:
Hoher Bauaufwand für die Ventilsteuerung. Durch die Nutzung nur jeder zweiten Wellenumdrehung zur Arbeiterzeugung wird die Leistungsdichte verringert.

Zweitaktverfahren
Um den Gaswechsel ohne eine zusätzliche Umdrehung der Kurbelwelle zu erreichen, werden beim Zweitaktverfahren die Gase am Ende der Expansion und zu Beginn des Kompressionshubs getauscht. Zur Steuerung der Ein- und Auslaßzeitpunkte wird meist der Kolben verwendet, indem dieser im Bereich des unteren Totpunkts die im Zylindergehäuse angeordneten Ein- und Auslaßschlitze überfährt. Dies bedingt allerdings symmetrische Steuerzeiten mit dem Problem der Kurzschlußspülung. Außerdem können 15 ... 25 % des Kolbenhubs nicht zur Arbeitsgewinnung genutzt werden, da nur das Füllungsvolumen V_f und nicht das Hubvolumen V_h

Arbeit leisten kann. Da ein separater Ansaug- bzw. Ausschubhub fehlt, muß der Zylinder mit Überdruck befüllt bzw. gespült werden. Hierzu sind Spülpumpen erforderlich. Bei einer besonders einfachen und sehr häufig verwendeten Ausführung wird die Kolbenunterseite in Verbindung mit einem hinsichtlich Schadvolumen minimierten Kurbelgehäuse als Spülpumpe verwendet. Die Bilder zeigen den Zweitaktmotor mit Kurbelkastenspülung bzw. Kurbelgehäuse-Vorverdichtung und dessen steuertechnische Vorgänge. Die Vorgänge auf der Spülpumpenseite sind im Innenkreis, diejenigen auf der Zylinderseite im Außenkreis dargestellt. Zur Realisierung einer befriedigenden Zylinderspülung sind Querspülung, Umkehrspülung oder Gleichstromspülung möglich.

Vorteile des Zweitaktverfahrens:
Einfacher Motoraufbau, geringes Gewicht, niedrige Herstellungskosten, günstigeres Drehkraftdiagramm.

Nachteile des Zweitaktverfahrens:
Höherer Kraftstoffverbrauch und höhere HC-Emission (problematische Zylinderspülung), geringere Mitteldrücke (schlechtere Zylinderfüllung), höhere Wärmebelastung (fehlender Gaswechseltakt), schlechtes Leerlaufverhalten (hoher Restgasanteil).

Darstellung des Zweitakt-Gaswechselverfahrens im p-V-Diagramm.

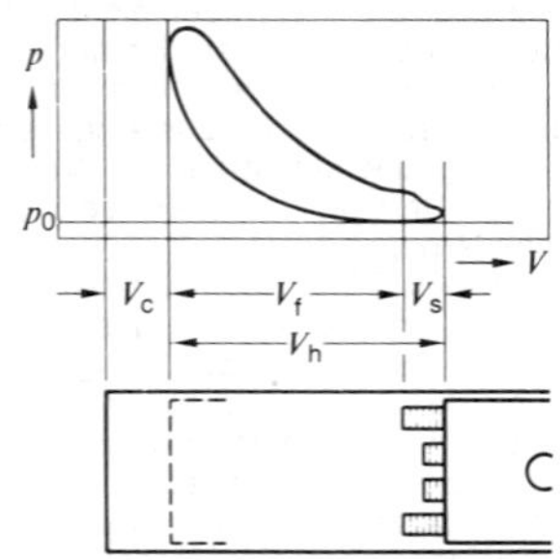

Spülverfahren.
1 Querspülung, 2 Umkehrspülung,

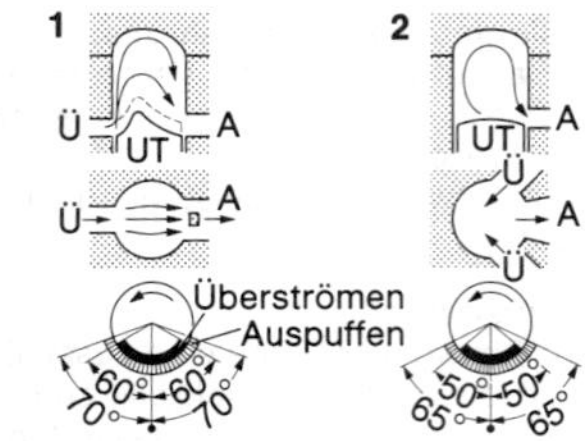

3 u. 4 Gleichstromspülung

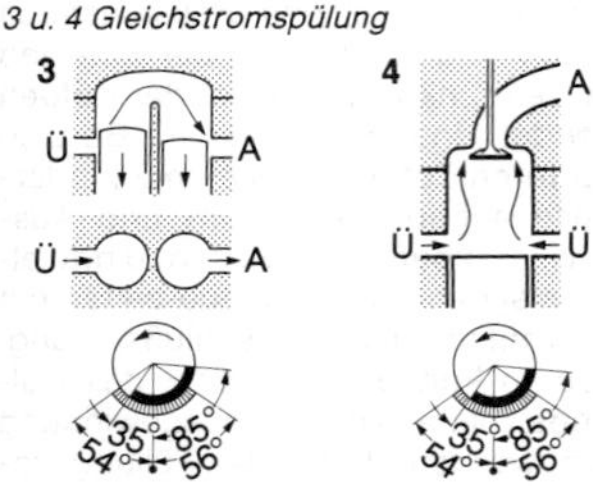

Zweitakt-Gaswechselverfahren mit mit Kurbelkammer-Vorverdichtung.

A	*Auslaß*	*Ü*	*Überströmkanal*
AÖ	*Auslaß öffnet*	*ÜÖ*	*Ü'strömk. öffnet*
AS	*Auslaß schließt*	*ÜS*	*Ü'strömk. schließt*
E	*Einlaß*	*OT*	*Oberer Totpunkt*
EÖ	*Einlaß öffnet*	*UT*	*Unterer Totpunkt*
ES	*Einlaß schließt*	*ZZ*	*Zündzeitpunkt*

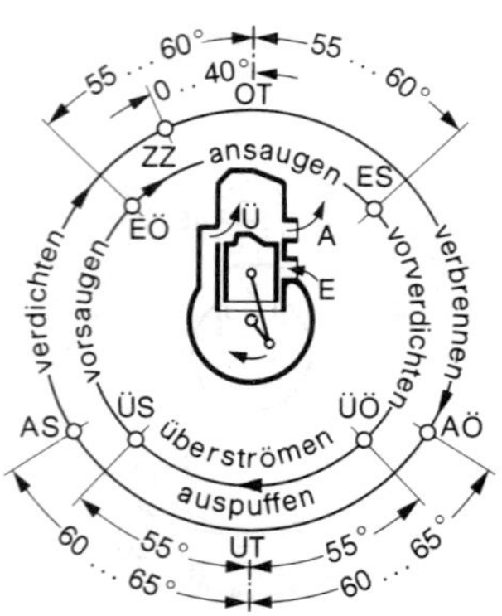

Aufladeverfahren

Die Leistung eines Motors ist proportional dem Luftdurchsatz m_z. Da dieser proportional der Luftdichte ist, kann die Leistung eines bezüglich Hubvolumen und Drehzahl vorgegebenen Motors durch Vorverdichten der Luft vor Eintritt in den Zylinder, d. h. durch Aufladen, erhöht werden. Der Aufladegrad gibt die Dichtesteigerung im Vergleich zum Saugmotor an. Er hängt vom verwendeten Aufladesystem ab (realisierbares Druckverhältnis) und ist bei gegebener Druckerhöhung am größten, wenn die Temperatur der verdichteten Luft (Ladeluft) nicht erhöht bzw. durch die Ladeluftkühlung auf ihre Ausgangstemperatur rückgekühlt wird. Der Aufladegrad wird beim Ottomotor durch klopfende Verbrennung, beim Dieselmotor durch die maximal zulässigen Spitzendrücke begrenzt. Zur Vermeidung dieser Probleme werden aufgeladene Motoren üblicherweise niedriger verdichtet als Saugmotoren.

Dynamische Aufladung

Die einfachste Art der Aufladung besteht in der Ausnutzung der Dynamik der angesaugten Luft, wobei es wiederum zwei Möglichkeiten gibt.

Schwingsaugrohr-Aufladung

Jeder Zylinder hat ein gesondertes Saugrohr bestimmter Länge, das meist an einem Sammelbehälter angeschlossen ist. Die Energiebilanz ist dadurch gekennzeichnet, daß die Saugarbeit des Kolbens in kinetische Energie der Gassäule vor dem Einlaßventil und diese in Verdichtungsarbeit der Frischladung umgewandelt wird.

Resonanz-Aufladung

Bei der Resonanzaufladung werden Gruppen von Zylindern mit gleichen Zündabständen über kurze Rohre an Resonanzbehälter angeschlossen, die über Resonanzrohre mit der Atmosphäre bzw. einem Sammelbehälter verbunden als Helmholtz-Resonatoren wirken.

Schwingsaugrohr-Aufladung.
Anordnung und Energiebilanz. Saugarbeit A des Kolbens ≙ Verdichtungsarbeit B.

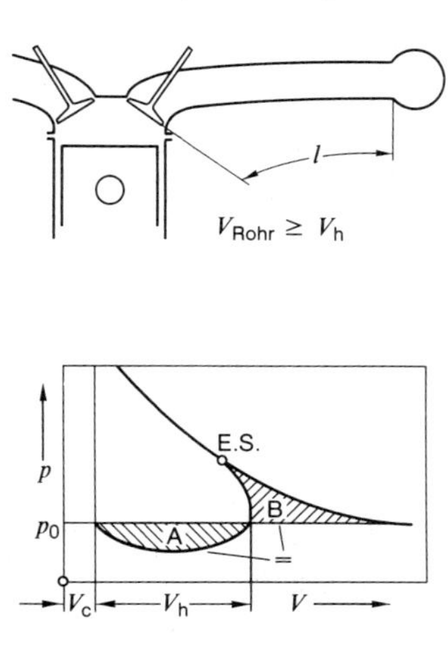

Resonanzaufladung.
Anordnung und Verlauf des Liefergrades.

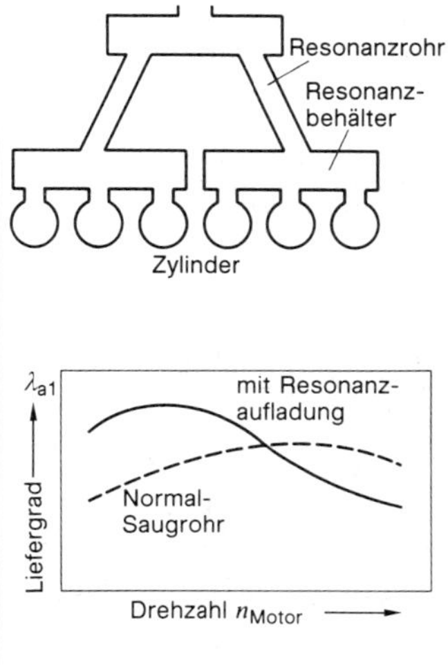

Mechanische Aufladung
Bei mechanischer Aufladung wird das Aufladegerät direkt vom Motor angetrieben. Motor und Lader haben dabei meist ein festes Übersetzungsverhältnis zueinander. Mechanische oder elektromagnetische Kupplungen zur Laderzuschaltung werden häufig verwendet.

Das Zusammenwirken von Lader und Motor stellt man am einfachsten im Druck-Volumenstrom-Kennfeld dar, in dem über dem Volumenstrom $\dot{V}$ das auftretende Druckverhältnis π_c der Aufladegeräte aufgetragen ist.

Bei ungedrosselten Viertaktmotoren (Diesel) wird das Diagramm besonders anschaulich, weil sich für konstante Motordrehzahlen mit steigendem Druckverhältnis $\pi_c \triangleq p_2/p_1$ zu wachsenden Luftdurchsätzen hin geneigte Geraden für den Mengenstrom durch den Motor, die sog. Schlucklinien, ergeben.

In dieses Kennfeld sind die Druckverhältnisse eingezeichnet, die sich bei zugeordnet konstanten Laderdrehzahlen für einen Verdränger- und einen Strömungsverdichter ergeben.

Für Fahrzeugmotoren sind nur Lader geeignet, deren Fördermenge sich linear mit ihrer Drehzahl ändert, also Verdrängerlader in Kolben-, Vielzellen- oder Roots-Bauart (s. S. 354). Strömungslader sind nicht geeignet.

Vorteile der mechanischen Aufladung:
Relativ einfache Aufladegeräte auf der kalten Seite des Motors. Es ist kein Eingriff in das Abgassystem des Motors notwendig. Das Aufladesystem spricht verzögerungsfrei auf Laständerungen an.

Nachteil der mechanischen Aufladung:
Die Verdichterleistung muß von der Nutzleistung des Motors abgezweigt werden, was den Kraftstoffverbrauch erhöht.

Abgasturbo-Aufladung
Bei der Abgasturboaufladung wird die Energie zum Antrieb des Laders dem Abgas entnommen. Dabei wird einerseits die Energie genutzt, die bei Saugmotoren infolge des durch den Kurbeltrieb vorgegebenen Expansionsverhältnisses nicht genutzt werden kann. Andererseits wird das Abgas beim Verlassen des Motors höher aufgestaut, um die notwendige Verdichterleistung zu erhalten.

Die Abgasenergie wird dabei heute ausschließlich durch eine Abgasturbine in mechanische Energie umgesetzt, so daß sich Strömungsverdichter zur Vorverdichtung des Frischgases anbieten. Die Kombination Abgasturbine – Strömungsverdichter heißt Abgasturbolader (s. S. 356).

Druck-Volumenstrom-Kennfeld von mechanisch angetriebenen Verdränger- und Strömungsladern.
VL Verdrängerlader, SL Strömungslader.

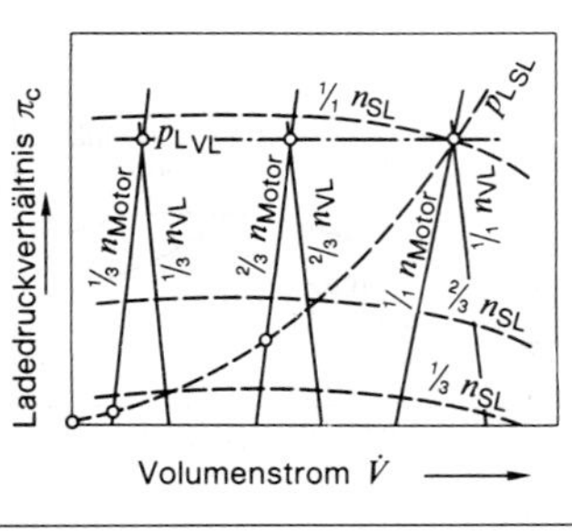

Druck-Volumenstrom-Kennfeld eines Abgas-Turboladers mit Ladedruck- und Abgasgegendruckverlauf.

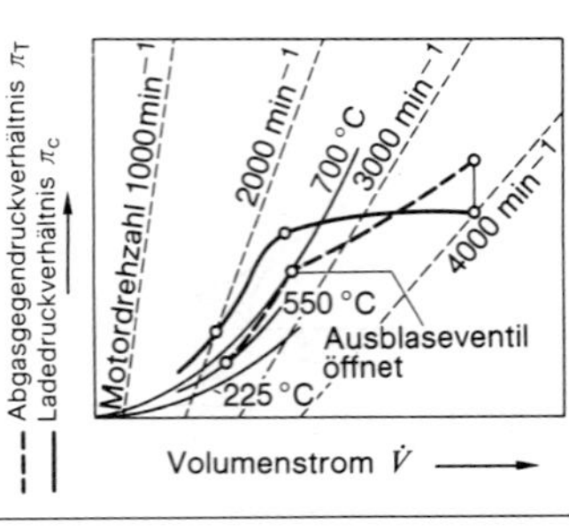

Vorteile der Abgasturboaufladung: Erhebliche Steigerung der Bau- und Hubraumleistung; besserer Drehmomentverlauf über dem Nutz-Drehzahlbereich; deutliche Kraftstoffverbrauchsverbesserung im Vergleich zu leistungsgleichen Saugmotoren; Verbesserung der Abgas-Emissionswerte.

Nachteile der Abgasturboaufladung: Anbau des Laders im heißen Abgasstrang mit der Notwendigkeit, hochwarmfeste Werkstoffe zu verwenden; Bauaufwand und Raumbedarf für Laderanbau und Ladeluftkühler; niedriges Grunddrehmoment bei niedrigen Motordrehzahlen; schlechtes Lastaufnahmeverhalten.

Druckwellenaufladung
Ein direkter Energieaustausch zwischen Abgas und Ansaugluft mit dem Zweck, deren Dichte zu erhöhen, wird mit dem Druckwellenlader erreicht. Man macht sich dabei die unterschiedlichen Geschwindigkeiten von Gasteilchen und Druckwellen einerseits und die Reflexionseigenschaften dieser Druckwellen andererseits zunutze (s. S. 359). Der Druckwellenlader besteht aus einem Zellenrotor mit an beiden Stirnseiten angeordneten Luft- bzw. Abgasgehäusen mit bestimmten Steuerkanten und Steuertaschenanordnungen.

Vorteile der Druckwellenaufladung: Schnelle Lastaufnahme bei Lastwechseln, da der Energieaustausch zwischen Abgas und Ladeluft mit Schallgeschwindigkeit vor sich geht; hohe Verdichtung bei niedriger Motordrehzahl.

Nachteile der Druckwellenaufladung: Eingeschränkte Flexibilität beim Anbau, bedingt durch Riementrieb und Gasführung; erhöhte Abgas- und Spülluftmengen; Geräuschentwicklung; hohe Empfindlichkeit gegen Widerstandserhöhungen auf der Niederdruckseite.

Lkw-Dieselmotor mit Abgasturbo-, Resonanzaufladung und Ladeluftkühlung.
1 Resonanzrohre, 2 Resonanzbehälter für Zylinder 4—5—6, 3 Aufladergruppe, 4 Ausgleichsbehälter, 5 Resonanzbehälter für Zylinder 1—2—3, 6 Wasserkühler, 7 Ladeluftkühler, 8 Lüfter.

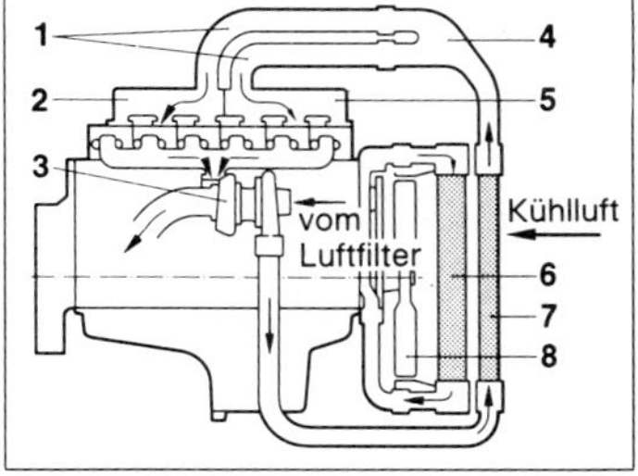

Drehmomentverlauf stationär und instationär für Motoren mit Abgasturbolader im Vergleich zum Saugmotor.

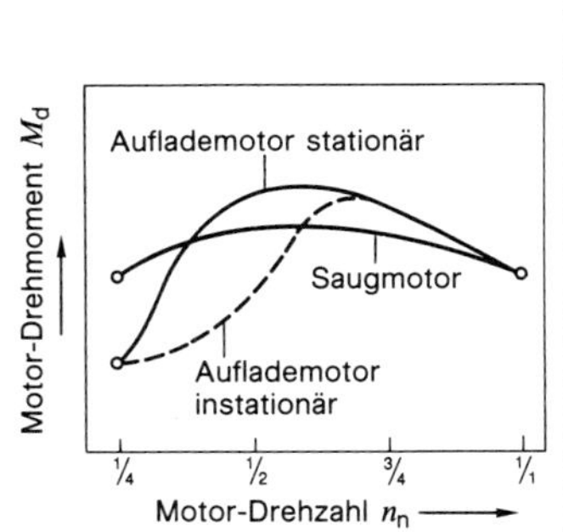

Kraftstoff-Teillastverbräuche leistungsgleicher Saug- und Auflademotoren.

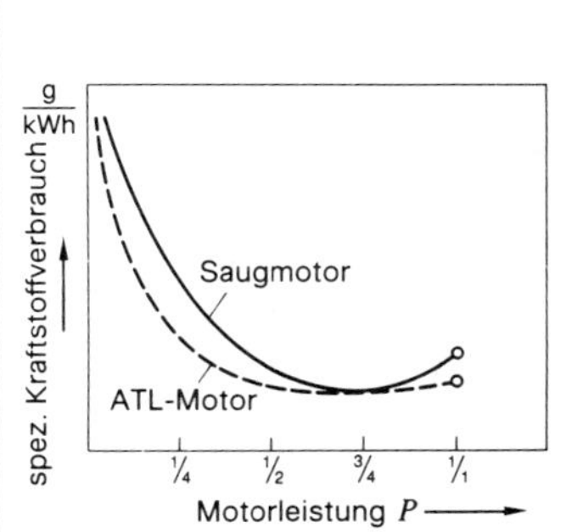

Triebwerk des Hubkolbenmotors

Bauformen

Einkolben-Arbeitseinheit
Der Arbeitsraum wird vom Zylinderkopf, Zylinderbüchse, Kolben gebildet.

Reihenmotor (1)
Anordnung der Zylinder in einer Reihe.

V-Motor (2)
Anordnung der Zylinder in zwei Ebenen in V-Form.

Sternmotor (3)
Zylinder sind in einer oder mehreren Ebenen sternförmig angeordnet.

Boxermotor (4)
Zylinder liegen einander gegenüber.

Mehrkolben-Arbeitseinheit
Zu einem gemeinsamen Verbrennungsraum gehören mehrere (meist zwei) Arbeitskolben.

U-Motor (5)
Die Kolben bewegen sich gleichläufig.

Gegenkolbenmotor (6)
Die Kolben bewegen sich gegenläufig.

Bauformen des Hubkolbenmotors.

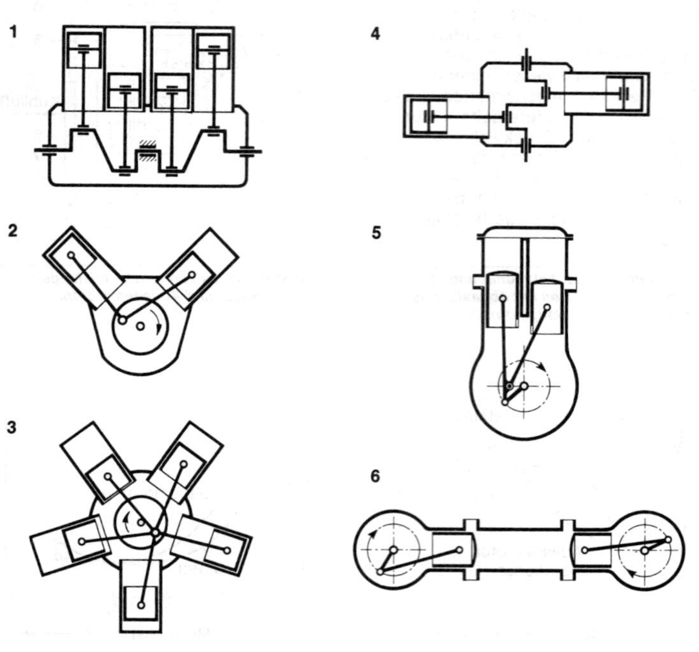

Drehrichtung

(DIN 73021)[1])

Rechtslauf: in der Drehrichtung des Uhrzeigers, auf die der Kraftabgabe gegenüberliegende Seite gesehen. Englisch: clockwise (cw).

Linkslauf: entgegen der Drehrichtung des Uhrzeigers, auf die der Kraftabgabe gegenüberliegende Seite gesehen. Englisch: counter clockwise (ccw).

Zählrichtung der Zylinder

(DIN 73021)[1])

Die Zylinder werden mit 1, 2, 3 usw. fortlaufend in der Reihenfolge bezeichnet, wie sie von einer gedachten Bezugsebene getroffen werden, die bei Blickrichtung auf die der Kraftabgabe gegenüberliegende Seite zu Beginn der Zählung waagerecht nach links liegt und in Drehrichtung des Uhrzeigers um die Motorachse bewegt wird (s. untenstehende Bilder). Liegen mehrere Zylinder in einer Bezugsebene, so erhält der dem Beobachter am nächsten liegende Zylinder die Nummer 1 und die weiter entfernten Zylinder die folgenden Nummern. Zylinder 1 ist mit der Zahl 1 zu kennzeichnen.

Zündfolge

Die Zündfolge ist die Reihenfolge, in der die Zylinder nacheinander zünden. Sie ist durch die Bauart des Motors, gleiche Zündabstände, einfach herstellbare Kurbelwellenform, günstige Beanspruchung der Kurbelwelle usw. bestimmt.

Bauform	Zylinderzahl	Übliche Zündfolge (Beispiele)
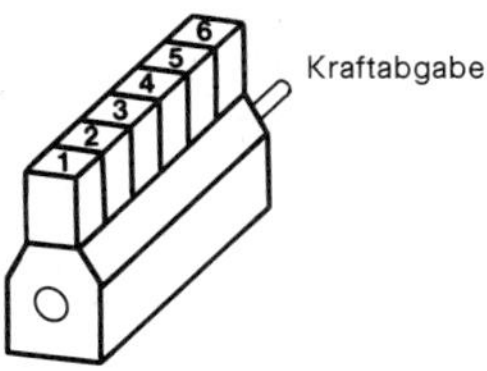	4 5 6 8	1 3 4 2 oder 1 2 4 3 1 2 4 5 3 1 5 3 6 2 4 oder 1 2 4 6 5 3 oder 1 4 2 6 3 5 oder 1 4 5 6 3 2 1 6 2 5 8 3 7 4 oder 1 3 6 8 4 2 7 5 oder 1 4 7 3 8 5 2 6 oder 1 3 2 5 8 6 7 4
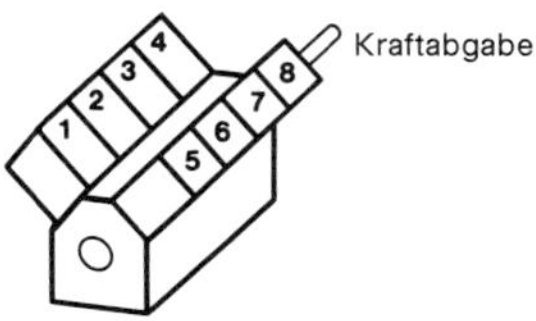	4 6 8	1 3 2 4 1 2 5 6 4 3 oder 1 4 5 6 2 3 1 6 3 5 4 7 2 8 oder 1 5 4 8 6 3 7 2 oder 1 8 3 6 4 5 2 7
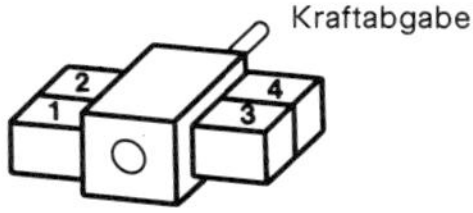	4	1 4 3 2

[1]) Gilt nur für Kraftfahrzeugmotoren. Bei Verbrennungsmotoren für allgemeine Verwendung und bei Schiffsmotoren ist die umgekehrte Richtung (Blick auf die Kraftabgabeseite) genormt (ISO 1204 und 1205, DIN 6265).

Triebwerksfunktion und -dynamik

Das Triebwerk des Hubkolbenmotors dient dazu, die im Arbeitszylinder bei der Verbrennung entstehende Gaskraft in die Hubbewegung eines Kolbens und diese über ein Schubkurbelgetriebe in ein an der Abtriebseite des Motors zur Verfügung stehendes Nutzdrehmoment zu wandeln. Dabei entstehen durch die zyklische Arbeitsweise ungleichförmige Gaskräfte und durch die Beschleunigung und Verzögerung der hin und her gehenden Triebwerksteile Massenkräfte. Es ist üblich, zwischen inneren und äußeren Wirkungen der Gas- und Massenkräfte zu unterscheiden.

Die äußeren Wirkungen, bestehend aus freien Kräften oder Momenten, zwingen dem Motor Bewegungen auf, die sich auf die Tragkonstruktion in Form von Schwingungen übertragen.

Unter Laufruhe eines Motors wird in diesem Zusammenhang die Freiheit von niederfrequenten Schwingungen verstanden, unter geräuscharmem Lauf die Freiheit von hochfrequenten, hörbaren Schwingungen.

Die inneren Kräfte bewirken periodisch wechselnde Belastungen der Gehäuse-, Triebwerks- und Kraftübertragungsteile, die im Zusammenhang mit deren Dimensionierung und Dauerhaltbarkeit berücksichtigt werden müssen.

Kurbeltrieb und Gaskraft

Der Kurbeltrieb des 1-Zylinder-Triebwerkes besteht aus Kolben, Pleuelstange und Kurbelwelle. Auf die genannten Bauteile wirkt einerseits die Gaskraft und andererseits erzeugen diese Bauteile auch Massenkräfte.

Die auf den Kolben wirkende Gaskraft F_G kann in die vom Kolben an der Zylinderwand abzustützende Seitenkraft F_N und in die Stangenkraft F_S zerlegt werden. Die Stangenkraft wiederum bewirkt an der Kröpfung des Kurbelgetriebes die tangential angreifende Kraft F_T, die zusammen mit dem Kurbelradius das Drehmoment der Welle sowie die Radialkraft F_R ergibt.

Mit dem Kurbelwinkel α, dem Schwenkwinkel der Pleuelstange β und dem Pleuelstangenverhältnis λ lassen sich diese Kräfte als Funktion der Gaskraft wie folgt errechnen:

Stangenkraft: $F_S = F_G / \cos\beta$

Kolben-Seitenkraft: $F_N = F_G \cdot \tan\beta$

Radialkraft: $F_R = F_G \cdot \cos(\alpha + \beta) / \cos\beta$

Tangentialkraft: $F_T = F_G \cdot \sin(\alpha + \beta) / \cos\beta$

mit $\lambda = r/l$; $\sin\beta = \lambda \cdot \sin\alpha$;

$$\cos\beta = \sqrt{1 - \lambda^2 \cdot \sin^2\alpha}$$

All diese Beziehungen lassen sich auch in Form von Fourierreihen darstellen, was für Schwingungsrechnungen sinnvoll sein kann.

***Triebwerk des Hubkolbenmotors** (Prinzip).*
1 Ventiltrieb, 2 Kolben, 3 Pleuelstange, 4 Kurbelwelle

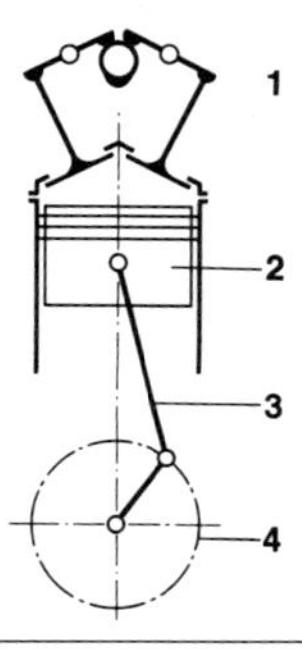

Gaskraftzerlegung am einfachen Kurbeltrieb.

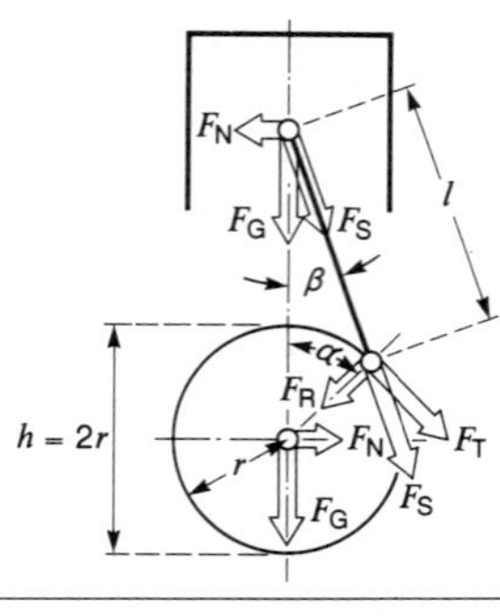

Massenkräfte und -momente

Die Massenwirkungen des Triebwerks setzen sich aus den Kräften der rotierenden Massen der Kurbelwelle um deren Achse (meist x-Achse genannt) und den hin- und hergehenden Massen in Zylinderrichtung (beim Reihenmotor die z-Richtung) zusammen. Bei Mehrzylindermaschinen kommen dazu wegen der verschiedenen Angriffspunkte von Gas- und Massenkräften freie Massenmomente. Die Massenwirkungen des 1-Zylinder-Triebwerks können mit Hilfe der Kolbenmasse m_K (rein oszillierende Masse), der Kurbelwellenmasse m_W (rein rotierende Masse) und den zugehörigen Pleuel-Massenanteilen (heute meist mit $^1/_3$ der Pleuelmasse oszillierend und $^2/_3$ rotierend angenommen) wie folgt ermittelt werden:

Oszillierende Masse

$m_o = m_{Pl}/3 + m_K$

Rotierende Masse

$m_r = 2\,m_{Pl}/3 + m_W$

An der Kurbel wirkende rotierende Massenkraft:

$F_r = m_r \cdot r \cdot \omega^2$

Oszillierende Massenkraft:

$F_o = m_o \cdot r \cdot \omega^2 \cdot (\underbrace{\cos\alpha}_{\text{1. Ordnung}} + \underbrace{\lambda \cdot \cos 2\alpha}_{\text{2. Ordnung}} + \ldots)$

Außerdem gilt:

$F_y = r \cdot \omega^2 \cdot m_r \cdot \sin\alpha$

$F_z = -r \cdot \omega^2 \cdot [m_r \cdot \cos\alpha + m_o \cdot (A_1 \cdot \cos\alpha + A_2 \cdot \cos 2\alpha + \ldots)]$

Bezugskoordinaten und Massenkräfte *(1-Zylinder-Triebwerk).*

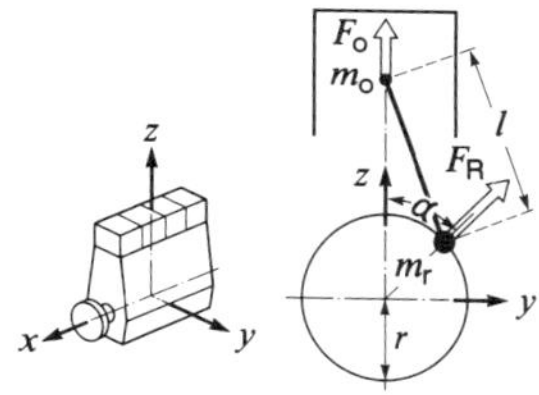

dabei ist

$\lambda = r/l;\ A_1 = 1;$

$A_2 = \lambda + 1/4 \cdot \lambda^3 + 15/128 \cdot \lambda^5 \ldots$

Die Massenkraftanteile werden dabei entsprechend ihrer Umlauffrequenz im Vergleich zur Motordrehzahl als Massenkräfte 1., 2., 4. ... Ordnung bezeichnet.

Im allgemeinen sind nur die Anteile der 1. und 2. Ordnung von Bedeutung, höhere Ordnungen können vernachlässigt werden.

Bei mehrzylindrigen Motoren sind dann freie Massenmomente vorhanden, wenn alle Massenkräfte des gesamten Kurbeltriebs ein Kräftepaar an der Kurbelwelle ergeben. Für die Feststellung von freien Massenmomenten ist damit eine räumliche Betrachtung der Kurbelanordnung notwendig, während die Massenkräfte in einem ebenen System ermittelt werden können.

Massenmomente einer dreifach gekröpften Kurbelwelle *(Beispiel).*

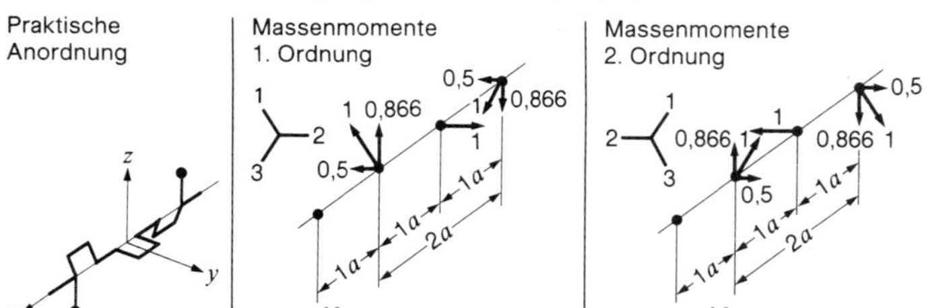

$$\frac{M_1}{(m_r + m_o) \cdot r \cdot \omega^2 \cdot a} = 1{,}732$$

$\overline{M}\ \updownarrow\ 0{,}866\,(-1+3) = 1{,}732$

$\overleftrightarrow{M} = 0{,}5 \cdot 1 - 1 \cdot 2 + 0{,}5 \cdot 3 = 0$

$$\frac{M_2}{m_o \cdot r \cdot \omega^2 \cdot A_2 \cdot a} = 1{,}732$$

$A_2 = \lambda + \frac{1}{4} \cdot \lambda^3 + \frac{15}{128} \cdot \lambda^5$

Drehkraftdiagramm Einzylinder-Viertaktmotor.
1 Gas- und Massenkräfte, 2 Gaskräfte, 3 Massenkräfte.

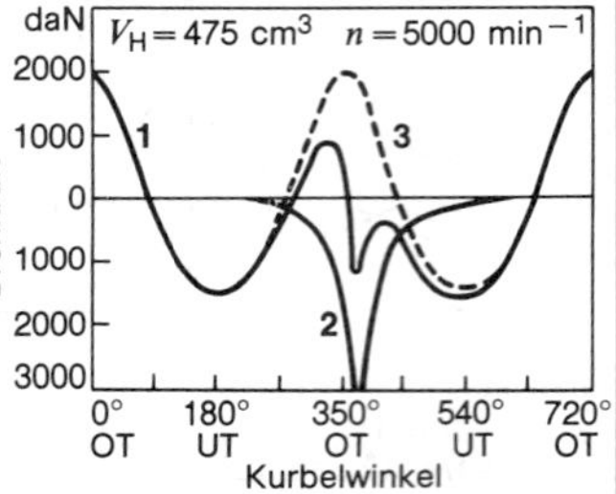

Das Drehkraftdiagramm des Hubkolbenmotors

Faßt man die auf den Kolben wirkende periodisch veränderliche Gaskraft und die periodischen Massenwirkungen der Triebwerksteile zusammen, so erzeugen sie am Kurbelzapfen eine Summe tangential wirkender Kraftkomponenten, die multipliziert mit dem Kurbelradius ein sich periodisch änderndes Drehmoment ergeben. Wird dieses Drehmoment auf die Kolbenfläche und den Kurbelradius bezogen, so ergibt sich ein von der Motorgröße unabhängiger Wert, der Tangentialdruck. Das Tangentialdruckdiagramm zeigt den Verlauf dieses Druckwerts über der Kurbelstellung. Es ist eine der wichtigsten Kennlinien zur Beurteilung des dynamischen Verhaltens von Motoren.

Bei Mehrzylinder-Motoren sind die Tangentialdruckverläufe der Einzelzylinder mit einer sich aus Zylinderzahl, Zylinderanordnung, Kurbelanordnung und Zündfolge ergebenden Phasenverschiebung einander zu überlagern. Der Summenverlauf ist charakteristisch für die Motorbauart und erstreckt sich über ein volles Arbeitsspiel (beim 4-Takt-Motor also über 2 Kurbelwellenumdrehungen). Er wird auch Drehkraftdiagramm genannt.

Mittels harmonischer Analyse kann das Drehkraftdiagramm durch eine Reihe von Sinusschwingungen mit ganzzahligen Vielfachen der Grundfrequenzen ersetzt werden, die die „Drehkraftharmonischen" ergeben. Bezogen auf die Motordrehzahl nennt man diese Vielfachen auch Ordnungen. Beim Viertaktmotor ergeben sich damit auch halbe Ordnungen, z. B. die 0,5te Ordnung.

In jedem Fall erzeugt die veränderliche Drehkraft von Hubkolbenmotoren über dem Arbeitsspiel eine ungleichförmige Drehgeschwindigkeit am Kurbelwellenende, den sogenannten Ungleichförmigkeitsgrad

$$\delta_s = (\omega_{max} - \omega_{min})/\omega_{min},$$

der durch einen Energiespeicher (Schwungrad) auf ein anwendungsgerechtes Maß zurückgeführt werden muß.

Vollkommener Massenausgleich 1. und 2. Ordnung am Einhubtriebwerk.

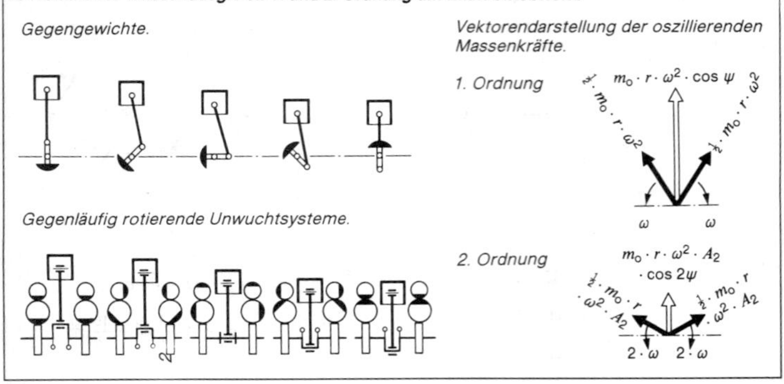

Massenausgleich des Hubkolbenmotors

Mit Massenausgleich bezeichnet man alle Maßnahmen zum teilweisen oder vollständigen Ausgleich der Massenkräfte und -momente von Kurbeltrieben. Treten am Gesamtmotor nach außen keine freien Massenkräfte und -momente auf, liegt ein vollständiger äußerer Massenausgleich vor. Dabei können innerhalb der Motorstruktur noch Kräfte und Momente auftreten, die Lagerung und Motorgehäuse belasten sowie Verformungen und Schwingungen verursachen. Die grundsätzlichen Belastungen aufgrund von Gas- und Massenkräften zeigt Tabelle 3.

Massenkraftausgleich des Einhubtriebwerks

Am einfachsten sind die rotierenden Massen durch Gegengewichte, die eine der Fliehkraft entgegengerichtete gleichgroße Kraftwirkung besitzen, auszugleichen. Die oszillierenden Massen verursachen periodisch veränderli-

Tabelle 3. Triebwerksbeanspruchung durch Kräfte und Momente.

Kräfte und Momente am Motor	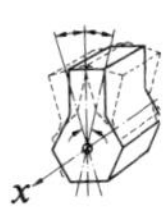	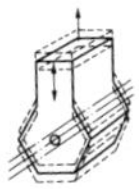	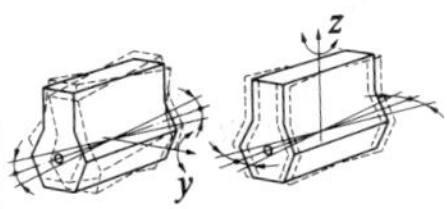	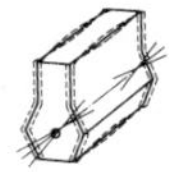
Bezeichnung	Wechseldrehmoment Querkippmoment Rückdrehmoment	Freie Massenkraft	Freies Massenmoment Längskippmoment um y-(Quer)Achse („Galloppierendes" Moment) um z-(Hoch)Achse („Schlingerndes" Moment)	Inneres Biegemoment
Ursache	Gas-Tangentialkräfte sowie Massen-Tangentialkräfte bei den Ordnungszahlen 1, 2, 3 und 4	Nicht ausgeglichene oszill. Massenkräfte 1. Ordnung bei 1 u. 2 Zylinder; 2. Ordnung bei 1-, 2-, 4-Zylinder	Nicht ausgeglichene oszill. Massenkräfte als Kräftepaar 1. und 2. Ordnung	Rotierende und oszillierende Massenkräfte
Einflußgrößen	Zylinderzahl, Zündabstände, Hubvolumen, p_i, ε, p_z, m_0, r, ω, λ	Zylinderzahl, Kurbelstern m_0, r, ω, λ	Zylinderzahl, Kurbelstern, Zylinderabstand, Gegengewichtsgröße beeinflußt Massenmoment-Anteile um y- und z-Achse m_0, r, ω, λ, a	Kröpfungsanzahl, Kurbelstern, Motorlänge, Gehäusesteifigkeit
Abhilfe	Beeinflussung nur in Ausnahmefällen möglich	Beseitigung der freien Massenwirkungen durch rotierende Ausgleichssysteme möglich, jedoch aufwendig und daher selten, Bevorzugung von Kurbelfolgen ohne oder mit nur geringen freien Massenwirkungen		Gegengewichte, steifes Motorgehäuse
	Abschirmung der Umgebung durch elastische Lagerung des Motors (insbesondere Ordnung ≥ 2)			

Tabelle 4. Verbleibende Massenkräfte 1. Ordnung bei unterschiedlichem Ausgleichsgrad.

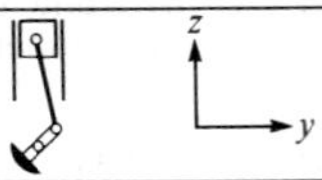		Ausgleichsgrad		
		0 %	50 %	100 %
Gegengewichts-größe	$m_G \hat{=}$	m_r	$m_r + 0{,}5\, m_0$	$m_r + m_0$
verbleibende Massenkraft (z) 1. Ordnung	$F_{1z} =$	$m_0 \cdot r \cdot \omega^2$	$0{,}5 \cdot m_0 \cdot r \cdot \omega^2$	0
verbleibende Massenkraft (y) 1. Ordnung	$F_{1y} =$	0	$0{,}5 \cdot m_0 \cdot r \cdot \omega^2$	$m_0 \cdot r \cdot \omega^2$

che Kräfte, die in der 1. Ordnung mit Kurbelwellendrehzahl, in der 2. Ordnung mit doppelter Kurbelwellen-Drehzahl umlaufen. Ein Ausgleich kann durch gegenläufig rotierende Unwuchtsysteme mit einfacher und doppelter Kurbelwellendrehzahl erreicht werden. Die Unwuchtkräfte müssen dazu die Größe der umlaufenden Massenkraftvektoren haben und diesen entgegengerichtet sein.

Ausgleichsgrad

Die zum Ausgleich der rotierenden Massen ohnehin notwendigen Gegengewichte können um einen bestimmten Betrag der oszillierenden Masse vergrößert werden, so daß die in Zylinderrichtung (z) wirkende oszillierende Kraft abgebaut wird. Dafür erscheint dieser abgebaute Massenkraftbetrag dann in der y-Richtung. Das Verhältnis des in z-Richtung abgebauten Anteils

Tabelle 5. Kurbelsterne 1. und 2. Ordnung für Drei- bis Sechszylinder-Reihenmotoren.

	3-Zylinder	4-Zylinder	5-Zylinder	6-Zylinder
Kurbelfolge	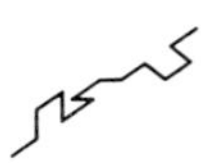			
Kurbelstern 1. Ordnung	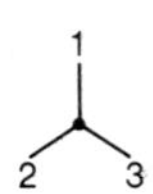		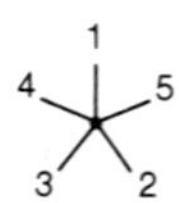	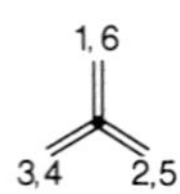
Kurbelstern 2. Ordnung	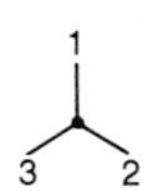		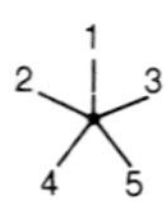	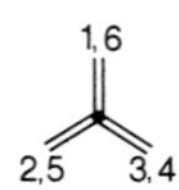

zum ursprünglichen Wert der Massenkraft 1. Ordnung wird als Ausgleichsgrad bezeichnet (Tabelle 4).

Massenkraftausgleich des Mehrzylindermotors

Bei Mehrzylindermotoren ist der gegenseitige Ausgleich der Kurbeltrieb-Massenkräfte ein wesentlicher Gesichtspunkt für die Wahl der Kurbelanordnung (Kröpfungsfolge) und somit für die Bauform von Motoren. Massenkraftgleichgewicht ist vorhanden, wenn der gemeinsame Schwerpunkt der bewegten Triebwerksteile in Kurbelwellenmitte liegt, die Kurbelwelle also – von vorne betrachtet – symmetrisch aufgebaut ist. Man überprüft dies mit den sog. Kurbelsternen 1. und 2. Ordnung. Für den Vierzylinder-Reihenmotor ergibt sich keine Symmetrie beim Kurbelstern 2. Ordnung. Damit sind große freie Massenkräfte für diese Ordnung gegeben. Ihr Ausgleich kann durch zwei mit doppelter Kurbelwellendrehzahl gegenläufig drehende Ausgleichswellen erfolgen (Lanchester-Ausgleich).

Massen- und Gaskraftausgleich

Die tangentialen Gaskräfte liefern zusätzlich ein periodisches Drehmoment, das als Reaktionsmoment des Motorgehäuses feststellbar ist. Bei einem Vierzylinder-Reihenmotor treten insgesamt freie Massenkräfte 2. Ordnung und Wechseldrehmomente aus den tangentialen Massen- und Gaskräften 2. Ordnung auf. Ein Massenausgleich 2. Ordnung und eine Verminderung der Wechselmomente 2. Ordnung kann hier durch 2 versetzt angeordnete Ausgleichswellen erreicht werden.

Ausgleich von Massenkraft und Wechselmoment 2. Ordnung beim Vierzylinder-Reihenmotor durch zwei versetzt angeordnete Ausgleichswellen.
1 nur Massendrehmoment; 2 nur Gasdrehmoment bzw. vollständiger Ausgleich des Massendrehmoments, $z_I - z_{II} = -2 B_2/A_2 \cdot r$; 3 Gas- und Massendrehmoment ohne Momentenausgleich; 4 Gas- und Massendrehmoment bei Ausgleich des halben Massendrehmomentes, $z_I - z_{II} \approx 0{,}5 \cdot l$.

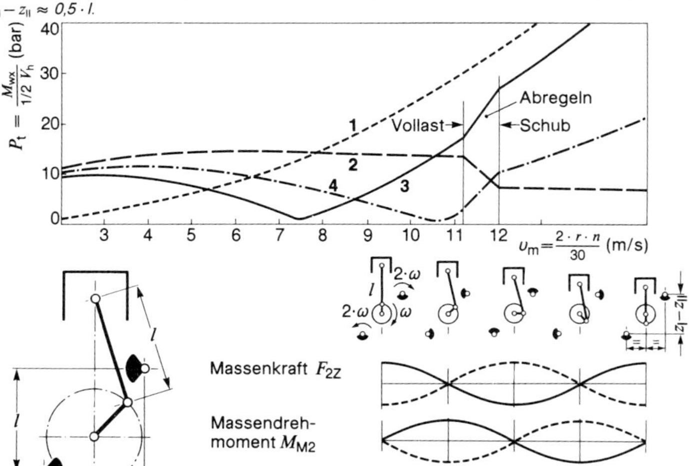

$$F_{2Z} = 4 \cdot m_o \cdot r \cdot \omega^2 \cdot A_2 \cdot \cos 2\omega t;\quad A_2 = \lambda + \frac{1}{4}\lambda^3 + \frac{15}{128}\lambda^5 + \dots$$

$$M_{M2} = 4 \cdot m_o \cdot r \cdot \omega^2 \cdot B_2 \cdot \sin 2\omega t;\quad B_2 = -\frac{1}{2} - \frac{1}{32}\lambda^4 - \frac{1}{32}\lambda^6$$

Tabelle 6. Freie Kräfte und Momente 1. und 2. Ordnung sowie Zündabstände bei den gebräuchlichsten Motorbauarten.

$F_r = m_r \cdot r \cdot \omega^2$ $\quad F_1 = m_0 \cdot r \cdot \omega^2 \cdot \cos\alpha$ $\quad F_2 = m_0 \cdot r \cdot \omega^2 \cdot \lambda \cdot \cos 2\alpha$

Zylinder-anordnung	Freie Kräfte 1. Ordnung[1])	Freie Kräfte 2. Ordnung	Freie Momente 1. Ordnung[1])	Freie Momente 2. Ordnung	Zündabstände
3-Zylinder					
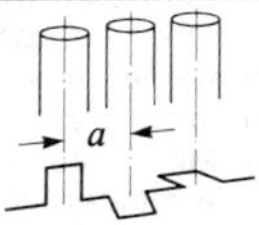 Reihe, 3 Kröpfungen	0	0	$\sqrt{3} \cdot F_1 \cdot a$	$\sqrt{3} \cdot F_2 \cdot a$	240°/240°
4-Zylinder					
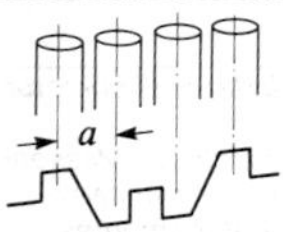 Reihe, 4 Kröpfungen	0	$4 \cdot F_2$	0	0	180°/180°
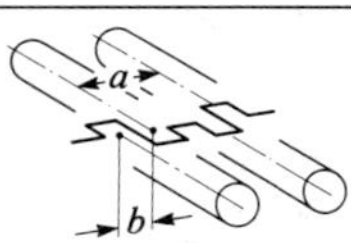 Boxer, 4 Kröpfungen	0	0	0	$2 \cdot F_2 \cdot b$	180°/180°
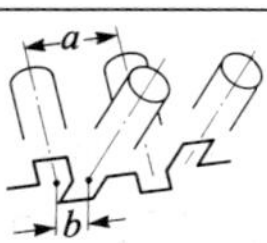 V 60°, 4 Kröpfungen	0	$2\sqrt{3} \cdot F_2$	$F_1 \cdot a$	$3\, F_2 \cdot b/2$	180°/180°
5-Zylinder					
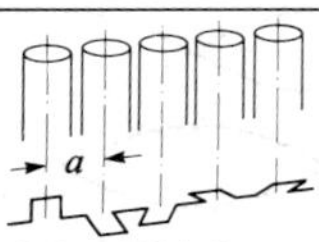 Reihe, 5 Kröpfungen	0	0	$0{,}449 \cdot F_1 \cdot a$	$4{,}98 \cdot F_2 \cdot a$	144°/144°

[1]) Ohne Gegengewichte.

Zylinder-anordnung	Freie Kräfte 1. Ordnung[1])	Freie Kräfte 2. Ordnung	Freie Momente 1. Ordnung[1])	Freie Momente 2. Ordnung	Zündabstände
<u>6-Zylinder</u>					
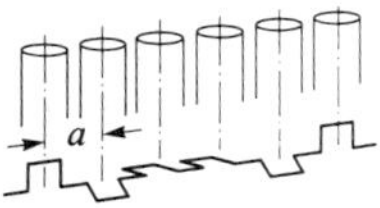 Reihe, 6 Kröpfungen	0	0	0	0	120°/120°
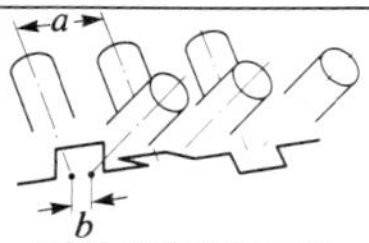 V 90°, 3 Kröpfungen	0	0	$\sqrt{3} \cdot F_1 \cdot a$ [2])	$\sqrt{6} \cdot F_2 \cdot a$	150°/90° 150°/90°
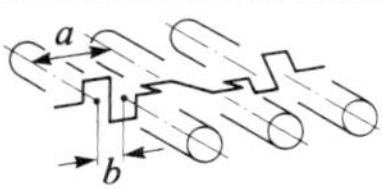 Boxer, 6 Kröpfungen	0	0	0	0	120°/120°
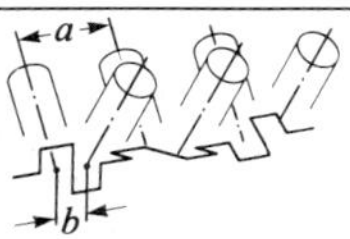 V 60°, 6 Kröpfungen	0	0	$3 F_1 \cdot a/2$	$3 F_2 \cdot a/2$	120°/120°
<u>8-Zylinder</u>					
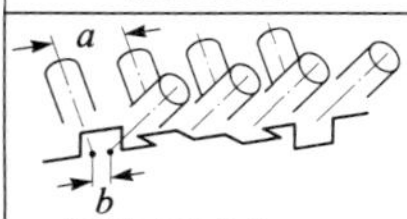 V 90°, 4 Kröpfungen in zwei Ebenen	0	0	$\sqrt{10} \cdot F_1 \cdot a$ [2])	0	90°/90°
<u>12-Zylinder</u>					
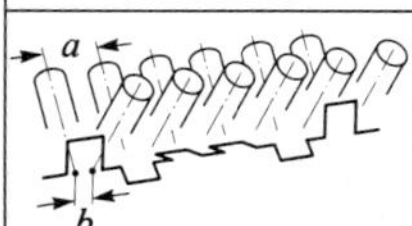 V 60°, 6 Kröpfungen	0	0	0	0	60°/60°

[1]) Ohne Gegengewichte. [2]) Durch Gegengewichte voll ausgleichbar.

Hauptbauteile des Hubkolbenmotors

Kolben

Der Kolben muß bei heutigen Kraftfahrzeugmotoren mehrere Aufgaben erfüllen:
- die Gaskräfte des Brenngases auf die Pleuelstange übertragen,
- als Kreuzkopf die Pleuelstange im Zylinder gerade führen,
- die bei der Umsetzung des Zylinderdrucks in die Stangenkraft entstehende Normalkraft am Zylinderrohr abstützen,
- den Verbrennungsraum durch Dichteelemente gegen das Kurbelgehäuse abdichten,
- die auf ihn übertragene Wärme an das Kühlmittel weiterleiten.

Kolbenform und Art der Gaskrafteinleitung über den Kolbenbolzen in die Pleuelstange hängen zudem stark von der Brennraum- und damit von der Kolbenbodenform sowie vom angewendeten Verbrennungsverfahren und dessen maximalen Verbrennungsdrücken ab. Die auftretenden Kräfte, die Forderung nach geringstmöglichem Kolbengewicht und die am Kolben auftretenden Temperaturen, die nahe an die Festigkeitsgrenze des Kolbenwerkstoffes gehen können, erfordern eine sorgfältige Dimensionierung von Kolben, Kolbenbolzen und Kolbenbolzenlagerung.

Kolbenformen verschiedener Motorbauarten.
1 Dehnungsregelnde Streifeneinlagen.

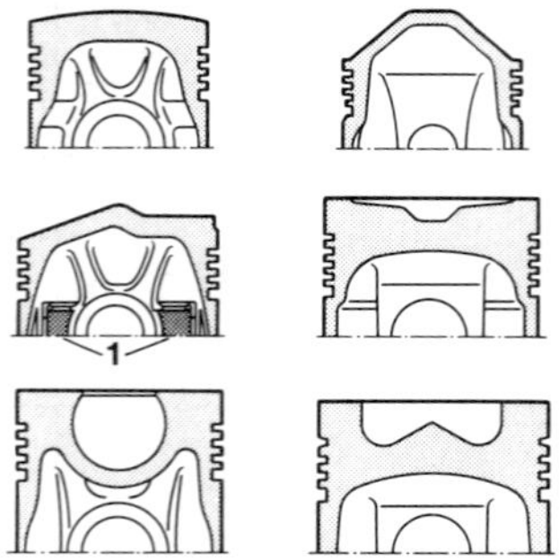

Die meist angewandten Werkstoffe für Zylinderbuchse und Kolben sind Grauguß und Aluminium. Um das Laufspiel des Kolbens im Zylinderrohr aus Abdichtungs- und Geräuschgründen (Kolbenkippen) trotz der unterschiedlichen Ausdehnungskoeffizienten klein zu halten, werden zum Teil Stahlstreifen o. ä. eingegossen, die die Ausdehnung des Kolbens begrenzen.

Als Dichteelemente des Verbrennungsraums gegen den Kurbelraum des Triebwerks werden Kolbenringe eingesetzt. Die zwei oberen Ringe dienen der Gasabdichtung. Mindestens ein weiterer Ring (meist speziell gestaltet) kontrolliert als Ölabstreifring den Öl-

Betriebstemperaturen an Kolben von Fahrzeugmotoren bei Vollast (schematisch).

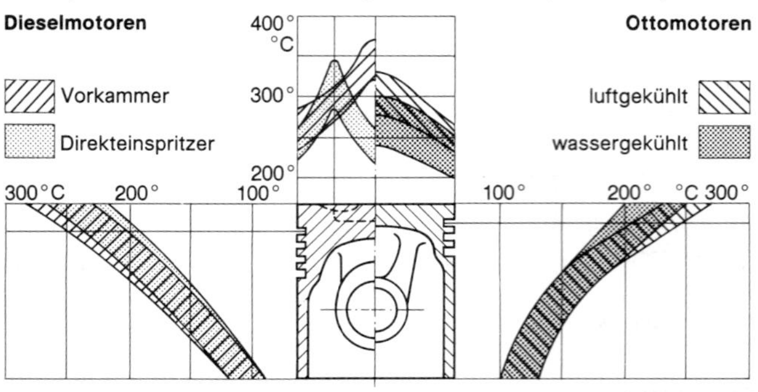

Kolbenringformen und Anordnung.

Dieselmotor: *1 Trapezring, ballig, 2 Minutenring mit Innenfase, 3 Nasenminutenring, 4 Dachfasen-Schlauchfederring.*

Ottomotor: *5 Rechteckring, ballig, 6 Minutenring, 7 Nasenring, 8 Dachfasenring, 9 mehrteiliger Stahlölring.*

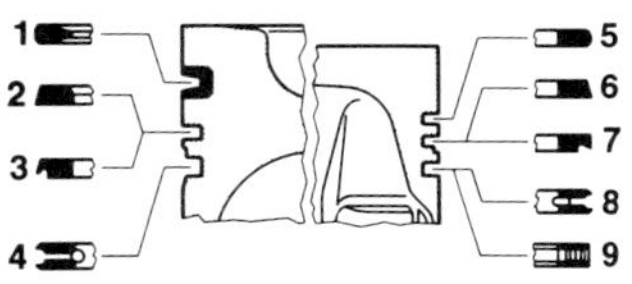

Pleuel eines Pkw-Motors.

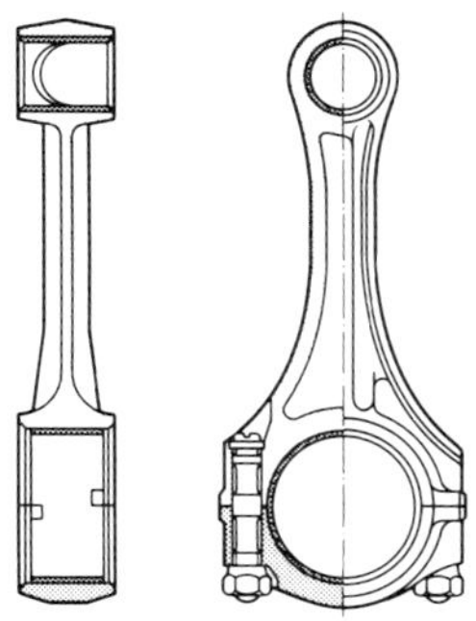

haushalt des Kolbens und der Dichtringe. Die Kolbenringe tragen infolge ihrer zum Teil recht hohen Vorspannkräfte erheblich zur Reibleistung des Hubkolbenmotors bei.

Pleuel

Das Pleuel dient der Verbindung des Kolbens mit der Kurbelwelle. Es wird auf Zug, Druck und Biegung sehr hoch beansprucht und trägt die Lager für Kolbenbolzen und Hubzapfen. Die Länge des Pleuels ist durch Kolbenhub und Gegengewichtsradius bestimmt, wenn auf die Bauhöhe des Motors geachtet werden muß (bei Fahrzeugmotoren meist zutreffend).

Kurbelkröpfung.
Hauptbeanspruchungen und -verformungen durch Gasdruck und Massenkräfte.

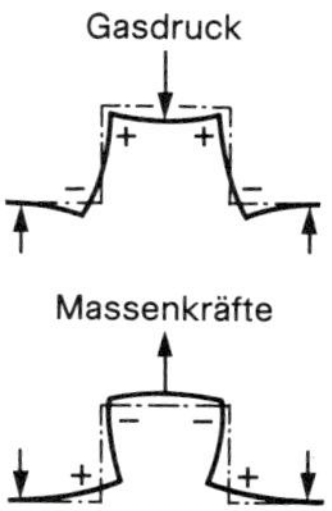

Kurbelwelle

Über die Kröpfungen der Kurbelwelle werden die hin- und hergehenden Bewegungen der Kolben unter Zwischenschaltung der Pleuelstange in eine Drehbewegung mit einem Nutzdrehmoment am Kurbelwellenende umgewandelt. Durch die sie belastenden, sich zeitlich und örtlich stark ändernden Kräfte, Dreh- und Biegemomente sowie die daraus resultierenden Schwingungsanregungen wird die Kurbelwelle hoch und sehr komplex beansprucht. Sie muß deshalb festigkeitsmäßig und schwingungstechnisch sehr sorgfältig berechnet und dimensioniert werden. Dies wird durch die statische Überbestimmung infolge der fast immer vorliegenden Mehrfachlagerung erschwert.

Die Anzahl der Kurbelwellenlager richtet sich vor allem nach Auslastungsgrad und Maximaldrehzahl des Motors. Dieselmotoren werden wegen ihrer hohen Arbeitsdrücke in jedem Fall nach jeder Kröpfung gelagert, ebenso hoch ausgelastete, schnellaufende Ottomotoren.

Bei kleineren, nicht so hoch ausgelasteten Ottomotoren wird aus Preisgründen vereinzelt nur nach jeder zweiten Kurbelkröpfung gelagert. Auch die Anzahl der Gegengewichte hängt im wesentlichen von obigen Kriterien ab.

Von der Belastung hängen auch Materialwahl und Herstellungsverfahren ab. Hochbelastete Kurbelwellen werden meist gesenkgeschmiedet. Bei kleineren Motoren werden aus Kosten- und Gewichtsgründen zunehmend gegossene Kurbelwellen verwendet.

Kurbelwellenschwingungen

Biegeschwingungen haben nur bei Motoren mit niedrigen Zylinderzahlen Bedeutung, da die Kurbelwelle zusammen mit dem notwendigen großen Schwungrad ein schwingfähiges System niedriger Eigenfrequenz bildet. Ab dem 3-Zylinder-Motor sind Biegeschwingungen unkritisch. Das gilt demzufolge auch für die durch Biegeschwingungen induzierten Längsschwingungen der Kurbelwelle.

Gefährlich sind hingegen mit zunehmender Zylinderzahl die Drehschwingungen des Schwingsystems Kurbelwelle, Pleuel, Kolben. Dieses System, in dem Pleuel und Kolben mit dem Kurbelwinkel veränderliche Massenträgheitsmomente aufweisen, kann durch Reduktion auf eine glatte, trägheitslose und elastische Welle und darauf angebrachten Ersatzmassen berechnet werden. Mit dem Schwingungs-Reduktionsmodell können nun dessen Eigenfrequenzen und Schwingungsschläge ermittelt werden.

Guß-Kurbelwelle.

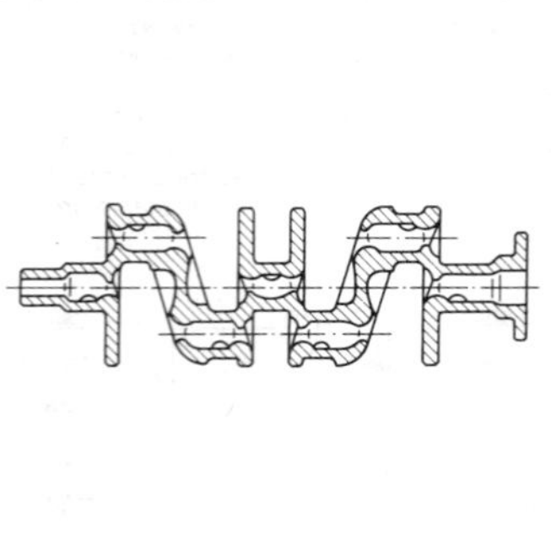

Schwingungsschema einer 6-Zylinder-Kurbelwelle (K) mit Schwungrad (S) und Getriebe (G).
a Relativausschläge, n Motordrehzahl.

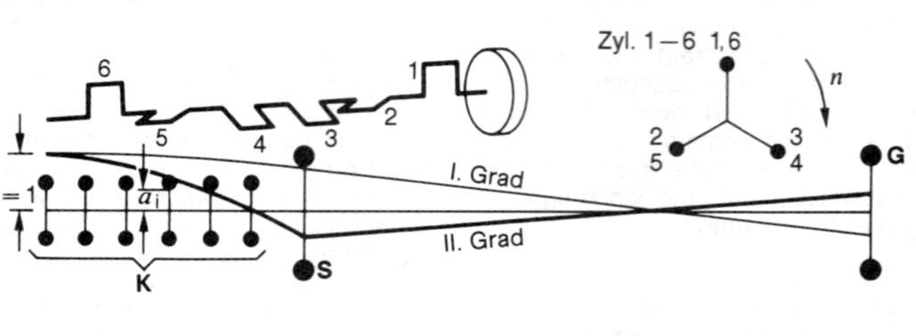

Ordnungsanalyse der Kurbelwellenschwingungen eines 6-Zylinder-Motors
mit unterschiedlicher Zündfolge, a Relativausschläge.

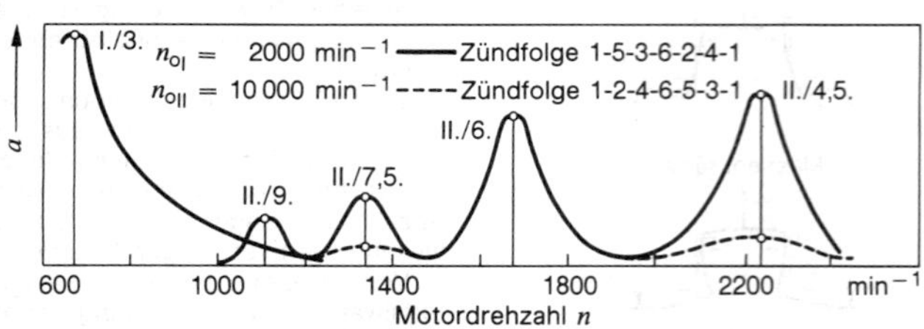

Die Schwingungserregung erfolgt durch die Tangentialkräfte am Kurbelzapfen, die sich aus Gaskräften und oszillierenden Massenkräften zusammensetzen. Die Torsionsschwingungen der Kurbelwelle müssen durch Schwingungsdämpfer (z. B. Gummischwingungs- oder Viskosedämpfer) auf unkritische Werte zurückgeführt werden.

Kurbelgehäuse

Das Kurbelgehäuse hat die Aufgabe, die kraftübertragende Verbindung zwischen Zylinderkopf und Triebwerk herzustellen, die Lagerung des Triebwerks und die Zylinderlaufbahn aufzunehmen sowie einen öl- bzw. wasserdichten Triebwerks- und Kühlmittelraum zu schaffen. Außerdem sind die meisten Anbauteile am Kurbelgehäuse befestigt.

Die Normalausführung aller Kfz-Motoren ist ein gegossenes Kurbelgehäuse, in das die Gaskräfte über Zylinderkopfschrauben eingeleitet und in einem möglichst geradlinigen, biegemomentfreien Kraftfluß über tragende Querwände in die Grundlager weitergeleitet werden. Aus Festigkeitsgründen wird dabei das Gehäuse oft unter die Kurbelwellenmitte heruntergezogen. Die Kolben laufen bei Ottomotoren fast ausschließlich im mitgegossenen Zylinderrohr. Bei Dieselmotoren werden meist trockene oder nasse Laufbuchsen aus verschleißfesten Sondermaterialien verwendet.

Während für Lkw-Motoren das Kurbelgehäuse fast ausschließlich aus Grauguß besteht, werden aus Gewichtsgründen mehr und mehr Kurbelgehäuse für Pkw-Motoren aus Aluminium gefertigt.

Zylinderkopf

Der Zylinderkopf schließt das Kurbelgehäuse bzw. das Zylinderrohr nach oben ab und nimmt die Gaswechselorgane sowie Zündkerze und/oder Einspritzventile auf. Außerdem bildet er zusammen mit dem Kolben die gewünschte Brennraumform. Bei Pkw-Motoren wird auch überwiegend die gesamte Ventilsteuerung im Zylinderkopf untergebracht.

Zylinderkopf-Kennzeichnung nach Ein- und Auslaßkanalführung.
1 Querstrom-Kanalführung, 2 Gegenstrom-Kanalführung.

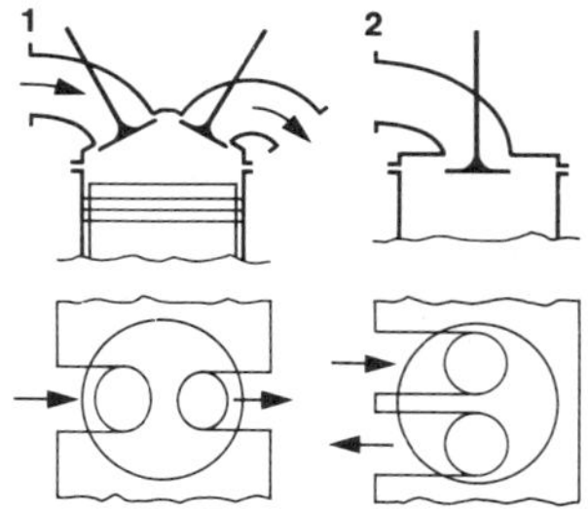

Nach der Gaswechseltechnik unterscheidet man zwei Grundbauformen:

– Gegenstrom-Zylinderkopf: Ansaug- und Auspuffkanal münden auf derselben Zylinderkopfseite. Diese Anordnung beengt die Leitungsführung für Frischluft und Abgas, hat aber für den Aufladebetrieb durch sehr kurze Gaswege erhebliche Vorteile. Auch bei Quereinbau des Motors ins Fahrzeug ergibt sich ein leitungstechnischer Vorteil.

– Querstromkopf: Ansaug- und Abgasleitungen liegen auf den entgegengesetzten Motorseiten, so daß sich eine diagonale Strömungsrichtung für Frisch- und Abgas ergibt. Diese Anordnung erlaubt eine freiere Rohrführung und erleichtert die Abdichtung.

Bei Lkw- und Großmotoren herrschen sowohl wegen der Dichtkraftverteilung als auch aus Wartungs- und Reparaturgründen, bei luftgekühlten Motoren zusätzlich aus Kühlungsgründen, Einzelzylinderköpfe für jeden Zylinder vor.

Bei Pkw- und Kleinmotoren wird meist ein Zylinderkopf für alle Zylinder verwendet. Die Zylinderköpfe von wassergekühlten Lkw-Dieselmotoren bestehen meist aus Grauguß. Luftgekühlte Zylinderköpfe sowie die Zylinderköpfe fast aller Pkw-Otto- und -Dieselmotoren werden heute aus Wärmeleit- bzw. Gewichtsgründen aus Aluminium gefertigt.

Ventilsteuerungsbauarten *(Quelle: Hütten: „Motoren").*
1 Stoßstangen-Steuerung, 2 Schlepp- oder Schwinghebel-Steuerung, 3 Kipphebel-Steuerung, 4 Tassenstößel-Steuerung, OHV overhead valves (hängende Ventile), OHC overhead camshaft (obenliegende Nockenwelle), DOHC double overhead camshaft (2 obenliegende Nockenwellen).

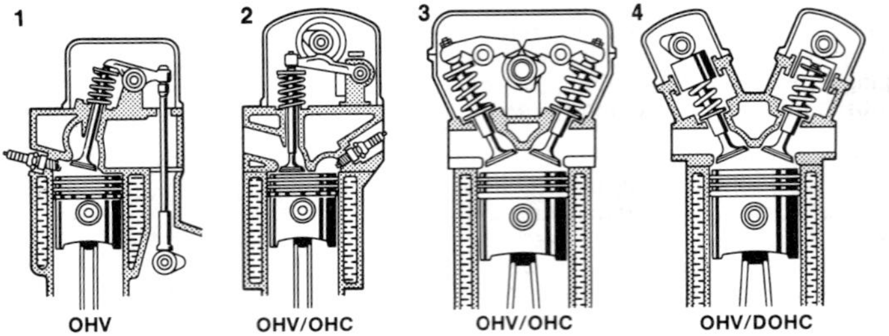

Ventiltrieb
Der Ventiltrieb beim Viertaktmotor hat die Aufgabe, den Gaswechsel des Verbrennungsmotors zu ermöglichen und zu steuern (s. S. 298). Er besteht aus den Ein- und Auslaßventilen, den sie schließenden Ventilfedern, dem Nockentrieb und den Übertragungsgliedern.

Ventilsteuerungsbauarten
Bei im Zylinderkopf angeordneter Nockenwelle gibt es folgende häufig angewendete Bauarten:
– Tassenstößel-Steuerung, bei der eine im Zylinderkopf geführte „Tasse" die Nockenseitenkraft aufnimmt und mit ihrem Boden die Nockenkraft auf das Ventil überträgt.
– Schlepphebel- oder Schwinghebel-Steuerung, bei der Nocken- und Nockenseitenkraft durch einen zwischen Ventil und Nocken schwingenden, im Zylinderkopf gelagerten Hebel übertragen bzw. aufgenommen werden. Der zwischengeschaltete Schwinghebel kann zusätzlich zur Kraftübertragung und Seitenkraftaufnahme eine Übersetzung des Nockenhubs bewirken.
– Kipphebel-Steuerung, bei der das Übertragungsglied „Kipphebel" um eine zwischen Nockenwelle und Ventil angeordnete Kipphebelachse schwingt. Dabei findet meist ebenfalls eine Übersetzung des Nockenhubs auf den gewünschten Ventilhub statt.

Bei im Kurbelgehäuse gelagerter Nockenwelle wird der Kipphebel nicht direkt vom Nocken, sondern durch Zwischenschaltung einer Stoßstange und eines Stößels betätigt (Stoßstangen-Steuerung).

Ventilanordnung
Art der Ventilsteuerung und Brennraumform hängen eng zusammen. Heute werden praktisch nur noch im Zylinderkopf angeordnete sog. hängende Ventilanordnungen verwendet. Bei Dieselmotoren und weniger hoch ausgelasteten Ottomotoren sind die Ventile dabei achsparallel zum Zylinder angeordnet und werden vorwiegend durch Kipphebel-, Tassenstößel- oder Schwinghebel-Steuerungen betätigt. Bei leistungsbetonten Ottomotorenauslegungen werden heute zunehmend die Ventile gegeneinander geneigt, was bei gegebenem Zylinderdurchmesser größere Ventildurchmesser und eine günstigere Führung der Ein- und Auslaßkanäle ermöglicht. Hier findet vor allem die Kipphebelsteuerung Anwendung. Bei Hochleistungs- und Sportmotoren werden in zunehmendem Maße vier Ventile pro Zylinder und Tassenstößel-Steuerung verwendet.

Das Steuerdiagramm eines Motors zeigt die Öffnungs- und Schließzeiten der Ventile, den Ventilhubverlauf, den max. Ventilhub sowie Ventilgeschwindigkeit und -beschleunigung.

Ventil-Steuerdiagramm mit Ventilhub (s), Ventilgeschwindigkeit (s') und Ventilbeschleunigung (s'').

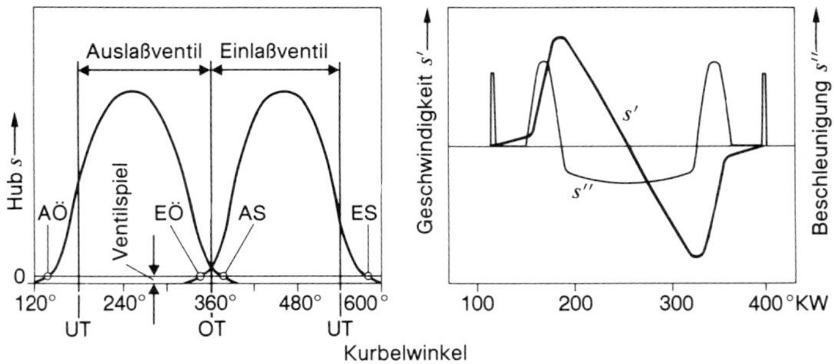

Übliche Ventil-Beschleunigungswerte für Pkw-Ventiltriebe mit obenliegender Nockenwelle:
$s'' = 60 \dots 65$ mm $(b/\omega^2) \mathrel{\hat{=}} 6400$ m/s^2 bei 6000 min^{-1} für Kipp- und Schwingungssteuerungen,
$s'' = 70 \dots 80$ mm $(b/\omega^2) \mathrel{\hat{=}} 7900$ m/s^2 bei 6000 min^{-1}) für Tassenstößel-Steuerungen. Für Nfz-Motoren mit unterliegender Nockenwelle:
$s'' = 100 \dots 120$ mm $(b/\omega^2) \mathrel{\hat{=}} 2000$ m/s^2 bei 2400 min^{-1}.

Ventil, Ventilausführung und Ventilsitz

Ventile bestehen aus warmfesten und zunderbeständigen Werkstoffen. Der Ventilsitzbereich ist häufig gepanzert. Zur Verbesserung der Wärmeleitfähigkeit hat sich beim Auslaßventil eine Füllung des Hohlschaftes mit Natrium bewährt. Zur Verbesserung von Standfestigkeit und Dichtheit werden die Ventile heute sehr oft durch eine Ventildrehvorrichtung (Rotocap) gezielt gedreht.

Bei Hochleistungsmotoren muß die Ventilführung gute Gleiteigenschaften und hohe Wärmeleitfähigkeit aufweisen. Sie wird meist in den Zylinderkopf eingepreßt und trägt an ihrem kalten Ende häufig eine Ventilschaftabdichtung zur Senkung des Ölverbrauchs.

Zur Senkung des Sitzverschleißes werden allgemein Ventilsitze aus Guß- oder Sinterwerkstoffen in den Zylinderkopf eingeschrumpft.

Nockenauslegung und Steuerungsdynamik

Der Nocken hat in der Ventilsteuerung die Aufgabe, die Ventile möglichst rasch, möglichst weit und möglichst stoßfrei zu öffnen und zu schließen. Die Schließkraft für die Ventile wird dabei durch die Ventilfedern aufgebracht, die auch für den Kraftschluß zwischen Nocken und Ventil sorgen. Der Nocken- bzw. Ventilerhebung sind durch die dynamischen Kräfte Grenzen gesetzt.

Der gesamte Ventiltrieb kann durch ein Feder-Masse-System beschrieben werden, bei dem der Wechsel von gespeicherter und freiwerdender Energie eine erzwungene Schwingung verursacht. Ventiltriebe mit obenliegender Nockenwelle können dabei hinreichend genau durch ein 1-Massensystem (bestehend aus der bewegten Masse, den Steifigkeiten des Ventiltriebs und die zugehörigen Dämpfungen) beschrieben werden.

Für Systeme mit unterliegender Nockenwelle und Stoßstangen wird in zunehmendem Maße ein 2-Massen-System verwendet.

Der Grenzwert für die Flächenpressung als Grenzwert für Nockenflankensteilheit und Nocken-Kuppenradius liegt heute (abhängig von den verwendeten Werkstoffpaarungen) zwischen 600 ... 750 N/mm^2.

Kühlung

Um thermische Überbeanspruchung, eine Verbrennung des Schmieröls auf der Kolbengleitbahn und unkontrollierte Verbrennungen durch zu hohe Bauteiltemperaturen zu vermeiden, müssen die den heißen Brennraum umgebenden Bauteile Zylinderrohr, Zylinderkopf, Ventile und ggf. Kolben intensiv gekühlt werden.

Direktkühlung
Direktkühlung durch Luft, die eine Wärmeabfuhr direkt aus den Bauteilen durch intensive Umströmung der meist verrippten Oberflächen ermöglicht, wird vor allem bei Motorrad- und Flugmotoren, aber auch bei Pkw- und Lkw-Diesel- und -Ottomotoren angewandt. Ihr Hauptvorteil ist die hohe Betriebssicherheit und Wartungsfreiheit. Die notwendige Wärmeabgabe an die Kühlluft verteuert jedoch die Bauteile.

Kühlung mit Zwischenmedium
Da Wasser eine hohe spezifische Wärmekapazität und guten Wärmeübergang zwischen Werkstoff und Kühlmedium aufweist, werden die meisten Fahrzeugmotoren heute mit Wasser gekühlt. Die Luft-Wasser-Umlaufkühlung ist das meist angewandte System. Sie hat einen geschlossenen Kreislauf, der den Zusatz von Schutzmitteln gegen Korrosion und Gefrieren erlaubt. Das Kühlwasser wird mit einer Pumpe durch den Motor und einen Luft-Wasserkühler gepumpt. Die Kühlluft wird durch den Fahrtwind oder durch einen Zusatzlüfter durch den Kühler befördert. Die Kühlwassertemperatur wird mit einem Thermostatventil durch Umgehung des Kühlers geregelt.

Schmierung

Aufgaben des Öls im Verbrennungsmotor: Schmierung und Kühlung aller Triebwerksteile, Abtransport von Verunreinigungen und Neutralisierung chemisch wirksamer Verbrennungsprodukte, Übertragung von Kräften und Dämpfung von Schwingungen. Diese Funktionen kann das Öl nur erfüllen, wenn es in ausreichender Menge an die kritischen Stellen des Motors transportiert wird und seine Eigenschaften durch entsprechende Herstellung und Veredelung (Additivierung) den Anforderungen angepaßt werden.

Bei Frischölschmierung wird den zu schmierenden Stellen durch eine Dosiereinrichtung eine Schmierölmenge zugeteilt und dort verbraucht. Ein Sonderfall ist die Gemischschmierung, bei der dem Kraftstoff Öl im Verhältnis von 1:20 bis 1:100 zugemischt oder zudosiert wird (Anwendung vor allem bei kleinen Zweitaktmotoren).

Bei den meisten Fahrzeugmotoren wird die Druckumlaufschmierung in Kombination mit einer Spritz- und Ölnebelschmierung verwendet. Dabei wird allen Lagerstellen das Öl mit einer Pumpe (meist Zahnradpumpe) unter Druck zugeführt, während die Gleitstellen durch Spritz- oder Schleuderöl und

Wasserkühlsystem mit Kühlwasserkreislauf. *1 Kühler, 2 Thermostat, 3 Wasserpumpe, 4 Wasserkanäle im Zylinderblock, 5 Kühlwasserdurchgänge im Zylinderkopf.*

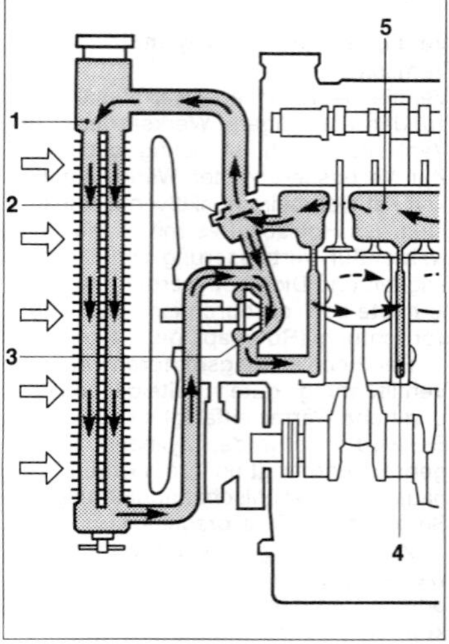

Öldunst geschmiert werden. Das Öl sammelt sich nach Durchströmen der Lager- und Gleitstellen unter dem Triebwerk in der Ölwanne, die zur Kühlung des Öls, zur Entschäumung durch Beruhigung und als Vorratsbehälter dient. Bei hochbelasteten Motoren wird zusätzlich ein Ölkühler verwendet. Die Reinigung des Öls hat einen ausschlaggebenden Einfluß auf die Lebensdauer von Motoren.

Ölfilter

Ölfilter entfernen feste Fremdstoffe aus dem Motoröl (Verbrennungsrückstand, Metallabrieb, Staub) und erhalten die Funktionsfähigkeit des Schmieröls innerhalb der Wartungsintervalle. Die Bemessung richtet sich nach dem Schmutzanfall im Motor und dem vom Motorhersteller vorgeschriebenen Wartungsintervall. Filterwartung und Ölwechsel sollen zusammen erfolgen.

Hauptstromfilter schützen den gesamten Ölkreislauf, da verschleißverursachende Partikel beim ersten Durchlauf abgefangen werden. Als Filterelement haben sich im Hauptstrom Papierfeinfilter bewährt. Sie filtern wesentlich feiner als Sieb- oder Spaltfilter. Hauptstromfilter müssen mit einem Umgehungsventil ausgestattet sein, das bei verstopftem Filter die Ölversorgung des Motors sichert. Sie sollen im Ölkreislauf grundsätzlich hinter dem Druckregulierventil angeordnet werden. Hauptstromfilter werden vorwiegend als sogenannte Wechselfilter ausgeführt.

Nebenstromfilter entnehmen nur 5 ... 10 % der Ölmenge aus dem Drucksystem und lassen diese gereinigt in die Ölwanne zurückfließen. Sie sind vorwiegend in Form von Faserfüllungen (Tiefenfilter) ausgeführt. Es empfiehlt sich, Nebenstromfilter nur zusätzlich zum Hauptstromfilter zu verwenden. Mit Nebenstromfiltern können vom Hauptstromfilter durchgelassene feinste Partikel (vorwiegend Ruß) ausgefiltert und die Konzentration der Feinstverschmutzung im Öl gesenkt werden.

Druckumlaufschmierung.
1 Überdruckventil, 2 Ölfilter, 3 Zahnradpumpe, 4 vom Hauptlager zum Pleuellager, 5 Ansaugglocke mit Sieb, 6 Hauptdruckölleitung zu Kurbelwellenlagern, 7 Rückfluß vom Steuer- ins Kurbelgehäuse, 8 zu Nockenwellenlagern.

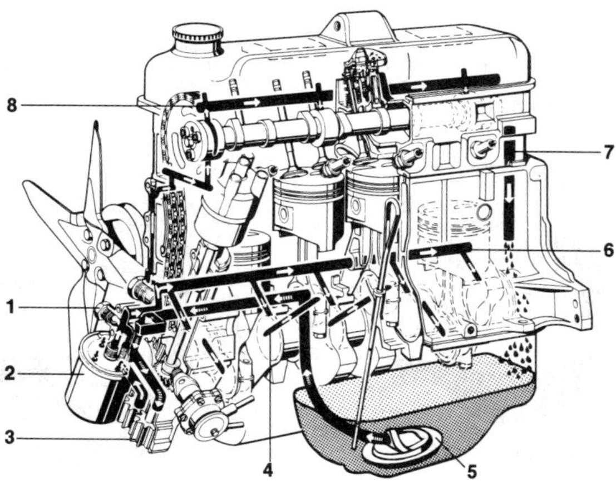

Der Wankel-Kreiskolbenmotor

Eine besondere Art des Hubkolbenmotors ist der Kreiskolbenmotor, bei dem das Schub-Kurbelgetriebe durch einen Exzentertrieb und einen in einer Trochoidenform sich bewegenden, arbeitsraumbildenden Läufer ersetzt wird.

Der Kolben des Kreiskolbenmotors hat im Querschnitt die Form eines Dreiecks mit konvexen Seiten. Er bewegt sich in einem wassergekühlten Gehäuse, dessen Innenraum eine ovale, in der Mitte leicht eingeschnürte Kurve (Epitrochoide) bildet. Die drei Ecken des Kolbens folgen bei der Drehung stets der Wand des Gehäuses, so daß drei periodisch kleiner bzw. größer werdende, gegeneinander abgeschlossene und um 120° versetzte Arbeitsräume A, B, C entstehen. In jedem dieser Räume läuft während einer Umdrehung des Kolbens ein Viertakt-Ottoprozeß ab, d. h. nach einer vollen Umdrehung des dreieckigen Kolbens um sich selbst hat der Motor dreimal den vollständigen Ablauf des Viertaktprozesses und drei Exzenterwellenumdrehungen ausgeführt.

In die Ecken und die Seitenflächen des Kolbens sind Dichteelemente eingelassen. Konzentrisch im Kolben befindet sich eine Innenverzahnung und die Lagerung für den Exzenter der Motorwelle. Die Innenverzahnung wälzt sich auf einem am seitlichen Gehäuse befestigten zur Exzenterwelle konzentrischen Zahnrad ab. Die Verzahnung dient nicht zur Kraftübertragung, sondern lediglich zur Steuerung des Kolbens in richtiger Bewegungsphase zu den Umdrehungen der Exzenterwelle und zum Umlauf in der Trochoidenbahn.

Die Zähnezahlen der beiden Verzahnungen verhalten sich wie 3:2. Der Kolben dreht sich mit zwei Drittel der Winkelgeschwindigkeit der Welle und

Aufbau und Arbeitsweise des Wankel-Kreiskolbenmotors.
1 Kolben, 2 Innenverzahnung im Kolben, 3 Zündkerze, 4 feststehendes Ritzel, 5 Lauffläche des Exzenters.
a: Kammer A saugt an, Kammer B verdichtet, aus Kammer C strömen die verbrannten Gase aus. (Der Gasübertritt an der Einschnürung der Trochoide vorbei wird durch Mulden in den Kolbenflanken ermöglicht.)
b: Kammer A ist mit Frischgas gefüllt, in Kammer B expandieren die verbrennenden Gase und drehen über den Kolben die Exzenterwelle; aus Kammer C werden die verbrannten Gase weiter ausgeschoben. Die nächste Phase entspricht wieder Bildteil a, wobei nur an die Stelle von Kammer A die Kammer C getreten ist. Der Kolben hat also mit ein Drittel Drehung (120°) an seinen drei Flanken den vollen Ablauf des Viertaktprozesses ausgeführt; die Exzenterwelle hat dabei eine volle Umdrehung gemacht.

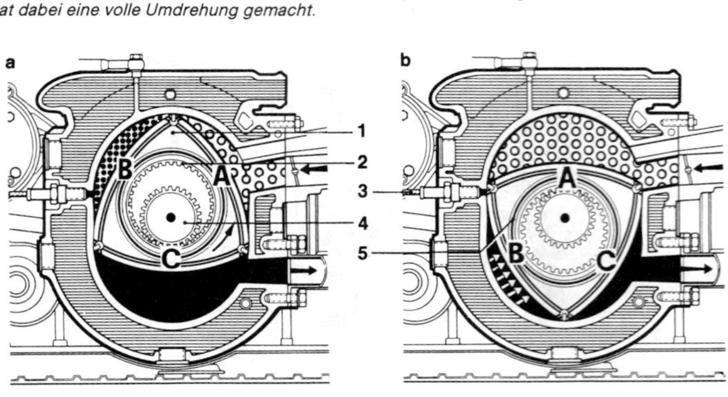

relativ zu dieser im umgekehrten Drehsinn, so daß die Relativgeschwindigkeit des Kolbens zum Gehäuse nur ein Drittel der Winkelgeschwindigkeit der Welle beträgt.

Der Gaswechsel wird durch einfache Schlitze vom Kolben selbst gesteuert. Statt des in der Trochoidenbahn angeordneten Einlaßkanals (Umfangeinlaß) kann der Einlaß auch durch Öffnungen in den seitlichen Gehäusen erfolgen (Seiteneinlaß).

Durch das Fehlen von verengten Gasquerschnitten und von hin- und hergehenden Massen sind wesentlich höhere Gasgeschwindigkeiten und Drehzahlen möglich geworden. Jeder Kreiskolbenmotor ist mechanisch vollkommen auswuchtbar. Es verbleibt lediglich die bei allen Verbrennungsmotoren auftretende Ungleichförmigkeit der Drehkraft. Allerdings ist der Drehkraftverlauf eines Einscheibenmotors wegen der über 270° Exzenterwelle ablaufenden Arbeitstakte wesentlich gleichförmiger als der eines Einzylindermotors. Der Ungleichförmigkeitsgrad und damit die Laufruhe lassen sich durch Mehrfachanordnung von mehreren Kolben auf einer Welle zusätzlich verbessern. Ein Dreifach-Kreiskolbenmotor entspricht in dieser Beziehung einem Achtzylinder-Hubkolbenmotor. Der Drehmomentverlauf kann wahlweise je nach Steuerzeit und Ansaugquerschnitt der Charakteristik eines Drosselmotors oder eines sportlichen Motors angepaßt werden.

Vorteile des Kreiskolbenmotors: vollkommener Massenausgleich; günstiger Drehkraftverlauf; kompakte Bauweise; kein Ventiltrieb; sehr gutes Laufverhalten.

Nachteile: ungünstige Brennraumform mit langen Brennwegen, hohe HC-Emission; höherer Kraftstoff- und Ölverbrauch; höhere Herstellungskosten; kein Dieselmotor möglich; hohe Lage der kraftabgebenden Welle ungünstig.

Ausführung eines Doppel-Kreiskolbenmotors.
1 Kreiskolben, 2 hydraulischer Drehmomentwandler, 3 automatische Kupplung.

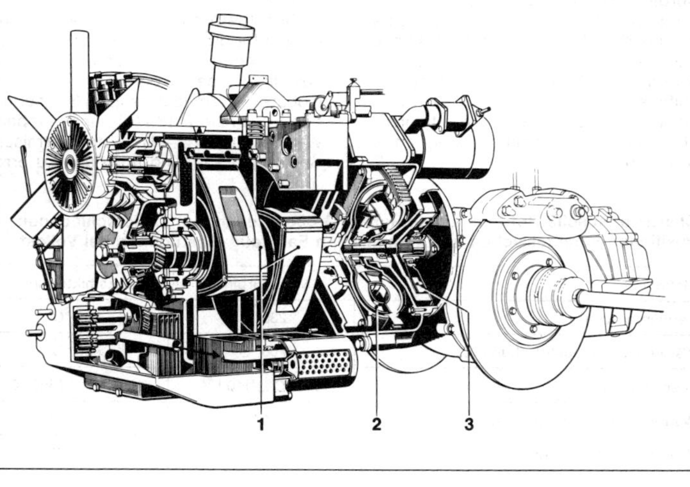

Gasturbine

Bei der Gasturbine erfolgen die einzelnen Zustandsänderungen des Kreisprozesses jeweils in voneinander räumlich getrennten Komponenten (Verdichter, Brennkammer, Turbinen), die durch strömungsführende Teile (Diffusoren, Spiralen u. a.) miteinander verbunden sind. Dadurch laufen die Zustandsänderungen kontinuierlich ab.

Arbeitsweise, Vergleichsprozeß und Wirkungsgrad

Bei Fahrzeuggasturbinen wird die durch Filter und Schalldämpfer kontinuierlich angesaugte Luft im allgemeinen in einem Radialverdichter komprimiert und anschließend in einem Wärmetauscher weiter aufgeheizt. Bei den heute bekannten Fahrzeuggasturbinen ist dieser meist als rotierender Regenerator ausgeführt.

Die verdichtete und vorgewärmte Luft strömt dann in die Brennkammer, wo sie durch Einspritzen und Verbrennen gasförmiger, flüssiger oder emulsiver Brennstoffe direkt aufgeheizt wird. Anschließend wird Energie von den verdichteten und erhitzten Gasen auf eine, zwei oder drei Turbinenstufen auf ein bis drei Wellensträngen übertragen. Die radial oder axial durchströmten Turbinen treiben zuerst Verdichter und Hilfsgeräte an. Sie geben die verbleibende Leistung über Arbeitsturbine, Reduzier- und Schaltgetriebe an die Kardanwelle ab.

Zur Verringerung des Teillast- und Leerlaufverbrauchs sowie zur Verbesserung des Beschleunigungsverhaltens ist im allgemeinen die Arbeitsturbine mit verstellbaren Leitschaufeln ausgestattet. Bei der Einwellenmaschine ist dazu eine Stellmöglichkeit im Getriebebereich erforderlich.

Die in den Turbinen bei der Entspannung teilweise abgekühlten Gase strömen durch die Gasseite des Wärmetauschers, wo der größere Anteil ihrer Restwärme an die Luft übertragen wird. Im Anschluß daran werden sie durch den Abgaskanal ausgeblasen und können dabei noch Wärme an die Fahrzeugheizung abgeben.

Der thermische Wirkungsgrad und damit der Brennstoffverbrauch des Gasturbinentriebwerks ist entscheidend abhängig von der maximal zulässigen Betriebstemperatur (Brennkammer-Austritts-Temperatur). Die durch die Anwendung hochwarmfester Kobalt- oder Nickelbasis-Legierungen erreichbaren Temperaturen ermöglichen keine mit heutigen Kolbenmotoren vergleichbaren Brennstoffverbräuche. Erst der Übergang zu keramischen Werkstoffen kann zu vergleichbaren oder besseren Brennstoffverbräuchen führen.

Der thermodynamische Vergleichsprozeß für die Gasturbine ist der Gleichdruck- oder Joule-Prozeß. Er besteht aus isentroper Kompression (1→2), isobarer Wärmezufuhr (2→3), isentroper Expansion (3→4) und isobarer Wärmeabfuhr (4→1). Gute thermische Wirkungsgrade sind nur dann zu errei-

Charakteristische Betriebstemperaturen (Größenordnungen) an verschiedenen Positionen in metallischen und keramischen Fahrzeug-Gasturbinen bei Vollast

Meßpunkt	Metallturbine	Keramikturbine
Verdichteraustritt	230 °C	250 °C
Wärmetauscheraustritt (Luftseite)	700 °C	950 °C
Brennkammeraustritt	1000 °C ... 1100 °C	1250 °C ... 1350 °C
Wärmetauschereintritt (Gasseite)	750 °C	1000 °C
Wärmetauscheraustritt	270 °C	300 °C

Thermodynamischer Vergleichsprozeß im p–V- ***und*** T–S-***Diagramm.***

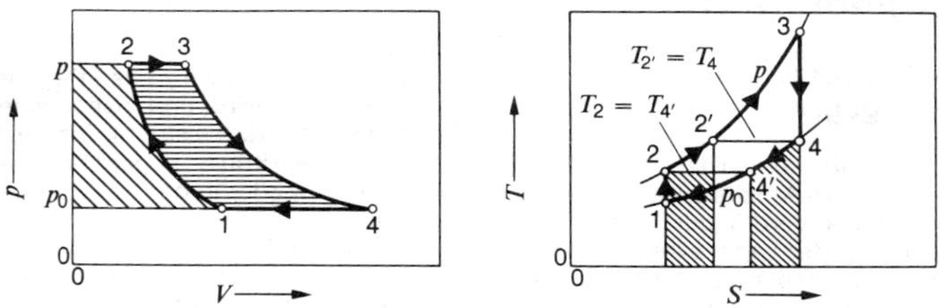

chen, wenn die Wärmezufuhr bei der Temperaturerhöhung von T_2 auf $T_{2'}$ über einen Wärmetauscher mit der Wärmeabfuhr (4⟶4′) gekoppelt ist. Bei vollständigem Wärmetausch reduziert sich dann die pro Masseneinheit zuzuführende Wärmemenge auf

$$q_{zu} = c_p \cdot (T_3 - T_{2'}) = c_p \cdot (T_3 - T_4)$$

und die abzuführende Wärme ist

$$q_{ab} = c_p \cdot (T_{4'} - T_1) = c_p \cdot (T_2 - T_1).$$

Maximaler thermischer Wirkungsgrad für die Gasturbine mit Wärmetauscher:

$$\eta_{th} = 1 - Q_{ab}/Q_{zu} = 1 - (T_2 - T_1)/(T_3 - T_4)$$

Mit $p_2/p_1 = (T_2/T_1)^{\frac{\varkappa}{\varkappa-1}} = (T_3/T_4)^{\frac{\varkappa}{\varkappa-1}}$ und $T_4 = T_3 \cdot (T_1/T_2)$ folgt

$$\eta_{th} = 1 - (T_2/T_3)$$

Mit ausgeführten Triebwerken werden heute bereits thermische Wirkungsgrade von 35 % erreicht.

Vorteile der Gasturbine: günstige Emissionswerte ohne Zusatzeinrichtung; extreme Laufruhe; Vielstoffähigkeit; günstiger stationärer Drehmomentenverlauf; lange Wartungsintervalle.

Nachteile: derzeit hohe Herstellungskosten, ungünstiges Ansprechverhalten; höherer Kraftstoffverbrauch; für kleine Leistungsbereiche weniger geeignet.

Gasturbine. *1 Filter und Schalldämpfer, 2 Radialverdichter, 3 Brennkammer, 4 Wärmetauscher, 5 Abgaskanal, 6 Reduziergetriebe, 7 Arbeitsturbine, 8 verstellbare Leitschaufeln, 9 Verdichterturbine, 10 Starter, 11 Hilfsgeräteantrieb, 12 Schmierölpumpe.*

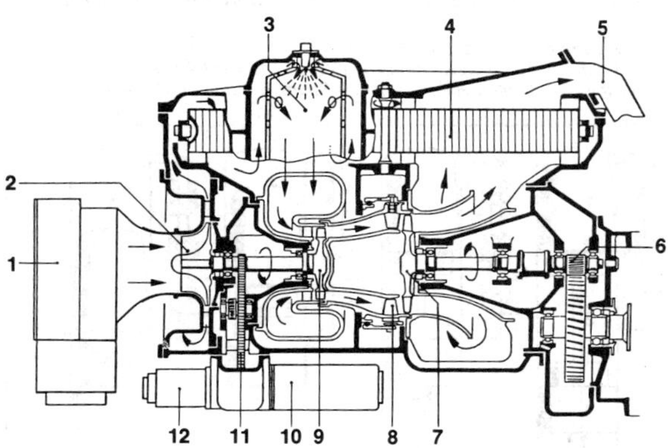

Hubkolbenmotor mit äußerer Verbrennung (Stirlingmotor)

Arbeitsprozeß und Wirkungsgrad

Prozeßablauf: Im Zustand I befindet sich der untere Arbeitskolben in tiefster Lage und der Verdränger (oberer Kolben) in höchster Lage; alles Arbeitsgas befindet sich expandiert zwischen Kolben und Verdränger im „kalten" Raum. Auf dem Weg von I nach II komprimiert der Arbeitskolben das Arbeitsmedium im kalten Raum. Der Verdränger bleibt in höchster Lage. Von II nach III wird das komprimierte Arbeitsmedium durch den abwärtsgehenden Verdränger über den Kühler in den Regenerator (wo es die gespeicherte Wärme aufnimmt) und daran anschließend in den Erhitzer geschoben (wo es auf die höchste Arbeitstemperatur aufgeheizt wird). Da der Arbeitskolben in unterster Lage bleibt, ändert sich dabei das Volumen nicht.

Das erhitzte Gas gelangt nach dem Erhitzer in den „heißen" Raum über dem Verdränger. Auf dem Weg von III nach IV expandiert das heiße Gas; Kolben und Verdränger werden in ihre tiefste Lage gedrückt und es wird Arbeit geleistet. Der Kreis wird auf dem Weg IV nach I geschlossen, wo wieder durch den aufwärts gehenden Verdränger das Gas durch den Erhitzer in den Regenerator gedrückt wird und dabei einen Großteil seiner Wärme abgibt. Die Restwärme wird im Kühler abgegeben, bevor das Gas wieder in den kalten Raum gelangt.

Der theoretische Prozeß besteht demnach aus einer quasi isothermen Verdichtung (das Arbeitsgas wird nach der adiabaten Verdichtung im Kühler auf Anfangstemperatur rückgekühlt), isochoren Wärmezufuhr über Regenerator und Erhitzer, einer quasi isothermen Expansion (das Arbeitsgas wird nach adiabater Expansion im Erhitzer auf Ausgangszustand rückerhitzt) und einer isochoren Wärmeabfuhr über Regenerator und Kühler.

Der im p–V- und T–S-Diagramm dargestellte Idealprozeß könnte nur erreicht werden, wenn sich – wie beschrieben – Arbeits- und Verdrängerkolben diskontinuierlich bewegten.

Sind beide Kolben z. B. durch einen Rhombentrieb mit einer Welle verbunden, so führen sie phasenverschobene Sinusbewegungen aus, die zu einem abgerundeten Arbeitsdiagramm mit gleichem Prozeßwirkungsgrad – ähnlich dem Carnot-Wirkungsgrad –, aber mit Einbußen an Leistung und effektivem Wirkungsgrad, führen.

Ablauf des Arbeitsprozesses beim Stirlingmotor.
Vier Stadien diskontinuierlicher Bewegung von Kolben und Verdränger.
1 Kolben, 2 Verdränger, 3 kalter Raum, 4 heißer Raum, 5 Kühler, 6 Regenerator, 7 Erhitzer.

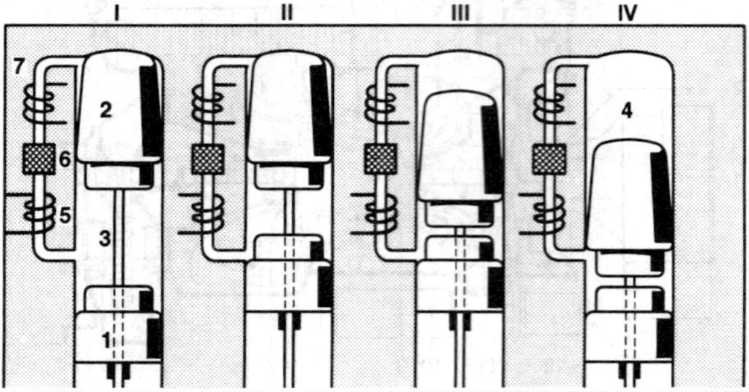

Theoretischer Kreisprozeß des Stirlingmotors im p–V- und T–S-Diagramm.

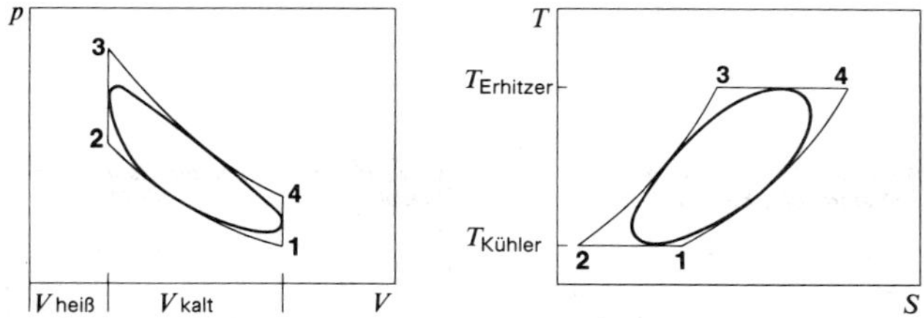

Ausführung und Betriebsverhalten

Moderne Motoren arbeiten als doppeltwirkende Motoren mit z. B. 4 Zylindern, die mit geeigneter Phasenverschiebung arbeiten. Jeder Zylinder besitzt nur einen Kolben, der mit seiner oberen Seite Arbeitskolben, mit seiner unteren Seite Verdränger für den nachfolgenden Zylinder ist. Kühler, Regenerator und Erhitzer sind zwischen den Zylindern angeordnet.

Um die Hubraumleistung nicht zu gering werden zu lassen, wird mit hohen, zur Lastregelung änderbaren, Drücken von 50 bis 200 bar gefahren. Als Arbeitsmedium müssen Gase mit niedrigen Strömungsverlusten und hoher spezifischer Wärme verwendet werden (meist Wasserstoff). Da die gesamte dem Prozeß zu entziehende Wärme hier über Kühler an die Umgebungsluft abgeführt werden muß, benötigen Stirlingmotoren erheblich größere Wärmetauscher als Motoren mit innerer Verbrennung.

Vorteile des Stirlingmotors: sehr niedrige Schadstoffkonzentrationen aller limitierten Schadstoffe HC, CO, NO_x; leiser Lauf ohne Verbrennungsgeräusche; Verbrennung verschiedenster Brennstoffe möglich (vielstoffähig); Kraftstoffverbrauchswerte (im Kennfeld) in etwa wie Direkteinspritz-Dieselmotoren bei ähnlichen Drehzahlen.

Nachteile: hohe Fertigungskosten durch aufwendige Bauweise; sehr hohe Arbeitsdrücke bei mäßigen Bauraum-/Baugewichtsleistungen; Lastregelaufwand sehr hoch; große Kühlfläche und ggf. Lüfterleistungen erforderlich.

Doppeltwirkender Stirlingmotor.
1 Erhitzer, 2 Regenerator, 3 Kühler.

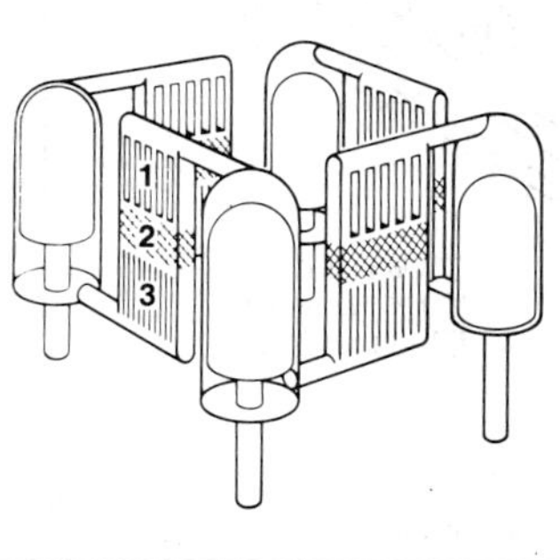

Wärmebilanz des Stirlingmotors.

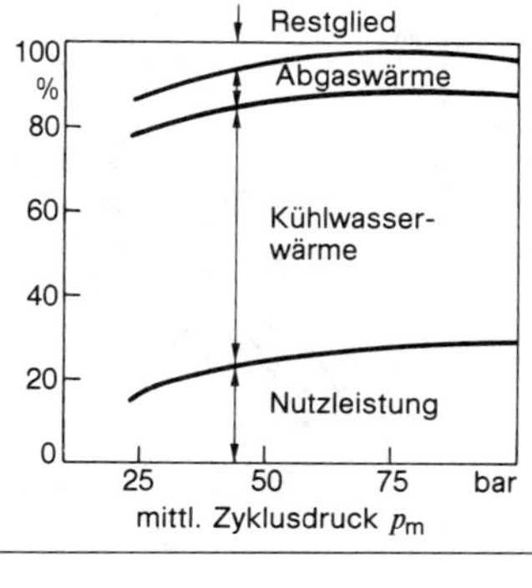

Erfahrungswerte und Berechnungsunterlagen

Entwicklung von Mitteldruck und Kraftstoffverbrauch*[1]*) bei Lkw-Motoren.

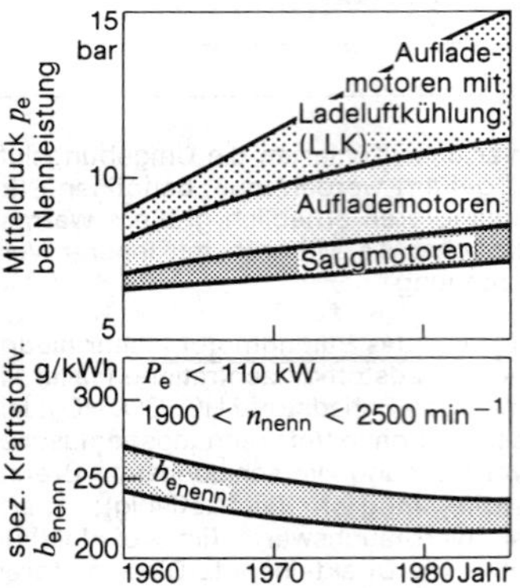

Entwicklung der Hubraumleistung von Diesel- und Ottomotoren für Pkw.

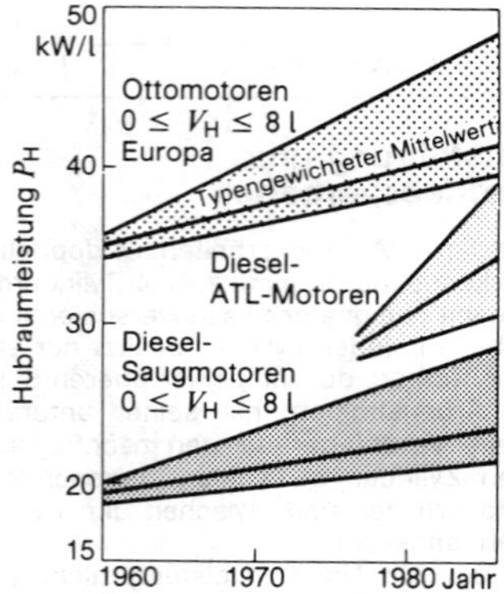

[1]) Beeinflussung des Kraftstoffverbrauchs durch Maßnahmen am Fahrzeug s. S. 268.

Kraftstoffverbrauch von Diesel- und Ottomotoren*[1]*).

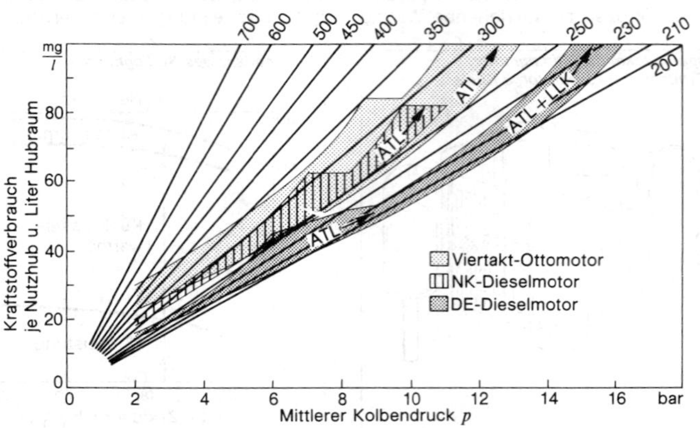

Vergleichsdaten

Motorart	Drehzahl min⁻¹	Verdichtungsverhältnis	Mitteldruck bar	Hubraumleistung kW/l	Leistungsgewicht kg/kW	Kraftstoffverbrauch g/kWh	Drehmomenterhöhung %
Ottomotor für Krafträder 2-Takt	4500 ... 8000	7 ... 9	4 ... 6	30 ... 50	5 ... 2,5	600 ... 400	5 ... 10
4-Takt	5000 ... 9000	8 ... 11	7 ... 10	30 ... 70	4 ... 1	350 ... 270	5 ... 25
Pkw Saugmotor	4500 ... 7500	8 ... 12	8 ... 11	35 ... 65	3 ... 1	350 ... 250	15 ... 25
mit Aufladung	5000 ... 7000	7 ... 9	11 ... 15	50 ... 100	3 ... 1	380 ... 280	10 ... 30
Lkw	2500 ... 5000	7 ... 9	8 ... 10	20 ... 30	6 ... 3	380 ... 270	15 ... 25
Dieselmotor für Pkw Saugmotor	3500 ... 5000	20 ... 24	6 ... 8	20 ... 30	5 ... 3	320 ... 240	10 ... 15
mit Aufladung	3500 ... 4500	20 ... 24	9 ... 12	30 ... 40	4 ... 2	290 ... 240	15 ... 25
Lkw Saugmotor	2000 ... 4000	16 ... 18	7 ... 10	10 ... 15	9 ... 4	240 ... 210	10 ... 15
mit Aufladung	2000 ... 3200	15 ... 17	10 ... 13	15 ... 20	8 ... 3	230 ... 205	15 ... 30
mit LLK[1])	1800 ... 2600	14 ... 16	13 ... 18	20 ... 25	5 ... 3	225 ... 195	30 ... 60
Sonderbauarten Kreiskolbenmotor	6000 ... 8000	7 ... 9	8 ... 11	35 ... 45	1,5 ... 1	380 ... 300	5 ... 15
Stirlingmotor	2000 ... 4500	4 ... 6	–	–	10 ... 7	300 ... 240	20 ... 40
Gasturbine	8000...70 000	4 ... 6	–	–	3 ... 1	1000 ... 300	50...100

[1]) LLK: Ladeluftkühlung.

Leistungs- und Drehmomentverlauf.

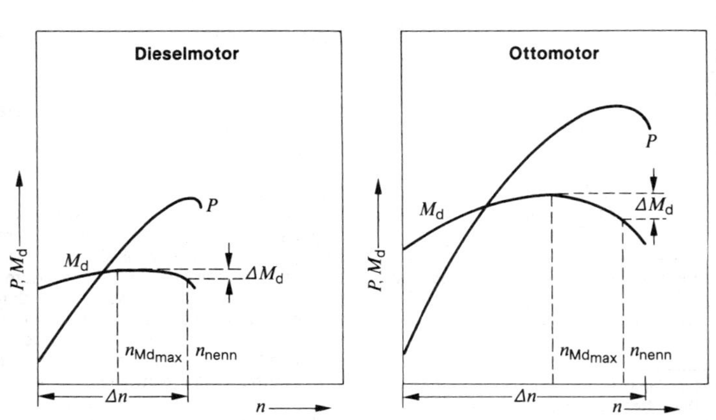

Leistungsverlauf *(Teillastverhalten)*
bei vorgegebenem Regelweg bzw. vorgegebener Gaspedalstellung.

Kennlinien eines Dieselmotors mit konstanter Regelvorgabe.
M_d bleibt mit n in etwa konstant.

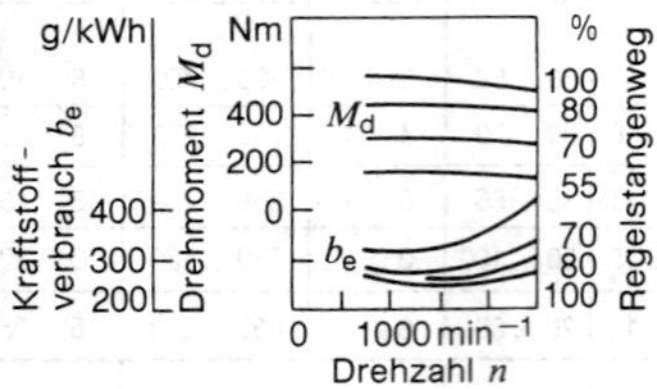

Kennlinien eines Vergaser-Ottomotors (Viertakt) mit konstanter Drosselklappenstellung.
M_d fällt mit n stark ab,
P_{eff} bleibt in etwa konstant.

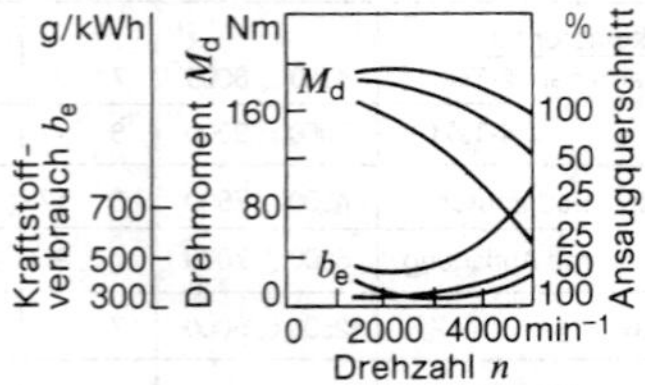

Nutzdrehzahlspanne
(untere Vollastdrehzahl/Nenndrehzahl)

Motorart		Nutzdrehzahlspanne Δn_N
Dieselmotor	für Pkw	3,5 ... 5
	für Lkw	1,8 ... 3,2
Ottomotor		4 ... 7

Drehmomentanstieg

Motorart		Drehmomentanstieg M_d in %
Dieselmotor für Pkw	Saugmotor	15 ... 20
	mit Aufladung	20 ... 30
Dieselmotor für Lkw	Saugmotor	10 ... 15
	mit Aufladung	15 ... 30
	mit LLK[1])	25 ... 60
Ottomotor	Saugmotor	25 ... 30
	mit Aufladung	30 ... 35

[1]) LLK: Ladeluftkühlung.
[2]) Die „Nettoleistung" heißt in DIN 1940 „Nutzleistung" oder „effektive Leistung" P_{eff}.

Drehmomentlage
Lage des maximalen Drehmoments im Drehzahlniveau, bezogen auf die Nennleistungsdrehzahl in %.

Motorart		$(n_{Md\,max}/n_{nenn}) \cdot 100$
Dieselmotor	für Pkw	15 ... 40 %
	für Lkw	10 ... 60 %
Ottomotor		25 ... 35 %

Bezugsleistung, Leistungsdefinition

(nach DIN 70020, Teil 6)

Leistungsermittlung
(aus DIN 70020, Blatt 4)

Die folgenden Festlegungen gelten nur für Kraftfahrzeugmotoren. Für ortsfeste Motoren, Schiffsmotoren und Motoren für Schienenfahrzeuge gilt DIN 6270.

Nettoleistung[2])
Leistung, die bei der vom Hersteller angegebenen Motordrehzahl auf einem Prüfstand an der Kurbelwelle oder einem entsprechenden Bauteil abgenommen wird, wobei der Motor mit den serienmäßig für den vorgesehenen Verwendungszweck erforderlichen Ausrüstungsteilen auszurüsten ist. Die für die Ermittlung der Nettoleistung erforderliche Ausrüstung ist in DIN 70020, Blatt 4, im einzelnen angegeben.

Bruttoleistung[1])
Die Definition ist ähnlich wie bei der Nettoleistung, jedoch ist nicht serienmäßige Ausrüstung verlangt, sondern auch Prüfstandsausrüstung zulässig; auch sind nicht alle bei „Nettoleistung" vorgeschriebenen Ausrüstungsteile erforderlich (z. B. kein Ventilator bei Flüssigkeitskühlung). Die für die Ermittlung der Bruttoleistung erforderliche Ausrüstung ist in DIN 70020, Blatt 4, im einzelnen angegeben.

Atmosphärischer Bezugszustand
für die Bestimmung der Motorleistung
Temperatur $t = 20°$ C
Barometerstand $b =$ 1013 hPa.
Die relative Luftfeuchte wird vernachlässigt (DIN 70020, Teil 6). Nach ECE sind in Zukunft 25 °C und 1000 mbar als Bezugszustand vorgesehen.

Korrekturfaktor
Bei abweichenden Prüfbedingungen ist die gemessene Motorleistung P_e auf 1013 hPa und 20° C umzurechnen:

$$P_{red.} = P_e \cdot \frac{1013}{b} \cdot \sqrt{\frac{273 + t}{293}}$$

b Barometerstand in hPa
t Temperatur in ° C

SAE-PS
Wegen unterschiedlicher Prüfbedingungen in einzelnen Ländern sind die Leistungsangaben für Kraftfahrzeugmotoren oft schlecht miteinander vergleichbar. So liegt in den USA die nach SAE (Society of Automotive Engineers) bestimmte Leistung (SAE-PS) 10 ... 25 % und in Italien die nach CUNA (Commissione tecnica di Unificazione nell' Automobile) 5 ... 10 % über der DIN-Leistung.

Motorleistung und Luftzustand

Der Wärmeinhalt einer Zylinderfüllung bestimmt im wesentlichen das Drehmoment eines Verbrennungsmotors und damit auch seine Leistung. Ein unmittelbares Maß für den Wärmeinhalt ist die Luftmenge einer Zylinderfüllung (genauer die Sauerstoffmenge). Die Volleistungsänderung eines Motors läßt sich aus der Zustandsänderung der Umgebungsluft (Temperatur, Druck, Feuchtigkeit) berechnen, wenn außer der Motordrehzahl auch das Luft-Kraftstoff-Verhältnis, der Zylinderfüllungsgrad, der Verbrennungswirkungsgrad und die Motorverlustleistung gleich bleiben.

Das Luft-Kraftstoff-Gemisch wird bei abnehmender Luftdichte fetter.

Der Zylinderfüllungsgrad (Druck im Zylinder bei Ansaugende zu Druck der Umgebungsluft) bleibt nur bei voll geöffneten Regelorganen (Volleistung) für jeden Luftzustand gleich.

Der Verbrennungswirkungsgrad sinkt in kalter, dünner Luft durch geringere Verdampfung und Durchwirbelung und durch trägere Verbrennung.

Die Motorverlustleistung (Reibungsverluste + Gaswechselarbeit + Laderleistung) verringert die indizierte Leistung.

Einfluß der Luftdichte, des Luftdrucks und der Lufttemperatur
Je schwerer (dichter und kälter) die den Motor umgebende Luft ist, desto mehr Luft wird angesaugt oder aufgeladen und desto größer ist die Motorleistung. Faustformel: Auf 100 m Höhenzunahme sinkt die Motorleistung um etwa 1 %.

Einfluß der Luftvorwärmung
Kalte Luft wird in den Ansaugleitungen je nach Motorbauart mehr oder weniger vorgewärmt und damit verdünnt. Luftvorwärmung verringert die Motorleistung.

Einfluß der Luftfeuchte
Feuchte Luft enthält weniger Sauerstoff als trockene Luft und ergibt deshalb kleinere Motorleistung. Die Abnahme ist im allgemeinen vernachlässigbar gering. Bei feuchtwarmer Luft in den Tropen kann die Luftfeuchte die Motorleistung fühlbar herabsetzen.

[1]) Die „Bruttoleistung" heißt in DIN 1940 ebenfalls „Nutzleistung", aber mit ergänzendem Zusatz, welche Hilfseinrichtungen nicht berücksichtigt sind, z. B. „Nutzleistung ohne Leistungsbedarf für Ventilator".

Berechnung

Größe		Einheit
a_K	Kolbenbeschleunigung	m/s²
B	Kraftstoffverbrauch	kg/h; dm³/h
b_e	spez. Kraftstoffverbrauch	g/kWh
D	Zylinderdurchmesser $2 \cdot r$	mm
d_V	Ventildurchmesser	mm
F	Kraft	N
F_G	Gaskraft im Zylinder	N
F_N	Kolben-Seitenkraft	N
F_o	oszillierende Massenkraft	N
F_r	rotierende Massenkraft	N
F_s	Stangenkraft	N
F_T	Tangentialkraft	N
M	Moment	N · m
M_o	oszillierende Momente	N · m
M_r	rotierende Momente	N · m
M_d	Drehmoment des Motors	N · m
m_p	Leistungsgewicht	kg/kW
n	Motordrehzahl	1/min
n_p	Drehzahl der Einspritzpumpe	min^{-1}
P	Leistung	kW
P_{eff}	Nutzleistung[1])	kW
P_H	Hubraumleistung	kW/dm³
p	Druck	bar
p_c	Verdichtungsenddruck	bar
p_e	mittlerer Kolbendruck (Mitteldruck, mittlerer Arbeitsdruck)	bar
p_L	Ladedruck	bar
p_{max}	Spitzendruck im Zylinder	bar
r	Kurbelhalbmesser	mm
s_d	Einspritzquerschnitt der Düse	mm²
S, s	Hub allgemein	mm
s	Kolbenhub	mm
s_F	Füllungshub 2-Takt-Motor	mm
S_K	Kolbenabstand v. oberen TP	mm
S_s	Schlitzhöhe bei 2-Takt-Motor	mm
T	Temperatur	°C, K
T_c	Verdichtungsendtemperatur	K
T_L	Ladelufttemperatur	K
T_{max}	Spitzentemperatur im Brennraum	K
t	Zeit	s
V	Volumen	m³

[1]) Nutzleistung P_{eff} ist die vom Verbrennungsmotor abgegebene nutzbare Leistung, wobei die zum Betrieb notwendigen Hilfseinrichtungen (z. B. Zündeinrichtung, Einspritzpumpe, Spül- und Kühlluftgebläse, Kühlwasserpumpe und Lüfter, Lader) vom Verbrennungsmotor angetrieben werden (DIN 1940). In DIN 70 020 wird diese Leistung Nettoleistung genannt (s. S. 330).

Größe		Einheit
V_c	Verdichtungsraum eines Zylinders	dm³
V_E	Einspritzmenge je Pumpenhub	mm³
V_f	Füllungsvolumen eines Zylinders (2-Takt)	dm³
V_F	Füllungsvolumen des 2-Takt-Motors	dm³
V_h	Hubvolumen eines Zylinders	dm³
V_H	Hubvolumen des Motors	dm³
v	Geschwindigkeit	m/s
v_d	mittl. Geschwindigkeit des Einspritzstrahls	m/s
v_g	Gasgeschwindigkeit	m/s
v_m	mittl. Kolbengeschwindigkeit	m/s
v_{max}	max. Kolbengeschwindigkeit	m/s
z	Zylinderzahl	–
α_d	Einspritzdauer (in ° KW an der Einspritzpumpe)	°
β	Schwenkwinkel der Pleuelstange	°
ε	Verdichtungsverhältnis	–
η	Wirkungsgrad	–
η_e	effektiver Wirkungsgrad	–
η_{th}	thermischer Wirkungsgrad	–
ν, n	Polytropenexponent von realen Gasen	–
ϱ	Dichte	kg/m³
φ, α	Kurbelwinkel (φ_o = oberer Totpunkt)	°
ω	Winkelgeschwindigkeit	rad/s
λ	$= r/l$ Pleuelstangenverhältnis,	–
λ	Luftverhältnis	–
$\varkappa$	$= c_p/c_v$ Adiabatenexponent idealer Gase	–

Indizes

0, 1, 2, 3, 4, 5	Prozeß-/Eckwerte
o	oszillierend
r	rotierend
1., 2.	1., 2. Ordnung
A	Konstante
′, ″	Unterteilung von Eckwerten, Ableitungen

Umrechnung von Einheiten
(s. auch S. 26 ... 36)

1 g/PS · h	= 1,36 g/kW · h
1g/kW · h	= 0,735 g/PS · h
1 kp · m	= 9,81 N · m ≈ 10 N · m
1 N · m	= 0,102 kp · m ≈ 0,1 kp · m
1 PS	= 0,735 kW
1 kW	= 1,36 PS
1 at	= 0,981 bar ≈ 1 bar
1 bar	= 1,02 at ≈ 1 at

Berechnungsgleichungen

Größengleichungen	Zahlenwertgleichungen
Hubraum Hubraum eines Zylinders $V_h = \frac{\pi \cdot d^2 \cdot s}{4}$; $V_f = \frac{\pi \cdot d^2 \cdot s_f}{4}$ (2-Takt)	$V_h = 0{,}785 \cdot 10^{-6}\, d^2 \cdot s$ V_h in dm³, d in mm, s in mm
Hubraum des Motors $V_H = V_h \cdot z$; $V_F = V_f \cdot z$ (2-Takt)	$V_H = 0{,}785 \cdot 10^{-6}\, d^2 \cdot s \cdot z$ V_H in dm³, d in mm, s in mm
Verdichtung Verdichtungsverhältnis $\varepsilon = \frac{V_h + V_c}{V_c}$ (Diagramm s. S. 336) Verdichtungsenddruck $p_c = p_o \cdot \varepsilon^{\nu}$ Verdichtungsendtemperatur $T_c = T_o \cdot \varepsilon^{\nu - 1}$	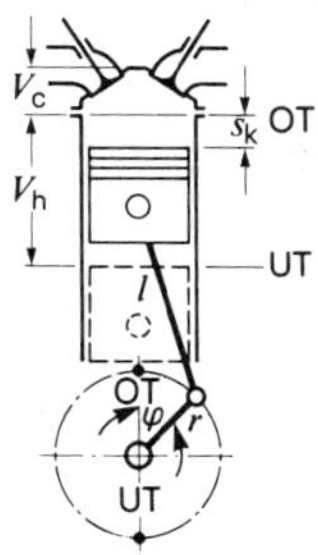 *4-Takt-Motor* 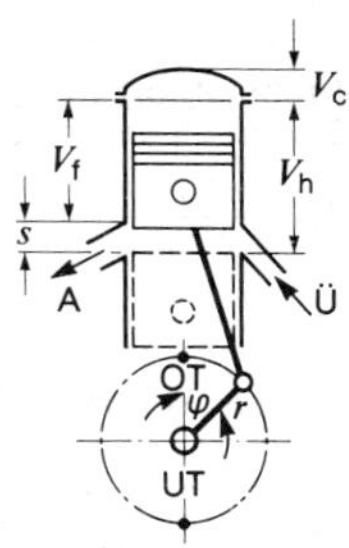 *2-Takt-Motor*
Kolbenbewegung (Diagramm s. S. 337) Kolbenabstand vom oberen Totpunkt $s_k = r\left[1 + \frac{l}{r} - \cos\varphi - \sqrt{\left(\frac{l}{r}\right)^2 - \sin^2\varphi}\right]$	
Kurbelwinkel $\varphi = 2 \cdot \pi \cdot n \cdot t$ (φ in rad)	$\varphi = 6 \cdot n \cdot t$ φ in °, n in min⁻¹, t in s
Kolbengeschwindigkeit (Näherung) $v \approx 2 \cdot \pi \cdot n \cdot r \left(\sin\varphi + \frac{r}{2l}\sin 2\varphi\right)$	$v \approx \frac{n \cdot s}{19100}\left(\sin\varphi + \frac{r}{2l}\sin 2\varphi\right)$ v in m/s, n in min⁻¹, l, r und s in mm
Mittlere Kolbengeschwindigkeit $v_m = 2 \cdot n \cdot s$	$v_m = \frac{n \cdot s}{30000}$ (Diagramm s. S. 338) v_m in m/s, n in min⁻¹, s in mm
Größte Kolbengeschwindigkeit (ungefähr, wenn Pleuelstange den Kurbelkreis tangiert; $a_k = 0$)	
Kolbenbeschleunigung (Näherung) $a_k \approx 2 \cdot \pi^2 \cdot n^2 \cdot s \left(\cos\varphi + \frac{r}{l}\cos 2\varphi\right)$	$a_k \approx \frac{n^2 \cdot s}{182400}\left(\cos\varphi + \frac{r}{l}\cos 2\varphi\right)$ a_k in m/s², n in min⁻¹, l, r und s in mm

l/r	3,5	4	4,5
v_{max}	$1{,}63 \cdot v_m$	$1{,}62 \cdot v_m$	$1{,}61 \cdot v_m$

(Diagramm s. S. 338)

[1]) Definitionen „Größengleichung“ und „Zahlenwertgleichung“ s. S. 68.

Berechnungsgleichungen (Fortsetzung)

Größengleichungen	Zahlenwertgleichungen
Gasgeschwindigkeit Mittlere Gasgeschwindigkeit im Ventilquerschnitt $v_g = \frac{d^2}{d_v^2} \cdot v_m$	$v_g = \frac{d^2}{d_v^2} \cdot \frac{n \cdot s}{30\,000}$ v_g in m/s, d, d_v und s in mm, n in min^{-1}

Die höchsten Liefergradwerte werden bei mittleren Gasgeschwindigkeiten von 90 ... 110 m/s erzielt (Erfahrungswerte).

Kraftstoffförderung Einspritzmenge je Einspritzpumpenhub $V_E = \frac{P_{eff} \cdot b_e}{\varrho \cdot n_p \cdot z}$	$V_E = \frac{1000 \cdot P_{eff} \cdot b_e}{60 \cdot \varrho \cdot n_p \cdot z}$ V_E in mm³, P_{eff} in kW, b_e in g/kW·h (oder auch P_{eff} in PS, b_e in g/PS·h), n_p in min^{-1}, ϱ in kg/dm³ (für Kraftstoffe ist $\varrho \approx 0{,}85$ kg/dm³)
Mittlere Geschwindigkeit des Einspritzstrahles $v_d = \frac{2 \cdot \pi \cdot n_p \cdot V_E}{S_d \cdot \alpha_d}$ (α_d in rad)	$v_d = \frac{6\, n_p \cdot V_E}{1000 \cdot S_d \cdot \alpha_d}$ v_d in m/s, n_p in min^{-1}, V_E in mm³, S_d in mm², α_d in °
Motorleistung $P = M \cdot \omega = 2 \cdot \pi \cdot M \cdot n$	$P = M \cdot n / 9549$ P in kW, M in N·m (= W·s), n in min^{-1}
$P_{eff} = V_H \cdot p_e \cdot n / K$ $K = 1$ für Zweitaktmotor $K = 2$ für Viertaktmotor	$P_{eff} = \frac{V_H \cdot p_e \cdot n}{K \cdot 600} = \frac{M_d \cdot n}{9549}$ P_{eff} in kW, p_e in bar, n in min^{-1}, M_d in N·m
Hubraumleistung (Literleistung) $P_H = \frac{P_{eff}}{V_H}$ Leistungsgewicht $m_P = \frac{m}{P_{eff}}$	$P = M \cdot n / 716{,}2$ P in PS, M in kp·m, n in min^{-1}

Berechnungsgleichungen (Fortsetzung)

Größengleichungen	Zahlenwertgleichungen
Mittlerer Kolbendruck (Mitteldruck, mittlerer Arbeitsdruck)	
Viertaktmotor: $p = \frac{2 \cdot P}{V_H \cdot n}$; Zweitaktmotor: $p = \frac{P}{V_H \cdot n}$	Viertaktmotor: $p = 1200 \frac{P}{V_H \cdot n}$; Zweitaktmotor: $p = 600 \frac{P}{V_H \cdot n}$ p in bar, P in kW, V_H in dm³, n in min⁻¹
	$p = 883 \frac{P}{V_H \cdot n}$; $p = 441 \frac{P}{V_H \cdot n}$ p in bar, P in PS, V_H in dm³, n in min⁻¹
Viertaktmotor: $p = \frac{4 \cdot \pi \cdot M}{V_H}$; Zweitaktmotor: $p = \frac{2 \cdot \pi \cdot M}{V_H}$	$p = 0{,}1257 \frac{M}{V_H}$; $p = 0{,}0628 \frac{M}{V_H}$ p in bar, M in N·m, V_H in dm³
Drehmoment des Motors $M_d = V_H \cdot p_e$	$M_d = \frac{V_H \cdot p_e}{0{,}12566}$; $M_d = \frac{V_H \cdot p_e}{0{,}0628}$ M_d in N·m, V_H in dm³, p_e in bar $M_d = 9549 \cdot P_{eff}/n$ M_d in N·m, P_{eff} in kW, n in min⁻¹
Kraftstoffverbrauch[1] B = Meßwert in kg/h $b_e = B/P_{eff}$ $b_e = 1/(H_u \cdot \eta_e)$	B in dm³/h oder kg/h V_B = Meßvolumen auf dem Prüfstand t_B = Stoppzeit für den Meßvolumenverbrauch $b_e = \frac{V_B \cdot \varrho_B \cdot 3600}{t_B \cdot P_{eff}}$ ϱ_B = Dichte des Brennstoffes in g/cm³, t_B in s, V_B in cm³, P_{eff} in kW.
Wirkungsgrad $\eta_{th} = 1 - \varepsilon^{1-\nu}$ $\eta_e = P_{eff}/(B \cdot H_u)$	$\eta_e = 86/b_e$ mit H_u = spezifischer Heizwert 42 000 kJ/kg b_e in g/(kW·h)

[1]) Beeinflussung des Kraftstoffverbrauchs durch Maßnahmen am Fahrzeug s. S. 268.

Hubraum und Verdichtungsraum. *Bild und Gleichung s. S. 333.*

Das Diagramm gilt für den Hubraum V_h und Verdichtungsraum V_c des einzelnen Zylinders und für den Gesamthubraum V_H und Gesamtverdichtungsraum V_C.

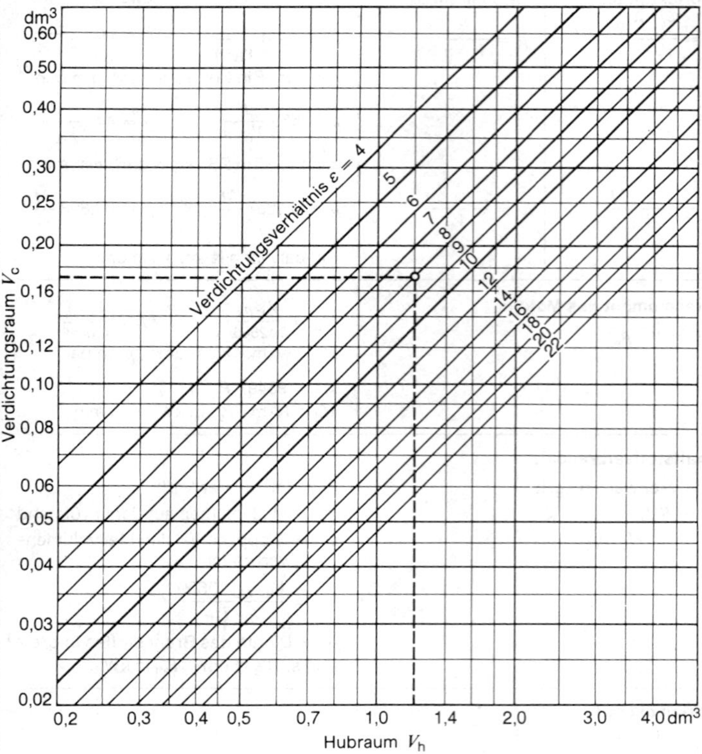

Beispiel:
Ein Motor mit einem Hubraum von 1,2 dm³ und einem Verdichtungsverhältnis $\varepsilon = 8$ hat einen Verdichtungsraum von 0,17 dm³.

Kolbenabstand vom oberen Totpunkt. *Gleichung s. S. 333.*

Umrechnung von Kurbelwinkelgrad in mm Kolbenweg

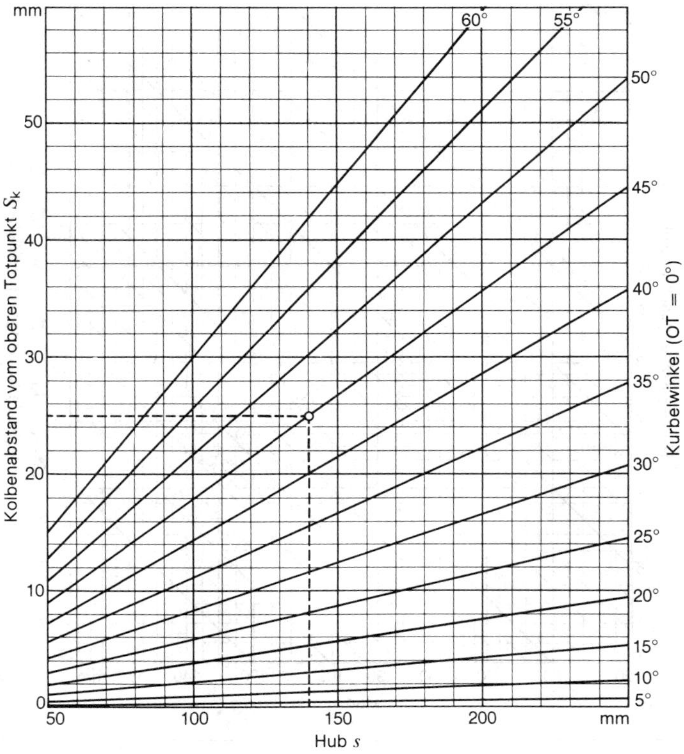

Beispiel:

Für einen Hub von 140 mm ist bei 45° KW der Kolbenabstand vom oberen Totpunkt 25 mm.

Dem Diagramm liegt ein Kurbelverhältnis $l/r = 4$ zugrunde (l Pleuelstangenlänge, r halber Hub). Es gilt aber mit guter Annäherung (Fehler kleiner als 2 %) für alle Kurbelverhältnisse l/r zwischen 3,5 und 4,5.

Kolbengeschwindigkeit. *Gleichungen s. S. 333.*

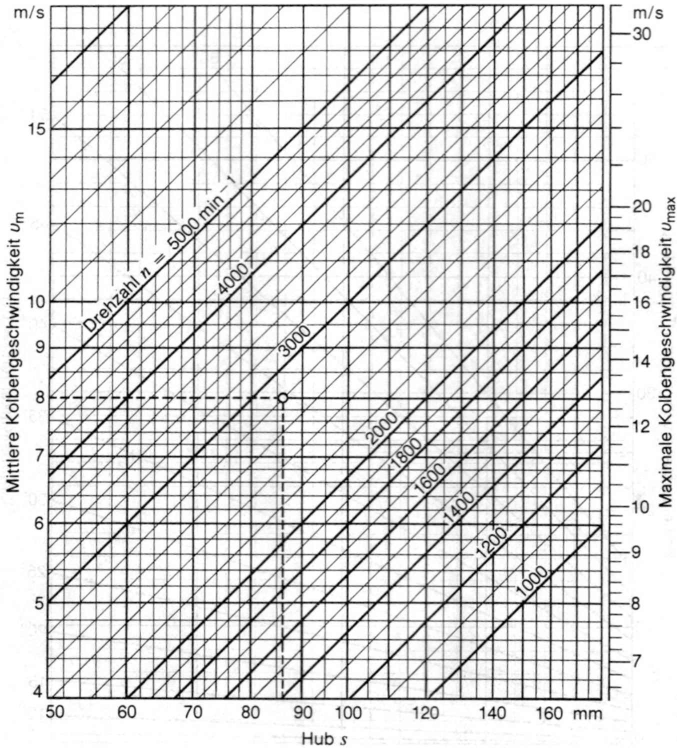

Beispiel:
Für Hub $s = 86$ mm und bei einer Drehzahl von $n = 2800\ \text{min}^{-1}$ ist die mittlere Kolbengeschwindigkeit $v_m = 8$ m/s und die maximale Kolbengeschwindigkeit $v_{max} = 13$ m/s.

Dem Diagramm ist $v_{max} = 1{,}62\ v_m$ zugrundegelegt (s. S. 333).

Dichtesteigerung der Verbrennungsluft im Zylinder bei Aufladung.

Dichtesteigerung bei Aufladung als Funktion des Druckverhältnisses im Verdichter, des Verdichtungs-Wirkungsgrades und der Rückkühlrate bei Ladeluftkühlung (LLK).

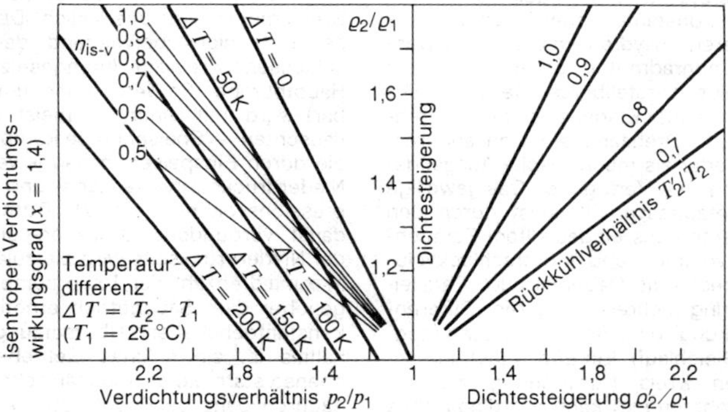

p_2/p_1 = π_c = *Druckverhältnis bei der Vorverdichtung*
ϱ_2/ϱ_1 = *Dichtesteigerung,* ϱ_1 = *Dichte vor Verdichter,* ϱ_2 = *Dichte nach Verdichter in kg/m³*
T_2'/T_2 = *Rückkühlrate,* T_2 = *Temperatur vor LLK,* T_2' = *Temperatur nach LLK in K*
η_{is-v} = *isentroper Verdichterwirkungsgrad*

Kompressions-Enddruck und -Endtemperatur.

Kompressionsendtemperatur als Funktion von Verdichtungsverhältnis und Ansaugtemperatur.

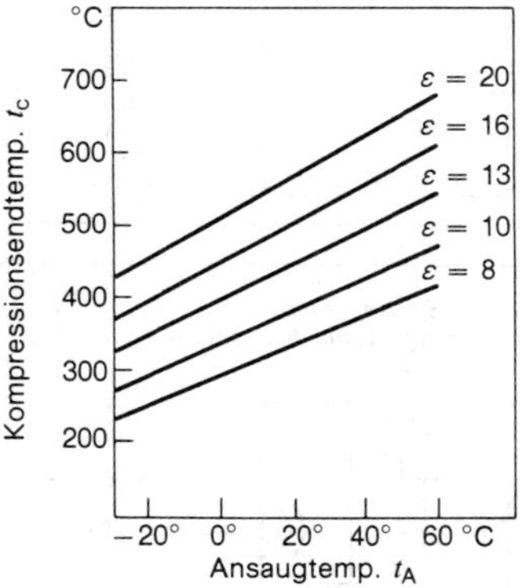

$t_c = T_c - 273{,}15\text{K}$; $T_c = T_A \cdot \varepsilon^{n-1}$; $n = 1{,}35$

Kompressionsenddruck als Funktion von Verdichtungsverhältnis und Ladedruck

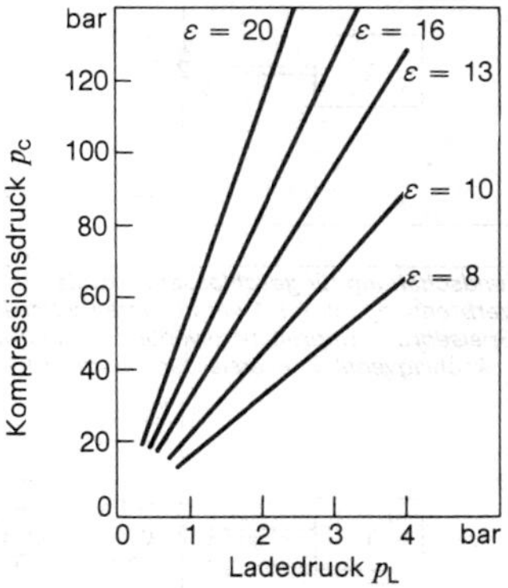

$p_c = p_L \cdot \varepsilon^n$; $n = 1{,}35$

Hydrostatische Antriebe

Verbindet man den Druckanschluß einer verstellbaren Hydraulikpumpe mit einem konstanten oder ebenfalls verstellbaren Hydraulikmotor (Kolben- oder Zahnradmotor), so erhält man ein stufenlos verstellbares Getriebe. Die mechanische Eingangsleistung (Drehmoment × Drehzahl) steht an anderem Ort wieder als mechanische Ausgangsleistung zur Verfügung. Das jeweilige Übersetzungsverhältnis ist durch den Quotienten aus eingestelltem Pumpenfördervolumen und Motorschluckvolumen bestimmt. Dabei ist auch Parallelschaltung mehrerer Motoren (Differentialwirkung) oder Serienschaltung möglich (Gleichlauf). Ein Einfachgetriebe im offenen Kreis (Anwendung z. B. in Streufahrzeugen) kann allerdings ohne Zusatzeinrichtung weder die Drehrichtung ändern noch Bremsmoment übertragen.

Hauptantriebe

Für den hydrostatischen Antrieb von Fahrzeugen ist Wendebetrieb und Bremsmöglichkeit unerläßlich. Deshalb hat sich hier überwiegend der geschlossene Kreislauf durchgesetzt. Die Hauptpumpe (Förderrichtung umkehrbar) wird mit einer – meist angeflanschten – Speisepumpe kombiniert, die durch Einspeisen in den jeweiligen Niederdruckstrang Leckage- und Kompressionsvolumen ersetzt. Durch die damit verbundene Druckvorspannung der Niederdruckseite wird die zulässige Maximaldrehzahl der Hauptpumpe gegenüber dem Saugbetrieb erhöht. Bei konstantgehaltenem Übersetzungsverhältnis ist ein solches Getriebe fast ebenso starr wie ein mechanisches und dadurch ganz besonders zum Antrieb von Arbeitsmaschinen geeignet. Für Fahrantriebe mit Pkw-ähnlichem Verhalten (z. B. Flurförderfahrzeuge) wurden „automotive" Steuerungen entwikkelt, die Verbrennungsmotor und Ge-

Hydrostatischer Antrieb im offenen Kreis.
1 Verbrennungsmotor, 2 verstellbare Hydraulikpumpe, 3 Hydraulikmotor, 4 Druckbegrenzungsventil, 5 Abtrieb, 6 Ölbehälter.

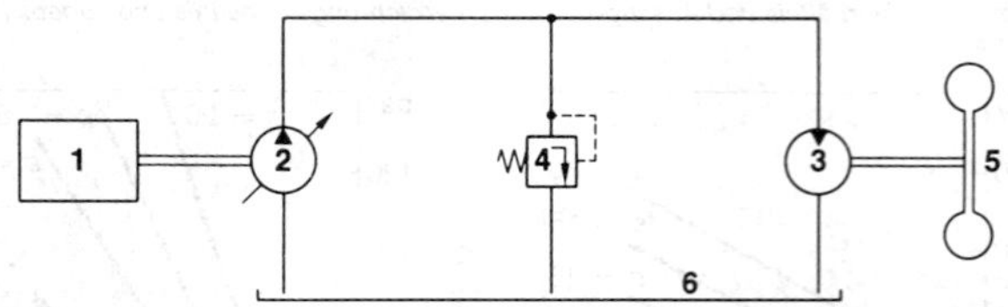

Grundschaltung für geschlossenen Kreis.
1 Verbrennungsmotor, 2 verstellbare Hydraulikpumpe, 3 Speisepumpe, 4 Speisedruck-Begrenzungsventil, 5 Hochdruck-Begrenzungsventil, 6 Einspeise-Rückschlagventil, 7 reversierbarer Hydraulikmotor, 8 Abtrieb.

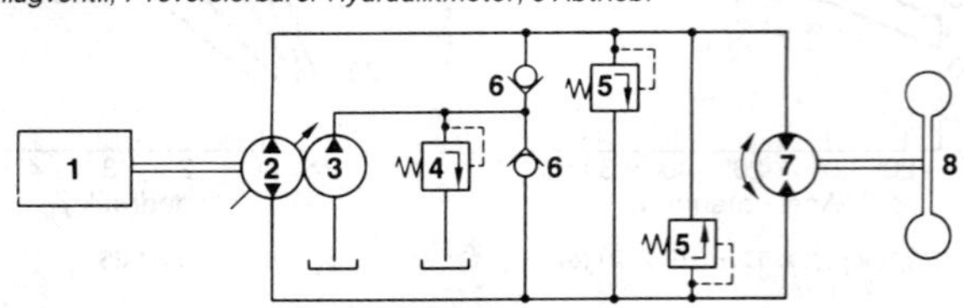

triebeübersetzung über ein gemeinsames Fahrpedal beeinflussen. Am bekanntesten sind Schaltungen, bei denen der Fahrer über das Pedal nur die Drehzahl des Verbrennungsmotors vorgibt. Aus dieser Drehzahl wird über eine Hilfspumpe (oft identisch mit Speisepumpe) und ein – meist mehrgliedriges – Drosselsystem ein der Motordrehzahl zugeordneter Steuerdruck gewonnen. Dieser bestimmt wiederum das Fördervolumen der Hauptpumpe über eine druckproportionale Verstelleinrichtung. Dieses Steuerungsprinzip ist einfach und „abwürgsicher", weil bei Drückung der Antriebsdrehzahl die Pumpe auf geringere Förderung bzw. geringeres Antriebsdrehmoment zurückgestellt wird. Für hohe Ansprüche an Leistungsanpassung und günstigen Kraftstoffverbrauch sind aber aufwendigere Schaltungen notwendig.

Hilfsantriebe

Ein relativ junger Anwendungszweig hydrostatischer Antriebe ist der Hilfsantrieb sonst freilaufender Lkw-Achsen bei langsamer Fahrt in schwierigem Gelände. Hier soll im Bedarfsfall die Funktion von Kardanwelle und Verteilergetriebe über große räumliche Entfernung hydrostatisch dargestellt werden. Zusatzforderung ist eine verlustarme Abschaltmöglichkeit dieses Antriebs bei normaler Straßenfahrt. Diese Aufgabe wird motorseitig von einer in Stufen schaltbaren auskuppelbaren Konstantpumpe gelöst. An der Hilfsantriebsachse sitzen langsamlaufende Radnabenmotoren, deren Kolben bei Straßenfahrt durch Federn eingezogen werden. So kann die Auslegung des Hydraulikkreises auf geringe Fahrgeschwindigkeit erfolgen. Bei Normalfahrt entstehen weder Umlaufverluste noch wesentliche Reibungsverluste durch den Zusatzantrieb.

Grundschaltung für „automotives" Getriebe.
1 Fahrpedal, 2 Verbrennungsmotor mit Drehzahlregler, 3 druckproportional verstellbare Hydraulikpumpe, 4 Hilfspumpe, 5 Drosselnetzwerk für drehzahlabhängigen Steuerdruck, 6 Hydraulikmotor, 7 Abtrieb.

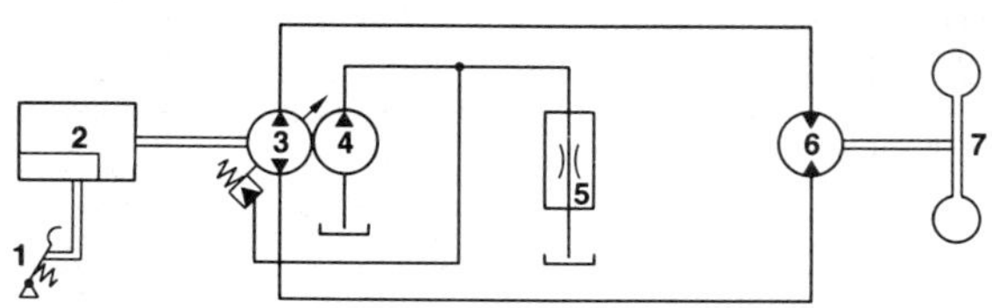

Hydrostatischer Hilfsantrieb.
1 Elektrische Steuerung für Straßenfahrt/Hilfsantrieb, 2 auskuppelbare Konstantpumpe, in Stufen schaltbar, 3 Ölbehälter, 4 lösbare Schlauchverbindungen, 5 Hydraulikleitungen, 6 Radnabenmotoren.

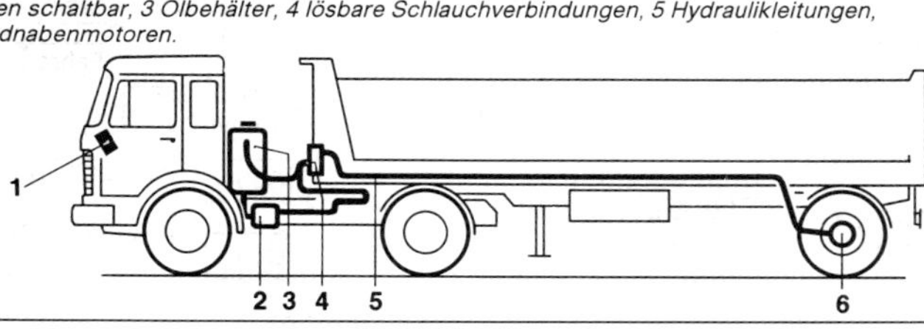

Elektrische Antriebe

Elektrische Fahrzeugantriebe sind für alle Fahrzeuge geeignet, bei denen
– die Reichweiten heutiger Bleibatterien von ca. 50 bis 100 km pro Batterieladung ausreichen,
– die Fahrleistungen im Vergleich zum konventionellen Fahrzeug auf niedrigere Werte begrenzt sind (Stadtfahrbedingungen),
– Geräuscharmut und Abgasfreiheit gefordert werden (Fußgängerzonen, Hallenbetrieb).

Die stufenlose Steuerung von Fahrgeschwindigkeit und Zugkraft erfolgt im gesamten Fahrbereich durch eine verlustarme Spannungs- und Stromregelung, wobei je nach Ausführung des Antriebs noch zusätzlich ein Schaltgetriebe verwendet werden kann. Mit diesen Antrieben ist es möglich, beim Bremsen oder bei Bergabfahrt Energie zurückzugewinnen und wieder in die Batterie einzuspeisen.

Die stufenlose Regelung von Zugkraft und Bremskraft erreicht man mit Schaltungen, die unter der Benennung „Gleichstromsteller“ oder „Impulssteuerung“ bekannt sind. Sie sind weitgehend unter Verwendung von Halbleitern aufgebaut und arbeiten dadurch nahezu verschleißfrei.

Die darin enthaltene Steuerelektronik setzt die vom Fahrer vorgegebenen Befehle (Fahrtrichtung, Fahrpedal-, Bremspedalstellung) unter Berücksichtigung der vorgegebenen Grenzwerte (z. B. max. Strom, Spannung, Drehzahl) in die entsprechenden Steuerbefehle an die Leistungshalbleiter um und überwacht die ordnungsgemäße Ausführung. Bei einer Fehlfunktion der Anlage wird diese innerhalb weniger Millisekunden abgeschaltet.

Innerbetriebliche Transportfahrzeuge

Fahrzeugart	Leistungsbereich	Antriebsmotor
Kleinstfahrzeuge (z. B. Krankenfahrstühle)	0,3 ... 1 kW (bei 24 V)	kostengünstige Permanentmotoren
Kleinfahrzeuge für den Flurförderbereich (z. B. deichselgeführte Hubstapler)	1 ... 2 kW (meist bei 24 V)	Reihenschluß-motoren
Flurförderfahrzeuge für den allgemeinen industriellen Einsatz (Hubstapler, Schlepper)	1 kW (bei 24 V) bis 15 kW (bei 80 V); bis 60 kW (bei 216 V, z. B. Grubenlokomotiven)	Reihenschlußmotoren; in den höheren Leistungsklassen mit Schaltung zur Energierückgewinnung beim Bremsen.

Elektrischer Fahrzeugantrieb, Blockschaltbild.

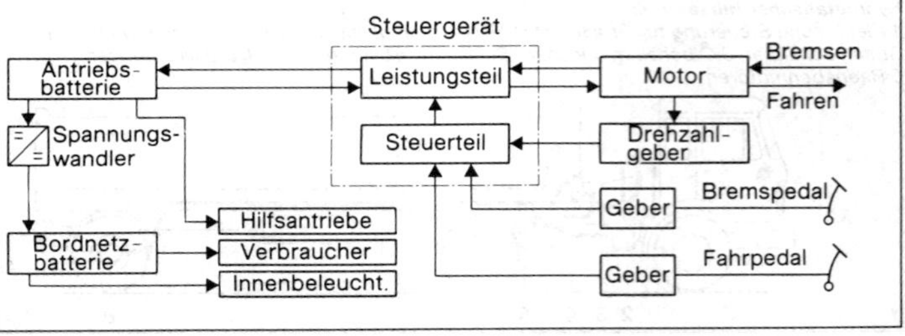

Ausgeführte Antriebe

Elektromotoren für Fahrzeugantriebe können kurzzeitig um das 2- bis 3fache überlastet werden, z. B. zum Beschleunigen des Fahrzeugs oder bei Steigungsfahrt. Eine Reduzierung der Leistung erfolgt automatisch, wenn die im Motor oder der Steuerung vorgegebenen Temperaturgrenzen erreicht werden. Alle Antriebe mit fremderregten Nebenschlußmotoren verfügen über eine Schaltung zur Energierückspeisung beim Bremsen oder bei Bergabfahrt.

Schaltung

Die grundsätzliche Schaltung eines Antriebs mit Impulssteuerung umfaßt neben der Batterie B den Leistungsschalter T_h (hier als Thyristorsteller gezeichnet), den Gleichstrommotor M, die je nach Auslegung des Motors erforderliche Zusatzinduktivität L und die Diode D_F.

Für das Erregerfeld des Gleichstrommotors gibt es drei Varianten, wobei das Feld
– entweder separat von einem kleinen Steller versorgt wird (fremderregter Nebenschlußmotor),
– durch Permanentmagnete erzeugt wird (permanenterregter Nebenschlußmotor) oder
– zum Anker in Reihe geschaltet ist und ebenfalls vom Ankerstrom durchflossen wird (Reihenschlußmotor).

Fahrbetrieb
In diesem Bereich unterscheiden sich die drei Motorvarianten nicht. Durch periodisches Ein- und Ausschalten des Thyristors T_h entsteht am Motor eine Folge von Spannungsimpulsen, deren Länge der Einschaltzeit des Thyristors und deren Höhe der Batteriespannung entspricht. Durch Verändern der Impulsfrequenz und der Impulsbreite läßt sich der Mittelwert dieser Spannung

Elektrostraßenfahrzeuge

Fahrzeugart	Leistungsbereich	Antriebsmotor
Pkw (z. B. Stadtfahrzeuge)	10 ... 20 kW (bei 72 ... 144 V)	Reihenschlußmotoren für einfache Antriebe; fremderregte Nebenschlußmotoren für Antriebe mit höheren Anforderungen
Transporter (z. B. Verteilerfahrzeuge)	15 kW (bei 144 V) bis 40 kW (bei 216 V)	fast ausschließlich fremderregte Nebenschlußmotoren
Busse (z. B. Linienbusse für innerstädtischen Verkehr)	100 kW (bei 360 V)	ausschließlich fremderregte Nebenschlußmotoren

Fahren mit Nebenschlußmotor.
B Batterie, T_h Fahrsteller, M Elektromotor (Motorbetrieb), D_F Freilaufdiode, L Zusatzdrossel (Bedarf je nach Motorauslegung). Fremderregung: a elektrisch erregt über J–K, b permanenterregt.

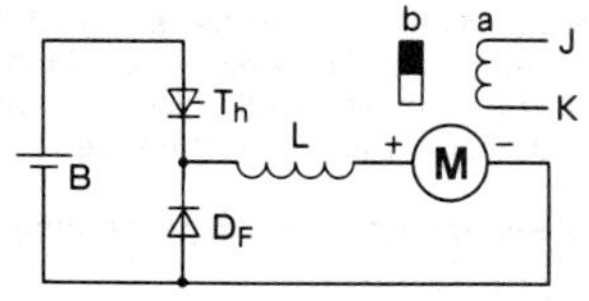

Fahren mit Reihenschlußmotor.
B Batterie, T_h Fahrsteller, M Elektromotor (Motorbetrieb), D_F Freilaufdiode, E–F Reihenschlußfeld.

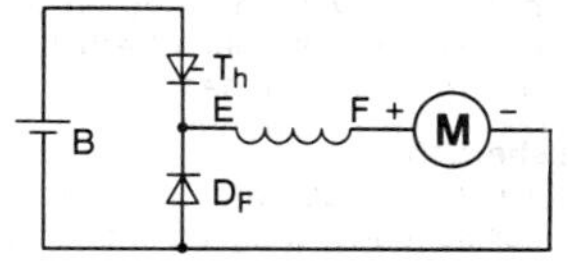

stetig und verlustarm von Null bis zum vollen Wert der Batteriespannung steigern (Tiefsetzstellerprinzip). Danach ist der Leistungsschalter voll durchgeschaltet und der Elektromotor hat seine Nenndrehzahl erreicht. Eine weitere Erhöhung der Drehzahl hängt von der Art der verwendeten Maschine ab.

Fahrbetrieb oberhalb der Nenndrehzahl

Reihenschlußmotor:
Sobald ein Reihenschlußmotor bei voll durchgeschaltetem Steller seine natürliche Kennlinie erreicht und das vom Motor entwickelte Moment noch höher als das Fahrwiderstandsmoment ist, hat der Motorstrom das Bestreben, auf den jetzt noch erforderlichen Wert abzusinken. Da aber damit gleichzeitig der Feldstrom und damit auch das Erregerfeld absinken, muß der Motor bei gegebener Spannung eine höhere Drehzahl annehmen. Dies geht so weit, bis sich Motormoment und Fahrwiderstandsmoment die Waage halten.

Im Extremfall, nämlich bei fehlendem Gegenmoment, kann der Motor so hohe Drehzahlen annehmen, daß er durch die entstehenden Fliehkräfte zerstört wird. Dieses „Durchgehen" kann nur dadurch verhindert werden, daß bei Erreichen einer vorgegebenen max. Drehzahl die mittlere Motorspannung über den Steller abgesenkt wird.

Nebenschlußmotor, fremderregt:
Beim fremderregten Nebenschlußmotor schließt die getrennte Regelung von Ankerspannung und Erregerstrom instabile Betriebszustände aus. Sofern Ankerstrom und -spannung konstant sind, kann dieser Motor bei entsprechender Auslegung allein durch Verringerung der Erregung die drei- bis vierfache Nenndrehzahl erreichen.

Nebenschlußmotor, permanenterregt:
Bei diesem Motor kann das Erregerfeld nicht beeinflußt werden. Dadurch ist es nicht möglich, Drehzahlen oberhalb der Nenndrehzahl zu erreichen.

Bremsbetrieb

Beim Bremsbetrieb wird in jedem Fall die Energieflußrichtung im Motor umgekehrt. Dies kann entweder durch Spannungsumkehr am Anker unter Beibehaltung der ursprünglichen Stromrichtung oder durch Umkehr der Richtung des Ankerstroms unter Beibehaltung der Ankerspannung erfolgen.

Bei Spannungsumkehr kann zum Fahren und Bremsen derselbe Steller verwendet werden, da die Ankerstromrichtung beibehalten wird. Die Spannungsumkehr wird durch Umpolen des Erregerfeldes eingeleitet. Die Stromumkehr erfordert entweder zwei getrennte Steller für Fahren und Bremsen oder eine relativ aufwendige Umschaltung mit Leistungsrelais.

Elektrisches Bremsen ohne Energierückgewinnung

Reihenschlußmotor bei Gegenstrombremsung:
Die heute allgemein bei Flurförderzeugen angewandte elektrische Bremsung ist die sogenannte „Gegenstrombremsung". Dies ist eine elektrische Bremsung ohne Energierückgewinnung, aber mit einfachstem Aufwand. Sie wird durch Feldumpolung eingeleitet, d. h. der Motor wird in Gegendrehrichtung umgeschaltet, von den Rädern her aber noch in der bisherigen Drehrichtung angetrieben.

Dabei wird der Anker über eine Diode D_A kurzgeschlossen und das Erregerfeld durch Stromimpulse über den Steller erregt. Im Anker beginnt ein Kurzschlußstrom über die Diode D_A zu fließen, der am inneren Widerstand des Ankers R_i einen Verlust verursacht und damit ein Bremsdrehmoment aufbaut.

Damit kann ohne Veränderung der Pedalstellung das Fahrzeug abgebremst, bei geeigneter Steuerungsauslegung ohne Momentensprung durch den Drehrichtungsumkehrpunkt gefahren und erneut in der Gegenrichtung beschleunigt werden. Nachteilig bei dieser Schaltung ist, daß die Bremsenergie nicht der Batterie zugeführt wird, sondern den Anker des Motors erwärmt. Dieser muß also entsprechend groß dimensioniert werden.

Bremsen mit Energierückgewinnung

Reihenschlußmotor:
Die Bremsung wird wie die Gegen-

Gegenstrombremsen mit Reihenschlußmotor.
B Batterie, T_h Fahrsteller, M Elektromotor (Motorbetrieb), D_F Freilaufdiode, D_A Ankerdiode.

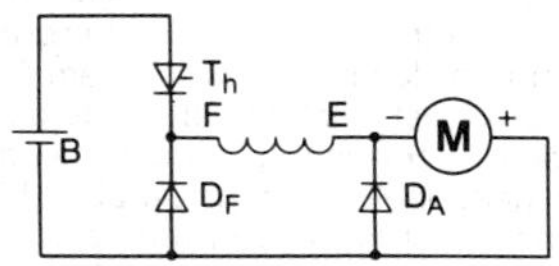

Bremsen mit Reihenschlußmotor.
B Batterie, T_h Fahrsteller, G Elektromotor (Generatorbetrieb), D_F Freilaufdiode, D_R Rückspeisediode, F—B-Relais für Fahr-Brems-Umschaltung.

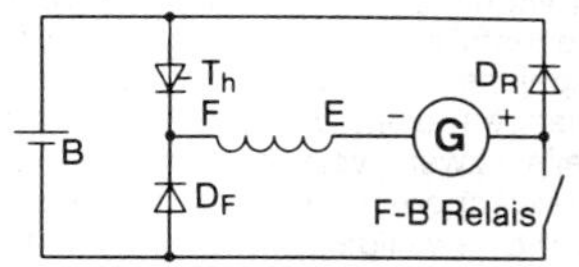

strombremsung durch Feldumkehr eingeleitet. Durch Einfügen des Fahr-Brems-Relais und der Rückspeisediode D_R wird aber erreicht, daß der Ankerkurzschlußstrom über den Leistungsschalter T_h fließt. Bei Erreichen eines max. Ankerstroms wird der Leistungsschalter ausgeschaltet. Die während des Stromanstiegs in der Ankerinduktivität gespeicherte Energie fließt über die Dioden D_F und D_R in die Batterie zurück (Hochsetzstellerprinzip).

Nebenschlußmotor, fremderregt:
Aus Kostengründen wird meist die Schaltung mit Spannungsumkehr gewählt, da dann der zweite Leistungsschalter entfällt. Zu Beginn der Bremsung muß zunächst die Energierichtung im Motor durch Umpolen des Feldes umgekehrt werden.

Im Bereich oberhalb der Nenndrehzahl kann dann die Bremsung sehr einfach und mit hohem Wirkungsgrad durch Erhöhung des Erregerstroms eingeleitet werden. Die innere Spannung (EMK) des Motors wird dann höher als die Batteriespannung und es fließt ein Bremsstrom über die Rückspeisediode D_R und die Freilaufdiode D_F in die Batterie zurück. Dies ist durch stetige Erhöhung des Erregerstroms bis zur Nenndrehzahl herab möglich.

Unterhalb der Nenndrehzahl wird die innere Spannung (EMK) des Motors auch bei maximalem Erregerstrom kleiner als die Batteriespannung. Der Bremsstrom sinkt also unter den vorgegebenen Wert ab. An diesem Punkt schaltet der Leistungsschalter T_h ein und schließt wie beim Reihenschlußmotor den Anker kurz. Die weiteren Vorgänge verlaufen dann wie beim Reihenschlußmotor (Hochsetzstellerprinzip).

Nebenschlußmotor, permanenterregt:
Eine Feldumkehr ist beim Permanentmagnetmotor nicht möglich. Deshalb kann in diesem Fall nur über einen zweiten Leistungsschalter T_R (Bremssteller) und die Diode D_R Energie in die Batterie zurückgespeist werden.

Bremsen mit Nebenschlußmotor, fremderregt.
B Batterie, T_h Fahrsteller, G Elektromotor (Generatorbetrieb), D_F Freilaufdiode, D_R Rückspeisediode, F—B-Relais für Fahr-Brems-Umschaltung.

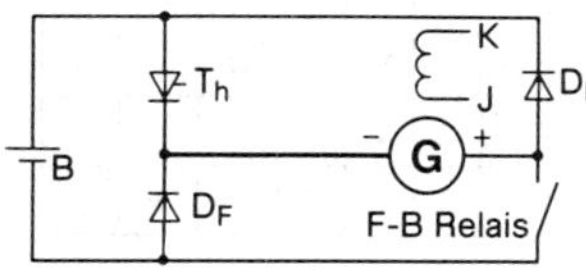

Bremsen mit Nebenschlußmotor, permanenterregt.
B Batterie, T_h Fahrsteller, G Elektromotor (Generatorbetrieb), D_F Freilaufdiode, T_R Bremssteller, D_R Rückspeisediode.

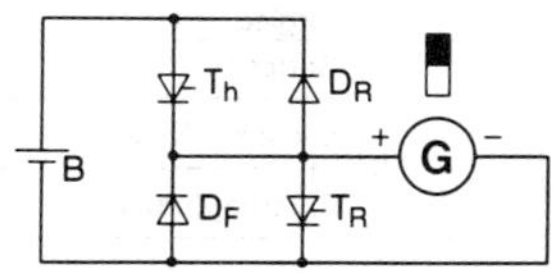

Hybridantriebe

Im weiteren Sinn werden unter der Bezeichnung Hybridantriebe Fahrzeugantriebe mit mehr als einer Antriebsquelle verstanden. Dabei können mehrere, gegebenenfalls verschiedenartige Energiespeicher und/oder Leistungswandler vorhanden sein. Entwicklungsziel ist, jeweils zwei verschiedenartige Antriebskomponenten so zu kombinieren, daß die jeweiligen Vorteile bei unterschiedlichen Betriebszuständen zum Tragen kommen und insgesamt gegenüber dem erhöhten technischen Aufwand von Hybridantrieben überwiegen.

Einteilung der Hybridantriebe

Der Verbrennungsmotor als Fahrzeugantrieb wird in Leistungsangebot und Reichweite von keiner anderen Antriebsart übertroffen. Die Nachteile und damit der Anstoß, den Verbrennungsmotor zu einem Hybridantrieb zu erweitern, liegen im Absinken des Wirkungsgrads bei Teillast sowie im nicht emissionsfreien Betrieb. In Hybridantrieben wird der Verbrennungsmotor etwa für die mittlere Fahrleistung bemessen, die Leistungsunterschiede zur momentan benötigten Fahrleistung werden durch den zusätzlichen mechanischen oder elektrischen Energiespeicher gedeckt.

Der Hybridantrieb mit Verbrennungsmotor und Schwungrad ermöglicht durch Zu- und Abschalten der drei Kupplungen K1, K2 und K3 eine Vielzahl von Betriebsweisen. Der Verbrennungsmotor kann sowohl mit dem Eingang des Lastschaltgetriebes als auch mit dem Schwungrad direkt mechanisch gekuppelt werden. Darüber hinaus kann der Dieselmotor über das stufenlose Getriebe die beiden Speicher kinetischer Energie (Schwungrad und Fahrzeugmasse) aus dem Stillstand heraus starten. Ebenfalls ist mit dieser Struktur ein Parallelbetrieb mit den beiden Antriebsquellen Dieselmotor und Schwungrad möglich, bei dem nur die dem Schwungrad entnommene Leistung über das verlustbehaftete stufenlose Getriebe mit hydrostatischen Wandlern zum Lastschaltgetriebe übertragen wird, während die Motorleistung direkt dem Getriebeeingang zugeführt wird.

Hybridantriebe ohne Verbrennungsmotor mit ausschließlich elektrischen Antriebskomponenten suchen durch die hybride Komponente die Nachteile des rein batterie-elektrischen Antriebs zu vermeiden. Die in der Batterie ge-

Einteilung der Hybridantriebe.
▽ Studienvorschläge
○ Prototypfahrzeuge
● Versuchsbetrieb im praktischen Einsatz

Antriebsquellen	nur Verbrennungsmotor		nur Elektroantrieb				Verbrennungsmotor und Elektroantrieb		
Mechanische Energiespeicher									
Schwungrad	○			▽		○			▽
Druckspeicherung		○							
Elektrische Energiequellen									
Batterie			○	▽	▽		●		▽
Brennstoffzelle					▽				
Externe Zufuhr			○			○		●	

Hybridantrieb Verbrennungsmotor mit Schwungrad.
VM Verbrennungsmotor, SR Schwungrad, SRG Schwungradreduziergetriebe, NA Nebenantrieb, F Freilauf, K Kupplung, D Differential, H stufenlose hydrostatische Getriebe, LSG Lastschaltgetriebe (automatisch schaltendes Planetengetriebe), HA Hinterachse.

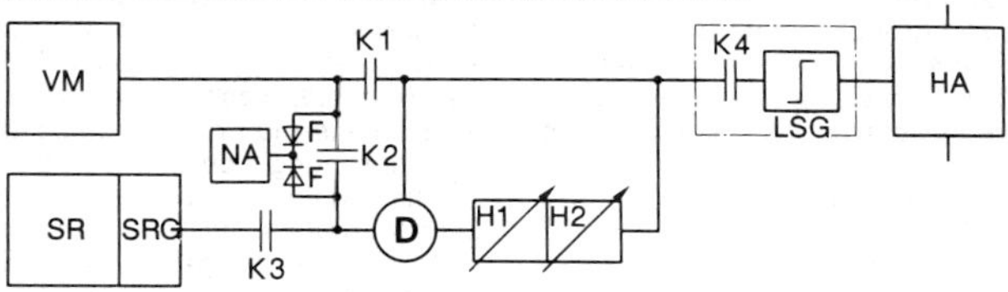

speicherte nutzbare Energiemenge läßt nur eine geringe Reichweite zu und vermindert sich darüber hinaus bei großer Leistungsentnahme. Die Kombination mit einem mechanischen Energiespeicher soll Leistungsspitzen von der Batterie fernhalten und damit zu einer besseren Ausnutzung der Batterieenergie beitragen. Die Kombination von zwei verschiedenen elektrochemischen Energiequellen (Batterie, Brennstoffzelle) trennt die Energiequellen entsprechend einem Speicher mit hoher Belastbarkeit und einem Speicher mit gutem Energiespeichervermögen. Bei hybriden Elektroantrieben mit externer Energiezufuhr (Trolleysystem) dient der fahrzeugeigene Energiespeicher als Kurzzeitspeicher für fahrdrahtlose Streckenstücke. Damit lassen sich die hohen Kosten für die Fahrleitung verringern, und es ist ein freizügigerer Fahrzeugbetrieb möglich.

Ausgeführte Hybridantriebe

Eine größere Bedeutung haben bisher lediglich Hybridantriebe erlangt, die aus der Kombination eines Verbrennungsmotors und eines Elektroantriebs bestehen, der entweder aus einer mitgeführten Batterie oder aus einem Fahrdraht über Stromabnehmer versorgt wird. Die prinzipiell möglichen Antriebsanordnungen zeigt das Schema. Die darin angedeutete Batterie kann wahlweise durch die externe Stromversorgung ersetzt werden. Hauptunterscheidungsmerkmal der verschiedenen Konfigurationen bildet die serielle oder die parallele Anordnung. Während in der seriellen Anordnung (1) die einzelnen Antriebskomponenten einander nachfolgend aufgereiht sind, sieht die Parallelanordnung (2 und 3) eine mechanische Addition der Antriebsleistung beider Antriebsquellen vor. Für die elektrischen Maschinen ist durch die Angabe M oder G die mögliche motorische oder generatorische Betriebsart bezeichnet. Durch die mechanische Entkopplung des Dieselmotors vom Fahrzeugantrieb bei der seriellen Anordnung ist es möglich, den Diesel-

Hybride Antriebskonfigurationen.
1 Serielle Anordnung, 2, 3 parallele Anordnung. VM Verbrennungsmotor, EL Elektroantrieb (motorische oder generatorische Betriebsart), BA Batterie bzw. externe Stromversorgung, LSG Lastschaltgetriebe.

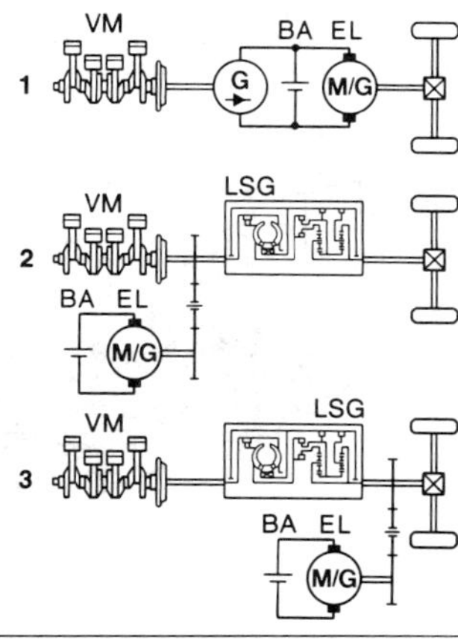

motor mit konstanter Drehzahl etwa nur in seinem Bestpunkt hinsichtlich seines Wirkungsgrads und seiner Emissionen zu betreiben. Den Vorteilen der seriellen Anordnung steht der Nachteil der mehrfachen Energieumwandlung gegenüber. Unter Einschluß des Speicherwirkungsgrads der Batterie wird als mechanischer Wirkungsgrad zwischen Dieselmotor und Antriebsachse kaum mehr als 55 % erreicht.

Vorteil der parallelhybriden Anordnung 2 und 3 ist es, daß sich in der Betriebsart mit Verbrennungsmotor keine Verschlechterung gegenüber dem normalen Fahrzeug ergibt. In der Anordnung 2 sind die für den dieselmotorischen Antrieb benötigten mechanischen Anfahrmittel und das Wechselgetriebe, die – wie dargestellt – zu einem Lastschaltgetriebe konventioneller Bauart zusammengefaßt sein können, auch in den elektrischen Antriebszweig miteinbezogen. Bei dieser Antriebsvariante genügt es deshalb, die Drehzahl der elektrischen Maschine analog dem Dieselmotor nur in einem Bereich oberhalb einer Grunddrehzahl zu variieren, womit ein lediglich im Feldschwächbereich steuerbarer Nebenschlußmotor eingesetzt werden kann. Die Anordnung 3 weist für die Kraftübertragung von der elektrischen Maschine her zwar einen besseren Wirkungsgrad auf als die Anordnung 2, jedoch muß eine Antriebssteuerung vorgesehen werden, mit der die elektrische Maschine im vollen Drehzahlbereich zwischen Stillstand und Höchstdrehzahl steuerbar ist. Darüber hinaus muß der Antriebsmotor in der Anordnung 3 etwa im Verhältnis der mechanischen Übersetzung des Schaltgetriebes für ein höheres Antriebsmoment ausgelegt werden. Dadurch erhöht sich in gleichem Maße die Motormasse, die dem Motormoment etwa proportional ist.

Die Antriebsanordnung eines Hybridelektrobusses gleicht der zuvor beschriebenen Variante 1. Einsatzbedingt ist der elektrische Antrieb so ausgelegt, daß sich im batterieelektrischen Betrieb etwa gleiche Fahrleistungen wie bei einem normalen Dieselbus ergeben.

Da die Batteriemasse nur 16 % des zulässigen Gesamtgewichts des Fahrzeugs beträgt, sind die Batterien hohen spezifischen Belastungen ausgesetzt. Die dadurch bewirkten höheren inneren Verluste in der Batterie machen die gezeigten zusätzlichen Hilfsaggregate (Wasserkühlung, zentrale Entgasung) für die Batterie notwendig.

Hybrid-Elektro-Bus.
1 Elektrischer Fahrmotor, 2 Kompressor und Lenkhelfpumpe, 3 Kühlgebläse für Fahrmotor, 4 Dieselmotor mit Generator, 5 Gebläse für Batteriebelüftung, 6 elektronische Steuerung, 7 Traktionsbatterien, 8 Aggregate zur Batteriekühlung, 9 Bremswiderstand.

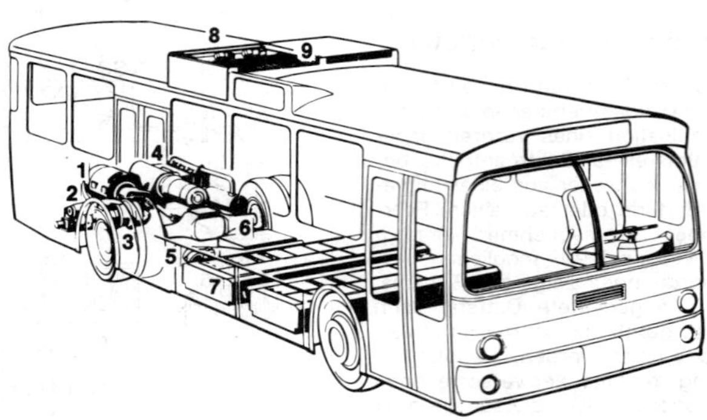

Kühlung des Motors

Luftkühlung

Die Kühlluft wird durch ein Gebläse über die verrippten Zylinderaußenwände geführt. Ihre Menge kann geregelt werden, z. B. durch Drosselung oder Drehzahlregelung last- oder temperaturabhängig. Der Leistungsaufwand liegt bei 3 ... 4 % der Motorleistung. Durch entsprechende Schalldämpfungsmaßnahmen ist sowohl die Geräuschentwicklung wie auch die Konstanz der Motortemperatur den Werten flüssigkeitsgekühlter Motoren gleichwertig. Die vom Motoröl aufgenommene Wärme wird über luftgekühlte Ölkühler abgeführt, die sich günstig im Kühlluftstrom anordnen lassen.

Wasserkühlung

Die Wasserkühlung hat sich sowohl bei Pkw als auch bei Nfz weitgehend durchgesetzt. Die steigenden Ansprüche an Fahrkomfort (Geräusch), Abgaszusammensetzung, Kraftstoffverbrauch und Lebensdauer sind ohne Wasserkühlung kaum erfüllbar.

Als Kühlmittel wird statt reinem Wasser heute ausschließlich eine Mischung aus Wasser und Frostschutzmittel verwendet, der bei Aluminium-Kühlern noch fallspezifische Korrosionsschutzmittel zugefügt sind. Das Frostschutzmittel ist eine wasserlösliche Flüssigkeit, meist Ethylenglykol oder ein verwandter Stoff. Sein Anteil (30 ... 50 %) erhöht auch die Siedetemperatur der Mischung und ermöglicht so Kühlmitteltemperaturen bis 135°C (Pkw) bei einem Überdruck von 1,5 bar.

Kühlerbauarten und Werkstoffe

Neuere Kühler für Pkw werden meist mit einem Block aus Aluminium ausgeführt. Die Kühlerkästen mit allen erforderlichen Anschlüssen und Befestigungselementen sind einteilig aus Polyamid mit Glasfaserverstärkung hergestellt. Der Block kann auf 2 Arten ausgeführt sein:

Kühler hoher Leistung bei kleinstem Bauvolumen enthalten ein System aus Wellrippen und Flachrohren, die abwechselnd angeordnet sind. Die Leistungsdichte dieser Bauart ist so hoch, daß teilweise Kühler mit nur einer Rohrreihe und 20 mm Tiefe in Pkw eingesetzt werden. Die Blöcke sind durch Hartlöten zusammengefügt.

Geringste Herstellkosten bei allerdings auch geringerer Leistungsdichte bzw. größerem Bauraum erreichen berippte Rundrohrsysteme, die lötlos gefügt werden können.

Kühlerauslegung

Ziel der Kühlerauslegung ist nicht immer die kleinstmögliche und billigste Kühlanlage. Andere Forderungen, z. B. nach geringem Energieverlust im Lüfter und Herabsetzung des c_w-Wertes, können größeren Einfluß auf die Wahl des Kühlers haben. Generell hängt die Kühlergröße natürlich von der abzuführenden Verlustwärme ab, die wegen anderer wichtiger Gründe (Kraftstoffverbrauch) ohnehin minimiert wird. Weiterhin ist das Temperaturgefälle Kühlmittel/Luft möglichst hoch zu halten, was eine Maximierung der Kühlmitteltemperatur bei entsprechendem Überdruck bedeutet. Schließlich ist für die Kühlergröße die durchfließende Kühlluftmenge von ausschlaggebender Bedeutung; somit führt ein stärkerer Lüfter mit höherem Energieverbrauch zu kleineren Kühlern und umgekehrt. Die Größenbestimmung von Kühlern erfolgt in einem gemischten empirisch-rechnerischen Vorgang, in dem die Leistung bauartgleicher Referenzkühler gemessen und daraus diejenige des auszulegenden Kühlers errechnet wird.

Regelung der Kühlmitteltemperatur

Die Temperatur des Kühlmittels würde mit schwankender Motorbelastung und -drehzahl in weiten Grenzen schwanken, wenn kein Regler vorhanden wäre.

Dies hätte neben erhöhtem Verschleiß u. a. auch eine ungünstige Abgaszusammensetzung und höheren Verbrauch zur Folge. Darüber hinaus ist eine konstant hohe Temperatur des Kühlmittels für den Betrieb der Fahrzeugheizung unerläßlich. Der Regler muß vom wechselnden Druck im Kühlsystem unabhängig sein. Bewährt haben sich Dehnstoffregler. Diese betätigen meist ein Ventil, durch das ab einer bestimmten Temperatur das Kühlmittel in eine am Kühler vorbeiführende Kurzschlußleitung gesteuert wird.

Kühlluftgebläse

Da in Kraftfahrzeugen hohe Kühlleistungen auch bei niedriger Geschwindigkeit zu erbringen sind, muß die Kühlanlage zwangsbelüftet werden. Im Pkw sind gegossene Kunststoff-Lüfter üblich, für Nfz meist Lüfter mit angenieteten Blechschaufeln, wobei die Antriebsleistungen bis zu 15 kW reichen. Die Lüfter werden bei geringeren Leistungen meist elektrisch angetrieben. Obwohl solche Lüfter durch ihre Schaufelform und Anordnung geräuscharm ausgelegt werden, ist die Schallemission doch wegen der konstant hohen Drehzahl noch beträchtlich. Bereits von mittleren Pkw-Größen an wird der Elektroantrieb zu aufwendig. Der Lüfter wird dann vom Motor direkt über Keilriemen angetrieben, bei großen Lkw ist er auch ohne Zwischenglied auf der Kurbelwelle montiert. Besondere Aufmerksamkeit ist der Regelung des Lüfters zu widmen. Die Betriebsarten, bei denen der Staudruck zur Belüftung ganz oder weitgehend ausreicht, können je nach Fahrzeug- und Einsatzart bis zu 95 % der Betriebszeit ausmachen. In dieser Zeit kann die für die Lüfterenergie aufzuwendende Kraftstoffmenge eingespart werden. Bei Elektrolüftern wird dazu eine 2-Punkt-Regelung eingesetzt, d. h. der Lüfter ist nur oberhalb einer bestimmten Kühlmitteltemperatur durch elektrische Temperaturschalter eingeschaltet. Für mechanische Antriebe hat sich bei Nfz wie bei Pkw die Viskositätskupplung bewährt. Sie besteht im wesentlichen aus drei Baugruppen: der angetriebenen Primärscheibe, dem getriebenen Sekundärteil und der Regelung. Der Sekundärteil ist durch eine Zwischenscheibe in einen Vorrats- und einen Arbeitsraum geteilt, durch die die Arbeitsflüssigkeit zirkuliert. Die Antriebsscheibe läuft ohne jede mechanische Verbindung im Arbeitsraum um. Das Drehmoment wird durch die innere Reibung der hochviskosen Flüssigkeit und deren Haftung an den Wänden übertragen. Zwischen An- und Abtrieb besteht ein gewisser Schlupf. Ein Abstreifer, der mit dem Sekundärteil umläuft, befördert ständig Arbeitsflüssigkeit in den Vorratsraum, von wo sie durch Fliehkrafteinfluß durch eine Ventilöffnung wieder dem Arbeitsraum zuströmt. Bei sinkender Umgebungstemperatur schließt die Regeleinrichtung über ein Bimetall das Ventil, so daß sich die Flüssigkeit im Vorratsraum sammelt und der Arbeitsraum entleert ist. Die Kupplung ist bis auf ein unbedeutendes Restmoment abgeschaltet. Abhängig von der Temperatur des im Kühlluftstrom befindlichen Bimetalls stellen sich so stufenlos Drehzahlen im gesamten Regelbereich ein.

Visco-Lüfterkupplung für Pkw.
1 Bimetall-Streifen, 2 Deckel, 3 Schaltstift, 4 Zwischenscheibe, 5 Ventilhebel, 6 Primärscheibe, 7 Kupplungskörper, 8 Antriebswelle.

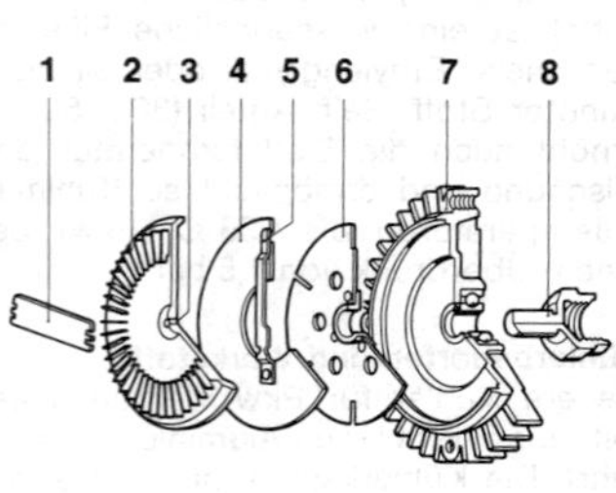

Betriebsmittelkühlung

Ladeluftkühlung

Die Ladeluftkühlung hat zwei Funktionen: Die mit der sinkenden Temperatur verbundene Dichtesteigerung kann in höhere Leistung umgesetzt werden, und die niedrigere Temperatur selbst verringert neben der thermischen Belastung des Motors die Temperatur des Abgases und dessen NO_x-Gehalt. Außerdem wird beim Otto-Motor die Klopfgrenze erhöht.

Grundsätzlich kann die Ladeluftkühlung entweder durch das Motorkühlmittel oder durch die Außenluft erfolgen. Im ersten Fall kann nur in die Nähe des Kühlmittel-Temperaturniveaus gekühlt werden, wenn ein zweiter Kreislauf mit geringerer Temperatur vermieden werden soll. Deshalb hat sich im Pkw und Nfz die luftgekühlte Bauweise durchgesetzt, obwohl hier zum Teil schwierige Leitungsführungen für die Ladeluft entstehen. Im Pkw wird der Ladeluft-Kühler meist nur bei hoher Geschwindigkeit voll wirksam. Deshalb kann er hier durch den Staudruck belüftet und räumlich entsprechend angeordnet werden.

Anordnung der Kühlerbauelemente.
1 Wasserkasten, 2 Kühlerblock, 3 Öl-/Luft-Kühler, 4 Öl-/Wasser-Kühler.

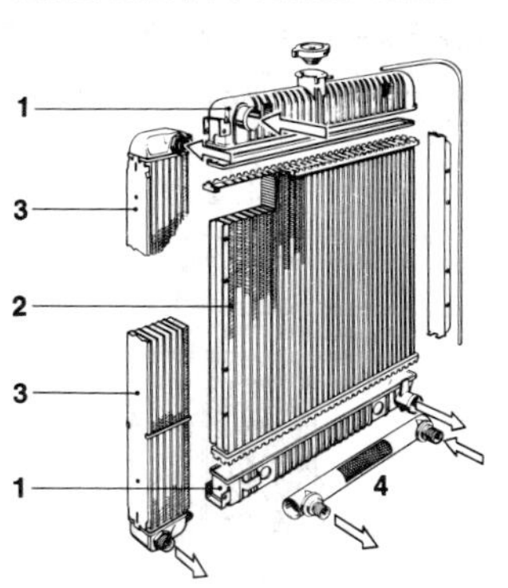

Im Nutzfahrzeug wird die Höchstlast auch bei Langsamfahrt benötigt. Deshalb muß der Ladeluft-Kühler durch ein Gebläse belüftet werden. Als vorteilhafte Anordnung hat sich der Einbau vor dem Kühlmittel-Kühler erwiesen, obwohl dieser wegen der vorgewärmten Kühlluft eine höhere Leistungsfähigkeit benötigt.

Die Ladeluft-Kühler werden meist als Wellrippenrohr-Kühler ausgeführt, allerdings benutzt man wegen des geringen Druckabfalls der Kühlluft andere Arten von Wellrippen. Die Kühler werden aus Gewichts- und Kostengründen aus Aluminium gebaut.

Ölkühlung

Ein Teil der Verlustwärme des Motors geht auf das Öl über, für dessen Kühlung bei Pkw meist die Ölwanne ausreicht. Bei Hochleistungsfahrzeugen kann für den Vollastbetrieb die zulässige Öltemperatur ohne Kühler nicht gehalten werden. Hier werden Öl/Luft-Kühler eingesetzt, die neben dem Wasserkühler angeordnet sind. Auch bei Ölkühlern ist die Rundrohr- sowie die Flachrohrbauweise mit Wellrippen verbreitet. Auf der Rohrinnenseite ist zur Verbesserung des Wärmeübergangs eine Turbulenzeinlage eingesetzt.

Für geringe Kühlleistungen (z. B. Öl von Automatikgetrieben) ist ein kühlmittelgekühlter Ölkühler, der im unteren Kasten des Kühlmittelkühlers eingebaut ist, weit verbreitet. Bei Nutzfahrzeugen sind Ölkühler in einem erweiterten Kühlmittelkanal des Motorblocks unter Einsparung jeglicher Leitungen und Gehäuse angeordnet. Sie bestehen aus Edelstahlscheibenpaketen, die innen (Ölseite) mit Turbulenzeinlagen versehen sind. Getriebe starker Nutzfahrzeuge werden mit Öl/Luft-Kühlern, ähnlich dem Pkw, gekühlt, aus Bauraum- und Belüftungsgründen aber vor den Kühlmittel-Kühler gebaut.

Luftversorgung

Luftfilter

Luftfilter halten den in der Ansaugluft enthaltenen Staub vom Motor fern und verhindern dadurch Motorverschleiß.

Der Staubgehalt der Luft beträgt auf befestigten Straßen im Mittel 0,001 g/m^3; auf unbefestigten Straßen oder im Baustellen-Einsatz kann der Staubgehalt bis auf 0,04 g/m^3 ansteigen. Ein Motor von mittlerer Größe (12 l/100 km Kraftstoffverbrauch) würde damit auf 1000 km je nach Straßenverhältnissen oder Einsatzart 1 g bis 50 g Staub ansaugen.

Luftfilter für Pkw

Luftfilter für Pkw haben neben der Filterung noch die Aufgaben, die Ansauglufttemperatur vorzuwärmen und zu regeln und das Ansauggeräusch zu dämpfen. Die Regulierung der Ansauglufttemperatur ist für das Betriebsverhalten des Fahrzeuges und für die Abgaszusammensetzung wichtig. Bei Teillast und Vollast können die Temperaturen verschieden sein.

Die erforderliche Warmluft wird in Auspuffnähe abgenommen und der angesaugten Kaltluft am Filtereintritt über einen Klappenmechanismus zugeführt. Die Regelung erfolgt überwiegend automatisch, entweder über pneumatisch vom Saugrohrunterdruck betätigte Druckdosen oder durch Dehnstoffelemente. Die geregelte und damit konstante Ansauglufttemperatur beeinflußt durch bessere Gemischaufbereitung und Verteilung des Kraftstoff-Luft-Gemisches die Motorleistung, den Kraftstoffverbrauch und die Abgaswerte positiv. Außerdem wird durch die Ansaugluftvorwärmung die Anwärmphase nach dem Start des Motors, insbesondere bei tiefen Außentemperaturen, verkürzt und die Vergaservereisung verhindert.

Pkw-Luftfilter sind überwiegend als Papier-Luftfilter ausgeführt. Diese haben einen hohen, von der Belastung unabhängigen Abscheidungsgrad. Die Papierpatronen werden in einfacher Weise bei den vom Fahrzeughersteller festgelegten Wartungsintervallen ausgewechselt. Für jeden Motor müssen Pkw-Luftfilter gesondert abgestimmt

Luftfilter für Pkw.
1 Kaltlufteintritt, 2 Warmlufteintritt, 3 Austritt Warmluft-Kaltluft-Gemisch.

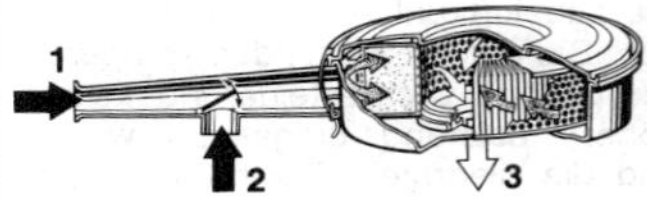

Ölbadluftfilter für Nkw.
1 Lufteintritt, 2 Luftaustritt, 3 Filtereinsatz, fest eingebaut, 4 Filtereinsatz, herausnehmbar, 5 Ölfüllung.

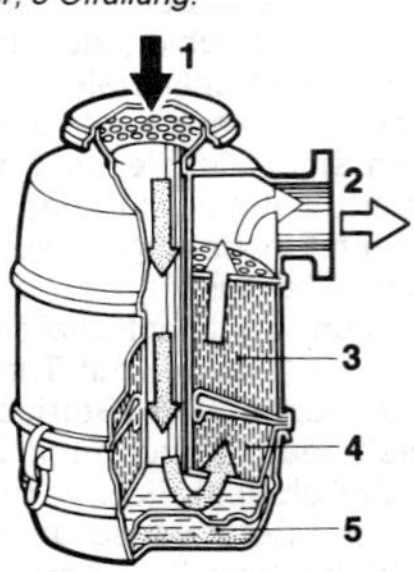

Papierluftfilter mit Zyklon für Nkw.
1 Lufteintritt, 2 Luftaustritt, 3 Zyklonleitschaufeln, 4 Filtereinsatz, 5 Staubsammelbehälter.

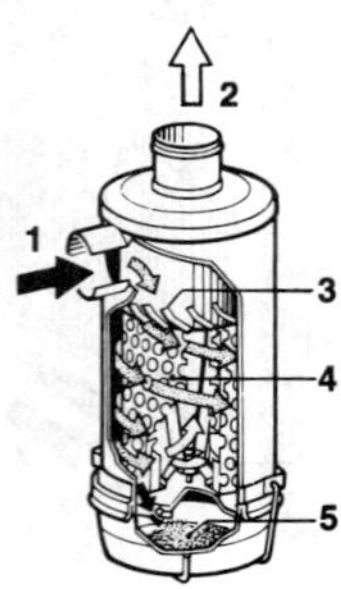

werden, um Leistung, Kraftstoffverbrauch, Ansauglufttemperatur und Dämpfung zu optimieren.

Luftfilter für Nkw
Als Luftfilter für Nkw kommen Papierluftfilter und Ölbadluftfilter zum Einsatz. Charakteristisch für Papierluftfilter sind hohe Abscheideleistungen in allen Belastungsbereichen und der Widerstandsanstieg mit zunehmender Bestaubung. Bei dem Papierluftfilter ist ein Zyklon-Vorabscheider direkt in das Gehäuse raumsparend eingebaut. Diese Kombination aus Zyklon und Papierluftfilter wird heute bevorzugt verwendet. Die Wartung erfolgt durch Austausch des Filtereinsatzes bzw. durch Entleeren des Staubtopfes.

Der Wartungszeitpunkt bei Papierluftfiltern wird vielfach durch Wartungsanzeiger signalisiert.

Hierzu sind die Angaben des Fahrzeug- oder Geräteherstellers zu beachten. Zur Wartungsvereinfachung können je nach Stärke der Motorluftpulsation speziell abgestimmte Staubaustragsventile verwendet werden.

Zyklone dienen der Verlängerung der Standzeiten und damit der Wartungsintervalle. Die Luft wird über Leitschaufeln in Rotation versetzt, wobei ein Großteil des Staubes ausgeschieden wird, bevor er das nachgeschaltete Luftfilter erreicht. Zyklone können Papierluftfiltern und Ölbadluftfiltern vorgeschaltet werden. Als Alleinfilter sind sie für Motoren wegen ihres nicht ausreichenden Abscheidungsgrades ungeeignet. Einschlägige Norm: DIN 71 459.

Ansauggeräuschdämpfung
Das Ansauggeräusch von Pkw- und Nkw-Luftfiltern muß gedämpft werden, damit die gesetzlichen Auflagen für das Gesamtgeräusch des Fahrzeuges erfüllt werden. Die Dämpfung erfolgt fast ausschließlich über die Ausbildung des Luftfilters als Reflexion-Schalldämpfer in der speziellen Form des Helmholtz-Resonators, s. S. 459.

Bei ausreichender Dimensionierung (als guter Erfahrungswert für Viertaktmotoren gilt der 15- bis 20fache Hubraum eines Zylinders) wird im allgemeinen eine Dämpfung des Ansauggeräusches um 10 bis 20 dB (A) erreicht. In besonderen Fällen, bei denen spezielle Frequenzen stark störend auftreten, sind Zusatzdämpfer einzusetzen.

Die Resonanz eines Ansaugdämpfers liegt bei

$$f_0 = \frac{c}{2\pi} \cdot \sqrt{\frac{s_m}{l \cdot V}}$$

Dabei ist
c Schallgeschwindigkeit der Luft
l Länge des Ansaugrohres
s_m Mittlerer Querschnitt des Ansaugrohres
V Volumen des Filters

Ansauggeräuschdämpfung.

Dämpfungsverlauf eines Ansaugdämpfers
Resonanz des Dämpfers f_0 = 66 Hz.
1 Theoretischer Dämpfungsverlauf ohne Berücksichtigung von Rohrresonanzen.
2 Gemessener Dämpfungsverlauf bei kleiner Schallenergiedichte ohne Gleichströmung (Lautsprecher-Messung).
3 Gemessener Dämpfungsverlauf bei großer Schallenergiedichte mit Gleichströmung (Messung am Motor).

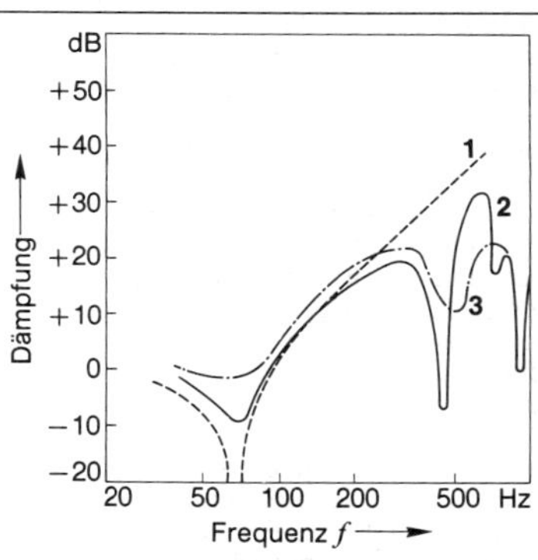

Luftfilter mit Ansaugrohr
l Länge des Ansaugrohres, s_m mittlerer Querschnitt des Ansaugrohres, V Volumen des Filters.

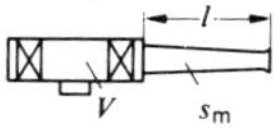

Aufladegeräte für Verbrennungsmotoren

(Selbstaufladung)

Aufladegeräte für Verbrennungsmotoren erhöhen durch Verdichtung der zur Verbrennung des Kraftstoffes benötigten Luft den Luftdurchsatz eines Motors bei gleichbleibendem Hubraum und gleichbleibender Motordrehzahl und ermöglichen damit eine höhere Leistungsdichte. Aufladegeräte für Verbrennungsmotoren werden allgemein „Lader" genannt.

Man unterscheidet mechanische Lader, Abgasturbolader und Druckwellenlader.

Die erforderliche Verdichtungsleistung wird bei dem mechanischen Lader von der Kurbelwelle des Motors abgezweigt (mechanische Koppelung Motor/Lader). Bei dem Abgasturbolader wird die Verdichtungsleistung aus dem Abgas gewonnen (strömungstechnische Koppelung Motor/Lader).

Bei dem Druckwellenlader wird die Verdichtungsleistung ebenfalls aus dem Abgas gewonnen, doch ist ein zusätzlicher mechanischer Antrieb des Gerätes erforderlich (mechanische und strömungstechnische Koppelung).

Mechanische Lader

Lader nach der Strömungsbauart (Kreiselradverdichter) weisen sehr hohe Wirkungsgrade auf und haben für einen vorgegebenen Volumenstrom das kleinste Bauvolumen. Infolge der zur Druckerzeugung erforderlichen hohen Umfangsgeschwindigkeiten sind jedoch die Antriebsdrehzahlen sehr hoch. Obendrein ist ein annähernd gleiches Druckverhältnis über einen großen Volumenstrombereich (~ Motordrehzahlbereich) nur mit variabler Übersetzung möglich. Diese Laderbauart hat sich daher bisher bei mechanischen Ladern für Kraftfahrzeuge nicht durchgesetzt.

Lader nach der Verdrängerbauart arbeiten mit und ohne innere Verdichtung. Zu den Ladern mit innerer Verdichtung zählen z. B. Hubkolbenverdichter, Schraubenverdichter und Flügelzellenlader. Ohne innere Verdichtung arbeitet z. B. der Roots-Lader.

Alle genannten Lader nach der Verdrängungsbauart haben gemeinsame charakteristische Eigenschaften, die beispielhaft am Kennfeld eines Roots-Laders gezeigt werden:

– Die Drehzahllinien $n = \text{const}$ in p_2/p_1-$\dot{V}$-Kennfeld sind sehr steil, d. h. der Volumenstrom $\dot{V}$ nimmt mit steigendem Druckverhältnis p_2/p_1 nur gering ab. Die Volumenstromabnahme ist bedingt durch Spaltverluste (Rückströmung). Diese hängen vom Druckverhältnis p_2/p_1 und von der Zeit, aber nicht von der Drehzahl ab.

Daraus folgt unmittelbar:

– Das Druckverhältnis p_2/p_1 ist unabhängig von der Drehzahl, d. h. auch bei kleinen Volumenströmen kann ein hohes Druckverhältnis erzeugt werden.

– Der Volumenstrom $\dot{V}$ ist unabhängig vom Druckverhältnis und etwa direkt proportional der Drehzahl.

– Es gibt keinen instabilen Betriebsbereich. Der Lader nach der Verdrängungsbauart ist im gesamten, durch die Abmessungen des Laders gegebenen, p_2/p_1-$\dot{V}$-Kennfeld ausnützbar.

Die beiden zweiflügeligen Drehkolben des **Roots-Laders** laufen gegenüber dem Gehäuse und gegeneinander berührungslos. Die Größe der dabei entstehenden Dichtspalte wird durch die Konstruktion, die Werkstoffwahl und die Fertigungstoleranzen bestimmt. Die Synchronisierung der beiden Drehkolben erfolgt durch ein außerhalb des Arbeitsraumes laufendes Zahnradpaar.

Kennfeld eines Roots-Laders.

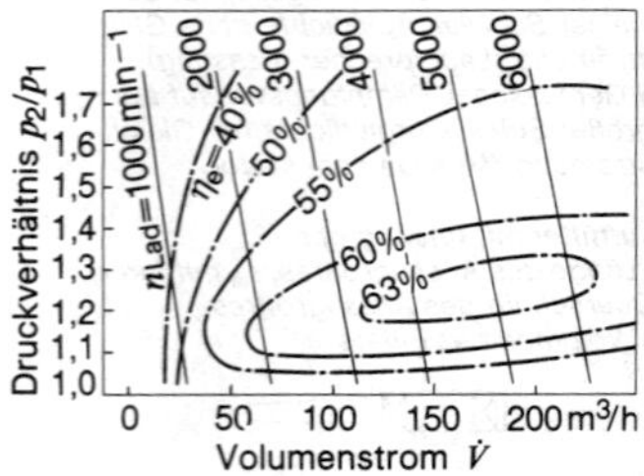

Beim **Flügelzellenlader** laufen drei Flügel zentrisch im Gehäuse und werden von dem exzentrisch gelagerten Rotor angetrieben. Durch die Exzentrizität wird eine innere Verdichtung ermöglicht. Die Höhe dieser inneren Verdichtung ist bei gegebener Exzentrizität durch die Lage der Austrittskante A im Gehäuse variierbar.

Beim **Spirallader** ist der Verdränger exzentrisch gelagert und gehäuseseitig so geführt, daß er bei Drehung der Antriebswelle eine oszillierende Kreisbewegung mit der doppelten Exzentrizität ausführt. Dadurch werden die Arbeitsräume phasenweise zum Füllen geöffnet, zum Transport geschlossen und zum Ausschieben an der Nabe wieder geöffnet. Eine innere Verdichtung ist durch Verlängerung der Spiralen über den dargestellten Verlauf hinaus möglich.

Die Steuerung der Bewegung des Verdrängers erfolgt über die zahnriemengetriebene, fettgeschmierte Nebenwelle. Die Antriebswellenlagerung wird vom Motorölkreis versorgt. Die Abdichtung erfolgt radial durch Spalte, axial durch stirnseitig eingelegte Dichtleisten.

Der **Rotationskolbenlader** ist eine innenachsige Drehkolbenmaschine. Der angetriebene Innenläufer (Rotationskolben) dreht sich exzentrisch in dem zylindrischen Außenläufer.

Die im Verhältnis drei zu zwei übersetzten Läufer drehen gegeneinander und zum Gehäuse berührungslos um raumfeste Achsen. Infolge der Exzentrizität kann eine größtmögliches Volumen (Kammer I) eingefangen, verdichtet und ausgeschoben werden (Kammer III). Die Höhe der inneren Verdichtung wird durch die Lage der Austrittskante A festgelegt.

Durch großflächige Ein- und Austrittsöffnungen des Außenläufers wird bei drei Kammerfüllungen pro Umdrehung eine nahezu kontinuierliche Förderung erreicht.

Die Synchronisation der Bewegung erfolgt durch ein Stirnradpaar. Dieses und die Wälzlager der Läufer sind mit

Querschnitt eines Roots-Laders.
1 Gehäuse
2 Drehkolben

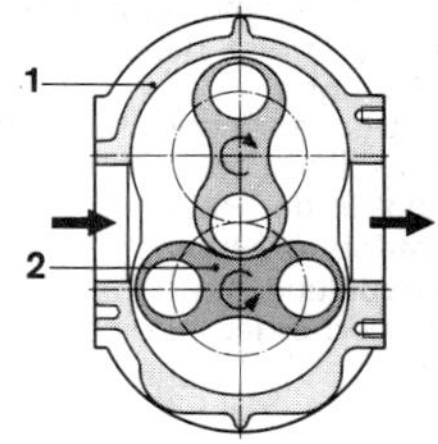

Querschnitt eines Flügelzellenladers.
1 Gehäuse, 2 Rotor, 3 Flügel, 4 Bolzen, 5 Austrittskante A.

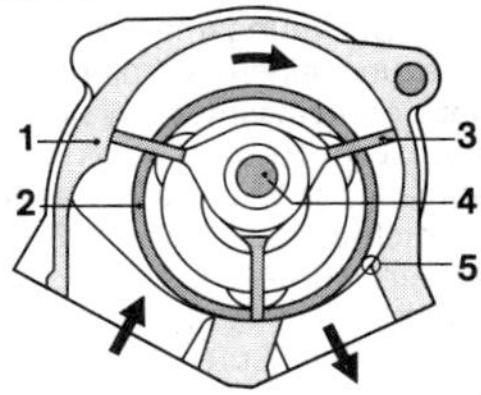

Querschnitt eines Spiralladers.
1 Lufteintritt in den zweiten Arbeitsraum
2 Antriebswelle
3 Führung des Verdrängers
4 Lufteintritt in den ersten Arbeitsraum
5 Gehäuse
6 Verdränger

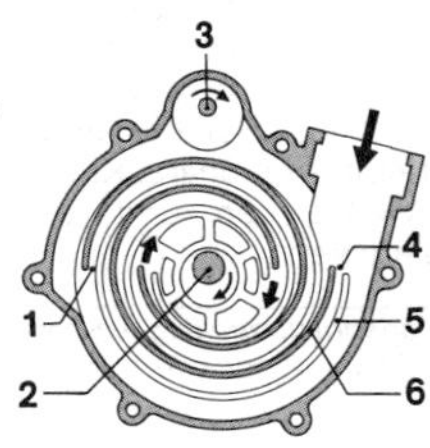

Querschnitt eines Rotationskolbenladers.
1 Gehäuse
2 Außenläufer
3 Innenläufer
4 Austrittskante A
5 Kammer III
6 Kammer II
7 Kammer I

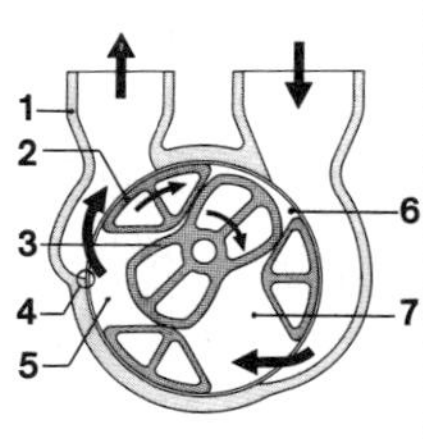

Fett dauergeschmiert. Innen- und Außenläufer sind spaltabgedichtet. Stirnseitig erfolgt die Abdichtung mit Kolbenringen.

Der mechanische Antrieb des Laders durch den Verbrennungsmotor erfolgt in der Regel durch einen Riemenantrieb (Keilriemen, Zahnriemen). Die Koppelung erfolgt entweder direkt (Dauerbetrieb) oder über eine Kupplung (z. B. Magnetkupplung, Zuschaltbetrieb), das Übersetzungsverhältnis kann über den Motor-Drehzahlbereich konstant oder variabel sein.

Abgasturbolader

Der Abgasturbolader (ATL) besteht aus zwei Strömungsmaschinen: einer Turbine und einem Verdichter, die auf einer gemeinsamen Welle angebracht sind. Die Turbine nutzt die im Abgas enthaltene Energie zum Antrieb des Verdichters, der Frischluft ansaugt und vorverdichtete Luft in die Zylinder drückt. Der Abgasturbolader ist nur durch den Luft- und Abgasmassenstrom strömungstechnisch mit dem Motor gekoppelt. Seine Drehzahl hängt nicht von der Motordrehzahl ab, sondern von dem Leistungsgleichgewicht zwischen Turbine und Verdichter.

Abgasturbolader werden bei Großmotoren (Schiffs- und Lokomotiv-Antriebe, stationäre Krafterzeugung), bei Lkw-Motoren und bei Pkw-Motoren eingesetzt.

Der typische Verlauf der Motorbetriebslinien bei diesen Einsatzfällen ist in einem größenunabhängigen Verdichterkennfeld dargestellt (s. S. 358). Darin trennt die Pumpgrenze den stabilen Betriebsbereich rechts der Pumpgrenze vom instabilen Bereich ab. Man erkennt, daß der instabile Bereich bei richtiger ATL-Auswahl nicht störend ist, da sich alle denkbaren Betriebspunkte des ATL bei den jeweiligen Anwendungsfällen bei Vollast auf und bei Teillast unter den eingezeichneten Motorbetriebslinien befinden.

Die unterschiedlichen Anwendungsfälle erfordern unterschiedliche Bauformen. Allerdings sind bei praktisch allen Abgasturboladern wesentliche Teile gleich: das Laufzeug und das Lagergehäuse des Abgasturboladers, die zusammen die sogenannte Rumpfgruppe bilden, sowie das Verdichtergehäuse. Den jeweiligen Anwendungsfällen entsprechend unterschiedlich sind die weiteren Teile: Turbinengehäuse und gegebenenfalls Regelorgane.

Turbinen- und verdichterseitig sind Wellenabdichtungen (meist Kolbenringe) erforderlich, die den Ölraum des Lagergehäuses gegen die Gasräume abdichten. Das Laufzeug ist mit schwimmenden Gleitlagerbuchsen radial und mit Mehrkeilflächenlager axial im Lagergehäuse gelagert.

Die Schmierung erfolgt durch Anschluß des ATL an den Ölkreislauf des

Ladedruckregelung mit abgasseitig angeordnetem Ladedruckregelventil.
1 Motor, 2 Abgasturbolader, 3 Ladedruckregelventil.

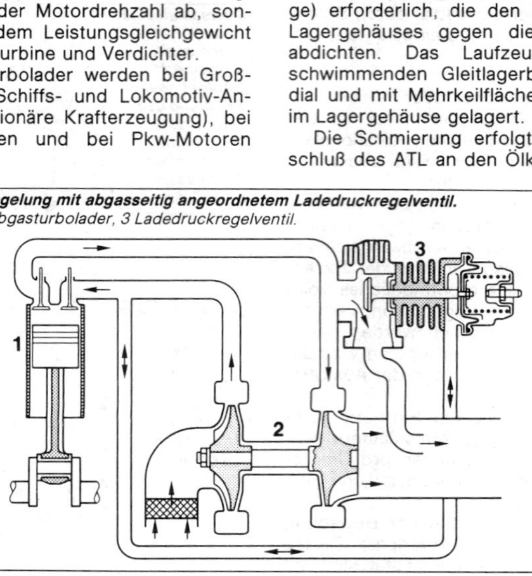

Motors. Ölzulauf und Ölrücklauf des ATL liegen zwischen Verdichtergehäuse und Turbinengehäuse.

Zwischen dem Gasraum der Turbine und dem Lagergehäuse befindet sich ein Hitzeschild. Verdichterseitig wird das Lagergehäuse durch die Verdichter-Rückwand abgeschlossen. Das Verdichtergehäuse des Radialverdichters ist in der Regel aus Aluminiumguß hergestellt. Bei besonderen Anwendungsfällen kann hier ein Umluftventil integriert sein.

Die Turbinengehäuse sind für die einzelnen Anwendungsfälle wesentlich voneinander verschieden. Die Guß-Werkstoffe für die Turbinengehäuse reichen vom GGG 40 bis zum NiResist D5 (je nach Abgastemperatur). Das Turbinengehäuse für Lkw-Abgasturbolader ist ein Zwillingsstromgehäuse, bei dem die beiden Fluten erst unmittelbar vor dem Radeintritt vereinigt werden. Mit einem solchen Gehäuse wird die Stoßaufladung (Impulsaufladung) ermöglicht, bei der zusätzlich zur Druckenergie des Abgases auch die kinetische Energie des Abgases genutzt wird. Dies erfordert getrennte Abgasleitungen.

Bei dem Zwillingsstromgehäuse beaufschlagt jede Flut den gesamten Radumfang. Eine andere Bauart zur Ausnutzung der Stoßaufladung ist das Doppelstromgehäuse. (Eine Flut beaufschlagt den halben Radumfang.)

Im Gegensatz dazu wird bei der Stauaufladung, auch Gleichdruckaufladung genannt, lediglich die Druckenergie des Abgases ausgenutzt. Dafür können einflutige Turbinengehäuse eingesetzt werden. Diese Bauform hat sich besonders bei wassergekühlten Turbinengehäusen für Schiffsmotoren durchgesetzt. Bei Abgasturboladern für Großmotoren ist dem Turbinenlaufrad oft ein Düsenring (Turbinenleitrad) vorgeschaltet. Der Düsenring ermöglicht eine besonders gleichmäßige Zuströmung zum Laufrad und eine Feinabstufung des Turbinendurchsatzes.

Bei Pkw-Abgasturboladern werden in aller Regel einflutige Turbinengehäuse verwendet. Wegen des großen Drehzahlbereiches der Pkw-Motoren ist jedoch eine Regelung des Abgasturboladers erforderlich, um einen nahezu konstanten Ladedruck in einem weiten Motordrehzahlbereich zu erzielen. Stand der Technik ist hier die abgasseitige Regelung, bei der ein Teil des Motorabgases um die Turbine herumgeführt wird (Bypaß). Das dafür erforderliche Regelorgan kann als Ventil oder Klappe ausgeführt sein, es kann separat oder im Turbinengehäuse integriert sein.

Das Ladedruckregelorgan wird pneumatisch betätigt. Der erforderliche Steuerdruck wird am Abgasturbolader druckseitig abgenommen, so daß das System Abgasturbolader mit Ladedruckregelorgan eine selbständige Einheit darstellt.

Eine energetisch günstigere Regelung ermöglicht die variable Turbinengeometrie, mit der das Aufstauverhalten der Turbine kontinuierlich verändert und damit jeweils die gesamte Abgasenergie genutzt werden kann.

Von den dafür denkbaren Ausführungsformen haben sich verstellbare Leitschaufeln wegen ihres großen Regelbereiches bei gleichzeitig guten Wirkungsgraden durchgesetzt.

Eine einfache Verstellung des Schaufelwinkels kann durch Drehbewegung eines seitlichen Verstellringes erreicht werden, dessen Sägezahnprofil bewegliche Auflager für die einzelnen Schaufeln bildet.

Variable Turbinengeometrie.
1 Turbinengehäuse, 2 verstellbare Leitschaufeln, 3 Verstellring mit Sägezahnprofil.

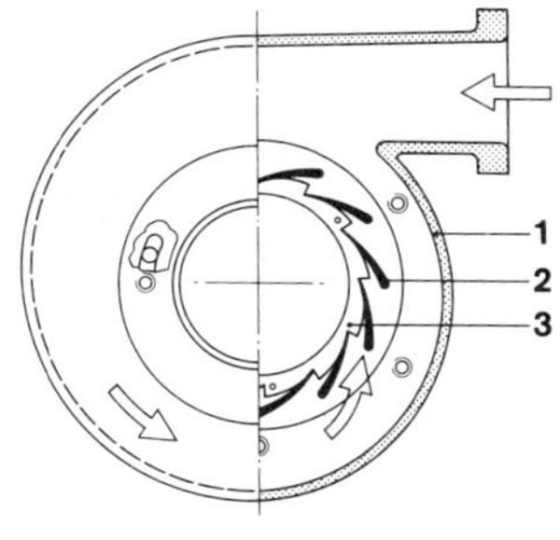

Größenunabhängiges Verdichterkennfeld mit typischen Motorbetriebslinien.

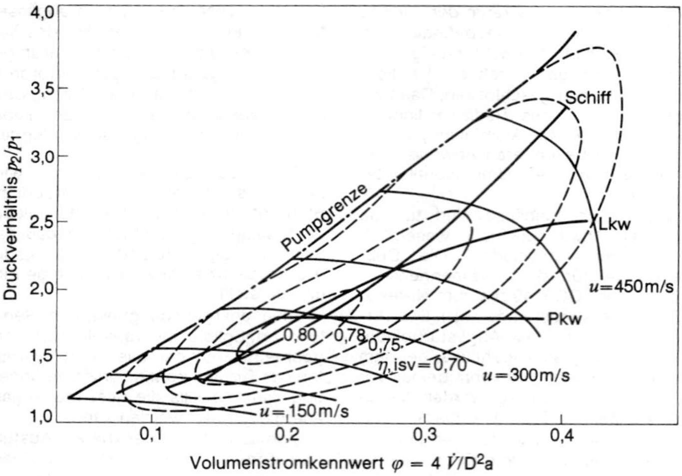

Abgasturbolader für Lkw mit Zwillingsstromgehäuse.
1 Verdichtergehäuse, 2 Verdichterrad, 3 Turbinengehäuse, 4 Läufer, 5 Lagergehäuse, 6 zuströmendes Abgas, 7 abströmendes Abgas, 8 atmosphärische Frischluft, 9 vorverdichtete Frischluft, 10 Ölzulauf, 11 Ölrücklauf.

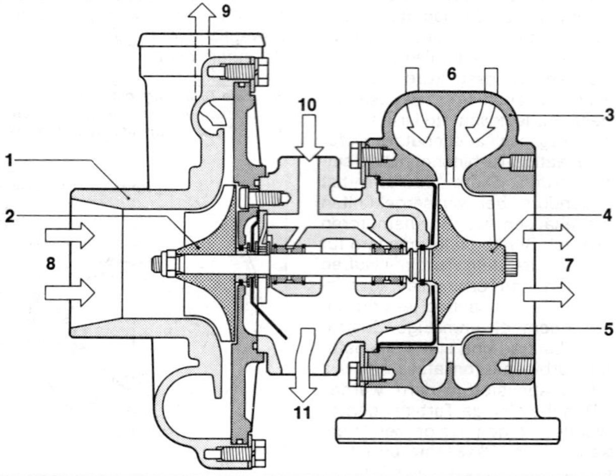

Druckwellenlader

Der Druckwellenlader ist eine gasdynamische Maschine, bei der über Druckwellen ein Energieaustausch vom Abgas zur Frischluft stattfindet. Dieser Austausch findet in den Zellen des Rotors, auch Zellenrad genannt, statt, der zur Steuerung und Aufrechterhaltung des Druckwellenprozesses vom Motor aus über einen Riemenantrieb angetrieben werden muß.

Der Energieaustausch erfolgt im Zellenrad mit Schallgeschwindigkeit. Diese ist eine Funktion der Abgastemperatur und damit im wesentlichen abhängig von dem Motordrehmoment, aber nicht von der Motordrehzahl. Bei konstantem Übersetzungsverhältnis zwischen Motor und Druckwellenlader ist daher der Druckwellenprozeß zunächst nur für einen Betriebspunkt optimal. Durch Anbringen von geeigneten „Taschen" in den stirnseitigen Gehäusen kann jedoch der Bereich guter Wirkungsgrade auf einen relativ großen Betriebsbereich ausgedehnt und damit eine gute Ladedruckcharakteristik erreicht werden.

Infolge des im Rotor mit Schallgeschwindigkeit ablaufenden Energieaustausches reagiert der Druckwellenlader rasch auf Zustandsänderungen. Die Reaktionszeiten sind durch die Füllvorgänge in den Luft- und Abgasleitungen bestimmt.

Das Zellenrad des Druckwellenladers wird über einen Riemenantrieb von der Kurbelwelle des Motors angetrieben. Zur Geräuschreduktion haben die Zellenwände des Zellenrades unterschiedliche Abstände. Das Zellenrad läuft in einem zylindrischen Gehäuse, an dessen Stirnseite die Luftkanäle und die Gaskanäle münden, und zwar Niederdruck-Lufteinlaß und Hochdruck-Luft auf der einen Seite, Hochdruck-Abgas und Niederdruck-Gasauslaß auf der anderen Seite.

Der Rotor ist fliegend gelagert. Die Lagerung befindet sich auf der Luftseite des Gerätes. Sie ist an den Motorölkreislauf angeschlossen.

Druckwellenlader.
1 Motor, 2 Zellenrad, 3 Riemenantrieb, 4 Hochdruck Abgas, 5 Hochdruck Luft, 6 Niederdruck Lufteinlaß, 7 Niederdruck Gasauslaß.

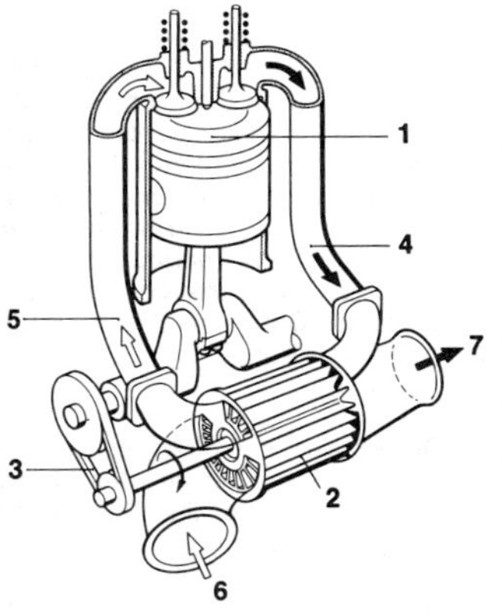

Druckwellen- und Strömungsvorgänge im Druckwellenlader
(mit Abwicklung des Zellenrades).
M Motor, A Gasaufnehmer, B Luftaufnehmer, U Drehrichtung, HDG Hochdruck-Abgas, NDG Niederdruck-Abgas, NDL einströmende Frischluft, HDL verdichtete Ladeluft.

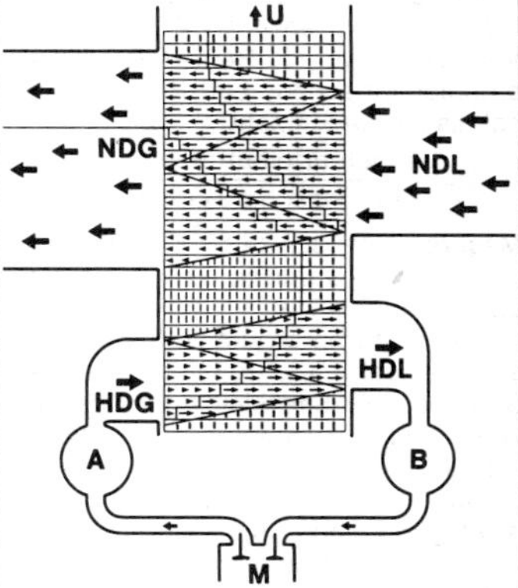

Kraftstoffzumessung

Gemischaufbereitung

Im Verbrennungsmotor wird das Luft-Kraftstoff-Gemisch in einem für die Zündung und Verbrennung geeigneten Mischungsverhältnis verdichtet und gezündet, im Ottomotor durch einen elektrischen Funken, im Dieselmotor durch Selbstzündung. Die Gemischbildung beginnt mit der Zuführung des Kraftstoffes zu der angesaugten Luft. Die Füllung der Zylinder richtet sich nach den wechselnden Betriebsverhältnissen des Motors.

Die Aufgabe der Kraftstoffzumessung besteht somit darin, die Kraftstoffmenge der jeweiligen Luftmenge anzupassen. Beim Ottomotor kann dies auf zwei Arten geschehen: Die Kraftstoffmenge wird entweder vom Vergaser oder von der Einspritzanlage zugeteilt.

Luft-Kraftstoff-Verhältnis

Das Kraftstoff-Luft-Gemisch zündet und verbrennt einwandfrei nur innerhalb bestimmter Mischungsverhältnisse. Bei Benzin beträgt das Verhältnis zur vollständigen Verbrennung des Kraftstoffs (stöchiometrisches Verhältnis) im Mittel 14 : 1, d. h. etwa 14 kg Luft sind zur vollständigen Verbrennung von 1 kg Kraftstoff erforderlich – anschaulicher gesagt: etwa 10 000 l Luft zum Verbrennen von 1 l Benzin. Bei diesem stöchiometrischen Luft-Kraftstoff-Verhältnis ist die Luftzahl

$$\lambda = \frac{\text{zugeführte Luftmenge}}{\text{theoretischer Bedarf}} = 1$$

Mageres Gemisch ($\lambda > 1$) enthält mehr Luft, fettes Gemisch ($\lambda < 1$) weniger Luft.

Ottomotoren erreichen höchste Leistung bei 0 ... 10 % Luftmangel ($\lambda = 1 ... 0{,}9$) und kleinsten Kraftstoffverbrauch bei etwa 10 % Luftüberschuß ($\lambda \approx 1{,}1$).

Bei Luftmangel wird der Kraftstoff nicht genügend ausgenützt, außerdem ist der Anteil an unverbrannten schädlichen Bestandteilen im Abgas höher.

Abhängigkeit der Leistung und des spezifischen Kraftstoffverbrauches vom Luft-Kraftstoff-Verhältnis.

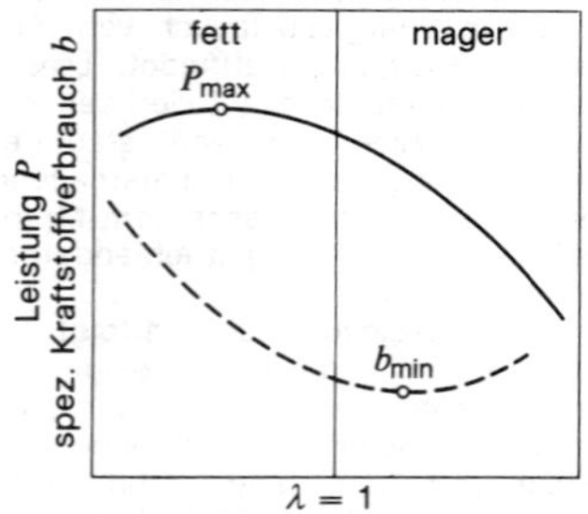

Bei Luftüberschuß wird die Leistung geringer und die Motortemperatur wird wegen der langsameren Verbrennung höher. Zwischen $\lambda = 0{,}7 ... 1{,}25$ muß das Gemisch im Ottomotor liegen, unabhängig davon, ob der Motor mit Vergaser oder Einspritzanlage ausgerüstet ist. Ab $\lambda > 1{,}25$ ist das Gemisch nicht mehr zündfähig (Laufgrenze).

Dieselmotoren arbeiten immer mit Luftüberschuß ($\lambda > 1$), beim Start mit geringerem, bei Teillast und Leerlauf mit größerem als bei Vollast.

Anreicherung

Beim Start muß das Gemisch extrem fett sein, weil sich ein Teil des Kraftstoffs an den kalten Saugrohr- und Zylinderwandungen niederschlägt (Startanreicherung). Im mittleren Teillastbereich (Normalfahrt) ist ein mageres Gemisch (sparsamer Verbrauch) erwünscht. Vollast und Leerlauf sowie unterste Teillast erfordern ein verhältnismäßig fettes Gemisch (Vollast- und Leerlaufanreicherung).

Abgase

Auf Grund der verschärften Gesetzgebung zur Verminderung der Schadstoffemissionen muß die Gemischzusammensetzung sowohl auf ein gutes Fahrverhalten und einen sparsamen Verbrauch als auch auf möglichst geringe Schadstoffemission (s. S. 442, Abgase) ausgelegt werden.

Vergaser

Vergaser-Anlage

Der Kraftstoff wird vom Kraftstoffbehälter durch eine Kraftstoff-Förderpumpe angesaugt und zum Vergaser gefördert. Im Bedarfsfall kann vor oder nach der Pumpe ein Kraftstoff-Feinfilter vorgesehen werden. Die Pumpe selbst ist normalerweise als Membranpumpe ausgelegt und wird von der Nocken- oder Verteilerwelle angetrieben. Der maximale Förderdruck wird durch entsprechende Auslegung begrenzt.

Vergaser-Bauarten

Fallstrom-Vergaser
Sie stellen heute die gebräuchlichste Bauart dar. Durch günstige Anordnungsmöglichkeit der Schwimmerkammer und der verschiedenen Düsensysteme ergeben sich zweckmäßige Bauformen. In Verbindung mit entsprechend ausgelegten Saugrohren erhält man eine optimale Gemischaufbereitung und -verteilung.

Flachstrom-Vergaser
Flachstrom-Vergaser sind bekannt als Festlufttrichter- und Konstantdruck-Vergaser. Sie bieten Vorteile, wenn die Bauhöhe des Motors besonders niedrig sein muß. Flachstrom-Vergaser mit Festlufttrichter werden üblicherweise für Motoren hoher spezifischer Leistung verwandt.

Konstantdruck-Vergaser arbeiten mit veränderlichem Luftquerschnitt und konstantem Unterdruck am Kraftstoffaustritt. Die Veränderung des Luftquerschnitts erfolgt durch einen pneumatisch betätigten Kolbenschieber, die Regulierung der Kraftstoffmenge durch eine am Kolben befestigte Nadel.

Vergaser für 4-Zylinder-Motoren
Der Einfach-Vergaser mit einer Mischkammer entspricht der kostengünstigsten Ausführung. Er findet deshalb üblicherweise bei kleinen Motoren Anwendung.

In zunehmendem Maß gewinnt der Register-Vergaser mit zwei Mischkammern an Bedeutung. Hier wird die Teillast mit Hilfe der ersten Stufe reguliert. Beim Erreichen eines bestimmten Luftdurchsatzes wird die zweite Stufe durch mechanisches oder pneumatisches Öffnen der zweiten Drosselklappe zugeschaltet. Register-Vergaser werden wegen der verbesserten Gemischaufbereitung und der damit verbundenen Möglichkeit der Verbrauchs- und Abgasoptimierung inzwischen auch für kleinere und mittlere Motoren eingesetzt.

Schema einer Vergaseranlage.
1 Kraftstoffbehälter, 2 Kraftstoffpumpe, 3 Kraftstoffilter, 4 Vergaser, 5 Saugrohr.

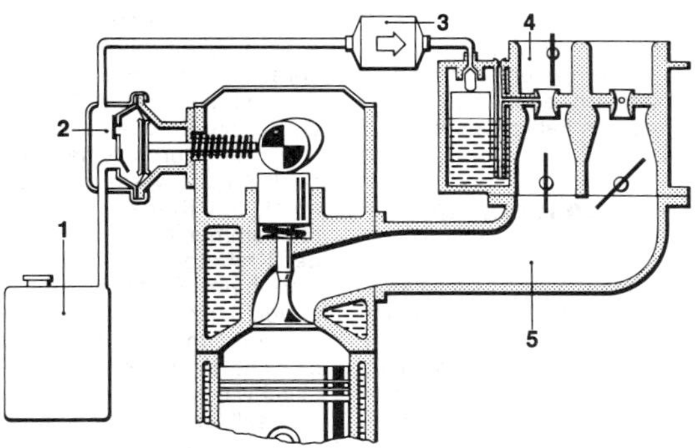

Schema eines Registervergasers.
1 Leerlaufabschaltventil, 2 Beschleunigungspumpe, 3 Leerlaufsystem, 4 Starterklappe, 5 Vorzerstäuber, 6 Hauptdüsensysteme, 7 Vollastanreicherung, 8 Schwimmer, 9 Kraftstoffzulauf, 10 Schwimmernadelventil, 11 Leerlaufgemisch-Regulierschraube, 12 Drosselklappen, 13 Lufttrichter, 14 Teillastanreicherungs-Ventil.

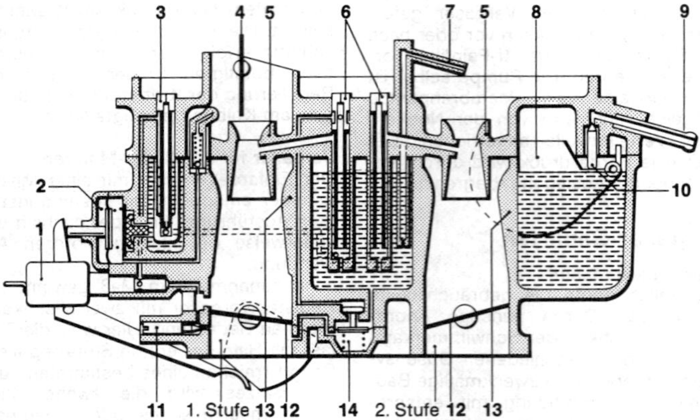

Vergaser für 6-Zylinder-Motoren
Beim Doppel-Vergaser sind zwei gleich große Vergaser parallel geschaltet und mit einer gemeinsamen Schwimmerkammer ausgerüstet. Beide Drosselklappen öffnen gleichzeitig. Der Doppel-Registervergaser hat vier Mischkammern und bietet Vorteile bezüglich der Abstimmung im Teillastgebiet.

Sonderfälle
Spezielle Vergaser für Geländefahrzeuge liefern durch entsprechende Schwimmerkammern auch bei extremer Schräglage des Fahrzeugs ein optimales Gemisch.

Aufbau und Arbeitsprinzip des Vergasers

Der Fahrer betätigt die Drosselklappe mit Hilfe des Gaspedals. Sie beeinflußt die Menge der vom Motor angesaugten Luft. Abhängig von der Luftmenge mißt der Vergaser die entsprechende Kraftstoffmenge zu. Die Stellung der Drosselklappe bestimmt damit die Leistung.

Der Schwimmer regelt in Verbindung mit dem Schwimmernadelventil den Kraftstoffzulauf zum Vergaser und hält das Kraftstoffniveau in der Schwimmerkammer konstant. Die Hebelwirkung des Gelenks verstärkt die Schließkraft der Schwimmernadel.

Die Luftmengenmessung erfolgt im Vergaser mit Hilfe einer Venturidüse. Durch die Querschnittsverengung in diesem Lufttrichter wird die Luftgeschwindigkeit erhöht und damit ein entsprechender Unterdruck im engsten Querschnitt erzeugt. Die so entstehende Druckdifferenz zur Schwimmerkammer, die durch einen Vorzerstäuber noch erhöht werden kann, wird ausgenutzt, um Kraftstoff aus der Schwimmerkammer zu fördern. Die Anpassung der Kraftstoffmenge an die Luftmenge wird beim Festlufttrichter-Vergaser in erster Linie durch das Hauptdüsensystem und einige Zusatzsysteme erreicht. Infolge der hohen Strömungsgeschwindigkeit im Lufttrichter und Drosselklappenspalt wird eine sehr gute Gemischaufbereitung erzielt.

Kraftstoffdosiersysteme

Hauptdüsensystem
Um die gewünschte Konstanz des Mischungsverhältnisses im Motorkennfeld zu erreichen, wird die Hauptdüse durch die Luftkorrekturdüse ergänzt, die die Luftmenge festlegt. Durch ein Rohr mit seitlichen Bohrungen (Mischrohr) zwischen Hauptdüse und Gemischaustritt im Vorzerstäuber wird die Luft dem Kraftstoff beigemischt.

Leerlauf- und Bypaßsystem
Bei Leerlauf-Luftdurchsatz reicht der Unterdruck an der Kraftstoff-Austrittsöffnung im Lufttrichter nicht aus, um über das Hauptdüsensystem Kraftstoff zu fördern. Aus diesem Grund ist ein eigenes Leerlaufsystem vorgesehen, das hinter der Drosselklappe im Bereich des höchsten Unterdrucks mündet. Die erforderliche Emulsion wird mit Hilfe der Leerlaufdüse und der Leerlaufluftdüse dargestellt und durch den Leerlaufkanal abgesaugt.

Der Übergang zum Hauptdüsensystem wird durch das sogenannte „Bypass-System" ermöglicht. Die Drosselklappe steuert hier eine Reihe von Bohrungen, die vom Leerlaufsystem versorgt werden.

Korrektursysteme für stationären Motorbetrieb
Durch das Teillastanreicherungssystem kann in bestimmten Punkten des Motorkennfelds zusätzlicher Kraftstoff ins Hauptdüsensystem abgegeben werden. Eine andere Möglichkeit der Teillaststeuerung ist die Verwendung einer verstellbaren Nadel, die entweder auf die Kraftstoffdüse oder die Luftkorrekturdüse des Hauptsystems wirkt.

Die Vollastabstimmung hängt wesentlich von der Motorauslegung, insbesondere den Steuerzeiten, der Saugrohrauslegung, der Luftfilterauslegung usw. ab. Wenn in bestimmten Fällen eine Ausmagerung mit zunehmender Drehzahl festgestellt wird, kann das durch Vollastanreicherung kompensiert werden. Hierbei führt ein kalibriertes Röhrchen den Kraftstoff aus der Schwimmerkammer direkt der Mischkammer zu.

Anpassung an den dynamischen Motorbetrieb
Störungsfreier Übergang vom Leerlauf- zum Teillast- oder Vollast-Betrieb bei schnellem Öffnen der Drosselklappe wird durch eine Beschleunigungspumpe erzielt, die über ein besonderes Kanalsystem zusätzlichen Kraftstoff in die Mischkammer einspritzt.

Im Schiebebetrieb kann Ruckeln oder hohe HC-Emission auftreten. Hier ist Abhilfe durch verzögertes Schließen der Drosselklappe, Verwendung eines pneumatisch gesteuerten Schubsystem oder Kraftstoffabschaltung im Schiebebetrieb möglich.

Anpassung an den kalten Motor
Beim Kaltstart benötigt der Motor ein relativ fettes Gemisch und einen erhöhten Luftdurchsatz. Die benötigte Anreicherung wird mit Hilfe einer über dem Lufttrichter und dem Gemischaustritt angeordneten Starterklappe erreicht.

Für den Kaltleerlauf wird die Erhöhung der Gemischmenge ebenfalls durch die Starterstufenscheibe bewerkstelligt, die erforderliche Anreicherung ergibt sich durch die Position der Starterklappe.

Leerlaufdrehzahl-Absenkung
Die Absenkung der Leerlaufdrehzahl von Ottomotoren hat das Ziel, den Kraftstoffverbrauch im Leerlauf zu reduzieren. Dies ist durch geeignete Maßnahmen an Motor, Zündung und Vergaser möglich, da die Gemischaufbereitung des Vergasers auch bei sehr kleinen Luftdurchsätzen sehr gut ist.

Schubabschaltung
Eine weitere Reduzierung des Kraftstoffverbrauchs ist durch Abschaltung des Kraftstoffs im Schiebebetrieb möglich. Bei Vergasern mit einfachem Leerlaufsystem wird die Drosselklappe so weit geschlossen, daß der Leerlaufgemischaustritt über der Drosselklappe liegt und damit die Gemischförderung unterbrochen wird.
Bei Vergasern mit Zusatzgemischsystem genügt ein kleines pneumatisch betätigtes Membranventil zum Unterbrechen der Kraftstoffzufuhr im Leerlauf.

Elektronisch gesteuertes Vergaser-System
(Ecotronic)

Basis-Vergaser
Der Basis-Vergaser ist reduziert auf: Drosselklappe, Schwimmersystem, Leerlauf- und Übergangssystem, Hauptsystem und Vordrossel. Zusätzlich ist eine Leerlauf-Luftsteuerung mit einer von der Vordrossel betätigten Nadeldüse vorgesehen.

Anbaukomponenten und Stellglieder
Der Drosselklappenansteller ist ein elektropneumatischer Steller zur Füllungssteuerung. Der Stößel des Stellers betätigt über einen auf der Drosselklappenwelle des Vergasers befindlichen Hebel die Drosselklappe.

Zwei Elektromagnetventile, die mit Atmosphären- und Saugrohrdruck beaufschlagt sind, steuern den auf der Membrane anliegenden Arbeitsdruck.

Der Vordrosselsteller dient als Stellglied zur Steuerung des Mischungsverhältnisses bei den verschiedenen Betriebsbedingungen des Motors. Beim Schließen der Vordrossel wird eine Anreicherung erzielt durch die Erhöhung der Druckdifferenz im Hauptsystem und durch die Beeinflussung der Leerlaufluftdüse im Leerlaufsystem. Der Vordrosselsteller arbeitet als Drehmomentmotor, das Gegendrehmoment wird durch die an der exzentrisch gelagerten Vordrossel angreifenden Luftkräfte und eine Rückdrehfeder erzeugt.

Sensoren
Das Drosselklappenpotentiometer dient zur Erfassung der Stellung und der Bewegung der Drosselklappe.

Ein Temperaturfühler erfaßt die Motor-Betriebstemperatur.

Elektronisches Steuergerät
Im Eingangsteil des Gerätes werden die analog vorliegenden Signale der Sensoren digitalisiert. Im Verarbeitungsteil werden die Eingangsgrößen bearbeitet und die Ausgabewerte berechnet. Die Ausgabewerte steuern nach Umwandlung in den Leistungsendstufen des Ausgabeteils die Steller zur Betätigung der Vordrossel und der Drosselklappe.

Grundfunktionen
Die Grundfunktionen des Systems sind durch den Basis-Vergaser gegeben. Hier erfolgt wie üblich eine Abstimmung im Motorkennfeld mit Hilfe des Leerlauf-, Übergangs- und Vollastsystems. Diese Stationärabstimmung kann bewußt „mager" ausgeführt werden, da Korrekturen in Richtung „fett" mit Hilfe der Vordrosselsteuerung möglich sind. Bei Ausfall der Elektrik oder der Elektronik behält das System Notlaufeigenschaften entsprechend der Grundabstimmung des Vergasers.

Schema eines elektronisch gesteuerten Vergasers (Ecotronic).
1 Steuergerät, 2 Temperaturfühler, 3 Vergaser, 4 Drosselklappen-Ansteller, 5 Vordrosselsteller, 6 Vordrosselklappe, 7 Leerlaufschalter, 8 Drosselklappe, 9 Drosselklappen-Potentiometer.

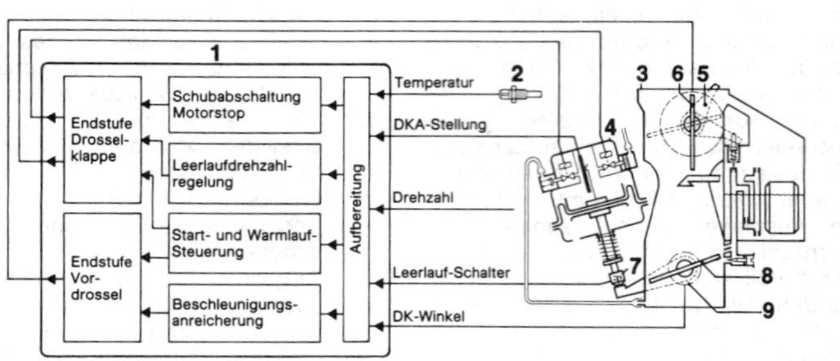

Elektronische Funktionen

Start- und Warmlauf
Beim Start wird die für einen sicheren Hochlauf erforderliche Gemischmenge durch eine temperatur- und drehzahlabhängige Steuerung der Drosselklappe sichergestellt. Die erforderliche Anreicherung wird durch die Vordrosselsteuerung erreicht. Im anschließenden Warmlauf wird die Leerlaufdrehzahl mit Hilfe des Drosselklappenanstellers in Abhängigkeit von der Motortemperatur geregelt. Die erforderliche Anreicherung wird auch hier über die Stellung der Vordrossel bzw. der Nadeldüse im Leerlaufluft-Korrektursystem erzielt.

Kennfeldkorrektur
Falls im Stationärbetrieb in bestimmten Punkten des Kennfelds eine Korrektur der Vergaser-Grundabstimmung erforderlich ist, kann diese durch eine genau abgestimmte Steuerung der Vordrossel realisiert werden.

Beschleunigung
Die für den Instationärbetrieb erforderliche Beschleunigungsanreicherung wird ebenfalls durch kurzzeitiges Schließen der Vordrossel erreicht. Damit ist es möglich, eine sehr genaue, mengenmäßig und zeitlich differenzierte Anreicherung für den Instationärbetrieb des kalten und betriebswarmen Motors zu erzielen.

Schubabschaltung, Motorstop
Da im Schubbetrieb dem Motor keine Leistung abverlangt wird, kann der in dieser Betriebsphase zugeführte Kraftstoff durch Schubabschaltung eingespart werden. Beim Schubbetrieb schwenkt die vom Drosselklappenansteller gesteuerte Drosselklappe der 1. Stufe in Schubstellung. Dabei gelangt der Leerlaufgemischaustritt in den Bereich oberhalb der Steuerkante der Drosselklappe, die Kraftstofförderung aus dem Leerlaufsystem wird unterbrochen. Die Kraftstoffabschaltung im Schubbetrieb erfolgt bei Drehzahlen, die geringfügig über der Leerlaufdrehzahl liegen. Eine gesteuerte Schubabfangfunktion gewährleistet eine ruckfreie Überleitung aus dem Schub in den aktiven Betriebszustand des Motors.

Beim Abstellen des Motors wird – wie bei der Schubabschaltung – durch Schließen der Drosselklappe die Kraftstofförderung unterbrochen und ein Nachlaufen verhindert. Nach Stillstand des Motors wird die Drosselklappe wieder auf Startposition angestellt.

Leerlaufdrehzahlregelung
Durch die Leerlaufdrehzahlregelung kann die Drehzahl konstant gehalten werden. Damit ist eine deutliche Absenkung der Leerlaufdrehzahl möglich, da keine Reserven zum Abfangen von Störeinflüssen erforderlich sind.

Bei Abweichung der Drehzahl vom Sollwert erfolgt mit Hilfe des Steuergerätes eine Korrektur der Position des Drosselklappenanstellers. Das Regelsystem gestattet im Mittel eine Motordrehzahlkonstanz von $\pm 10\ \text{min}^{-1}$. Der Leerlaufdrehzahl-Sollwert wird temperaturabhängig geführt, d. h. im Bereich niedriger Temperaturen etwas angehoben.

Ausbaumöglichkeiten

Kraftstoff-Verbrauchsberechnung
Aus dem Verbrauchskennfeld kann in Abhängigkeit vom Betriebszustand der Verbrauch pro Zeiteinheit vom Steuergerät berechnet werden.

Systemdiagnose
Das Steuergerät kann so programmiert werden, daß die ankommenden Signale der Sensoren und die Ausgangssignale für die Stellglieder überwachbar sind.

Lambda-Regelung
Die Ecotronic ist für den Betrieb im geschlossenen Regelkreis auf stöchiometrische Gemischzusammensetzung vorbereitet. Als Abgassensor dient die Lambda-Sonde (s. S. 442).

Motorsteuerung
Neben der Gemischbildung ist eine elektronische Kennfeldzündung und Abgasrückführung möglich.

Benzineinspritzung

Die heute gebräuchlichen Einspritzanlagen für Ottomotoren spritzen den Kraftstoff nicht direkt in die Zylinder, sondern in das Saugrohr oder in den Einlaßkanal.

Vorteile der Benzineinspritzung:
Höhere Hubraumleistung, geringerer spezifischer Kraftstoffverbrauch, höheres Drehmoment bei niederen Drehzahlen, bessere Abgasqualität, besseres Warmlauf- und Übergangsverhalten[1]).

K-Jetronic

Arbeitsprinzip:
- Kontinuierliche Einspritzung
- Direkte Luftmengenmessung

Die K-Jetronic ist ein mechanisches, im Gegensatz zu der vom Verbrennungsmotor angetriebenen Einspritzpumpe, antriebsloses System, bei dem der Kraftstoff entsprechend der vom Motor angesaugten Luftmenge kontinuierlich zugemessen wird.

Wegen der direkten Luftmengenmessung berücksichtigt die K-Jetronic auch motorische Veränderungen und gestattet die Verwendung von Einrichtungen zur Abgasreinigung, für die eine genaue Messung der Ansaugluftmenge Voraussetzung ist.

Wirkungsweise
Die angesaugte Luft strömt durch das Luftfilter, den Luftmengenmesser, an der Drosselklappe vorbei in das Sammelsaugrohr, von wo sie den einzelnen Zylindern zugeführt wird.

Der Kraftstoff wird von einer Rollenzellenpumpe aus dem Kraftstoffbehälter angesaugt und durch Kraftstoffspeicher und Kraftstoffilter zum Kraftstoffmengenteiler gefördert. Ein System-

[1]) Übergangsverhalten ist das Motorverhalten bei Wechsel des Lastzustandes (z. B. Teillast/Vollast).

Schema einer K-Jetronic-Anlage.
1 Kraftstoffbehälter, 2 Elektrokraftstoffpumpe, 3 Kraftstoffspeicher, 4 Kraftstoffilter, 5 Warmlaufregler, 6 Einspritzventil, 7 Sammelsaugrohr, 8 el. Startventil, 9 Kraftstoffmengenteiler, 10 Luftmengenmesser, 11 Taktventil, 12 Lambda-Sonde, 13 Thermozeitschalter, 14 Zündverteiler, 15 Zusatzluftschieber, 16 Drosselklappenschalter, 17 Steuergerät, 18 Zünd-Start-Schalter, 19 Batterie.

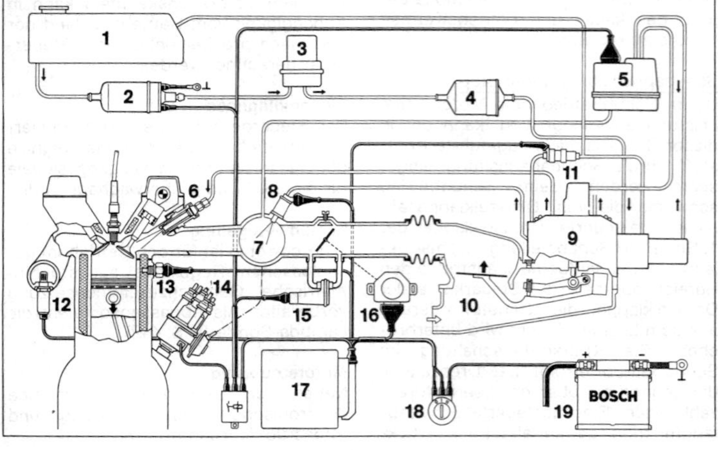

druckregler im Mengenteiler hält den Kraftstoffdruck konstant. Die überschüssige Kraftstoffmenge, die nicht vom Motor benötigt wird, fließt zurück in den Kraftstoffbehälter.

Gemischregler
Der Gemischregler besteht aus dem Luftmengenmesser und dem Kraftstoffmengenteiler.

Luftmengenmesser
Der Luftmengenmesser besteht aus einem Lufttrichter und einer an einem Hebel befestigten Stauscheibe. Das Eigengewicht von Hebel und Stauscheibe wird durch ein Gegengewicht kompensiert. Die Stauscheibe wird durch die Kraft, die die strömende Luft auf sie ausübt, ausgelenkt und durch eine hydraulische Gegenkraft auf den Steuerkolben im Mengenteiler im Gleichgewicht gehalten. Die Stellung der Stauscheibe ist ein Maß für die angesaugte Luftmenge; sie wird durch einen Hebel auf den Steuerkolben des Kraftstoffmengenteilers übertragen.

Einspritzventil.
1 Sechskant, 2 Feinsieb.

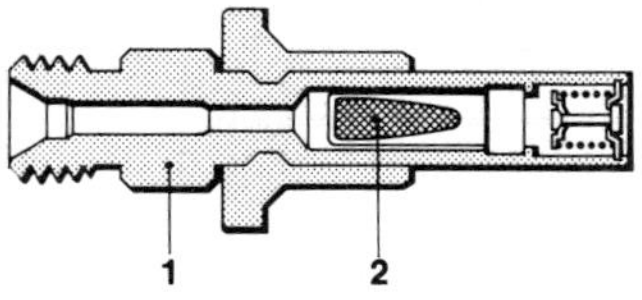

Kraftstoffmengenteiler im Gemischregler.
1 Membran, 2 zum Einspritzventil, 3 Steuerkolben, 4 Zumeßschlitz, 5 Differenzdruckventil.

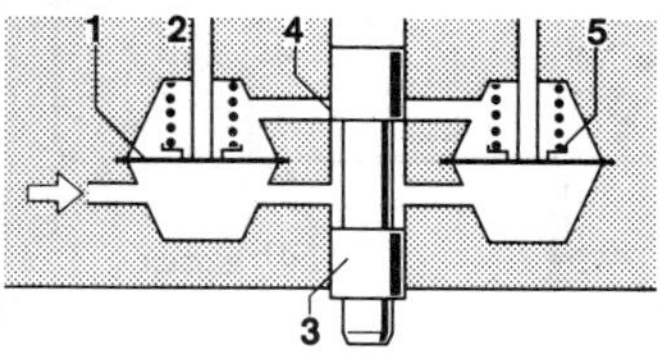

Kraftstoffmengenteiler
Die Kraftstoffzumessung zu den einzelnen Zylindern erfolgt durch eine Querschnittssteuerung der Zumeßschlitze im Kraftstoffmengenteiler. Der Schlitzträger hat so viele Zumeßschlitze (rechteckige Öffnungen) wie Motorzylinder vorhanden sind. Je nach Stellung des Steuerkolbens wird ein bestimmter Querschnitt der Zumeßschlitze freigegeben. Jedem dieser Zumeßschlitze wird ein Differenzdruckventil nachgeschaltet, das den Druckabfall an den Schlitzen bei verschiedenen Durchflußmengen konstant hält.

Einspritzventil
Das Einspritzventil öffnet selbsttätig bei etwa 3,6 bar Überdruck, es hat keine Zumeßfunktion. Das Einspritzventil öffnet und schließt mit einer Frequenz von ca. 1500 Hz (Schnarren) und bewirkt damit eine gute Kraftstoffaufbereitung. Zu seiner Befestigung dient ein Gummiformteil. Es wird eingesteckt, nicht eingeschraubt. Der Sechskant dient zum Gegenhalten beim Anschrauben der Kraftstoffzuleitung.

Warmlaufregler
Der Warmlaufregler reichert das Gemisch in der Warmlaufphase an, indem er, gesteuert von einem elektrisch beheizten Bimetall, den Gegendruck auf den Steuerkolben verringert. Das Absenken des Steuerdrucks führt bei gleicher Luftmenge zu einem größeren Hub der Stauscheibe (entsprechend vergrößertem Kraftstoffdurchflußquerschnitt) und damit zur Warmlaufanreicherung.

Zusatzluftschieber
Der durch eine Bimetallfeder oder ein Dehnstoffelement bewegte Zusatzluftschieber führt dem Motor während der Warmlaufphase (unter Umgehung der Drosselklappe) eine Mehrluftmenge zu. Sie lenkt die Stauscheibe im Luftmengenmesser stärker aus. Dies führt zu der für einen einwandfreien Rundlauf erforderlichen höheren Leerlaufdrehzahl im Warmlauf.

Elektrisches Startventil, Thermozeitschalter
Der Thermozeitschalter steuert abhängig von Motortemperatur und Zeit das elektrische Startventil an, das während des Startvorganges bei tiefen Temperaturen das Einspritzen einer zusätzlichen Kraftstoffmenge (Kaltstartanreicherung) in das Sammelsaugrohr ermöglicht.

Lambda-Regelung
Zur Einhaltung extrem niedriger Abgasgrenzwerte ist die Steuerung des Luft-Kraftstoff-Verhältnisses nicht genau genug. Die zum Betrieb eines Dreiwege-Katalysators notwendige Lambda-Regelung bedingt bei der K-Jetronic den Einsatz eines elektronischen Steuergeräts, dessen wesentliche Eingangsgröße das Signal der Lambda-Sonde ist.

Über ein elektromagnetisches Taktventil wird der Differenzdruck an den Steuerschlitzen beeinflußt und damit das Luft-Kraftstoff-Verhältnis variiert.

KE-Jetronic

Die KE-Jetronic stellt eine Weiterentwicklung der K-Jetronic dar. Zur Erhöhung der Flexibilität und zur Aufschaltung von weiteren Funktionen wird die K-Jetronic durch ein elektronisches Steuergerät ergänzt. Weitere Komponenten sind:
– der Geber für die vom Motor angesaugte Luftmenge,
– der Drucksteller, der in die Gemischzusammensetzung eingreift und
– der Druckregler, der den Systemdruck konstant hält und beim Abstellen des Motors eine bestimmte Schließfunktion ausübt.

Wirkungsweise
Der Druck im System wird durch eine Elektrokraftstoffpumpe erzeugt. Der Kraftstoff durchströmt den Mengenteiler; ein Membrandruckregler sorgt für konstanten Systemdruck im Unterschied zur K-Jetronic, wo der sogenannte Steuerdruck durch den Warmlaufregler geregelt wird, ist bei der KE-

Schema einer KE-Jetronic-Anlage.
1 Kraftstoffbehälter, 2 Elektrokraftstoffpumpe, 3 Kraftstoffspeicher, 4 Kraftstoffilter, 5 Kraftstoffdruckregler, 6 Einspritzventil, 7 Sammelsaugrohr, 8 elektrisches Startventil, 9 Kraftstoffmengenteiler, 10 Luftmengenmesser, 11 elektro-hydraulischer Drucksteller, 12 Lambda-Sonde, 13 Thermozeitschalter, 14 Motortemperaturfühler, 15 Zündverteiler, 16 Zusatzluftschieber, 17 Drosselklappenschalter, 18 Steuergerät, 19 Zünd-Start-Schalter, 20 Batterie.

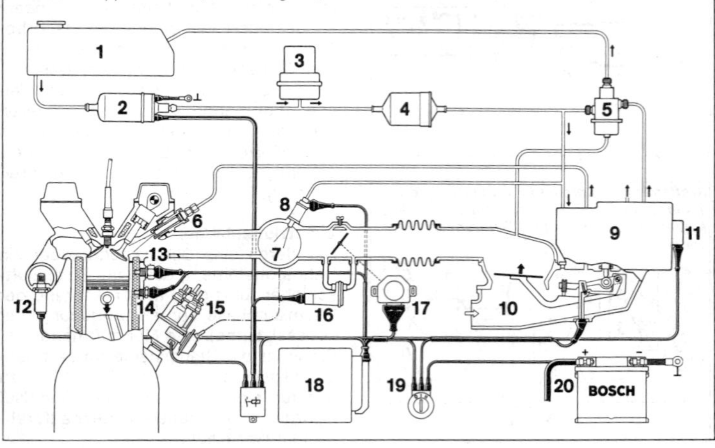

Jetronic der hydraulische Gegendruck auf den Steuerkolben gleich dem Systemdruck. Dieser muß genau eingehalten werden.

Der Systemdruck wirkt vor den Zumeßschlitzen im Kraftstoffmengenteiler und als Gegendruck über dem Steuerkolben. Der Steuerkolben wird wie bei der K-Jetronic durch einen Stauklappen-Luftmengenmesser bewegt. Eine Dämpfungsdrossel verhindert Schwingungen, die durch Stauklappenkräfte angeregt werden könnten. Vom Steuerkolbenanschluß strömt der Kraftstoff über den Drucksteller, die Unterkammern der Differenzdruckventile, eine Festdrossel und den Druckregler zurück zum Kraftstoffbehälter. Das Stellglied bildet zusammen mit der Festdrossel einen Druckteiler, dessen Druck elektromagnetisch verändert werden kann. Dieser Druck steht in den Unterkammern der Differenzdruckventile.

Je nach der Höhe des elektrischen Stroms im Steller fällt zwischen dessen Anschlüssen ein entsprechender Druck ab. Dies führt zu einer Variation des Differenzdrucks über den Zumeßschlitzen und damit zu einer Variation der eingespritzten Kraftstoffmenge.

Durch Stromumkehr kann eine völlige Absperrung der Kraftstoffzufuhr erreicht werden, was z. B. zur Schubabschaltung oder zur Drehzahlbegrenzung genutzt werden kann.

Elektro-hydraulischer Drucksteller.
1 Düse, 2 Ventilplatte, 3 Spule, 4 Magnetpol, 5 Kraftstoffzulauf, 6 Einstellschraube.

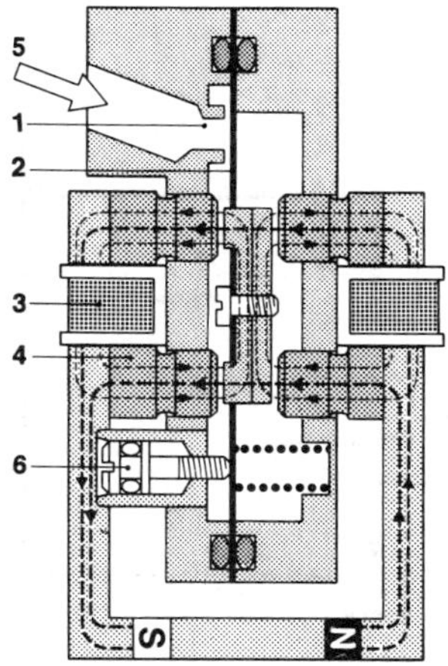

Elektro-hydraulischer Drucksteller

Das elektro-hydraulische Stellglied ist an den Kraftstoffmengenteiler angeflanscht. Es stellt einen Druckregler dar, der nach Art eines Düse-Prallplatte-Systems arbeitet und durch einen elektrischen Strom gesteuert wird. Von diesem Strom hängt der Gemischanreicherungsfaktor linear ab.

Elektronisches Steuergerät

Im elektronischen Steuergerät werden die Signale von Zündung (Motordrehzahl), Temperaturfühler (Motortemperatur), Potentiometer (angesaugte Luftmenge), Drosselklappenschalter (Leerlauf und Schiebebetrieb, Vollast), Starterschalter, Lambda-Sonde, Druckfühler und anderen Gebern aufbereitet und ausgewertet. Die damit gesteuerten wichtigsten Funktionen sind:

– Start-/Nachstartanreicherung
– Warmlaufanreicherung
– Beschleunigungsanreicherung
– Vollastanreicherung
– Schubabschaltung
– Drehzahlbegrenzung
– Leerlaufdrehzahlregelung
– Höhenkorrektur
– Lambda-Regelung

Mit einem Codierschalter kann zwischen Betrieb mit Lambda-Regelung (mit Katalysator) und Betrieb ohne Lambda-Regelung umgeschaltet werden. Damit ist der Betrieb sowohl mit verbleitem als auch mit unverbleitem Kraftstoff möglich.

Lambda-Regelung

Das Signal der Lambda-Sonde wird im elektronischen Steuergerät der KE-Jetronic verarbeitet. Der erforderliche Regeleingriff erfolgt über den Drucksteller.

L-Jetronic

Arbeitsprinzip:
- Luftmengenmessung
- Hauptsteuergrößen: Luftmenge und Drehzahl
- Intermittierende Einspritzung

Die L-Jetronic vereinigt in sich die Vorteile der direkten Luftmengenmessung mit den besonderen Möglichkeiten der Elektronik. Wie bei der K-Jetronic werden alle motorischen Veränderungen (Verschleiß, Ablagerungen im Brennraum, Änderung der Ventileinstellung) erfaßt. Dadurch ist eine gleichbleibend gute Abgasqualität gewährleistet.

Wirkungsweise
Kraftstoff wird durch elektromagnetisch betätigte Einspritzventile auf die Einlaßventile des Motors eingespritzt. Jedem Zylinder ist ein Magnetventil zugeordnet, das je Kurbelwellenumdrehung einmal betätigt wird. Zur Verringerung des Schaltungsaufwands sind alle Ventile elektrisch parallel geschaltet. Der Differenzdruck zwischen Kraftstoffdruck und Saugrohrdruck wird auf 2,5 oder 3 bar konstant gehalten, so daß die eingespritzte Kraftstoffmenge nur von der Öffnungsdauer der Ventile abhängt. Vom elektronischen Steuergerät werden hierfür Steuerimpulse geliefert, deren Dauer von der angesaugten Luftmenge, von der Motordrehzahl und von weiteren Einflußgrößen abhängt. Diese werden von Sensoren erfaßt und im Steuergerät verarbeitet.

Kraftstoffversorgung
Eine elektrisch angetriebene Rollenzellenpumpe fördert den Kraftstoff und erzeugt den Einspritzdruck. Der Kraftstoff wird aus dem Kraftstoffbehälter angesaugt und durch Papierfilter in eine Druckleitung gepreßt, an deren Ende sich ein Druckregler (federbelastete Membran) befindet. Der Druckregler hält den Differenzdruck über den Zumeßspalt unabhängig von der eingespritzten Kraftstoffmenge konstant.

Schema einer L-Jetronic-Anlage.
1 Kraftstoffbehälter, 2 Elektrokraftstoffpumpe, 3 Kraftstoffilter, 4 Steuergerät, 5 Einspritzventil, 6 Kraftstoffdruckregler, 7 Sammelsaugrohr, 8 elektrisches Startventil, 9 Drosselklappenschalter, 10 Luftmengenmesser, 11 Lambda-Sonde, 12 Thermozeitschalter, 13 Motortemperaturfühler, 14 Zündverteiler, 15 Zusatzluftschieber, 16 Batterie, 17 Zünd-Start-Schalter.

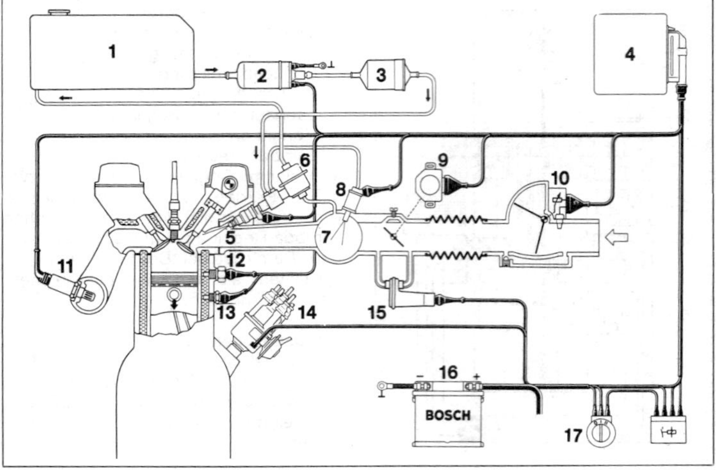

Luftmengenmesser.
1 Gemischeinstellschraube für Leerlaufbereich, 2 Stauklappe, 3 Anschlag, 4 Kompensationsklappe, 5 Dämpfungskammer, 6 Lufttemperaturfühler.

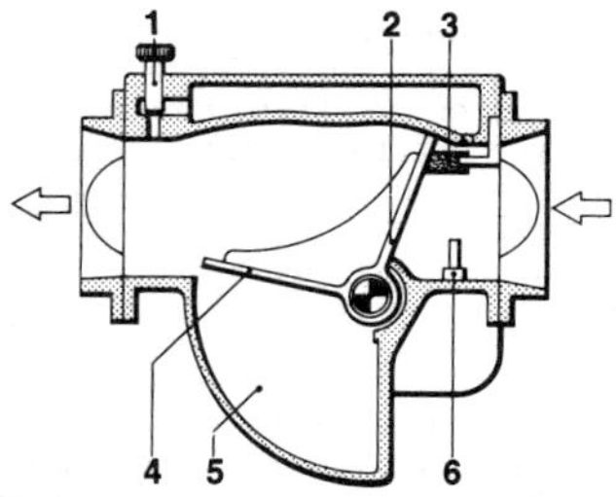

Einspritzventil.
1 Spritzzapfen, 2 Ventilnadel, 3 Magnetanker, 4 Schließfeder, 5 Magnetwicklung, 6 elektrischer Anschluß, 7 Kraftstoffsieb.

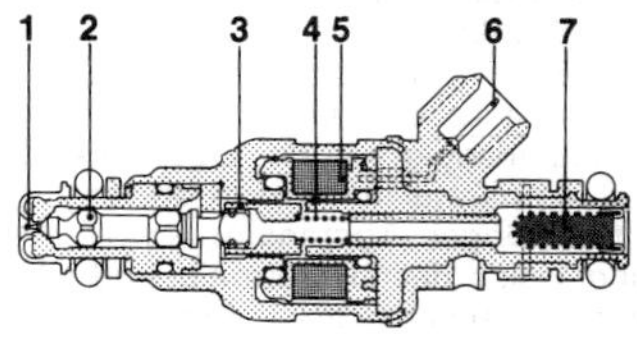

Luftmengenmesser
Der Ansaugluftstrom lenkt eine Stauklappe gegen die konstante Rückstellkraft einer Feder in eine definierte Winkelstellung aus, die durch ein Potentiometer in ein Verhältnis elektrischer Spannungen umgewandelt wird. Dieses Spannungsverhältnis bestimmt die Standzeit eines Zeitgliedes im Steuergerät. Der Temperaturfühler im Luftmengenmesser erfaßt die Luftdichteänderung infolge Temperaturänderung.

Einspritzventile
Einspritzventile dienen zur Dosierung und Zerstäubung des Kraftstoffs. Bei elektrischer Erregung der Magnetwicklung wird die Düsennadel nur ungefähr 0,05 mm von ihrem Sitz abgehoben.

Drosselklappenschalter
Er gibt bei geschlossener (Leerlauf) oder ganz geöffneter Drosselklappe (Vollast) ein Schaltsignal an das elektronische Steuergerät ab.

Motor-Temperaturfühler
Der Motor-Temperaturfühler ist als temperaturabhängiger Widerstand ausgeführt und steuert die Warmlaufanreicherung.

Zusatzluftschieber, elektrisches Startventil, Thermozeitschalter
Funktion und Ausführung sind ähnlich wie bei der K-Jetronic.

Elektronisches Steuergerät
Dieses wandelt die am Motor abgefühlten Einflußgrößen in elektrische Impulse um, deren Einsatzpunkt mit dem Zündzeitpunkt übereinstimmt und deren Dauer in erster Linie von der angesaugten Luftmenge und der Drehzahl abhängt. Da alle Einspritzventile gleichzeitig betätigt werden, ist nur eine Leistungsendstufe erforderlich. Die Temperaturfühler bewirken eine mit fallender Motor- bzw. Lufttemperatur ansteigende Einspritzzeit. Schaltsignale vom Drosselklappenschalter ermöglichen eine Gemischänderung bei Leerlauf bzw. Vollast.

Lambda-Regelung
Das Signal der Lambda-Sonde wird im Steuergerät mit einem Sollwert verglichen und damit ein Zweipunktregler angesteuert. Der Regeleingriff erfolgt wie bei allen Korrekturfunktionen über die Öffnungsdauer der Einspritzventile.

L3-Jetronic
Die L3-Jetronic besitzt gegenüber der L-Jetronic mit Analogtechnik einen erweiterten Funktionsumfang. Das digital arbeitende Steuergerät paßt das Luft-Kraftstoff-Verhältnis – im Gegensatz zur L-Jetronic – über ein Last-Drehzahl-Kennfeld an. Es ist im Motorraum raumsparend direkt am Luftmengenmesser angebaut und bildet mit diesem eine Meß- und Steuereinheit.

LH-Jetronic

Die LH-Jetronic ist mit der L-Jetronic sehr eng verwandt. Der Unterschied liegt in der Erfassung der vom Motor angesaugten Luftmenge, die hier durch den Hitzdraht-Luftmassenmesser erfolgt. Er mißt die vom Motor angesaugte Luftmasse. Das Meßergebnis ist damit unabhängig von der Luftdichte, die von Temperatur und Druck abhängt.

Die übrigen Aggregate und die Wirkungsweise der LH-Jetronic sind weitgehend gleich mit der L-Jetronic.

Betriebsdatenverarbeitung im Steuergerät

Die LH-Jetronic hat ein digitales Steuergerät und paßt das Luft-Kraftstoff-Verhältnis – im Unterschied zur L-Jetronic – über ein Last-Drehzahl-Kennfeld an. Geringer Kraftstoffverbrauch und geringe Abgasemission stehen dabei im Vordergrund. Das Steuergerät verarbeitet die Eingabesignale der Sensoren und berechnet hieraus die Einspritzzeit als Maß für die einzuspritzende Kraftstoffmenge. Das Steuergerät hat einen Mikrocomputer, einen Programm- und Datenspeicher sowie einen Analog-Digital-Wandler. Zum Betrieb des Mikrocomputers gehört eine geeignete Spannungsversorgung und ein stabiler Grundtakt, in dessen Zeitraster die Rechenvorgänge ablaufen. Den Takt liefert ein Quarz-Oszillator.

Hitzdraht-Luftmassenmesser

Der Ansaugluftstrom wird an einem beheizten Draht (Hitzdraht) vorbeigeleitet. Dieser Draht ist Teil einer elektrischen Brückenschaltung und wird durch den ihn durchfließenden Strom auf konstanter Übertemperatur zur Ansauglufttemperatur gehalten. Durch dieses Prinzip ist der benötigte Heizstrom ein Maß für die vom Motor angesaugte Luftmasse. Der Heizstrom wird an einem Wider-

Schema einer LH-Jetronic-Anlage.
1 Kraftstoffbehälter, 2 Elektrokraftstoffpumpe, 3 Kraftstoffilter, 4 Steuergerät, 5 Einspritzventil, 6 Kraftstoffverteiler, 7 Kraftstoffdruckregler, 8 Sammelsaugrohr, 9 Drosselklappenschalter, 10 Hitzdraht-Luftmassenmesser, 11 Lambda-Sonde, 12 Motortemperaturfühler, 13 Zündverteiler, 14 Leerlaufdrehsteller, 15 Batterie, 16 Zünd-Start-Schalter.

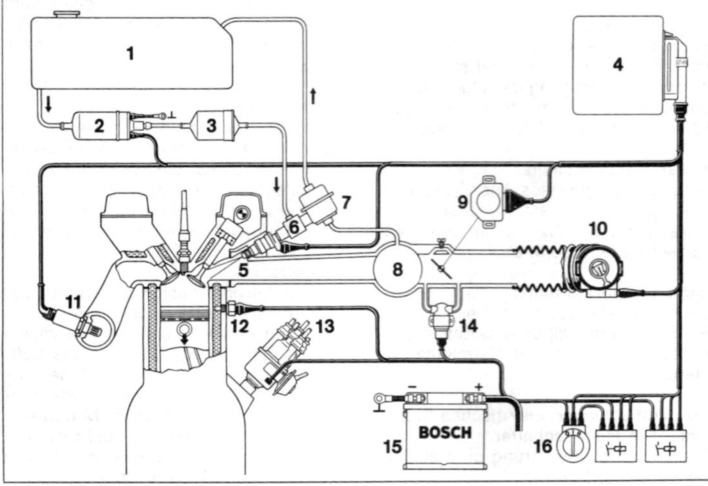

stand in ein Spannungssignal umgewandelt, das vom Steuergerät als Haupteingangsgröße neben der Drehzahl verarbeitet wird. Ein im Hitzdraht-Luftmassenmesser eingebauter Temperaturfühler sorgt dafür, daß das Ausgangssignal nicht von der Ansauglufttemperatur abhängt. Mit einem Potentiometer läßt sich das Luft-Kraftstoff-Verhältnis im Leerlauf einstellen. Da ein Verschmutzen der Hitzdraht-Oberfläche das Ausgangssignal verändern kann, wird der Hitzdraht nach jedem Abstellen des Motors eine Sekunde lang elektrisch auf erhöhte Temperatur gebracht und dabei von möglichen Verschmutzungen gereinigt. Der Hitzdraht-Luftmassenmesser hat keine beweglichen Teile und verursacht nur geringen Strömungswiderstand im Ansaugkanal.

Lambda-Regelung

Wie bei der L-Jetronic wird auch bei der LH-Jetronic das Signal der Lambda-Sonde im elektronischen Steuergerät mit einem Sollwert verglichen und damit ein Zweipunktregler angesteuert. Der Regeleingriff in die Kraftstoffzumessung erfolgt wie bei allen übrigen Korrekturfunktionen über die Öffnungsdauer der Einspritzventile.

Andere Meßprinzipien zur Ansaugluftstrom-Messung

Neben Stauklappen-Luftmengenmessern und Hitzdraht-Luftmassenmessern sind noch andere Sensoren zur Ansaugluftstrom-Messung geeignet, z. B. der den Volumenstrom messende Luftmesser nach dem Kármán-Vortex-Prinzip. Dabei werden durch den Ansaugluftstrom an Körpern Luftwirbel erzeugt, deren Frequenz ein Maß für den Volumenstrom ist. Diese Frequenz wird gemessen, indem Ultraschallwellen quer zum Ansaugluftstrom ausgesandt werden. Die Fortpflanzungsgeschwindigkeit dieser Wellen wird von den Luftwirbeln beeinflußt, was mit einem Ultraschall-Empfänger gemessen und im elektronischen Steuergerät entsprechend ausgewertet wird.

Hitzdraht-Luftmassenmesser.
1 Hybridschaltung, 2 Deckel, 3 Metalleinsatz, 4 Innenrohr mit Hitzdraht, 5 Gehäuse, 6 Schutzgitter, 7 Haltering.

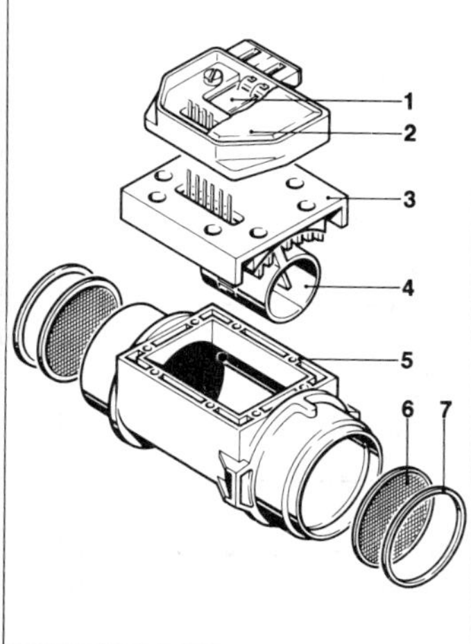

Kármán-Vortex-Durchflußmesser
1 Oszillator, 2 Wirbelkörper, 3 Sender, 4 Ultraschallwellen, 5 Wirbel, 6 Empfänger, 7 Verstärker, 8 Filter, 9 Impulsformer.

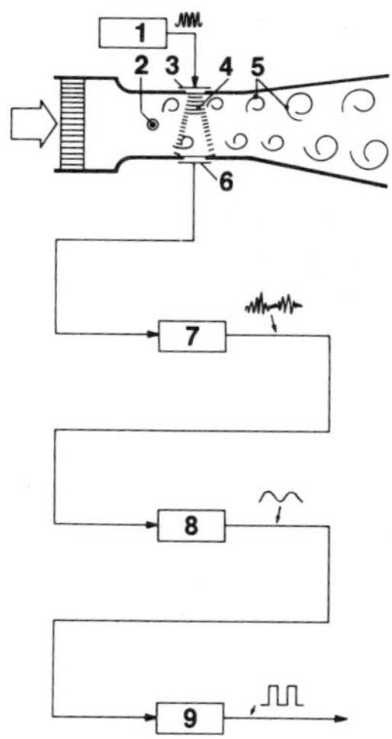

Mono-Jetronic

Die Mono-Jetronic ist ein Zentraleinspritzsystem, bei dem für einen 4-Zylinder-Motor der Kraftstoff mit nur einem Einspritzventil intermittierend in die Ansaugluft des Motors eingespritzt wird. Kernstück ist die zentrale Einspritzeinheit, die den Motor mit fein aufbereitetem Kraftstoff versorgt. Die Verteilung des Kraftstoffes auf die einzelnen Zylinder erfolgt wie bei Vergasern durch das Sammelsaugrohr. Die allgemeine Bezeichnung Zentraleinspritzung entspricht dem englischen Ausdruck „Single Point Injection (SPI). Weitere Systemnamen neben Mono-Jetronic (Bosch-Bezeichnung): Central Fuel Injection (CFI) oder Throttle Body Injection (TBI).

Kraftstoffversorgung

Die nach dem Strömungsprinzip arbeitende Elektrokraftstoffpumpe, die meist in den Kraftstoffbehälter eingebaut ist, fördert den Kraftstoff mit einem Systemdruck von 1 bar (Bosch) bzw. 0,7 bar (General Motors) über ein Feinfilter zum Einspritzventil.

Zentrale Einspritzeinheit

Das Einspritzventil ist aus Gründen der homogenen Gemischbildung und gleichmäßigen Gemischverteilung im Ansaugluftstrom oberhalb der Drosselklappe angeordnet. Der Spritzstrahl ist so ausgebildet, daß der Kraftstoff in die sichelförmige Spalte zwischen Gehäuse und Drosselklappe trifft. Die feine Kraftstoffzerstäubung bewirkt auch im kritischen Vollastbereich eine gleichbleibend gute Gemischverteilung. Die Auslösung des Einspritzventils erfolgt im Takt der Zündimpulse. Um Dampfblasenbildung zu vermeiden, wird das Einspritzventil ständig mit Kraftstoff durchspült.

Betriebsdatenerfassung

Sensoren ermitteln alle wesentlichen Betriebsgrößen des Motors und geben ein Signal an das Steuergerät. Die Zündanlage liefert das Drehzahlsignal.

Schema einer Mono-Jetronic-Anlage.
1 Elektrokraftstoffpumpe, 2 Kraftstoffbehälter, 3 Kraftstoffilter, 4 Kraftstoff-Druckregler, 5 Einspritzventil, 6 Lufttemperaturfühler, 7 Steuergerät, 8 Drosselklappenstellmotor, 9 Drosselklappenpotentiometer, 10 Lambda-Sonde, 11 Motortemperaturfühler, 12 Zündverteiler, 13 Batterie, 14 Zünd-Start-Schalter.

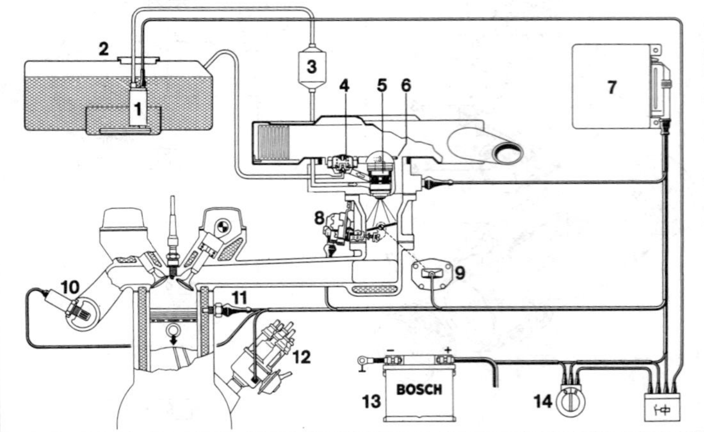

Das Drosselklappenpotentiometer erfaßt die Ansaugluftmenge über die Drosselklappenstellung, so daß das Steuergerät hieraus die benötigte Kraftstoffmenge berechnen kann. Mit den Signalen von Motor- und Lufttemperaturfühlern wird der Einfluß der Temperatur auf den Kraftstoffbedarf kompensiert.

Ansprechverzögerungen des Einspritzventils durch Schwankungen der Bordnetzspannung korrigiert das Steuergerät durch Änderung der Einspritzzeit.

Anpassungsfunktionen
Durch Verlängerung der Einspritzzeit wird bei Kaltstart, Nachstart und Warmlauf zusätzlich Kraftstoff eingespritzt.

Um bei kaltem Motor die Leerlaufdrehzahl und Abgasemissionswerte konstant zu halten, steuert ein Thermosteller die Drosselklappe und führt dem Motor eine Mehrluftmenge zu. Das Drosselklappenpotentiometer erfaßt die geänderte Stellung der Drosselklappe und bewirkt über das Steuergerät eine Erhöhung der Kraftstoffmenge. Auch bei Beschleunigung und Vollast wird die Anreicherungsrate in gleicher Weise gesteuert.

Ergänzungsfunktionen
Die Schubabschaltung ermöglicht Kraftstoffeinsparung und geringe Schadstoffemission im Schiebebetrieb. Diese Kraftstoffabschaltung bewirkt eine Begrenzung der Motordrehzahl. Die adaptive Leerlaufregelung senkt und stabilisiert die Leerlaufdrehzahl. Dazu liefert das Steuergerät dem Stellmotor in Abhängigkeit von Motordrehzahl und -temperatur ein Signal zum Verstellen der Drosselklappe.

Lambda-Regelung
Die Mono-Jetronic erfüllt die strengen Abgasgrenzwerte mit einer Lambda-Regelung und einem Dreiwege-Katalysator. Mit Hilfe einer Selbstadaption wird durch Kompensation von Aggregatetoleranzen und Motoränderungen eine hohe Genauigkeit des Systems während der gesamten Lebensdauer erreicht.

Zentrale Einspritzeinheit für Chrysler.
1 Kraftstoff-Druckregler, 2 Einspritzventil, 3 Leerlaufdrehzahlsteller, 4 Drosselklappe.

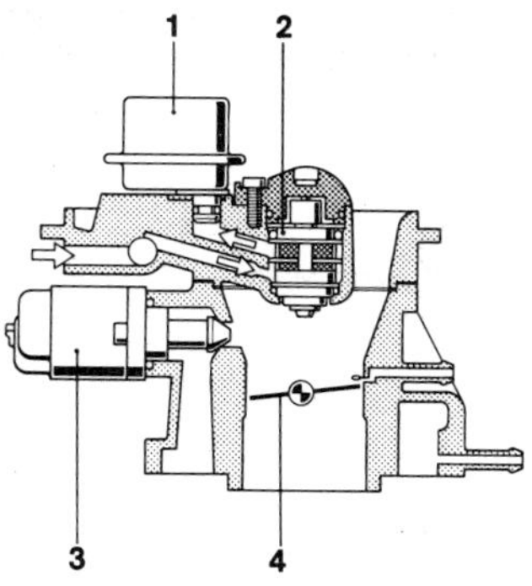

General Motors TBI-System.
1 Kraftstoffaustritt, 2 Kraftstoffeintritt, 3 Kraftstoff-Druckregler, 4 Einspritzventil, 5 Filter, 6 Drosselklappe.

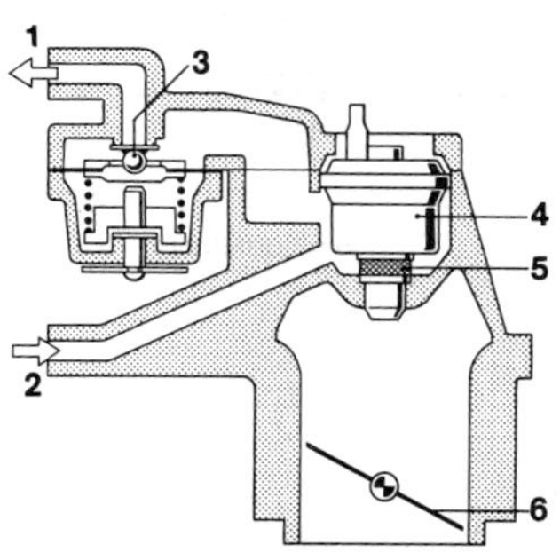

Leerlauf-Drehzahl-Regelung

Im Leerlauf wird die Drehzahl des Ottomotors durch die zugeführte Luftmenge, die Luftzahl Lambda und den Zündzeitpunkt bestimmt. Zur Leerlaufdrehzahlregelung stellt die Luftmenge oder Füllung die vorteilhafteste Stellgröße dar. Die Leerlaufdrehzahlregelung über die Füllung (Leerlauf-Füllungs-Regelung) erlaubt eine niedrige und damit verbrauchssparende Leerlaufdrehzahl, die sich über der Lebensdauer des Fahrzeugs nicht ändert (Wartungsfreiheit).

Wirkungsweise
Fühler ermitteln Motordrehzahl, Motortemperatur und Drosselklappenstellung. Im elektronischen Regler wird die augenblickliche Motordrehzahl mit der gewünschten Leerlaufdrehzahl verglichen. Der Leerlaufsteller erhält vom Regler ein Signal und führt dem Motor bei zu niedriger Drehzahl mehr bzw. bei zu hoher Drehzahl weniger Luft zu, so daß sich die gewünschte Drehzahl einstellt. Dabei sind schnelle und langsame Regelkonzepte gebräuchlich. Eine schnelle Regelung erlaubt eine niedrige und damit verbrauchsgünstige Leerlaufdrehzahl, da Belastungsänderungen z. B. durch Einschalten von Verbrauchern abgefangen werden können. Andererseits darf die Regelung nicht so schnell sein, daß Stabilitätsprobleme auftreten. Eine langsame Regelung ist nur zur Kompensation von langsamen Abweichungen geeignet und erlaubt deshalb keine so niedrige Leerlaufdrehzahl, weshalb sie in bezug auf niedrigen Verbrauch im Nachteil ist.

Neben der oben gezeigten Füllungsregelung über einen Steller im Bypass zur Drosselklappe gibt es auch Systeme, die über die Drosselklappe selbst wirken.

Leerlaufsteller
Der Leerlaufsteller sitzt in einem Luftkanal als Bypass zur Drosselklappe. Der Drehschieber auf der Ankerwelle öffnet den Luft-Bypasskanal so weit, daß sich die geforderte Leerlaufdrehzahl unabhängig von der Belastung des Motors einstellt. Die beiden Wicklungen des Drehstellers werden abwechselnd mit Spannung beaufschlagt und bewirken am Drehanker gegenläufige Kräfte. Der Drehschieber stellt sich auf einen bestimmten Öffnungswinkel ein, der dem Tastverhältnis der angelegten Spannung entspricht. Durch Veränderung des Tastverhältnisses kann der Öffnungsquerschnitt im Bypass variiert werden. Bei neuen Systemen werden zunehmend Steller mit nur einer Wicklung angewandt, die gegen eine Feder arbeiten. Dabei kann der Anker eine Dreh- oder Längsbewegung ausführen.

Funktionsprinzip der Leerlauf-Füllungs-Regelung.
1 Leerlaufsteller, 2 elektronischer Leerlaufregler.

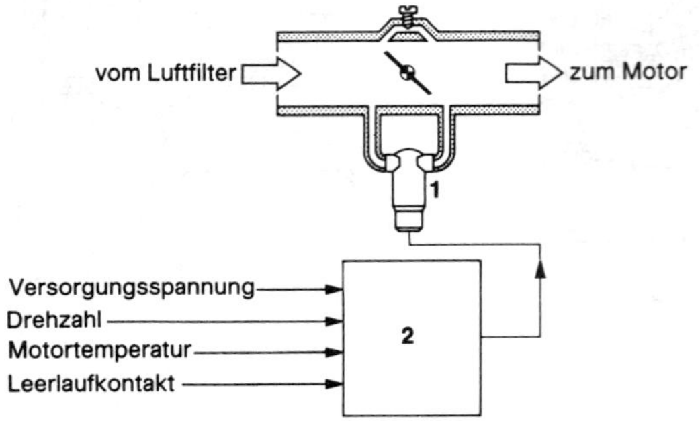

Jetronic-Prüftechnik

Für die unterschiedlichen Jetronic-Systeme gibt es Kundendienst-Prüfeinrichtungen, die auf der Basis von Motortestern aufgebaut sind. Sie eignen sich sowohl zur Prüfung einzelner Jetronic-Systeme als auch der gesamten Motor-Elektronik.

Aufbau

Elektronische Systeme im Kraftfahrzeug haben unabhängig von ihrem Einsatzzweck praktisch immer den gleichen prinzipiellen Aufbau: Sensoren liefern auf der Eingangsseite die notwendigen Informationen für das elektronische Steuergerät, das diese Signale aufbereitet und verarbeitet. Die daraus resultierenden Ausgangssignale werden über Leistungsstufen auf Stellglieder weitergeleitet. Sensoren, Stellglieder und die Stromversorgung bilden die Peripherie des Systems und sind über Vielfachsteckverbindung mit dem elektronischen Steuergerät verbunden.

Zur Prüfung wird die Steckverbindung zwischen Peripherie und Steuergerät aufgetrennt und ein Universal-Adapter dazwischengeschaltet. Soll nur die Systemperipherie geprüft werden, genügt der Anschluß des Adapters an den Peripheriestecker; für eine dynamische Funktionsprüfung wird auch das Steuergerät mit angeschlossen.

Für das einzelne Fahrzeugsystem, z. B. die L-Jetronic, ist nur eine auswechselbare, systemabgestimmte Adapterleitung notwendig. Der Universal-Adapter enthält 2 Programmschalter zur Spannungs- und Widerstandsmessung. Meßwerte und Signale wie Einspritz- oder Zündimpulse werden an dem am Universal-Adapter angeschlossenen Testgerät abgelesen, das an die dafür vorgesehenen Anschlußbuchsen angeschlossen ist.

Bei Funktionsprüfungen mit angeschlossenem Steuergerät können durch Drücken bestimmter Tasten unterschiedliche Motor-Betriebszustände simuliert und deren Einflüsse mit dem Motortester ausgewertet werden.

Die gleichmäßige Kraftstoffzumessung für die einzelnen Zylinder des Motors wird mit dem Mengenvergleichs-Meßgerät überprüft. Das Prüfgerät mißt die Kraftstoffmengen, die bei der K-Jetronic der Mengenteiler über die einzelnen Einspritzventile dem Motor zuführt oder die bei der L-Jetronic von den Magnetventilen abgespritzt werden.

Das Prüfgerät enthält zwei verschiedene Rotameßröhren zur Durchflußmessung im Leerlauf, Teillast- und Vollastbetrieb. Mit einem Umschalter kann die zur Messung notwendige Röhre in den Durchfluß eingeschaltet werden.

***Prüfeinrichtung** für*
a) Peripherie- und Funktions-Prüfung,
b) Peripherie-Prüfung (Steuergerät nicht angeschlossen).
1 Steuergerät, 2 System-Kabelbaum, 3 System-Adapterleitung, 4 Steckverbindung, 5 Universal-Prüfadapter (Grundgerät).

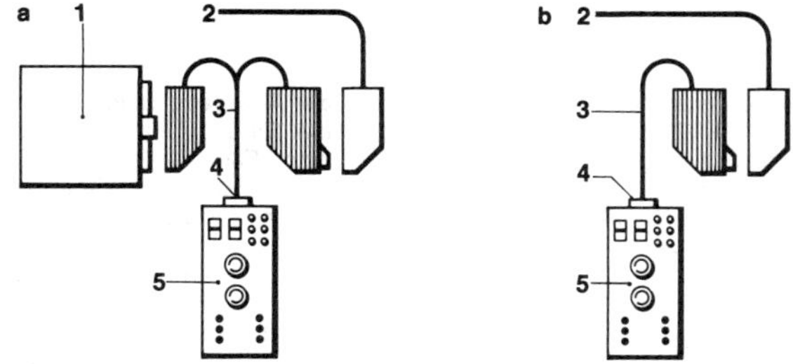

Autogas-Anlagen

Autogas, früher auch Treibgas genannt, ist Flüssiggas (Propan- oder Propan-Butan-Gemisch). Die internationale Bezeichnung lautet LPG (Liquified Petroleum Gas). Flüssiggas besteht aus Kohlenwasserstoffverbindungen, wie sie in der Natur vorkommen oder als Synthesegas anfallen. Sie lassen sich bereits bei Raumtemperatur und relativ niedrigen Drücken verflüssigen. Flüssiggas wird im flüssigen Aggregatzustand mit hoher Energiedichte gelagert, transportiert und üblicherweise im gasförmigen Zustand angewendet. Autogas bleibt unter relativ geringem Druck (4 ... 12 bar), abhängig von der Temperatur, flüssig.

Besonderheiten des Autogasbetriebes
Ein Umbau auf Autogasbetrieb ist bei allen Fahrzeugen mit Verbrennungsmotoren möglich. Überwiegend werden Vergasermotoren auf den bivalenten Betrieb (wahlweise mit Benzin oder Autogas) umgerüstet. Auch Einspritzmotoren können grundsätzlich umgebaut werden. Es ist jedoch zu berücksichtigen, daß diese Motoren bei Autogasbetrieb als Saugmotor arbeiten (Mehrverbrauch ca. 20 ... 25 %, bei Vergasermotoren 15 ... 20 %). Bei Flurförderfahrzeugen ist der monovalente Betrieb vorgeschrieben.

Nach Schätzungen gibt es in Zukunft ca. 20 % angepaßte monovalente Motoren.

Das Verdichtungsverhältnis kann auf ca. 12:1 erhöht werden; angepaßte Zündung und Benzinnotbetrieb sind möglich. Bei Monobetrieb gibt es keinen Leistungsabfall und keinen Mehrverbrauch an Autogas.

Vorteile des Autogasbetriebes:
Für Vielfahrer ist der Autogasbetrieb sehr wirtschaftlich. Autogas ist frei von Blei- und Schwefelverbindungen und deshalb sehr umweltfreundlich. Die Klopffestigkeit ist höher als bei Superbenzin. Autogas hat sehr gute Verbrennungseigenschaften, keine Schmierölverdünnung bei Kaltstart oder Kurzstreckenverkehr und sehr gute Gemischbildung und -verteilung. Ölwechselintervalle können verdoppelt werden; die Lebensdauer des Motors ist erhöht. Der Autogasbehälter bildet ein geschlossenes System, so daß kein Gas nach außen verdunsten kann. Bei Unterflurtanks oder integriertem Einbau (Neufahrzeuge) bleibt der Kofferraum voll erhalten.

Nachteile des Autogasbetriebes:
Gegenüber Benzinbetrieb sind Mehrverbrauch und geringere Fahrleistung zu verzeichnen. Autogasbehälter sind als Druckbehälter zylindrisch rund gebaut. Sie beanspruchen bei nachträglichem Einbau einen Teil des Kofferraumes. Die zulässige Füllmenge beträgt nur 80 % des vorhandenen Rauminhaltes (Restanteil als Expansionsraum für Gas).

Schadstoffemission
Bei der Verbrennung von Autogas wird bis zu 80 % weniger Kohlenmonoxid (CO) freigesetzt. Auch der Anteil unverbrannter Kohlenwasserstoffe (HC) ist relativ gering. Blei, Schwefeldioxide und Rußanteile fehlen völlig. Die Stickoxidemission ist um ca. 50 % geringer als bei Benzinbetrieb.

Autogasbehälter
Autogasbehälter unterliegen als Druckgasbehälter den technischen Regeln Druckgase „TRG 380". Autogasbehälter erhalten bereits werksseitig eine TÜV-Abnahme und pro Behälter eine Abnahmebescheinigung. Der Rauminhalt beträgt 40 ... 128 Liter. Seit 1. 4. 1984 werden Tanks mit einem 80 %-Füllstopventil und einem elektromagnetischen Entnahmeventil ausgerüstet. Damit entfällt das Peilventil.

Einbau der Autogasanlage
Nach dem Einbau der Autogasanlage durch eine Fachwerkstatt muß das Fahrzeug vom TÜV oder TÜA abgenommen werden. Maßgebend sind die „Richtlinien für die Prüfung von Fahrzeugen, deren Motor mit verflüssigten Gasen betrieben wird", die der Bundesminister für Verkehr für die Bundesrepublik Deutschland erlassen hat.

Schema einer Autogas-Anlage.
1 Flüssiggasbehälter, 2 Außenfüllventil und 80 %-Peilventilleitung, 3 Gas-Absperrventil, 4 Verdampfer-Druckregler, 5 Kühlsystem, 6 Mischgerät, 7 Benzin-Kraftstoffbehälter, 8 Kraftstofförderpumpe, 9 Benzin-Absperrventil, 10 Vergaser.

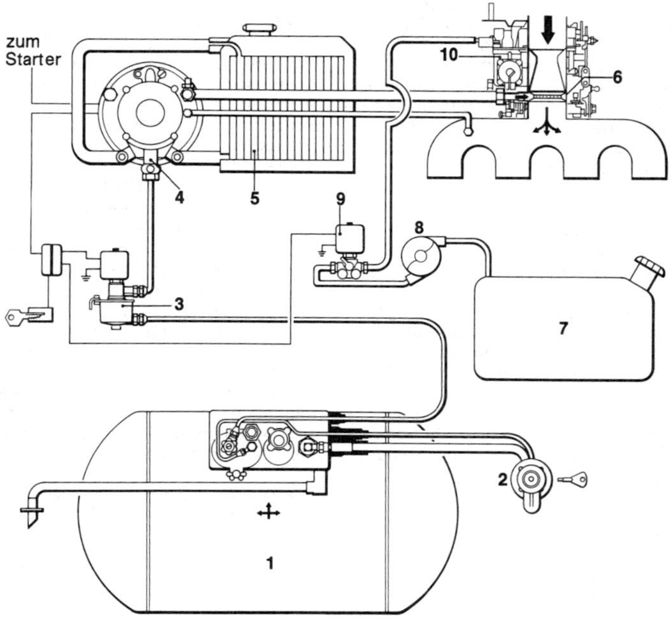

Eine Autogasanlage besteht aus folgenden Hauptteilen:

— Autogasbehälter mit Außenbefüllung,
— Filterabsperrventil für Gas,
— Verdampfer-Druckregler,
— Mischgerät,
— Benzinabsperrventil.

Aus dem Druckbehälter gelangt das Autogas mit eigenem Druck über das Filter-Absperrventil in den Verdampfer-Druckregler. Dort wird das flüssige Gas verdampft und im Druck reduziert. Die dafür erforderliche Wärme wird über den kleinen Kühlmittelkreislauf des Motors zugeführt. Über einen Propangasschlauch (nach DIN 4815) gelangt das Gas zum Mischgerät, in dem sich das angesaugte Gas mit der Luft zu einem homogenen Gas-Luft-Gemisch (Zusammensetzung je nach Drosselklappenstellung) vermischt.

Das Mischgerät kann je nach Typ vor oder hinter dem Vergaser für Benzinbetrieb eingebaut sein. Das elektromagnetische Filterabsperrventil für Gas schließt beim Ausschalten der Zündung. Bei Benzinbetrieb wird das Benzinventil, das zwischen Benzinförderpumpe und Vergaser sitzt, ebenfalls ausgeschaltet.

Die Wahl zwischen Gas- oder Benzinbetrieb wird am Umschalter, der in der Instrumententafel montiert ist, vorgenommen.

Kraftstoffzumessung bei Dieselmotoren

Anforderungen

Zur Erzielung einer guten Gemischaufbereitung muß der Kraftstoff dem Dieselmotor über die Einspritzdüse mit hohem Druck zugeführt werden (Kammermotoren: 100 ... 350 bar; Direkteinspritzmotoren: bis 1000 bar, in Einzelfällen höher). Darüber hinaus muß die Einspritzmenge mit einer Genauigkeit von wenigen Kubikmillimetern pro Einspritzung zugemessen werden. Zur Erzielung des optimalen Kompromisses zwischen Kraftstoffverbrauch und Geräusch (Ganghärte) des Dieselmotors ist eine Genauigkeit des Spritzbeginns bis zu 1°KW des Motors erforderlich. Zur Optimierung des Verbrennungsbeginns und zur Kompensation des Einflusses der Druckwellenlaufzeit in der Einspritzleitung wird ein Spritzversteller verwendet, der den Förderbeginn der Pumpe mit steigender Drehzahl in Richtung „früh" verschiebt. In Sonderfällen ist eine lastabhängige Ansteuerung vorgesehen.

Die Last- und Drehzahlsteuerung des Dieselmotors erfolgt über die Kraftstoffmenge ohne Drosselung der Ansaugluft. Bei festgehaltener Regelstange kann daher die Drehzahl eines unbelasteten Dieselmotors bis zur Selbstzerstörung steigen. Deshalb ist ein Drehzahlregler mit Höchstdrehzahlbegrenzung erforderlich.

Einspritzvorgang

(Beispiel Reiheneinspritzpumpe)

Bei hohem Druck und der kurzen Zeit der Förderung ist der Kraftstoff nicht mehr inkompressibel. Die Vorgänge bei der Einspritzung laufen daher nicht statisch ab, also nach geometrischen Verdrängungsgesetzen, sondern dynamisch, weitgehend nach akustischen Gesetzen.

Der Pumpenkolben der Einspritzanlage bewegt sich von unten nach oben. Nach dem Vorhub verschließt er die Steuerbohrung und beginnt, den Kraftstoff im Hochdruckraum zu komprimieren.

Der steigende Druck öffnet das Druckventil, und eine Druckwelle läuft mit Schallgeschwindigkeit (ca. 1400 m/s) auf die Einspritzdüse zu. Bei Erreichen des Düsenöffnungsdrucks hebt die Düsennadel vom Düsensitz gegen die Kraft der Düsenfeder ab und gibt die Austrittsbohrung für den Kraftstoff in Richtung Motorbrennraum frei. Die Förderung ist beendet, wenn der Pumpenkolben mit der untenliegenden Steuerkante die Steuerbohrung wieder freigibt. Zunächst bricht der Druck im Pumpenraum zusammen; das Druckventil schließt. Dabei saugt der Entlastungsbund, der wie ein kleiner Kolben in der Ventilführung wirkt, eine kleine Kraftstoffmenge aus der Einspritzleitung zurück. Dadurch bricht auch der Druck in der Leitung zusammen und die Einspritzdüse schließt rasch und exakt.

Das Entlastungsvolumen ist nach folgenden Gesichtspunkten bemessen:
– Die Einspritzdüse muß rasch und ohne Nachtropfen schließen.

Hochdruckseite der Einspritzpumpe
(Beispiel Reiheneinspritzpumpe).
1 Pumpenelement, 2 Einspritzpumpengehäuse, 3 Druckventil, 4 Druckventilhalter, 5 Einspritzleitung, 6 Düsenhalter, 7 Einspritzdüse, 8 Motorblock.

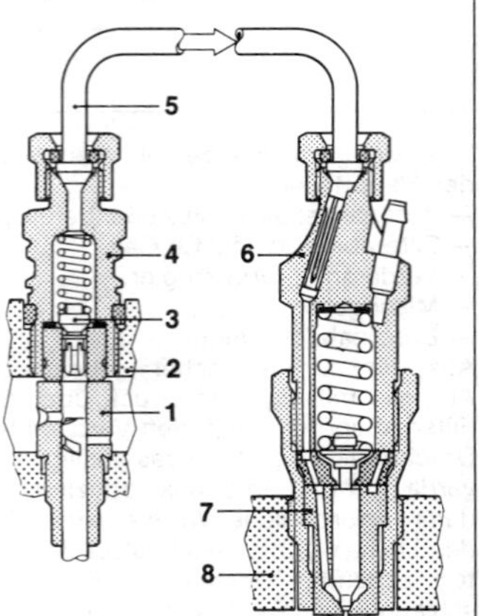

– Die verbleibenden Restschwingungen im Leitungssystem müssen so gedämpft sein, daß die Druckspitzen einerseits kein zweites Öffnen der Düsen verursachen können, und andererseits die „Unterdruckwellen" keine Kavitationsschäden erzeugen.

Bei schnellaufenden Hochdruck-Einspritzanlagen ist dies nicht immer möglich. Daher wird dort ein Gleichraum-Entlastungsventil mit Rückströmdrossel angewendet. Das durchbohrte Blättchen der Rückströmdrossel gibt in Förderrichtung einen großen Querschnitt frei, in Rücklaufrichtung dämpft die kleine Bohrung den Entlastungsvorgang und die Druckschwingungen.

Für noch höheren Einspritzdruck muß ein sogenanntes Gleichdruckventil angewendet werden, bei welchem durch ein Ventil mit großem Querschnitt die Förderung erfolgt und über ein zweites Rückschlagventil mit entgegengesetzter Strömungsrichtung und kleiner Drosselbohrung eine Entlastung der Leitung bis auf einen vorgegebenen Standdruck erfolgt.

Druckventilhalter mit Druckventil.
a mit Rückströmdrossel,
b mit Gleichdruckventil.
1 Druckventilhalter, 2 Rückströmdrossel, 3 Totvolumen, 4 Entlastungskolben, 5 Druckventil, 6 Ventilträger, 7 Förderventil, 8 kalibrierte Drosselbohrung, 9 Rücklaufventil.

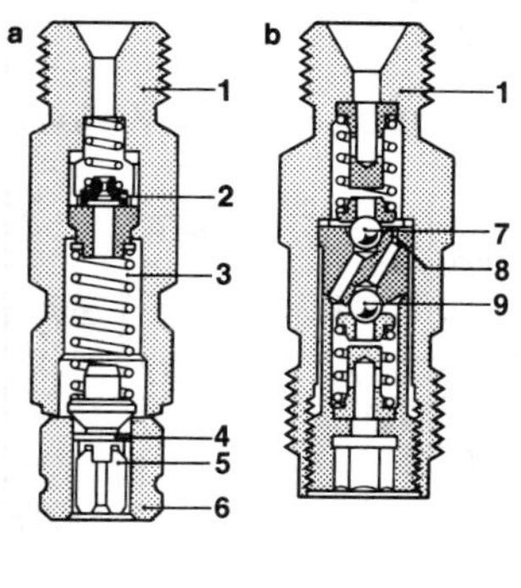

Einspritzanlage

Die Einspritzanlage übernimmt die Kraftstoffversorgung des Dieselmotors. Der Kraftstoff fließt aus dem Kraftstoffbehälter über ein Vorreinigungssieb zur Kraftstofförderpumpe und von dort über das Filter zur Einspritzpumpe. Das Filter kann zur Entlüftung mit einer Überströmleitung versehen sein, die zusammen mit der Leckölleitung von den Düsen zum Kraftstoffbehälter zurückführt.

Bei Motoren mit Falltank (kleine Stationärmotoren) oder bei Verwendung von Einspritzpumpen mit integrierter Förderpumpe (z. B. VE-Verteilereinspritzpumpen) wird ein saugseitiges Filter verwendet. Dabei überbrücken bei Fahrzeugen mit tiefliegendem Kraftstoffbehälter und/oder langer Zuleitung Vorförderpumpen die Leitungs- und Filterwiderstände.

Bei Filtern mit automatischer Wasserwarneinrichtung zeigt eine Warnlampe an, wenn Wasser abgelassen werden muß.

Schema einer Einspritzanlage mit Reiheneinspritzpumpe.
1 Kraftstoffbehälter, 2 Drehzahlregler, 3 Kraftstofförderpumpe, 4 Einspritzpumpe, 5 Spritzversteller, 6 Antrieb vom Motor, 7 Kraftstoffilter, 8 Entlüftung, 9 Düsenhalter mit Einspritzdüse, 10 Leckölleitung, 11 Überströmleitung.

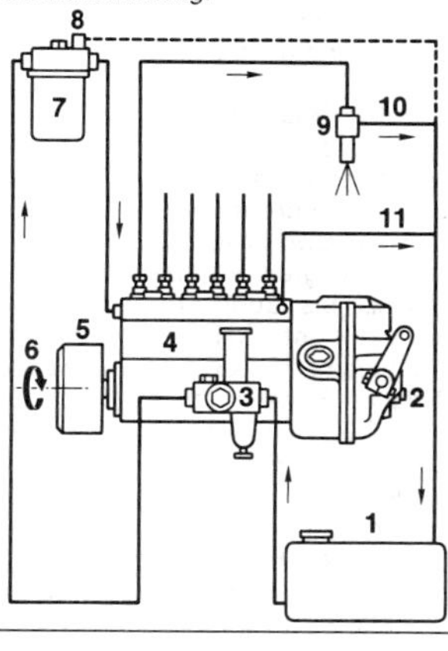

Kraftstoff-Filter
Hohe Qualität des Kraftstoff-Filters und die Beachtung der Wartungsintervalle bestimmen weitgehend die Lebensdauer einer Diesel-Einspritzanlage. Für Verteilereinspritzpumpen sind Filter mit einer mittleren Porenweite von 4 ... 5 µm, für alle anderen Einspritzpumpen von 8 ... 10 µm, erforderlich. Moderne Filter bestehen aus einem Filterdeckel und der Filterbox. Filterdeckel mit eingebauter Handförderpumpe erleichtern den Wiederstart nach leergefahrenem Kraftstoffbehälter. Das eigentliche Filterelement besteht aus hochwertigem, imprägniertem Spezial-Feinstfilterpapier, in selteneren Fällen aus Filz. Die Filterwechselintervalle liegen im allgemeinen bei ≥30 000 km. Das Filterelement kann danach nicht gereinigt werden, sondern muß durch ein neues Element ersetzt werden. Das schließt eine Gefährdung der Einspritzanlage durch unsachgemäße Reinigung aus.

Falls im Kraftstoff Wasser enthalten ist, muß dieses im Kraftstoff-Filter abgeschieden werden. Im Falle des Papier-Wickelfilters geschieht dies dadurch, daß auf der Schmutzseite des Filters das feinverteilte Wasser angesammelt und in großen Tropfen auf der Reinseite abgeschieden wird. Dort kann es über einen bei Bedarf angebrachten Wassersensor elektrisch erkannt und abgelassen werden. Bei Kälte kann die Anwendung einer Filterheizung notwendig sein.

Kraftstoff-Förderpumpe
(Reiheneinspritzpumpen)
Die Kraftstoffversorgung erfolgt über eine Kolbenförderpumpe mit etwa 1 ... 1,5 bar Überdruck. Der Kolben der nockenbetätigten Pumpe wird bei jedem Hub bis zum oberen Totpunkt geführt. Er ist nicht starr mit dem Antriebselement verbunden, sondern wird durch Federdruck zurückgeführt. Dieser Rückhub ist der eigentliche Förderhub. Steigt der Druck in der Förderleitung, so bewegt die Kolbenfeder den Kolben nur noch einen Teil des vollen Hubs zurück. Je größer der Druck in der Förderleitung ist, desto kleiner wird die Fördermenge.

Reiheneinspritzpumpe (PE)

Die Reiheneinspritzpumpe enthält für jeden Motor-Zylinder ein Pumpenelement, bestehend aus Zylinder und Kolben. Der Kolben wird durch eine vom Motor angetriebene Nockenwelle in Förderrichtung bewegt und durch die Kolbenfeder zurückgedrückt. Der Kolben ist so genau eingepaßt (Spiel 3 ... 5 µm), daß er auch bei hohem Druck und niedriger Drehzahl ohne Dichtelement dichtet. Der Hub des Pumpenkolbens ist unveränderlich. Die Änderung der Fördermenge wird durch Veränderung des Nutzhubes bewirkt. Man erreicht dies durch eine im Pumpengehäuse verschiebbare Regelstange, die über einen Zahnkranz bzw. Lenkhebel an der Regelhülse den Kolben dreht. Der Druckraum über dem Kolben ist durch eine Längsnut im Kolben stets mit dem unterhalb der Schrägkante des Kolbens (Steuerkante) liegenden Raum verbunden.

Die Förderung beginnt, wenn die Kolbenoberkante die Saugbohrung verschließt. Die Förderung hört auf, wenn die Steuerkante des Kolbens die Ansaugöffnung freigibt. Je nach Drehlage des Kolbens erfolgt dies nach einem kleineren oder größeren Nutzhub. Die Förderung beginnt bei untenliegender Steuerkante also stets zum gleichen

Anwendungsbereiche der verschiedenen Reiheneinspritzpumpen.

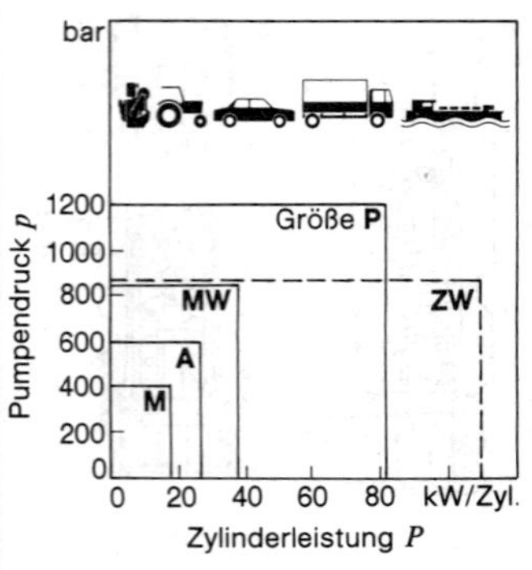

Zeitpunkt, endet aber je nach gewünschter Fördermenge (Drehlage des Kolbens) früher oder später.

Bei Pumpenkolben mit obenliegender Steuerkante verschiebt sich der Förderbeginn mit steigender Einspritzmenge nach „früh", das Förderende ist konstant. Es sind auch Pumpen-Elemente mit oben- und untenliegender Steuerkante in Anwendung.

Bei Einspritzpumpen für mittleren Druck (... 600 bar) wird das Pumpenelement in fixierter Lage in das Pumpengehäuse eingebaut und über das Druckventil und den Druckventilhalter befestigt (z. B. Reiheneinspritzpumpen Größe M und A). Für hohen Einspritzdruck (... 1000 bar) werden sogenannte Flanschelemente verwendet, bei denen das Druckventil und der Druckventilhalter direkt in eine Verlängerung des Elementzylinders eingeschraubt sind. Dadurch brauchen die hohen Dichtungskräfte nicht mehr über das Pumpengehäuse geleitet werden, sondern können direkt in dem geschmiedeten Elementkörper aufgenommen werden (z. B. Reiheneinspritzpumpen Größe MW und P).

Die Schmierung der Reiheneinspritzpumpe und des angebauten Drehzahlreglers wird durch Anschluß an den Motorschmieröl-Kreislauf gewährleistet.

Reiheneinspritzpumpe Größe P.
1 Druckventilhalter, 2 Füllstück, 3 Druckventil, 4 Flanschelement, 5 Pumpenkolben, 6 Hebelarm mit Kugelkopf, 7 Regelstange, 8 Regelhülse, 9 Kolbenfahne, 10 Kolbenfeder, 11 Federteller, 12 Rollenstößel, 13 Nockenwelle.

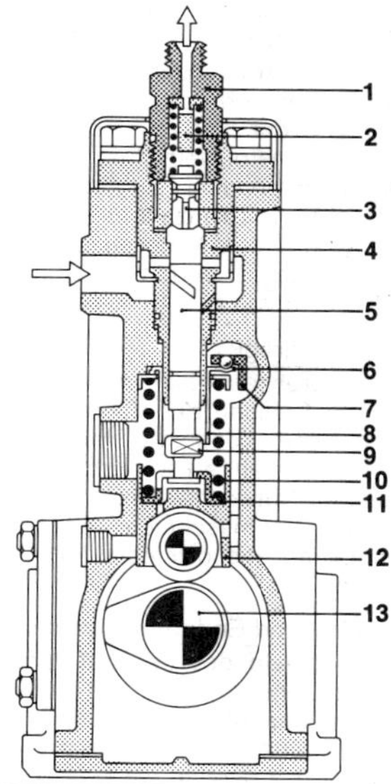

Fördermengensteuerung der Reiheneinspritzpumpe.
1 vom Saugraum, 2 zur Düse, 3 Zylinder, 4 Kolben, 5 untenliegende Steuerkante (Schrägkante), 6 Längsnut.

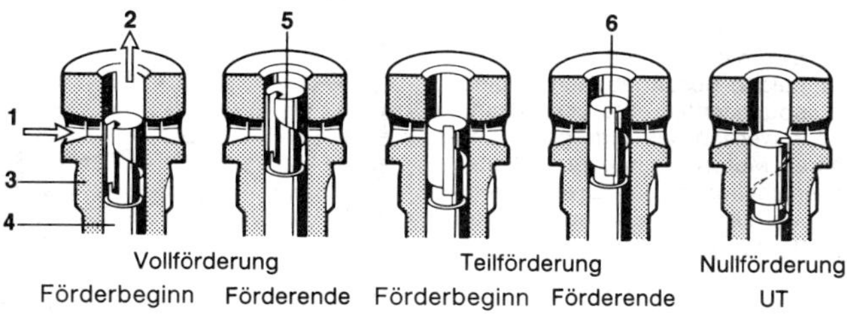

Drehzahlregler

P-Grad

Ein Drehzahlregler ist im wesentlichen durch die Neigung der Regelkennlinie oder den P-Grad charakterisiert:

$$\sigma = \frac{n_{L0} - n_{V0}}{n_{V0}} \cdot 100\,\%$$

Je kleiner der Drehzahlunterschied zwischen der oberen Nullast-Drehzahl (n_{L0}) und der oberen Vollast-Drehzahl (n_{V0}) ist, desto kleiner ist der P-Grad, d. h. desto genauer hält der Regler eine vorgegebene Drehzahl ein. Bei kleinen schnellaufenden Motoren sind bei Alldrehzahlreglern und in der Endabregelung Werte von 6 ... 10 % üblich.

Alldrehzahlregler

Der Alldrehzahlregler regelt abhängig von der Stellung des Verstellhebels eine nahezu konstante Motordrehzahl ein. Alldrehzahlregler werden vorzugsweise für Nutzkraftwagen mit Nebenantrieben, Baumaschinen, Ackerschlepper, Boote und ortsfeste Anlagen eingesetzt.

Leerlauf- und Enddrehzahlregler

Das Kennfeld des Leerlauf- und Enddrehzahlreglers zeigt, daß der Regler nur im Leerlauf und bei Erreichen der Höchstdrehzahl des Motors arbeitet. Im Bereich dazwischen wird das Drehmoment ausschließlich von der Fahrpedalstellung bestimmt. Anwendung: für Straßenfahrzeuge. Zur Verbesserung des Fahrverhaltens sind die gestrichelt eingezeichneten Teillastlinien häufig geneigt (mit steigender Drehzahl abnehmende Kraftstoffmenge).

Stufendrehzahlregler

In der Praxis gibt es noch Kombinationen der beiden beschriebenen Reglerarten, sogenannte Stufendrehzahlregler. Sie werden bei Aggregaten und stationären Motoren eingesetzt. Weitere Steuerfunktionen des Drehzahlreglers werden durch Zusatzeinrichtungen (Aufschaltgeräte) ermöglicht.

Drehzahlregler — Kennlinien.
1 Leerlaufeinstellpunkt, 2 Vollastlinie, 3 Vollastlinie Turbomotor, 4 Vollastlinie Saugmotor, 5 Vollastlinie Saugmotor mit Höhenkompensation, 6 Zwischendrehzahl-Regelung, 7 temperaturabhängige Startmenge.
a positive Angleichung im oberen Drehzahlbereich
b ungeregelter Bereich
c negative Angleichung

Alldrehzahlregler

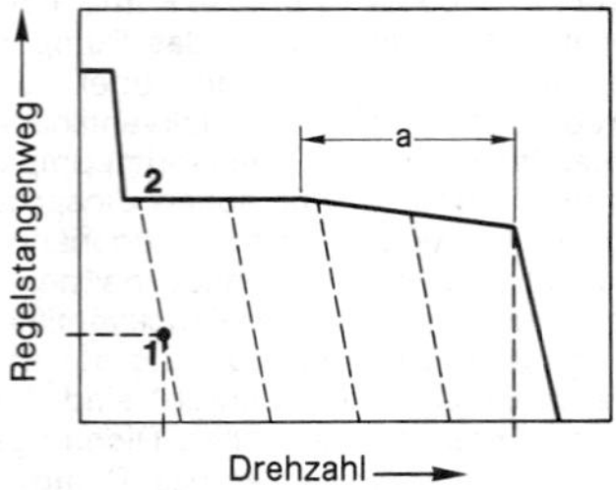

Leerlauf- und Enddrehzahlregler.

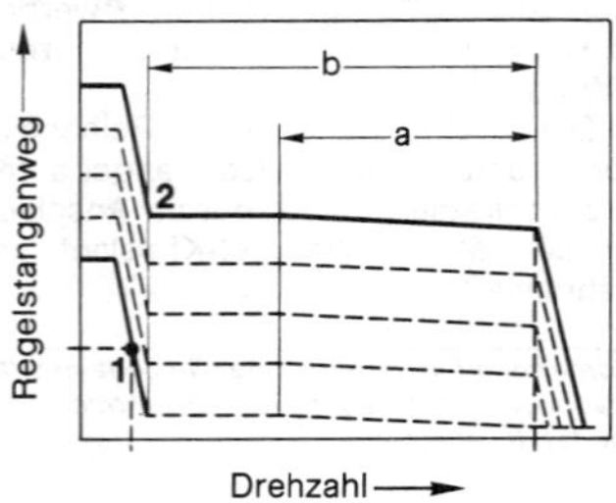

Komplexer Drehzahlregler mit weiteren Steuerfunktionen.

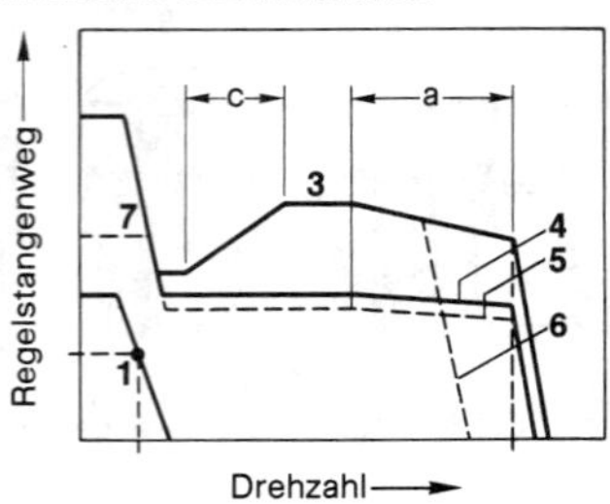

Fliehkraftgesteuerter Drehzahlregler

Zur Realisierung der bereits beschriebenen Regelkennfelder werden an Reiheneinspritzpumpen meist fliehkraftgesteuerte Regler verwendet, die von der Nockenwelle der Pumpe angetrieben werden. Die Fliehgewichte wirken auf Regelfedern und sind über ein Gestänge mit der Regelstange verbunden. Im stationären Betrieb stehen Fliehkräfte und Federkräfte im Gleichgewicht. Dabei hat die Regelstange die Stellung für eine Kraftstoff-Förderung entsprechend der Motorleistung des Betriebspunktes eingenommen. Sinkt z. B. durch erhöhte Last die Drehzahl, so sinkt die Fliehkraft und die Regelfedern schieben Fliehgewichte und damit die Regelstange solange in eine Position höherer Kraftstoff-Förderung, bis wieder Gleichgewichtszustand herrscht.

Es gibt zwei konstruktive Varianten für die Einstellung der Solldrehzahl: Bei der einen (z. B. RQ-Regler) ändern sich bei der Drehzahleinstellung das Übersetzungsverhältnis und die Position des Verbindungsgestänges zwischen Fliehgewichten und Regelstange; bei der anderen (z. B. RSV-Regler) ändert sich bei konstantem Übertragungsgestänge die Vorspannung der Regelfeder.

Anpaßeinrichtungen (Aufschaltgeräte)

Angleichvorrichtung

Die dem Vollast-Kraftstoffbedarf des Dieselmotors angepaßte, mit steigender Drehzahl leicht fallende Vollastkennlinie wird durch eine Zusatzfeder (Angleichfeder) an geeigneter Stelle in der Regler-Kinematik erzielt. Bei entsprechender Drehzahl weicht diese Feder etwas aus und bewirkt ein Verschieben der Regelstange in Richtung weniger Menge (positive Angleichung).

Ladedruckabhängiger Vollastanschlag (LDA)

Aufgeladene Motoren können mit steigendem Ladedruck eine höhere Kraftstoffmenge in Motorleistung umsetzen. Zur entsprechenden Korrektur der Volllastmenge ist eine federbelastete Mem-

Schema eines RQ-Leerlauf- und Enddrehzahlreglers.
1 Pumpenkolben, 2 Regelstange, 3 Vollastanschlag, 4 Verstellhebel, 5 Nockenwelle der Einspritzpumpe, 6 Fliehgewicht, 7 Regelfeder, 8 Verstellbolzen.

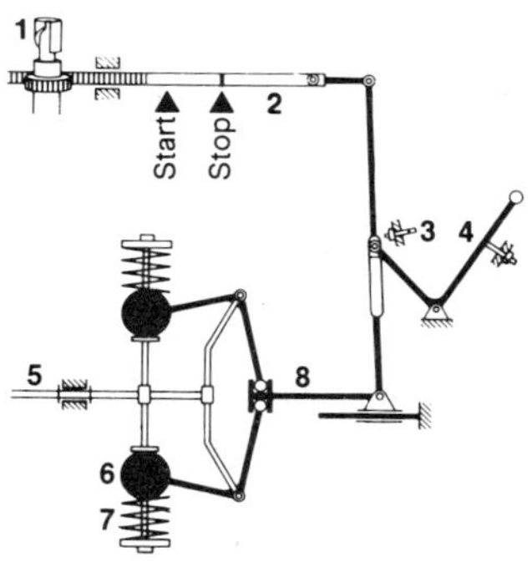

Schema eines RSV-Alldrehzahlreglers.
1 Pumpenkolben, 2 Regelstange, 3 Anschlag für Höchstdrehzahl, 4 Verstellhebel, 5 Startfeder, 6 Stop- oder Leerlaufanschlag, 7 Regelfeder, 8 Leerlauf-Zusatzfeder, 9 Nockenwelle, 10 Fliehgewicht, 11 Verstellbolzen, 12 Angleichfeder, 13 Vollastanschlag.

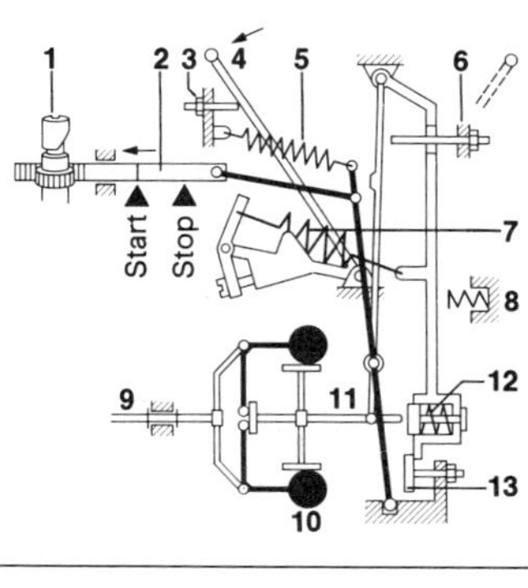

brane, auf deren Arbeitsseite der Ladedruck geführt wird, so mit der Regelstange verbunden, daß mit steigendem Ladedruck die Einspritzmenge anwächst.

Atmosphärendruckabhängiger Vollastanschlag (ADA)

Der ADA, ein dem LDA ähnliches Gerät, reduziert die Vollastmenge bei niedrigem atmosphärischen Druck und damit geringerer Luftdichte in großer Höhe. Er enthält eine Barometerdose, die ab einer bestimmten geographischen Höhe ein Verschieben der Regelstange in Richtung weniger Fördermenge bewirkt.

Temperaturabhängiger Startmengenanschlag (TAS)

Der kalte Motor benötigt zum Start eine bestimmte Mehrmenge, die beim warmen Motor nicht erforderlich ist und unter Umständen zu einem Rauchstoß führt. Zur Abhilfe dient ein Regelstangenanschlag, der über ein Dehnstoffelement die Mehrmenge beim Warmstart verriegelt.

Spritzversteller

Bei Reiheneinspritzpumpen werden fliehkraftgesteuerte Spritzversteller verwendet, die im Antriebsstrang zwischen Motor und Einspritzpumpe angeordnet sind. Die Nockenwelle der Pumpe wird mit zunehmender Drehzahl durch die Fliehgewichte gegen die Antriebswelle in Richtung früherer Förderung verdreht. Man unterscheidet kupplungsangetriebene Vorbau- und zahnradangetriebene Einbauspritzversteller mit einem Verstellbereich von 3° ... 10° an der Pumpenwelle.

Spritzversteller.
Ruhestellung.

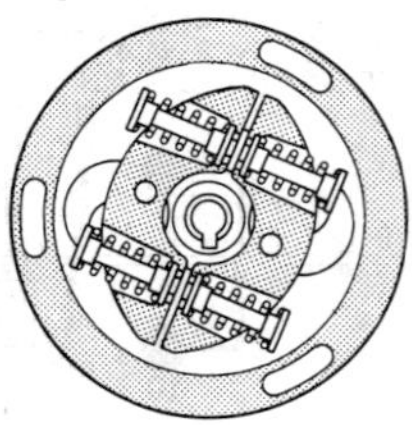

Abstellen

Die Reiheneinspritzpumpe kann mit einer mechanischen (Stop-Hebel), elektrischen oder pneumatischen Abstellvorrichtung zur Unterbrechung der Kraftstoffzufuhr ausgerüstet sein.

Ladedruckabhängiger Vollastanschlag.
1 Ladedruckanschluß, 2 Membrane.

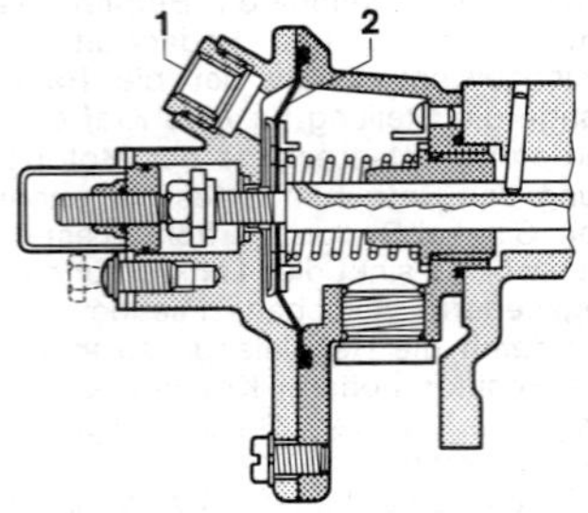

Atmosphärendruckabhängiger Vollastanschlag.
1 Druckdose, 2 Atmosphärendruckanschluß.

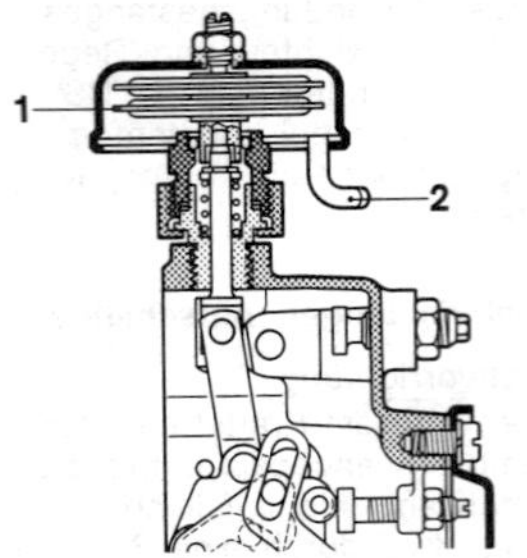

Temperaturabhängiger Startmengenanschlag. *1 Regelstange, 2 Startmengenanschlag mit Dehnstoffelement.*

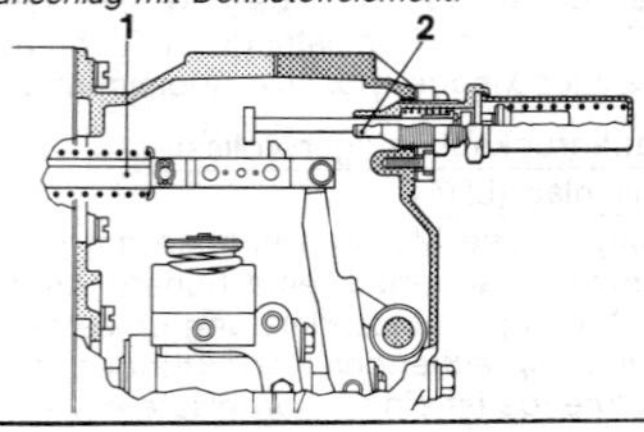

Elektronischer Regler

Bei der elektronischen Regelung für Reiheneinspritzpumpen ersetzt ein elektromagnetisches Stellwerk mit Rückmeldung der Regelstangenposition den mechanischen Fliehkraftregler, der die Regelstange in Abhängigkeit von Drehzahl und Verstellhebellage verstellt.

Aus Fahrpedalstellung, Drehzahl und einer Reihe von Korrekturgrößen errechnet der Mikroprozessor in Verbindung mit den im Speicher abgelegten Kennfeldern die Solleinspritzmenge bzw. den Sollwert der Regelstangenposition. Dieser Sollwert ist die Führungsgröße des Regelkreises. Der Regler für die Regelstangenanlage bestimmt den Erregerstrom des auf die Regelstange gegen eine Rückstellfeder wirkenden Stellmagnets.

Die Position der Regelstange wird durch den Regelweggeber erfaßt und das Regelwegsignal mit dem Sollwert verglichen. Die Regelabweichung ist das Eingangssignal des Reglers. Im Stellwerk ist außerdem ein Sensor angeordnet, der ein auf der Nockenwelle angebrachtes Impulsrad abtastet. Im Rechner wird aus den Impulsabständen die Motordrehzahl errechnet. Verglichen mit dem mechanischen Regler ist der elektronische Regler aufwendiger, weist aber Vorteile bezüglich verbesserter und neuer Funktionen auf:
- Schlüssel-Start/Stop,
- frei wählbare Vollastcharakteristik unter Beachtung der Rauchgrenze,
- Korrektur durch Luft-, Kraftstoff- und Wassertemperatur,
- Drehzahlregelung für Nebenantriebe,
- Anti-Ruckel-Aufschaltung,
- Geschwindigkeitsregelung,
- Signalausgänge für Verbrauchs- und Drehzahlanzeige sowie Diagnose.

Elektronische Regelung für Reiheneinspritzpumpen.
1 Regelstange
2 elektromagnetisches Stellwerk
3 Nockenwelle
4 Drehzahlsensor
5 Steuergerät

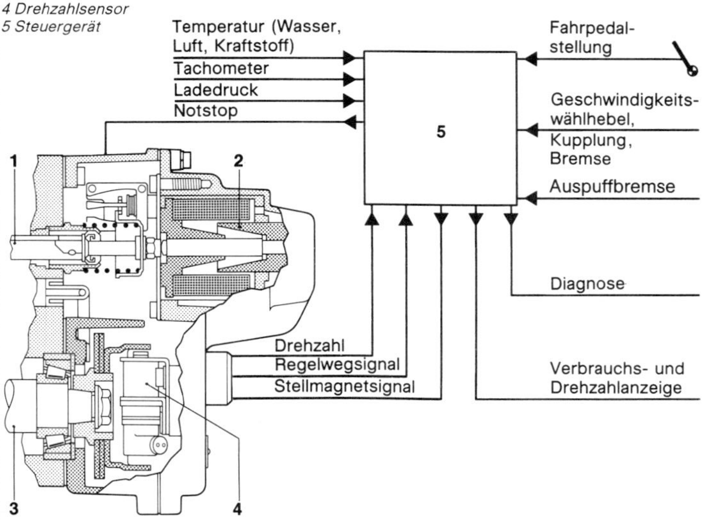

Verteilereinspritzpumpe (VE)

Die Verteilereinspritzpumpe VE findet Anwendung an Personenwagen-Dieselmotoren, in Schleppern und leichten Nutzfahrzeugen für 3-, 4-, 5- und 6-Zylinder-Motoren mit einer Leistung bis zu 20 kW/Zylinder, abhängig von Drehzahl und Verbrennungsverfahren.

Kraftstoff-Versorgung
Die Kraftstoffversorgung erfolgt über eine integrierte Flügelzellen-Förderpumpe.

Hochdruckförderung
Im Gegensatz zur Reiheneinspritzpumpe hat die Verteilereinspritzpumpe nur ein Pumpen-Element für alle Zylinder. Der Kolben fördert den Kraftstoff durch eine Hubbewegung und verteilt ihn durch eine Drehbewegung auf die einzelnen Auslässe. Während einer Umdrehung der Antriebswelle macht der Kolben so viele Hübe wie Motorenzylinder zu versorgen sind. Die Antriebswelle der VE-Pumpe dreht über die Kreuzscheibe (Mitnehmer) die Hubscheibe und den fest mit ihr verbundenen Pumpenkolben. Die Nockenerhebungen auf der Unterseite der Hubscheibe wälzen sich auf den Rollen des Rollenringes ab. Dadurch führen Hubscheibe und Kolben zusätzlich zur Drehbewegung eine Hubbewegung aus (Verteilung und Förderung). Solange während des Arbeitshubes die Absteuerbohrung im Kolben verschlossen ist, fördert die Pumpe. Die Förderung ist zu Ende, wenn die Absteuerbohrung aus dem Regelschieber austritt. Die Position des Regelschiebers bestimmt daher Nutzhub und Einspritzmenge. Die Stellung des auf dem Kolben verschiebbaren Regelschiebers wird durch den Drehzahlregler bestimmt.

Anpaßeinrichtungen
Außerdem sind eine Reihe von Aufschaltgeräten (z. B. Ladedruckabhängiger Vollastanschlag LDA, Atmosphärendruckabhängiger Vollastanschlag ADA) zur Verarbeitung weiterer Betriebsparameter verfügbar.

Grundausführung einer Verteilereinspritzpumpe Typ VE.
1 Flügelzellenförderpumpe, 2 Reglerantrieb, 3 Spritzversteller, 4 Hubscheibe, 5 Regelschieber, 6 Verteilerkolben, 7 Druckventil, 8 elektromagnetische Abstellvorrichtung, 9 Regelhebelgruppe, 10 Überströmdrossel, 11 mechanische Abstellvorrichtung, 12 Regelfeder, 13 Drehzahl-Verstellhebel, 14 Reglermuffe, 15 Fliehgewicht, 16 Druckregelventil.

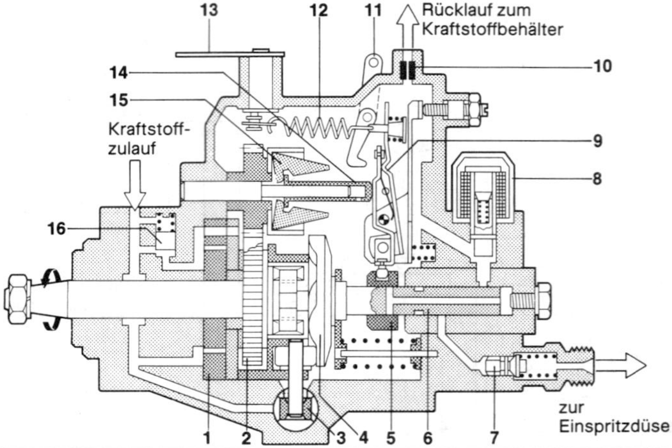

Hydro-mechanisch gesteuerte Spritzverstellung
Der Förderpumpe ist ein Drucksteuerventil nachgeschaltet, welches dafür sorgt, daß der Pumpeninnenraum-Druck linear mit der Drehzahl ansteigt (1,5 ... 7 bar). Dieser drehzahlabhängige Druck wirkt über eine Drosselbohrung auf die Vorderseite eines federbelasteten Spritzverstellerkolbens. Letzterer verdreht den Rollenring damit drehzahlabhängig entgegen der Drehrichtung der Pumpe und verschiebt so den Förderbeginn in Richtung „früh".

Abstellen
Das Abstellen des Dieselmotors erfolgt durch Unterbrechen der Kraftstoffzufuhr. Die Verteilereinspritzpumpe kann mit einer mechanischen (Stop-Hebel) oder einer elektrischen Abstellvorrichtung (Magnetventil) ausgerüstet sein.

Die elektrische Abstellvorrichtung ist insbesondere im Pkw-Einsatz üblich. Es können verschiedene Schaltungsvarianten realisiert werden.

Fliehkraftgesteuerter Drehzahlregler
Hierzu ist der Regelschieber über einen Kugelbolzen mit den Reglerhebeln verbunden. Auf diese wirken, wie bei den Reiheneinspritzpumpen, die Fliehkraft aus den Fliehgewichten und die Regelfeder. Zur Drehzahl-Einstellung wird die Federvorspannung über den Verstellhebel verändert. Über die Vollast-Einstellschraube kann der gesamte Regelhebel-Verband verschoben werden, um so den gewünschten maximalen Nutzhub einzustellen. Durch Anordnung weiterer Federn in der Regler-Kinematik können Startmenge, Leerlauf, Übergangsbereiche und Angleichungen den Motorbedürfnissen angepaßt werden.

P-Grad, Reglerarten
Die Beschreibung von P-Grad und Reglerarten (Alldrehzahlregler, Leerlauf- und Enddrehzahlregler) im Abschnitt „Drehzahlregler" für Reiheneinspritzpumpen trifft auch auf Regler für Verteilereinspritzpumpen zu.

Einspritzanlage mit Verteilereinspritzpumpe.
1 Kraftstoffbehälter, 2 Kraftstoffzuleitung, 3 Kraftstoffilter, 4 Verteilereinspritzpumpe, 5 Druckleitung, 6 Einspritzdüse, 7 Kraftstoffrückleitung.

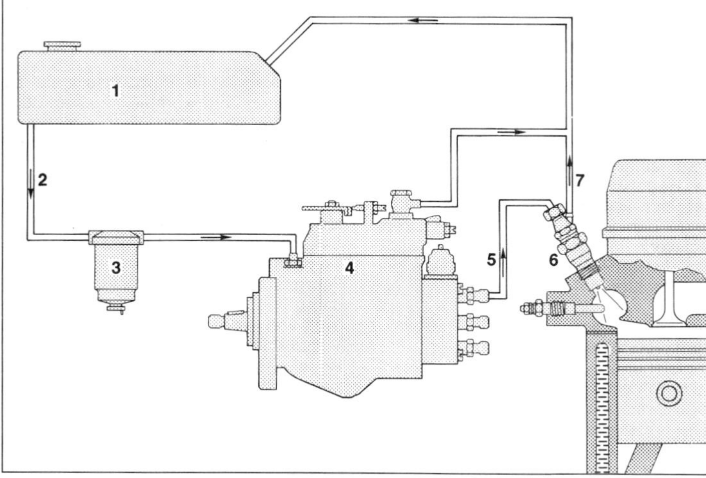

Elektronische Drehzahlregelung und Spritzzeitpunktverstellung für Verteilereinspritzpumpen.
1 Förderpumpe
2 Magnetventil
3 Spritzversteller
4 Regelschieber
5 elektromagnetisches Drehstellwerk mit Rückmelder,
6 Steuergerät

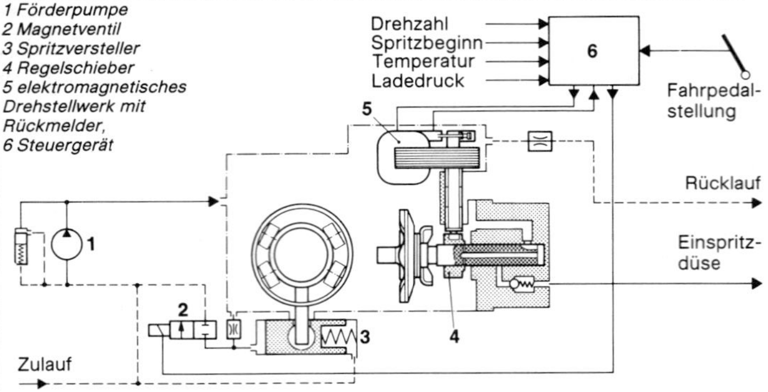

Elektronischer Drehzahlregler
Der Regelschieber der Pumpe ist über einen exzentrisch angeordneten Kugelbolzen mit einem elektromagnetischen Drehstellwerk verbunden. Abhängig von der Drehstellung des Stellwerks verändert der Regelschieber seine Lage und damit den Nutzhub der Pumpe. Mit dem Drehstellwerk ist ein Stellungs-Rückmelder (Potentiometer oder Induktiv-Sensor) verbunden. Der Rechner im Steuergerät empfängt von verschiedenen Sensoren seine Eingangsbefehle: Fahrerwunsch (Fahrpedalstellung), Motordrehzahl, Luft-, Wasser- und Kraftstoff-Temperatur, Ladedruck, Atmosphärendruck usw. Aus diesen Eingangsgrößen wird die richtige Einspritzmenge bestimmt und über elektrisch eingespeicherte Kennfelder in eine Regelschieber-Position umgerechnet. Nun verändert das Steuergerät so lange den Speisestrom für das Drehstellwerk, bis der Rückmelder anzeigt, daß die Ist-Position des Schiebers der Soll-Position entspricht.

Elektronisch geregelter Spritzversteller
In gleicher Weise, wie die Einspritzmenge durch einen Soll/Ist-Vergleich eingeregelt wird, kann auch der Spritzbeginn geregelt werden. Hierzu wird das Signal eines Sensors, der den Beginn der Öffnung der Einspritzdüse anzeigt, mit einem einprogrammierten Sollwert verglichen. Ein getaktetes Magnetventil, das an den Arbeitsraum des Spritzverstellerkolbens angeschlossen ist, beeinflußt den Druck über dem Kolben und damit die Stellung des Spritzverstellers. Das Signal aus einem Sensor im Düsenhalter, das den Beginn der Einspritzung meldet, wird mit einem elektrisch gespeicherten Sollwert verglichen. Das Ansteuer-Taktverhältnis des Magnetventils wird so lange verändert, bis Soll- und Ist-Wert übereinstimmen.

Vorteile:
Möglichkeit, viele Eingangssignale zu verarbeiten und komplex zu verknüpfen. Dadurch lassen sich Funktionskennfelder darstellen, die mechanisch nicht realisierbar sind.

Zusammen mit einer entsprechenden Weiterentwicklung der Motoren lassen sich dadurch die Leistung anheben, der Verbrauch absenken und neue Komfort-Funktionen darstellen (z. B. Fahrgeschwindigkeitsregelung, Ruckeldämpfung, Drehzahlanhebung bei Betrieb von Klimaanlagen im Stand).

Außerdem können Signale aus dem Regelsystem, z. B. ein Signal für die Kraftstoffmenge entsprechend dem augenblicklichen Drehmoment des Motors, in anderen Bordsystemen eines Kraftfahrzeugs verwertet werden (z. B. Abgasrückführanlage).

Einspritzdüsen

Durch die Einspritzdüse wird der von der Einspritzpumpe geförderte Kraftstoff zerstäubt und entsprechend dem Gemischbildungsverfahren im Brennraum verteilt.

Die Einspritzdüse besteht aus Düsenkörper und Düsennadel. Die Düsennadel ist in der Führungsbohrung des Körpers leichtgängig, jedoch gegen hohe Einspritzdrücke dichtend geführt.

Die Sitzkante der Düsennadel wird durch eine vorgespannte Feder gegen den Sitzkonus des Düsenkörpers gedrückt und dichtet somit die Düse im geschlossenen Zustand gegen den Brennraum ab. Die Düsennadel hebt vom Sitz ab, wenn der an ihr zwischen Führungs- und Sitzdurchmesser angreifende Druck die Federvorspannung übersteigt. Dann ist der Öffnungsdruck erreicht und der Kraftstoff fließt am Sitz entlang zu den Spritzöffnungen. An diesen wird bei dem Einspritzvorgang die in der Flüssigkeit gespeicherte Druckenergie in Geschwindigkeitsenergie umgesetzt. Als Folge davon bildet sich von der Mündung der Spritzöffnung aus ein fein zerstäubter Kraftstoffstrahl. Die Nadel schließt am Ende des Einspritzvorgangs wieder, sobald der Druck so weit abgefallen ist, daß die Federkraft die wirksame Druckkraft übersteigt. Für Motoren mit unterteiltem Brennraum werden überwiegend Drosselzapfendüsen und für Direkteinspritzmotoren Lochdüsen verwendet.

Drosselzapfendüse.
1 Druckzapfen
2 Düsenkörper
3 Düsennadel
4 Zulaufbohrung
5 Druckkammer
6 Spritzloch
7 Spritzzapfen

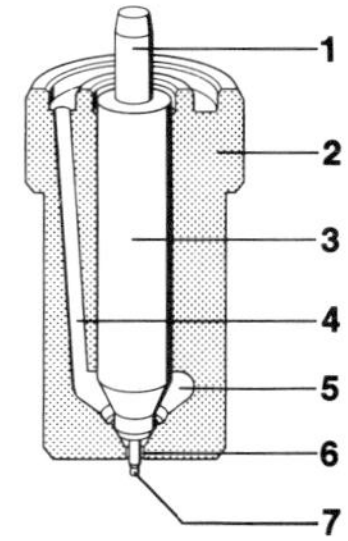

Lochdüse.
1 Druckzapfen
2 Düsenkörper
3 Düsennadel
4 Zulaufbohrung
5 Druckkammer
6 Sackloch
7 Spritzlöcher
δ Spritzlochkegelwinkel

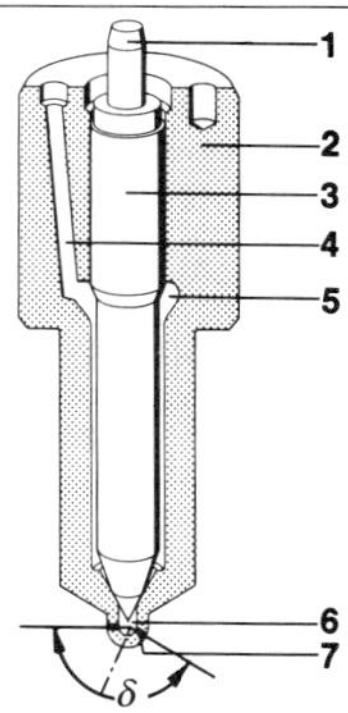

Drosselzapfendüsen

Bei Drosselzapfendüsen geht die Sitzpartie der Düsennadel in einen Spritzzapfen über, der in das konzentrische Spritzloch des Düsenkörpers eintaucht. Dadurch ergibt sich am Beginn des Nadelhubs ein kleiner Abspritzquerschnitt, der zunächst flach ansteigt. Erst mit zunehmendem Nadelhub steigt der Abspritzquerschnitt beim Austauchen des Spritzzapfens aus der Bohrung bis zum Endquerschnitt steil an. Der so erzeugte Einspritzverlauf hat einen geringeren Verbrennungsdruckanstieg zur Folge und führt zu einem leiseren Lauf des Motors.

Lochdüsen

Bei Lochdüsen sind die Spritzbohrungen unterhalb der Sitzkante angeordnet. Ihre Anzahl ist von der Brennraumform und dem Luftdrall abhängig. Für niedere Kohlenwasserstoff-Emissionen ist es besonders wichtig, daß das vom Kraftstoff ausgefüllte Volumen zwischen Sitzkante und Düsenmündung so klein wie möglich gehalten wird. Bei Mehrlochdüsen liegen die Spritzbohrungen vorzugsweise auf einem Kegelmantel, dessen Achse häufig gegen die Düsenachse geneigt ist. In diesen Fällen wird die Düse im Düsenhalter zum Motor lagefixiert eingebaut.

Düsenhalter

Der Düsenhalter bildet zusammen mit der Düse die Düsenhalterkombination. Die Düse wird mit der Düsenspannmutter metallisch dichtend gegen die Zwischenscheibe und diese gegen den Düsenhaltekörper gezogen. Die Zwischenscheibe bildet gleichzeitig die Begrenzung für den Nadelhub. Die Düsendruckkammer ist dabei über den Druckkanal mit dem Druckanschlußstutzen verbunden, an dem die Einspritzleitung mit einer Überwurfmutter angeschraubt wird. Die Feder stützt sich über den Druckbolzen auf der Nadel ab. Die Vorspannung der Feder wird mit austauschbaren Einstellscheiben im Federraum eingestellt. Über den Leckölanschluß wird das entlang der Nadelführung durchtretende Lecköl zum Kraftstoffbehälter abgeführt.

Einspritzleitung

Die Einspritzleitung ist ein dickwandiges, vorzugsweise nahtloses Stahlrohr, dessen Enden mit konischen Nippeln zur Abdichtung in den Dichtkonen der Anschlußstutzen an Pumpe und Düsenhalter versehen sind. Die Oberfläche der Leitungsbohrung muß glatt und frei von Fehlern und Fremdkörpern sein.

Einspritzleitungsanschluß.
1 Einspritzleitung, 2 Überwurfmutter.

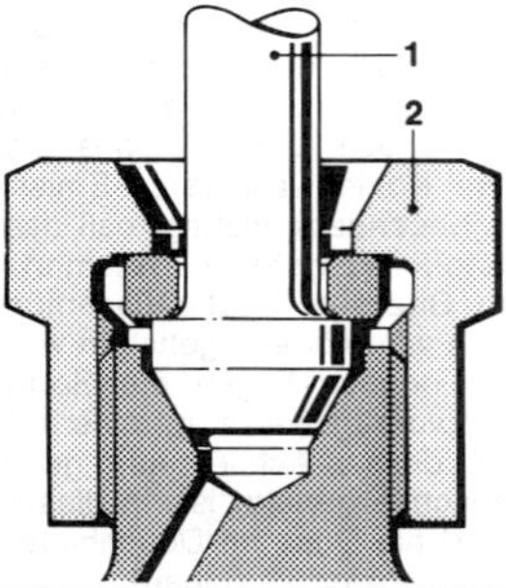

Düsenhalterkombinationen.
1 Zulauf, 2 Haltekörper, 3 Düsenspannmutter, 4 Zwischenscheibe, 5 Düse, 6 Überwurfmutter mit Druckleitung, 7 Stabfilter, 8 Leckkraftstoff-Anschluß, 9 Druckeinstellscheiben, 10 Druckkanal, 11 Druckfeder, 12 Druckbolzen, 13 Fixierstifte (Fixierung der Düse).

mit Drosselzapfendüse

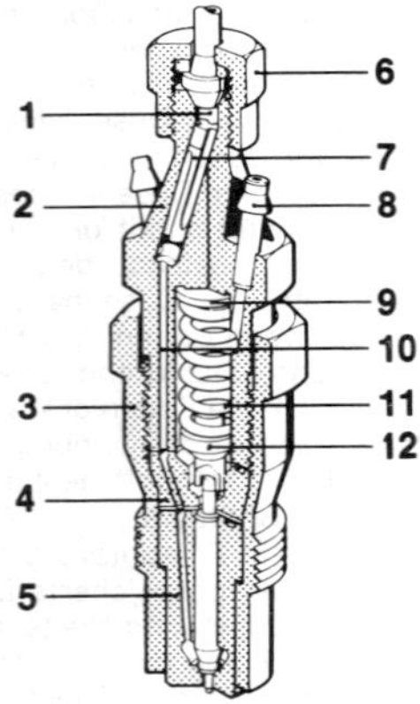

mit Lochdüse

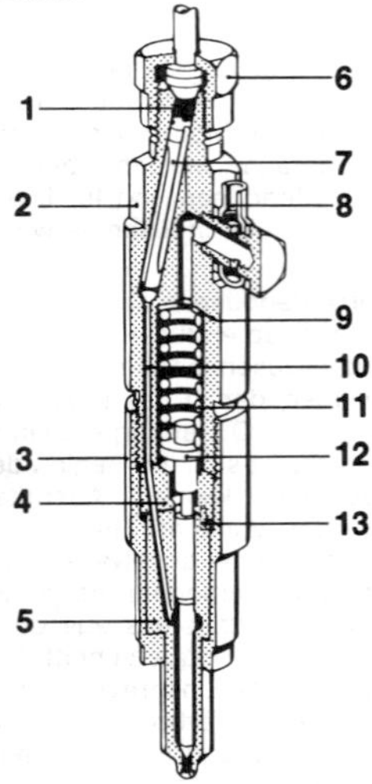

Einspritzpumpen-Prüfstände

Der Einspritzpumpen-Prüfstand ist für die Prüfung und Einstellung von Diesel-Einspritzpumpe und Regler unentbehrlich; denn die genaue Einhaltung von Fördermenge, Förderbeginn und Drehzahlregelung ist Voraussetzung für ein optimales Verbrauchs-Leistungs-Verhältnis des Dieselmotors.

Die zu prüfende Einspritzpumpe wird auf ihrer Antriebsseite mit der Kupplung des Prüfstands verbunden. Der Antrieb erfolgt von einem Elektromotor, über das stufenlose Hydrogetriebe und das mehrstufige Schaltgetriebe zur Schwungscheibe und Kupplung.

Über Prüfölzu- und -rücklauf wird die Einspritzpumpe mit der Prüfölversorgung des Prüfstands verbunden. Druck und Temperatur sind entsprechend den Prüfvorschriften einstellbar.

Über Druckleitungen wird die Einspritzpumpe mit der Fördermengen-Meßeinrichtung verbunden. Sie besteht aus Prüfdüsen mit exakt eingestelltem Öffnungsdruck, die über Spritzdämpfer in Meßgläser einspritzen. Diese sogenannte „offene" Meßmethode verhindert Rückwirkungen vom Meßsystem auf die zu prüfende Einspritzpumpe. Wird nun die Einspritzpumpe vom Prüfstand angetrieben, läuft das abgespritzte Prüföl zuerst an den Meßgläsern vorbei direkt zum Prüföltank zurück. Erst wenn nach Einstellen der vorgeschriebenen Hubzahl am Hub-Drehzähler der Meßvorgang gestartet wird, gibt der Trennschieber den Prüfölzulauf zu den Meßgläsern frei und unterbricht ihn wieder nach Erreichen der eingestellten Hubzahl. Die abgespritzte Prüfölmenge wird an den Meßgläsern abgelesen.

Bei der kontinuierlich arbeitenden Fördermengen-Meßmethode wird pro Zylinder eine Präzisions-Zahnradpumpe eingesetzt, die immer so geregelt ist, daß die abgespritzte Prüfölmenge pro Zeiteinheit gleich ist der von der Zahnradpumpe geförderten Menge. Die Drehzahl der Pumpe ist damit ein Maß für die Fördermenge pro Zeiteinheit. Die Meßergebnisse werden von einem Mikroprozessor ausgewertet und auf einem Bildschirm in Balkenform dargestellt.

Kontinuierliches Mengenmeßsystem.
1 Prüfölbehälter, 2 Einspritzpumpe, 3 Prüfdüse, 4 Meßzelle, 5 Impulszähler, 6 Anzeige-Monitor.

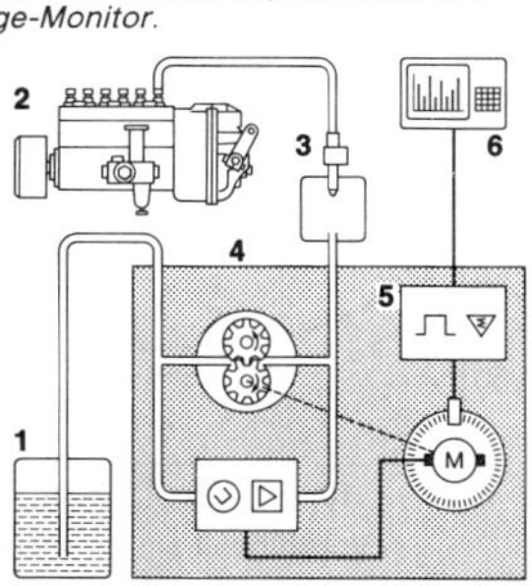

Motortester für Diesel-Diagnose

Der von einem Mikroprozessor gesteuerte Dieselmotortester erlaubt eine dynamische Messung bei laufendem Motor und damit eine schnelle Prüfung des Einspritzsystems, ohne daß hierzu die Hochdruckleitungen geöffnet werden müssen. Gemessen werden Förderbeginn, Spritzverstellung und Drehzahl. Die Meßwerte werden digital angezeigt. Die Information erhält das Gerät je nach Motortyp über Aufklemmgeber und Stroboskop bzw. OT-Geber; bei neuen, entsprechend ausgelegten Reiheneinspritzpumpen über Förderbeginngeber und OT-Geber.

Der Aufklemmgeber wird an die Einspritzleitung des ersten Zylinders geklemmt. Zusammen mit dem Stroboskop oder OT-Geber ermittelt der Dieselmotortester dann den Förderbeginn und die Spritzverstellung.

Bei Anwendung des Förderbeginn-Geber-Systems wird lediglich ein induktiver Geber in das Reglergehäuse geschraubt. Dieser erhält seine Impulse von einem vorbeilaufenden Stift, der an der Fliehgewichtskapsel des Reglers sitzt. Diese Impulse erfolgen in einem zeitlichen Abstand zu den Signalen des OT-Gebers. Aus der Zeitdifferenz errechnet das Gerät den Förderbeginn.

Starthilfsanlagen

Kalte Dieselmotoren starten schwer. Leck- und Wärmeverluste senken beim Verdichten der Luft Kompressionsenddruck und -temperatur soweit ab, daß ein Start ohne Starthilfsmittel nicht mehr möglich ist. Die Temperaturgrenze ist dabei abhängig von der Motorenbauart. Bei Motoren mit geteiltem Brennraum (Vor- und Wirbelkammer) wird als Starthilfe eine im Nebenbrennraum befindliche heiße Fläche (Glühkerze) verwendet. Motoren mit einteiligem Brennraum (Direkteinspritzer) arbeiten mit Vorwärmung der Ansaugluft oder mit sehr zündwilligem Sonderkraftstoff, der in das Ansaugrohr gespritzt wird.

Glühstiftkerze

Die Glühstiftkerze hat alle anderen Glühkerzen weitgehend verdrängt. An der heißen Stiftoberfläche verdampft ein Teil des eingespritzten Kraftstoffes und entzündet sich. Die freiwerdende Wärme trägt zur Einleitung der Verbrennung bei. Die Glühstiftkerze zeichnet sich durch hohe Standfestigkeit, gutes Startverhalten und geringe Batteriebelastung bei entsprechender Ansteuerung aus. Mit der neu entwickelten S-R-Glühstiftkerze Typ S-RSK[1]) reichen in den meisten Fällen Vorglühzeiten von 4 ... 10 s aus. Glühstiftkerzen sind, von wenigen Sonderarten abgesehen, einpolig ausgeführt. Der Einbau in den Motor und der elektrische Anschluß (alle Kerzen parallel geschaltet) ist daher einfach.

Aufbau und Eigenschaften

Das Herz der Glühstiftkerze ist ein Rohrheizkörper, der im Innern des korrosionsfesten Glührohres eine in Magnesiumoxid gebettete Glühwendel trägt. Diese besteht bei der Glühstiftkerze Typ S-RSK aus der in der Stiftspitze angeordneten Heizwendel (Widerstand temperaturunabhängig) und der in Reihe dazu geschalteten Regelwendel mit PTC-Verhalten[2]). Durch geeignete Auslegung und Dimensionierung von Heiz- und Regelwendel gelingt es, diese Glühstiftkerze schnell auf die für den Start erforderliche Temperatur zu erwärmen, ohne dabei (falls die Kerze nicht rechtzeitig abgeschaltet wird) eine noch zulässige Temperatur zu überschreiten.

Der Heizkörper sitzt fest und gasdicht im Kerzengehäuse. Der Anschlußbolzen wird isoliert aus dem Gehäuse herausgeführt.

Glühstiftkerze Typ S-RSK.
1 Rundmutter, 2 Isolierscheibe, 3 Abdichtung, 4 Gehäuse, 5 Einschraubgewinde, 6 Regelwendel, 7 Kegeldichtsitz, 8 Isolierpulver, 9 Heizwendel, 10 Glührohr.

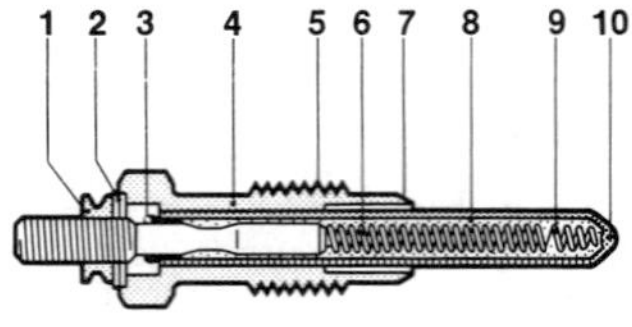

Temperatur- und Stromverlauf von Glühstiftkerzen in Abhängigkeit von der Vorglühzeit.
1 Temperaturverlauf, 2 Stromverlauf.

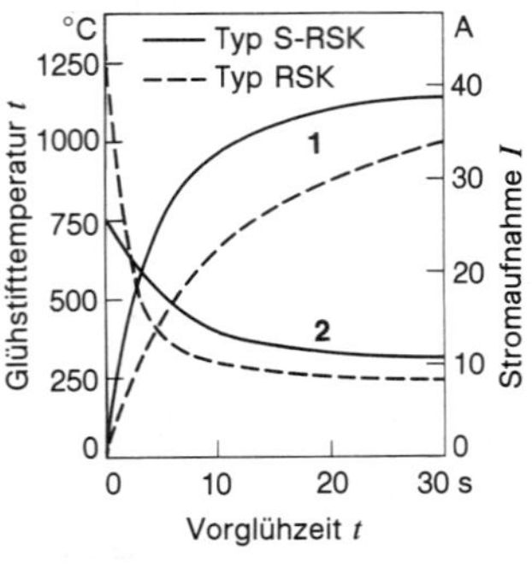

[1]) RSK Rasant-Glühstiftkerze,
S-RSK Super-Rasant-Glühstiftkerze.
[2]) PTC Positiver Temperatur-Koeffizient.

Flammkerze.
1 Kraftstoffdosierung, 2 Kraftstoffzulauf, 3 Filter, 4 Einschraubgewinde, 5 Abdichtung, 6 Gehäuse, 7 Verdampferrohr mit Sieb, 8 Glühstift, 9 Flammhülse.

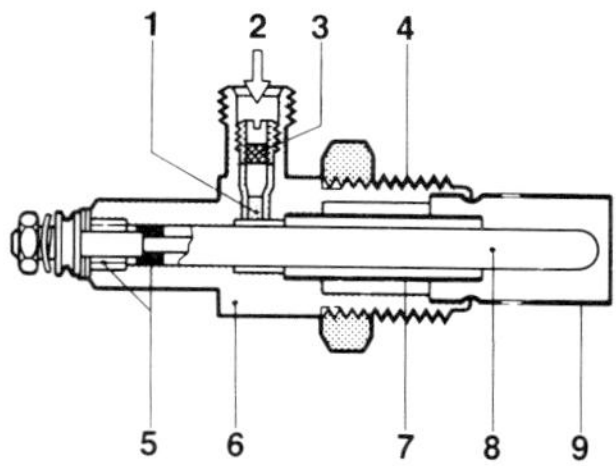

Flammkerze

Mit der Flammkerze wird die Ansaugluft durch Verbrennen von Kraftstoff erwärmt. Der Kraftstoff wird der Flammkerze üblicherweise über ein Magnetventil von der Kraftstofförderpumpe der Einspritzanlage zugeführt. Im Anschlußnippel der Flammkerze sitzen ein Filter und eine Dosiereinrichtung. Diese läßt eine auf den jeweiligen Motor abgestimmte Kraftstoffmenge durchfließen. Der Kraftstoff wird in einem um den Glühstift angeordneten Verdampferrohr verdampft und mit der Ansaugluft vermischt. Das Gemisch entflammt am vorderen Teil des über 1000 °C heißen Glühstiftes.

Anheizkerze und Heizflansch

Beide erwärmen die Ansaugluft an elektrisch beheizten Glühdrähten bzw. -wendeln. Einsatz besonders bei kleinen Motoren. Anordnung zwischen Luftfilter und Zylinderkopf.

Ansteuerung

Bei Flammkerzen wird die Startbereitschaft (meistens über einen Bimetallschalter gesteuert) durch eine Kontrollleuchte angezeigt. Der Bimetallschalter wurde bei Pkw-Diesel-Fahrzeugen zur Ansteuerung der Glühstiftkerzen durch elektronische Glühzeitsteuergeräte abgelöst. Sie bieten folgende Vorteile:
- exakte Anzeige der kurzen Vorglühzeiten,
- Startvorgang ähnlich Ottomotor,
- Möglichkeit, Nachglühen oder Nachflammen anzusteuern (zur Erzielung eines aussetzerfreien und raucharmen Leerlaufs während der Warmlaufphase, den Betriebsbedingungen angepaßt),
- elektronische Schutzeinrichtungen für die Glühkerzen.

Startanlage für Dieselmotoren mit Glühzeitsteuergerät.
1 Batterie, 2 Starter, 3 Glüh-Start-Schalter, 4 Glühzeitsteuergerät, 5 Überspannungs- und Kurzschlußabschaltung, 6 Vorglühzeit-Auswerteelektronik, 7 NTC-Widerstand, 8 Glühstiftkerzen, 9 Start-Kontrolleuchte.

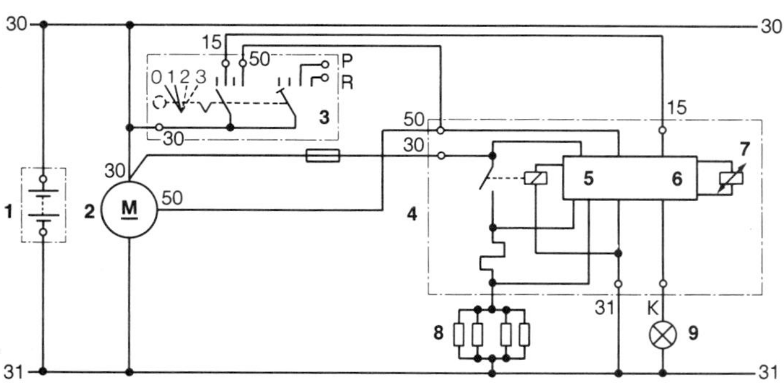

Zündung

Aufgabe der Zündung ist es, das verdichtete Luft-Kraftstoff-Gemisch im richtigen Zeitpunkt zu entflammen und so seine Verbrennung einzuleiten. Im Ottomotor geschieht das durch einen elektrischen Funken, d. h. durch eine kurzzeitige Lichtbogenentladung zwischen den Elektroden der Zündkerze.

Gemischentflammung

Zum Entflammen eines Luft-Kraftstoff-Gemisches durch elektrische Funken ist pro Einzelzündung eine Energie von etwa 0,2 mJ erforderlich, sofern das Gemisch stöchiometrisch zusammengesetzt ist. Fette und magere Gemische brauchen über 3 mJ. Diese Energie ist nur ein Bruchteil der im Zündfunken steckenden Gesamtenergie, der Zündenergie. Steht zu wenig Zündenergie zur Verfügung, so kommt die Zündung nicht zustande; das Gemisch kann nicht entflammen, und es gibt Verbrennungsaussetzer. Aus diesem Grund muß soviel Zündenergie bereitgestellt werden, daß selbst unter widrigen äußeren Bedingungen das Luft-Kraftstoff-Gemisch mit Sicherheit entflammt. Dabei genügt es, wenn eine kleine zündfähige Gemischwolke am Funken vorbeistreicht. Die Gemischwolke entflammt, entzündet das übrige Gemisch im Zylinder und leitet so die Kraftstoffverbrennung ein. Gute Aufbereitung und leichter Zutritt des Gemisches zum Zündfunken verbessert die Zündeigenschaft ebenso wie lange Funkendauer und große Funkenlänge bzw. großer Elektrodenabstand. In ähnlicher Weise günstig wirkt sich starke Gemischturbulenz aus. Funkenlage und Funkenlänge sind durch die Abmessungen der Zündkerze gegeben, die Funkendauer durch Art und Auslegung der Zündanlage sowie durch die augenblicklichen Zündverhältnisse.

Entstehen des Zündfunkens

Ein Funken kann nur dann von einer Elektrode auf die andere überschlagen, wenn ausreichend Hochspannung wirksam ist. Zum Zündzeitpunkt steigt die Spannung an den Elektroden der Zündkerze von Null sprunghaft an, bis die Überschlagspannung (Zündspannung) erreicht ist. Sobald der Funke gezündet ist, sinkt die Spannung an der Zündkerze auf die Brennspannung ab. Während der Brenndauer des Zündfunkens (Funkendauer) hat das Luft-Kraftstoff-Gemisch Gelegenheit, zu entflammen. Nach dem Funkenabriß schwingt die Spannung gedämpft aus.

Ist das Gemisch stark bewegt (hohe Drehzahl, hohe Verdichtung), dann reißt der Funke in mehrere sogenannte Folgefunken auf. Folgefunken beeinträchtigen die Gemischentflammung im allgemeinen nicht.

Zeitlicher Verlauf der Spannung an der Zündkerze bei ruhendem oder nur wenig bewegtem Gemisch.
1 Zündspannung, 2 Brennspannung, t Funkendauer.

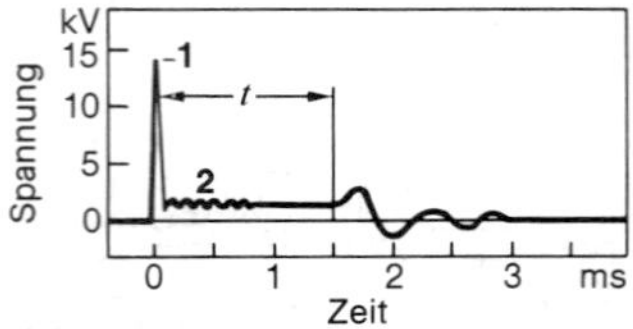

Hochspannungserzeugung und Energiespeicherung

Die zur Funkenzündung erforderliche Hochspannung wird bei Batteriezündanlagen meist mit Hilfe einer Zündspule hochtransformiert. Die Zündspule ist schaltungsmäßig ein Spartransformator. Sie hat aber bei der Spulenzündung die weitere wichtige Funktion, Zündenergie zu speichern. Die Zündspule nimmt primärseitig während der Schließzeit der Zündkontakte elektrische Energie aus dem Bordnetz auf, speichert sie im Magnetfeld und gibt sie im Zündzeitpunkt sekundärseitig als Hochspannungszündimpuls an eine der Zündkerzen des Motors weiter. Die Zündspule ist so ausgelegt, daß die verfügbare Hochspannung ausreichend weit über dem größtmöglichen Zündspannungsbedarf der Zündkerze liegt; das Hochspannungsangebot beträgt 25 ... 30 kV bei einer in der Spule gespeicherten Energie von 60 ... 120 mJ.

Die Funktionsreserve an Hochspannung und Zündenergie ist so bemessen, daß damit alle elektrischen Verluste bestritten werden können. Vernachlässigung der Wartungsarbeiten bauen die Hochspannungsreserven ab. Zündstörungen in Form von Zündaussetzern und Verbrennungsaussetzern sind die Folge. Die Motorleistung geht zurück und der Kraftstoffverbrauch steigt. In krassen Fällen bleibt der Motor stehen oder springt — besonders bei Kaltstart — nicht an.

Für Hochleistungs- und Rennmotoren gibt es auch Zündsysteme mit kapazitivem Energiespeicher. Bei ihnen wird Zündenergie im elektrischen Feld eines Kondensators gespeichert und mit einem besonderen Transformator als hochgespannter Zündimpuls auf die Zündkerze übertragen.

Zündzeitpunkt und seine Verstellung

Vom Augenblick der Gemischentflammung bis zur vollständigen Gemischverbrennung vergehen etwa zwei Millisekunden. Der Zündfunke muß deshalb so frühzeitig überspringen, daß der Verbrennungsdruck in jedem Betriebszustand des Motors optimal ist. Der Zündzeitpunkt soll so gewählt sein, daß folgende Forderungen erfüllt werden können:

- Maximale Motorleistung
- Sparsamer Kraftstoffverbrauch
- Vermeiden des Motorklopfens
- Sauberes Abgas.

Diese Forderungen sind aber nicht gleichzeitig erfüllbar, es müssen von Fall zu Fall Kompromisse geschlossen werden.

Der jeweils günstigste Zündzeitpunkt hängt von vielen Faktoren ab, insbesondere von der Motordrehzahl, von der Motorbelastung, von der Motorbauweise, vom Kraftstoff und von besonderen Betriebsbedingungen, z. B. Starten, Leerlauf und Schiebebetrieb. Die Anpassung des Zündzeitpunktes an den augenblicklichen Betriebszustand des Motors besorgen drehzahlabhängige und saugrohrdruckabhängige Zündverstelleinrichtungen. Beide Verstellarten können einzeln oder auch zusammen wirksam sein. Wie weit durch sie

Beispiel einer Gesamtzündverstellung aus drehzahlabhängiger Verstellung und saugrohrdruckabhängiger Verstellung.
1 Straßenteillast, 2 Vollast.

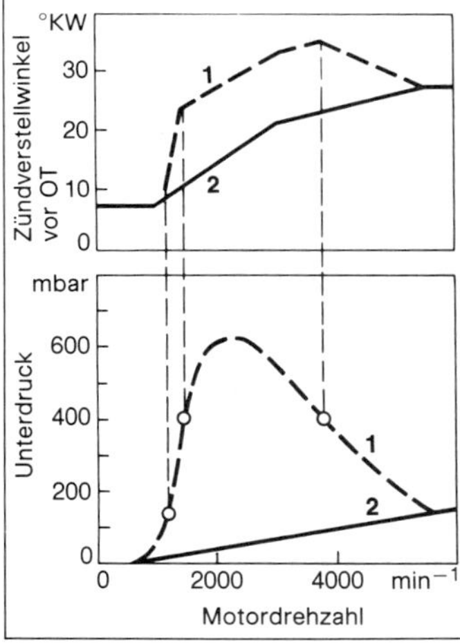

der Zündzeitpunkt vorverlegt oder zurückgenommen wird, bestimmen die sogenannten Zündverstellinien, die von Motortyp zu Motortyp verschieden sind.

Bei Vollast ist das Gaspedal stark durchgetreten und die Drosselklappe weit geöffnet; mit steigender Drehzahl setzt die Zündung immer etwas früher ein, damit der Verbrennungsdruck in bezug auf die Motorleistung optimal bleibt. Bei Teillast ist die Drosselklappe nur wenig geöffnet, das Luft-Kraftstoff-Gemisch ist abgemagert und daher weniger zündfähig. Die Entflammung benötigt längere Zeit und der Zündzeitpunkt muß deshalb noch weiter in Richtung „Frühzündung" gelegt werden. Der Unterdruck als Maß für die notwendige Frühverstellung wird vor der Drosselklappe abgenommen. Er nimmt zunächst mit zunehmender Öffnung der Drosselklappe zu und fällt bei Annäherung an die Vollaststellung wieder ab. Da für die Fahrlinie (Straßenteillast) mit zunehmender Drehzahl die Drosselklappe immer weiter geöffnet sein muß, ergibt sich der im Diagramm

Druckverlauf im Brennraum bei verschiedenen Zündzeitpunkten.
1 Zündung (Z_a) im richtigen Zeitpunkt,
2 Zündung (Z_b) zu früh,
3 Zündung (Z_c) zu spät.

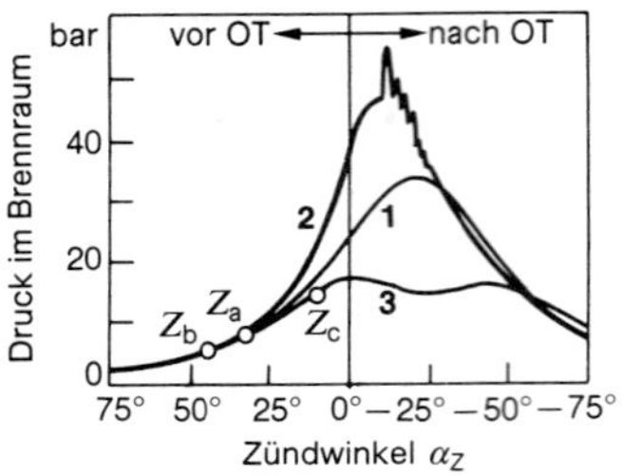

Abhängigkeit der Stickoxid-Emission (NO_x) von der Luftzahl λ bei verschiedenen Zündzeitpunkten.
α_z Zündwinkel.

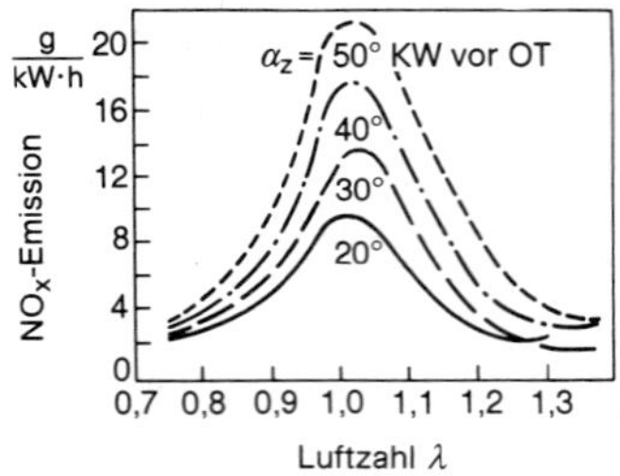

dargestellte Verlauf des Unterdrucks über der Drehzahl bei Straßenteillast.

Ein weiteres Diagramm zeigt den Druckverlauf im Brennraum eines Viertaktmotors bei richtig und bei falsch gewähltem Zündzeitpunkt. Selbst bei anfänglich richtiger Zündeinstellung kommt es vor, daß der Zündzeitpunkt durch mangelhafte Wartung mehr oder weniger stark wegwandert.

Dies hat zur Folge, daß bei Verstellung in Richtung „spät" die Motorleistung allmählich zurückgeht und der Kraftstoffverbrauch ansteigt. Bei Verstellung in Richtung „früh" können in Extremfällen schwere Schäden an Zündkerzen oder am Motor auftreten, wenn der Motor bei zuviel Frühzündung klopft. Außerdem werden die Abgase giftiger.

Zündung und Abgas

Die Zündung hat einen wesentlichen Einfluß auf das Abgas, denn sie kann die verschiedenen Abgas-Komponenten direkt beeinflussen. Die daraus ableitbaren optimierten Zündwinkel können allerdings nur zum Teil verwirklicht werden, da sich die Optimierungskriterien Abgas, Verbrauch, Fahrbarkeit usw. nicht immer decken (Abgase s. S. 438).

Übersicht über verschiedene Zündsysteme

Aufgabe	Zündsystem			
	SZ	TZ	EZ	VZ
Bezeichnung	Spulen-Zünd-anlage	Tran-sistor-Zünd-anlage	Elektro-nische Zünd-anlage	Voll-elektron. Zünd-anlage
Zünd-Auslösung	mecha-nisch	elektro-nisch	elektro-nisch	elektro-nisch
Zündwinkelbestimmung aus Drehzahl und Lastzustand des Motors	mecha-nisch	mecha-nisch	elektro-nisch	elektro-nisch
Erzeugung der Hochspannung	induktiv	induktiv	induktiv	induktiv
Verteilung und Übertragung des Zündfunkens in den richtigen Zylinder	mecha-nisch	mecha-nisch	mecha-nisch	elektro-nisch

Batteriezündung

Konventionelle Spulenzündung (SZ)

Viele Kraftfahrzeuge sind mit einer konventionellen Spulenzündanlage ausgerüstet. Wenn bei eingeschaltetem Zündschalter der Unterbrecherkontakt geschlossen ist, fließt Strom aus der Batterie bzw. aus dem Generator durch die Primärwicklung der Zündspule und baut zur Energiespeicherung ein starkes Magnetfeld auf. Im Zündzeitpunkt unterbricht der Unterbrecher den Strom, das Magnetfeld verschwindet und induziert in der Sekundärwicklung die zur Zündung notwendige Hochspannung, die über Hochspannungskabel von der Klemme 4 zum Zündverteiler und von dort zu der betreffenden Zündkerze gelangt.

Zwischen der Drehzahl des Viertakt-Ottomotors und der Funkenzahl je Minute besteht im allgemeinen der folgende Zusammenhang:

$$f = z \cdot n/2$$

f Funkenzahl, z Zylinderzahl, n Motordrehzahl.

Im Bereich niedriger Drehzahlen ist die Schließzeit des Unterbrechers genügend lang, um die größtmögliche Zündenergie zu speichern. Mit steigender Drehzahl verkürzt sich die Schließzeit und der Primärstrom wird schon bei kleinerer Stromstärke unterbrochen. Verminderte Speicherungsraten haben vermindertes Hochspannungsangebot der Zündspule zur Folge. Die Zündspule ist jedoch so ausgelegt, daß selbst bei der oberen Grenzdrehzahl des Motors das Hochspannungsangebot wesentlich über dem Zündspannungsbedarf der Zündkerze liegt. Schmutzbelag auf Isolierteilen wirkt als kapazitiver und ohmscher Nebenschluß und bedeutet eine besondere Zündbelastung der Anlage. Es treten Verbrennungs- und Zündaussetzer auf.

Hochspannungsangebot in Abhängigkeit von der Funkenzahl
a ohne ohmsche Nebenschlüsse ($R > 10\,M\Omega$)
b Nebenschlußwiderstand 1 MΩ
c Nebenschlußwiderstand 0,5 MΩ
d Zündspannungsbedarf

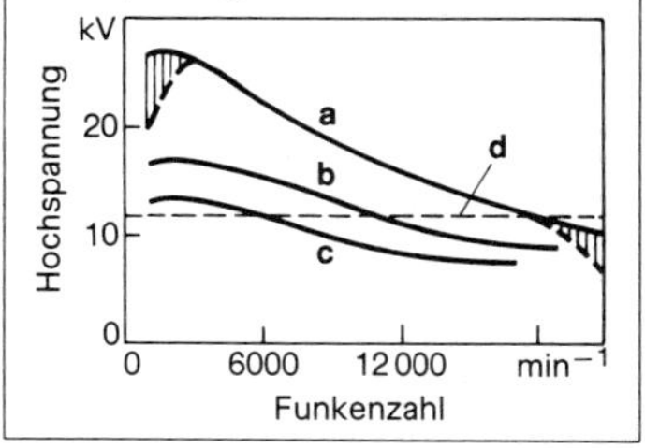

Zündanlage mit konventioneller Spulenzündung, *links Bauteile, rechts Schaltplan.*
1 Batterie, 2 Zündschalter, 3 Zündspule, 4 Zündverteiler, 5 Zündkondensator, 6 Unterbrecher, 7 Zündkerzen. R_V Vorwiderstand zur Startspannungsanhebung (nicht generell eingebaut).

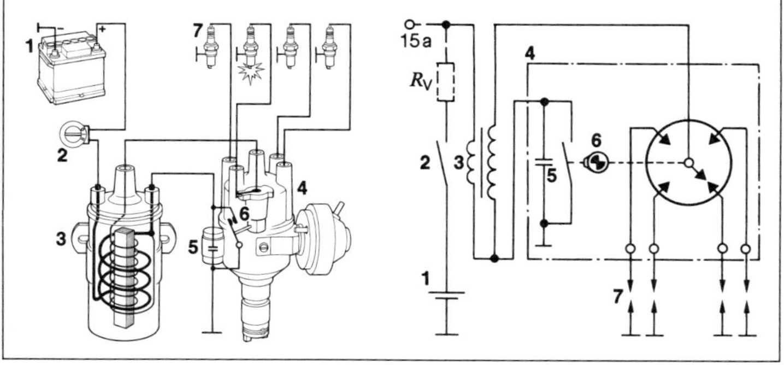

Zündspule
Die Zündspule ist je nach ihrem Einsatz unterschiedlich ausgelegt. Neben Standardtypen gibt es Hochleistungszündspulen für extrem hohe Zündspannung und Grenzfunkenzahlen. Ferner sind metallgekapselte, d. h. funkentstörte Zündspulen auf dem Markt. Hochleistungszündspulen haben einen Vorwiderstand, der beim Starten des Motors überbrückt ist, um das Spannungsangebot kurzzeitig zu steigern („Startanhebung", wichtig für Kaltstart).

Zündverteiler
Der Zündverteiler ist ein in sich geschlossenes Bauteil der Zündanlage mit folgenden Funktionen:
– Verteilen der Zündspannungsimpulse auf die Zündkerzen des Motors in festgelegter Reihenfolge
– Auslösen des Zündimpulses durch den Primärstrom-Unterbrecher oder den Impuls-Geber bei kontaktlos gesteuerten Anlagen
– Verstellen des Zündzeitpunktes durch die Zündversteller bei konventionellen Zündanlagen.

Unterbrecher und Zündversteller gehören funktionell nicht zum Zündverteiler. Sie sind mit diesem in einer Baueinheit vereinigt, weil sie einen synchronen Antrieb benötigen.

Der Zündimpuls gelangt über Mittelanschluß und Schleifkohle zur umlaufenden Verteilerelektrode. Mittels Verteilerfunken wird der Zündimpuls auf die eingepreßten Festelektroden übertragen und über die Zündleitungen den Zündkerzen zugeführt. Ein Staubschutzdeckel trennt den Hochspannungsraum vom übrigen Gehäuseteil.

Unterbrecher
Der Unterbrecher hat einen nockenbetätigten Kontakt, der den Primärstrom der Zündspule im Zündzeitpunkt unterbricht. Der Nocken hat soviele Höcker, wie der Motor Zylinder hat. Der Drehwinkel der Zündverteilerwelle, bei dem der Kontakt geschlossen ist, heißt Schließwinkel β.

Unterbrecher
1 Bewegliche Unterbrecherplatte, 2 Unterbrecherhebel, 3 Zündverteilerwelle, 4 Zündnocken.

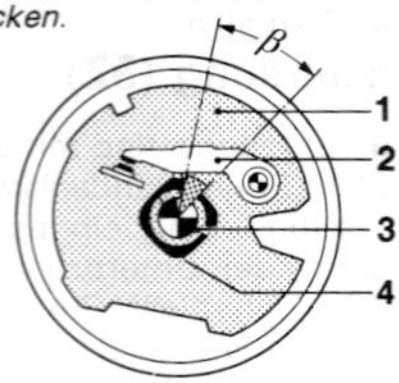

Fliehkraftversteller in Ruhestellung (oben), in Arbeitsstellung (unten).
1 Achsplatte, 2 Zündnocken, 3 Wälzbahn, 4 Fliehgewicht, 5 Zündverteilerwelle, 6 Mitnehmer.

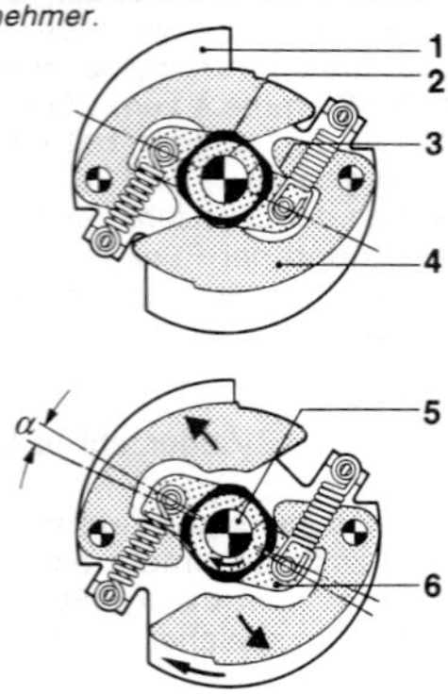

Am Unterbrecher gibt es drei Ursachen des natürlichen Verschleißes:
- Kontaktabbrand
- Abrieb am Hebelgleitstück
- Plastische Verformung und lokale Verdichtungen des Kontaktmetalls.

Kontaktabbrand entsteht durch Abreißfunken (Öffnungsfunken) infolge der Induktionsspannung beim Unterbrechen des Primärstroms. Der Zündkondensator hat zwar Funkenlöscheigenschaft, aber völlig unterdrücken kann er die Abreißfunken nicht. Kontaktabbrand und Abrieb wirken sich gegenläufig aus, wobei die Wirkung des letzteren meist etwas überwiegt und ein Wegwandern des Zündzeitpunktes in Richtung „Spätzündung" verursacht.

Zündversteller
Zündverteiler haben in der Regel zwei Zündversteller: den drehzahlabhängigen, fliehkraftgesteuerten Versteller (Fliehkraftversteller) und den lastabhängigen, saugrohrdruckgesteuerten Versteller (Unterdruckversteller).

Fliehkraftversteller
Der Fliehkraftversteller verstellt den Zündzeitpunkt in Abhängigkeit von der Motordrehzahl. Die mit der Verteilerwelle umlaufende Achsplatte trägt die Fliehgewichte. Mit steigender Drehzahl bewegen sich die Fliehgewichte nach außen. Sie verdrehen den Mitnehmer über die Wälzbahn gegen die Verteilerwelle in Drehrichtung. Dadurch verdreht sich auch der Zündnocken gegen die Verteilerwelle um den Zündverstellwinkel α. Um diesen Winkel wird der Zündzeitpunkt vorverlegt.

Unterdruckversteller
Der Unterdruckversteller verstellt den Zündzeitpunkt in Abhängigkeit von der Motorleistung bzw. Motorbelastung. Als Maß für diese Zündverstellung dient der Unterdruck im Saugrohr nahe der Drosselklappe. Der Unterdruck wird zwei Membrandosen zugeführt.

Funktion des „Früh"-Verstellsystems
Je kleiner die Belastung, desto früher muß das Luft-Kraftstoff-Gemisch gezündet werden, weil es langsamer verbrennt. Der Anteil verbrannter, aber nicht ausgeschobener Restgase im Brennraum nimmt zu und das Gemisch magert ab.

Der Unterdruck für die Frühverstellung wird vor der Drosselklappe abgenommen. Mit abnehmender Motorbelastung steigt der Unterdruck in der Frühdose und bewirkt eine Bewegung der Membran samt Zugstange nach rechts. Die Zugstange verdreht die Unterbrecherplatte entgegen der Drehrichtung der Zündverteilerwelle; der Zündzeitpunkt wird noch mehr vorverlegt, d. h. in Richtung „früh" verstellt.

Funktion des „Spät"-Verstellsystems
Der Unterdruck im Saugrohr wird in diesem Fall hinter der Drosselklappe abgenommen. Mit Hilfe der ringförmigen „Spätdose" wird der Zündzeitpunkt bei bestimmten Motorzuständen (z. B. Leerlauf, Schiebebetrieb) zur Abgasverbesserung zurückgenommen, d. h. in Richtung „spät" verstellt. Die Ringmembran bewegt sich samt Zugstange nach links, sobald Unterdruck herrscht. Die Zugstange verdreht die Unterbrecherplatte einschließlich Unterbrecher in Drehrichtung der Zündverteilerwelle. Das Spätverstellsystem arbeitet unabhängig vom Frühverstellsystem, es ist jedoch diesem untergeordnet: gleichzeitiger Unterdruck in beiden Dosen bewirkt die erforderliche Teillastverstellung in Richtung „früh".

Unterdruckversteller mit Frühverstellsystem („Frühdose") und Spätverstellsystem („Spätdose")
a Verstellweg „früh" bis zum Anschlag, b Verstellweg „spät" bis zum Anschlag
1 Zündverteiler, 2 Unterbrecherplatte, 3 Membran, 4 Spätdose, 5 Frühdose,
6 Unterdruckdose, 7 Drosselklappe, 8 Saugrohr.

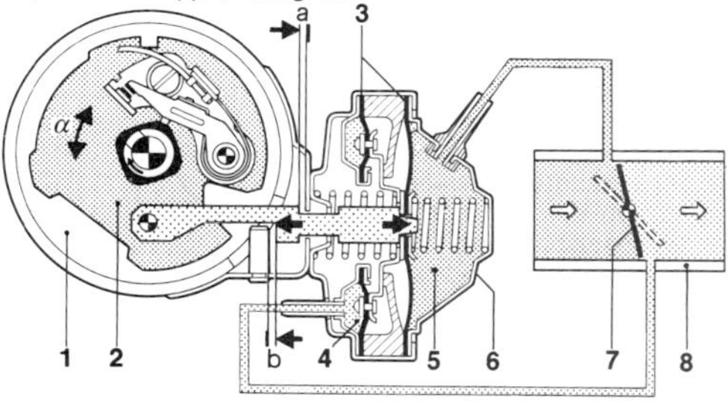

Transistor-Zündung (TZ)

Zündenergie und Hochspannung der konventionellen Spulenzündung sind durch die elektrische und mechanische Schaltleistung des Unterbrechers begrenzt. An die Batteriezündung werden oft Anforderungen gestellt, die der Unterbrecher als Leistungsschalter nicht mehr erfüllen kann. In elektronischen Zündanlagen ist er durch Halbleiterbauelemente entlastet oder durch verschleißfreie Steuervorrichtungen ersetzt. Die Transistor-Spulenzündung bzw. Transistor-Zündung gibt es in kontaktgesteuerter und kontaktlos gesteuerter Ausführung

Die kontaktgesteuerte Transistor-Spulenzündung (TSZ-k) eignet sich besonders zur Nachrüstung bei konventionellen Spulenzündsystemen (SZ). In der Erstausrüstung wird die kontaktgesteuerte Transistor-Spulenzündung nicht mehr eingesetzt.

Kontaktlos gesteuerte Transistor-Zündung

Bei der kontaktlos gesteuerten Transistor-Spulenzündung tritt an die Stelle des nockenbetätigten Unterbrechers ein „Zündimpulsgeber", der die Elektronik durch kontaktlos erzeugte Spannungs- oder Stromimpulse zum Ansprechen veranlaßt und so den Hochspannungs-Zündimpuls auslöst. Der Zündimpulsgeber ist im Zündverteiler untergebracht.

Für derartige Geber gibt es verschiedene Arbeitsprinzipien.

Zündimpulsgeber nach dem Induktionsprinzip

Der Induktionsgeber ist ein permanent erregter Wechselstromgenerator, bestehend aus Stator und Rotor. Die Anzahl der Zähne oder Zacken entspricht der Zylinderzahl des Motors. Frequenz und Amplitude der erzeugten Wechselspannung hängen von der Motordrehzahl ab. Diese Wechselspannung wird vom Schaltgerät verarbeitet und zur Zündsteuerung benützt.

Zündanlage mit kontaktlos gesteuerter Transistor-Spulenzündung.
1 Batterie, 2 Zündschalter, 3 Zündspule, 4 elektronisches Schaltgerät, 5 Zündverteiler mit Fliehkraft- und Unterdruckverstellung, 6a Induktivgeber, 6b Hallgeber (alternativ), 7 Zündkerzen.

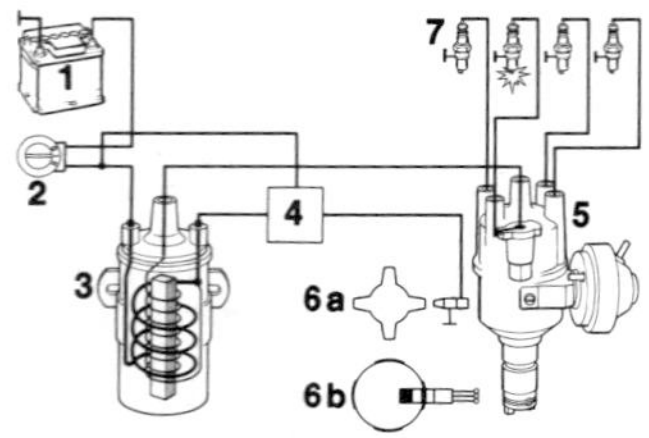

Zündimpulsgeber nach dem Hall-Prinzip

Diese Zündimpulsgeber nützen den Hall-Effekt. In einer stromdurchflossenen Halbleiterschicht werden von einem drehzahlabhängigen Magnetfeld Spannungsimpulse erzeugt, die in dem

Zündverteiler mit Induktionsgeber.
1 Dauermagnet, 2 Induktionswicklung mit Kern, 3 veränderlicher Luftspalt, 4 Impulsgeberrad

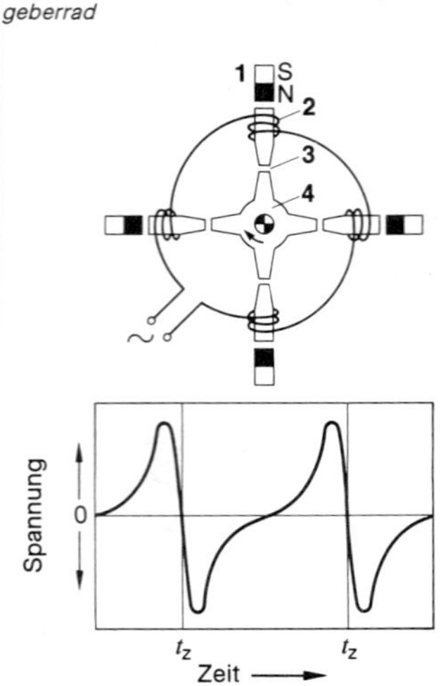

Schaltgerät das Ein- und Ausschalten des Primärstroms bewirken.

Zündimpulsgeber haben dem mechanischen Unterbrecher gegenüber klare Vorteile: Sie arbeiten ohne Verschleiß und brauchen daher keine Wartung. Der Zündzeitpunkt läßt sich mit allen damit verbundenen Vorteilen für den Motorbetrieb exakt beherrschen.

Schaltgeräte

Funktion

Schaltgeräte für Transistor-Zündung verfügen heute nahezu ausnahmslos über eine Primärstrom- und eine Schließwinkelregelung.

Die Primärstromregelung begrenzt den Strom zum Schutz der Zündspule und der Endstufe. In Verbindung mit einer Zündspule mit niedrigem Primärwiderstand sorgt sie im Startfall für einen hohen Strom bei niederer Batteriespannung. Damit können Vorwiderstände vor der Zündspule und die Startüberbrückung wegfallen.

Zündverteiler mit Hallgeber.
1 Blende mit Breite b, 2 Weichmagnetische Leitstücke, 3 Hall-IC, 4 Luftspalt, U_G Geberspannung (umgeformte Hallspannung)

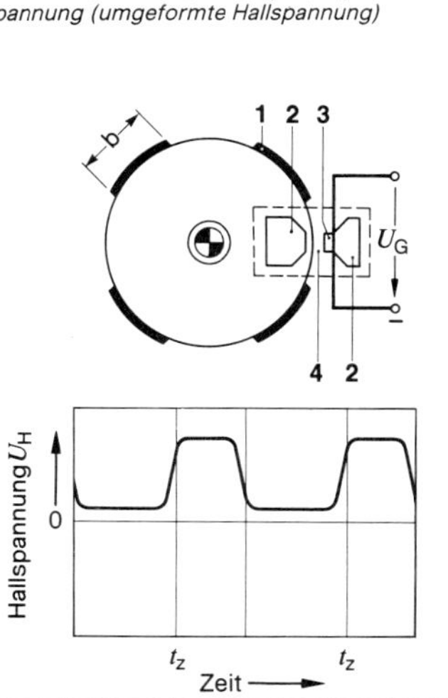

Die Schließwinkelregelung sorgt dafür, daß die Stromregelung im Regelbereich nur möglichst kurzzeitig arbeitet. Dadurch wird die Verlustleistung im Schaltgerät minimiert. Außerdem gleicht die Schließwinkelregelung die Batteriespannungsschwankungen und die Temperatureffekte der Zündspule aus. Je nach Systemauslegung wirkt die Schließwinkelregelung bis zu mittleren Drehzahlen. Bei hohen Drehzahlen wird der Schließwinkel durch die für die Funkenbrenndauer notwendige Offenzeit bestimmt.

Die Ruhestromabschaltung schaltet den Primärstrom bei stillstehendem Motor und eingeschalteter Zündung so aus, daß die Sekundärspannung zu keinem Funken an der Kerze führt. Es gibt aber TZ-i (mit Induktionsgeber) mit einer natürlichen Ruhestromfreiheit.

Die TZ wird gelegentlich auch mit Zusatzgeräten betrieben, die einen Einfluß auf die Zündverstellung bewirken. Beispiele dafür sind die zwischen Hall-Geber und TZ-Schaltgerät eingefügte Leerlaufstabilisierung, die mit sinkender Drehzahl unterhalb der Leerlaufdrehzahl den Zündwinkel nach früh verstellt und mit der dadurch verbundenen Drehmomentenerhöhung einem weiteren Drehzahlabfall entgegenwirkt. Ein anderes Beispiel ist die elektronische Spätverstellung (ESV), bei der bei hohen Drehzahlen eine Spätverschiebung des Zündwinkels zur Vermeidung von Klopfen erreicht wird. Die ESV liegt parallel zum TZ-Schaltgerät.

Aufbau

Bei den TZ-Schaltgeräten hat sich das Hybridgerät durchgesetzt, da es eine hohe Packungsdichte mit niedrigem Gewicht und guter Zuverlässigkeit vereinigt. Bei der Hybridtechnik ist die Leiterplatte durch ein Al_2O_3-Substrat ersetzt, auf das im Siebdruckverfahren Leiterbahnen und Widerstände gedruckt sind. Halbleiterbauelemente und Kondensatoren vervollständigen in Chip-Form die Schaltung. Da der Leistungsdarlington in Chip-Form isoliert auf der metallischen Grundplatte liegt, entsteht eine hervorragende Kühlung, die höhere Temperaturen zuläßt.

Zündspulen für Transistor-Zündung
Die Zündspulen für TZ sind im Vergleich zu Zündspulen der konventionellen Spulenzündung leistungsmäßig anders ausgelegt. Das liegt zum einen daran, daß am durchgeschalteten Endtransistor ein größerer Spannungsabfall entsteht als am geschlossenen Unterbrecherkontakt. Zum anderen gibt es für Sechs- und Achtzylindermotoren, die eine sehr hohe Funkenzahl erfordern, Zündspulen, die sehr viel mehr Zündenergie in sehr viel kürzerer Zeit speichern können. Der primäre Abschaltstrom ist entsprechend stärker als bei Zündspulen für Vierzylindermotoren. Zündspulen für SZ und TZ nicht verwechseln!

Unfallgefahr

Alle elektronischen Zündanlagen (TZ, HKZ, MHKZ, MTZ, EZ, VZ) sind gefährliche Anlagen. Grundsätzlich ist bei Arbeiten an der Zündanlage die Zündung auszuschalten oder die Spannungsquelle abzuklemmen. Solche Arbeiten sind z. B.
– Auswechseln von Teilen wie Zündkerze, Zündspule bzw. Zündtransformator, Zündverteiler, Zündleitung usw.
– Anschließen von Motortestgeräten wie Zündlichtpistole, Schließwinkel-Drehzahl-Tester, Zündoszillograph usw.

Bei der Prüfung der Zündanlage mit eingeschalteter Zündung treten an der gesamten Anlage gefährliche Spannungen auf. Prüfarbeiten deshalb nur durch ausgebildetes Fachpersonal.

Hochspannungs-Kondensatorzündung (HKZ)

Die HKZ, auch „Thyristorzündung" genannt, arbeitet nach einem anderen Prinzip als die bisher beschriebenen Zündsysteme. Sie wurde für hochdrehende und leistungsstarke Hubkolben-Vielzylindermotoren des Sport- und Rennsektors sowie für Kreiskolbenmotoren entwickelt.

Wesentliches Merkmal der Hochspannungs-Kondensatorzündung ist, daß die Zündenergie im elektrischen Feld eines Kondensators gespeichert wird. Kapazität und Aufladespannung des Kondensators bestimmen die Größe der Speicherenergie. Der Zündtransformator transformiert die durch Kondensatorentladung entstehende Primärspannung auf die erforderliche Hochspannung. Die Hochspannungs-Kondensatorzündung gibt es in kontaktgesteuerter und in kontaktlos gesteuerter Ausführung.

Hauptvorteil der HKZ ist ihre weitgehende Unempfindlichkeit gegen elektrische Nebenschlüsse im Zündkreis, insbesondere an verschmutzten Zündkerzen. Die Funkendauer ist mit 0,1 ... 0,3 ms für viele Anwendungsfälle zu kurz, um ein sicheres Entflammen des Luft-Kraftstoff-Gemisches zu garantieren. Aus diesem Grund ist die HKZ nur für bestimmte Motoren ausgelegt und wird heute nur noch in Sonderfällen eingesetzt, da die Leistungsdaten der Transistor-Zündung inzwischen nahezu gleich sind. Die HKZ ist nicht für den nachträglichen Einbau geeignet.

Hochspannungs-Kondensatorzündanlage mit Induktionsgeber, Übersichtsschaltplan.
1 Schaltgerät, 2 Ladeteil, 3 Impulsformer, 4 Steuerteil, 5 Zündtransformator, 6 zum Induktionsgeber, 7 zum Zündverteiler.

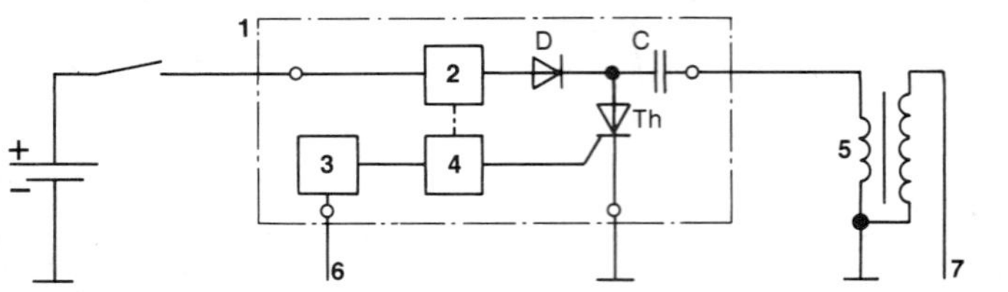

Elektronische Zündung (EZ)

Die elektronische Zündung leitet ihre Bezeichnung aus der elektronischen Errechnung des Zündzeitpunktes ab. Das optimierte elektronische Zündwinkelkennfeld ersetzt die vom Zündverteiler her bekannten Fliehkraft- und Unterdruckkennlinien.

Wirkungsweise
Die Drehzahl und die Stellung der Kurbelwelle werden direkt am Starterzahnkranz an einer separaten Scheibe oder einer speziellen Stiftfolge mit einem oder zwei induktiven Stabsensoren gemessen. Die verschiedenen Möglichkeiten sind durch die mechanischen Verhältnisse am Motor und das erforderliche dynamische Verhalten des Zündzeitpunktes bestimmt. Im dargestellten Fall gibt die Bezugsmarke eine definierte Stellung des Kolben im Zylinder 1 an, während die Zähne des Zahnkranzes eine elektrische Abbildung der Kurbelwellenwinkel erlauben. Es ist auch eine Auslösung mit einem Zündverteiler möglich, der keinen Verstellmechanismus mehr hat. In diesem Fall erfolgt die Auslösung mit einem Hallgeber. Die Last wird vorzugsweise mit einem Absolutdrucksensor im Saugrohr gemessen. Damit kann die Zylinderfüllung besser erfaßt werden als an den üblichen Früh- oder Spätbohrungen an der Drosselklappe. Ebenfalls möglich sind Lastschalter, Drosselklappenpotentiometer oder elektronische Lastsignale aus Gemischaufbereitungssystemen. Mit der Drehzahl und Lastinformation berechnet nach vorhergehender Signalaufbereitung der Mikrocomputer im elektronischen Steuergerät den exakten Zündwinkel im Zündkennfeld. Der Rechner kann auch weitere Eingangsgrößen, wie z. B. die Motortemperatur oder die Schub- und Vollastinformation eines Drosselklappenschalters in Form von Korrekturwerten oder eine für das spezielle Fahrzeug notwendige Funktion verarbeiten. Der Schließwinkel zur Aufladung der Zündspule wird ebenfalls durch den Rechner vorgegeben. Durch

Schema einer elektronischen Zündanlage (EZ).
1 Zündspule, 2 Hochspannungsverteiler, 3 Zündkerze, 4 Steuergerät, 5 Motortemperaturfühler, 6 Drosselklappenschalter, 7 Drehzahl- und Bezugsmarkengeber, 8 Batterie, 9 Zünd-Start-Schalter.

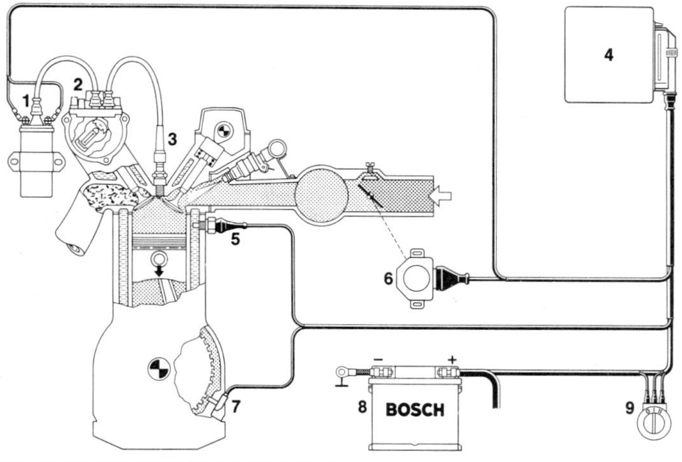

Signalverarbeitung im elektronischen Steuergerät *(Blockschaltbild).*
1 Motordrehzahl, 2 Schaltersignale, 3 Saugrohrdruck, 4 Motortemperatur, 5 Ansauglufttemperatur, 6 Batteriespannung, 7 Mikrocomputer, 8 Analog-Digital-Wandler, 9 Leistungsstufe.

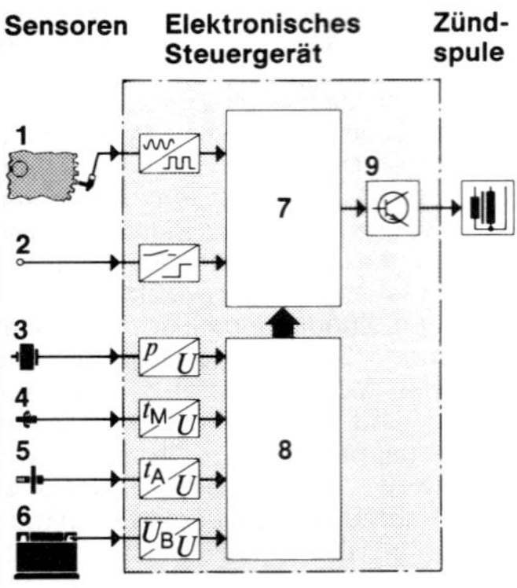

Zündkennfelder.
oben: elektronisch optimiert.
unten: mechanisches Verstellsystem.

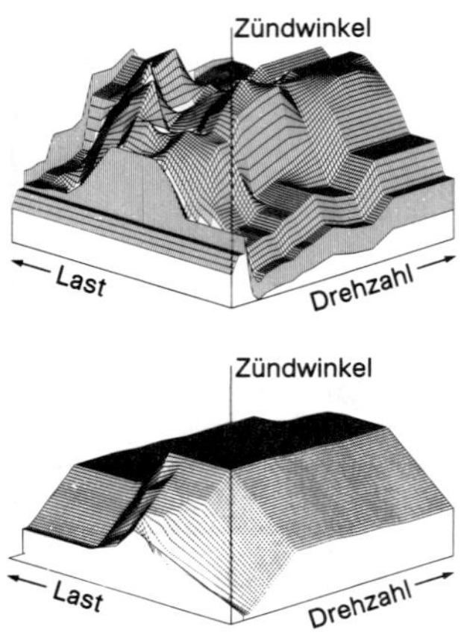

die Messung der Batteriespannung ist dabei eine Spannungskorrektur möglich. Weicht die Batteriespannung vom Sollwert ab, so wird die Spulenladezeit entsprechend verkürzt oder verlängert. Damit ist sichergestellt, daß immer das maximale Hochspannungsangebot, bei gleichzeitig kleinstmöglicher Erwärmung des Steuergerätes und der Zündspule vorliegt.

Bei Drehzahlen unterhalb der Startdrehzahl schaltet der Rechner den Strom durch die Zündspule aus, um so eine Überhitzung zu vermeiden. Die Leistungsendstufe, die der TZ-Funktion entspricht, kann entweder im EZ-Steuergerät mit eingebaut oder auch extern, z. B. an die Zündspule, angebaut sein.

Mechanische Hochspannungsverteilung
Ein Hochspannungsverteiler verteilt den Zündfunken (wie beschrieben) sicher in den entsprechenden Zylinder.

Signalverarbeitung im Steuergerät
Digitale Signale gelangen nach der Aufbereitung direkt zum Rechner. Analoge Signale werden zuerst in digitale Signale gewandelt. Es gibt aber auch Steuergeräte, die zusätzliche digitale oder analoge Signale ausgeben (z. B. zur Schubabschaltung, Abgasrückführung usw.). Insgesamt gibt es eine Reihe von EZ-Varianten unterschiedlicher Komplexität.

Vorteile
Ein Vergleich des Zündkennfeldes mit den Kennlinien eines Zündverteilers zeigt, daß jeder Punkt des Kennfeldes unabhängig von anderen Punkten festgelegt werden kann. Damit ist je nach Betriebsbereich des Motors und je nach Einschränkungen wie Abgas, Klopfgrenze oder Fahrbarkeit eine optimale Festlegung des Zündwinkels (z. B. nach Verbrauch) möglich. Die gesamte Anlage ist völlig wartungsfrei und bedarf keiner Einstellung während der Lebensdauer des Motors.

Vollelektronische Zündung (VZ)

Wird die mechanische, rotierende Hochspannungsverteilung durch statisch arbeitende, elektronisch angesteuerte Komponenten ersetzt, liegt eine vollelektronische Zündung (VZ) vor. Elektronische Zündungen sind als Einzelsysteme bereits realisiert. Sie sind besonders attraktiv in Verbindung mit anderen elektronischen Steuer- oder Regelfunktionen, besonders dann, wenn gemeinsam verwendbare Geber vorhanden sind. Beispiele dazu sind die Kombination elektronische Zündung mit elektronischer Einspritzung (Motronic) oder eine Kombination der Zündungssteuerung mit der Klopfregelung.

Statische Hochspannungsverteilung
Da der Hochspannungsverteiler wegfällt, werden über zwei Leistungsendstufen z. B. zwei Zündspulen mit je zwei Hochspannungsausgängen (Zweifunkenspulen) angesteuert. Dies stellt die gebräuchliche statische Hochspannungsverteilung bei 4-Zylinder-Motoren dar. Dabei entstehen gleichzeitig zwei Funken verschiedener Polarität. Der eine zündet in den Arbeitstakt und der andere in den Auspufftakt.

Eine weitere Möglichkeit der statischen Hochspannungsverteilung bietet eine Vierfunkenzündspule, die eine geteilte Primärwicklung zur Ansteuerung durch zwei Leistungsendstufen enthält und an jedem Ende der Hochspannungswicklung zwei antiparallele Hochspannungsdioden besitzt, die paarweise abhängig von der Primärstromrichtung leitend werden. Diese Form der statischen Verteilung ist bei 3- und 5-Zylinder-Motoren nicht möglich und bei 6- und 8-Zylinder-Motoren zu aufwendig. Die Lösungen mit Zweifunken- und Vierfunkenspulen benötigen zur Ansteuerung im Steuergerät zwei getrennte Leistungsendstufen. Eine Marke auf der Kurbelwelle bestimmt, welche der Endstufen jeweils angesteuert wird. Zündkerzen, die über Mehrfunkenspulen gezündet werden, neigen zu einem höheren Kerzenabbrand.

Schema einer vollelektronischen Zündanlage (VZ).
1 Zündkerze, 2 Zweifunkenspulen, 3 Drosselklappenschalter, 4 Steuergerät, 5 Lambda-Sonde, 6 Motortemperaturfühler, 7 Drehzahl- und Bezugsmarkengeber, 8 Batterie, 9 Zünd-Start-Schalter.

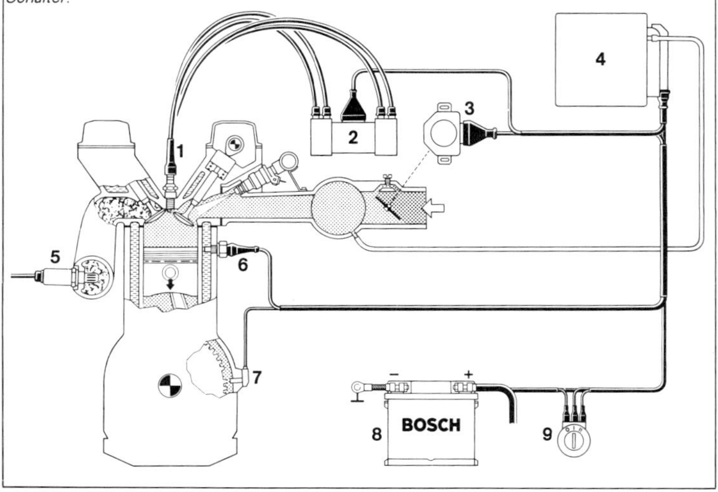

Klopfregelung

Aufgabe

Ein Betrieb mit klopfender Verbrennung schädigt den Verbrennungsmotor (s. S. 290). Motoren neigen dann vermehrt zum Klopfen, wenn das Verdichtungsverhältnis zur Senkung des Kraftstoffverbrauchs erhöht wird und wenn Kraftstoffqualitäten schwanken.

Aufgabe der Klopfregelung ist die Vermeidung des Klopfens in jedem Betriebsfall. Bei Verdichtungserhöhung liegt die Klopfgrenze oft im Bereich des Zündwinkels für minimalen Verbrauch oder später. Mit der Klopfregelung kann der Motor trotzdem für diesen Bereich ausgelegt werden, ohne daß auf Sicherheitsabstände geachtet werden muß.

Wirkungsweise

Ein Klopfsensor nimmt den Körperschall an einer geeigneten Anbaustelle am Motor auf und wandelt ihn in ein elektrisches Signal, das dem elektronischen Steuergerät zugeführt wird. Eine Auswerteschaltung im Steuergerät paßt die Amplitude des Geräusches so an, daß sowohl bei kleinen als auch bei hohen Drehzahlen, bei leisen und lauten Motoren das Signal verarbeitet werden kann. Ein kurbelwellensynchrones „Meßfenster" und ein Bandpaß filtern die für das Klopfen typischen Informationen heraus. Der Vergleich mit dem Signal aus nichtklopfenden Verbrennungen führt zu der Aussage, ob Klopfen vorliegt. Die Regelschaltung beeinflußt über ein Stellglied den Motor so, daß das Klopfen verschwindet. Der Zündzeitpunkt ist als Stellgröße besonders geeignet, da damit der schnellste Eingriff möglich ist.

Beim Auftreten von Klopfen wird die Zündung für eine bestimmte Anzahl von Zyklen nach spät verstellt und nähert sich dann wieder allmählich dem ursprünglichen Wert. Dabei ist zu beachten, daß die Spätverstellung für jeden Zylinder einzeln geregelt werden kann. Das Ziel ist, beim Klopfen nur die wirklich klopfenden Zylinder zu beeinflussen und die übrigen weiterhin im Optimum zu betreiben.

Klopfregelung bei Turbomotoren

Bei Turbomotoren kann außer dem Eingriff auf den Zündwinkel auch eine Beeinflussung des Lade- bzw. Saugrohrdrucks als Stellgröße erfolgen. Im Bild ist der Klopfsensor zwischen den Zylindern 2 und 3 auf der Saugseite angebracht. Das Steuergerät verstellt die Zündung und über das Taktventil das Steuerventil an der Abgasseite zur Umgehung der Turbine. Damit wird der Ladedruck und somit die Klopfneigung

Schema einer Klopfregelung

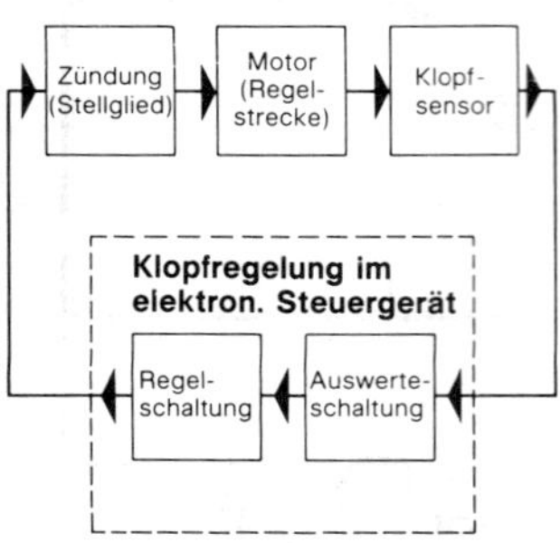

Klopfregelung. *Regel-Algorithmus bei Zündungseingriff an einem 4-Zylinder-Motor. $K_{1...3}$ Auftreten von Klopfen an Zylinder 1...3, bei Zylinder 4 kein Klopfen, a Verweilzeit vor Spätverstellung, b Falltiefe, c Verweilzeit vor Rückverstellung, d Frühverstellung.*

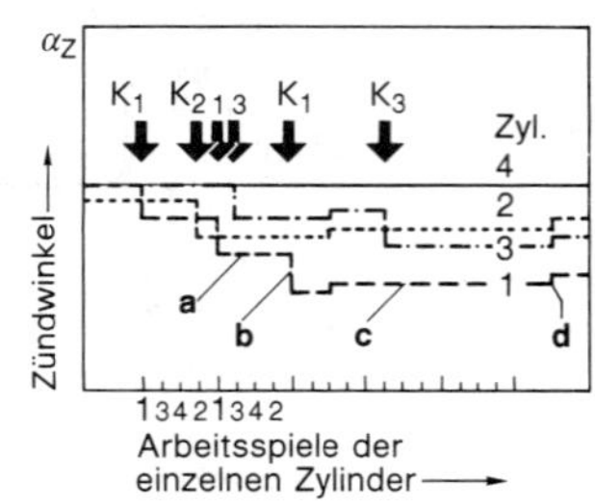

verringert. Der Druckabgriff im Saugrohr dient als Lastinformation. In Verbindung mit der Messung der Drosselklappenstellung ist mit diesem System auch eine Ladedrucksteuerung möglich, die im statischen Betriebsfall zu hohe Ladedrücke verhindert, den Abgasgegendruck abbaut und damit eine Verbrauchssenkung ermöglicht.

Klopfregelung als Zusatzfunktion
Die Klopfregelung kann sehr einfach mit einer elektronischen Zündung kombiniert werden. Die Kombination mit der Motronic (s. S. 418) ist ebenfalls gebräuchlich.

Klopfsensor
Der Klopfsensor wird an einem nach Erkennungsgüte aller Zylinder ausgewählten Anbauort befestigt. Die Körperschallschwingungen des Motorblocks werden auf die piezokeramische Ringscheibe übertragen. Dadurch entsteht auf der Scheibenoberfläche eine entsprechende elektrische Wechselspannung, die über eine geschirmte Leitung zum elektronischen Steuergerät übertragen wird. Bei höheren Zylinderzahlen sind u. U. zwei Klopfsensoren erforderlich, die über eine Stromwandlersonde, die auf das Hochspannungskabel des Zylinders 1 gesteckt wird, im Multiplexbetrieb arbeiten.

Klopfsensor.
1 Vergußmasse, 2 Piezokeramik, 3 Kontaktierung, 4 elektrischer Anschluß.

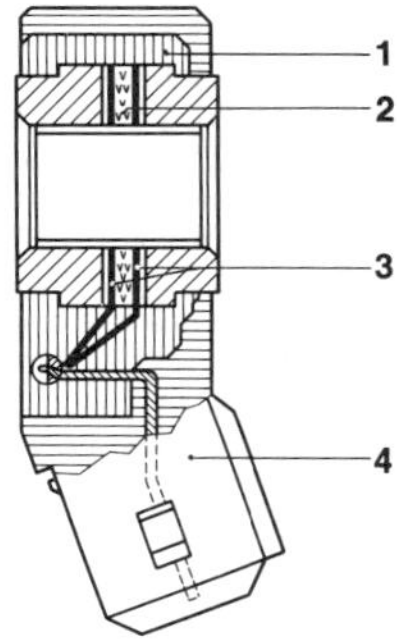

Überwachungseinrichtungen
Da ein Ausfall der Klopfregelung durch den Fahrer erkannt werden muß, überprüft das elektronische Steuergerät laufend alle Sensoren auf richtige Funktion und sich selbst auf richtige Reaktion und schützt den Motor z. B. durch eine konstante Spätverstellung des Zündwinkels. Im Fehlerfall oder wenn die Regelung am Regelanschlag läuft, kann dies an der Instrumententafel angezeigt werden.

Klopfregelung durch Kombination von elektronischer Zündung mit Ladedruckregelung.
1 Ansaugluft, 2 Lader, 3 Turbine, 4 Abgas, 5 Steuerventil, 6 Taktventil, 7 Steuergerät, 8 Zündspule.

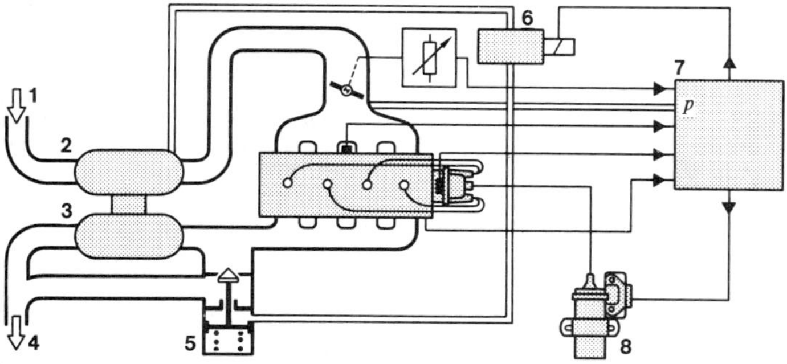

Zündkerze

Die Zündkerze hat die Zündenergie in den Brennraum einzuführen und durch den elektrischen Funken zwischen den Elektroden die Verbrennung des Luft-Kraftstoff-Gemisches einzuleiten. Der Funkenüberschlag erfolgt bei Spannungen bis über 20 kV. Die Zündkerze wird elektrisch, mechanisch, chemisch und besonders thermisch sehr hoch beansprucht. Bei einem 4-Takt-Motor (Verdichtungsverhältnis $\varepsilon = 9$, Drehzahl $n = 4500\ \text{min}^{-1}$) treten innerhalb jedes Vollastspiels (30 ms) in der Umgebung der Zündkerze bei normaler Umgebungstemperatur etwa folgende Gastemperaturen und -drücke auf:

Saughubende	60 °C,	0,9 bar
Zündzeitpunkt	350 °C,	9 bar
Höchstwerte	3000 °C,	40 bar
Arbeitsspielende	1100 °C,	4 bar

Aufbau der Zündkerze

In einem Isolator aus hochwertiger Sonderkeramik (Al_2O_3 mit geringem Anteil anderer Stoffe) sind Mittelelektrode und Anschlußbolzen durch eine elektrisch leitende Glasschmelze verbunden. Diese Glasschmelze bildet gleichzeitig die Gasabdichtung, und sie kann auch als Entstör- oder Abbrandwiderstand ausgelegt sein.

Ausführung der Mittelelektrode.
1 Verbundelektrode mit wärmeleitendem Kupferkern und korrosionsfestem Cr/Ni-Mantel (BOSCH SUPER),
2 Platin-Mittelelektrode mit eingesintertem Pt-Draht (∅ 0,3 mm) im Keramik-Isolatorfuß (BOSCH PLATIN).

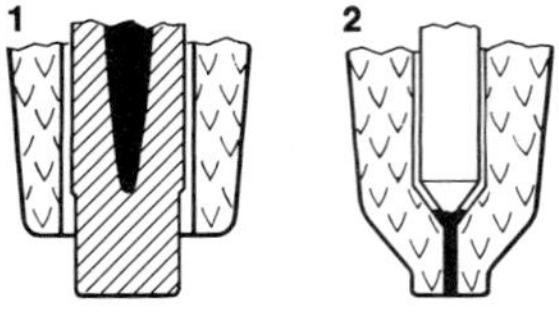

Aufbau der Zündkerze.
1 Anschlußmutter, 2 Anschlußgewinde, 3 Kriechstrombarriere, 4 Isolator (Al_2O_3), 5 elektrisch leitende Glasschmelze, 6 innerer Dichtring, 7 Atmungsraum, 8 Anschlußbolzen, 9 Stauch- und Warm-Schrumpfzone, 10 äußerer Dichtring, 11 Isolatorfuß, 12 Mittelelektrode, 13 Masseelektrode.

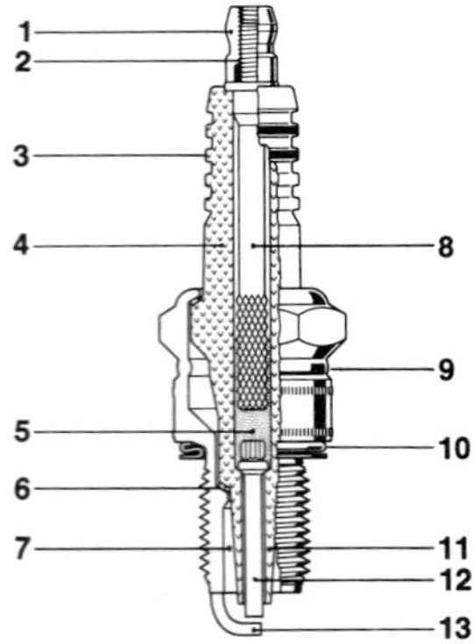

Der anschlußseitig mit einer Glasur versehene Isolator ist durch Bördeln und Schrumpfen (kurzzeitiges Erwärmen einer Gehäusezone unter Druck auf etwa 900 °C) gasdicht mit dem vernickelten Gehäuse aus Stahl verbunden. Die Masseelektrode ist an das Gehäuse angeschweißt und hat vorwiegend einen rechteckigen Querschnitt. Elektrodenwerkstoffe sind vorwiegend Mehrstofflegierungen auf Nickelbasis, für besondere Zwecke auch Silber und Platin. Ein Kupferkern verbessert die schlechte Wärmeleitfähigkeit der Nickelelektrode wesentlich. Für höchste Entstöransprüche und wasserfeste Anlagen gibt es Zündkerzen mit abschirmendem Metallmantel.

Wärmewert

Der Wärmewert ist ein Maß für die thermische Belastbarkeit der Zündkerze. Da unterschiedliche Motoren verschieden viel Wärme im Brennraum entwickeln, sind Zündkerzen mit entsprechenden Wärmewerten erforderlich.

Der Wärmewert ist durch die Wärmewertkennzahl ausgedrückt und durch vergleichende Messung in bezug auf einen Standard bestimmt.
Elektroden und Isolator stellen sich auf eine der Motorbelastung entsprechende mittlere Temperatur ein (bei Laständerung in etwa 10 ... 20 s). Der Isolatorfuß der Zündkerze soll im Betrieb zwischen 400 und 850 °C heiß sein. Temperaturen über 400 °C (Selbstreinigungstemperatur) sind anzustreben, weil oberhalb dieser Temperatur die auf dem Isolator sich absetzenden Beläge aus Ruß und Ölkohle sowie bestimmte Bleiverbindungen verbrennen oder eine Umwandlung erfahren. Im Leerlauf oder bei Teillast des Motors (Stadtfahrt, an Kreuzungen, Talfahrt usw.) fällt die Temperatur oft bis unter 150 °C. Auch bei dieser Temperatur arbeitet die Zündkerze noch einwandfrei, wenn nicht zuviel Schmieröl in den Verbrennungsraum gelangt (z.T. durch abgenützte Kolben, Kolbenringe, Einlaßventile usw.) oder das Luft-Kraftstoff-Gemisch zu fett ist und wenn diese niedrige Betriebstemperatur nicht zu lange beibehalten wird.

850 °C sollen am Isolator nicht überschritten werden, weil oberhalb 900 °C Glühzündungen auftreten können. Bei sehr hohen Temperaturen werden die Elektroden zusätzlich durch Schwefel (und andere aggressive Verbindungen) stärker angegriffen oder zerstört.
Den ungleichen Wärmebeanspruchungen der verschiedenen Motorarten und Motortypen entsprechend werden Zündkerzen mit verschiedenen Wärmewerten verwendet. Es gilt:
– Je niedriger die Wärmewertkennzahl einer Zündkerze, desto höher ihr Widerstand gegen Glühzündungen.
– Je höher die Wärmewertkennzahl einer Zündkerze, desto kleiner ihr Widerstand gegen Glühzündungen, desto höher ihr Widerstand gegen Verschmutzung.

Durch Einsatz von Mittelelektrodenwerkstoffen mit höherer Wärmeleitfähigkeit (Silber oder Nickellegierung mit Kupferkern) kann bei gleichem Wärmewert die Isolatorfußlänge deutlich vergrößert werden. Der Arbeitsbereich (Bereich zwischen Freibrenntemperatur und max. zulässiger Temperatur) der Zündkerze wird hierdurch zu niedrigerer Wärmebelastung hin erweitert. Da der Einsatz solcher Zündkerzen vorteilhaft ist, werden sie zunehmend verwendet. Durch die Verringerung der Gefahr von Verbrennungs- und Zündaussetzern, die die Kohlenwasserstoffemission sprunghaft ansteigen lassen, ergeben sich Vorteile bezüglich der Abgaswerte in niedrigen Lastbereichen und im Kraftstoffverbrauch.

Bauform und Wärmewertkennzahl.
Zündkerzen mit niedriger Wärmewertkennzahl haben kurze Isolatorfüße.

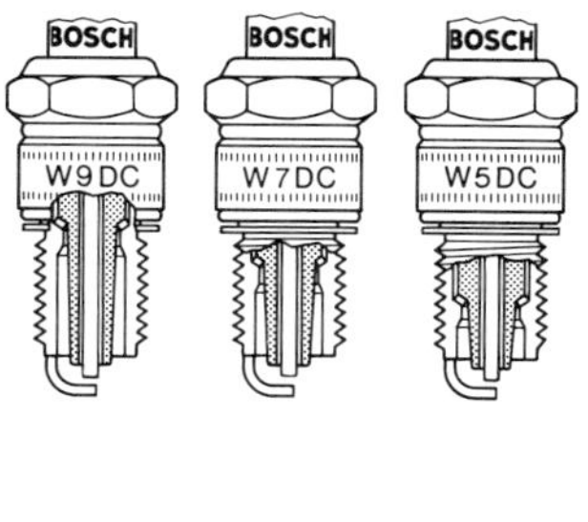

Arbeitsbereiche und Wärmewertkennzahlen.

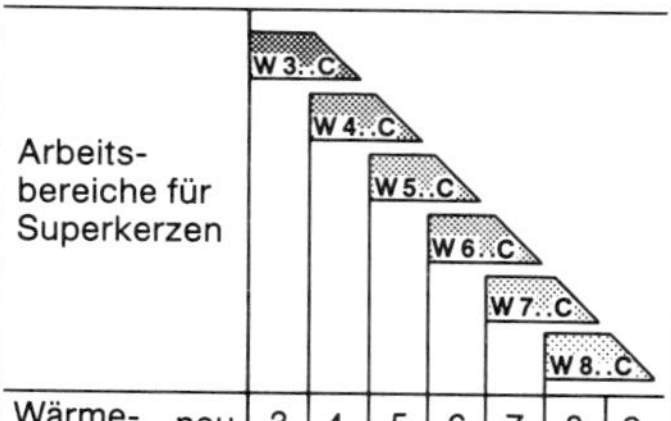

Wärmewertkennzahlen	neu	3	4	5	6	7	8	9
	alt	280 275 260	250 240	230 225 215	200	175	150	125
Merkmal		kälter ← Kerze → wärmer						

Einfluß der brennraumseitigen Zündkerzengestaltung auf die Laufgrenze
Die Laufgrenze eines Motors und die Abgaszusammensetzung ist durch die brennraumseitige Gestaltung der Zündkerze zu beeinflussen: Elektroden mit guter Gemischzugänglichkeit zum Funken und geringer Wärmeableitung ermöglichen die Zündung magerer Gemische. In die gleiche Richtung (Verschiebung der Laufgrenze zu höheren λ-Werten) zielt eine Vergrößerung des Elektrodenabstandes. Hier werden die Möglichkeiten jedoch durch die Zündanlage (Hochspannungsangebot) und die Anforderungen an die Isolierwerkstoffe und Bauweise erheblich eingeschränkt. Tiefer in den Brennraum hineinragende Elektroden (vorgezogene Funkenlage) mit entsprechend vorstehendem Isolator verbessern in den meisten Fällen nicht nur die Laufeigenschaften der Motoren, sondern bringen auch eine größere Unempfindlichkeit gegen Verschmutzung. Eine Verringerung der Lebensdauer wegen größerem Verschleiß an der Masseelektrode muß in manchen Fällen in Kauf genommen werden.

Elektrodenabstand und Zündspannung
Der Elektrodenabstand soll einerseits möglichst groß sein, damit der Zündfunke ein großes Volumenelement aktiviert und zu sicherer Entflammung des Luft-Kraftstoff-Gemisches führt und damit zu hoher Leistung und sicherem Leerlauf des Motors. Andererseits ist der Elektrodenabstand so klein zu wählen, daß im ungünstigsten Betriebsfall auch am Ende der Lebensdauer der Zündkerze die Zündspannung noch zu sicherem Überschlag bei gegebener Zündenergiequelle ausreicht. Bei zu kleinen Elektrodenabständen ist in vielen Fällen kein einwandfreier Leerlauf zu erzielen.

Für die Zündspannung ist der Elektrodenabstand nicht allein maßgebend, sondern auch Form und Temperatur der Elektroden und der Zustand des Gases zwischen den Elektroden. Bei gleichem Elektrodenabstand können unter günstigen Verhältnissen an einer Zündkerze noch einwandfreie Überschläge auftreten und an einer anderen bereits Aussetzer.

Werte für den Elektrodenabstand

Anwendung	Abstand mm
Übliche Fahrzeugmotoren mit Batteriezündung und Gemischanpassung ($\lambda = 1$)	0,7 ... 0,9
Extrem magere Auslegung des Motors	1,0 ... 1,2
Kleinmotoren mit Magnetzündung	0,5
Motoren mit hohem Verdichtungsverhältnis (z. B. Rennmotoren, Gasmotoren)	0,3 ... 0,5

Die Zündspannung beträgt unter üblichen Betriebsbedingungen 5000 ... 17 000 V. Bei kaltem Motor, magerem Gemisch und großem Elektrodenabstand kann sie bis über 25 000 V ansteigen (z. B. bei plötzlichem, vollständigem Öffnen der Drosselklappe aus dem Leerlauf heraus). Die Zündspannung an den Zündkerzen kann mit Spitzenspannungsmeßgeräten oder Oszilloskopen bei laufendem Motor gemessen werden. Sie gibt Aufschluß über die Verhältnisse in den einzelnen Zylindern und einen Hinweis auf die von der Zündenergiequelle noch zur Verfügung stehende Spannungsreserve.

Zündkerzenbeurteilung

Das Aussehen des brennraumseitigen Teils der Zündkerze – das Zündkerzengesicht – gibt nach längerem Gebrauch (mindestens 1000 km) Hinweise auf einwandfreies oder fehlerhaftes Arbeiten der Zündkerze, auf die Gemischzusammensetzung, die Gemischverteilung und den Zustand des Motors (Ölverbrauch, Kolben usw.). Vor der Prüfung sollte das Fahrzeug etwa über eine Strecke von 10 km bei mittlerer Last gefahren und ein längerer Leerlauf vor dem Abstellen vermieden werden (vergleiche hierzu Tabelle „Zündkerzengesichter" S. 416).

International genormte Zündkerzen-Bauarten

Kenn-buch-stabe	ISO-Norm	Gewinde	SW mm	Dichtsitz	Bauart	Anziehdrehmoment in Grauguß N · m	in Leicht-metall N · m
U ...	2705	M 10 × 1	16	Flach	normal	10 ... 15	10 ... 15
X ...	2704	M 12 × 1,25	17,5	Flach	normal	15 ... 25	15 ... 25
W ...[1]	1919	M 14 × 1,25	21	Flach	normal	30 ... 40	20 ... 30
F ...	8470[2]		16	Flach	normal	30 ... 40	20 ... 30
H ...	2344		16	Kegel	normal	15 ... 25	10 ... 20
WS ...	2346		19	Flach	kurz	20 ... 40	20 ... 30
HS ...	2347		16	Kegel	kurz	15 ... 25	10 ... 20

[1]) Vorzugsbauarten. [2]) z. Zt. Entwurf.

Zündkerzengesichter

Aussehen	Ursache	Abhilfe
Normal Isolatorfuß grau-weiß oder grau-gelb bis rehbraun. Geringer pulverförmiger Niederschlag auf Isolator und Elektroden, der sich leicht entfernen läßt. Gehäuseinneres hellgrau oder mit gelblichem bis schwarz-braunem Belag.	Aussage: Motor ist in Ordnung. Die Zündkerze hat die richtige Wärmewertkennzahl.	–
Verrußt Isolatorfuß, Elektroden und Zündkerzengehäuse mit meistens dickerem, pulvrigem, schwarz-grauem samtartigem Belag bedeckt.	Fehlerhafte Gemischeinstellung (Vergaser, Einspritzung); Gemisch zu fett, Luftfilter stark verschmutzt, Startautomatik nicht in Ordnung oder Starterzug (Choke) zu lange gezogen. Extremer Kurzstreckenverkehr oder Wärmewertkennzahl der Zündkerze zu niedrig.	Gemisch richtig einstellen. Motor überprüfen und eventuell Zündkerzen mit höherer Wärmewertkennzahl einsetzen.
Verölt Isolatorfuß, Elektroden und Zündkerzengehäuse mit fettem, ölig glänzendem Ruß oder Ölkohle bedeckt.	Zuviel Öl im Verbrennungsraum; stark verschlissene Kolbenringe, Zylinder oder Ventilführungen; bei 2-Takt-Motoren zuviel Öl im Gemisch.	Motor überholen; bei 2-Takt-Motoren richtiges Kraftstoff-Öl-Gemisch; neue Zündkerzen einsetzen.
Überhitzt Elektroden angeschmolzen, blumenkohlartiges Aussehen; blasige, schwammartige Isolatorfußspitze. Isolatorfuß meist blaß-grau mit Krusten und Perlenbildung an der Isolatorfußspitze.	Thermische Überlastung durch Glühzündung, z. B. durch zu frühe Zündeinstellung, Verbrennungsrückstände im Brennraum, defekte Ventile, unzureichende Kraftstoffqualität, Zündkerze sitzt lose oder hat zu hohe Wärmewertkennzahl. Vor Totalausfall (Motorschaden) Leistungsverlust.	Motor und Zündung prüfen und neue Zündkerzen mit richtigem Wärmewert verwenden.

Kombiniertes Zünd- und Benzineinspritzsystem Motronic

Die Motronic ist ein Motormanagement-System mit einem Steuergerät, das mindestens die Funktionen Zündung und Einspritzung umfaßt, aber auch je nach Bedarf weitere Subsysteme zur besseren Motorsteuerung enthalten kann.

Meßwerterfassung

Der Verbrennungsvorgang im Zylinder wird von der Gemischzusammensetzung (Luft-Kraftstoff-Verhältnis), der Gemischaufbereitung und der Gemischquantität ebenso beeinflußt wie vom Zündzeitpunkt und der im Zündfunken enthaltenen Energie. Eine optimale Motorsteuerung muß daher sowohl das Luft-Kraftstoff-Verhältnis λ über die Einspritzzeit t_i (also Einspritzmenge) als auch den Zündwinkel α_z und den Schließwinkel β_s gleichermaßen beeinflussen. Alle Parameter, die einen Einfluß auf den Verbrennungsvorgang haben, werden als Meßwerte erfaßt und funktionell so miteinander verknüpft, daß im jeweiligen Betriebszustand des Motors die optimalen Zündwinkel und Einspritzzeit berechnet werden.

Einflußgrößen/Sensoren

Die Haupteinflußgrößen sind Drehzahl und Last des Motors. Da zu jedem Drehzahl-Last-Punkt des Motors ein bestimmter Zündwinkel und eine bestimmte Einspritzzeit gehören, ist es wichtig, daß die jeweils zusammengehörenden Größen auch über derselben Drehzahl-Last-Ebene berechnet werden. Das ist nur möglich, wenn die Berechnung des Zündwinkels und der

Kennfelder des Motronic-Systems (Beispiele).

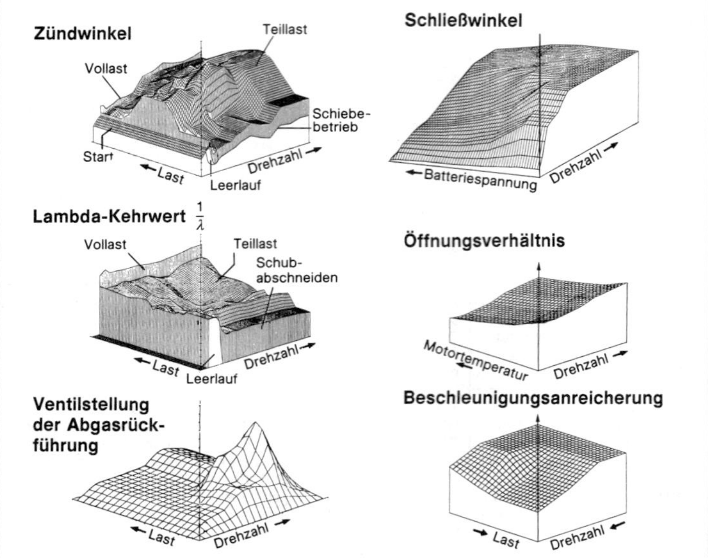

Einspritzzeit mit einer Drehzahl- und einer Lasterfassung erfolgt (Motorzustand nur einmal mit einem Satz von Sensoren erfaßt). Damit werden statistische Fehler, die sich z. B. durch Exemplarstreuungen der Last-Geber ergeben, vermieden. Während die nicht exakte Zuordnung im Teillast-Gebiet normalerweise nur Verbrauchs- oder Abgasnachteile bringt, bedeutet sie bei Vollast in klopfgefährdeten Gebieten die Erhöhung der Klopfgefahr. Die eindeutige Zuordnung des Zündwinkels und der Einspritzzeit gilt bei Motronic-Systemen auch im dynamischen Fall.

Stellglieder/Steuergerät
Funktionen, deren Wirkung über schon vorhandene Stellglieder erfolgt, sind in einem Steuergerät integriert. Ähnlich wie bei den Sensoren nimmt man auch hier die Mehrfachausnutzung wahr. Typische Beispiele sind Lambda- und Klopf-Regelung.

Steuerung bei dynamischen Vorgängen
Das für den stationären Fall Beschriebene gilt verstärkt auch für die wichtigen dynamischen Vorgänge (z. B. bei Beschleunigungen, Antiruckelmaßnahmen). Die gemeinsame Kontrolle der wesentlichen Motorsteuerungsparameter erfordert sehr schnelle Berechnungen, die vorzugsweise in einem gemeinsamen Mikrocomputer ausgeführt werden, der alle Größen zeitgerecht erfaßt und abgespeichert hat.

System Motronic

Die Motronic besteht aus einer Reihe von Subsystemen, von denen Zündung und Einspritzung die zwei Grundsysteme sind, die zusammen mehr Flexibilität und Funktionen aufweisen als die entsprechenden Einzelsysteme. Charakteristisch ist die Vielzahl von dreidimensionalen, beliebig programmierbaren Kennfeldern für viele Teilfunktionen.

Die Abgasrückführung wurde bislang in Europa nicht verwendet und daher nur alternativ zur Lambda-Regelung vorgesehen. Die Lambda-Regelung ist heute aus Gründen einer geringeren Abgasemission nur noch mit adaptiver Vorsteuerung denkbar.

Die Klopfregelung ist entweder separat über definierte Schnittstellen mit der Motronic verbunden oder in diese integriert. Diese Kombination von Subsystemen ist physikalisch sinnvoll: Sie ermöglicht sowohl ein Grundsystem (Zündung und Einspritzung) in gesteuerter Funktion als auch ein erweitertes System (mit Klopf- und Lambda-Regelung) in geregelter Funktion in einem Management-System.

Die Leerlauf-Regelung ist auf Daten des Zündsystems und des Einspritzsystems angewiesen und fügt sich organisch ein, ebenso die Tankentlüftung und Nockenwellensteuerung.

Von mikrocomputergesteuerten Systemen wird heute eine Eigendiagnose des Steuergerätes und bis zu einem bestimmten Grad auch des Gesamtsystems verlangt. Daher gehört der Diagnoseteil in Zukunft auch zum Umfang eines Motronic-Systems.

System Motronic.

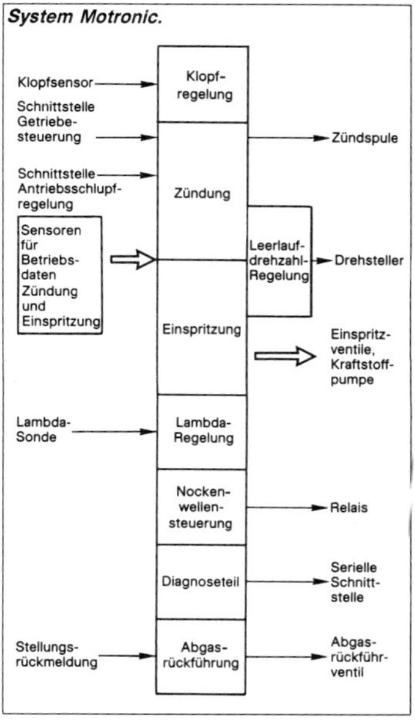

Die hier beschriebenen Funktionen sind das Minimum, das in einem Motormanagement-System integriert sein sollte. Die Hinzunahme weiterer Funktionen ist jeweils dann sinnvoll, wenn keine oder nur wenige zusätzliche Ein- oder Ausgänge benötigt werden. Systeme, die andere Ein- und Ausgangssignale als die Motronic verwenden, aber einen eng begrenzten Datenaustausch mit ihr benötigen, werden nicht integriert, sondern über Schnittstellen mit ihr verbunden. Typische Beispiele dafür sind die Getriebesteuerung und die Antischlupfregelung, die über die entsprechenden Schnittstellen eine Eingriffsmöglichkeit auf die Zündung erhalten.

System-Konfiguration

Das Schema eines typischen Motronic-Systems zeigt den Kraftstoffkreislauf und die Last- und Temperaturerfassung wie bei der L-Jetronic (s. S. 370). Es fehlt das Kaltstart-Ventil und der Thermozeitschalter, deren Funktion das Steuergerät übernimmt. Der Zusatzluftschieber ist durch den Leerlaufdrehzahlsteller ersetzt. Der Zündungsteil enthält neben der bekannten Zündspule den Hochspannungsverteiler, der in der Regel direkt auf der Nockenwelle montiert ist und gegenüber dem herkömmlichen Zündverteiler nur noch die reine Verteilerfunktion für die Hochspannung besitzt. Drehzahlabhängige und lastabhängige Zündverstellung

Schema eines typischen Motronic-Systems.
1 Kraftstoffbehälter, 2 Elektrokraftstoffpumpe, 3 Kraftstoffilter, 4 Druckregler, 5 Steuergerät, 6 Zündspule, 7 Hochspannungsverteiler, 8 Zündkerze, 9 Einspritzventil, 10 Drosselklappe, 11 Drosselklappenschalter, 12 Luftmengenmesser, 13 Lufttemperaturfühler, 14 Lambda-Sonde, 15 Motortemperaturfühler, 16 Leerlaufdrehsteller, 17 Drehzahl- und Bezugsmarkengeber, 18 Batterie, 19 Zünd-Start-Schalter, 20 Klimaschalter.

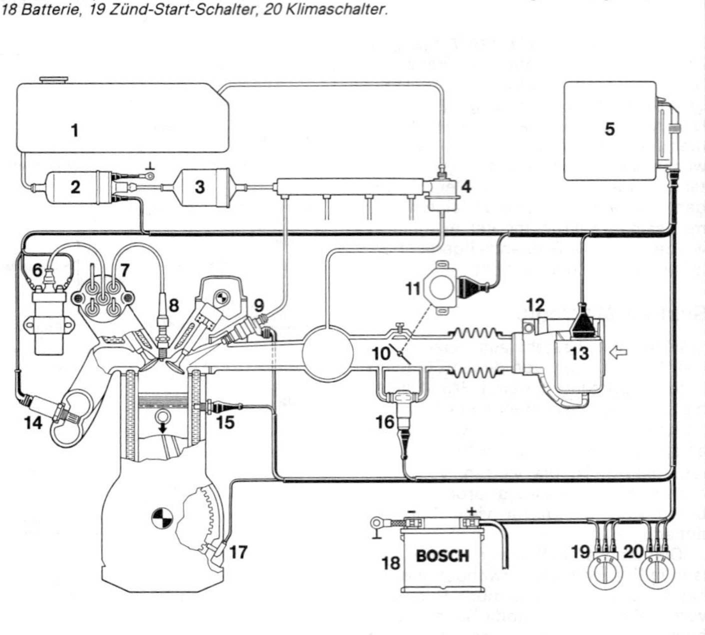

werden vom Steuergerät elektronisch realisiert. Wesentliches Merkmal des Systems ist die Drehzahlerfassung an der Kurbelwelle. Ein Induktiv-Sensor erfaßt über die Modulation seines Magnetfeldes durch den Starter-Zahnkranz die Winkelgeschwindigkeit der Kurbelwelle. Ein identisch gleicher Induktiv-Sensor erfaßt die Bezugsmarke zur Definition des Zündwinkels.

Steuergerät
Es erfaßt über die Sensoren in sehr kurzen Zeitabständen (Millisekunden) den jeweiligen Zustand des Motors. Die Sensorsignale werden in Eingangsschaltungen entstört und in einen einheitlichen Spannungsbereich gelegt. Ein Analog-Digital-Wandler transformiert sie dann in den Zahlenbereich, in dem der Mikrocomputer die gesamte Informationsverarbeitung bis zu den Ausgangsgrößen vornimmt. Die Leistungsendstufen passen die an den Mikrocomputer-Ausgängen auf niedrigem Leistungsniveau vorliegenden Größen dem an den jeweiligen Stellgliedern erforderlichen Leistungspegel an.

Alle Programme und Kennfelder sind in einem Halbleiterspeicher resident. Dies hat den großen Vorteil der eindeutigen Reproduzierbarkeit, die nicht durch Pegelschwankungen oder Bauelementschwankungen beeinflußt wird.

Die digitale Genauigkeit richtet sich nach der Wortlänge, der Konstanz der Grundtaktfrequenz eines Quarzes und der Art der Algorithmen, mit denen die Berechnungen ablaufen. Die analoge Genauigkeit wird durch die Konstanz und Genauigkeit der Referenzspannungen und die in den Eingangskreisen verwendeten Bauelemente beeinflußt.

Die Programmgestaltung muß auf die extrem harten Echtzeitanforderungen des Motors Rücksicht nehmen: Bei Maximaldrehzahlen eines 6-Zylinder-Motors stehen zwischen zwei Zündungen nur etwa 3 ms zur Verfügung. In dieser Zeit müssen alle wesentlichen Berechnungen erfolgen. Neben diesen kurbelwellensynchronen gibt es auch zeitsynchrone Abläufe. Beide können zudem noch durch Interrupts unterbrochen werden.

Motorsport

Der Einsatz der Motronic in Rennsportmotoren zeichnet sich durch zwei Besonderheiten aus:
a) die Drehzahlen sind wesentlich höher als bei Serienmotoren und
b) die Lasterfassung darf keinen Leistungsverlust ergeben.

Als Hauptsteuergröße wird der Saugrohrdruck und nicht wie bei Serienmotoren die angesaugte Luftmenge benutzt. Damit unterscheiden sich Motronic-Steuergeräte für Motorsport-Anwendungen grundsätzlich von Serien-Steuergeräten. Wegen der im Motorsport gravierenden Echtzeit-Bedingungen werden dort auch eher Mehrrechner-Systeme verwendet, wenn der Funktionsumfang wächst.

Hochleistungssport ist ohne den Einsatz moderner Elektronik zur Motorsteuerung nicht mehr denkbar. Das Betreiben der Motoren an den Grenzen der physikalischen Belastbarkeit erfordert hochpräzise und eindeutig reproduzierbare Steuerungen. Das Ergebnis sind extrem niedrige spezifische Verbräuche (typisch 300 g/kWh) und wertvolle Erkenntnisse, die Jahre später nutzbringend für Serienprojekte eingesetzt werden können.

Vorteile der Motronic

1. Geringer Platzbedarf im Fahrzeug.
2. Mehrfachausnutzung von Gebern und Interfaceschaltungen. Mehrfachausnutzung von aufbereiteten Informationen (Software).
3. Optimierung instationärer Vorgänge, ohne auf die Vorteile der stationären Anpassung zu verzichten.
4. Flexibilität von Mikrocomputer-Konzepten.
5. Digital-Technik: Kennfelder, Langzeitkonstanz.
6. Reduktion des Kraftstoffverbrauchs bei gleichzeitiger Erfüllung der Abgasgesetze und gutem Fahrverhalten sowie erhöhter Leistung (höhere Verdichtung, Magerbetrieb).
7. Einfache Applikation: Eindeutigkeit, Reproduzierbarkeit, Dokumentation.
8. Einfache Motor-Optimierung über rechnergesteuerten Motorprüfstand.

Elektrische Energieversorgung im Kraftfahrzeug

Die elektrische Energie im Kfz muß so verfügbar sein, daß das Kraftfahrzeug jederzeit startfähig ist, während des Betriebs ausreichende Stromversorgung vorhanden ist und auch im abgestellten Zustand elektrische Verbraucher noch angemessene Zeit zu betreiben sind, ohne daß ein nachfolgender Start unmöglich wird. Batterie, Starter, Generator und Bordnetz müssen für den Anwendungsfall aufeinander abgestimmt sein. Die Kriterien sind: niedriges Gewicht oder kleines Volumen oder niedriger Kraftstoffverbrauch. In der Regel steht niedriger Kraftstoffverbrauch im Vordergrund. Folgende Einflüsse sind wichtig:

Starttemperatur

Die Temperatur, bei der der Motor noch gestartet werden kann, ist u. a. abhängig von Batterie (Kapazität, Innenwiderstand, Ladezustand usw.) und Starter (Größe, ohne/mit Vorgelege, Erregung elektr./permanent, usw.). Soll der Motor bei z. B. –20 °C gestartet werden, muß ein Mindestladezustand p vorhanden sein.

Generatorstromabgabe

Die Stromabgabe des Generators ist drehzahlabhängig. Bei Motorleerlaufdrehzahl n_L kann der Generator nur einen Teil seines Nennstromes abgeben. Ist der Verbraucherstrom I_V größer als der Generatorstrom I_G, z. B. bei Motorleerlauf, entlädt sich die Batterie. Die Spannung im Bordnetz sinkt.

Fahrbetrieb

Die dem Generator angebotene Drehzahl hängt vom Einsatz des Fahrzeuges ab. Die Summenhäufigkeitsdarstellung der Drehzahl gibt an, wie häufig eine bestimmte Drehzahl beim Einsatz des Fahrzeuges erreicht bzw. überschritten wird.

Ein Pkw hat im Berufsverkehr einen hohen Anteil an Motorleerlaufdrehzahl, bedingt durch Stau oder Halt an der Ampel. Bei Fahrt auf der Autobahn ist der Leerlaufanteil in der Regel klein. Beim Omnibus im Linienverkehr kommen zusätzliche Leerlaufanteile durch Haltestellen hinzu. Ungünstig auf den Batterieladezustand wirken sich eingeschaltete Verbraucher bei abgestelltem Motor (z. B. Endhaltestelle) aus. Omnibusse im Reiseverkehr haben in der Regel nur geringen Leerlaufanteil.

Verbraucherleistungen

Die elektrischen Verbraucher haben unterschiedliche Einschaltdauer. Man

Mögliche Starttemperatur in Abhängigkeit vom Batterie-Ladezustand.
p Mindestladezustand

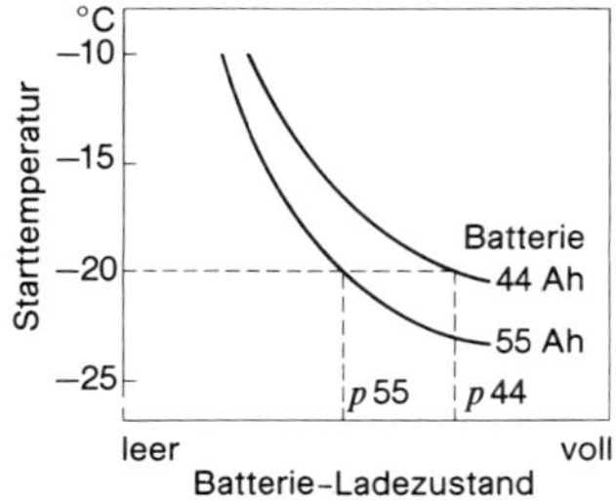

Generatorstromabgabe I_G in Abhängigkeit von der Generatordrehzahl.
I_V Verbraucherstrom
n_L Motorleerlaufdrehzahl

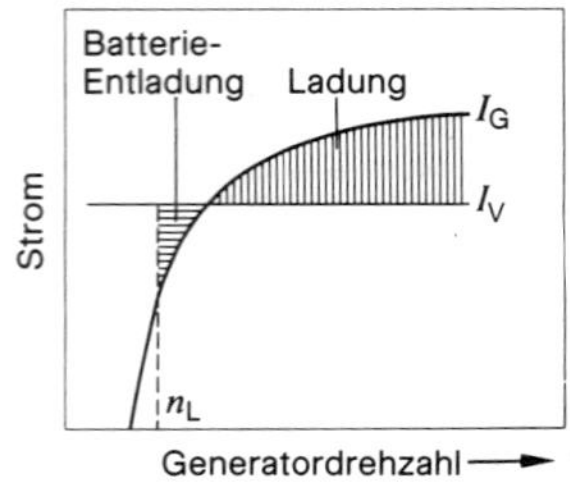

unterscheidet zwischen Dauerverbrauchern (Zündung, Kraftstoffeinspritzung, usw.), Langzeitverbrauchern (Beleuchtung, heizbare Heckscheibe, usw.) und Kurzzeitverbrauchern (Blinklicht, Bremslicht, usw.). Die Benutzung mancher elektrischer Verbraucher ist von der Jahreszeit abhängig (Klimaanlage im Sommer, Sitzheizung im Winter). Die Einschalthäufigkeit elektrischer Kühlerventilatoren ist temperatur- und fahrbetriebsabhängig. Im Winter wird überwiegend im Berufsverkehr mit Beleuchtung gefahren.

Ladespannung
Die Batterieladespannung muß mit Rücksicht auf die chemischen Vorgänge in der Batterie bei Kälte höher, bei Wärme niedriger sein. Die maximal zulässige Spannung, bei der die Batterie nicht „gast", gibt die Gasungsspannungskurve an.

Verbraucher benötigen eine möglichst konstante Spannung. Für Glühlampen muß die Spannung eng toleriert sein, damit Lebensdauer und Lichtstärke innerhalb vorgegebener Grenzen liegen. Der Regler begrenzt das Spannungsniveau nach oben. Er beeinflußt die Unterspannungsgrenze dann, wenn der mögliche Generatorstrom größer ist als der benötigte Verbraucherstrom. Regler sind üblicherweise an den Generator angebaut.

Bei größeren Abweichungen zwischen Generator-Ansaugluft-Temperatur (= Reglertemperatur) und Batterie-Säure-Temperatur ist es von Vorteil, die Temperatur für die Spannungsregelung direkt an der Batterie zu erfassen.

Dynamische Systemkennlinie
Das Zusammenwirken der Komponenten Batterie, Generator, Verbraucher, Temperatur, Drehzahl und Übersetzung Motor/Generator führt zur Systemkennlinie. Sie ist spezifisch für jede Kombination und jede Betriebsbedingung und damit eine dynamische Angabe. Die dynamische Systemkennlinie kann mit xy-Schreiber an den Klemmen der Batterie gemessen werden.

Ladebilanzrechnung
Bei der Ladebilanzrechnung sind die vorstehenden Einflußgrößen zu berücksichtigen. Mit Hilfe eines Computerprogramms wird der Batterieladezustand am Ende eines typischen Fahrzyklusses ermittelt. Ein üblicher Zyklus für Pkw ist Berufsverkehr (niedriges Drehzahlangebot) kombiniert mit Winterbetrieb (geringe Ladestromaufnahme der Batterie). Für Fahrzeuge mit Klimaanlage (hoher Stromverbrauch) kann unter Umständen Sommerbetrieb ungünstiger sein.

Summenhäufigkeit der Motordrehzahl bei Stadt- und Autobahnfahrt.

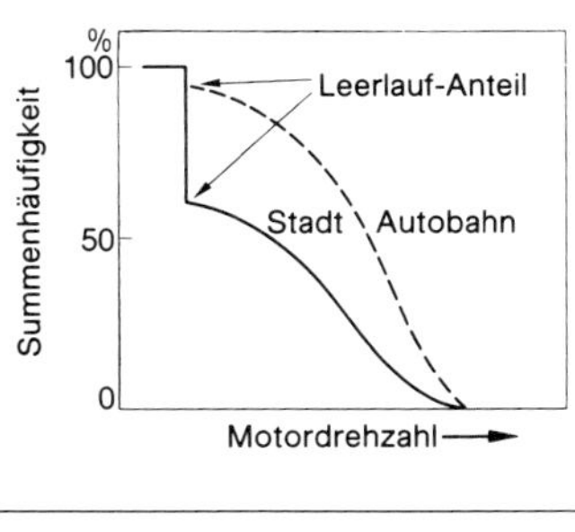

Dynamische Systemkennlinien
(Hüllkurven bei Stadtfahrt),
1 bei großem Generator und kleiner Batterie,
2 bei kleinem Generator und großer Batterie.

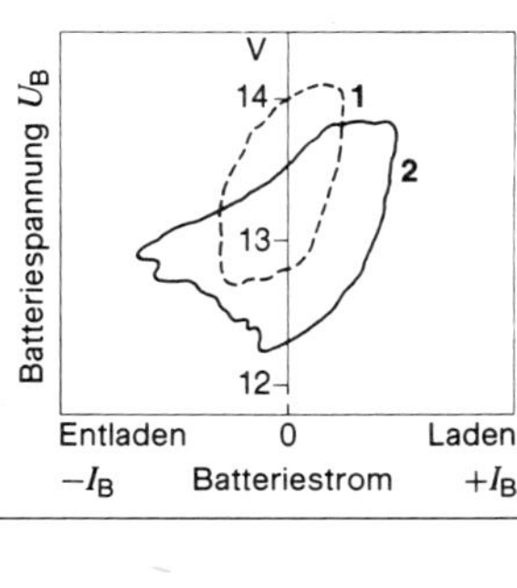

Bleibatterie

Die aktiven Materialien der Bleibatterie sind das Bleioxid (PbO_2) der Plusplatte, das schwammige, hochporöse Blei (Pb) der Minusplatte und der Elektrolyt, verdünnte Schwefelsäure (H_2SO_4). Der Elektrolyt ist gleichzeitig Ionenleiter für Ladung und Entladung. PbO_2 und Pb nehmen gegenüber dem Elektrolyten jeweils typische elektrische Spannungen (Einzelpotentiale) an, deren Subtraktion die von außen meßbare Zellenspannung ergibt. Sie beträgt ca. 2 V in Ruhe, steigt bei Ladung an und sinkt bei Belastung ab. Bei der Entladung wird PbO_2 und Pb mit H_2SO_4 zu $PbSO_4$ (Bleisulfat) umgesetzt, daher verarmt der Elektrolyt an SO_4-(Sulfat-)Ionen, die Säuredichte sinkt. Bei der Ladung werden die aktiven Materialien PbO_2 und Pb aus $PbSO_4$ wieder aufgebaut.

$PbO_2 + 2H_2SO_4 + Pb \leftrightarrows PbSO_4 + 2H_2O + PbSO_4$

$\rightarrow$ Entladung, $\leftarrow$ Ladung

Wenn nach vollständiger Ladung weitergeladen wird, findet nur noch elektrolytische Wasserzersetzung unter Bildung von Knallgas statt (Sauerstoff an der Plusplatte, Wasserstoff an der Minusplatte).

Die Säuredichte kann als Maß für den Ladezustand verwendet werden. Unsicherheiten ergeben sich hierbei konstruktionsbedingt (s. Tabelle mit Streubereichen) sowie durch Säureschichtung und Batterieverschleiß mit teilweise irreversibel sulfatierten und/oder stark abgeschlammten Platten.

Verhalten in Kälte

Je tiefer die Entladung, desto mehr wird die Säure verdünnt. Damit erhöht sich der Gefrierpunkt.

Eine Batterie mit gefrorenem Elektrolyten kann nur noch niedrige Ströme abgeben und ist zum Starten nicht verwendbar.

Mischung frischer Säure

Zur Vermeidung von Spritzern stets konzentrierte Schwefelsäure in destilliertes Wasser gießen, nie umgekehrt. Dabei mit säurefestem Stab (Glas oder Kunststoff) umrühren. Die folgende Tabelle zeigt, wie einige der üblichen Säurekonzentrationen durch Mischung hergestellt werden können. Für andere Werte kann linear interpoliert werden.

Mischanleitung

Gewünschte Säuredichte kg/l	Volumenverhältnis konzentrierte Schwefelsäure (96 %) zu destilliertem Wasser
1,23	1:3,8
1,26	1:3,2
1,28	1:2,8
1,30	1:2,6
1,34	1:2,3

Säurewerte der verdünnten Schwefelsäure

Ladezustand	Batterieausführung	Säuredichte kg/l[1])	Gefrierschwelle °C
geladen	normal	1,28	−68
	für Tropen	1,23	−40
halb geladen	normal	1,16/1,20[2])	−17 ... −27
	für Tropen	1,13/1,16[2])	−13 ... −17
entladen	normal	1,04/1,12[2])	−3 ... −11
	für Tropen	1,03/1,08[2])	−2 ... −8

[1]) Bei 20 °C: Die Säuredichte sinkt bei steigender und steigt bei sinkender Temperatur um etwa 0,01 kg/l je 14 °C Temperaturänderung.

[2]) Niedriger Wert: Hohe Säureausnutzung
Hoher Wert: Niedrige Säureausnutzung.

Batteriekenngrößen

Bezeichnung
Neben mechanischen Merkmalen wie Abmessungen, Befestigungsart, Endpolausführung sind hauptsächlich elektrische Werte charakteristisch, die nach bestimmten Prüfnormen (z. B. DIN 43539, Teil 2) gemessen werden. Die in der Bundesrepublik Deutschland hergestellten Starterbatterien sind nach DIN 72310, 72311 durch eine 5stellige Typnummer, die Nennspannung, die Nennkapazität und den Kälteprüfstrom (nur bei Starterbatterien) gekennzeichnet. Beispiel: 56618, 12 V 66 Ah 300 A.

Kapazität
Die Kapazität ist die unter bestimmten Bedingungen entnehmbare Strommenge in Ah. Sie sinkt mit steigendem Entladestrom und sinkender Temperatur.

Nennkapazität K_{20}
Nach DIN definiert als die Strommenge, die innerhalb von 20 h bis zu einer Entladeschlußspannung von 1,75 V/Zelle mit konstantem Entladestrom entnommen werden kann. Die Nennkapazität ergibt sich aus den eingesetzten Mengen an aktivem Material (Plus-, Minusmasse und Säure) und hängt nur relativ wenig von der Plattenanzahl ab.

Kälteprüfstrom I_{KP}
Kennzeichnet die Startfähigkeit der Batterie bei Kälte. Nach DIN muß die Klemmenspannung bei Entladung mit I_{KP} und $-18\,°C$ 30 s nach Entladebeginn mindestens 1,5 V/Zelle, 150 s nach Entladebeginn mindestens 1 V/Zelle betragen. Maßgeblich für das durch I_{KP} gekennzeichnete Kurzzeitverhalten sind die Plattenanzahl, die Plattenfläche, der Plattenabstand und das Separatorenmaterial. Eine weitere, das Startverhalten kennzeichnende Größe ist der Innenwiderstand R_i. Für $-18\,°C$ und volle Batterie (12 V) gilt: $R_i = (2100 \ldots 2400)/I_{KP}$ (mΩ), wobei I_{KP} in A einzusetzen ist.

Der Innenwiderstand der Batterie bestimmt zusammen mit den übrigen Widerständen des Starterstromkreises die Durchdrehdrehzahl beim Start.

Batteriespannungsverlauf in Abhängigkeit von der Entladezeit bei verschiedenen Entladeströmen.

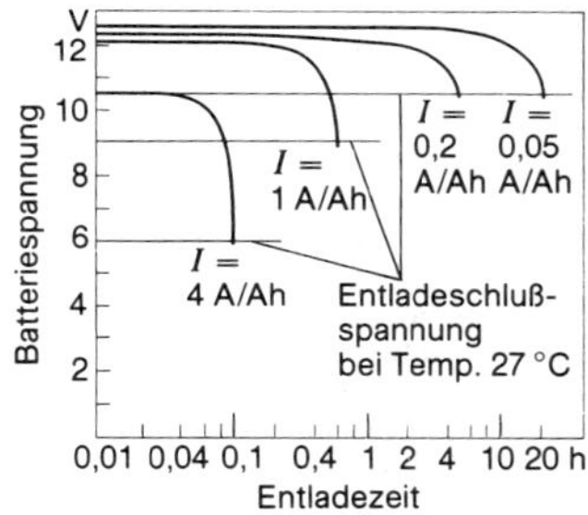

Entnehmbare Kapazität in Abhängigkeit von Entladestrom und Temperatur.

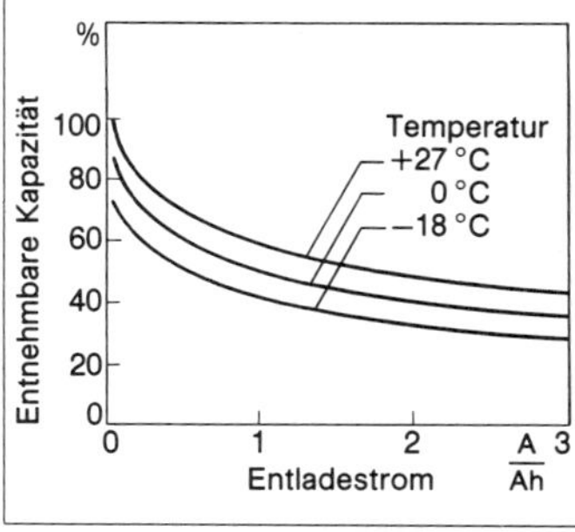

Korrekturfaktor für den Batterie-Innenwiderstand in Abhängigkeit von Säuretemperatur und Entladezustand.

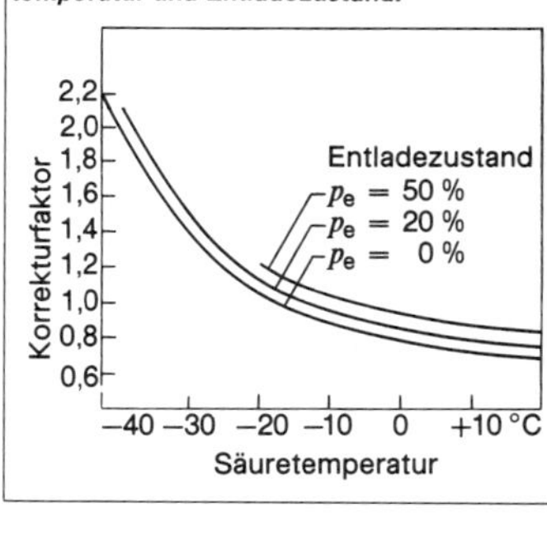

Bordnetz
Die Art der Verkabelung zwischen Generator, Batterie und Verbrauchern beeinflußt ebenfalls das Spannungsniveau und damit den Batterieladezustand. Sind alle Verbraucher batterieseitig angeschlossen, fließt auf der Ladeleitung der Gesamtstrom $I_G = I_B + I_V$. Durch den hohen Spannungsabfall ist die Ladespannung niedriger. Sind dagegen alle Verbraucher generatorseitig angeschlossen, ist der Spannungsabfall kleiner, die Ladespannung höher. Dabei können Verbraucher, die empfindlich sind gegen Spannungsspitzen oder hohe Spannungswelligkeit (Elektronik), benachteiligt sein. Es empfiehlt sich deshalb, spannungsunempfindliche Verbraucher mit höherer Leistungsaufnahme am Generator und spannungsempfindliche Verbraucher mit kleinerer Leistungsaufnahme an der Batterie anzuklemmen. Geeignete Leitungsquerschnitte, gute Verbindungsstellen, deren Übergangswiderstände sich auch nach längerer Betriebszeit nicht verschlechtern, halten Spannungsabfälle klein.

Kraftstoffverbrauch
Ein kleiner Teil des vom Fahrzeug verbrauchten Kraftstoffs wird zum Antrieb des Generators sowie zum Transport der Gewichte von Starter, Batterie und Generator benötigt (ca. 5 % bei einem Mittelklasse-Pkw). Durchschnittlicher Kraftstoffverbrauch auf 100 km Fahrstrecke:
für 10 kg Gewicht ca. 0,1 l, für 100 W Antriebsleistung ca. 0,1 l. Generatoren mit höherem Teillastwirkungsgrad leisten deshalb trotz ihres geringen Mehrgewichts einen Beitrag zur Kraftstoffersparnis.

Bordnetz mit Anschluß der Verbraucher an Generator und Batterie.

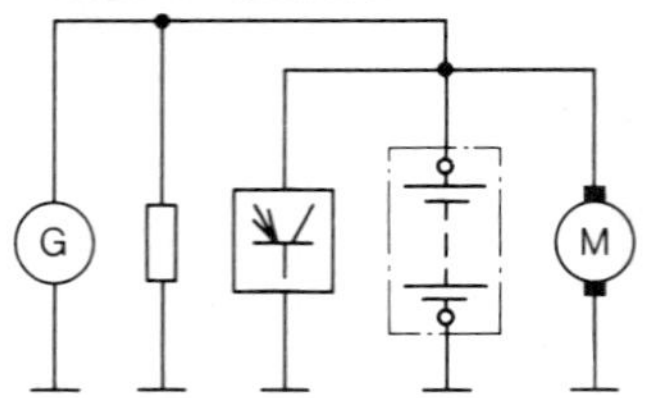

Installierte Verbraucher mit Berücksichtigung der Einschaltdauer

Verbraucher	Leistungs-aufnahme	Mittlere Verbraucher-leistung
Zündung	40 W	40 W
Radio	10 W	10 W
Standlicht	8 W	7 W
Abblendlicht	110 W	90 W
Kennzeichen-Leuchte, Schlußleuchte	30 W	25 W
Kontroll-Leuchte, Instrumentenbeleuchtung	7 W	5 W
Beheizbare Heckscheibe	80 W	34 W
Wagenheizung	120 W	50 W
Elektrischer Scheibenwischer	60 W	25 W
Scheibenwischer	30 W	5 W
Bremslicht	42 W	11 W
Blinklicht	42 W	6 W
Nebelscheinwerfer	110 W	20 W
Nebelschlußleuchte	21 W	2 W
Summe		
Installierte Verbraucher	710 W	
Mittlere Verbraucherleistung		330 W

Starterbatterie

Die Starterbatterie hat im Bordnetz die Funktion eines chemischen Speichers für elektrische Energie, die der Generator erzeugt. Sie muß sowohl in der Lage sein, kurzfristig (besonders bei tiefen Temperaturen) hohe Ströme für den Kaltstart zu liefern als auch über begrenzte Zeit insbesondere bei Motorleerlauf und Motorstillstand andere wichtige Verbraucher des Bordnetzes ganz oder teilweise mit elektrischer Energie zu versorgen. Hierzu dient im allgemeinen der Blei-Schwefelsäure-Akkumulator. Typische Bordnetzspannungen sind (6 V), 12 V, 24 V, (48 V). Die übliche Batteriespannung ist 12 V, höhere Spannungen werden durch Reihenschaltung mehrerer 12-V-Batterien erreicht. 6-V-Bordnetze findet man nur noch in Kfz älterer Baujahre.

Anforderungen

Neben den an das jeweilige Bordnetz angepaßten Anforderungen an Startleistung, Kapazität und Ladestromaufnahme über einen Temperaturbereich von ca. −30 °C ... +70 °C gibt es weitere Bedingungen, die in bestimmten Anwendungsfällen erfüllt werden müssen (Wartungsfreiheit, Rüttelfestigkeit usw.).

Aufbau

Eine moderne 12-V-Starterbatterie entsteht durch Reihenschaltung von 6 Zellen, die in einen durch Trennwände unterteilten Blockkasten aus Polypropylen eingebaut werden. Eine Zelle besteht aus je einem positiven und einem negativen Plattensatz, aufgebaut aus Platten (Bleigitter und aktive Masse) sowie mikroporösem Isoliermaterial (Separatoren) zwischen Platten verschiedener Polarität. Als Elektrolyt dient verdünnte Schwefelsäure, die den freien Zellenraum und die Poren von Platten und Separatoren ausfüllt. Endpole, Zellen- und Plattenverbinder bestehen aus Blei, die Zellenverbinder werden durch die Zellentrennwand dicht hindurchgeführt. Oben wird die Batterie durch den Blockdeckel, der im Heißsiegelverfahren auf den Blockkasten aufgebracht wird, verschlossen. In konventionellen Batterien besitzt jede Zelle einen Stopfen, der der Erstfüllung, der Wartung und der Ableitung der Ladegase dient. Wartungsfreie Batterien werden häufig scheinbar völlig geschlossen geliefert, trotzdem benötigen auch sie Entgasungsöffnungen.

Wartungsfreie Starterbatterie.
1 Blockdeckel
2 Pol-Abdeckkappe
3 Direkt-Zellenverbinder
4 Endpol
5 Fritte
6 Plattenverbinder
7 Blockkasten
8 Bodenleiste
9 Plusplatten in Folienseparatoren eingetascht
10 Minusplatten

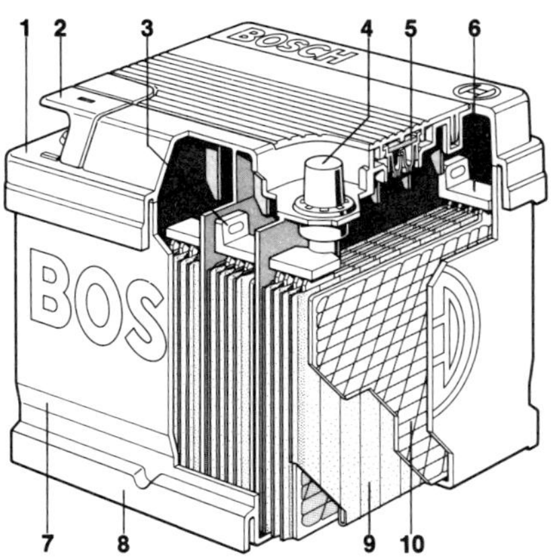

Batterieausführungen

Wartungsfreie Batterie

Durch metallurgische Maßnahmen ist die Wasserzersetzung bei Überladung unter Bordnetzbedingungen (U = konst.) so weit reduziert, daß der Elektrolytvorrat über den Platten für die Gesamtlebensdauer ausreicht. Der übliche Weg besteht darin, den Antimongehalt der Plusgitterlegierung stark zu reduzieren bzw. das Antimon durch andere Metalle, z. B. Kalzium, zu ersetzen. Bei konventionellen Batterien kann Wartungsfreiheit durch Einsatz von katalytisch arbeitenden sogenannten Rekombinationsstopfen erreicht werden. Sofern eine wartungsfreie Batterie außerhalb des Bordnetzes nachgeladen wird, ist die Ladespannung auf (2,3 ... 2,4 V)/Zelle zu begrenzen; bei Ladung mit konstantem Strom oder Ladegeräten mit W-Kennlinie wird auch bei wartungsfreien Batterien zwangsläufig Wasser verbraucht.

Zyklenfeste Batterie

Starterbatterien sind aufgrund ihrer Bauweise (Plattendicke, Separatorenmaterial) nur bedingt geeignet für Einsatzfälle mit wiederholten tiefen Entladungen, da hierbei ein starker Verschleiß der Plusplatten (insbesondere durch Lockerung und Abschlammung der aktiven Masse) eintritt. In zyklenfesten Starterbatterien ist die Plusmasse von Separatoren mit Glasmatte abgestützt und wird dadurch am vorzeitigen Abschlammen gehindert. Die in Lade-/Entladezyklen gemessene Lebensdauer ist etwa doppelt so lang wie bei Standardbatterien. Zyklenfeste Starterbatterien sind durch den Buchstaben „Z" gekennzeichnet.

Rüttelfeste Batterie

In rüttelfesten Batterien werden die Plattenblöcke durch Fixierung mit Gießharz oder Kunststoff an Relativbewegungen gegenüber dem Blockkasten gehindert. DIN schreibt vor, daß eine 20stündige Sinus-Rüttelprüfung mit 22 Hz und einer Maximalbeschleunigung von $6 \cdot g$ in Vertikalrichtung bestanden werden muß. Diese Anforderung liegt etwa um den Faktor 10 höher als die an Standardbatterien gestellte. Rüttelfeste Batterien werden hauptsächlich in Nutzfahrzeugen, Baumaschinen, Schleppern usw. eingesetzt. Kennzeichnung durch „Rf".

HD-Batterie

Kombination von zyklenfester und rüttelfester Batterie. Einsatz in Nutzfahrzeugen, bei denen hohe Rüttelbeanspruchung und zyklische Belastung gegeben sind. Kennzeichnung durch „HD".

„S"-Batterie

Im Aufbau ähnlich den zyklenfesten Batterien, jedoch dickere und dafür weniger Platten. Für „S"-Batterien wird kein Kälteprüfstrom angegeben; ihre Startleistung liegt deutlich niedriger (um 35 ... 40 %) als die gleichgroßer Starterbatterien. Anwendung in Fällen mit sehr starker zyklischer Belastung, z. T. sogar für Traktionszwecke (s. a. Antriebsbatterie S. 431).

Betriebszustände

Entladung

Kurz nach Beginn der Entladung geht die Batteriespannung auf einen Wert zurück, der sich bei Fortsetzung der Entladung nur noch relativ langsam ändert. Erst unmittelbar vor Ende der Entladung, das durch Erschöpfung eines oder mehrerer der aktiven Bestandteile Plusmasse, Minusmasse und Säure bedingt ist, bricht die Spannung schnell zusammen.

Batterieladung: W-Kennlinie.
1 Ladespannung, 2 Ladestrom.

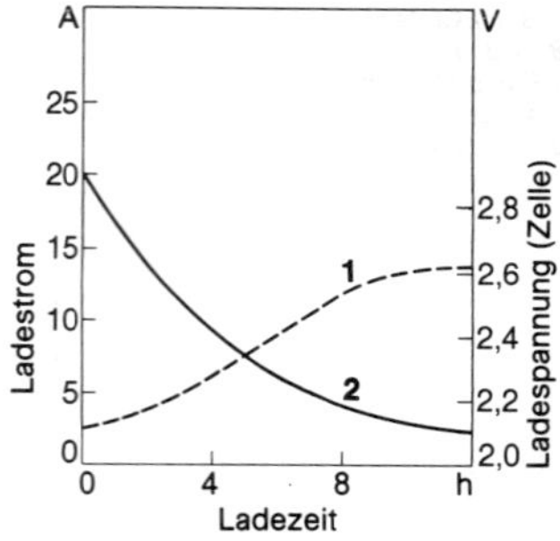

Ladung
Im Kfz-Bordnetz wird die Batterie mit Spannungsbegrenzung geladen; dies entspricht der sogenannten IU-Lademethode. Der Ladestrom geht automatisch zurück, sobald eine oder beide Elektroden voll sind. Damit wird eine schädliche Überladung verhindert und eine lange Batterielebensdauer sichergestellt. Werkstatt- und Heimlader arbeiten hingegen teilweise noch mit konstantem Strom oder nach einer W-Kennlinie. In beiden Fällen wird auch nach Erreichen des vollen Ladezustands mit nur wenig vermindertem oder gar konstantem Strom weitergeladen, was zu erheblichem Wasserverbrauch und zur Korrosion der positiven Gitter führt (s. S. 420).

Selbstentladung (s. a. Batteriepflege)
Batterien entladen sich im Lauf der Zeit, auch dann, wenn sie nicht belastet sind. Moderne, antimonarme oder antimonfreie Batterien verlieren bei Raumtemperatur im Neuzustand täglich ca. 0,1 ... 0,2 % ihrer Ladung. Mit zunehmendem Batteriealter kann dieser Wert infolge von Antimonwanderung zur Minusplatte und durch sonstige Verunreinigungen bis auf 1 % pro Tag und mehr ansteigen und letztlich auch zum Batterieausfall führen.

Faustregel für Temperatureinfluß: Je 10 °C Erhöhung verdoppeln die Selbstentladung.

Batterieladung: IU-Kennlinie.
1 Ladespannung, 2 Ladestrom.

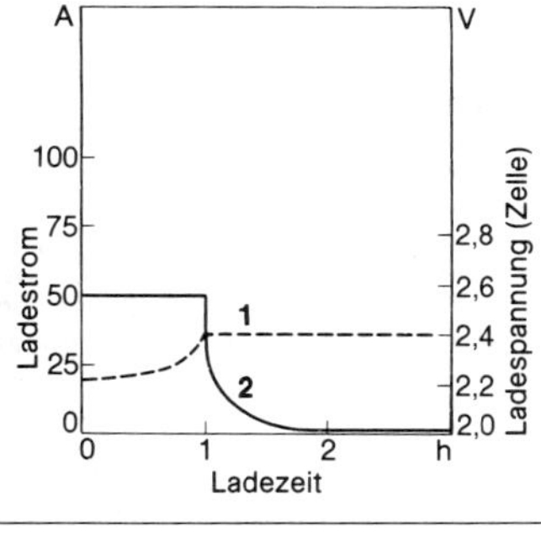

Batteriepflege
Bei wartungsarmen Batterien sollte der Elektrolytstand einmal im Jahr bzw. alle 25 000 km kontrolliert werden und bei Bedarf mit destilliertem Wasser bis zur vom Batteriehersteller angegebenen max-Marke aufgefüllt werden. Im Interesse geringer Selbstentladung ist die Batterie sauber und trocken zu halten. Vor Beginn der kalten Jahreszeit empfiehlt sich noch eine Kontrolle des Ladezustands durch Messung der Säuredichte oder, wo nicht möglich, der Ruhespannung. Liegt die Säuredichte unter 1,20 g/ml bzw. die Ruhespannung unter 12,2 V, sollte die Batterie nachgeladen werden. Endpole, Anschlußklemmen und Befestigungsteile sind mit Säureschutzfett einzufetten. Bei Einbau zuerst Plusleitung, dann Minusleitung anschließen, bei Ausbau zuerst Minusleitung, dann Plusleitung lösen (bei Minus an Masse). Vor Arbeiten an der elektrischen Anlage des Fahrzeugs das Massekabel lösen.

Batterien, die vorübergehend außer Betrieb gesetzt werden, sind kühl und trocken zu lagern. Säuredichte bzw. Ruhespannung sind im Abstand von ca. 3 ... 4 Monaten zu kontrollieren; sofern die Werte unter 1,20 g/ml bzw. unter 12,2 V liegen, ist nachzuladen. Beim Laden Pluspol der Batterie mit Pluspol, Minuspol der Batterie mit Minuspol des Ladegeräts verbinden. Für wartungsarme und wartungsfreie Batterien am besten geeignet ist die IU-Ladung mit einer maximalen Spannung von 14,4 V, da hierbei ohne Risiko der Überladung eine Ladezeit von z. B. 24 h für sichere Volladung eingestellt werden kann. Sofern mit konstantem Strom oder mit W-Kennlinie geladen wird, sollte der Strom bei Eintreten der sichtbaren Gasentwicklung nicht mehr als $^1/_{10}$ der Nennkapazität in A, z. B. bei einer 66-Ah-Batterie 6,6 A, betragen. Anschließend (nach ca. 1 h) ist die Ladung abzuschalten. Laderaum lüften (Knallgasbildung, Explosionsgefahr, keine offene Flamme, Vorsicht vor Funkenbildung durch Batteriekurzschlüsse, z. B. mit Werkzeug).

Batteriestörungen

Funktionsstörungen, deren Ursache Schäden im Innern der Batterie sind (z. B. Kurzschlüsse durch Separatorenverschleiß oder ausgefallene aktive Masse, Unterbrechung von Zellen- oder Plattenverbindern u. a.) lassen sich im allgemeinen nicht durch eine Reparatur, sondern lediglich durch Ersatz der Batterie beseitigen. Ein Kennzeichen für innere Kurzschlüsse sind von Zelle zu Zelle stark schwankende Säuredichtewerte (Differenz zwischen min. und max. >0,03 g/ml). Bei Verbinderunterbrechung kann die Batterie häufig noch mit kleinen Strömen entladen und auch geladen werden, beim Start jedoch bricht auch bei vollem Ladezustand die Spannung sofort zusammen.

Sofern kein Batteriedefekt festzustellen ist, die Batterie aber trotzdem permanent tief entladen ist (Kennzeichen: niedrige Säuredichte in allen Zellen, keine Startleistung) oder überladen wird (Kennzeichen: hoher Wasserverbrauch), liegt ein Fehler im Bordnetz vor (Generator defekt, elektrische Verbraucher bleiben bei Motorstillstand z. B. durch schadhafte Relais eingeschaltet, Generatorregler zu hoch oder zu niedrig eingestellt oder ohne Funktion). In Batterien, die längere Zeit tief entladen stehen, vergröbern sich die $PbSO_4$-Kristalle in der aktiven Masse. Die Wiederaufladung ist dadurch erschwert. Zur Regenerierung muß mit kleinem Ladestrom, ca. $^1/_{40}$ der Nennkapazität in A, etwa 50 h lang geladen werden.

Batterieladegeräte

Ladekennlinien

Die gebräuchlichste Art ist die Ladung nach der W-Kennlinie. Es handelt sich hierbei meistens um ungeregelte Geräte. Der Ladestrom nimmt aufgrund des Geräteinnenwiderstands mit steigender Batteriespannung stetig ab (Ladezeiten von 12 ... 14 Stunden).

Für wartungsfreie Batterien sind diese Geräte aufgrund der fehlenden Ladespannungsbegrenzung nur bedingt geeignet. Hierfür sind vorzugsweise Geräte einzusetzen, die nach der IU- oder WU-Kennlinie arbeiten. Bei der Ladung nach der IU-Kennlinie wird bis zur Gasungsspannung der Bleibatterie (2,4 V/Zelle) mit konstantem Strom (Geräteschutz vor Überlastung) geladen. Danach bleibt die Ladespannung konstant (Batterieschutz vor Überladung) und der Strom geht stark zurück. Bei genügend hohem Anfangsladestrom sind mit IU-Ladegeräten Ladezeiten von <5 Std. zu erreichen.

Sowohl die IU- als auch die W-Kennlinie gibt es mit speziellem Verlauf (z. B. Wa, WOW, IUW). Nach diesen aneinandergesetzten Kennlinien können bestimmte Anforderungen an Ladezeit/Füllungsgrad und Wartungsfreiheit erreicht werden.

Ladestrom- und Spannungseinstellung

Bei geregelten Geräten (z. B. IU-Kennlinie) werden die momentanen Istwerte von Ladestrom und Ladespannung einem Regler zugeführt. Dieser vergleicht die Istwerte mit intern vorgegebenen Sollwerten und versucht, über ein Stellglied die Regelabweichung auf 0 zu regeln.

Bei geregelten Geräten sind die sonst üblichen Ladestrom-Änderungen durch Netzspannungsänderungen usw. ausgeregelt. Dies wirkt sich u. a. positiv auf die Batterielebensdauer und die Wartungsintervalle aus.

Ladestrom

Bei der Normalladung wird mit einem Strom, der etwa 10 % des Zahlenwertes der Batterienennkapazität (Ah) beträgt, geladen. Die Ladezeit bis zur Vollladung beträgt mehrere Stunden. Durch Schnelladen ($I_L=5 \cdot I_5$) können entladene Batterien ohne Schaden auf ca. 80 % ihrer Nennkapazität aufgeladen werden. Bei Erreichen der Gasungsspannung muß der Ladestrom entweder abgeschaltet (z. B. Wa-Kennlinie) oder auf einen geringeren Wert umgeschaltet (z. B. WOWa) werden. Das Ab- bzw. Umschalten geschieht über eine einstellbare Ladezeitbegrenzung oder eine Abschaltautomatik.

Antriebsbatterie

Die Antriebsbatterie findet bei Schienen- und Straßenfahrzeugen sowie bei Flurförderzeugen mit Elektroantrieb Anwendung.

Anforderungen
Große Energiedichte und hohe Zyklenfestigkeit sind bestimmende Parameter für Reichweite und Lebensdauer. Die Entladezeiten für vollständige Entladung bewegen sich zwischen ca. 2 h für Elektrostraßenfahrzeuge und ca. 5 h für Flurförderzeuge (typische Werte).

Bleibatterien
Wie bei der Starterbatterie, so dominiert auch bei der Antriebsbatterie das System Blei – Schwefelsäure. Selbst nach inzwischen z. T. Jahrzehnte andauernden Entwicklungsaktivitäten an theoretisch wesentlich leistungsfähigeren Systemen sind ähnlich problemlose und für Serienfertigung geeignete Alternativen nicht in Sicht. Einzige Ausnahme: alkalische Akkumulatoren (s. u.). Mit relativ einfachen Mitteln wie Erhöhung der Plusplattendicke auf 9 mm (Starterbatterien: 1,5 ... 2,5 mm), Umhüllung der Plusmasse mit porösen Kunststoffröhrchen und entsprechend angepaßten Masserezepturen wird eine Lebensdauer von bis zu 1500 vollständigen Entladungen bei einer Energiedichte von 25 ... 40 Wh/kg erreicht. Zum Vergleich: Flüssige Kraftstoffe bieten, bezogen auf nutzbare Antriebsenergie, das 50 ... 100fache.

Alkalische Batterien
Die positiven Platten bestehen aus feingelochten vernickelten Stahlröhrchen, in die ein Gemisch von Nickel (2)-Hydroxid und Nickelschuppen eingepreßt ist. Die aktive Masse der negativen Platten ist Kadmiumhydroxid (Nickel-Kadmium-Batterie) bzw. Eisen (2)-Hydroxid (Nickel-Eisen-Batterie) und befindet sich in Taschen aus feingelochtem vernickeltem Stahlblech. Als Elektrolyt dient verdünnte Kalilauge (KOH). Die Zellenspannung bei Entladung beträgt ca. 1,2 V. Der Elektrolyt verändert während der Entladung seine Konzentration praktisch nicht. Die Hauptvorteile alkalischer Batterien sind deutlich höhere Zyklenfestigkeit als Bleiantriebsbatterien, geringerer Kapazitätsrückgang bei hohen Entladeströmen besonders in Kälte und völlige Unempfindlichkeit gegen Stand in tiefentladenem Zustand. Hauptnachteil sind die wesentlich höheren Kosten, bedingt durch kompliziertere Fertigungstechnik, durch hohe Nickelpreise und durch die um den Faktor 1,7 größere Zellenzahl bei gleicher Batteriespannung.

Ausblick
Fortschritte bei der Entwicklung von Nickel- und Eisenelektroden lassen eine alkalische Batterie mit bis zu 60 Wh/kg denkbar erscheinen. Dies bedeutet für Elektrostraßenfahrzeuge etwa eine Verdopplung der Reichweite bzw. Halbierung des Batteriegewichts gegenüber der Verwendung von Bleibatterien.

Weitere aussichtsreiche Entwicklungsaktivitäten beschäftigen sich mit Zink-Chlor- bzw. Zink-Brom-Akkumulatoren.

In keinem Fall allerdings kann die Energiedichte von flüssigen Kraftstoffen auch nur annähernd erreicht werden, so daß der Verbrennungsmotor weiterhin nur in Sonderanwendungsfällen durch den fahrleitungslosen Elektroantrieb substituiert werden kann.

Leistungsdichte in Abhängigkeit von der Energiedichte bei verschiedenen Speichersystemen.

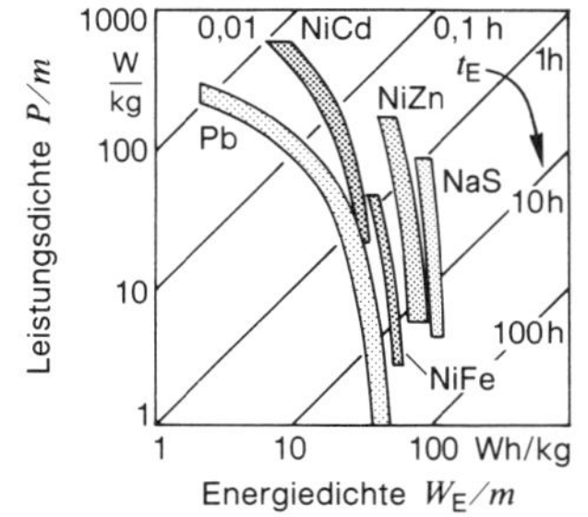

Drehstromgenerator

Stromerzeugung

Der Drehstromgenerator soll bei allen im Fahrbetrieb vorkommenden Drehzahlen genügend Strom an das Bordnetz liefern, damit sichergestellt ist, daß der Energiespeicher – die Batterie – immer genügend gut geladen ist. Dies läßt sich erreichen, wenn bereits bei Motorleerlauf ein möglichst großer Anteil des Verbraucherstromes vom Generator geliefert wird.

Generatoren erzeugen Wechselstrom. Die Autoelektrik benötigt jedoch Gleichstrom zum Nachladen der Batterie und zum Betreiben der elektronischen Baugruppen und Geräte. Folglich muß dem Bordnetz Gleichspannung zur Verfügung stehen. Wesentliche Anforderungen sind:

– Versorgung aller angeschlossenen Verbraucher mit Gleichstrom,
– zusätzliche Leistungsreserven zur schnellen Aufladung der Batterie – selbst bei eingeschalteten Dauerverbrauchern und bei niedriger Drehzahl im Leerlauf,
– Konstanthalten der Generatorspannung über den gesamten Drehzahlbereich des Fahrzeugmotors,
– robuster Aufbau, der allen äußeren Beanspruchungen, verursacht durch Schwingungen, Temperaturwechsel, Verschmutzung, Feuchtigkeit, Treib- und Schmierstoff, standhält,
– geringes Gewicht und einbaugünstige Abmessungen,
– geringes Geräusch und hohe Lebensdauer.

Drehzahlen

Da die Ausnutzung (d. h. die pro kg Masse der aktiven Teile umwandelbare Energie) eines Generators mit steigender Drehzahl zunimmt, wählt man einen Antrieb mit einer Übersetzung von ca. 1:2 bis 1:3 von der Kurbelwelle des Verbrennungsmotors zum Generator. Auftretende Belastungen:

– Fliehkräfte bei hohen Motordrehzahlen,
– Rückwirkung hoher Drehzahlen auf die Gebrauchsdauer der Lager und Verschleißteile,
– bei raschen Drehzahlwechseln auftretende Beschleunigungsleistungen.

Äußere Einflüsse

Durch den Einbau des Generators am Verbrennungsmotor treten hohe Belastungen auf. Je nach Anbaubedingungen können Schwingbeschleunigungen von $50 \cdot g ... 80 \cdot g$ auftreten.

Hierdurch werden die Befestigungsteile und alle Teile des Generators mit sehr hohen Kräften beansprucht, was durch geeignete Maßnahmen beherrscht werden muß.

Weitere äußere Einflüsse sind: Wasser, Schmutz, z. T. Öl- oder Kraftstoffnebel, im Winter zusätzlich Einflüsse

Klauenpolgenerator.
1 Schleifringlagerschild
2 Gleichrichter-Kühlkörper
3 Leistungsdiode
4 Erregerdiode
5 Transistorregler in Hybridtechnik
6 Ständer mit Drehstromwicklung
7 Läufer mit Klauenpolen
8 Lüfter
9 Riemenscheibe
10 Antriebslagerschild mit Befestigungsflanschen

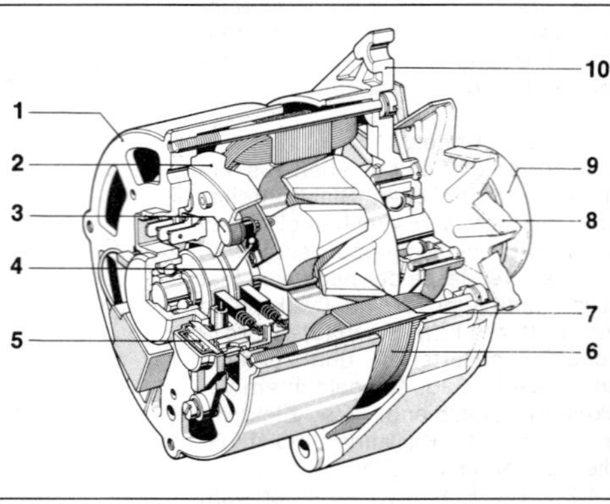

durch Streusalz. Diese Einflüsse beanspruchen alle Teile auf Korrosion. Es ist wichtig, daß sich keine Kriechwege bilden, damit funktionswichtige Teile durch Elektrolyse nicht vorzeitig ausfallen.

Temperaturen
Die Verluste, die in jeder Maschine bei Energieumwandlung auftreten, führen zu erhöhten Temperaturen.

Bei einigen Einbauten werden auch noch durch den Auspuff (oder durch die heißen Teile einer Abgasturbine) hohe Temperaturen am Generator erzeugt. Die Kühlluft wird meist aus dem Motorraum angesaugt. Im Zuge der Motorraumkapselungen, die zur Geräuschminderung vorgesehen sind, ist Frischluftzufuhr für den Generator eine geeignete Maßnahme zur Absenkung der Bauteiltemperaturen – und damit zur Verbesserung des Generatorwirkungsgrades.

Merkmale
Die Drehstromgeneratoren für Kraftfahrzeuge sind für Ladespannungen von 14 V (oder 28 V bei Nutzfahrzeugen) ausgelegt, damit 12-V- (bzw. 24-V)-Batterien gut geladen werden können.

Da die Aufladung des Speichers Gleichstrom erfordert, muß ein Gleichrichter den 3phasigen Wechselstrom gleichrichten. Außerdem hat diese Anordnung den Vorteil, daß bei stehendem Fahrzeug kein Entladestrom von der Batterie in den Generator fließen kann. Die Frequenz des erzeugten Drehstromes kann in weiten Grenzen durch die Wahl der Anzahl der Magnetpole frei gewählt werden.

Die Stromkennlinie ist gekrümmt und steigt bei höheren Drehzahlen durch die Wirkung des vom Laststrom erzeugten Gegenmagnetfeldes nicht weiter an. Dies hat den Vorteil, daß auch bei Überlastung kein größerer Generatorstrom fließen kann und der Generator somit gegen Überlastung geschützt ist.

Klauenpolgenerator
Dieses schon sehr lange bekannte Maschinenprinzip hat den in Kraftfahrzeugen früher üblichen Gleichstromgenerator völlig verdrängt, weil der Klauenpolgenerator bei gleicher Leistung weniger als 50 % wiegt. Seine Einführung war erst in großem Umfang möglich, als kleine, leistungsfähige und preiswerte Siliziumdioden hergestellt werden konnten.

Generatorstrom in Abhängigkeit von der Motordrehzahl *(bei konstanter Spannung), n_L Leerlaufdrehzahl, n_{max} Höchstdrehzahl.*

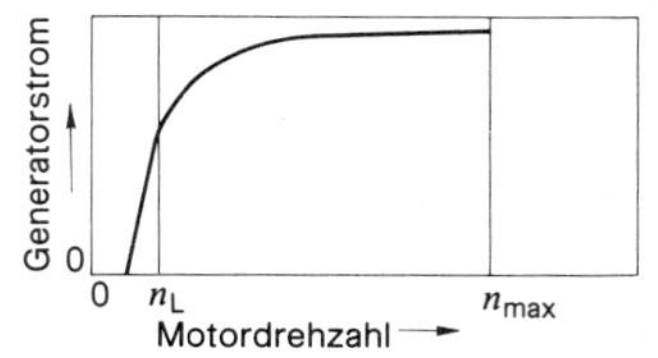

Aufbau und Arbeitsweise

Drehstromgeneratoren sind selbsterregte 12polige Synchrongeneratoren.

Im Ständer ist die Drehstromwicklung und im Läufer die Erregerwicklung untergebracht. Der in der Drehstromwicklung erzeugte Strom verzweigt sich: Ein Teilstrom fließt als Erregerstrom über die 3 Erregerdioden zur Klemme D+ und durch Schleifkontakte sowie Regler und Schleifringe zu der ringförmigen Feldwicklung und zurück über die 3 Minusdioden der Hauptbrücke. Der größere Teil des erzeugten

Schaltung eines Drehstromgenerators mit angebautem Regler.
1 Erregerdioden, 2 Leistungsdioden, 3 Entstörkondensator, 4 zur Generatorkontrollampe, 5 Regler.

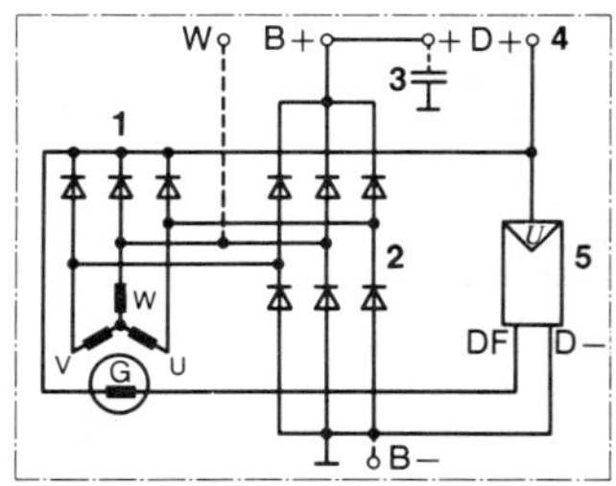

Stromes fließt über die Plusdioden der Hauptgleichrichterbrücke in das Bordnetz und dann ebenfalls über die Minusdioden zurück.

Generatorkontrolle

Der Anschluß D+ darf nur mit dem Strom des Reglers, der Generatorkontrollampe und einem zusätzlichen Strom von 0,2 A belastet werden. Die Generatorkontrollampe muß eine bestimmte Leistung besitzen, damit eine sichere Erregung des Generators nach Start des Motors gewährleistet ist (bei Lampenleistungen 1,2 W bei 12 V muß ein Widerstand parallel geschaltet werden). Eine Unterbrechung im Erregerkreis während des Betriebes wird angezeigt, wenn zwischen Lampe und Masse (möglichst nahe der Kontrollampe) ein Widerstand R (ca. 68 Ohm) geschaltet wird. Die Kontrollampe muß vor dem Start beim Einschalten der Zündung aufleuchten (Lampenkontrolle) und mit dem Hochlaufen des Motors ausgehen. Ein Aufleuchten während der Fahrt zeigt Fehler in der Anlage an.

Einzelpolgenerator

Für besondere Fälle mit höherem Leistungsbedarf (z. B. Reisebusse) ist es erforderlich, Generatoren in Einzelpolbauart einzusetzen. Der Läufer hat einzelne mit je einer Feldwicklung versehene Magnetpole, die in einem Ständer rotieren, dessen Länge im Verhältnis zum Durchmesser größer ist, als es bei Klauenpolgeneratoren üblich ist. Man kann hier bei gleichem Durchmesser größere Leistungen verwirklichen. Der Erregerstrom ist wesentlich größer als bei Klauenpolgeneratoren, weshalb der elektronische Regler in einem besonderen Gehäuse vom Generator weggebaut und über Leitungen mit dem Generator verbunden ist.

Schaltung mit Fehleranzeige bei Unterbrechung im Erregerkreis.
1 Generator, 2 Generatorkontrollampe, 3 Widerstand R, 4 Zünd- bzw. Fahrtschalter, 5 Batterie.

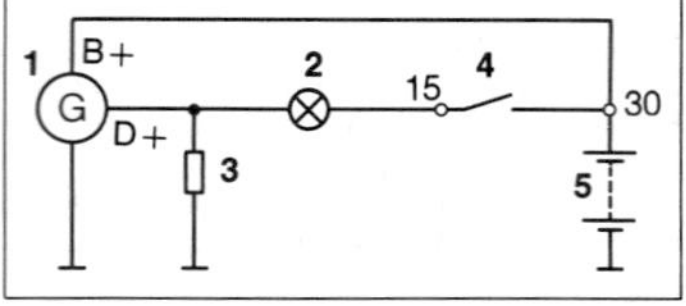

Generator mit Leitstückläufer

Leitstückläufergeneratoren sind eine Sonderbauform von Klauenpolgeneratoren, bei denen nur die Klauenpole rotieren, während die Erregerwicklung mit ringförmigen Leitstücken für den Magnetfluß feststeht. Bei dieser Bauart kann die Erregerwicklung direkt vom Gleichrichter über den Regler mit Strom versorgt werden – Schleifringe und Schleifkontakte sind nicht erfor-

Einzelpolgenerator.
1 Schleifringlagerschild
2 Schleifkontakte
3 Erregerwicklung
4 Gehäuse
5 Ständerpaket mit -wicklung
6 Antriebslagerschild
7 Riemenscheibe
8 Radialgebläse
9 Einzelpolläufer
10 Schleifringe
11 Leistungsdiode
12 Kühlkörper
13 Entstörkondensator
14 Steckdose für Verbindungsleitungen zum Regler

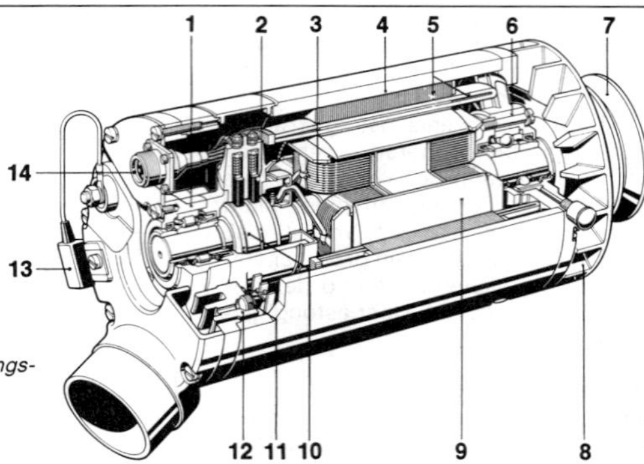

derlich. Hierdurch lassen sich Generatoren für längere Lebensdauer auslegen, wie sie z. B. für Baumaschinen oder als Bahngeneratoren erforderlich sind. Das Gewicht ist etwas höher als bei leistungsgleichen Klauenpolgeneratoren, weil der magnetische Fluß über weitere Luftspalten übertragen werden muß.

Kühlung
Die Pkw-Drehstromgeneratoren sind vorwiegend von einem kleinen angebauten Radiallüfter mit Kühlluft versorgt (offene Bauart). Bei sehr hohen Motorraumtemperaturen kann eine Frischluftansaugung vorteilhaft sein. Bei Generatoren für Nutzfahrzeuge ist es üblich, den Schleifringraum und die Schleifkontakte gegen Staub und Schmutz zu kapseln. Frischluftansaugung ist fast immer zweckmäßig. In Schleppern und Schienenfahrzeugen kommen geschlossene Generatoren mit Kühlrippen zur Oberflächenbelüftung zum Einsatz. In Sonderfällen sind geschlossene ölgekühlte Generatoren erforderlich.

Einbau
Fast alle Generatoren, die über Normalkeilriemen vom Verbrennungsmotor angetrieben sind, sind an Haltevorrichtungen so angebracht, daß durch Schwenken um einen Befestigungsarm ein Nachspannen des Riemens möglich ist. In Sonderfällen sind größere Generatoren in einer sattelförmigen Aussparung direkt am Motor befestigt.

Antrieb
Neben dem meist verwendeten Antrieb über Normalkeilriemen mit Übersetzungsverhältnissen von 1:2 bzw. 1:3 sind auch Rippenbandriemen im Einsatz. Bahngeneratoren werden über ein Schraubenradgetriebe direkt von der Radachse aus angetrieben. Bei zentralem Antrieb vom Verbrennungsmotor sind Maßnahmen zur Beherrschung der Drehschwingung erforderlich (z. B. bei Motorradgeneratoren).

Wirkungsgrad
Bei der Umwandlung der mechanischen in die elektrische Energie sind Verluste nicht vermeidbar. Der Wirkungsgrad ist das Verhältnis der abgegebenen elektrischen zur zugeführten mechanischen Leistung.

Die Verlustaufteilung zeigt, daß neben den „Eisenverlusten", die durch die Bewegung des Magnetfeldes entstehen, auch „Kupferverluste" vorhanden sind. Diese sind um so größer, je höher die Ausnutzung, also je größer das Verhältnis der erzeugten elektrischen Leistung, bezogen auf das Gewicht der aktiven Teile, ist. Zu den mechanischen Verlusten gehören die Reibungsverluste in den Wälzlagern und an den Schleifkontakten, die Luftreibung

Generator mit Leitstückläufer.
1 Riemenscheibe
2 Lüfter
3 Antriebslagerschild mit feststehendem Innenpol
4 Ständerpaket
5 feststehende Erregerwicklung
6 Leitstückläufer
7 hinteres Lagerschild
8 Regler
9 Leistungsdiode
10 Schwenkarme
11 Leitstück

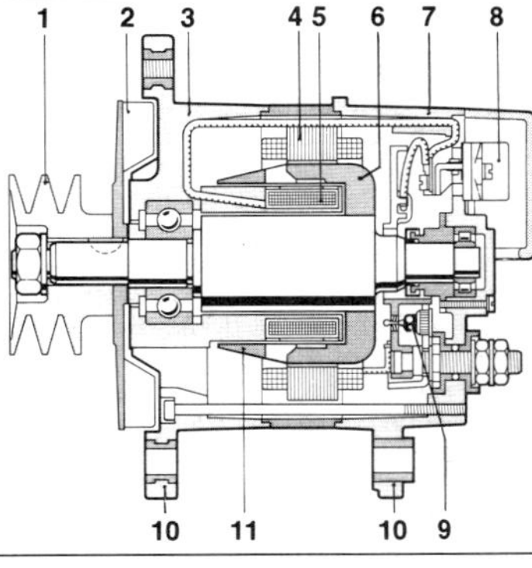

Verlustaufteilung eines Drehstromgenerators. *P_1 aufgenommene, P_2 abgegebene Leistung, V_{mech} Luft- und Lagerreibung, $V_{CuStänd}$ Kupferverluste im Ständer, V_{Fe+Zus} Eisen- und Zusatzverluste, V_{Dioden} Gleichrichterverluste, V_{CuFeld} Erregerverluste.*

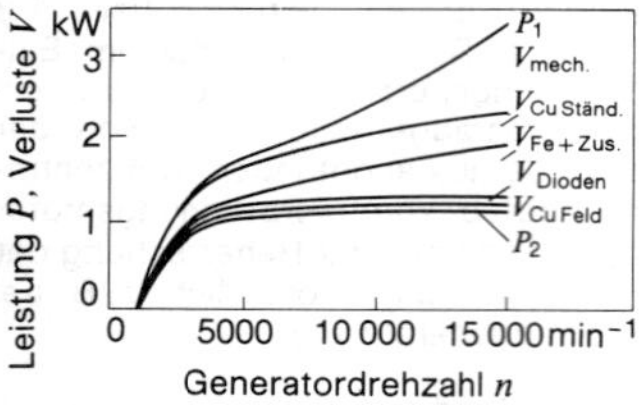

Wirkungsgrad-Kennfelder für Generatoren K1-/N1-.
Beispiel für Wirkungsgrad bei Teillast:
$I = 30A$, $U = 28V$, $n = 6000\,min^{-1}$.
$\eta_{K1} = 50\,\%$ bei 5 kg Gewicht,
$\eta_{N1} = 62\,\%$ bei 6,15 kg Gewicht.

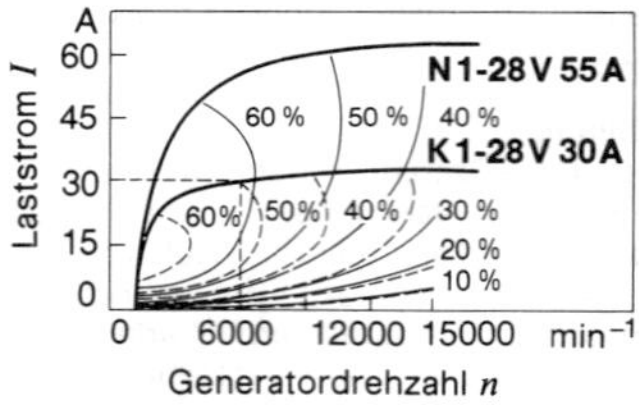

des Läufers und die mit der Drehzahl stark ansteigenden Verluste des Lüfters.

Im praktischen Betrieb im Fahrzeug arbeitet der Drehstromgenerator im Teillastbereich. Der Wirkungsgrad bei mittlerer Drehzahl liegt dann bei ca. 50 %. Durch Einsatz eines größeren und schwereren Generators kann bei gleicher Belastung durch die Verbraucher in einem wesentlich günstigeren Wirkungsgradbereich gearbeitet werden. Der bei der Umwandlung der mechanischen in die elektrische Energie auftretende Wirkungsgrad ist bei dem größeren Generator so viel besser, daß der Nachteil des größeren Gewichts auf den Kraftstoffverbrauch mehr als ausgeglichen ist.

Spannungsregelung

Aufgabe des Spannungsreglers ist es, die Spannung auch bei stark schwankender Drehzahl und veränderlicher Belastung des Generators nach oben zu begrenzen. Das Spannungsniveau wird im Winter etwas erhöht, um die bei Kälte erschwerte Batterieladung zu verbessern. Im Sommer wird die Bordnetzspannung vom Regler auf einem niedrigeren Niveau begrenzt, weil sonst bei der üblicherweise niedrigen Belastung durch elektrische Verbraucher die Gefahr der Batterieüberladung bestehen würde. Bei niedrigen Drehzahlen und großen Verbraucherströmen kann die Bordnetzspannung unter die Regulierspannung des Reglers absinken.

Ein moderner Transistorregler in Hybridtechnik enthält in einem hermetisch gekapselten Gehäuse eine Keramikplatte mit Schutzwiderständen und einem aufgeklebten IC (integrierten Schaltkreis), in dem alle Steuer- und Regelfunktionen vereinigt sind. Der Leistungstransistor und die Freilaufdiode sind direkt auf dem metallischen Sockel aufgelötet, um eine gute Wärmeableitung zu gewährleisten.

Überspannungsschutz

Generatoren und Regler sind in der Regel so spannungsfest, daß die eingebauten Halbleiterbauelemente bei Betrieb mit Batterie störungsfrei und sicher arbeiten. Batterieloser Notbetrieb hat jedoch hohe Spannungsspitzen zur Folge. Störungsfreier Betrieb ist dabei nur mit Zusatzaufwand möglich. Zwischen drei Alternativen kann gewählt werden:

Schutz durch Z-Dioden

Z-Dioden begrenzen auftretende Spannungsspitzen, so daß sie für Generator und Regler unschädlich sind. Z-Dioden bieten Fernschutzmöglichkeit für weitere spannungsempfindliche Verbraucher im Bordnetz. Die Ansprechspannung der Z-Diode beträgt bei einem 14-V-Generator 20 ... 24 V.

Funktion des Reglers.
I_{err} Erregerstrom, T_E Einschaltdauer, T_A Ausschaltdauer, I_m mittlerer Erregerstrom, n_1 niedrigere Drehzahl, n_2 höhere Drehzahl.

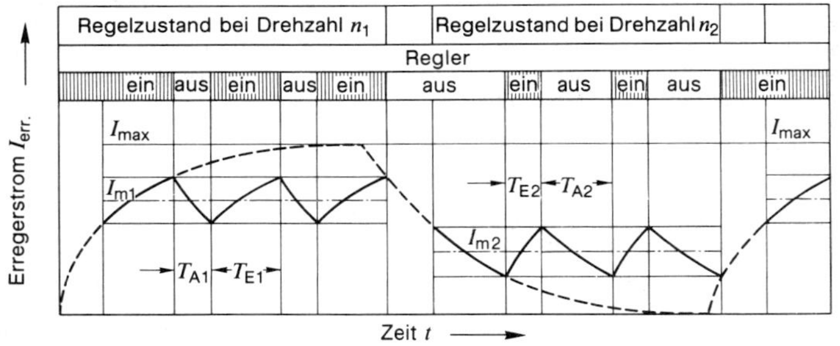

Generator und Regler in spannungsfesterer Ausführung

In spannungsfesteren Generatoren und Reglern besitzen die Halbleiterbauelemente höhere Spannungsfestigkeit. Zusätzlich ist ein Kondensator zwischen Generator B^+ und Masse geschaltet (dieser Kondensator dient zugleich zur Nahentstörung). Bei 28-V-Generatoren ist ein Kondensator schon eingebaut. Spannungsfestere Generatoren und Regler haben nur Eigenschutz, übernehmen also keine Fernschutzfunktion für andere spannungsempfindliche Verbraucher.

Überspannungsschutzgeräte

Das sind Geräte mit Halbleiterschaltungen, die mit den Generatorklemmen D^+ und D^- verbunden werden. Beim Auftreten von Spannungsspitzen zwischen D^+ und D^- wird der Generator kurzgeschlossen. Überspannungsschutzgeräte schützen primär Generator und Regler. Schutz für weitere spannungsempfindliche Verbraucher ist nur bedingt vorhanden. Überspannungsschutzgeräte können kombiniert werden mit einem Folgeschadenschutz, der ein Auskochen der Batterie bei leitend defektem Regler verhindert.

Verpolung der Batterie (z. B. bei Starthilfe mit Fremdbatterie) führt zur Zerstörung der Dioden im Generator und kann Halbleiter anderer Geräte gefährden.

Schaltung eines Überspannungsschutzgerätes mit Einschaltautomatik.
1 Batterie
2 Überspannungsschutzgerät
3 Fahrtschalter
4 Regler
5 Generator

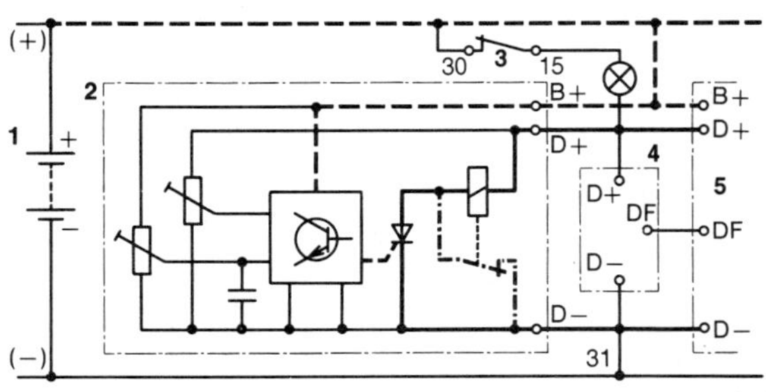

Startanlage

Startanlagen für Verbrennungsmotoren bestehen in der Regel aus einem batteriegespeisten Gleichstrommotor (Starter), Schalt- und Steuergeräten und der Verkabelung. Die zum Anspringen benötigten Drehzahlen des Motors (Ottomotoren etwa 60 ... 100 min^{-1}; Dieselmotoren etwa 80 ... 200 min^{-1}) sind wesentlich kleiner als die Starterdrehzahlen. Die Anpassung erfolgt durch geeignete Übersetzung (etwa $^1/_{10}$ bis $^1/_{20}$) des von Starterritzel und Motorzahnkranz gebildeten Getriebes.

Einflußgrößen
Das Kurbelwellen-Drehmoment und die Mindestdrehzahl hängen unter anderem von Motortyp, Hubvolumen, Zylinderzahl, Kompression, Lagerreibung, angehängten Zusatzlasten, Gemischaufbereitung, Motoröl und Temperatur ab.

Generell werden mit sinkenden Temperaturen steigende Drehmomente und steigende Start-Drehzahlen, also eine wachsende Start-Leistung, benötigt.

Der Innenwiderstand der Batterie steigt mit sinkendem Ladezustand und sinkender Temperatur. Die Leerlaufspannung wird mit sinkenden Temperaturen kleiner. Die Batterieklemmenspannung ist also um so kleiner, je höher der entnommene Strom und je tiefer die Temperatur ist. Außerdem wird die Kapazität der Batterie mit sinkender Temperatur und wachsendem Entladestrom kleiner. Aus einer Batterie kann also um so weniger Leistung entnommen werden, je tiefer die Temperatur ist. Neben den durch die Konstruktion festgelegten Motoreigenschaften ist daher für die Dimensionierung einer Startanlage die benötigte tiefste Start-Grenztemperatur ein zentrales Merkmal.

Permanentfeldstarter mit Vorgelege.
1 Einrückhebel, 2 Einrückmagnet und Relais, 3 Freilauf mit Ritzel, 4 Vorgelege (Planetengetriebe), 5 Anker, 6 Permanentmagnete.

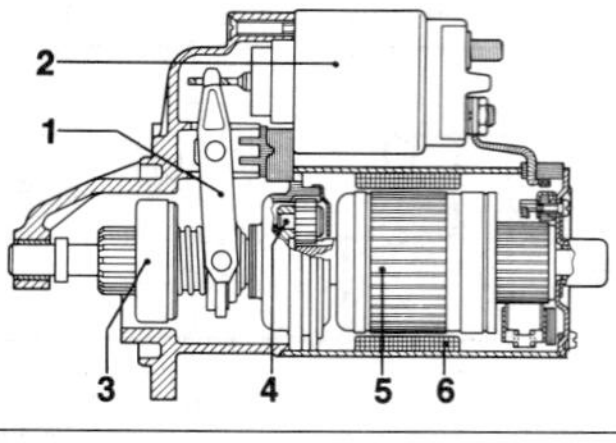

Starter

Ein Starter besteht aus
- Elektromotor
- Einspursystem
- Freilauf,

deren Aufgaben sich aus dem Ablauf des Startvorgangs ergeben.

Zu Beginn muß das Ritzel in den Zahnkranz einspuren. Nach dem Anspringen kann der Motor schnell auf hohe Drehzahlen beschleunigen. Ein Freilauf hebt den Kraftschluß zwischen Ritzel und Anker auf, wenn der Motor anspringt, das Ritzel aber noch eingespurt ist (Überholen). Er verhindert so die Zerstörung des Ankers durch Fliehkräfte.

Elektromotor
In den meisten Fällen wird ein Gleichstrom-Reihenschlußmotor verwendet, der ein hohes Anzugsmoment zum „Losbrechen" des Verbrennungsmotors und hohe Leerlaufdrehzahl zur Hochlaufunterstützung besitzt. Bei größeren Starterleistungen ermöglicht eine zusätzliche Nebenschlußwicklung beim Einspuren einen weichen Anlauf und beim Startvorgang eine Begrenzung der Starter-Leerlaufdrehzahl.

Der heute erreichte Stand der Ferrit-Technologie erlaubt auch entmagnetisierungssichere Starter mit Permanentmagnet-Erregung.

Gewichts- und Bauraumreduzierungen des Starters ergeben sich, wenn die Startleistung mit gesteigerter Ankerdrehzahl, aber kleinerem Ankerdrehmoment, entsteht. Dazu muß die Gesamtübersetzung Kurbelwelle/Starteranker erhöht werden. Da sich der Zahnkranzdurchmesser nicht steigern läßt, wird die größere Gesamtübersetzung durch eine zusätzliche, im Starter eingebaute Getriebestufe erzielt (Vorgelegestarter).

Einspursysteme

Schraubtrieb-Starter

Der Schraubtrieb ist das einfachste Einspursystem (z. B. für Rasenmäher). Ein Steilgewinde auf der Welle verschiebt den Freilauf bei Verdrehung gegenüber dem Anker. Beim Einschalten des Starters läuft der Anker zunächst ohne Last an. Ritzel und Freilauf drehen sich wegen ihrer Massenträgheit noch nicht mit, wandern aber durch das Steilgewinde nach vorn. Sobald das Ritzel am Zahnkranz „anschnäbelt", wird es zusätzlich festgehalten und weiter vorgeschoben, bis es am Anschlagring anliegt. Von diesem Zeitpunkt an überträgt der Freilauf das Ankermoment über das Ritzel auf den Zahnkranz und der Motor wird durchgedreht. Beim Überholen hebt der Freilauf den Kraftschluß auf, die Reibung im Freilauf versucht aber, diesen über die Ankerdrehzahl hinaus zu beschleunigen. Über das Steilgewinde wandert daher der Freilauf mit Ritzel zurück. Dieser Ausspurvorgang wird durch die Rückstellfeder unterstützt, die das Ritzel außerdem bei stehendem Starter außer Eingriff hält.

Schubschraubtrieb-Starter

Ein Schubschraubtrieb spurt das Ritzel durch einen Einrückmagneten in den Zahnkranz ein. Der Einrückmagnet enthält Schaltkontakte für den Starterstrom. Beim Schließen des Startschalters ist die Relaishaltewicklung H eingeschaltet und es fließt außerdem Strom durch die Reihenschaltung von Einzugswicklung E und Elektromotor. Der Einrückmagnet zieht an und bewegt über Einrückhebel und Einspurfeder den Freilauf mit Ritzel nach vorn. Der Starteranker beginnt gleichzeitig, sich langsam zu drehen. Sobald das Ritzel durch die Schubbewegung des Magneten (Schubweg) im Zahnkranz einspurt, wird es festgehalten und durch die Drehung des Starterankers mit Hilfe des Steilgewindes auf der Ankerwelle bis zum Anschlagring bewegt (Schraubweg). Gleichzeitig schließt der Hauptkontakt des Einrückrelais die Einzugswicklung E kurz und legt den Elektromotor an volle Batteriespannung. Das System ist so abgestimmt, daß der Hauptkontakt im Normalfall erst schließt, wenn das Ritzel bereits teilweise in den Zahnkranz greift.

Falls jedoch das Ritzel nicht sofort eine Zahnlücke findet, wird es vom Zahnkranz am weiteren Vorrücken gehindert. Der Einrückhebel drückt dann die Einspurfeder zusammen und der Hauptkontakt schließt, ohne daß Ritzel und Zahnkranz im Eingriff sind. Der Elektromotor dreht das Ritzel nun so lange auf der Zahnkranzstirnseite, bis eine Ritzel-Zahnlücke vor einem Zahnkranzzahn liegt und die vorgespannte Einspurfeder Ritzel und Freilauf nach vorn drückt. Bei Abschalten der Relaiswicklung drückt die Rückstellfeder den Relaisanker und das Ritzel mit Freilauf in die Ruhelage zurück. Dieses Ausspuren wird beim Überholen durch das Steilgewinde unterstützt.

Schraubtrieb-Starter *(Schema). 1 Startschalter, 2 Startrelais, 3 Erregerwicklung, 4 Zahnkranz, 5 Ritzel mit Freilauf, 6 Steilgewinde, 7 Anker, 8 Batterie.*

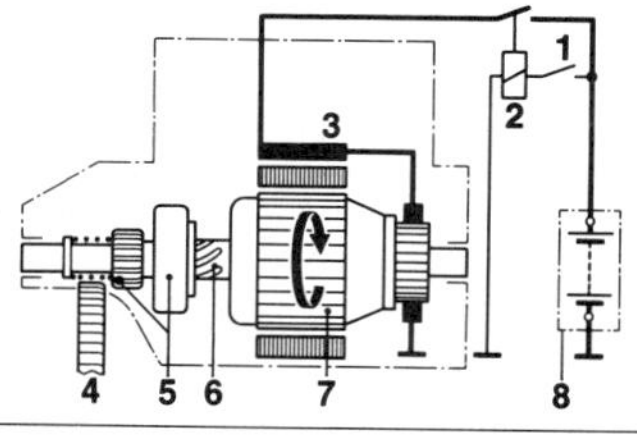

Schubschraubtrieb-Starter *(Schema). 1 Startschalter, 2 Einrückrelais, 3 Erregerwicklung, 4 Einrückhebel, 5 Zahnkranz, 6 Ritzel mit Freilauf, 7 Steilgewinde, 8 Anker, 9 Batterie.*

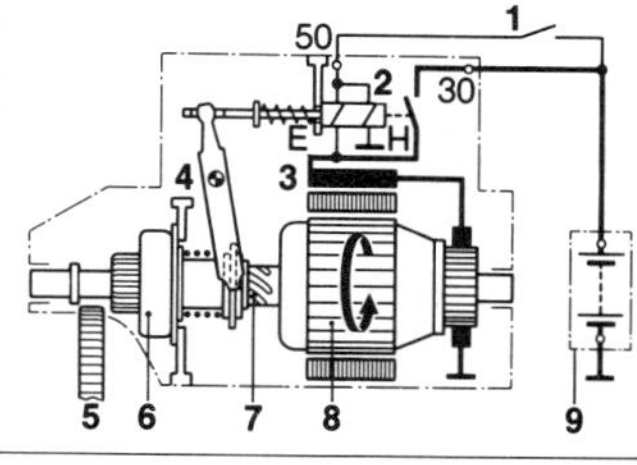

Schubtriebstarter
Das Schubtriebsystem schaltet den Starter in zwei Stufen ein.

Beim Schließen des Startschalters werden die Haltewicklung H des Einrückrelais und das Steuerrelais parallel an Batteriespannung gelegt. Das Steuerrelais zieht an, wird aber durch Sperrklinke und Raste in der Kontaktposition 1 festgehalten (erste Stufe). Einzugswicklung E des Einrückrelais und Nebenschlußwicklung des Motors liegen parallelgeschaltet in Reihe zum Anker an Batteriespannung. Der Starter beginnt zu drehen, kann aber wegen der großen Wicklungswiderstände vor der Ankerwicklung nur ein kleines Moment erzeugen. Gleichzeitig schiebt das Einrückrelais das Ritzel in Richtung Zahnkranz und läßt es mit geringem Moment schonend einspuren. Kurz vor Ende des gesamten Einspurweges löst das Einrückrelais die Sperre des Steuerrelais, das in Kontaktposition 2 (zweite Stufe) springt. Nun fließt der Starterstrom über Reihenschlußwicklung und Anker. Der Umschalter am Einrückrelais legt die Nebenschlußwicklung parallel zu Anker und Reihenschlußwicklung. Der Starter entwickelt sein volles Moment.

Schubtrieb-Starter *(Schaltung).*
1 Startschalter, 2 Steuerrelais, 3 Sperrklinke, 4 Ritzel, 5 Zahnkranz, 6 Umschalter, 7 Einrückmagnet, 8 Reihenschlußwicklung, 9 Nebenschlußwicklung, 10 Batterie.

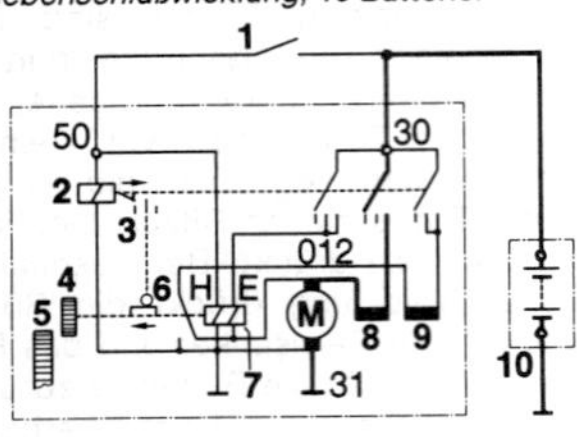

Rollenfreilauf.
1 Ritzel, 2 Freilaufring, 3 Rollenklemmkurve, 4 Rolle, 5 Ritzelschaft, 6 Feder, a Drehrichtung.

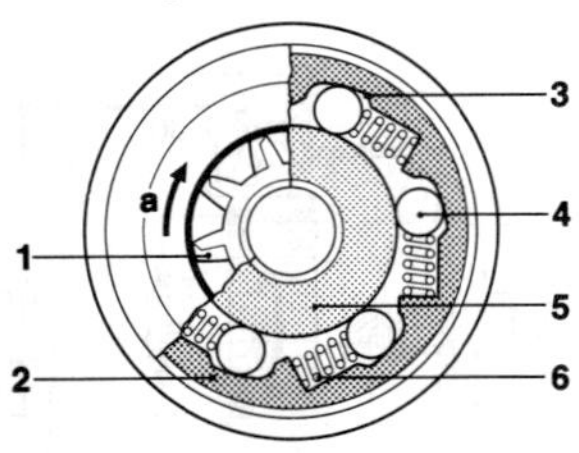

Freilaufsysteme
Freiläufe schützen die Starteranker vor zu hohen Drehzahlen beim Überholen durch den Motor.

Rollenfreilauf
Kleine und mittlere Starter haben in der Regel einen Freilauf, bei dem Rollen durch Stützfedern in Keilräume zwischen Freilaufring und Ritzelschaft gedrückt werden, sich bei Belastung des Starters dort festklemmen und das Drehmoment vom Ring auf den Ritzelschaft übertragen.

Bei Umkehr der mechanischen Belastungsrichtung wird der Klemm-Kraftschluß aufgehoben.

Lamellenkupplung
Die Lamellenkupplung findet bei großen Nutzfahrzeug-Startern Verwendung. Der Mitnehmer mit den Außenlamellen und der Starteranker bzw. die Abtriebswelle und das Ritzel sind formschlüssig verbunden. Die Innenlamellen sitzen auf einer Preßmutter, die sich über ein Steilgewinde auf der Antriebswelle axial bewegen läßt. Ohne Belastung wird das Lamellenpaket durch die Druckfeder leicht vorgespannt und kann nur kleine Momente übertragen. Bei wachsender Belastung wandert die Preßmutter, veranlaßt durch das Steilgewinde, in Richtung Druckfeder, die damit stärker gespannt wird und die Lamellen fester zusammendrückt. Die Lamellenkupplung überträgt daher mit wachsender Belastung des Starters auch steigende Drehmomente.

Zahnkupplungs-Freilauf (Positork)
Auch der Zahnkupplungsfreilauf wird bei großen Nutzfahrzeugstartern einge-

setzt. Das gesamte System ist durch eine Geradverzahnung in der „Eishülse" mit der Ankerwelle verbunden und kann auf ihr axial verschoben werden (Einspuren). Die Eishülse besitzt außen ein Steilgewinde und überträgt das Drehmoment auf eine Kupplungsmutter, die es über die steilen Flanken einer sägezahnförmigen Stirnverzahnung an das Ritzel weitergibt. Im Überholbetrieb stößt das Ritzel mit Hilfe der flachen Stirnverzahnungsflanken die Kupplungsmutter zurück und trennt die Kupplung. Der Ausrückring wandert mit zurück und wird durch die Fliehgewichte in der Ausrückposition gehalten. Bei kleineren Ritzel-Drehzahlen reicht die Fliehkraft an den Gewichten nicht mehr aus, die Stirnzahnkupplung geöffnet zu halten und die Feder rückt die Kupplungsmutter wieder in das Ritzel ein.

Lamellenkupplung.
1 Abtriebswelle (mit Ritzel verbunden), 2 Druckfeder, 3 Mitnehmer mit Außenlamellen, 4 Preßmutter mit Innenlamellen, 5 Steilgewinde, 6 Antriebsseite (mit Anker verbunden).

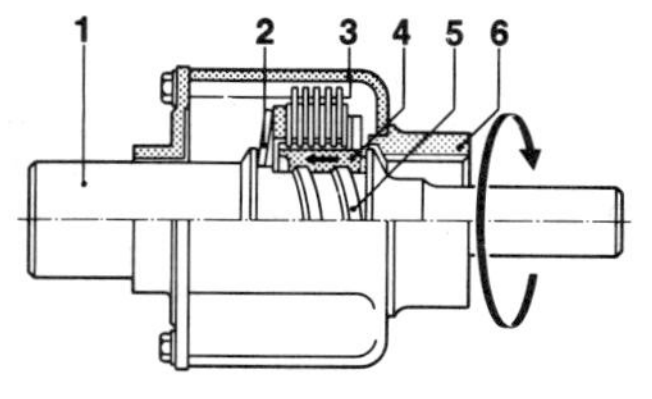

Zahnkupplungsfreilauf.
1 Ritzel, 2 Fliehgewicht, 3 Stirnverzahnung, 4 Ausrückring, 5 Kupplungsmutter, 6 Feder, 7 Steilgewinde, 8 Dämpfungspuffer, 9 Eishülse, 10 Geradverzahnung.

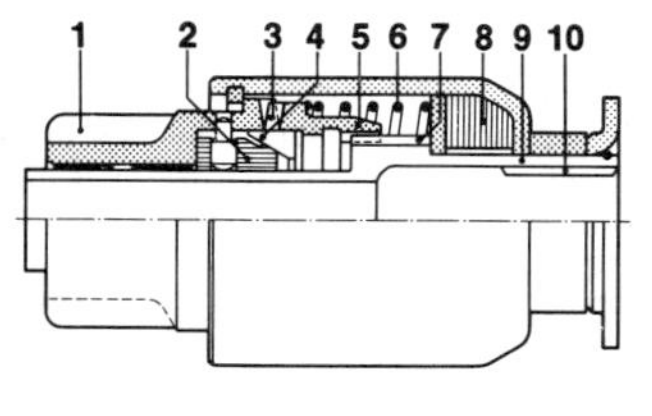

Starterschutz

Die Starterleistung ist auch von der Größe der Fahrzeugbatterie abhängig. Thermische Beanspruchung der stromdurchflossenen und mechanische Belastung der drehmomentübertragenden Teile steigen mit wachsender Batteriegröße. Daher ist in der Regel für jeden Startertyp eine maximal zulässige Batteriegröße festgelegt. Obwohl der Starter nur für kurze Betriebszeiten vorgesehen ist, muß bei tiefen Temperaturen mit langen Durchdrehzeiten und damit hohen thermischen Belastungen gerechnet werden.

Kleinere Starter sind so ausgeführt, daß bei tiefen Temperaturen die maximal zulässigen Batterien ohne funktionsgefährdende Schädigung des Starters leergefahren werden können. Bei großen Startern unterbinden eingebaute Thermoschalter (z. B. in der Schleifkohle) zu lange Betriebszeiten. In Startanlagen mit Fernbedienung (z. B. Omnibusse mit Heckmotor, Notstromaggregate, Dieseltriebwagen usw.) läßt sich der Startvorgang nicht immer vom Fahrer überwachen.

Fehlbedienungen können Beschädigungen von Starter oder Zahnkranz verursachen.

Start-Sperr-Relais
Sie schützen gegen irrtümliches Einspuren bei laufendem Motor oder zu langes Überholen nach bereits erfolgtem Start. Dabei wird die bei Drehung des Motors ansteigende Generatorspannung als Meldegröße für den Motorlauf verwendet. Im Falle des auslaufenden Motors, wenn der Generator schon kein verwertbares Spannungs-„Signal" mehr liefert, sperrt ein Zeitglied im Start-Sperr-Relais für einige Sekunden die Anlage für weitere Einspurversuche.

Start-Wiederhol-Relais Sie unterbrechen den Startvorgang, wenn das Ritzel trotz aller Einspurhilfen nicht in den Zahnkranz einrückt, aber der Starter eingeschaltet bleibt. Sie verhindern damit zu lange Strombelastungen der Wicklungen ohne Starterfunktion.

Abgase von Verbrennungsmotoren

Verbrennungsprodukte

Vollständige Verbrennung
Die vollständige Verbrennung liefert Kohlendioxid und Wasser.

Unvollständige Verbrennung
Unverbrannte Kohlenwasserstoffe:
C_nH_m (Paraffine, Olefine, Aromaten)
Teilverbrannte Kohlenwasserstoffe:
$C_nH_m \cdot CHO$ (Aldehyde),
$C_nH_m \cdot CO$ (Ketone),
$C_nH_m \cdot COOH$ (Karbonsäuren),
CO (Kohlenmonoxid).
Thermische Crackprodukte sowie Folgeprodukte:
C_2H_2, C_2H_4, H_2 (Acetylen, Äthylen, Wasserstoff u. a.), C (Ruß), polyzyklische Kohlenwasserstoffe.

Nebenprodukte der Verbrennung
aus Luftstickstoff: NO, NO_2 (Stickoxide), aus Kraftstoffzusätzen: Bleioxide, Bleihalogenide, aus Kraftstoffverunreinigungen: Schwefeloxide.

Oxidantien
Unter Einwirkung des Sonnenlichts entstehen aus Abgaskomponenten Oxidantien: Organische Peroxide, Ozon, Peroxiacylnitrate.

Eigenschaften von Abgasbestandteilen

Kohlendioxid CO_2: nicht giftig.

Kohlenmonoxid CO: farb-, geruch- und geschmackloses Gas. 0,3 Volumenprozent CO in der Atemluft können innerhalb 30 Minuten tödlich wirken. Bei Leerlauf ist der CO-Gehalt im Abgas von Ottomotoren hoch. Deshalb Motoren nicht in geschlossenen Garagen laufen lassen!

Stickoxide NO_x
Stickstoffmonoxid NO: farb-, geruch- und geschmackloses Gas. NO geht in Gegenwart von Sauerstoff schnell in Stickstoffdioxid NO_2 über. NO_2 ist ein rotbraunes, stechend riechendes, giftiges Gas. Es zerstört das Lungengewebe. NO und NO_2 werden üblicherweise zusammengefaßt und als Stickoxide NO_x bezeichnet.

Kohlenwasserstoffe sind in großer Vielfalt im Abgas enthalten. Sie bilden in Anwesenheit von Stickoxid und Sonnenlicht Oxidantien. Diese reizen die Schleimhäute. Ein Teil der Kohlenwasserstoffe gilt als krebserregend.

Feststoffe (engl. particulate matter) umfassen entsprechend der amerikanischen Gesetzgebung jedes Material (außer ungebundenes Wasser), das bei Normalbedingungen als Festkörper (Asche, Kohlenstoff) oder Flüssigkeit im Auspuff enthalten ist.

Gemischbildung und Brennverlauf

Gemischbildung
Ottomotoren arbeiten mit leichter siedendem Kraftstoff als Dieselmotoren und bereiten das Luft-Kraftstoff-Gemisch bis zum Verbrennungsbeginn länger auf als Dieselmotoren. Ottomotoren erreichen so ein homogeneres Gemisch als Dieselmotoren.

Ottomotoren werden im Bereich eines stöchiometrischen Mischungsverhältnisses betrieben. Dieselmotoren arbeiten immer mit Luftüberschuß ($\lambda > 1$). Bei zu geringem Luftüberschuß steigen die Ruß-, CO- und HC-Emissionen.

Brennverlauf
Der Brennbeginn, bezogen auf den oberen Totpunkt des Motors, beeinflußt besonders stark die Verbrennungstemperatur und damit die Stickoxidbildung. Beim Ottomotor wird die Verbrennung durch den Zündzeitpunkt eingeleitet, beim Dieselmotor durch den Einspritzbeginn.

Abgasaufbereitung für Ottomotoren

Die Maßnahmen zur Beeinflussung der Abgaszusammensetzung beim Ottomotor lassen sich in „motorische Maßnahmen" und „Nachbehandlungsmaßnahmen" einteilen. Vom Stand der Gesetzgebung im jeweiligen Land hängt es ab, welche Abgasmaßnahmen zum Einsatz kommen. Dabei lassen sich künftig drei Ländergruppen unterscheiden:

- Europäische Länder (ECE)[1])
- Australien, EG-Länder („halbharte Abgasländer")
- USA, Japan, Schweiz, Österreich, Schweden, Kanada („harte Abgasländer")

Motorische Maßnahmen

Gemischeinstellung:

Die Luftzahl λ des dem Motor zugeführten Gemischs hat einen dominierenden Einfluß auf die Abgaszusammensetzung. Der Motor gibt sein maximales Drehmoment bei ungefähr $\lambda = 0{,}9$ ab, deshalb wird bei Vollastbetrieb üblicherweise dieses Gemisch eingestellt. Für günstigsten Kraftstoffverbrauch ist ungefähr $\lambda = 1{,}1$ optimal. Bei dieser Einstellung sind auch die Emissionen für CO und HC günstig; die Stickoxidemission hat jedoch hier ihr Maximum. Im Leerlauf werden Luftzahlen $\lambda = 0{,}9 \ldots 1{,}05$ gewählt. Bei zu magerer Gemischeinstellung wird die Laufgrenze des Motors erreicht bzw. überschritten. Im weiteren Verlauf steigen die HC-Emissionen durch Verbrennungsaussetzer stark an. Im Schiebebetrieb muß häufig zur Unterschreitung der Zündgrenze sehr fettes Gemisch ($\lambda < 0{,}9$) eingestellt und gleichzeitig durch Luftzugabe ein zu hoher Unterdruck vermieden werden.

Eine weitere Maßnahme ist die vollständige Unterbrechung der Kraftstoffzufuhr im Schub oberhalb des Leerlaufs (Schubabschaltung).

Eine exakte Gemischeinstellung wird durch Einspritzanlagen erreicht (siehe Seite 366).

[1]) ECE: Economic Commission for Europe (Europäische Wirtschaftskommission der UNO).

Durch die Luftzahl λ werden beeinflußt:
Abgaszusammensetzung (CO, CO_2, O_2, NO_x, HC), Drehmoment (M) und spezifischer Kraftstoffverbrauch (b). Die Werte gelten im Teillastbereich eines Ottomotors bei konstant gehaltener mittlerer Drehzahl und Zylinderfüllung (im Fahrzeugmotor werden je nach Betriebspunkt λ-Werte im Bereich von etwa 0,85 ... 1,15 realisiert).

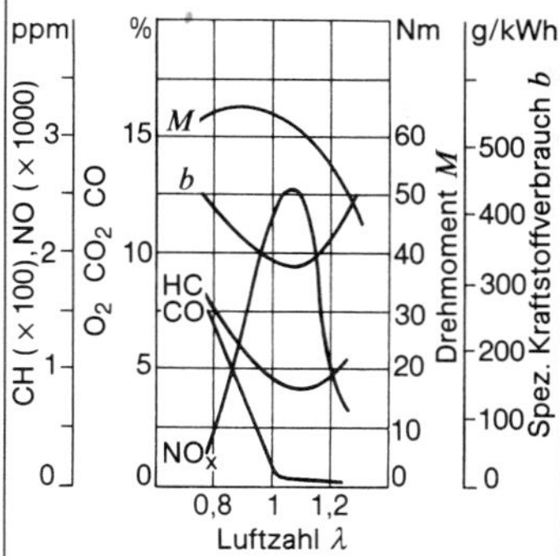

Gemischaufbereitung:

Gemischaufbereitung umfaßt neben der Einstellung auch die Qualität, mit der das Gemisch den Brennraum erreicht. Homogenität bzw. Schichtung des Kraftstoffs zum Zeitpunkt der Entflammung, sowie die Gemischtemperatur haben einen wesentlichen Einfluß auf die Entflammbarkeit, den Verbrennungsablauf und damit auf die Abgaszusammensetzung. Homogene Gemischbildung oder gesteuerte Schichtung (fettes Gemisch an der Zündkerze, mageres Gemisch in Brennraumwand-Nähe) sind unterschiedliche Entwicklungsziele. Bei Vergasermotoren wird die Ansaugluft- und Saugrohrvorwärmung angewandt, insbesondere, um Kraftstoff-Wandfilme zu minimieren.

Gleichverteilung:

Jeder Motorzylinder muß für optimalen Motorbetrieb mit der gleichen Luftzahl betrieben werden. Dazu muß sichergestellt sein, daß sowohl Luft als auch Kraftstoff gleichmäßig auf die einzelnen Zylinder verteilt werden.

Abgasrückführung:
Das dem Brennraum nochmals zugeführte Abgas dient zur Absenkung der Verbrennungs-Spitzentemperatur. Da die Stickoxid-Bildung überproportional mit der Verbrennungstemperatur steigt, stellt Abgasrückführung als temperatursenkende Maßnahme eine sehr wirkungsvolle Methode zur Stickoxid-Senkung dar. Abgasrückführung kann erreicht werden über

- innere Abgasrückführung durch entsprechende Ventilüberschneidung oder
- äußere Abgasrückführung durch entsprechend gesteuerte Abgasrückführungsventile.

Ventilsteuerzeiten:
Große Ventilüberschneidungen führen zu innerer Abgasrückführung, verschlechtern jedoch andererseits das Leerlaufverhalten und die Kohlenwasserstoffemission.

Verdichtungsverhältnis:
Hohe Verdichtung ist wegen des verbesserten thermischen Wirkungsgrads als Maßnahme zur Verbrauchsverbesserung bekannt. Jedoch wird über die Erhöhung der Verbrennungsspitzentemperatur auch die Stickoxid-Emission erhöht.

Brennraumgestaltung:
Kompakte Brennräume mit kleiner Oberfläche ohne Spalten ergeben niedrige HC-Emissionen. Eine zentrale Lage der Zündkerze mit kurzen Flammwegen führt zu rascher, relativ vollständiger Umsetzung des Gemisches und damit zu geringen HC-Emissionen und niedrigem Kraftstoff-Verbrauch. Gezielte Turbulenzen im Brennraum bewirken ebenfalls rasche Verbrennung. Dadurch läßt sich das Gemisch weiter abmagern.

Konsequente Optimierung des Brennraums, unterstützt durch äußere Maßnahmen (z. B. Einlaßdrall), führen zum Magermotor, der bei Luftzahlen um $\lambda \approx 1{,}4$ betrieben werden kann. Der Magermotor zeichnet sich durch niedrige NO_x-Emissionen und günstigen Kraftstoff-Verbrauch aus, hat aber höhere HC-Emissionen und benötigt deshalb einen Oxidationskatalysator.

Zündsystem:
Zündkerzenausführung, die Lage der Zündkerze im Brennraum sowie Funkenenergie und Funkendauer beeinflussen die Entflammung und damit über den Verbrennungsablauf die Abgasemissionen. Dies wird um so bedeutsamer, je weiter man den Motor im mageren Bereich ($\lambda > 1{,}1$) betreiben möchte. Eine sehr starke Beeinflussung sowohl von Abgasemissionen als auch von Kraftstoffverbrauch wird durch den Zündzeitpunkt erreicht. Ausgehend vom verbrauchsoptimalen Zündzeitpunkt wird bei späterer Einstellung die Verbrennung so verschleppt, daß sie beim Öffnen des Auslaßventils noch nicht abgeschlossen ist. Dadurch findet im Auslaßsystem eine thermische Nachreaktion statt, mit der sich zwar Stickoxide und unverbrannte Kohlenwasserstoffe absenken lassen, der Kraftstoffverbrauch jedoch ansteigt. Andererseits steigen Verbrauch, Stickoxide und Kohlenwasserstoffe an, wenn gegenüber dem Optimum eine frühere Zündeinstellung erfolgt.

Kurbelgehäuseentlüftung (‚blowby'):
Die Kurbelgehäusegase können, bezogen auf die Abgase des Motors, ein Vielfaches an Kohlenwasserstoffkonzentration enthalten. Kontrollsysteme führen diese Gase an geeigneter Stelle dem Ansaugsystem des Motors zu, wodurch sie in den Brennraum zur Verbrennung gelangen. Während in früheren Jahren die Gase unbehandelt in die Atmosphäre geleitet wurden, sind solche Systeme heute allgemein gesetzlich vorgeschrieben.

Kraftstoff-Verdunstung:
Verdunstungsemissionen werden insbesondere durch Vergaser und durch Kraftstofftanks verursacht. Zur Erfüllung der Gesetzesvorschriften in den USA werden Aktivkohlesysteme eingesetzt. Dabei wird ein Aktivkohlebehälter so geschaltet, daß bei stehendem Motor die Dämpfe aus Tank und Vergaser zum Aktivkohlebehälter strömen und dort gespeichert werden. Bei laufendem Motor wird der Behälter mit dem Saugrohr verbunden und die Aktivkohle wird regeneriert.

Abgasnachbehandlung

Thermische Nachverbrennung:
Hierzu zählen alle Vorrichtungen, die durch Bereitstellung von Verweilzeit und Erhalten hoher Temperaturen Nachreaktionen der im Abgas noch vorhandenen unverbrannten Bestandteile ermöglichen. Im allgemeinen arbeiten solche Systeme durch Oxidation mit Lufteinblasung. In den „fetten" Reaktoren wird durch Zugabe von Sekundärluft zum fetten Abgas $\lambda = 0{,}8 \ldots 0{,}9$ ein hohes Temperaturniveau mit entsprechender Nachoxidation von CO und HC erreicht. Nachteilig bei den fetten Reaktoren ist der erhöhte Kraftstoffverbrauch, da der Motor mit fettem Gemisch gefahren werden muß. „Magere" Reaktoren oder auch sog. „heiße Rohre" arbeiten mit $\lambda = 1{,}1 \ldots 1{,}2$ und verwenden den im Abgas noch vorhandenen Restsauerstoff. Die Temperaturen liegen vergleichsweise niedrig, man spricht daher von ‚stiller Oxidation'. Um ausreichende Verweilzeit zu erhalten, sind große Volumina erforderlich. Nur mit guter Isolation aus hochwarmfestem Material ist ein ausreichender Wirkungsgrad erreichbar. Neben dem vergleichsweise niederen Wirkungsgrad ist der enge einzuhaltende Luftzahlbereich, in dem sowohl Abgaswerte als auch Fahrverhalten gut sind, von Nachteil.

Katalytische Nachverbrennung:
Katalysatoren bestehen aus einem Trägermaterial mit aktiver Beschichtung und schüttelfester, temperaturisolierter Lagerung in einem Gehäuse. Als Trägermaterialien kommen Granulat und aus Al_2O_3 gesinterte Monolithe zum Einsatz. Die Monolithform hat sich nach längerer Entwicklungszeit als fahrzeugtauglich erwiesen. Sie hat folgende Eigenschaften: bestmögliche Ausnützung der Katalysatoroberfläche, dauerhaltbar bei hoher mechanischer Festigkeit, geringe Wärmekapazität und kleiner Abgasgegendruck. Die aktive Katalysatorschicht besteht aus kleinen Mengen Edelmetall (Pt, Rh, Pd) und ist bleiempfindlich. Um zu verhindern, daß die aktive Schicht durch Bleivergiftung unwirksam wird, dürfen Motoren mit Katalysatoren nur mit bleifreiem Kraftstoff betrieben werden. Ein motornaher Einbau des Katalysators hat den Vorteil hoher Abgastemperatur und dadurch optimalem Wirkungsgrad, jedoch bei hoher thermischer Belastung. Die maximal zulässigen Temperaturen liegen nur wenig über 1000°C; daher wird heute meist der weniger kritische Einbau unter dem Fahrzeugboden gewählt. Oxidationskatalysatoren werden entweder durch mageren Motorbetrieb oder durch zusätzliche Lufteinblasung mit Luftüberschuß betrieben, um CO und HC zu oxidieren. Reduktionskatalysatoren arbeiten ohne Lufteinblasung mit Luftmangel und reduzieren die Stickoxide.

Die Zusammenfassung von Reduktions- und Oxidationskatalysator in einem Gehäuse oder „Bett" bezeichnet man als ‚Doppelbett-' oder ‚Zweibett-Katalysator'. Damit wird der Motor bei einer Luftzahl von etwa 0,9 gefahren. Im ersten Bett wird NO reduziert und dabei entsteht u. a. NH_3. Nach Zugabe von Sekundärluft kann dann im zweiten Bett die fast vollständige Oxidation von CO und HC ablaufen. Dabei verbrennt auch NH_3 wieder zu NO. Insgesamt ist jedoch nur eine 70- bis 80%ige NO-Reduktion möglich. Nachteilig ist auch der verbrauchsungünstige Motorbetrieb mit fettem Gemisch.

Die Sekundärluft kann über mit Keilriemen angetriebene Kreiselpumpen (Saginaw-Prinzip) oder selbstansaugende Luftventile („pulse air"), welche die Druckpulsationen im Auslaßsystem ausnützen, zugeführt werden.

Als leistungsfähigstes Konzept für die Abgasnachbehandlung von Ottomotoren hat sich der Dreiwege- oder Selektivkatalysator mit Lambda-Regelung erwiesen. Er ist in der Lage, alle drei Schadstoffkomponenten in ausreichendem Maß abzubauen, wenn der Motor mit einem stöchiometrischen Gemisch betrieben wird. Das „Fenster" für einen optimalen Abbau der drei Komponenten ist sehr eng. Deshalb kommt eine reine Gemischsteuerung für dieses Konzept nicht in Frage.

Lambda-Regelung

Die erforderliche Genauigkeit der Gemischzusammensetzung kann nur durch einen geschlossenen Regelkreis erreicht werden, bei dem ständig das Abgas gemessen und die zugeführte Kraftstoffmenge entsprechend diesem Meßergebnis sofort korrigiert wird. Als Meßfühler für die Abgaszusammensetzung wird die Lambda-Sonde verwendet, die bei stöchiometrischem Gemisch ($\lambda = 1$) einen Spannungssprung liefert und somit eine Aussage darüber liefern kann, ob das Gemisch fetter oder magerer als $\lambda = 1$ ist.

Lambda-Sonde

Der eine Teil des Keramikkörpers befindet sich im Abgasstrom, der andere Teil steht mit der Außenluft in Verbindung. Die Oberflächen des Keramikkörpers (Zirkondioxid) sind mit Elektroden aus einer gasdurchlässigen dünnen Platinschicht versehen.

Das verwendete Keramikmaterial der Sonde wird bei Temperaturen ab etwa 300°C für Sauerstoffionen leitend. Ist der Sauerstoffanteil auf beiden Seiten der Sonde verschieden groß, so entsteht auf Grund der besonderen Eigenschaften des verwendeten Werkstoffes zwischen den beiden Grenzflächen eine elektrische Spannung. Diese Spannung ist ein Maß für den Unterschied des Sauerstoffanteils auf beiden Seiten der Sonde. Im Abgas des Verbrennungsmotors sind auch bei Verbrennung mit Kraftstoffüberschuß noch Restsauerstoffanteile vorhanden (bei $\lambda = 0{,}95$ z. B. 0,2 ... 0,3 Vol.%). Der Restsauerstoffgehalt ist in starkem Maße von der Zusammensetzung des Luft-Kraftstoff-Gemisches abhängig, das dem Motor zur Verbrennung zugeführt wird. Diese Abhängigkeit ermöglicht es, den Sauerstoffanteil im Abgas als Maß für die Luftzahl (λ) heranzuziehen.

Im allgemeinen wird die Sondenkeramik durch das Abgas aufgeheizt. Um auch bei kalten Einbaulagen die Arbeitstemperatur rasch zu erreichen, gibt es Sonden, deren Keramik durch ein internes Heizelement beheizt werden kann.

Katalysatorwirkung in Abhängigkeit von der Luftzahl λ.
1 Abgasemission vor Dreiwege-Katalysator, 2 Abgasemission nach Dreiwege-Katalysator, 3 elektrisches Signal der Lambda-Sonde, U_λ Sondenspannung.

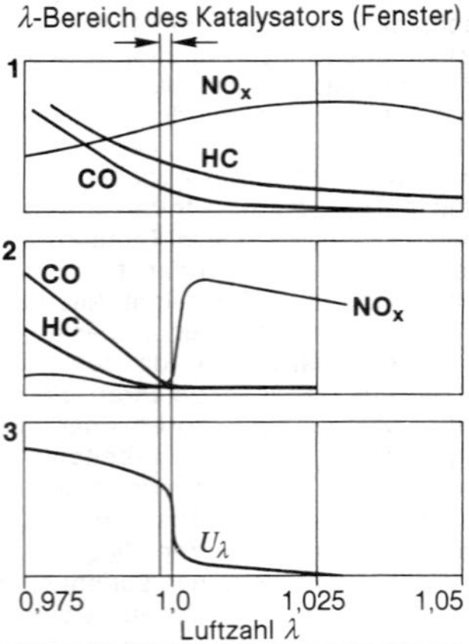

Abgasreinigung mit Dreiwege-Katalysator und Lambda-Sonde.
a) Funktionsschema. 1 Gemischbildner, 2 Motor, 3 Steuergerät, 4 Lambda-Sonde, 5 Dreiwege-Katalysator, U_λ Sondenspannung.
b) Dreiwege-Katalysator. 1 Keramikmonolith, 2 Drahtgeflecht, 3 Lambda-Sonde, 4 Gehäuse.

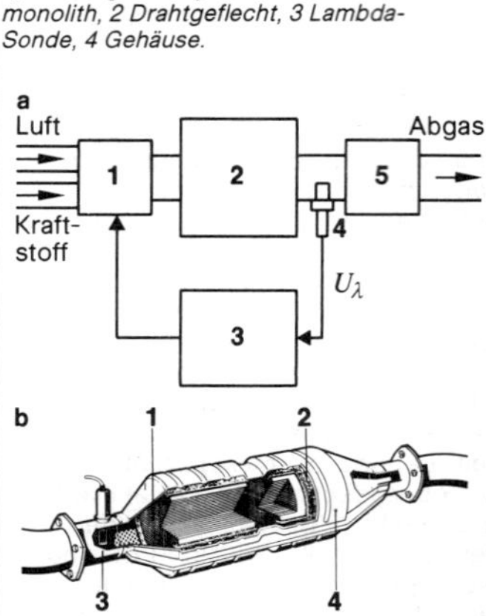

Abgasprüfung (Ottomotoren)

1968 begann der Staat Kalifornien, die Schadstoffemission von Personenkraftwagen zu begrenzen. Heute gibt es in allen Industrieländern gesetzlich vorgeschriebene Abgastests, die sich hinsichtlich Fahrzyklus und den zulässigen Grenzwerten unterscheiden.

Gemeinsam ist allen das Prinzip: Ein vorgegebenes Fahrprogramm (als repräsentativ für das Fahrverhalten in bestimmten Zonen angesehen) wird auf einem Leistungsprüfstand nachgefahren und die hierbei emittierten Schadstoffmassen werden bestimmt. Der Prüfstand läßt sich so einstellen, daß die Bremsleistung den bei echtem Straßenbetrieb auftretenden Widerständen entspricht und eine Trägheitsmasse das Fahrzeuggewicht simuliert.

Nachdem für die Abgasprüfung in Europa (ECE/EG) ab 1982 auf die Verdünnungsmethode (CVS) übergegangen wurde, besteht ein einheitliches Verfahren für USA, Japan und Europa.

Auch die Analysenverfahren (NDIR-Absorptionsgeräte für CO und CO_2, Flammenionisations-Analysator für HC bzw. Chemolumineszenzgerät für NO_x) sind inzwischen einheitlich.

Das vom Fahrzeug während des Prüfzyklus erzeugte Abgas wird mit gereinigter Umgebungsluft verdünnt und entweder von einem Gebläse über eine Venturi-Düse (Critical Flow Venturi) oder über ein Drehkolbengebläse (ROOTS-Gebläse) abgesaugt.

Prinzip beider Anlagen: In den/die Sammelbeutel wird nicht der Gesamtstrom des verdünnten Abgases geleitet, sondern ein in der momentanen Zusammensetzung gleicher Teilstrom. Nach Abschluß des Fahrprogramms entspricht die Schadstoffkonzentration in dem Sammelbeutel genau dem Mittelwert des abgesaugten Abgas-Luft-Gemisches. Mit dem bekannten Fördervolumen der Venturi-Anlage bzw. des Drehkolbengebläses (korrigiert auf Normalbedingungen) und den Dichtewerten lassen sich die während des Tests emittierten Schadstoffmassen errechnen.

Die zu verwendende Fahrkurve ist in den einzelnen Ländern unterschiedlich und als Teil der Abgasregelung zusammen mit dem Prüfverfahren und den Grenzwerten gesetzlich vorgeschrieben.

Ermittlung der Verdampfungsverluste (Evaporation)

Unabhängig von den Schadstoffen, die bei der Verbrennung im Motor entstehen, emittiert ein Kraftfahrzeug beträchtliche Mengen an Kohlenwasserstoffen (Evaporation). Diese Kohlenwasserstoffemission kann von undichten Stellen im Kraftstoffsystem (z. B. nicht fest sitzender Tankdeckel), aber auch von nicht ausreichend dimensionierten Tankentlüftungssystemen o. ä. herrühren.

Das gebräuchlichste Verfahren zur Ermittlung der Verdampfungsverluste ist die sogenannte SHED-Methode. Bei diesem Verfahren wird das entsprechend vorbereitete Fahrzeug in einer gasdichten Kammer abgestellt und nach Durchlauf einer einstündigen Testprozedur die Erhöhung der HC-Konzentration in der Kammer gemessen.

Anhand dieser Messung werden die Verdampfungsverluste in g/Test bestimmt.

ECE-Test

Im ECE-Test wird der verdünnte Abgasstrom nur in einem einzigen Beutel gesammelt.

Die Grenzwerte steigen entsprechend der Tabelle 1 mit größer werdendem Fahrzeuggewicht an. Zur vollständigen Erfüllung der Zulassungsbestimmungen müssen auch die Kohlenmonoxid-Konzentration im Leerlauf und die Wirksamkeit der Kurbelgehäuseentlüftung überprüft werden (siehe Straßenverkehrsrecht).

Beginnend 1988 wurde für den Bereich der Europäischen Gemeinschaft (EG) eine Verschärfung der Grenzwerte beschlossen. Diese Verschärfung ist entsprechend Tabelle 2 nach Hubraumklassen gestaffelt, wobei sowohl die Grenzwerte selber als auch die Einführungstermine vom Hubraum abhängig sind.

ECE/EG-Fahrzyklus *(ECE-Prüfung Typ I).*

Zykluslänge:	*1,013 km*	*mittl. Geschw.:*	*18,7 km/h*
Testdistanz:	*4,052 km*		*(27,01 km/h*)*
Zyklenzahl/Test:	*4*	*max. Geschw.:*	*50 km/h*
Zyklusdauer:	*195 s*		** ohne LL-Phasen (LL-Anteil 31 %).*

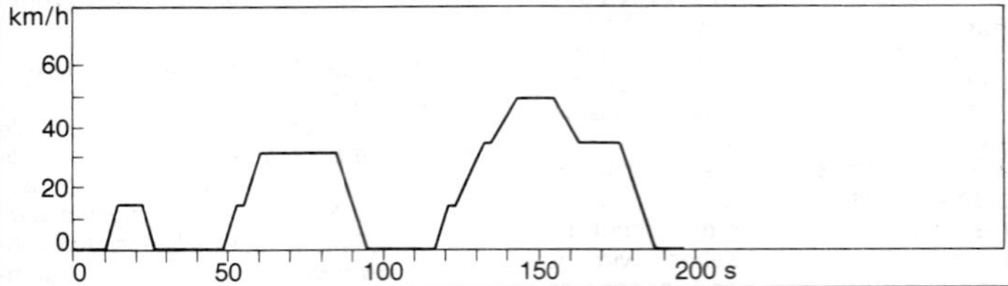

Prüfanlage für Europa-Test *(hier mit Drehkolbengebläse).*
1 Bremse, 2 Schwungmasse, 3 Abgas, 4 Luftfilter, 5 Verdünnungsluft, 6 Kühler, 7 Gastemperatur, 8 Druck, 9 Drehkolben-Gebläse, 10 Sammelbeutel (≈ 100 l), 11 zum Auslaß.

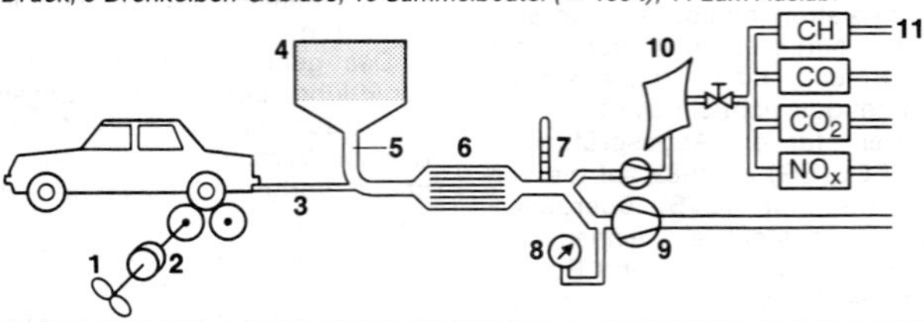

Tabelle 1. ECE/EG-Grenzwerte in Abhängigkeit von der Fahrzeug-Bezugsmasse (ECE R 15–40). ECE/EG-Testzyklus.

Fahrzeug-Bezugsmasse kg	**CO** g/Test	**HC+NO$_x$** g/Test
≤ 1020	58	19,0
1020 ≤ 1250	67	20,5
1250 ≤ 1470	76	22,0
1470 ≤ 1700	84	23,5
1700 ≤ 1930	93	25,0
1930 ≤ 2150	101	26,5
2150 ≤	110	28,0

Tabelle 2. Künftige Abgasgrenzwerte in der EG[1]**. ECE/EG-Testzyklus.**

Fahrzeug-Hubraum l	Möglicher Einsatztermin neue Typen	Erstzulassungen	Regelung	**CO** g/Test	**HC+HO$_x$** g/Test	**NO$_x$** g/Test
>2,0	1. 10. 88	1. 10. 89	EU-Standard	25	6,5	3,5
>1,4 ... ≦2,0	1. 10. 91	1. 10. 93	EU-Standard	30	8	–
≦1,4	1990 1992	1991 1993	EU-Standard Verschärfung; zu definieren bis 1987	45	15	6

[1]) Bei Drucklegung bestand noch Vorbehalt von Dänemark.

USA-Fahrzyklus *(Federal Test Procedure, FTP 75).*
Zykluslänge: 11,115 Meilen *mittl. Geschw.: 34,1 km/h*
Zyklusdauer: 1877 s + 600 s Pause *max. Geschw.: 91,2 km/h*

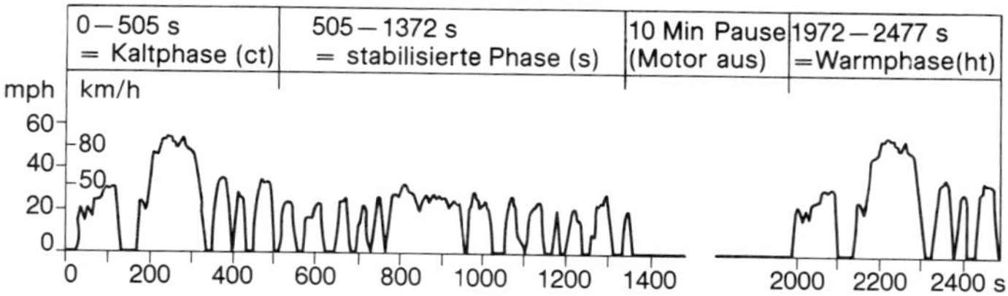

Prüfanlage für US-Federal-Test *(hier mit Venturi-Anlage).*
1 Bremse, 2 Schwungmasse, 3 Abgas, 4 Luftfilter, 5 Verdünnungsluft, 6 Proben-Venturidüse, 7 Gastemperatur, 8 Druck, 9 Venturidüse, 10 Gebläse, 11 Sammelbeutel, 12 zum Auslaß.

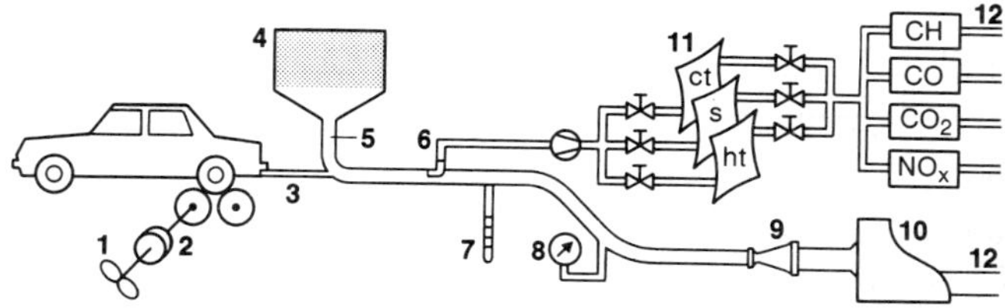

US-Federal Test

Im US-Federal-Test wird der verdünnte Abgasstrom entsprechend den Testphasen in 3 Beuteln gesammelt.

Die US-Grenzwerte gelten für jeden neu zugelassenen Pkw, unabhängig von Hubraum und Fahrzeuggewicht. Sie müssen im Mittel auch über 50 000 Meilen noch eingehalten werden.

Auch die vor, während und nach dem Test auftretenden Verdampfungsverluste aus Gemischaufbereitungssystem und Tank usw. sind limitiert.

Außer den Grenzwerten der Tabelle, die in Meereshöhe gemessen werden, existieren ab Modelljahr 1981 auch Höhenstandards für Orte über 1219 m (Bezugshöhe 1620 m). Ab Modelljahr 1984 müssen alle Pkw der 49 Staaten in der Höhe dieselben Grenzwerte wie in Meereshöhe erfüllen.

Andere Ländergruppen

Das Verfahren der Ländergruppe Schweden, Schweiz, Österreich, Australien, Mexiko ist einheitlich an das USA-Testverfahren 1972 bzw. 1975 angelehnt. Grenzwerte siehe Tabelle 4.

Tabelle 3. Grenzwerte für USA-FED (49 Staaten) und Kalifornien. FTP 75-Testzyklus.

Modelljahr	Region	**CO** g/Meile	**HC** g/Meile	**NO$_x$** g/Meile	Evaporation g/Test
seit 1982	FED KAL	3,4[1]) 7,0	0,41 0,41	1,0[1]) 0,4[1])	2,0 2,0

[1]) Unter bestimmten Voraussetzungen sind Ausnahmegenehmigungen möglich.

Tabelle 4. Grenzwerte für Schweden, Schweiz, Österreich, Australien, Mexiko. FTP 72/75-Testzyklus.

Land	Einsatz-termin	**CO** g/km	**HC** g/km	**NO_x** g/km	Evaporation g/Test	Testzyklus
Schweden	1975 Mitte 89	24,2 2,1	2,1 0,25	1,9 0,62	– 2,0	FTP 72 FTP 75
Schweiz	10. 82 10. 86 10. 87	24,2 9,3 2,1	2,1 0,9 0,25	1,9 1,2 0,62	– – 2,0	FTP 72 FTP 72 FTP 75
Österreich	87/88	2,1	0,25	0,62	2,0	FTP 75
Australien	1. 81 1. 86	18,6 9,3	1,75 0,9	1,9 1,9	6,0 2,0	FTP 72 FTP 75
Mexiko	1982	31,0	2,9	–	2,0	FTP 72

Tabelle 5. Grenzwerte für Kanada. — FTP 75-Testzyklus.

Einsatztermin	**CO** g/Meile	**HC** g/Meile	**NO_x** g/Meile	Evaporation g/Test
bis 31. 12. 85	25,0	2,0	3,1	2,0
01. 01. 86	7,0	0,41	1,0	2,0
9. 87[1])	3,4	0,41	1,0	2,0

[1]) Bei Drucklegung Gesetz noch nicht verabschiedet.

Tabelle 6. Grenzwerte für Japan. — Japan-Testzyklen.

Testverfahren	**CO**	**HC**	**NO_x**	Evaporation
10-mode (g/km)	2,1	0,25	0,25	–
11-mode (g/Test)	60,0	7,0	4,4	–
SHED (g/Test)	–	–	–	2,0

Japan-Test

Der Japan-Test setzt sich aus zwei Testzyklen mit unterschiedlichen Fahrkurven zusammen. Der sogenannte 11-mode-Zyklus wird nach dem Kaltstart viermal durchfahren. Der zweite Test, der sogenannte 10-mode-Zyklus, wird als Heißtest sechsmal durchfahren, wobei nur die letzten fünf Zyklen gemessen werden.

Das verdünnte Abgas wird in jeweils einem Beutel gesammelt. Im Kalttest werden die Schadstoffe in g/Test angegeben, während sie im Heißtest auf die Fahrstrecke bezogen, d. h. in g/km umgerechnet werden.

Auch die vor, während und nach dem Test auftretenden Verdampfungsverluste aus Gemischaufbereitungssystem, Tank usw. sind limitiert und werden nach der SHED-Methode bestimmt.

Japan-Fahrzyklus.

	11-mode-Zyklus (Kalttest) *Kurve 1*	***10-mode-Zyklus (Warmtest)*** *Kurve 2*
Zykluslänge:	*1,021 km*	*0,664 km*
Zyklenzahl/Test:	*4*	*6*
Mittl. Geschw.:	*30,6 km/h*	*17,7 km/h*
Max. Geschw.:	*60 km/h*	*40 km/h*
Leerlauf-Anteil:	*21,7 %*	*26,7 %*

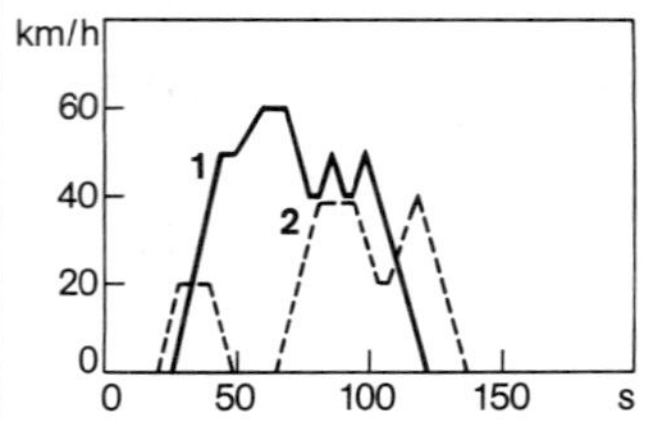

Abgasmeßgeräte für Ottomotoren

Die StVZO schreibt vor, daß Fahrzeuge hinsichtlich ihrer Abgasbestandteile bestimmten Vorschriften genügen müssen. Die Einhaltung der vorgeschriebenen Grenzwerte im Leerlauf bei Ottomotoren wird bei den regelmäßigen Fahrzeuguntersuchungen nach § 29 mit Abgasmeßgeräten überwacht. In der Kfz-Werkstatt sind Abgasmeßgeräte darüber hinaus Voraussetzung für eine optimale Einstellung der Gemischaufbereitung und unentbehrliche Hilfsmittel bei der Fehlersuche am Motor. Abgasmeßgeräte unterliegen in der Bundesrepublik Deutschland der Eichpflicht.

Abgasmeßgeräte nach dem Infrarotverfahren

Dieses Verfahren ermöglicht eine genaue, selektive Messung einzelner Abgasbestandteile. Es beruht auf dem Prinzip, daß Infrarotlicht von bestimmten Abgasbestandteilen stark absorbiert wird, und zwar bei einer für den jeweiligen Bestandteil charakteristischen Wellenlänge. Je nach Ausführung gibt es eichfähige Ein-Komponenten-Geräte (z. B. für CO) oder Mehr-Komponenten-Geräte (für CO/HC, CO/CO_2, CO/HC/CO_2 usw.).

Ein auf ca. 700°C erhitzter Strahler sendet Infrarot-Strahlung aus, die eine Meßküvette durchstrahlt und in eine Empfängerkammer eintritt. In der Empfängerkammer ist Gas mit definiertem CO-Anteil fest eingeschlossen. Darin wird ein Teil der CO-spezifischen Strahlung absorbiert. Diese Absorption verursacht eine Temperaturerhöhung im Gas, die eine Gasströmung über einen Strömungsfühler in das zweite Ausgleichsvolumen V_2 zur Folge hat. Da die Strahlung durch eine rotierende Chopperscheibe rhythmisch unterbrochen wird, ergibt sich eine Wechsel-Grundströmung zwischen den beiden Volumen V_1 und V_2. Der Strömungsfühler formt diese Strömung in ein elektrisches Wechselsignal um. Ein Meßgas mit veränderlichem CO-Anteil absorbiert beim Durchströmen der Meßküvette je nach Höhe des CO-Anteils einen Teil der Strahlungsenergie, die damit der Empfängerkammer verlorengeht. Als Folge davon verringert sich die Grundströmung in der Empfängerkammer. Somit ist die Abweichung vom Wechsel-Grundsignal ein Maß für den CO-Gehalt im Meßgas.

Abgastester nach dem Wärmetönungsverfahren

Im Ottomotor wird der Kraftstoff nicht vollständig zu H_2O und CO_2 verbrannt, sondern es bleiben brennbare Bestandteile im Abgas in Form von CO, H und HC.

Zum Messen des Gehalts an brennbaren Abgasbestandteilen wird das sogenannte Wärmetönungsverfahren angewendet, bei dem das zu messende Abgas definiert mit Luft gemischt und an einer vorgeheizten Wendel vorbeigeführt wird. Ein Teil der noch unverbrannten Bestandteile verbrennt dabei und heizt die Wendel auf. Diese Aufheizung bewirkt eine Widerstandänderung proportional dem Anteil der brennbaren Bestandteile. Die Anzeige kann in Volumenprozent CO erfolgen, da im geeigneten Meßbereich die Aufheizung durch CO mit ausreichender Genauigkeit proportional den übrigen brennbaren Bestandteilen ist.

Meßkammer nach dem Infrarot-Verfahren *(Prinzip).*
1 Empfängerkammer mit Ausgleichsvolumen V_1 und V_2, 2 Strömungsfühler, 3 Meßküvette, 4 rotierende Chopperscheibe mit Motor, 5 Infrarot-Strahler

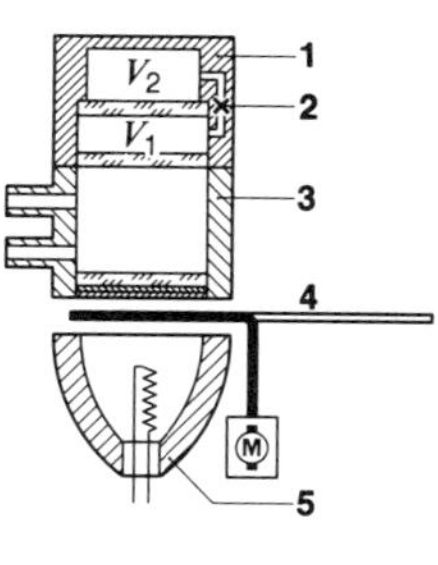

Abgasaufbereitung für Dieselmotoren

Brennraum

Die Gestaltung des Brennraumes beeinflußt die Abgasemission.

Motoren mit unterteiltem Brennraum (Vor-, Wirbelkammer) stoßen weniger Stickoxide aus als Motoren mit direkter Einspritzung. Motoren mit direkter Einspritzung verbrauchen allerdings weniger Kraftstoff. Eine sorgfältige Abstimmung der Luftbewegung im Brennraum auf die Kraftstoffstrahlen fördert die Vermischung von Luft und Kraftstoff und damit eine vollständige Verbrennung des Kraftstoffes. Für eine sichere Entflammung ist eine ausreichend hohe Verdichtungstemperatur erforderlich.

Kraftstoffeinspritzung

Einspritzbeginn, Einspritzverlauf und Zerstäubung des Kraftstoffs beeinflussen die Schadstoffemission. Der Einspritzbeginn bestimmt im wesentlichen den Verbrennungsbeginn. Späte Einspritzung vermindert die Stickoxidemission. Zu späte Einspritzung erhöht die Kohlenwasserstoffemission. Eine Abweichung des Spritzbeginns vom Sollwert um 1° KW kann die NO_x- oder HC-Emission um ca. 15 % erhöhen. Diese hohe Empfindlichkeit verlangt genau eingestellte Spritzbeginne. Der günstigste Spritzbeginn kann genau mit einer elektronischen Regelung eingehalten werden. Solche Geräte regeln die Lage des Spritzverstellers der Einspritzanlage relativ zu einer Kurbelwellenmarke (Förderbeginnregelung). Sehr hohe Genauigkeit kann erreicht werden, wenn der Spritzbeginn direkt am Einspritzventil gemessen wird. Dazu wird die Bewegung der Düsennadel mit einem Nadelbewegungsfühler gemessen (Spritzbeginnregelung).

Kraftstoff, der nach dem Abschluß der Verbrennung in den Brennraum austritt, kann unverbrannt in den Auspuff gelangen und so die Kohlenwasserstoffemission erhöhen. Um dies zu vermeiden, müssen Nachspritzer unbedingt vermieden werden. Einspritzventile werden deshalb so ausgeführt, daß zwischen dem Dichtsitz und dem Spritzlochende ein möglichst kleines Kraftstoffvolumen eingeschlossen wird.

Fein zerstäubter Kraftstoff fördert die Vermischung von Luft und Kraftstoff. Er trägt zu einer Minderung der Kohlenwasserstoff- und Rußemission (Partikel) bei. Eine feine Zerstäubung wird mit hohem Einspritzdruck und der Geometrie der Spritzlöcher erreicht.

Die höchste Kraftstoffmenge muß entsprechend der angesaugten Luftmenge so begrenzt werden, daß der Motor nicht rußt. Das erfordert einen Luftüberschuß von 10 ... 20 % (λ = 1,1 ... 1,2).

Tabelle 5. Zusammensetzung und Temperatur der Abgase.

Abgasbestandteile		bei Leerlauf	bei höchster Leistung
Stickoxide	Vol %	0,005 ... 0,025	0,06 ... 0,15
Kohlenwasserstoffe	Vol %	0,05 ... 0,06	0,02 ... 0,06
Kohlenmonoxid	Vol %	0,01 ... 0,045	0,035 ... 0,2
Kohlendioxid	Vol %	... 3,5	... 12,0
Wasserdampf	Vol %	... 3,0	... 11,0
Sauerstoff	Vol %	... 16,0	... 10,0
Stickstoff u. a.	Vol %	Rest	Rest
Ruß	mg/m^3	≈ 20	≈ 200
Abgastemperatur[1]) °C		100 ... 200	550 ... 750

[1]) nach dem Auslaßventil.

Temperatur der Ansaugluft
Mit zunehmender Temperatur der angesaugten Luft steigt die Verbrennungstemperatur und damit die Stickoxidemission.

Bei Motoren mit Lader ist die Kühlung der verdichteten Luft eine wirksame Maßnahme zur Minderung der Stickoxidbildung.

Abgasrückführung
Der angesaugten Luftmenge wird Abgas zugemischt. Damit wird die Sauerstoffkonzentration der Ladung vermindert und deren spezifische Wärme erhöht. Beide Einflüsse senken die Verbrennungstemperatur und damit die Stickoxidbildung. Darüber hinaus wird die ausgestoßene Abgasmenge vermindert. Bei einer zu großen rückgeführten Abgasmenge steigen die Emissionen der Komponenten Ruß, Kohlenmonoxid und Kohlenwasserstoffe infolge Luftmangels. Die rückgeführte Abgasmenge muß also so begrenzt werden, daß ausreichend viel Luft zur Verbrennung des eingespritzten Kraftstoffs im Brennraum verbleibt.

Abgasnachbehandlung
Die Kohlenwasserstoffemission kann durch Edelmetallkatalysatoren im Auspuff vermindert werden. Dabei verbrennt ein Teil der Kohlenwasserstoffe mit dem im Abgas enthaltenen Sauerstoff.

Katalysatoren, die bei Ottomotoren zur Minderung der Stickoxidemission angewandt werden, arbeiten nur bei Sauerstoffmangel oder bei einem genau stöchiometrischen Mischungsverhältnis. Dieselmotoren können aber nur mit Luftüberschuß betrieben werden (Kraftstoffverbrauch, Ruß- und Kohlenwasserstoffemission). Deshalb wirken solche Katalysatoren zur Minderung der NO_x-Emission an Dieselmotoren nicht. Zur Minderung der Feststoffemission (Ruß) werden derzeit Filter zum Einbau in die Auspuffanlage entwickelt. Ein Hersteller wendet in Kalifornien einen keramischen Filter an.

Streuband von CVS-Testergebnissen für NO_x und HC, *in Abhängigkeit vom Diesel-Einspritzpumpen-Anbau (bezogen auf optimalen Förderbeginn).*

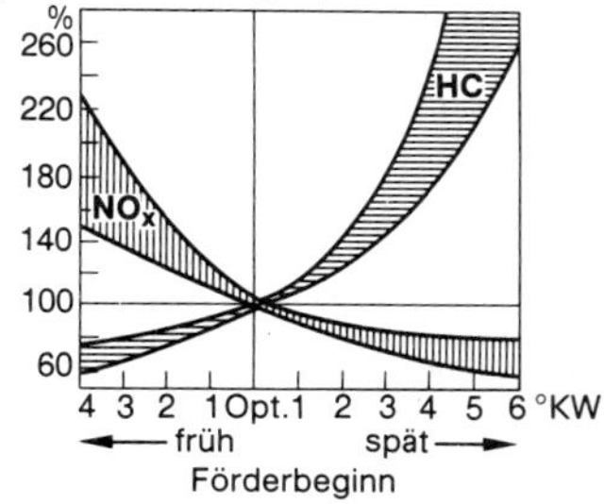

Einfluß der Düsenausführung auf die Kohlenwasserstoffemission.
1 Düsen mit Kleinstsackloch
2 Düsen ohne Sackloch

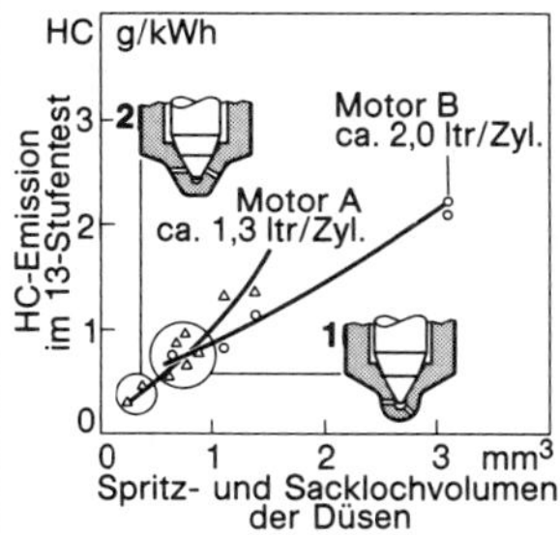

Einfluß der Abgasrückführung auf die Motorenkennwerte.

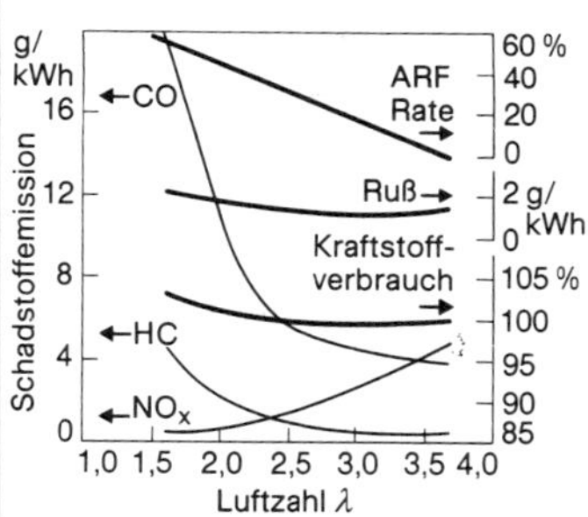

Abgasprüfung (Dieselmotoren)

Die Schadstoffemission von Dieselmotoren ist in verschiedenen Ländern durch Gesetze begrenzt. Bei der Prüfung werden die Emissionen unter definierten Betriebsbedingungen gemessen.

Prüfeinrichtungen
Personenwagen werden allgemein auf einem Rollenprüfstand geprüft. Die Emissionen von Lastwagenmotoren werden auf einem Motorenprüfstand geprüft.

Für Pkw ist die umfangreichste Einrichtung in den USA vorgeschrieben. Die Schadstoffemission wird nach dem CVS-(Constant Volume Sampling) Verfahren gemessen. Dabei wird das vom Fahrzeug ausgestoßene Abgas mit gereinigter Umgebungsluft verdünnt und von einem Gebläse abgesaugt. Dies fördert eine konstante Gasmenge. Mit der Verdünnung wird erreicht, daß bei der Probensammlung kein Wasser ausfällt. Aus dem verdünnten Abgas werden kontinuierlich 3 Proben entnommen. Die erste wird durch Filter geleitet. Aus deren Massezunahme wird die Feststoffemission ermittelt. Die zweite Probe führt zu einem FID (Flammen-Ionisations-Detektor). Dieses Gerät mißt kontinuierlich die Kohlenwasserstoffkonzentration. Die dritte Probe fließt in Abgassammelbeutel. Deren Inhalt wird am Ende des Tests durch Geräte geleitet, welche den Gehalt des Gases an CO, CO_2 und NO_x messen. Die Emissionen der verschiedenen Schadstoffe werden aus dem vom Gebläse verdrängten Gasvolumen und den Konzentrationen der einzelnen Komponenten in den drei Proben errechnet. Für die Prüfung der gasförmigen Emission von Lastwagenmotoren werden aus dem unverdünnten Abgas Proben entnommen und analysiert. Es werden gleichartige Analysatoren eingesetzt wie bei der Prüfung von Pkw-Motoren. Anstelle der Feststoffemission wird die Trübung des Abgases (Lichtabsorption) gemessen oder die Schwärzung eines Filters.

Fahrzyklen für Diesel-Pkw im Abgastest.

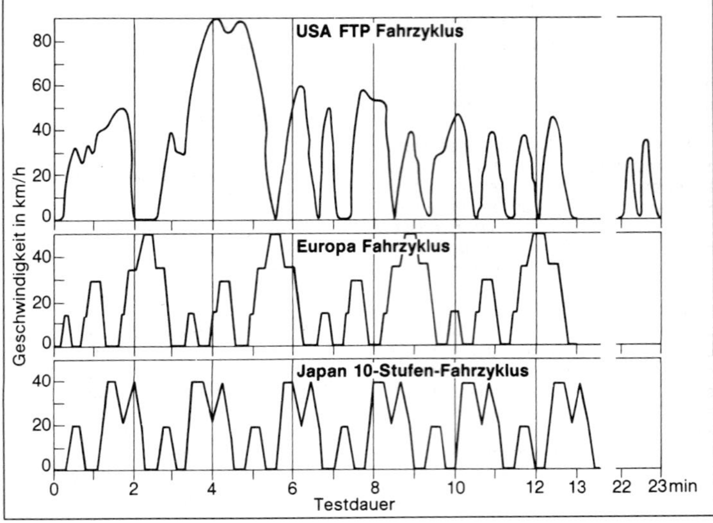

Prüfzyklen und Grenzwerte für Europa

Personenwagen

In den Ländern der Europäischen Gemeinschaft gilt die EG-Regelung R 15/04. Die gasförmigen Emissionen werden dabei auf einem Rollenprüfstand gemessen. Die Prüfung beginnt mit dem Start des auf 20°C abgekühlten Fahrzeugs. Danach wird ein Geschwindigkeitsverlauf entsprechend dem Programm des Europatests gefahren (Grenzwerte s. Tabelle 6). Darüber hinaus ist die Trübung der Abgase entsprechend der Regelung EG 24 begrenzt (s. Diagramm neben Tabelle 6).

Tabelle 6 zeigt, in welchem Maße die Grenzwerte für die gasförmigen Emissionen ab 1990 bzw. 1991 vermindert werden.

Außerdem sind Grenzwerte für die Partikel-Emission geplant. Der europäische Fahrzyklus soll auf höhere Geschwindigkeiten erweitert werden.

Regelung für Österreich, Schweden und die Schweiz: Prüfeinrichtung entsprechend der US-Regelung 1983 für gasförmige Emissionen:

Grenzwerte: CO: 2,10 g/km
HC: 0,25 g/km
NO_x: 0,62 g/km

In Österreich ist zusätzlich ein Grenzwert für die Partikel-Emission von 0,373 g/km vorgeschrieben.

Nutzfahrzeuge

Für Fahrzeuge mit über 8 Sitzplätzen und für Nutzfahrzeuge gilt die Regelung R 49. Dabei werden nacheinander 13 Betriebszustände eingestellt und die gasförmigen Emissionen gemessen. Aus den Einzelwerten wird eine mittlere Emission errechnet.

Seit 15. 4. 82 gelten folgende
Grenzwerte: CO: 14 g / kWh
HC: 3,5 g / kWh
NO_x: 18 g / kWh

Die R 49 ist allerdings bisher noch nicht in Kraft getreten. Die oben genannten Grenzwerte sollen um 20 % vermindert werden. Die Abgastrübung ist entsprechend EG 24 begrenzt.

In Schweden sind für die Rauchbegrenzung im Bereich 50 ... 75 % der Höchstdrehzahl folgende Werte festgelegt:

	allgemein	Busse für mehr als 30 Fahrgäste
Schwärzungszahl	≤ 3,5	≤ 2,5
Trübung HSU	≤ 45	≤ 30

Tabelle 6. Abgas-Grenzwerte für Fahrzeuge unter 3,5 t mit Dieselmotoren.

Fahrzeuggewicht kg	Grenzwerte in g/Test						
	gültig ab 1.10.1982 EG R 15/04		gültig ab 1.10.1990 für neue Fahrzeugtypen mit Hubraum <1,4 l [1])			gültig ab 1.10.1991 für neue Fahrzeugtypen mit Hubraum >1,4 l [2])	
	CO	HC+NO_x	CO	NO_x	HC+NO_x	CO	HC+NO_x
≤ 1020	58	19					
1020...1250	67	20,5					
1250...1470	76	22					
1470...1700	84	23,5	45	6	15	30	8
1700...1930	93	25					
1930...2150	101	26,5					
> 2150	110	28					

[1]) für Motoren mit direkter Einspritzung ab 1993 gültig.
[2]) für Motoren mit direkter Einspritzung ab 1994 gültig.

Grenzwertkurve für Dieselrauch nach EG 24.
niedrigste geprüfte Drehzahl:
0,45 · n_{Nenn} oder mind. 1000 min^{-1}

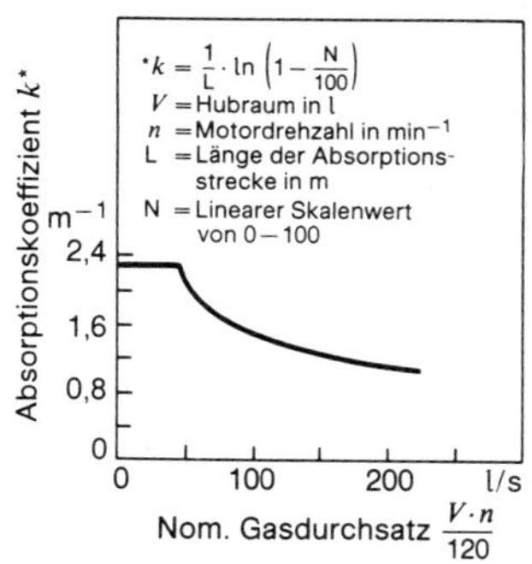

Prüfzyklen und Grenzwerte für Japan

Personenwagen

Die Konzentration der gasförmigen Schadstoffe im Abgas von Dieselmotoren wird in einem 10stufigen Fahrprogramm gemessen. Ab 1. 10. 1986 gelten die Grenzwerte entsprechend der Tabelle 7.

Nutzfahrzeuge

Die Konzentration der gasförmigen Schadstoffe im Abgas von Dieselmotoren wird in einem 6stufigen Fahrprogramm unter stationären Bedingungen gemessen. Dabei werden der Höchstwert und ein gewichteter Durchschnittswert ermittelt. Abhängig von der Art des Fahrzeugs und dem Brennverfahren gelten die Grenzwerte in Tabelle 8.

Außerdem ist bei Vollast der sichtbare Rauch im Abgas begrenzt auf eine Schwärzungszahl 5 (gemessen mit dem Bosch-Rauchtester EFAW 65/7) im Drehzahlbereich von 40 ... 100 % der Nenndrehzahl.

Prüfzyklen und Grenzwerte für die USA

Für Personenwagen und leichte Lastwagen (light duty truck) wird das CVS-Prüfverfahren angewandt. Der Fahrzyklus ist in der FTP (Federal Test Procedure) vorgeschrieben. Es gelten die Grenzwerte in Tabelle 10 und 11.

Motoren für schwere Lastwagen (heavy duty) werden ab 1987 nach einem instationären Fahrzyklus (transient test) auf einem Motorenprüfstand geprüft. Daneben wird in einem Test, der aus stationären und instationären Betriebszuständen besteht, die Abgastrübung geprüft (Tabelle 9).

Tabelle 7. Abgas-Grenzwerte in Japan für Pkw mit Dieselmotoren.

Fahrzeuggewicht kg	Grenzwerte in g/km					
	Zulassung			Serienüberprüfung		
	HC	CO	NO_x	HC	CO	NO_x
≦ 1265	0,70	0,40	2,10	0,98	0,62	2,70
> 1265	0,90	0,40	2,10	1,26	0,62	2,70

Tabelle 8. Abgas-Grenzwerte in Japan für Nutzfahrzeuge mit Dieselmotoren.

Modelljahr/ Fahrzeuggattung	Grenzwerte in ppm					
	HC		CO		NO_x	
	Ø-Wert	max. Wert	Ø-Wert	max. Wert	Ø-Wert	max. Wert
Neue Fahrzeug-Typen ab 1. 8. 1983	510	670	790	980	470[1])	610[1])
Alle Neufahrzeuge ab 1. 7. 1984					290[2])	390[2])
Import-Fahrzeuge ab 1. 7. 1984	510	670	790	980	470[1]) 290[2])	700[1]) 390[2])

[1]) Direkteinspritzung.
[2]) indirekte Einspritzung.

Tabelle 9. USA-Abgas-Grenzwerte in den USA für Heavy-Duty-Lkw mit Dieselmotoren.

Modelljahr		HC	CO	NO_x	Part.	Rauch
		g/Hph				% Trübung
1987	Fed	1,3	15,5	10,7	–	A Beschleunigung 20 % B Vollastverzögerung 15 % C max. Rauchstoß 50 %
	Cal	1,3	15,5	5,1 6,0	–*) 0,6*)	
1988 1989 1990	Fed/ Cal	1,30	15,5	6,0	0,6	
1991 1992 1993	Fed/ Cal	1,30	15,5	5,0	0,25	
1994	Fed/ Cal	1,30	15,5	5,0	0,10	

*) Wahlweise 5,1 g NO_x/Hph **ohne** Partikel-Emission oder 6,0 g NO_x/Hph **und** 0,6 g Partikel-Emission.

Tabelle 10. Abgas- und Verbrauchs-Grenzwerte in den USA für Pkw mit Dieselmotoren.

		Grenzwerte in Meereshöhe				Höhen-Grenzwerte[1])			Verbrauch
		HC	CO	NO_x	Part.	HC	CO	NO_x	
		g / Meile							mpg
1986	Fed	0,41	3,4	1,0	0,6	0,41	3,4	1,0	26,0
	Cal	0,41	7,0	1,0	0,2	–	7,0	–	
1987	Fed	0,41	3,4	1,0	0,2	0,41	3,4	1,0	27,5
	Cal	0,41	7,0	1,0	0,2	–	7,0	–	
1988	Fed	0,41	3,4	1,0	0,2	0,41	3,4	1,0	[2])
	Cal	0,41	7,0	1,0	0,2	–	7,0	–	
1989	Fed	0,41	3,4	1,0	0,2	0,41	3,4	1,0	[2])
	Cal	0,41	7,0	1,0	0,08	–	7,0	–	
1990	Fed	0,41	3,4	1,0	0,2	0,41	3,4	1,0	[2])
	Cal	0,41	7,0	1,0	0,08	–	7,0	–	

1) Federal: in 1620 m über Meereshöhe; Kalifornien: in 1829 m über Meereshöhe.
2) noch keine Grenzwerte festgelegt.

Tabelle 11. Abgas- und Verbrauchs-Grenzwerte in den USA für Light-Duty-Lkw mit Dieselmotoren.

Modelljahr		Gewichtsklasse	Grenzwerte in Meereshöhe				Höhen-Grenzwerte[1])			Verbrauch
			HC	CO	NO_x	Part.	HC	CO	NO_x	
		lbs	g / Meile							mpg
1986	Fed	≦ 8500	0,80	10,0	2,3	0,6	1,0	14,0	2,3	20,0
	Cal	≦ 3999	0,46	10,6	1,0	0,2	–	10,6	–	
		4000 ... 5999	0,50	9,0	1,5	0,2	–	9,0	–	
		6000 ... 8500	0,60	9,0	2,0	0,2	–	9,0	–	
1987	Fed	≦ 8500	0,80	10,0	2,3	0,26	1,0	14,0	2,3	20,5
	Cal	≦ 3999	0,46	10,6	1,0	0,2	–	10,6	–	
		4000 ... 5999	0,50	9,0	1,5	0,2	–	9,0	–	
		6000 ... 8500	0,60	9,0	2,0	0,2	–	9,0	–	
1988	Fed	≦ 3999	0,80	10,0	1,2	0,26	1,0	14,0	1,2	[2])
		4000 ... 5999	0,80	10,0	1,7	0,26	1,0	14,0	1,7	
		6000 ... 8500	0,80	10,0	1,7	0,26	1,0	14,0	1,7	
	Cal	≦ 3999	0,46	10,6	1,0	0,2	–	10,6	–	
		4000 ... 5999	0,50	9,0	1,5	0,2	–	9,0	–	
		6000 ... 8500	0,50	9,0	2,0	0,2	–	9,0	–	
1988	Fed	≦ 3999	0,80	10,0	1,2	0,26	1,0	14,6	1,2	[2])
		4000 ... 8500	0,80	10,0	1,7	0,26	1,0	14,6	1,7	
	Cal	≦ 3999	0,46	10,6	1,0	0,08	–	10,6	–	
		4000 ... 5999	0,50	9,0	1,5	0,08	–	9,0	–	
		6000 ... 8500	0,50	9,0	2,0	0,08	–	9,0	–	

1) Federal: in 1620 m über Meereshöhe; Kalifornien: in 1829 m über Meereshöhe.
2) noch keine Grenzwerte festgelegt.

Abgasableitung

Aufgabe der Abgasanlage
Die Abgasanlage hat die Aufgabe, die bei der Verbrennung des Frischgemisches im Motor entstehenden Abgase mit geringem Strömungswiderstand abzuleiten und an einer bestimmten Stelle des Fahrzeuges geräuscharm austreten zu lassen. Lage und Richtung der Abgasanlagemündung sind durch gesetzliche Regelungen bestimmt.

Aufbau einer Pkw-Abgasanlage
Eine Abgasanlage besteht aus der vorderen Abgasleitung mit Rohrzusammenführung, dem Vorschalldämpfer, dem vorderen Verbindungsrohr, dem mittleren Schalldämpfer, dem hinteren Zwischenrohr, dem Nachschalldämpfer und dem Endrohr.

Lage der Zusammenführung der Abgasleitungen nach Austritt aus dem Zylinderkopf sowie die Querschnitte der Abgasleitungen werden der Leistungscharakteristik entsprechend ausgelegt. Pkw mit größerem Hubvolumen sind oft mit Doppelrohrleitungen ausgestattet.

Zur Erzielung einer größeren Stabilität werden die einzelnen Komponenten oft miteinander verschweißt. Es werden auch Steck- und Flanschverbindungen verwendet. Die Schalldämpferanlage ist durch Aufhängungselemente mit der Unterbodengruppe des Fahrzeuges verbunden. Die Aufhängungspunkte müssen sorgfältig optimiert werden, sonst kann infolge mechanischer Schwingungen das Innengeräusch in der Fahrgastzelle steigen. Auch Mündungsgeräuschübertragungen durch Karosserieresonanzen sind möglich. Das Gesamtvolumen der Schalldämpfer entspricht bei heutigen Pkw dem 4- bis 10fachen, bei Lkw dem 3- bis 8fachen Hubvolumen. Die Masse der gesamten Schalldämpfer-Anlage für Pkw beträgt je nach Hubvolumen und Schalldämpferart etwa 8 bis 40 kg. Die durch Ladungswechselvorgänge entstehende Abgasdruckpulsation in der Abgasrohrleitung wird durch geeigneten Aufbau der einzelnen Schalldämpfer gedämpft.

Unterschieden wird zwischen Reflexions- und Absorptionsdämpfern. Beide Bauprinzipien können auch zu einem Schalldämpfer kombiniert werden.

Reflexionsschalldämpfer
Die Wirkung von Reflexionsschalldämpfern beruht sowohl auf Reflexion der Schallwellen zur Schallquelle als auch auf Vervielfachung von Schallpunkten (z. B. durch Loch- und Schlitztraufen), die eine Verbesserung durch Interferenz bewirken.

Die Dämpfung ist um so wirksamer, je zahlreicher die Reflexionsstellen sind. Im Prinzip besteht ein Reflexionsschalldämpfer aus Kammern, die durch Rohrleitungen miteinander verbunden sind. Reflexionsdämpfer haben besonders im tieffrequenten Bereich eine hohe Wirksamkeit. Bewährt haben sich hauptsächlich sogenannte Dreiwegedämpfer mit einer Vielzahl von Varianten. In der Regel sind 2 bis 7 akustische Glieder (z. B. Querschnittssprünge, Umlenkungen, Reihen- und Abzweigresonanten und eingebaute Zwischen-

Schalldämpferanlage.
1 Vorderes Rohr (Rohrzusammenführung), 2 Vorschalldämpfer, 3 vorderes Verbindungsrohr, 4 mittlerer Schalldämpfer, 5 hinteres Zwischen- bzw. Verbindungsrohr, 6 Nachschalldämpfer, 7 Endrohr

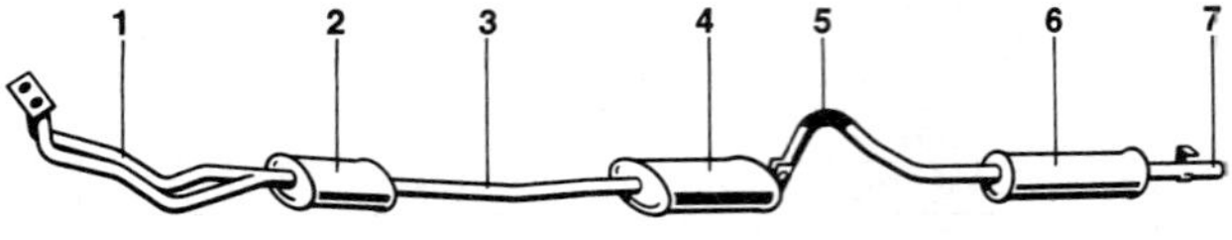

rohre) vorhanden. Die Lage des Schalldämpfers in der Leitung bestimmt im wesentlichen die Güte der Dämpfung. Liegt der Reflexionsdämpfer am Ende der Leitung, ist die Länge des anschließenden Endrohres für die Gesamtdämpfung besonders wichtig. Da der Außenmantel direkt mit dem Abgas in Kontakt kommt, können sehr hohe Oberflächentemperaturen entstehen – insbesondere, weil Schalldämpfer zur Herabsetzung des Luftwiderstandes immer häufiger in die Unterbodengruppe integriert werden. Zur Verminderung der Wärmeabgabe an die Unterbodengruppe kann der Außenmantel doppelwandig und mit Isolationsschicht (z. B. aus Mineral- oder Keramikfasern) ausgeführt werden.

Absorptionsschalldämpfer

Absorptionsschalldämpfer bestehen im Prinzip aus einer perforierten Rohrleitung, durch die das Abgas geleitet wird und die von einer mit Schallschluckstoff ausgekleideten Kammer umgeben ist. Die Schallwellen dringen über die Rundloch-, Schlitzloch- oder Schlitzbrückenperforation des abgasführenden Innenrohres in den Schallschluckstoff. Durch Reibung im Absorptionsstoff wird die Schallenergie in Wärme umgewandelt. Die Wirkung eines Absorptionsdämpfers hängt u. a. von der Geometrie der Perforation, vom Schallabsorptionsgrad und von der Stopfdichte des verwendeten Schluckstoffes ab. Absorptionsschalldämpfer bewirken eine breitbandige Dämpfung und verursachen in der Regel einen geringeren Druckverlust als vergleichbare Reflexionsschalldämpfer. Der Schallschluckstoff muß gegen thermische und chemische Einwirkungen beständig sein, aber auch resistent gegen hochfrequente Abgasdruckpulsation und mechanische Vibration. Als Schallschluckstoff wird Mineral- bzw. Metallwolle oder eine Kombination von beiden eingesetzt. In der Regel wird Basaltwolle verwendet, gelegentlich in Kombination mit Edelstahlwolle. Bei Verwendung von Basaltwolle beträgt die Stopfdichte 100 ... 200 g/l, je nach Aufgabe und Position des Schallschluckstoffes.

Akustische Abstimmungselemente

Zur akustischen Feinabstimmung des Mündungsgeräusches einer Schalldämpferanlage kann eine Vielzahl von Bauelementen verwendet werden.

Der Helmholtz-Resonator, auch Abzweigfilter genannt, wird zur Dämpfung bestimmter Frequenzbereiche eingesetzt.

Lochtraufen sind im Prinzip perforierte Rohre, die teilweise oder ganz an einem Ende geschlossen sind. Durch die Perforation werden unterschiedliche Leitungslängen erzeugt. Die Perforation bildet außerdem eine Vielzahl von Kugelstrahlern. Durch Interferenzen zwischen den einzelnen Schallpunkten und Verwirbelungen der Abgase wird eine breitbandige Filterwirkung erzeugt.

Reflexionsblenden können z. B. als gelochter oder ungelochter Stauboden oder als Einfach- bzw. Doppelpfeifen ausgeführt sein.

Venturi-Düsen werden gegen tieffrequente Schallanteile eingesetzt.

Verschiedene Schalldämpferprinzipien.
a Vorschalldämpfer, Reflexionsprinzip, b mittlerer Schalldämpfer, Reflexions/Absorptionsprinzip, c Nachschalldämpfer, Reflexionsprinzip, d Nachschalldämpfer, Absorptionsprinzip.
1 Lochtraufen, 2 Schallschluckstoff, 3 Helmholtz-Resonator (Abzweigfilter), 4 Reflexionsblenden, 5 Venturi-Düse.

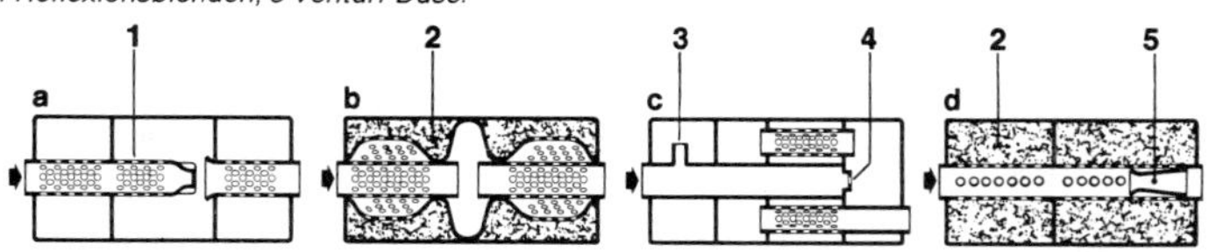

Triebstrang

Größen und Einheiten

Größe		Einheit
a	Beschleunigung	m/s^2
c_W	Luftwiderstand	–
e	Massenfaktor	–
f	Rollenwiderstandsbeiwert	–
g	Erdbeschleunigung	m/s^2
i	Übersetzung	–
m	Fahrzeugmasse	kg
r	dynamischer Reifenradius	m
v	Fahrgeschwindigkeit	m/s
A	Stirnfläche	m^2
J	Massenträgheitsmoment	$kg \cdot m^2$
M	Drehmoment	$N \cdot m$
P	Leistung	kW
α	Steigungswinkel	rad
φ	Schnellgangfaktor	–
η	Wirkungsgrad	–
λ	Leistungszahl	–
μ	Wandlung	–
ϱ	Dichte	kg/m^3
ω	Winkelgeschwindigkeit	rad/s
ν	Drehzahlverhältnis	–

Indizes:

eff	effektiv	m	Motor
ges	gesamt	o	zu Maximalleistg. geh.
hydr	hydraulisch	A	Antriebsstrang
max	maximal	G	Getriebe
min	minimal	P	Pumpe
h	Achsgetriebe	R	Rad
		T	Turbine

Aufgabe

Der Triebstrang eines Automobils hat die Aufgabe, den Zug- und Schubkräftebedarf für die Fortbewegung zu erfüllen. Die Kräfte entstehen aus der Umwandlung von chemischer Energie (flüssige Kraftstoffe) oder auch elektrischer Energie im Motor in Energie der Bewegung (kinetische Energie).

Jede Antriebsmaschine arbeitet in einem bestimmten Drehzahlbereich, begrenzt durch Leerlauf- und Maximaldrehzahl. Die charakteristischen Daten wie Leistung und Drehmoment werden unterschiedlich angeboten; die Maximalwerte stehen nur in Teilbereichen zur Verfügung. Die Übersetzungen in den Antriebsaggregaten sorgen dafür, daß das Drehmomentangebot und der jeweilige Zugkraftbedarf einander angeglichen werden.

Triebstrangvarianten

Der Antriebsstrang im Automobil ist unterschiedlich nach Lage des Motors und der Antriebsachse ausgeführt:

Antriebsart	Motorlage	Angetriebene Achse
Standard-Antrieb	vorn	Hinterachse
Front-antrieb	vorn, längs oder quer	Vorderachse
Allrad-antrieb	vorn, seltener hinten oder mitte	Vorder- und Hinterachse, permanent oder schaltbar (zwischen Ein- und Zweiachs-antrieb)
Heckantrieb	hinten	Hinterachse

Gleichgewichtsbeziehung zwischen Antrieb und Fahrwiderständen.

Die Gleichung für die Gleichgewichtsbeziehung zwischen Antrieb und Fahrwiderständen dient zur Bestimmung der verschiedenen Größen, wie z. B. Beschleunigung, Höchstgeschwindigkeit, Steigfähigkeit usw.

Kraftangebot = Fahrwiderstände an den Antriebsrädern (Kraftbedarf)

$$M_m \cdot \frac{i_{ges}}{r} \cdot \eta_{ges} = m \cdot g \cdot f \cdot \cos\alpha + m \cdot g \cdot \sin\alpha + e \cdot m \cdot a + c_W \cdot A \cdot \frac{\varrho}{2} \cdot v^2$$

treibende Kraft in der Reifenaufstandsfläche | Rollwiderstand | Steigungswiderstand | Beschleunigungswiderstand | Luftwiderstand

Dabei sind Massenfaktor $e = 1 + \frac{J}{m \cdot r^2}$ und Massenträgheitsmoment $J = J_R + i_h^2 \cdot J_A + i_h^2 \cdot i_G^2 \cdot J_m$

Elemente des Triebstrangs

Die Elemente des Triebstrangs müssen folgende Anforderungen erfüllen:

- Anfahren ermöglichen,
- Drehmoment und Drehzahl wandeln,
- unterschiedliche Drehrichtungen für Vorwärts- und Rückwärtsfahrt ermöglichen,
- Zug- und Schubkräfte übertragen,
- unterschiedliche Drehzahlen der Antriebsräder bei Kurvenfahrt zulassen,
- Betrieb der Antriebsmaschine im Verbrauchs- und Abgasoptimum des Kennfelds gewährleisten.

Stillstand, Anfahren und Kraftunterbrechung werden durch Betätigen der Kupplung ermöglicht. Während des Anfahrens schleift die Kupplung und überbrückt die Drehzahldifferenz zwischen Motor und Triebstrang. Wenn unterschiedliche Betriebszustände einen Gangwechsel erfordern, trennt die Kupplung den Triebstrang während der Schaltung.

Motordrehmoment und -drehzahl werden im Getriebe entsprechend dem Zugkraftbedarf des Fahrzeugs gewandelt. Die Konstruktion des Getriebes wird durch die Lage des Motors und der Antriebsachse beeinflußt. Die Gesamtwandlung erfolgt meist in einem Schaltgetriebe mit variablen Übersetzungen und einem Achsgetriebe mit konstanter Übersetzung. Formschlüssige Getriebe mit Zahnrädern als wichtigste Elemente haben heute noch größere Bedeutung als kraftschlüssige Getriebe.

Zwei Arten von Zahnradgetrieben dominieren: Stirnradgetriebe in Vorgelegebauweise als Handschaltgetriebe und Planetengetriebe als Lastschaltgetriebe. Die Getriebe ermöglichen außerdem die für Vorwärts- und Rückwärtsfahrt unterschiedlichen Drehrichtungen.

Für den Ausgleich der unterschiedlichen Achs- und Raddrehzahlen bei Kurvenfahrt und für gleichmäßige Verteilung des Antriebsmomentes sorgt das Differentialgetriebe. Differentialsperren bremsen den Ausgleich bei unbeabsichtigten Ausgleichsbewegungen, z. B. bei Durchdrehen eines Rades.

Zugkraft-Geschwindigkeitsdiagramm.

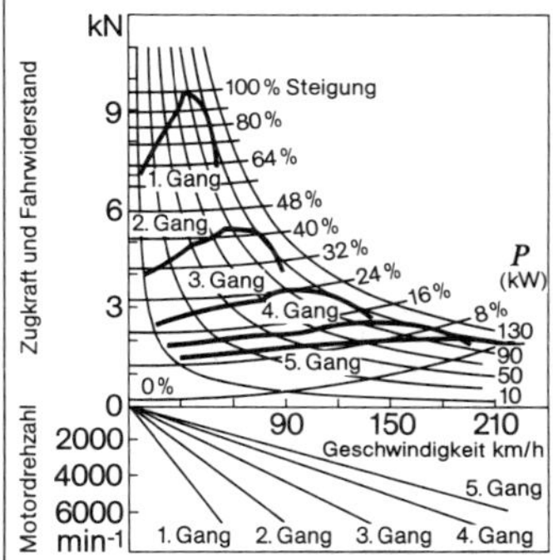

Stufengetriebe im Triebstrang.
1 Motor, 2 Kupplung, 3 Schaltgetriebe, 4 Achsübersetzung, 5 Vorschaltgruppe, oder alternativ 6 Nachschaltgruppe, 7 Planetengetriebe.

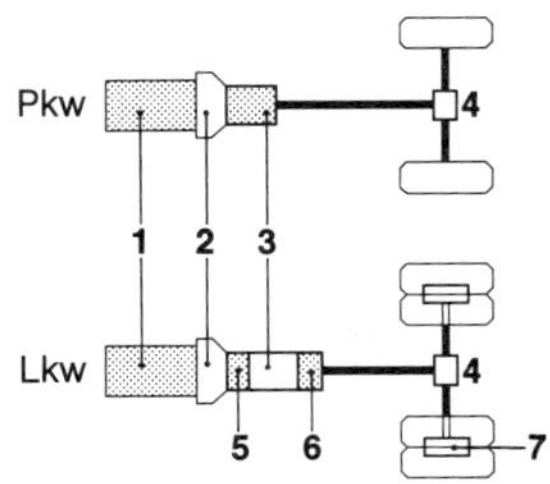

Durch Steuerung führen Stellglieder und Schaltelemente die gewünschten Wandlungseffekte aus. Die Betätigung der Stellglieder erfolgt direkt vom Fahrer oder automatisch mit Hilfe von Sensoren, deren Signale in einem hydraulischen oder elektronischen Steuergerät nach einem vorgegebenen Programm verarbeitet werden.

Torsionsdämpfer, Massen-Federsysteme, hydraulische Übertragungsglieder dienen der Schwingungsdämpfung; sie schützen das Antriebselement vor Überlastungen und sorgen für guten Schwingungskomfort.

Kupplungen

Reibungskupplung

Die Reibungskupplung besteht aus einer massiven Druckplatte (Wärmekapazität), einer Kupplungsmitnehmerscheibe, auf die ein Reibbelag aufgeklebt oder aufgenietet ist, und einer weiteren Reibfläche, die vom Motorschwungrad gebildet wird.

Eine Tellerfeder preßt Druckplatte, Schwungrad und Mitnehmerscheibe zusammen; die Kraftübertragung ist damit über die Kupplung geschlossen. Durch mechanisch oder hydraulisch betätigte Ausrücklager wird die Druckplatte von der Tellerfeder entlastet, wenn z. B. für einen Schaltvorgang die Kupplung geöffnet wird.

Der Ausrückvorgang wird bei manuell betätigten Kupplungen ausgelöst, wenn der Fahrer das Kupplungspedal durchdrückt oder bei automatischen Kupplungen, wenn das Steuergerät entsprechende Signale an den Stellmotor (hydraulisch, pneumatisch oder elektrisch) gibt.

Automatische Kupplungen bieten in Verbindung mit elektronischen Steuergeräten entweder einen automatisierten Anfahrvorgang, oder zusammen mit servobetätigten Schaltgetrieben ein vollautomatisiertes Getriebe. Eingriffe zur Anfahrschlupfregelung oder zur Kraftunterbrechung bei Bremsvorgängen sind ebenso möglich.

Vor die Kupplung kann zur Schwingungsisolation ein System geschaltet werden, das aus einem in zwei Teile aufgeteilten Schwungrad (Zweimassenschwungrad) mit zwischengeschaltetem elastischen Element besteht.

Kupplung mit Zweimassenschwungrad.
1 Zweimassenschwungrad, 2 elastisches Element, 3 Druckplatte, 4 Tellerfeder, 5 Mitnehmerscheibe, 6 Ausrücklager.

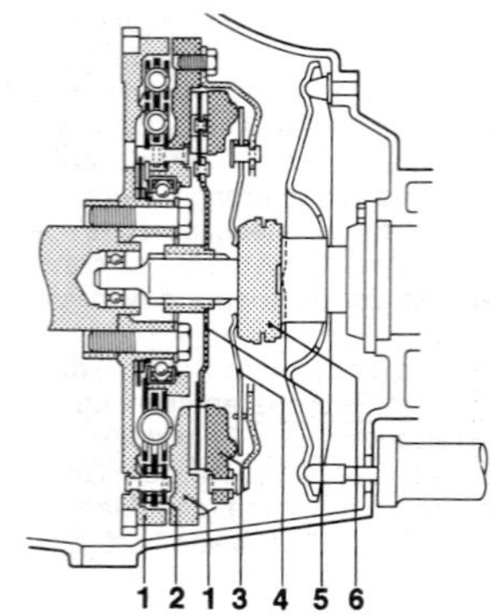

Automatisches Kupplungssystem mit reiner Kupplungsbetätigung.
1 Motor
2 Motordrehzahlfühler
3 Kupplung
4 Getriebe
5 Stellmotor
6 Steuergerät
7 Geschwindigkeitsfühler
8 Gaspedal
9 Kupplungspedal

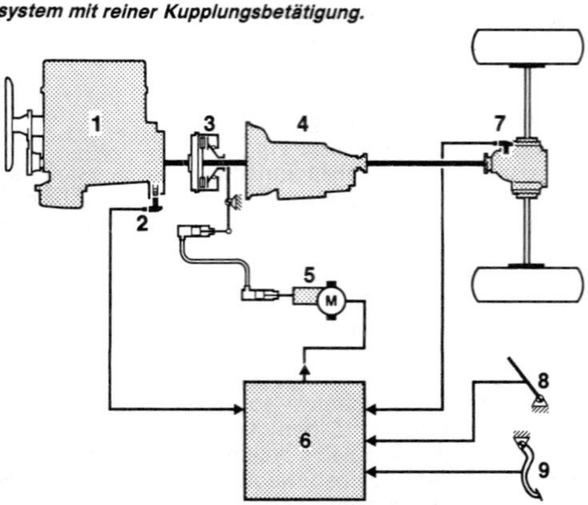

Hydrodynamische Kupplungen und Wandler
Hydrodynamische Kupplungen und hydrodynamische Drehmomentwandler übertragen das Moment durch Strömungskräfte einer Flüssigkeit. Sie bieten Vorzüge beim Anfahren durch stufenlose Drehzahl- und Drehmomentwandlung, wobei das größte Moment beim Anfahrpunkt (drehender Motor, stillstehendes Fahrzeug) gegeben ist.

Die mechanische Energie wird in der Pumpe in Strömungsenergie eines flüssigen Mediums (meist Öl) umgewandelt und danach in einer Turbine in mechanische Energie durch Umleitung des Ölstroms im Schaufelkanal zurückgewandelt.

Die Drehmomentaufnahme M_{P} bzw. Leistungsaufnahme P_{P} der Pumpe berechnet sich zu

$$M_{\mathrm{P}} = \lambda \cdot \varrho \cdot D^5 \cdot \omega_{\mathrm{P}}^2$$
$$P_{\mathrm{P}} = \lambda \cdot \varrho \cdot D^5 \cdot \omega_{\mathrm{P}}^3$$

λ Leistungszahl
ϱ Dichte des Mediums (bei Öl = 870 kg/m³)
D Kreislauf-Durchmesser in m
ω_{P} Winkelgeschwindigkeit der Pumpe in rad/s

Hydrodynamische Kupplung.
1 Turbinenrad, 2 Pumpenrad.

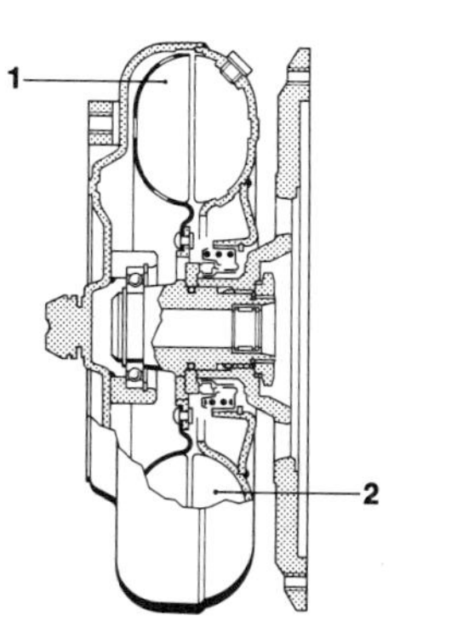

Das Verhältnis Turbinenmoment M_{T} zu Pumpenmoment M_{P} bestimmt den Momentwandlungsfaktor μ.

$$\mu = -M_{\mathrm{T}}/M_{\mathrm{P}}$$

Leistungszahl λ und Wandlung μ sind vom Drehzahlverhältnis Turbine zu Pumpe

$$\nu = \omega_{\mathrm{T}}/\omega_{\mathrm{P}}$$

und damit auch vom Schlupf $s = 1 - \nu$ abhängig. Durch den Schlupf und die Momentenwandlung wird der hydraulische Wirkungsgrad bestimmt.

$$\eta_{\mathrm{hydr}} = \mu(1-s) = \mu \cdot \nu$$

Zu den Vorzügen hydrodynamischer Kupplungen gehören Stufenlosigkeit, Schwingungsdämpfung, Abbau der Drehmomentspitzen und praktisch verschleißfreie Leistungsübertragung. Hydrodynamische Kupplungen und Wandler können nur in Verbindung mit mechanischen Stufengetrieben wirtschaftlich betrieben werden, da der Antriebsbereich mit Rücksicht auf den Wirkungsgrad in engen Drehzahlgrenzen gehalten werden muß. Um hohen Schlupf zu vermeiden und damit den Wirkungsgrad zu verbessern, wird die hydrodynamische Kraftübertragung mit einer Überbrückungskupplung umgangen.

Hydrodynamische Kupplung
Die hydrodynamische Kupplung, auch Föttinger-Kupplung genannt, besitzt in üblicher Bauart ein Pumpen- und Turbinenrad mit meist radial gerichteten Schaufeln. Das Pumpenrad wird oft zu einem Gehäuse, das die Turbine umschließt, erweitert. Da wegen fehlendem Innenring keine Möglichkeit besteht, den Ölstrom umzulenken, ist das Turbinenmoment gleich dem Pumpenmoment.

$$M_{\mathrm{T}} = -M_{\mathrm{P}}$$

daher $\nu = 1$ und $\eta_{\mathrm{hydr}} = \nu$

Die Kennzahl hängt von der Bauweise, dem Schaufelwinkel und dem Füllungsgrad der Kupplung ab. Das Hauptarbeitsgebiet einer hydrodynamischen Kupplung liegt bei $\nu = 0{,}9$.

Hydrodynamischer Wandler

Der hydrodynamische Wandler, auch Trilok- oder Föttinger-Wandler genannt, kann in zwei Phasen arbeiten: mit Drehmomentsteigerung in der ersten, als hydrodynamische Kupplung in der zweiten Phase. Die übliche Bauart weist drei Schaufelräder auf:

1. Die mit dem Motor verbundene Pumpe erzeugt wie eine Kreiselpumpe die Strömungsenergie einer Flüssigkeit.
2. Die mit dem Getriebeeingang verbundene Turbine wandelt die Strömungsenergie in mechanische Energie zurück.
3. Das Leitrad zwischen Turbine und Pumpe lenkt die strömende Flüssigkeit um.

Damit ist das abgegebene Moment höher als das vom Motor aufgenommene Pumpenmoment. Die Drehmomenterhöhung $\mu = M_T/M_P$ ist um so stärker, je größer die Drehzahldifferenz (Schlupf) zwischen Pumpe und Turbine ist. Bei $\nu = 0$, also bei festgebremster Turbine (Festbremspunkt, Anfahrpunkt) erreicht die Momentwandlung ihren Höchstwert und fällt annähernd linear mit steigender Turbinendrehzahl auf das Momentenverhältnis 1:1 im Kupplungspunkt ab. Oberhalb des Kupplungspunktes läuft das Leitrad, das sich über einen Freilauf am Gehäuse abstützt, momentenfrei in der Strömung. Der Wandler ist damit ohne Drehmomentübersetzung zu einer Kupplung geworden.

Für Automobile sind die Schaufelgeometrien so gewählt, daß im Anfahrpunkt die maximale Momentenerhöhung μ_A zwischen 2 und 2,5 liegt. Der hydraulische Wirkungsgrad $\eta_{hydr} = \nu \cdot \mu$ ähnelt im Wandlungsbereich einer Parabel. Oberhalb des Kupplungspunktes, der bei 12 bis 15 % Schlupf liegt, ist der Wirkungsgrad gleich dem Drehzahlverhältnis μ und erreicht bei hoher Drehzahl Werte um 97 %.

Strömungskupplungen bilden das Eingangselement von automatischen Getrieben (in Verbindung mit Planetensätzen, Kupplungen, Bremsen und Freiläufen) oder auch von Schaltgetrieben als Wandlerschaltkupplung.

Wandlerüberbrückungskupplung

Die Wandlerüberbrückungskupplung verhindert, daß der Wandler infolge hoher Drehmomentbelastung und niedriger Drehzahlen im oberen Gang in den Bereich hohen Schlupfes und damit ungünstigen Wirkungsgrades herabgedrückt wird. Der Wandlerschlupf im höheren Gang kann im Vergleich zum nächst niedrigen Gang den doppelten Wert erreichen.

Die Überbrückungskupplung besteht aus einem Kolben mit Reibbelag, der über einen Torsionsdämpfer mit der Turbinennabe verbunden ist. Funktion und Aufbau von Torsionsdämpfer und Trockenreibungskupplung sind vom Prinzip her identisch. Die Öldurchflußrichtung durch den Wandler, gesteuert vom Getriebe-Steuergerät, bestimmt, ob die Überbrückungskupplung geöffnet oder geschlossen wird.

Erfolgt die Ölzuführung zum Wandler in den Raum zwischen Kolben und Deckel, wird der Kolben vom Deckel abgehoben. Nimmt die Ölzuführung den entgegengesetzten Weg, wird der Kolben mit dem Reibbelag gegen den Wandlerdeckel gedrückt und die Überbrückungskupplung geschlossen.

Hydrodynamischer Wandler mit Überbrückungskupplung.
1 Überbrückungskupplung, 2 Turbinenrad, 3 Pumpenrad, 4 Leitrad, 5 Freilauf.

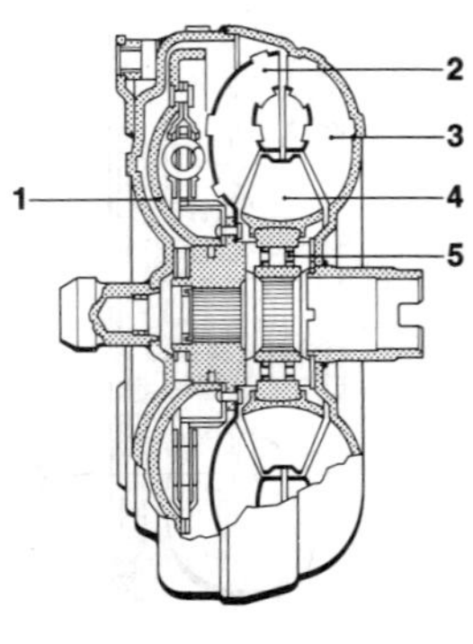

Getriebe

Der erforderliche Gesamtwandlungsbereich I ist angenähert:

$$I \approx \frac{\tan \alpha_m \cdot v_0}{(P/G)_{eff} \cdot \varphi}$$

$\tan \alpha_m$ größte Steigfähigkeit, v_0 von Leistung bestimmte Höchstgeschwindigkeit, $(P/G)_{eff}$ effektive spezifische Leistung, φ Schnellgangfaktor, mit

$$\varphi = \frac{(i/r)_{min}}{\omega_0 / v_0}$$

Bei der effektiven spezifischen Leistung darf nur die Leistung P eingesetzt werden, die tatsächlich zum Fahrzeugantrieb zur Verfügung steht (Abzüge für Hilfsantriebe, Verluste, Höheneinfluß). Das Gewicht G muß auch Sonderfälle wie z. B. Anhänger bei Pkw berücksichtigen. $\varphi = 1$, wenn im obersten Gang die Fahrwiderstandslinie gerade durch den Punkt maximaler Leistung geht. Für Pkw liegt bei $\varphi = 1$ der erforderliche Wandlungsbereich I bei 3 ... 4, für Lkw mit der mindest spezifischen Leistung von 4,5 kW/t bei 8 ... 10. Der Faktor φ bestimmt die Lage der Fahrwiderstandslinie des obersten Ganges im Motorbetriebsfeld und damit auch die Wirkungsgrade, mit denen der Motor arbeitet.

$\varphi > 1$ schiebt den Motorbetrieb in den Bereich eines ungünstigen Wirkungsgrads, erhöht aber die Steigfähigkeits- und Beschleunigungsreserve im obersten Gang. Wird $\varphi < 1$ gewählt, so verringert sich der Kraftstoffverbrauch, allerdings bei deutlich geringerer Beschleunigungs- und Steigfähigkeitsreserve. Der geringste Verbrauch ergibt sich längs der Betriebslinie η_{opt}. $\varphi > 1$ verringert, $\varphi < 1$ vergrößert den erforderlichen Wandlungsbereich I des Getriebes.

Stufenlose Getriebe

Stufenlose Getriebe können jeden Motorbetriebspunkt in eine Betriebslinie des Fahrkennfeldes und jede Motorbetriebslinie in ein Betriebsfeld des Fahrkennfeldes wandeln. So ist es z. B. möglich, den Motor auf seiner Minimalverbrauchslinie zu betreiben. Zur vollen Ausnutzung wäre dabei ein Schnellgangfaktor $\varphi \approx 0{,}5$ erforderlich, was den Wandlungsbereich gegenüber $\varphi = 1$ verdoppelt.

Stufenlose Getriebe können als mechanisch stufenlose Getriebe (Wälzgetriebe, Umschlingungsgetriebe), hydraulische oder elektrische Getriebe ausgeführt sein. Die wesentlichen technischen Kriterien für stufenlose Getrie-

Motorkennfeld mit Fahrwiderstandslinien. *(Beispiel). Pkw-Motor mit $P_0 = 100$ kW bei $\omega = 500$ rad/s, und $M_{max} = 230$ N · m bei $\omega = 250$ rad/s.*

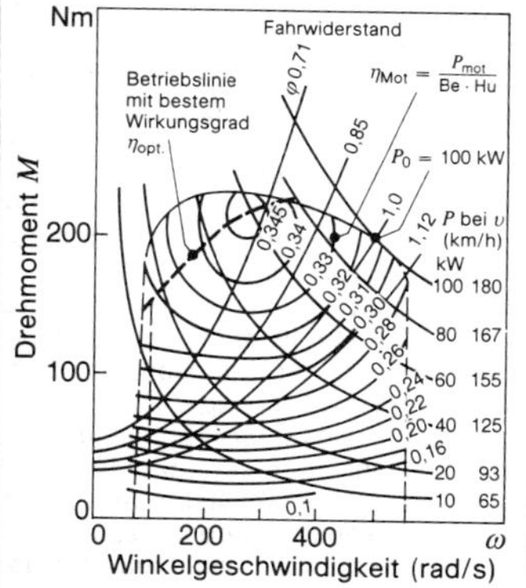

Stufenloses Getriebe mit Reimers-Kettenwandler.
1 Antrieb, 2 Strömungswandler, 3 Rückwärts-Bremsband, 4 Vorwärts-Kupplung, 5 Kettenwandler.

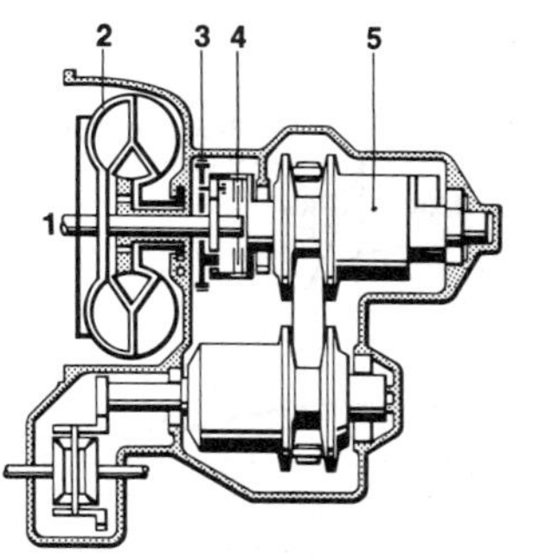

be sind Bauraum, Gewicht, Übersetzungsbereich, Übertragungswirkungsgrad, Geräuschemission und Anordnungsmöglichkeiten. Unter diesen Gesichtspunkten haben mechanisch stufenlose Wandler, ausgeführt als Umschlingungsgetriebe mit Stahlkette, die bisher besten Ergebnisse erreicht. Der Wandlungsbereich reicht bis 6, der Wirkungsgrad bis ca. 0,95. Diese Getriebeart bietet sich insbesondere für Pkw mit Frontantrieb an, da dort achsversetzte Getriebeanordnungen günstig unterzubringen sind. Sofern Umschlingungsgetriebe nicht mit Leistungsverzweigung konzipiert sind, benötigen sie zusätzlich ein Anfahrelement und eine Einrichtung zur Drehrichtungsumkehr.

Leistungsverzweigung

Mit Planetensätzen ist es möglich, eine Eingangsleistung zu verschiedenen Wellensträngen zu führen und so eine Leistungsverzweigung zu erhalten. Je nach Konzeption der Leistungsverzweigung gibt es Wellenstränge, die nur einen Teil der Eingangsleistung oder ein Mehrfaches davon führen. Ordnet man ein stufenloses Getriebe in einem Zweig mit Teilleistung an, erhöht sich der Wirkungsgrad, allerdings unter Verringerung des Wandlungsbereichs, der dann eventuell durch schaltbare Stufen wieder erweitert werden muß. Bei Anordnung des stufenlosen Getriebes in einem Zweig mit höherer Leistung als der Antriebsleistung wird der Wandlungsbereich vergrößert, allerdings bei Verringerung des Wirkungsgrades. Bei einigen Arten der Leistungsverzweigung ist es in Verbindung mit mechanisch stufenlosen Getrieben möglich, auf ein spezielles Anfahrelement und eine Einrichtung zur Drehrichtungsumkehr zu verzichten, weil Anfahren und Drehrichtungsumkehr dabei allein durch das Verstellen des stufenlosen Wandlers erreicht werden können.

Fahrkennfeld mit Gangstufen für Pkw und Lkw gleicher Leistung (P_0 = 100 kW).
Spezifische Leistung: Pkw 50 kW/t; Lkw 5 kW/t.

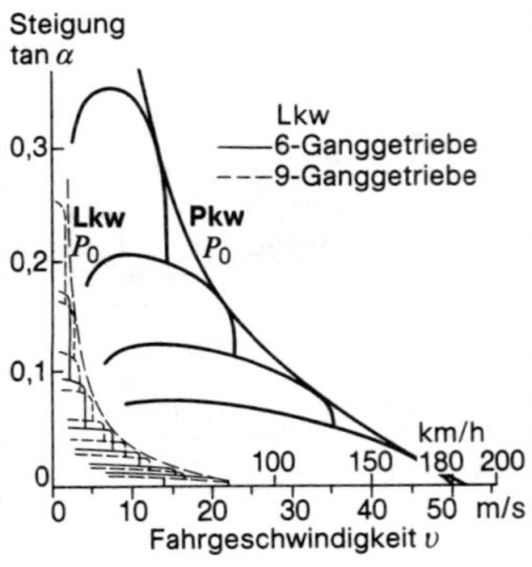

Stufengetriebe

Mehrstufig schaltbare Zahnradgetriebe übertragen das Kennfeld des Verbrennungsmotors mit sehr hohem Wirkungsgrad von $\eta \geq 0{,}98$ in das Fahrzeugkennfeld. Abhängig von Gangzahl und Gangstufen innerhalb des geforderten Getriebewandlungsbereichs und auch abhängig von der Drehmomentcharakteristik des Motors bei Vollast wird eine zufriedenstellende bis gute Anpassung an die Hyperbel der maximalen Motorleistung erreicht.

Stufengetriebe werden entweder von Hand oder automatisch geschaltet. Handschaltgetriebe sind bei Pkw und bei der Mehrzahl der Nkw als Zweiwellenvorgelegegetriebe aufgebaut. Die schweren Nkw-Getriebe haben zum Teil Leistungsübertragung über zwei oder auch drei Vorgelegewellen, um die Zahnbelastung herabzusetzen. Hier sind dann spezielle konstruktive Maßnahmen zur gleichmäßigen Leistungsaufteilung notwendig.

Für vollautomatische Getriebe wird sowohl bei Pkw als auch bei Nutzfahrzeugen häufig der Simpson-Planetenradsatz (3 Vorwärtsgänge und 1 Rückwärtsgang) verwendet, abhängig von der Gangzahl auch in Koppelung mit weiteren Planetenradsätzen. Aber auch der Ravigneaux-Planetenradsatz oder andere Arten von Planetenkoppelgetrieben werden eingesetzt.

Handschaltgetriebe

Wesentliche Baugruppen der handgeschalteten Getriebe sind:

– Anfahr- und Trennkupplung, aufgebaut als Ein- oder Zweischeibentrokkenkupplung, bei hohen Betätigungskräften mit Servounterstützung.

– Zahnradwechselgetriebe in Einoder Mehrgruppenbauweise mit Zahnrädern im Dauereingriff. Lediglich für den Rückwärtsgang werden noch Schiebezahnräder eingesetzt.

– Getriebeschaltung mit Schalthebel. Bewegungsübertragung durch Schaltgestänge oder Kabelzug sowie Klauenkupplung oder Sperrsynchronisierung zur Koppelung der Zahnräder mit Wellen. Zum Schalten müssen die miteinander zu verbindenden Getriebeelemente zunächst auf gleiche Drehzahl gebracht werden. Bei klauengeschalteten Getrieben (heute zum Teil noch in Getrieben für schwere Nutzfahrzeuge) geschieht dies vom Fahrer aus durch Doppelkuppeln (Hochschalten) oder Zwischengas (Rückschalten).

Pkw-Getriebe und die Mehrzahl der Nutzfahrzeuggetriebe haben heute Sperrsynchronisierung. Es handelt sich dabei um eine Reibungsvorkupplung zur kraftschlüssigen Drehzahlangleichung, die durch eine Sperreinrichtung

Gangschaltung.
1 mit Klauenkupplung,
2 mit Sperrsynchronisierung.

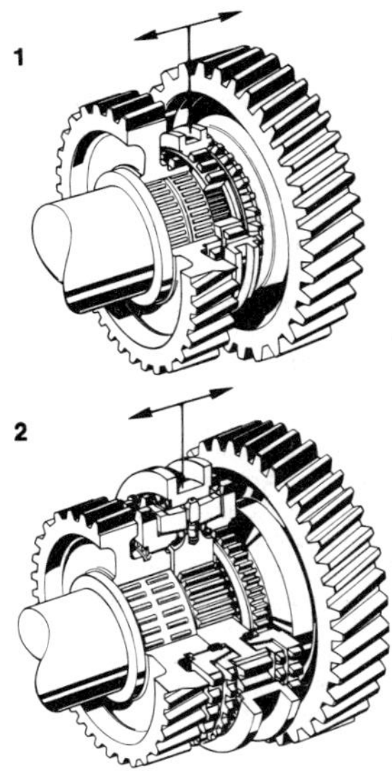

***5-Gang-Getriebe für Pkw mit Standardantrieb** (ZF-Sychroma S 5–16).*
1 Antriebswelle
2 Hauptwelle
3 Schaltschiene mit Schaltgabel
4 Vorgelegewelle
5 Abtrieb

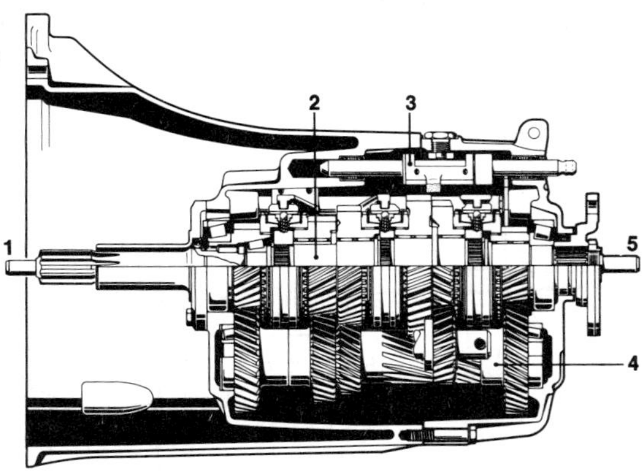

das formschlüssige Schalten des Gangs erst nach Abschluß des Synchronisierungsvorgangs ermöglicht. Die Sperrsynchronisierung arbeitet überwiegend mit Einfachkonus. Bei besonders hohen Anforderungen an Leistungsfähigkeit und/oder Schaltkraftreduzierung werden auch Lamellen- oder Doppelkonus-Synchronisierungen eingesetzt.

Pkw-Getriebe haben 4 oder 5 Vorwärtsgänge. Der Übersetzungsbereich liegt – abhängig von Gangzahl und Getriebestufung – zwischen ca. 3,8 und 5,5. Der Getriebeaufbau orientiert sich an der Fahrzeugkonzeption (Standardantrieb, Frontantrieb mit längs oder quer eingebautem Motor, Allradantrieb). Er hat dementsprechend entweder koaxiale Lage von An- und Abtrieb oder Achsversatz und wird zum Teil auch mit Achsantrieb und Differential kombiniert.

Nkw-Getriebe haben – abhängig von Fahrzeugart und Einsatz – 4 bis 16 Gänge. Bis einschließlich 6 Gängen werden die Getriebe in Eingruppenbauweise ausgeführt. Der Übersetzungsbereich liegt zwischen 4 und 9.

Getriebe bis zu 9 Gängen sind Zweigruppengetriebe, wobei die Bereichsgruppe pneumatisch geschaltet wird. Der Übersetzungsbereich liegt bei 13. Für noch höhere Gangzahlen gibt es Dreigruppengetriebe (Splitgruppe, Hauptgetriebe, Bereichsgruppe) mit pneumatisch betätigter Split- und Bereichsgruppe. Der Übersetzungsbereich liegt zwischen 11 und 14.

Nebenantriebe

Nkw-Getriebe sind mit einer Reihe von Anschlußmöglichkeiten für Nebenantriebe ausgestattet. Man unterscheidet zwischen kupplungs- und motorabhängigen Nebenantrieben. Die Auswahl ist von den Anforderungen abhängig.

Getriebe mit Wandlerschaltkupplung

Zur Vereinfachung des Anfahrvorgangs unter schwierigen Bedingungen können Handschaltgetriebe für schwere Nkw mit der Wandlerschaltkupplung (WSK) kombiniert werden. Die WSK besteht aus einem hydrodynamischen Drehmomentwandler mit Überbrückungskupplung und einer mechanischen Trennkupplung zum Schalten der Gänge. Der Wandlerkreislauf wird durch eine Ölpumpe gespeist. Im Schubbetrieb erfolgt die Wandlerüberbrückung durch Schubfreilauf. Die Betätigung der Trennkupplung ist servounterstützt.

5-Gang-Getriebe, Motor längs, Allradantrieb *(Audi Quattro).*
1 Antriebswelle, 2 Vorderachsantrieb, 3 Zwischendifferential, 4 Zwischendifferentialsperre, 5 Hinterachsantrieb.

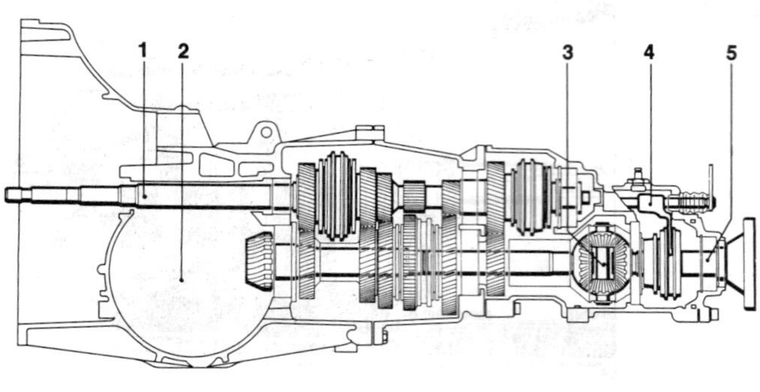

16-Gang-Gruppengetriebe *(ZF — 16 S 160 Ecosplit für Lkw).*
1 Antriebswelle, 2 Schaltungsanschluß, 3 Hauptwelle, 4 Schaltschiene mit Schaltgabel, 5 Planetenradsatz, 6 Abtrieb, 7 Vorgelegewelle.
A Vorschaltgruppe, B Hauptgetriebe, C Nachschaltsatz.

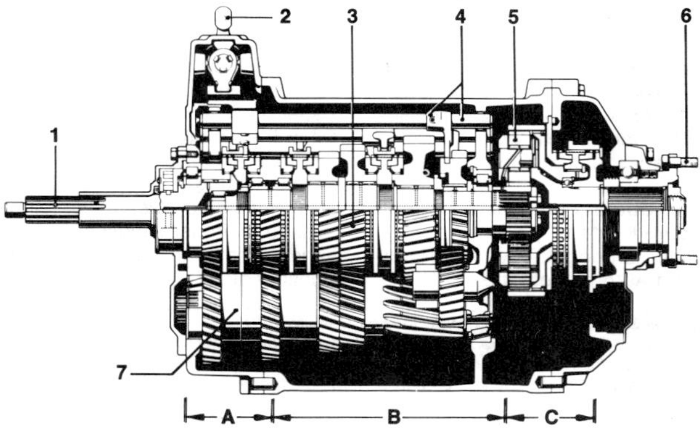

Eingangs-dreh-moment max. N·m	Übersetzungen bei Gangstufen (wahlweise) L = langsam; S = Schnell																	
	1. Gang		2. Gang		3. Gang		4. Gang		5. Gang		6. Gang		7. Gang		8. Gang		R.-Gang	
	L	S	L	S	L	S	L	S	L	S	L	S	L	S	L	S	L	S
1600	11,46	9,75	7,96	6,77	5,65	4,81	4,07	3,47	2,81	2,39	1,95	1,66	1,39	1,18	1,0	0,85	10,15	8,64
1600	13,68	11,64	9,4	8,0	6,73	5,73	4,79	4,07	3,36	2,86	2,31	1,96	1,65	1,41	1,18	1,0	11,06	9,41
1600	14,29	11,71	9,93	8,14	7,05	5,78	4,58	3,76	3,12	2,56	2,17	1,78	1,54	1,26	1,0	0,82	12,66	10,37
1400	17,06	13,98	11,72	9,61	8,07	6,61	5,59	4,58	3,72	3,05	2,56	2,10	1,76	1,44	1,22	1,0	13,79	11,3

Wandlerschaltkupplung *(ZF-Transmatic WSK 400).*
1 Hydrodynamischer Drehmomentwandler mit Überbrückungskupplung
2 Ölpumpe
3 Mechanische Trennkupplung
4 Servounterstützte Betätigung der Trockenkupplung

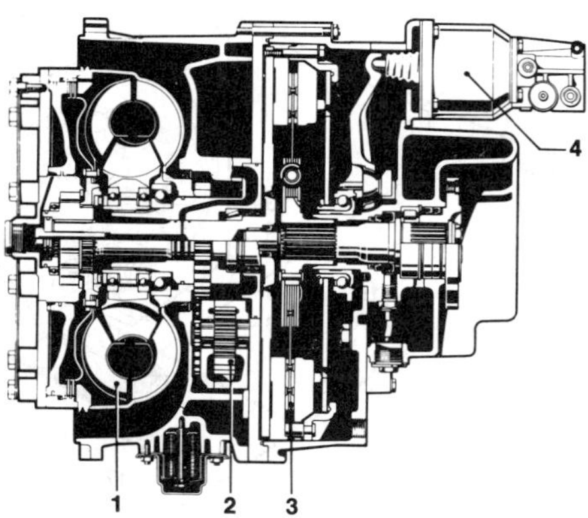

Automatisierte Handschaltgetriebe
Zur Vereinfachung der Getriebebedienung und zur Erhöhung der Wirtschaftlichkeit werden in jüngster Zeit besonders bei Nkw Handschaltgetriebe teil- oder vollautomatisiert. Diese Getriebe haben im Vergleich zu automatischen Lastschaltgetrieben zwar den Nachteil, daß alle Schaltungen mit Zugkraftunterbrechung ablaufen, aber sie weisen auch erhebliche Vorteile auf:
— feine Gangabstufung mit bis zu 16 Gängen,
— höherer Übertragungswirkungsgrad,
— geringere Kosten,
— gleiches Grundgetriebe für Handschalt- und Automatgetriebe.

Wirkungsweise
Am Getriebe ist ein zentraler Ventilblock angebracht, der elektrische Signale in pneumatische oder hydraulische Signale umsetzt und die Schaltzylinder zur Ausführung der Schaltung ansteuert. Die elektrischen Steuersignale können dabei je nach System direkt von einem fahrerbetätigten Schalthebel oder von einer zwischengeschalteten Elektroniksteuerung ausgehen.

Fernschaltung
Das einfachste System ist eine Fernschaltung, in der lediglich das mechanische Gestänge ersetzt wird. Der Schalthebel (Tipphebel oder konventio-

Automatische Schaltung für Synchrongetriebe *(ZF-Autoshift).*
1 Ganganzeige, 2 Drucktasten-Fahrschalter, 3 elektronisches Steuergerät, 4 zum Bordnetz, 5 Zentralanschluß für WSK-Steuerung, 6 Induktivgeber für Drehzahl vor und nach Schaltkupplung, 7 zum Stellglied „E-Gas", 8 Fahrpedal mit Lastgeber und Kickdown-Einrichtung, 9 Überströmventil ohne Rückströmung, 10 Druckluftbehälter, 11 Druckluftreiniger, 12 Wandler-Schaltkupplung (WSK), 13 Anzeigeschalter für R.-Gang, 14 Schaltzylinder für R.-Gang, 15 Anzeigeschalter für „Gang geschaltet", 16 Anzeigeschalter für Neutralstellung, 17 Hauptschaltventil, 18 zentraler Ventilblock, 19 Anzeigeschalter für Splitgruppe, 20 Schaltzylinder für 3./4. Gang (7./8. Gang), 21 Schaltzylinder für 1./2. Gang (5./6. Gang), 22 Anzeigeschalter für Bereichsgruppe, 23 elektronischer Tachometer, 24 Schaltventil für Bereichsgruppe, 25 Schaltventil für Splitgruppe.

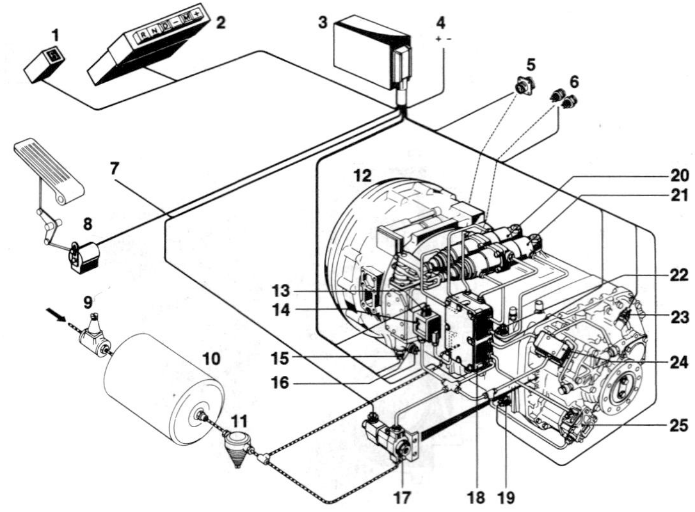

neller Schalter mit H-Schaltschema) gibt in diesem Fall nur noch elektrische Signale ab, die direkt oder indirekt über eine Steuerelektronik die Pneumatikventile ansteuern. Anfahrvorgang und Kuppeln erfolgen wie beim Handschaltgetriebe. Dieses System kann auch mit einer Schaltempfehlung gekoppelt werden. Vorteile sind:
– Schalterleichterung,
– einfacher Einbau (Gestänge entfällt),
– Sicherung gegen Überdrehen des Motors.

Halbautomatik

Zur weiteren Entlastung des Fahrers kann das Getriebe mit Fernschaltung mit einer automatisierten Anfahreinrichtung (z. B. hydrodynamische Kupplung oder hydrodynamischer Drehmomentwandler sowie nasse oder trockene Kupplung) kombiniert werden. Das Kupplungspedal entfällt; der Fahrer wählt lediglich noch die Gänge.

Vollautomat

Getriebe und auch Anfahrelement sind voll automatisiert. Das Bedienelement für den Fahrer ist ein Hebel- oder Tastenschalter. Mit einer Manuell-Stellung bzw. +/−Tasten kann der Fahrer die Automatik überspielen. Um ein vielgängiges Getriebe automatisch zu steuern, bedarf es einer komplexen Schaltstrategie. Es genügt nicht, die Gänge nach festen Schaltmustern einzulegen. Um die Kriterien Fahrbarkeit und Kraftstoffökonomie aufeinander abzustimmen, ist der aktuelle Fahrwiderstand (bestimmt durch Beladung und Straßenprofil) zu berücksichtigen. Dies ist nur durch eine Mikrocomputersteuerung möglich. Zur Unterstützung des Synchronisationsvorganges wird – je nach Schaltungsart – automatisch das Gas kurzzeitig weggenommen oder ein Gasstoß gegeben. Vorteile sind:
– verbrauchsoptimiertes Fahren durch computergesteuerte automatische Schaltung,
– Fahrerentlastung,
– hohe Sicherheit für Fahrer und Fahrzeug.

Automatische Getriebe

Automatische Getriebe übernehmen das Anfahren, die Auswahl der Übersetzungen und die Gangschaltung selbsttätig. Sie entlasten den Fahrer, erhöhen die Verkehrssicherheit, steigern den Komfort und ermöglichen Getriebeschaltungen ohne Unterbrechung der Zugkraft. Prinzipbedingt ist der Übertragungswirkungsgrad von Automatgetrieben etwas ungünstiger als der von Handschaltgetrieben. Dieser Nachteil wird aber durch Schaltprogramme, die den Motor in verbrauchsgünstigen Bereichen betreiben, mehr als kompensiert. Die Bauelemente sind:

– Hydrodynamischer Drehmomentwandler (bei Pkw-Getrieben ausschließlich, bei Nkw-Getrieben überwiegend nach dem Trilok-Prinzip) zum Anfahren, zur Drehmomentsteigerung und zur Schwingungsdämpfung. Bei Pkw-Getrieben zum Teil, bei Nkw-Getrieben generell mit Überbrückungskupplung.

– Mehrere Sätze von Planetengetrieben, die dem hydrodynamischen Drehmomentwandler nachgeordnet sind. Zahl und Anordnung richten sich nach Gangzahl und Übersetzungen.

– Öldruckbetätigte Lamellenkupplungen, Lamellen- oder Bandbremsen, die den einzelnen Elementen der Planetengetriebe zur Durchführung der Gangwechsel ohne Unterbrechung der Zugkraft zugeordnet sind.

– Freiläufe in Verbindung mit den Schaltelementen zur Optimierung der Lastzuschaltung.

– Getriebesteuerung zur Definition von Gang und Schaltzeitpunkt und zur Durchführung der Lastschaltung, abhängig von Schaltprogrammwahl des Fahrers (Wählhebel), Fahrpedalstellung, Motorzustand und Fahrgeschwindigkeit. Die Getriebesteuerung erfolgt entweder rein hydraulisch oder elektronisch-hydraulisch.

– Motorgetriebene Ölpumpe (in wenigen Fällen ergänzt um abtriebsseitig angetriebene Ölpumpe) zur Ölversorgung der Schaltelemente und der Getriebesteuerung sowie für den hydrodynamischen Drehmomentwandler, die Getriebeschmierung und die Kühlung.

4-Gang-Automatgetriebe
(ZF 4 HP 22).
Über den Drehmomentwandler erfolgt die Ansteuerung der Kupplungen für das Einlegen der einzelnen Gänge.
i = Übersetzungsverhältnis.

1	*Antrieb*
2	*Überbrückungskupplung*
3	*Drehmomentwandler*
4 ... 10	*Kupplungen*
11 ... 14	*Freiläufe*
15 ... 17	*Planetengetriebe*
18	*Abtrieb.*

Kraftflußschema

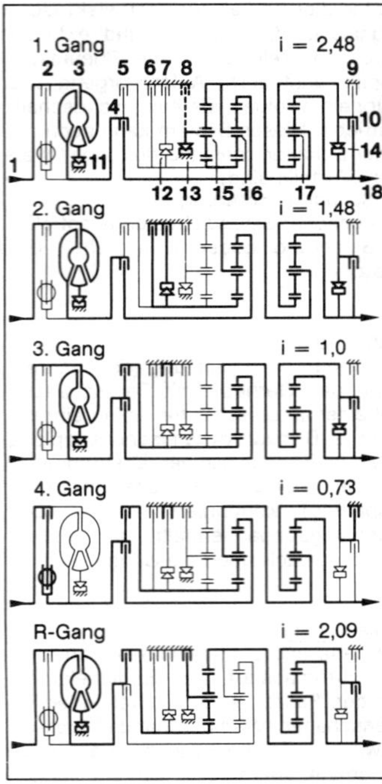

Schaltschema

Gang	Kupplung 2	4	5	6	7	8	9	10
1		▒				*		▒
2		▒		▒	▒			▒
3	*	▒	▒		▒			▒
4	▒	▒	▒		▒		▒	
R			▒			▒		▒

*je nach Wählhebelstellung möglich

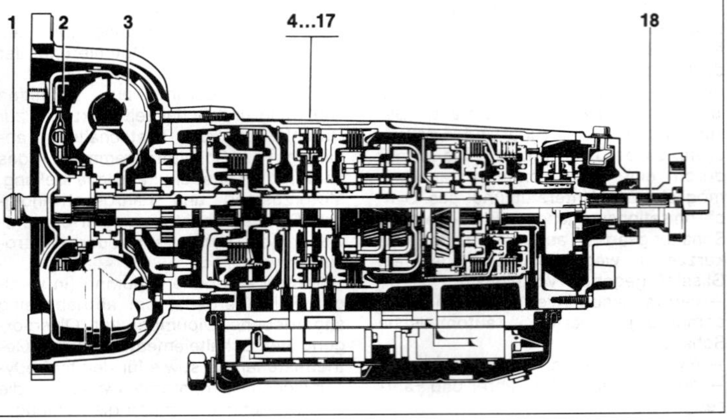

Getriebeausführungen

Automatische Pkw-Getriebe haben 3 oder (heute überwiegend) 4 Gänge. Der mechanische Übersetzungsbereich liegt zwischen 2,5 (3-Gang-Getriebe) und 4 (4-Gang-Getriebe). Die Anfahrwandlung reicht von 2,0 bis 2,5.

Automatische Nkw-Getriebe haben zwischen 3 und 6 Gänge. Der mechanische Übersetzungsbereich reicht von 2 bis 8. Neben Getrieben in der vom Pkw her bekannten Standardbauweise (überwiegend) gibt es auch Getriebe mit vom Trilok-Wandler abweichender Wandlerbauart und -anordnung in Leistungsverzweigung. Automatische Nkw-Getriebe werden häufig mit hydrodynamischen Retardern kombiniert. Dies ist bei Automatgetrieben mit besonders geringem Aufwand möglich, da einige der für den Retarderbetrieb benötigten Elemente (Ölpumpe, großer Ölsumpf, Ölkühler) ohnehin vorhanden sind.

Elektronische Getriebesteuerung

Zur Steuerung von automatischen Getrieben werden neben rein hydraulischen zunehmend auch kombinierte Elektronik/Hydraulik-Systeme eingesetzt. Dabei verbleibt der Hydraulik die Leistungsansteuerung der Kupplungen, während die Gangwahl und die Anpassung der Drücke an das zu übertragende Moment von der Elektronik übernommen werden. Die Vorteile sind: mehrere Schaltprogramme, besserer Schaltkomfort, flexible Anpassung an unterschiedliche Fahrzeugtypen, vereinfachte Hydrauliksteuerung und Darstellung neuer Funktionen.

Sensoren erfassen Getriebeabtriebsdrehzahl, Lastzustand und Drehzahl des Motors, Wählhebelposition sowie die Stellungen des Programm- und Kickdown-Schalters. Der Mikrocomputer des Steuergeräts verarbeitet diese Informationen nach einem vorgegebenen Programm und bestimmt daraus die an das Getriebe auszugebenden Größen. Ein typisches System umfaßt:

Schaltpunktsteuerung

In Abhängigkeit von Getriebeabtriebsdrehzahl und Motorlast erfolgt die Auswahl des einzulegenden Gangs durch die Ansteuerung von zwei Magnetventilen. Der Fahrer kann zwischen verschiedenen Fahrprogrammen wählen, z. B. für verbrauchs- oder leistungsoptimales Fahren. Über den Wählhebel ist es außerdem möglich, das Getriebe für spezielle Betriebszustände (Hängerbetrieb, Motorbremswirkung) in niedrigen Gängen zu halten.

Wandler-Überbrückung

Durch eine mechanische Überbrückung kann der Schlupf des Drehmomentwandlers beseitigt und somit der Wirkungsgrad des Getriebes verbes-

Automatgetriebe mit integriertem Retarder für Busse, Lkw und Sonderfahrzeuge

(ZF Ecomat 5 HP 500).
1 Hydrodynamischer Drehmomentwandler mit Überbrückungskupplung
2 Hydrodynamischer Retarder
3 5-Gang-Planetengetriebe
4 Ölpumpe
5 Getriebesteuerung

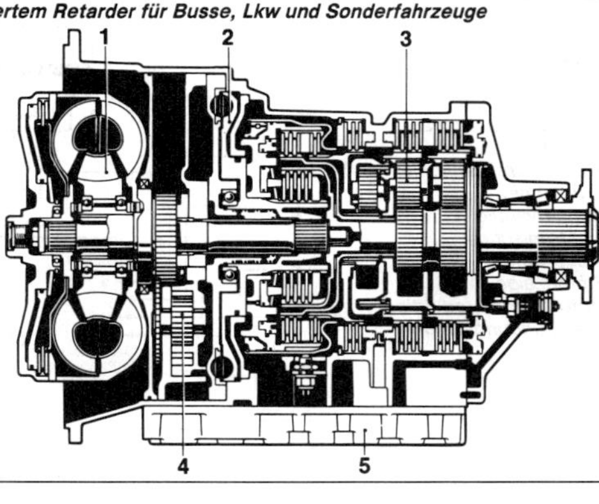

sert werden. Die Ansteuerung der Wandlerkupplung erfolgt über ein Magnetventil in Abhängigkeit von Motorlast und Getriebeabtriebsdrehzahl.

Schaltqualitätssteuerung
Maßgebend für die Schaltqualität ist die genaue Anpassung des Drucks in den Reibelementen an das zu übertragende Moment, das aus dem Lastzustand und der Drehzahl des Motors berechnet wird. Die Einstellung des Drucks geschieht über den Druckregler. Eine weitere Verbesserung der Schaltqualität bringt die kurzzeitige Verringerung des Motormoments während der Schaltvorgänge, bewirkt z. B. durch eine Spätverstellung der Zündung. Diese Maßnahme bringt auch eine Verringerung der Verlustarbeit in den Kupplungen und damit eine erhöhte Lebensdauer.

Sicherheitsschaltungen
Überwachungsschaltungen verhindern Beschädigungen des Getriebes durch Fehlbedienung. Bei Störungen des elektrischen Systems geht die Anlage in einen betriebssicheren Zustand mit Notfahreigenschaften über.

Stellglieder
Die Schnittstelle zwischen Elektronik und Hydraulik bilden elektrohydraulische Wandler:

– Magnetventile
3/2-Magnetventile schalten Kupplungen zu und ab. Bei Strombeaufschlagung ist der Zulaufdruck abgesperrt und das Arbeitsvolumen mit dem Nullabfluß verbunden. Im stromlosen Zustand ist der Arbeitsdruck gleich dem Zulaufdruck.

– Druckregler
Der Druckregler wandelt einen eingeprägten Strom in einen dazu proportionalen Druck. Dabei sind sehr hohe Anforderungen an Genauigkeit und Hysteresefreiheit gestellt.

Schaltkennlinien.
Lastsignal und Getriebeachsabtriebsdrehzahl bestimmen den Verlauf der Schaltkennlinien. 1 Komfortprogramm, 2 Leistungsprogramm.

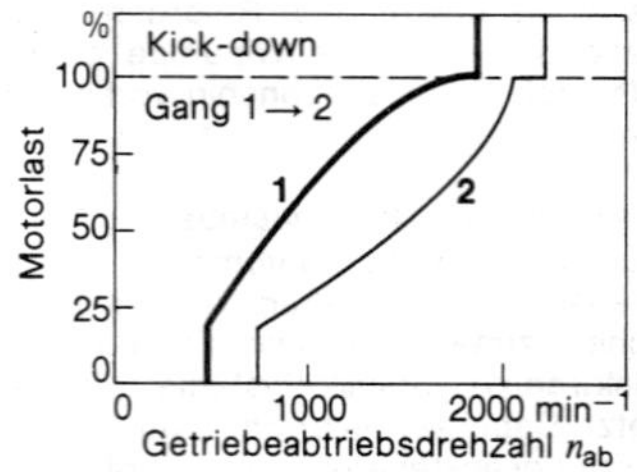

Getriebesteuerung.
1 Wählhebel mit Positionsschalter
2 Programmschalter
3 Kick-Down-Schalter
4 Drosselklappenwinkelgeber
5 Einspritzzeitsignal
6 Motordrehzahlsignal
7 Getriebe
8 Abtriebsdrehzahlfühler
9 Druckregler
10 Magnetventile
11 Elektronisches Steuergerät
12 Störanzeige
13 Motormomentreduktion über Zündungseingriff

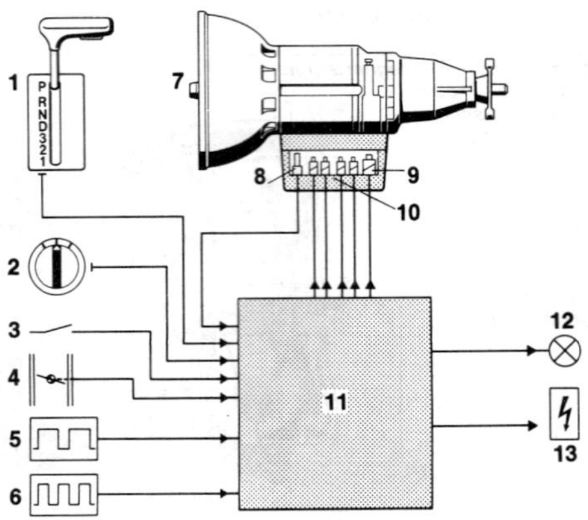

Achsantrieb

Die Wandlung der Kenndaten (Drehmoment und Drehzahl) vom Antriebsmotor bis zu den angetriebenen Rädern erfolgt im Kraftfahrzeug in mehreren Stufen. Einem Wandler mit variabler Übersetzung ist immer ein Wandler mit einer oder mehreren festen Übersetzungen, die im allgemeinen mit der Antriebsachse kombiniert sind, nachgeschaltet.

Die Drehmomentübertragung vom Getriebe zur Antriebsachse erfolgt über eine Gelenkwelle (Kardanwelle). Sie wird bei großem Abstand zwischen Getriebe und Antriebsachse durch Zwischenlager abgestützt. Winkelbewegungen, die durch Achsversetzungen bzw. durch Einfederung der Antriebsachse auftreten, werden durch Gelenke (Kardangelenke) ausgeglichen.

Zwischen der Drehzahl des Antriebs n_m und der Drehzahl der Räder n_R gilt bei Zwischenschaltung einer Schaltgetriebeübersetzung i_G und Achsübersetzung vorne und hinten i_h folgende Gleichung:

$$n_\mathrm{R} = n_\mathrm{m}/(i_\mathrm{G} \cdot i_\mathrm{h})$$

Die Fahrzeuggeschwindigkeit ist dann

$$v = \frac{2 \cdot \pi \cdot n_\mathrm{m} \cdot r}{i_\mathrm{G} \cdot i_\mathrm{h}}$$

Bei Pkw besteht der Achsantrieb meist nur aus einem Kegeltrieb mit Hypoid-Verzahnung (Gleason-, Oerlikon- bzw. Klingenbergverzahnung). Dabei bestimmt die Geometrie des Antriebskegelrades und des Tellerrades die Achsübersetzung (i_h = 2,24 ... 4,93 für Serienfahrzeuge).

In Nutzfahrzeugen kann die notwendige Achsübersetzung nur selten in einer Stufe (Kegeltrieb) untergebracht werden. Deshalb kommen hier meist aufwendigere Achs-Antriebssysteme zum Einsatz:
– Achse mit einfacher Übersetzung (bis $i_\mathrm{h} = 7$),
– Vorgelegeachse mit vor- bzw. aufgesetztem Kegeltrieb,
– Zwei-Gang-Achse (Gesamtübersetzung bis $i_\mathrm{h} = 9$),
– Ritzelachse (Stirnradgetriebe in den Radnaben),
– Außenplanetenachse (in Sonderfällen auch schaltbar).

Große Tellerräder verringern die Bodenfreiheit unter dem Mitteltrieb. Bei der Ritzel- und Außenplanetenachse können der Mitteltrieb und die Achswellen durch die Aufteilung der Übersetzung kleiner ausgeführt sein. Dadurch wird selbst bei hohen Leistungen eine ausreichende Bodenfreiheit des Fahrzeugs erreicht.

Lkw-Ritzelachse mit Stirnradgetriebe in der Radnabe.
1 Zwillingsrad
2 Radlager
3 Radnabe
4 Stirnradgetriebe

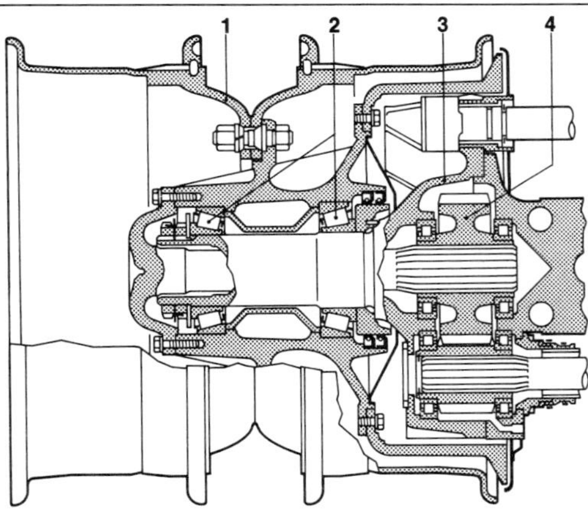

Planetengetriebe

Planetengetriebe (Umlaufgetriebe) kommen bevorzugt in Achsgetrieben, Nachschaltgruppen und vor allem in automatischen Getrieben zum Einsatz. Das einfachste Planetengetriebe (der Planetensatz) besteht aus Sonnenrad, Hohlrad und Steg mit Planetenrädern. Jedes der drei Glieder kann Antrieb, Abtrieb oder festgehalten sein. Daher gibt es bezüglich der Übersetzung große Variationsmöglichkeiten bis hin zur Drehrichtungsumkehr. Da mehrere Zahnräder unter Last parallel im Eingriff sind, ist eine kleine Bauweise möglich.

Das Getriebe hat keine freien Lagerkräfte, erlaubt hohe Drehmomente und Leistungsverzweigung, hat einen guten Wirkungsgrad und Ein- sowie Ausgang sind koaxial.

Schalten ist unter Last möglich, da kraftschlüssige Schaltkuppelmittel (Kupplungen und Bremsbänder) verwendet werden können.

Lkw-Außenplanetenachse.
1 Planetengetriebe, 2 Differentialsperre, 3 Ausgleichsgetriebe, 4 Achsgetriebe.

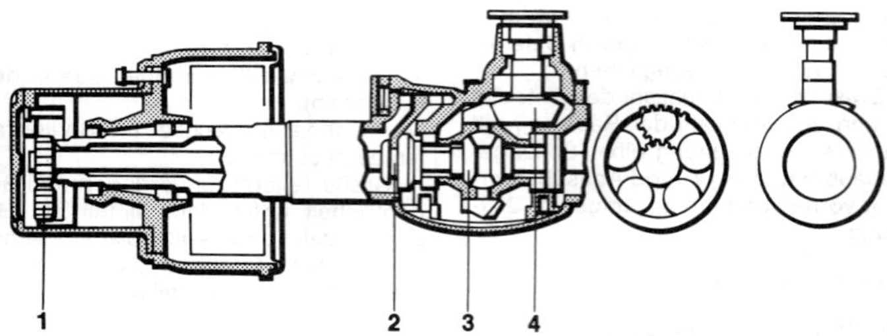

Planetengetriebe mit Übersetzungsvarianten.
A Sonnenrad
B Hohlrad
C Steg mit Planetenräder

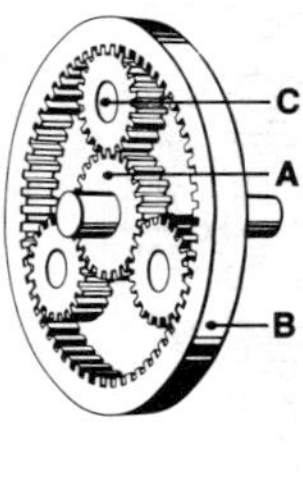

Eingang	Ausgang	Fest	Übersetzung	Bemerkung
A	C	B	$i = 1 + Z_B/Z_A$	$2{,}5 \leq i \leq 5$
B	C	A	$i = 1 + Z_A/Z_B$	$1{,}25 \leq i \leq 1{,}67$
C	A	B	$i = \frac{1}{1 + Z_B/Z_A}$	$0{,}2 \leq i \leq 0{,}4$ Schnellgang
C	B	A	$i = \frac{1}{1 + Z_A/Z_B}$	$0{,}6 \leq i \leq 0{,}8$ Schnellgang
A	B	C	$i = -Z_B/Z_A$	Standgetriebe mit Drehrichtungsumkehr $-4 \leq i \leq -1{,}5$
B	A	C	$i = -Z_A/Z_B$	Standgetriebe mit Drehrichtungsumkehr $-0{,}25 \leq i \leq -0{,}67$

Ausgleichsgetriebe

Beim Kurvenfahren müssen die äußeren Räder eines Kraftwagens einen größeren Weg zurücklegen als die inneren Räder. Dies ermöglicht ein Ausgleichsgetriebe.

Das Ausgleichsgetriebe kann aus Kegelrädern, Stirnrädern oder Schnekke und Schneckenrad zusammengesetzt sein. In der Praxis werden Kegelrad-Ausgleichsgetriebe bevorzugt. Die Ausgleichskegelräder wirken dabei wie ein Waagebalken und stellen stets ein Drehmoment- bzw. Kräftegleichgewicht zwischen dem linken und rechten Antriebsrad her.

Liegen an den beiden Antriebsrädern unterschiedliche Fahrbahnverhältnisse vor, so ist das übertragbare Moment (Zugkraft) des Fahrzeugs durch den niedrigsten Reibwert zwischen Reifen und Fahrbahn aufgrund des erwähnten Waagebalkeneffektes des Ausgleichsgetriebes begrenzt. Das Rad mit dem höheren Reibwert zwischen Reifen und Fahrbahn bleibt stehen, während das andere Rad unter niedrigem Moment durchdreht.

Um diese Effekte abzubauen, werden in Pkw selbstsperrende Ausgleichsgetriebe mit begrenztem Schlupf eingebaut.

Der Ausgleich wird über Reiblamellen, Reibkegel, Zahnradkombinationen mit selbsthemmender Wirkung oder auch über Lamellen, die in hochviskoser Flüssigkeit arbeiten, gebremst. Die Wirksamkeit des Sperrdifferentials ist durch den Sperrwert definiert:

$$S = \frac{M_\text{d}\ \text{linkes Rad} - M_\text{d}\ \text{rechtes Rad}}{M_\text{d}\ \text{linkes Rad} + M_\text{d}\ \text{rechtes Rad}} \cdot 100\ \%$$

Übliche Sperrwerte für Pkw liegen zwischen 25 und 40 %.

Formschlüssig sperrende, vom Fahrer manuell zuschaltbare Differentiale kommen für bestimmte Anwendungsfälle zum Einsatz.

Die Sperrwirkung steigt entweder mit dem Antriebsmoment (übliche Lamellensperrdifferentiale), dem Differenzmoment (Zahnräder mit selbsthemmender Wirkung) oder mit der Differenzdrehzahl (Viscose-Sperrdifferential). Je nach Einsatzbedingungen erfüllen von außen angesteuerte Sperrdifferentiale unterschiedliche Anforderungen. Beim Anfahren kann ein hoher Sperrwert und mit steigender Geschwindigkeit oder erreichter Traktionsgrenze ein abnehmender Sperrwert erreicht werden.

Hinterachsgetriebe mit Differentialsperre.
1 Antriebsseite
2 Achsgetriebe
3 Ausgleichsgetriebe
4 Differentialsperre
5 Hinterachsabtrieb.

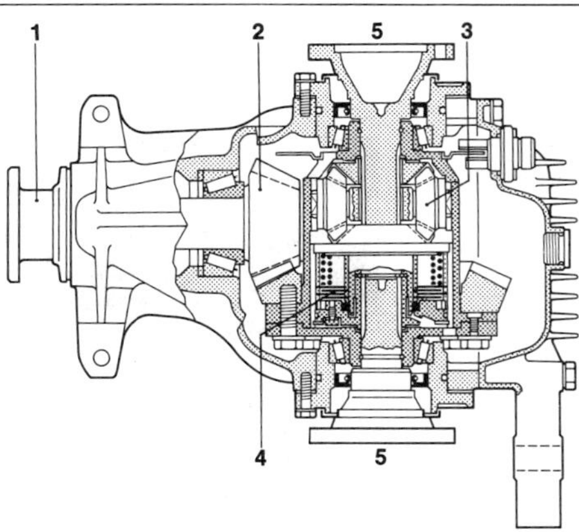

Allradantrieb, Verteilergetriebe

Der Allradantrieb erfüllt die gestiegenen Anforderungen an die Traktion und den Wunsch nach geringerer Rückwirkung der Traktion auf das Fahrverhalten. Als Systeme kommen zum Einsatz:

– Permanenter Allradantrieb, Verteilung 50 %/50 % mit Kegelraddifferential oder unsymmetrisch über Planetendifferentiale. Der theoretischen Drehmomentverteilung überlagert sich die Wirkung automatischer oder gesteuerter Sperrdifferentiale.

– Zuschaltbarer Allradantrieb (starre Koppelung vorn/hinten, Visco-Kupplung oder Verteilerdifferential), auch mit zuschaltbaren Differentialsperren in Verteilergetriebe und Achsgetriebe. Verteilergetriebe in geländegängigen Fahrzeugen haben zusätzlich eine schaltbare Übersetzung für extreme Steigungen, niedrige Geschwindigkeiten und hohe Zugkräfte.

Die Visco-Kupplung, eine gekapselte Lamellenkupplung mit Silikonfüllung hoher Viskosität, verteilt automatisch die Antriebskräfte zwischen Vorder- und Hinterachsantrieb in Abhängigkeit von den Traktionsverhältnissen an den Rädern. Bei sehr kleiner Differenzdrehzahl werden vorwiegend die Hinterräder angetrieben. Mit steigender Differenzdrehzahl (durchdrehendes Rad) versteift das Silikon zunehmend, so daß das Sperrmoment zwischen den Lamellen ansteigt und der Vorderradantrieb bis hin zur starren Verbindung stufenlos zugeschaltet wird.

Allrad-Antriebsstrang.
1 Motor, 2 Getriebe, 3 Verteilergetriebe, 4 Hinterachsantrieb, 5 Ausgleichsgetriebe, 6 Vorderachsantrieb.

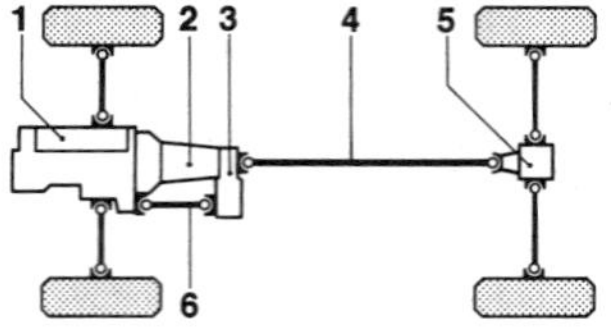

Sperrmoment-Kennlinie der Visco-Kupplung im Verteilergetriebe.

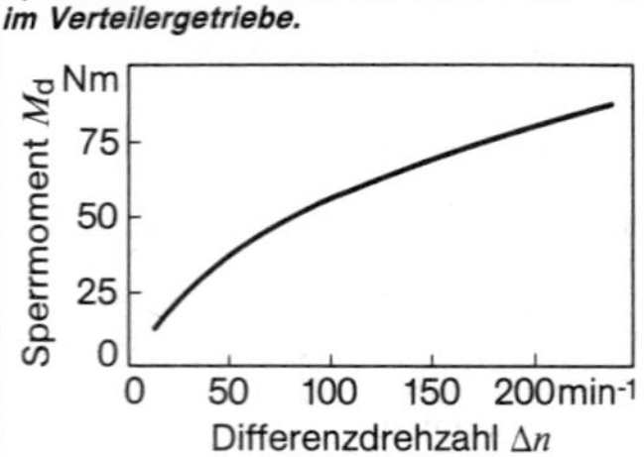

Verteilergetriebe für Allradantrieb mit Visco-Kupplung.
1 Antriebswelle
2 Planetengetriebe
3 Visco-Kupplung
4 Hinterachsantrieb
5 Kettentrieb
6 Vorderachsantrieb

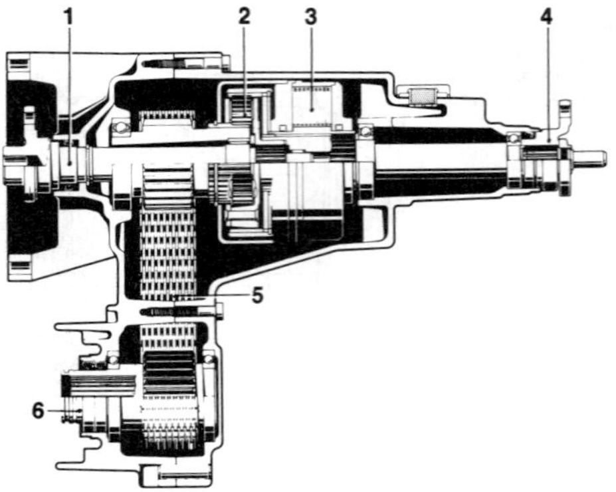

Antriebsschlupfregelung (ASR)

Die Antriebsschlupfregelung verhindert das Durchdrehen der Räder während eines Anfahr- und Beschleunigungsvorgangs. Deshalb ist mit ASR ein Anfahren auch auf schnee- und eisbedeckten Straßen ohne Differentialsperre möglich. Die Zugkraft des Fahrzeugs sowie die Steigfähigkeit bei Paßfahrten werden durch ASR erhöht. Bei zu starkem „Gasgeben" in Kurven wird bei glatter Straßenoberfläche das Ausbrechen des Fahrzeughecks durch ASR verhindert.

Die Antriebsschlupfregelung ist eine Erweiterung des ABS und nutzt dessen Komponenten. Die hier beschriebene ASR für Nkw kann in allen druckluftgebremsten Fahrzeugen mit einer Antriebsachse eingesetzt werden. Als Ergänzung ist für jedes Antriebsrad ein 2/2-Magnetventil notwendig.

Dreht ein Antriebsrad durch, wird dies über einen Geschwindigkeitsvergleich mit einem nicht angetriebenen Rad erkannt. Der im ABS-Steuergerät integrierte ASR-Bremsregler baut dann in diesem Rad ein Bremsmoment auf. Hierzu wird das entsprechende Magnetventil umgeschaltet und der notwendige Bremsdruck mit Hilfe der ABS-Drucksteuerventile eingesteuert. Dieses Bremsmoment wird am nicht durchdrehenden Rad als Antriebsmoment wirksam. Drehen beide Antriebsräder durch, greift der ASR-Motorregler ein und reduziert das Motormoment, bis nur noch ein Rad abgebremst ist. Zur Schonung der Radbremse wird das Motormoment auch dann reduziert, wenn die notwendige Bremsleistung im noch durchdrehenden Rad zu groß ist. Droht eine Überlastung der Bremsen, was nur in Extremfällen möglich ist, wird ASR automatisch abgeschaltet. Die Motorreduzierung wird im ABS/ASR-Steuergerät berechnet und entweder der Elektronischen Motorleistungssteuerung (EMS) oder der Elektronischen Dieselregelung (EDC) mitgeteilt. Diese Steuergeräte führen neben ihren eigenen umfangreichen Funktionen zur Motorsteuerung die gewünschte Reduzierung sofort und mit der notwendigen Feinfühligkeit aus.

Die Elektronische Motorleistungssteuerung (EMS) ersetzt das mechanische Fahrpedal-Gestänge durch ein genaueres und verschleißfreies Steuersystem. Ein Pedalweggeber meldet die Fahrpedalstellung an das EMS-Steuergerät, das unter Berücksichtigung weiterer Betriebsparameter einerseits einen Stellmotor an der Drosselklappe oder Dieseleinspritzpumpe ansteuert, andererseits den Datenaustausch mit dem ABS/ASR-Steuergerät vornehmen kann.

Antriebsschlupfregelung (ASR) für Nkw mit elektronischer Motorleistungssteuerung (EMS).

1 Drehzahlfühler
2 Impulsring
3 ABS/ASR-Steuergerät
4 Drucksteuerventil (Einkanal)
5 2/2-Magnetventil
6 Wechselventil
7 Betriebsbremsventil
8 Bremskraftregler
9 Bremszylinder
10 EMS-Steuergerät
11 Fahrpedal
12 Pedalweggeber
13 Stellmotor
14 Einspritzpumpe

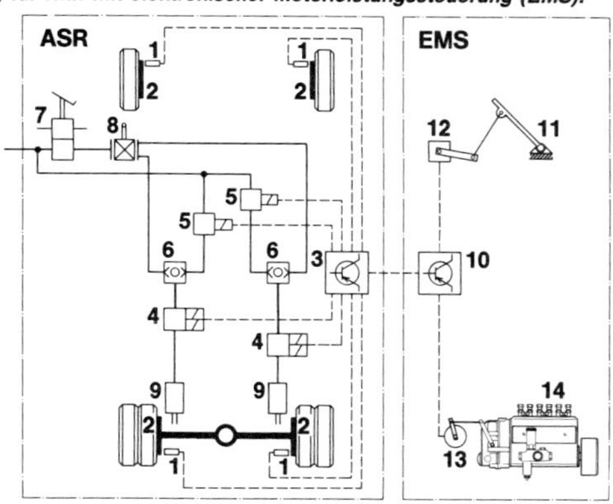

Federung

Die Federung dient der Erhöhung des Fahrkomforts, der Verbesserung der Fahrsicherheit und der Schonung der Ladung und der Bauteile des Fahrzeugs.

Federbewegungen müssen durch Schwingungsdämpfer gedämpft werden. Maßgebend für den Fahrkomfort ist die vertikale Aufbaubeschleunigung. Weichere Federung ergibt kleine Aufbaubeschleunigung. Große Schwingungsdämpferkraft verschlechtert den Fahrkomfort. Maßgebend für die Fahrsicherheit ist die Änderung der Radlast während der Fahrt. Kleine dynamische Radlastschwankungen erreicht man durch große Schwingungsdämpferkraft, kleine Achsmasse und weiche Reifen. Weiche Federung und weiche Reifen dürfen das Fahrverhalten in der Kurve nicht beeinträchtigen. Die Abstimmung von Federung und Schwingungsdämpfung ist ein Kompromiß zwischen Fahrkomfort und Fahrsicherheit.

Arten der Schwingungen am Kraftfahrzeug.

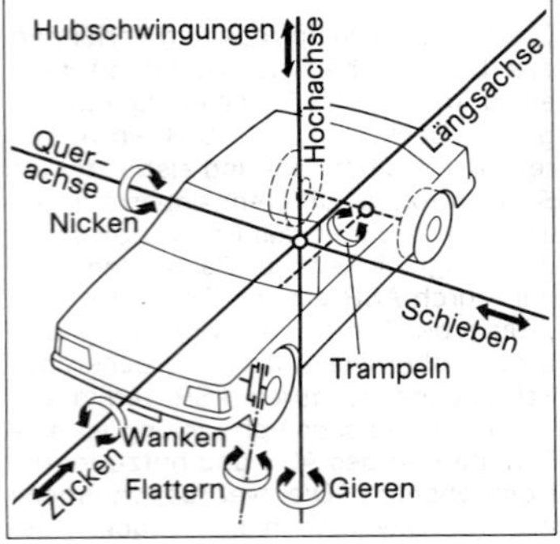

Arten der Schwingungen

Zucken
Geradlinige Schwingungen in Richtung der Längsachse.

Schieben
Geradlinige Schwingungen in Richtung der Querachse.

Hubschwingen (Stoßen)
Geradlinige Schwingungen in Richtung der Hochachse.

Wanken (Schlingern, Rollen)
Drehschwingungen um die Längsachse.

Nicken (Stampfen)
Drehschwingungen um die Querachse.

Gieren
Drehschwingungen um die Hochachse.

Schleudern
Gieren mit Rutschen mehrerer Reifen auf der Fahrbahn.

Trampeln
Drehschwingungen starrer Achsen um eine Drehachse parallel zur Längsachse.

Flattern
Drehschwingungen der Lenkräder um den Lenkzapfen.

Federungselemente aus Stahl

Blattfeder[1])
Ein- oder mehrlagig. Kann Achs- und Radführung übernehmen. Bei Pkw kann Verschleiß und Reibung zwischen den Lagen durch Kunststoffzwischenlagen vermieden werden, dann wartungsfrei. Geringe Reibungsdämpfung zur Entlastung des Schwingungsdämpfers häufig erwünscht, verschlechtert jedoch den Fahrkomfort. Mehrfache Einblattfedern (je Lage annähernd parabolisch ausgebildet) werden Parabelfedern genannt. Lkw-Blattfedern meist ohne Kunststoffzwischenlagen; Wartung und Schmierung empfehlenswert.

Blattfedern.
1 Halbelliptikfeder, 2 Viertelelliptikfeder, 3 Blattfeder mit Zusatzfeder.

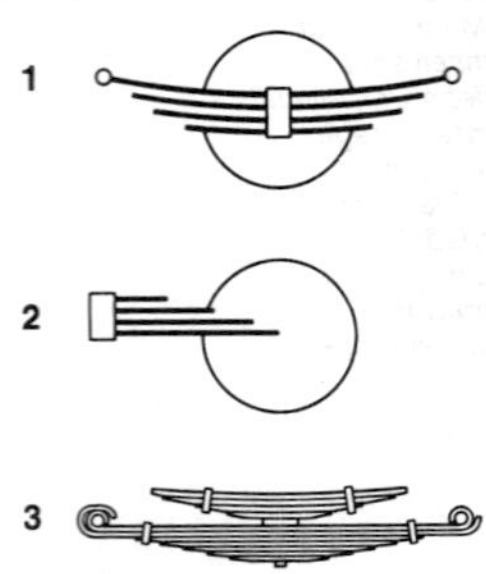

[1]) Berechnung siehe S. 226.

Progressive Kennlinie durch Zusatzfeder möglich.

Schraubenfeder[1])
Gute Werkstoffausnutzung, daher geringes Gewicht. Wartungsfrei und korrosionsgeschützt. Keine Eigendämpfung. Kein Verschleiß. Achs- und Radführung durch besondere Bauteile. Progressive Kennlinie erreichbar durch veränderliche Steigung.

Stabfeder[1])
Aus Rund- oder Flachstahl. Sehr gute Werkstoffausnutzung bei Rundstab, daher geringes Gewicht. Schutz gegen Beschädigung der sauber bearbeiteten Oberfläche durch einfache Mittel möglich. Wartungsfrei und korrosionsgeschützt, kein Verschleiß. Keine Eigendämpfung. Bisweilen auch als Stabbündel verwendet.

Stabilisator
Stabfeder, meist aus U-förmig gebogenem Rundstab, zur Verhärtung der Federung bei einseitigem Ein- und Ausfedern. Wirkt dadurch bei Kurvenfahrt der Neigung des Aufbaus entgegen und beeinflußt die Steuerungstendenz (Über- oder Untersteuern) des Fahrzeugs. Bei gleichen Federwegen beider Räder bleibt der Stabilisator unwirksam.

Labisator
Ausgleichsfeder (Z-Stab). Beeinflußt die Steuerungstendenzen in entgegengesetzter Richtung wie der Stabilisator.

Gas-(Luft-)Federung

Wird als reine Luftfederung vorzugsweise bei Omnibussen und Nutzfahrzeugen und als hydropneumatische Federung bei Personenkraftwagen gebaut.

Reine Luftfederung
Bei der reinen Luftfederung werden Federbälge aus Gummi mit Gewebeeinlage unter einem der Last entsprechenden Luftdruck gehalten.

Stabilisator.

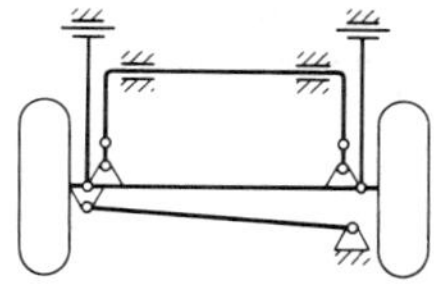

Labisator.

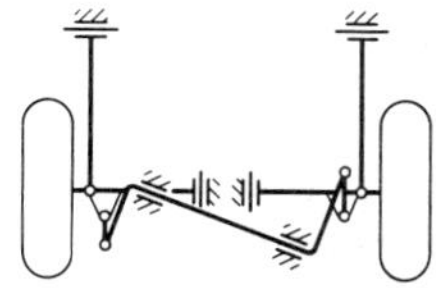

Reine Luftfederung.
1 Federbalg, 2 Niveauregler, 3 Vorratsbehälter, 4 Verdrängerkolben, 5 Achse, 6 Verdichter.

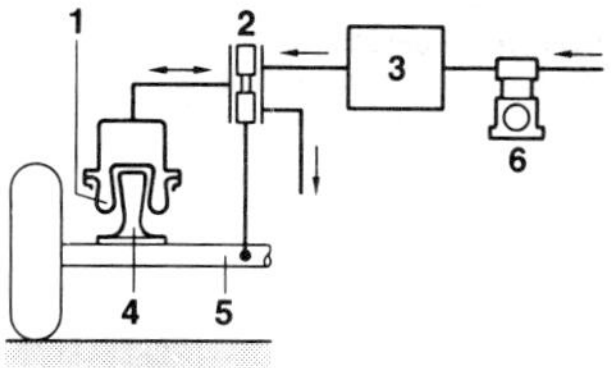

Hydropneumatische Federung.
1 Schwingungsdämpfer, 2 Speicher, 3 Kolben, 4 Achse, 5 Niveauregler, 6 Druckregler, 7 Ölpumpe, 8 Ölbehälter.

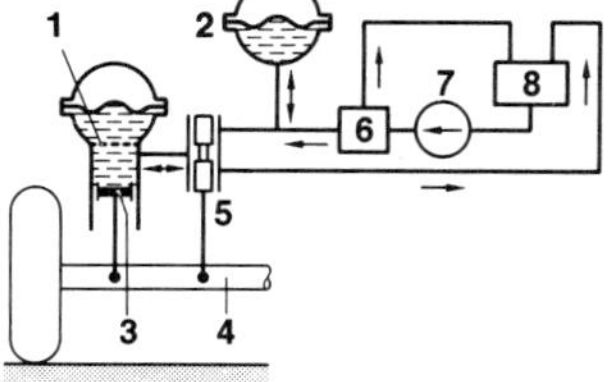

[1]) Berechnung siehe S. 228.

Hydropneumatische Federung
Zur Federung wird eine hermetisch abgeschlossene Gasmenge verwendet, die über Hydrauliköl der Last entsprechend verdichtet wird. Gas und Hydrauliköl sind durch eine Gummimembrane getrennt. Durch Drosselventile im Ölraum übernimmt das Federelement zusätzlich die Funktion eines Schwingungsdämpfers.

Niveauregler
Bei der Luftfederung und hydropneumatischen Federung kann der Wagenaufbau unabhängig von der Beladung auf gleicher Höhe gehalten oder in manchen Fällen durch den Fahrer beliebig verändert werden. Hierzu werden die Federungselemente durch Niveauregler mit mehr oder weniger Luft bzw. Hydrauliköl versorgt. Zur Verringerung des Energiebedarfs während der Fahrt sind die Niveauregler teilweise hydraulisch gedämpft. Zur Erhöhung der Wankstabilität werden Niveauregler mit Quersperrung oder Querdrosselung eingesetzt.

Wenn zusätzliche Anforderungen an das Regelsystem mit mechanischen Regeleinrichtungen nicht mehr zu erfüllen sind, wird die elektronische Niveauregelung angewendet.

Vorteile der elektronischen Niveauregelung für Pkw
- Geschwindigkeitsabhängige Regelung der Fahrzeugneigung und Niveaulage zur Kraftstoffeinsparung,
- Erhöhung der Niveaulage bei Schlechtwegstrecken,
- Verbesserung der Kurvenstabilität durch absolute Quersperrung der Luftfedern,
- Stillsetzen der Regelung beim Bremsen, Beschleunigen und bei Kurvenfahrt, um den Energiebedarf für das Federungssystem herabzusetzen.

Elektronische Niveauregelung, Liftachsenautomatik bei Nkw.
1 Vorderachse, 2 Hinterachse, 3 Liftachse, 4 elektronisches Steuergerät, 5 Druckschalter, 6 Fernbedienung, 7 Liftbalg, 8 Vorratsbehälter, 9 Luftfederbalg, 10 Magnetventil, 11 Weggeber.

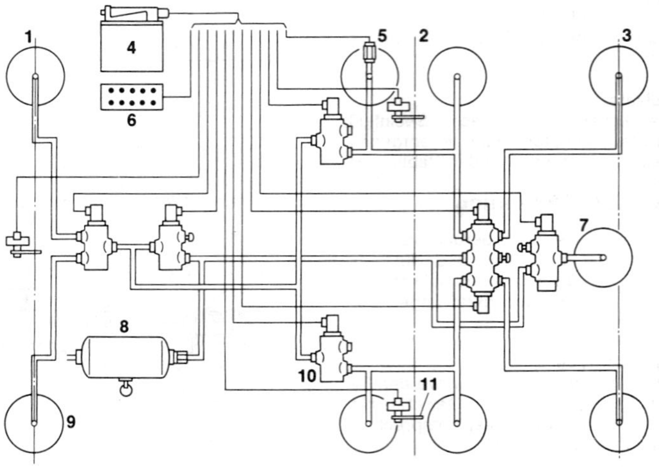

Vorteile der elektronischen Niveauregelung für Nkw

- Verringerung des Luftverbrauchs durch optimale Dämpfung,
- Verbesserung der Kurvenstabilität durch absolute Quersperrung der Luftfedern einer Achse,
- automatische Hubbegrenzung für Wechselpritschen und Container,
- Schnellverstellung,
- automatische Anpassung der Pritsche an die Laderampe (beliebige Niveaulage),
- gefahrloses Arbeiten (Fernbedienung),
- Liftachsensteuerung (automatische Niveauerhöhung beim Anheben der Liftachse),
- automatisches Absenken der Liftachse bei Überschreiten der zulässigen Last (10 t) an der Antriebsachse,
- Anfahrhilfe durch Lasterhöhung an der Triebachse, Begrenzung auf Höchstwert (15 t), zeitliche Begrenzung der Anfahrhilfe auf 2 bis 3 Minuten.

Mit Schwingungsdämpfer kombinierte Luftfeder

Bei der reinen Luftfederung kann das eigentliche Federungselement auch mit dem Schwingungsdämpfer zu einer Einheit kombiniert werden.

Vorteile der Gas-(Luft-)Federung

Stets gleiche Aufbauhöhe (dadurch große Federwege, dauernd richtige Scheinwerfereinstellung, gleiche Radstellung bei Einzelradaufhängung). Geringe Veränderung des Fahrkomforts durch die Beladung. Beliebige Niveauverstellung durch den Fahrer möglich (vorteilhaft für Nutzfahrzeuge).

Gummifeder

Vorwiegend als Zusatzfederelement (Anschlagpuffer) verwendet. Hauptfederelemente sind ringförmige progressiv wirkende Gummischubfedern zwischen Metallteilen vulkanisiert. Kompakte Bauweise, wartungsfrei, erhebliche Eigendämpfung. Temperatur-, wetter-, chemikalien-, ölempfindlich. Setzt sich mit der Zeit unter statischer Last.

Gedämpfter Niveauregler für Luftfederung.
1 Querdrossel, 2 zum Federelement, 3 Einlaßventil, 4 Auslaßventil, 5 Überwegventil, 6 Dämpfungskolben.

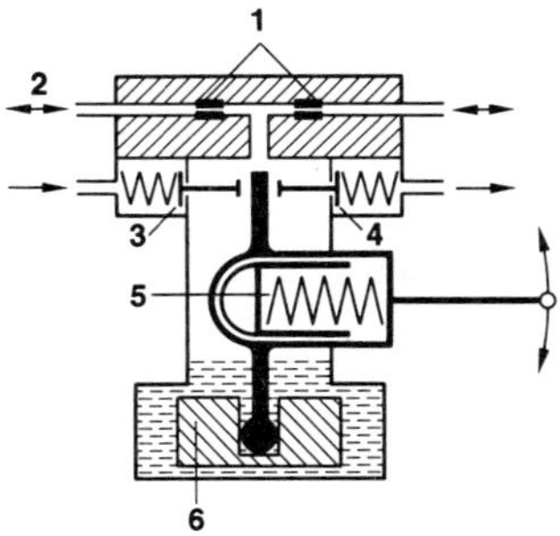

Mit Schwingungsdämpfer kombinierte Luftfeder.
1 Luft, 2 Drossel, 3 Luftbalg, 4 Öl.

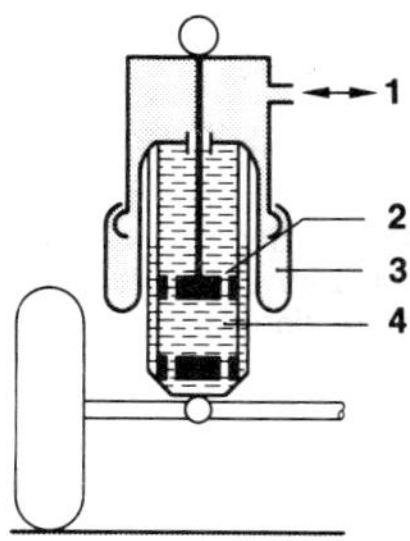

Gummifeder.

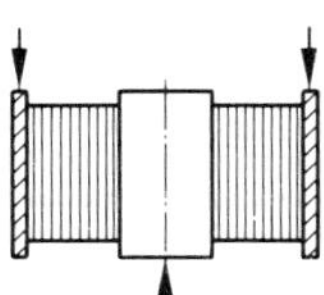

Schwingungsdämpfer

Aufgabe des Schwingungsdämpfers ist es, die Schwingungen des Fahrzeugaufbaus rasch abklingen zu lassen (Fahrkomfort), die dynamische Radlastschwankung zu mindern und das Abspringen der Räder von der Fahrbahn zu verhindern (Fahrsicherheit).

Es werden hydraulische Teleskopschwingungsdämpfer in Einrohr- oder Zweirohrbauart verwendet. Der Schwingungsdämpfer besteht aus einem Hydraulikzylinder, in dem sich ein Kolben unter Überwindung des Strömungswiderstands bewegt. Der Druck auf der Flüssigkeit (30 ... 70 bar) unterdrückt das Schäumen bei hoher Kolbengeschwindigkeit.

Einrohrdämpfer
Der Volumenausgleich findet durch einen gasdruckbelasteten Trennkolben statt.

Zweirohrdämpfer
Das von der Kolbenstange verdrängte Flüssigkeitsvolumen strömt durch das Bodenventil.

Schwingungstilger

Ein an der Achse angebrachtes gedämpftes Feder-Masse-System kann die Fahrsicherheit teilweise ohne Rückwirkung auf den Aufbau verbessern.

Verbundfederung

Durch mechanische oder hydraulische Verbindung der vorderen mit den hinteren Federelementen eines Fahrzeugs können Nickbewegungen verringert werden.

Schwingungstilger.

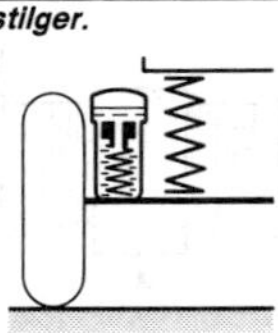

Einrohrdämpfer.
1 Schutzrohr, 2 Kolbenventil, 3 Trennkolben, 4 Gas unter Druck.

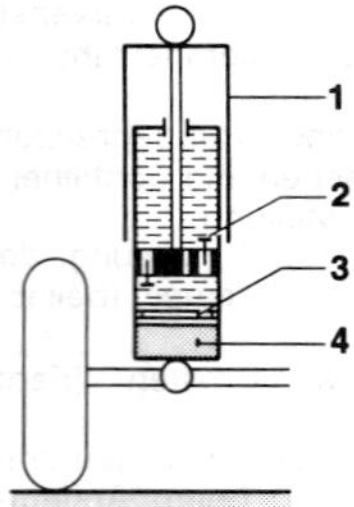

Zweirohrdämpfer.
1 Schutzrohr, 2 Außenrohr, 3 Innenrohr, 4 Kolbenventil, 5 Drossel, 6 Bodenventil.

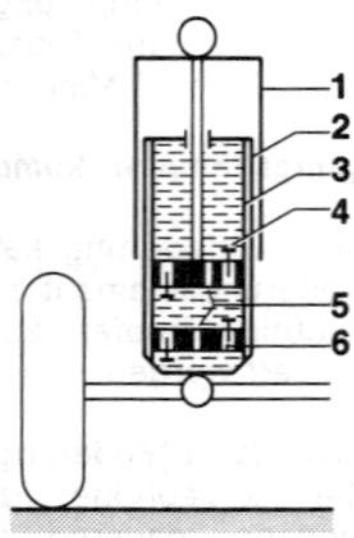

***Verbundfederung** (Hydrolastic-Federung).*
1 Gummifeder, 2 Dämpfungsventil, 3 Rollbalg.

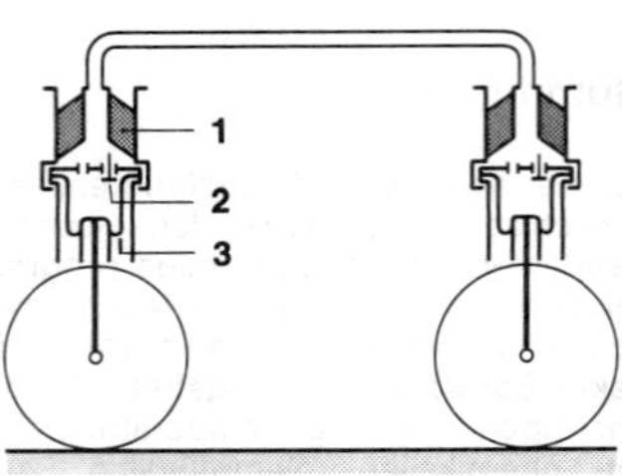

Radaufhängung

Einzelradfederung verringert gegenüber der starren Achse die ungefederten Massen und beschränkt Ausschläge auf das angestoßene Rad. Dadurch wird die Bodenhaftung auf schlechten Straßen und in Kurven verbessert. Bei gelenkten Rädern sollen Vorspur, Sturz, Spurweite und Lenkeinschlag über dem Federweg möglichst gleich bleiben. Eine leichte Vorspuränderung der Vorderräder beim Bremsen wird zur Verbesserung der Lenkstabilität angestrebt. Sturzänderungen bringen die Gefahr des Flatterns der Räder (Kreiselwirkung) und damit der Lenkunruhe. Spurweitenänderung ist ungünstig, weil die Haftfähigkeit des Rades besonders auf nasser Straße und Schnee gefährlich vermindert wird. Außerdem führt sie zu erhöhter Reifenabnutzung.

Vorderradstellung und Lenkrollhalbmesser

Vorspur

Vorspur ist die Maßdifferenz des Abstandes der nicht parallel stehenden Vorderräder voneinander vorn gegenüber hinten, gemessen an den Felgenrändern in Höhe der Radmitte. Sie beträgt bei nicht angetriebenen Rädern etwa 2 ... 3 mm, bei angetriebenen liegt sie zwischen +3 und −2 mm. Durch die Vorspur wird die Flatterneigung vermindert.

Spreizung

Spreizung ist die Neigung der Lenkungsdrehachse (Achsschenkelbolzen) gegen die Fahrzeuglängsebene, gemessen in der Fahrzeugquerebene. Sie beträgt 2 ... 16° und bestimmt zusammen mit dem Lenkrollhalbmesser und dem Nachlauf das Lenkungsrückstellmoment. Messung nur bei belastetem Fahrzeug.

Sturz

Sturz ist die Neigung des Rades gegen die Fahrzeuglängsebene, gemessen in der Fahrzeugquerebene. Das oben nach außen gestürzte Rad hat positiven Sturz. Angestrebt wird ein beim Einfe-

Vorderradstellung.

Vorspur:
Abstand der Vorderräder: a vorn, b hinten.

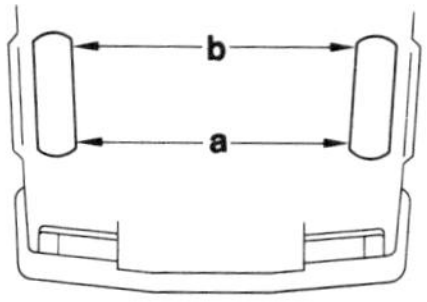

Spreizung und Lenkrollhalbmesser:
α Winkel für Spreizung,
c Lenkrollhalbmesser, x Lenkdrehachse.

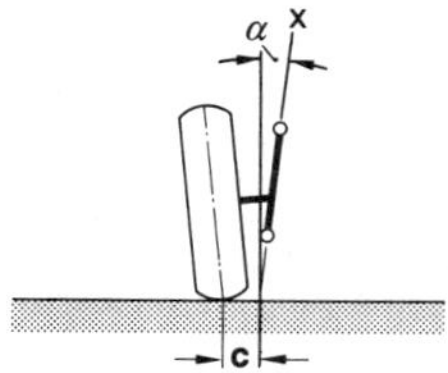

Sturz:
β Winkel für Sturz.

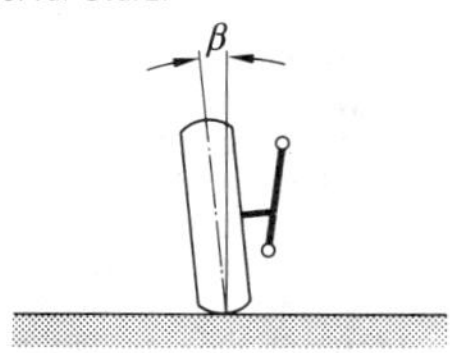

Nachlauf:
y Lenkdrehachse, γ Nachlaufwinkel,
d Nachlaufversatz,
e Nachlaufstrecke.

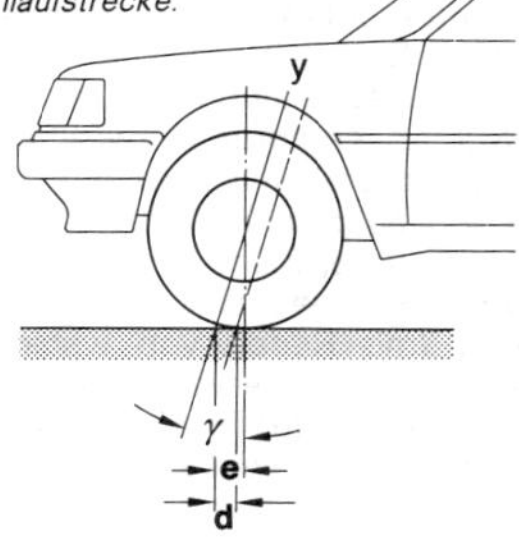

dern vom Sturz 0 in Konstruktionslage sich in leicht negative Stellung ändernder Sturz (verbesserte Seitenführung).

Nachlauf
Der Nachlauf wird angegeben als Winkel (0° ... 12°) der Lenkdrehachse (Spreizungslinie) gegenüber der Senkrechten in der Seitenansicht oder als die Strecke, um die der Radaufstandspunkt dem Durchstoßpunkt der Lenkdrehachse in der Fahrbahn nachläuft (0 ... 25 mm). Entscheidend für die Reaktionskräfte von der Fahrbahn auf das Rad ist die Nachlaufstrecke. Eine Parallelverschiebung der Lenkdrehachse aus der Radmitte bezeichnet man je nach ihrer Richtung als Vor- oder Nachlaufversatz. Durch den Nachlauf werden die Räder gezogen (nicht geschoben) und haben das Bestreben, sich von selbst in Geradeausstellung einzustellen und diese einzuhalten; außerdem wird die Flatterneigung vermindert. Dieser Effekt ist aber auch von Spreizung und Lenkrollhalbmesser abhängig. Messung nur bei belastetem Fahrzeug.

Lenkrollhalbmesser
Angestrebt wird ein Lenkrollhalbmesser (LRH) um Null oder mit negativem Betrag. Der LRH ist der Abstand des Durchstoßpunktes der Lenkdrehachse des Rades in der Fahrbahnebene vom Radaufstandspunkt. Liegt er zwischen den Radaufstandspunkten, so zählt er als positiv, außerhalb als negativ. Bei Fahrzeugen mit diagonaler Bremskreisaufteilung verbessert ein negativer LRH die Lenkstabilität beim Bremsen mit links und rechts verschiedenen Bremskräften. Dagegen ist bei anderen Bremskreisaufteilungen häufig ein LRH um Null als Kompromiß zwischen allen für die Lenkstabilität wichtigen Disziplinen günstiger. Wegen der Raumverhältnisse in der Felge erfordert der negative LRH zudem bei konventionellen Rädern (mit Reifen von weniger als 65 % Höhe-Breite-Verhältnis) Zugeständnisse in der Bremskonstruktion und der Lenkergelenkauslegung. Wichtig für die Gesamtauslegung ist jedoch das Zusammenwirken von LRH und der Vorspuränderung bei Längszug.

Literatur
Bannholzer, D.: „Negativer Lenkrollhalbmesser und Diagonal-Bremskreisaufteilung am Pkw".
ATZ 74 (1972) H. 11, S. 446–451

Gnadler, R.: „Einfluß des Lenkrollhalbmessers auf das Fahrverhalten von Kraftfahrzeugen".
Verkehrsunfall und Fahrzeugtechnik (1983), H. 3, S. 84–88

Radaufhängungen der Vorderachsen

Doppelquerlenker
Lenker verschieden lang, dadurch kleiner positiver Lenkrollradius möglich. Negativer Lenkrollhalbmesser nur bei großen Radschüsseln oder erhöhtem konstruktiven Aufwand.

Durch geeignetes Längenverhältnis der Lenker können Sturz- und Spurweitenänderungen klein gehalten werden.

Neigen der oberen Lenkerdrehachse ergibt Bremsnickausgleich.

Radaufhängungen der Vorderachsen.

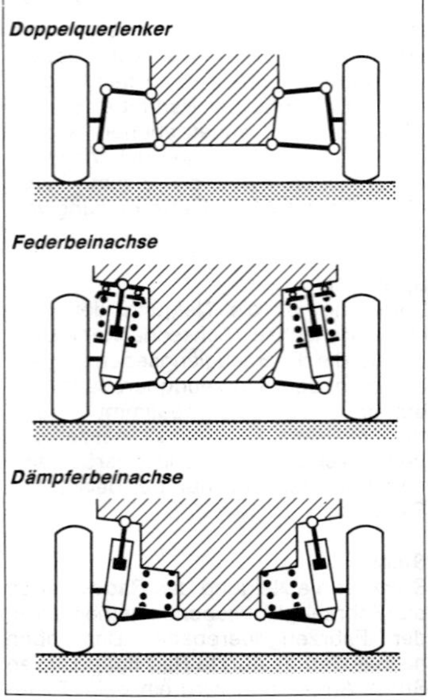

Einfache Konstruktion erfordert wenig Aufwand. Nachteil: Bei angetriebenen Achsen gestaltet sich Vorbaustruktur schwierig.

Federbeinachse (McPherson)
(auch für Hinterachsen verwendbar)
Erlaubt längere Achsfedern, dadurch langhubige und weiche Federung möglich. Große Lagerabstände bringen niedrige Belastung der Lagerpunkte, daher weiche Stützungen möglich. Günstige Stoßdämpferübersetzung (1:1). Ermöglicht günstige Vorbaustruktur.

Nachteil: Reibungskräfte in der Stoßdämpferführung wachsen mit der Reifenbreite, Empfindlichkeit gegen Lenkunruhe, große Bauhöhe, in der Regel wenig Bremsnickausgleich möglich.

Dämpferbeinachse
Beansprucht im Vergleich zur Federbeinachse weniger Bauraum im Motorraum, niedrige Bauhöhe. Bremsnickausgleich ca. 20 %. Sonst gleiche Eigenschaften wie Federbeinachse.

Radaufhängungen der Hinterachsen

Angestrebt wird
— ein leicht negativer Sturz in Kurven bei sonst geringer Änderung des Sturzes,
— möglichst geringe Spurweitenänderungen für gute Fahrsicherheit und geringen Reifenverschleiß,
— Abstützung gegen Ausfedern beim Bremsen sowie
— Freiheit von ungünstigen Lenkeinflüssen durch elastische Verformungen unter Antriebs-, Brems- und Seitenkräften.

Starrachse
Bei Antriebsachsen mit eingebauten Antriebswellen für die Antriebsräder in der Mitte starr mit dem Ausgleichsgetriebe verbunden. Häufig an vier Längslenkern und querliegender Schubstange geführt. Bei nicht angetriebenen Achsen häufig zwei Längslenker mit Federbeinen und Querlenkern. Keine Spurweiten- und Sturzänderung zur Fahrbahn. Trampelneigung auf schlechten Straßen.

Starrachse.
1 Ansicht in Fahrtrichtung, 2 Draufsicht.

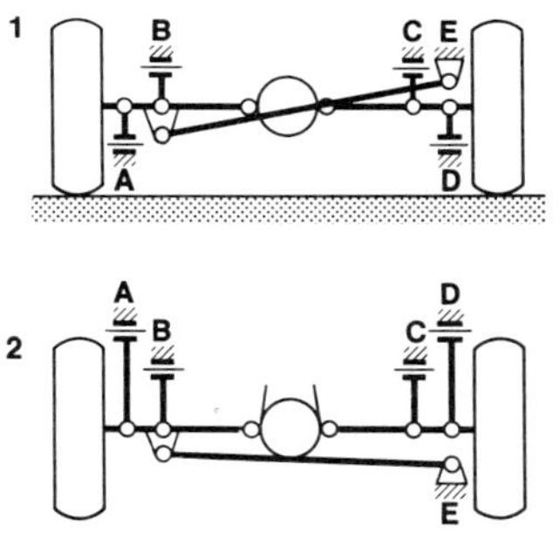

Verbundlenkerachse
Querverbindung wirkt als Torsionsfeder, daher bei gleichseitigem und wechselseitigem Federn verschiedene Achskinematik: entweder Längslenker- oder Schräglenkercharakteristik. Radsturz durch Wagenneigung (Starrachse) wird teilweise kompensiert. Gute Seitenführung bei Kurvenfahrt durch geringe positive Sturzwinkel. Geringe Spurweitenänderung.

Günstige Raumaufteilung im Heck mit Reserverad hinter und Kraftstofftank vor der Hinterachse möglich.

Verbundlenkerachse.
1 Drehachse bei wechselseitigem Federn,
2 Drehachse bei gleichseitigem Federn.

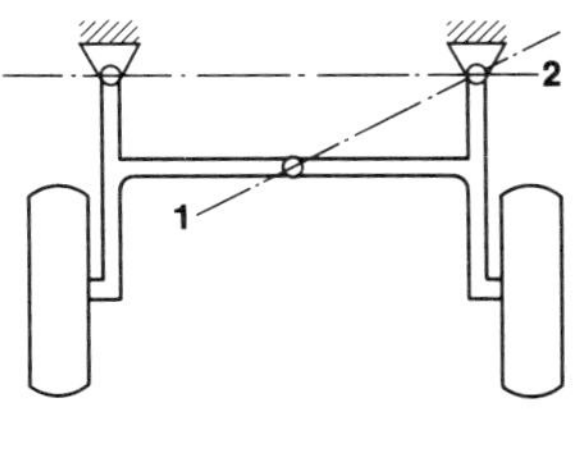

Schräglenkerachse
Wird fast ausschließlich für angetriebene Achsen verwendet. Wegen großer Kräfte in Lenkerlagern Fahrschemel erforderlich. Geringe Spurweiten- und Sturzänderung. Gute Kurvenstabilität durch negativen Sturz. Geringes Absinken des Momentanzentrums bei Beladung.

De-Dion-Achse
Verbindet Vorteile der Einzelradaufhängung (geringe ungefederte Massen) mit denen der Starrachse (keine Sturzänderung, keine Spurweitenänderung zur Fahrbahn). Aufwendige Konstruktion.

Längslenker (Kurbelachse)
Wird fast ausschließlich bei nichtangetriebenen Achsen verwendet. Spurweite und Sturz zum Wagenkörper unveränderlich.

Raumlenkerachse
(für angetriebene Achsen)
Elastisches Steuern unter Antriebs-, Brems- und Seitenkräften kann beliebig gestaltet werden. Geringe Vorspuränderung. Günstiger Sturzverlauf möglich (größer beim Einfedern, kleiner beim Ausfedern).

Geringe Spurweitenänderung. Positive Schrägfederung (in Richtung der Fahrbahnstöße).

Schräglenkerachse.
1 Ansicht in Fahrtrichtung, 2 Draufsicht.

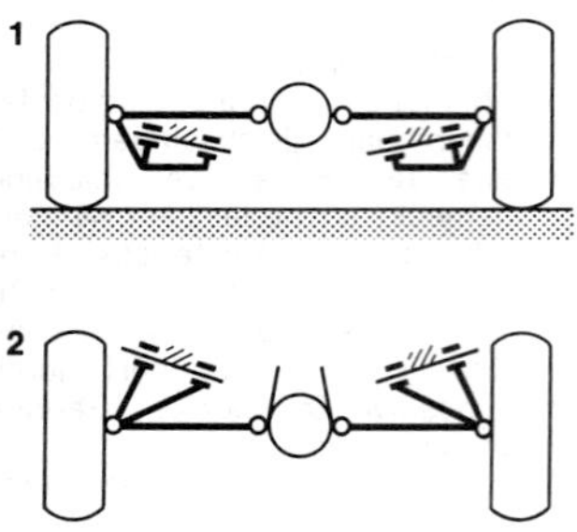

Raumlenkerachse.

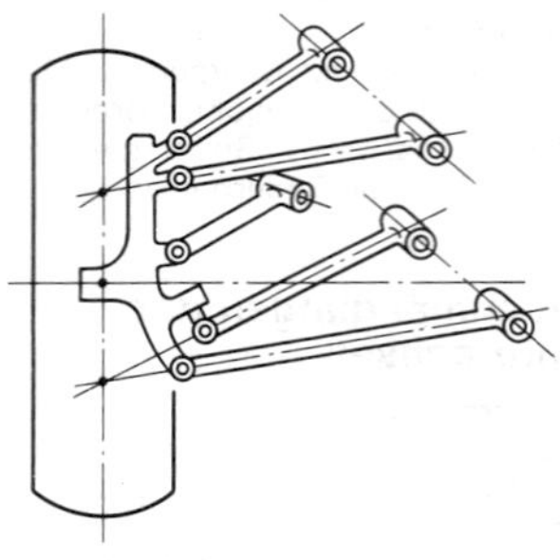

De-Dion-Achse.

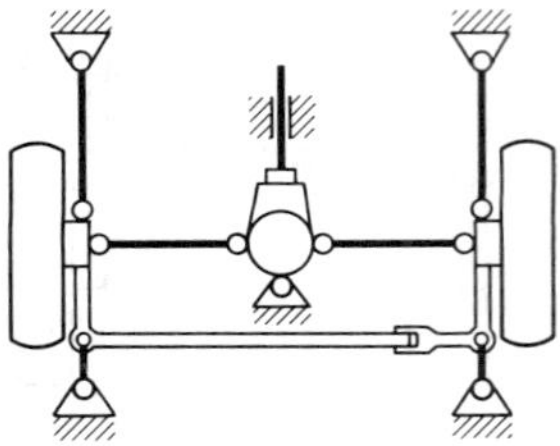

Längslenker.

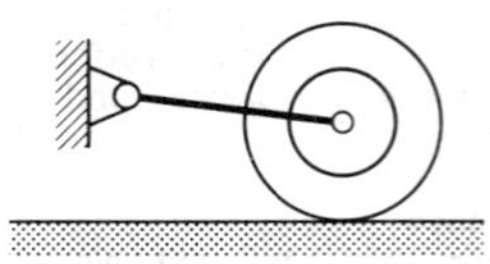

Literatur:
M. v. d. Ohe:
„Entwicklung der Raumlenkerachse“; Automobil Revue 78 (1983), H. 25, S. 43–45.

Radbremsen (Reibungsbremsen)

Trommelbremsen

Die Bauformen der Trommelbremsen ergeben sich aus der Gestaltung bezüglich Zuspannung, Abstützung und Nachstellung der Bremsbacken. Beurteilungskriterium von Bremsen ist der Bremsenkennwert C^*, der das Verhältnis von Umfangskraft zu Spannkraft an einer Bremsbacke angibt. Er beinhaltet den Einfluß des Reibbeiwertes und der inneren Übersetzung der Bremse.

Simplex-Trommelbremsen
Simplex-Trommelbremsen unterscheiden sich insbesondere durch die Zuspannung (schwimmend, fest) und die Abstützung (Drehbacken, Gleitbacken). Weit verbreitet sind z. B. Radbremsen mit schwimmender Zuspannung und Drehbackenabstützung. Die Zuspannung erfolgt bei hydraulischer Bremskraftaktivierung durch Druckkolben, die ohne wegmäßige Fixierung schwimmend angeordnet sind und gleich große Spannkräfte in beide Richtungen erzeugen. Eine Bremsbacke ist auflaufend, d. h. die Reibungskräfte zwischen Bremsbelag und Bremstrommel unterstützen die Zugspannung, während bei der Ablaufbacke die Reibungskräfte entgegen der Spannkraft wirken.

Für die Simplex-Bremse ergibt sich C^* aus der Summe der Einzelbackenwerte und beträgt $C^* \approx 2{,}0$ (bezogen auf einen bestimmten Reibwert). Nachteilig ist die stark unterschiedliche Bremswirkung der zwei Bremsbacken und der daraus resultierende viel größere Belagverschleiß an der Auflaufbacke. Oft wird deshalb die Ablaufbacke mit erheblich geringeren Belagwandstärken als die Auflaufbacke ausgerüstet.

Eine weitere Möglichkeit der Aktivierung einer Simplex-Trommelbremse ist die Ansteuerung durch eine Spreizkeileinheit, die sich vor allem bei Nutzfahrzeugen der leichten Mittelklasse immer mehr durchsetzt.

Die bei schweren Nutzfahrzeugen am meisten verwendete Radbremse ist die druckluftbetätigte S-Nocken-Simplex-Trommelbremse mit fester Zuspannung.

Vorteile der S-Nockenbremse: Gleicher Belagverschleiß an Auflauf- und Ablaufbacke, erzwungen durch die feste Zuspannung und daraus resultierend hohe Belagstandzeiten. Einfacher, zuverlässiger und thermisch unempfindlicher Zuspannmechanismus über Membranzylinder, automatischen Gestängesteller, Bremswelle und S-Nokken.

Bremsenkennwert in Abhängigkeit vom Reibwert und von der Ausgangsgeschwindigkeit.
1 Duo-Servo-Trommelbremse, 2 Duo-Duplex-Trommelbremse, 3 Simplex-Trommelbremse, 4 Scheibenbremse.

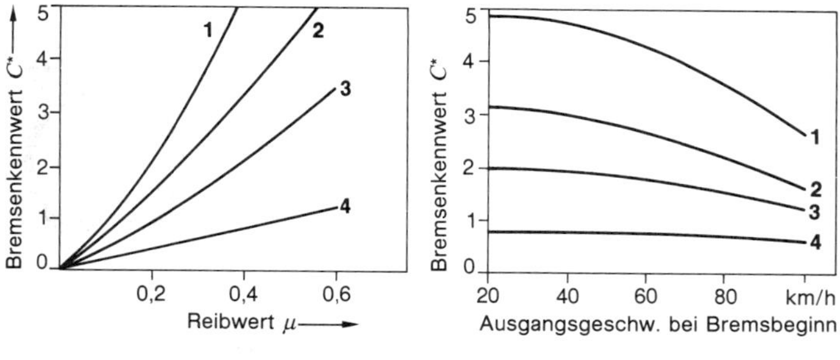

Nachteile: Hohe innere Kräfte und damit relativ schwer bauend, weil ungleiche Nockenkräfte und damit hohe freie Lagerkräfte auftreten. Relativ niedriger Kennwert, was entsprechend viel Zuspannarbeit beim Bremsen bedeutet. Bedingt durch die näherungsweise gleichen Zuspannwege für Ablauf- und Auflaufbacke verhalten sich die Zuspannkräfte umgekehrt wie die Kennwerte der Einzelbacken. Im allgemeinen liegt der Kennwert dieser Bremse bei gleichem Reibbeiwert etwas niedriger im Vergleich zu den vorgenannten Simplex-Bremsen.

Duo-Duplex-Trommelbremsen

Die Duo-Duplex-Bremse (z. B. mit Spreizkeilansteuerung) besitzt zwei auflaufende Backen. Die Anwendung erfolgt bei mittelschweren und schweren Lkw.

Merkmale dieser Bremse sind die schwimmende Zuspannung und die damit notwendige Gleitbackenabstützung. Der Nachstellmechanismus ist in die Spreizkeileinheiten integriert. Vorteilhaft ist der nahezu gleiche Bremsbelagverschleiß an beiden Backen und die höhere innere Übersetzung im Vergleich zu Simplex-Bremsen. Mit zwei Auflaufbacken werden Kennwerte von $C^* \approx 3{,}0$ erzielt, die allerdings aufgrund der Fadingempfindlichkeit dieser Bremse nicht über längere Zeit konstant gehalten werden können.

Duo-Servo-Trommelbremsen

Duo-Servo-Bremsen haben in leichten Nutzfahrzeugen (insbesondere an den Hinterachsen) weite Verbreitung gefunden. Wesentliches Merkmal ist, daß sowohl bei Vorwärts- als auch bei Rückwärtsfahrt die Abstützkraft der Primärbacke als Spannkraft für die Sekundärbacke benutzt wird. Der Kennwert liegt bei $C^* \approx 5{,}0$.

Grund für die weite Verbreitung der Duo-Servo-Bremse ist die Möglichkeit, daß infolge der hohen Kennwerte auch verhältnismäßig schwere Transporter und leichte Lkw bis ca. 7,5 t noch mit einer Unterdruck-Hilfskraft-Bremsanlage betrieben werden können. Gleichzeitig erreicht die integrierte Feststellbremse bei Betätigung durch Muskelkraft noch beträchtliche Bremsmomente. Allerdings treten starke Kennwertschwankungen auf, was die Möglichkeiten für ihren Einsatz wesentlich beeinträchtigt und eine gut abgestimmte Bremskraftverteilung für das jeweilige Fahrzeug erfordert.

Scheibenbremsen

Die bei Pkw allgemein gebräuchlichen Scheibenbremsen beginnen sich langsam auch auf dem Nutzfahrzeugsektor durchzusetzen. Abgesehen vom Einsatz in schnellen Reisebussen handelt es sich derzeit allerdings noch überwiegend um Vorderachsbremsen für

Simplex-Trommelbremsen

Bauform	Drehbacke	Spreizkeil	S-Nocken
Prinzipdarstellung	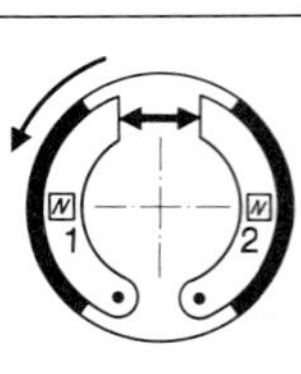	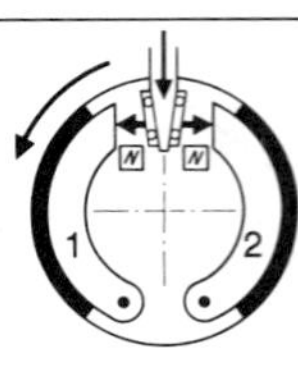	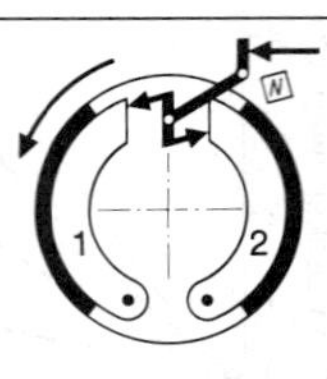
Kennwert	$C^* = C_1 + C_2$		$C^* = 4/(1/C_1 + 1/C_2)$
Bremsbacken	1 Auflaufbacke, 2 Ablaufbacke		

Simplex-Trommelbremse mit S-Nocken.
1 Membranzylinder, 2 S-Nocken, 3 Bremsbacken, 4 Rückholfedern, 5 Bremstrommel.

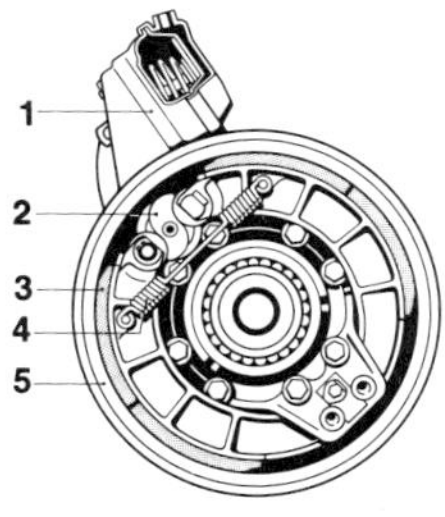

Schwere Nfz-Scheibenbremse (Faustsattel).
1 Sattel, 2 Kolben, 3 Bremsbeläge, 4 innenbelüftete Bremsscheibe.

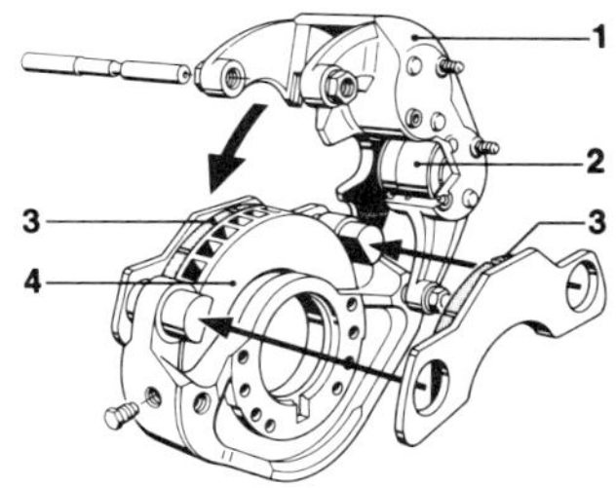

Nutzfahrzeuge bis ca. 7,5 t, die Pkw-ähnlich gefahren werden.

Vorteile gegenüber Trommelbremse: Gute Stufbarkeit der Bremswirkung; bei richtiger Dimensionierung der Wärmebelastung gleicher Verschleiß der Pads an Scheibeninnen- und -außenseite; geringere Neigung zu Bremsgeräuschen; relativ konstantes Kennwertverhalten bei geringer Fadingneigung.

Nachteile: Derzeit noch geringe Belagstandzeiten bei schweren Nfz und die gegenüber Trommelbremsen meist höheren Anschaffungs- und Betriebskosten. Die bei hohen Geschwindigkeiten auf Autobahnen erforderlichen Anpassungsbremsungen werden von Scheibenbremsen in der Regel besser, mit weniger Fading und geringerer Rißbildungstendenz der Scheibe im Vergleich zur Trommel bewältigt. Der Bremskennwert liegt bei $C^* \approx 0{,}75$.

Anstelle der bisher meist verwendeten Festsattel-Scheibenbremsen kommen in immer größerem Maße Schwimmsattel-Scheibenbremsen zum Einsatz. Maßgebend dafür sind die Bestrebungen, leichter und billiger zu bauen und die thermische Standfestigkeit zu steigern. Der Sattel bleibt bremsmomentfrei, was sich positiv bei der Stufbarkeit und Konstanz der Bremswirkung bemerkbar macht.

Duo-Trommelbremsen und Scheibenbremse

Bauform	**Duo-Duplex** Spreizkeil	**Duo-Servo** Zwangsgeführte Nachstellung	**Scheibenbremse**
Prinzipdarstellung	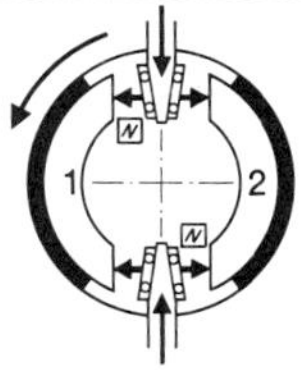	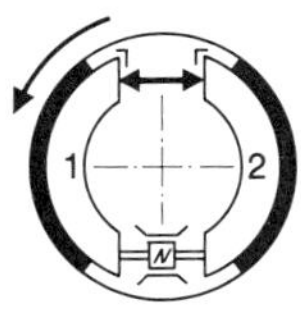	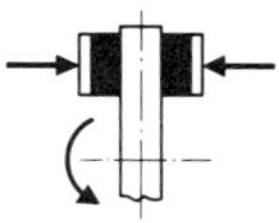
Kennwert	$C^* = C_1 + C_2$	$C^* = C_1 + C_2(k_1 + k_2 \cdot C_1)$	$C^* = 2 \cdot \mu$
Bremsbacken	1 Auflaufbacke, 2 Auflaufbacke		–

Räder

Moderne Fahrzeugräder bestehen im allgemeinen aus Felge und Radschüssel bzw. der Radscheibe. Die Felge dient zur Aufnahme des Reifens, die Radschüssel verbindet die Felge mit der Radnabe. Die Radgröße wird in erster Linie durch die Tragfähigkeit des Reifens bestimmt. Die wichtigsten Begriffe sind: Felgenmaulweite, Felgendurchmesser, Mittenloch, Lochkreisdurchmesser, Anzahl der Befestigungslöcher, Versenk- und Bolzenausführung, Einpreßtiefe der Schüssel.

Felgenausführungen
Sie unterscheiden sich (abhängig von der Reifenart) durch Ein- oder Mehrteiligkeit und Felgenquerschnittsform. Die wichtigsten Einzelheiten der Felge sind: Felgenhorn, Felgenschulter und Felgenbett. Felgen-Querschnittsformen:
– Tiefbettfelgen,
– Flachbettfelgen,
– Schrägschulterfelgen und
– Steilschulterfelgen.

Radbefestigung
Sie hat zwei Aufgaben zu erfüllen: Zentrierung des Rades zur Erzielung eines akzeptablen Rundlaufs sowie Übertragung der Radkräfte auf die Radnabe, was auf die Dauerfestigkeit des Radanlagebereiches Auswirkungen hat.

Räder für Pkw

Als Werkstoffe finden Stahlblech für Massenräder sowie Aluminium und (seltener) Magnesium hauptsächlich für Sonderausstattungs- und Nachrüstungsräder in Schmiede- und Gußversion Anwendung. Aluminiumblech hat sich, trotz vereinzelter Anwendung, aus Kostengründen nicht durchsetzen können. Kunststoff befindet sich besonders wegen ungenügender Warmfestigkeit, problematischer Radbefestigung und Radfertigung noch im Entwicklungsstadium.

Radschüssel und Felge sind bei Blech-Rädern verschweißt, bei Leichtmetallschmiede- und -gußrädern in der Regel einteilig. Teilbare Ausführungen, auch in unterschiedlichen Werkstoffen,

Scheibenrad (z. B. 6 J × 14 H 2).
1 Felgenhorn (z. B. Form J), 2 Schrägschulter, 3 Hump (z. B. Doppelhump H 2), 4 Felge, 5 Tiefbett, 6 Belüftungsloch, 7 Radschüssel, D Felgendurchmesser (z. B. 14″) L Lochkreisdurchmesser, M Felgenmaulweite (z. B. 6″), N Mittenloch, ET Einpreßtiefe.

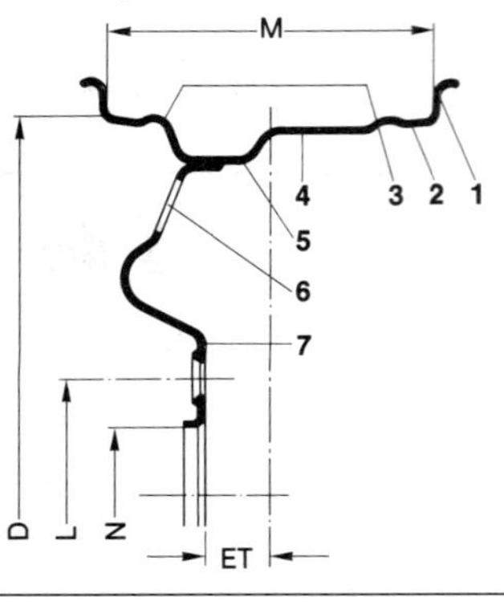

Felgensysteme.
1 Horn, 2 Schrägschulter, 3 Hump, 4 Tiefbett, 5 Steilschulter, M Maulweite, D Durchmesser.

Pkw-Humpfelge nach DIN 7817

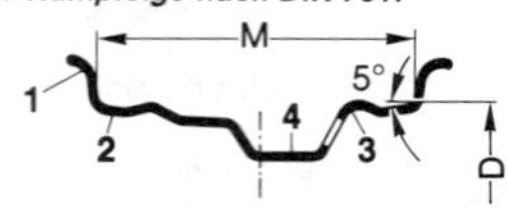

Lkw-Steilschulterfelge (schlauchlos) nach DIN 78 022

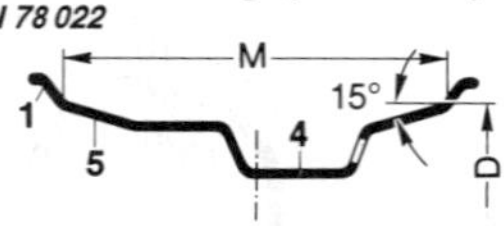

Lkw-Schrägschulterfelge nach DIN 7820

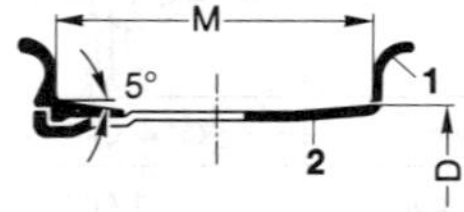

z. B. Magnesiumschüssel und Aluminiumfelge, gibt es nur in Sonderfällen und bei Rennfahrzeugen. Pkw-Felgen werden fast ausschließlich als Tiefbettfelgen mit Doppelhump H2 (selten mit Flathump FH), Schrägschulter und Felgenhornform J gebaut. An kleineren Fahrzeugen ist häufig die niedrigere Hornform B zu finden, die höhere Hornform JK und K wird nur noch selten und nur bei höheren Fahrzeuggewichten verwendet.

Neuere Felgenentwicklungen, die begrenzt Serienanwendung gefunden haben, sind von MICHELIN die TR-Felge (in metrischer Bezeichnung) mit angepaßten TRX-Reifen, die mehr Bremsenraum zulassen, sowie von DUNLOP Felgen mit Denloc-Rille, die ebenfalls angepaßte Reifen benötigen und mit diesen zusammen sicherere Fahreigenschaften bei Luftverlust haben. Beide Rad-Reifen-Systeme sind im TD-System (TRX-Denloc) vereinigt. Allen drei ist, abweichend von der bisherigen Praxis, gemeinsam, daß Felge und Reifen mit jeweils anderen Ausführungen nicht oder nur sehr eingeschränkt kombinierbar sind.

Bei einer vollkommen neuen Entwicklung greift der Reifen um die Felge herum (CONTINENTAL). Dieses Konzept verändert die Zuordnung einiger Gebrauchseigenschaften zueinander und erlaubt bei luftleeren Reifen eine Weiterfahrt mit eingeschränkter Höchstgeschwindigkeit über mehrere hundert Kilometer. Hierbei könnte ein Reserverad entfallen.

Aus Gründen der Platzersparnis und – sehr eingeschränkt – der Gewichtsverminderung, wird, ausgehend von den USA, in Europa verstärkt ein Notrad als Ersatzrad eingeführt. Das Notrad ist mit einem angepaßten Reifen geringer Leistungsfähigkeit ausgerüstet. Seine Nutzanwendung wird unterschiedlich beurteilt.

Auslegungskriterien für Pkw-Räder sind u. a. hohe Bauteilfestigkeit, gute Bremsenkühlung, zuverlässige Radbefestigung, geringe Rundlauffehler, wenig Platzbedarf, guter Korrosionsschutz, niedriges Gewicht, geringe Kosten, problemfreie Reifenmontage, guter Reifensitz, guter Wuchtgewichtsitz und ansprechende Stilistik (besonders bei Leichtmetallrädern). In jüngster Zeit kommen vermehrt Anforderungen bezüglich Beeinflussung des Fahrzeug-c_W-Wertes hinzu.

Die Radbefestigung am Fahrzeug erfolgt üblicherweise durch drei bis fünf Radschrauben oder -muttern, deren Anlagebund in Abstimmung mit dem Rad speziell ausgebildet ist. Eine Zentralbefestigung als Rudge-Nabe oder mit Mitnehmerbolzen wird nur noch bei Rennfahrzeugen verwendet.

Radblenden werden aus Gründen der Stilistik, der c_W-Wert-Verbesserung, der Rad- und/oder Bremsenkühlung an die Räder geclipst oder, seltener, geschraubt. Werkstoffe sind traditionell Stahl und Aluminium. Seit einiger Zeit treten wegen Gewichts- und Kosteneinsparung verschiedene Kunststoffe stark in den Vordergrund.

Räder für Nfz

Hauptanforderungen an eine moderne Nfz-Radkonzeption sind:

– hohe Dauerfestigkeit und Lebensdauer, um ein Höchstmaß an Verkehrssicherheit zu gewährleisten,

– geringstmögliches Radgewicht, da das Rad als ungefederte, rotierende Masse das Schwingungssystem „Fahrzeug" beeinflußt,

– hohe Tragfähigkeit durch zweckmäßige Radformgestaltung und Einsatz optimaler Werkstoffe,

– Verringerung der Scheibenunebenheiten,

– Reduzierung des Höhen- und Seitenschlages sowie der Radunwuchten und

– einfache Montage beim Fahrzeug-Hersteller und im praktischen Einsatz.

Steilschulter-Felge

Eine moderne technische Konstruktion ist die einteilige 15°-Steilschulter-Felge für schlauchlose Nutzfahrzeugreifen.

Vorteile:

– Einteiliges Rad ermöglicht Reduzierung des Radgewichts bis zu 10 % gegenüber der zweiteiligen Felge sowie besseren Rund- und Planlauf,

– Vergrößerung des Felgendurchmessers,
– Freiräume ausreichend,
– einheitliches Ventil mit exakter Lage und ausreichendem Freigang zur Bremstrommel,
– einheitliche Auswuchtgewichtsformen,
– Einführung der Mittenzentrierung und
– Einsatz von voll- oder halbautomatischen Montagemaschinen möglich.

Höhen- und Seitenschlag, Unwuchten
Der Höhenschlag des Rades ist eine der Hauptursachen für Schwingungsanregungen am Fahrzeug. Die Reduzierung der zulässigen Rundlaufabweichung für die heute gebräuchlichen Steilschulterfelgen auf 1,25 mm (Spitze/Spitze-Werte) bringt eine deutliche Verbesserung gegenüber den Flachbettfelgen. Der Seitenschlag spielt gegenüber dem Höhenschlag eine untergeordnete Rolle. Die Radunwuchten sind gegenüber den größeren Reifenunwuchten unproblematisch. Die zulässigen statischen Unwuchten sind auf max. 2000 cmg begrenzt.

Radzentrierung
Die Bolzenzentrierung über Kugelsprengringe bzw. allein über Kugelbundschrauben wurde wegen zu großer Rundlaufabweichungen durch die Mittenzentrierung abgelöst, die je nach Radgröße unterschiedlich große Maximal- und Minimalspiele zuläßt. Das erfordert eine Festlegung möglichst enger Toleranzen.

Planität der Anlagefläche
Die Ungleichförmigkeiten der Radanlagefläche (Welligkeit, Neigung, Schirmung usw.) übertragen sich beim Anziehen der Radmutter auf die Bremstrommel, wodurch Bremskraftschwankungen über der Radumdrehung verursacht werden, die wiederum Schwingungen im Lenkungssystem erzeugen. Zulässige Grenzwerte für die Welligkeit von max. 0,15 mm und für die Neigung von max. 0,2 mm nach außen wurden durch Fahrversuche ermittelt.

Trilex-Radsystem
Das Trilex-Radsystem mit Stahlguß-„Speichenrädern" besteht aus Felge und Radstern. Die abnehmbaren Felgen werden mit dem Radstern durch Klemmteile und Schrauben verspannt. Die Felge ist aus Gründen der einfacheren Montage bzw. Demontage für Schlauchreifen dreiteilig mit Querteilung. Bei schlauchloser Bereifung kann auf gleichem Radstern die sogenannte Tublex-Felge montiert werden.

Eine neue Entwicklung ist das einteilig gegossene MONOLEX-Steilschulter-Rad, das gegenüber gewichtsoptimierten Stahlrädern gewichtsneutral ist.

Leichtmetall-Räder
Ein Grund für die Verwendung von Leichtmetall-Rädern ist die Gewichts-Reduzierung bei Steilschulter-Rädern. Es gibt gegossene und geschmiedete Räder. Trotz Gewichtsreduzierung und ausreichenden Festigkeitseigenschaften wird bei Nfz der Einsatz von Leichtmetall-Rädern aus Preisgründen auf Sonderfälle beschränkt bleiben.

Beanspruchung von Nfz-Rädern
Vorspannung
Entsteht durch Überlagerung der bei der Montage aufgetretenen Spannungen mit den durch das Aufpumpen des Reifens hervorgerufenen Spannungen.

Statische Rad-Nennspannung
Rollt das Rad unter der statischen Rad-Nennlast langsam auf völlig ebener Fahrbahn ab, dann ändert sich die Spannung in der betrachteten Radpartie periodisch mit der Radumdrehung.

Dynamische Zusatzspannungen
Diese im Verlauf ähnlichen Zusatzspannungen werden durch dynamische Radkräfte, die bei Geradeausfahrt durch Überfahren von Straßenunebenheiten entstehen und quasistatische Radkräfte, die bei Fahrzeugmanövern wie Kurvenfahrt, Lenken im Stand, Bremsen und Antreiben erzeugt.

Das resultierende Spannungs-Gesamtkollektiv aus den vorgenannten Rad-Beanspruchungen wird heute als zentraler Maßstab und Ausgangs-Grundlage für die Dimensionierung und Prüfung von Rädern zugrundegelegt.

Signifikante Schwachstellen
Hochbeanspruchte und damit rißgefährdete Partien des Rades sind der Schüsselflansch oder -spiegel, die Lüftungslöcher, die Schweißverbindung Schüssel/Felge und der Felgentiefbettradius. Besonders gefährdet ist die Flanschbefestigung.

Mittenzentrierte Räder reißen dabei vorwiegend tangential oberhalb des Lochkreises. Bei Bolzenzentrierung gehen die Anrisse vorwiegend radial von den Bolzenlöchern aus.

Monolex-Rad mit Einpreßtiefe (links) und ohne Einpreßtiefe (rechts).

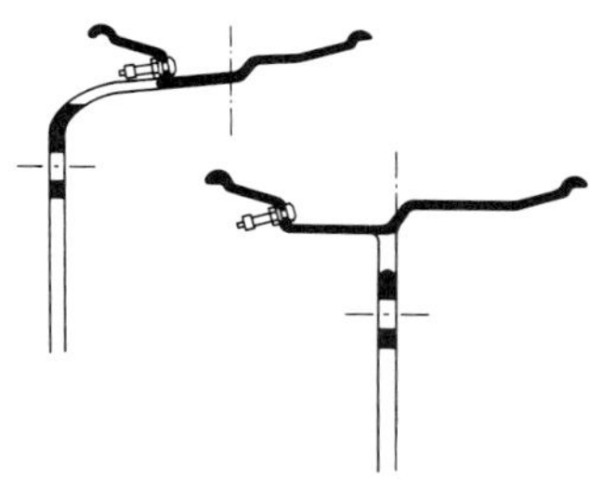

Radbeanspruchungsarten und Spannungsverteilungen.

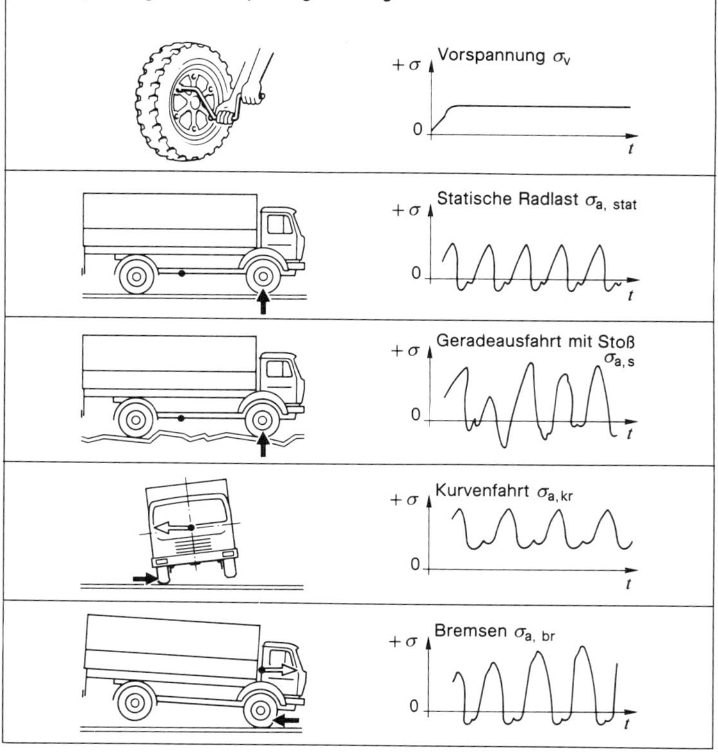

Reifen

Reifengruppen

Die Reifengruppen decken die Anforderungen für unterschiedliche Fahrzeugarten und -größen sowie Einsatzbedingungen ab. Hauptdaten für Reifen-Abmessungen, Tragfähigkeiten und erforderliche Luftdrücke sowie zulässige Geschwindigkeiten sind genormt (Tabelle 1), um die Austauschbarkeit sicherzustellen. Neben den Luftreifen sind auch Vollreifen bis zu max. 25 km/h (ungefederte Treibräder bis zu 16 km/h) zugelassen.

Die Hauptunterscheidung nach den fahrbahnbedingten Einsatzbedingungen wird bei den Reifengruppen 2 bis 4 getroffen nach

- „Standard"-Straßen-(Sommer-)Reifen und
- „Spezial"-Traktions-(M+S- und Gelände-)Reifen, wobei unter Spezial-Reifen sowohl Reifen für Straße und Gelände als auch reine Geländereifen fallen, die nicht für den Straßenverkehr bestimmt sind.

Grundsätzlich gilt für alle Reifengruppen dasselbe Schema der Anforderungen an die Gebrauchseigenschaften (Tabelle 2), wobei beim Übergang zu schwereren Fahrzeugen der Schwerpunkt mehr auf den letzten drei Positionen liegt (insbesondere Nr. 6).

Reifenbauart

Zunehmend wird die Radial- bzw. Gürtelbauweise angewandt, die die Diagonalbauweise, z. B. in den Reifengruppen 2 bis 4, schon weitgehend abgelöst hat.

Die ursprünglich allein verwendete Diagonalbauweise erhielt ihren Namen von den „diagonal" (bias) zur Lauffläche verlaufenden Kordfäden der Karkaßlagen, welche sich kreuzen (cross ply). Bei diesem einfachen Reifenaufbau ist eine ausreichende Einzeloptimierung der heute insbesondere von Pkw- und Nfz-Reifen geforderten viel-

[1]) Die entsprechende europäische Normunterlage ist das „Datenbuch für Reifen und Felgen" der ETRTO (European Tyre and Rim Technical Organization, Brüssel).
[2]) Leitlinie des Wirtschaftsverbandes der deutschen Kautschukindustrie, Frankfurt.

Tabelle 1. Reifengruppen und zugehörige Normen.

Nr.	Reifenanwendung	Deutsche Normen (Auswahl)[1]) DIN	WdK[2])
1	**Krafträder:** Motorrad, Motorroller, Kleinkraftrad, Moped	7801, 7802, 7810	119
2	**Personenkraftwagen** einschließlich Kombi und spezieller Reserveräder	7803	128, 203
3	**Leichte Nutzfahrzeuge** einschließlich Transporter	7804	132, 133
4	**Nutzfahrzeuge** einschließlich Mehrzweckfahrzeuge	7805, 7793	134, 135, 142, 143, 144, 153
5	**Erdbewegungsmaschinen** Transportfahrzeuge, Lader, Grader	7798, 7799	145, 146
6	**Flurförderzeuge** einschließlich Vollreifen	7811, 7845	171
7	**Landwirtschaft** Schlepper, Arbeitsmaschinen, Geräte, Anhänger	7807, 7808, 7813	156, 161

Beispiel für Diagonal- und Radialbauweise (schlauchlose Ausführung).
1 Felgenschulter, 2 Hump, 3 Felgenhorn, 4 Karkasse, 5 luftdichte Gummischicht, 6 Gürtel, 7 Lauffläche, 8 Scheuerleiste, 9 Seitengummi, 10 Wulst, 11 Wulstkern, 12 Ventil.

Motorrad-Diagonalreifen
Karkasse: drei gekreuzte Lagen Rayoncord.

Pkw-Radialreifen
***Karkasse:** zwei radial verlaufende Lagen Rayoncord.*
***Gürtel:** zwei gekreuzte Lagen Stahlcord und zwei umlaufende Lagen Nyloncord.*

Nfz-Radialreifen
***Karkasse:** eine radial verlaufende Lage Stahlcord.*
***Gürtel:** vier gekreuzte Lagen Stahlcord.*

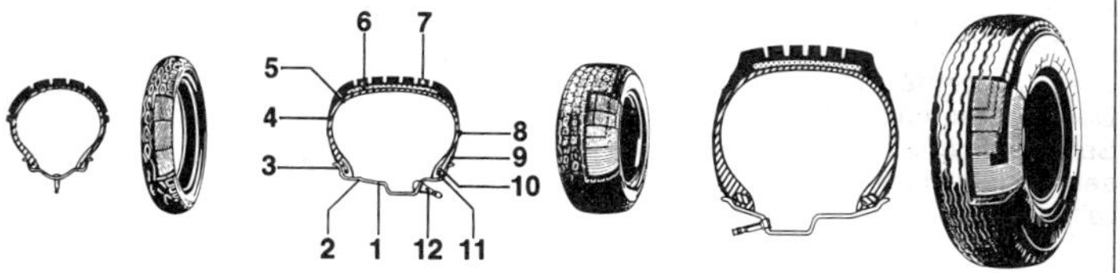

fältigeren Gebrauchseigenschaften nicht gegeben. Diese leistet die aufwendigere aus zwei Hauptbaugruppen bestehende Radialbauweise, welche ihren Namen ebenfalls von der Richtung der Korkfäden der Karkaßlage(n) erhielt: Sie verlaufen auf kürzestem Wege „radial" von Wulst zu Wulst. Ein stabilisierender Gürtel (belt) umschließt die relativ dünne, elastische Karkasse. Bei dem hauptsächlich in den USA verwendeten Kompromiß der „Bias-Belted-Bauweise" ist über eine Diagonalkarkasse zusätzlich noch ein Gürtel gelegt. Die Gebrauchseigenschaften erreichen das Radialreifenniveau jedoch bei weitem nicht.

Der schlauchlose Reifen setzt sich auch bei Nfz-Reifen immer mehr durch, soweit die Felgen einteilig und luftdicht sind bzw. mehrteilige Felgen verfügbar sind, die die notwendigen elastischen Felgen-Dichtringe aufnehmen können. Schlauchlose Reifen besitzen eine einvulkanisierte luftdichte Innenschicht anstelle des Schlauches. Der Wulst der schlauchlosen Reifen muß mit größerer Vorspannung auf der Felge sitzen, um dort die Dichtheit zu bewirken. Zum Teil werden zusätzlich besondere Wulstdichtringe aus Elastomeren benutzt. Durch den Wegfall des Schlauches ergeben sich Gewichts- und Montagevorteile.

Tabelle 2. Anforderungen an Gebrauchseigenschaften.

Nr.	Hauptkriterien	Unterkriterien
1	Fahrkomfort	Federungskomfort, Geräuschkomfort, Laufruhe (rundlaufbedingt)
2	Lenkverhalten	Lenkkraft, Lenkpräzision[3])
3	Fahrstabilität	Geradeausstabilität[3]), Kurvenstabilität[3])
4	Fahrsicherheit	Reifensitz auf der Felge, Kraftschluß[3])
5	Haltbarkeit	Strukturelle Dauerhaltbarkeit, Geschwindigkeitstüchtigkeit, Platzdruck, Durchschlagsfestigkeit
6	Wirtschaftlichkeit	Lebenserwartung (km-Leistung), Abnutzungsbild, Seitenwandabrieb, Rollwiderstand, Runderneuerungsfähigkeit

[3]) Hauptkriterien für winterliche Fahrbahnen.

Felgendurchmesser, Felgengestaltung

Bei den Reifengruppen 3 und 4 haben sich z. B. die ungeteilten Steilschulterfelgen (für Schlauchlosreifen) gegenüber den geteilten Schrägschulterfelgen durchgesetzt. Sie sind an ihrem Durchmessercode (Einheit = 25,4 mm) mit Endzahl 0,5 zu erkennen wie bei 17,5, 19,5 und 22,5. Wichtige Codes für Schrägschulterfelgen sind 16 und 20. Für Pkw-Reifen gibt es neben den üblichen Tiefbettfelgen mit ganzzahligem Durchmessercode 10, 12, 13 usw. auch Sonderkonstruktionen mit Durchmesserbezeichnungen in mm (für Sonderreifen).

Querschnittsverhältnis H/B

H/B-Verhältnis = $(H/B) \cdot 100$
H Höhe des Reifenquerschnitts,
B Breite des Reifenquerschnitts.

Zur Zeit liegen für Pkw-Reifen die allgemein üblichen Werte für die relative Querschnittshöhe zwischen 80 und 60, für Nfz zwischen 100 und 70.

Die Tendenz geht bei Pkw-Reifen zu niedrigeren H/B-Werten, weil bei diesen die Kurvenstabilität besser ist. Wegen der Austauschbarkeit werden unterschiedliche Querschnittsverhältnisse bei gleichem Außendurchmesser ausgeführt. Bei gleichem Durchmesser sind Reifen mit niedrigeren H/B-Werten auf gleichem Felgendurchmesser breiter, haben eine größere Aufstandsfläche und sind insbesondere auch optisch wirkungsvoller. Bei Reifen mit niedrigem H/B-Wert kann bei gleicher Breite eine Felge größeren Durchmessers verwendet werden, was mehr Platz für die Radbremse schafft.

Ein schlauchloser Nfz-Reifen mit niedrigerem H/B-Wert war Voraussetzung für die Einführung von einteiligen Steilschulter-Tiefbettfelgen, denn eine Verringerung des Bettdurchmessers war wegen der unverändert erforderlichen Bremstrommeldurchmesser nicht möglich. Werden möglichst kleine Reifendurchmesser gefordert, um große Nutzhöhen, z. B. für den Containertransport, zu erzielen, bietet sich ebenfalls nur die größere Breite, d. h. ein niedriger H/B-Wert, an.

Reifenkennzeichnung

Die Reifenkennzeichnung an der Seitenwand des Reifens (s. Tabelle 4) erfolgt nach den Normen unter Berücksichtigung der in einigen europäischen Ländern gesetzlich vorgeschriebenen ECE-Regelungen Nr. 30 für Pkw-Reifen (ausgenommen V-Reifen: Geschwindigkeiten über 210 km/h) und Nr. 54 für Nutzfahrzeugreifen (Geschwindigkeit 80 km/h und darüber) sowie dem Entwurf einer ECE-Regelung für Reifen an motorisierten Zweirädern (Fahrzeuge über 40 km/h oder Motor über 50 cm^3. Ausgenommen sind die V-Reifen wie bei Pkw).

Nach ECE geprüfte Reifen sind an einem in Wulstnähe eingeheizten großen E plus der Kennzahl der genehmigenden Behörde in einem Kreis zu erkennen, denen eine Freigabe-Nr. folgt.

Beispiel: (E4) 020 427.

Die Reifengröße enthält mindestens die Reifenbreite, dann die Reifenbauweise (R = Radial; „–" = Diagonal; B = Bias Belted) sowie abschließend den Felgendurchmesser. Auch der Reifendurchmesser ist bei Flurförderzeugreifen gebräuchlich. Insbesondere bei den Reifengruppen Kraftrad, Pkw und Nfz kann an die Breite nach einem schrägen Strich das H/B-Verhältnis in % angehängt sein. Bei den drei Gruppen wird dies nach den ECE-Regelungen für alle neu hinzukommenden Reifen gefordert. Bei Kraftrad- und Pkw-Reifen kann anschließend an das H/B-Verhältnis bzw. die Reifenbreite noch ein Geschwindigkeitskennbuchstabe folgen, der jedoch für die ECE-gerechte Kennzeichnung nicht benötigt wird. Bei Diagonalreifen tritt er an die Stelle des waagerechten Striches.

Bei V-Reifen muß der Buchstabe immer in der Reifengröße ausgewiesen werden.

Die der Reifengröße nachgestellte PR-Zahl (Ply Rating) ist heute ein Code für die Tragfähigkeit unterschiedlicher Ausführungen einer Reifengröße. Sie entsprach früher der Anzahl der Karkaßlagen.

Die ebenfalls nachgestellte Betriebskennung aus Last-Index (LI) und Geschwindigkeitssymbol (GSY) ersetzt nach den ECE-Regelungen die PR-Zahl bzw. den Geschwindigkeitskennbuchstaben in der Reifengröße (ausgenommen V-Reifen). Den Codes der Betriebskennung sind feste Werte zugeordnet (Tabelle 3).
Für Pkw-Reifen gilt:
Nenngeschwindigkeit = Höchstgeschwindigkeit. Bei bauartbedingter Fahrzeughöchstgeschwindigkeit von 60 km/h und darunter können erhöhte Tragfähigkeiten ausgenutzt werden.

Für Motorrollerreifen sowie für Nutzfahrzeugreifen dürfen in den meisten Fällen die Nenngeschwindigkeiten bei gleichzeitiger entsprechender Verringerung der Tragfähigkeit überschritten werden. Unterhalb der Nenn-(Referenz-) Geschwindigkeit kann für beide Reifengruppen nahezu im ganzen Geschwindigkeitsbereich eine erhöhte Tragfähigkeit genutzt werden, wenn das Fahrzeug bauartbedingt langsamer läuft. Erhöhte Tragfähigkeiten werden ferner zugelassen für Reifen an Pkw-Anhängern bis 100 km/h sowie an bestimmten Nutzfahrzeugen, welche im Nahverkehr eingesetzt sind.

Die der Reifengröße + PR-Angabe bzw. der Betriebskennung zuzuordnenden Reifenluftdrücke sind den Normen oder den Handbüchern der Reifenhersteller zu entnehmen (Tabelle 1). Das nachgestellte Geschwindigkeitssymbol gibt immer die tatsächliche Nenngeschwindigkeit an. Bei alleiniger Verwendung des Geschwindigkeitskennbuchstabens innerhalb der Pkw-Reifengröße werden noch folgende Zusatzkennzeichnungen durch Geschwindigkeitsabschläge wirksam:

„MS": −20 km/h }
„reinforced": −10 km/h } gemeinsam: −30 km/h

Für Pkw-Reifen auf Felgen unter 13 Zoll und für 16 Zoll gelten Sonderregelungen. Für spezielle Pkw-Reservereifen (raum- und gewichtsparend) ist an der Seitenwand ausgewiesen, daß sie nur für einen zeitlich und in der Höchstgeschwindigkeit begrenzten Einsatz vorgesehen sind.

M + S-Reifen für Pkw, Nfz- und Motorräder brauchen nicht der bauartbedingten Fahrzeughöchstgeschwindigkeit zu entsprechen, wenn im Sichtfeld des Fahrers durch einen Aufkleber die reifenbedingte niedrigere, zulässige Fahrgeschwindigkeit ausgewiesen ist. Folgende Reifengruppen können außerdem noch in Wulstnähe eingeheizte Angaben nach US-amerikanischen Sicherheitsgesetzen tragen, die auch für Kanada zutreffen und ebenfalls von Israel angewendet werden:

- Pkw-Reifen nach FMVSS 109,
- Kraftrad- und Nutzfahrzeugreifen nach FMVSS 119.

Die Angaben umfassen den Schriftzug „DOT" mit anschließendem Reifenidentifikationscode sowie weiteren Angaben im wesentlichen über die maximale(n) Tragfähigkeit(en) und den maximal zulässigen Fülldruck sowie die verwendeten Kordlagen für Karkasse und Gürtel.

Das Australische Sicherheitsgesetz ADR 23 A für Pkw-Reifen nutzt die von dem US-Gesetz 109 sowie ECE-R 30 verwendeten Kennzeichnungen.

Tabelle 3. Codes der Betriebskennung (Beispiele).
Last-Index

LI	50	51	88	89	112	113	145	149	157
kg	190	195	560	580	1120	1150	2900	3250	4125

Geschwindigkeitssymbol

GSY	F	G	J	K	L	M	N	P	Q	R	S	T	H
km/h	80	90	100	110	120	130	140	150	160	170	180	190	210

Tabelle 4. Beispiele für die Reifenkennzeichnung.

Reifengruppe	für Fahrzeug	Kennzeichnungsbeispiel Reifengröße[1][2]	PR[3]-Zahl	Betriebskennung [4] LI	[5] GSY	Beispiel enthält die Angaben für Reifen-Ø A	Reifen-Breite B	H/B %	Felgen-Ø d
Kr	Moped	2¼–16 Moped	–	–	–	–	Zoll	–	Zoll
	Kleinkraftrad	3–17 reinforced	–	51	J	–	Zoll	–	Zoll
	Motorrad	3.00–17 reinforced	–	50	P	–	Zoll	–	Zoll
		120/90 H 18	–	65	H	–	mm	90	Zoll
	Motorroller	3.50–10	–	51	J	–	Zoll	–	Zoll
Pkw		165 SR 14 M+S	–	84	Q	–	mm	–	Zoll
		165 SR 14 reinforced	–	88	R	–	mm	–	Zoll
		200/60 R 365	–	88	H	–	mm	60	mm
		205/60 VR 15	–	–	–	–	mm	60	Zoll
Nfz	Transporter	185 R 14 C	8 PR	102/100	M	–	mm	–	Zoll
	Leicht-Lkw	8 R 17.5 C	–	113/112	M	–	Zoll	–	Zoll
	Lkw	11/70 R 22.5	–	146/143	K	–	Zoll	70	Zoll
	Anhänger	14/80 R 20	–	157	K	–	Zoll	80	Zoll
	Bus	295/80 R 22.5	–	149/145	M	–	mm	80	Zoll
MPT	Mehrzw.-Fzg.	10.5 R 20 MPT	14 PR	134	G	–	Zoll	–	Zoll
EM	Transp.-Fzg.	18.00–25 EM	32 PR	–	–	–	Zoll	–	Zoll
	Lader	29.5–29 EM	28 PR	–	–	–	Zoll	–	Zoll
FFZ	Flurförderz.	6.50–10[6]	10 PR	–	–	–	Zoll	–	Zoll
	Lastkarren	21 × 4[6]	4 PR	–	–	Zoll	Zoll	–	–
	Flurförderz.	28 × 9–15[7]	14 PR	–	–	Zoll	Zoll	–	Zoll
		300 × 15[7]	18 PR	–	–	–	mm	–	Zoll
LW	Schlepper	20.8 R 32 AS	8 PR	–	–	–	Zoll	–	Zoll
		7.50–16 AS Front	6 PR	–	–	–	Zoll	–	Zoll
	Geräte	11.0/65–12 Impl.	6 PR	–	–	–	Zoll	65	Zoll

[1]) C = Leicht-Lkw-(Transporter-)Reifen (auch für extrem tragfähige Motorrollerreifen).
[2]) reinforced = Zusatzbezeichnung für verstärkte Zweirad- und Pkw-Reifen.
[3]) PR = Tragfähigkeitsklasse.
[4]) Tragfähigkeits-Code für Einzel-/Zwillingsreifen.
[5]) Geschwindigkeits-Code für Fahrzeug-Nenn-(Referenz-)Geschwindigkeit.
[6]) Luftreifen.
[7]) Vollreifen.

Reifenanwendung

Die Voraussetzung für einen erfolgreichen Einsatz ist die richtige Reifenauswahl nach den Empfehlungen des Reifenherstellers. Wird ein Fahrzeug rundum mit Reifen gleicher Bauart bereift (z. B. mit Radialreifen), so garantiert dies optimale Fahreigenschaften. Bei einer eventuellen zwischenzeitlichen Lagerung der Reifen, Schläuche und Wulstbänder können diese in starker Sonne schneller altern und rissig werden. Bewegte Luft fördert diesen Vorgang.

Besondere Gefahr besteht bei Schläuchen, wenn die Verpackung beschädigt ist. Ein Lagerraum soll daher möglichst kühl, trocken und dunkel sein. Öle und Fette sind zu meiden.

Besonders pfleglich muß bei der Reifen-Montage vorgegangen werden. Nur maßlich einwandfreie, rostfreie Felgen sind zu verwenden, die weder beschädigt noch stark verschlissen sind. Besonders kritisch ist ggfs. die lose Hornseite zu prüfen.

Für neue Reifen sind immer neue Schlauchlosventile bzw. Schläuche und Wulstbänder zu verwenden. Auch nach Reifenreparaturen ist besondere Vorsicht geboten: Schläuche „wachsen" im Betrieb und können bei erneuter Montage gefährliche Falten bilden. Daher sind im Zweifelsfall neue Schläuche zu verwenden.

Reifenprofil (s. Beispiele)
Bei Kraftrad- und Pkw-Reifen ist das Nachschneiden des Reifenprofils gesetzlich verboten. Bei anderen Reifengruppen muß der Hersteller zustimmen.

Bei achsweise unterschiedlich starkem Abrieb wird empfohlen, die Reifen gegeneinander auszutauschen. Wenn die Profiltiefe des Reifens gering geworden ist, dann steht auch entsprechend weniger Material für den Schutz des darunter liegenden Gürtels bzw. der Karkasse zur Verfügung. Dies ist vor harten, längerdauernden Einsätzen zu bedenken. Es kommen jedoch insbesondere bei Pkw und auch schnellen Nfz Aspekte des verminderten Kraftschlusses auf nasser Fahrbahn hinzu, denn der Bremsweg wächst mit abnehmender Profiltiefe überproportional. Für 100 km/h Ausgangsgeschwindigkeit ergeben sich z. B. für Pkw folgende Werte:

Profiltiefe in mm		8	4	3	2	1
Bremsweg	in m	70	82	87	97	118
	in %	100	117	124	139	169
Bremswegverlängerung pro mm Abrieb	in %	4	7	15	30	

Beispiele für Reifenprofile.
1 Pkw-Rundumbereifung, 2 Pkw-M + S-Rundumbereifung, 3 Nfz-Rundumbereifung, 4 Nfz-Traktionsprofil.

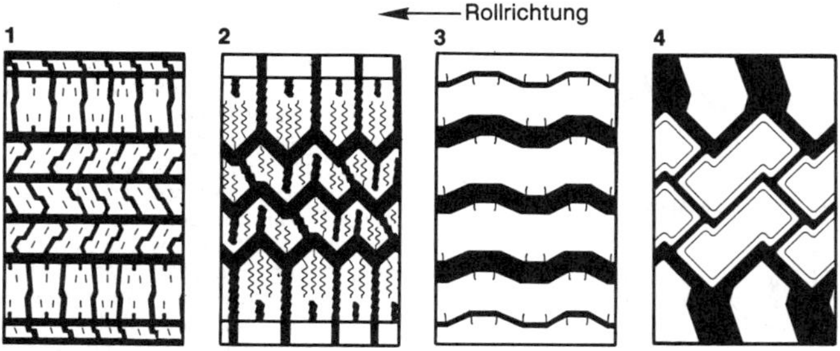

Lenkung

Die Lenkung setzt die vom Fahrer am Lenkrad aufgebrachte Drehbewegung in eine Drehbewegung der gelenkten Fahrzeugräder um.

Anforderungen an Lenkanlagen

Nach § 38 StVZO muß die Lenkanlage ein leichtes und sicheres Lenken des Fahrzeugs gewährleisten: Das Fahrzeug muß innerhalb 6 Sekunden in einen 12-m-Radius zu lenken sein. Übersteigt die Betätigungskraft am Lenkrad 250 N, so ist eine Hilfskraft erforderlich. Bei Ausfall dieser Hilfskraft dürfen 600 N nicht überschritten werden. Die Betätigungskraft muß von der Mitte bis zum Endanschlag harmonisch verlaufen und darf nicht abnehmen. Das Fahrzeug muß zielgenau, also ohne ungewöhnliche Lenkkorrekturen zu fahren sein. Spiel in den mechanischen Teilen ist unzulässig.

Sämtliche mechanischen Übertragungseinrichtungen müssen allen im Betrieb auftretenden Beanspruchungen gewachsen sein. Durch ungewöhnliche Fahrmanöver, wie Überfahren von Hindernissen, unfallähnliche Vorgänge usw. dürfen keine Risse und Brüche entstehen.

***Lenkung** (Schema).*
1 Lenkhebel, 2 Lenkschubstange, 3 Zwischenhebel, 4 Spurstange, 5 Lenkrad, 6 Lenkspindel, 7 Lenkgetriebe, 8 Lenkstockhebel.

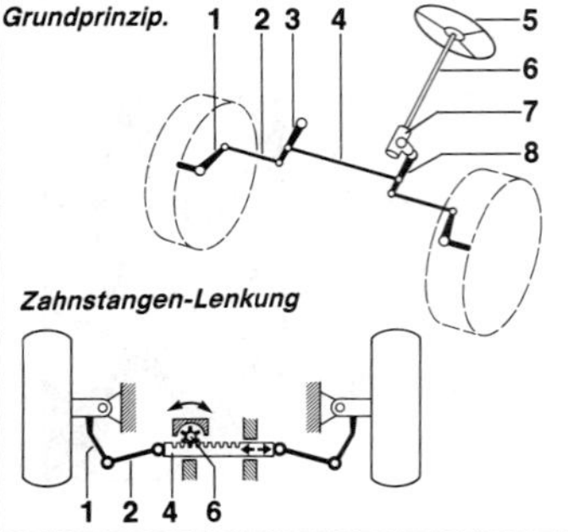

Lenkverhalten

Die Forderungen an das Lenkverhalten lassen sich wie folgt zusammenfassen:

1. Stöße aus Fahrbahnunregelmäßigkeiten müssen möglichst gedämpft zum Lenkrad weitergeleitet werden. Durch die Dämpfung darf der Fahrer nicht den Kontakt zur Straße verlieren.
2. Die Grundauslegung der Lenkkinematik muß die Ackermann-Bedingungen erfüllen: Die Verlängerungen der Radachsen vom linken und rechten Vorderrad schneiden sich bei Einschlag auf einer Verlängerung der Hinterachse.
3. Durch entsprechende Steifigkeit des Lenksystems (besonders bei Verwendung von gummielastischen Verbindungen) muß das Fahrzeug auf geringste Lenkkorrekturen reagieren.
4. Die Räder müssen sich bei losgelassenem Lenkrad von selbst in die Mittellage zurückstellen und in dieser stabil bleiben (Geradeauslauf).
5. Die Lenkung soll eine möglichst kleine Übersetzung (Anzahl der Lenkradumdrehungen von Anschlag zu Anschlag) haben, um eine gute Handlichkeit zu erreichen. Die dabei auftretenden Lenkkräfte werden nicht nur von der Übersetzung bestimmt, sondern auch von der Vorderachsbelastung, der Größe des Wendekreises, der Radaufhängung (Nachlauf, Spreizung, Lenkrollhalbmesser) und der Beschaffenheit des Reifenprofils.

Fahrverhalten

Bei Fahrbeurteilungen werden oft die Begriffe „Übersteuern", „Untersteuern" bzw. „Neutralsteuern" verwendet. Beim Übersteuern fährt das Fahrzeug einen kleineren Kurvenradius, als er dem Lenkeinschlag entspricht und beim Untersteuern einen größeren Kurvenradius. Dieses Eigenlenkverhalten ist eine Folge unterschiedlicher Anforderungen an den Schräglauf der Räder, die dann entstehen, wenn sich mit zunehmender Fliehkraft das Verhältnis Seitenkraft zu Radlast an Vorder- und Hinterachse unterschiedlich entwickelt. Üblicherweise wird ein neutrales Kurvenverhalten gefordert. Dies ermöglicht zwar die beste Ausnutzung der Seitenkräfte (d. h. größte Kurvengrenzgeschwindigkeiten), verringert aber den subjektiven Eindruck für die Fahrzeugstabilitätsgrenze. Außerdem ist das Ausbrechen des Fahrzeugs unkalkulierbar, da es sowohl vorne als auch hinten ausbrechen kann. Aus diesem Grunde streben die meisten Fahrzeughersteller ein leicht untersteuerndes Fahrverhalten an, da hier das Ausbrechen zu einem kalkulierbaren Geradeauskurs führt.

Bauformen der Lenkgetriebe

Ein Lenkgetriebe muß folgende Eigenschaften aufweisen:
— kein Spiel in Geradeausfahrtstellung,
— geringe Reibung, dadurch hoher Wirkungsgrad,
— hohe Steifigkeit,
— Nachstellbarkeit.
Aus diesen Gründen konnten sich bis heute nur drei Bauformen durchsetzen:

Zahnstangen-Lenkung

Die Zahnstangen-Lenkung besteht im wesentlichen aus Ritzel und Zahnstange. Die Übersetzung ist durch das Verhältnis der Ritzeldrehungen (= Lenkraddrehungen) zum Zahnstangenhub definiert. Durch entsprechende Verzahnung der Zahnstange läßt sich die Übersetzung über den Hub variabel gestalten. Diese Maßnahme reduziert die Betätigungskraft oder verringert die Wege bei Lenkkorrekturen.

Schneckenrollen-Lenkung

Das Zahnsegment der Lenkwelle, das in die Lenkschnecke (von der Lenkspindel angetrieben) eingreift, besteht zur Reibungsminderung aus einer wälzgelagerten Zahnrolle.

Kugelumlauf-Lenkung

Die Kräfte zwischen Lenkschnecke und Lenkmutter werden über eine reibungsarme endlose Kugelreihe übertragen. Die Lenkmutter wirkt über eine Verzahnung auf die Lenkwelle. Bei diesem Lenkgetriebe ist eine variable Übersetzung möglich.

Zahnstangen-Lenkung.
1 Ritzel, 2 Zahnstange.

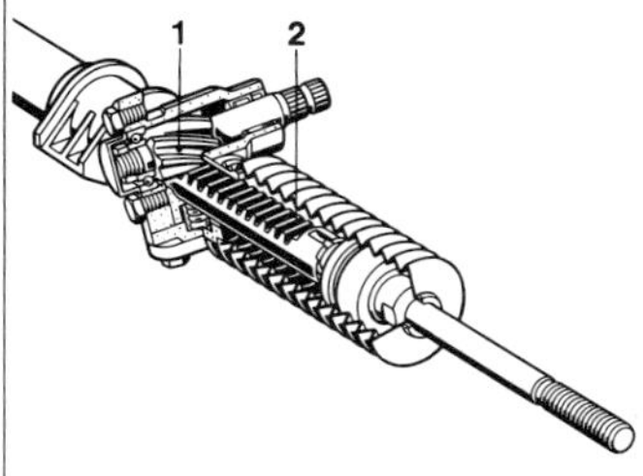

Schneckenrollen-Lenkung.
1 Zahnsegment, 2 Lenkschnecke.

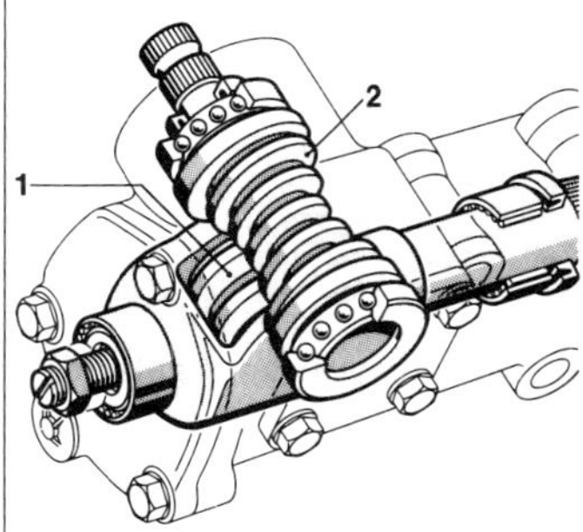

Kugelumlauf-Lenkung.
1 Lenkschnecke, 2 Kugelumlauf, 3 Lenkmutter, 4 Verzahnung.

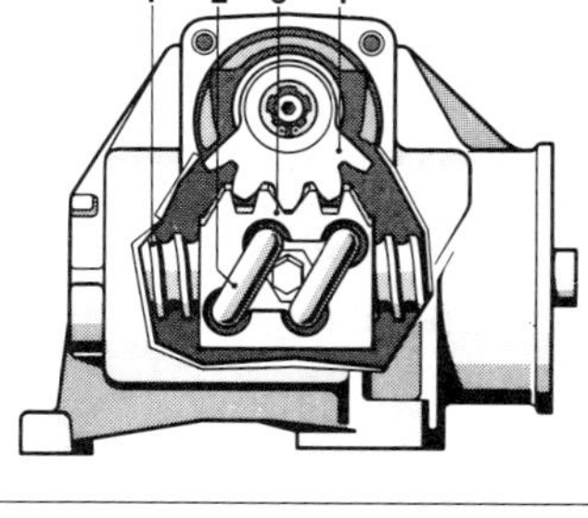

Lenkkinematik

Lenkkinematik und Achsbauart müssen so konzipiert sein, daß zwar Informationen über den Kraftschluß zwischen Rädern und Fahrbahn zum Fahrer gelangen, aber keine Kräfte aus der Federbewegung der Räder oder durch Antriebskräfte (bei Frontantrieb) auf das Lenkrad rückwirken (s. S. 481).

Die Spreizung bewirkt beim Einschlag ein Anheben des Wagenvorderteils, was zu einem einschlagabhängigen Rückstellmoment führt.

Die Vorspur (Nachspur) ist ein schon bei Geradeausfahrt vorhandener Schräglaufwinkel, der die Gestänge verspannt und bei Lenkeinschlägen einen schnellen Querkraftaufbau bewirkt.

Der Nachlauf erzeugt einen Hebelarm für Seitenkräfte: also ein geschwindigkeitsabhängiges Rückstellmoment.

Der Lenkrollhalbmesser bestimmt Rückwirkungen von Störkräften (ungleichmäßiges Bremsenziehen, Antriebskräfte im Zug-/Schubbetrieb bei Frontantrieb) auf das Lenksystem. Man strebt heute einen Lenkrollhalbmesser mit „Null" bis „leicht negativ" an.

Gliederung von Lenkanlagen

§ 38 StVZO unterscheidet drei Arten von Lenkanlagen:

– Muskelkraftlenkanlagen, bei denen die Lenkkraft ausschließlich vom Fahrer aufgebracht wird (siehe mechanische Lenkgetriebe auf S. 499).

– Fremdkraftlenkanlagen, bei denen die Lenkkraft ausschließlich von einer im Fahrzeug vorhandenen Energiequelle aufgebracht wird. Nicht für schnelllaufende Fahrzeuge geeignet.

– Hilfskraftlenkanlagen, bei denen die Lenkkraft von der Muskelkraft des Fahrers und von einer Energiequelle aufgebracht wird. Verwendung für schnellfahrende Fahrzeuge.

Hilfskraftlenkung

Energiequelle

Die Energiequelle besteht aus einer in der Regel vom Verbrennungsmotor angetriebenen Pumpe, einem Ölbehälter

Zahnstangen-Hydrolenkung.
1 Lenkzylinder, 2 Antriebsritzel, 3 Zahnstange, 4 Steuerventil, bestehend aus 5 Steuerkolben oben und 6 Steuerkolben unten, 7 Ölbehälter, 8 Ölpumpe, 9 Strombegrenzungsventil.

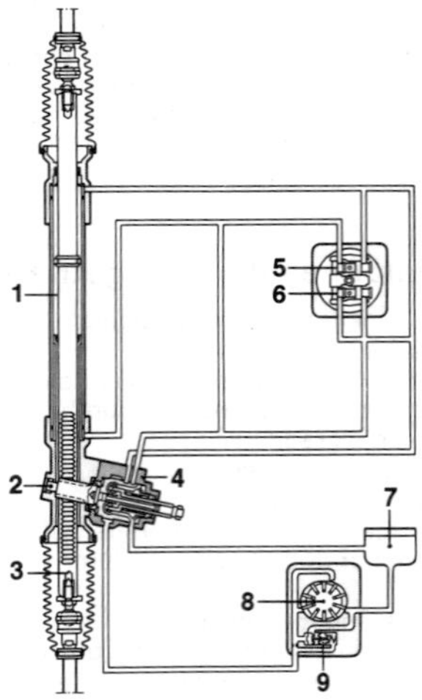

und entsprechenden Schlauch- und Rohrleitungen.

Die Pumpe – in der Regel eine Flügelzellenpumpe mit innerem Bypaß – muß so dimensioniert sein, daß sie bereits bei Motorleerlauf einen Ölstrom fördert, mit dem sich am Lenkrad eine Lenkwinkelgeschwindigkeit von mindestens 1,5 s^{-1} erreichen läßt.

Bei höheren Motordrehzahlen verhindert ein in die Pumpe integriertes Strombegrenzungsventil den weiteren Druckanstieg des Ölstroms. Das zum Betrieb einer Hydraulikanlage vorgeschriebene Druckbegrenzungsventil ist in der Regel ebenfalls in die Pumpe integriert.

Die Pumpe muß so ausgelegt sein, daß die Betriebstemperatur des Hydrauliköls nicht unzulässig hoch ansteigt (<100° C), keine Geräuschentwicklung auftritt und das Öl nicht verschäumt.

Steuerventil
Das Steuerventil steuert einen der Drehbewegung des Lenkrads entsprechenden Öldruck in den Lenkzylinder. Ein elastisches Drehmomentmeßglied (z. B. Drehstab, Spiralfeder, Blattfeder) wandelt das Drehmoment exakt und spielfrei in einen möglichst geringen Steuerweg um. Durch den Steuerweg verschieben sich die als Fasen oder Facetten ausgebildeten Steuerkanten und bilden so den entsprechenden Öffnungsquerschnitt für den Ölstrom.

Steuerventile sind meistens nach dem Prinzip der „offenen Mitte" gebaut, d. h. bei nichtbetätigtem Steuerventil fließt das von der Pumpe geförderte Öl drucklos zum Ölbehälter zurück.

Lenkzylinder
Der doppelt wirkende Lenkzylinder wandelt den eingesteuerten Öldruck in eine auf die Zahnstange wirkende Hilfskraft um, die die vom Fahrer ausgeübte Lenkkraft verstärkt. In der Regel ist der Lenkzylinder in das Lenkgetriebe integriert. Der Lenkzylinder muß besonders reibungsarm sein: daher werden an Kolbendichtung und Stangendichtung besonders hohe Anforderungen gestellt.

Kugelumlauf-Hydrolenkung.
1 Arbeitskolben, 2 Steuerventil.

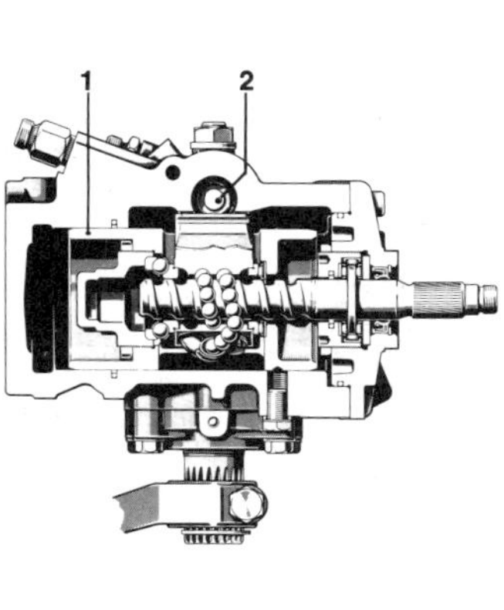

Hilfskraftlenkung mit rein hydraulischer Übertragungseinrichtung

Bei der „hydrostatischen Lenkung" gibt es keine mechanische Verbindung zwischen Lenkrad und Rädern. Die Lenkkraft wird hydraulisch verstärkt und ausschließlich hydraulisch übertragen. Im Steuergerät befindet sich eine Dosierpumpe, die einen der Lenkbewegung entsprechenden Öldruck zum Lenkzylinder fördert. Wegen unvermeidlicher Leckverluste in der Dosierpumpe ist die Geradeausfahrtstellung des Lenkrades nicht mehr definiert. Deshalb ist die Verwendung dieser Lenkung auf Arbeitsmaschinen beschränkt. Die zulässige Höchstgeschwindigkeit beträgt in vielen europäischen Ländern 25 km/h, in der Bundesrepublik Deutschland 50 km/h, wo sie bei zweikreisiger Bauart auf 62 km/h erhöht werden könnte.

Zweikreisige Bauarten werden bisher nicht bei hydrostatischen Lenkungen, jedoch in zunehmendem Maße bei Hilfskraftlenkanlagen mit mechanischen Übertragungseinrichtungen angewendet, vor allem dann, wenn bei Ausfall der Hilfskraft die Betätigungskräfte am Lenkrad 600 N übersteigen würden.

Hilfskraftlenkung mit rein hydraulischer Übertragungseinrichtung.
1 Ölbehälter, 2 Lenkungspumpe, 3 Steuergerät mit Dosierpumpe, 4 Lenkzylinder. Anschlüsse: R Ölstrom für Einschlag nach rechts, L Ölstrom für Einschlag nach links.

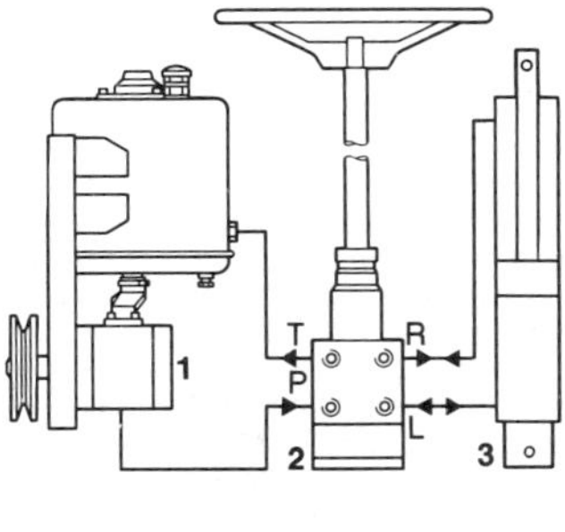

Bremsausrüstung

Gesetzliche Vorschriften

Bei der Erteilung der Allgemeinen Betriebserlaubnis eines Fahrzeuges kann die Prüfung der Bremsausrüstung nach Wahl des Fahrzeugherstellers erfolgen nach
– nationalen Regeln § 41 StVZO und zugehörige Richtlinien für die Bremsprüfung,
– Richtlinien der Europäischen Gemeinschaft EG-Richtlinie 71/320/EWG und den zugehörigen Anpassungsrichtlinien und Anhängen oder
– ECE-Regelung 13 der UN-Wirtschaftskommission in Genf.

Die Anforderungen nach § 41 sind wesentlich geringer als nach den EG-Richtlinien. ECE-Regelung 13 und EG-Richtlinien stimmen bis auf wenige Ausnahmen überein.

Bremsausrüstungen nach ECE-Regelung 13 und EG-Richtlinien
(Klasseneinteilung der Fahrzeuge s. S. 539)

Fahrzeuge der Klasse L
Krafträder, Dreiräder müssen mit 2 voneinander unabhängigen Bremsanlagen ausgerüstet sein. Bei den schweren Fahrzeugen der Klasse L müssen die beiden Bremsanlagen gemeinsam auf alle Räder wirken und außerdem eine Feststellbremsanlage vorhanden sein.

Fahrzeuge der Klasse M und N
Sie müssen die für die Betriebsbremsung, die Hilfsbremsung und Feststellbremsung geltenden Bedingungen erfüllen. Die 3 Bremsanlagen können gemeinsame Teile aufweisen. Es müssen mindestens 2 voneinander unabhängige Betätigungseinrichtungen vorhanden sein. Die Bremskraftverteilung auf die einzelnen Achsen ist vorgeschrieben. Zur Erfüllung der Bedingungen bei langen Gefällestrecken dürfen bei Fahrzeugen der Klassen M_3, N_3, O_4 zusätzlich Dauerbremsanlagen eingesetzt werden. Omnibusse der Klasse $M_3 > 10$ t müssen die Bedingungen der Gefällefahrt ausschließlich durch Betätigung einer Dauerbremsanlage erfüllen.

Anhänger Klasse O
Anhänger Klasse O_1 brauchen keine Bremsanlage. Anhänger ab Klasse O_2 müssen mit einer Betriebs- und Feststellbremsanlage ausgerüstet sein, die gemeinsame Teile aufweisen können. Die Feststellbremsanlage muß von einer Person neben dem Fahrzeug betätigt werden können. Die Bremskraftverteilung auf die einzelnen Achsen ist vorgeschrieben.
Auflaufbremsanlagen sind für Anhänger bis Klasse O_2 zulässig.
Beim Abreißen der Verbindungseinrichtung während der Fahrt muß der Anhänger selbsttätig gebremst werden.

Zugfahrzeuge und Anhängefahrzeuge mit Druckluftbremsanlagen
Die Druckluftverbindungen müssen nach der Zwei- oder Mehrleitungsbauart ausgeführt sein. Bei Betätigung der Betriebs- bzw. Hilfsbremsanlage des Zugfahrzeuges muß die Betriebsbremsanlage des Anhängefahrzeuges abstufbar betätigt werden.
Die Bremswirkung in Abhängigkeit vom Druck am Kupplungskopf der Bremsleitung ist vorgeschrieben.

Begriffe, Grundlagen

(ISO 611)

Bremsausrüstung
Gesamtheit aller Bremsanlagen eines Fahrzeugs, um die Geschwindigkeit zu verringern, es zum Stillstand zu bringen oder es im Stillstand zu halten.

Bremsanlagen

Betriebsbremsanlage
Ermöglicht es dem Fahrzeugführer, direkt oder indirekt abstufbar die Geschwindigkeit eines Fahrzeugs während seines normalen Betriebs zu verringern oder das Fahrzeug zum Stillstand zu bringen.

Hilfsbremsanlage
Ermöglicht es dem Fahrzeugführer, direkt oder indirekt abstufbar die Ge-

schwindigkeit eines Fahrzeugs bei einer Störung in der Betriebsbremsanlage zu verringern oder das Fahrzeug zum Stillstand zu bringen.

Feststellbremsanlage
Ermöglicht ein Fahrzeug auch auf einer geneigten Fahrbahn und insbesondere in Abwesenheit des Fahrzeugführers mit mechanischen Mitteln im Stillstand zu halten.

Dauerbremsanlage
Gesamtheit der Bauteile, die es dem Fahrzeugführer direkt oder indirekt ermöglichen, die Geschwindigkeit des Fahrzeugs insbesondere auf einem langen Gefälle gleichbleibend zu halten oder zu verringern.

Automatische Bremsanlage
Gesamtheit der Bauteile, die bei gewollter oder zufälliger Trennung von Fahrzeugen eines Zuges eine automatische Bremsung des Anhängefahrzeugs bewirken.

Bestandteile

Energieversorgungseinrichtung
Teile einer Bremsanlage, die die zum Bremsen notwendige Energie liefern, regeln und evtl. aufbereiten. Sie endet dort, wo die Übertragungseinrichtung beginnt, d. h. dort, wo die einzelnen Kreise der Bremsanlagen einschließlich gegebenenfalls vorhandener Nebenverbraucherkreise entweder zur Energieversorgung hin oder untereinander abgesichert sind.

Die Energiequelle liefert die Energie. Sie kann außerhalb des Fahrzeugs liegen (z. B. bei der Druckluft-Bremsanlage eines Anhängers), kann aber auch die Muskelkraft einer Person sein.

Betätigungseinrichtung
Teile einer Bremsanlage, welche die Funktion dieser Bremsanlage in Gang setzen und die Wirkung dieser Bremsanlage steuern. Das Steuersignal kann innerhalb der Betätigungseinrichtung z. B. mit mechanischen, pneumatischen, hydraulischen oder elektrischen Mitteln übertragen werden, wobei die Verwendung von Hilfs- oder Fremdenergie möglich ist.

Die Betätigungseinrichtung kann betätigt werden:
– direkt mit dem Fuß oder der Hand,
– durch indirekten Eingriff des Fahrzeugführers oder ohne jeglichen Eingriff (nur bei Anhängefahrzeugen),
– durch Veränderung des Druckes oder des elektrischen Stromes in einer Verbindungsleitung zwischen Zugfahrzeug und Anhängefahrzeug bei Betätigung einer der Bremsanlagen des Zugfahrzeugs oder im Falle einer Störung,
– durch Massenträgheit oder Gewicht des Fahrzeugs oder eines seiner wesentlichen Bauteile.

Übertragungseinrichtung
Teile einer Bremsanlage, durch die die von der Betätigungseinrichtung gesteuerte Energie übertragen wird. Sie beginnt einerseits dort, wo die Betätigungseinrichtung endet und andererseits dort, wo die Energieversorgungseinrichtung endet.

Sie endet an den Teilen der Bremsanlage, in denen die der Bewegung oder der Bewegungstendenz des Fahrzeugs entgegenwirkenden Kräfte erzeugt werden. Ihre Bauart kann z. B. mechanisch, hydraulisch-pneumatisch (Über- oder Unterdruck), elektrisch oder kombiniert (z. B. hydro-mechanisch oder hydro-pneumatisch) sein.

Bremse
Teile einer Bremsanlage, in denen die der Bewegung oder Bewegungstendenz des Fahrzeugs entgegenwirkenden Kräfte erzeugt werden.

Zusatzeinrichtung des Zugfahrzeugs für ein Anhängefahrzeug
Teile einer Bremsanlage eines Zugfahrzeugs, die für die Energieversorgung und die Steuerung der Bremsanlagen des Anhängefahrzeugs bestimmt sind. Sie besteht aus den Teilen zwischen der Energieversorgungseinrichtung des Zugfahrzeugs und dem Kupplungskopf der Vorratsschaltung (einschließlich), und aus den Teilen zwischen der oder den Übertragungseinrichtungen des Zugfahrzeugs und dem Kupplungskopf der Bremsleitung (einschließlich).

Begriffe bezüglich der Energieversorgungseinrichtung:

Muskelkraft-Bremsanlage
Bremsanlage, bei der die zur Erzeugung der Bremskraft benötigte Energie allein von der physischen Kraft des Fahrzeugführers ausgeht.

Hilfskraft-Bremsanlage
Bremsanlage, bei der die zur Erzeugung der Bremskraft benötigte Energie von der physischen Kraft des Fahrzeugführers und einer oder mehreren Energieversorgungseinrichtungen ausgeht.

Fremdkraft-Bremsanlage
Bremsanlage, bei der die zur Erzeugung der Bremskraft benötigte Energie von einer oder mehreren Energieversorgungseinrichtungen, ausgenommen der physischen Kraft des Fahrzeugführers, ausgeht.

Anmerkung: Eine Bremsanlage, bei der der Fahrzeugführer im Falle des Totalausfalls der Energie durch Betätigen dieser Bremsanlage die Bremskraft durch Muskelkraft aufbauen kann, fällt nicht unter diese Definition.

Auflauf-Bremsanlage
Bremsanlage, bei der die zur Erzeugung der Bremskraft benötigte Energie durch Annäherung des Anhängefahrzeugs an das Zugfahrzeug entsteht.

Fall-Bremsanlage
Bremsanlage, bei der die zur Erzeugung der Bremskraft benötigte Energie vom Absenken eines Bauteils des Anhängers aufgrund der Schwerkraft ausgeht.

Begriffe bezüglich des Aufbaus der Übertragungseinrichtung:

Einkreis-Bremsanlage
Bremsanlage, die eine Übertragungseinrichtung mit einem einzigen Kreis hat. Die Übertragungseinrichtung ist einkreisig, wenn eine Störung in ihr zur Folge hat, daß sie die Energie zur Erzeugung der Spannkraft nicht mehr übertragen kann.

Mehrkreis-Bremsanlage
Bremsanlage, die eine Übertragungseinrichtung mit mehreren Kreisen hat. Die Übertragungseinrichtung ist mehrkreisig, wenn eine Störung in ihr zur Folge hat, daß sie die Energie zur Erzeugung der Spannkraft noch voll oder teilweise übertragen kann.

Begriffe, die sich auf Bremsanlagen von Fahrzeugkombinationen beziehen:

Einleitungs-Bremsanlage
Anordnung, bei der die Bremsanlagen der einzelnen Fahrzeuge so miteinander verbunden sind, daß eine einzige Leitung abwechselnd zur Energieversorgung oder zur Betätigung der Bremsanlage des Anhängefahrzeug benutzt wird.

Zwei- oder Mehrleitungsbremsanlagen
Anordnung, bei der die Bremsanlagen der einzelnen Fahrzeuge so miteinander verbunden sind, daß die Energieversorgung und die Betätigung der Bremsanlage des Anhängefahrzeugs getrennt über mehrere Leitungen gleichzeitig erfolgt.

Durchgehende Bremsanlage
Kombination von Bremsanlagen der Fahrzeuge eines Zuges mit folgenden Eigenschaften:
– Der Fahrzeugführer kann vom Führersitz aus mit einem einzigen Vorgang eine Betätigungseinrichtung im Zugfahrzeug direkt und eine Betätigungseinrichtung im Anhängefahrzeug indirekt abgestuft betätigen;
– die zur Bremsung der einzelnen Fahrzeuge eines Zuges benötigte Energie wird durch die gleiche Energiequelle (die die Muskelkraft des Fahrzeugführers sein kann) geliefert;
– gleichzeitige oder geeignet zeitlich verschobene Bremsung der einzelnen Fahrzeuge eines Zuges.

Teilweise durchgehende Bremsanlage
Kombination von Bremsanlagen der Fahrzeuge eines Zuges mit folgenden Eigenschaften:
– Der Fahrzeugführer kann vom Führersitz aus mit einem einzigen Vorgang eine Betätigungseinrichtung im Zug-

fahrzeug direkt und eine Betätigungseinrichtung im Anhängefahrzeug indirekt abstufbar betätigen;
— die zur Bremsung der einzelnen Fahrzeuge eines Zuges benötigte Energie wird von mindestens zwei verschiedenen Energiequellen geliefert (die eine davon kann die Muskelkraft des Fahrzeugführers sein);
— gleichzeitige oder geeignet zeitlich verschobene Bremsung der einzelnen Fahrzeuge eines Zuges.

Nicht durchgehende Bremsanlage
Kombination von Bremsanlagen der Fahrzeuge eines Zuges, die weder durchgehend noch teilweise durchgehend sind.

Leitungen zur Verbindung der Bremsausrüstungen von Fahrzeugen

Vorratsleitung
Eine Vorratsleitung ist eine spezielle Versorgungsleitung, durch die die Energie vom ziehenden Fahrzeug in den Energiespeicher des gezogenen Fahrzeugs gelangt.

Bremsleitung
Spezielle Steuerleitung, durch die die zum Steuern benötigte Energie vom ziehenden zum gezogenen Fahrzeug gelangt.

Gemeinsame Brems- und Vorratsleitung
Leitung, die sowohl als Bremsleitung als auch als Vorratsleitung dient (Einleitungsbremsanlage).

Hilfsbremsleitung
Eine spezielle Arbeitsleitung, durch die die für die Hilfsbremsung des Anhängefahrzeugs benötigte Energie vom ziehenden zum gezogenen Fahrzeug gelangt.

Bremsvorgang
Vorgänge, die zwischen dem Beginn der Betätigung der Betätigungseinrichtung und dem Ende der Bremsung auftreten.

Abstufbare Bremsung
Bremsung, bei der innerhalb des normalen Betätigungsbereiches der Betätigungseinrichtung der Fahrzeugführer zu jeder Zeit die Bremskraft durch Einwirkung auf die Betätigungseinrichtung hinreichend fein steigern oder reduzieren kann.

Wenn durch eine gesteigerte Einwirkung auf die Betätigungseinrichtung eine Steigerung der Bremskraft erreicht wird, dann muß eine Umkehrung der Einwirkung eine Reduzierung dieser Kraft hervorrufen.

Hysterese der Bremsanlage
Unterschied der Betätigungskräfte beim Spannen und Lösen bei gleichem Bremsmoment.

Hysterese der Bremse
Unterschied der Spannkräfte beim Spannen und Lösen beim gleichen Bremsmoment.

Kräfte und Momente

Betätigungskraft F_c:
Kraft, die auf die Betätigungseinrichtung ausgeübt wird.

Spannkraft F_s:
Gesamtkraft, die — in Reibungsbremsen auf einen Belag ausgeübt — infolge der sich ergebenden Reibung die Bremskraft bewirkt.

Bremsmoment:
Produkt aus den durch die Spannkraft hervorgerufenen Reibkräften und dem Abstand der Angriffspunkte dieser Kräfte von der Drehachse.

Gesamte Bremskraft F_f:
Summe der in den Aufstandsflächen aller Räder wirkenden Bremskräfte, die durch Wirkung der Bremsanlage entstehen und der Bewegung oder der Bewegungstendenz des Fahrzeugs entgegengerichtet sind.

Bremsen-Kennwert C^*:

$$C^* = F_u/F_m$$

F_u gesamte Umfangskraft
F_m Spannkraft an einer Bremsbacke oder mittlere Spannkraft
$F_m = F_s/i$
F_s Summe der Spannkräfte an den Bremsbacken
i Anzahl der Bremsbacken

Zeiten

Bewegungsdauer der Betätigungseinrichtung: Zeit, die vom Beginn der Bewegung des Teiles der Betätigungseinrichtung t_0, auf das die Betätigungskraft wirkt, bis zu seiner jeweiligen Endstellung entsprechend der Betätigungskraft oder des Betätigungsweges vergeht. (Dies gilt sowohl für das Bremsen als auch für das Lösen.)

Ansprechdauer $t_1 - t_0$:
Zeit, die vom Beginn der Bewegung des Teiles der Betätigungseinrichtung, auf das die Betätigungskraft wirkt, bis zum Einsetzen der Bremskraft vergeht.

Schwelldauer $t_1' - t_1$:
Zeit, die vom Einsetzen der Bremskraft bis zum Erreichen eines gewissen Wertes vergeht (75 % des asymptotischen Wertes lt. ECE R 13 Annex 6, Pkt. 2.4).

Ansprech- und Schwelldauer:
Die Summe der Ansprech- und Schwelldauer dient der Beurteilung des Zeitverhaltens der Bremsanlage bis zum Erreichen der vollen Bremswirkung.

Bremswirkungsdauer $t_4 - t_1$:
Zeit, die vom Einsetzen der Bremskraft bis zu ihrem Verschwinden vergeht. Wenn das Fahrzeug bei bleibender Spannkraft zum Stillstand kommt, dann stellt der Beginn des Stillstehens das Ende der Bremswirkungsdauer dar.

Lösedauer:
Zeit, die vom Beginn der Bewegungsdauer der Betätigungseinrichtung beim Lösen bis zum Verschwinden der Bremskraft vergeht.

Bremsdauer $t_4 - t_0$:
Zeit, die vom Beginn der Bewegung des Teiles der Betätigungseinrichtung, auf das die Betätigungskraft wirkt, bis zum Verschwinden der Bremskraft vergeht. Wenn das Fahrzeug bei bleibender Spannkraft zum Stillstand kommt, dann stellt der Beginn des Stillstehens das Ende der Bremsdauer dar.

Vergleiche hierzu Diagramm S. 508

Bremsweg s:
Weg, den ein Fahrzeug während der Bremsdauer zurücklegt. Wenn der Beginn des Stillstehens das Ende der Bremsdauer bestimmt, dann nennt man den bis dahin zurückgelegten Weg „Bremsweg bis zum Stillstand".

Bremsarbeit W:
Integral des Produktes aus der augenblicklichen Bremskraft F_f und des Bremswegelementes ds über den Bremsweg s.

$$W = \int_0^s F_f \cdot \mathrm{d}s$$

Augenblickliche Bremsleistung P:
Produkt aus der augenblicklichen gesamten Bremskraft F_f und der Geschwindigkeit v des Fahrzeugs

$$P = F_f \cdot v$$

Bremsverzögerung:
Durch die Bremsanlage erzeugte Verringerung der Fahrgeschwindigkeit in der Zeiteinheit t. Man unterscheidet:

Augenblickliche Verzögerung a:

$$a = \mathrm{d}v/\mathrm{d}t$$

Mittlere Verzögerung a_{ms}:
Mittelwert der Verzögerung über den Anhalteweg

$$a_{ms} = v_1^2/(2 \cdot s)$$

Mittlere Verzögerung a_{mt} über einen Zeitabschnitt: Verzögerung zwischen zwei Zeitpunkten der verzögerten Bewegung, die um die Zeit t getrennt sind.

$$a_{mt} = (v_1 - v_2)/t$$

Anwendbar zur Ermittlung der Bremswirkung von Dauerbremsanlagen.

Mittlere Vollverzögerung a_{mf}:
Mittelwert der Verzögerung in einem Teilbereich der voll entwickelten Verzögerung $t_3 - t_2$

$$a_{mf} = \frac{1}{t_3 - t_2} \cdot \int_{t_2}^{t_3} a \cdot \mathrm{d}t$$

Abbremsung z:
Verhältnis zwischen gesamter Bremskraft F und der auf der Achse oder den Achsen des Fahrzeugs ruhenden statischen Gesamtgewichtskraft G

$$z = F_f/G$$

Bremsanlagen-Gliederung

Grundbestandteile einer Bremsanlage
Eine Bremsanlage besteht aus:
- Energieversorgungseinrichtung
- Betätigungseinrichtung
- Übertragungseinrichtung
- Bremse
- Zusatzeinrichtung des Zugfahrzeugs für ein Anhängefahrzeug (s. unten).

Jeder dieser Bestandteile ist mitbestimmend bei der Dosierung der für die Abbremsung maßgeblichen Bremskräfte. Da für verschiedene Aufgaben und Fahrzeugtypen zum Teil erheblich unterschiedliche Anforderungen gestellt werden, wurden auch voneinander abweichende Bremsanlagen entwickelt. Sie unterscheiden sich im Verwendungszweck sowie in Art und Ausführung der Grundbestandteile.

Verwendungszweck einer Bremsanlage
Bremsanlagen werden benötigt als:
- Betriebsbremsanlage
- Hilfsbremsanlage
- Feststellbremsanlage
- Dauerbremsanlage
- Automatische Bremsanlage.

Diese Bremsanlagen können mit und ohne Anhängersteuerung eingerichtet sein. Die automatische Bremsanlage ist nur beim Anhängerbetrieb wirksam. Die Betriebsbremsanlage und die Feststellbremsanlage haben voneinander getrennte Betätigungs- und Übertragungseinrichtungen. Die Betriebsbremsanlage wird in der Regel mit dem Fuß und die Feststellbremsanlage mit der Hand betätigt. Für die Hilfsbremsanlage werden häufig Einrichtungen der Betriebsbremsanlage oder der Feststellbremsanlage mitbenutzt. So kann z. B. ein Kreis einer zweikreisigen Betriebsbremsanlage die Aufgabe der Hilfsbremsanlage übernehmen.

Blockschema einer Bremsanlage.

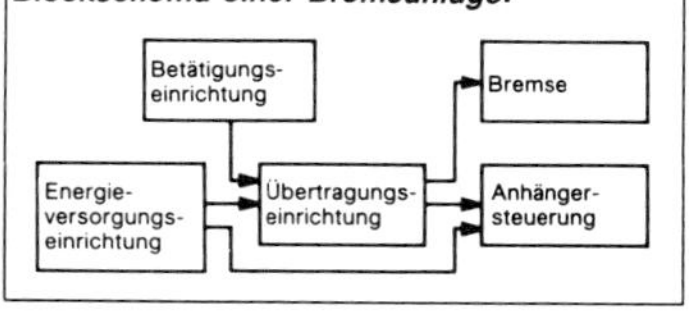

Bremsanlagen-Aufbau

Art der Energie
Je nach Art der verwendeten Energie werden unterschieden:
- Muskelkraftbremsanlage
- Hilfskraftbremsanlage
- Fremdkraftbremsanlage
- Auflaufbremsanlage
- Fallbremsanlage.

Im wesentlichen unterscheiden sich diese Bremsanlagen darin, wie die Energie in die Arbeitsweise der Steuerung der Bremsanlagen eingeht. So enthält z. B. die gesteuerte Arbeitskraft einer Hilfskraftbremsanlage anteilig auch Betätigungskraft, die einer Fremdkraftbremsanlage jedoch nicht.

Darüber hinaus unterscheiden sich auch die verwendeten Energiemedien bei Hilfskraft- und Fremdkraftbremsanlagen. Vornehmlich wird Vakuum, Druckluft oder Hydraulik (verschiedentlich auch Elektrik) benutzt.

Art der Übertragungseinrichtung
Bei den Übertragungseinrichtungen werden unterschieden:
- Einkreisbremsanlage (nicht mehr zulässig für Betriebsbremsanlagen über 25 km/h)
- Zweikreisbremsanlage

sowie:
- Bremsanlage mit mechanischer Kraftübertragung
- Bremsanlage mit hydraulischer Kraftübertragung
- Bremsanlage mit pneumatischer Kraftübertragung
- Bremsanlage mit gemischter Kraftübertragung
- Bremsanlage mit elektrischer Kraftübertragung.

Bei Fahrzeugen, die zum Ziehen eines Anhängers ausgerüstet sind, wird nach der Zahl der zum Anhänger führenden Verbindungsleitungen unterschieden. In der Fahrzeug-Kombination (Zugfahrzeug und Anhänger) spricht man dann von:
- Einleitungsbremsanlage
- Zwei- oder Mehrleitungsbremsanlage.

Dabei ist durchweg die Eigenschaft der teilweise durchgehenden Bremsanlage vorhanden.

Anforderungen nach ECE-Regelung 13 und EG-Richtlinie 71/320

Fahrzeugklasse (Klasseneinteilung s. S. 527)	Pkw + KOM M_1	M_2	M_3	Nkw N_1	N_2	N_3	Anhängefahrzeug O_1	O_2	O_3	O_4
Betriebsbremsanlage	auf alle Räder wirkend Bremskraftverteilung auf die Achsen vorgeschrieben									
Typ O-Test ausgekuppelt Prüfgeschwindigkeit km/h Bremsweg < m mittlere Vollverzög. > m/s^2 Pedalkraft < daN	 80 50,7 5,8 50	 60 36,7 5,0 70	 60 36,7 5,0 70	 70 53,1 4,4 70	 50 29,2 4,4 70	 40 19,9 4,4 70	keine Betriebs-bremsanlage	Auflauf-bremsanlage	$z \geq 0{,}45$ bei 6,5 bar	
Typ O-Test eingekuppelt	Verhalten des Fahrzeugs beim Bremsen aus 30% ... 80% υ_{max}						–	–	–	
Typ I-Test mit wiederholten Bremsungen mit 3 m/s^2 $\upsilon_1 = 80\,\%\ \upsilon_{max} \leq$ km/h $\upsilon_2 = 0{,}5 \cdot \upsilon_1$ Bremszyklus s Anzahl	 120 45 15	 100 55 15	 60 60 20	 120 55 15	 60 60 20	 60 60 20	 – – –	 – – –	 – – –	
Typ I-Test mit dauernder Bremsung beladen	–						–	40 km/h 7 % Gefälle 1,7 km		
Restbremswirkung nach Typ I-Test	≥ 80 % der beim Typ O-Test vorgeschriebenen und ≥ 60 % der erzielten Wirkung									
Typ II-Test auf langen Gefällestrecken	30 km/h, 6 % Gefälle, 6 km nur bei M_3, N_3, O_4									
Typ II a-Test für Dauerbremsanlagen	30 km/h, 7 % Gefälle, 6 km nur bei M_3									
Restbremswirkung nach Typ II-Test	≥ 75 % der bei Typ O-Test vorgeschriebenen Wirkung nur bei M_3, N_3, O_4									
Restbremswirkung der Betriebsbremsanlage bei Kreisausfall										
Typ O-Test ausgekuppelt mittlere Vollverzögerung mit ≤ 70 daN Fußkraft beladen m/s^2 leer m/s^2	 1,74 1,45	 1,5 1,25	 1,5 1,5	 1,32 1,10	 1,32 1,10	 1,32 1,32	 – –	 – –	$z \geq 0{,}135$ bei 6,5 bar (nur bei ECE)	

Verzögerung während der Bremsdauer.

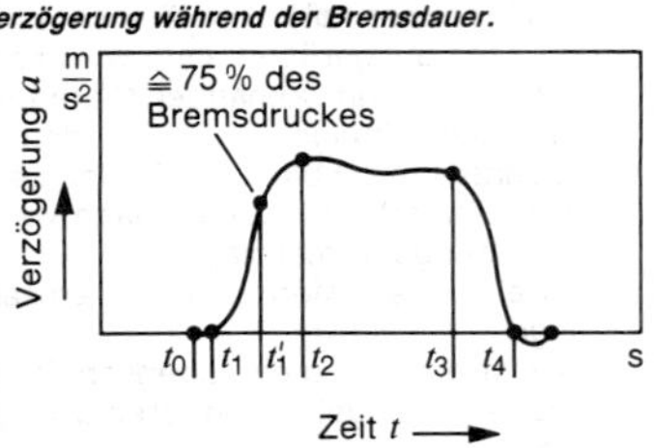

t_0	Bremsbeginn
$t_1 - t_0$	Ansprechdauer
$t_1' - t_1$	Schwelldauer
$t_1' - t_0$	Ansprech- und Schwelldauer
$t_3 - t_2$	Teilbereich der „mittleren Vollverzögerung"
$t_4 - t_0$	Bremsdauer
$t_4 - t_1$	Bremswirkungsdauer

Erläuterungen s. S. 506.

Fahrzeugklasse (Klasseneinteilung s. S. 527)		Pkw + KOM			Nkw			Anhängefahrzeug			
		M_1	M_2	M_3	N_1	N_2	N_3	O_1	O_2	O_3	O_4
Hilfsbremsanlage		wird betätigt bei einer Störung der Betriebsbremsanlage									
Typ O-Test ausgekuppelt											
Prüfgeschwindigkeit	km/h	80	60	60	70	50	40	–	–	–	–
Bremsweg <	m	93,3	64,4	64,4	95,7	51	33,8	–	–	–	–
mittlere Vollverzög. >	m/s²	2,9	2,5	2,5	2,2	2,2	2,2	–	–	–	–
Fußkraft <	daN	50	70	70	70	70	70	–	–	–	–
Handkraft	daN	40	60	60	60	60	60	–	–	–	–
Typ O-Test eingekuppelt		Verhalten des Fahrzeugs beim Bremsen aus 30% ... 80% v_{max}						–	–	–	–
Feststellbremsanlage											
Wirkung auf Steigung oder Gefälle											
Steigung	%	18	18	18	18	18	18	–	18	18	18
Handkraft	daN	40	60	60	60	60	60	–	60	60	60
Fußkraft	daN	50	70	70	70	70	70	–	–	–	–
Typ O-Test ausgekuppelt											
Prüfgeschwindigkeit	km/h	80	60	60	60	50	40	–	–	–	–
mittl. Verzögerung >	m/s²	1,5	1,5	1,5	1,5	1,5	1,5	–	–	–	–
Handkraft	daN	40	60	60	60	60	60	–	–	–	–
Fußkraft	daN	50	70	70	70	70	70	–	–	–	–

Anmerkung:
Bei Zügen muß die Feststellbremsanlage des ziehenden Fahrzeuges die Fahrzeugkombination im beladenen Zustand und trockener Straße auf einem Gefälle oder einer Steigung von 12 % festhalten können.

Fahrzeugklasse Krafträder, Dreiräder (s. S. 527)		L_1	L_2	L_3	L_4	L_5
Betriebsbremsanlagen						
Typ O-Test						
erste bzw. hintere Bremsanlage						
Prüfgeschwindigkeit km/h	km/h	40	40	40	–	40
Bremsweg <	m	21	35,5	16,8	–	32
mittlere Vollverzögerung >	m/s²	2,9	–	3,7	–	1,9
zweite bzw. vordere Bremsanlage						
Prüfgeschwindigkeit km/h	km/h	–	40	40	–	40
Bremsweg <	m	–	35,5	16	–	32
mittlere Vollverzögerung >	m/s²	–	–	3,9	–	1,9
beide Bremsanlagen gemeinsam						
Prüfgeschwindigkeit km/h	km/h	40	40	60	60	60
Bremsweg <	m	14,5	14,5	27,7	30	30
mittlere Vollverzögerung >	m/s²	4,2	4,2	5	4,6	4,6
Handbetätigungskraft	daN	20	20	20	20	20
Fußbetätigungskraft	daN	40	40	50	50	50
Feststellbremsanlage						
Steigung/Gefälle	%	–	–	–	–	16

Bremsausrüstung für Nfz

Dauerbremsanlagen

Die in Pkw und Nfz verwendeten Radbremsen sind nicht für Dauerbetrieb ausgelegt. Bei längerer Benutzungszeit, z. B. bei Bergabfahrten, kann thermische Überlastung der Bremsen auftreten, die ein Nachlassen der Bremswirkung („Fading") bewirken. Im Extremfall kann dabei die Bremsanlage völlig ausfallen. Insbesondere bei Fahrzeugen mit hohem Gesamtgewicht wird deshalb für die Dauerbeanspruchung bei Gefällefahrt häufig eine von den Radbremsen unabhängige, verschleißfreie Dauerbremse eingebaut. In Nutzfahrzeugen werden im wesentlichen zwei Arten von Dauerbremsen verwendet: Motorbremse und Retarder.

Motorbremse

Eine Auspuffdrossel oder eine Verstellung der Steuerzeiten führt zur Vergrößerung der negativen Arbeitsflächen im $p-V$-Diagramm des geschleppten Motors.

Hydrodynamische Retarder

Der hydrodynamische Retarder hat die gleiche Wirkungsweise wie die Föttingerkupplung (s. S. 459). Die mechanische Energie der Antriebswelle (meist Kardanwelle) wird über den Rotor in kinetische Energie einer Flüssigkeit umgewandelt. Diese kinetische Energie wird am Stator wiederum in Wärme umgesetzt, was eine Kühlung der verwendeten Flüssigkeit erforderlich macht.

Merkmale:

Bei Einbau eines hydrodynamischen Retarders muß die erzeugte Bremswärme über den Motorkühlkreislauf abgeführt werden. Eine ausreichende Kühlkreislaufdimensionierung ist nötig.

Dem relativ hohen Bauaufwand steht das niedrige Gewicht des hydrodynamischen Retarders gegenüber, der direkt in das Getriebe integriert werden kann. Das Bremsmoment ist nicht temperaturabhängig.

Lüfterverluste sind auch bei abgeschaltetem Retarder vorhanden und bei der Auslegung des Retarders mit zu berücksichtigen.

Elektrodynamische Retarder

An einer als Stator ausgebildeten Scheibe sind Erregerspulen befestigt. Auf der Antriebswelle (meist Kardanwelle) sind z. B. beiderseits des Stators Rotoren angeordnet, die zur besseren Wärmeabfuhr verrippt sind. Zum Bremsen werden die Erregerspulen mit

***Motorbremse in Kombination mit hydraulisch angesteuerten Bremsen** (Prinzip).*
1 Bremspedal, 2 Drosselklappe, 3 Bremsgerät, 4 Fußschalter, 5 Speicher.

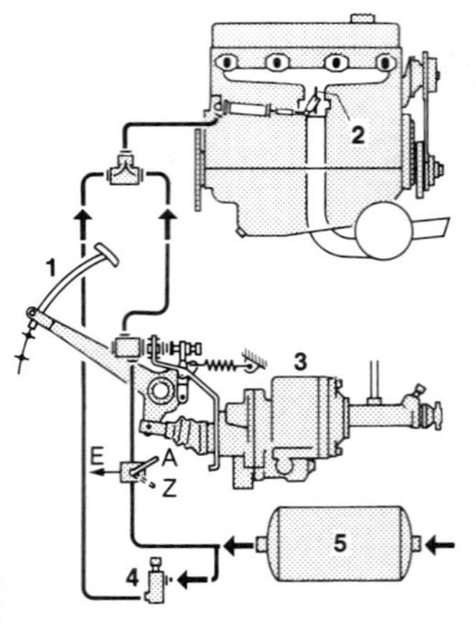

Kennlinien verschiedener Dauerbremsen.

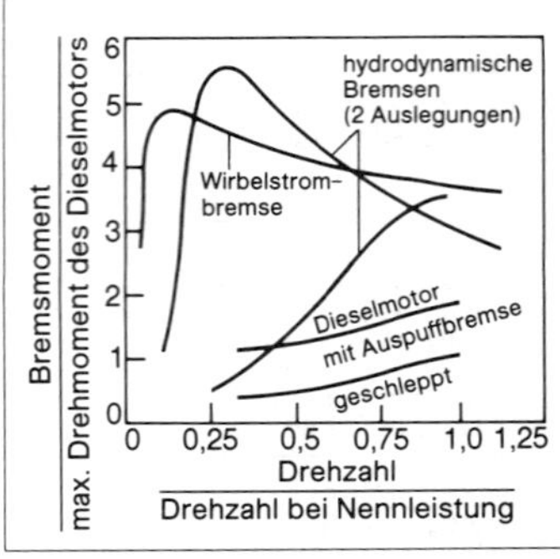

Strom (aus Batterie bzw. Generator) gespeist und erzeugen so ein magnetisches Feld. Durchlaufen die Rotoren dieses Feld, dann werden in ihnen Wirbelströme induziert. Diese führen zu einem Bremsmoment, dessen Größe von der Erregung der Statorspulen abhängig ist.

Merkmale:
Die entstehende Wärme wird an die Luft abgeführt.
Einem relativ geringen Bauaufwand steht ein hohes Gewicht gegenüber.
Ein störungsfreier Betrieb setzt eine gute Batterie bzw. Generator voraus.
Eine Erwärmung führt zum Abfall des Bremsmomentes.

Hydrodynamischer Retarder.
1 Bremsstator, 2 Antriebswelle, 3 Anschlußflansch, 4 Bremsrotor, 5 Wärmetauscher (Öl/Wasser).

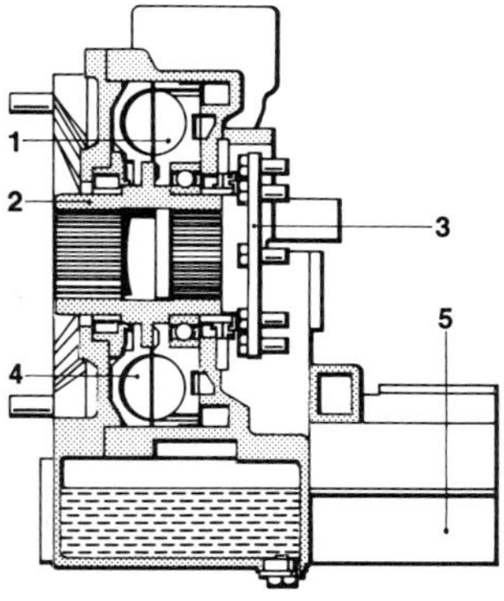

Wirbelstrom-Retarder.
1 Rotor, 2 Stator, 3 Haltebügel, 4 Antriebswelle.

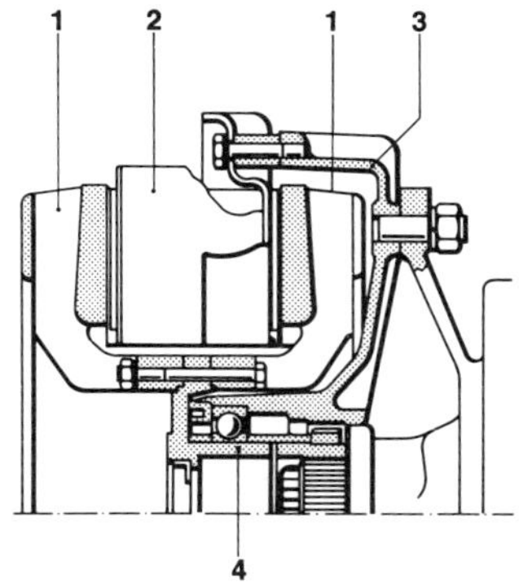

Bremsmomentcharakteristik eines hydrodynamischen Retarders.

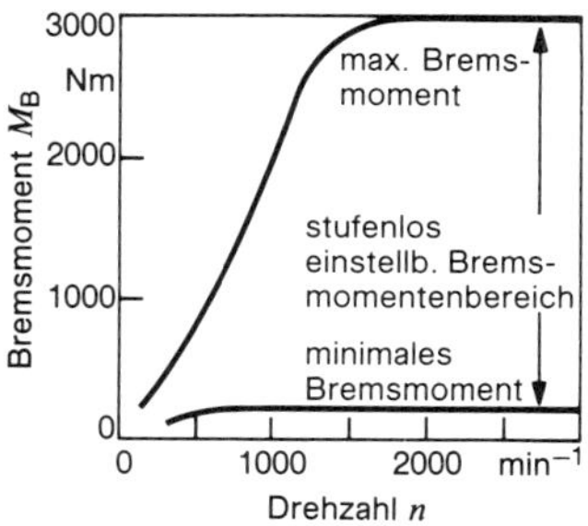

Bremsmomentcharakteristik eines Wirbelstrom-Retarders.

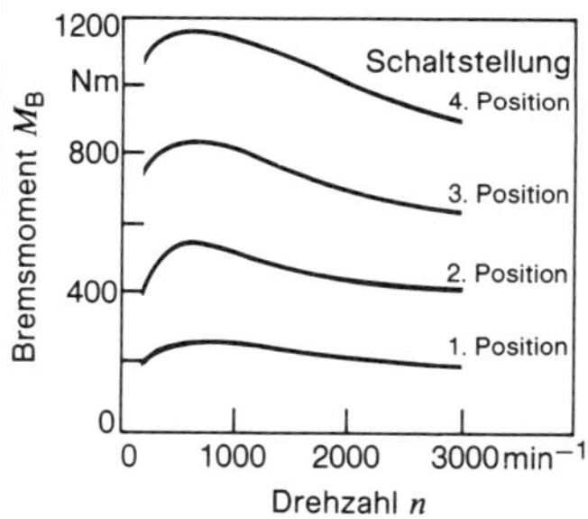

Muskelkraftbremsanlagen
Muskelkraftbremsanlagen sind heute (außer bei Pkw) nur noch bei leichten Nutzfahrzeugen und bei Anhängern für die Feststellbremsanlage anzutreffen; dabei wird meistens (außer bei Pkw-Betriebsbremsanlagen) auch eine mechanische Kraftübertragung angewendet. Am vergrößerten Betätigungsweg kann der Fahrer den eingetretenen Belagverschleiß erkennen, sofern keine automatische Backennachstellung vorhanden ist. Für die Betriebsbremsanlage und Hilfsbremsanlage werden keine Muskelkraftbremsanlagen mehr in Nutzfahrzeugen eingesetzt.

Hilfskraftbremsanlagen
Hilfskraftbremsanlagen werden – außer bei Personenkraftwagen – vorwiegend in leichte bis mittelschwere Nutzfahrzeuge eingebaut.

Da durchgehende Verbindung von der Betätigungseinrichtung bis zur Übertragungseinrichtung besteht, kann bei Ausfall der Hilfskraft der Betriebsbremsanlage das Fahrzeug noch mit der Betätigungskraft (Muskelkraft) allein gebremst werden, allerdings dann trotz erhöhter Betätigungskraft mit geringerer Bremswirkung. Hinsichtlich Pedalweg gilt dasselbe wie bei der Muskelkraftbremsanlage.

Fremdkraftbremsanlagen
Fremdkraftbremsanlagen finden bei mittelschweren und schweren Nutzfahrzeugen Anwendung
- mit Druckluft als Medium für Energieversorgungs- und Übertragungseinrichtung,
- mit pneumatisch-hydraulischer Kraftübertragung in der Betriebsbremse und pneumatischer Kraftübertragung in der Feststellbremse,
- mit Hochdruck und Druckbegrenzung sowie
- mit Hochdruck im Zugfahrzeug.

Unter diese Rubrik gehört auch die sog. gestängelose Feststellbremsanlage. Damit der verwendete Federspeicherbremszylinder bei einer Störung nicht automatisch wirkt, werden vielfach Sperreinrichtungen eingebaut, die durch den Führer ausgelöst werden oder automatisch wirken können. Eine mechanische, pneumatische oder hydraulische Hilfslöseeinrichtung ist vorgeschrieben.

Auflaufbremsanlagen
Auflaufbremsanlagen werden im normalen Straßenverkehr nur für leichte Anhänger eingesetzt. Bei manchen Ausführungen wird die Bremswirkung des auflaufenden Anhängers durch Federkraft dadurch erhöht, daß beim Zie-

Vakuum-Hilfskraft-Zweikreisbremsanlage für leichte Nfz.
1 Ottomotor, 2 Drosselklappe, 3 Vergaser, 4 Vakuum-Rückschlagventil, 5 Saugrohr, 6 mechan. Feststellbremse, 7 Bremspedal, 8 Hydraulik-Tandem-Hauptzylinder, 9 Bremsverstärker, 10 Vorderachse, 11 Hinterachse.

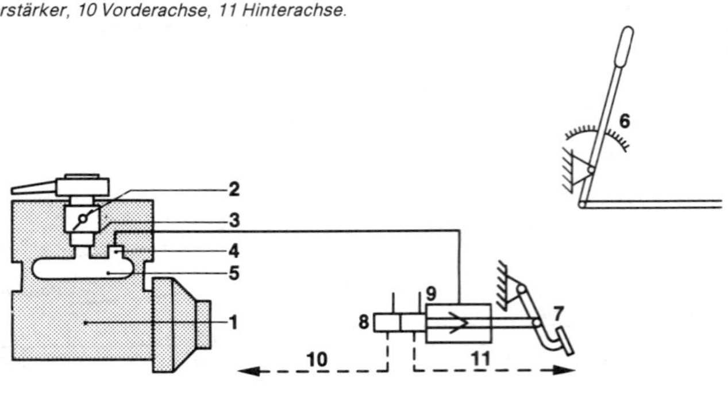

hen des Anhängers eine Feder gespannt und beim Bremsen des Zugfahrzeuges die Federkraft durch Auflaufen des Anhängers freigegeben wird. Zusammen mit einer Auflaufbremsanlage wird gelegentlich auch eine Fallbremsanlage verwendet, bei der im abgekuppelten Zustand des Anhängers durch das Eigengewicht der Anhängerzuggabel die Bremse des Anhängers betätigt wird.

Einleitungsbremsanlagen
Bei den noch häufig anzutreffenden Einleitungsbremsanlagen eines Zuges übernimmt die eine Leitung sowohl das Auffüllen des Energiespeichers als auch die Betätigung der Bremsen im Anhänger über ein Anhängerbremsventil. In der Leitung herrscht während der Fahrt Druck; zum Bremsen wird der Druck abgelassen. Ebenso strömt bei ungewolltem Abreißen des Anhängers Druckluft aus der Steuerleitung aus; die selbsttätige Bremsung des Anhängers ist damit sichergestellt.

Tritt Undichtheit während eines länger dauernden Bremsvorgangs (Gefällefahrt) auf, dann sinkt der Druck im Energiespeicher und somit die Bremskraft; die Bremse ist „erschöpfbar". Bei der Einleitungsbremsanlage ist es außerdem notwendig, die Energiespeicher des Anhängers auf die des Zugfahrzeuges abzustimmen, damit nach einem Bremsvorgang die Anhängerbremsen sofort wieder frei werden.

Mehrleitungsbremsanlagen
Bei der Zweileitungsbremsanlage eines Zuges verbindet eine Leitung (Vorratsleitung) die Energiespeicher im Zugfahrzeug und im Anhänger miteinander; sie steht dauernd unter Druck. Die zweite Leitung (Bremsleitung) führt vom Anhängersteuerventil im Zugfahrzeug zum Anhängerbremsventil im Anhänger. Das Bremsen erfolgt durch Druckanstieg. Die Aufgabe des selbsttätigen Bremsens bei ungewolltem Abreißen des Anhängers übernimmt bei diesem System die Vorratsleitung. Aus ihr strömt, wenn sie sich löst oder bricht, Luft aus, und das Bremsventil im Anhänger sorgt dafür, daß dieser selbsttätig gebremst wird.

Außer den Zweileitungsbremsanlagen mit Druckanstieg gibt es in der Schweiz Zweileitungsbremsanlagen, die mit Druckabfall in der Bremsleitung arbeiten. In Frankreich und England sind auch Dreileitungsbremsanlagen im Gebrauch, wobei die dritte Leitung den Bremsdruck für die Hilfsbremsanlage im Anhänger überträgt.

Druckluft-Hilfskraft-Zweikreis-Zweileitungsbremsanlage
(Bildbeschriftung s. S. 514).

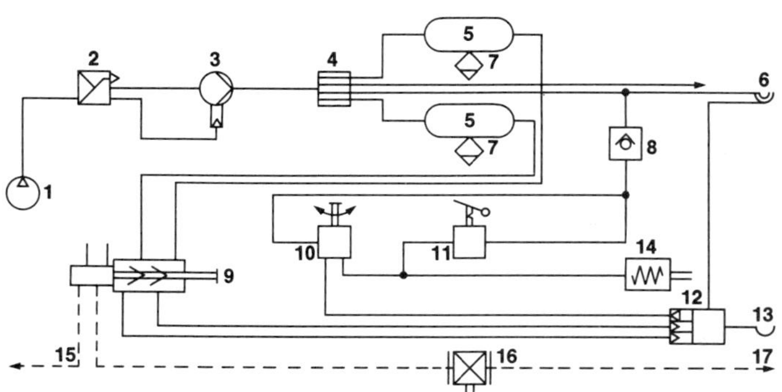

Druckluft-Bremsanlagen für Lkw.
1 Kompressor, 2 Druckregler, 3 Frostschutzpumpe, 4 Vierkreis-Schutzventil, 5 Luftbehälter, 6 Kupplungskopf mit automatischem Schließglied, 7 Wasserablaßventil, 8 Rückschlagventil, 9 Zweikreis-Verstärker, 10 Überprüfungsventil (oft im FBV integriert), 11 Feststellbremsventil (FBV), 12 Anhänger-Steuerventil, 13 Kupplungskopf ohne Schließglied, 14 Federspeicherzylinder, 15 Vorderachse, 16 automatisch lastabhängige Bremskraftzumessung,

Fremdkraft-Zweikreis-Zweileitungsbremsanlage mit pneumatischer Übertragungseinrichtung

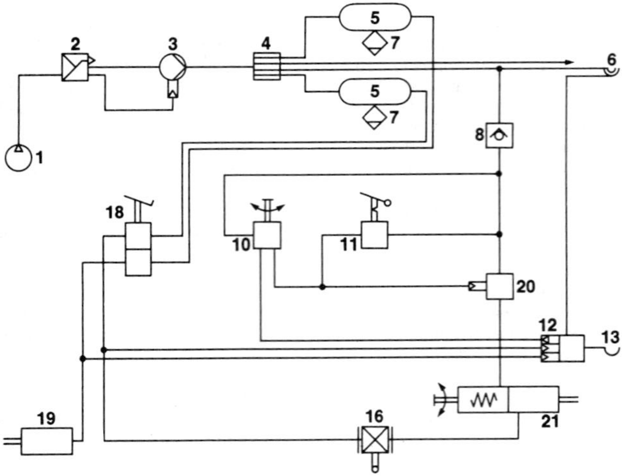

Fremdkraft-Zweikreis-Einleitungsbremsanlage

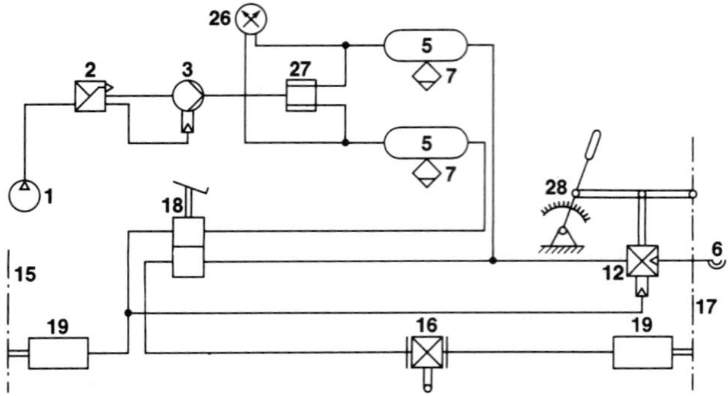

17 Hinterachse,
18 Betriebsbremsventil,
19 Bremszylinder,
20 Relaisventil,
21 Kombi-Bremszylinder,
22 Betriebsbremsventil mit Druckbegrenzung,
23 Druckbegrenzungsventil,
24 Feststellbremsventil mit Druckbegrenzung,
25 Vorspannzylinder, zweikreisig,
26 Doppeldruckmesser,
27 Zweikreis-Schutzventil,
28 Feststell-Bremseinrichtung,
29 Anhänger-Bremsventil.

Fremdkraft-Zweikreis-Zweileitungsbremsanlage mit Druckbegrenzung und hydraulischer Übertragungseinrichtung

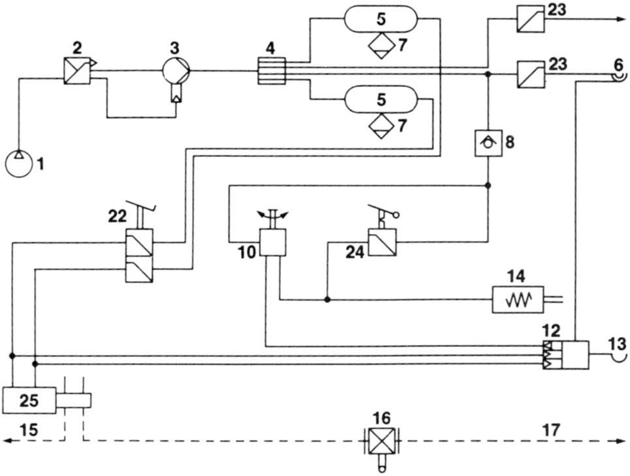

Zweileitungs-Bremsanlage für Anhänger

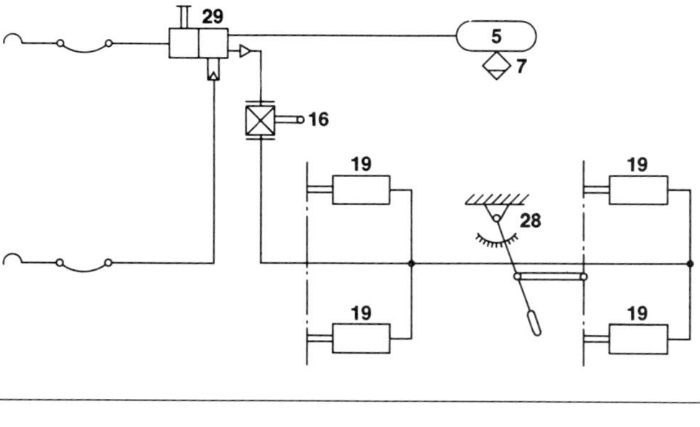

Komponenten für Druckluftbremsen

Energieversorgungseinrichtung

Die Energieversorgungseinrichtung setzt sich zusammen aus:

- Energiequelle
- Druckregelung
- Luftaufbereitung.

Die Energiequelle ist ein Kompressor, der in der Regel eine Tauchkolbenmaschine ist und die angesaugte Luft über selbstgesteuerte Saug- und Druckventile verdichtet.

Die Druckregelung sorgt für die Einhaltung des gewünschten Druckniveaus. Zwei Regelungsarten sind vornehmlich in Anwendung:

- mit Druckregler ohne Einwirkung auf die Energiequelle
- mit Regler mit Einwirkung auf die Energiequelle.

Die erste Lösung arbeitet mit einem Druckregler (siehe Abbildung auf dieser Seite), der bei Erreichen des gewünschten maximalen Betriebsdruckes abschaltet und während der darauf folgenden Leerlaufperiode die vom Kompressor geförderte Druckluft ins Freie leitet. Erreicht der Druck in den Luftbehältern den unteren Grenzwert des Betriebsdruckes, so schaltet der Druckregler wieder ein und leitet die vom Kompressor geförderte Luft in die Luftbehälter. Diese Lösung wird bei Anlagen benutzt, deren Kompressoren mit maximalen Drehzahlen von >2500 min^{-1} laufen.

Die zweite Lösung arbeitet mit einem Regler, der bei Erreichen des gewünschten maximalen Betriebsdruckes durch Druckbeaufschlagung eines Betätigungskolbens im Kompressor dessen Einlaßventil öffnet. Die angesaugte Luft wird nun jeweils wieder ohne Förderung in die Luftbehälter zum Ansaugstutzen ausgeschoben. Erreicht der Druck in den Luftbehältern den unteren Grenzwert des Betriebsdruckes, so schaltet der Regler um, das Einlaßventil kann wieder selbsttätig öffnen und schließen und die Luftbehälter werden gefüllt. Diese Lösung wird bei Anlagen benutzt, deren Kompressoren mit maximalen Drehzahlen von <2500 min^{-1} laufen.

Druckniveau: Im Zugfahrzeug werden heute Werte zwischen 7 und 10 bar (Niederdruck) und zwischen 14 und 20 bar (Hochdruck) angewendet (Abgrenzung z. Z. nicht eindeutig). In den Verbindungsleitungen zum Anhänger liegen die Drücke für die Zweileitungsbremsanlage zwischen 6 und 8 bar.

Die Luftaufbereitung soll eine einwandfreie Funktion der nachfolgenden Bremsanlagenteile gewährleisten. Verunreinigungen sind schädlich für die Dichtheit der Steuerventile, und Wasser in der Druckluft führt zu Korrosion oder bei Frost zu Vereisung. Als Abhilfe werden Luftreiniger, Frostschutzpumpen, Entwässerungsventile oder Lufttrockner eingesetzt.

Übertragungseinrichtung

Die Übertragungseinrichtung setzt sich zusammen aus:

- Kreisabsicherung
  (z. B. Mehrkreisschutzventil)
- Energiespeicherung
  (z. B. Luftbehälter)
- Steuergeräte (z. B. Bremsventile)
- Lastabhängige Bremskraftzumessung (z. B. automatisch lastabhängige Bremskraftsteuerung)
- Brems- oder Stellzylinder

Druckregler.
1 vom Luftkompressor, 2 zu den Luftbehältern, 3 Entlüftung.

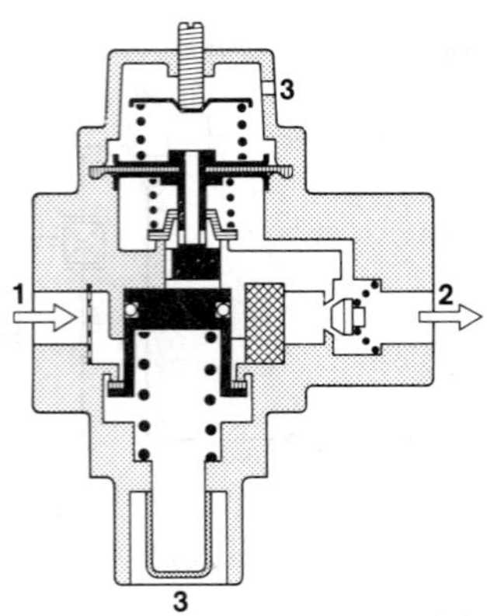

Das unten abgebildete Blockschema zeigt, wie die Komponenten der Übertragungseinrichtung einer Fremdkraftbremsanlage mit zweikreisiger Betriebsbremsanlage zusammenwirken (s. a. Bremspläne S. 514, 515).

Aufgabe und Ausführung der Komponenten:

Kreisabsicherung:
Trennung der Kreise gegeneinander im Fall eines Schadens in einem Kreis sowie mit der Möglichkeit der Weiterversorgung der intakten Kreise.

Vorwiegend wird das durch eine in einem Gehäuse vereinte Kombination von Überströmventilen erreicht, deren Funktion sowohl bei kleinen als auch großen Fördermengen sichergestellt wird.

Energiespeicherung:
Bereitstellung des erforderlichen Energievolumens für alle Kreise der Bremsanlage, auch für den Fall des Ausfalls der Energiequelle.

Hierfür werden handelsübliche Luftbehälter, aus Stahlblech geschweißt, mit entsprechenden Sicherheitszuschlägen für Drucküberschreitung und für Rost eingesetzt.

Übertragungseinrichtung einer Fremdkraft-Bremsanlage *(Blockschema). 1 Energiezufuhr, 2 Kreisabsicherung, 3 Energiespeicherung, 4 Steuergeräte, 5 automatisch lastabhängige Bremskraftzumessung (ALB), 6 Brems- oder Stellzylinder, VA Vorderachse, HA Hinterachse.*

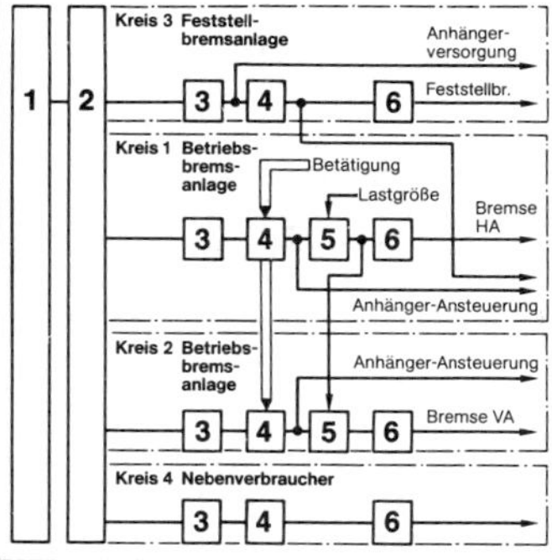

Steuergeräte
Steuerung der gewünschten Druckdosierung in dem jeweiligen Anlagenteil.

Mechanisch, hydraulisch oder pneumatisch betätigte oder angesteuerte Reaktionsventile steuern den Druck am Ausgang des jeweiligen Ventils in Abhängigkeit der Eingangsgröße. Auf Grund der vielfältigen Anwendungen sind entsprechend zahlreich unterschiedliche Geräte im Gebrauch. Unter anderem werden für zweikreisige Betriebsbremsanlagen auch zweikreisige Steuerventile benötigt. Zur Erfüllung der gestellten Aufgaben für die Beherrschbarkeit der Bremsanlagen sind gutes Steuerverhalten mit guter Dosierbarkeit bei schneller Reaktion ebenso erwünscht wie eine kleine Hysterese.

Automatisch lastabhängige Bremskraftzumessung (ALB)
Automatische Steuerung des Drucks in Abhängigkeit von der Beladung.

Häufig wird als Maß für die Beladung der Einfederungsweg (bei Stahlfederung) und der Balgdruck (bei Luftfederung) abgegriffen. Ein Steuerventil mit variabler Reaktionsfläche reduziert in Abhängigkeit des Federweges oder des Balgdruckes den Ausgangsdruck im Ventil zum Eingangsdruck.

Brems- oder Stellzylinder
Umsetzung des in die jeweilige Anlage eingesteuerten Druckes in Kraft.

Es gibt sowohl Kolben- als auch Membranbauart. Dabei werden überwiegend für die Betriebsbremsanlage Membranzylinder und für die Feststellbremsanlage Federspeicherkolbenzylinder eingesetzt. Bei Achsen, an denen sowohl die Betriebsbremsanlage als auch die Feststellbremsanlage wirken, werden bei Bremsanlagen ohne hydraulische Kraftübertragung kombinierte Einkammer-Federspeicherzylinder verwendet (sog. Kombizylinder).

Wichtige Geräte für Druckluftbremsanlagen sind auf den folgenden Seiten beschrieben.

Radbremsen (s. S. 485)

Betriebsbremsventil

Zwei hintereinander angeordnete Steuerventile werden von einer gemeinsamen Einrichtung (Bremspedal mit Übertragung) betätigt. Durch gleich große Feder- und Ventildichtkräfte sowie die mechanische Überwindung der Öffnungskräfte in beiden Steuerventilen wird ein synchrones Öffnen beider Kreise sichergestellt. Der zwischen den Steuerkreisen liegende Wiegekolben ist in Bremsstellung auf seinen beiden Seiten vom jeweils eingesteuerten Bremsdruck beaufschlagt und sorgt so für den Gleichlauf zwischen den Kreisen. Durch die vorgespannte Wegfeder werden kleine Ansprechwege des Betriebsbremsventils erreicht. Das Zusammenwirken der Reaktionskolbenkraft mit der Wegfeder erlaubt dem System, die erforderlichen Steuerwege selbständig auszuführen. Eine zweikreisige Abdichtung des Wiegekolbens sorgt für die verlangte Sicherheit.

Automatisch lastabhängiger Bremskraftregler

Der Bremskraftregler wird zwischen das Betriebsbremsventil und die Bremszylinder geschaltet. Entsprechend der Fahrzeuglast regelt er den eingesteuerten Bremsdruck. Er hat eine Reaktionsmembran mit variabler Wirkfläche. Die Membran liegt auf zwei strahlenförmig radial verlaufenden und ineinander greifenden Rechen auf. Je nach Lage des Steuerventilsitzes in vertikaler Richtung ergibt sich eine große (Ventillage unten) oder eine kleine (Ventillage oben) Reaktionsfläche. Dadurch wird entweder ein geringer Druck (Leerlast) oder der gleich hohe Druck (Vollast) wie vom Betriebsbremsventil kommend über ein integriertes Relaisventil in die Bremszylinder gesteuert. Der Regler ist am Fahrzeugrahmen befestigt und greift durch einen Drehhebel über Gestänge die Einfederung der Achse ab. Der Drehnocken verschiebt entsprechend das Ventilrohr in vertikaler Richtung und bestimmt damit die Ventillage. Der im Regler oben eingebaute Druckbegrenzer läßt einen geringen Teildruck auf der Membran-Oberseite einströmen. Damit tritt bis zu diesem Druck keine Reduzierung des Bremszylinderdrucks ein. Dies bewirkt ein synchrones Anlegen der Bremsen aller Fahrzeugachsen. Bei Bruch des Drehhebels strömt der eingesteuerte Druck im Verhältnis 2:1 zu den Bremszylindern.

Betriebsbremsventil. *1 Betätigung, 2 Reaktionskolben, 3 Bremskreis 1, 4 Wiegekolben, 5 Bremskreis 2, 6 Entlüftung, 7 Wegfeder, 8 Vorratskreis 1, 9 Steuerventile, 10 Vorratskreis 2.*

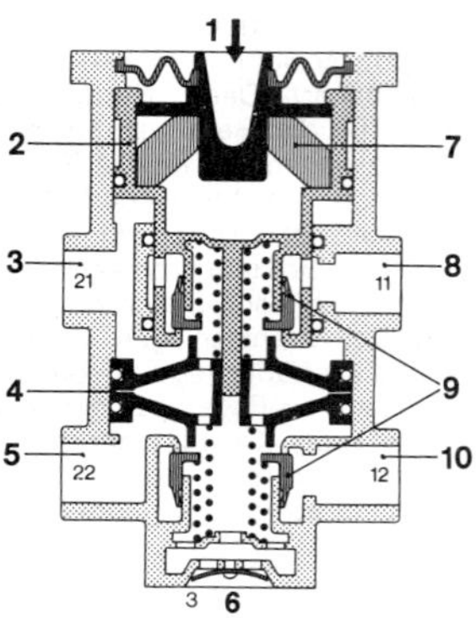

Automatisch lastabhängiger Bremskraftregler. *1 Entlüftung, 2 Rechen, 3 Reaktionsmembran, 4 vom Luftbehälter, 5 Entlüftung, 6 vom Betriebsbremsventil, 7 Steuerventil, 8 Relaiskolben, 9 zu den Bremszylindern, 10 Drehnocken.*

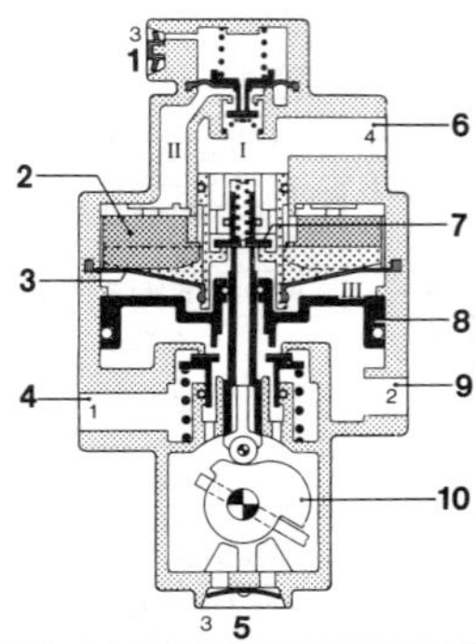

Kombibremszylinder für Keilbremsen

Der Kombibremszylinder besteht aus einem Einkammer-Membranzylinder für die Betriebsbremse und einem Federspeicher-Kolbenzylinder für die Feststellbremse, die hintereinander angeordnet sind und auf eine gemeinsame Druckstange wirken. Sie können unabhängig voneinander betätigt werden. Bei gleichzeitiger Betätigung addieren sich ihre Kräfte.

Die zentrale Löseschraube erlaubt das Spannen der Federspeicherfeder auch ohne Druckluft. Dies ist auch die Montageposition beim Einbau ins Fahrzeug. Nach dem Einbau wird die Löseschraube in den Federspeicherzylinder hineingedreht, und die Feder wirkt über die Kolbenstange auf den Keilspreizmechanismus. Durch Einströmen von Druckluft vor den Federspeicherkolben (Lösen der Feststellbremse) bewegt sich der Kolben entgegen der Federkraft, spannt die Feder und gibt die Bremse frei (gezeichnete Darstellung). Beim Betätigen der Betriebsbremse strömt Druckluft hinter die Membran und drückt über Kolbenscheibe und Druckstange auf den Keilspreizmechanismus. Drucksenkung führt wieder zum Lösen der Bremse.

Anhängersteuerventil

Das im Zugfahrzeug eingebaute Anhängersteuerventil steuert bei Zweileitungsbremsanlagen die Betriebsbremse des Anhängers an. Dieses mehrkreisige Relaisventil wird von beiden Betriebsbremskreisen und von der Feststellbremse angesteuert.

In Fahrstellung stehen Vorratskammer sowie die Kammer des Feststellbremskreises unter gleich hohem Druck, und die Anhängerbremsleitung ist über die zentrale Entlüftung entlüftet. Druckanstieg vor dem Steuerkolben von Bremskreis 1 (oben) und/oder von Bremskreis 2 (unten) führt zu entsprechendem Druckanstieg in der Anhängerbremsleitung. Durch den größeren Steuerkolben von Bremskreis 1 ist dieser gegenüber dem Steuerkolben von Kreis 2 bevorrechtigt. Drucksenkung in den Betriebsbremskreisen führt zur gleichen Absenkung in der Anhängerbremsleitung.

Bei Entlüftung des Feststellbremskreises (Bremsvorgang) erhöht sich der Druck in der Kammer zur Anhängerbremsleitung. Beim Entlüften des Feststellbremskreises (Lösevorgang) wird die Anhängerbremsleitung wieder entlüftet.

Kombibremszylinder für Keilbremsen.
1 Bremsleitung Einkammerzylinder, 2 Bremsleitung Federspeicherzylinder, 3 Druckstange, 4 Kolbenstange, 5 Löseschraube.

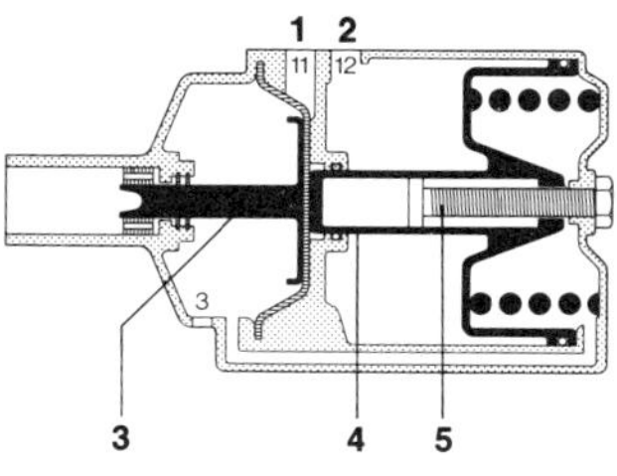

Anhängersteuerventil.
1 Betriebsbremskreis 1, 2 Feststellbremskreis, 3 Betriebsbremskreis 2, 4 Steuerkolben, 5 Entlüftung, 6 Steuerkolben, 7 Bremsleitung zum Anhänger, 8 Vorratsleitung zum Anhänger, 9 Steuerkolbeneinheit.

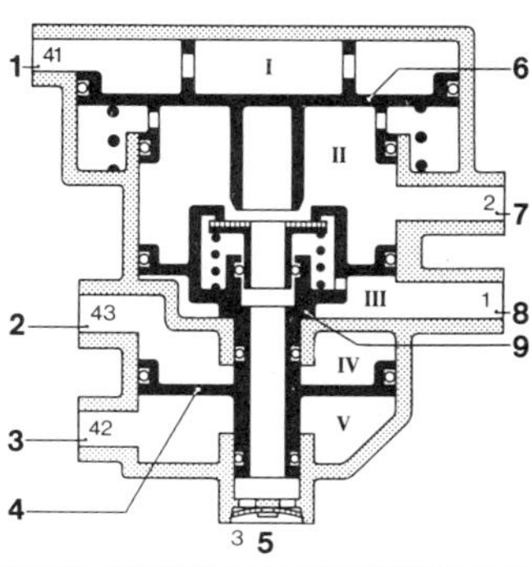

Antiblockiersystem ABS für Nfz

Das ABS verhindert bei zu starkem Bremsen das Blockieren der Räder. Deshalb bleibt das Fahrzeug auch bei Vollbremsung auf glatter Fahrbahn richtungsstabil und lenkbar. Gegenüber einer Bremsung mit blockierten Rädern wird in vielen Fällen ein kürzerer Bremsweg erreicht. Bei Fahrzeugkombinationen verhindert ABS das gefährliche Einknicken.

Nutzfahrzeuge haben im Unterschied zu Pkw pneumatische Bremsanlagen. Trotzdem gilt die Funktionsbeschreibung der ABS-Regelkreise bei Pkw (s. S. 528) sinngemäß auch für Nutzfahrzeuge.

Das ABS für Nfz besteht aus Drehzahlgebern, einem elektronischen Steuergerät und Drucksteuerventilen. Es regelt in jedem Bremszylinder den Bremsdruck, indem dieser aufgebaut, konstant gehalten oder durch Ablassen in die Umgebung abgebaut wird. Der Bremsdruck kann für jedes Rad individuell geregelt werden. Unter μ-Split-Bedingungen (unterschiedliche Reibwerte zwischen rechten und linken Rädern, z. B. Fahrbahnrand Glatteis, Fahrbahnmitte griffig) entsteht dann ein großes Giermoment um die Hochachse des Fahrzeugs, verbunden mit einem großen Lenkmoment infolge der positiven Lenkrollradien bei Nutzfahrzeugen. Fahrzeuge mit kurzem Radstand lassen sich dadurch schwer beherrschen. Bei ungleichen Reibwerten rechts/links werden deshalb die Gier- und Lenkmomente durch eine Modifizierung der Individualregelung an der Lenkachse begrenzt. Die Bremsdruckdifferenz zwischen rechtem und linkem Bremszylinder übersteigt dabei nicht ein zulässiges Maß.

Schema des ABS bei Einachs-Anlagen (Sattelauflieger, oben), Zweiachs-Anlagen (Mitte) und Dreiachs-Anlagen (Gelenkbus, unten).

1 Drehzahlfühler
2 elektronisches Steuergerät
3 Drucksteuerventil
4 Betriebsbremsventil
5 Bremszylinder
6 Impulsring

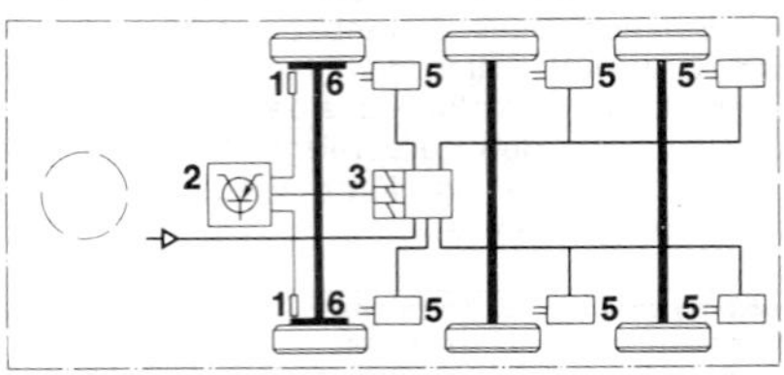

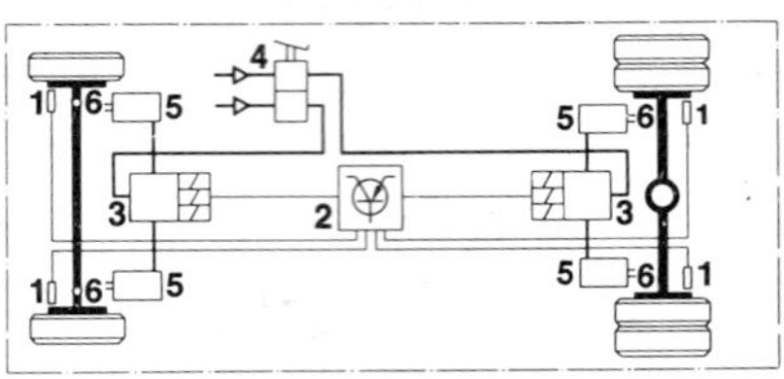

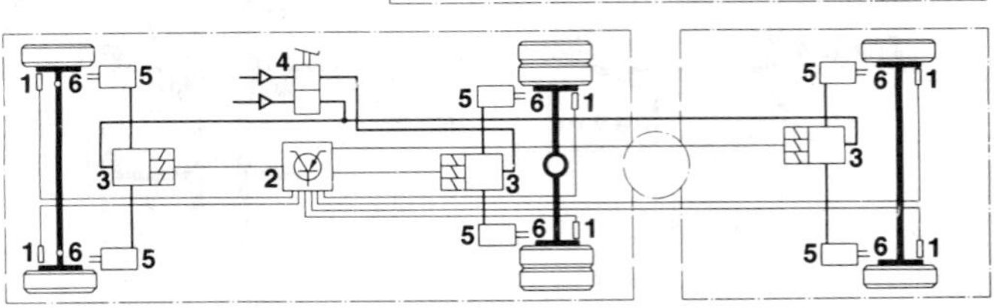

Um die vielfältigen Nfz-Typen leistungs- und kostenoptimal ausrüsten zu können, sind – entsprechend der Anzahl geregelter Achsen – Einachs-, Zweiachs- und Dreiachs-ABS-Anlagen verfügbar. Einachs-Anlagen werden hauptsächlich bei Sattelanhängern mit Ein-, Zwei- oder Dreiachsaggregaten eingesetzt. Hierbei werden die Räder einer Achse individuell geregelt. Auf weitere Achsen wirkt der gleiche Bremsdruck wie auf die geregelte Achse. Zweiachs-Anlagen finden Verwendung bei zweiachsigen Bussen, Lkw und Anhängern; außerdem bei dreiachsigen Fahrzeugen mit einem Zweiachsaggregat, dessen Achsen mit einem Regelkreis bedient werden können. Dreiachsanlagen sind hauptsächlich für Fahrzeuge mit größerem Achsabstand, z. B. Gelenkbusse, bestimmt. Alle Anlagen können mit Einkanal- oder Zweikanal-Drucksteuerventilen ausgerüstet werden (s. S. 523).

Bei betätigter Dauerbremse (Motorbremse oder Retarder) überwacht das ABS den Bremsschlupf und regelt ihn im zulässigen Bereich durch Ab- und Zuschalten der Dauerbremse.

In Nutzfahrzeugen mit pneumatisch/hydraulischen Umsetzern, z. B. für Scheibenbremsen, regelt das ABS den pneumatischen Bremskreis.

Bei Fahrzeugkombinationen ist eine ABS-Vollausrüstung optimal, aber bereits mit ABS-Teilausrüstung (ABS im Zugfahrzeug oder Anhänger) ist ein Nfz-Zug besser beherrschbar.

Zugfahrzeuge und Anhänger mit ABS-Anlagen verschiedener Hersteller lassen sich beliebig kombinieren, wenn zwischen beiden Fahrzeugen eine ABS-Steckdose nach DIN ISO 7638 verwendet wird.

ABS-Bremsdruckdiagramme bei 2-Kanal-Drucksteuerventilen.

Individualregelung (Hinterachse)

v_F Fahrzeuggeschwindigkeit
v_{RR} Radgeschwindigkeit rechts
v_{RL} Radgeschwindigkeit links
p_{ZR} Bremszylinderdruck rechts
p_{ZL} Bremszylinderdruck links

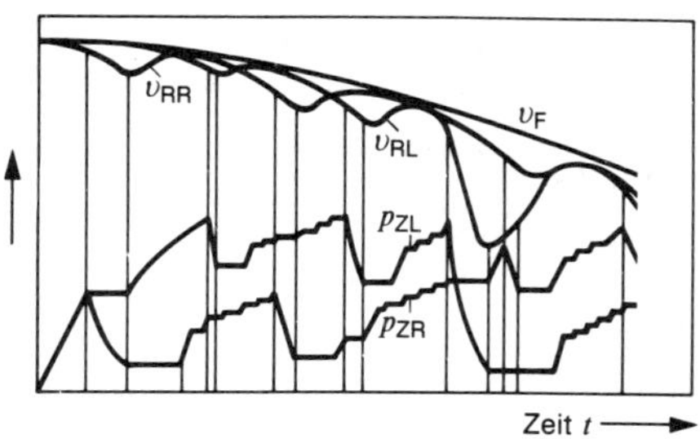

Individualregelung modifiziert (Vorderachse)

p_{max} Vorratsdruck
p_L Bremszylinderdruck (links), individuell geregelt
p_{Lm} Bremszylinderdruck (links), modifiziert individuell geregelt
p_R Bremszylinderdruck (rechts)

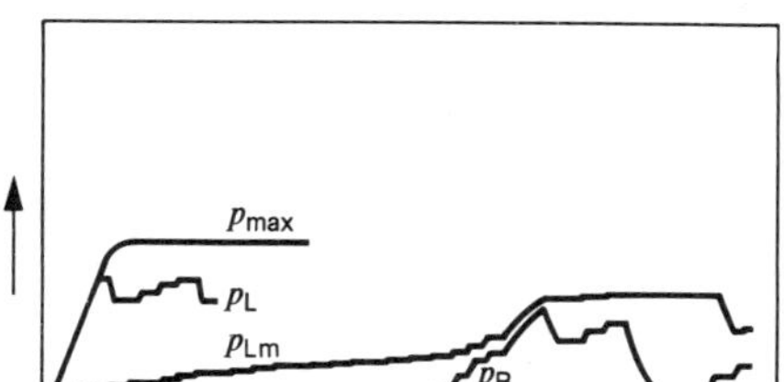

Drehzahlgeber

Ein Drehzahlgeber besteht aus einem verzahnten Impulsring und einem induktiven Drehzahlfühler. Der Impulsring ist an der Nabe montiert und erzeugt bei drehendem Rad im Drehzahlfühler eine Wechselspannung, deren Frequenz proportional der Radgeschwindigkeit ist.

Der Drehzahlfühler wird mit einer Federhülse in einer Aufnahmebohrung gehalten. Beim Einbau ins Fahrzeug wird er bis zum Anschlag an den Impulsring geschoben. Infolge des Radlagerspiels und der elastischen Verformungen der Achse wird er während der Fahrt durch den Impulsring herausgeschoben und somit auf den notwendigen Abstand selbsttätig eingestellt.

Elektronisches Steuergerät

Das elektronische Steuergerät ist im wesentlichen in digitaler Schaltungstechnik aufgebaut und enthält redundant angeordnete Mikrocomputer. Diese berechnen aus den Drehzahlfühler-Signalen die Radgeschwindigkeiten sowie die Radverzögerungen und -beschleunigungen. Aus den Radgeschwindigkeiten zweier diagonal gegenüberliegender Räder wird eine Fahrzeugreferenzgeschwindigkeit gebildet. Mit dieser Referenzgeschwindigkeit und den einzelnen Radgeschwindigkeiten kann der Bremsschlupf für jedes Rad berechnet werden. Aus den Signalen Radbeschleunigung und Schlupf wird eine eventuell vorhandene Blockierneigung der Räder bestimmt. Ein im Mikrocomputer programmierter Regler steuert dann die Magnete der Drucksteuerventile an, über die der Bremsdruck in den einzelnen Bremszylindern beeinflußt wird.

Das elektronische Steuergerät enthält ein umfangreiches Programm zur Fehlererkennung im gesamten Antiblockiersystem (Drehzahlfühler, Steuergerät, Drucksteuerventile, Kabelbaum).

Wird ein Fehler erkannt, schaltet das Steuergerät den defekten Teil des ABS ab. Eine Warnlampe zeigt die Abschaltung an. Die Betriebsbremsanlage bleibt voll funktionsfähig.

Einbau eines Drehzahlgebers in eine Antriebsachse.
1 Drehzahlfühler, 2 Federhülse, 3 Impulsring, 4 Achsrohr, 5 Radnabe.

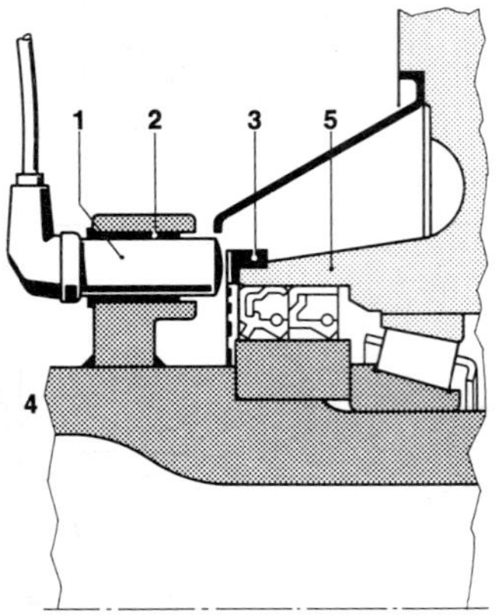

Blockschaltbild des ABS-Steuergerätes.
1 Drehzahlfühler, 2 Giermomentbegrenzung, 3 Steuergerät, 4 Eingangsstufen, 5 Rechner (Mikrocomputer 1.1 ... 2.2), 6 Endstufen (IC), 7 Drucksteuerventil, 8 Retarderrelais, 9 Warnleuchte, 10 Ventilrelais.

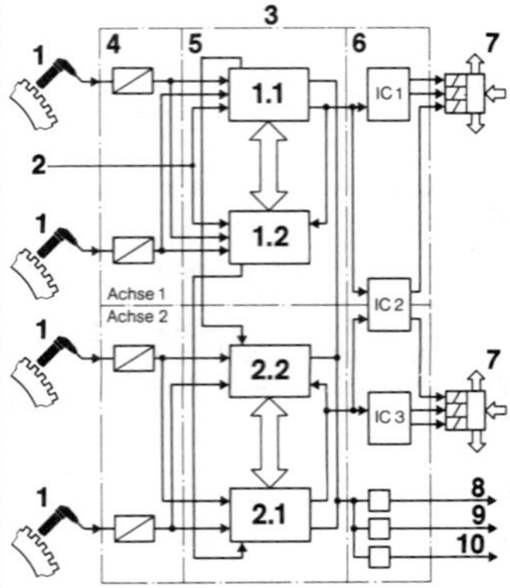

Zur Beschleunigung der Fehlersuche in der Werkstatt kann die Eigendiagnose der Steuergeräte durch Tastendruck eingeschaltet werden. Eine blinkende Diagnoselampe zeigt dann den fehlerhaften Signalpfad an.

Drucksteuerventil

Die Drucksteuerventile bestehen aus den elektromagnetischen 3/2-Vorsteuerventilen und den mit ausreichend großen Querschnitten versehenen pneumatischen 2/2-Membranventilen. Werden die Vorsteuerventile von der Elektronik in entsprechenden Kombinationen angesteuert, erhält man die Funktionen „Druck halten bzw. abbauen". Keine Ansteuerung bedeutet „Druckaufbau".

Während einer Bremsung ohne Ansprechen des ABS (keine Blockierneigung der Räder) durchströmt die Luft beim Be- und Entlüften der Bremszylinder die Ventile ungehindert in beiden Richtungen.

Um die verschiedenen Fahrzeugtypen möglichst kostenoptimal mit ABS ausrüsten zu können, gibt es ein- und zweikanalige Ausführungen des Drucksteuerventils. Die einkanalige Ausführung wird überwiegend dort eingesetzt, wo das Drucksteuerventil seitlich von Motor und Getriebe in Radnähe eingebaut werden muß. Die zweikanalige Ausführung ermöglicht infolge der Kompaktbauweise einen zentralen Ventileinbau an einer Achse. Dieser Vorteil kann meist bei Omnibussen und Anhängern genutzt werden.

Elektronisches Steuergerät zur Anhängererkennung

Wird das ABS in Fahrzeugkombinationen eingesetzt, dann hat jedes der beiden Fahrzeuge sein eigenes ABS. Im Zugfahrzeug ist zusätzlich das Steuergerät zur Anhängererkennung installiert, das den Fahrer mit einer Warn- und einer Informationslampe über die Ausrüstung des Anhängers informiert:

- Aufleuchten der Warn- und Informationslampe bedeutet „Störung im Anhänger-ABS",
- Aufleuchten nur der Informationslampe bedeutet „Anhänger ohne ABS".

Drucksteuerventil (schematisch).
1 Halteventil (Kanal 1), 2 Auslaßventil, 3 Halteventil (Kanal 2), 4 Magnetventil zur Vorsteuerung des Halteventils (1), 5 Magnetventil zur Vorsteuerung des Auslaßventils (2), 6 Magnetventil zur Vorsteuerung des Halteventils (3), 7 Bremszylinder (Kanal 1), 8 Betriebsbremsventil, 9 Entlüftung, 10 Bremszylinder (Kanal 2).

1-Kanal-Drucksteuerventil.

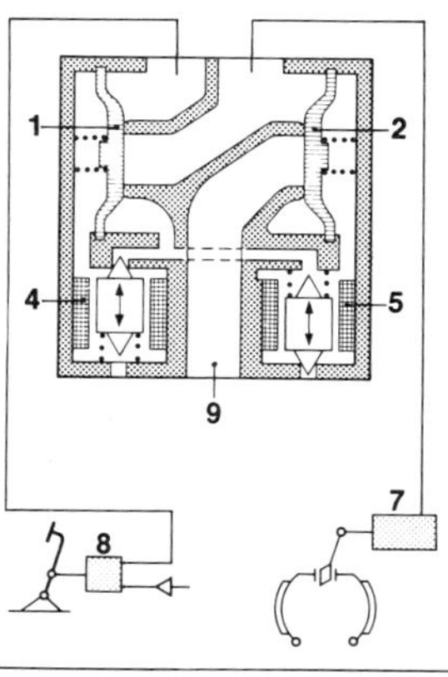

2-Kanal-Drucksteuerventil.

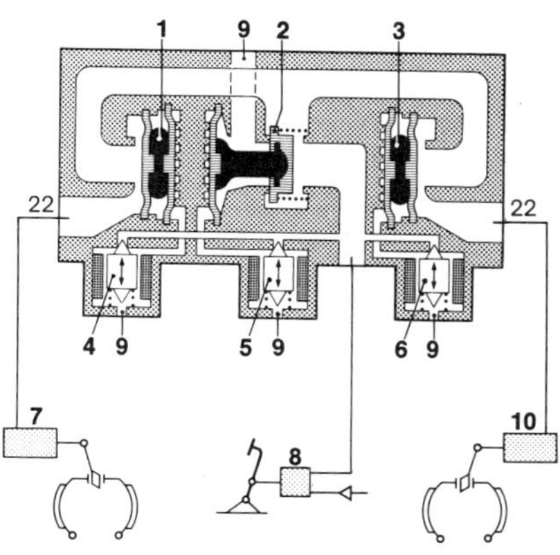

Bremsausrüstung für Pkw und leichte Nkw

Muskelkraftbremsanlagen s. S. 512.

Hydraulische Bremsanlagen
Verwendung bei Pkw und leichten Nutzfahrzeugen. Sie können als Hilfskraft- oder als Fremdkraft-Bremsanlagen ausgeführt sein. Hilfskraftbremsanlagen haben vorzugsweise einen Vakuumbremsverstärker. Die Übertragung zu den Radbremsen erfolgt mit Bremsflüssigkeit. Das Vakuum wird bei Ottomotoren durch Anschluß an das Saugrohr des Motors, bei Dieselmotoren durch Vakuumpumpen erzeugt. Die Höhe des Unterdruckes beträgt 0,5 ... 0,9 bar. Vakuumbremsverstärker arbeiten nach dem Zweikammerprinzip.

In Lösestellung sind beide Seiten des Arbeitskolbens abgesaugt. Beim Bremsen wird die rechte Seite des Arbeitskolbens belüftet. Hierdurch ergeben sich trotz der geringen Druckunterschiede sehr kurze Ansprechzeiten. Das Gerät ist gleichzeitig ein Energiespeicher für ca. 2 Vollbremsungen.
Vorteile: Vakuum-Geräte erfordern im Gegensatz zur Druckluft keine Luftaufbereitung. Durch den trockenen Betrieb ist Einfriergefahr im Winter nicht gegeben.
Nachteil: Wegen des geringen Druckunterschieds zur Atmosphäre sind großbauende, oft mit zwei hintereinander geschalteten Arbeitskolben arbeitende Geräte erforderlich.

Bremsanlagen mit hydraulischer Energiequelle und hydraulischer Übertragungseinrichtung
Sie können als Fremdkraft- oder als Hilfskraftbremsanlagen gebaut sein. Beide Anlagen können im Speichersystem (mit Energiespeicher) arbeiten, die Hilfskraftbremsanlage auch im Durchflußsystem mit Hilfsspeicher. Bei Hilfskraftbremsanlagen können unterschiedliche Flüssigkeiten für die Energiequelle (Mineralöl) und die Übertragungseinrichtung (Bremsflüssigkeit) verwendet werden. Als Energiequelle wird auch die Lenkungspumpe verwendet, bei der über einen Mengenteiler die für die Bremsanlage notwendige Energie von der Lenkung abgezweigt wird. In Verbindung mit einem Automatischen Blockierverhinderer (ABS) wird als Energiequelle für einen hydraulischen Bremsverstärker auch eine von einem Elektromotor angetriebene Pumpe verwendet. In diesem Fall ist die Hydraulikflüssigkeit für Verstärkung und Übertragung Bremsflüssigkeit.

Als Betätigungseinrichtung dient bei Fremdkraftbremsanlagen ein Bremsventil mit Reaktionskolben, bei Hilfskraftbremsanlagen ein Bremsverstärker mit Reaktionskolben. Die Druckflüssigkeit wird in Energiespeichern (Hydrospeicher), in denen Gas (meist Stickstoff) komprimiert ist, gespeichert. Gas und Flüssigkeit werden durch eine elastische Blase (Blasenspeicher) oder Membran (Membranspeicher) oder einen Kolben mit Gummidichtung (Kolbenspeicher) getrennt.
Vorteile: Gegenüber Anlage mit Vakuum-Bremsverstärker Geräte in Gewicht und Volumen kleiner, kurze Ansprechzeit, weil Flüssigkeit inkompressibel.
Nachteil: Leckagen bedeuten Druckmittelverlust.

Bremskreisaufteilung
Die gesetzlichen Vorschriften erfordern eine zweikreisige Übertragungseinrichtung. Es gibt 5 Möglichkeiten.

Geräte für Bremsanlagen s. S. 526.

Bremsflüssigkeiten nach Federal Motor Vehicle Safety Standard (FMVSS)
DOT: Department of Transportation (USA)

Bezeichnung (Zusammensetzung u. Eigenschaften s. DIN-ISO 4925).	Viskosität bei −40° C	Kochpunkt	Naßkochpunkt
Konventionelle Bremsflüssigkeit DOT 3	max. 1500 mm²/s	min. 205 °C	min. 140 °C
Bremsflüssigkeit für Scheibenbremsen DOT 4	max. 1800 mm²/s	min. 230 °C	min. 155 °C

Bezeichnung für die Bremskraftaufteilung (DIN 74 000).

Kurz-zeichen	Art der Aufteilung ← Fahrtrichtung	Bemerkungen
TT	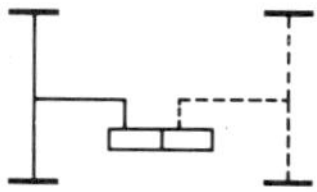	**Vorderachs-, Hinterachs-Aufteilung** In jedem Kreis wird eine Achse gebremst
K	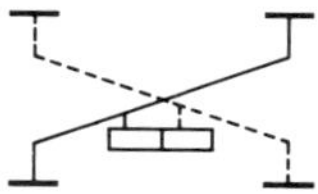	**Diagonal-Aufteilung** In jedem Kreis wird ein Vorderrad und das diagonal gegenüberliegende Hinterrad gebremst
HT	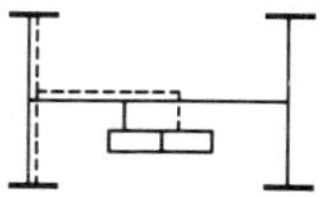	**Vorder- und Hinterachs-, Vorderachs-Aufteilung** Ein Kreis wirkt auf die Vorderachse und auf die Hinterachse und ein Kreis wirkt nur auf die Vorderachse
LL	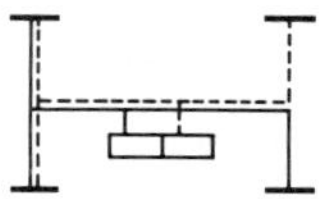	**Vorderachs- und Hinterrad-, Vorderachs- und Hinterrad-Aufteilung** Jeder Kreis wirkt auf die Vorderachse und auf ein Hinterrad
HH	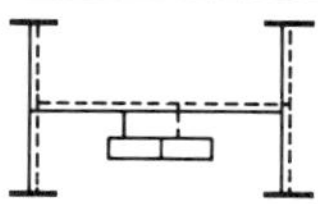	**Vorder- und Hinterachs-, Vorder- und Hinterachs-Aufteilung** Jeder Kreis wirkt auf die Vorderachse und auf die Hinterachse.

Hydraulische Bremsanlage (Pkw).
1 Bremspedal, 2 Vakuumbremsverstärker, 3 Tandemhauptzylinder, 4 Bremsflüssigkeitsbehälter, 5 Scheibenbremse (vorn), 6 Bremskraftregler, 7 Trommelbremse (hinten).

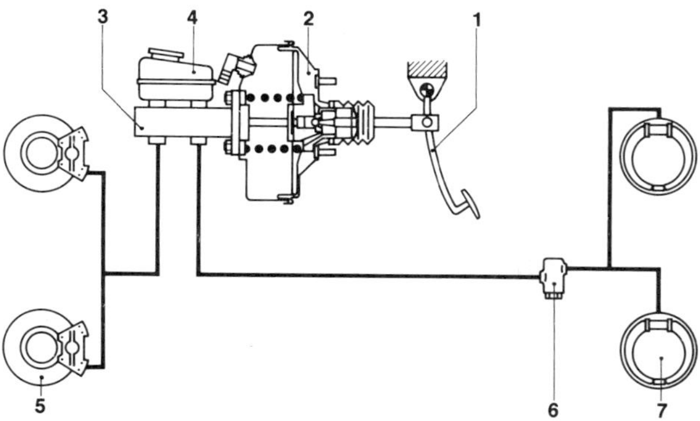

Vakuum-Bremskraftverstärker

Der Vakuum-Bremskraftverstärker ist ein Fußkraftverstärker, der mit einem Tandem-Hauptzylinder kombiniert ist. Der Verstärkungsfaktor i (siehe Kennlinien) kann durch entsprechende Wahl der Hebelsteuerung konstruktiv verändert werden. Über die Hebelsteuerung wird der Fußkraft eine proportionale Unterstützungskraft überlagert, die zusätzlich auf den Tandem-Hauptzylinder wirkt. Gleichzeitig wird dem Fahrer eine Reaktionskraft vermittelt, die es ihm ermöglicht, die Bremswirkung gut zu dosieren. Bei Ausfall der Unterstützungskraft wirkt nur noch die Fußkraft.

Tandem-Hauptzylinder

Der Tandem-Hauptzylinder wird entweder direkt über eine Pedalübersetzung oder, falls die Fußkraft nicht ausreicht, über einen Fußkraftverstärker (z. B. Vakuum-Bremskraftverstärker) betätigt.

Wirkungsweise: Der Druckstangenkolben drückt nach Überfahren des Schnüffellochs I die Bremsflüssigkeit in den Bremskreis I. Durch das Zusammendrücken der Feder und den Druckaufbau im Bremskreis I wird der Zwischenkolben betätigt, der das Schnüffelloch II überfährt und Druck im Bremskreis II aufbaut. Der Bremsdruck ist proportional der Fußkraft.

Der Anschluß für Bremskreis I, der die hinteren Trommelbremsen versorgt, hat ein Vordruckventil, welches bei gelöster Bremse einen Restdruck von ca. 1,5 bar sichert. Hiermit wird das Eindringen von Luft über die Radzylinder-Manschetten vermieden. Die Bremskreise für Scheibenbremsen haben keinen Vordruck.

Im gelösten Zustand stellen die beiden Schnüffellöcher sicher, daß temperatur- und leckagebedingte Mengen- und Druckänderungen zwischen dem Ausgleichsbehälter und den Bremskreisen entstehen können.

Wirkungsweise bei Ausfall eines Bremskreises:

– Ausfall Bremskreis I

Der Druckstangenkolben bewegt sich vor bis zum Zwischenkolben und überträgt mechanisch die Kraft auf den intakten Bremskreis II, der hiermit den vollen Bremsdruck erzeugen kann.

– Ausfall Bremskreis II

Der intakte Bremskreis I schiebt hydraulisch den Zwischenkolben gegen den Anschlag im Gehäuse. Es kann sich dann im Bremskreis I der volle Bremsdruck bilden.

Vakuum-Bremskraftverstärker mit Hebelsteuerung. *1 Ausgangskraft (zum Tandem-Hauptzylinder), 2 Vakuumanschluß, 3 Eingangskraft (Fußkraft), 4 Atmosphäre, 5 Arbeitsdruck.*

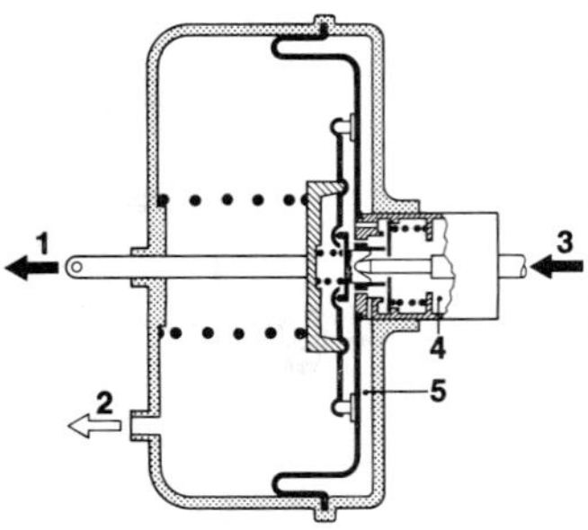

Kennlinien des Vakuum-Bremskraftverstärkers *in Abhängigkeit vom Wirkdurchmesser (Typ = Wirkdurchmesser in Zoll) bei Unterdruck (0,8 bar).*

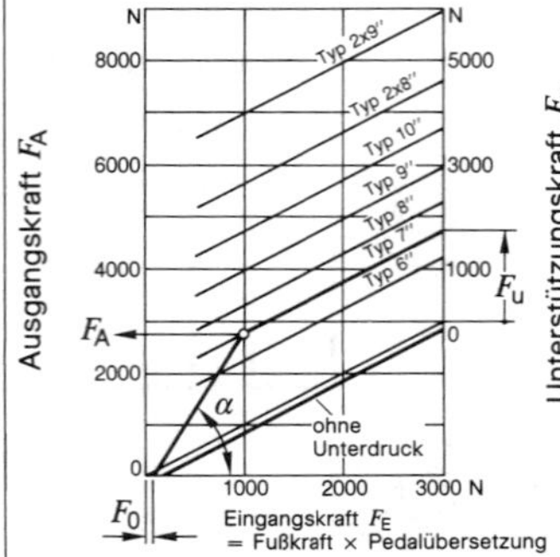

Verstärkungsfaktor $i = \tan\alpha = \frac{F_A}{F_E - F_0}$

Der Ausfall eines Bremskreises bewirkt eine wesentliche Verringerung der Bremswirkung, eine deutlich spürbare Vergrößerung des Pedalwegs und Verlust von Bremsflüssigkeit in einer der beiden Kammern des Ausgleichbehälters.

Bremskraftregler

Je stärker der Fahrer bremst, um so größer wird die dynamische Gewichtsverlagerung von der Hinterachse zur Vorderachse. Beim leeren Fahrzeug kann die Bremskraft an der Hinterachse so groß sein, daß die Hinterachse vor der Vorderachse zum Blockieren kommt. Dieser Zustand kann zur Bremsinstabilität, also zum Schleudern des Fahrzeugs führen. Bremsstabilität entsteht dann, wenn unabhängig vom Beladungszustand die Vorderachse immer vor der Hinterachse zum Blockieren kommt. Die richtige Bremskraftverteilung läßt sich durch Bremskraftregler erzielen, die in der Bremsleitung zu den Rädern der Hinterachse eingebaut werden. Angepaßt an die jeweiligen Fahrzeugdaten gibt es verschiedene Arten von Bremskraftreglern:

– Bremskraftregler mit fest eingestelltem Umschaltdruck,
– lastabhängige Bremskraftregler mit vom Beladungszustand des Fahrzeugs variablem Umschaltdruck.

Der lastabhängige Bremskraftregler ist im Bereich der Hinterachse befestigt. Die Einfederung zwischen Achse und Aufbau wird als Maß für den Beladungszustand verwendet und über ein mechanisches Gestänge auf die Regelfeder im Bremskraftregler übertragen. Die Regelfeder wirkt auf einen Stufenkolben. Beim Anbremsen hält die Regelfeder den Ventilsitz am Stufenkolben offen, bis der Bremsdruck einen Wert erreicht hat, der entsprechend der Wirkfläche des Stufenkolbens der Kraft der Regelfeder entspricht. Die weitere Drucksteigerung über den Umschaltpunkt hinaus erfolgt mit einer Steigung entsprechend dem Wirkdurchmesser-Unterschied des Stufenkolbens. Die Kennlinien zeigen diese Steigung als Kurvenschar der verschiedenen Beladungszustände.

Tandem-Hauptzylinder. *1 Zwei-Kammer-Ausgleichsbehälter, 2 Gehäuse, 3 Schnüffelloch für Bremskreis II, 4 Druckfeder, 5 Schnüffelloch für Bremskreis I, 6 Druckstangenkolben, 7 vorderer Bremskreis II, 8 Zwischenkolben, 9 Vordruckventil, 10 hinterer Bremskreis I.*

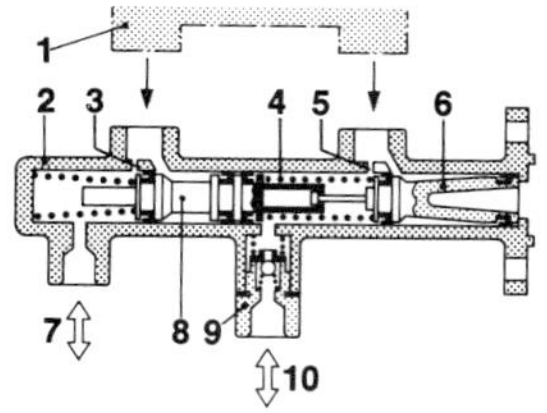

Kennlinien eines lastabhängigen Bremskraftreglers.

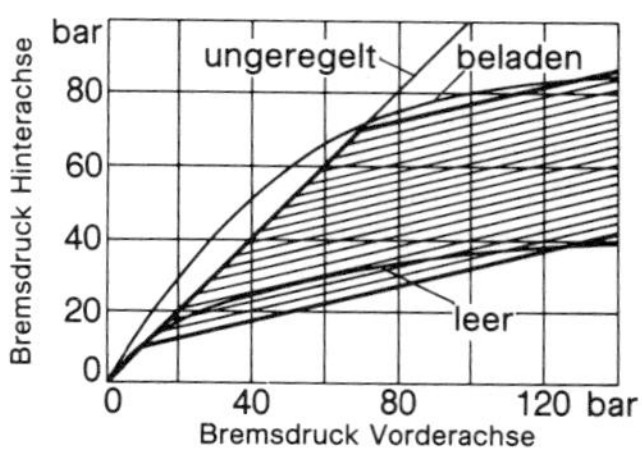

Lastabhängiger Bremskraftregler. *1 vom Tandem-Hauptzylinder, 2 zu den Radbremsen, 3 mechanisches Gestänge, 4 Regelfedern, 5 Stufenkolben.*

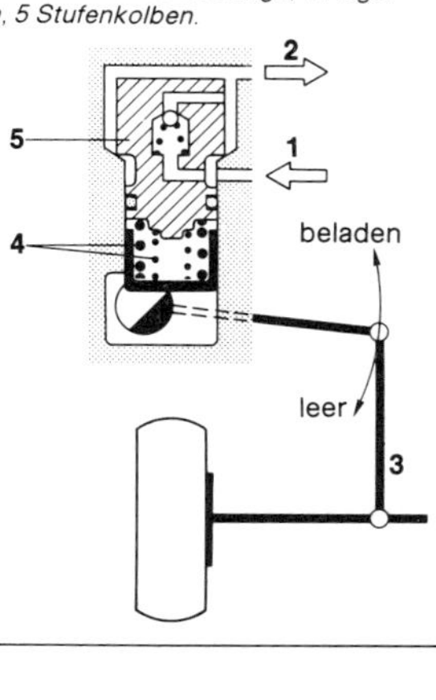

Antiblockiersysteme ABS für Pkw

Antiblockiersysteme ABS sind Regeleinrichtungen im Bremssystem, die das Blockieren der Räder beim Bremsen verhindern.

Regelvorgang

Beim Anbremsen wird der Bremsdruck gesteigert, der Bremsschlupf λ nimmt zu und erreicht im höchsten Punkt der Kraftschluß-Schlupfkurve die Grenze zwischen stabilem und instabilem Gebiet. Einer weiteren Erhöhung des Bremsdrucks bzw. Bremsmoments steht ab hier keine weitere Steigerung der Bremskraft F_B gegenüber. Im stabilen Gebiet ist der Bremsschlupf weitgehend Formänderungsschlupf und im instabilen Gebiet zunehmend Gleitschlupf.

Bremsschlupf $\lambda = (v_F - v_R)/v_F \cdot 100\%$
Radgeschwindigkeit $v_R = r \cdot \omega$
Bremskraft $F_B = \mu_B \cdot G$
Seitenkraft $F_B = \mu_S \cdot G$
μ_B Bremskraftbeiwert,
μ_S Seitenkraftbeiwert.

Je nach Verlauf der Schlupfkurve findet ein mehr oder weniger starker Abfall des Bremskraftbeiwertes μ_B statt. Das daraus resultierende Überschußmoment bewirkt ohne ABS ein Abbremsen des Rades bis zum Stillstand in kürzester Zeit, das sich in einem starken Ansteigen der Radverzögerung äußert.

Der Raddrehzahlgeber überwacht den Bewegungszustand des Rades. Tritt an einem Rad eine Blockierneigung auf, so nehmen Radumfangsverzögerung und Radschlupf stark zu. Wenn sie bestimmte kritische Werte überschreiten, gibt der Regler Befehle an die Magnetventileinheit, den Aufbau des Radbremsdrucks zu stoppen bzw. diesen Druck abzubauen, bis die Blockiergefahr beseitigt ist. Damit das Rad nicht unterbremst ist, muß der Bremsdruck dann erneut aufgebaut werden. Während der Bemsregelung muß wechselweise immer wieder die Stabilität und die Instabilität der Radbewegung erkannt werden, und durch eine zyklische Folge von Druckaufbau-, Druckabbau- und Druckhaltephasen muß das Rad im Schlupfbereich mit maximaler Bremskraft geregelt werden.

Kräfte am gebremsten Rad.
G Gewichtskraft, F_B Bremskraft, F_S Seitenkraft, v_F Fahrzeuggeschwindigkeit, α Schräglaufwinkel, ω Winkelgeschwindigkeit.

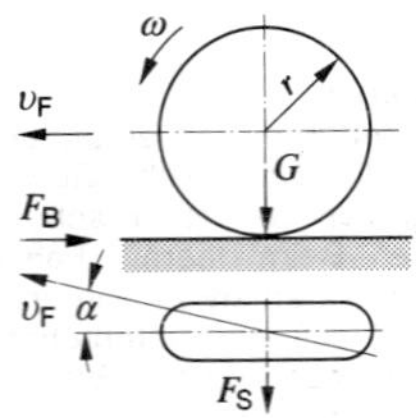

Kraftschluß-Schlupfkurve.
Kurvenverlauf je nach Straßenbeschaffenheit und Reifenzustand stark unterschiedlich.

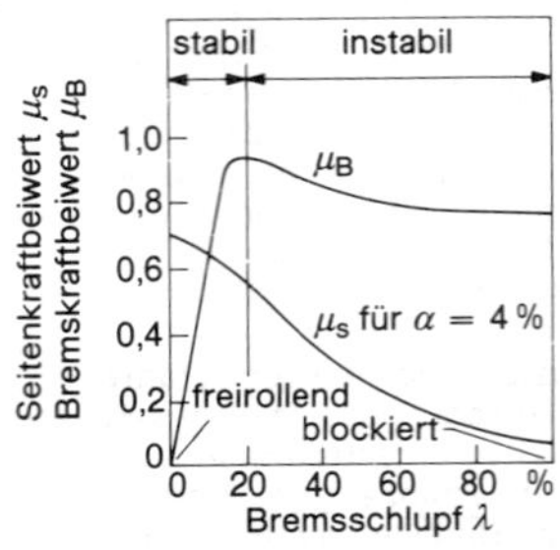

ABS-Regelkreis.
1 Magnetventileinheit, 2 Hauptzylinder, 3 Bremszylinder, 4 elektronisches Steuergerät, 5 Raddrehzahlgeber.

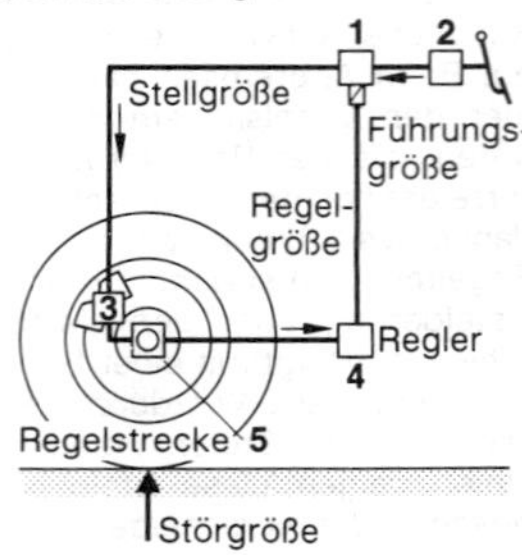

Störgrößen im Regelkreis

Das ABS muß folgende Störgrößen berücksichtigen:

– Änderungen des Kraftschlusses zwischen Reifen und Fahrbahn durch unterschiedliche Fahrbahnoberflächen und durch Veränderung der Radlasten, z. B. bei Kurvenfahrt.

– Fahrbahnunebenheiten, die Rad- und Achsschwingungen hervorrufen.

– Unrundheit, Hysterese der Bremsen.

– Auffahren auf eine homogene Fahrbahn mit großem μ_B nach dem Bremsen auf einer Fahrbahn mit unterschiedlichem Kraftschluß rechts – links.

Kriterien der Regelgüte

Folgende Kriterien zur Regelgüte müssen von leistungsfähigen Antiblockiersystemen erfüllt werden:

● Erhaltung der Fahrstabilität durch Bereitstellung ausreichender Seitenführungskräfte an den Hinterrädern.

● Erhaltung der Lenkbarkeit durch Bereitstellung ausreichender Seitenführungskräfte an den Vorderrädern.

● Bremswegverkürzungen gegenüber Blockierbremsungen durch optimale Ausnützung des Kraftschlusses zwischen Reifen und Fahrbahn.

● Schnelle Anpassung des Bremsdruckes an unterschiedliche Kraftschlußbeiwerte.

● Gewährleistung kleiner Regelamplituden des Bremsmoments zur Vermeidung von Fahrwerkschwingungen.

ABS-System-Varianten

Die Übersicht zeigt sieben System-Varianten, die – nach der Anzahl Kanäle und Sensoren gegliedert – nachfolgend beschrieben sind.

4-Kanal-System mit individueller Regelung aller Räder (Variante 1)

Beim Bremsen auf asymmetrischen Fahrbahnen ist das Giermoment (Drehmoment um die Hochachse) so groß, daß die Fahrstabilität nicht hinreichend gesichert ist. Dieses System läßt regelungstechnisch die Umschaltung der Hinterradbremsen-Ansteuerung auf Select-low-Betrieb zu.

4-Kanal-System mit diagonaler Bremskreisaufteilung (Variante 2)

Hier werden die Vorderräder einzeln, die Hinterräder jedoch gemeinsam nach der Methode „Select-low" (das Hinterrad mit dem kleineren Kraftschlußbeiwert bestimmt den gemeinsamen Bremsdruck der Hinterräder) geregelt. An den Hinterrädern sind hier wegen der diagonalen Bremskreisaufteilung zwei Ventileinheiten erforderlich. Bei diesem sowie beim folgenden

3-Kanal-System (Variante 3)

ist das Giermoment beim Bremsen auf asymmetrischen Fahrbahnen so weit herabgesetzt, daß auch dieser Bremszustand bei Pkw mit großem Radstand und großem Massenträgheitsmoment

ABS-System-Varianten.

□ Regelkanal, ◄ Sensor, ◁ Sensor (Alternative zum Differentialsensor)

4-Kanal 4 Sensoren		3-Kanal 3 Sensoren	2-Kanal			1-Kanal 1 Sensor
			3 Sensoren	2 Sensoren		
vorn – hinten	diagonal	vorn – hinten	vorn – hinten	vorn – hinten	diagonal	vorn – hinten
Variante 1	Variante 2	Variante 3	Variante 4	Variante 5	Variante 6	Variante 7

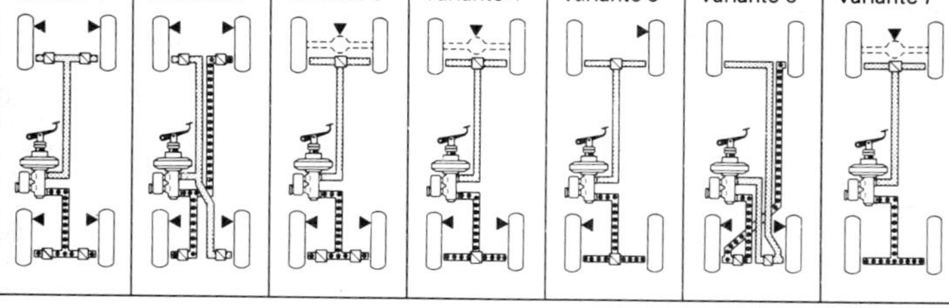

um die Hochachse gut beherrscht wird. Bei Pkw mit kleinem Radstand und kleinem Massenträgheitsmoment ist jedoch eine elektronische Verzögerung des Giermomentaufbaus erforderlich. Sie bewirkt beim Bremsen auf asymmetrischen Fahrbahnen einen verzögerten Aufbau des Bremsmoments am Vorderrad mit großem Kraftschlußbeiwert. Dadurch gewinnt der Fahrer genügend Zeit, um das Giermoment durch eine entsprechende Lenkbewegung zu korrigieren.

Diese beiden Ausführungen der Variante 3 erfüllen alle Anforderungen an Fahrstabilität, Lenkbarkeit und Abbremsung.

2-Kanal-Systeme (Varianten 4, 5, 6)

Bei den Varianten 4 und 5 in der Betriebsart „Select-high" (das Vorderrad mit dem größeren Kraftschlußbeiwert bestimmt den gemeinsamen Bremsdruck der Vorderräder) sind Lenkbarkeit und Fahrstabilität auf asymmetrischen Fahrbahnen beeinträchtigt. Wenn an den Vorderrädern auf asymmetrischer Fahrbahn gebremst wird und die Vorderräder anschließend auf eine homogene Fahrbahn mit großem Kraftschlußbeiwert auffahren, so baut sich am zuvor blockierten Rad schlagartig die volle, dem großen Kraftschlußbeiwert entsprechende Bremskraft auf. Dadurch entsteht plötzlich ein großes Giermoment.

Die Variante 6 kann nur bei diagonaler Bremskreisaufteilung verwendet werden. Bei dieser Ausführung werden die Bremsdrücke an den Vorderrädern einzeln geregelt, während die Hinterrad-Bremsdrücke mitgesteuert werden. Unter dem Einfluß des Motorschleppmoments bei eingekuppeltem Motor ist beim Fronttriebler die Lenkbarkeit nicht ausreichend, während beim Hecktriebler die Fahrstabilität nicht gesichert ist.

1-Kanal-System (Variante 7)

Diese Ausführung kann die Fahrstabilität nur bei Geradeausbremsungen auf symmetrischen Fahrbahnen sichern. Lenkbarkeit ist nicht gegeben. Die Bremswege sind nicht optimal.

ABS-Ausführungen

ABS 2 (Bosch)

Bei diesem System sind ABS und Bremskraftverstärker baulich getrennt.

Das 3-Kanal-Hydroaggregat für die Bremskreisaufteilung vorne – hinten umfaßt drei Magnetventile, die drei Stellungen ermöglichen, und eine Rückförderpumpe mit elektrischem Antriebsmotor. In der ersten, nicht erregten Stellung besteht ein ungehinderter Durchgang vom Hauptzylinder zum Radbremszylinder, so daß beim Anbremsen und während der Bremsregelung der Radbremsdruck ansteigt. In der zweiten, mit halbem Maximalstrom erregten Stellung wird der Durchgang vom Hauptzylinder zum Radbremszylinder unterbrochen, so daß der Radbremsdruck konstant gehalten wird. In der dritten, mit Maximalstrom erregten Stellung wird der Radbremszylinder mit dem Rücklauf verbunden, so daß der Radbremsdruck sinkt.

Am Anker des Magnetventils befindet sich eine vorgespannte Feder, deren Kraft den Ankerweg bei den zwei unterschiedlichen Steuerströmen begrenzt. Der Rücklauf führt über zwei kleine Niederdruckspeicher mit 2 cm^3 Volumen zu den beiden Zylinderräumen der Kolbenpumpe, die die Bremsflüssigkeit über die Dämpfer zum Hauptzylinder zurückfördert, wenn den Radbremszylindern zum Druckabbau Bremsflüssigkeit entnommen wird. Der Druckabbau dauert etwa 20 ms und der Druckaufbau etwa 200 ms.

Beim 4-Kanal-Hydroaggregat für diagonale Bremskreisaufteilung sind vier Magnetventile erforderlich, weil die Hinterradbremsen zu verschiedenen Bremskreisen gehören. Die beiden Hinterradventile werden jedoch gemeinsam angesteuert, so daß in den Hinterradbremsen derselbe Druck herrscht.

Der abgebildete Regelzyklus zeigt eine Bremsregelung bei großem Kraftschlußbeiwert. Im elektronischen Steuergerät wird die Raddrehzahländerung (Verzögerung) ermittelt. Nach Unterschreiten der $(-a)$-Schwelle wird die Ventileinheit des Hydroaggregates auf Druckhalten geschaltet. Unterschreitet dann die Radgeschwindigkeit zusätzlich die Schlupfschaltschwelle λ_1, so wird die Ventileinheit auf Druckabbau geschaltet, und zwar so lange, wie das $(-a)$-Signal ansteht. Während der nachfolgenden Druckhaltephase nimmt die Radumfangsbeschleunigung zu, bis die $(+a)$-Schwelle überschritten wird; der Bremsdruck wird daraufhin weiter konstant gehalten. Nach Überschreiten der verhältnismäßig großen $(+A)$-Schwelle wird der Bremsdruck gesteigert, damit das Rad nicht mit zu großer Beschleunigung ins stabile Gebiet der Kraftschluß-Schlupfkurve läuft. Nach dem Abfallen des $(+a)$-Signals wird der Bremsdruck langsam gesteigert, bis mit dem erneuten Unterschreiten der $(-a)$-Schwelle der zweite Regelzyklus, diesmal mit einem sofortigen Druckabbau, eingeleitet wird. Im ersten Regelzyklus war zur Filterung von Störungen zunächst eine kurze Durchhaltephase nötig. Bei großen Radträgheitsmomenten, kleinem Bremskraftbeiwert und langsamem Druckanstieg im Radbremszylinder (vorsichtiges Anbremsen, z. B. bei Glatteis) könnte das Rad ohne Ansprechen der Verzögerungsschaltschwelle blockieren. Daher wird hier der Radschlupf mit zur Bremsregelung herangezogen. Aus den Radgeschwindigkeiten wird mit Hilfe logischer Prozesse die Referenzgeschwindigkeit abgeleitet, die angenähert der Radgeschwindigkeit mit maximalem Kraftschluß entspricht. Bei Erreichen eines bestimmten Schlupfwertes wird ebenfalls eine Absenkung des Bremsdrukkes eingeleitet.

Bei Pkw-Typen mit Allradantrieben treten bei eingelegten Differentialsperren und bestimmten Fahrbahnzuständen beim ABS-Betrieb Probleme auf, die besondere Maßnahmen erfordern. Ist der Motor eingekuppelt und die Zentralsperre eingelegt, so kann bei niedrigem Kraftschlußbeiwert ein Bremsvorgang zum Blockieren aller Räder führen. Diese Blockiergefahr kann vermieden werden durch ein Stützen der Referenzgeschwindigkeit, Verkleinerung der Radverzögerungsschwellen und Verkleinerung des Motorschleppmoments.

ABS-Regelzyklus bei großen Kraftschlußbeiwerten.

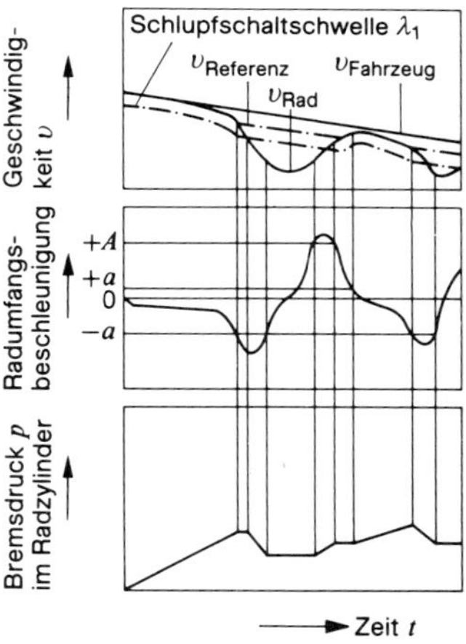

Schema des Hydroaggregates.
D Dämpfer, HZ Hauptzylinder, M Elektro-Motor, MV Magnetventil, P Pumpe, R Regelkanal, RZ Radzylinder, S Speicher.

Drei-Kanal-Hydroaggregat

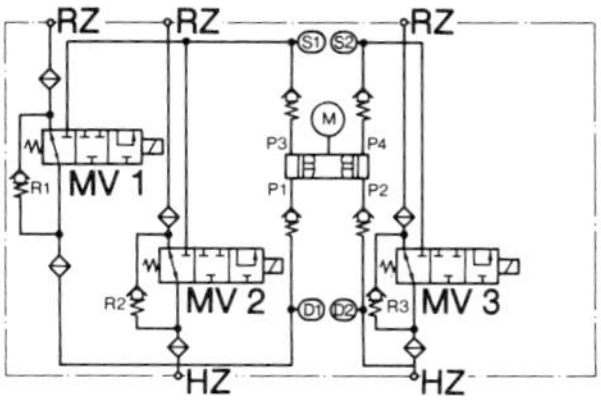

Vier-Kanal-Hydroaggregat

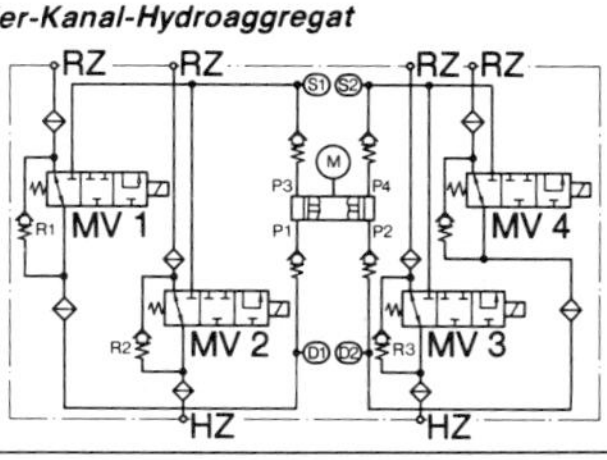

ABS 3 (Bosch)

Bei ABS 3 sind der hydraulische Bremskraftverstärker und das ABS funktional und baulich integriert. Dieses Antiblockiersystem bietet neben Bedienungsvorteilen beim Bremsen auch Einbauvorteile für den Fahrzeughersteller.

Eine elektromotorisch angetriebene Kolbenpumpe füllt den Hydraulikspeicher. Der Speicherdruck steht am Bremsventil an, das über den Wegsimulator durch das Bremspedal betätigt wird. Das Bremsventil steuert im Verstärkerraum einen Bremsdruck ein, der proportional zur Kraft der Wegsimulatorfeder ist und auf die beiden Hauptbremszylinderkolben wirkt, die den Bremsdruck auf die Radbremsen übertragen (geschlossene Bremskreise).

Im Gegensatz zu herkömmlichen Bremskraftverstärkern („Folgeverstärkern") sind die Hauptbremszylinderkolben vom Bremspedal entkoppelt. Deshalb ist es möglich, die Durchmesser der Hauptbremszylinderkolben so zu dimensionieren, daß bei Ausfall der Druckversorgung höhere Bremsdrücke und damit stärkere Abbremsungen als mit herkömmlichen Bremskraftverstärkern erreichbar sind. Bei Ausfall eines Bremskreises „fällt" das Bremspedal wegen der Entkoppelung nicht durch: Ein Erschrecken des Fahrers und eine dadurch verspätete Bremsreaktion sind jetzt ausgeschlossen.

Schema des ABS 3 (Bosch). *1 Bremsventil, 2 Wegsimulator, 3+4 Hauptbremszylinderkolben, 5 Kolbenwegschalter, 6 Arretierkolben, 7 Speicherdruckschalter, 8 Druckschalter, 9 Einspeisventil, 10 ABS-Ventil.*

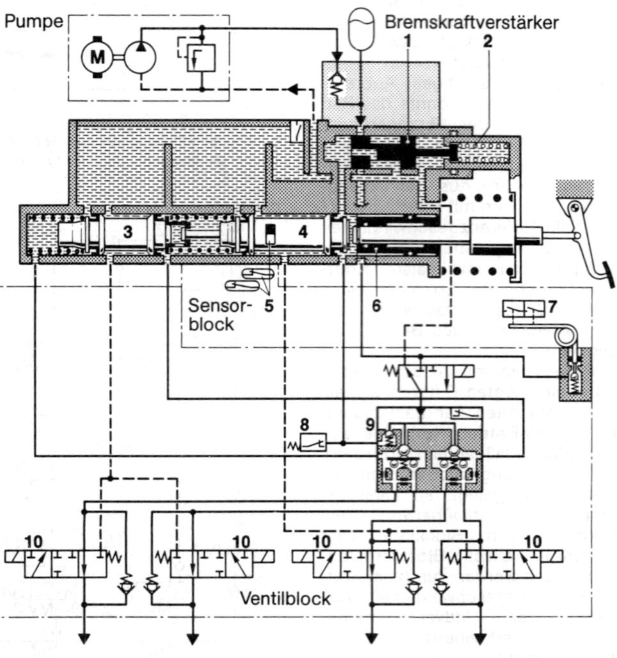

Da der Fahrer einen Bremskreisausfall nicht am „durchfallenden" Bremspedal spürt, ist eine optische oder akustische Warnanzeige erforderlich. Dies geschieht durch den Vergleich des Bremsdrucks im Verstärkerraum (Schalter S 1) mit dem Weg des Hauptbremszylinders (Schalter S 2a, b). Bei Ausfall eines Bremskreises ist die normale Beziehung zwischen diesen Größen gestört: Dem Fahrer wird ein Bremskreisausfall angezeigt.

Bei ABS-Bremsungen muß die durch die ABS-Druckmodulation abfließende Bremsflüssigkeit aus dem Verstärkerraum ersetzt werden. Deshalb wird mit dem Beginn der ABS-Bremsung das Einspeisventil geschaltet, das dann den Verstärkerraum mit den Hauptbremszylinderräumen und über die ABS-Ventile mit den Radbremsen verbindet. Die bei der ABS-Bremsung abfließende Bremsflüssigkeit wird aus dem Verstärkerraum nachgefüllt, und die Hauptbremszylinderkolben verbleiben in einer Stellung, die im Fehlerfalle nach einem Abschalten des ABS noch eine ausreichende Bremsdruckerhöhung erlaubt. Mit dem Einspeisen wird die Druckaufbaugeschwindigkeit reduziert. Dadurch wird einerseits schnelles Anbremsen, andererseits gemäßigter Druckaufbau mit verbesserter Dosierbarkeit und verkleinerten Druckschwingungen bei der ABS-Bremsung erreicht.

Das Einspeisen erfolgt auch dann, wenn bei Normalbremsungen ein bestimmter Bremsdruck überschritten wird. Hiermit ist ein ausreichender Kolbenrestweg für eventuelle Fehlerfälle sichergestellt. Das Ein- und Ausschalten der Pumpe sowie das Warnen bei einem unzulässigen Absinken des Speicherdruckes bewirkt der Druckschalter, der aus einer Rohrfeder und redundant aufgebauten Hallgebern besteht.

Die ABS-Magnetventile sind wie bei ABS 2 3/3-Ventile. Das elektronische Steuergerät entspricht im wesentlichen dem im ABS 2 verwendeten mit den erforderlichen Erweiterungen zur Überwachung der Bremskraftverstärker-Funktionen (Einspeisung, Bremskreisausfall, Energieausfall).

ALB (Honda)

Das ALB (Anti-Lock Brake) für frontgetriebene Pkw basiert auf dem Plungerprinzip. Bremskraftverstärker und ABS sind baulich getrennt.

Beim Bremsen ohne ABS ist Kammer A mit dem ALB-Reservoir über das geöffnete Auslaßventil verbunden (s. S. 534). Das Einlaßventil sperrt die Leitung vom Druckspeicher, so daß in Kammer A Atmosphärendruck herrscht. Wird beim Bremsen im Hauptbremszylinder Druck erzeugt, so fließt Hydraulikflüssigkeit von Kammer D in Kammer B: Der Kolben wandert nach links und erhöht den Druck in Kammer C.

Wird das Bremsmoment zu groß und droht ein Rad zu blockieren, so schließt zuerst das Auslaßventil. Dadurch steigt der Druck in Kammer A und verhindert eine weitere Kolbenbewegung nach links. Bleibt die Blockiergefahr bestehen, so öffnet das Einlaßventil und läßt Hydraulikflüssigkeit unter hohem Druck vom Druckspeicher in Kammer A strömen. Dieser Druck bewegt den Kolben nach rechts, vergrößert das Volumen von Kammer C und verringert so den Druck im Radbremszylinder. Wenn keine Blockiergefahr mehr besteht, schließt das Einlaßventil und hält so den Bremsdruck im Radbremszylinder konstant. Nimmt die Radbeschleunigung wieder zu, so öffnet das Auslaßventil: der Bremsdruck im Radbremszylinder steigt wieder.

Der Regelvorgang des ALB macht sich durch ein Pulsieren des Bremspedals bemerkbar.

Das Honda-ALB ist ein vereinfachtes Antiblockiersystem mit zwei Regelkanälen. Das Vorderrad mit dem größeren Kraftschlußbeiwert bestimmt das gemeinsame Druckniveau der beiden Vorderradbremsen, so daß bei Vollbremsungen im allgemeinen ein Vorderrad blockiert. Die Lenkbarkeit wird dadurch auf die Hälfte reduziert, denn das blokkierte Vorderrad kann keine Seitenführungskräfte übertragen. Außerdem kann das Blockieren des Rades zu starkem Reifenverschleiß führen. Das Hinterrad mit dem kleineren Kraftschlußbeiwert bestimmt den gemeinsamen Druck der Hinterradbremsen.

Mark II (Teves)

Die hydraulischen Komponenten sind zu einem kompakten Gerät vereint, das an der Spritzwand des Motorraums befestigt wird.

Bei normalem Bremsen ohne Eingreifen des ABS sind die Einlaßventile geöffnet. Der Verstärkerkolben drückt Bremsflüssigkeit aus dem Verstärkerraum direkt in die Hinterradbremsen und schiebt den Hauptbremszylinderkolben nach links, der Bremsflüssigkeit in die Vorderradbremsen drückt.

Droht ein Rad zu blockieren, so greift das ABS ein und schließt das entsprechende Einlaßventil, so daß der Bremsdruck nicht mehr steigt. Muß anschließend Bremsdruck abgebaut werden, so öffnet das entsprechende Auslaßventil, so daß Bremsflüssigkeit aus dem Radbremszylinder in den Vorratsbehälter zurückfließt.

Beim Druckaufbau während der ABS-Bremsung strömt wieder Bremsflüssigkeit aus dem Verstärkerraum in die Hinterradbremsen. Würde die Bremsflüssigkeit für die Vorderradbremsen dem Hauptbremszylinderraum entnommen, so würde der Hauptbremszylinderkolben um eine kleine Wegstrecke vorwandern und wegen der rasch folgenden Regelzyklen mit Druckaufbau- und -abbau in kurzer Zeit den Endanschlag erreichen, so daß ein weiterer Druckaufbau in den Vorderradbremsen nicht möglich wäre. Deshalb wird mit Beginn der ABS-Bremsung das Hauptventil geöffnet. Es verbindet jetzt den Verstärkerraum mit der Primärseite des Hauptbremszylinderkolbens und sperrt die Verbindung von der Primärseite zum Vorratsbehälter. Dadurch strömt Bremsflüssigkeit vom Verstärkerraum über die Verbindungsleitung und die Manschette des Hauptbremszylinderkolbens zu den Vorderradbremsen.

Während der ABS-Bremsung wirkt Verstärkerdruck von links auf die Positionierungshülse, so daß Hauptbremszylinder und Verstärkerkolben in einer bestimmten Stellung verharren. Bei einem Ausfall des ABS ist dann ein ausreichender Kolbenweg zum Abbremsen der Vorderräder vorhanden.

Die Vorderradbremsen werden einzeln und die Hinterradbremsen gemeinsam geregelt, wobei das Rad mit dem kleineren Kraftschlußbeiwert das gemeinsame Druckniveau bestimmt.

Schema des ALB (Honda). *1 Radbremszylinder, 2 Modulator, 3 Kammer A, 4 Kammer B, 5 Kammer C, 6 Einlaßventil, 7 Auslaßventil, 8 Druckspeicher, 9 Hauptbremszylinder, 10 Kammer D, 11 Vorratsbehälter, 12 Kolben, 13 Pumpe, 14 ALB-Reservoir.*

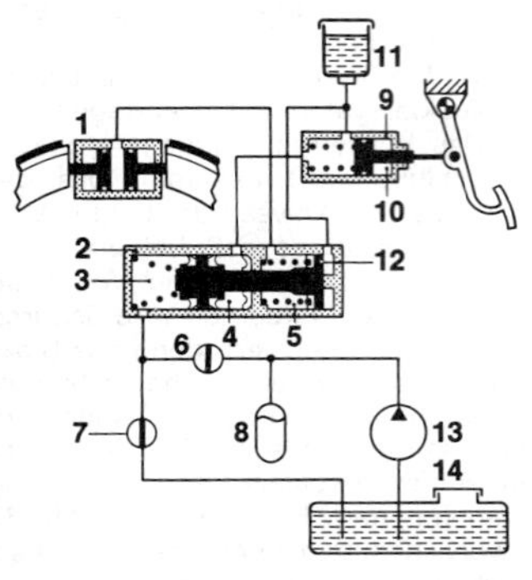

Schema des Mark II (Teves). *Bremse nicht betätigt. 1 Hauptventil, 2 Verbindungsleitung, 3 Hauptbremszylinderkolben, 4 Positionierungshülse, 5 Auslaßventile, 6 Verstärkerraum, 7 Vorratsbehälter, 8 Druckspeicher, 9 Pumpe, 10 Bremsventil, 11 Verstärkerkolben, 12 Einlaßventile, VL/VR Vorderachse links/rechts, HA Hinterachse.*

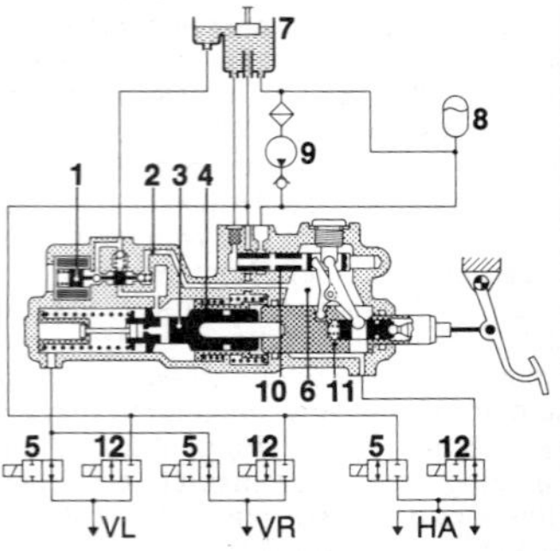

SCS (Lucas Girling)

Das SCS (Stop Control System) für frontgetriebene Pkw ist ein rein mechanisches Antiblockiersystem, das auf Elektronik verzichtet und nur zwei Regelkanäle besitzt. Zwei Druckmodulatoreinheiten regeln einzeln die beiden Vorderräder. Die jeweils diagonal zugeordneten Hinterräder werden über Druckminderventile hydraulisch nachgeführt. Dabei sind die Druckminderventile so eingestellt, daß bei Geradeausbremsungen auf homogenen Fahrbahnen mit konstanter Griffigkeit ein Blockieren der Hinterräder verhindert wird, sofern an den Vorderradbremsen kein Fading auftritt.

Die Vorderachse treibt über einen Riementrieb die Welle an. Kupplung und Kugel-Rampenführung sind so eingestellt, daß das Schwungrad bei Normalbremsungen mit der Welle synchron mitläuft. Bei einer Blockiergefahr durch große Radverzögerung (t_1) beginnt der schematisch abgebildete Regelzyklus. Wegen der großen Radverzögerung eilt das Schwungrad gegenüber der Welle vor ($t_1 \ldots t_3$) und wird über die Kugel-Rampenführung axial verschoben, so daß der Hebel betätigt wird und das Auslaßventil öffnet. Dadurch strömt die Bremsflüssigkeit über dem Plungerkolben ab, so daß dieser nach oben wandert. Das Absperrventil bewegt sich mit dem Plungerkolben nach oben und schließt: Jetzt ist der Hauptbremszylinder von der Radbremse abgetrennt. Der Plungerkolben wandert weiter nach oben, so daß Bremsflüssigkeit aus der Radbremse in den sich vergrößernden Raum fließen kann, wodurch der Bremsdruck sinkt (t_2). Das Schwungrad löst sich von der Kupplung (t_3) und wird verzögert.

Durch die Drucksenkung in der Radbremse beschleunigt das Vorderrad wieder (t_4) und mit ihm die Welle. Sobald Welle und Schwungrad wieder synchron laufen (t_5), bewegt sich das Schwungrad wieder axial in seine ursprüngliche Lage zurück. Dadurch wird das Auslaßventil geschlossen (t_6). Der vom Exzenter angetriebene Pumpenkolben füllt nun den Raum über dem Plungerkolben. Der Plungerkolben wird dadurch nach unten gedrückt, so daß der Druck in der Radbremse wieder ansteigt. Nach dem Einkuppeln (t_7) beschleunigt das Schwungrad und erreicht die Radgeschwindigkeit (t_8).

Schema der Druckmodulatoreinheit des SCS (Lucas Girling). *1 Exzenter, 2 Pumpenkolben, 3 Auslaßventil, 4 Plungerkolben, 5 zu den Radbremsen, 6 Absperrventil, 7 vom Vorratsbehälter, 8 Pumpeneinlaßventil, 9 Pumpenauslaßventil, 10 vom Hauptbremszylinder, 11 Welle, 12 Schwungrad, 13 Kupplung, 14 Kugel-Rampenführung, 15 Hebel.*

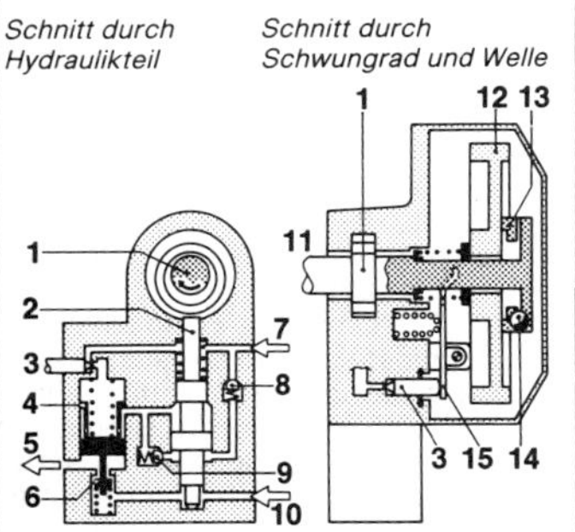

Regelzyklus beim Bremsen mit dem SCS (Lucas Girling). *t_1 Blockiergefahr, t_2 Auslaßventil öffnet, t_3 Schwungrad löst sich von Kupplung, t_4 Radverzögerung beendet, t_5 beschleunigende Welle synchron mit Schwungrad, t_6 Auslaßventil schließt, t_7 Kupplung beschleunigt Schwungrad, t_8 Schwungrad erreicht Radgeschwindigkeit, v_F/v_R/v_S Fahrzeug-/Rad-/Schwungradgeschwindigkeit.*

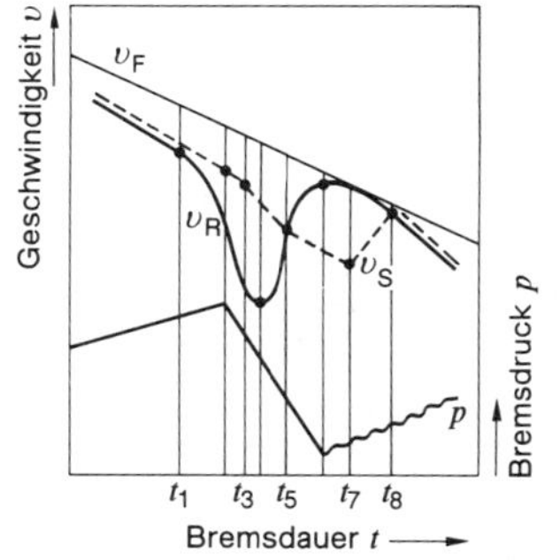

Bremsprüfstände

Wegen ihrer grundsätzlichen sicherheitstechnischen Bedeutung werden Bremsanlagen von Kraftfahrzeugen regelmäßig überprüft. Bei diesen Untersuchungen der Fahrzeuge nach § 29 StVZO, genau so wie bei Inspektionsarbeiten in der Kfz-Werkstatt oder Reparaturen beim Bremsendienst, werden Bremsprüfungen in der Regel auf Bremsprüfständen, hauptsächlich Rollenprüfständen, durchgeführt. Gemessen werden dabei die Bremskräfte am Radumfang, sie dienen als Grundlage für die Bewertung von Funktionsfähigkeit und Wirkung der Bremsanlage.

Bremsprüfstände, die für Untersuchungen nach § 29 StVZO eingesetzt werden, müssen den „Richtlinien für die Anwendung, Beschaffenheit und Prüfung von Bremsenprüfständen" des Bundesministers für Verkehr entsprechen.

Aufbau

Ein Rollen-Bremsprüfstand besteht im wesentlichen aus zwei voneinander unabhängigen Rollensätzen für die rechte und linke Prüfstandsseite, das Fahrzeug wird mit den Rädern der zu prüfenden Achse in diese Rollensätze gefahren.

Das Grundelement für die Rollensätze bildet ein stabiler Rahmen, auf den in Wälzlagern je eine Antriebs- und Auflaufrolle parallel zueinander montiert sind. Beide Rollen sind über einen Kettenantrieb formschlüssig miteinander verbunden. Die Antriebsrolle wird über ein Übersetzungsgetriebe mittels eines Drehstrommotors angetrieben. Die Antriebseinheit ist auf der verlängerten Welle der Antriebsrolle pendelnd gelagert und wird durch einen am Getriebe angeflanschten Hebel über eine Kraftmeßeinrichtung am Rahmen abgestützt. Die Messung der Bremskraft F_{Br} beruht auf der Messung des Reaktionsmomentes M_R. Die Elektromotoren treiben die Laufrollen mit einer bestimmten Umlaufgeschwindigkeit an und halten diese auch dann konstant, wenn durch die auf den Laufrollenpaaren abgebremsten Fahrzeugrädern ein hohes Bremsmoment entgegenwirkt. Das beim Abbremsen wirkende Bremsmoment wird über die pendelnd aufgehängte Antriebseinheit mit Hebelarm auf die Kraftmeßeinrichtung übertragen. Die Kraftmeßeinrichtung kann als Druckdose Teil eines hydraulischen Systems sein, das direkt auf ein Manometer wirkt, dessen Skala in Newton calibriert ist und damit die Bremskraft analog anzeigt. Oder der Drehmomenthebel hat ein Widerlager auf einem linear geführten Federbein.

Die Bremskraft wird dadurch zunächst in einen entsprechenden Federweg umgewandelt. Ein induktiver Kurzschlußring-Weggeber bewirkt danach die Umwandlung in eine Bremskraft-proportionale Induktivität.

Die Auswerteschaltung befindet sich in unmittelbarer Nähe der veränderlichen Induktivität. Das erlaubt insbesondere die störsichere Übertragung des Meßsignals als Impulsfolge, wobei die Meßinformation in der Pulsfrequenz kodiert ist. Die weitere Verarbeitung erfolgt elektronisch mit einem Mikroprozessor, und zwar so, daß alle in der Bremskraftmessung enthaltenen Informationen wie Bremskraftdifferenz oder Bremskraftschwankung getrennt ausgewertet und digital in übersichtlicher Form angezeigt und über einen angeschlossenen Drucker auch protokolliert werden.

Funktion

Die Antriebsmotoren der Rollensätze werden entweder über Fernbedienung eingeschaltet oder aber über die Ein-Ausschalt-Automatik des Prüfstandes. Sichtbares Kennzeichen einer solchen Automatik ist die Tastrolle, die bei jedem Rollensatz beweglich zwischen den Prüfrollen angeordnet ist. Werden diese Tastrollen beim Einfahren des Fahrzeugs in den Prüfstand durch die Räder nach unten gedrückt, schaltet sich der Prüfstand ein. Er schaltet sich auch automatisch wieder aus, sobald das Fahrzeug den Prüfstand verläßt. Wird beim Abbremsen die Bremskraft größer als die Reibungskraft zwischen Reifen und Prüfrollen, beginnt das Rad zu schlupfen und will blockieren. Sobald jedoch die Räder gleiten, wird nicht mehr die Bremskraft, sondern der radlastproportionale Gleitwiderstand zwischen Reifen und Rollen gemessen. Bremskraftmessungen bei gleitenden Rädern sind deshalb für die Bremsprüfung unbrauchbar. Diese Fehlmessungen und eine mögliche Beschädigung der Reifen verhindert die automatische Schlupfabschaltung. Über die Drehzahl der Tastrolle wird der Schlupf erfaßt und bei Überschreiten eines eingestellten Maximalwerts der Prüfstand abgeschaltet. Im Augenblick des Abschaltens zeigt die Bremskraftanzeige den maximalen Bremswert an. Eine Zeigerbremse bei Analoganzeigen oder eine elektronische Speicherschaltung bei Digitalanzeigen bewirkt, daß dieser Wert ausreichend lange für eine sichere Ablesung stehen bleibt. Durch die automatischen Abläufe im Bremsprüfstand läßt sich der Prüfvorgang äußerst rationell ausführen. Der Prüfer kann, ohne das Fahrzeug verlassen zu müssen, die gesamte Bremsprüfung der Vorder- und Hinterachse durchführen.

Meßwertgeber im Bremsprüfstand.
1 Drehmomenthebel, 2 Meßfeder
3 Kurzschluß-Kupferrohr
4 weichmagnetischer Eisenkern
5 Spule, 6 Auswerteelektronik

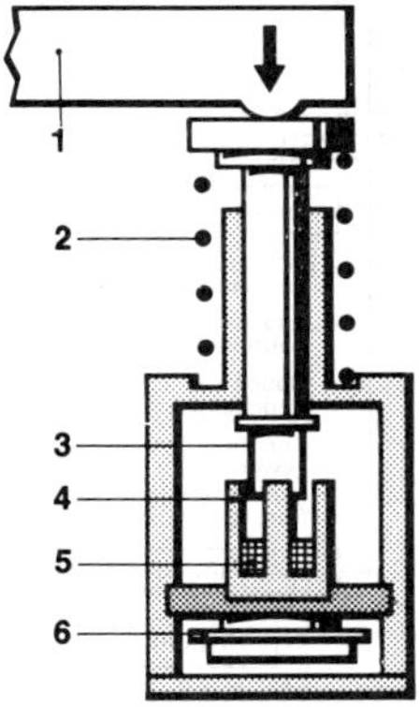

Bestimmung der Bremskraft F_{Br} durch Messung des Reaktionsmoments M_R.
1 Fahrzeugreifen
2 Rollenpaar mit Abstand a
3 Motor mit Getriebe
4 Drehmomenthebel mit Länge l
5 Meßwertgeber
6 Anzeigegerät

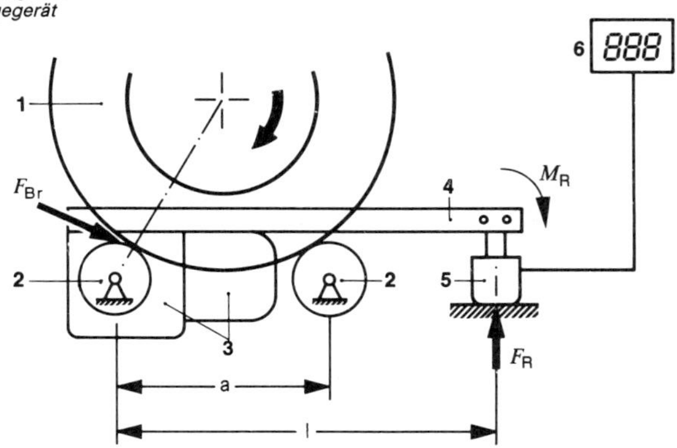

Systematik der Straßenfahrzeuge[1])

Straßenfahrzeug	Merkmale, Beispiele
Kraftfahrzeug (Kfz)	selbstfahrendes, maschinell angetriebenes Landfahrzeug; nicht an Schienen gebunden
Kraftrad	einspuriges Kfz mit 2 Rädern (und Beiwagen)
Motorrad	mit Knieschluß zum Fahrzeug (Kleinkraftrad $< 50\ cm^3$)
Motorroller	ohne Knieschluß zum Fahrzeug
Fahrrad mit Hilfsmotor	Moped, Mofa (Mit Pedaltrieb)
Kraftwagen	mehrspuriges Kfz
Personenkraftwagen (Pkw)	max. 9 Personen mit Gepäck
Limousine	geschlossener Aufbau, max. 4 Seitentüren
Pullmann-Limousine	verlängerter Innenraum, max. 6 Seitentüren
Kabrio-Limousine	Verdeck zum Öffnen, feststehende Seitenwandumrandung
Kabriolett	ohne Seitenwandumrandung
Coupé	max. 2 Seitentüren geschlossener Aufbau
Sportwagen (Roadster)	Verdeck zum Öffnen oder Versenken
Kombi	Dauerladefläche, vergrößerter Innenraum
Lkw-Kombi	Transporter, Wohnmobile
Mehrzweck-Pkw	Geländewagen
Spezial-Personenkraftwagen	spezielle Aufbauten
Nutzkraftwagen (Nkw)	Transport von Personen und Gütern
Kraftomnibus (KOM)	mehr als 9 Personen und Gepäck
Kleinbus	max. 17 Personen
Linienbus	mehr als 17 Sitz- und Stehplätze
Überlandlinienbus	mehr als 17 Sitzplätze (Stehplätze im Gang für Kurzstrecken)
Reisebus	mehr als 17 Sitzplätze (keine Stehplätze)
Oberleitungsbus	elektrischer Antrieb, Fahrstrom aus Oberleitung
Gelenkbus	zwei Fahrzeugteile mit Durchgang
Spezialbus	spezielle Aufbauten
Lastkraftwagen (Lkw)	Transport von Gütern
Speziallastkraftwagen	Transport bestimmter Güter (z. B. Tank-Lkw)
Zugmaschine	zum Ziehen von Anhängefahrzeugen
Straßenzugmaschine	überwiegend für Straßenverkehr
Sattelzugmaschine	für Sattelanhänger
Ackerschlepper	für landwirtschaftlichen Verkehr, auch zum Schieben, Tragen u. Antreiben von auswechselbaren landw. Geräten
Zug	Kombination von Kfz und Anhänger
Personenkraftwagenzug	Personenkraftwagen + Anhänger
Wohnwagengespann	Personenkraftwagen + Caravan
Omnibuszug	Kraftomnibus + Anhänger
Lastkraftwagenzug	Lastkraftwagen + Anhänger
Zugmaschinenzug	Zugmaschine + Anhänger
Sattelkraftfahrzeug	Sattelzugmaschine + Sattelanhänger
Sattelzug	Sattelkraftfahrzeug + Anhänger
Brückenzug	Zug mit Ladebrücke, die auf ziehendem und gezogenem Fahrzeug aufliegt
Anhängefahrzeug für Kfz	
Anhänger	
Lastanhänger	
Caravan (Wohnwagenanhänger)	
Spezialanhänger	
Sattelanhänger	
Last-Sattelanhänger	
Spezial-Sattelanhänger	

1) Benennung und Definition von Straßenfahrzeugen nach deren technischen Merkmalen in ISO 3833 und DIN 70 010.

Klasseneinteilung²)

Klasse L
Kraftfahrzeuge mit weniger als 4 Rädern, Krafträder, Dreiräder.

Stufung	Bauart	Hubraum	Höchstgeschwindigkeit
L_1	zweirädrig	$\leq 50\ cm^3$	≤ 40 km/h
L_2	dreirädrig	$\leq 50\ cm^3$	≤ 40 km/h
L_3	zweirädrig	$> 50\ cm^3$	> 40 km/h
L_4	dreirädrig asymmetrisch zur Fahrzeuglängsachse	$> 50\ cm^3$	> 40 km/h
L_5	dreirädrig symmetrisch zur Fahrzeuglängsachse	$> 50\ cm^3$ ≤ 1 t Gesamtgewicht	> 40 km/h

Klasse M
Zur Personenbeförderung bestimmte Kraftfahrzeuge mit mindestens 4 Rädern oder mit 3 Rädern und einem Gesamtgewicht > 1 t.

Stufung	Bauart	Führersitz + Sitzplätze	Gesamtgewicht
M_1		$1 \leq 9$	$< 3,5$ t
M_1 (a)	3 oder 5 Türen	umklappbar, zur Güterbeförderung	$< 3,5$ t
M_1 (b)	Hauptsächlich Güterbeförderung Wohnmobil	> 4	$< 3,5$ t
M_2	KOM	> 9	< 5 t
M_3	KOM	> 9	> 5 t

Klasse N
Zur Güterbeförderung bestimmte Kraftfahrzeuge mit mindestens 4 Rädern oder mit 3 Rädern und einem Gesamtgewicht > 1 t.

Stufung	Gesamtgewicht
N_1	$\leq 3,5$ t
N_2	$> 3,5$ t $\leq$ 12 t
N_3	$>$ 12 t

Klasse O
Anhänger und Sattelanhänger.

Stufung	Gesamtgewicht
O_1 nur einachsige Anhänger	$\leq 0,75$ t
O_2	$\leq 3,5$ t
O_3	$> 3,5$ t $\leq$ 10 t
O_4	$>$ 10 t

²) Die Klasseneinteilung erfolgt nach den Richtlinien der Europäischen Gemeinschaft (71/320/EWG) bzw. der ECE-Regelung Nr. 13 hinsichtlich Bremsausrüstung.

Fahrzeugaufbau Pkw

Hauptabmessungen

Innenraummaße

Die Maßkonzeption ist abhängig von Aufbauform, Antriebsart, Aggregateumfang, gewünschter Innenraumgröße, Kofferraumvolumen und Randbedingungen wie z. B. Fahrkomfort, Fahr- und Bediensicherheit. Die Sitzpositionen werden nach ergonomischen Erkenntnissen und mit Hilfe von Schablonen (DIN oder SAE) festgelegt: Körperumrißschablone nach DIN 33408, für Männer 5, 50 und 95 %, für Frauen 1, 5 und 95 %. Die 5 %-Schablone repräsentiert z. B. die Körpergröße „klein", d. h. nur 5 % haben kleinere, 95 % größere Körpermaße.

SAE-Schablone nach SAE J 826b: Ober- und Unterschenkelsegmente in 10, 50 und 95 %-Größen. Aus gesetzlichen Gründen muß für mehrere Länder vom Kraftfahrzeughersteller die SAE-Schablone für die Festlegung des Sitzbezugspunktes angewandt werden. Die Körperumrißschablone nach DIN 33408 eignet sich besonders gut zur maßlichen Auslegung von Sitzplätzen und Insassenräumen.

Der Hüftpunkt (H-Punkt) ist der Schnittpunkt der Torso- und der Oberschenkel-Mittellinie und entspricht etwa dem Hüftgelenkpunkt. Der Sitzbezugspunkt (Seating Reference Point, ISO 6549 und US-Gesetzgebung) oder R-Punkt (ISO 6549 und EWG-Richtlinien/ECE-Regelungen) gibt bei verstellbaren Sitzen die Lage des Konstruktions-H-Punktes in der hintersten, normalen Sitzposition des Fahrers wieder. Hierfür wird von vielen Fahrzeugherstellern die Stellung des 95 %-Mannes angewandt oder, falls letztere nicht erreicht wird, die hinterste einstellbare Sitzposition. Zur Überprüfung der Lage des gemessenen H-Punktes relativ zum Fahrzeug dient eine dreidimensionale, verstellbare Meßmaschine mit einem Gewicht von 75 kg. Der Sitzbezugspunkt, der Fersenpunkt, ihr vertikaler und horizontaler Abstand zueinander sowie vom Fahrzeughersteller festgelegte Körperwinkel bilden die maßliche Grundlage für die Sitzposition des Fahrers.

Vom Sitzbezugspunkt aus
– werden die Lage der Augenellipsen (SAE J941) und der Augenpunkte (RREG 77/649) als Basis für die Festlegung der direkten Sicht des Fahrers definiert;
– werden Hüllflächen festgelegt, die den Greifraum zur Positionierung von Bedien- und Stellteilen beschreiben;
– wird der Fersenpunkt („Accelerator Heel Point" – AHP) als Bezugspunkt für die Anordnung der Pedale festgelegt.

Für die Festlegung der Fondsitzverhältnisse (Höhe Sitzbezugspunkt, Sitzraum hinten, Kopfraum) und damit der hinteren Dachkontur sind überwiegend der Platzbedarf der Hinterachse sowie Tanklage und -form von Einfluß. Je nach zu entwickelndem Fahrzeugtyp, geplanten Hauptabmessungen und geforderten Insassengrößen ergeben sich unterschiedliche Körperwinkel der SAE-Schablone und Abstände der Sitzbezugspunkte von Fahrer- und Fondsitz.

Großen Einfluß auf die Längenmaße hat die Höhe der Sitzfläche. Geringere Höhe erfordert eine gestrecktere Sitzposition der Insassen und damit einen längeren Innenraum.

Die Innenraumbreite ist abhängig von der geplanten Außenbreite, der Seitenform („Fallung"), den Türmechanismen und dem Platzbedarf für Aggregate (Gelenkwellentunnel, Anordnung der Abgasanlage usw.).

Kofferraummaße

Größe und Form sind abhängig von der Gestaltung des Wagenhecks, von der Tankposition, vom Tankvolumen, von der Ersatzradlage und von der Unterbringung des Hauptschalldämpfers.

Das Fassungsvermögen wird nach DIN-ISO 3832 oder, gebräuchlicher, nach der VDA-Methode mit dem VDA-Modul (Quader 200 × 100 × 50 mm – entspricht 1 dm^3 Volumen) ermittelt.

Typische Innen- und Außenmaße *(nach VDA-Richtlinie 239-01).*

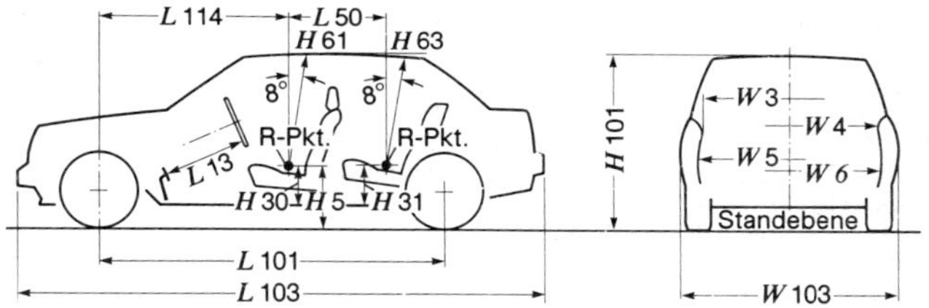

Maß			Kleinwagen mm		Oberklasse mm
H	5	R-Punkt bis Standebene vorn	460	bis	510
H	30	R-Punkt bis Fersenpunkt vorn	240		300
H	31	R-Punkt bis Fersenpunkt hinten	300		310
H	61	Effektiver Kopfraum vorn	940		980
H	63	Effektiver Kopfraum hinten	920		950
H	101	Fahrzeughöhe	1360		1400
L	13	Lenkrad bis Bremspedal	480		630
L	50	R-Punkt-Abstand (Vorder- und Hintersitz)	710		830
L	101	Radstand	2430		2880
L	103	Fahrzeuglänge über alles	3840		4930
L	114	Mitte Vorderrad bis R-Punkt	1250		1590
W	3	Schulterraum vorn	1310		1430
W	4	Schulterraum hinten	1290		1420
W	5	Hüftraum vorn	1260		1430
W	6	Hüftraum hinten	1240		1470
W	103	Fahrzeugbreite über alles	1620		1820

Außenmaße

Zu beachten sind:

- Sitzkonzeption und Kofferraum.
- Motor, Getriebe, Kühler.
- Nebenaggregate, Sondereinbauten.
- Raumbedarf der eingefederten bzw. geschwenkten Räder (Zuschlag für Schneeketten).
- Art und Größe der Antriebsachse.
- Position und Volumen des Kraftstoffbehälters.
- Stoßfänger vorne und hinten.
- Aerodynamische Gesichtspunkte.
- Bodenfreiheit (ca. 100 bis 180 mm).
- Einfluß der Rohbaubreite auf die Wischeranlage (ADR 16, FMVSS 104).

Maßgebende Parameter für den Pkw-Fahrerplatz.

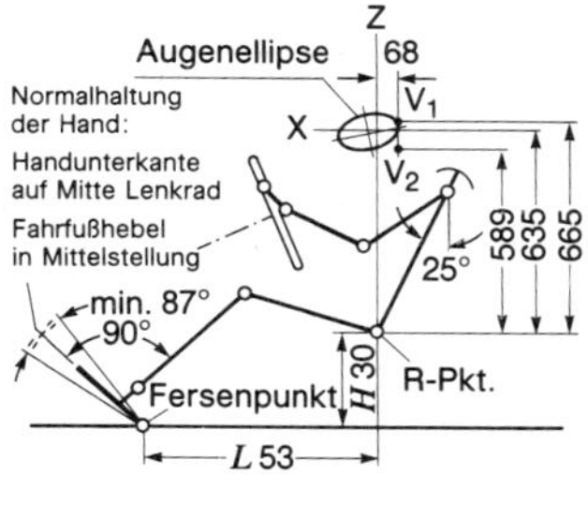

Sichtverhältnisse
Es ist ein Kompromiß zu finden zwischen optimalen Sichtverhältnissen und der funktionellen Auslegung von Bauteilen, die sichtbehindernd wirken. Einflußgrößen sind:
— Sichtverdeckung durch Säulen, Dach, Motorhaube und Heckdeckel. Basis für Sichtfeldbeurteilungen sind die Augenellipse nach SAE J941 bzw. „Augenpunkte" nach RREG 77/649¹),
— Anordnung, Größe und Form der Rückspiegel nach RREG 79/795,
— Scheibenwischer-Wischfeld nach FMVSS 104²) und RREG 78/318,
— Scheibenkrümmungsverhältnisse,
— Sicht auf Instrumente (Sichtverdekkung durch das Lenkrad, ADR 18 A³)).

Formgestaltung
Bei der Gestaltung der äußeren und inneren Form müssen folgende technische Anforderungen beachtet werden:
— Mechanische Funktionen (Versenkbarkeit der Seitenscheiben, Öffnen von Motorhaube, Heckklappe und Schiebedach, Position der Leuchten),
— Fertigungsmöglichkeit und Reparaturfreundlichkeit (Spaltbreiten, Zusammenbau der Karosserie, Scheibenform, Stoßschutzleisten, Lackabsetzkanten),
— Sicherheit (Lage und Form der Stoßfänger, keine scharfen Kanten oder Punkte),
— Aerodynamik (Luftwiderstand, Verschmutzung der Karosserie, Windgeräusche, Be- und Entlüftungsöffnungen, Scheibenwischerfunktion),
— Optik (Verzerrung durch Art und Neigung der Scheiben, Blendung durch Reflexion),
— gesetzliche Forderungen (Position und Größe von Leuchten, Rückspiegel, Kennzeichen),
— Gestaltung und Anordnung der Bedienelemente (Position, Form, Oberfläche),
— Übersichtlichkeit (Einparken).

[1]) Richtlinien des Rates der Europäischen Gemeinschaft.
[2]) Federal Motor Vehicle Safety Standard (USA).
[3]) Australian Design Rule.

Aerodynamische Einflüsse auf Fahrzeugfunktionen.

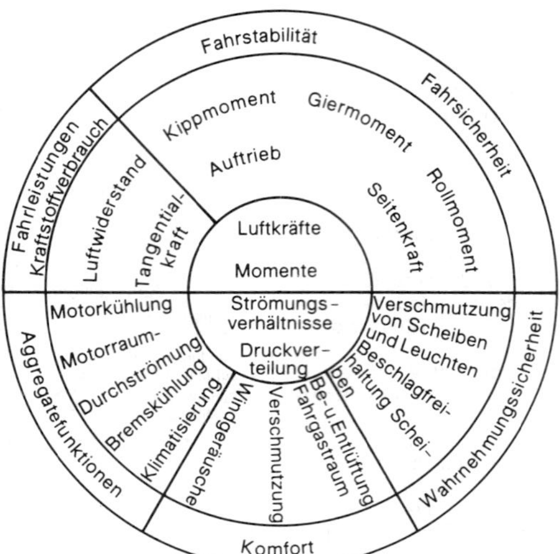

Aerodynamik

Sie befaßt sich mit allen Vorgängen, die bei Um- und Durchströmung eines Fahrzeugs beobachtet werden.

Luftwiderstand $W = c_w \cdot A \cdot v^2 \cdot \varrho/2$

wobei c_w Luftwiderstandsbeiwert, A Querschnittsfläche, v Fahrgeschwindigkeit, ϱ Luftdichte (s. auch S. 257 f).

Vom Hersteller zu beeinflussende Faktoren sind:
- Luftwiderstandsbeiwert c_w als Maß für aerodynamische Formgüte,
- projizierte Fahrzeugfläche A.

Fahrzeug (Beispiele)	c_w –	A m^2
Audi 100	0,30	2,05
Porsche 944	0,35	1,82
Mercedes 190 E/2.3 – 16	0,32	1,92

Allgemeingültige Angaben zur Verringerung des c_w-Wertes durch Einzelmaßnahmen wie Spoiler, Unterbodenverkleidungen usw. sind nicht sinnvoll, da diese vom aerodynamischen Ausgangszustand des Fahrzeug-Grundkörpers abhängig sind (Beispiele für Größenordnung s. Tabelle). Moderne Fahrzeugkonzeptionen enthalten derartige Komponenten in optimierter Form.

Veränderungen des c_w-Wertes ergeben sich durch aerodynamische bzw. konzeptionelle Einzelmaßnahmen. Durchströmungen des Fahrzeugs sowie Dachaufbauten verschlechtern stets den c_w-Wert (– Verbesserung, + Verschlechterung). Beispiele:

Einfluß von	Δc_w %
Niveau-Absenkung 30 mm	ca. –5
Glatte Radkappen	–1 ... –3
Breitreifen	+2 ... +4
Außenliegende Scheiben	ca. –1
Abdichtung von Spalten	–2 ... –5
Bodenverkleidungen	–1 ... –7
Klappscheinwerfer	+3 ... +10
Außenspiegel	+2 ... +5
Durchströmung von Kühler und Motorraum	+4 ... +14
Bremsenkühlung	+2 ... +5
Innenraumbelüftung	ca. +1
Geöffnete Fenster	ca. +5
Geöffnetes Schiebedach	ca. +2
Surfbrett-Dachtransport	ca. +40

Einfluß von $c_w \cdot A$ auf den Kraftstoffverbrauch (Mittelklassefahrzeug).

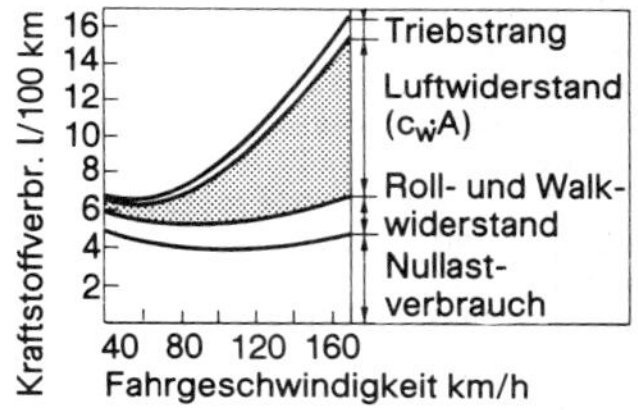

Einfluß der Windschutzscheibenneigung α auf den c_w-Wert.
(– Verbesserung, + Verschlechterung).

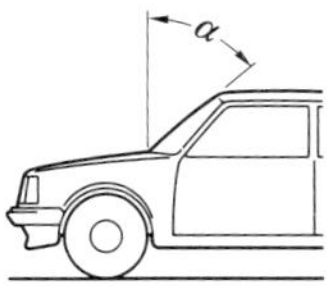

α	c_w	Δc_w %
50°	0,345	–
55°	0,342	–0,8
65°	0,340	–1,4
40°	0,349	+1,1
30°	0,349	+1,1
0°	0,369	+7,0

Maßnahmen zur Optimierung von c_w-Wert und Achsauftrieb und ihre Auswirkungen
am Beispiel Mercedes 190 E/2.3 – 16.
(– Verbesserung, + Verschlechterung).
W Luftwiderstand, A_v Auftrieb vorn,
A_H Auftrieb hinten.
1 Bugschürze, 2 Seitenverkleidung,
3 Heckschürze, 4 Heckflügel.

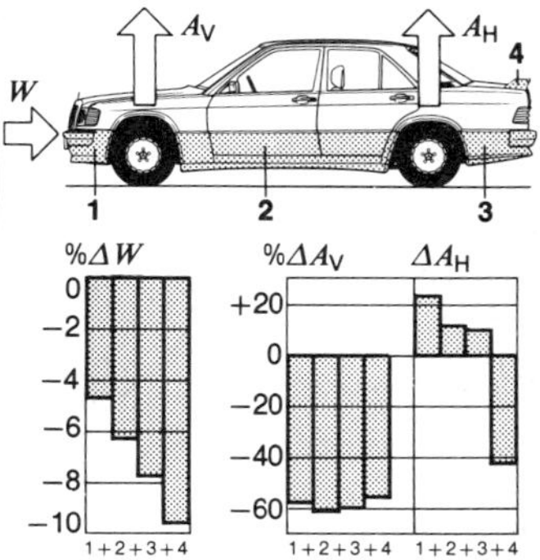

Karosserie-Rohbau

Selbsttragende Karosserie
(Standardbauweise)
Sie besteht aus Blechhohlkörpern und Schalen, die in Vielpunktschweißanlagen oder von Schweißrobotern verbunden werden. Je nach Typ müssen ca. 5000 Schweißpunkte auf 120 ... 200 m Flanschlänge gesetzt werden. Die Flanschbreiten betragen 10 ... 18 mm. Die Anbauteile (vordere Kotflügel, Türen, Motorhaube und Heckklappe) werden mit dem Karosserietragwerk verschraubt. Andere Bauweisen sind Rahmen und Sandwichkonstruktionen.
Allgemeine Anforderungen:

Steifigkeit
Sie soll bezüglich Verwindung und Durchbiegung möglichst groß sein, um elastische Verformungen an den Ausschnitten für Türen und Klappen klein zu halten. Auswirkungen der Karosseriesteifigkeit auf Schwingungseigenschaften sind zu beachten.

Schwingungseigenschaften
Schwingungen der Karosserie sowie einzelner Baukomponenten infolge Anregung durch Räder, Radaufhängung, Motor und Antriebsstrang können im Resonanzfall den Fahrkomfort wesentlich beeinträchtigen.
Die Eigenfrequenz der Karosserie und ihrer schwingungsfähigen Komponenten muß durch Versickungen, Wanddikken- und Querschnittsänderungen so verstimmt werden, daß Resonanzen und deren Folgen minimiert werden.

Betriebsfestigkeit
Wechselbeanspruchungen, die im Fahrbetrieb auf die Karosserie einwirken, können zu Einrissen am Tragwerk oder zum Versagen von Schweißpunkten führen. Besonders gefährdete Zonen sind die Lagerstellen von Fahrwerk, Lenkung und Antriebsaggregaten.

Unfallbeanspruchungen
Bei Kollisionen muß die Karosserie in der Lage sein, möglichst viel kinetische Energie in Formänderungsarbeit umzuwandeln, ohne daß die Fahrgastzelle wesentlich verformt wird (Sicherheit s. S. 537).

Reparaturfreundlichkeit
Die im Falle kleiner Karambolagen besonders gefährdeten Bereiche sollten leicht ausgetauscht oder repariert werden können (Zugänglichkeit der Außenbleche von innen, Zugänglichkeit von Schrauben, günstige Lage von Verbindungsstellen, Absetzkanten für Teillackierung).

Rohbau-Tragwerk.
1 Querträger unter Windschutz
2 Dachrahmen vorn
3 Dachrahmen seitlich
4 Dachrahmen hinten
5 C-Säule
6 Heckmittelstück
7 Heckboden und Ersatzradmulde
8 Längsträger hinten
9 B-Säule
10 Querträger unter Fondsitz
11 A-Säule
12 Querträger unter Fahrersitz
13 Längsträger seitlich
14 Radeinbau
15 Motor-Querträger
16 Längsträger vorn
17 Querträger vorn
18 Kühlerquerträger

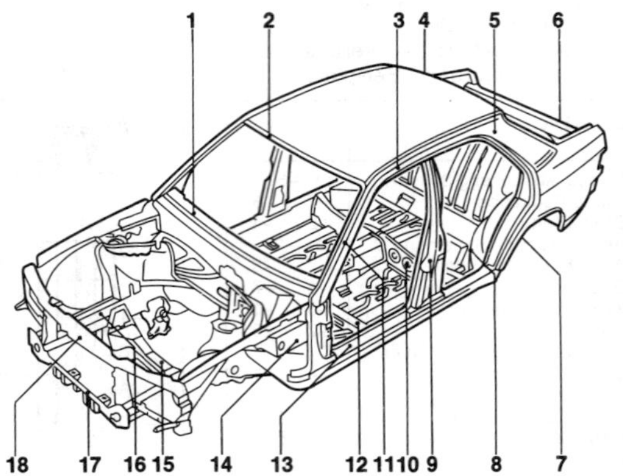

Karosserie-Werkstoffe

Stahlbleche

Für den Rohbau werden üblicherweise Stahlbleche mit unterschiedlichen Qualitäten verwendet (Tabelle s. S. 145).

Die Rohbau-Blechdicken betragen 0,6 ... 3 mm; den Hauptanteil stellen die Bleche der Dicke 0,8 ... 1,0 mm. Als Werkstoff für das Rohbautragwerk kann Stahl auf Grund der Summe seiner mechanischen Eigenschaften bezüglich Steifigkeit, Festigkeit und plastischer Verformbarkeit sowie seiner Wirtschaftlichkeit bis heute durch alternative Werkstoffe nicht substituiert werden.

Hochfeste mikrolegierte Stahlbleche (HSLA: High Strength Low Alloy) werden für hochbeanspruchte Strukturteile verwendet. Die höhere Festigkeit erlaubt eine Reduzierung der Blechdicke.

Aluminium

Zum Zwecke der Gewichtsreduzierung kann Aluminium für Karosserieanbauteile wie Motorhaube, Heckdeckel usw. verwendet werden. Die gegenüber Stahlblech deutlich höheren Kosten verhindern den Einsatz bei Großserienfahrzeugen.

Aluminium ist auf Grund des niederen Elastizitätsmoduls für die tragende Rohbaustruktur weniger geeignet, da die Querschnittsabmessungen und/ oder die Blechdicken im Vergleich zum Stahlrohbau vergrößert werden müßten. Außerdem müßten beim Punktschweißen veränderte Werkstoffkennwerte beachtet werden: Die Leitfähigkeit für Wärme und elektrischen Strom ist dreifach größer, die Festigkeit eines Schweißpunktes um die Hälfte geringer als bei Stahl.

Kunststoffe

Zur Substitution von Stahl werden Kunststoffe vereinzelt bei Anbauteilen eingesetzt (s. Tabelle).

Anwendungsbeispiele	Werkstoff	Kurzzeichen	Verarbeitungsverfahren
Tragteile, z. B. Stoßfängerbiegeträger	Glasfaserverstärkte, ungesättigte Polyesterharze	GF-UP	Verpressen von Harzmassen, z. B. SMC (Sheet-Moulding-Compound)
Verkleidungsteile/Blenden, z. B. Bugschürze, Spoiler, Bugteil, Kühlergrill, Radgehäuseverkleidung, Radkappen	Glasfaserverstärkte, ungesättigte Polyesterharze	GF-UP	
	Polyurethan	PUR	RIM (Reaction-Injection-Moulding) RRIM (Reinforced-Reaction-Injection-Moulding)
Rohbauanbauteile, z. B. Motorhaube, Kotflügel, Heckklappe, Schiebedach	Polyamid Polypropylen Polyethylen Acrylnitril-Butadien-Styrol-Copolymere Polycarbonat (mit Polybutadientheraphthalat mod.)	PA PP PE ABS PC-PBTP	Spritzgießen, Glasfaseranteil bestimmt Elastizität
Elastische Stoß- und Rammschutzleisten	Polyvinylchlorid Ethylen-Propylen-Terpolymere Elastomermodifiziertes Polypropylen	PVC EPDM PP-EPDM	Spritzgießen/Extrudieren
Energieabsorbierender Schaum	Polyurethan	PUR	Reaktionsschäumen

Karosserie-Oberfläche

Korrosionsschutz

Korrosionsschutz muß bereits bei der Karosserie-Konstruktion eingeplant werden („Anti Corrosion Code", Kanada). Maßnahmen:
– Flanschverbindungen, scharfe Kanten und Ecken minimieren,
– Schmutz- und Feuchtigkeitsablagerungsstellen vermeiden,
– Löcher für Vorbehandlung und Elektrotauchlackierung vorsehen,
– Korrosionsschutzbehandlung durch gute Zugänglichkeit sicherstellen,
– Durchlüftung der Hohlräume ermöglichen,
– Eindringen von Schmutz und Wasser weitgehend verhindern, Wasserablauföffnungen vorsehen,
– Angriffsfläche für Steinschlag und Splittbeschuß kleinhalten,
– Kontaktkorrosion verhindern.

Für besonders gefährdete Teile, z. B. Türen und Träger im Vorbaubereich, werden häufig vorbeschichtete Bleche (Zinkstaubfarbe, elektrolytisch verzinkt, feuerverzinkt) eingesetzt. Korrosiv besonders hoch beanspruchte Flansche werden vor dem Zusammenbau mit Punktschweißpaste (PVC oder Epoxid-Kleber, pro Fahrzeug ca. 10 ... 15 m Nahtlänge) beschichtet.

Lackierung

Maßnahmen nach der Elektro-Tauchlackierung:
– Abdecken der Punktschweißnähte (bis zu 115 m), Falze und Fugen mit PVC-Abdichtmassen,
– Beschichten des Unterbodens gegen Steinschlagbeschädigung mit PVC-Unterbodenschutz (0,3 ... 0,8 mm dick, 10 ... 18 kg je Fahrzeug),
– Konservierung von Hohlkörpern mit kriechfähigem, alterungsbeständigem Wachs,
– Einsetzen von korrosionsfesten Kunststoff-Montageteilen in stark gefährdeten Bereichen, z. B. vordere Radkästen (PVC entfällt dort),
– Konservierung von Unterboden und Motorraum nach Endmontage.

Lackauftrag, Gesamtdicke	140 ... 160 µm
Zink-Phosphatschicht	≈ 2 µm
Elektro-Tauchlackierung (kathod.)	13 ... 18 µm
Steinschlaggrund	≈ 30 µm
Grundlack[1])	30 ... 35 µm
Vorlack[1])	25 ... 30 µm
Decklack	35 ... 45 µm
Klarlack (nur bei Metallic)	40 ... 45 µm

[1]) Grundlack und Vorlack häufig als Füller vereint.

Karosserie-Ausstattung

Stoßfänger

Die Karosserie soll im Bug- und Heckbereich so geschützt werden, daß Kollisionen bei niedrigen Geschwindigkeiten keine Beschädigung der Fahrzeuge zur Folge haben. Vorgeschriebene Stoßfängertests (US-Part 581 und ECE-R 42, z. Z. nicht obligatorisch) legen Mindestanforderungen an das Energieabsorptionsvermögen sowie an die Bauhöhe des Stoßfängers (4 km/h-Barrierenaufprall, 4 km/h-Pendeltests) fest. Stoßfängertests nach US-Part 581 müssen mit einem Stoßfängersystem erfüllt werden, dessen Energieabsorber selbsttätig regeneriert. Zur Erfüllung der ECE-Norm genügen plastisch verformbare Halterelemente, die zwischen Biegeträger (Stoßstange) und Fahrzeugstruktur angeordnet sind. Als Halbzeug für Biegeträger werden neben Stahlblech vor allem faserverstärkte Kunststoffe und Aluminiumprofile verwendet.

Stoßfänger.
1 Pralldämpfersystem, 2 Energieabsorbierendes PUR-Schaumsystem.

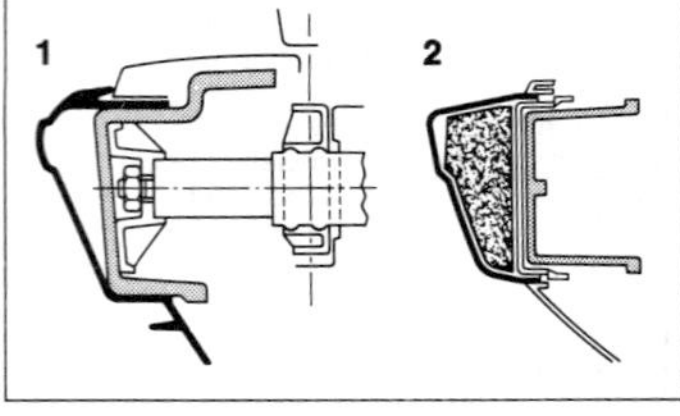

Außenverkleidungsteile, Stoßschutzleisten
Als Werkstoff für außenliegende Stoßschutzleisten, Verkleidungsteile, Schürzen und Spoiler, die insbesondere die aerodynamischen Eigenschaften des Fahrzeugs verbessern sollen, haben sich Kunststoffe durchgesetzt. Kriterien, die bei der Auswahl des Werkstoffes eine Rolle spielen, sind Flexibilität, Wärmeformbeständigkeit, Längenausdehnungskoeffizient, Kerbschlagzähigkeit, Kratzfestigkeit, Chemikalienbeständigkeit, Oberflächenqualität und Lackierbarkeit (Beispiele s. S. 545).

Verglasung
Front- oder Heckscheiben werden meist durch Gummiprofile gehalten und abgedichtet oder fest eingeklebt.

Verglasungsgewicht pro Fahrzeug 25 ... 35 kg. Substitution von Glas durch Kunststoffe (PC, PMMA) zur Gewichtsreduzierung hat sich wegen verschiedener Nachteile noch nicht durchgesetzt (Verglasung s. S. 600).

Türschlösser
Große Bedeutung für passive Unfallsicherheit (Vorschriften z. B. ECE-R 11, FMVSS 206):
– Vollständig verriegelte und halbverriegelte Position,
– kein Ausreißen bei Längskraft bis 12 kN, Querkraft bis 10 kN (vollständig verriegelte Position),
– kein Öffnen bei Längs- oder Querbeschleunigung bis $30 \cdot g$.

Unterschiedliche Forderungen einzelner Hersteller bezüglich Betätigungskomfort, Diebstahlsicherung, Kindersicherung.

Sitzanlage
Die aus Fahrzeugkollisionen resultierenden Festigkeitsanforderungen betreffen das Sitzgestell (Kissen, Lehne), die Kopfstütze, die Sitzverstellung und die Sitzverankerungen (Vorschriften: z. B. FMVSS 207, 202; ECE-R 17, 25; RREG 74/408, 78/932). Eine Komponente zur aktiven Sicherheit ist der Sitzkomfort. Ziel der Sitzkonzeption ist es, daß Fahrzeuginsassen mit unterschiedlichen Körpermaßen ermüdungsfrei sitzen können. Parameter:
– Stützwirkung auf einzelne Körperbereiche (Druckverteilung),
– seitliche Abstützung bei Kurvenfahrt,
– Sitzklima,
– Bewegungsfreiheit zur Veränderung der Körperhaltung ohne Verstellung des Sitzes,
– Schwingungs- und Dämpfungseigenschaften (Abstimmung der Eigenfrequenz mit Erregerfrequenzband),
– Verstellbarkeit von Sitzkissen, Lehne und Kopfstütze.

Einfluß darauf haben:
– Abmessungen und Formen der Polsterung von Sitzkissen und Lehne,
– Verteilung der Federraten einzelner Polsterzonen,
– Gesamtfederrate und Dämpfungsvermögen vor allem des Sitzkissens,
– Wärmeleit- und Feuchtigkeitssaugvermögen von Bezug und Polsterung,
– Handhabung und Verstellbereich der Sitzverstellung.

Innenraum-Verkleidungsteile
Ein Verkleidungsteil besteht im Prinzip aus einem formstabilen Kern (Stahl-, Alublech oder Kunststoff) mit Befestigungselementen, einer energieabsorbierenden Polsterung aus Schaummaterial (z. B. PUR) und einer flexiblen Oberflächenschicht (z. B. aus PVC- oder ABS-Folie). Es gibt auch einteilige Kunststoffverkleidungen aus thermoplastischem Spritzgußmaterial.

Die Dachinnenauskleidung wird entweder als Spannhimmel oder als Fertighimmel ausgeführt. Die verwendeten Materialien dürfen nur schwer entflammbar und die Brenngeschwindigkeit sollte gering sein (FMVSS 302).

Schnitt durch A-Säule mit Verkleidung *(Prinzip).*
1 Kern, 2 Schaum, 3 Folie, 4 Windschutzscheibe, 5 Seitenscheibe, 6 Türrahmen.

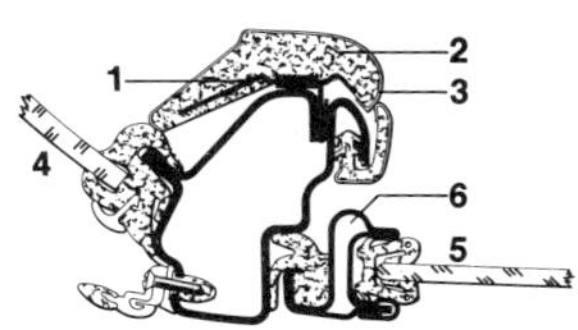

Sicherheit

Aktive Sicherheit:
Verhinderung von Unfällen

Passive Sicherheit:
Verminderung der Unfallfolgen

Aktive Sicherheit

Fahrsicherheit ist das Ergebnis einer harmonischen Fahrwerkskonzeption hinsichtlich Radführung, Federung, Lenkung und Bremsen und äußert sich in einem optimalen dynamischen Verhalten des Fahrzeugs.

Konditionssicherheit als Folge einer möglichst geringen physiologischen Belastung der Fahrzeuginsassen durch Schwingungen, Geräusche und klimatische Einflüsse trägt wesentlich dazu bei, die Wahrscheinlichkeit von Fehlhandlungen im Verkehr zu reduzieren.

Schwingungen im Frequenzbereich von 1 bis 25 Hz (Stuckern, Zittern usw.), angeregt von Rädern und Antriebsaggregaten, erreichen die Insassen über Karosserie, Sitz und Lenkrad. Je nach Richtung, Amplitude und Dauer werden sie als mehr oder weniger starke Belastung empfunden.

Geräusche als akustische Störungen am Fahrzeug können innere Quellen (Motor, Getriebe, Gelenkwellen, Achsen) oder äußere Quellen (Reifen/Straße, Windgeräusche) haben und werden durch Luft- oder Körperschall übertragen. Die Schallstärke wird in dB (A) gemessen (s. a. S. 81).

Geräuschmindernde Maßnahmen zielen einerseits auf die Entwicklung geräuscharmer Aggregate bzw. die Isolierung von Störquellen (z. B. Motorkapselung) und andererseits auf die Dämmung von Geräuschen durch Dämmatten oder Anti-Dröhnmittel ab. Klimatische Einflüsse sind im wesentlichen Lufttemperatur, Luftfeuchtigkeit, Luftdurchsatz und Luftdruck (weitere Angaben s. S. 646).

Wahrnehmungssicherheit

Maßnahmen zur Erhöhung der Wahrnehmungssicherheit konzentrieren sich auf
— Beleuchtungseinrichtungen (s. S. 576),
— akustische Warneinrichtungen (s. S. 597),
— direkte und indirekte Sicht (s. S. 542) (Sicht des Fahrers: Der für beide Augen des Fahrers — binokular — durch die A-Säulen entstehende Verdekkungswinkel darf nicht mehr als 6 Grad betragen.).

Bedienungssicherheit

Geringe Beanspruchung des Fahrers und damit hohe Fahrsicherheit setzt eine optimale Gestaltung des Fahrerplatzes bezüglich Bedienbarkeit voraus.

Sicherheit im Straßenverkehr. *Begriffe und Einflußfaktoren.*

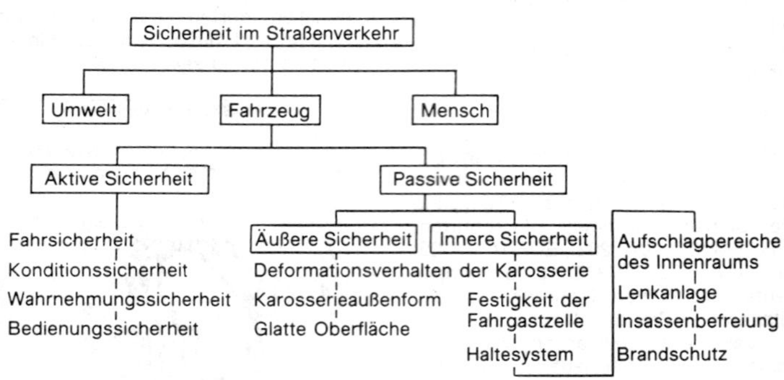

Passive Sicherheit

Äußere Sicherheit

Der Begriff „Äußere Sicherheit" umfaßt alle fahrzeugbezogenen Maßnahmen, welche geeignet sind, die Verletzungsschwere der am Unfall beteiligten Verkehrsteilnehmer außerhalb des Fahrzeugs (Fußgänger und Zweiradfahrer) möglichst gering zu halten. Einflußfaktoren sind:

— Karosserie-Deformationsverhalten,
— Karosserie-Außenform.

Vorrangiges Ziel ist es, die Folgen der Primärkollision (Kollision äußerer Verkehrsteilnehmer mit dem Fahrzeug) durch geeignete Gestaltung möglicher Kontaktzonen zu mildern.

Die schwersten Verletzungen erleiden Fußgänger durch Kontakte mit der Fahrzeugfront, wobei der Unfallablauf stark von der Körpergröße abhängt. Die Unfallfolgen von Kollisionen zwischen Zweirädern und Pkw sind aufgrund des oftmals beträchtlichen Eigenenergieanteils, der hohen Sitzposition und der starken Streuung der Kontaktstellen nur schwer durch Maßnahmen am Pkw zu beeinflussen. Realisierbare Maßnahmen sind z. B.:

— verschiebbare Frontleuchte,
— versenkte Scheibenwischer,
— versenkte Regenrinnen,
— versenkte Türgriffe.

Siehe auch ECE-R 26, RREG 74/483.

Innere Sicherheit

Die „Innere Sicherheit" umfaßt fahrzeugtechnische Maßnahmen, deren Zweck es ist, die bei einem Unfall auf die Insassen wirkenden Beschleunigungen und Kräfte niedrig zu halten, ausreichenden Überlebensraum zu sichern und die zur Insassenbefreiung notwendigen Bauteile auch nach dem Unfall funktionsfähig zu erhalten.

Maßgebend für den Insassenschutz:

— Deformationsverhalten (Karosserie),
— Festigkeit der Fahrgastzelle, Größe des Überlebensraumes während und nach dem Aufprall,
— Haltesystem,
— Aufschlagbereiche (Innenraum),
— Lenksystem,
— Insassenbefreiung,
— Brandschutz.

Gesetze zur Inneren Sicherheit (Frontalaufprall):

— Verschiebung der Lenkanlage nach hinten (FMVSS 204, ECE-R 12, RREG 74/297),
— Insassen-Unfallschutz, insbesondere Haltesysteme (FMVSS 208, Verletzungskriterien),
— Befestigung der Windschutzscheibe (FMVSS 212),
— Eindringen von Karosserieteilen in die Windschutzscheibe (FMVSS 219),
— Verschlußklappen von Ablagefächern (FMVSS 201).

Gefährdung von Fußgängern bei Kollisionen mit Pkw,
in Abhängigkeit von Anprallhäufigkeit und Verletzungsschwere (246 Fußgänger/Pkw-Kollisionen).

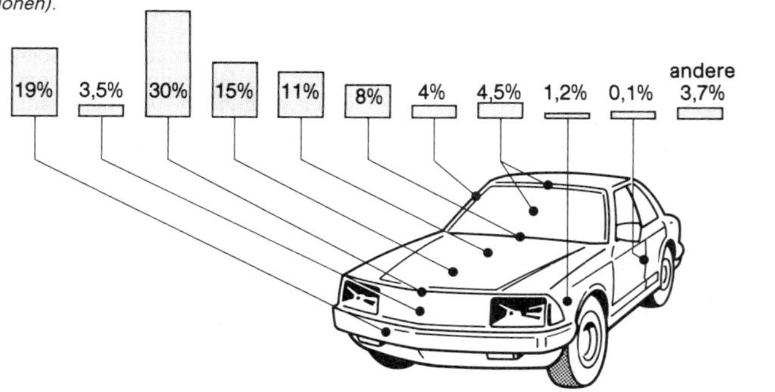

Deformationsverhalten der Karosserie
Wegen der Häufigkeit der Frontalkollisionen spielt der auch gesetzlich vorgeschriebene Frontalaufprall-Versuch mit 48,3 km/h bzw. 30 mph auf eine starre, senkrechte oder bis zu 30° schräge Barriere eine wichtige Rolle.

Weil 50 % der frontalen Kollisionen überwiegend die linke Hälfte des Vorderwagens betreffen, wird von einzelnen Herstellern der linksseitig versetzte Frontalaufprall mit einer Überdeckung von 30 ... 50 % der Fahrzeugbreite durchgeführt.

Bei einer frontalen Kollision wird die kinetische Energie durch Deformation des Stoßfängers, des Vorbaues und in schweren Fällen auch der vorderen Zone der Fahrgastzelle (Stirnwandbereich) absorbiert. Achsen, Räder (Felgen) und Motor begrenzen die Deformationslänge. Für niedrige Fahrgastzellen-Beschleunigungen sind jedoch ausreichende Deformationslängen und verschiebefähige Aggregate erforderlich. Je nach Fahrzeugkonzeption (Aufbauform, Antriebsart und Motorlage), Fahrzeugmasse und -größe entstehen beim frontalen Barrierenaufprall mit ca. 50 km/h bleibende Deformationen im Vorbaubereich von 0,4 ... 0,7 m. Die Fahrgastzelle sollte im wesentlichen erhalten bleiben. Dies betrifft vor allem
– die Stirnwand-Zone (Verschiebungen von Lenkanlage, Armaturentafel, Pedale, Einschränkung des Fußraums),
– die Bodenanlage (Absenkung bzw. Kippen der Sitze),
– die Seitenwand (Türöffnen nach Unfall).

Beschleunigungsmessungen und Auswertungen von Hochgeschwindigkeits-Filmen erlauben die exakte Analyse des Deformationsverhaltens. Meßpuppen (Dummies) in verschiedenen Größen simulieren die Insassen des Fahrzeugs und liefern Beschleunigungswerte von Kopf und Brust sowie Oberschenkelkräfte. Aus den Kopfbeschleunigungen resultiert der Belastungswert „HIC“ (Head Injury Criterion) für den Kopf. Der Vergleich von Meßwerten, die mit Meßpuppen gewonnen werden, mit den zul. Grenzwerten nach FMVSS 208 (Kopf HIC 1000, Brustbeschleunigung 60 g/3 ms, Oberschenkelkraft 10 kN) erlaubt nur eingeschränkte Aussagen.

Der Seitenaufprall als nächsthäufige Unfallart birgt hohe Verletzungsrisiken, verursacht durch das beschränkte Absorptionsvermögen der Struktur- und Verkleidungsteile und die daraus resultierenden großen Deformationen des Innenraums. Wesentlich beeinflußt wird das Risiko von der Strukturfestigkeit der Seitenwand (Verbindung der Säulen mit den Türen, Anschlüsse der Säulen nach oben/unten), der Belastbarkeit der Bodenquerträger und des Sitzes sowie der Gestaltung der Türinnenverkleidung.

Beim Heckaufprall-Versuch dürfen im Bereich der Fahrgastzelle keine oder nur geringe Deformationen auftreten, Türen sollten sich noch öffnen lassen, die Heckdeckel-Kante sollte nicht durch die Heckscheibe in den Innenraum eindringen, und die Kraftstoffanlage muß dicht bleiben.

Mit Überschlagversuchen (Roll-Over-Tests) und quasistatischen Dacheindrücktests (FMVSS 216) werden Dachstrukturen untersucht. Darüber hinaus unterzieht mindestens ein Hersteller die Fahrzeuge dem Dachfalltest, um die Gestaltfestigkeit der Dachstruktur (Überlebensraum) unter extremen Bedingungen zu prüfen (Fahrzeug fällt aus 0,5 m Höhe auf die linke, vordere Dachecke).

Unfallverteilung auf Kollisionsarten,
symbolisiert durch gleichwertige Versuchsanordnungen.

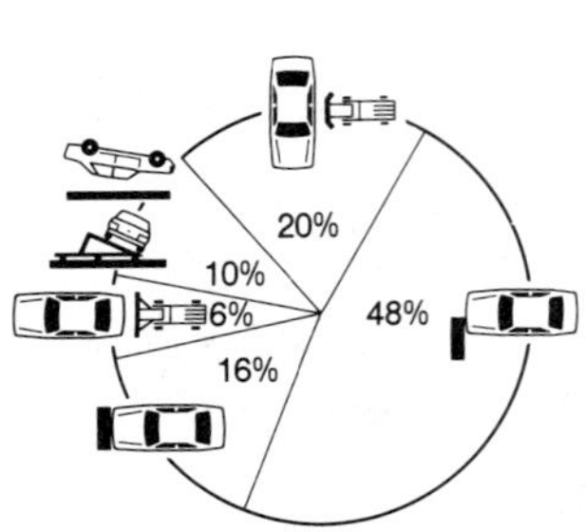

Beschleunigung, Geschwindigkeit und Weg einer Fahrgastzelle beim 50 km/h-Barrierenaufprall.

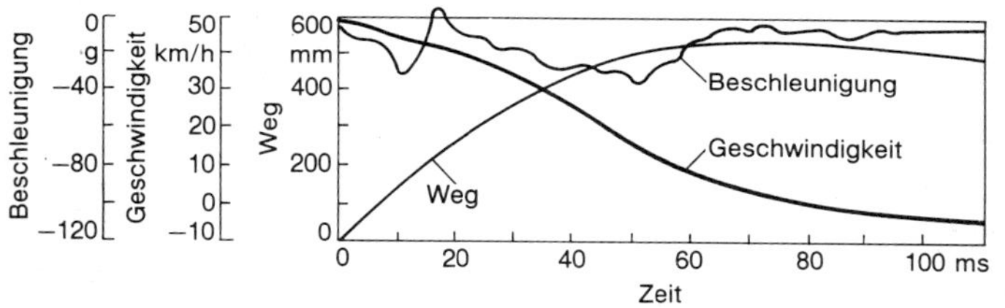

Lenkanlage

Gesetzliche Forderungen (FMVSS 203 und 204) regeln den max. Verschiebeweg des oberen Endes der Lenksäule nach rückwärts (max. 127 mm, Frontalaufprall, 48,3 km/h) und die Grenze der Aufprallkraft eines Prüfkörpers auf die Lenkanlage (max. 1111 daN bei Aufprall mit 24,1 km/h). Das untere Spindelteil der Lenksäule wird bezüglich Längs- und Querverschiebungen deformationsfähig gestaltet, u. a. werden Gitterrohre, Wellrohre und Ausklinkelemente eingesetzt.

Insassen-Rückhaltesysteme

Automatik-Gurt (Manuelle Systeme)
Der am häufigsten eingebaute Dreipunktgurt mit Aufrollvorrichtung („Automatik-Gurt") stellt einen guten Kompromiß zwischen effektiver Sicherheit, Anlege-, Tragekomfort und Kosten dar. Bei Erreichen einer festgelegten Fahrzeugverzögerung blockiert eine eingebaute Schnellsperre die Wickelspule.

Gurtstraffer-Systeme
Gurtstraffer-Systeme sind als Erweiterung und Verbesserung der Dreipunkt-Automatik-Gurtsysteme anzusehen. Sie verringern durch Reduzierung der Gurtlose die bei schweren Unfällen zu großen Insassen-Vorverlagerungen. Dadurch wird die Differenzgeschwindigkeit Fahrzeug—Insasse und damit auch die Belastung des Insassen reduziert.

Luftsack (Automatische Systeme)
Das Luftsacksystem dient der Verhinderung bzw. Milderung eines Aufpralls auf Teile des Innenraums, insbesondere auf das Lenkrad (s. auch S. 628).

Sperrprinzip eines Gurtaufwickelautomaten.
1 Gurt, 2 Sperrad, 3 Aufrollachse,
4 Pendel, 5 Sperrklinke (in Sperrstellung).

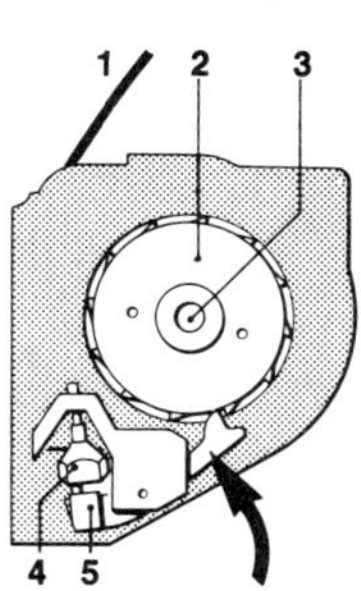

Bauprinzip Gurtstraffer *(Beispiel).*
1 vom Sensor
2 Zündpille
3 Treibsatz
4 Drahtseil
5 Zylinder
6 Kolben
7 Gurtband

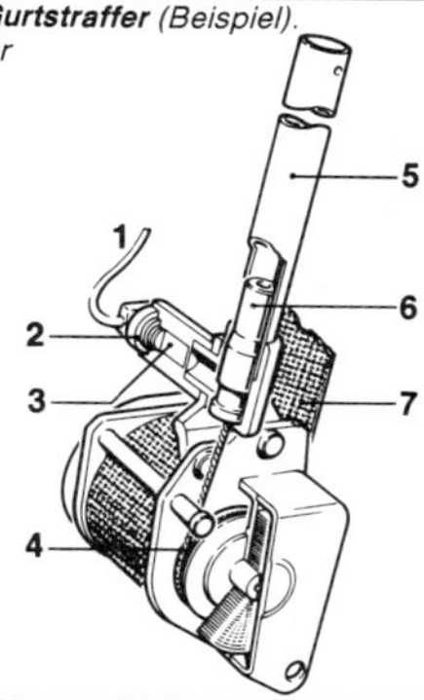

Berechnung

Berechnung Gesamtkarosserie

Statische, dynamische sowie in neuester Zeit akustische Eigenschaften der Gesamtkarosserie können mit der Methode der Finiten Elemente (FE) berechnet werden. Sie basiert auf der Grundidee, ein beliebig kompliziertes Tragwerk in einfache Bauelemente (Balken, Schalen und Volumenelemente) zu zerlegen, deren elastisches Verhalten bekannt und mathematisch möglichst leicht zu formulieren ist. Diese Bausteine (Elemente) werden unter Wahrung der Verträglichkeitsbedingungen zur Gesamtstruktur zusammengefügt. Dadurch wird es möglich, einen Modellkörper so aufzubauen, daß er dem wirklichen Körper in seinen elastischen Eigenschaften hinreichend genau entspricht.

Für die Berechnung wird ein Karosserieentwurf je nach Problemstellung in bis zu 10 000 Elemente mit ca. 42 000 Unbekannten aufgeteilt. Für die FE-Rechnung steht eine Vielzahl von Systemen zur Verfügung (z. B. ASKA, NASTRAN, ABAQUS). Als Ergebnisse werden Verformungen, Schwingformen, Spannungsverteilungen und Formänderungsarbeiten (Einzelwerte oder Graphik) geliefert.

Vorteile der FE-Methode: Erfassung unübersichtlicher Belastungsvorgänge (Kraftfluß, Beanspruchungskonzentrationen) an komplizierten Strukturen (z. B. Karosserie); Variantenrechnung (Blechdicken, Verstärkungen, Materialien); Einbeziehung anisotroper[1]) Materialien (Verbundwerkstoffe, Faserwerkstoffe).

Grenzen der FE-Methode: Genauigkeit abhängig von Elementtyp, Zahl der Elemente und Elementaufteilung innerhalb der Struktur; Abweichungen der Realblechdicken von den Sollwerten durch Tiefziehen; lokale Materialanisotropie[1]) nach Walzen und Tiefziehen; Schweißverbindungen noch nicht exakt erfaßbar.

Berechnung Festigkeit

Neben speziellen Belastungen durch Haltesysteme und Anhängelasten, die mit der FE-Methode berechnet werden, sind Karosserie-Tragteile wie Säulen, Träger und Anbauteile (z. B. Stoßfänger) häufig überschaubaren Einzellastfällen wie Biegung oder Torsion unterworfen. In diesen Fällen sind Querschnittsberechnungen vorteilhaft, für die entsprechende Programme vorhanden sind. Für die Berechnung werden die meist dünnwandigen Tragteilquerschnitte in Abschnitte (Elemente) unterteilt und mit den gewünschten Blechdicken versehen. Als Ergebnis werden u. a. Querschnittsfläche, Träg-

[1]) von Richtung abhängige Materialeigenschaften.

Berechnung einer Karosseriestruktur.

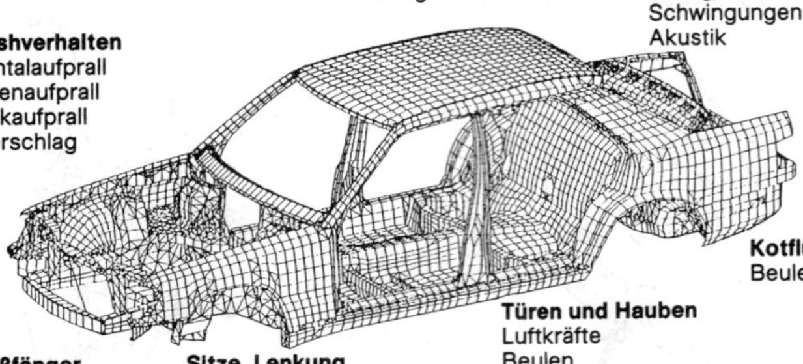

Ablauf Strukturanalyse mit Finiten Elementen.

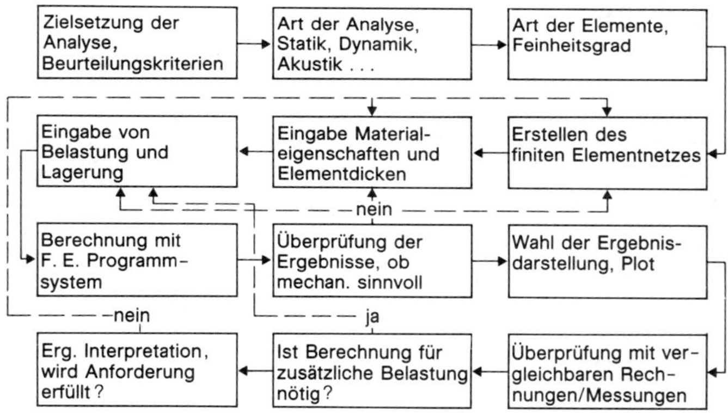

heitsmomente und Widerstandsmomente ausgegeben. Damit lassen sich die untersuchten Tragteile bezüglich Steifigkeit, Festigkeit und Gewicht beurteilen und in Relation zu bewährten Lösungen festlegen.

Berechnung Crash-Verhalten

Bei Unfallversuchen der Automobilhersteller (Frontal-, Heck- und Seitenaufprall, Überschlag, Fall) sowie bei Straßenverkehrsunfällen treten große plastische Formänderungen auf, die wegen ihres stark nichtlinearen und dynamischen Charakters mit den gängigen FE-Programmen noch nicht zu behandeln sind. Die Auslegung der wichtigsten Strukturteile erfolgt deshalb durch Querschnittsberechnungen, Modellrechnungen und Teilstrukturtests, deren Ergebnisse mit bereits erprobten Karosserie-Baugruppen verglichen werden.

Querschnittsberechnung am Beispiel der A-Säule.
1 Querschnitt, 2 Unterteilung in Elemente.

Querschnittfläche 5,30 cm^2
Torsions-Trägheitsmoment $J_T = 12{,}90\ cm^4$
Trägheitsmomente $J_y = 14{,}10\ cm^4$
$J_x = 18{,}20\ cm^4$

Widerstandsmomente $W_y = 4{,}77\ cm^3$
$W_x = 4{,}55\ cm^3$

E = Schubmittelpunkt

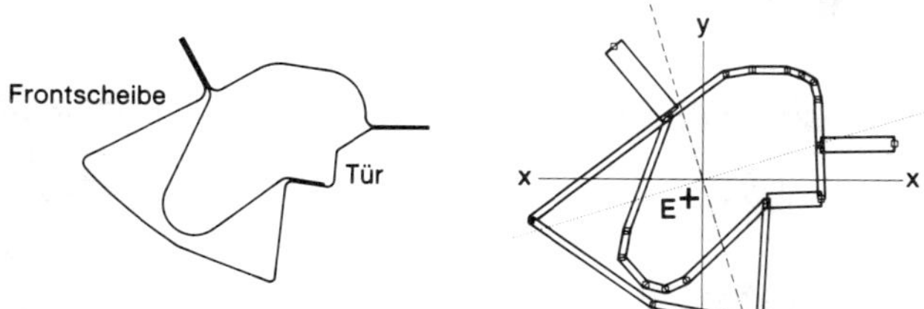

Fahrzeugaufbau Nkw

Nutzkraftwagen

Nutzkraftwagen dienen dem rationellen Transport von Personen und Gütern. Wichtig ist ein günstiges Verhältnis von Nutzraum zu Gesamtbauraum und von Nutzlast zu Fahrzeuggesamtgewicht. Die Grenzen im Ladevolumen und im Gesamtgewicht sind durch gesetzliche Regelungen über Maße und Gewichte festgelegt. Abhängig von
— Einsatzart (Nahverkehr, Fernverkehr, Baustellenverkehr, Spezialeinsätze) und
— Transportaufgabe (Güter-, Personen-, Spezialtransport)
führte die Entwicklung der Nutzkraftwagen zu starker Spezialisierung, mit Gesamtgewichten von 2 t bis 35 t für straßenorientierte Einzelfahrzeuge und Radständen von 2 m bis 6,5 m. Last- und Sattelzüge haben normalerweise ein max. Gesamtgewicht von 38 t bis 45 t und in Ausnahmefällen für Schwertransporte bis über 150 t.

Übersicht Nutzkraftwagen	
Geländewagen	
Transporter	
Lastkraftwagen	
Lastzug	
Sattelkraftfahrzeug	
Reisebus	
Agrarfahrzeug	
Muldenkipper - offroad -	

Leichte Lastkraftwagen

Kombi- und Lieferwagen, Transporter und leichte Sattelzugmaschinen von 2 t bis 6,5 t Gesamtgewicht. Als Haupttragstruktur wird ein tiefliegender Leiterrahmen verwendet (teilweise geschlossene Längs- und Querträger, relativ verdrehsteif).

Bei Kastenwagen und Kombi sind die Aufbauten durch Integralbauweise zu einem gemeinsamen Tragverband mit dem Rahmen verbunden.

Varianten leichte Lastkraftwagen		
Kastenwagen	normal	
	Hochraum	
Kombi, Bus	normal	
	Hochraum	
Pritschenwagen	Hochlader	
	Tieflader	
Doppelkabine	Fahrgestell	
	Pritschenwagen	
Fahrgestell mit	Fahrerhaus	
	Windlauf	
Spezialfahrzeuge mit Sonderaufbauten (Beispiele)	Kipper	
	Rettungswagen	
	Winterdienstwg.	
	Motorcaravan	

Mittlere und schwere Lastkraftwagen und Sattelzugmaschinen

Gesamtgewicht 6,5 t bis 19 t für zweiachsige, 22 t bis 26 t für dreiachsige und 28 t bis 35 t für vierachsige Einzelfahrzeuge.

Der Standard-Lkw ist heute als Frontlenker mit unter dem Fahrerhaus angeordneten Motor und Hinterachsantrieb ausgelegt. Frontlenkerfahrzeuge bauen bei gleicher Ladelänge (Pritschenlänge) kürzer als Haubenfahrzeuge, was der Raumökonomie und der Wendigkeit zugute kommt.

Die Anpassung der Fahrzeuge an die gewünschte Nutzlast geschieht im Rahmen der gesetzlichen Vorschriften über die Wahl der Anzahl und Art der Achsen. Verbreitet sind 2-, 3- und 4achsige Solofahrzeuge. Die Bezeichnung der Lkw-Antriebs- bzw. Fahrwerksart erfolgt nach folgendem Schlüssel:

Typ N × Z/L
N Anzahl der Räder
Z Anzahl der angetriebenen Räder
L Anzahl der gelenkten Räder, wobei /L zur Vereinfachung in eindeutigen Fällen weggelassen wird.

Der klassische, nur hinterachsangetriebene Lkw wird danach mit 4 × 2 und bei Allradantrieb mit 4 × 4 gekennzeichnet. Lastkraftwagen haben einzelbereifte, achsschenkelgelenkte starre Vorderachsen mit max. 6 t bis 7,5 t Achslast. Die Führung der Achse und die Aufgabe der Federung übernehmen lange, weiche und reibungsarme Blattfedern. Als Hinterachse wird im Normalfall eine blattfedergeführte angetriebene starre Achse mit Zwillingsbereifung und max. 10 t bis 13 t Achslast verwendet. Luftfederungen an Lastkraftwagenhinterachsen sind selten, an Sattelzugmaschinen zur Vereinfachung des Arbeitsablaufes beim Unterfahren von Sattelaufliegern häufiger.

Dreiachsfahrzeuge (6 × 2) mit einer angetriebenen Achse, hauptsächlich für den Straßeneinsatz, werden mit Vor- oder Nachlaufachse ausgerüstet. Hierbei sind blattfedergeführte Konstruktionen und Luftfederungen mit statischem und dynamischem Achslastausgleich und Liftbarkeit bekannt. Das klassische Doppelachsaggregat für Dreiachsfahrzeuge (6 × 4) ist die Waagebalkenachse mit 2 × 8 t. Zur Aufnahme der Achsführungskräfte aus der Längsdynamik dienen oben- und untenliegende Längslenker. Die Hubfederung, die Querführung und den Achslastausgleich übernimmt eine mittig gelagerte Pendelfeder in Trapez- oder Parabelbauweise.

Lkw-Antriebs- bzw. Fahrwerksarten und Achslasten *(Beispiele).*

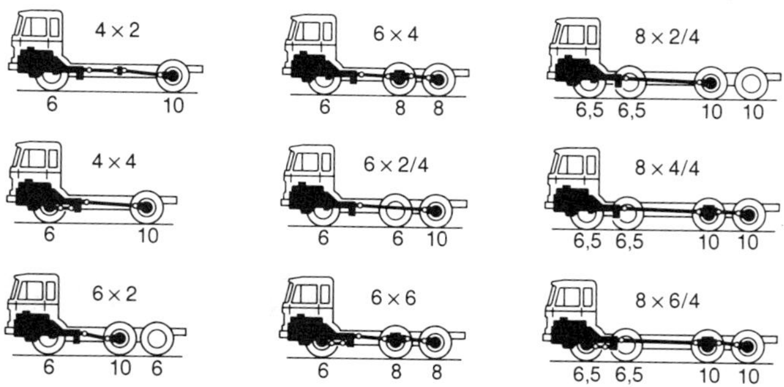

Rahmen
Der Rahmen des Fahrgestells trägt die Nutzlast und die Aggregate. Er dient gleichzeitig zur Aufnahme der Achsführungskräfte aus der Hoch-, Quer- und Längsdynamik des fahrenden Fahrzeugs. Zur Befestigung der unterschiedlichen Aufbauarten werden zusätzliche Hilfs- oder Montage-Rahmen verwendet, die dem Verlauf des Hauptrahmens folgend am Obergurt aufliegen und kraft- oder formschlüssig befestigt sind.

Nutzfahrzeugrahmen werden in der Regel als verwindungsweiche Leiterrahmen mit offenen U-förmigen Längsträgern ausgeführt. Dabei sind sowohl gerade Profile mit durchgehend konstantem Querschnitt als auch sog. Fischbauchrahmen mit größerer Profilhöhe im Bereich zwischen den Achsen weit verbreitet. Kritische Stellen werden durch L-förmige Einlagen und Knotenbleche verstärkt.

Die Querträger bestehen meist aus U- oder Hutprofilen, die über besonderen Knotenverbindungen mit dem Längsträgersteg vernietet oder verschraubt sind. Die Verdrehweichheit vermindert die Beanspruchung bei Fahrt über einseitige Hindernisse und erhöht gleichzeitig die Geländetauglichkeit der Fahrzeuge, weil ein beachtlicher Radlastausgleich über den Rahmenverwindungsweg erfolgen kann.

Komplexe Tragstrukturen sind einer geschlossenen rein analytischen Behandlung des Steifigkeits- und Festigkeitsverhaltens nur mit großen Einschränkungen zugänglich. Für die Dimensionierung des Lkw-Rahmens im „Reißbrettstadium" wird deshalb ähnlich wie bei Pkw- und Omnibus-Karosserien eine Simulation mit der Methode der finiten Elemente bevorzugt. Die Bauteilerprobung erfolgt dann auf servohydraulischen Prüfständen und letztlich im Komplettfahrzeug auf speziell ausgewählten Schlechtwegstrecken.

Fahrerhaus
Beim Haubenfahrerhaus ist der Motor-Getriebe-Block vor dem eigentlichen Innenraum unter einer (wegen der Zugänglichkeit meist kippbaren) Stahl- oder Kunststoffhaube untergebracht. Der Einstieg liegt hinter der Vorderachse.

Beim Frontlenkerfahrerhaus mit ganz nach vorn geschobener Lenkung sitzt der Motor entweder unter oder teilweise im Fahrerhaus zwischen den Sitzen für Fahrer und Beifahrer. Der Einstieg liegt vor oder über der Vorderachse. Gute Zugänglichkeit zum Motor entsteht durch Kippen nach vorn um 50° bis 70°.

Für spezielle Anforderungen stehen verlängerte Fahrerhäuser zur Verfügung (z. B. Doppelkabine).

Fahrerhaus-Rohbau
Der konstruktive Aufbau der Fahrerhausstruktur umfaßt Stahlblechpreßteile, die zur Versteifung und zur Übernahme der Betriebsbelastungen mit Trägerprofilen verpunktet sind. In zunehmendem Maße finden auch Teile aus faserverstärkten Kunststoffen Verwendung.

Baugruppen am Lkw.
1 Aufbau, 2 Achse, 3 Rahmen, 4 Getriebe, 5 Motor, 6 Fahrerhaus.

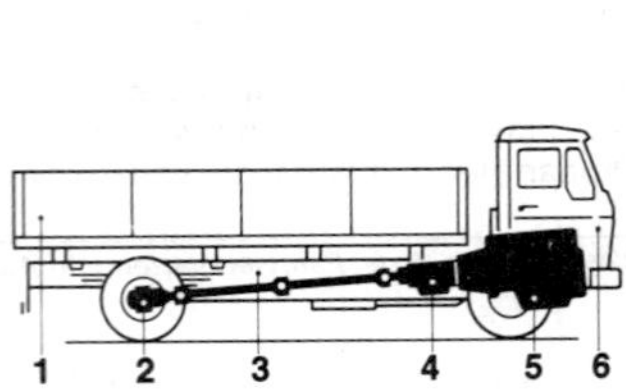

Fahrerhaus.
1 Frontlenkerfahrerhaus, 2 Haubenfahrerhaus.

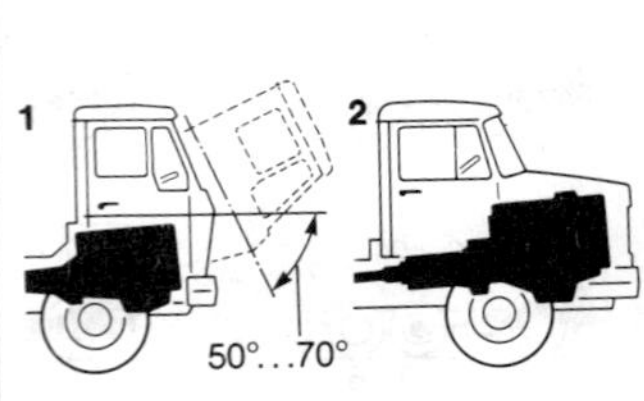

Omnibusse

Omnibusse dienen der Personenbeförderung. Eine aufgabenorientierte Gruppierung sieht folgende Kategorien vor:
- Kleinomnibus
- Stadtomnibus
- Überlandomnibus
- Reiseomnibus.

Kleinomnibusse
Beförderungskapazität bis etwa 25 Personen. Kleinomnibusse sind auf Leicht-Lkw-Fahrgestelle aufgebaut oder vom Kombiwagen der Transporter abgeleitet. Üblich ist ein vorn eingebauter Motor, Hinterachsantrieb, Körperschallisolation durch teilweise elastische Aufbaulager am Rahmen und weiche, komfortable Hauptfederung.

Stadtomnibusse
Für den Stadt- und Vorortlinienverkehr konstruiert und ausgerüstet (Sitz- und Stehplätze). Wegen des kurzen Haltestellenabstandes im öffentlichen Nahverkehr ist ein rascher Fahrgastfluß durch niedrige Stufenhöhe, breite Türen und geringe Wagenbodenhöhe besonders wichtig.

Für den Standard-Linienomnibus hat der Kraftfahrzeugausschuß VÖV (Verband öffentlicher Verkehrsbetriebe) gemeinsam mit den Fahrzeugherstellern technische Richtlinien über Bauart, Fahrleistung etc. entwickelt. Einige daraus abgeleitete Daten:

Wagenlänge	ca. 11,5 m
Gesamtgewicht	ca. 16,5 t
Fußbodenhöhe	ca. 710 mm
Sitzplatzzahl	44 bzw. 38
Gesamtkapazität	ca. 108 Personen

Überlandomnibusse
Sie stellen in der konstruktiven Ausführung einen Kompromiß zwischen dem reinen Stadtbus und dem Reisebus dar: Stehplätze für kürzere Strecken im Gang, kleinere Kofferräume für Gepäckmitnahme.

Reiseomnibusse
Für komfortables Fahren über große Entfernungen konzipiert. Ihre Vielfalt reicht vom niedrig gebauten zweiachsigen Normalbus bis zum zweistöckigen Luxusbus mit separater Fahrerkabine. Die Ausstattung beinhaltet große, durchgehende Kofferräume im Unterbau.

Übersicht Omnibusse	
Klein-omnibus	
Standard-Linien-omnibus	
Doppel-decker-Linien-omnibus	
Gelenk-omnibus	
Überland-omnibus	
Reise-omnibus	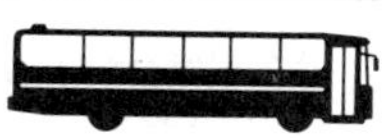

Fahrwerke

Bei modernen Omnibussen sind Fahrwerke mit Luftfederung an allen Achsen und Antrieb der Hinterachse durch liegend oder stehend eingebauten Heckmotor üblich. Als Vorderachskonstruktionen werden sowohl weich gefederte, lenkergeführte Starrachsen als auch Einzelradaufhängungen mit oben und unten liegenden Dreiecks- oder Trapezlenkern verwendet. Die starre Hinterachse wird mit jeweils 2 Luftfederbälgen rechts und links und insgesamt 4 Stoßdämpfern abgefedert und durch Lenker geführt.

Passive Sicherheit bei Nutzkraftwagen

Selbstschutz

Fahrerhaus bzw. Fahrgastraum haben im Kollisionsfalle die Aufgabe, den Schutz für Fahrer und Beifahrer bei nicht zu hoher Verzögerungswirkung durch Erhaltung des notwendigen Überlebensfreiraumes zu gewährleisten. Beispiele:

Bei Transportern energieaufnehmende Auslegung der vorderen Rahmenpartie über besonders biegeweiche Formgebung oder mittels Deformationselemente. Damit wird die Einhaltung der physiologisch zulässigen Grenzwerte für Fahrer und Insassen beim 50-km/h-Frontalaufprall auf eine feste Barriere (Pkw-Standard) ermöglicht.

Beim Lastkraftwagen reichen die Rahmenlängsträger bis zum Stoßfänger nach vorne und können hohe Längskräfte übernehmen. Zur Überprüfung der Festigkeit der Fahrerhäuser werden statische und dynamische Belastungs- und Schlagtests an der Fahrerhausfront und -rückseite sowie im Dachbereich durchgeführt. Dies dient zur Simulation der Beanspruchung bei Frontalaufprall, Umkippen und Überschlag.

Nach statistischen Analysen des Unfallgeschehens in der Bundesrepublik Deutschland stellt der Omnibus das sicherste Verkehrsmittel für die Personenbeförderung dar.

Im Kollisionsfalle muß der Sicherheitsfreiraum für den gesamten Fahrgastraum gewährleistet sein. Zur Überprüfung der Dach- und Seitenwandtragfähigkeit werden Belastungstests durchgeführt. Die Schwerpunkte der Maßnahmenentwicklung zur Erhöhung der passiven Sicherheit stellen neben der weiteren Steigerung der Aufbaufestigkeit (zur Erhaltung des erforderlichen Überlebensfreiraumes bei Umsturz- und seitlichem Überschlagunfall) auch andere Aspekte wie Verwendung von schwer entflammbaren bzw. selbsterlöschenden Materialien für die Innenausstattung, wirksame Notausstiege usw. dar.

Partnerschutz

Im gemischten Straßenverkehr kommt es zu Kollisionen zwischen leichten und schweren Verkehrsteilnehmern. Bedingt durch die auftretenden Massenunterschiede und teilweise vorhandener Inkompatibilität in Geometrie und Struktursteifigkeit ist das Verletzungsrisiko im leichteren Fahrzeug höher.

Geschwindigkeitsänderung beim zentralen plastischen Stoß für Frontal- oder Heck-Kollision zweier Fahrzeuge:

Fahrzeug 1 $\Delta c_1 = \dfrac{\mu \cdot \Delta v}{1+\mu}$

Fahrzeug 2 $\Delta c_2 = \dfrac{\Delta v}{1+\mu}$

mit $\mu = m_2/m_1$

m_1, m_2 Masse der beteiligten Fahrzeuge 1 und 2, Δv Relativgeschwindigkeit vor dem Stoß.

Zur Verbesserung der geometrischen (bauartbedingten) Kompatibilität können seitliche Abweiseinrichtungen sowie Front- oder Heckunterfahrschutzvorrichtungen an den Nutzfahrzeugen vorgesehen werden. Die Verwirklichung denkbarer Partnerschutzmaßnahmen zur Herstellung voller Kompatibilität zwischen den unterschiedlichen Verkehrsteilnehmern in Geometrie und Steifigkeit der potentiellen Kollisionsstellen erfordert eine abgestufte, weiträumige Dimensionierung bei allen. Dem stehen Forderungen nach der Funktionalität bei der Aufgabenerfüllung gegenüber.

Geschwindigkeitsänderung des leichteren Kollisionspartners.

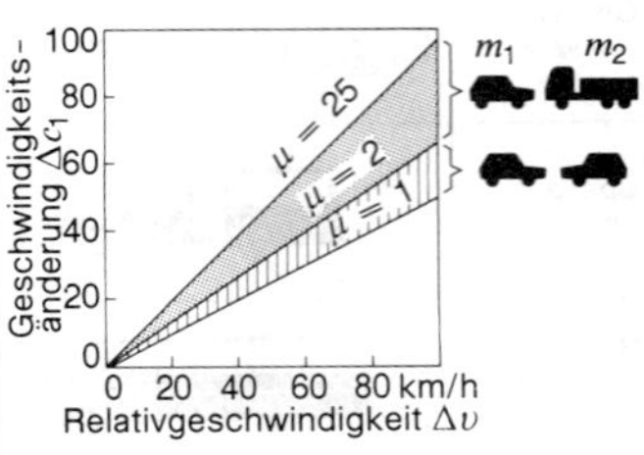

Geräuscharme Nutzkraftwagen

Die wesentlichen Teilschallquellen am Nutzfahrzeug sind:

- Motor (Verbrennung und Mechanik),
- Kühler-Lüfter-System,
- Auspuffanlage (Abstrahlung und Mündung),
- Luftansaugung,
- Antriebsstrang (Getriebe, Gelenkwellen und angetriebene Achsen),
- Reifen,
- Karosserie,
- Arbeitsgeräte, Sonderaufbauten.

Innengeräuschreduktion

Zur Innengeräuschreduktion müssen vor allem die Körper- und Luftschallwege vom Antrieb zum Fahrgastraum möglichst unterbrochen werden.

Prinzipiell beinhalten die Körperschallübertragungswege:
- Geräuschquellen (Motor, Gelenkwellen, Getriebe, Achsen usw.),
- Verbindungselemente (Motorlager, Gelenkwellenlager, Achsführungsteile, Getriebeschaltung, Fahrerhauslagerung und Befestigungselemente),
- Schallausbreitung in Rahmen, Aufbau- und Fahrerhausstruktur,
- Schallabstrahlung nach innen durch das Zusammenwirken von schwingender Innenraumstruktur und schwingender Luft.

Die wesentlichen Verbindungselemente sind als weiche, großvolumige Gummi-Metallteile mit hoher Körperschalldämmung ausgebildet. Der Innenraum-Luftschallpegel wird durch Verkleidung der Innenwände mit Antidröhnmaterial zur Reduktion des Körperschalls oder durch Absorptionsmaterial zur Dämpfung des Luftschalls ausgebildet. Bei Fahrerhäusern wird der Fahrerhausboden zur Luftschallisolation gegen den unmittelbar davor bis direkt darunter plazierten Motor besonders im Bereich des Motortunnels mit dicken Dämmatten ausgestattet. Direkte Durchbrüche zum Motorraum sind zu vermeiden und müssen notfalls gut abgedichtet werden.

Außengeräuschreduktion

Zur Außengeräuschreduktion werden die wichtigsten Teilschallquellen mit Dämmaterial ummantelt oder durch Kapselung isoliert. Eine rein motorseitige Kapselung konnte sich bislang nicht durchsetzen. Die Ursache hierfür sind in der größeren Schwierigkeit, die Motoranregung von der Kapsel fernzuhalten sowie in Wartungs- und Wärmeproblemen zu suchen.

Bei Omnibussen mit Heckmotor kann bauartbedingt leicht eine karosserieseitige Vollkapselung vorgenommen werden. Hierbei wird der normalerweise nach unten offene Motorraum durch Blech- oder Kunststoffabdeckplatten geschlossen sowie der übrige Innenraum mit Dämmaterial ausgekleidet. Bis auf funktions- und wartungsbedingte Öffnungen, die mit absorbierenden Flächen möglichst schallundurchlässig gemacht werden, liegt damit eine Vollkapselung vor. Dem bedeutenden Nachteil der Leergewichtserhöhung an der Hinterachse steht nach der beschleunigten Vorbeifahrtmessung eine beachtliche Geräuschabsenkung von 6 bis 10 dB(A) gegenüber.

Bei Lastkraftwagen und Transportern ist eine fahrgestellseitige, abgestufte Teilkapselung des den Motor umgebenden Raumes denkbar. Der Motor-Getriebe-Block ist normalerweise nach unten, zur Seite (Radlauf) und nach hinten offen eingebaut.

Zur schrittweisen Geräuschisolierung (bauartabhängig) sind geeignet:
- Seitliche Radlaufabdeckung zur Verminderung der Schallabstrahlung durch den Radlauf und zur Seite
- Unterschale, rahmenseitig befestigt, zur Abschirmung nach unten
- Abdeckhaube hinter Fahrerhaus im Motortunnelbereich
- Auskleidung der Fahrerhausbodenunterseite, insbesondere des Motortunnels mit Absorptionsmaterial.

Durch die beschriebenen Maßnahmen kann eine Absenkung der Außengeräusche bei Lastkraftwagen von 8 bis 12 dB(A) erreicht werden. Dies ist mit einer Erhöhung des Leergewichtes von 50 kg bis 100 kg und etwa gleichem Nutzlastverlust verbunden.

Schaltzeichen der Kraftfahrzeugelektrik

(Auszug aus DIN 40700 ... 40719)

Verbindungen

Leitung; Leitungskreuzung ohne bzw. mit Verbindung

Geschirmte Leitung
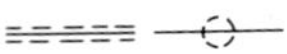

Pneumatische, hydraulische Leitung
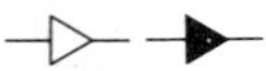

Mechanische Wirkverbindung; Kreuzung, ohne bzw. mit Verbindung
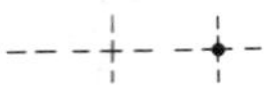

Verbindung, allgemein; lösbar (wenn Darstellung notwendig)

Steckverbindung; Stecker; Steckbuchse 3-fach-Steckverbindung
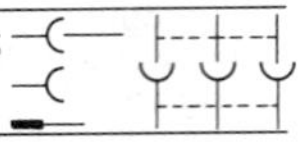

Masse (Gehäusemasse, Fahrzeugmasse)

Mechanische Funktionen

Schaltstellungen (Grundstellung: ausgezogene Linie)

Verzögerung (mit Doppelstrich) nach rechts bzw. nach rechts und links
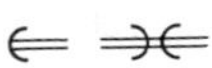

Betätigung von Hand, durch Fühler (Nocken), thermisch (Bimetall)
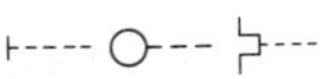

Raste; selbsttätiger Rückgang in Pfeilrichtung (Taste)

Betätigung (mech., pneum., hydraul.) allgemein, Kolbenantrieb, Betätigung durch Drehzahl *n*, Druck *p*, Menge *Q*, Zeit *t*, Temperatur *t*°
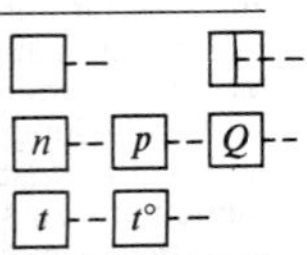

Veränderbarkeit, nicht eigen (von außen), allgemein

Veränderbarkeit, eigen, unter Einfluß einer physik. Größe linear, nicht linear

Schalter

Tastschalter Schließer, Öffner

Stellschalter Schließer, Öffner
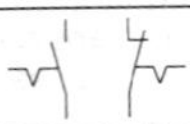

Wechsler, mit bzw. ohne Unterbrechung schaltend

Zweiwegschließer, mit drei Schaltstellungen (z. B. Blinkerschalter)

Schließer-Öffner, Zwillingsschließer
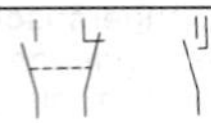

Mehrstellenschalter
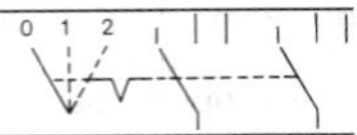

Nockenbetätigter Schalter, z. B. Unterbrecher
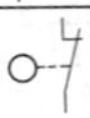

Thermoschalter, Auslöser
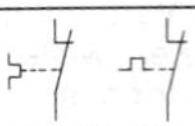

Relais

Antrieb mit einer Wicklung, mit zwei gegensinnig wirkenden Wicklungen
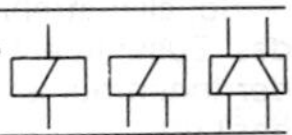

Elektrothermischer Antrieb, Thermorelais
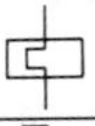

Elektromagnetischer Antrieb, Hubmagnet; Magnetventil geschlossen
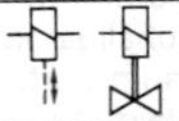

Relais (Antrieb und Schalter) Beispiel: unverzögerter Öffner und verzögerter Schließer
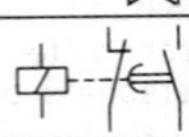

Widerstände

Widerstand, Potentiometer (mit drei Anschlüssen)
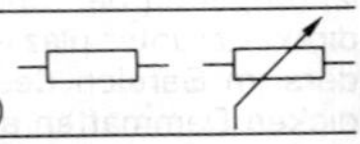

Heizwiderstand, Flammkerze, Glühkerze, Heizscheibe
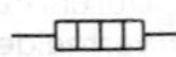

Induktivitäten, Wicklungen

Induktivität, Wicklung, allgemein

Induktivität veränderbar, Transformator (Zündspule)

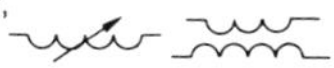

Kondensatoren, Kapazitäten

Kondensator allgemein, veränderbar, gepolt

Durchführungskondensator koaxial, nicht koaxial

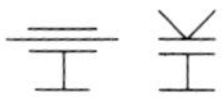

Halbleiterbauelemente

Transistor PNP und NPN, E Emitter, B Basis, C Kollektor

Gleichrichter-Diode, Z-Diode

Thyristor rückwärtssperrend, anoden- bzw. katodenseitig gesteuert

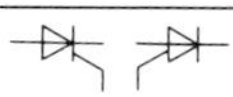

Anzeigegeräte

Anzeigeinstrument allgemein, Spannungsmesser, Uhr

Drehzahlanzeige, Temperaturanzeige, Geschwindigkeitsanzeige

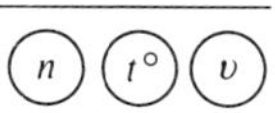

Batterien

Batterien allgemein, mit mehreren Zellen

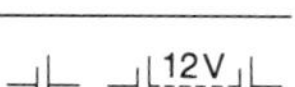

Glühlampen

Glühlampe mit einem, mit zwei Leuchtkörpern

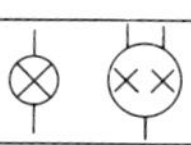

Verschiedene Bauelemente

Antenne

Sicherung

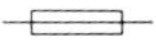

Dauermagnet

Funkenstrecke, Zündkerze

Horn oder Fanfare, Lautsprecher, Mikrofon

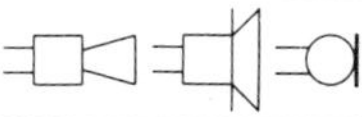

Piezoelektrischer Baustein

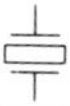

Gerätedarstellung mit Innenschaltung

Strich-Punkt-Linie zur Abgrenzung oder Umrahmung zusammengehöriger Schaltungsteile

Geschirmtes Gerät, Umrahmung mit Masse verbunden

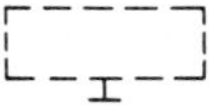

Gerätedarstellung ohne Innenschaltung

Gerät oder Schaltungsglied. In die Quadrate können Erläuterungen eingetragen werden, z. B. Schaltzeichen, Formelzeichen, Kennlinien, Gerätekennzeichen

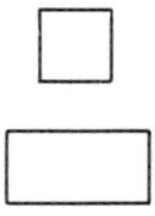

Umsetzer, Umformer, Speicher, allgemein

Regler, Regelgröße innerhalb des Dreiecks angeben, z. B. U = Spannungsregler

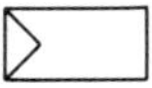

Beispiele für Geräteschaltzeichen

Hallgenerator	
Verstärker	
Frequenzumsetzer	
Frequenzvervielfacher	
Frequenzteiler	
Pulsinverter (Umkehr)	
Pulsformer	
Meßumformer (Temperatur/Strom)	
Getriebe, Drehzahlwandler	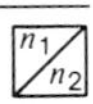

Elektrische Maschinen

Anker, Läufer mit Wicklung, Bürste (nur, wenn notwendig)	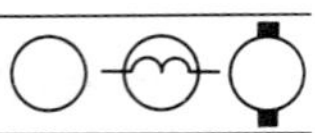
Leitstückläufer (Geber), Läufer mit Dauermagnet	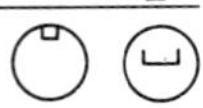
Gleich-, Wechsel-, Drehstrom	
Stern-, Dreieckwicklung Wicklungen	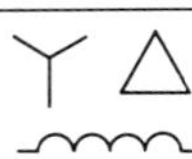
Gleichstromgenerator; Gleichstrommotor; Wechselstromgenerator; Drehstromgenerator	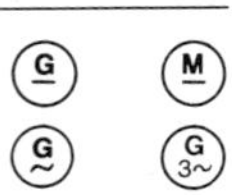
Neben-, Reihen-, Doppelschluß-maschine	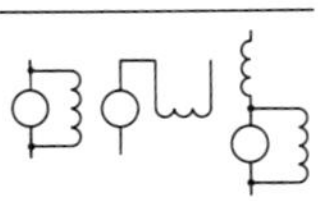
Magnetzünder; induktiver Geber	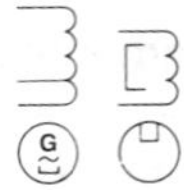
Drehstromgenerator in Sternschaltung; Schleifringläufer mit Erregerwicklung	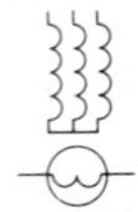

Geräte im Kraftfahrzeug

(s. a. Stromlaufplan S. 556, 557)

Batterie	
Steckdose	
Leuchte, Scheinwerfer	
Signalhorn, Fanfare	
Heizbare Heckscheibe	
Schalter, allgemein ohne und mit Anzeigelampe	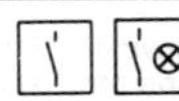
Druckschalter	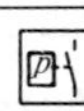
Relais, allgemein	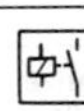
Magnetventil, Einspritzventil, Kaltstartventil	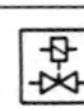
Thermozeitschalter	
Drosselklappenschalter	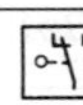
Drehsteller	
Zusatzluftventil mit elektrothermischem Antrieb	
Zündkerze	

Zündspule	
Zündverteiler, allgemein	
Spannungsregler, Drehstromgenerator mit Regler	
Startermotor mit Einrückmagnet	
Elektrokraftstoffpumpe, Motorantrieb für Hydraulikpumpe	
Motor mit Gebläse, Lüfter	
Scheibenwischermotor	
Autoradiogerät	
Lautsprecher	
Schaltgerät, Steuergerät	
Spannungskonstanthalter, Stabilisator	
Induktiver Geber	
Warnblinkgeber, Blinkgeber, Blinkrelais, Impulsgeber, Intervallrelais	
Piezoelektrischer Geber	
Lambda-Sonde	
Luftmengenmesser	
Luftmassenmesser	
Mengengeber, Kraftstoffstandgeber	
Temperaturschalter Temperaturfühler	

Kennzeichen für elektrische Geräte

(Auszug aus DIN 40719/2)

Kennbuchstabe	Art des Gerätes / Beispiele
A	**Anlage, Baugruppe, Teilegruppe**
	Auto-Radio, Kombi-Gerät, Schaltgerät, Steuergerät
B	**Umsetzer von nichtelektrischen auf elektrische Größen oder umgekehrt**
	Sensor, Sonde, Geber, Fanfare, Signalhorn, Mikrofon, Lautsprecher, Luftmengenmesser
C	**Kondensatoren aller Art**
D	**Binäre Elemente, Speichereinrichtungen**
	Digitale Einrichtung, Integrierter Schaltkreis, Speicher, Verzögerer, Zeitglied
E	**Geräte, die an anderer Stelle nicht aufgeführt sind**
	Beleuchtung aller Art, Heizeinrichtung, Klima-Anlage, Zündkerze, Zündverteiler
F	**Schutzeinrichtungen**
	Polaritätsschutzgerät, Sicherung, Stromschutzschaltung, Überspannungsschutzgerät
G	**Stromversorgung**
	Batterie, Generator, Gleichrichtergerät, Ladegerät, Magnetzünder-Generator, Umformer
H	**Kontrollgeräte, Meldegeräte, Signalgeräte**
	Akustisches Meldegerät, Anzeigelampe, Blinkkontrolle, Blinklicht, Bremslicht, Fernlichtanzeige, Generatorkontrolle, Kontrollampe, Signallampe, Warnsummer
K	**Relais**
	Batterierelais, Blinkgeber, Blinkrelais, Einrückrelais, Startrelais, Warnblinkgeber
L	**Induktivitäten**
	Spule, Wicklung

Kenn-buch-stabe	Art des Gerätes Beispiele
M	**Motoren** Gebläsemotor, Lüftermotor, Scheibenspülermotor, Scheibenwischermotor, Startermotor
N	**Regler, Verstärker** Regler (elektronisch oder elektromechanisch), Spannungskonstanter
P	**Meß-, Anzeige- und Prüfgeräte** Anzeige- und Meßinstrument, Diagnoseanschluß, Meßpunkt, Meßgerät, Prüfgerät, Tachometer, Uhr
R	**Widerstände** Flammkerze, Glühkerze, Glühüberwacher, Heizwiderstand, Potentiometer, Regelwiderstand, Vorwiderstand, Widerstandsleitung, Zigarettenanzünder
S	**Schalter** Schalter und Taster aller Art, Druckschalter, Zündunterbrecher
T	**Transformatoren** Stromwandler, Zündspule
U	**Umsetzer von elektrischen in andere elektrische Größen, Modulatoren** Gleichstromwandler, Umsetzer aller Art
V	**Halbleiter** Diode, Gleichrichter, Halbleiter aller Art, Transistor, Thyristor, Z-Diode
W	**Übertragungswege, Leitungen, Antennen** Autoantenne, Abschirmteil, geschirmte Leitung, Kabelbaum, Leitung, Massesammelleitung
X	**Klemmen, Stecker, Steckverbindungen** Anschluß, Klemme, Steckdose, Stecker, Verbindungsstecker
Y	**elektrisch betätigte mechanische Einrichtungen** Dauermagnet, Einspritzventil, Elektrokraftstoffpumpe, Elektromagnet, Hubmagnet, Magnetventil, Türverriegelung, Zentralschließeinrichtung
Z	**elektrische Filter** Entstörglied, Siebkette

Klemmenbezeichnungen

(Auszug aus DIN 72552)

Die Klemmenbezeichnungen sind nicht gleichzeitig Leitungsbezeichnungen, da an beiden Enden einer Leitung Geräte mit unterschiedlicher Klemmenbezeichnung angeschlossen sein können. Reichen die Klemmenbezeichnungen nicht mehr aus (Mehrfachsteckverbindungen), so erhalten die Klemmen fortlaufende Zahlen- oder Buchstabenbezeichnungen, die keine genormte Funktionszuordnung haben.

Klemme	Bedeutung
	Zündspule, Zündverteiler
1	Niederspannung
	Zündverteiler mit zwei getrennten Stromkreisen
1 a	zum Zündunterbrecher I
1 b	zum Zündunterbrecher II
2	Kurzschließklemme (Magnetzündung)
	Zündspule, Zündverteiler
4	Hochspannung
	Zündverteiler mit zwei getrennten Stromkreisen
4 a	von Zündspule I, Klemme 4
4 b	von Zündspule II, Klemme 4
15	Geschaltetes Plus hinter Batterie, (Ausgang Zünd-[Fahrt-]Schalter)
15 a	Ausgang am Vorwiderstand zu Zündspule und Starter
	Glühstartschalter
17	Starten
19	Vorglühen
	Batterie
30	Eingang von Batterie Plus, direkt
	Batterieumschaltrelais 12/24 V
30 a	Eingang von Batterie II Plus
	Rückleitung an Batterie
31	Minus oder Masse, direkt
	Rückleitung an Batterie
31 b	Minus oder Masse, über Schalter oder Relais (geschaltetes Minus)
	Batterieumschaltrelais 12/24 V
31 a	Rückleitung an Batterie II Minus
31 c	Rückleitung an Batterie I Minus

Klemme	Bedeutung
	Elektromotoren
32	Rückleitung[1])
33	Hauptanschluß[1])
33 a	Endabstellung
33 b	Nebenschlußfeld
33 f	für zweite kleinere Drehzahlstufe
33 g	für dritte kleinere Drehzahlstufe
33 h	für vierte kleinere Drehzahlstufe
33 L	Drehrichtung links
33 R	Drehrichtung rechts
	Starter
45	Getrenntes Startrelais, Ausgang; Starter, Eingang (Hauptstrom)
	Zwei Starter-Parallelbetrieb Startrelais für Einrückstrom
45 a	Ausgang Starter I, Eingang Starter I und II
45 b	Ausgang Starter II
48	Klemme am Starter und am Startwiederholrelais Überwachung des Startvorgangs
	Blinkgeber (Impulsgeber)
49	Eingang
49 a	Ausgang
49 b	Ausgang, 2. Blinkkreis
49 c	Ausgang, 3. Blinkkreis
	Starter
50	Startersteuerung (direkt)
	Batterieumschaltrelais
50 a	Ausgang für Startersteuerung
	Startersteuerung
50 b	bei Parallelbetrieb von zwei Startern mit Folgesteuerung
	Startrelais für Folgesteuerung des Einrückstroms bei Parallelbetrieb von zwei Startern
50 c	Eingang in Startrelais für Starter I
50 d	Eingang in Startrelais für Starter II
	Startsperrelais
50 e	Eingang
50 f	Ausgang
	Startwiederholrelais
50 g	Eingang
50 h	Ausgang

[1]) Polaritätswechsel Klemme 32—33 möglich.

Klemme	Bedeutung
	Wechselstromgenerator
51	Gleichspannung am Gleichrichter
51 e	Gleichspannung am Gleichrichter mit Drosselspule für Tagfahrt
	Anhängersignale
52	Signalgebung allg. vom Anhänger zum Zugwagen
53	**Wischermotor,** Eingang (+)
53 a	Wischer (+), Endabstellung
53 b	Wischer (Nebenschlußwicklung)
53 c	Elektrische Scheibenspülerpumpe
53 e	Wischer (Bremswicklung)
53 i	Wischermotor mit Permanentmagnet und dritter Bürste (für höhere Geschwindigkeit)
	Bremslicht
54	bei Leuchtkombinationen und Anhänger-Steckvorrichtungen
	Anhängersignal
54 g	Druckluftventil für Dauerbremse, elektromagnetisch betätigt
55	**Nebelscheinwerfer**
56	**Scheinwerferlicht**
56 a	Fernlicht und Fernlichtkontrolle
56 b	Abblendlicht
56 d	Lichthupenkontakt
57	**Standlicht** für Krafträder (im Ausland auch für Pkw, Lkw usw.)
57 a	**Parklicht**
57 L	Parklicht, links
57 R	Parklicht, rechts
58	**Begrenzungs-, Schluß-, Kennzeichen- und Instrumentenleuchten**
58 b	Schlußlichtumschaltung bei Einachsschleppern
58 c	Anhänger-Steckvorrichtung für einadrig verlegtes und im Anhänger abgesichertes Schlußlicht
58 d	Regelbare Instrumentenbeleuchtung, Schluß- und Begrenzungsleuchte
58 L	links
58 R	rechts, Kennzeichenleuchte
	Wechselstromgenerator (Magnetzünder-Generator)
59	Wechselspannung, Ausgang, Gleichrichter, Eingang
59 a	Ladeanker, Ausgang
59 b	Schlußlichtanker, Ausgang
59 c	Bremslichtanker, Ausgang

Klemme	Bedeutung
61	**Generatorkontrolle**
	Tonfolgeschaltgerät
71	Eingang
71 a	Ausgang zu Horn 1+2 tief
71 b	Ausgang zu Horn 1+2 hoch
72	**Alarmschalter** (Rundumkennleuchte)
75	**Radio, Zigarettenanzünder**
76	Lautsprecher
77	**Türventilsteuerung**
	Schalter Öffner und Wechsler
81	Eingang
81 a	1. Ausgang, Öffnerseite
81 b	2. Ausgang, Öffnerseite
	Schließer
82	Eingang
82 a	1. Ausgang
82 b	2. Ausgang
82 z	1. Eingang
82 y	2. Eingang
	Mehrstellenschalter
83	Eingang
83 a	Ausgang, Stellung 1
83 b	Ausgang, Stellung 2
83 L	Ausgang, Stellung links
83 R	Ausgang, Stellung rechts
	Stromrelais
84	Eingang, Antrieb und Relaiskontakt
84 a	Ausgang, Antrieb
84 b	Ausgang, Relaiskontakt

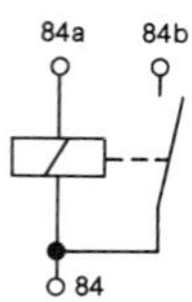

Klemme	Bedeutung
	Schaltrelais
85	Ausgang, Antrieb (Wicklungsende Minus oder Masse)
	Eingang, Antrieb
86	Wicklungsanfang
86 a	Wicklungsanfang oder 1. Wicklung
86 b	Wicklungsanzapfung oder 2. Wicklung

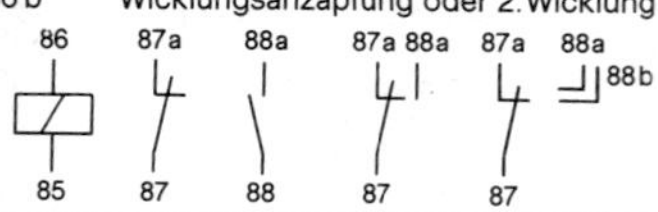

Klemme	Bedeutung
	Relaiskontakt bei Öffner und Wechsler,
87	Eingang
87 a	1. Ausgang (Öffnerseite)
87 b	2. Ausgang
87 c	3. Ausgang
87 z	1. Eingang
87 y	2. Eingang
87 x	3. Eingang
	Relaiskontakt bei Schließer,
88	Eingang
	Relaiskontakt bei Schließer und Wechsler (Schließerseite),
88 a	1. Ausgang
88 b	2. Ausgang
88 c	3. Ausgang
	Relaiskontakt bei Schließer,
88 z	1. Eingang
88 y	2. Eingang
88 x	3. Eingang

Generator und Generatorregler

B+	Batterie Plus
B–	Batterie Minus
D+	Dynamo Plus
D–	Dynamo Minus
DF	Dynamo Feld
DF 1	Dynamo Feld 1
DF 2	Dynamo Feld 2
	Drehstromgenerator
U, V, W	Drehstromklemmen

Fahrtrichtungsanzeige (Blinkgeber)

C	Erste Kontrollampe
C 0	Hauptanschluß für vom Blinker getrennte Kontrollkreise
C 2	Zweite Kontrollampe
C 3	Dritte Kontrollampe (z. B. beim Zwei-Anhänger-Betrieb)
L	Blinkleuchten, links
R	Blinkleuchten, rechts

Gegenüberstellung Klemmenbezeichnung, Vorgänger-Normen zu DIN 72552
Es sind nur Klemmenbezeichnungen aufgeführt, bei denen sich die Bedeutung geändert hat.

Bisher	Gültige Norm
1	1, 53 (Wischer), 53 e
2	2,53 e
3	53, 53 b (Wischer)
4	4, 53 a, 53 b (Wischer)
15	15, 49 (Blinker)
15+	49
15/54	15, 49, 54
16	15 a, 15
30	30, 33 (Motor)
30/51	30, 87, 88 (Relais)
30 f	45
30 h	45, 45 a
30 h I	45 a
30 h II	45 b
30 L	33 L (Motoren)
30 R	33 R (Motoren)
31	31, 31 c, 32 (Motoren)
31 a	31 a, 31 c
31 B−	B−
50	50, 50 b, 50 f, 50 h
50 a	50, 50 a, 50 e, 50 g
50 b	50 d
50 k	50 d
50 II	50 c
51	51, 59, B+
51 ~	59
51 a	59
51 B+	B+
54	54, 53 a, 54 g
54/15	15
54 d	53 (Wischer)
54 e	33 b, 53 b (Wischer)
54 L	49 a
58	58, 58 L, 58 R
58 b	58 b, 58 d
59	59 a
85 d	31 b (Alarmschalter)
B+30	B+
B+51	B+
D+/61	D+
D−/61	D−
H	71
HL	L (L 54 b)
HR	R (R 54 b)
K	C
K 0	C 0
K 1	C, C 2
K 2	C 2
K 3	C 2, C 3
K 4	C 3
L 54	L (L 54)
L 54 b	Lb
N	55
P	C, 57 a
PL	57 L
PR	57 R
R	R, 75
R 54	R, (R 54)
R 54 b	Rb
S	49 a, 53 (Wischer)
S 4	49 a
SBL	(L 54)
SBR	(R 54)
VL	L
VR	R
+	15, 49 (Blinker) 53, 53 a (Wischer)
+2	53 a
+15	49

Auto-Sicherungen

Ausführung	Nennstrom A	Farbe
Runde Sicherungen	5 8 8	gelb schwarz weiß
	16 25	rot blau
	25	weiß
Sicherungsstreifen	25	weiß
	30, 50, 100, 125, 150, 250	grau
	35, 60, 100	grau
Steck-Sicherungen	3 4 5 7,5 10 15 20 25 30	violett rosa beige/klar braun rot blau gelb neutral/weiß grün
Glas-Sicherungen	5 10 15 20 25	rot gelb blau grün silber
Radio-Sicherungen	2	klar

Stromlaufplan eines Pkw mit Ottomotor

(ohne Darstellung der Geräteinnenschaltung)

A1 Gerätekennzeichnung nach DIN 40719 (Seite 563)
15 Klemmenbezeichnung nach DIN 72552 (Seite 564)
1 Abschnittkennzeichnung nach DIN 40719/3

V = vorne, H = hinten,
L = links, R = rechts

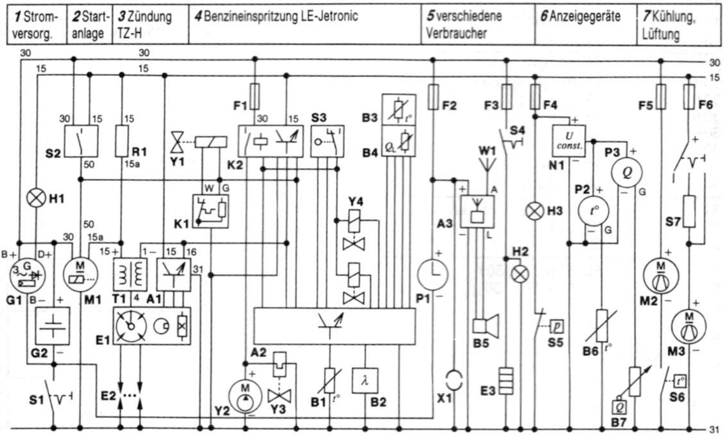

Geräte-kennz.	Gerät	Ab-schnitt
A1	TZ-H-Schaltgerät	*3*
A2	LE-Jetronic Steuergerät	*4*
A3	Autoradio	*5*
B1	Motortemperaturfühler	*4*
B2	Lambda-Sonde (nur USA-Ausf.)	*4*
B3	Lufttemperaturfühler	*4*
B4	Luftmengenmesser	*4*
B5	Lautsprecher	*5*
B6	Kühlwassertemperaturfühler	*6*
B7	Kraftstoffstandgeber	*6*
B8	Signalhorn	*9*
E1	Zündverteiler	*3*
E2	Zündkerzen	*3*
E3	Heckscheibenheizung	*5*
E4	Rückfahrlicht	*10*
E5	Instrumentenlicht	*10*
E6	Innenlicht mit Schalter	*10*
E7	Begrenzungslicht VL	*10*
E8	Begrenzungslicht VR	*10*
E9	Schlußlicht HL	*10*
E10	Schlußlicht HR	*10*
E11	Kennzeichenlicht	*10*

Geräte-kennz.	Gerät	Ab-schnitt
E12	Fern-Abblendscheinwerfer L	*11*
E13	Fern-Abblendscheinwerfer R	*11*
E14	Nebelscheinwerfer	*12*
E15	Nebelschlußlicht	*12*
F1 ... F20	Sicherungen	
G1	Generator mit Regler	*1*
G2	Batterie	*1*
H1	Generatorkontrolle	*1*
H2	Heckscheibenheizanzeige	*5*
H3	Öldruckanzeige	*6*
H4	Blinklicht VL	*9*
H5	Blinklicht HL	*9*
H6	Blinklicht VR	*9*
H7	Blinklicht HR	*9*
H8	Warnlichtkontrolle	*9*
H9	Blinkkontrolle	*9*
H10	Bremslicht	*9*
H11	Fernlichtanzeige	*11*
H12	Nebelschlußlichtanzeige	*12*
K1	Thermozeitschalter	*4*
K2	Steuer-Relais, Jetronic	*4*

Stromlaufpläne sind die modernste und übersichtlichste Form zur Darstellung komplexer Leitungsführung.

Mit der zunehmenden Bedeutung der Kfz-Elektrik und -Elektronik finden die in der Starkstromtechnik bewährten Stromlaufpläne (zusammenhängende oder aufgelöste Darstellung) zunehmende Anwendung. Prinzip des Stromlaufplanes: oben +, unten –. Bei der „aufgelösten" Darstellung sind Schaltzeichen von Teilen elektrischer Geräte getrennt. Auf ihre räumliche Zusammengehörigkeit wird dabei keine Rücksicht genommen. Vorrang hat eine geradlinige und klare Anordnung der einzelnen Stromwege.

Literatur: Bosch Technische Unterrichtung „Schaltzeichen und Schaltpläne für Kraftfahrzeuge".

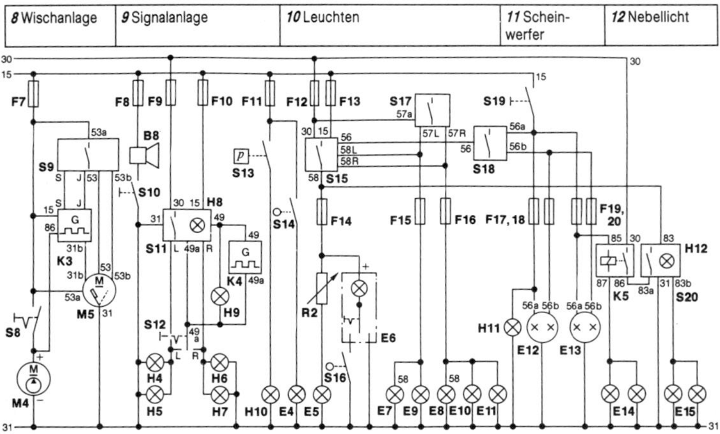

Geräte-kennz.	Gerät	Abschnitt
K3	Wischintervallrelais	*8*
K4	Warnblinkgeber	*9*
K5	Nebellichtrelais	*12*
M1	Startermotor	*2*
M2	Kühlergebläsemotor	*7*
M3	Lüftermotor	*7*
M4	Scheibenspülermotor	*8*
M5	Wischermotor	*8*
N1	Spannungskonstanthalter	*6*
P1	Uhr	*5*
P2	Kühlwassertemperatur-anzeige	*6*
P3	Kraftstoffstandanzeige	*6*
R1	Zündspulen-Vorwiderstand	*3*
R2	Regelwiderstand für E5	*10*
S1	Batterieschalter	*1*
S2	Zündstartschalter	*2*
S3	Drosselklappenschalter	*4*
S4	Heckscheibenheizschalter	*5*
S5	Öldruckwarnschalter	*6*
S6	Temperaturschalter (Kühlergebläse)	*7*

Geräte-kennz.	Gerät	Abschnitt
S7	Lüfterschalter für 2 Geschwindigkeiten	*7*
S8	Spüler-(Wascher-)Schalter	*8*
S9	Wischerschalter	*8*
S10	Horntaste	*9*
S11	Warnlichtschalter	*9*
S12	Blinkerschalter	*9*
S13	Bremslichtschalter	*9*
S14	Rückfahrlichtschalter	*10*
S15	Lichtschalter	*10*
S16	Türkontaktschalter für E6	*10*
S17	Parklichtschalter	*10*
S18	Abblendlichtschalter	*11*
S19	Lichthupentaste	*11*
S20	Nebellichtschalter	*12*
T1	Zündspule	*3*
W1	Autoantenne	*5*
X1	Steckdose	*5*
Y1	Kaltstartventil	*4*
Y2	Elektrokraftstoffpumpe	*4*
Y3	Zusatzluftschieber	*4*
Y4	Einspritzventil	*4*

Gegenüberstellung von Klemmenbezeichnungen nach DIN 72552 zu anderen Klemmenbezeichnungen

DIN 72552 und Bosch	DF	D–	D+	B+	F	D+/61	61	31–
Autolite	F FLD	–	+	BAT B	Field	ARM A	 I	G GND
Butec	F	–	+					
Delco-Remy	F	GRD	+	BAT B	F	GEN	 L	– GND
Ducellier	Exc E	–	+	BAT B	Exc	DYN D		M–
Elmot	67	31	15	30	67	51/15		31
Femsa	Exc	31	+	30 BAT	67 Exc	51 DIN		31
Fiat	67	31	15	30	67	51/15		31
Ford				BAT	Field	ARM		G
Hitachi	F	E	IG					
Iskra	DF	D–	D+	B+	DF	D+		D–
Japan, übrige Hersteller	F	E	IG (=15)	 A, B (N = Mittelpunkt Ständer)			L	E
Lada (Shiguli)	67	31	15	30	67	51/15		31
Lucas	F	–	+ SW=15	A, B, B+ A1[1])	F F1, F2	D	WL IND	E/–
Magneton-Pal	M	–	R	+B	M	R	D/61	–B
Marelli	67	31	15	B+ 51	F DF	D+	61	31–
Mitsubishi	F	E	IG					
Mopar	Exc	–	IGN					
Motorola, SEV-Motorola	Exc	–	+					
Nippon Denso	F	E	B					
Paris-Rhone	Exc	–	+ BOB	BAT	Exc	DYN		M–
Prestolite	Exc	–	IGN					
Seri-Ducellier	DF	D–	+					
SEV-Marchal	DF	–	+					

[1]) A1 = Verbraucher.

Anschlußplan in aufgelöster Darstellung

Die Geräte sind durch Quadrate, Rechtecke, Kreise, Schaltzeichen oder bildlich dargestellt, sie erhalten Kennzeichenentsprechend DIN 40719/2. Anschlußklemmen und Steckverbindungen werden mit den am Gerät vorhandenen Klemmenbezeichnungen bezeichnet.

Bei aufgelöster Darstellung entfallen die durchgehenden Verbindungsleitungen von Gerät zu Gerät. Alle von einem Gerät abgehenden Leitungen erhalten einen Zielhinweis, bestehend aus dem Kennzeichen des Zielgerätes und dessen Anschlußbezeichnung und wenn notwendig die Angabe der Leitungsfarbe.

Gerätekennzeichen

Beispiel: Generator – **G1**

Vorzeichen der Art des Gerätes (kann entfallen) → –

Kennbuchstabe und Zählnummer (Generator) → **G1**

Zielhinweis

Beispiel: Leitung vom Generator G1 zu Batterie G2 – **G2** : + / rt

Vorzeichen der Art des Gerätes (kann entfallen) → –

Kennbuchstabe und Zählnummer (Batterie) → **G2**

Vorzeichen für Anschluß → :

Klemmenbezeichnung des Zielanschlusses → +

Leitungsfarbe (rot) → rt

Beispiel

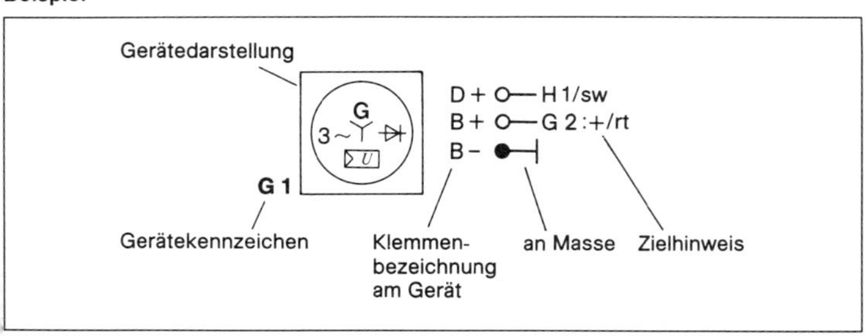

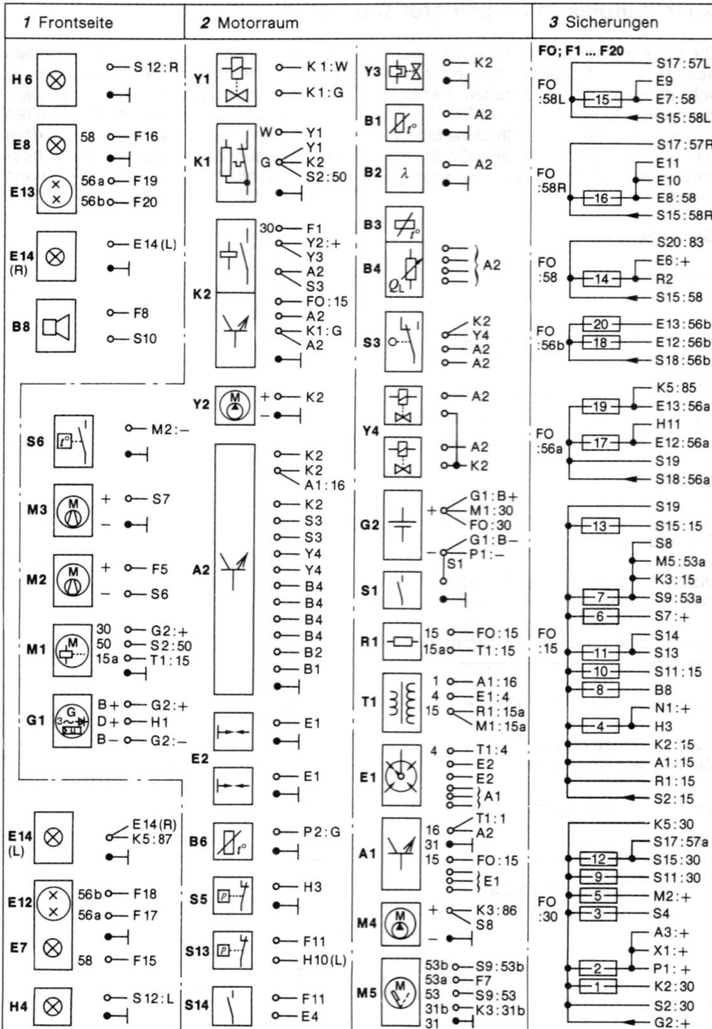

Hinweis: Es ist freigestellt, die Geräte nach ihrer Lage im Kfz anzuordnen (wie im Beispiel) oder nach Funktionszugehörigkeit zusammenzufassen (wie im Stromlaufplan S. 568, 569).

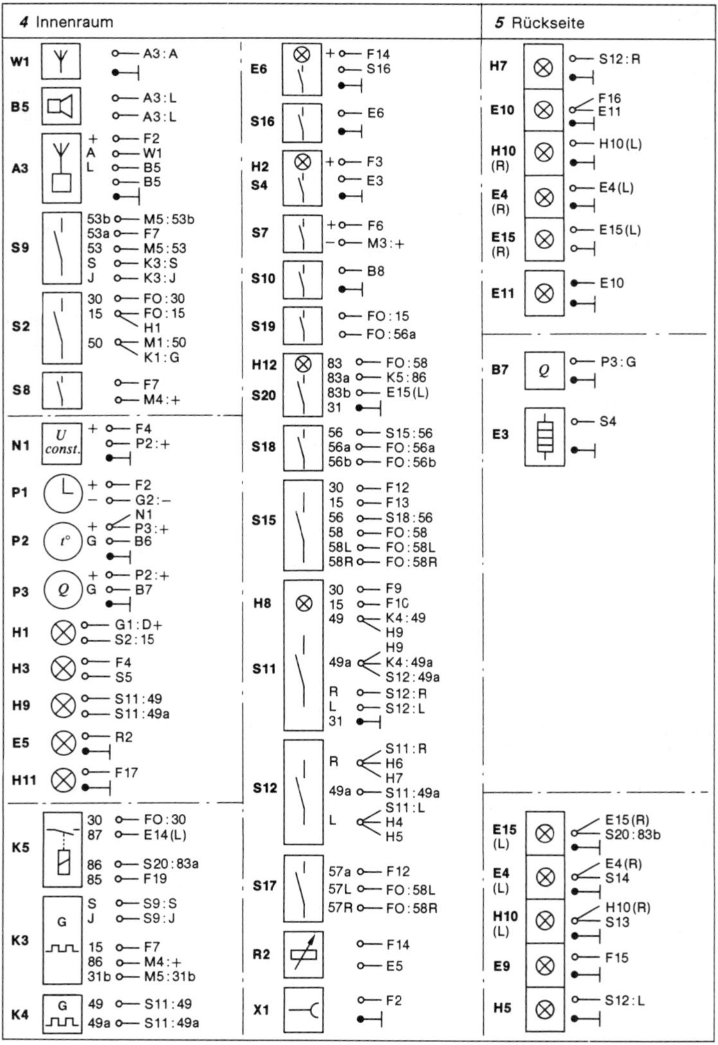

Literatur: Anschlußpläne für Pkw vom Autodata-Verlag.
Vertrieb: Firma Fust & Wever, Essen.

Leitungsberechnung

Größen und Einheiten

Größe		Einheit
I	Stromstärke	A
l	Leitungslänge	m
P	Leistungsbedarf des Verbrauchers	W
q	Leiterquerschnitt	mm^2
R	Widerstand (Verbraucher)	Ω
S	Stromdichte in der Leitung	A/mm^2
U_N	Nennspannung	V
U_{vl}	zulässiger Spannungsfall der isolierten Leitung	V
U_{vg}	zulässiger Spannungsfall im gesamten Stromkreis	V
ϱ	spezifischer elektrischer Widerstand	$\Omega\ mm^2/m$

Berechnung

Beim Festlegen des Leiterquerschnitts Spannungsfall und Erwärmung berücksichtigen.

1. Stromstärke I des Verbrauchers ermitteln

$$I = P/U_N = U_N/R$$

2. Leiterquerschnitt q mit U_{vl}-Werten aus Tabelle 2 (für Kupfer $\varrho = 0{,}0185\ \Omega\ mm^2/m$) ausrechnen

$$q = I \cdot \varrho \cdot l / U_{vl}$$

3. q aufrunden auf den nächstgrößeren Leiterquerschnitt entsprechend Tabelle 1.

Einzelleitungen unter $1\ mm^2$ Querschnitt sind wegen zu geringer mechanischer Festigkeit nicht zu empfehlen.

4. Tatsächlicher Spannungsfall U_{vl} ausrechnen

$$U_{vl} = I \cdot \varrho \cdot l/q \text{ und}$$

5. Stromdichte S überprüfen zur Vermeidung unzulässiger Erwärmung (bei Kurzzeitbetrieb $S < 30\ A/mm^2$, Werte bei Dauerbetrieb s. Tabelle 1).

$$S = I/q$$

Tabelle 1. Elektrische Kupferleitungen für Kraftfahrzeuge.
Einadrig, unverzinnt, PVC-isoliert.

Nennquerschnitt mm^2	Widerstand je Meter bei 20 °C m Ω/m	Leiterdurchmesser Größtmaß mm	Leitungsdurchmesser Größtmaß mm	zulässiger Dauerstrom (Richtwert) bei +30 °C A	bei +50 °C A	zulässige Stromdichte Dauerbetrieb A/mm^2
0,5	37,1	1,0	2,3	11	7,8	10
0,75	24,7	1,2	2,5	15	10,6	10
1	18,5	1,4	2,7	19	13,5	10
1,5	12,7	1,6	3,0	24	17,0	10
2,5	7,6	2,1	3,7	32	22,7	10
4	4,71	2,7	4,5	42	29,8	10
6	3,14	3,4	5,2	54	38,3	6
10	1,82	4,3	6,6	73	51,8	6
16	1,16	6,0	8,1	98	69,6	6
25	0,743	7,5	10,2	129	91,6	4
35	0,527	8,8	11,5	158	112	4
50	0,368	10,3	13,2	198	140	4
70	0,259	12,0	15,5	245	174	3
95	0,196	14,7	18,0	292	207	3
120	0,153	16,5	19,8	344	244	3

Die in der Tabelle 2 angegebenen Werte für U_{vl} dienen zur Berechnung der Plusleitung. Der Spannungsfall der Masserückführung bleibt unberücksichtigt. Bei isolierter Masseleitung ist jedoch in der Regel als Leitungslänge Hin- und Rückleitung einzusetzen.

Die angegebenen U_{vg}-Werte sind Prüfwerte und können zur Leitungsberechnung nicht verwendet werden, da sie außer den Leitungen auch Kontaktwiderstände von Schaltern, Sicherungen usw. einbeziehen.

Anmerkungen

1 Alle drei Steuerleitungen möglichst mit gleicher Länge und gleichem Widerstand.
2 In Sonderfällen mit sehr langer Starterhauptleitung kann bei verminderter Startgrenztemperatur der U_{vl}-Wert gegebenenfalls überschritten werden.
3 Bei isolierter Rückführung der Starterhauptleitung soll der Spannungsverlust in der Rückleitung den der Hinleitung nicht übersteigen, zulässig sind jeweils 4 % der Nennspannung, zusammen 8 %.
4 Die U_{vl}-Werte gelten für Einrückrelaistemperaturen von 50 bis 80 °C.
5 Leitung vor dem Startschalter gegebenenfalls mitberücksichtigen.

Tabelle 2. Zulässiger Spannungsverlust.

Art der Leitung	Zul. Spannungsfall der Plus-Leitung U_{vl}	Zul. Spannungsfall im gesamten Stromkreis U_{vg}	Bemerkungen
Lichtleitungen von Lichtschalter Klemme 30 bis Leuchten < 15 W bis Anhängersteckdose von Anhängersteckdose bis Leuchten	0,1 V	0,6 V	Strom bei Nennspannung und Nennleistung
von Lichtschalter Klemme 30 bis Leuchten > 15 W bis Anhängersteckdose	0,5 V	0,9 V	
von Lichtschalter Klemme 30 bis Scheinwerfer	0,3 V	0,6 V	
Ladeleitung von Drehstromgenerator Klemme B+ bis Batterie	0,4 V bei 12 V 0,8 V bei 24 V	– –	Strom bei Nennspannung und Nennleistung
Steuerleitungen von Drehstromgenerator bis Regler (Klemmen D+, D–, DF)	0,1 V bei 12 V 0,2 V bei 24 V	– –	bei maximalem Erregerstrom (Anmerkung 1)
Starterhauptleitung	0,5 V bei 12 V 1,0 V bei 24 V	– –	Starterkurzschlußstrom bei +20° C (Anm. 2 und 3)
Startersteuerleitung von Startschalter bis Starter Klemme 50 Einrückrelais mit Einfachwicklung Einrückrelais mit Einzug- und Haltewicklung	 1,4 V bei 12 V 2,0 V bei 24 V 2,4 V bei 12 V 2,8 V bei 24 V	 1,7 V bei 12 V 2,5 V bei 24 V 2,8 V bei 12 V 3,5 V bei 24 V	Maximaler Steuerstrom (Anm. 4 und 5)
Sonstige Steuerleitungen von Schalter bis Relais, Horn usw.	0,5 V bei 12 V 1,0 V bei 24 V	1,5 V bei 12 V 2,0 V bei 24 V	Strom bei Nennspannung

Beleuchtung

Allgemeine Vorschriften für lichttechnische Einrichtungen

Bundesrepublik Deutschland

Im Bereich der Bundesrepublik Deutschland gelten für lichttechnische Einrichtungen am Kraftfahrzeug die Bau- und Betriebsvorschriften §§ 49 a bis 54 der StVZO.

Zusätzlich müssen bei der Bauartprüfung (Zulassung) nach § 22 a die technischen Anforderungen (TA-Licht) der StVZO angewendet werden. Ähnliche nationale Vorschriften gibt es auch in anderen europäischen Ländern.

Europa

Die europäischen Länder, die der ECE (Europäische Wirtschaftskommission) angehören, haben vereinbart, die Genehmigung von Ausrüstungsgegenständen und Teilen von Kraftfahrzeugen gegenseitig anzuerkennen und die Abwicklungsverfahren für die Zulassung der Geräte zu erleichtern.

Die Richtlinie 76/756/EWG regelt den Anbau aller Beleuchtungs- und Lichtsignaleinrichtungen am Kraftfahrzeug.

USA

Für die USA gilt der Standard FVMSS 108 (Federal Motor Vehicle Safety Standard). Er entspricht der EWG-Richtlinie 76/756. In den SAE-Vorschriften für photometrische und technologische Tests sind die Zulassungsbedingungen für die Einzelgeräte festgelegt.

Prüfzeichen

Für jede lichttechnische Funktion ist ein besonderes Prüfzeichen festgelegt, das lesbar auf der Streu- bzw. Lichtscheibe des Gerätes angebracht sein muß. Beispiel für Genehmigungszeichen:

(E1) ECE-Prüfzeichen

e1 EG-Prüfzeichen

Die den Buchstaben hinzugefügte Ziffer 1 weist aus, daß die Genehmigung in der Bundesrepublik Deutschland erteilt wurde.

Lichttechnische Begriffe

(Weitere Begriffe s. S. 99)

Reichweite eines Scheinwerfes

Entfernung, in der die Beleuchtungsstärke im Lichtbündel einen bestimmten Wert hat, z. B. „1 Lux-Reichweite".

Geometrische Reichweite

Entfernung des waagrechten Teils der Hell-Dunkel-Grenze auf der Fahrbahn bei Neigung des Abblendlichts 1 % oder 10 cm/10 m. Geom. Reichweite = 100 × Scheinwerferanbauhöhe (gemessen Mitte Reflektor über Fahrbahn).

Sichtweite

Entfernung, in der ein in der Leuchtdichteverteilung des Gesichtsfeldes vorhandenes Objekt noch sichtbar ist.

Form, Größe und Reflexionsgrad der Objekte, der Fahrbahnbelag, die technische Ausführung und Sauberkeit der Scheinwerfer und der physiologische Zustand der Augen beeinflussen die Sichtweite. Deshalb können Zahlenwerte für die Sichtweite nicht festgelegt werden. Die Sichtweite kann z. B. bei extrem ungünstigen Verhältnissen unter 20 m (auf der linken Fahrbahnseite, Straße naß) und bei besonders günstigen Verhältnissen über 100 m (am rechten Fahrbahnrand) betragen.

Tragweite

Entfernung, in der ein Lichtsignal (z. B. Nebelschlußleuchte) durch die getrübte oder neblige Atmosphäre gerade noch erkannt werden kann.

Blendung, physiologisch

Meßbare Einbuße an Sehleistung durch Störlichtquellen, also die Verminderung der Sichtweiten bei Begegnung zweier Fahrzeuge.

Blendung, psychologisch

(Unannehmlichkeitsblendung)

Tritt auf, wenn eine Blendlichtquelle „stört", ohne daß dabei eine Verminderung der Sehleistung erkannt wird. Die Bewertung erfolgt nach einer Beurteilungsskala zwischen angenehm und unangenehm.

Brennweite eines Reflektors

Reflektoren für Scheinwerfer und Leuchten haben meist eine parabolische Form. Die Brennweite f (Abstand zwischen Parabolscheitel und Brennpunkt) liegt zwischen 15 und 40 mm.

Leuchtende Fläche eines Reflektors
Parallelprojektion der gesamten Öffnung des Reflektors auf eine Querebene. Diese Ebene liegt meist senkrecht zur Fahrtrichtung.

Wirksamer Lichtstrom
Teil des Lichtstroms der Glühwendel, der über die reflektierenden oder lichtbrechenden Bauteile eines Gerätes wirksam werden kann (z. B. über den Scheinwerferreflektor auf die Fahrbahn). Kleine Brennweite eines Reflektors: günstige Ausnutzung der Glühlampe, weil der Reflektor die Lampe weit umfaßt und somit ein großer Teil des Lichtstromes zum entstehenden Lichtbündel beitragen kann.

Parabolischer Reflektor.
F Brennpunkt, S Parabelscheitel,
f Brennweite.

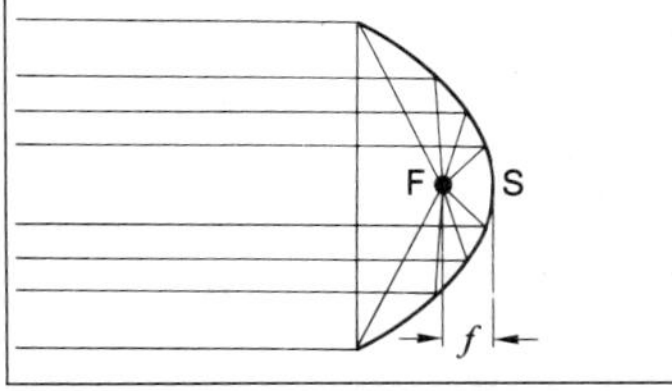

Winkel der geometrischen Sichtbarkeit
Die Winkel, gemessen zur Geräteachse, unter denen die gesamte leuchtende Fläche sichtbar sein muß.

Tabelle 1. Winkel der geometrischen Sichtbarkeit und Lichtstärken für lichttechnische Geräte am Fahrzeug.

Blickrichtung zum Fahrzeug	Winkel der geometrischen Sichtbarkeit zur Geräteachse von				Lichtstärke in Bezugsachse (cd)	
	außen	innen	oben	unten	min	max
von vorn						
Abblendscheinwerfer	45°	10°	15°	10°	–	–
Fernscheinwerfer	5°	5°	5°	5°	–	–
Nebelscheinwerfer	45°	10°	5°	5°	–	–
Begrenzungsleuchte	80°	45°	15°	15°	4	60
vorderer Fahrtrichtungsanzeiger	80°	45°	15°	15°	175[1]) (400)	700
Tagfahrleuchte (nur S, SF)	80°	45°	15°	15°	300	800
von hinten						
hintere Fahrtrichtungsanzeiger	80°	45°	15°	15°	50	200
seitliche Fahrtrichtungsanzeiger	5 ... 60°	–	15°	15°	0,3[2])	200[2])
Schlußleuchte	80°	45°	15°	15°	2	12
Umrißleuchte	80°	–	5°	20°	4 2	60 nach vorn 12 nach hinten
Bremsleuchte	45°	45°	15°	15°	40	100
zus. hochges. Bremsleuchte	–	–	–	–	40	100
Nebelschlußleuchte	25°	25°	5°	5°	150	300
Rückfahrscheinwerfer 1	45°	45°	15°	5°	–	600 (300)[3])
Rückfahrscheinwerfer 2	45°	30°	15°	5°	–	600 (300)[3])
von vorn und hinten						
Parkleuchte	45°	–	15°	15°	2 2	60 nach vorn 30 nach hinten

[1]) gilt für Abstand der Ränder der Lichtaustrittsflächen von Fahrtrichtungsanzeiger und Scheinwerfer bzw. Nebelscheinwerfer >40 mm.
Bei kleinerem Abstand mindestens 400 cd.
[2]) Im gesamten Bereich der geometrischen Sichtbarkeit.
[3]) Oberhalb der Horizontalen durch die Bezugsachse max. 300 cd, unterhalb max. 600 cd.

Begriffe für Bauformen

Zusammenbau
Gehäuse gemeinsam, jedoch eigene Lichtscheiben und Glühlampen. Beispiel: Mehrkammerleuchte mit verschiedenen Heckleuchtenfunktionen.

Kombination
Gehäuse und Glühlampe gemeinsam, jedoch eigene Lichtscheiben. Beispiel: Schlußleuchte mit kombinierter Kennzeichenbeleuchtung.

Ineinanderbau
Gehäuse und Streuscheibe (oder Lichtscheibe) gemeinsam, jedoch eigene Glühlampen. Beispiel: Ineinanderbau von Scheinwerfer und Begrenzungslicht.

Hauptscheinwerfer, Europäisches System

Abblendlicht

Bei den heutigen Verkehrsdichten kann das Fernlicht nur noch in Ausnahmefällen verwendet werden. Das eigentliche Fahrlicht ist deshalb das Abblendlicht. Es konnte in den letzten Jahren durch grundsätzliche Maßnahmen erheblich verbessert werden:

– Einführung des asymmetrischen Abblendlichtes mit größeren Sichtweiten am rechten Fahrbahnrand

– Zulassung verschiedener Typen von Halogenlampen mit Anhebung der Fahrbahnleuchtdichte um 50 ... 80 %.

***Abblendlicht** (Strahlengang).*
1 Wendel für Abblendlicht, 2 Abdeckkappe.

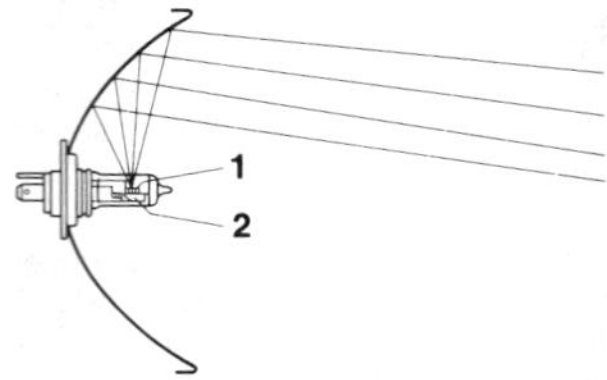

Für das Abblendlicht ist die Abblendwendel der Glühlampe im Normalfall vor dem Brennpunkt des parabolischen Reflektors angeordnet. Dadurch erhält das Licht nach Reflexion eine Neigung zur Reflektorachse hin.

Eine Kappe deckt den Lichtanteil ab, der im unteren Reflektorbereich flach nach oben reflektieren würde. Dadurch wird die Kante der Abdeckkappe auf der Fahrbahn als Hell-Dunkel-Grenze abgebildet. Es entsteht mit „oben dunkel/unten hell" eine Verteilung, die sich dazu eignet, große Sichtweiten in allen Verkehrssituationen zu erzielen. Einerseits kann die Blendung in Richtung des Gegenverkehrs in Grenzen gehalten werden, und andererseits gelingt es, unterhalb der Hell-Dunkel-Grenze große Beleuchtungsstärken zu erzeugen.

Allerdings darf der Hell-Dunkel-Kontrast aus fahrpraktischen Gründen ein

Hell-Dunkel-Grenze beim Abblendlicht.
Die Abdeckkappe innerhalb der Glühlampe begrenzt das Lichtbündel nach oben.

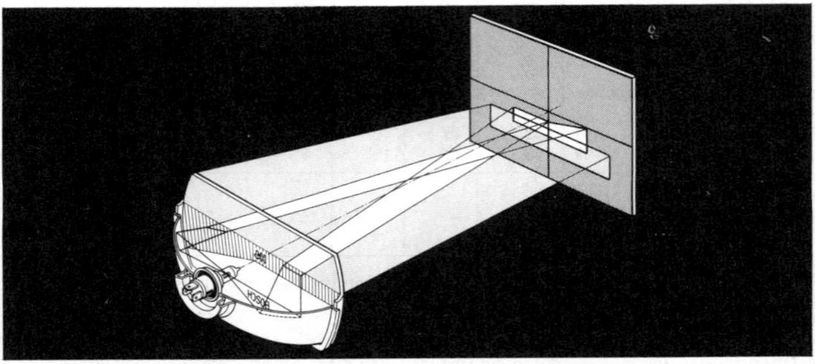

mittleres Maß nicht überschreiten. So verursacht z. B. eine extrem scharfe Hell-Dunkel-Grenze beim „Nicken" des Fahrzeuges ungünstige dynamische Kontraste auf der Fahrbahn.

Neben maximalen Sichtweiten und minimaler Blendwirkung muß die Lichtverteilung auch im Nahbereich den Anforderungen genügen. Kurven müssen sicher durchfahren werden können, d. h. die Lichtverteilung muß seitlich bis über die Fahrbahnränder hinaus reichen. Eine konstante Fahrbahnleuchtdichte im gesamten Bereich zwischen dem Fahrzeug und der geometrischen Reichweite ist nicht ganz zu verwirklichen. Größere Leuchtdichtekontraste innerhalb des beleuchteten Fahrbahnbereiches können aber weitgehend vermieden werden. Neben der Anwendung von asymmetrischem Licht und Halogenlampen können die Sichtweiten und die Ausgewogenheit des Abblendlichtbündels besonders noch durch Verändern von Größe und Form des Reflektors verbessert werden.

Größe des Reflektors

Mit zunehmender Reflektorgröße verbessert sich die Wirkung des Abblendlichtes. Ein möglichst hoher Anbau bewirkt eine große geometrische Reichweite. Im Gegensatz dazu muß die Fahrzeugfront aus aerodynamischen Gründen niedrig gehalten werden.

Unter diesen Voraussetzungen ergibt die Vergrößerung des Reflektors breite Scheinwerfer. Dabei ist es lichttechnisch noch von Vorteil, daß der horizontale Durchmesser des Reflektors die maßgebende Größe für die erzielbaren Lichtstärken in flachen Ausstrahlungsrichtungen ist. Eine Verdopplung der Reflektorbreite von z. B. 130 auf 260 mm bringt am rechten Fahrbahnrand in 50 m Abstand vom Fahrzeug etwa die doppelten Lichtstärken und damit eine deutliche Verbesserung der Sichtweiten mit sich.

Bei gleichen Reflektorgrößen ergibt sich zusätzlich noch eine Abhängigkeit von deren Brennweite. Kleinere Brennweiten erzeugen breitere Lichtbündel mit besserer Vorfeld- und Seitenbeleuchtung. Dies ist besonders in Kurven von Vorteil. Beim Einbau im Fahrzeug muß allerdings auch mehr Bauraum für den tieferen Reflektor vorhanden sein.

Lichtstärken am rechten Fahrbahnrand, *in Abhängigkeit vom horizontalen Reflektordurchmesser.*

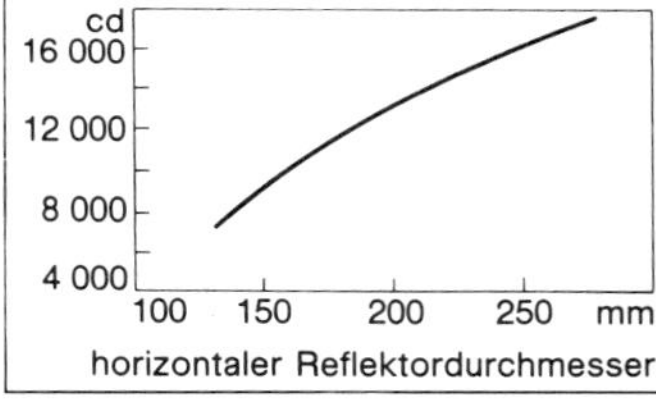

Stufenreflektoren

Stufenreflektoren sind aus Paraboloidteilen verschiedener Brennweite zusammengesetzt, so daß auch bei reduzierter Bautiefe die Vorteile tiefer Reflektoren erhalten bleiben.

Homofocal-Reflektor

Die sektorenförmigen Zusatzreflektoren des Homofocal-Reflektors mit gemeinsamem Brennpunkt haben eine kleinere Brennweite als der Grundreflektor und geben damit einen hohen Beitrag zum wirksamen Lichtstrom. Das Licht der Zusatzreflektoren verbessert nur die Vorfeld- und Seitenbeleuchtung, erhöht

Lichtverteilung verschiedener Scheinwerfergrößen und -formen auf der Fahrbahn *(von oben gesehen). Der Vorteil breiterer Scheinwerfer ist deutlich erkennbar.*

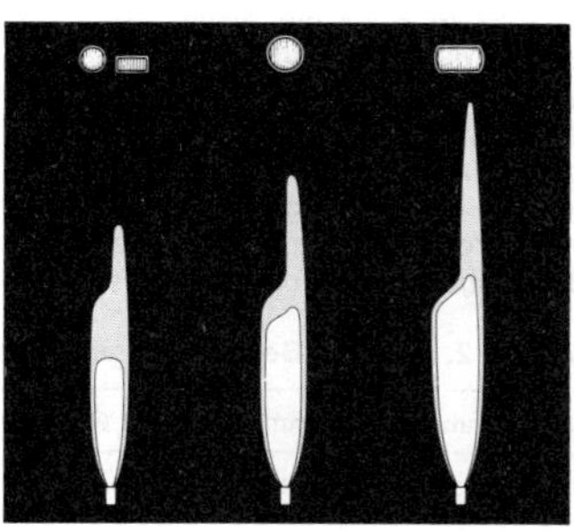

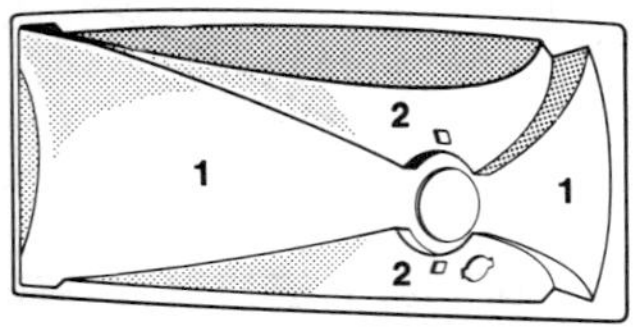

Homofocal-Reflektor (Prinzip).
1 Grundreflektor, 2 Zusatzreflektor.

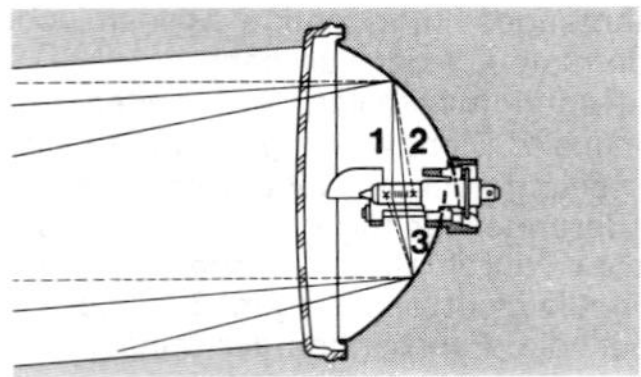

Bifocal-Reflektor (Prinzip).
1 Glühlampe, 2 Grundreflektor,
3 Zusatzreflektor.

aber nicht die Reichweite. Für den Betrieb ist eine 2-Wendel-Lampe (Abblend- und Fernlicht) geeignet. Wegen großer Stufen zwischen den Reflektorteilen besteht er aus Kunststoff.

Bifocal-Reflektor

Der Bifocal-Reflektor (Reflektorteile mit unterschiedlichen Brennpunkten) nützt zusätzlich den unteren Reflektorbereich aus, der im Normalfall abgedeckt ist. An dieser Stelle ist ein Parabolsektor so angeordnet, daß auch dort das Licht nach unten in Richtung Fahrbahn reflektiert wird. Geeignet ist dafür eine Brennpunktlage vor der Glühwendel. Auch bei diesem Prinzip wirkt sich das zusätzlich gewonnene Licht nur im Vorfeld der Lichtverteilung aus.

Der Bifocal-Reflektor wird mit einer 1-Wendel-Lampe (Abblendlicht) betrieben und ist deshalb nur in Vier-Scheinwerfer-Systemen anwendbar.

PES-Scheinwerfer

Das mit PES (Poly-Ellipsoid-System) bezeichnete neue Scheinwerfersystem mit Abbildungsoptik weist lichttechnische Verbesserungen im Vergleich zum konventionellen Scheinwerfer auf. Eine Lichtaustrittsfläche von nur 28 cm^2 ermöglicht Lichtverteilungen wie mit bisherigen großflächigen Scheinwerfern. Das wird mit einem CAD-berechneten elliptischen Reflektor und einer Projek-

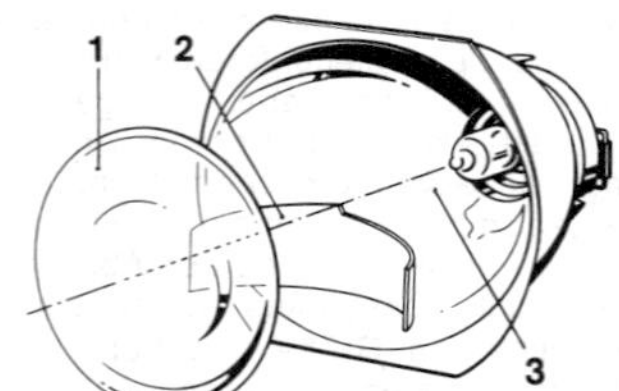

Scheinwerfer mit Polyellipsoid-Reflektor.
1 Objektiv, 2 Blende, 3 Reflektor.

tionsoptik erreicht. Eine Abbildungsblende projiziert exakt definierte Hell-Dunkel-Grenzen, nach Bedarf mit hoher Schärfe, bewußter Unschärfe oder auch beliebigem Formenverlauf.

PES-Scheinwerfer mit einer Bauhöhe von nur ca. 80 mm können gemeinsam mit herkömmlichem Fernlicht, Begrenzungslicht und PES-Nebelscheinwerfern eine Lichtbandeinheit bilden.

Fernlicht

Das Fernlicht wird immer durch eine Wendel erzeugt, die im Brennpunkt des parabolischen Reflektors angeordnet ist. Dadurch wird das Licht so reflektiert, daß es in Richtung der Reflektorachse austritt. Die axial mit Fernlicht zu erreichenden Lichtstärken hängen von der leuchtenden Fläche des Reflektors

Tabelle 2. Mittlere Beleuchtungsstärken im Lichtmaximum des Fernlichtes.

Reflektorabmessung mm	130 Ø	165 Ø	180 Ø	200 × 140	220 × 140	240 × 130
mittlere Beleuchtungsstärke im Lichtmaximum bei 25 m	60 lx	75 lx	80 lx	90 lx	100 lx	110 lx

***Fernlicht** (Strahlengang).*
1 Wendel für Fernlicht im Brennpunkt.

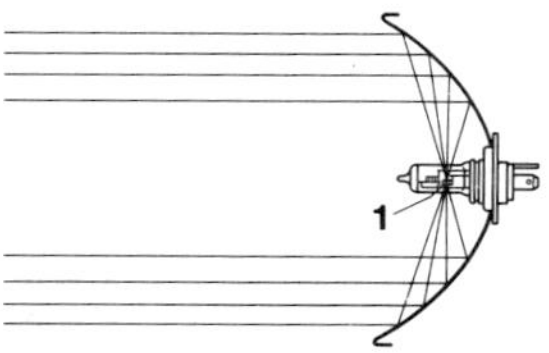

Zwei-Scheinwerfer-System.

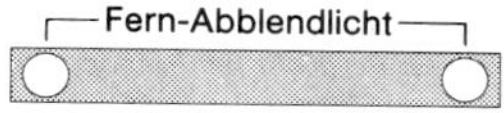

Vier-Scheinwerfer-System.

ab (Anhaltswerte für realisierte Lichtstärken in Tabelle 2). Bei größeren Reflektoren wird die Lichtstärke bewußt wegen gesetzlicher Bestimmungen durch optische Maßnahmen in der Streuscheibe begrenzt.

Bauarten
Weltweit gültige Verordnungen schreiben für jedes zweispurige Straßenfahrzeug 2 Scheinwerfer für Abblendlicht und mindestens 2 Scheinwerfer (auch 4 zulässig) für Fernlicht vor. Systeme:

Zwei-Scheinwerfer-System
Es benutzt Glühlampen mit zwei Wendeln (Bilux, Duplo) für Fernlicht- und Abblendlicht über gemeinsame Reflektoren.

Vier-Scheinwerfer-System
Ein Scheinwerferpaar dient entweder für Abblend- und Fernlicht oder nur Abblendlicht, das zweite Scheinwerferpaar für Fernlicht. Bauartgruppen:

Streuscheibe in Karosserie beweglich
Streuscheibe und Reflektor sind miteinander verbunden und bilden einen Scheinwerfereinsatz. Bei der Einstellung des Lichtbündels wird der ganze Einsatz geschwenkt. Das kann in ungünstigen Fällen zu einer leichten Schräglage der Streuscheibe im Karosserieverlauf führen. Scheinwerfereinsätze sind meist im Lampenbereich mit Dichtungskappe und speziellen Belüftungssystemen ausgerüstet.

Streuscheibe zur Karosserie fest
Der Reflektor ist ohne Verbindung zur Streuscheibe im Gehäuse angeordnet und wird bei Einstellung allein bewegt (Gehäusebauart). Die Streuscheibe steht fest und kann deshalb vollständig dem Karossieverlauf angepaßt sein. Der gesamte Scheinwerfer ist abgedichtet oder mit Belüftungsorganen versehen.

Bauelemente

Reflektor
Reflektoren bestehen aus Stahlblech oder Kunststoff. Herstellungsfolge bei Stahlblech: Tiefziehen mit parabolischer Formgebung, Schützen gegen Korrosion durch Verzinken oder Pulverbeschichten, Glätten durch Lackieren, Aufbringen der Reflexionsschicht durch Bedampfen mit Aluminium, Schützen des Aluminiums durch Aufdampfen einer Spezialschicht. Das Stahlblech wird durch diese Behandlung hermetisch versiegelt und erhält hervorragende Glätteeigenschaften mit noch verbleibender Unebenheit von maximal 1/10 000 mm.

Streuscheibe
Streuscheiben bestehen aus Glas mit hohem Reinheitsgrad (blasen- und schlierenfrei). Bei der Herstellung durch Pressen wird besonderer Wert auf gute Oberflächenbeschaffenheit gelegt, um Lichtablenkungen nach oben (Blendung bei Begegnung) zu vermeiden. Die Art und Anordnung der prismatischen Streumittel auf dem Scheibenfeld hängen von Reflektorgröße und -brennweite und von der gewünschten Lichtverteilung ab. Um das Gewicht der Streuscheiben herabzusetzen, ist in Zukunft mit der Anwendung von Kunststoffen zu rechnen.

Amerikanisches Scheinwerfer-System.
(Strahlengang).
1 Wendel für Abblendlicht, 2 Brennpunkt,
3 Wendel für Fernlicht (im Brennpunkt).

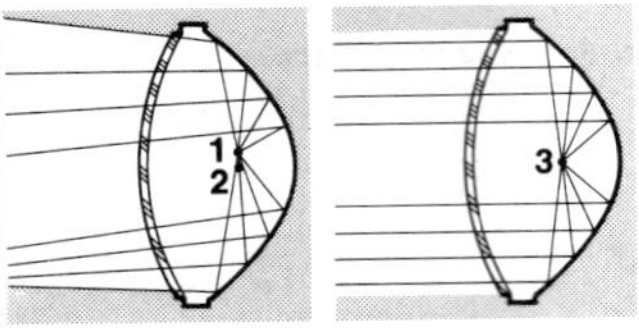

Europäisches Scheinwerfersystem.
(Abblendlicht).

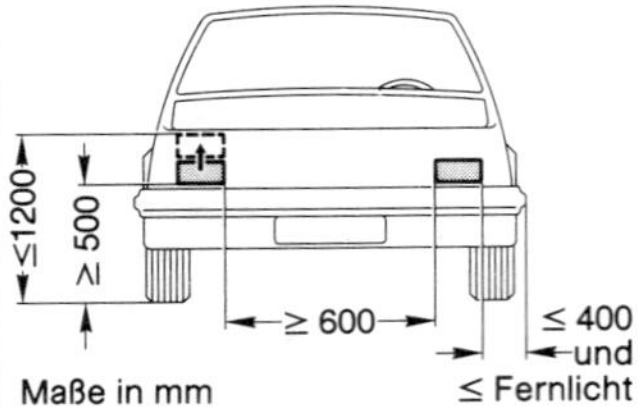

Hauptscheinwerfer, Amerikanisches System

Abblendlicht

Die Glühwendel für das Abblendlicht ist oberhalb und, in Fahrtrichtung gesehen, etwas links vom Brennpunkt des Reflektors angeordnet. Dadurch wird nahezu der gesamte wirksame Lichtstrom nach unten in Richtung Fahrbahn reflektiert und erhält teilweise noch eine Neigung nach rechts, die zu einer asymmetrischen Lichtbündelung führt. Eine Abdeckkappe unterhalb der Wendel ist nicht vorhanden, so daß der gesamte Reflektor genutzt werden kann. Die fehlende scharfe Hell-Dunkel-Grenze hat allerdings nur durchschnittliche Sichtweiten auf der Begegnerseite (links bei Rechtsverkehr) und höhere Blendwirkung im Vergleich zum europäischen System zur Folge.

Fernlicht

Die Glühwendel ist, wie beim europäischen System, im Brennpunkt des parabolischen Reflektors angeordnet.

Bauarten

Der mit Aluminium bedampfte Reflektor aus Glas muß wegen der nicht gekapselten Glühwendeln gasdicht mit der Streuscheibe verschlossen werden. Die gesamte, als „Sealed Beam" bezeichnete Einheit ist verschmolzen und mit einem Inertgas gefüllt. Sie muß bei Ausfall der Wendel vollständig ersetzt werden. Neuerdings sind auch Einsätze mit Halogenlampen zulässig. Halogenlampen mit eigenem Glaskolben werden komplett in die Sealed Beam-Einheiten eingeschmolzen. Eine hermetische Dichtheit des Scheinwerferinnenraumes ist deshalb nicht mehr unbedingt erforderlich. Im allgemeinen Trend nach Gewichtsreduzierung wird die Verwendung von Kunststoffen für Reflektor und Streuscheibe angestrebt.

Vorschriften Europa

Verordnungen und Richtlinien für Hauptscheinwerfer

76/756/EWG, 76/761/EWG und ECE-Regelungen 1 und 2: Scheinwerfer für Fern- und Abblendlicht sowie deren Glühlampen.
ECE-Regelung 5: Sealed Beam-Scheinwerfer für europäisches asymmetrisches Abblendlicht.
ECE-Regelung 8: Scheinwerfer mit H 1-, H 2- und H 3-Lampen.
ECE-Regelung 20: Scheinwerfer mit H 4-Lampen.
ECE-Regelung 31: Sealed Beam-Scheinwerfer mit Halogenlampen.
StVZO § 50: Scheinwerfer für Fern- und Abblendlicht.

Abblendlicht, Anbau

Vorgeschrieben sind 2 Abblendscheinwerfer für mehrspurige Fahrzeuge, Farbe weiß (in Frankreich gelb).

Zusammenbau und Ineinanderbau mit Fernlicht und allen anderen Frontleuchten zulässig. Kombination mit anderen Geräten ist nicht zulässig.

Abblendlicht, Lichttechnik

Für symmetrisches Abblendlicht werden im Bereich der Bundesrepublik

Deutschland die Technischen Anforderungen (TA) der StVZO angewendet. Für asymmetrisches Abblendlicht gibt es nur internationale Richtlinien und Verordnungen, die sehr genaue Vorschriften für die photometrische Messung der Abblendlichtarten (mit normaler oder Halogenlampe) enthalten.

Die Prüfung zur Zulassung eines Scheinwerfertyps wird mit Prüflampen durchgeführt, die gegenüber den handelsüblichen Serienlampen eingeengte Toleranzen haben.

Bei der Kontrolle der Blendwirkung eines Scheinwerfes ist StVZO § 50 (6) anzuwenden. Danach gilt die Blendung als behoben, wenn die Beleuchtungsstärke in einer Entfernung von 25 m in Höhe der Scheinwerfermitte nicht mehr als 1 lx beträgt. Bei dieser Kontrolle sollte der Motor mit mittlerer Drehzahl laufen.

Abblendlicht, Schaltung
Beim Abblenden müssen alle Scheinwerfer für Fernlicht gleichzeitig erlöschen. Dimmen (verzögertes Abschalten) ist zulässig. Die Dimmzeit darf max. 5 sec betragen. Damit der Dimmvorgang nicht beim Lichthupen stattfindet, muß eine Ansprechverzögerung von 2 sec gewährleistet sein. Das Abblendlicht darf in Schaltstellung Fernlicht zusammen mit den Scheinwerfern für Fernlicht brennen (Simultanschaltung). Im allgemeinen sind die Glühlampen für einen kurzzeitigen Zwei-Wendel-Betrieb geeignet.

Abblendlicht, Einstellung
Bedingungen für die Einstellung:
— Reifendruck nach Vorschrift.
— Fahrzeug beladen:
für Pkw eine Person oder 70 kg auf Rücksitz, für Lkw unbelastet, für einspurige Fahrzeuge und einachsige Zugmaschinen eine Person oder 70 kg auf Führersitz.
— Fahrzeug muß einige Meter rollen, damit sich die Federung nach dem Beladen ausgleicht.
— Fahrzeug auf ebene Fläche stellen.
— Eine Prüffläche in 10 m Abstand vom Fahrzeug so aufstellen, daß sich die Zentralmarke in Fahrtrichtung vor dem jeweils einzustellenden Scheinwerfer befindet.
— Scheinwerfer einzeln einstellen, andere Scheinwerfer abdecken.
— Bei Fahrzeugen mit Leuchtweite-Handverstellung Einrichtung in vorgeschriebene Stellung bringen (Angaben des Herstellers beachten).

Einstellmaß e siehe Tabelle 3.

Bei Änderungen und Maßnahmen am Fahrzeug, die die Scheinwerfereinstellung beeinflussen (z. B. Federung), muß erneut eingestellt werden. Das gleiche empfiehlt sich nach Wechsel der Glühlampe.

Fernlicht, Anbau
Es sind mindestens 2, höchstens 4 Fernscheinwerfer zulässig.

Anordnung in der Breite: Die äußeren Ränder der leuchtenden Flächen dürfen höchstens so weit von der Fahrzeugmitte entfernt sein, wie die des Abblendlichtes. Anbauhöhe ist nicht festgelegt.

Zusammenbau und Ineinanderbau mit Abblendlicht und den anderen Frontleuchten zulässig. Kombination mit anderen Leuchten nicht zulässig. Vorgeschriebene Kontroll-Leuchte im Fahrzeuginnern: Farbe blau oder gelb.

Fernlicht, Lichttechnik
Die Lichtverteilung des Fernlichtes wird in den Verordnungen und Richtlinien im Zusammenhang mit dem Abblendlicht beschrieben.

Die wichtigsten vorgeschriebenen Merkmale sind: Symmetrische Verteilung zur Mittelsenkrechten. Lichtmaximum in der Mittelachse der Scheinwerfer.

Höchste zulässige Lichtstärke als Summe der Einzellichtstärken aller am Fahrzeug angebauten Fernlichtscheinwerfer ist 225 000 cd. Dieser Wert wird durch Referenzziffern kontrolliert, die sich bei jedem Scheinwerfer in der Nähe des Genehmigungszeichens befinden. 225 000 cd entspricht der Ziffer 75. Die Lichtstärke des Fernlichtes ist z. B. durch die Ziffer 20 rechts neben dem runden ECE-Prüfzeichen (S. 576) angegeben.

Tabelle 3: Einstellmaß „e" für die Scheinwerfereinstellung.[1])

Fahrzeugart	Scheinwerfer	Nebelscheinwerfer
	Einstellmaß e cm	cm
1. Kraftfahrzeuge, bei denen der obere Spiegelrand der Scheinwerfer nicht höher als 135 cm über der Standfläche liegt a) Personenkraftwagen (s. jedoch 1 i) b) Kraftfahrzeuge mit niveauregelnder Federung oder automatischem Neigungsausgleich des Lichtbündels[2]) c) Mehrachsige Zug- oder Arbeitsmaschinen d) Einspurige Kraftfahrz. e) Lastkraftwagen mit vorn lieg. Ladefläche	10	20
f) Lastkraftwagen mit hinten lieg. Ladefläche[3]) g) Sattelzugmaschinen[3]) h) Kraftomnibusse[3]) i) Personenkraftwagen als Kombinationskraftwagen[3])	30	40
2. Kraftfahrzeuge, bei denen der obere Spiegelrand der Scheinwerfer höher als 135 cm über der Standfläche liegt	$H/3$	$H/3+7$
3. Einachsige Zug- oder Arbeitsmaschinen mit dauerabgeblendeten Scheinwerfern, auf denen die erforderliche Neigung der Lichtbündelmitte angegeben ist	$2N$	20

Prüffläche für Scheinwerferlicht.
Die Anordnung der Einstellmarken und -linien gilt für Hauptscheinwerfer normaler Anbauhöhe. Dabei wird die Zentralmarke auf Höhe H der Scheinwerfermitte gestellt. Das Einstellmaß $e = 10$ cm gibt den vertikalen Abstand zwischen Zentralmarke und Trennstrich an.
Bei Scheinwerfern mit $e > 10$ cm wird der Trennstrich auf die entsprechend tiefere Lage gebracht. Die Zentralmarke liegt in diesen Fällen naturgemäß nicht auf Höhe der Scheinwerfermitte. Sie dient aber zur Überprüfung der Lage des Fernlichtes (wenn vorhanden).

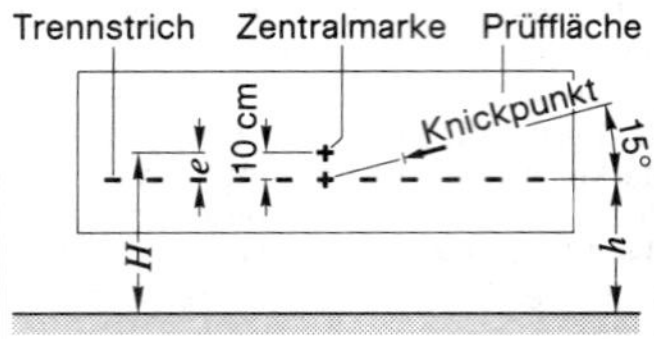

H *Höhe der Scheinwerfermitte über der Standfläche in cm*
h *Höhe des Trennstrichs der Prüffläche über der Standfläche in cm*
$e = H - h$ *Einstellmaß*
N *Maß in mm, um das die Lichtbündelmitte auf 5 m Entfernung geneigt sein soll*
A *Abstand von Mitte Scheinwerfer zu Mitte Scheinwerfer*

Der linke (horizontale) Teil der Hell-Dunkel-Grenze muß auf den Trennstrich eingestellt werden.

Anordnung der Prüffläche zur Fahrzeuglängsachse

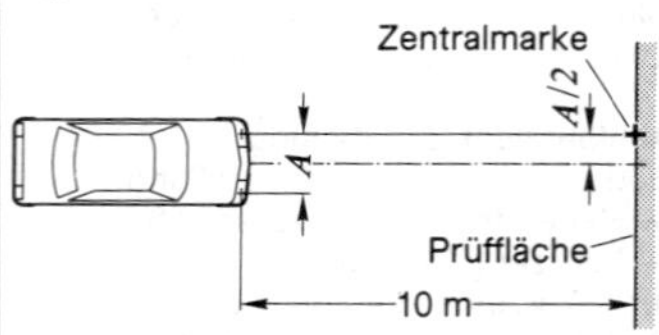

Tabelle 4. Geometrische Reichweite für den waagerechten Teil der Hell-Dunkel-Grenze des Abblendlichtes. Scheinwerferanbauhöhe 65 cm.

Neigung der Hell-Dunkel-Grenze in % (1 % = 10 cm/10 m)	1	1,5	2	2,5	3
Geometrische Reichweite in m für waagerechten Teil der Hell-Dunkel-Grenze	65	43,3	32,5	26	21,7

Wenn ein Fahrzeug nur mit diesen Scheinwerfern ausgerüstet ist (keine Zusatz-Fernlicht-Scheinwerfer), so beträgt die Summenlichtstärke etwa 40/75 von 225 000 cd, also 120 000 cd.

Fernlicht, Einstellung
Ist das Fernlicht mit dem asymmetrischen Abblendlicht ineinandergebaut (Bilux-, Duplolampen), so wird es durch die Ausrichtung des Abblendlichtes in die gewünschte Stellung gebracht. Separate Fernlicht-Scheinwerfer werden horizontal und symmetrisch, bezogen auf Scheinwerfermitte und Zentralmarke, ausgerichtet.

Europäische Sealed Beam-Einsätze
In den ECE-Regelungen 5 (für normale Lichtart) und 31 (für Halogenlicht) werden Sealed Beam-Einsätze für europäische Lichtverteilung zugelassen. Wie bei den amerikanischen Einsätzen muß nach Lampenausfall der komplette Scheinwerfer ersetzt werden.

Vorschriften Nordamerika

Verordnungen und Richtlinien
Federal Motor Vehicle Safety Standard (FMVSS) No. 108 und SAE Lighting Equipment and Photometric Tests (Standards and Recommended Practices).

Die Vorschriften für Anbau und Schaltung von Hauptscheinwerfer sind mit den europäischen vergleichbar. Hauptunterschiede bestehen in den Scheinwerfersystemen. Bis 1983 waren in USA lediglich die folgenden Größen zulässig:

Zwei-Scheinwerfer-Systeme:
- 178 mm ∅ rund
- 200 × 142 mm rechteckig

Vier-Scheinwerfer-Systeme:
- 146 mm ∅ rund
- 165 × 100 mm rechteckig

Seit 1983 ist es durch Ergänzung des FMVSS No. 108 möglich, Scheinwerfereinsätze mit auswechselbaren Lampen zu verwenden.

Scheinwerfer nach ECE- oder EWG-Richtlinien sind in USA für zweispurige Fahrzeuge nicht zulässig. An Motorrädern können sie aber benutzt werden.

Einstellung
Während in Europa Scheinwerfer immer visuell nach dem Lichtbündel ausgerichtet werden, hat sich in USA überwiegend die mechanische Einstellmethode eingebürgert. Die Scheinwerfereinsätze sind dazu mit 3 Nocken auf der Streuscheibe versehen, die die Einstellebenen bilden. Ein Einstellgerät wird auf diese Nocken aufgesetzt. Die Einstellung geschieht mit Wasserwaagen.

---

[1]) Die mit Hilfe von Scheinwerfer-Einstellprüfgeräten erzielten Ergebnisse müssen den Werten der Tabelle entsprechen.

[2]) Eigenheiten dieser Einrichtungen sind nach den Anweisungen der Hersteller sorgfältig zu beachten.

[3]) Ausgenommen Kraftfahrzeuge nach 1b.

Leuchtweiteeinstellung

In Tabelle 4 sind die geometrischen Reichweiten bei verschiedenen Scheinwerferneigungen für Scheinwerferanbauhöhe 65 cm angegeben. Bei polizeilichen Kontrollen werden Neigungen bis 2,5 % (1,5 % unter Normaleinstellung) nicht beanstandet.

Die Leuchtweiteeinstellung muß nach EG-Recht bestimmten Forderungen genügen:

Die Grundeinstellung nach Einstellmaß *e* beträgt 10 cm/10 m bis 15 cm/10 m, wobei das Fahrzeug mit einer Person auf dem Führersitz belastet wird. Die Größe der Grundeinstellung wird vom Fahrzeughersteller angegeben.

Automatische Leuchtweiteregelungen müssen so gebaut sein, daß für alle Belastungszustände die Absenkung (bzw. Anhebung) des Abblendlichtbündels zwischen 5 cm/10 m (0,5 %) und 25 cm/10 m (2,5 %) bleibt.

Handbetätigte Leuchtweiteeinstellung (vom Führersitz aus) ist zulässig, wenn sie eine Raststellung hat, die der Grundeinstellung entspricht. Die Einstellung des Lichtbündels wird in dieser Raststellung vorgenommen. Bei stufenlosen und gestuften Geräten müssen Markierungen für die Belastungszustände, bei denen eine Verstellung des Lichtbündels erforderlich ist, in der Nähe des Handschalters angebracht sein.

Bei allen Bauarten der Leuchtweiteeinstellung wird der Scheinwerferreflektor (Gehäusebauart) bzw. der Scheinwerfereinsatz in vertikaler Richtung durch Stellelemente bewegt. Die Bewegung wird entweder bei handbetätigten Anlagen durch einen Schalter am Führersitz oder bei automatischen Anlagen durch Niveaugeber an den Fahrzeugachsen bewirkt.

Die Niveaugeber übertragen ein der Einfederung proportionales Signal an die Stellelemente.

Hydromechanische Anlagen
Sie sind so konzipiert, daß eine Flüssigkeitsmenge entsprechend der Verstellgröße in den Verbindungsschläuchen zwischen Handschalter (Niveaugeber) und Stellelementen bewegt wird.

Vakuum-Anlagen
Hier wird vom Handschalter (Niveaugeber) der Unterdruck des Saugrohres als modulierter Druck den Stellelementen zugeführt.

Elektrische Anlagen
Sie verwenden elektrische Getriebemotoren als Stellelemente mit den entsprechenden Schaltern im Innenraum oder Gebern an den Achsen.

Automatische Leuchtweiteregelung *(Prinzip).*
1 Stellelement, 2 Additionsstelle, 3 Niveaugeber.

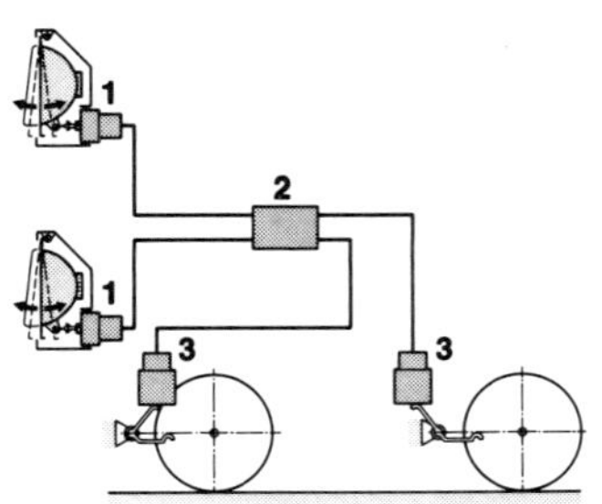

Leuchtweiteeinstellung von Hand *(Prinzip).*
1 Stellelement, 2 Handschalter.

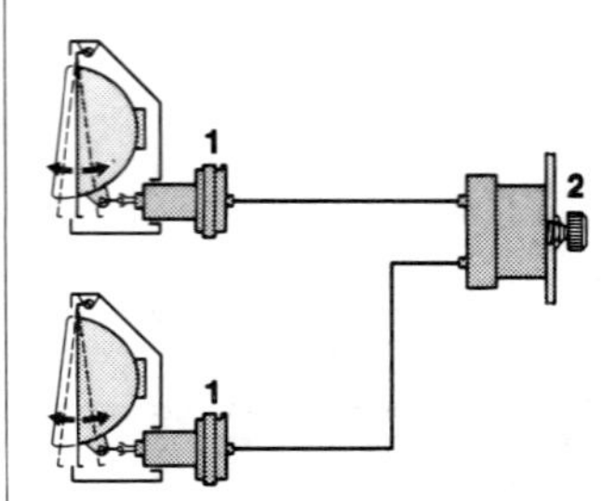

Nebelscheinwerfer

Nebelscheinwerfer sollen die Fahrbahnbeleuchtung bei Nebel, Schneefall, starkem Regen oder Staubwolken verbessern.

Optisches Prinzip
Ein parabolischer Reflektor mit Glühwendel im Brennpunkt reflektiert achsenparalleles Licht (wie Fernlicht), das durch die Streuscheibe zu einem horizontalen Band auseinander gezogen wird. Eine Strahlenblende begrenzt die Lichtabstrahlung nach oben. Für die Fahrpraxis ist eine Lichtverteilung mit scharfer oberer Hell-Dunkel-Grenze günstig, um den Blickbereich darüber möglichst dunkel zu halten. Die Seitenstreuung sollte beidseitig je etwa 50° betragen.

Bauarten
Anbau-Nebelscheinwerfer mit optischem Einsatz im Gehäuse werden stehend auf oder hängend unter dem Stoßfänger angebaut. Immer häufiger werden die Scheinwerfer aus stilistischen und aerodynamischen Gründen als Einbaueinheit dem Karosserieverlauf angepaßt oder sie sind Teil einer Leuchteinheit (Zusammenbau mit Hauptscheinwerfer). In diesen Fällen sind die Reflektoren für die Einstellung beweglich.

Die Mehrzahl der Nebelscheinwerfer ist für weißes Licht eingerichtet. Vorzüge von Gelblicht lassen sich aus physiologischer Sicht nicht begründen. Die lichttechnische Wirkung von Nebelscheinwerfern hängt von der Größe der leuchtenden Fläche und von der Brennweite des Reflektors ab. Bei gleicher leuchtender Fläche und Brennweite weisen runde oder rechteckige Scheinwerferformen nur unbedeutende lichttechnische Unterschiede auf.

Vorschriften
Gemäß 76/756/EWG, ECE-Regelung 19, StVZO § 52 sind 2 Nebelscheinwerfer, Farbe weiß oder gelb, zulässig. Zusammenbau mit anderen Frontleuchten und Scheinwerfern ist zulässig, andere Kombinationen sind nicht zulässig. Ineinanderbau mit Fernscheinwerfern, Begrenzungsleuchten und Parkleuchten sind zulässig. Schaltung der Nebelscheinwerfer muß unabhängig von Fern- und Abblendlicht möglich sein. Nach StVZO (national) können Nebelscheinwerfer mehr als 400 mm von der breitesten Stelle des Fahrzeugumrisses entfernt angebaut werden, wenn die Schaltung sicherstellt, daß die Nebelscheinwerfer nur zusammen mit dem Abblendlicht brennen können. Nebelscheinwerfer werden wie Hauptscheinwerfer eingestellt. Die Einstellmaße e sind in Tabelle 3 angegeben.

Nebelscheinwerfer *(Prinzip).*
1 Strahlenblende, 2 Streuscheibe,
3 Reflektor, 4 Achse für Vertikaleinstellung.

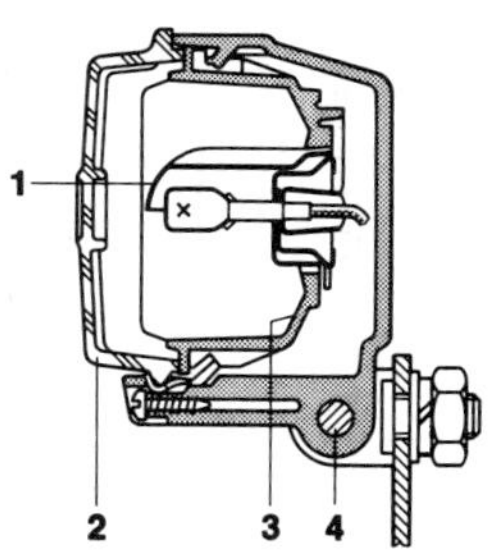

Nebelscheinwerfer *(Anordnung).*

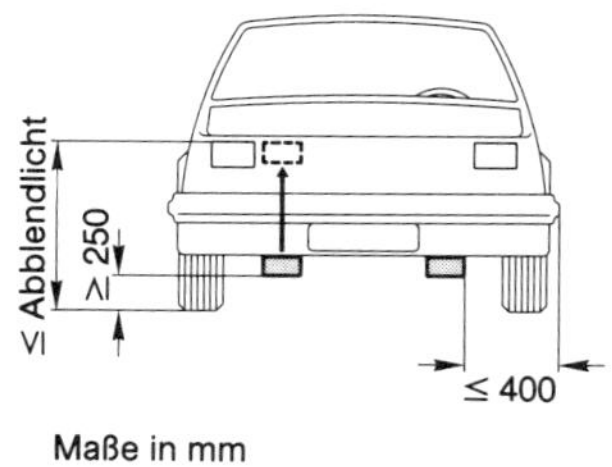

Zusatz-Fernlichtscheinwerfer

Zusatz-Fernlichtscheinwerfer dienen zur Verbesserung der Fernlichtwirkung von Zwei-Scheinwerfer-Systemen. Das optische Prinzip ist ähnlich wie bei Nebelscheinwerfern, die Streuscheibe ist jedoch auf die lichttechnischen Forderungen des Fernlichtes abgestimmt. Größen und Formen von Zusatz-Fernlicht- und Nebelscheinwerfern sind oft identisch.

Anbau, Lichttechnik und Einstellung entsprechen den Angaben für Fernlicht. Auch Zusatz-Fernlichtscheinwerfer unterliegen den Bestimmungen für maximal zulässige Lichtstärken am Fahrzeug, wobei die Summe der Referenzziffern höchstens 75 sein darf (siehe S. 583). Bei älteren Scheinwerfern ohne Ziffer im Genehmigungszeichen wird Ziffer 10 angenommen.

Leuchten

Bauvorschriften und Anbau in 76/756/EWG und StVZO § 49 a.

Mit Leuchten soll das Fahrzeug und dessen Bewegungsabsicht erkannt werden. Prinzipiell gibt es zwei bauartbedingte Möglichkeiten, die lichttechnischen Forderungen an Leuchten zu realisieren.

Leuchten mit Reflektoroptik
Das Licht der Glühlampe wird über einen Reflektor beliebiger Form (oft parabolisch) in achsennahe Richtungen umgelenkt und von einer Lichtscheibe mit optischen Streuelementen verteilt.

Leuchten mit Fresneloptik
Das Licht der Glühlampe fällt ohne Reflektorumlenkung direkt auf die Lichtscheibe und wird von einer Fresneloptik in die gewünschten Richtungen gebrochen. Fresneloptiken haben meist geringere Wirkungsgrade.

Lichttechnik
Für alle Leuchten sind in Richtung der Bezugsachse Mindest- und Höchstlichtstärken gefordert (Tabelle 1), die einerseits die Auffälligkeit des Signals gewährleisten, andererseits Blendbelästigungen anderer Verkehrsteilnehmer vermeiden sollen. Nach diesem Bezugsachsenwert darf die Lichtstärke seitlich und oben und unten davon geringere Werte annehmen. Hierfür ist ein Prozentschema (sog. vereinheitlichte räumliche Lichtverteilung) festgelegt. Die lichttechnische Messung der Lichtstärken am Fahrzeug ist einfacher als bei Abblendlicht, weil lediglich der Lichtwert in der Bezugsachse bei laufendem Motor kontrolliert wird. Allerdings darf nur das Licht der Leuchte allein (Tageslicht) gemessen werden.

Leuchte mit Reflektoroptik *(Prinzip).*
1 Gehäuse, 2 Reflektor,
3 Lichtscheibe mit zylindrischen Streulinsen.

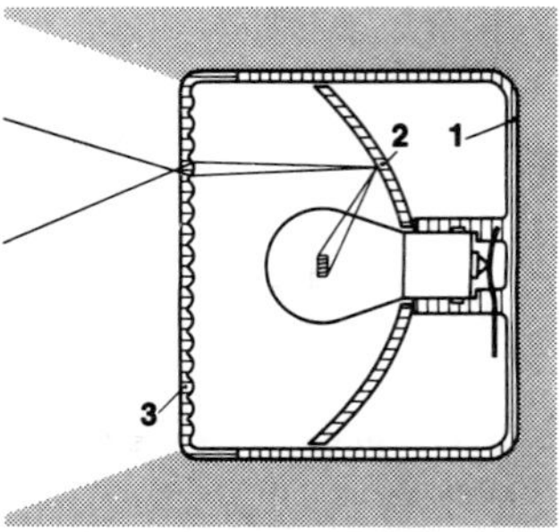

Leuchte mit Fresneloptik *(Prinzip).*
1 Gehäuse,
2 Lichtscheibe mit Fresneloptik.

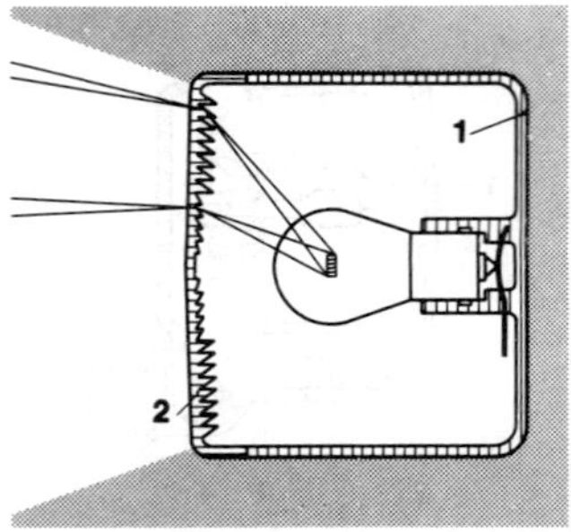

Fahrtrichtungsanzeiger

76/759/EWG, ECE-Regelung 6, StVZO § 54. Für zweispurige Fahrzeuge sind Gruppe 1 (vordere), Gruppe 2 (hintere) und Gruppe 5 (seitliche Fahrtrichtungsanzeiger) vorgeschrieben. Fahrtrichtungsanzeiger nach Gruppe 5 können bei Fahrzeuglängen von weniger als 6 m entfallen. Für Krafträder genügen Fahrtrichtungsanzeiger der Gruppe 2.

Farbe der Kontroll-Leuchte frei wählbar.

Vordere Fahrtrichtungsanzeiger
Es sind 2 Blinkleuchten, Farbe gelb, vorgeschrieben.

Zusammenbau mit einer oder mehreren Leuchten zulässig. Kombination nur mit Fahrtrichtungsanzeigern der Gruppe 5 zulässig. Ineinanderbau nur mit Parkleuchte zulässig. Funktionskontrolle vorgeschrieben.

Blinkfrequenz: 90 ± 30 Perioden pro Minute.

Hintere Fahrtrichtungsanzeiger
Es sind 2 Blinkleuchten, Farbe gelb, vorgeschrieben.

Anordnung wie vordere Fahrtrichtungsanzeiger, jedoch zusätzlich Einschränkung bei Abstand zur Schlußleuchte < 300 mm.

Zusammenbau, Kombination, Ineinanderbau, Funktionskontrolle und Blinkfrequenz wie vordere Fahrtrichtungsanzeiger.

Seitliche Fahrtrichtungsanzeiger
Es sind 2 Blinkleuchten, Farbe gelb, vorgeschrieben.

Zusammenbau, Ineinanderbau wie vordere Fahrtrichtungsanzeiger. Kombination nur mit Fahrtrichtungsanzeigern anderer Gruppen zulässig.

Seitliche Fahrtrichtungsanzeiger *(Anordnung).*
[1]) oder 2500 mm / [2]) oder 2300 mm – wenn die Art des Fahrzeugaufbaus die Einhaltung der maximalen Maße nicht zuläßt

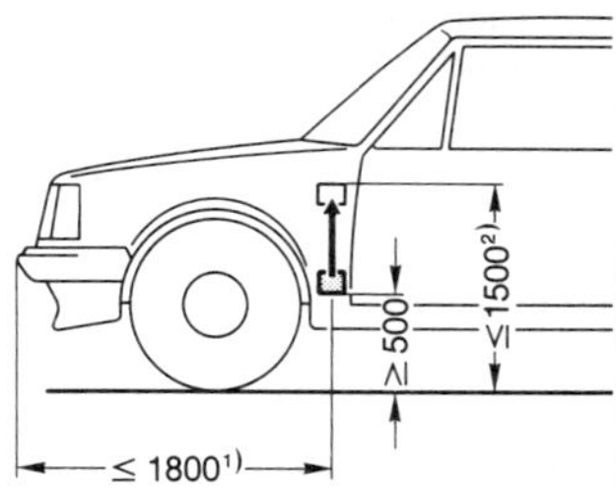

Vordere Fahrtrichtungsanzeiger *(Anordnung).*
[1]) oder ≥ 400 mm, wenn Gesamtbreite < 1300 mm (gilt nur für Schlußleuchten),
[2]) ≤ 2100 mm, wenn die Art des Fahrzeugaufbaus die Einhaltung der maximalen Höhe nicht zuläßt.

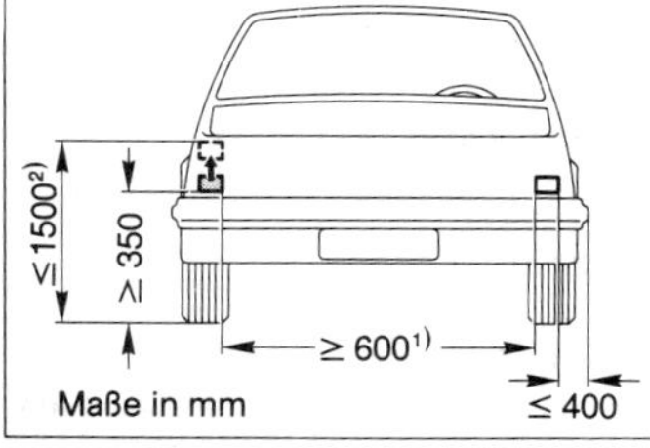

Hintere Fahrtrichtungsanzeiger *(Anordnung). Höhe und Breite wie vordere Fahrtrichtungsanzeiger; wenn Vertikalabstand zur Schlußleuchte < 300 mm, darf Horizontalabstand maximal 50 mm betragen.*

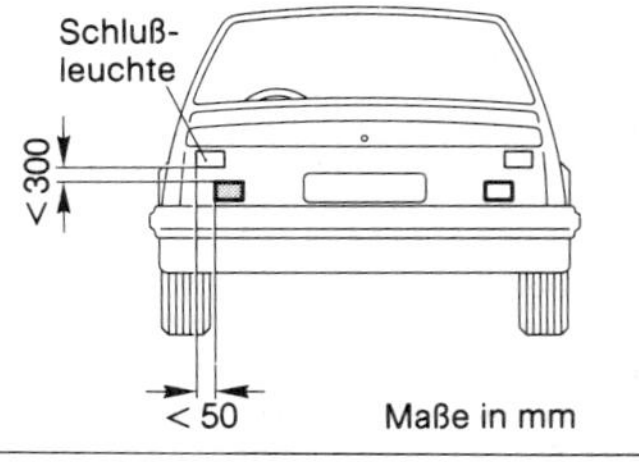

Leuchten für Fahrzeugbegrenzung

76/758/EWG, ECE-Regelung 7, StVZO §§ 51 und 53. Fahrzeuge mit einer Gesamtbreite von weniger als 2100 mm sind mit Begrenzungs- (nach vorn) und Schlußleuchten (nach hinten) auszurüsten. Ist die Fahrzeugbreite größer als 2100 mm (z. B. Lkw), so müssen zusätzlich nach vorn und hinten wirkende Umrißleuchten angebaut sein.

Begrenzungsleuchten
Es sind 2 Begrenzungsleuchten, Farbe weiß, vorgeschrieben. Farbe gelb zulässig, wenn mit Scheinwerfer mit Gelblicht ineinandergebaut (Frankreich).

Anordnung siehe „Vordere Fahrtrichtungsanzeiger".

Zusammenbau und Ineinanderbau mit jeder anderen vorderen Leuchte (oder Scheinwerfer) zulässig. Sehr weit verbreitet ist der Ineinanderbau mit dem Scheinwerfer. Kombination mit anderen Leuchten (oder Scheinwerfern) nicht zulässig.

Schlußleuchten
Es sind 2 Schlußleuchten, Farbe rot, vorgeschrieben.

Anordnung siehe „Hintere Fahrtrichtungsanzeiger".

Zusammenbau mit jeder anderen Heckleuchte zulässig. Kombination mit Leuchten für das hintere Kennzeichen zulässig. Ineinanderbau mit Bremsleuchte, Parkleuchte und Nebelschlußleuchte zulässig. Bei Ineinanderbau von Schluß- und Bremsleuchte muß das tatsächliche Lichtstärkeverhältnis der Einzelfunktionen mindestens 1:5 betragen. Schlußleuchten müssen zusammen mit den Begrenzungsleuchten brennen.

Umrißleuchten
2 Leuchten, Farbe weiß, nach vorn, 2 Leuchten, Farbe rot, nach hinten.

Anordnung: In der Breite möglichst weit außen und so hoch wie möglich.

Zusammenbau mit anderen Leuchten zulässig. Kombination und Ineinanderbau mit anderen Leuchten nicht zulässig.

Bremsleuchten

76/758/EWG, ECE-Regelung 7, StVZO § 53. Neben den (Haupt-)Bremsleuchten sind zusätzliche hochgesetzte Bremsleuchten in der Bundesrepublik Deutschland, in Österreich, Großbritannien, Schweden und Norwegen zulässig.

(Haupt-)Bremsleuchten
Für jedes Fahrzeug sind 2 Bremsleuchten, Farbe rot, vorgeschrieben.

Zusammenbau mit Schlußleuchten zulässig. Kombination nur mit Kennzeichenbeleuchtung zulässig, wenn gleichzeitig mit Schlußleuchte ineinandergebaut. Ineinanderbau mit Schluß- oder Parkleuchte zulässig. Bei Ineinanderbau von Brems- und Schlußleuchte muß das tatsächliche Lichtstärkeverhältnis der Einzelfunktionen mindestens 5:1 betragen.

Zusätzliche hochgesetzte Bremsleuchten
In einigen Ländern sind 2 Zusatzbremsleuchten, Farbe rot, zugelassen. Die Leuchten dürfen außen am Fahrzeug oder innen (hinter Heckscheibe) angebaut sein.

Die in Tabelle 1 angegebenen Lichtstärkewerte müssen berücksichtigt werden, um die Blendung nachfolgender Verkehrsteilnehmer zu vermeiden. Ein Maximalwert von 60 cd wird angestrebt. Die zusätzlichen hochgesetzten Bremsleuchten müssen zusammen mit den (Haupt-)Bremsleuchten brennen.

***Bremsleuchten** (Anordnung).*
1) ≥ 400 mm (wenn Breite < 1300 mm).
2) ≤ 2100 mm (max. Höhe nicht möglich).

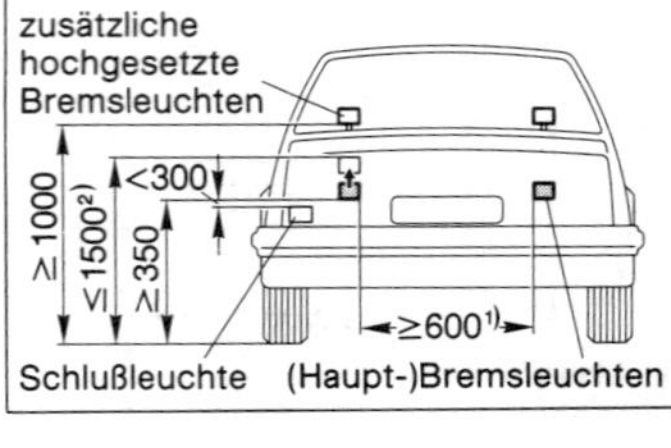

Nebelschlußleuchten

77/538/EWG, ECE-Regelung 38, StVZO § 53 d.

In den meisten europäischen Ländern sind 1 oder 2 Nebelschlußleuchten, Farbe rot, zugelassen (örtliche Vorschriften beachten).

Zusammenbau mit jeder anderen Heckleuchte zulässig. Kombination mit anderen Leuchten nicht zulässig. Ineinanderbau mit Schluß- oder Parkleuchten zulässig.

Die sichtbare leuchtende Fläche in Richtung Bezugsachse darf 140 cm^2 nicht übersteigen. Die Schaltung muß sicherstellen, daß Nebelschlußleuchten nur eingeschaltet werden können, wenn Abblend-, Fern- oder Nebellicht in Funktion ist. Sie müssen unabhängig von Nebelscheinwerfern ausgeschaltet werden können.

Vorgeschriebene Kontroll-Leuchte: Farbe gelb (Fahrzeuge mit Zulassung vor Januar 1981 auch grün).

Parkleuchten

77/540/EWG, StVZO § 51. Es sind entweder je 2 Parkleuchten vorn und hinten oder 1 Parkleuchte auf jeder Seite zulässig. Farbe weiß nach vorn, rot nach hinten. Gelb nach hinten zulässig, wenn mit Fahrtrichtungsanzeigern zusammengebaut. Anordnung wie bei „Fahrtrichtungsanzeigern". Zusammenbau mit jeder anderen Leuchte zulässig. Kombination mit anderen Leuchten nicht zulässig. Ineinanderbau zulässig mit Begrenzungsleuchten, Haupt- und Nebelscheinwerfern, Schluß-, Brems- und Nebelschlußleuchten, sowie mit seitlichen Fahrtrichtungsanzeigern.

Parkleuchten müssen leuchten können, ohne daß andere Leuchten (oder Scheinwerfer) eingeschaltet werden. In den meisten Fällen wird die Funktion der Parkbeleuchtung von den Schluß- und Begrenzungsleuchten übernommen.

Rückfahrleuchten

77/539/EWG, ECE-Regelung 23, StVZO § 52. Es sind 1 oder 2 Rückfahrleuchten, Farbe weiß, zulässig.

Zusammenbau mit allen anderen Heckleuchten zulässig. Kombination und Ineinanderbau mit anderen Leuchten nicht zulässig.

Die Schaltung muß sicherstellen, daß Rückfahrleuchten nur bei eingelegtem Rückwärtsgang und eingeschalteter Zündung leuchten können.

***Rückfahrleuchten** (Anordnung).*
Anzahl: 1 oder 2.

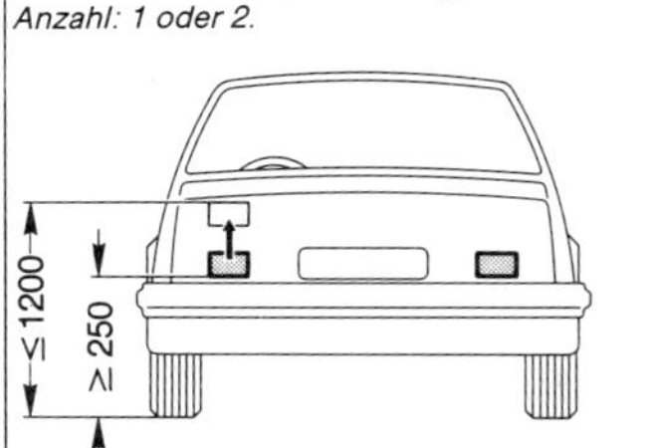

***Nebelschlußleuchten** (Anordnung).*
Anordnung für Anzahl 1 für Rechtsverkehr dargestellt.

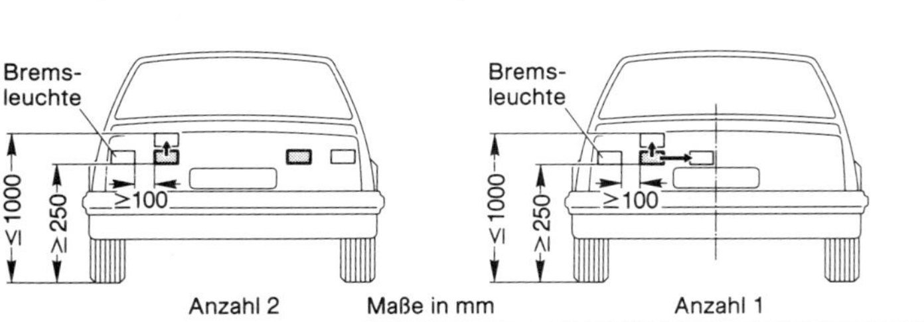

Kennzeichenleuchte

76/760/EWG, ECE-Regelung 4, StVZO § 60. Das hintere Kennzeichen muß so beleuchtet sein, daß es bei Nacht auf 25 m lesbar ist.

Zusammenbau mit allen Heckleuchten zulässig. Kombination mit Schlußleuchten zulässig. Ineinanderbau nicht zulässig.

Auf der gesamten Kennzeichenfläche muß die Leuchtdichte mindestens 2,5 cd/m² betragen. Über die Fläche des Kennzeichens sind Meßpunkte verteilt, zwischen denen der Leuchtdichtegradient $2 \times B_{min}$/cm nicht überschritten werden darf. Dabei ist B_{min} die kleinste in den Meßpunkten gemessene Leuchtdichte.

Tagfahrleuchten

In Schweden und Finnland sind seit 1982 an zwei- und einspurigen Fahrzeugen 2 Tagfahrleuchten, weiß oder gelb, vorgeschrieben, die anderen Verkehrsteilnehmern anzeigen sollen, ob das Fahrzeug sich bewegt oder im Begriff ist sich zu bewegen.

Zusammenbau und Kombination mit anderen Leuchten und Scheinwerfern zulässig.

Die Leuchten müssen mit der Zündung eingeschaltet werden und dürfen nur zusammen mit dem Schlußlicht brennen.

Die Tagfahrfunktion kann auch durch Einschalten des Abblendlichtes erfüllt werden, wenn die Lichtstärken mit den vorgeschriebenen Werten (Tabelle 1) übereinstimmen.

***Tagfahrleuchten** (Anordnung für Schweden, Finnland).*

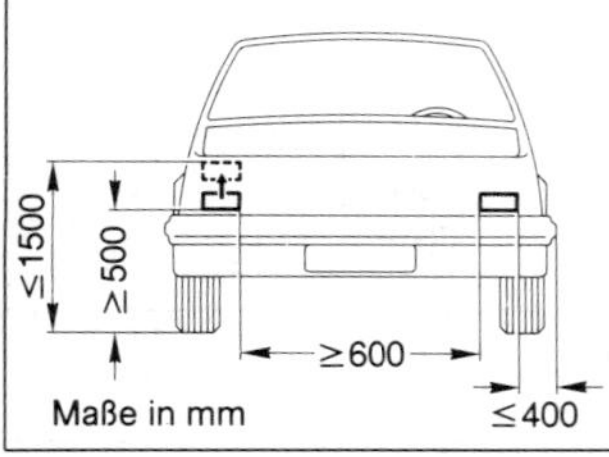

Weitere lichttechnische Geräte

Arbeitsscheinwerfer

Arbeitsscheinwerfer dürfen während der Fahrt nur verwendet werden, wenn die Fahrt zum Arbeitsvorgang gehört, z. B. bei Zugmaschinen für Land- und Forstwirtschaft, selbstfahrenden Arbeitsmaschinen, Unfallhilfswagen.

Lichttechnische Anforderungen sind nicht vorgeschrieben. Die Lichtverteilung ist so ausgelegt, daß der Arbeitsraum gleichmäßig und breit beleuchtet wird. Die Scheinwerfer sind oft beweglich aufgebaut und können nach Bedarf verstellt werden.

Suchscheinwerfer

Suchscheinwerfer erzeugen ein schmales Lichtbündel mit hoher Lichtstärke. Dadurch kann in großer Entfernung eine kleine Fläche beleuchtet werden.

Kennleuchten

StVZO § 52.

Blaue Kennleuchten sind für die Ausrüstung von bevorrechtigten Fahrzeugen zugelassen. Gelbe Kennleuchten sollen vor Gefahr warnen. Kennleuchten müssen rundum wirken und den Eindruck des Blinkens ergeben. Die Blinkfrequenz f liegt zwischen 2 und 5 Hz.

Die lichttechnische Bewertung der Leuchte erfolgt nach der Blinkstärke. Sie ist das Produkt aus dem zeitlichen Mittelwert der Lichtstärke innerhalb des Bündels (höchstens 400 cd) und einem Wert, der von der Hellzeit des Blinksignals (höchstens $0{,}6/f$) abhängt.

Tabelle 5. Vorgeschriebene Mindest-Blinkstärken für Kennleuchten.

Meßbereich	Blinkstärke	
	blau	gelb
Parallel zur Fahrbahnebene	> 20 cd	> 40 cd
Innerhalb des Lichtbündels, Winkel zur Fahrbahnebene ± 4°	> 10 cd	
Innerhalb des Lichtbündels, Winkel zur Fahrbahnebene ± 8°		> 30 cd

Glühlampen

ECE-Regelung 37.
Glühlampen für Kraftfahrzeugbeleuchtung gibt es für 6, 12 und 24 Volt. Um Verwechslungen auszuschließen, weichen die Sockelformen der meisten Lampentypen voneinander ab. Einige Lampen haben bei gleichem Sockel so große Unterschiede in der elektrischen Leistung, daß sich eine Fehlanwendung von selbst ausschließt. Der jeweils vorgesehene Glühlampentyp ist als Aufschrift auf dem Gerät angegeben.

Eine der kennzeichnenden Größen von Glühlampen ist die Lichtausbeute (Lumen/Watt). Sie gibt den lichttechnischen Wirkungsgrad in bezug auf die eingespeiste elektrische Leistung an. Die Lichtausbeute von Glühlampen ohne Halogenwirkung beträgt 10 ... 18 lm/W.

Halogenlampen werden durch die Symbole H 1 ... H 4 bezeichnet. Ihre höhere Lichtausbeute von 22 ... 26 lm/W (Verbesserung im Mittel 70 %) ist in erster Linie eine Folge der Erhöhung des Gasdrucks. Die Halogenwirkung verhindert die Schwärzung der Lampen; die Lampenkolben bleiben bis zum Durchbrennen der Wendel klar.

In Tabelle 6 sind die wichtigsten Angaben der Kraftfahrzeug-Glühlampen enthalten.

Tabelle 6. Daten der Kraftfahrzeug-Glühlampen.

Verwendung	Kategorie	Spannung Nennwerte Volt	Leistung Nennwerte Watt	Lichtstrom Sollwerte Lumen	Sockeltyp IEC	Bild
Fern-/ Abblendlicht	R 2	6 12 24	45/40[1]) 45/40 55/50	600 min/ 400 – 550[1])	P 45 t – 41	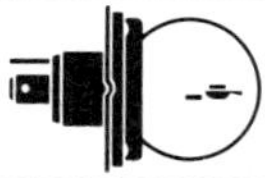
Nebellicht, Zusatzfernlicht, Abblendlicht in 4-SW.	H 1	6 12 24	55 55 70	1350[2]) 1550 1900	P 14,5 e	
Fernlicht, Abblendlicht in Frankreich	H 2	6 12 24	55 55 70	1300[2]) 1800 2150	X 511	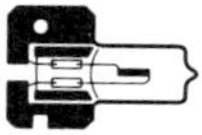
Nebellicht, Zusatzfernlicht	H 3	6 12 24	55 55 70	1050[2]) 1450 1750	PK 22 s	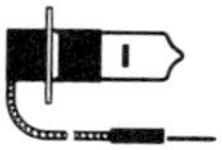
Fern-/Abblendlicht	H 4	12 24	60/55[1]) 75/70	1650/1000[1]), [2]) 1900/1200	P 43 t – 38	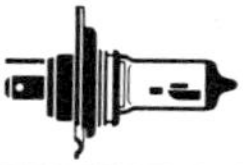
Bremslicht, Blinklicht, Nebelschlußlicht, Rückfahrlicht	P 21 W	6, 12, 24	21	460[3])	BA 15 s	

[1]) Fernlicht/Abblendlicht.
[2]) Sollwerte bei Prüfspannung 6,3; 13,2 bzw. 28,0 Volt.
[3]) Sollwerte bei Prüfspannung 6,75; 13,5 bzw. 28,0 Volt.

Fortsetzung →

Tabelle 6. Fortsetzung

Verwendung	Kategorie	Spannung Nennwerte Volt	Leistung Nennwerte Watt	Lichtstrom Sollwerte Lumen	Sockeltyp IEC	Bild
Brems-Schlußlicht	P 21/5 W	6 12 24	21/5[4]) 21/5 21/5	440/35[3]), [4]) 440/35 440/40	BAY 15 d	
Begrenzungslicht, Schlußlicht	R 5 W	6, 12, 24	5	50[3])	BA 15 s	
Schlußlicht	R 10 W	6, 12, 24	10	125[3])	BA 15 s	
Kennzeichenbeleuchtung, Schlußlicht	C 5 W	6, 12, 24	5	45[3])	SV 8,5	
Rückfahrlicht	C 21 W	12	21	460[3])	SV 8,5	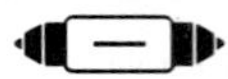
Begrenzungslicht	T 4 W	6, 12, 24	4	35[3])	BA 9 s	
Begrenzungslicht, Kennzeichenbeleuchtung	W 5 W	6, 12, 24	5	50[3])	W 2,1×9,5 d	
Begrenzungslicht, Kennzeichenbeleuchtung	W 3 W	6, 12, 24	3	22[3])	W 2,1×9,5 d	
Fern-/Abblendlicht für Krafträder	S 1	6, 12	25/25[1])	435/315[1]), [3])	BA 20 d	
Fern-/Abblendlicht für Krafträder	S 2	6, 12	35/35[1])	650/465[1]), [2])	BA 20 d	

[1]) Fernlicht/Abblendlicht.
[2]) Sollwerte bei Prüfspannung 6,3; 13,2 bzw. 28,0 Volt.
[3]) Sollwerte bei Prüfspannung 6,75; 13,5 bzw. 28,0 Volt.
[4]) Haupt-/Nebenwendel.

Scheinwerfer-Einstellprüfgeräte

Aufgabe

Scheinwerfer von Kraftfahrzeugen sollen entgegenkommende Fahrzeuge nicht blenden. Die Neigung und die Seitenrichtung der Lichtbündel müssen deshalb nach den gesetzlichen Vorschriften eingestellt werden, wie sie in der „Richtlinie für die Einstellung von Scheinwerfern an Kraftfahrzeugen" in § 50 StVZO festgelegt sind. Die Einstellung wird im allgemeinen mit optischen Einstellprüfgeräten durchgeführt.

Aufbau des Geräts

Scheinwerfer-Einstellprüfgeräte sind fahrbare Abbildungskammern, bestehend aus einer einfachen Linse (Objektiv) und einem mit dieser Linse starr verbundenen Auffangschirm in der Brennebene der Linse. Der Auffangschirm trägt die für die Einstellung notwendigen Markierungen und kann durch geeignete Vorrichtungen, z. B. Sichtfenster oder bewegliche Umlenkspiegel, vom Bediener betrachtet werden.

Das vorgeschriebene Einstellmaß für die Scheinwerfer, d. h. die Neigung zur Scheinwerfer-Mittelachse, angegeben in cm in 10 m Abstand, wird mit einem Drehknopf durch Verstellen des Auffangschirms eingestellt.

Scheinwerfer-Einstellprüfgerät.
1 Ausrichtspiegel, 2 Fahrgriff, 3 Luxmeter, 4 Umlenkspiegel, 5 Markierungen für Linsenmitte.

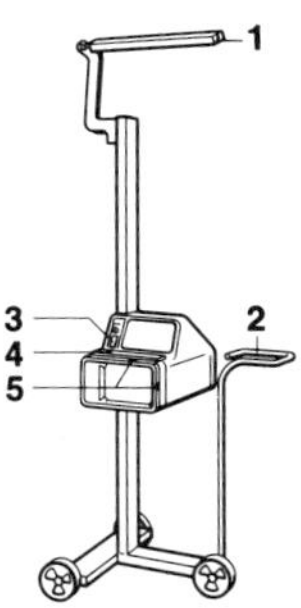

Für das Ausrichten des Prüfgeräts zur Fahrzeugachse dient eine Visiereinrichtung, z. B. in Form eines Spiegels mit Visierlinie. Durch Drehen wird das Prüfgerät so ausgerichtet, daß die Visierlinie zwei äußere Bezugsmarken des Fahrzeugs gleichmäßig berührt. Zum Einrichten auf Scheinwerferhöhe kann die Kammer in einer Vertikalführung bewegt und festgestellt werden.

Prüfen der Scheinwerfer

Ist auf diese Weise das optische System vor die Streulinse des zu überprüfenden Scheinwerfers gebracht, wird die Lichtverteilung des Scheinwerfers auf dem Auffangschirm abgebildet. Bei dafür eingerichteten Geräten kann dazu noch die Beleuchtungsstärke mit Hilfe einer Photodiode mit Anzeigeinstrument gemessen werden.

Bei Scheinwerfern mit asymmetrischem Abblendlicht muß die Hell-Dunkel-Grenze die markierten Begrenzungslinien berühren; der Schnittpunkt zwischen waagrechtem und ansteigendem Teil muß auf der Senkrechten durch die Zentralmarke liegen.

Nach vorschriftsmäßiger Einstellung der Hell-Dunkel-Grenze des Abblendlichts muß die Lichtbündelmitte des Fernlichts (bei gemeinsamer Einstellung Fernlicht—Abblendlicht) innerhalb der Begrenzungsecken um die Zentralmarke liegen.

Begrenzungslinie für Hell-Dunkel-Grenze bei asymmetrischem Abblendlicht.

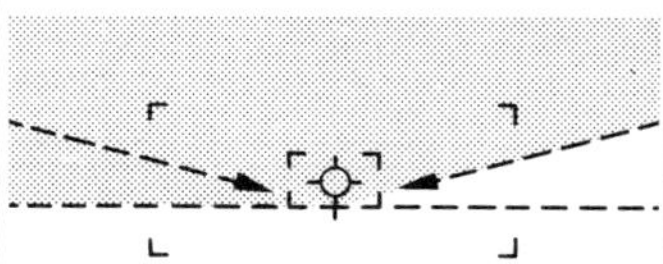

Zentralmarke und Begrenzungsecken für Fernlichtmitte.

Optische Signalanlagen

Vorschriften

Nach EG-Richtlinie 76/756/EWG ist für Kraftfahrzeuge mit mindestens 4 Rädern und einer bauartbedingten Höchstgeschwindigkeit >25 km/h eine Einrichtung zur Abgabe von optischen Signalen bei Fahrtrichtungsänderung bzw. für den Warnfall vorgeschrieben. Diese Einrichtung muß eine Frequenz von 90±30 Impulse/min mit einer relativen Einschaltdauer von 30 % ... 75 % gewährleisten. Im Fahrtrichtungsbetrieb muß zusätzlich der ordnungsgemäße Zustand der Blinkleuchten überwacht werden. Störungen können durch auffällige Frequenzänderung der Kontrollampe (nach oben oder unten) bzw. durch Dauerlicht oder Erlöschen der Kontrollampe signalisiert werden. Bei Ausfall einer Blinkleuchte müssen die verbleibenden Blinkleuchten noch einen wahrnehmbaren Blinkeffekt erzeugen.

Blinkanlagen für Pkw und leichte Lkw

Blinkanlagen bestehen aus Warnblinkgeber, Blinkerschalter, Blinkleuchten, Kontrollampe und Warnlichtschalter mit Kontrollampe. Der elektronisch gesteuerte Warnblinkgeber hat sich gegenüber dem thermomagnetisch gesteuerten Blinkgeber durchgesetzt. Als Taktgeber wird ein Multivibrator verwendet, an dessen Ausgang ein Relais angeschlossen ist. Überwiegend werden Schaltungsvarianten mit diskreten Bauelementen oder integrierter Schaltung angewendet, die bei Leuchtenausfall im Fahrtrichtungsbetrieb die Blinkfrequenz verdoppeln.

Blinkanlagen für Lkw

Bei Fahrtrichtungsbetrieb und Leuchtenausfall wird die Kontrollampe, die normalerweise bei funktionsfähigen Blinkleuchten mitblinkt, dunkel geschaltet. Der Rest der Blinkleuchten zeigt unveränderte Frequenz.

Einkreis-Kontrollsystem

Der Warnblinkgeber ist für Fahrzeuge mit maximal 2 Anhängern konzipiert und weist bis zu 3 bistabile Kippstufen mit Reset-Funktion auf.

Zweikreis-Kontrollsystem

Bei jeder Fahrtrichtungsseite sind 2 Kontrollkreise (Zugfahrzeug und Anhänger) vorhanden. Dafür werden elektromagnetische Kontrollrelais mit Reedkontakt eingesetzt. Das Dunkelbleiben der jeweiligen Kontrollampe erlaubt die Zuordnung des Blinklampenausfalls (Anhänger oder Zugfahrzeug).

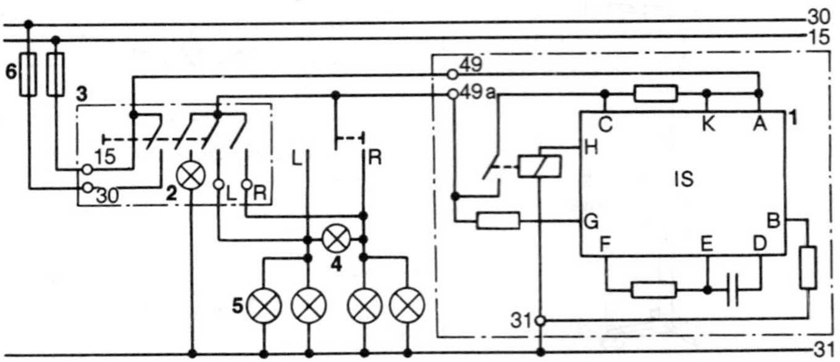

Blinkanlage eines Pkw für Richtungs- und Warnblinken.
1 Elektronischer Warnblinker mit integrierter Schaltung, 2 Warnlichtkontrollampe, 3 Warnlichtschalter, 4 Blinklichtkontrollampe, 5 Blinkleuchten, 6 zum Zündschalter.

Akustische Signalgeräte

Vorschriften
Die international gültige ECE-Regelung Nr. 28 schreibt vor, daß Schallzeichen in Kraftfahrzeugen einen gleichförmigen und gleichbleibenden Klang abgeben müssen, dessen akustisches Spektrum während des Betriebes sich nicht merklich ändern darf. Der Einsatz von Sirenen, Läutwerken o. ä. ist unzulässig, ebenso das Abspielen von Melodien durch zeitlich nacheinander angesteuerte Schallgeber.

Einbau
Elektrisch angetriebene Hörner und Fanfaren müssen durch federnde Aufhängung von der Karosserie entkoppelt sein, da sonst mitschwingende Karosserieteile die Tonreinheit und Lautstärke durch Rückwirkung beeinträchtigen.

Hörner und Fanfaren sind empfindlich gegen Vorwiderstände in den Zuleitungen. Zumindest beim paarweisen Einbau im Fahrzeug sollte die Steuerung über Relais statt über den Signaldruckknopf erfolgen.

Horn

Normalhorn
Beim Horn bildet die Masse des Ankers zusammen mit der federnden Membran ein schwingfähiges System. Beim Anlegen von Spannung an die über den Unterbrecher gesteuerte Magnetspule schlägt der Anker mit der Grundfrequenz des Horns auf den Magnetkern auf. Durch diese starken periodischen Stöße wird der mit dem Anker starr verbundene Schwingteller zum Abstrahlen von Oberwellen angeregt, deren höchste Schallenergie gesetzlichen Vorschriften entsprechend im Frequenzband zwischen 1,8 und 3,55 kHz liegt. Daraus erklärt sich der verhältnismäßig harte Klang der Hörner, der vorwiegend in der Hornachse nach vorne abgestrahlt wird, sowie das gute Durchdringen des Verkehrslärms auf große Entfernung.

Die Größe eines Horns ist mitentscheidend für Grundfrequenz und Lautstärke.

Starktonhorn
Starktonhörner besitzen neben größerem Durchmesser einen stärkeren elektrischen Antrieb. Ihre Warnsignale sind deshalb unter Extrembedingungen (Lkw-Fahrerkabine mit hohem Geräuschpegel) noch wahrnehmbar.

Fanfare

Die elektropneumatische Fanfare besitzt das gleiche Antriebssystem wie das Horn, jedoch schwingt der Anker ohne Aufschlag frei vor dem Magnetsystem. Die schwingende Membran bringt in einem Rohr eine Luftsäule zum Schwingen. Die Resonanzfrequenz der Membran und der Luftsäule sind aufeinander abgestimmt. Sie bestimmen die Tonhöhe des Signals. Zur Erzielung eines günstigen Wirkungsgrades beim Abstrahlen des Tones erweitert sich das Rohr an seinem Ende trichterförmig. Um kleine Baugrößen zu erhalten, ist das Trichterrohr meist schneckenförmig aufgewickelt.

Das Vorhandensein vieler Obertöne im unteren Bereich des Frequenzspektrums gibt der Fanfare einen vollen, melodischen Klang. Die Durchdringungsfähigkeit ist wegen der gleichmäßigen Verteilung der Schallenergie auf ein breites Spektrum geringer als die des Horns.

Auswahl geeigneter Horntypen
Bei häufigem Fahren auf Überlandstrecken mit Lkw-Verkehr sind Aufschlaghörner wegen der besseren Warnwirkung den Fanfaren vorzuziehen. Im Stadtverkehr sind jedoch Fanfaren besser geeignet, denn der Klang der Hörner wird von Fußgängern oft als zu laut und belästigend empfunden. Für diese unterschiedlichen Anforderungen können beide Systeme mit Umschalter für Stadt- und Überlandfahrt eingebaut werden. Die Frequenzen von Hörnern und Fanfaren sind standardisiert. Die Kombination von Hochton- und Tieftonhorn ergibt stets einen harmonischen Zweiklang.

Diebstahl-Alarmanlagen

Vorschriften
Alarmanlagen in Fahrzeugen dürfen bei Auslösung für 30 s kurze akustische Intervallsignale abgeben. Optische Signalabgabe ist verboten. Das Signal darf über das Fahrzeughorn oder über eine zusätzlich akustische Signaleinrichtung erfolgen. Nach weiterer Manipulation am Fahrzeug darf der Alarm erneut ausgelöst werden. Unbeabsichtigtes Auslösen, außer durch Fehlbedienung, muß ausgeschlossen sein. Ein Alarm muß vom Fahrer des Fahrzeuges sofort abgeschaltet werden können. Nicht zum Einbruch führende Manipulationen am Fahrzeug, z. B. Erschütterungen oder dgl., dürfen keinen Alarm auslösen.

Grundanlagen

Die Auslösung des Alarmes erfolgt durch Kontakte an Türen und Hauben, durch Spannungsänderungen im Bordnetz oder durch Bewegungsdetektoren im Innenraum. Zur Erhöhung der Schutzwirkung können mehrere Auslösungen und Wirkungen kombiniert sein.

Grundfunktion
Die Anlage wird mit einem im Innenraum versteckt angebrachten Schalter scharfgestellt. Zur Einschaltung wird die Bordnetzspannung über diesen Schalter angelegt. Nach ca. 30 s (Aussteigen des Fahrers) ist die Anlage scharf. Öffnen des Koffer- oder Motorraumes führt zur sofortigen Alarmauslösung. Auch die Unterbrechung einer Ruhestromschleife (z. B. über das Radio) gibt sofort Alarm. Das Öffnen der

Diebstahl-Alarmanlage.
Scharfschalter von außen zugänglich. 1 Innenraumbeleuchtung, 2 Alarmhorn, 3 Türkontakte, 4 Haubenkontakte, 5 Schaltgerät, 6 Scharfschalter.

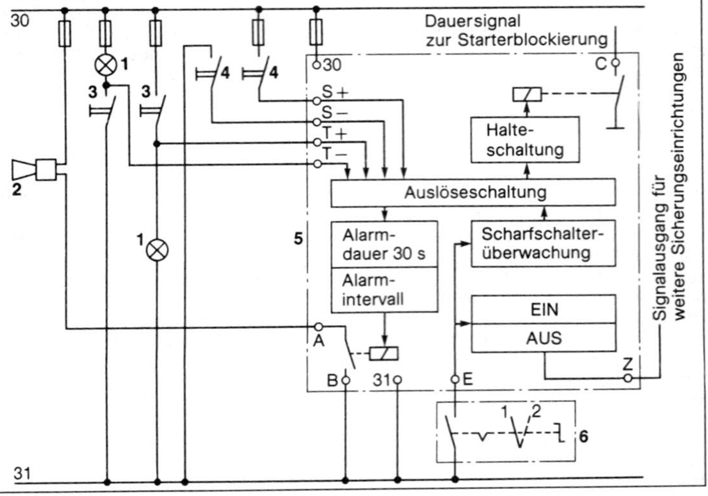

Türen erzeugt durch die Einschaltung der Innenraumbeleuchtung einen kleinen Spannungseinbruch im Bordnetz, den die Alarmanlage erkennt. Hierbei erfolgt die Alarmabgabe nach einer Verzögerungszeit von ca. 9 s. Damit ist dem Fahrer nach dem Einsteigen die Möglichkeit der Abschaltung der Alarmanlage gegeben. Eine Zeitstufe begrenzt die Alarmabgabe auf 30 s.

Erweiterte Grundfunktion
Die Scharfstellung der Alarmanlage kann über einen außen am Fahrzeug angebrachten Schalter (Anschluß E) erfolgen. Unbeabsichtigte Manipulationen an diesem Schalter lösen Alarm aus. Nach Einschaltung sind sämtliche Überwachungseingänge der Anlage sofort scharf. Die Eingänge T+, T−, S+, S− bieten die Möglichkeit, Türen- und Haubenkontakte fahrzeugspezifisch anzuschließen. Ein Dauersignal (Anschluß C) erfolgt mit der erstmaligen Alarmauslösung und kann zur Aktivierung weiterer Schutzmaßnahmen eingesetzt werden. Der Anschluß Z ist zur Einschaltung weiterer Sicherungseinrichtungen vorgesehen.

Diese Sicherungseinrichtungen erfordern zur Signalauswertung die beschriebenen Alarmanlagen-Grundgeräte.

Zusatzanlagen

Zusatzfunktion: Elektronischer Räder- und Abschleppschutz
Diese Anlage besteht aus dem Lagegeber und dem Auswertegerät. Bei Abstellen des Fahrzeuges auf ebener oder schräger Fläche wird mit Einschaltung der Alarmanlage diese Lage als Null-Lage einprogrammiert. Bei Überschreitung festgelegter Grenzwerte bezüglich Lage und Änderungsgeschwindigkeit wird Alarm ausgelöst. Normale Lageänderung z. B. durch Luftverlust in den Reifen, bewußtes Schaukeln des Fahrzeugs oder aufweichender Untergrund, werden von der Elektronik erkannt und führen zu keiner Alarmauslösung.

Elektronischer Räder- und Abschleppschutz.

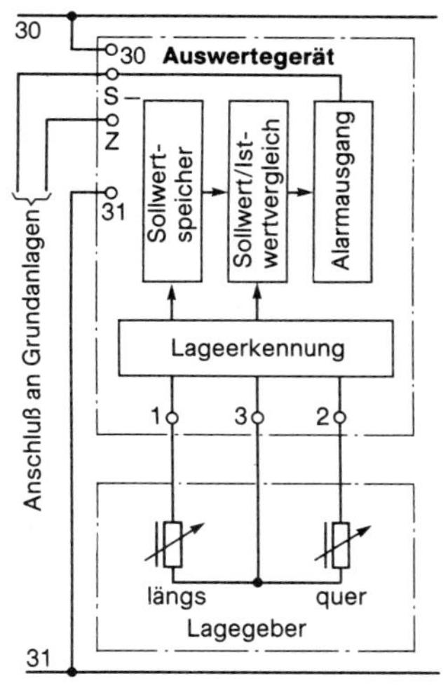

Zusatzfunktion: Ultraschall-Innenraumschutz
Im Innenraum des Fahrzeuges wird ein Ultraschallfeld erzeugt. Bewegungen oder Druckschwankungen, z. B. durch Hineingreifen oder Einschlagen einer Scheibe, führen zu Veränderungen dieses Feldes. Diese werden von einem Ultraschalldetektor erkannt. Die Auswerteelektronik löst sofort Alarm aus.

Zur Optimierung der Schutzwirkung ist die Alarmschwelle einstellbar.

Ultraschall-Innenraumschutz.
1 Ultraschalldetektor, 2 Ultraschallfeld.

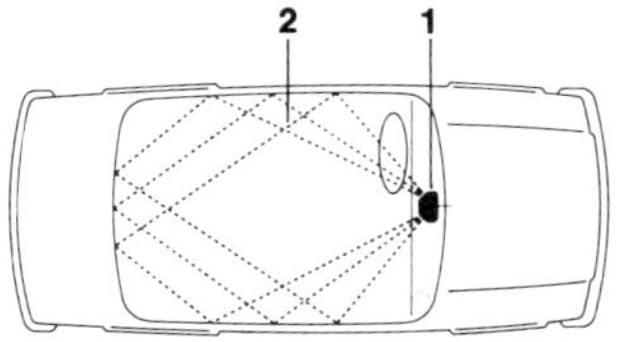

Glasscheiben am Kraftfahrzeug

Kfz-Scheiben bestehen aus Silikatglas. Materialzusammensetzung (ungefähr):
72 % SiO_2 als Glasbildner
14 % Na_2O als Flußmittel
10 % CaO } als Stabilisator
4 % MgO }

Die Scheiben werden aus Flachglas gefertigt, das nach dem Floatglas-Verfahren gegossen wird. Die Schmelze erfolgt bei 1550° C, diese durchläuft eine Läuterungszone von 1500° C bis 1100° C. Die Schmelze schwimmt dann auf das sogenannte Floatbad (flüssiges Zinn) auf und wird bis auf 600° C abgekühlt. Hier entstehen die beiden planparallelen Oberflächen von sehr hoher Güte (unten Zinnbad-Oberfläche, oben Oberfläche durch Feuerpolitur). Nach anschließender Kühlzone erfolgt der Zuschnitt auf Bandmaße von 6,10 m × 3,35 m.

Nach der Verarbeitung wird unterschieden zwischen:
- Einscheiben-Sicherheitsglas (ESG) und
- Verbund-Sicherheitsglas (VSG), das vorwiegend für Windschutzscheiben verwendet wird.

ESG-Scheiben unterscheiden sich von VSG-Scheiben durch höhere mechanische und thermische Belastbarkeit und im Bruch- und Splitterverhalten. ESG-Scheiben durchlaufen einen thermischen Abschreckprozeß, durch den die Oberfläche des Glases eine starke Druckvorspannung erhält. Bei Bruch zerfallen diese Scheiben in viele kleine stumpfkantige Glaskrümmel.

Die VSG-Scheibe bildet dagegen ein normales Splitterbild aus. Dabei bleibt die Durchsicht nach Scheibenbruch besser erhalten. Hier sind zwei Glas-

Werkstoff-Eigenschaften und physikalische Daten von Glas und fertigen Scheiben.

Eigenschaft	Dimension	ESG	VSG
Dichte	kg/m^3	2500	2500
Härte	Mohs	5 ... 6	5 ... 6
Druckfestigkeit	MN/m^2	700 ... 900	700 ... 900
E-Modul	MN/m^2	68 000	70 000
Biegebruchfestigkeit			
vor Vorspannung	MN/m^2	30²)	30¹)
nach Vorspannung	MN/m^2	50²)	
Kugelfall-Festigkeit DIN 52 306 (bei Raumtemperatur)	Nm	> 7 (Kugel 227 g)	> 90¹) (Kugel 2,26 kg)
Pfeilfall-Festigkeit DIN 52 307 (bei Raumtemperatur)			> 18¹)
spezifische Wärme	kJ/kgK	0,75 ... 0,84	0,75 ... 0,84
Wärmeleitzahl	W/mK	0,70 ... 0,87	0,70 ... 0,87
Wärme-Ausdehnungs-Koeffizient	m/mK	$9{,}0 \cdot 10^{-6}$	$9{,}0 \cdot 10^{-6}$
Dielektrizitätszahl		7 ... 8	7 ... 8
Lichtdurchlässigkeit (DIN 52 306) klar	%	≈ 90	≈ 90¹)
Brechungsindex		1,52	1,52¹)
Ablenkwinkel d. Keiligkeit	Bogenminute	< 1,0 plan < 1,5 gebog.	≤ 1,0 plan¹) ≤ 1,5 gebog.¹)
dioptr. Abweichung DIN 52 305	Dptr.	< 0,03	≤ 0,03¹)
Temperatur-Beständigkeit	°C	200	90¹) (max. 30′)
Temperatur-Wechselbeständigkeit	K	200	

¹) Eigenschaften des fertigen Verbund-Sicherheitsglases. Bei Berechnung der zulässigen Biegebeanspruchung ist Kopplungswirkung der PVB-Folie zu vernachlässigen.
²) Rechenwerte, enthalten bereits die erforderlichen Sicherheitsfaktoren.

Lichtdurchlässigkeit (Transmission) von Kfz-Scheiben.
1 Floatglas und ESG-Scheiben, Dicke 4 mm,
VSG-Scheiben verschiedener Einfärbung, Gesamtdicke 5,5 mm,
2 farblos, 3 bronze, 4 grün.

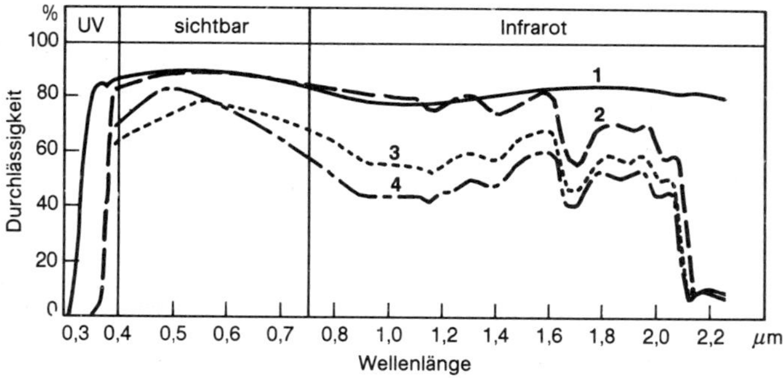

scheiben über eine Kunststoffolie (Polyvinylbutyral) miteinander verklebt.

Krümelbildung und Folienverklebung dienen der Verminderung der Verletzungsgefahr. Bei der Sekuriflex-Scheibe (Weiterentwicklung der VSG-Scheibe) ist auf der Scheibeninnenseite eine zusätzliche Kunststoffolie mit ausgezeichneten optischen und mechanischen (z. B. Abrieb- und Kratzfestigkeit) Eigenschaften aufgebracht.

Grün oder bronzefarben eingefärbte Scheiben werden als Wärmeschutzglas eingesetzt, um die Transmission für Infrarotlicht stärker als für die kürzeren Wellenlängen zu beschränken. Allerdings geht dabei auch der Transmissionsgrad im sichtbaren Lichtbereich insgesamt von 90 % auf 80 % zurück.

Optische Eigenschaften

Die optischen Eigenschaften von ESG- und VSG-Scheiben sind etwa gleich, da auch die PVB-Folie in ihren optischen Eigenschaften im sichtbaren Bereich sehr genau auf Glas abgestimmt ist.

Beheizbares Sicherheitsglas

Bei beheizbarem Sicherheitsglas (ESG) werden Heizleiter im Siebdruckverfahren auf die noch nicht vorgespannte Scheibe aufgedruckt und während des Vorspann-Prozesses aufgesintert. Durch anschließende Galvanisierung werden die Heizleiter verstärkt, vergütet und gegen Umwelteinflüsse geschützt. Die so behandelten Glaszonen können durch die Heizung vor Beschlagen, bei genügend hoher Heizleistung auch vor dem Vereisen, geschützt werden.

Bei der Fahrzeugpflege müssen diese Zonen vor ätzenden und scheuernden Mitteln (z. B. Chlor, Ammoniak, Sand, Säuren) bewahrt werden.

Bei VSG-Scheiben werden sehr dünne, kaum sichtbare Heizdrähte in Wellenlinien in die Klebefolie eingebracht. Sie werden in Reihe und/oder parallel verschaltet, um den vorgesehenen Widerstand zu erzielen. Die dünnen Drähte ermöglichen eine noch bessere flächige Ausbildung der beheizten Zone. In allen Fällen beträgt bei Pkw die Heizleistung etwa 3 ... 5 W/dm².

Scheibenreinigung

Aufgabe
Anlagen für die Scheibenreinigung haben die Aufgabe, die gesetzliche Forderung nach stets ausreichender Rundumsicht im Kraftfahrzeug zu erfüllen. Sie gliedern sich auf in:
Wischeranlage,
Heckscheiben-Reinigungsanlage,
Scheinwerfer-Reinigungsanlage,
Waschanlage (meist in Kombination mit einer der oben genannten Anlagen).

Wischeranlage

Auf der Basis gesetzlich vorgeschriebener Sichtflächen (Europa, USA, Australien) sind nachfolgend die wichtigsten Reinigungssysteme für die Frontscheibe am Pkw dargestellt. Die Wischfelder können durch zusätzliche Steuerungen des Wischblattes (Parallelogramm, allgemeines Gelenkviereck) überlagert sein.

Anforderungen an die Wischeranlage sind:
- Beseitigung von Wasser, Schnee,
- Beseitigung von Schmutz (mineralisch, organisch, biologisch),
- Betrieb bei Wärme (+80° C) und Kälte (−30° C),
- Korrosionsbeständigkeit gegen Säuren, Basen, Salze (240 h), Ozon (72 h),
- Lebensdauer $1{,}5 \cdot 10^6$ Wischperioden,
- Blockiertest, Schneelasttest.

Getriebe
Als Getriebe werden Gelenkvierecke in Reihen- oder Parallelschaltung eingesetzt, bei großen Wischwinkeln oder schwierigen Übertragungsverhältnissen auch Kreuzlenker oder nachgeschaltete, gesteuerte Zweischläge.

Wichtig ist die Optimierung der Getriebe. Durch Angleichung der Extremwerte der Winkelbeschleunigung und/oder der Kraftangriffswinkel bei den Umkehrlagen des Wischers wird eine Harmonisierung der Kinematik erzielt. Ein zweiter Optimierungsschritt bezieht

Reinigungssysteme für die Frontscheibe.

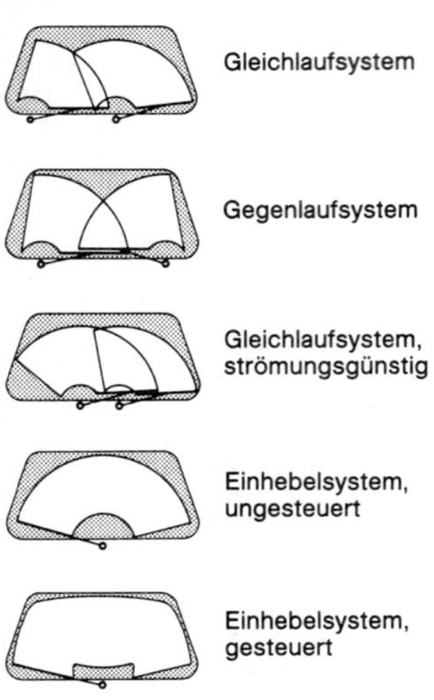

Prinzip der Wischeranlagen-Gelenkgetriebe.
1 Reihenschaltung, 2 Parallelschaltung.
ν_T tangentialer Kraftangriffswinkel.

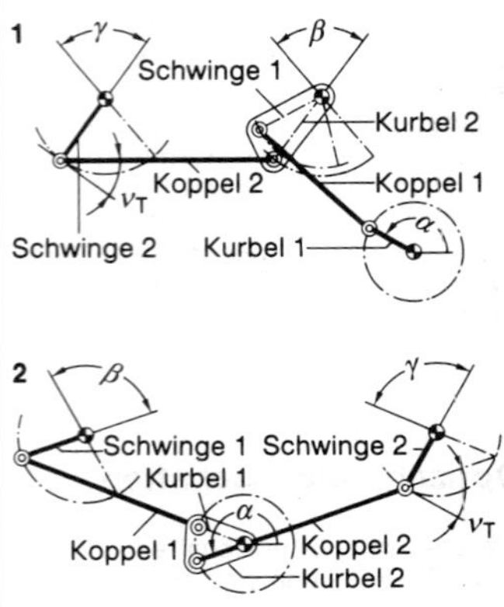

sich auf die Normalenfehler-Kurve. Durch richtige Winkellage der Wischerlager zur Scheibe und durch zusätzliche Torsion der Wischarme wird die Stellung der Wischblätter so gesteuert, daß sie in ihren Umkehrlagen seitlich zur Winkelhalbierenden des Wischfeldes hin geneigt sind.

Wischblätter
Wischblätter werden in Längen von 260 ... 1000 mm angewandt. Anschlußmaße für die Befestigung (z. B. Haken-, Steckbefestigung) sind genormt. Maßnahmen zur Überbrückung der Spiele in Einhängung und Gelenken sorgen für verschleißarmen Betrieb. Zur Verminderung des Auftriebs bei hoher Fahrgeschwindigkeit werden die Mittelbügel auf dem Rücken gelocht. In Sonderfällen werden Windleitschaufeln auf den Armen, die gegen die Strömung arbeiten müssen, montiert.

Wischgummi
Wichtigstes Element der Wischeranlage ist der Wischgummi. Belastet über die Krallen des Bügelsystems und gestützt durch Federschienen, steht die Mikro-Doppelkante der Wischlippe mit einer Breite von 0,01 ... 0,015 mm auf der Scheibe. Bei Trockenreibwerten von 0,8 ... 2,5 (abhängig von der Luftfeuchte) und Naßreibwerten von 0,6 ... 0,1 (abhängig von der Reibgeschwindigkeit) muß durch richtige Paarung von Profil und technischen Eigenschaften des Gummis die Lippe unter etwa 45° auf die Scheibe gebracht werden. Dieser Winkel ist im gesamten Wischfeld über lange Zeit gegen Wärme und aggressive Medien zu erhalten.

Heckscheiben-Anlagen

Ihr Betriebsverhalten gleicht dem der Frontscheiben-Anlagen, doch wird die Lebensdauer auf $0{,}5 \cdot 10^6$ Wischperioden begrenzt. Für Rechtsverkehr wird vorwiegend das Wischfeld mit Rechtsablage (in Fahrtrichtung gesehen) gewählt, bei entsprechenden Scheibenabmessungen die 180°-Anlage.

Gleichlauf-Wischeranlage *(Reihenschaltung). Rechtes Teilgetriebe ausgeführt als: 1 Schwinge, 2 Kreuzlenker, 3 nachgeschalteter Zweischlag, 4 gesteuerter Zweischlag.*

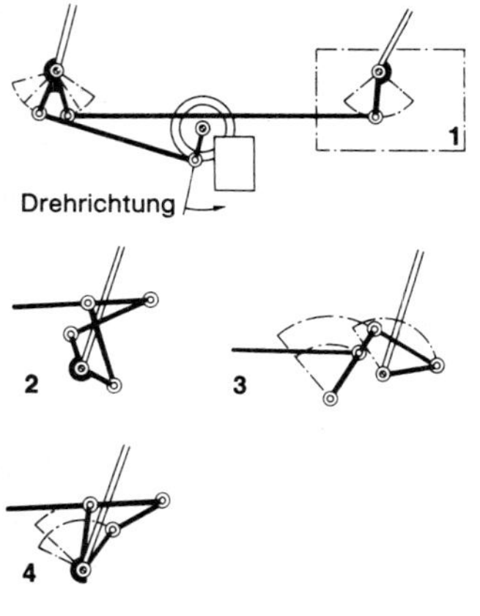

Wischgummi in Arbeitsstellung. *1 Krallenbügel, 2 Federschiene, 3 Wischlippe, 4 Mikro-Doppelkante, 5 Windschutzscheibe.*

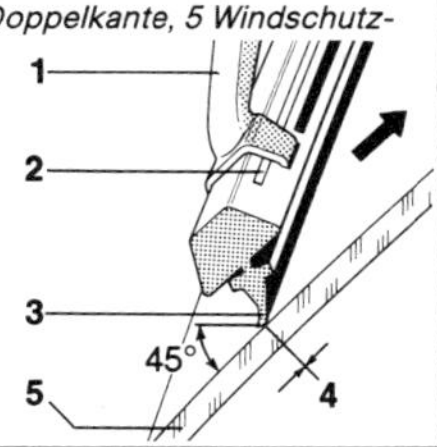

Heckscheiben-Wischfelder. *Die dunklen Felder kennzeichnen den Sichtmangel zur Beobachtung des Überholverkehrs.*

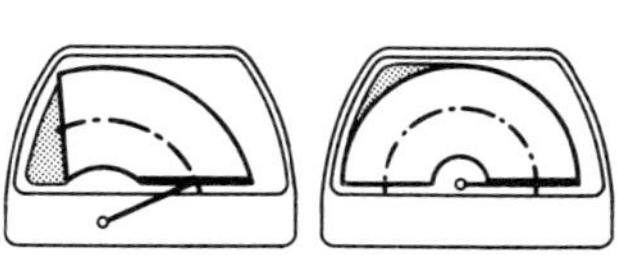

Scheinwerfer-Reinigungsanlagen

Für die Reinigung der Scheinwerfer haben sich zwei Systeme durchgesetzt: die Wisch-Wasch-Anlage und die reine Waschanlage. Bei der Wisch-Wasch-Anlage wird ein Wischhebel von einem Motor mit Übersetzungsgetriebe direkt angetrieben; das benötigte Wasser wird dem Behälter für die Frontscheiben-Waschanlage entnommen.

Einfache Bauweise und oftmals stilistisch bessere Anpassung sind die Vorteile der Scheinwerfer-Waschanlage. Wichtig ist die richtige Anordnung der Düsen, so daß der Scheinwerfer bei allen Fahrgeschwindigkeiten gut vom Reinigungsstrahl getroffen wird. Der Betrieb bei starkem Frost ist allerdings problematisch.

Das Gesetz schreibt vor, daß ein verschmutzter Scheinwerfer mit nur noch 20 % seiner Leuchtstärke innerhalb von 8 s wieder 80 % der Leuchtstärke erreichen muß. Die Anlage muß in der Lage sein, mindestens 50 Zyklen mit einer Füllung Reinigungsmittel auszuführen.

Anordnung der Scheinwerfer-Reinigungsdüse (Waschanlage und Wischhebel).

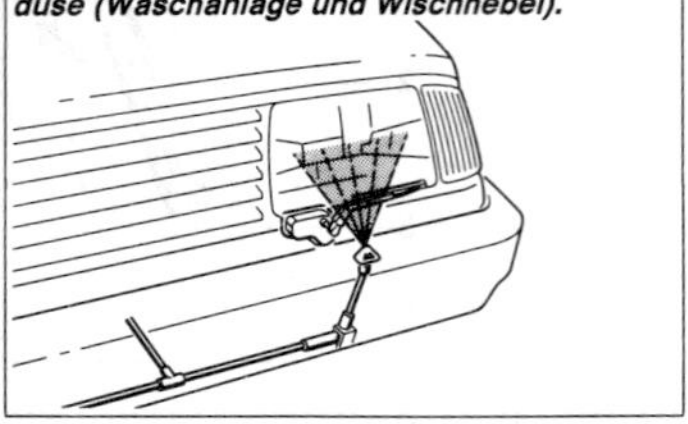

Wischermotor mit Schneckengetriebe.
1 permanenterregter Gleichstrommotor, 2 Schneckengetriebe, 3 Wellenende.

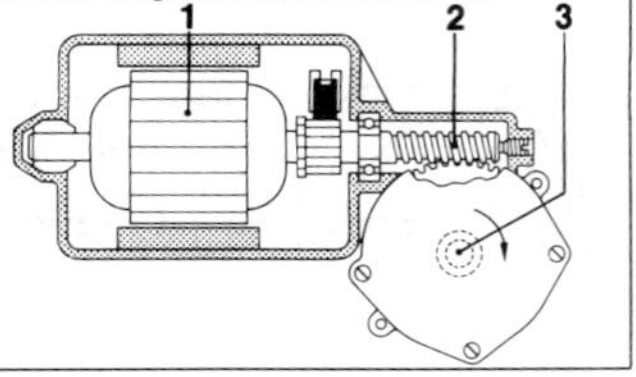

Antriebsmotoren

Als Antriebsmotoren werden permanenterregte Gleichstrommotoren verwendet. Sie enthalten bei Wischeranlagen zusätzlich ein Schneckengetriebe, bei Heckscheiben- und Scheinwerfer-Reinigungsanlagen oft auch das Getriebe für die Umsetzung der rotierenden in die oszillierende Bewegung (Gelenk-, Zahnstangen- oder Räderkurbelgetriebe).

Die Leistungsbestimmung für die Antriebsmotoren weicht von üblichen elektrischen Antrieben ab. Aufgrund gesetzlicher Regelungen und Anwendungsvorschriften wird die Betriebsdrehzahl der ersten Wischerstufe meist mit $n_{B1} = 45\ min^{-1}$, für die zweite Wischerstufe mit $n_{B2} = 65\ min^{-1}$ vorgegeben. Aus der maximalen Gummireibung ergibt sich pro Wischerhebel ein Anzugsmoment, das der Motor bei mindestens $n_A = 5\ min^{-1}$ aufbringen muß. Das Anzugsmoment M_{An} in Nm für den Betrieb eines Wischhebels errechnet sich zu:

$$M_{An} = F_{WfN} \cdot \mu_{max} \cdot f_S \cdot f_T \cdot L_A \cdot (\omega_{H\,max}/\omega_{Mot}) \cdot (1/\eta_{Getr}) \cdot (R_{Aw}/R_{Ak})$$

F_{WfN} fallende Nennauflagekraft des Wischarms in N (bei Bewegung zur Scheibe),
μ_{max} max. Trockenreibwert des Wischgummis (2,5 bei φ = 93 % relative Luftfeuchtigkeit),
f_S Steigungsfaktor zur Berücksichtigung der Gelenkreibung des Wischarms (meist 1,15),
f_T Toleranzfaktor zur Berücksichtigung der Auflagekraft-Toleranz (meist 1,12),
L_A Länge des Wischarms in m,
$\omega_{H\,max}$ max. Winkelgeschwindigkeit des Wischhebels,
ω_{Mot} mittl. Winkelgeschwindigkeit der Wischermotor-Kurbel,
η_{Getr} Wirkungsgrad des Getriebes, meist zu 0,8 angenommen; muß bei Einsatz besonderer Getriebeelemente (z. B. Kreuzlenker, nachgeschalteter Zweischlag, Mehrfach-O-Ring-Dichtung) gesondert gemessen werden,

Kennlinien eines Wischermotors.
n Drehzahl, I Strom, P Abgabeleistung, η Wirkungsgrad, M Moment. Die Indizes beziehen sich auf Wischerstufen 1 und 2.

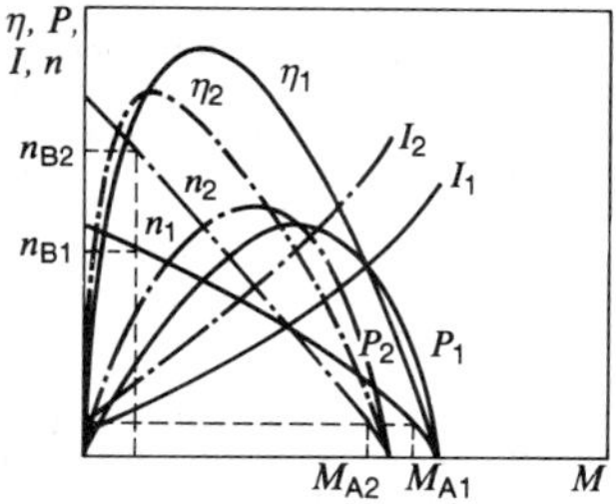

Waschanlagen-Elektropumpe mit Kennlinie.
1 Ansaugstutzen mit Ansaugsporn, 2 Flügelrad, 3 Pumpengehäuse, 4 Druckstutzen, 5 Gleichstrommotor.

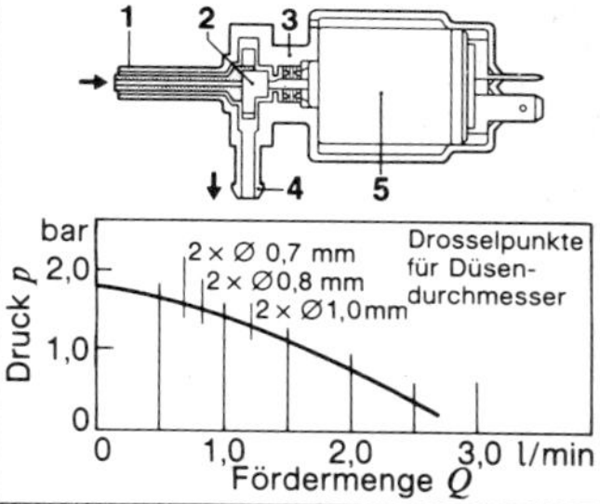

R_{Aw} Elektrischer Widerstand der durch Nennbetrieb erwärmten Ankerwicklung,

R_{Ak} Elektrischer Widerstand der kalten Ankerwicklung.

Ein weiterer Faktor für die Motorauslegung ist die Kurzschlußfestigkeit. Das ist die Zeit, die der Motor im blockierten Zustand an voller Prüfspannung ohne Wicklungsschluß überstehen muß (meist mit $t_K = 15$ min festgelegt).

Aus der Reibungsbelastung und dem Übersetzungsverhältnis ergibt sich das Betriebsmoment an nasser Scheibe mit 0 ... 20 % des Anzugsmoments. Bei sehr großen Wischeranlagen und steil stehender Scheibe (z. B. bei Omnibussen) muß auch noch das Drehmoment des Wischhebels aus der Gravitation berücksichtigt werden (besonders berechneter Zuschlag).

Bei Antriebsmotoren mit Pendelgetriebe (Heckscheiben-, Scheinwerfer-Reinigungsanlagen) muß oftmals auch das Drehmoment an der oszillierenden Welle gemessen werden (Drehmoment-Kennlinie als Funktion des Wischwinkels). Hierzu muß das am kalten Motor gemessene Mindest-Kurzschlußmoment M_{Kmin} 35 % über dem ungünstigsten Antriebsmoment des Wischhebels M_H liegen, das sich errechnet zu:

$$M_H = F_{WFN} \cdot \mu_{max} \cdot f_S \cdot f_T \cdot L_A$$

Waschanlagen

Waschanlagen sind für eine gute Reinigung der Wischfelder unentbehrlich. Es werden elektrisch angetriebene Kreiselpumpen einfacher Bauart verwendet (charakteristische Pumpenkennlinie), die Wasser mit Reinigungszusatz über 2 bis 4 Düsen mit punktförmigem Strahl auf die Scheibe bringen. Der Inhalt der Wasserbehälter beträgt üblicherweise 1,5 ... 2 *l*. Werden aus demselben Behälter auch die Scheinwerfer gereinigt, so wächst der Inhalt auf 5 ... 7 *l* an. Für Heckscheiben ist ein separater Behälter vorgesehen. Oft ist die Waschanlage mit der betreffenden Reinigungsanlage durch eine elektronische Steuerung so gekoppelt, daß für die Zeit eines Knopfdruckes die Wasserbesprühung erfolgt und danach die jeweilige Wischeranlage noch einige Perioden nachwischt.

Heizung und Klimatisierung des Fahrgastraumes

Aufgabe
Die Anlage zur Heizung und Klimatisierung eines Fahrzeuges (Klimaanlage) hat zwei Hauptaufgaben:
- ein behagliches Klima für alle Insassen zu schaffen und
- gute Sicht durch alle Scheiben sicherzustellen.

Die Funktion der Heizung, besonders in Verbindung mit dem Freihalten von Beschlag und Eis, ist in vielen Ländern gesetzlich geregelt (z. B. im EG-Bereich durch die Richtlinie EWG 78/317, in USA durch die Sicherheitsnorm MVSS 103).

Anlagen mit motorabhängiger Heizung

Bei Fahrzeugen mit flüssigkeitsgekühlten Motoren wird der Innenraum durch die im Kühlmittel enthaltene Abwärme des Motors beheizt, bei luftgekühlten Motoren vereinzelt auch durch das Motoröl. Ein aus Rohren und Rippen bestehender Heizkörper (dem Kühlmittelkühler grundsätzlich ähnlich) wird einerseits vom Kühlmittel, andererseits von der eintretenden Luft durchströmt. Die Steuerung der Heizleistung kann wasser- oder luftseitig erfolgen. Bei der wasserseitig gesteuerten Anlage strömt stets die gesamte Luftmenge durch den Heizkörper. Die durchgesetzte Kühlmittelmenge und damit die Heizleistung wird durch ein Ventil gesteuert. Die exakte Steuerung geringer Leistungen, z. B. in der Übergangsjahreszeit, erfordert eine wiederholbare und stabile Einstellung sehr geringer Durchflußmengen. Dies stellt an die benutzten Ventile hohe Anforderungen. Zusätzlich hängt die Heizleistung über Kühlmitteldruck und -temperatur von der momentanen Drehzahl und Belastung des Motors ab.

Bei luftseitig gesteuerten Heizungen strömt stets die volle, der Heizung zugemessene Kühlmittelmenge durch den Heizkörper. Zur Leistungssteuerung wird die Luftmenge vor dem Heizkörper aufgeteilt: ein Teilstrom wird durch den Heizkörper, der andere um ihn herumgeleitet, um in einer anschließenden Mischkammer wieder vereint zu werden. Eine Luftklappe steuert stufenlos das Teilungsverhältnis und damit die dem Kühlmittel entnommene Wärmemenge. Diese Steuerung ist vom Betriebszustand des Motors weniger abhängig. Außerdem stellt sich eine veränderte Lufttemperatur verzögerungsfrei ein, was die Bedienung erleichtert. Bei abgestellter Heizung unterbindet ein Absperrventil den Kühlmittelstrom durch den Heizkörper, um die unerwünschte Restaufwärmung durch den heißen Heizkörper zu vermeiden.

Bei luftseitig gesteuerten Anlagen wirkt sich der größere Bauraum, bedingt durch den Umgehungskanal und den höheren Bauaufwand, nachteilig aus.

Die Belüftung erfolgt durch mehrstufig oder stufenlos einstellbare elektrische Gebläse; bei zunehmender Fahrgeschwindigkeit wirkt zusätzlich der Staudruck. Der stündlich durchgesetzte Luftstrom soll mindestens 30 m³/h und Person betragen (nur Anhaltswert). Das Erreichen eines behaglichen Klimas wird von den Einflußgrößen Innentemperatur, Außentemperatur, Luftdurchsatz und z. T. auch Strahlung bestimmt (siehe Bild). Die quantitative Zuordnung dieser Größen weicht von Fahrzeug zu Fahrzeug sehr stark

Behagliche Innenraumtemperatur und Luftdurchsatz als Funktion der Außentemperatur.

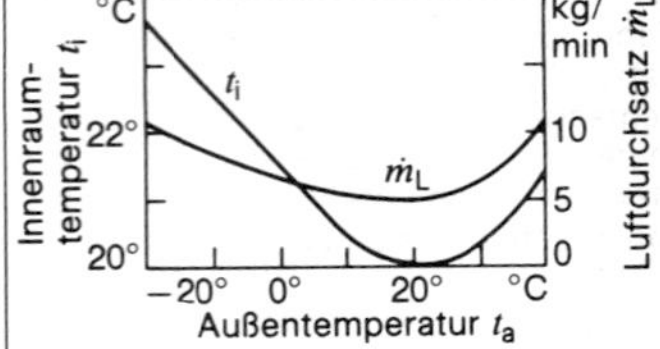

Elektronische Heizungsregelung
(wasserseitig).
1 Kaltluft, 2 Lüfter, 3 Innenraumfühler, 3a zum Saugrohr oder Gebläse, 4 Magnetventil, 5 Heizkörper, 6 Sollwertsteller, 7 Ausblasfühler, 8 Warmluft, 9 Regelgerät.

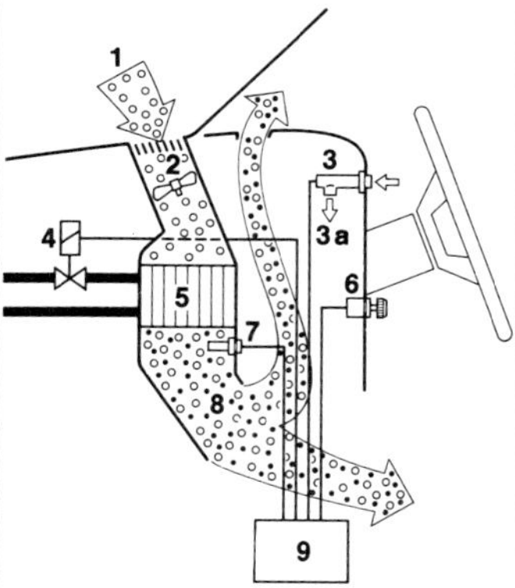

ab und kann nur durch Versuche festgestellt werden.

Da ein Fahrzeug einen relativ kleinen Innenraum aufweist, liegen für die Heizung und Klimatisierung bezüglich Zugerscheinungen und Strahlungseinfluß durch die Fenster sehr schwierige Verhältnisse vor. Zum Wohlbefinden der Insassen ist über die im Oberkörperbereich anzustrebende Temperatur hinaus eine Schichtung erforderlich, die im Fußraum 4 ... 8° C höhere Temperaturen vorsieht.

Elektronische Heizungsregelung

Bedingt durch wechselnde Außentemperatur und Fahrgeschwindigkeit treten im Innenraum Temperaturschwankungen auf, die zur ständigen Nachregulierung von Hand an der Innenraumheizung zwingen. Die elektronische Heizungsregelung hält die gewünschte und eingestellte Raumtemperatur weitgehend konstant.

Zur Temperaturregelung bei wasserseitig geregelten Heizungen messen Temperaturmeßfühler die Temperatur des Fahrzeuginnenraumes und die der austretenden Luft. Die Ergebnisse werden in einem bestimmten Verhältnis bewertet und vom Regler mit dem eingestellten Sollwert verglichen. Der Regler gibt in regelmäßigem Rhythmus Impulse an ein im Kühlmittelkreislauf liegendes Magnetventil, das dadurch mit einer bestimmten Taktfrequenz öffnet und schließt. Durch Veränderung des Öffnungsanteils innerhalb der gleichbleibenden Taktdauer kann der Durchfluß von Null bis zum Maximum geregelt werden. In luftseitig geregelten Anlagen wird die Temperatur-Mischklappe meist über einen elektrischen Getriebemotor, manchmal auch über pneumatische Linearantriebe, stufenlos verstellt. Bei anspruchsvollen Anlagen ist eine getrennte Regelung für den rechten und linken Fahrzeugbereich vorhanden.

Klimaanlagen

Die Heizung kann die Aufgabe, Behaglichkeit zu erzeugen, nur zum Teil erfüllen. Bei Außentemperaturen über 20° C können die erforderlichen Innentemperaturen nur durch Kühlung der Luft erzielt werden. Hierzu sind ausschließlich Kompressionskälteanlagen mit dem Kältemittel R 12 im Einsatz. Der vom Motor angetriebene Kompressor verdichtet das dampfförmige Kältemittel, das sich dabei erhitzt. Im anschließenden Kondensator wird das Medium abgekühlt, wobei es sich verflüssigt. Die im Kompressor zugeführte Wärme wird dabei an die Umgebung abgeführt. Die abgekühlte Flüssigkeit wird über ein Expansionsventil in den Verdampfer eingespritzt und verdampft. Die dazu erforderliche Verdampfungswärme wird der eintretenden Frischluft entnommen. Die mitgeführte Feuchtigkeit wird der gekühlten Luft als Kondenswasser entzogen. Die damit erzielte Trocknung der Luft ist im übrigen erwünscht. Verdampfer und Kondensator sind meist Rippenrohrwärmetauscher mit runden Rohren. Der Verdampfer befindet sich im Frischluftstrom vor dem Heizkörper, so daß die in dem nur grob durch Ein-/Ausschalten regelbaren Kühlvorgang stets unterkühlte Luft im Heizkörper feinfühlig wieder erwärmt wird.

Kältemittelkreislauf einer Klimaanlage.
1 Kompressor, 2 Elektrokupplung (für Kompressor ein/aus), 3 Kondensator, 4 Zusatzgebläse, 5 Hochdruckschalter, 6 Flüssigkeitsbehälter mit Trocknereinsatz, 7 Niederdruckschalter, 8 Temperaturschalter bzw. Zweipunktregelung (für Kompressor ein/aus), 9 Temperaturfühler, 10 Kondenswasserwanne, 11 Verdampfer, 12 Verdampfergebläse, 13 Gebläseschalter, 14 Expansionsventil.

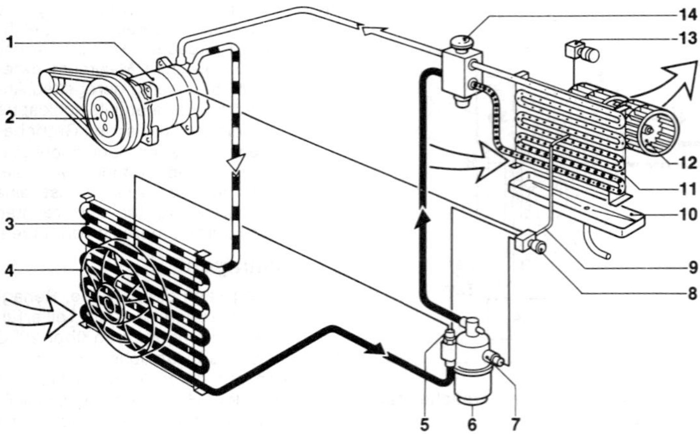

Klimaanlagen mit Regelung
Besonders bei Fahrzeugen mit Heiz- **und** Kälteanlagen ist eine Klimaautomatik vorteilhaft; denn für die Insassen ist es sehr schwierig, alle erforderlichen Einstellmaßnahmen für ein angenehmes Klima zu erkennen und vorzunehmen. Das gilt besonders für Busfahrer, die selbst nur das Klima im Frontbereich des Fahrzeuges empfinden. Automatische Regelungen mit Programmwahl sorgen selbsttätig für richtige Innentemperatur, Luftmenge und Luftverteilung. Diese Größen sind stets miteinander verknüpft und nicht frei veränderbar. Ein Temperaturregelkreis für die Innenraumtemperatur bildet das Herzstück der Anlage. Die elektronische Steuerung erfaßt sowohl alle wichtigen Einfluß- und Störgrößen als auch das von den Insassen gewählte Temperaturniveau und bildet daraus laufend einen Sollwert t_i. Der Sollwert wird mit der Ist-Temperatur verglichen und die festgestellte Differenz erzeugt im Regelgerät Führungsgrößen für die Heizungs-, Kühlungs- und Luftmengenregelung. Eine weitere Funktion aktiviert die Klappensteuerung für die Luftverteilung – abhängig vom Programm, das die Insassen eingestellt haben. Alle Regelkreise können über Handeingabe beeinflußt werden.

Der von der Regelung ermittelte Sollwert der Temperatur wird (wie bei „Elektronische Heizungsregelung“ beschrieben) durch wasser- oder luftseitige Regelung erreicht.

Die Luftmenge kann durch Einstellung verschiedener Gebläsestufen oder stufenlos auf den Sollwert gebracht werden. Im allgemeinen handelt es sich um eine Steuerung ohne Istwert-Verarbeitung. Bei hohen Geschwindigkeiten reicht diese Einrichtung nicht aus, weil der dabei auftretende Staudruck die Fördermenge erhöht. Eine spezielle Steuerung kann mit zunehmender Fahrgeschwindigkeit zunächst die Gebläsedrehzahl bis zum Stillstand verringern und bei noch weiter steigendem Staudruck den eintretenden Luftstrom über eine Drosselklappe begrenzen.

Die Luftverteilung wird über die drei Ebenen der Entfroster-, Mittel- und Fußraumdüsen entweder manuell, programmiert oder vollautomatisch vorgenommen. Sehr verbreitet sind programmierte Bedienschalter, an denen jeweils durch einen Tastendruck bestimmte Aufteilungen der Luft auf die drei Ebenen einstellbar sind.

Ein Sonderfall ist der Entfrostungsbetrieb. Um beschlagene oder vereiste Scheiben möglichst schnell frei zu bekommen, muß der Temperaturregler auf höchste Heizleistung, das Gebläse auf höchste Drehzahl und die Luftverteilung auf „oben“ verstellt werden. Bei Programmschaltern und Vollautomatik geschieht dies durch einen einzigen Tastendruck, wobei bei Temperaturen über 0° C zur Trocknung der Luft auch die Kälteanlage mitläuft. Um bei Kaltstart im Winter Zugerscheinungen durch die noch ungeheizte Luft zu vermeiden, wird das Gebläse durch elektronische Verriegelung bis zum Erreichen mittlerer Kühlmitteltemperaturen angehalten, ausgenommen die Einstellung „DEF“ und der Kühlungsbereich.

Die beschriebenen Ausführungen gelten sowohl für Pkw als auch für Lkw. Besonders aufwendig ist die Klimaregelung für Busse. Der Innenraum dieser Fahrzeuge kann in Regelzonen aufgeteilt werden, deren Temperatur jeweils getrennt durch elektronische Regelung der Drehzahl von je einer Wasserpumpe beeinflußbar ist.

Anlagen mit motorunabhängiger Heizung

Motorunabhängige Heizungen werden mit dem Kraftstoff des Fahrzeuges, bei großen Fahrzeugen auch mit eigener Kraftstoffversorgung, betrieben. Der Kraftstoff wird von einer elektrischen Pumpe angesaugt und durch einen Zerstäuber in eine Brennkammer eingespritzt; dort wird er mit Verbrennungsluft gemischt und verbrannt. Die heißen Abgase werden einem Wärmetauscher zugeführt, in dem im einen Fall direkt die Luft für den Innenraum erwärmt wird. Im anderen Fall wird das Kühlmittel des Motors erwärmt, das von einer eigenen Elektropumpe umgewälzt wird. Dabei kann die normale Warmwasserheizung des Fahrzeuges zur Temperierung des Innenraumes herangezogen werden. Diese motorunabhängige Kühlmittelvorwärmung ermöglicht außerdem ein besseres Startverhalten im Winter.

Motorunabhängige Luftheizung.
1 Luftheizgerät mit Heizluft- und Brennluftgebläse, Brennkammer und Wärmetauscher, 2 Heizlufteintritt, 3 Heizluftaustritt im Fahrzeuginnenraum, 4 Brennlufteintritt, 5 Brennstoffzufuhr, 6 Abgasanlage, 7 elektronisches Steuergerät, 8 Schaltuhr für Einschaltzeitvorwahl und Raumthermostat.

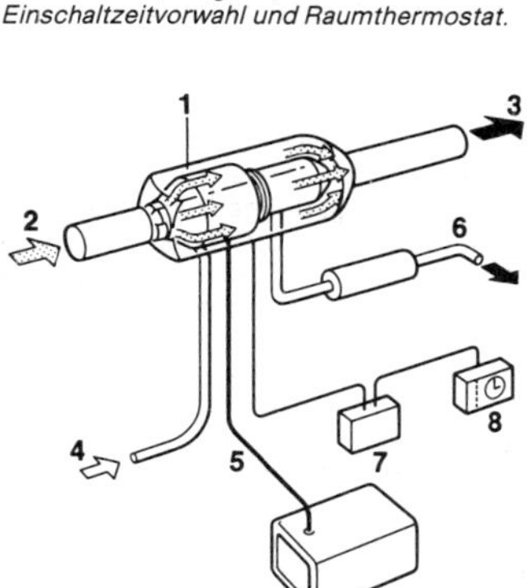

Autoradio

Empfangsbedingungen
Kritische Empfangslagen treten bei UKW z. B. bei kurzzeitiger „Abschattung" des Sendersignals durch Berge oder Gebäude (Folge: Aufrauschen) oder bei zeitverzögertem Empfang von Sendewellen auf, die von diesen Hindernissen reflektiert werden (Folge: „Knetern").

Fachausdrücke

ARI: Von Blaupunkt gemeinsam mit dem ADAC und den ARD-Rundfunkanstalten entwickeltes elektronisches Verkehrs-Informationssystem: Autofahrer Rundfunk Information.

Alle Verkehrsnachrichten sendenden UKW-Sender (Verkehrsfunksender) strahlen ständig ein unhörbares Signal aus, mit dem die mit ARIMAT ausgerüsteten Autoradios eine eingestellte Station als Verkehrsfunksender erkennen können. Ist die ARI-Taste gedrückt, so gibt das Autoradio mit Hilfe dieser Senderkennung (SK) nur noch ARI-Sender wieder. Zusätzlich strahlen ARI-Sender ständig ein Erkennungssignal ab, das in den mit einer Bereichskennung (BK) ausgerüsteten ARI-Geräten anzeigt, auf welche Region sich die Verkehrsnachrichten dieses Senders beziehen. Geräte mit SUPER ARIMAT sprechen auf ein drittes Erkennungssignal an, das nur dann vom Sender ausgestrahlt wird, wenn gerade eine Verkehrsnachricht gesendet wird. Diese Durchsagekennung (DK) sorgt bei gedrückter ARI-Taste automatisch dafür, daß jede Verkehrsmeldung in gut verständlicher Lautstärke zu hören ist, unabhängig davon, ob das Radio ganz leise gestellt ist oder gerade eine Cassette abgespielt wird. Bei Geräten mit SUPER ARIMAT erinnert beim Verlassen des Sendegebietes eines Verkehrsfunksenders ein Warnton daran, daß ein neuer Verkehrsfunksender eingestellt werden muß; bei bestimmten Geräten startet in diesem Fall der automatische Sendersuchlauf und sucht sich selbsttätig einen anderen Verkehrsfunksender.

ASU: Automatische UKW-Stör-Unterdrückung. Elektronische Zusatzschaltung in Autoradios zur Unterdrückung von Zündstörungen.

Ausgangsleistung: Leistung, die ein Autoradio abgibt. Man unterscheidet Musikleistung (kurzzeitige Höchstleistung) und Sinusleistung (maximale Dauerleistung).

Automatic Loudness: Gehörrichtige Wiedergabe durch Anhebung von Höhen und Tiefen bei geringer Lautstärke (Physiologische Lautstärkeregelung).

Automatic Muting: Ton-Stummschaltung während des Suchlaufvorgangs.

Automatic-Antenne: Motorgetriebene Antenne, die mit dem Ein- oder Ausschalten des Autoradios ausgefahren oder versenkt wird.

AVC: Automatic Volume Control (Automatische Lautstärkeregelung). System, das die eingestellte Lautstärke von Rundfunk und Cassette ständig entsprechend dem Fahrzeug-Innengeräuschpegel nachstellt.

CPS: Cassette Programm Search. Cassettensuchlaufsystem bei Autoradio-Cassettenspielern. Auf Tastendruck wird das Band bis zum Beginn des nächsten Musikstückes vorgespult — oder auch zum Beginn des gerade beendeten Musikstückes zurückgespult — woraufhin automatisch die Wiedergabe des Musikstücks beginnt.

DFC: Digital Frequency Control. Digitale Frequenzkontrolle. Verfahren zur automatischen Senderabstimmung und Stabilisierung bei elektronischen Autoradios.

ETC: Electronic Tuning Control. Schaltung zur Scharfabstimmung von UKW-Sendern. Hält den Sender auch unter ungünstigen Empfangsbedingungen fest.

Klirrfaktor: Bezeichnung für Verzerrungen, die den Klang negativ beeinflussen.

Last Station Memory: Das Autoradio empfängt automatisch den vor dem Abschalten zuletzt eingestellten Sender.

Nachtdesign: Von innen blendfrei beleuchtete Schriftzüge, Funktionstasten und Funktionsanzeigen, die eine sichere und verwechslungsfreie Bedienung auch bei Dunkelheit gestatten.

PCI: Programme Comparison and Identification. System, das durch Computer-Vergleich (Comparison) und Auswertung verschiedener Informationen zwei Leistungsmerkmale bietet:
1. Senderidentifizierung, d. h. komplette Angabe eines eingestellten Sender-Programmes im UKW-Bereich.
2. Empfangsoptimierung, d. h. automatisches Einstellen der Frequenz, über die ein identifiziertes UKW-Programm am besten zu empfangen ist.

PLL-Schaltung: Phase Locked Loop. Elektronische Schaltung („Phasenregelschleife") mit einem quarzstabilen Frequenzraster, in dem die Senderfrequenzen „einrasten" und mit hoher Stabilität festgehalten werden (Frequenzsynthesizer).

QTS: Quartz Tuning System. Quarz-Abstimmsystem für optimales Empfangsverhalten: Digitale Senderabstimmung und Anzeige, quarzgenau durch Mikrocomputer gesteuerte PLL-Schaltung.

Synthesizer: Bestandteil der PLL-Schaltung (Frequenzsynthesizer). Erzeugt ein quarzstabiles Frequenzraster.

Tuner: Empfangsteil eines Autoradios.

Überblendregler (Fader): Regler zur optimalen Verteilung des Schalls auf die (vorderen und hinteren) Lautsprecher.

Übertragungsbereich: Der Frequenzbereich, der von einem Übertragungssystem (Autoradio, Cassettendeck) von den tiefen bis zu den höchsten Frequenzen innerhalb vorgegebener Toleranzen gleichmäßig wiedergegeben wird.

Zusatzgeräte

Booster
Booster werden hinter die Lautsprecherausgänge des Autoradios geschaltet. Sie erhöhen die zum Betrieb der Autolautsprecher zur Verfügung stehende Leistung. Aufgrund seiner gegenüber den Endstufen eines Autoradios höheren Leistungsreserven läßt sich durch den Einsatz eines Boosters der für den Eindruck naturgetreuer Musikwiedergabe entscheidende Dynamikumfang einer Autostereoanlage vergrößern.

Amplifier
Die Funktion eines Amplifier gleicht der eines Boosters. Amplifier werden jedoch nicht von den Lautsprecherausgängen des Autoradios angesteuert, sondern erhalten über einen hochohmigen NF-Eingang ein schwaches Vorverstärkersignal. Amplifier gehören vielfach zur serienmäßigen Verstärkerausstattung von Autoradios der obersten Leistungsklasse. Booster und Amplifier gibt es sowohl in Stereo- als auch in Quadro-Ausführung in Leistungsklassen von 15/20 W, 30/40 W, 60/80 W und mehr Sinus-/Musik-Ausgangsleistung pro Kanal.

Equalizer
Equalizer werden zur Klangbeeinflussung eingesetzt und lassen durch die Spreizung des Frequenzspektrums in meist 5, 7 oder bis zu 9 Regelbereiche eine differenzierte Anhebung oder Absenkung einzelner Tonlagen zu. Automobilspezifische Fahrgeräusche, die die Wiedergabe bestimmter Frequenzen zum Teil oder ganz übertönen, können durch eine Anhebung der betreffenden Frequenzbereiche am Equalizer verdeckt werden.

Der Equalizer ermöglicht zudem, durch spezifische akustische Gegebenheiten des Fahrzeuginnenraums hervorgerufene Über- oder Unterbetonungen auszugleichen („to equalize"). Ein willkommener Nebeneffekt ist es, mit dem Equalizer den Klang nach dem persönlichen Geschmack beeinflussen zu können.

Autolautsprecher

Die Grenzen der Wiedergabequalität von Autolautsprechern werden vorwiegend durch die für die Lautsprechermontage zur Verfügung stehenden Einbauräume in den Fahrzeugen bestimmt. Sogenannte „Klang-Komponenten-Systeme", bestehend aus Kombinationen von für sich jeweils sehr kompakten Tief-, Mittel- und Hochtönern, können in diesem Zusammenhang Klang-/Einbauprobleme lösen.

Die Baßwiedergabequalität von Aufbaulautsprechern ist meist der von Einbaulautsprechern unterlegen, da diese weit größere Resonanzräume (Türhohlraum, Kofferraum, Instrumentenbord) haben. Beschränktes Gehäusevolumen und somit erforderliche Dämpfung von Aufbaulautsprechern führt gegenüber Einbaulautsprechern zu geringerem Wirkungsgrad.

Antennen

Kraftfahrzeugantennen sind um so wirksamer, je weiter sie von den Masseteilen des Fahrzeuges entfernt sind. Gute Ergebnisse gewährleisten die teleskopartig ausziehbaren, freistehenden Stabantennen. Sie können auch vom Fahrzeuginneren durch Elektroantrieb ausgefahren werden. Eine Alternative dazu sind Scheibenantennen (in der Frontscheibe eingelassen oder an der Scheibeninnenseite angebracht), die den Stabantennen durch ihre Richtcharakteristik geringfügig unterlegen sind.

Beim Einbau einer Kraftfahrzeugantenne ist anzustreben, daß die Nutzfeld-Stärke möglichst groß ist und die Störfeldstärke möglichst klein bleibt; d. h. die Antenne soll so angeordnet sein, daß sie weit von der Störquelle entfernt ist und eine große effektive Höhe hat.

Autoradio, Konfigurationsstufen

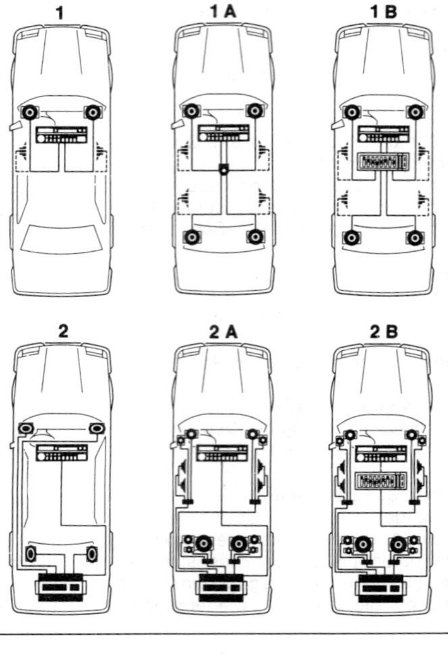

1 Grundform: *Anlage mit 2 Lautsprechern, entweder in den seitlichen Einbauschächten des Armaturenbretts (falls vorgesehen) oder in den Seitenverkleidungen der (vorderen) Türen.*
1A Ausbaustufe A: *Ergänzung der Anlage durch 2 Lautsprecher in den Seitenverkleidungen der hinteren Türen oder auf der Hutablage (vorn/hinten — Verteilung mittels Überblendregler).*
1B Ausbaustufe B: *Ergänzung der Anlage durch einen Amplifier oder einen Equalizer(-Amplifier) mit 4 Lautsprecherausgängen.*

2 Grundform: *Anlage mit serienmäßigem 4-Kanal-Amplifier und 4 Lautsprechern.*
2A Ausbaustufe A: *Einsatz eines Klang-Komponenten-Systems. In diesem Beispiel: Mit je 2 Tieftönern vorn und je 1 Tieftöner hinten pro Kanal (Die Hochtöner sollten weitestmöglich in Ohrhöhe montiert werden).*
2B Ausbaustufe B: *Ergänzung der Anlage durch einen Equalizer.*

Funkentstörung

Ausbreitung der Störung
Störungen können auf verschiedene Weise zum Empfänger gelangen: unmittelbar über Leitungen zwischen Störquelle und Empfänger oder drahtlos durch Strahlung, kapazitive oder induktive Kopplung. Die drei zuletzt genannten Möglichkeiten lassen sich nicht streng voneinander trennen.

Entstörmittel

Entstörwiderstände; dies sind Widerstände, die neben einer ohmschen eine ausgeprägte Blindkomponente besitzen.
Kondensatoren und Drosselspulen bzw. Entstörfilter, in einfachster Form die Kombination eines Kondensators mit einer Drosselspule.
Abschirmteile, zum Beispiel metallisches Entstörgeflecht zur Schirmung von Leitungen, Entstörhauben aus leitfähigem Material für die Schirmung von Zündverteilern u. a.
Masseverbindungen, zum Beispiel Massebänder für die leitende Verbindung einzelner metallischer Fahrzeugteile.

Grundsätzlich gilt dabei: Funkstörungen müssen in erster Linie unmittelbar an ihrem Entstehungsort (Störquelle) beseitigt werden (Entstörwiderstände zum Beispiel möglichst nahe an den Funkenstrecken einbauen).

Entstörklassen

Man unterscheidet bei der Entstörung im wesentlichen zwei Entstörklassen: die gesetzlich für alle Kraftfahrzeuge vorgeschriebene Fernentstörung (siehe DIN 57 879/VDE 0879, Teil 1, und StVZO § 55 a) und die Nahentstörung für Kraftfahrzeuge mit eingebauter Empfangsanlage (gesetzlich nicht vorgeschrieben, jedoch unerläßlich für einwandfreien Sende- und Empfangsbetrieb).

Ziel der Fernentstörung ist die Herabsetzung der Störfeldstärke zum Schutz des Rundfunk- und Fernsehempfangs in der Umgebung des Kraftfahrzeugs (bzw. des Motorbootes oder Aggregates), so daß beim Funkempfang zum Beispiel in benachbarten Häusern keine Empfangsstörungen hervorgerufen werden. Im Frequenzbereich von 30 bis 250 MHz darf nach der Entstörung die Störfeldstärke die in den Bestimmungen DIN 57 879/VDE 0879, Teil 1, angegebenen Grenzwerte nicht überschreiten.

Nahentstörung

Anwendung: Bei Kraftfahrzeugen mit eingebautem Funkempfänger sowie bei Aggregaten, wenn in unmittelbarer Nähe Funkgeräte betrieben werden.

Zündkerzen
Zur Entstörung der Zündkerzen werden wie bei der Fernentstörung Entstörstecker mit eingebautem Widerstand verwendet. Falls erforderlich, sind diese teilgeschirmt.

Zündspule
Sie erhält einen Entstörkondensator mit 2,2 µF. Der Entstörkondensator muß immer an die Klemme der Zündspule angeschaltet werden, an welcher die Batteriezuleitung angeschlossen ist. Auf keinen Fall an der Klemme 1 anschließen! Bei Bedarf erhält die von der Zündspule abgehende Zündleitung (Klemme 4) einen Entstörstecker.

Anmerkung: In Fahrzeugen mit elektronischer Zündanlage sollte an die Klemme 15 der Zündspule ein Entstörkondensator mit Überspannungsbegrenzung angeschlossen werden.

Zündverteiler
Außer dem bei der Fernentstörung verwendeten entstörten Verteilerläufer erhält zusätzlich jede vom Zündverteiler ausgehende Zündleitung einen Verteilerstecker mit eingebautem Entstörwiderstand.

Bei Zündanlagen, die noch mit Unterbrecherkontakt arbeiten, wird an Klemme 1 des Zündverteilers (Leitung Unterbrecherkontakt – Zündspule) ein Entstörfilter zur Verringerung von Rückzündungsstörungen angeschlossen.

Nahentstörung für höchste Ansprüche

(geschirmte Anlagen)

Anwendung: Bei Fahrzeugen mit Funkanlage (zum Beispiel Fahrzeuge mit Sprechfunk), Funkmeßwagen sowie bei besonders hohen Ansprüchen an die Qualität des Empfangs.

Zündanlagen
Für diese Anlagen werden zweckmäßig nur fertig montierte geschirmte Zündleitungen verwendet.

- Die Schirmung ist entweder bis an die Zündspule herangeführt (zum Beispiel bei Notdienstfahrzeugen, Polizeifahrzeugen); oder
- die Zündanlage ist einschließlich der Zündspule vollständig geschirmt. Hierbei werden in vielen Fällen sogar geschirmte Zündkerzen an Stelle der normalen Zündkerzen mit geschirmten Kerzensteckern sowie vollständig geschirmte Zündverteiler verwendet.

Die Leitung zum Zündstartschalter erhält zusätzlich ein Entstörfilter; die Schirmung muß bis zu diesem Filter geführt werden (vor allem für Militärfahrzeuge).

Drehstromgeneratoren
In die Leitung zur Batterie+ und falls notwendig in D+ wird ein Entstörfilter für die entsprechende Dauerstrombelastung (100 bzw. 200 A) geschaltet. Die Leitungen zwischen Generator und Entstörfilter werden vollständig geschirmt.

Elektromotoren
(zum Beispiel Wischermotoren)
Schirmung ist bei Elektromotoren in der Regel nicht erforderlich, falls diese bereits durch eingebaute Entstörmittel entstört sind.

In Sonderfällen: Schirmung des Motors, besonders der Anschlußklemmen. Anbau eines Entstörfilters (Größe entsprechend der Strombelastung). Schirmung der Leitung zwischen Entstörfilter und Elektromotor mit Entstörgeflecht.

Elektrische Instrumente usw.
Hier ist in der Regel keine Schirmung erforderlich. Die Entstörmaßnahmen der Nahentstörung sind ausreichend.

Literatur:
Bosch Technische Unterrichtung „Funkentstörung", VDT-U 1/2 De.

Nahentstörung für höchste Ansprüche.
1 geschirmte Verteilerstecker mit Entstörwiderstand, 2 geschirmte Zündleitungen, 3 metallbeschichtete Zündverteilerkappe, 4 Verteilerläufer mit Entstörwiderstand, 5 Schaltgerät, 6 geschirmte Kerzenstecker mit Entstörwiderstand, 7 Stecker mit Entstörwiderstand, 8 Entstörkondensator, 9 geschirmte Zündspule, 10 Entstörfilter.

Zündanlage mit normaler Zündspule

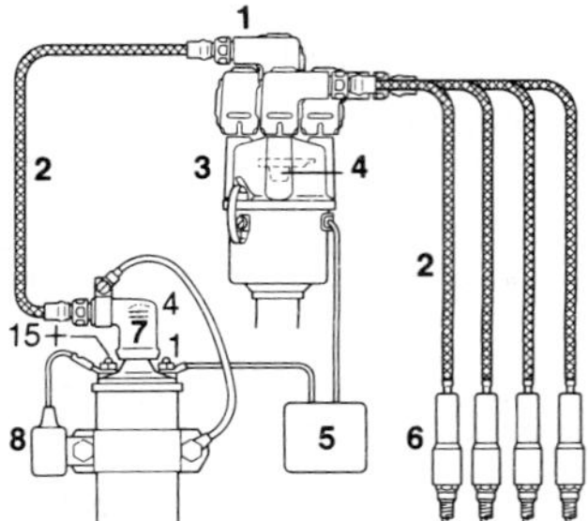

Zündanlage mit geschirmter Zündspule

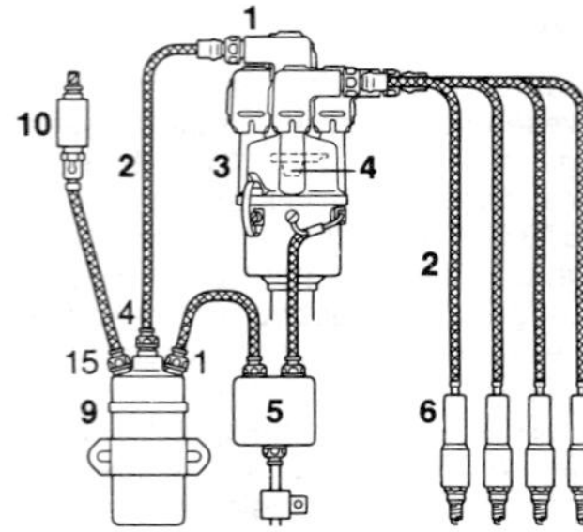

Nahentstörung im Kfz

Gestörter Wellenbereich	Art der Störung (hörbar im Lautsprecher eines Empfängers)	Störung tritt auf	Störung verschwindet	Störquelle	Entstörmittel
1. Fahrzeug steht, Motor abgestellt, Stromverbraucher abgeschaltet					
KW, MW, LW teilweise auch **UKW**	Störgeräusche verschiedener Art	–	bei Wahl eines anderen Standorts	Störquelle außerhalb des Fahrzeugs, z. B. Hochspannungsleitungen, Lichtreklame u. ä., atmosphärische Störungen, Gewitter	–
2. Fahrzeug steht, Motor abgestellt, Zündung eingeschaltet					
KW, MW, LW besonders **UKW**	Brummton (Rauschen, Singen) oder Prasseln im Rhythmus der Wischblattbewegungen	beim Einschalten des Scheibenwischers	nach Abschalten des Scheibenwischers	Scheibenwischer-Motor	Wischerfilter
	Singender Ton (Prasseln)	beim Einschalten eines der in der Spalte „Störquelle“ aufgeführten Geräte	bei Abschalten eines der in der nächsten Spalte aufgeführten Geräte	elektr. Kraftstoffpumpe	Kondensator, Masseband
				elektrischer Lüfter	Wischerfilter (wenn Stromstärke ausreichend)
				Scheibenspüler	
				Wagenheizer	
	Knacken	beim Betätigen der Fußbremse	nach Abklemmen der Leitung zum Bremslichtschalter	Bremslichtschalter	Kondensator
	Rhythmisches Knacken	beim Einschalten der Blinker bzw. der Warnblinkanlage	beim Abschalten der Blinker bzw. der Warnblinkanlage	Blinkgeber	wird nicht entstört, da akustische Unterstützung gewünscht

Nahentstörung im Kfz (Fortsetzung)

Gestörter Wellenbereich	Art der Störung (hörbar im Lautsprecher eines Empfängers)	Störung tritt auf	Störung verschwindet	Störquelle	Entstörmittel
3. Fahrzeug steht, Motor läuft					
KW, MW, LW besonders **UKW**	Prasseln und Knacken (Ticken) von Motordrehzahl abhängig	bei allen Drehzahlen	nach Abschalten der Zündung	Zündanlage	Zündkerzenstecker, Verteilerstecker, Massebänder, Zündverteiler-Abschirmhaube
KW, MW, LW	Prasseln oder Knacken	bei verschiedenen Motordrehzahlen, bei kaltem Motor stärker	nach Abnehmen des Keilriemens	Keilriemen (elektrostatische Aufladungen)	leitfähiger Keilriemen
KW, MW, LW, UKW	Pfeifton, dessen Höhe mit der Drehzahl zunimmt	bei allen Motordrehzahlen	nach Abnehmen des Antriebskeilriemens für den Drehstromgenerator	Drehstromgenerator	Kondensator an B+, Generatorfilter, geschirmte Leitung zwischen Generator und Filter
	Prasseln	bei allen Drehzahlen	nach Abschalten der Zündung	Spannungskonstanthalter für Überwachungsgeräte	elektronischer Konstanthalter
	Prasseln, das sich bei Drehzahländerung verändert	bei allen Drehzahlen	nach Abschalten der Zündung	elektrischer Drehzahlanzeiger	Geschirmte Leitung zu Zündspule Klemme 1
UKW	Knacken, von der Drehzahl abhängig	besonders beim Beschleunigen des Motors	nach Abschalten der Zündung bei hoher Drehzahl	Entstörwiderstand in einer Zündleitung hat Unterbrechung	durch neuen Entstörwiderstand ersetzen

Gestörter Wellenbereich	Art der Störung (hörbar im Lautsprecher eines Empfängers)	Störung tritt auf	Störung verschwindet	Störquelle	Entstörmittel
4. Fahrzeug fährt					
Nur **KW, MW, LW**	Prasseln oder Knacken	nur bei höherer Fahrgeschwindigkeit und bei trockener Straße (auch dann, wenn Motor ausgekuppelt und abgestellt wird)	sofort, wenn Bremsen leicht angezogen werden	Reifenstörungen (elektrostatische Aufladungen)	–
KW, MW, LW, UKW	Krachen und zeitweiliges Aussetzen des Empfangs	bei Erschütterungen durch Fahrt auf schlechter Straße	bei Fahrt auf guter Straße	Wackelkontakt, z. B. in der Empfangsanlage (Antenne)	ggf. neue Antenne
	Krachen	beim Fahren auf Kopfsteinpflaster, durch Schlaglöcher oder über Bodenwellen	bei Auskuppeln während der Fahrt und leichtem Abbremsen	Elektrostatische Aufladungen von Fahrzeugteilen (z. B. Fahrwerksgelenken oder -lagern)	Masseband
			nach Herstellen guter Masseverbindungen zwischen den einzelnen Karosserieteilen	Übergangswiderstände zwischen einzelnen Karosserieteilen (infolge Korrosion, Oxydation, Lack)	ggf. Masseband
	Prasseln in konstanter Tonhöhe	–	–	Elektrostatische Aufladungen am Getriebe durch Lager oder Zahnräder, evtl. auch zwischen Lüfter und Kühlerlamellen	–

Elektromagnetische Verträglichkeit (EMV)

Begriffe

Elektromagnetische Verträglichkeit (EMV) – bezogen auf das Kraftfahrzeug – bedeutet die Wechselwirkung zwischen verschiedenen elektrischen/elektronischen Systemen im Kraftfahrzeug sowie die Wechselwirkung zwischen Kraftfahrzeug und seiner elektromagnetischen Umwelt. Drei Ursachen sind sowohl einzeln als auch gemeinsam beteiligt.

Leitungsgebundene Beeinflussung
Sie tritt durch (unbeabsichtigte) Rückwirkungen auf das Bordnetz, z. B. durch Spannungseinbrüche (Startvorgang), Ein- und Ausschaltimpulse (Relais) oder hochfrequente Störströme (Elektromotoren) auf.

Nahfeld
Im Nahfeld eines Systems findet durch galvanische, induktive und kapazitive Kopplung, insbesondere über die Verbindungsleitungen der Sensoren und Stellglieder, eine Wechselwirkung (Beeinflussung) statt.

Fernfeld
Über das Fernfeld des Systems Kraftfahrzeug kommt die Wechselwirkung mit der Umwelt zustande; das Fernfeld des Kraftfahrzeugs beeinflußt das Feld, z. B. von Rundfunk- und/oder Fernsehsendern, aber auch umgekehrt beeinflußt das Feld eines Senders das System Kraftfahrzeug. Ein elektrisches/elektronisches System ist Quelle als auch Senke elektromagnetischer Störungen.

Funkentstörung
Die Funkentstörung hat das Ziel, die Beeinflussung des Autoradios durch Nachbarsysteme (Zündung, Generator, Wischer u. a.) vorwiegend durch Entstörmaßnahmen an den Nachbarsystemen auf ein erträgliches Maß zu reduzieren (Einzelheiten s. S. 601).

Beeinflussung
Für die leitungsgebundene Beeinflussung ist die Impedanz des Bordnetzes von maßgeblicher Bedeutung. Sie hängt von den verwendeten Leitungen, ihrer Länge und ihrer Verlegung ab und ist von Fahrzeugtyp zu Fahrzeugtyp verschieden. Für den Dialog zwischen Hersteller und Anwender elektrischer/elektronischer Systeme wurde ein Ersatzvierpol festgelegt, der die Eigenschaften eines typischen Bordnetzes nachbildet.

In Frequenzbereichen, in denen die Wellenlänge $\lambda = c/f$ (c Ausbreitungsgeschwindigkeit, f Frequenz) in den Bereich der geometrischen Abmessungen eines Gebildes kommt, tritt Strahlung auf. Das Fernfeld einiger einfacher Elemente ist in Tabelle 1 zusammengestellt. Von strom- und spannungsführenden Teilen greift das elektromagnetische Feld auch auf benachbarte elektrisch passive Komponenten über, z. B. Auspuff, Bremsleitungen, Bowdenzüge, Motorhaube usw. Diese Komponenten werden insbesondere bei impulsförmigen Vorgängen angeregt und beeinflussen als sogenannte Sekundärstrahler das Ab- und Einstrahlverhalten des Kraftfahrzeugs oft in erheblichem Umfang.

Problemkreis der EMV.
1 System (a ... n), 2 Sensor, 3 Stellglied, 4 Bordnetz, 5 leitungsgebundene Beeinflussung, 6 Nahfeld, 7 Funkentstörung (Antenne), 8 Fernfeld.

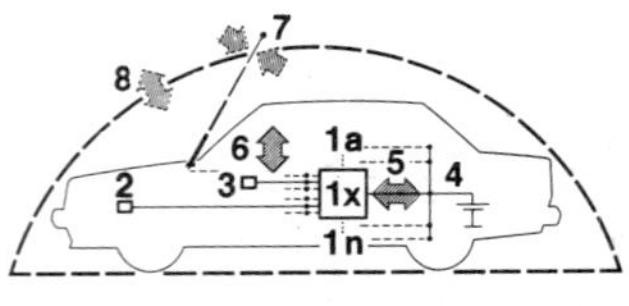

Kapazität zweier paralleler Leitungen und Induktivität einer Leiterschleife mit dem Umfang $s = 2\,(l+D)$.

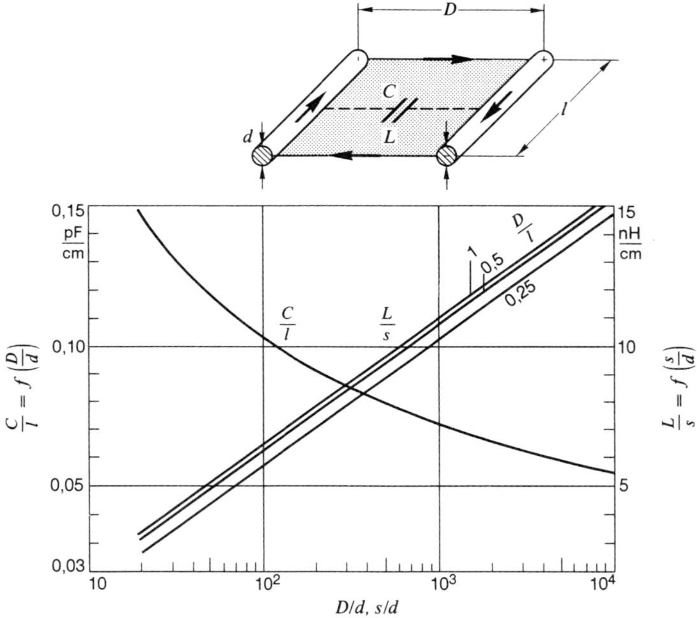

Tabelle 1. Fernfeld einfacher Strahler.
$Z_0 = 377\ \Omega$ Wellenwiderstand des freien Raumes, λ Wellenlänge.

Objekt	$\frac{H}{I} \Big/ \frac{E}{Z_0 \cdot I}$	Lage
magnetischer Dipol (Schleife) $D \ll \lambda < r$	$\frac{\pi^2}{4} \cdot \frac{D^2}{\lambda^2 \cdot r} \cdot \sin\vartheta$	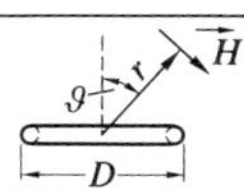
elektrischer Dipol (kurz) $l \ll \lambda < r$	$\frac{1}{2} \cdot \frac{l}{\lambda \cdot r} \cdot \sin\vartheta$	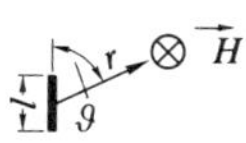
Stab $l = n \cdot \lambda/2$ $n = 1, 2, 3 \ldots$	$\frac{1}{2\pi} \cdot \frac{1}{r} \cdot \frac{\sin\left(\frac{\pi \cdot l}{\lambda} \cdot \cos\vartheta\right)}{\sin\vartheta}$	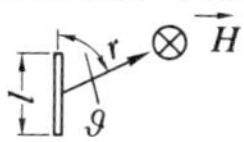

Normen, Vorschriften

Störsignale mit breitbandigem Spektrum, die von den elektrischen/elektronischen Komponenten im Fahrzeug verursacht werden und auf das Bordnetz zurückwirken, behandelt DIN 57 879, Teil 3/VDE 0879, Teil 3. Eine Einteilung in 6 Klassen erlaubt Herstellern und Anwendern der Komponenten Vereinbarungen zu treffen, die den jeweiligen Gegebenheiten Rechnung tragen.

Das schmalbandige Spektrum von Spannungsimpulsen, die von den Komponenten (insbesondere Mikrocomputer-gesteuerte) auf das Bordnetz zurückwirken, ist in Diskussion. Es gilt hierbei, die Verwendung solcher Komponenten in Einklang mit dem „Gesetz über den Betrieb von Hochfrequenzgeräten" zu bringen, das fordert, daß alle Geräte, die elektrische Schwingungen im Bereich zwischen 10 kHz und 3000 GHz erzeugen, einer Genehmigung der Verwaltung für Post- und Fernmeldewesen bedürfen.

Leitungsgebundene Störungen durch positive und negative Überspannungen, durch Zusammenbrechen der Spannung während des Startvorgangs usw. sind in ISO DTR 7637/0 und 1 veröffentlicht.

Alle Gebiete der EMV, insbesondere auch das der Einstrahlung, werden unter anderem in VG 95 370 bis 95 377 sowie in MIL-STD 461 und 462 behandelt.

Prinzipschaltplan Kfz-Bordnetznachbildung
nach DIN 57 879, Teil 3/VDE 0879, Teil 3.
P—B Anschluß Prüfling, A—B Anschluß Stromversorgung, M—B Anschluß Funkstörmeßempfänger, S Schalter, B Bezugsmasse (Blechplatte, Schirmung der Netznachbildung).

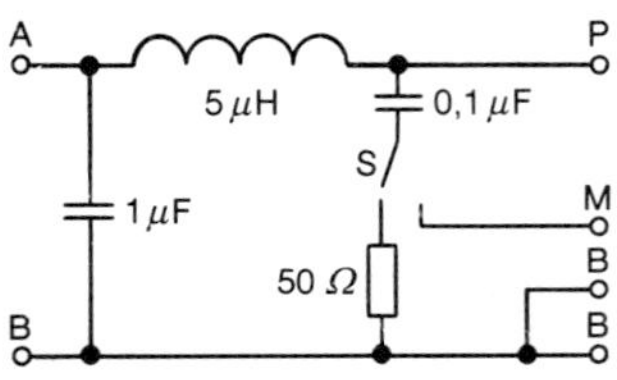

Schirmung

Ein Maß für die Schirmwirkung elektrisch leitfähiger Stoffe ist die Eindringtiefe (Abschwächung einer in den Stoff eindringenden Welle auf $1/e$). Sie hängt von der elektrischen Leitfähigkeit des Stoffes und der Frequenz ab.

Die Berechnung der Schirmwirkung einer elektrisch leitfähigen Hülle (z. B. für Gehäuse von Geräten, Kraftfahrzeug-Karosserie) scheitert in der Praxis zum einen an den komplizierten Formen, zum anderen daran, daß selbst einfache Formen (Quader, Kugel) Trennfugen und Durchbrüche aufweisen, die in einer Rechnung nicht angemessen berücksichtigt und die die Schirmwirkung völlig zunichte machen können. So ist man im Einzelfall auf eine experimentelle Ermittlung angewiesen. Die Schirmwirkung einer Kraftfahrzeug-Karosserie liegt bei ca. 20 ... 40 dB.

Die Beeinflussung benachbarter Leitungen läßt sich dadurch verringern, daß diese geschirmt ausgeführt werden. Die damit erreichbare Dämpfung ist um so besser, je kleiner der Widerstand des Schirms ist und je besser der Strom im Schirm rotationssymmetrisch und parallel zum Innenleiter geführt wird (Geflecht besser als Umschlingung). Mit handelsüblichen geschirmten Leitungen, wie sie im Kraftfahrzeug verwendet werden, lassen sich Dämpfungswerte zwischen 60 und 100 dB realisieren.

Im Kraftfahrzeug wird für den Starter-, Zündanlagen-, Beleuchtungskreis usw. der Motorblock und die Karosserie zur Rückleitung ausgenutzt. Das von der Zuleitung ausgehende Störfeld kann durch Schirmung gedämpft werden. Oberhalb der sogenannten Einschnürfrequenz

$$f_E = (R_S + R_M) / (2\pi \cdot L)$$

L Induktivität, R_M Massewiderstand,
R_S Schirmwiderstand

trägt die Induktivität der Schleife wesentlich dazu bei, den Rückstrom über den Schirm zu führen. Der Schirm hält auch elektrische Felder fern. Der Einwirkung magnetischer Felder hingegen kann mit dieser Maßnahme nicht entgegengewirkt werden.

Teilschirmung

Auf eine vollständige Schirmung muß im Kraftfahrzeug aus praktischen Gründen im allgemeinen verzichtet werden. Aber auch eine Teilschirmung kann sehr wirkungsvoll sein, wenn das zu schirmende Aggregat ein Metallgehäuse besitzt und durch zusätzliche Maßnahmen verhindert wird, daß Störspannungen und -ströme auf den Zuleitungen vom geschirmten Teil des Raumes in den ungeschirmten gelangen oder umgekehrt.

Die beste Entkopplung in einem breiten Frequenzbereich wird mit Filtern erreicht. Der eine Anschluß sollte dabei innerhalb des geschirmten Raumes liegen, der andere außerhalb. Wenn jedoch Filter und Aggregat räumlich voneinander getrennt sind, dann sollte die Verbindungsleitung zwischen beiden geschirmt sein. Der Nennwert der Einfügungsdämpfung, der jedoch die Wirkung in der praktischen Anordnung nur unvollständig beschreibt, liegt bei 70 dB.

Genügt es, die Entkopplung nur in einem schmalen Frequenzbereich herzustellen, werden anstelle von Filtern Kondensatoren oder Drosseln eingesetzt. Im Frequenzbereich bis ca. 10 MHz verwendet man Entstörkondensatoren. Diese bringen eine Dämpfung bis zu ca. 50 dB, wenn sie unmittelbar an der Übergangstelle zwischen geschirmtem und ungeschirmtem Raum angebracht werden und möglichst induktionsarm sind (kurze Zuleitungen, Vorbeischleif- oder Durchführungskondensator), was für die Praxis in vielen Fällen ausreichend ist. Für eine Entkopplung im Frequenzbereich um 100 MHz verwendet man Drosseln. Bei ihrer Anbringung ist darauf zu achten, daß durch günstige Verlegung der beiden Anschlußleitungen die kapazitive Überkopplung zwischen ihnen möglichst gering gehalten wird.

Auf dem Prinzip der Teilschirmung beruht auch die Wirkung von Zündkerzen- und Verteilerentstörsteckern. Induktivität und Kapazität des Filters, das den geschirmten Teil des Raumes (Brennraum, Zündverteiler) und den ungeschirmten (Motorraum) entkoppelt, sind hierbei räumlich verteilt und werden durch die Windungen eines aus Draht gewickelten Widerstandes gebildet. Wird der Kerzenstecker zusätzlich mit einem Blechmantel umgeben, der über die Zündkerze mit dem Motorblock verbunden ist, entsteht ein Durchführungsfilter. Nennwerte für die Einfügungsdämpfung liegen bei ca. 50 dB.

Tabelle 2. Zulässige Funkstörspannungspegel der Entstörgrade in den einzelnen Frequenzbereichen nach DIN 57879, Teil 3/VDE 0879, Teil 3.

Entstörgrade	Frequenzbereich bei μV/9 kHz LW 0,15 bis 0,3 MHz	MW 0,5 bis 1,65	KW 5,95 bis 26,1 MHz	μV/120 kHz UKW 87,5 bis 108 MHz
	Zulässiger Funkstörspannungspegel in dB			
5	60	50	40	24
4	70	58	46	30
3	80	66	52	36
2	90	74	58	42
1	100	82	64	48
0	nicht begrenzt			

Fehleranzeige

Das Fehleranzeigegerät (Check-Control) dient der Überwachung wichtiger, der Betriebs- und Verkehrssicherheit dienender Fahrzeugkomponenten. Damit können vor und während der Fahrt folgende Funktionen überprüft werden:

- Motoröl-Flüssigkeitsstand (zwei Füllstände „statisch", „dynamisch"),
- Kühlwasserstand,
- Waschwasserstand (Niveaugeber),
- Glühlampenfunktion von Abblendlicht, Bremslicht, Rücklicht und Kennzeichenbeleuchtung.

Anlage

Jede überwachte Komponente besitzt mindestens einen Sensor. Bei den Glühlampenfunktionen werden zusätzlich die Einschaltleitung und beim Bremslicht außerdem noch die Sicherungsleitungen überwacht. Ferner wird beim Bremslicht der Ausfall von beiden Lampen auch ohne Betätigen des Bremspedals in die Überwachung mit einbezogen. Durch die masseschaltenden Sensoren werden auch Leitungsunterbrechungen als Fehler erkannt und angezeigt. Diese Art der Auswertung bietet ein hohes Maß an Funktionssicherheit. Der Gesetzgeber fordert bei Bremslichtüberwachung einen Funktionstest vor Fahrantritt. Deshalb wird beim Einschalten der Zündung eine Bremsfehlersimulation durchgeführt, die nach der ersten Bremspedalbetätigung die Fehleranzeige bei fehlerfreier Funktion löscht.

Der allgemeine Prüfablauf für jede Fahrzeugkomponente geschieht nach folgendem Schema:
In einem Prüfdurchlauf, der ca. 50 ms dauert, werden alle Sensoren und Einschaltleitungen über den Multiplexer der Reihe nach in den Mikroprozessor eingelesen. Beim Auftreten eines Fehlers (z. B. durch Ausfall einer Lampe) beginnt die Verzögerungszeit des jeweiligen Funktionsblockes zu laufen. Wird vor Ablauf der Verzögerungszeit in einem Durchlauf der Fehler nicht festgestellt (z. B. durch externe Störspitzen), wird die Verzögerungszeit gelöscht und bei Weiterbestehen des Fehlers von neuem aufaddiert. Da für jeden Funktionsblock ein eigener Verzögerungszeitzähler existiert, sind alle evtl. auftretende Fehler voneinander unabhängig. Die Warnung wird optisch angezeigt und kann durch Drücken der Testtaste vom Fahrer quittiert werden. Der Motorölfehlerspeicher kann nur durch Nachfüllen von Motoröl gelöscht werden.

Einbaulage der Komponenten im Fahrzeug.
1 Testtaste, 2 Kühlwasser, 3 Motoröl, 4 Waschwasser, 5 Bremslicht, 6 Rücklicht, 7 Kennzeichenlicht, 8 Abblendlicht, 9 bei Länderausführungen zusätzlich: Gurtkontrolle, Airbag, O_2-Sensor, 10 zentrale Hinweisleuchte.

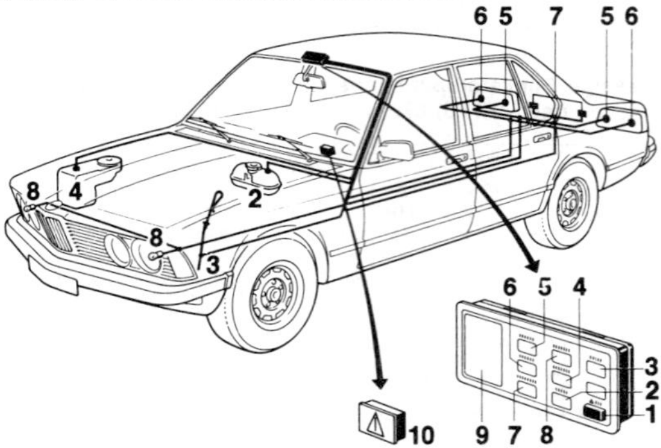

Fahrdatenrechner

Aufbau

Der (hier beschriebene) Fahrdatenrechner besteht aus drei Funktionsblöcken: Rechen- oder Zentraleinheit, Anzeigeeinheit und Bedieneinheit.

Recheneinheit mit Mikrocomputer, Netzteil und Eingangsperipherie zur Erfassung der Fahrzeugdaten sind zusammen mit Bordnetzstecker und Verbindungsstecker für die Anzeigeeinheit auf einer Leiterplatte untergebracht.

Der Rechner ist in CMOS-Technologie aufgebaut und kann deshalb direkt von Klemme 30 versorgt werden. Die Betriebstromaufnahme beträgt nur ca. 5 mA. Mit dem Einschalten der Zündung werden die Eingangssignale (Batterie- und Kraftstoffbehälter-Geberspannung, Temperatur- und Weggeber, Einspritzimpuls und Tastatursignale) nach einem Zeitraster abgearbeitet, das der jeweiligen Dynamik angepaßt ist. Die weg- und verbrauchsabhängigen Signale werden im 400 ms-Takt, die Tastatur im 20 ms-Takt und die Berechnung der verschiedenen Funktionen im Sekunden-Takt durchgeführt. Der Zeittakt (20 ms) wird vom Taktgenerator abgeleitet und per Interrupt dem Mikroprozessor übermittelt. Die anderen Zeittakte werden softwaremäßig erzeugt. Die Gebersignale (Weg, Kraftstoffverbrauch, Drehzahl) werden bis zum Abruf zwischengespeichert, während die Tastatur direkt vom Mikroprozessor erfaßt wird. In den Wartezeiten wird die Betriebsspannung auf Grenzwert überwacht und die Anzeige aktualisiert.

Die Anzeigeeinheit enthält eine Leiterplatte mit Treibern für die anzusteuernden Segmente sowie zwei Tasten (zum Uhrstellen) und ein Potentiometer zum Eichen der Reichweitenanzeige. Die Flüssigkristall-Anzeige (LCD) ist mit der Leiterplatte verbunden, die auch als Streuscheibe für die Beleuchtung der LCD dient.

Funktionsumfang und Bedienung

Der hier beschriebene Rechner enthält neben einer Zeituhr folgende sechs Funktionen, die mit einer Sequenztaste der Reihe nach angewählt werden können:
Momentanverbrauch, Durchschnittsverbrauch, Durchschnittsgeschwindigkeit, Reichweite, Reisezeit/Stoppuhr, Außentemperatur. Nach Erreichen der letzten Funktion wird wieder auf die erste umgeschaltet.

Fahrdatenrechner *(Blockschaltbild).*
Anschlüsse: 1 Instrumentenbeleuchtung, 2 Kraftstoffbehälter-Geber, Temperaturgeber, 3 Weggeber, 4 Einspritzimpuls, 5 Drehzahlrelais (nur bei LE-Jetronic), 6 Masse, Temperaturgeber, Weggeber, 7 zum Bedienteil.

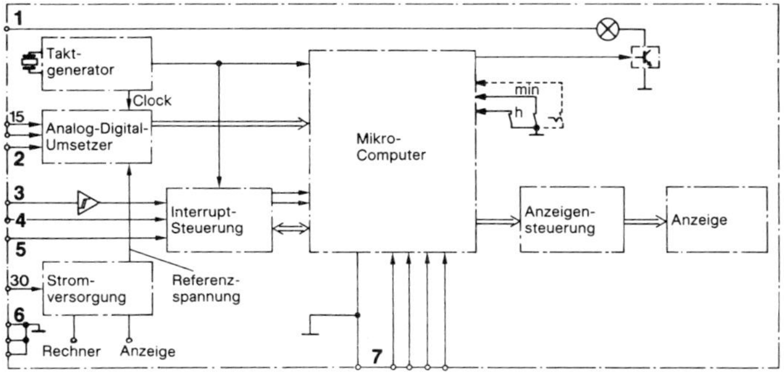

Fahrtschreiber

Angezeigt werden die Fahrgeschwindigkeit, die zurückgelegte Wegstrecke (Kilometerzähler), die Uhrzeit und das Überschreiten einer eingestellten Geschwindigkeit durch Aufleuchten einer Warnlampe (zum Beispiel bei der zulässigen Höchstgeschwindigkeit oder bei einer festgelegten Höchstgrenze für wirtschaftliche Fahrweise). Zusätzlich zur Anzeige werden folgende Daten auf einer Diagrammscheibe uhrzeitrichtig aufgezeichnet: Geschwindigkeitsverlauf, Fahr- und Haltezeiten, gefahrene Wegstrecken.

Der Fahrtschreiber ist eichfähig und gemäß § 57a StVZO für bestimmte Fahrzeugkategorien im nationalen Verkehr vorgeschrieben. In verschiedenen Ländern bestehen ebenfalls Vorschriften für die Verwendung von Fahrtschreibern.

Arbeitsweise

Als EC-Tachographen werden Fahrtschreiber bezeichnet, die zusätzlich eine Einrichtung für die Registrierung von Arbeits- und Ruhezeiten (Zeitgruppenaufschrieb) haben, und zwar je nach Ausführung für einen oder zwei Fahrer. Der EC-Tachograph entspricht der Verordnung EWG 3821/85. Er ist für bestimmte Fahrzeugkategorien in den Ländern der Europäischen Gemeinschaft obligatorisch und dient der Überwachung der in Verordnung EWG 543/69 festgelegten Arbeits- und Ruhezeiten. Zur ergänzenden Ausstattung des EC-Tachographen gehören eine Funktionsanzeige für das Uhrwerk sowie eine Kontrolldiode, die dem Fahrer anzeigt, daß Diagrammscheiben eingelegt sind und der Zeitgruppenaufschrieb richtig arbeitet.

Einige Geräteausführungen bieten zusätzlich die Anzeige und den Auf-

Diagrammscheibe eines EC-Tachographen.
1 Zeitskala, 2 Geschwindigkeitsaufzeichnungen, 3 Fahr- und Haltezeiten (Zeitgruppenaufschrieb), 4 Wegkurvenaufschrieb.

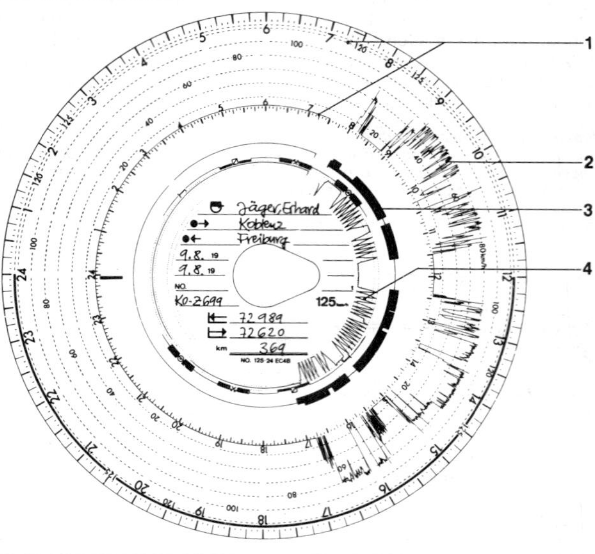

schrieb der Motordrehzahl. Mit Zusatzeinrichtungen sind Funktionssteuerungen und weitere Registrierungen möglich. Dazu gehören zweistufiger Zusatzschreiber, geschwindigkeits- oder drehzahlabhängige Kontakte für zusätzliche Warneinrichtungen und Zusatzschreiber für die Kraftstoffverbrauchs-Registrierung.

Fahrtschreiber und EC-Tachographen unterliegen strengen Toleranzvorschriften, die in der Eichordnung, in Paragraph 57 b StVZO und in der Verordnung EWG 3821/85 geregelt sind. Darunter fällt auch die periodische Nachprüfung von Gerät und Anlage durch autorisierte Werkstätten.

Bei Geräteausführungen mit einem Meßsystem nach dem Wirbelstromprinzip erfolgt der Antrieb über eine biegsame Welle in der Regel über einen Anschluß am Fahrzeuggetriebe (Tachometerritzel). Die von Fahrzeuggetriebe, Hinterachsübersetzung und Reifengröße abhängigen Umdrehungen pro Meter Fahrweg müssen an die Antriebskonstante des Fahrtschreibers oder EC-Tachographen angeglichen werden. Als Angleichmittel dienen hierzu Angleichgetriebe mit passendem Zahnrädersatz oder Winkelgetriebe mit geeigneter Übersetzung.

Geräte mit elektronischem Meßsystem werden über Impulse betrieben, die von einem im Fahrzeug eingebauten Impulsgeber oder von einem am Getriebeanschluß angeordneten Impulsgeber erzeugt werden, der die mechanischen Umdrehungen des Tachometerritzels in elektronische Impulse umwandelt.

Bei elektronischen Fahrtschreibern oder EC-Tachographen moderner Bauart erfolgt die Angleichung auf unterschiedliche Impulszahlen pro Meter Fahrweg am Gerät selbst. Es werden keine separaten Angleichmittel benötigt. Bei Fahrzeugen mit schaltbarer Hinterachse wird die Anpassung an die veränderliche Hinterachsübersetzung mit einem Umschaltgetriebe erzielt, das den Antrieb zum Gerät im gleichen Verhältnis verändert.

Unfall-Diagrammscheibe mit mikroskopisch ermitteltem Geschwindigkeitsverlauf.

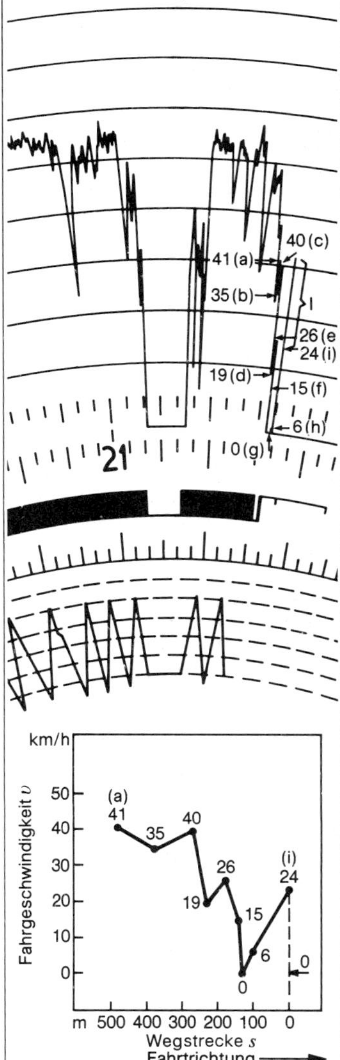

Elektromechanische Sitzverstellung

Elektromotorisch verstellbare Sitze eignen sich besonders für Fahrzeuge, die von mehreren Fahrern benutzt werden. Bei Fahrerwechsel kann jeweils die für den Fahrer optimale Sitzposition eingestellt werden. Bis zu fünf Motoren pro Vordersitz führen folgende Funktionen aus:
- Höhenverstellung Sitzfläche vorn,
- Höhenverstellung Sitzfläche hinten,
- Längsverstellung Sitz,
- Neigungsverstellung der Rückenlehne,
- Höhenverstellung der Kopfstütze.

Ein gebräuchliches Sitzverstellsystem weist drei getriebelose Antriebsmotoren und zwei kompakte Getriebe auf. Hierbei ist ein Getriebe als Längsverstellgetriebe, das zweite als kombiniertes Längs-/Höhenverstellgetriebe ausgeführt. Ein weiteres System besteht aus drei gleichen Getriebemotoren mit vier Höhen- und zwei Längsverstellgetrieben. Die Getriebe werden über biegsame Wellen von den Getriebemotoren angetrieben. Dieses System ist sehr universell und an keine spezielle Sitzkonstruktion gebunden.

Eine Ausbaustufe ist die programmierbare elektrische Sitzverstellung. Sie ermöglicht die Wiederholung mehrerer einmal eingestellter Sitzpositionen.

Elektromechanische Dachantriebe

Moderne Dachantriebe vereinigen die Funktionen eines Hebe- und Schiebedaches. Erforderlich hierfür sind spezielle Steuerungen, die entweder elektronisch oder elektromechanisch ausgeführt sein können. Bei der elektromechanischen Steuerung (s. Bild) sorgt eine mechanische Verriegelung der Endschalter a und b dafür, daß aus der geschlossenen Dachposition das Dach entweder geöffnet oder angehoben werden kann, je nach Polarität an den Klemmen I und II. Ein Polaritätswechsel bei geöffnetem bzw. angehobenem Dach leitet jeweils den Absenk- bzw. Schließvorgang ein. Der Antrieb des Daches erfolgt über Seilzüge oder zug- und drucksteife Bedienungskabel. Der Antriebsmotor ist entweder im Dach direkt oder im Heckbereich des Fahrzeuges (z. B. im Kofferraum) untergebracht.

Als Antriebsmotoren werden permanentmagneterregte Schneckengetriebemotoren mit einer Abgabeleistung von ca. 40 W verwendet. Die Motoren sind durch einen Thermoschutzschalter vor thermischer Überlastung gesichert.

Bei Ausfall der elektrischen Anlage muß sichergestellt sein, daß das Dach mit einfachen Bordwerkzeugen geschlossen werden kann.

Elektromechanische Sitzverstellung.
Elektromotoren treiben über biegsame Wellen ein Längsverstell- und ein Längs-/Höhenverstellgetriebe an.
1 Elektromotoren
2 Längsverstellgetriebe
3 Längs-/Höhenverstellgetriebe
4 biegsame Welle

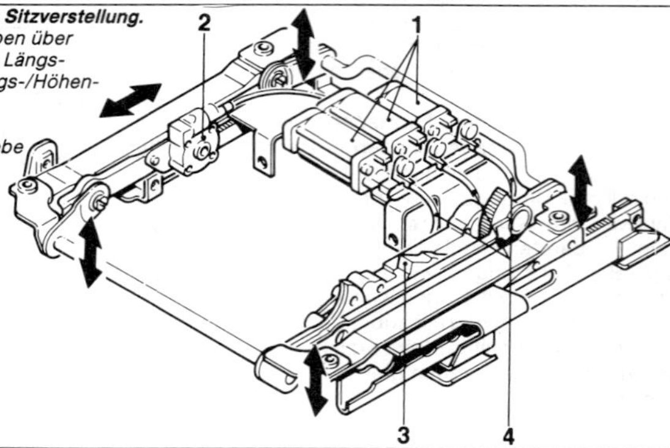

Elektromechanische Fensterantriebe

Bei den fremdkraftbetätigten Fenstern im Pkw und Nkw handelt es sich im wesentlichen um elektromotorisch angetriebene Anlagen. Dabei wird der Gesamtbedarf zu rd. 90 % mit drei verschiedenen Systemen abgedeckt. Die Wahl der einzelnen Systeme hängt neben anderen Kriterien sehr stark von dem zur Verfügung stehenden Einbauraum ab.

System 1 (weit verbreitet): Der Elektromotor treibt über ein Stirnrad ein Zahnsegment an, das mit einem Gelenkgetriebe verbunden ist.

System 2: Der Antriebsmotor treibt eine Seilzuganlage an.

System 3: Das Verbindungsglied zwischen Motor und Fenster ist ein zug- und drucksteifes Bedienungskabel, das vom Motor über ein Zahnrad angetrieben wird.

Fensterhebermotoren

Die Platzverhältnisse in den Türen zwingen zu einer flachen Bauweise (Flachmotoren). Das Untersetzungsgetriebe ist ein Schneckengetriebe, das selbsthemmend ausgeführt und gegen selbständiges, ungewolltes bzw. gewaltsames Öffnen gesichert sein muß. Für ein gutes Dämpfungsverhalten während des Betriebes sorgt eine Klauenkupplung.

Schaltbild eines Schiebedachantriebs mit elektromechanischer Steuerung der Öffnungs- und Schließ- sowie der Hebe- und Senkfunktionen.

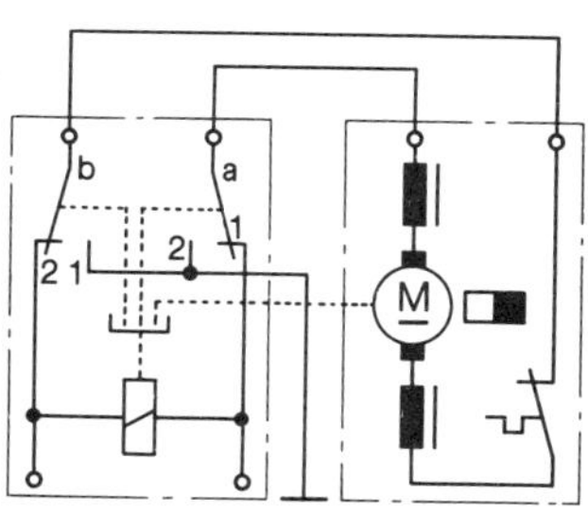

Fensterheberantriebe.
1 Elektrogetriebemotor, 2 Führungsschiene, 3 Mitnehmer, 4 Gelenkgetriebe, 5 Antriebsseil, 6 Bedienungskabel.

System 1 mit Gelenkgetriebe

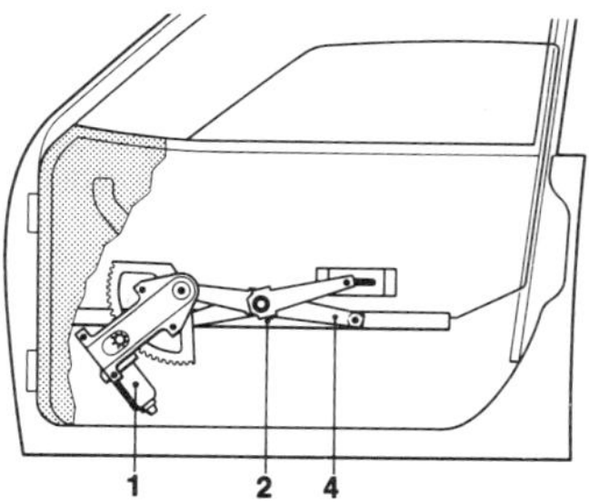

System 2 mit Seilzug

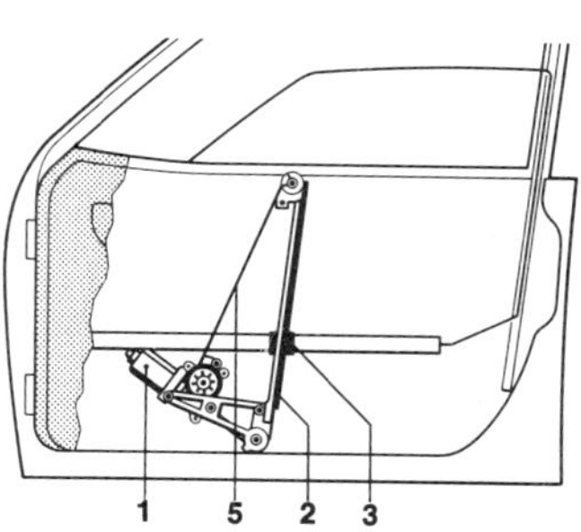

System 3 mit Bedienungskabel

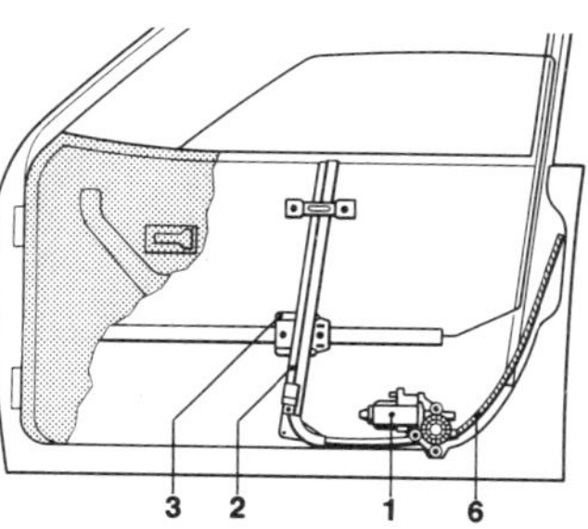

Insassen-Rückhaltesysteme

Anforderungen

Automatische Insassen-Rückhaltesysteme (Airbag- und Gurtstraffer-Systeme) müssen bei einem Unfall so früh wie möglich ausgelöst werden, um eine möglichst gute Schutzwirkung zu erzielen.

Beim Gurtstraffer-System muß dies geschehen, solange noch keine merkliche Insassen-Vorverlagerung stattgefunden hat.

Beim Airbag-System genügt es, sicherzustellen, daß der Luftsack vollständig gefüllt ist, sobald der Insasse nach etwa 20 cm Vorverlagerung mit jenem in Berührung kommt (s. auch S. 539).

Der Airbag wird durch einen pyrotechnischen Gasgenerator in der Lenkradnabe innerhalb von ca. 30 ms aufgeblasen und verhindert gefährliche Kollisionen von Kopf und Oberkörper mit dem Lenkrad. Der ebenfalls pyrotechnisch angetriebene Gurtstraffer eliminiert in ca. 10 ms die Gurtlose und stellt sicher, daß der Insasse an der relativ günstigen Verzögerung der Fahrgastzelle vom Beginn des Unfalls an teilnimmt. Die Auslösung beider Systeme erfolgt durch elektrische Zündimpulse des Sensors.

Sensoren

Die zur Auslösung automatischer Rückhaltesysteme notwendigen Sensoren müssen Unfälle mit Aufprallgeschwindigkeiten ab etwa 18 km/h zuverlässig erkennen. Sie dürfen aber auf die im normalen Fahrbetrieb auch auf schlechten Wegstrecken auftretenden Stöße nicht ansprechen. Ebensowenig dürfen sie auf Bagatellunfälle oder Hammerschläge in der Werkstatt reagieren.

Elektromechanische Sensoren

Elektromechanische Sensoren müssen aus praktischen Gründen Schaltwege von einigen Millimetern aufweisen. Daraus ergibt sich eine niederfrequente Abstimmung des Feder-Masse-Systems, welches zur Verbesserung der Störsicherheit stark bedämpft sein muß. Die Auslenkung der seismischen Masse ist dadurch annähernd proportional zur Geschwindigkeitsänderung des Fahrzeugs. Um ausreichend kurze Ansprechzeiten zu erzielen, müssen diese Sensoren im vorderen Teil des Fahrzeugs untergebracht werden. Dies bedeutet erhöhten Aufwand für Verkabelung und Überwachung.

Insassen-Rückhaltesysteme.
1 Gurtstraffer
2 Airbag
3 Sensor
4 Energiereserve

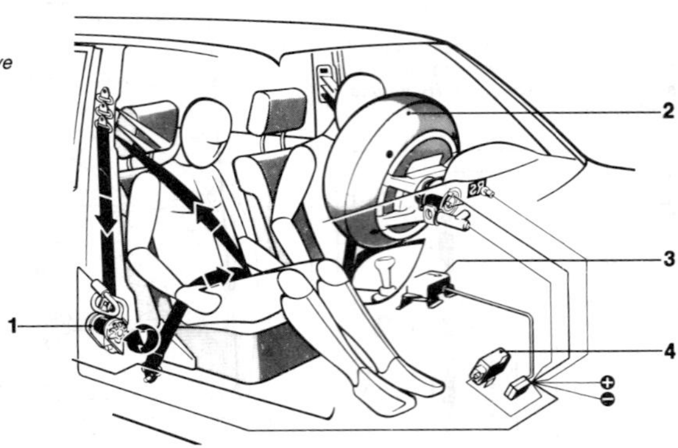

Elektronische Sensoren

Elektronische Sensoren enthalten Beschleunigungsaufnehmer, deren Resonanzfrequenz oberhalb des auszuwertenden Frequenzbereiches liegt. Zwei Wandler-Prinzipien sind in Verwendung: Zum einen wird die Auslenkung einer Biegefeder mit Hilfe eines auf der Federoberfläche angebrachten Dehnmeßstreifens erfaßt. Zum anderen wird der piezoelektrische Effekt bei der Verformung von Quarz- oder Keramikscheiben ausgenutzt. Die Auslenkung des Feder-Masse-Systems ist zwar sehr klein, erzeugt jedoch ein ausreichend großes elektrisches Signal, um auch die auf den Fahrgastraum wirkende, durch die Knautschzonen gemilderte Beschleunigung auswerten zu können. Elektronische Sensoren können deshalb zusammen mit Überwachungseinrichtungen innerhalb des geschützten Fahrgastraumes installiert werden. Die Verkabelung ist weniger aufwendig und das Rückhaltesystem ist bei einem Unfall weniger verwundbar. Die Beschleunigung selbst ist kein hinreichendes Kriterium für die Auslösung von Rückhaltesystemen, da auch im normalen Fahrbetrieb kurzzeitig relativ hohe Werte auftreten können. Es muß ein Maß für die Geschwindigkeitsabnahme des Fahrzeugs gewonnen werden.

Das Signal des Beschleunigungsaufnehmers wird deshalb einem Integrator zugeführt, dessen Ausgangssignal der Geschwindigkeitsabnahme entspricht. Zuvor wird das Beschleunigungssignal in der Amplitude begrenzt, um elektrische oder mechanische Störungen zu unterdrücken. Außerdem wird ein konstanter Wert, die Beschleunigungsschwelle, subtrahiert. Diese entspricht mit etwa $4 \cdot g$ der mittleren Beschleunigung bei einem Frontalaufprall mit 15 km/h und stellt sicher, daß bei niedrigeren Aufprallgeschwindigkeiten keine Auslösung erfolgt. Überschreitet das Ausgangssignal des Integrators einen genau festgelegten Grenzwert, so werden über die Endstufen elektrische Zündimpulse abgegeben.

Es ist zweckmäßig, in Serie zu den Endstufen einen einfachen elektromechanischen Sensor (z. B. Quecksilberschalter) vorzusehen. Dieser Schalter ist im normalen Fahrbetrieb stets geöffnet. Dadurch wird eine unbeabsichtigte Auslösung auch bei Ausfall der Elektronik sicher vermieden.

Verschiedene Überwachungsschaltungen prüfen ständig die Unversehrtheit der Zündkreise. Nach jedem Startvorgang wird eine selbsttätige Funktionsprüfung der Auswerteschaltung durchgeführt.

Elektromechanischer Sensor *(Beispiel).*
1 Kontakt, 2 Führungszylinder, 3 Kugel (bewegt sich bei Aufprall zum Kontakt, Dämpfung durch Gasverdrängung), 4 Magnet (hält Kugel in Ruhelage).

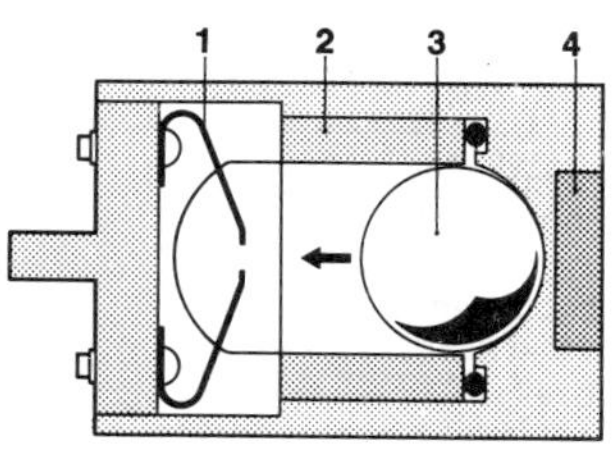

Elektronischer Sensor *(Beispiel).*
1 Glasdurchführung, 2 Sockel, 3 Metallkappe, 4 Biegefeder mit Dehnmeßstreifen, 5 seismische Masse, 6 Dämpfungsmedium.

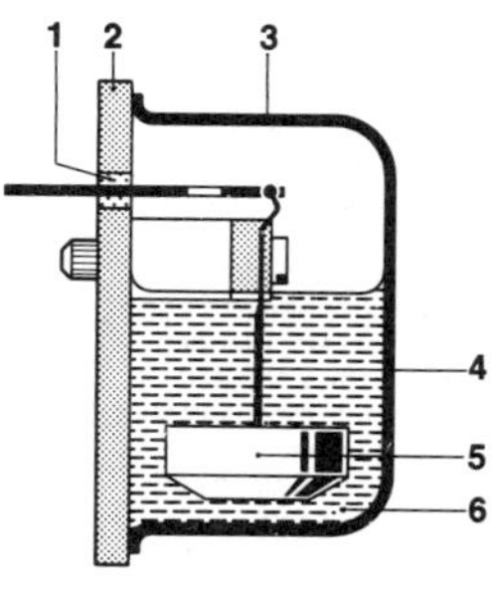

Fahrzeughydraulik

Größen und Einheiten

Größen		Einheiten
A	Fläche Strömungsquerschn.	cm^2
A_D	Drosselquerschnittsfläche	cm^2
A_K	Kolbenfläche	cm^2
A_R	Rohrquerschnittsfläche	cm^2
b	Spaltbreite	mm
d	Rohrdurchmesser	mm, cm
E_{Fl}	Elastizitätsmodul Flüssigkeit	$N \cdot mm^{-2}$
$E_{öl}$	Kompressionsmodul Öl	$N \cdot mm^{-2}$
e	Exzentrizität, Mittenversatz	mm
F	Kraft	N
g	Erdbeschleunigung	$m \cdot s^{-2}$
H	Zylinderhub	cm, mm
h	Spalthöhe	µm, mm
l	Spaltlänge, Rohrlänge	mm, m
l_o	Ausgangslänge	cm
M_1	Antriebsdrehmoment	N·m
M_2	Abtriebsdrehmoment	N·m
M_{th}	theoretisches An- oder Abtriebsdrehmoment	N·m
M_{verl}	Verlustmoment	N·m
n	Drehzahl	min^{-1}
P_{an}	Antriebsleistung	kW
P_{ab}	Abtriebsleistung	kW
p_z	Zylinderdruck	bar
Δp	Druckdifferenz	bar
Q	Förderstrom der Hydropumpe bzw. Schluckstrom des Hydromotors oder Hydrozylinders	$l \cdot min^{-1}$
Q_1	Förderstrom	$l \cdot min^{-1}$
Q_2	Schluckstrom	$l \cdot min^{-1}$
Q_L	Leckstrom	$l \cdot min^{-1}$
Q_{th}	theoretischer Förder- oder Schluckstrom	$l \cdot min^{-1}$
Re	Reynoldszahl	–
r	Rohrradius	mm
t	Hubzeit des Hydrozylinders	s
U	Umfang des Strömungsquerschnitts	cm
V_{Fl}	Flüssigkeitsvolumen	cm^3
V_H	Hubvolumen des Hydrozylinders	cm^3
V_o	Ausgangsvolumen	cm^3
V_{th}	theor. Förder-/Schluckvol.	cm^3
v	Rohrströmungsgeschwindigkeit	$m \cdot s^{-1}$
v_1	Hubgeschwindigkeit	$m \cdot s^{-1}$
α_D	Durchflußkoeffizient von z. B. Drosseln, Blenden	–
η	dynamische Zähigkeit	$Ns \cdot m^{-2}$
η_{hm}	hydraulisch-mechanischer Wirkungsgrad	–
η_{vol}	volumetr. Wirkungsgrad	–
λ	Widerstandszahl	–
ν	kinematische Zähigkeit	$m^2 \cdot s^{-1}$
ϱ	Dichte	$kg \cdot dm^{-3}$
ω	Winkelgeschwindigkeit	s^{-1}

Berechnung der Widerstandszahl λ

$\lambda = \frac{64}{Re}$ für laminare Strömung und isotherme Zustandsänderung

$\lambda = \frac{75}{Re}$ für laminare Strömung und adiabate Zustandsänderung

für turbulente Strömung bis $Re = 80\,000$ und glatte Rohre

$Re = v \cdot D_H/\nu$ mit $D_H = 4\,A/U$

Begriffe und Formeln

Hydropumpe

Förderstrom

$$Q_1 = V_{th} \cdot n \cdot \eta_{vol}$$

Abtriebsleistung

$$P_{ab} = Q_1 \cdot \Delta p$$

Antriebsdrehmoment

$$M_1 = \frac{V_{th} \cdot \Delta p}{2\pi} \cdot \frac{1}{\eta_{hm}}$$

Antriebsleistung

$$P_{an} = M_1 \cdot \omega$$

volumetrischer Wirkungsgrad

$$\eta_{vol} = \frac{Q_1}{Q_{th}} = \frac{Q_{th} - Q_L}{Q_{th}} = 1 - \frac{Q_L}{Q_{th}}$$

hydraulisch-mechan. Wirkungsgrad

$$\eta_{hm} = \frac{M_{th}}{M_1} = \frac{M_{th}}{M_{th} + M_{verl}}$$

Hydromotor

Schluckstrom

$$Q_2 = V_{th} \cdot n/\eta_{vol}$$

Abtriebsleistung

$$P_{ab} = M_2 \cdot \omega$$

Abtriebsdrehmoment

$$M_2 = \frac{V_{th} \cdot \Delta p}{2\pi} \cdot \eta_{hm}$$

volumetrischer Wirkungsgrad

$$\eta_{vol} = \frac{Q_{th}}{Q_2} = \frac{Q_{th}}{Q_{th} + Q_L}$$

hydraulisch-mechan. Wirkungsgrad

$$\eta_{hm} = \frac{M_2}{M_{th}} = \frac{M_{th} - M_{verl}}{M_{th}}$$

Hydrozylinder

Zylinderdruck

$$p_z = F/(A_K \cdot \eta_{hm})$$

Hubvolumen

$$V_H = A_K \cdot H$$

Hubzeit

$$t = V_H/Q_1$$

Hubgeschwindigkeit

$$v_1 = Q_1/A_K$$

Strömung in Rohrleitungen und Spalten

erforderlicher Rohrquerschnitt

$$A_R = Q_1/v$$

Druckverlust in geraden Rohrleitungen

$$\Delta p = \lambda \cdot \frac{l}{d} \cdot \frac{\varrho}{2} \cdot v^2$$

Strömung durch ein Rohr (nach Hagen-Poiseuille)

$$Q = \frac{\pi \cdot r^4}{8 \cdot \eta \cdot l} \cdot \Delta p$$

Strömung (laminar) durch einen ebenen Spalt

$$Q = \frac{b \cdot h^3}{12 \cdot \eta \cdot l} \cdot \Delta p$$

Strömung (laminar) durch einen exzentrischen Dichtspalt

$$Q = \frac{d \cdot \pi \cdot \Delta r^3}{12 \cdot \eta \cdot l} \cdot \left[1 + 1{,}5 \cdot \left(\frac{e}{\Delta r}\right)^3\right] \cdot \Delta p$$

($2 \cdot \Delta r =$ Passungsspiel zwischen Kolben und Bohrung)

Strömung durch Drosseln und Blenden

$$Q = \alpha_D \cdot A_D \cdot \sqrt{2\,\Delta p/\varrho}$$

(α_D an Steuerschiebern 0,6 bis 0,8)

Kompressibilität einer Druckflüssigkeit

$$\Delta V_{Fl} = A_K \cdot \Delta l = V_o \cdot \Delta p / E_{Fl}$$

wobei das Ausgangsvolumen

$$V_o = A_K \cdot l_o$$

und der Kompressionsmodul für Öl

$$E_{öl} \approx 1{,}6 \cdot 10^9 \,\frac{\text{N}}{\text{mm}^2}$$

Druckflüssigkeiten

Gruppe	Flüssigkeit
Druckflüssigkeiten auf Mineralölbasis (Paraffin-, Olefin-, Naphten- oder Asphaltbasis)	
H	ohne Wirkstoffe.
HL	mit Wirkstoffen zur Verbesserung von Alterungsbeständigkeit und Korrosionsschutz.
HLP	mit zusätzlichen Wirkstoffen zum Herabsetzen des Verschleißes und/oder zur Erhöhung der Belastbarkeit.
HLP-D	mit zusätzlichen Wirkstoffen zur Reinigung und Benetzung gleitender Teile (Vermeidung von Ruckgleit-Effekten, z. B. an Kolbenstangendichtungen und -führungen bei niedrigen Gleitgeschwindigkeiten).
Schwerentflammbare Druckflüssigkeiten für spezielle Anwendungsfälle (z. B. Bergbau, Flugzeugbau, Druckgieß- und Walzwerkanlagen, neuerdings zunehmend auch Transferstraßen im Automobilbau)	
HF-A	Öl-in-Wasser-Emulsionen (2 bis maximal 20 % emulgierfähiges Konzentrat, Rest Wasser).
HF-B	Wasser-in-Öl-Emulsionen (40 % Wasser, 60 % Öl; in der Bundesrepublik Deutschland wenig verwendet).
HF-C	Wäßrige Lösungen (im wesentlichen Lösungen aus Wasser und Polyalkylenglykol; Wasseranteil 35 bis 55 %).
HF-D	Wasserfreie Flüssigkeiten (synthetische Medien; meist Phosphorsäureester oder Mischungen aus Phosphorsäureester und chlorierten Kohlewasserstoffen; aus Gründen des Umweltschutzes in der Bundesrepublik Deutschland nur noch in geschlossenen Systemen des Steinkohlebergbaus verwendet; für besondere Einsatzfälle außerdem noch Verwendung von Silikonen, Diester, Polyphenyläther, Polyglykole, Silikate und Fluorkarbone).

Zahnradpumpen

Zahnradpumpen sind entweder mit je einem außen- und innenverzahnten Rad oder mit zwei außenverzahnten Rädern aufgebaut. Außenverzahnte Pumpen lassen sich kostengünstiger herstellen und werden daher überwiegend eingesetzt. Das Fördervolumen pro Umlauf ist konstant und wird durch Zahnraddurchmesser, Achsabstand und Zahnbreite bestimmt. Die rotierenden (im Eingriff befindlichen) Zahnräder transportieren die Hydraulikflüssigkeit in den Zahnlücken von der Niederdruck- zur Hochdruckseite, die eintauchenden Zähne verdrängen sie in die Druckleitung. Nahezu spielfrei im Gehäuse laufende Zahnköpfe sorgen für die radiale Abdichtung des Druckraumes. Hydraulisch gegen die Zahnräder gedrückte Platten oder Buchsen begrenzen den Pumpenraum axial und dienen bei der Buchsenpumpe gleichzeitig der Lagerung der Zahnräder. Auf diese Weise werden die bei Hochdruckpumpen üblichen guten Wirkungsgrade erzielt. Antriebsdrehzahlen bis 4000 min^{-1}, zulässige Drücke bis ca. 250 bar und hohe Leistungsdichte (6 kW/kg) machen Zahnradpumpen für den Einsatz in der Mobilhydraulik besonders geeignet.

Zahnradmotoren

Zahnradmotoren sind in der einfachsten Bauweise für den Betrieb in nur einer Drehrichtung wie Zahnradpumpen aufgebaut. Entsprechend der Richtung des Ölstromes von der Hoch- zur Niederdruckseite ändert sich die Drehrichtung der Zahnräder gegenüber der Pumpenausführung. Für Fahrantriebe geeignete, d. h. in beiden Drehrichtungen betreibbare und rücklaufbelastbare Motoren sind ebenfalls von Zahnradpumpen durch Anpassung des Axialdruckfeldes und der Leckölführung abgeleitet worden. Die Vorteile der außenverzahnten Pumpen, wie hohe Leistungsdichte, kleiner Einbauraum und niedrige Herstellkosten, gelten ebenso für Zahnradmotoren. Sie werden daher bevorzugt bei Straßenfahrzeugen, Bau- und Landmaschinen zum Antrieb von Kühlluft- und Reinigungsgebläsen, Förderschnecken, Besen, Streutellern, Rüttlern usw. eingesetzt. Das gute Anlaufverhalten der Zahnradmotoren wird für den Antrieb von Pumpen und Verdichtern sowie bei Fahrantrieben genutzt.

Kolbenpumpen und -motoren

Hydraulische Kolbenpumpen und -motoren unterscheiden sich wesentlich von der klassischen Bauform der Kolbenmaschine. Wegen des hohen Druckniveaus (Standardwert heutiger hydrostatischer Antriebe ca. 300 bar)

Zahnradpumpen und -motoren *(Dreh- und Stromrichtung für Pumpenbetrieb).*

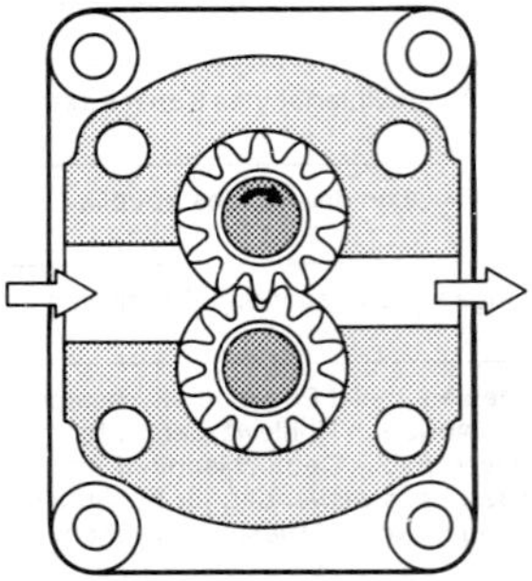

Buchsenpumpe.
Volumeterischer Wirkungsgrad η_v und Gesamtwirkungsgrad η_t in Abhängigkeit vom Förderstrom bei $\Delta p = 210$ bar.

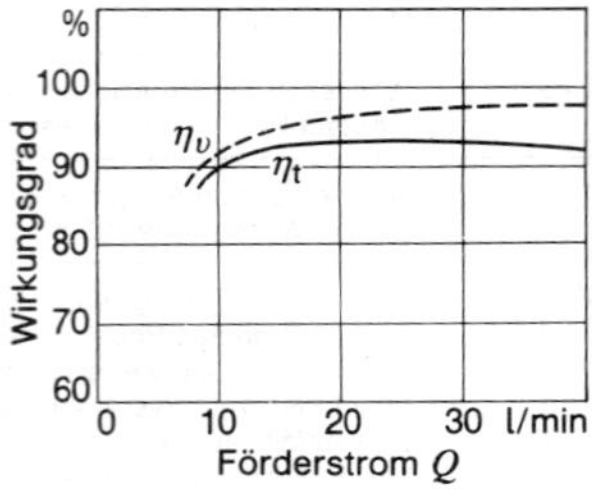

erfordern schon kleine Kolbenflächen eine robuste Triebwerksmechanik. Trotzdem bauen die Triebwerke moderner Maschinen sehr kompakt, besonders dank der hydrostatischen Kraftübertragung zwischen den wesentlichen huberzeugenden Elementen. Die gute Schmier- und Kühlwirkung der Druckflüssigkeit begünstigt diese platzsparende Bauweise. Hydraulische Kolbenmaschinen können so eine maximale Leistungsdichte von mehr als 5 kW/kg erreichen.

Um einen gleichförmigen Volumenstrom zu erzielen, werden hydraulische Kolbenmaschinen mit einer ungeraden Zahl von Kolbenelementen gebaut. Je nach Triebwerksanordnung unterscheidet man zwischen Radial- und Axial-Kolbenmaschinen. Beide gibt es als Pumpen und Motoren mit konstantem oder veränderbarem Verdrängungsvolumen, geeignet für offene und geschlossene Kreisläufe. Die Verstellung erfolgt über den Kolbenhub, da sich die theoretisch vorhandene Möglichkeit der Phasensteuerung bei hydraulischen Maschinen nicht durchsetzen konnte. Eine rotierende Kurbelwelle ist für die Verstellung des Hubs wenig geeignet. Die dem Kurbeltrieb verwandten Exzentermaschinen (radial) und Taumelscheibenmaschinen (axial) werden deshalb – mit Ausnahme einiger langsamlaufender Motoren – nur als Konstantmaschinen eingesetzt.

Bei verstellbaren Einheiten wird der Zylinderkörper in Rotation versetzt. Er bildet zusammen mit einer feststehenden Steuerplatte oder einem Steuerzapfen einen Drehschieber, der die Zylinderräume abwechselnd mit dem Zulauf und dem Ablauf verbindet. Axialkolbenmaschinen baut man als Schwenkscheiben- oder Schwenkachseneinheiten.

Als Radialbauart hat sich die innenbeaufschlagte Maschine durchgesetzt. Der Zylinderstern dreht sich auf dem Steuerzapfen. Die radialen Kräfte werden dabei über durch Nuten begrenzte hydrostatische Druckfelder abgestützt. Ebenso stützen sich die Gleitschuhe der Arbeitskolben mit aus dem Zylinder gespeisten Druckfeldern am stillstehenden Hubring ab. Durch die veränderbar exzentrische Lage dieses Rings zum Steuerzapfen wird den Kolben der radiale Arbeitshub aufgezwungen. Bei Pumpen mit umkehrbarer Förderrichtung kann der Hubring über seine Verstellkolben nach beiden Richtungen ausgestellt werden. Die gute Zugänglichkeit der verstellbaren Teile erlaubt eine schnelle und exakte Veränderung des Verdrängungsvolumens von Hand oder über hydraulische Steller und Regler. Moderne Reglerkonzepte ermöglichen auch die elektrische Verstellung des Hubvolumens. Damit können hydraulische Kolbenmaschinen in elektronische Steuerungssysteme einbezogen werden.

Axialkolbenmaschine
(Schwenkscheibeneinheit).
1 Antriebswelle, 2 Schwenkscheibe, 3 Zylindertrommel (rotiert), 4 Rückhalteplatte, 5 Gleitschuhe, 6 Kolben, 7 Steuerplatte.

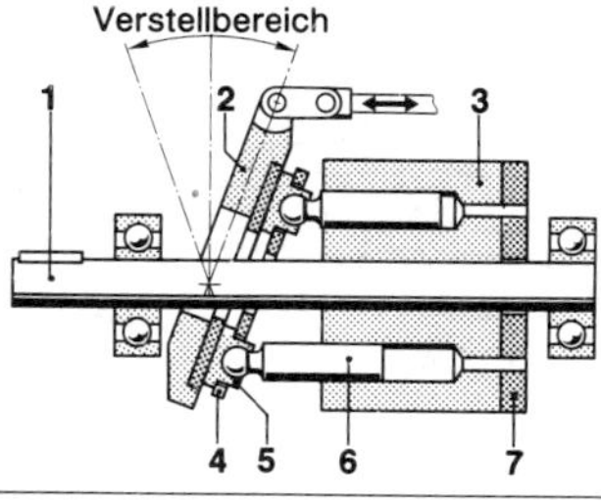

Radialkolbenmaschine.
1 Steuer- bzw. Regelorgan, 2 Gleitschuhe, 3 Steuerzapfen, 4 Hubring, 5 Stellkolben 1, 6 Kolben, 7 Zylinderstern (rotiert), 8 Stellkolben 2.

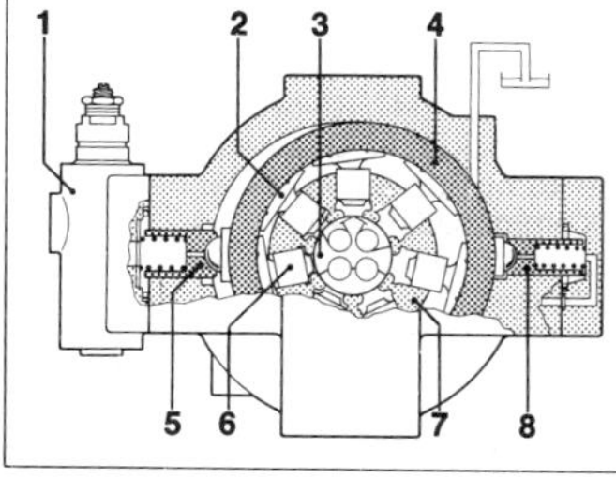

Elektrohydropumpen und Kleinaggregate

Elektrohydropumpen sind eine Kombination von Hydropumpe und Elektromotor. Für den überwiegenden Einsatzfall Mobilhydraulik wird ein Gleichstrommotor verwendet, doch gibt es auch Wechsel- bzw. Drehstrommotoren für den Stationärbetrieb.

Zahnradpumpen als pulsationsarme und leise Hydraulikkomponenten haben sich in Elektrohydropumpen als Druckerzeuger bewährt. Sie werden in den Baugrößen B und F mit Fördervolumina von 1 ... 22,5 cm^3/U eingesetzt und erreichen Betriebsdrücke bis ca. 280 bar. Zusammen mit den Elektromotoren der Baugrößen I bis T, die eine maximale Nennleistung von 8 kW aufweisen, kommen sie in der Mobilhydraulik zu zahlreichem Einsatz.

Elektrohydropumpen liefern die hydraulische Energie für die Funktionen „Heben" und „Lenken" an Fahrzeugen aller Art, insbesondere an Flurförderfahrzeugen (Gabelstapler, Palettenhubwagen), fahrbaren Hebebühnen, Lastkraftwagen, Sonderfahrzeugen im Bau-, Transport- und Rettungswesen sowie in Pkw. Dort werden Elektrohydropumpen und zunehmend auch Kleinaggregate für Nebenfunktionen wie Zentralverriegelung, Niveauregulierung und Lenkhilfen eingesetzt, aber auch für Sicherheitseinrichtungen, wie z. B. für den Antiblockierschutz in Bremsanlagen.

Für umfangreiche Steuerfunktionen in den Fahrzeugen müssen neben den Elektrohydropumpen noch verschiedene Ventile oder Ventilblöcke installiert werden. Dies hat zur Entwicklung kleiner kompakter Aggregate bis zu einem Leistungsbereich von 2 kW geführt. Diese Aggregate vereinen neben Elektromotor und Hydropumpe noch Steuerblock und Behälter. Sie stellen eine kompakte Funktionseinheit dar.

Kommunalfahrzeuge wie Kehrmaschinen, Schneefräsen, Kleinschlepper im Garten- und Landschaftsbau, aber auch Flurförderzeuge und Sonderfahrzeuge für den Personentransport werden zunehmend mit Kleinaggregaten ausgestattet.

Ventile

Wegeventile

Mit Wegeventilen werden die Verbindungen zwischen Pumpen-, Rücklauf- und den Verbraucheranschlüssen geöffnet und geschlossen. Außer Start, Stop und Bewegungsrichtung kann durch veränderliche Querschnitte der Verbindungen die Geschwindigkeit beeinflußt werden.

Bauarten

Sitzventile gewährleisten hohe Dichtheit zwischen den gesperrten Anschlüssen. Nachteilig sind die hohen Betätigungskräfte bei großem Ölstrom und hohem Druck sowie der komplizierte Aufbau von Ventilen mit mehreren Anschlüssen und Schaltstellungen.

Die Schieberventilbauart eignet sich besser für komplexe Schaltungen. Druck und Ölstrom haben geringeren Einfluß auf die Betätigungskraft. Der Längsschieber erlaubt verschiedene Betätigungsarten; auch der Einbau von zusätzlichen Ventilen (Druck-, Strom-, Sperrventile) in die Verbraucheranschlüsse ist einfacher als bei Sitzventilen. Die Dichtheit zwischen den gesperrten Anschlüssen ist abhängig vom Spalt zwischen Schieber und Gehäusebohrung.

Wegeventil in Sitzventilbauart.
1 Tank, 2 Verbraucher, 3 Pumpenanschluß, 4 Rückschlagventil.

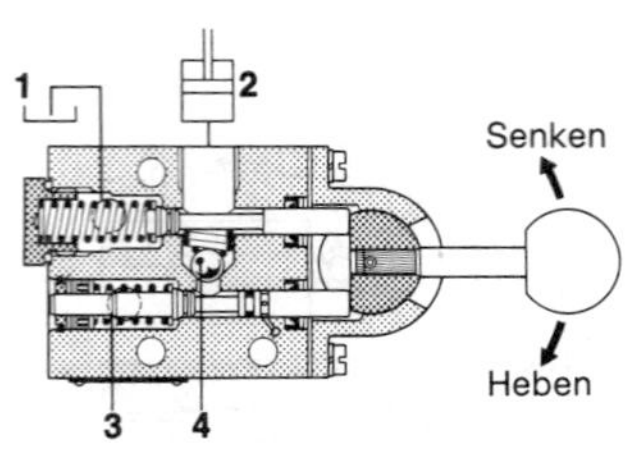

Stromventile

Drosselventile

In Drosselventilen wird der Ölstrom durch Veränderung des Strömungsquerschnittes eingestellt. Nach dem Strömungsgesetz ist diese Strombegrenzung druckabhängig und wird deshalb nur für einfache Geschwindigkeitssteuerungen eingesetzt. Für druckunabhängige Strombegrenzung sind Regelventile notwendig.

Stromregelventile

Um bei 2-Wege-Stromregelventilen den Ölstrom Q unabhängig vom Lastdruck p_3 einstellen zu können, wird das Druckgefälle an der Meßdrossel $(p_1 - p_2)$ durch eine variable Drossel (Druckwaage) konstant geregelt. Das Druckgefälle $p_1 - p_2$ entspricht der auf die Druckwaage wirkenden Federkraft. Bei dieser Steuerung fließt der überschüssige Ölstrom über das Druckbegrenzungsventil der Anlage ab.

Geringere Verluste erreicht man bei 3-Wege-Stromregelventilen mit einer zusätzlichen Ablauföffnung, über die der Reststrom zum Tank oder anderen Verbrauchern fließt. Der Druck steigt dann nur bis zum Verbraucherdruck an und nicht bis zum maximalen Anlagendruck.

Drosselventil.

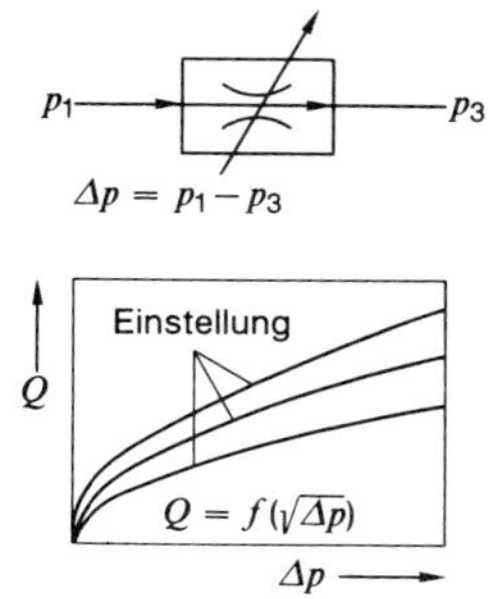

2-Wege-Stromregelventil.
1 Feder, 2 Meßdrossel, 3 Regeldrossel (Druckwaage).

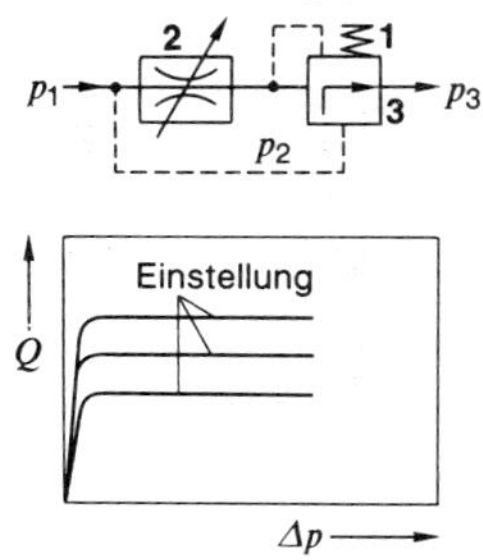

Schieberventil.
1 Ventilgehäuse, 2 Verbraucher, 3 Feinsteuerkerben, 4 Schieber, 5 Rückschlagventil, 6 Rückstellfeder.

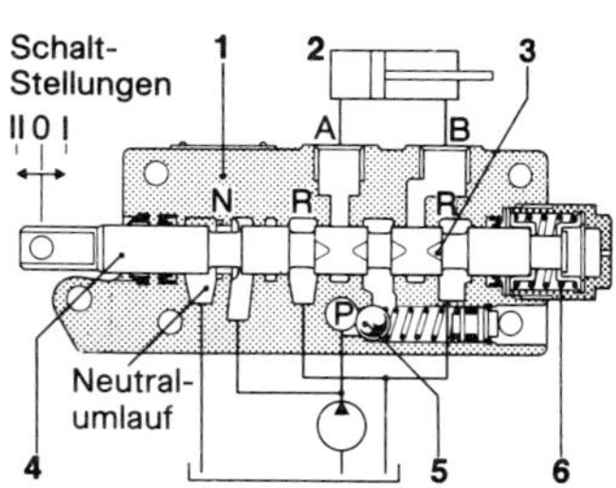

3-Wege-Stromregelventil.
1 Druckwaage, 2 Meßblende.

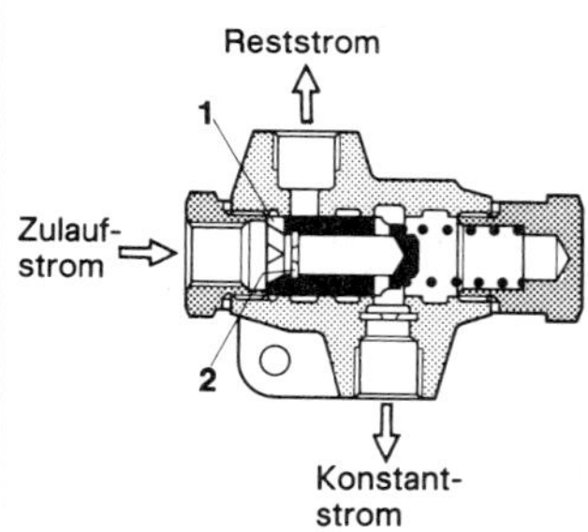

Druckventile

Druckbegrenzungsventil
Zum Schutz der Bauteile und für die Betriebssicherheit der Anlage enthalten Hydraulikkreise ein Druckbegrenzungsventil (DBV). Erreicht der am Sitzdurchmesser wirkende Druck den der Federvorspannung entsprechenden Wert, öffnet der Ventilkegel, und das Öl fließt zum Tank ab. Für größere Ölströme und vom Durchfluß unabhängige Kennlinien werden vorgesteuerte Druckbegrenzungsventile verwendet. Das Vorsteuerventil entlastet den Federraum des Hauptventils, das die Verbindung zum Tank steuert.

Druckminderventil
Es reduziert den Druck für einen bestimmten Verbraucher in der Anlage.

Zuschaltventil (Folgeventil)
Es sorgt für die bevorrechtigte Versorgung des Primärkreises einer Anlage bis zum eingestellten Druck und gibt dann die Verbindung zum Sekundärkreis frei. In Anlagen mit mehreren Pumpen werden zur Energieeinsparung die momentan nicht benötigten Ölströme über Abschaltventile auf kurzem Weg zum Tank geleitet.

Direktgesteuertes Druckbegrenzungsventil.
1 Ventilsitz, 2 Dämpfungskolben.

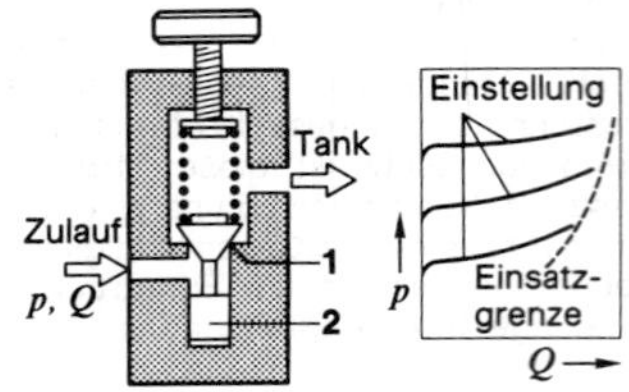

Vorgesteuertes Druckbegrenzungsventil.
1 Vorsteuerventil, 2 Hauptventil.

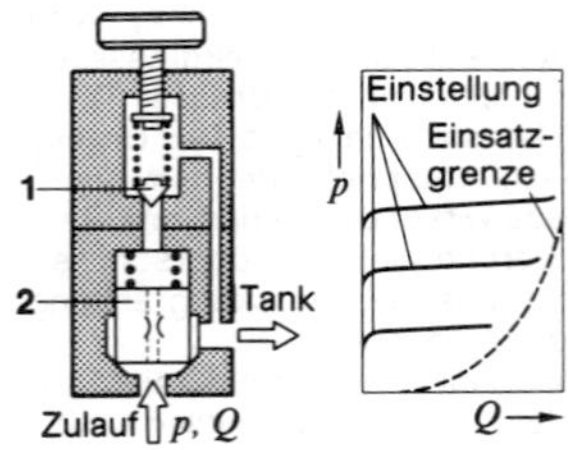

Sperrventile

Sie halten den Lastdruck gegen äußere Kräfte und Massenkräfte. Die erforderliche Dichtheit ist nur mit Sitzventilen zu erreichen.

Wechselventil
Es wählt den höheren von zwei anliegenden Drücken aus und leitet ihn in den Ausgang. Das Dichtelement sperrt den Anschluß mit dem niedrigen Druck.

Wechselventil.

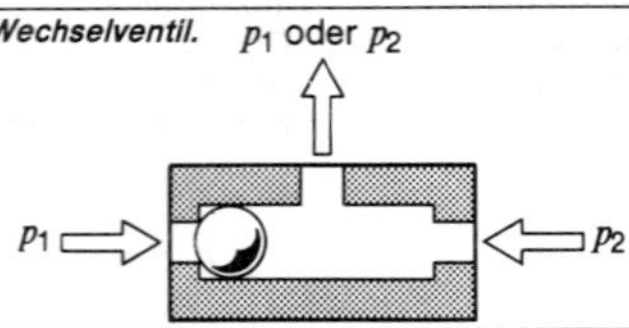

Rückschlagventil
Beim einfachen Rückschlagventil ist der Durchfluß nur in eine Richtung möglich, die Gegenrichtung ist gesperrt.

Bei Lasthaltefunktionen muß zum Absenken das Sperrventil geöffnet werden. Dazu wird in entsperrbaren Rückschlagventilen ein Dichtelement mechanisch, hydraulisch oder elektrisch vom Sitz abgehoben.

Dichtelemente für Rückschlagventile.
1 Kugel, 2 Kegel, 3 Teller, 4 Patrone.

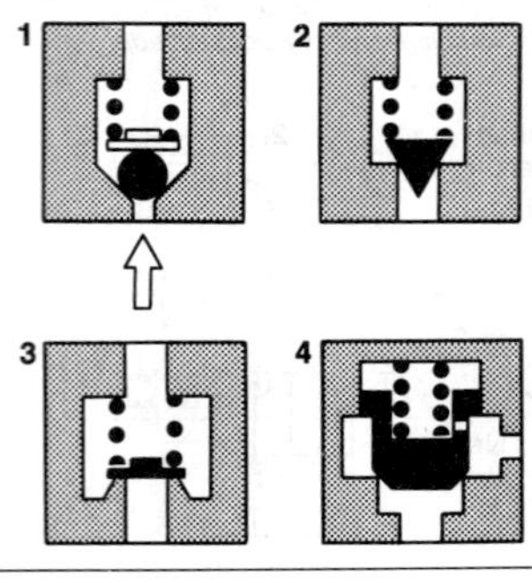

Elektrische Proportionalventile

Proportionalventile (Stetigventile) haben einen dem elektrischen Eingangssignal proportionalen hydraulischen Ausgang. Druck oder Ölstrom lassen sich im Gegensatz zu schaltenden Magnetventilen stetig verstellen. Sie werden zur Fernbetätigung und dem automatischen Ablauf von Richtungs-, Ölstrom- und Druckprogrammen in der Stationär- und Mobilhydraulik eingesetzt, sie sind kostengünstiger als die statisch und dynamisch hochwertigeren Servoventile.

Man unterscheidet zwischen direkt gesteuerten und durch Druckminder- oder Druckbegrenzungsventile vorgesteuerten Bauarten. Zur Verbesserung der Verstellgenauigkeit kann die Lage des Steuerschiebers oder Kegels gemessen und über einen Regelkreis konstant gehalten werden. Nach der Funktion gliedert man die Proportionalventile in Wege-, Drossel- und Druckventile.

Das Wegeventil ist direkt gesteuert und lagegeregelt. Die Proportionalmagnete lenken entsprechend dem elektrischen Eingangssignal den Schieber gegen die Rückstellfeder aus, mit dem induktiven Wegaufnehmer wird die Lage gemessen und zum Soll-Istwert-Vergleich in den elektronischen Regler gegeben. Durch die Lageregelung wird der Einfluß von Strömungs- und Reibungskräften verringert und dadurch die Wiederholgenauigkeit verbessert. Der Ölstrom ist bei Wege- und Drosselventilen abhängig von der Druckdifferenz am Steuerschieber. Mit einer zusätzlichen Druckwaage (siehe Druckregelventil) kann die Druckdifferenz konstant geregelt werden.

Durchflußkennlinien eines Wegeventils mit Lageregelung.

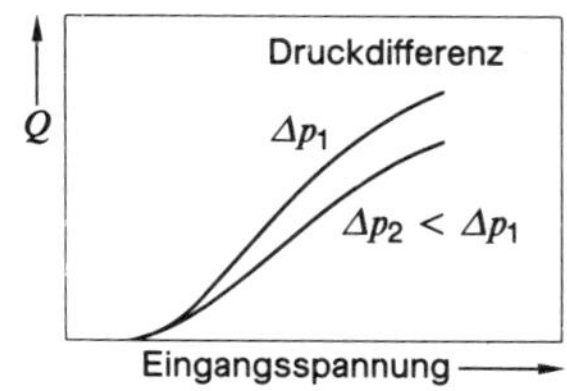

Hydraulisch entsperrbares Doppelrückschlagventil.
1 Sitzventil, 2 Entsperrkolben.

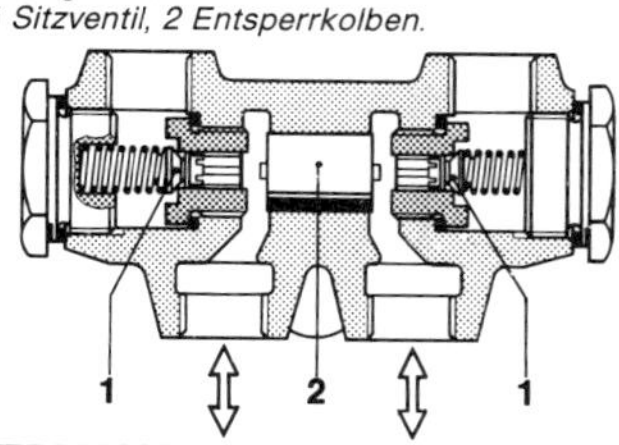

Wegeventil mit Lageregelung.
1 Regler, 2 Proportionalmagnet, 3 induktiver Wegaufnehmer, 4 Wegeventil.

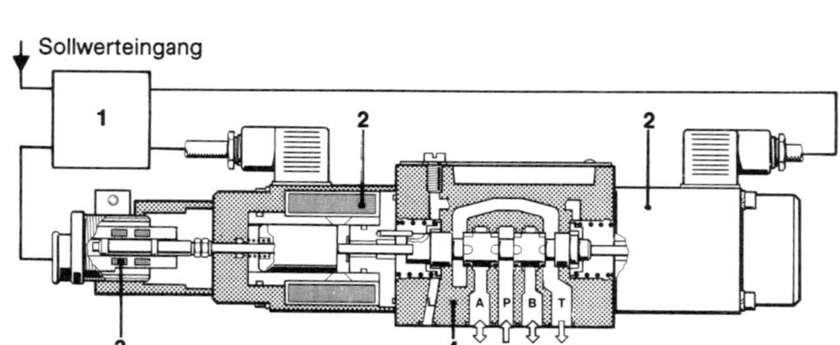

Hydrospeicher, Zylinder

Hydrospeicher werden zur Energiespeicherung, zum Leckölausgleich, zur Stoß- und Schwingungsdämpfung und als Federungselement eingesetzt. Der Innenraum des Speicherbehälters ist durch ein bewegliches bzw. elastisches Trennglied in zwei Kammern geteilt. Die eine Kammer ist mit einem inerten Gas (Stickstoff) gefüllt. Fülldruck: ca. 10 % unter dem niedrigsten Arbeitsdruck. Durch Ein- und Ausströmen von Hydraulikflüssigkeit in die zweite Kammer wird das Gas komprimiert und entspannt sich danach: es läßt sich somit als „hydraulische Feder" zur Energiespeicherung nutzen. Bei gegebenem Vorspanndruck des Gases und einem Verhältnis des max. zu min. Betriebsdrucks von ca. 3:1 beträgt die entnehmbare Flüssigkeitsmenge 45...65 % des Speicher-Nennvolumens.

Übliche Bauarten sind Kolben-, Membran- und Blasenspeicher.

Zylinder erzeugen aus hydraulischer Leistung (Druck, Ölstrom) eine geradlinige Bewegung (Kraft, Geschwindigkeit). Sie zeichnen sich durch große Leistungsdichte und geringen konstruktiven Aufwand aus. Ihr Wirkungsgrad ist abhängig von den Dichtungen, der Oberflächengüte und dem Druck. Neben Kraft und Geschwindigkeit ist die Knicksicherheit ein wichtiges Auslegungskriterium. Durch sie werden die Abmessungen und die Ausfahrlänge bestimmt. Als Anlenkungselement an Zylinderkopf und -boden dienen Bohrungen, Gabelköpfe, Gelenklager und Gewinde.

Membranspeicher.
1 Verschlußschraube, 2 Membran, 3 Schließknopf, 4 Stahlbehälter.

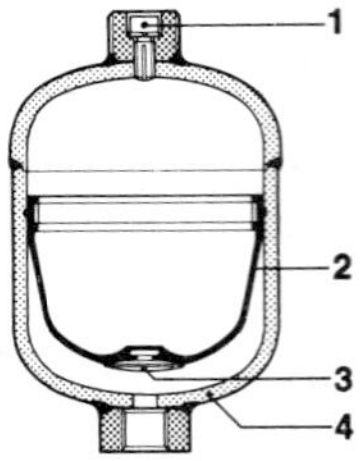

Zylinder.
1 Dichtelement, 2 Abstreifring, 3 Gelenkkopf, 4 Kolben, 5 Zylinderrohr, 6 Führungsbuchse, 7 Kolbenstange.

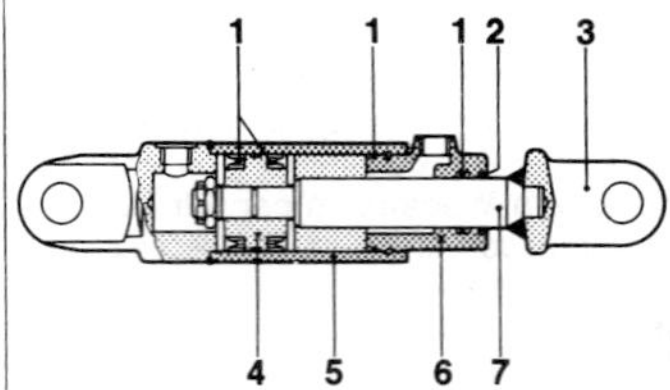

Tabelle 1. Zylinderbauformen.

Bauformen	Bemerkungen	
Einfachwirkend	Antrieb nur in eine Richtung möglich.	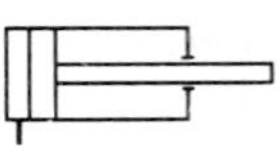
Doppeltwirkend	Zwei Antriebsrichtungen, unterschiedliche druckaufbeschlagte Flächen auf der Kolben- und Stangenseite.	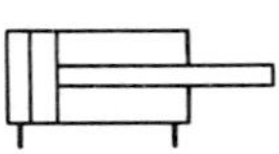
	Zwei Antriebsrichtungen, gleiche Flächen, durchgehende Kolbenstange.	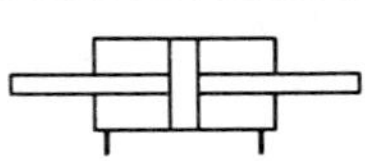

Zusatzantriebe

Als Antriebseinheit für zahlreiche Zusatzfunktionen an Fahrzeugen werden Elektrohydroaggregate eingesetzt. Neben dem Vorteil einer sehr hohen Leistungsdichte bieten sie die Möglichkeit eines flexiblen Einbaus. Elektrohydroaggregate steuern Hubeinrichtungen, Nachlaufachsen, und sie heben Schlepperachsen an. Ebenso werden sie für Lenk- und Hebeeinrichtungen an Flurförderzeugen und anderen Transportmitteln eingesetzt. Einsatzschwerpunkte für Elektrohydroaggregate sind Ladebordwände mit Nutzlasten von 300 bis 5000 kg.

Die Gesamtbewegung der Ladebordwand unterteilt sich in Heben und Senken. Während die Hubbewegung über einen zentralen oder zwei außenliegende Zylinder erfolgt, werden zum Neigen in der Regel zwei Zylinder eingesetzt. Sie sind entweder als einfachwirkende Zylinder mit Federrückzug oder als doppeltwirkende Zylinder ausgeführt. Je nach Bauweise erfolgt die automatische Schrägstellung der Bordwand mechanisch oder hydraulisch. Als wesentliche Steuerfunktionen sind neben „Heben" und „Senken" eine „Schwimmstellung" für das Beladen an einer festen Rampe, Positionieren in jeder beliebigen Lage (Neigen unter voller Belastung) sowie das Einhalten vorgeschriebener Geschwindigkeiten für „Heben" und „Senken" zu nennen.

Tabelle 2. Hubeinrichtungen.

Schwenklift für Omnibusse und Kombifahrzeuge	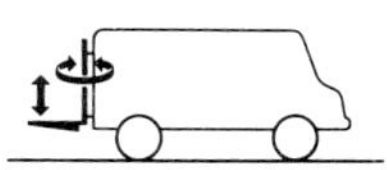
Ladebordwand für Kombi-Fahrzeuge und Lkw	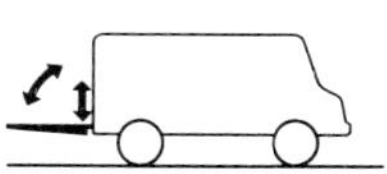
Absenkbares Heck für Pkw und Kombi-Fahrzeuge	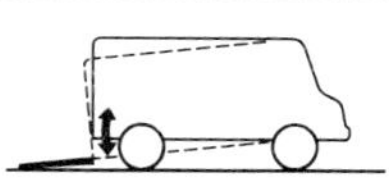

Hydrostatischer Lüfterantrieb

Die luftseitige Regelung der Kühlmitteltemperatur erfolgt durch thermostatische Beeinflussung der Lüfterdrehzahl des Kühlers. Bei der Notwendigkeit einer flexiblen, nicht an den Verbrennungsmotor gebundenen Anordnung des Kühlers im Fahrzeug (Bauraum, Motorkapselung) werden vorwiegend bei höheren Leistungen (Bus, Lkw, Bau- und Landmaschinen, stationäre Anlagen) hydrostatische Lüfterantriebe eingesetzt. Neben flexibler Kühleranordnung bieten sie den Vorteil hoher Leistungsdichte (geringes Gewicht, kleiner Raumbedarf der Bauelemente), einfache Regel- und Steuerbarkeit sowie hohe Zuverlässigkeit und geringer Verschleiß der Bauelemente durch Selbstschmierung über die Betriebsflüssigeit.

Der hydrostatische Lüfterantrieb besteht im wesentlichen aus Hydropumpe und -motor (Hochdruckzahnrad- oder Kolbenmaschinen) sowie einem temperaturgesteuerten Ventil im Bypaß zum Hydromotor zur Beeinflussung der Lüfterdrehzahl. Die Hydropumpe wird vom Verbrennungsmotor direkt oder über Keilriemen (Übersetzung) angetrieben. Sie treibt den mit dem Lüfter gekoppelten Hydromotor, dessen Drehzahl nach der Lüftercharakteristik ($n_L \sim \sqrt{\Delta p_M}$) vom wirkenden Druckgefälle (Δp_M) und bei Vernachlässigung von Verlusten im Übertragungssystem direkt vom Systemdruck (p) abhängt.

Für die Regelung der Motorkühlmitteltemperatur werden stetige oder unstetige Regler eingesetzt. Bei der 2-Punkt-Regelung (unstetig) ist das Bypaßventil ein elektrisch ansteuerbares Wegeventil, das durch Thermoschalter im Motorkühlmittelstrom zu- oder abgeschaltet wird. Der eingestellte Systemdruck (meist ≤ 200 bar) an einem parallelgeschalteten Druckventil bestimmt bei geschlossenem Wegeventil die maximale Lüfterdrehzahl, also die Kühlleistung. Die minimale Lüfterdrehzahl (offenes Wegeventil) kann über ein weiteres, in Serie geschaltetes Druckventil auf einen unteren Wert begrenzt werden (etwa 500 ... 600 min^{-1}). Starke

Geräuschemissionsänderungen auch bei Leerlaufdrehzahlen des Verbrennungsmotors und schlagartiges Anlaufen des Lüfters bei hohem Druckgefälle werden dadurch gemildert. Bei der stetigen Regelung ist das Bypaßventil ein Druckventil oder ein Drosselventil mit zusätzlichem Bypaßdruckventil zur Systemdruckbegrenzung. Von einer temperaturproportional arbeitenden Stelleinrichtung verstellt, ändert es stufenlos den Systemdruck (beim Drosselventil über den abfließenden Bypaß-Strom). Die Stelleinrichtung kann ein thermostatisches Arbeitselement (Dehnstoffelement mit Wachsfüllung) sein, das vom Kühlmittelstrom umspült wird. Bei einer anderen Ausführung wird das Ventil über einen Stellmagnet (proportional oder pulslängenmoduliert angesteuerter Schaltmagnet) verstellt. Das Ausgangssignal eines elektrischen Temperaturgebers im Kühlmittelstrom steuert über eine Verstärkerelektronik diesen Stellmagnet. Innerhalb des Regelbereiches von 5 °C bewirkt diese temperaturproportionale Systemdruckänderung eine stufenlose Anpassung der Lüfterdrehzahl an den Kühlleistungsbedarf. Der Betriebszeitanteil maximaler Lüfterdrehzahl beträgt nur etwa 5 %. Im vorwiegenden Bedarfsbereich arbeitet der Lüfter mit reduzierter Drehzahl. Dadurch wird der Kraftstoffverbrauch und die Geräuschemission reduziert. Systembedingte Verluste bei dieser Schlupfregelung betragen im Maximum etwa 15 % der Lüfterantriebsleistung und sind daher wirtschaftlich vertretbar. Um die Belüftung des Motorraumes besonders bei gekapselten Motoren geräuschoptimierter Fahrzeuge über eine Grunddrehzahl des Lüfters sicherzustellen, wird der Systemdruck zusätzlich auf einen minimalen Wert begrenzt.

Hydrostatische Lüfterantriebe bieten die Möglichkeit für die Versorgung weiterer Systeme bzw. die Kombination mit zusätzlichen Nebenantrieben wie z. B. Kupplung, Getriebe, Kompressor, Wasserpumpe, Generator, hydraulische Lenkhilfe, Arbeitshydraulik für Kipper usw. Durch geeignete Schaltungstechnik oder Mehrfachpumpen-Kombination können u. a. Funktionspriorität und sicherheitstechnische Forderungen erfüllt werden.

Hydrostatischer Lüfterantrieb kombiniert mit hydrostatischer Lenkung.

1 Kühler
2 Lüfter
3 Hydromotor
4 Bypaßventil
5 hydrostatische Lenkung
6 Stelleinrichtung
7 Druckventil
8 Verbrennungsmotor
9 Kühlmittelregler (Thermostat)
10 Kühlmittelpumpe
11 Übersetzung
12 Hydro-Pumpe (Tandemausführung)
13 Hydro-Pumpenteil 1 für Lüfterbetrieb
14 Pumpenteil 2
15 Luftfilter
16 Filter
17 Ölbehälter

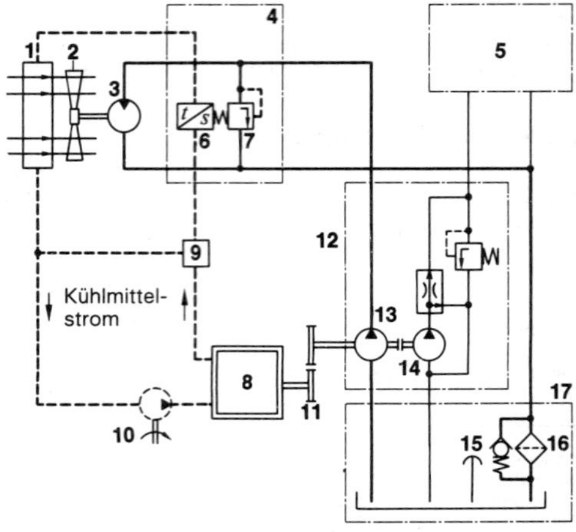

Schlepperhydraulik

Die Ölhydraulik macht den Schlepper zu einem universellen und mobilen Fahrzeug für die Land- und Forstwirtschaft. Die vielfältigen Anbaugeräte können mit Hilfe der Hydraulik schnell vom Schlepper am Heck, im Front- und Zwischenachsbereich aufgenommen werden und zur Arbeit in entsprechende Stellung gesteuert oder geregelt werden. Über hydraulische Steckkupplungen werden weitere lineare und rotierende Motoren am Anbaugerät selbst gesteuert. Die Handhabung des Schleppers wird durch hydraulische Servounterstützung für Lenkung (s. auch Kapitel Lenkung), Bremsen, Kupplungen und Getriebeschaltungen erleichtert. Überbeanspruchungen des Schleppers durch die Anbaugeräte werden durch Druckbegrenzungsventile verhindert. Anhänger lassen sich – abgestimmt auf die Schlepperbremse – hydraulisch bremsen.

Der Grund für die verbreitete Anwendung der Hydraulik im Schlepper ist die hohe Leistungsdichte und Flexibilität. Die vielfältigen Einsatzbereiche vom kleinen Weinbergschlepper mit einer Leistung von etwa 20 kW über den Geräteträger, Standard-, Forst- und Bauschlepper bis zum knickgelenkten Großschlepper mit etwa 300 kW stellen an Leistung, System und Funktion der Hydraulik unterschiedliche Anforderungen.

Hydrauliksysteme für Schlepper

Die Hydrauliksysteme haben im allgemeinen mindestens einen Hochdruckkreis mit Drücken bis max. 250 bar und Ölströme bis max. 80 l/min sowie einen Niederdruckkreis mit etwa 30 bar und etwa 20 l/min. Grundsätzliche Unterschiede gibt es im Hochdruckkreis. Wichtige Auswahlkriterien sind Energieverluste, Komplexität und Kosten.

Open-center-System:
(Q = konst., $p \neq$ konst.)
Dieses System ist aufgrund seines günstigen Kosten-Leistungs-Verhältnisses am stärksten verbreitet. Verwendung finden vor allem Zahnradpumpen. Bei nicht betätigter Stellung der Ventile wird der nur über die Drehzahl des Die-

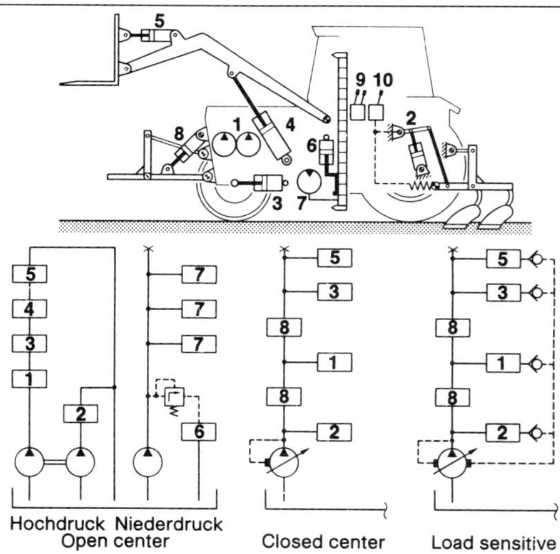

Schlepperhydraulik.
1 Tandempumpe
2 Heckhubwerk
3 Lenkung
4 Frontlader
5 Frontgabel
6 Mähaushub
7 Mähmotor
8 Fronthubwerk
9 Wegeventil
10 Regelventil

Hydrauliksysteme.
1 Anhängerbremse
2 Hy-Lenkung
3 Zusatzverbraucher
4 Mähwerk
5 Hubwerksregelung
6 Getriebeschmierung
7 Getriebeschaltung
8 Prioritätsventil

selmotors veränderbare Volumenstrom im Neutraldurchlauf zum Tank gefördert. Zum Ausheben eines oder weiterer Verbraucher wird der Neutraldurchlauf im Ventil angedrosselt und entsprechend der Auslenkung Öl zu den Arbeitsanschlüssen geleitet. Durch Vorschalten eines Ventils (z. B. für Anhängerbremse), durch zusätzlichen Pumpeneinbau (z. B. für Lenkung) sowie durch Stromregel-/Prioritätsventile lassen sich Prioritätsschaltungen für Sicherheitsfunktionen darstellen. Außerdem kann der Hauptarbeitskreis durch entsprechende Schaltung von zwei Pumpen in drei Leistungsgruppen unterteilt werden (Q_1, Q_2, $Q_1 + Q_2$).

Closed-center-System:
($Q \neq$ konst., $p =$ konst.)
Eine Kolben-Regelpumpe arbeitet bei Neutralstellung der Ventile gegen ein geschlossenes System und fördert bei konstantem Maximaldruck nur die Leckverluste. Bei Betätigen eines Ventils regelt die Pumpe automatisch auf Mehrförderung entsprechend dem abgenommenen Arbeitsstrom. Über zusätzliche Prioritätsventile werden z. B. für Lenkung und Anhängerbremse die erforderlichen Sicherheitsfunktionen dargestellt.

Load-sensitive-System:
($Q \neq$ konst., $p \neq$ konst.)
Ähnlich dem Closed-center-System wird hier auch eine Regelpumpe verwendet. Über zusätzliche Steuerleitungen wird jedoch der höchste am Steuervorgang beteiligte Lastdruck abgegriffen. Die Pumpe hält ein Regeldruckgefälle zwischen Pumpenausgang und Lastdruck konstant. Der Förderstrom entspricht somit dem jeweiligen Öffnungsquerschnitt am Ventil. Bei Parallelbetrieb mit unterschiedlichen Lastdrücken regeln zusätzliche Zwei-Wege-Stromregler im Wegeventil den Ölstrom. Das System wird dann angewendet, wenn bei hoher installierter Hydraulikleistung über längere Zeit nur ein Teilstrom abgenommen wird (z. B. relativ kleine rotierende Hydraulikmotoren).

Heckhubwerksregelung
Das Heckhubwerk mit seiner genormten 3-Punkt-Kupplung ist die häufigst gebrauchte Aufnahmeeinrichtung für Arbeitsgeräte. Die Geräte lassen sich heben, senken und halten sowie auf konstante Zugkraft im Anlenkgestänge oder konstante Lage zum Schlepper regeln. Zugkraftregelung wird hauptsächlich bei der Bodenbearbeitung, z. B. Pflügen, eingesetzt (konstante Zugkraft ergibt konstante Tiefe bei homogenem Boden). Hohe Regelgüte, d. h. kleine Zugkraftabweichungen sind maßgebend für volle Ausnutzung der Motorleistung, kraftstoffsparenden Betrieb im optimalen Motorkennfeld und kleine Tiefenschwankungen. Weil die Geräte von der Hubwerksregelung geführt, also weitgehend getragen werden, wirken die Einzugskräfte als zusätzliche Belastung auf die Triebräder. Dies bedeutet weniger Reifenschlupf und damit weniger Energieverluste. Die Lageregelung wird hauptsächlich für Geräte eingesetzt, die nicht in den Boden eindringen. Außerdem kann ein Lageanteil

Elektronische Hubwerksregelung „Hitch-Tronik“.
1 Bedienpult mit Sollwert (Tiefe), Lage-Zugkraft-Mischung, Empfindlichkeit, Feldende Aushub, Ein/Aus, Monitor Heben/Senken,
2 Elektronik,
3 Lage Istwertgeber,
4 2 Kraftmeßbolzen,
5 Externer Sensor,
6 Heckbetätigung,
7 Regelventil,
8 Hubwerk.

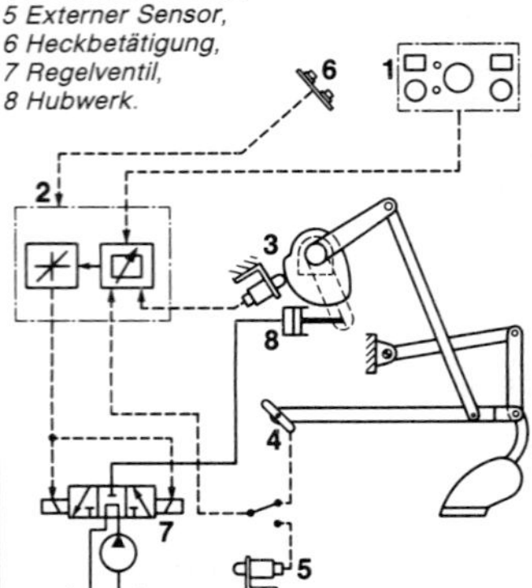

der Zugkraftregelung beigemischt werden (Mischregelung), um Tiefenschwankungen bei stark wechselnden Böden einzuschränken.

Mechanische Hubwerksregelung

Die Zugkräfte werden entweder im oberen oder in den beiden unteren Lenkern über Federelemente gemessen und die kraftproportionalen Wege über Regelgestänge zum mechanisch-hydraulischen Regelventil übertragen. Im Regelventil werden die Istwerte der Regelkräfte mit dem vom Fahrer vorgewählten Sollwert verglichen und bei Abweichung am Hubwerk solange gehoben bzw. gesenkt, bis Soll- und Istwert übereinstimmen. Die Istwerte der Lage werden meist an der Hubwelle über einen Nocken abgegriffen und über mechanische Gestänge alternativ zum Zugkraftsignal oder mit vorgewähltem Mischungsverhältnis dem Regelventil zugeführt.

Elektronische Hubwerksregelung (Hitch-Tronik)

Die elektronische Hubwerksregelung unterscheidet sich von der mechanischen durch eine direkte Kraftmessung über Kraftmeßbolzen im Gestängeanlenkpunkt. Die Meßwertübertragung erfolgt über Kabel. Die Bedienelemente haben eine kleine, leichte Bauweise. Der elektronische Regler hat eine Empfindlichkeitseinstellung und kann an unterschiedliche Arbeitsbedingungen angepaßt werden.

Zusätzliche Regelgrößen und Stellgrößen lassen sich addieren, wie z. B. Heckbetätigung zum Ankuppeln von Geräten, externe Sensoren z. B. für Regelung der Lage des Arbeitsgeräts zur Bodenoberfläche (Rübenroder).

Hubwerksregelung mit hydraulischer Signalübertragung

Das Grundschema ist eine hydraulische Brückenschaltung, bei der die Soll- und Istwerte der Regelgröße über Drosselglieder in die Brückenzweige eingegeben und das Regelventil bei Regelabweichung mit dem diagonal abgegriffenen Differenzdruck gegen Federkraftvergleich ausgelenkt wird.

Wegeventile für Schlepper

Entsprechend dem jeweiligen Hydrauliksystem haben die Wegeventile für den Hochdruckkreis offene oder geschlossene Neutralstellung mit Lastabgriff. Um schwere Lasten über längere Zeit halten zu können und aus Sicherheitsgründen werden häufig Sitzventile oder Schieberventile (s. Kap. Wegeventile) mit im Arbeitsanschluß nachgeschalteten mechanisch oder hydraulisch entsperrbaren Sitzventilen verwendet. Neben den drei Stellungen für Einfahren, Ausfahren und Halten der Last haben die Ventile oft eine vierte Stellung (Freigangstellung), um Bodenführung des Arbeitsgerätes, z. B. über Stützräder, zu ermöglichen. Rasteinrichtungen mit hydraulischer Maximaldruckentrastung sorgen für eine automatische Rückstellung eines ausgelenkten Ventils nach Neutralstellung bei Überlastung und beim Zylinderanschlag (Bedienhilfe). Integrierte Stromregler erlauben druckunabhängige Parallelschaltung und Geschwindigkeits- bzw. Drehzahlkonstanz von Linear- bzw. Rotationsmotoren. Eingebaute Schockventile schützen den Schlepper vor Überlastung bei geschlossenem Arbeitsanschluß.

Für die Betätigung mehrerer Hydraulikfunktionen am Arbeitsgerät werden Elektromagnetventile eingesetzt, die vom Schlepper aus über Kabel anzusteuern sind (z. B. Rübenernter).

Die Hydraulikversorgung erfolgt über hydraulische Steckkupplungen oder eine separate, von der Schlepperzapfwelle angetriebene Pumpe. Zur Getriebeschaltung und Betätigung verschiedener Kupplungen im Schlepper werden vermehrt elektromagnetische Schaltventile im Niederdruckkreis eingesetzt.

Zum Bremsen von Anhängern wird in den Hochdruckkreis ein Bremsventil geschaltet, das von der Schlepperbremse angesteuert wird und einen entsprechenden Bremsdruck zum Anhänger regelt.

Fahrzeugpneumatik

Im Fahrzeugaufbau wird die Pneumatik als Energieträger eingesetzt zum
– Verriegeln, Betätigen und Steuern von Türen, Kühlerjalousien usw.,
– Niveauregulierung s. S. 478,
– Steuern der Scheinwerfer (Leuchtweiteregelung),
– Pneumatische Bremsausrüstung s. S. 512.

Türbetätigung (Omnibus)

Die Türbetätigung erfolgt am Omnibus über doppeltwirkende Arbeitszylinder. Die Kolbenbewegung wird auf den Türflügel übertragen. Durch wechselweises Be- und Entlüften der beiden Zylinderkammern öffnet und schließt die Tür. Drei Antriebssysteme kommen zur Anwendung:
– Der Kolbenzylinder dreht über einen Hebel die Türspindel. Die Spindelbewegung wird über oben und unten am Türflügel angebrachte Hebel auf den Türflügel übertragen.
– Der Kolbenzylinder ist axial an die Türspindel angeflanscht. Die Hubbewegung des Zylinderkolbens wird in der Türspindel in eine Drehbewegung umgesetzt.
– Der Kolbenzylinder ist axial mit der Türspindel verbunden. Die Hubbewegung des Zylinderkolbens wird im Zylinder in eine Drehbewegung umgesetzt.

Um beim Öffnen oder Schließen der Tür ein hartes Anschlagen des Türflügels in der Endlage zu vermeiden, kann kurz vor Erreichen dieser Türpositionen durch im Zylinder angebrachte druck- oder wegabhängige Dämpfungseinrichtungen die Türgeschwindigkeit verringert werden. Die Wirkung dieser Endlagendämpfung ist mit einer Drosselschraube einstellbar.

Die Umsteuerung der Türbewegung erfolgt über ein 4/2-Wege-Magnetventil. Durch einen Stromimpuls, welcher z. B. durch den Tür-Taster am Fahrerplatz ausgelöst wird, bewegt der Magnetanker über einen Stößel die Schaltwippe in die entgegengesetzte Wippenstellung. Dabei wird durch die Wippe das Einlaßventil der einen Zylinderseite geschlossen und der Auslaß geöffnet, für die andere Zylinderseite der Auslaß geöffnet und der Einlaß geschlossen. Das Türventil kann von Hand betätigt werden. Zusätzliche Ventil- und Steuerfunktionen sind durch die Sicherheitsbestimmungen der Straßenverkehrszulassungsordnung StVZO § 35 e, die Richtlinien für kraftbetätigte Fenster, Türen und Tore, ZH 1/494 des Hauptverbandes der gewerblichen Berufsgenossenschaften, die Richtlinien des Verbandes der öffentlichen Verkehrsbetriebe (VÖV) für Standardlinienbusse und durch Anforderungen der Fahrzeughersteller bedingt.

Die schließende Tür muß beim Einklemmen eines Fahrgastes die Bewegungsrichtung umkehren (VÖV-Standard-Linienbus) oder die Schließkraft aufheben. Bei der öffnenden Tür muß die Öffnungskraft auf 150 N begrenzt oder bei Auftreten eines Widerstandes aufgehoben werden. Nach Betätigung des Nothahns muß sich die Tür durch Aufhebung der Öffnungs- bzw. Schließkraft von Hand bewegen lassen. Nach dem Umschalten des Nothahns von Hand- auf Kraftbetrieb darf die Türbewegung erst einsetzen, wenn ein vom Nothahn getrennter Taster (am Fahrerplatz, im Türkasten) betätigt wird oder ausreichende Sicherheitsfunktionen in Betrieb sind. Es dürfen keine schlagartigen Türbewegungen auftreten.

Anlagen in Stadtlinienbussen

Das Reversieren der Türen im Stadtlinienbus wird durch Einbau einer Druckwelle im Türgummi, Differenzdruckschalter, Lichtschranke oder Potentiometer erreicht, bei welchen beim Einklemmen ein elektrischer Schaltimpuls ausgelöst und dadurch das Türventil umgesteuert wird. Beim Türöffnen kann die Anlage im Einklemmfall mit diesen Einrichtungen über ein 3/2-Wegemagnetventil drucklos geschaltet werden. Die Kraftbegrenzung in Öffnungsrichtung erhält man durch Anordnung eines Druckbegrenzers in der Öffnungsleitung. Um sicherzustellen, daß die Tür sofort zu öffnen beginnt und Anfahrwiderstände gut überwindet, wird bei der Innenschwenktür in die Öffnungskammer des Türzylinders zunächst der volle Druck eingesteuert und erst nach Öffnungsbeginn der Druck reduziert. Für die Inbetriebnahme des Kraftbetriebs nach Handbetrieb wird der Nothahn elektrisch entriegelt und das Türschlagen durch eine Drossel zwischen Nothahn und Türventil, die bei Normalbetrieb geöffnet ist, vermieden.

Bei Omnibussen mit mehr als zwei Türen muß die hintere dritte Tür automatisch gesteuert werden. Der Fahrer erteilt nur die Türfreigabe. Türöffnen, Offenhaltezeit und Schließen werden zusammen mit der Fahrer- und Fahrgastinformation elektronisch gesteuert.

Bei der Vordertür ist es oft erwünscht, daß zeitweise nur der vordere Türflügel betätigt wird und der andere geschlossen bleibt. Dies wird mit einem 2/2-Wege-Magnetventil erreicht, das in der Schließleitung des Zylinders für den zweiten Türflügel angeordnet ist.

Anlagen in Reiseomnibussen

Bei der Außenschwingtür wird in der Öffnungsleitung ein Druckbegrenzer ohne Durchsteuermöglichkeit verwendet. Ist der Nothahn nach dem Türventil in die Leitung zur Schließkammer des Türzylinders eingebaut, wird der Riegel am Nothahn pneumatisch betätigt. Bei Erreichen eines mittleren Druckes wird der Steuerschieber pneumatisch entriegelt und das Ventil umgeschaltet.

Kühlerjalousie

Die Betätigung der Kühlerjalousie erfolgt mit einem Pneumatikzylinder, der durch ein Thermostatventil gesteuert wird. Das Thermostatventil ist dabei an die obere Kühlwasserleitung angeflanscht, so daß der Wärmefühler (Thermostat) in das Kühlwasser eintaucht. Der Fühlerstift des Thermostaten betätigt über einen Kipphebel den hohlen Ventilstößel. Der Kipphebel wird durch die Feder an den Fühlerstift gedrückt. Bei Erwärmung des Kühlwassers dehnt sich die Wachsfüllung des Thermostaten aus und schiebt den Fühlerstift nach oben. Über den Kipphebel wird der Ventilstößel nach unten bewegt. Dadurch kommt der Ventilteller zur Anlage auf der Dichtfläche und schließt die Druckluftzufuhr. Der hohle Ventilstößel hebt vom Ventilteller ab, so daß die Druckluft vom Betätigungszylinder der Jalousie über den hohlen Ventilstößel ausströmen kann. Dadurch öffnet sich die Jalousie bei etwa 80 °C. Mit der Stellschraube im Federteller kann der Öffnungsbeginn der Jalousie eingestellt werden.

***Türbetätigungsanlage** (Schaltung).*
1 Luftbehälter, 2 Nothahn mit elektromagnetischer Entriegelung, 3 Anlaufdrossel, 4 Türventil, 5 Druckbegrenzer, 6 Türzylinder, 7 Taster.

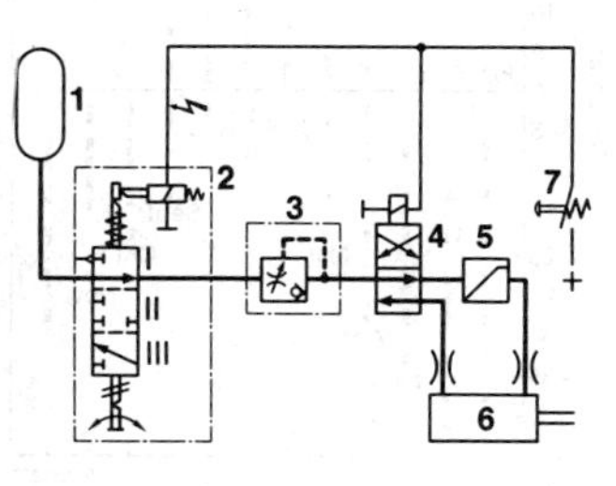

***Einbau des Thermostatventils zwischen Motor und Kühler** (Jalousie geschlossen).*
1 Jalousie, 2 Arbeitszylinder, 3 Wärmefühler, 4 Kühler, 5 Motor.

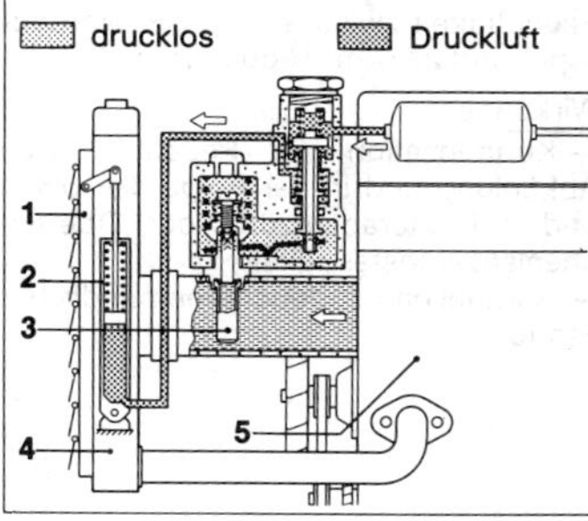

Klimabeanspruchung der Kfz-Ausrüstung

Umweltfaktoren

Die gesamte Kraftfahrzeugausrüstung ist während des Betriebes im Kraftfahrzeug einer Vielzahl von Umwelteinflüssen ausgesetzt. Ursachen dafür sind:
– natürliches Großklima,
– Motorraumklima, das im wesentlichen durch den Motorbetrieb bestimmt wird (Temperatur, Öl- und Benzindämpfe),
– Geräte-Innenraumklima (z.B. geschlossene elektrische Geräte mit geringer Belüftung).

Die für die Klimabeanspruchung verantwortlichen Umweltfaktoren können jeweils nach Ursache und Wirkung gegliedert werden.

Temperatureinflüsse

Wirkungen
– Änderung von Stoffeigenschaften (Festigkeit, Elastizität, Maßhaltigkeit, elektr. Widerstand),
– Alterung von Kunststoffen durch chemische Reaktionen,
– Spannungen bei Paarung von Werkstoffen mit unterschiedlichen Ausdehnungskoeffizienten (Ermüdung von Lötstellen, Lösen von Schraub- und Nietverbindungen, Rißbildung),
– Luftaustausch in belüfteten Gehäusen durch temperaturbedingte Volumenänderung.

Luftfeuchte

Auf der Erde variiert die absolute Feuchtigkeit zwischen 5 g/m^3 (Nordeuropa) und 27 g/m^3 (Äquatorzone).

Wirkungen
– Kondensation der Feuchte durch Abkühlung und in der Folge Korrosion und z.T. Herabsetzung der Oberflächenisolationsfestigkeit,
– Aufquellen feuchteempfindlicher Stoffe.

Wasser und Salznebel

Wirkungen
– Überbrückung von Isolationsstrecken. Folge: Kurzschluß, kritische Ableitströme und elektrolytische Zerstörung der Anode,
– Sumpfbildung in ungenügend belüfteten Gehäusen mit Erhöhung der Feuchtebelastung,
– Oberflächenkorrosion von Metallen,
– elektrochemische Korrosion durch Elementbildung zwischen Metallen mit unterschiedlichen Potentialen.

Luftdruck

Wirkungen
– Ermüdung von Membranen, Drift von Funktionsparametern.

Sand und Staub

Wirkungen
– Änderung von Übergangswiderstand und Kriechstromfestigkeit,
– Beeinträchtigung des Bewegungsablaufes bei beweglichen Teilen.

Strahlung

Wirkungen
– Beschleunigte Alterung von Kunststoff- und Gummiteilen.

***Verteilung der Tagestemperatur-Minima über einem Jahr** (in Kiruna, Schweden).*

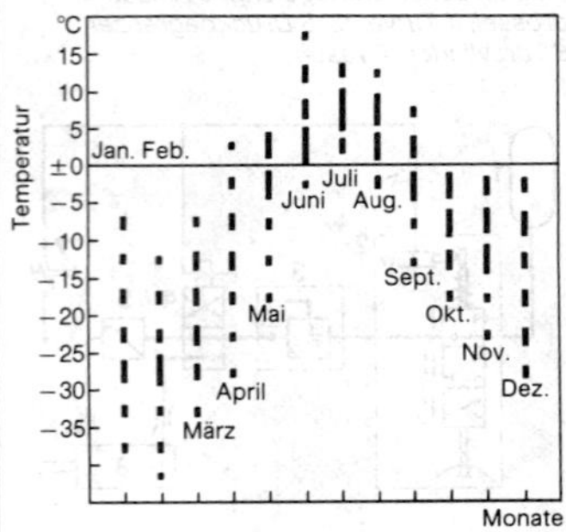

Simulation der Beanspruchung im Prüflabor

Die Prüfverfahren zur Simulation der Klimabeanspruchungen sind im wesentlichen in den Normen DIN 40 046 (Umweltprüfungen für die Elektrotechnik) und DIN 40 050 (Schutzarten für elektrische Betriebsmittel) festgelegt.

Simulation von Temperatur, Temperaturwechsel und Feuchte
Eine sinnvolle Kombination der Klimafaktoren Temperatur, Temperaturwechsel und Feuchte mit dem elektrischen Betrieb von Erzeugnissen gewährleistet eine gute Übereinstimmung mit den in der Praxis zu erwartenden Alterungseffekten. Um eine Überbeanspruchung durch die Simulation in der Klimakammer zu vermeiden, müssen für die Temperaturwechselbelastung Eckwerte festgelegt werden, die mit den Extremwerten der Praxis gut übereinstimmen (dies gilt besonders für elektronische Geräte). Der obere Eckwert wird durch Temperaturmessung am Einbauort nach Erreichen der Beharrungstemperatur ermittelt. Der untere Eckwert (Minustemperatur) ist durch das Tagestemperatur-Minimum (Fahrzeug-Start-Temperatur) gekennzeichnet. Die Auswertung der Extremwerte ergibt ein Temperaturprofil, das in zeitgeraffter Form auf die Klimakammer übertragen wird.

Simulation von Salznebel
Für die Simulation von Salznebel wird als Standardbeanspruchung in der Salzsprühkammer eine 5%ige NaCl-Lösung nach dem Injektorprinzip bei 35°C Raumtemperatur zerstäubt. Je nach Einbauort am Kraftfahrzeug müssen zur Abdeckung von 10 Jahren Praxisbelastung zwischen 24 und 240 Stunden Prüfzeit aufgebracht werden.

Simulation von Sand und Staub
In der Staubprüfkammer werden die Erzeugnisse der elektrischen Kraftfahrzeug-Ausrüstung einer Staubatmosphäre mit einer Staubdichte von 5 g pro m^3 Luft ausgesetzt. Als Prüfstaub wird eine Mischung aus Kalkstaub und Flugasche (Mischungsverhältnis 1:1) verwendet.

Simulation von Spritzwasser
Mit einem schwenkbaren Spritzbogen lassen sich die meisten am Kraftfahrzeug vorkommenden Spritzwasserbedingungen simulieren. Der unterschiedlich einstellbare Schwenkwinkel des Spritzbogens erlaubt es, die Prüflinge z. B. allseitig oder nur von oben entsprechend der Regenbelastung zu bespritzen. Die Prüfdauer beträgt 10 Minuten.

Prüfprogramm zur Simulation miteinander kombinierter Beanspruchungsfaktoren.

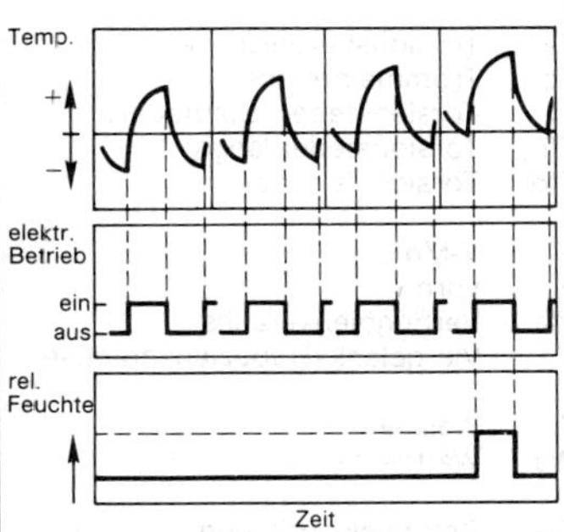

Salzsprühkammer zur Salznebel-Simulation.
1 Sprühkammer, 2 Sicherheitsthermostat, 3 Prüfraumthermostat, 4 Prüfraumheizung, 5 Vorratsbehälter mit Salzlösung, 6 Zustrom Salzlösung, 7 Zustrom befeuchtete Luft.

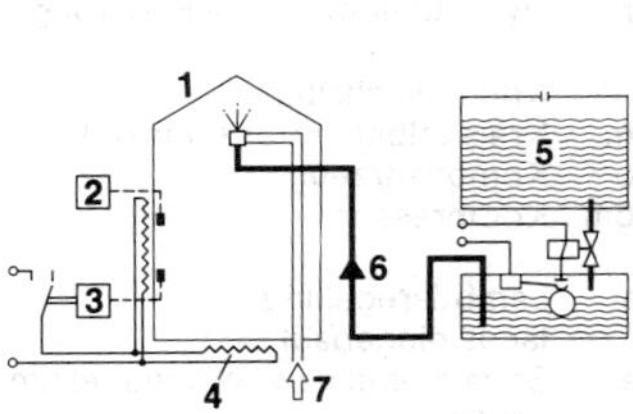

Kraftfahrzeugdaten

Die nachfolgende Übersicht enthält eine Auswahl von Personenkraftwagen-Typen des In- und Auslands (Stand: 1. Halbjahr 1987).
Die Auswahl stellt keine Bewertung innerhalb der Modellpalette eines Herstellers oder gegenüber vergleichbaren Fahrzeugen anderer Hersteller dar.

Abkürzungen

A	Automatisches Getriebe
ABS	Anti-Blockier-System
Ac	Achsschenkel
As	Anti-Schleuder-Bremssystem
AT	Abgas-Turbolader
Bf	Blattfeder
Bx	Boxermotor
Br	Bremskraftregler
Ca	Cabriolet
Co	Coupé
D	Doppelgelenkachse
Db	Dämpferbein
De	De Dion-Achse
Dl	Diagonallenker
DPa	Diagonal-Pendelachse
DSl	Doppel-Schräglenker
DQl	Dreieck-Querlenker
DQu	Doppel-Querlenker
E	Einzelgelenkachse
Ea	Einzelradaufhängung
El	Elektronische Benzineinspritzung
EP/R	Diesel-Reiheneinspritzpumpe
EP/V	Diesel-Verteilereinspritzpumpe
F	Federbein
Gf	Gummifederelement
h	hinten
Hf	Hydropneumatische Federung
K	Knüppelschaltung
Km	Kreiskolbenmotor (Wankel)
Ko	Kombifahrzeug
Kom	Kompressor
La	Lambdaregelung
lä	längs eingebaut
Le	Schalthebel bzw. Wählhebel am Lenkrad
Lf	Längsblattfeder
Li	Limousine
Ll	Längslenker
Ls	Längsschwingarm
M	Wählhebel in der Mitte
Mm	Mittelmotor
O	Overdrive
Om	omegaförmige Achse
P	Panhardstab
Pa	Pendelachse
q	quer eingebaut
Qf	Querblattfeder
Ql	Querlenker
R	Reihenmotor
Ra	Raumlenkerachse (5 Lenker je Rad)
Sa	Starrachse
Sb	Scheibenbremse
Sc	Schalthebel am Armaturenbrett
Sf	Schraubenfeder
Sl	Schräglenker
Sr	Schraublenkerachse
Sv	Bremskraftverstärker (Servo)
Ta	Torsionskurbelachse
Tb	Trommelbremse
Tf	Torsionsfeder (Stabfeder)
Tfl	Torsionsfeder längs
Tfq	Torsionsfeder quer
V	V-Motor
v	vorn
Vla	Verbundlenkerachse
Vtl	Viergelenk-Trapezlenkerachse
W	Wasser
Wa	Wattgestänge
Ze	Zentraleinspritzung

Erläuterungen

Zeile

1 **Karosserie**
3/5 KoLi 5 bedeutet z. B. drei- oder wahlweise fünftürige Kombilimousine mit fünf Sitzen.

2 **Nutzleistung**
Die vom Motor abgegebene nutzbare Leistung in kW/PS nach DIN 70020.
Umrechnung: 1 kW = 1,36 PS.

4 **Höchstgeschwindigkeit**
Nach DIN 70020 größte Geschwindigkeit, die das Fahrzeug über eine Meßstrecke von 1 km Länge durchhalten kann.

6 **Leergewicht**
Gewicht des betriebsfertigen Fahrzeugs ohne Fahrer.

8 **Leistungsgewicht**
Berechnet aus Nutzleistung und Gewicht des betriebsfertigen Fahrzeugs ohne Fahrer (Leergewicht). Je kleiner das Leistungsgewicht, desto größer Beschleunigungsvermögen und Bergsteigefähigkeit.

9 **Kraftstoffverbrauch**
Bei europäischen Kraftfahrzeugen meist nach DIN 70030 (s. S. 269) angegeben für konstant 90 km/h, konstant 120 km/h, Stadtverkehr; ansonsten der Durchschnittsverbrauch.

15 **Hubraumleistung** (Literleistung)
Verhältnis der Nutzleistung zum Hubraum.
Umrechnung: 1 kW/l = 1,36 PS/l.

16 **Motorbauform**
Reihenfolge der Angaben ist: Motorlage, Zylinderzahl, Zylinderanordnung.
Beispiele: q 4 R bedeutet quer eingebauter 4-Zylinder-Reihenmotor, 2 Km bedeutet 2-Kammer-Kreiskolbenmotor.

20 **Antriebsanordnung**
Buchstaben vor dem Strich geben die Lage des Motors, hinter dem Strich die Lage der angetriebenen Räder an, z. B. v-h bedeutet Motor vorn, angetriebene Räder hinten; v-v+h bedeutet Motor vorn, Allradantrieb.

21 **Getriebeübersetzung**
Übersetzung in den einzelnen Gängen vom Motor zur Antriebsachse (Grundausstattung).

22 **Achsübersetzung**
Übersetzung von der Antriebsachse zur Radachse.

23 **Gangschaltung**
Die Zahl gibt die Anzahl der Vorwärts- bzw. der Automatikstufen an, die Buchstaben die Art der Betätigung, z. B.
4 Le bedeutet vier Vorwärtsgänge, Schalthebel am Lenkrad, Handschaltung;
4 K bedeutet vier Vorwärtsgänge, Knüppelschaltung;
3 A-Le bedeutet automatisches Getriebe mit drei Automatikstufen, Wählhebel am Lenkrad. Angaben in ( ) sind andere Ausrüstungsmöglichkeiten, deren Daten, z. B. Getriebeübersetzungen, hier nicht angegeben sind.

24 **Kühlung**
W 12 bedeutet Wasserkühlung, 12 Liter Kühlerinhalt.

32 **Radaufhängung**
Ql-F bedeutet z. B. Querlenker mit Federbein,
Sa-Ll-Sf Starrachse mit Längslenker und Schraubenfeder.

34 **Reifen**
Erläuterung der Reifenbezeichnungen s. S. 494.

35 **Betriebsbremse**
Sb-Tb-Br-Sv bedeutet z. B. Scheibenbremsen vorn, Trommelbremsen hinten, Bremskraftregler und Bremskraftverstärker.

Land			Bundesrepublik Deutschland				
Fahrzeugmarke Modell			**Audi** 80	80 turbodiesel	80 quattro 1.9 E (Kat.)	90 2.3 E (Kat.)	Coupé GT (Kat.)
1	Karosserie		4 Li 5	4 Li 5	4 Li 5	4 Li 5	2 Co 5
2	Nutzleistung bei Motordrehzahl	kW (PS) min^{-1}	55 (75) 5200	59 (80) 4500	83 (113) 5600	100 (136) 5700	85 (115) 5500
3	Max. Drehmoment bei Motordrehzahl	Nm min^{-1}	125 2700	155 2600–3000	160 3400	190 4500	165 2500
4	Höchstgeschwindigkeit	km/h	174	174	196	206	189
5	Beschleunigung von 0 auf 100 km/h	s	13,8	14,6	11,2	8,9	9,5
6	Leergewicht	kg	1020	1090	1140	1110	1060
7	Zul. Gesamtgewicht	kg	1480	1550	1600	1570	1520
8	Leistungsgewicht	kg/kW	18,5	18,5	13,8	11,1	12,5
9	Kraftstoffverbrauch	l/100 km	5,7/7,1/9,6	3,8/5,3/6,9	5,8/7,4/11,8	6,3/8,3/11,1	6,6/8,8/12,8
10	Kraftstoffart		Normal bleifr.	Diesel	Super bleifr. [1]	Super bleifr. [1]	Normal bleifr.
11	Tankinhalt	l	68	68	70	68	68
12	Hubraum	cm^3	1595	1588	1847	2309	2226
13	Bohrung/Hub	mm	81,0/77,4	76,5/86,4	82,5/86,4	82,5/86,4	81,0/86,4
14	Verdichtungsverhältnis		9,0	23,0	10,5	10,0	8,5
15	Hubraumleistung	kW/l	34,5	37,2	44,9	43,3	38,2
16	Motorbauform		lä 4 R	lä 4 R	lä 4 R	lä 5 R	lä 5 R
17	Gemischaufbereitung		Vergaser	EP/V, AT	KE-Jetronic, La	KE-Jetronic, La	KE-Jetronic, La
18	Generator	V/A	14/65	14/65	14/65	14/90	14/90
19	Batterie	V/Ah	12/36	12/63	12/40	12/63	12/63
20	Antriebsanordnung		v-v	v-v	v-v + h	v-v	v-v
21	Getriebe- übersetzung	1./2. Gang 3./4. Gang 5. Gang	3,545/1,857 1,156/0,838	3,545/1,857 1,156/0,789 0,643	3,545/2,105 1,300/0,889 0,725	3,545/2,105 1,300/1,029 0,838	2,846/1,524 1,065/0,778 0,641
22	Achsübersetzung		4,111	4,111	4,556	3,7	4,7
23	Gangschaltung		4 K (5 K)	5 K	5 K	5 K	5 K (3 A)
24	Kühlung		W 6,5	W 6,5	W 6,5	W 8	W 8
25	Fahrzeuglänge	mm	4393	4393	4393	4393	4421
26	Fahrzeugbreite	mm	1695	1695	1695	1695	1682
27	Fahrzeughöhe	mm	1397	1397	1397	1397	1350
28	Radstand	mm	2546	2546	2537	2546	2538
29	Spurweite vorn/hinten	mm	1411/1431	1411/1431	1411/1426	1411/1431	1395/1420
30	Wendekreisdurchmesser	m	10,3	10,3	10,3	10,5	11,0
31	Bodenfreiheit	mm	120	120	120	127	120
32	Radaufhängung vorn		DQI-F	DQI-F	DQI-F	DQI-F	DQI-F
33	Radaufhängung hinten		Ta-F	Ta-F	DQI-F	Ta-F	Ta-F
34	Reifen		175/70 SR 14	175/70 SR 14	175/70 HR 14	195/60 VR 14	185/60 HR 14
35	Bremssystem		Sb-Tb-Sv	Sb-Tb-Sv-Br	Sb-Sb-Sv-Br	Sb-Sb-Sv-Br	Sb-Tb-Sv-Br

Abkürzungen, Erklärungen s. S. 648/649.

[1]) Oder Normalbenzin bleifrei.

100 CC Avant Diesel	100 CS quattro	200 turbo	Quattro	**BMW** 318i Kat	324 d	325iX Kat	
5 Li 5	4 Li 5	4 Li 5	2 Co 5	2/4 Li 5	2/4 Li 5	2/4 Li 5	1
51 (70) 4800	101 (138) 5700	134 (182) 5700	147 (200) 5800	75 (102) 5800	63 (86) 4600	125 (170) 5800	2
123 2800	188 3500	252 3600	270 3000	140 4500	152 2500	222 4300	3
156	202	230	222	184	165	210	4
							5
19,0	9,6	8,1	6,7	11,8	16,1	9,2	
1290	1330	1300	1300	1020/1040	1155/1175	1255/1275	6
1840	1880	1850	1760	1480/1500	1615/1635	1715/1735	7
25,3	13,2	9,7	8,8	13,6	18,3	9,6	8
4,7/6,6/9,0	6,8/8,4/12,9	6,7/8,7/12,6	7,6/9,7/13,4	6,6/8,5/10,7	5,0/6,9/8,7	7,8/9,8/13,6	9
Diesel	Super	Super	Super	Normal bleifr.	Diesel	Normal bleifr.	10
80	80	80	90	55	55	55	11
1986	2226	2144	2226	1766	2443	2494	12
76,5/86,4	81,0/86,4	79,5/86,4	81,0/86,4	89,0/71,0	80,0/81,0	84,0/75,0	13
23,0	10,0	8,8	8,6	8,2	22,0	8,8	14
25,9	45,4	62,5	66,0	42,5	25,8	50,1	15
lä 5 R	lä 5 R	lä 5 R	lä 5 R	lä 4 R	lä 6 R	lä 6 R	16
EP/V	KE-Jetronic	K-Jetronic, AT	K-Jetronic, AT	L-Jetronic, La	EP/V	Motronic, La	17
14/55	14/90	14/90	14/90	14/80	14/80	14/80	18
12/88	12/63	12/63	12/63	12/44	12/90	12/66	19
v-v	v-v + h	v-v	v-v + h	v-h	v-h	v-v + h	20
3,600/1,882 1,185/0,844 0,684	3,600/2,125 1,458/1,071 0,857	3,600/2,125 1,360/0,967 0,778	3,600/2,125 1,458/1,071 0,778	3,72/2,02 1,32/1,00 0,80	3,72/2,02 1,32/1,00 0,80	3,83/2,20 1,40/1,00 0,81	21
4,556	3,889	3,889	3,889	4,10	3,45	3,91	22
5 K (3 A)	5 K	5 K (3 A)	5 K	5 K (4 A)	5 K (4 A)	5 K (4 A)	23
W 9,4	W 8,1	W 8,1	W 9,3	W 7	W 12	W 12	24
4792	4792	4807	4404	4325	4325	4325	25
1814	1814	1814	1723	1645	1645	1662	26
1422	1422	1422	1344	1380	1380	1400	27
2687	2687	2687	2524	2570	2570	2570	28
1468/1467	1468/1490	1468/1469	1461/1494	1407/1415	1407/1415	1420/1416	29
11,6	11,6	11,6	11,3	10,5	10,5	11,1	30
127	130	134	115	125	125	125	31
Ql-F	Ql-F	Ql-F	DQl-F	E-F	E-F	E-F	32
Ta-F-P	Vtl-F	Ta-F-P	DQl-F	Ea-Sl-Sf	Ea-Sl-Sf	Ea-Sl-Sf	33
185/70 SR 14	205/60 VR 15	205/60 VR 15	215/50 VR 15	175/70 HR 14	175/70 R 14	195/65 VR 14	34
Sb-Tb-Sv-Br	Sb-Sb-Sv-Br	Sb-Sb-Sv-ABS	Sb-Sb-Sv-ABS	Sb-Tb-Sv-Br	Sb-Tb-Sv-Br	Sb-Sb-Sv-ABS	35

Land			**Bundesrepublik Deutschland**				
Fahrzeugmarke Modell			**BMW** (Fortsetzung) 524 td	525e Kat	528 i	635 CSi	750 i L Kat
1	Karosserie		4 Li 5	4 Li 5	4 Li 5	2 Co 4	4 Li 5
2	Nutzleistung	kW (PS)	85 (115)	95 (129)	135 (184)	160 (218)	220 (300)
	bei Motordrehzahl	min^{-1}	4800	4800	5800	5500	5200
3	Max. Drehmoment	Nm	210	230	240	310	450
	bei Motordrehzahl	min^{-1}	2400	3200	4200	4000	4100
4	Höchstgeschwindigkeit	km/h	180	190	215	229	250
5	Beschleunigung von 0 auf 100 km/h	s	12,9	10,8	8,4	7,4	7,4
6	Leergewicht	kg	1355	1280	1340	1430	1830
7	Zul. Gesamtgewicht	kg	1865	1790	1850	1850	2350
8	Leistungsgewicht	kg/kW	15,9	13,5	9,9	8,9	8,3
9	Kraftstoffverbrauch	l/100 km	5,2/7,0/9,0	7,0/8,9/12,2	7,0/9,0/14,7	7,0/8,8/15,2	–/13,6/16,5
10	Kraftstoffart		Diesel	Normal bleifr.	Super	Super	Normal bleifr.
11	Tankinhalt	l	70	70	70	70	102
12	Hubraum	cm^3	2443	2693	2788	3430	4988
13	Bohrung/Hub	mm	80,0/81,0	84,0/81,0	86,0/80,0	92,0/86,0	84,0/75,0
14	Verdichtungsverhältnis		22,0	8,5	9,3	10,0	8,8
15	Hubraumleistung	kW/l	34,8	35,3	48,4	46,6	44,1
16	Motorbauform		lä 6 R	lä 6 R	lä 6 R	lä 6 R	lä 12 V
17	Gemischaufbereitung		EP/V, AT	Motronic, La	L-Jetronic	Motronic	Motronic, La
18	Generator	V/A	14/80	14/80	14/80	14/90	14/90
19	Batterie	V/Ah	12/90	12/66	12/55	12/66	12/84
20	Antriebsanordung		v-h	v-h	v-h	v-h	v-h
21	Getriebe-	1./2. Gang	4,35/2,33	3,83/2,20	3,83/2,20	3,82/2,20	2,48/1,48
	übersetzung	3./4. Gang	1,39/1,00	1,40/1,00	1,40/1,00	1,40/1,00	1,00/073
		5. Gang	0,81	0,81	0,81	0,81	
22	Achsübersetzung		3,15	3,25	3,46	3,07	3,15
23	Gangschaltung		5 K (4 A)	5 K (4 A)	5 K (4 A)	5 K (4 A)	4 A M
24	Kühlung		W 12	W 12	W 12	W 12	W 12
25	Fahrzeuglänge	mm	4620	4620	4620	4755	5024
26	Fahrzeugbreite	mm	1700	1700	1700	1725	1845
27	Fahrzeughöhe	mm	1415	1415	1415	1365	1400
28	Radstand	mm	2625	2625	2625	2630	2947
29	Spurweite vorn/hinten	mm	1430/1460	1430/1460	1430/1460	1430/1460	1525/1550
30	Wendekreisdurchmesser	m	10,9	10,5	10,5	11,2	11,6
31	Bodenfreiheit	mm	140	140	140	140	120
32	Radaufhängung vorn		D-F	D-F	D-F	D-F	D-F
33	Radaufhängung hinten		Ea-Sr-F	Ea-Sr-F	Ea-Sr-F	Ea-Sl-F	Ea-Sr-F
34	Reifen		195/70 HR 14	195/70 HR 14	200/60 VR 390	205/70 VR 14	225/60 VR 15
35	Bremssystem		Sb-Sb-Sv-Br	Sb-Sb-Sv-Br	Sb-Sb-Sv-Br	Sb-Sb-Sv-ABS	Sb-Sb-Sv-ABS

Abkürzungen, Erläuterungen s. S. 648/649.

Ford

Fiesta 1.1 Super	Escort 1.4i CL Katalysator	Escort XR3i Katalysator	Orion 1.6 CL Diesel	Sierra 2.0i GL Stufenheck Kat.	Sierra XR 4x4	Scorpio 2.9i Ghia Kat.	
3 Li 5	3/5 Li 5	3 Li 5	4 Li 5	4 Li 5	5 Li 5	5 Li 5	1
37 (50) 5000	54 (73) 5600	66 (90) 5800	40 (54) 4800	74 (100) 5100	110 (150) 5700	107 (145) 5500	2
83 2700	103 4000	123 4600	95 3000	148 4000	216 3800	222 3000	3
145	165	178	146	181	205	204	4
							5
17,2	13,3	12,3	19,1	11,2	8,8	9,4	
755	855/875	950	935	1105	1270	1345	6
1175	1300/1325	1380	1375	1650	1775	1900	7
20,4	15,8	14,4	23,4	14,9	11,5	12,6	8
4,8/6,8/6,4	6,0/7,6/8,9	5,9/7,7/10,0	3,9/5,4/5,8	6,0/7,8/11,8	7,7/9,5/15,3	7,4/9,3/14,8	9
Super	Super bleifrei	Normal bleifrei	Diesel	Normal bleifrei	Super	Normal bleifr.	10
40	48	48	48	60	60	70	11
1117	1392	1598	1608	1993	2792	2935	12
73,96/64,98	77,24/74,30	79,96/79,52	80,0/80,0	90,82/76,95	93,02/68,50	93,0/71,99	13
9,5	8,5	8,5	21,5	8,5	9,2	9,0	14
33,1	38,8	41,3	24,7	37,1	39,4	36,5	15
q 4 R	q 4 R	q 4 R	q 4 R	lä 4 R	lä 6 V	lä 6 V	16
Vergaser	KE-Jetronic, La	KE-Jetronic, La	EP/V	L-Jetronic, La	K-Jetronic	L-Jetronic, La	17
14/55	14/70	14/70	14/55	14/55	14/70	14/90	18
12/35	12/35	12/43	12/63	12/43	12/55	12/43	19
v-v	v-v	v-v	v-v	v-h	v-v + h	v-h	20
3,583/2,043 1,346/0,951 0,756	3,58/2,04 1,32/0,95 0,76	3,15/1,91 1,28/0,95 0,76	3,58/1,91 1,28/0,95 0,76	3,65/1,97 1,37/1,00 0,82	3,358/1,809 1,258/1,000 0,825	3,358/1,809 1,258/1,000 0,825	21
3,842	3,84	4,27	3,84	3,62	3,62	3,64	22
5 K (A)	5 K	5 K	5 K	5 K (4 A)	5 K	5 K (4 A)	23
W 5,5	W 7,6	W 7,8	W 9,3	W 8	W 8,5	W 8,5	24
3648	4022	4061	4213	4467	4450	4669	25
1585	1640	1640	1640	1698	1716	1760	26
1376	1385	1354	1389	1407	1393	1440	27
2292	2400	2400	2400	2608	2611	2761	28
1360/1321	1404/1427	1423/1439	1404/1427	1452/1468	1480/1485	1477/1476	29
10,3	11,2	11,2	11,2	11,0	10,6	11,0	30
140	140	110	140	120	120	120	31
Ql-F	Ql-F	Ql-F	Ql-F	Ql-F	Ql-F	Ql-F	32
Sa-Ql-Ll-Sf-P	Ea-Ql-Ll-Sf	Ea-Ql-Ll-Sf	Ea-Ql-Ll-Sf	Ea-DSl-Sf	Ea-DSl-Sf	Ea-DSl-Sf	33
165/65 SR 13	155 SR 13	185/60 HR 14	155 SR 13	185/70 TR 13	195/60 VR 14	185/70 HR 14	34
Sb-Tb-Sv	Sb-Tb-Sv-Br	Sb-Tb-Sv-ABS	Sb-Tb-Sv-Br	Sb-Tb-Sv-Br	Sb-Sb-Sv-ABS	Sb-Sb-Sv-ABS	35

Land			Bundesrepublik Deutschland				
Fahrzeugmarke Modell			Mercedes-Benz 190 (Kat.)	190 E (Kat.)	190 E 2.3-16 (Kat.)	190 D	230 CE (Kat.)
1	Karosserie		4 Li 5	4 Li 5	4 Li 5	4 Li 5	2 Co 5
2	Nutzleistung bei Motordrehzahl	kW (PS) min^{-1}	75 (102) 5500	87 (118) 5100	125 (170) 5800	53 (72) 4600	97 (132) 5100
3	Max. Drehmoment bei Motordrehzahl	Nm min^{-1}	160 3000	172 3500	220 4750	123 2800	198 3500
4	Höchstgeschwindigkeit	km/h	183	190	220	160	200
5	Beschleunigung von 0 auf 100 km/h	s	12,8	10,9	8,5	18,1	10,6
6	Leergewicht	kg	1130	1140	1270	1130	1340
7	Zul. Gesamtgewicht	kg	1630	1640	1770	1630	1790
8	Leistungsgewicht	kg/kW	15,1	13,1	10,2	21,3	13,8
9	Kraftstoffverbrauch	l/100 km	6,8/8,7/10,8	6,8/8,7/10,7	7,0/8,7/12,5	5,3/6,9/7,5	6,5/8,2/11,4
10	Kraftstoffart		Super bleifr.[1])	Super bleifr.[1])	Super bleifr.[1])	Diesel	Super bleifr.[1])
11	Tankinhalt	l	55	55	70	55	70
12	Hubraum	cm^3	1997	1997	2299	1997	2299
13	Bohrung/Hub	mm	89,0/80,25	89,0/80,25	95,5/80,25	87,0/84,0	95,5/80,25
14	Verdichtungsverhältnis		9,1	9,1	9,7	22,0	9,0
15	Hubraumleistung	kW/l	37,5	43,6	54,4	26,5	42,2
16	Motorbauform		lä 4 R	lä 4 R	lä 4 R	lä 4 R	lä 4 R
17	Gemischaufbereitung		Vergaser[2]), La	KE-Jetronic, La	KE-Jetronic, La	EP/R	KE-Jetronic, La
18	Generator	V/A	14/55	14/55	14/55	14/55	14/55
19	Batterie	V/Ah	12/62	12/62	12/62	12/72	12/62
20	Antriebsanordnung		v-h	v-h	v-h	v-h	v-h
21	Getriebe- übersetzung	1./2. Gang 3./4. Gang 5. Gang	3,91/2,17 1,37/1,00	3,91/2,17 1,37/1,00	4,08/2,52 1,77/1,26 1,0	4,23/2,36 1,49/1,00	3,91/2,17 1,37/1,00 0,78
22	Achsübersetzung		3,23	3,23	3,27	3,23	3,27
23	Gangschaltung		4 K (5 K/4 A)	4 K (5 K/4 A)	5 K (4 A)	4 K (5 K/4 A)	5 K (4 A)
24	Kühlung		W 8,5	W 8,5	W 8	W 8	W 8,5
25	Fahrzeuglänge	mm	4420	4420	4430	4420	4655
26	Fahrzeugbreite	mm	1678	1678	1706	1678	1740
27	Fahrzeughöhe	mm	1390	1390	1361	1390	1410
28	Radstand	mm	2665	2665	2665	2665	2715
29	Spurweite vorn/hinten	mm	1437/1418	1437/1418	1446/1431	1437/1418	1497/1488
30	Wendekreisdurchmesser	m	10,6	10,6	10,6	10,6	10,9
31	Bodenfreiheit	mm	155	155	125	155	160
32	Radaufhängung vorn		DQl-Db-Sf	DQl-Db-Sf	DQl-Db-Sf	DQl-Db-Sf	DQl-Db-Sf
33	Radaufhängung hinten		Ea-Ra-Sf	Ea-Ra-Sf	Ea-Ra-Sf	Ea-Ra-Sf	Ea-Ra-Sf
34	Reifen		185/65 R 15 87 H	185/65 R 15 87 H	205/55 VR 15	185/65 R 15 87 S	195/65 R 15 91 H
35	Bremssystem		Sb-Sb-Sv	Sb-Sb-Sv	Sb-Sb-Sv-ABS	Sb-Sb-Sv	Sb-Sb-Sv

Abkürzungen, Erläuterungen s. S. 648/649.

250 D	260 E 4 Matic (Kat.)	300 TD Turbo	300 SE (Kat.)	420 SEL (Kat.)	500 SL (Kat.)	560 SEC (Kat.)	
4 Li 5	4 Li 5	5 Ko 5/7	4 Li 5	4 Li 5	2 Ca 2+2	2 Co 5	1
66 (90) 4600	118 (160) 5800	105 (143) 4600	132 (180) 5700	150 (204) 5200	164 (223) 4700	178 (242) 4800	2
154 2800	220 4600	267 2400	255 4400	310 3600	365 2500	390 3500	3
175	215	195	205	210		228	4
16,2	8,7	–	9,6	9,0		8,3	5
1350	1330	1560	1520	1630	1610	1750	6
1870	1850	2180	2040	2150	2030	2205	7
20,5	11,3	14,9	11,5	10,9	9,8	9,8	8
5,4/7,0/8,9	7,2/9,2/12,9	6,9/8,9/9,4	8,0/10,3/14,5	8,9/11,0/14,9	9,5/11,5/15,9	11,7/14,2/18,4	9
Diesel	Super bleifr.[1])	Diesel	Super bleifr.[1])	Super bleifr.[1])	Super bleifr.[1])	Super bleifr.[1])	10
70	70	72	90	90	85	90	11
2497	2599	2996	2962	4196	4973	5547	12
87,0/84,0	82,9/80,25	87,0/84,0	88,5/80,25	92,0/78,9	96,5/85,0	96,5/94,8	13
22,0	9,2	22,0	9,2	9,0	9,0	9,0	14
26,5	45,4	35,0	44,6	35,8	33,0	32,1	15
lä 5 R	lä 6 R	lä 6 R	lä 6 R	lä 8 V	lä 8 V	lä 8 V	16
EP/R	KE-Jetronic, La	EP/R, AT	KE-Jetronic, La	KE-Jetronic, La	KE-Jetronic, La	KE-Jetronic, La	17
14/55	14/70	14/70	14/70	14/80	14/70	14/80	18
12/72	12/62	12/72	12/62	12/66	12/66	12/92	19
v-h	v-h + v[3])	v-h	v-h	v-h	v-h	v-h	20
3,91/2,17 1,37/1,00 0,78	3,86/2,18 1,38/1,00 0,80	4,25/2,41 1,49/1,00	3,86/2,18 1,38/1,00 0,80	3,68/2,41 1,44/1,00	3,68/2,41 1,44/1,00	3,68/2,41 1,44/1,00	21
3,42	3.27	3,07	3,46	2,47	2,24	2,65	22
5 K (4 A)	5 K (4 A)	4 A M	5 K (4 A)	4 A M	4 A M	4 A M	23
W 9	W 9	W 10	W 8	W 13	W 13	W 13	24
4740	4740	4765	5020	5160	4390	4935	25
1740	1740	1740	1820	1820	1790	1828	26
1446	1446	1490	1437	1441	1297	1407	27
2800	2800	2800	2935	3075	2455	2850	28
1497/1488	1497/1488	1497/1488	1555/1527	1555/1527	1465/1466	1555/1527	29
11,2	11,2	11,2	11,8	12,3	10,6	11,5	30
160	160	160	150	150	135	155	31
DQI-Db-Sf	DQI-Db-Sf	DQI-Db-Sf	DQu-Sf	DQu-Sf	DQu-Sf	DQu-Sf	32
Ea-Ra-Sf	Ea-Ra-Sf	Ea-Ra-Sf	Ea-DPa-Sf	Ea-DPa-Sf	Ea-DPa-Sf	Ea-DPa-Sf	33
195/65 R 15 90 S	195/65 VR 15	195/65 R 15 91 H	205/65 VR 15	205/65 VR 15	205/65 VR 15	215/65 VR 15	34
Sb-Sb-Sv	Sb-Sb-Sv-ABS	Sb-Sb-Sv-ABS	Sb-Sb-Sv	Sb-Sb-Sv-ABS	Sb-Sb-Sv-ABS	Sb-Sb-Sv-ABS	35

[1]) Oder Normal bleibfrei (multifunktionales Gemischaufbereitungs- und Zünd-System).
[2]) Elektronisch geregelt.
[3]) Vorderradantrieb wird automatisch zugeschaltet.

Land			**Bundesrepublik Deutschland**				
Fahrzeugmarke Modell			**Opel** Corsa GLS 1.2 S	 Kadett LS 1.3 Katalysator	 Kadett GSi	 Ascona GL 1.6 Diesel	 Ascona GT 2.0i Katalysator
1	Karosserie		3/5 Li 5	3/5 Li 5	3/5 Li 5	2/4 Li 5	5 Li 5
2	Nutzleistung bei Motordrehzahl	kW (PS) min^{-1}	40 (55) 5600	44 (60) 5600	95 (130) 5600	40 (55) 4600	85 (115) 5400
3	Max. Drehmoment bei Motordrehzahl	Nm min^{-1}	90 2200	96 3400	180 4600	96 2400	170 3000
4	Höchstgeschwindigkeit	km/h	152	160	206	143	187
5	Beschleunigung von 0 auf 100 km/h	s	16,5	16,5	8,5	21,0	10,0
6	Leergewicht	kg	740/760	850/870	960/980	1015/1035	1075
7	Zul. Gesamtgewicht	kg	1220/1240	1345/1365	1450	1525/1545	1565
8	Leistungsgewicht	kg/kW	18,5	19,3	10,1	25,4	12,8
9	Kraftstoffverbrauch	l/100 km	4,9/6,5/7,9	5,6/7,3/8,9	5,7/7,2/10,1	4,5/6,7/6,8	6,4/8,3/10,7
10	Kraftstoffart		Super	Normal bleifr.	Super	Diesel	Super bleifrei
11	Tankinhalt	l	42	52	52	61	61
12	Hubraum	cm^3	1196	1297	1998	1598	1998
13	Bohrung/Hub	mm	77,8/62,9	75,0/73,4	86,0/86,0	80,0/79,5	86,0/86,0
14	Verdichtungsverhältnis		9,2	9,0	10,0	23,0	9,2
15	Hubraumleistung	kW/l	33,4	33,9	47,5	25,0	42,5
16	Motorbauform		q 4 R	q 4 R	q 4 R	q 4 R	q 4 R
17	Gemischaufbereitung		Vergaser	Ze, La	Motronic	EP/V	Motronic, La
18	Generator	V/A	14/45	12/55	14/55	14/55	14/55
19	Batterie	V/Ah	12/36	12/44	12/44	12/66	12/44
20	Antriebsanordnung		v-v	v-v	v-v	v-v	v-v
21	Getriebe- übersetzung	1./2. Gang 3./4. Gang 5. Gang	3,55/1,96 1,30/0,89	3,55/1,96 1,30/0,89	3,42/2,16 1,48/1,12 0,89	3,42/1,95 1,28/0,89 0,71	3,42/2,16 1,48/1,12 0,89
22	Achsübersetzung		3,74	4,18	3,55	3,94	3,55
23	Gangschaltung		4 K (5 K)	4 K (5 K/3 A)	5 K	5 K (3 A)	5 K (3 A)
24	Kühlung		W 6,1	W 7	W 7,5	W 7,7	W 7,5
25	Fahrzeuglänge	mm	3622	3998	3998	4366	4264
26	Fahrzeugbreite	mm	1532	1663	1663	1668	1668
27	Fahrzeughöhe	mm	1365	1400	1395	1395	1385
28	Radstand	mm	2343	2520	2520	2574	2574
29	Spurweite vorn/hinten	mm	1320/1307	1400/1406	1406/1406	1406/1406	1406/1406
30	Wendekreisdurchmesser	mm	10,0	10,5	10,5	10,95	10,95
31	Bodenfreiheit	mm	140	135	135	140	140
32	Radaufhängung vorn		Ql-Ll-F	Ql-Ll-F	Ql-Ll-F	Ql-Ll-F	Ql-Ll-F
33	Radaufhängung hinten		Vla-Sf	Vla-Sf	Vla-Sf	Vla-Sf	Vla-Sf
34	Reifen		145 R 13 74 S	155 SR 13	185/65 VR 14	165 R 13 82 S	195/60 R 14 85 H
35	Bremssystem		Sb-Tb-Sv-Br	Sb-Tb-Sv-Br	Sb-Tb-Sv-Br	Sb-Tb-Sv-Br	Sb-Tb-Sv-Br

Abkürzungen, Erläuterungen s. S. 648/649.

				Porsche			
Omega GL 1.8 i	Omega 3000 Katalysator	Senator CD 3.0i	Monza GSE	911 Carrera Katalysator	928 S 4 Katalysator	944 Turbo Katalysator	
4 Li 5	4 Li 5	4 Li 5	3 Co 5	2 Co 2+2	2 Co 2+2	2 Co 2+2	1
85 (115) 5600	115 (156) 5400	130 (177) 5600	132 (180) 5800	160 (217) 5900	235 (320) 6000	162 (220) 5800	2
160 4600	230 3800–4400	240 4400	248 4200–4800	265 4800	430 3000	330 3500	3
195	217	220	215	240	270	245	4
							5
12,0	9,8	9,0	8,5	6,3	5,9	6,3	
1200	1390	1500	1370	1210	1580	1350	6
1705	1880	2065	1935	1530	1920	1670	7
14,1	12,1	11,5	10,4	7,6	6,7	8,3	8
5,4/7,0/10,5	8,2/9,9/15,9	7,2/9,0/14,6	7,3/9,4/14,3	7,9/9,8/14,9	9,8/11,2/19,8	6,7/9,1/12,7	9
Super	Super bleifr.[1]	Super	Super	Super bleifrei	Super bleifrei	Super bleifrei	10
75	75	75	70	85	86	80	11
1796	2969	2969	2969	3164	4957	2479	12
84,8/79,5	95,0/69,8	95,0/69,8	95,0/69,8	95,0/74,4	100,0/78,9	100,0/78,9	13
10,0	8,6	9,4	9,4	9,5	10,0	8,0	14
47,3	38,7	43,8	44,5	50,6	47,4	65,3	15
lä 4 R	lä 6 R	lä 6 R	lä 6 R	6 Bx	lä 8 V	lä 4 R	16
L-Jetronic	Motronic, La	LE-Jetronic	LE-Jetronic	Motronic, La	LH-Jetronic, La	Motronic, La, AT	17
14/70	14/70	14/70	14/65	14/90	14/115	14/115	18
12/44	12/55	12/55	12/44	12/66	12/72	12/50	19
v-h	v-h	v-h	v-h	h-h	v-h	v-h	20
4,044/2,265 1,434/1,000 0,842	4,044/2,265 1,434/1,000 0,842	2,45/1,45 1,00/0,69	3,822/2,199 1,398/1,000 0,813	3,181/1,833 1,261/0,966 0,763	3,765/2,512 1,790/1,354 1,000	3,500/2,059 1,400/1,034 0,829	21
3,7	3,7	3,45	3,45	3,444	2,636	3,375	22
5 K (4 A)	5 K (4 A)	4 A M	5 K (4 A)	5 K	5 K (4 A)	5 K	23
W 6,4	W 10,2	W 10,2	W 10,2	Luft	W 16	W 8,5	24
4687	4742	4845	4720	4291	4520	4230	25
1772	1772	1772	1722	1652	1836	1735	26
1447	1422	1445	1380	1320	1282	1275	27
2730	2730	2730	2668	2272	2500	2400	28
1450/1468	1450/1472	1450/1472	1447/1472	1372/1380	1551/1546	1477/1451	29
10,8	11,0	11,0	10,8	10,95	11,5	10,3	30
140	115	140	140	130	120	120	31
DQl-F	DQl-F	DQl-F	Ql-F	Ql-Db-Tfl	DQu-F	Ql-F	32
Ea-Sl-Sf	Ea-Sl-Sf	Ea-Sl-Sf	Ea-DSl-Sf	Ea-Sl-Tfq	Ea-Dl-Ql-Sf	Ea-Sl-Tfq	33
185/70 R 14 88 H	195/65 VR 15	205/65 VR 15	195/70 VR 14	[2]	[3]	[4]	34
Sb-Sb-Sv	Sb-Sb-Sv-ABS	Sb-Sb-Sv-ABS	Sb-Sb-Sv-Br	Sb-Sb-Sv-Br	Sb-Sb-Sv-ABS	Sb-Sb-Sv-Br	35

[1]) Umschaltbar für Normal bleifrei.

[2]) Vorn 195/65 VR 15, hinten 215/60 VR 15.

[3]) Vorn 225/50 VR 16, hinten 245/45 VR 16.

[4]) Vorn 205/55 VR 16, hinten 225/50 VR 16.

	Land		**Bundesrepublik Deutschland**				
	Fahrzeugmarke Modell		**Volkswagen** Polo C Steilheck	Polo CL Diesel Stufenheck	Polo GT Coupé	Golf CL Diesel	Golf GTI
1	Karosserie		3 Li 5	2 Li 5	3 Co 5	3/5 Li 5	3/5 Li 5
2	Nutzleistung bei Motordrehzahl	kW (PS) min^{-1}	33 (45) 5600	33 (45) 4900	55 (75) 5800	40 (54) 4800	82 (112) 5500
3	Max. Drehmoment bei Motordrehzahl	Nm min^{-1}	74 3600	75 2500–3500	104 3600	100 2300–2900	157 3100
4	Höchstgeschwindigkeit	km/h	142	140	170	148	191
5	Beschleunigung von 0 auf 100 km/h	s	19,5	21,2	11,9	18,7	9,7
6	Leergewicht	kg	730	810	785	900/920	920/940
7	Zul. Gesamtgewicht	kg	1170	1250	1170	1430	1400/1430
8	Leistungsgewicht	kg/kW	22,1	24,5	14,3	22,5	11,2
9	Kraftstoffverbrauch	l/100 km	5,6/7,6/7,6	4,4/6,4/6,1	5,3/7,1/8,0	4,8/6,8/6,3	5,7/7,5/10,9
10	Kraftstoffart		Normal bleifr.	Diesel	Super	Diesel	Super
11	Tankinhalt	l	42	42	42	55	55
12	Hubraum	cm^3	1043	1272	1272	1588	1781
13	Bohrung/Hub	mm	75,0/59,0	75,0/72,0	75,0/72,0	76,5/86,4	81,0/86,4
14	Verdichtungsverhältnis		9,5	22,0	11,0	23,0	10,0
15	Hubraumleistung	kW/l	31,7	26,0	43,3	25,0	46,2
16	Motorbauform		q 4 R	q 4 R	q 4 R	q 4 R	q 4 R
17	Gemischaufbereitung		Vergaser	EP/V	Vergaser	EP/V	K-Jetronic
18	Generator	V/A	14/55	14/55	14/65	14/45	14/55
19	Batterie	V/Ah	12/36	12/50	12/36	12/63	12/45
20	Antriebsanordnung		v-v	v-v	v-v	v-v	v-v
21	Getriebe- übersetzung	1./2. Gang 3./4. Gang 5. Gang	3,46/1,95 1,25/0,89	3,46/2,09 1,47/1,10 0,85	3,46/2,09 1,47/1,12 0,89	3,46/1,94 1,29/0,88	3,46/2,12 1,44/1,13 0,89
22	Achsübersetzung		4,267	4,06	4,06	3,94	3,67
23	Gangschaltung		4 K (5 K)	5 K	5 K	4 K (4+E/3 A)	5 K
24	Kühlung		W 6,5	W 6,5	W 6,5	W 6,5	W 6,5
25	Fahrzeuglänge	mm	3655	3975	3655	3985	3985
26	Fahrzeugbreite	mm	1580	1600	1590	1665	1680
27	Fahrzeughöhe	mm	1355	1355	1355	1415	1405
28	Radstand	mm	2335	2335	2335	2475	2475
29	Spurweite vorn/hinten	mm	1306/1332	1320/1346	1320/1346	1427/1422	1427/1422
30	Wendekreisdurchmesser	m	10,0	10,0	10,0	10,5	10,5
31	Bodenfreiheit	mm	118	118	118	130	130
32	Radaufhängung vorn		Ql-F	Ql-F	Ql-F	DQl-F	DQl-F
33	Radaufhängung hinten		Vla-Ll-F	Vla-Ll-F	Vla-Ll-F	Vla-F	Vla-F
34	Reifen		135 SR 13	165/65 SR 13	165/65 SR 13	155 SR 13	175/70 HR 13
35	Bremssystem		Sb-Tb	Sb-Tb-Sv	Sb-Tb-Sv-Br	Sb-Tb-Sv	Sb-Sb-Sv-Br

Abkürzungen, Erläuterungen s. S. 648/649.

Golf syncro	Jetta CL Katalysator	Jetta GL Turbodiesel	Scirocco GTX 16V Kat.	Passat CL Kat. Schrägheck	Passat GL Kat. Stufenheck	Passat Variant syncro GT Kat.	
3/5 Li 5	2/4 Li 5	2/4 Li 5	3 Co 2+2	5 Li 5	4 Li 5	5 Ko 5	1
66 (90) 5200	53 (72) 5200	51 (70) 4500	95 (129) 5800	66 (90) 5500	85 (115) 5500	88 (120) 5500	2
145 3300	120 2700	133 2500–2900	168 4250	137 3250	165 2500	170 3000	3
178	162	158	200	173	184	184	4
11,3	13,9	15,0	8,6	11,8	10,6	10,7	5
1050/1070	900/920	955/975	970	1010	1100	1265	6
1540	1440	1470	1320	1460	1580	1800	7
15,9	17,0	18,7	10,2	15,3	12,9	14,4	8
6,2/8,2/9,9	6,1/8,3/8,9	4,4/6,3/6,4	6,3/7,9/11,3	6,1/8,1/11,2	7,9/10,1/13,1	8,4/10,7/14,5	9
Super	Normal bleifrei	Diesel	Super bleifrei	Normal bleifr.	Normal bleifr.	Normal bleifr.	10
55	55	55	55	60	60	70	11
1781	1595	1588	1781	1781	2226	2226	12
81,0/86,4	81,0/77,4	76,5/86,4	81.0/86.4	81,0/86,4	81,0/86,4	81,0/86,4	13
10,0	9,0	23,0	10,0	9,0	8,5	8,5	14
37,1	33,2	32,4	53,3	37,1	38,2	39,6	15
q 4 R	q 4 R	q 4 R	q 4 R	lä 4 R	lä 5 R	lä 5 R	16
Vergaser	Vergaser	EP/V, AT	KE-Jetronic, La	KE-Jetronic, La	KE-Jetronic, La	KE-Jetronic, La	17
14/65	14/65	14/45	14/55	14/65	14/65	14/65	18
12/45	12/36	12/63	12/45	12/45	12/63	12/63	19
v-v+h	v-v	v-v	v-v	v-v	v-v	v-v+h	20
3,46/1,94 1,29/0,91 0,75	3,46/1,94 1,29/0,91	3,46/1,94 1,29/0,91 0,75	3,46/2,12 1,44/1,13 0,91	3,46/1,79 1,13/0,83 0,68	2,846/1,524 1,070/0,780 0,640	3,600/2,125 1,458/1,071 0,829	21
4,47	3,67	3,67	3,67	4,11	4,7	4,111	22
5 K	4 K (4+E/3 A)	4+E K	5 K	4+E K (3 A)	5 K (3 A)	5 K	23
W 6,5	W 6,5	W 6,5	W 4,5	W 6	W 8	W 8	24
3985	4315	4315	4050	4425	4530	4545	25
1665	1665	1665	1645	1710	1710	1695	26
1415	1415	1415	1280	1385	1395	1465[1])	27
2475	2475	2475	2400	2550	2550	2555	28
1427/1432	1427/1422	1427/1422	1404/1372	1414/1422	1414/1422	1413/1436	29
10,5	10,5	10,5	10,5	10,7	10,85	11,3	30
130	120	120	110	127	127	120	31
DQI-F	DQI-F	DQI-F	DQI-F	DQI-F	DQI-F	DQI-F	32
Ea-Sl-F	Vla-F	Vla-F	Vla-F	Vla-F	Vla-F	Ea-Sl-F	33
175/70 HR 13	175/70 SR 13	175/70 SR 13	185/60 HR 14	185/70 SR 13	185/70 HR 13	195/60 HR 14	34
Sb-Tb-Sv-Br	Sb-Tb-Sv-Br	Sb-Tb-Sv-Br	Sb-Sb-Sv-Br	Sb-Tb-Sv	Sb-Tb-Sv-Br	Sb-Sb-Sv-Br	35

[1]) Mit Dachreling.

	Land		Frankreich				
	Fahrzeugmarke Modell		Citroën 2 CV Club	AX 10 RE	AX 14 TZS	Visa 11 RE	BX 16 TRS
1	Karosserie		4 Li 4	3 Li 5	3 Li 5	5 Li 4	5 Li 5
2	Nutzleistung bei Motordrehzahl	kW (PS) min^{-1}	20 (28) 5750	30 (42) 5200	44 (61) 5200	36 (50) 5500	65 (89) 6000
3	Max. Drehmoment bei Motordrehzahl	Nm min^{-1}	39,2 3500	71 2800	109 3000	84 2500	127 3250
4	Höchstgeschwindigkeit	km/h	110	140	168	142	173
5	Beschleunigung von 0 auf 100 km/h	s	–	20,8	12,7	16,6	13,4
6	Leergewicht	kg	600	655	710	810	985
7	Zul. Gesamtgewicht	kg	930	1055	1115	1235	1450
8	Leistungsgewicht	kg/kW	30,0	21,8	16,1	22,5	15,2
9	Kraftstoffverbrauch	l/100 km	6,0/–/7,0	4,1/5,9/6,0	4,4/6,2/7,3	4,8/6,3/6,8	5,7/7,4/9,4
10	Kraftstoffart		Normal	Normal bleifr.	Super bleifrei	Super	Normal
11	Tankinhalt	l	25	36	43	40	52
12	Hubraum	cm^3	602	954	1360	1124	1580
13	Bohrung/Hub	mm	74,0/70,0	70,0/62,0	75,0/77,0	72,0/69,0	83,0/73,0
14	Verdichtungsverhältnis		8,5	8,2	8,8	9,7	8,4
15	Hubraumleistung	kW/l	33,2	31,4	32,4	32,7	41,4
16	Motorbauform		2 Bx	q 4 R	q 4 R	q 4 R	q 4 R
17	Gemischaufbereitung		Vergaser	Vergaser	Vergaser	Vergaser	Vergaser
18	Generator	V/A	14/28	14/50	14/50	14/33	14/50
19	Batterie	V/Ah	12/30	12/25	12/25	12/35	12/45
20	Antriebsanordnung		v-v	v-v	v-v	v-v	v-v
21	Getriebe- übersetzung	1./2. Gang 3./4. Gang 5. Gang	5,203/2,657 1,786/1,316	3,417/1,810 1,129/0,814	3,417/1,950 1,357/1,054 0,854	3,88/2,07 1,38/0,94	3,308/1,882 1,280/0,969 0,757
22	Achsübersetzung		4,125	3,764	3,444	3,56	4,188
23	Gangschaltung		4 Sc	4 K	5 K	4 K (5 K)	5 K (4 A)
24	Kühlung		Luft	W 4,8	W 4,8	W 6,5	W 6,5
25	Fahrzeuglänge	mm	3830	3500	3500	3725	4237
26	Fahrzeugbreite	mm	1480	1550	1550	1526	1682
27	Fahrzeughöhe	mm	1600	1355	1355	1430	1360
28	Radstand	mm	2400	2285	2285	2420	2655
29	Spurweite vorn/hinten	mm	1260/1260	1380/1300	1380/1300	1292/1241	1420/1360
30	Wendekreisdurchmesser	m	11,2	9,6	10,6	9,9	11,0
31	Bodenfreiheit	mm	150	97	97	130	163
32	Radaufhängung vorn		Ls-Sf	DQl-F	DQl-F	Ql-F	Ql-Hf
33	Radaufhängung hinten		Ea-Ls-Sf	Ea-Sl-Tfq	Ea-Sl-Tfq	Ea-Ll-F	Ea-Ll-Hf
34	Reifen		125 SR 15	135/70 SR 13	155/70 SR 13	145 SR 13	165/70 TR 14
35	Bremssystem		Sb-Tb	Sb-Tb	Sb-Tb-Sv-Br	Sb-Tb-Br	Sb-Sb-Sv-Br

Abkürzungen, Erläuterungen s. S. 648/649.

BX 19 TRD	CX 22 TRS	CX 25 GTi Kat.	CX 25 RD Turbo	**Peugeot** 205 GL	205 GRD	205 GTI	
5 Li 5	5 Li 5	5 Li 5	5 Li 5	5 Li 5	5 Li 5	3 Li 5	1
47 (65) 4600	83 (115) 5600	89 (122) 5000	70 (95) 3700	36 (49) 4800	44 (60) 4600	94 (128) 6000	2
116 2070	177 3250	191 4000	216 2000	83 2800	110 2600	161 4750	3
157	186	195	175	143	155	206	4
15,5	10,7	11,3	13,3	17,0	15,1	7,8	5
1000	1260	1370	1405	780	905	875	6
1500	1780	1885	1905	1195	1330	1310	7
21,3	15,2	15,4	20,1	21,7	20,6	9,3	8
4,7/6,2/6,5	6,6/8,5/12,0	8,5/9,9/14,7	5,6/7,1/8,6	4,3/5,8/6,1	3,9/5,2/5,4	5,9/7,7/9,7	9
Diesel	Super	Normal bleifrei	Diesel	Super bleifrei	Diesel	Super bleifrei	10
52	68	68	68	50	50	50	11
1905	2165	2500	2500	1124	1769	1905	12
83,0/88,0	88,0/89,0	93,0/92,0	93,0/92,0	72,0/69,0	80,0/88,0	83,0/88,0	13
23,5	9,8	8,0	22,2	9,7	23,0	9,6	14
24,7	38,3	35,6	28,0	32,0	24,8	49,3	15
q 4 R	q 4 R	q 4 R	q 4 R	q 4 R	q 4 R	q 4 R	16
EP/V	Vergaser	LE-Jetronic, La	EP/V, AT	Vergaser	EP/V	LE-Jetronic	17
14/50	14/72	14/80	14/80	14/55	14/55	14/55	18
12/50	12/45	12/60	12/88	12/29	12/50	12/29	19
v-v	v-v	v-v	v-v	v-v	v-v	v-v	20
3,308/1,882 1,280/0,969 0,757	3,166/1,833 1,250/0,939 0,733	3,166/1,833 1,250/0,939 0,733	3,166/1,833 1,207/0,882 0,674	3,882/2,074 1,377/0,944	3,308/1,882 1,280/0,969 0,757	3,308/1,882 1,360/1,069 0,865	21
3,94	4,36	4,21	3,8125	3,353	3,588	4,063	22
5 K (4 A)	5 K	5 K (3 A)	5 K	4 K	5 K	5 K	23
W 6,5	W 12	W 12,3	W 13	W 5,8	W 8,3	W 6,6	24
4237	4659	4659	4659	3705	3705	3705	25
1682	1770	1770	1770	1562	1572	1589	26
1360	1360	1360	1360	1375	1375	1355	27
2655	2845	2845	2845	2420	2420	2420	28
1420/1360	1520/1370	1520/1370	1520/1370	1350/1304	1364/1318	1383/1344	29
11,0	12,5	12,5	12,5	10,5	10,5	11,7	30
163	155	155	155	120	120	120	31
Ql-Hf	Ql-Hf	Ql-Hf	Ql-Hf	Ql-F	Ql-F	Ql-F	32
Ea-Ll-Hf	Ea-Ll-Hf	Ea-Ll-Hf	Ea-Ll-Hf	Ea-Ll-Tfq	Ea-Ll-Tfq	Ea-Ll-Tfq	33
165/70 SR 14	195/70 TR 14	195/65 HR 390	195/70 TR 14	145 SR 13	165/70 SR 13	185/55 VR 15	34
Sb-Sb-Sv-Br	Sb-Sb-Sv-Br	Sb-Sb-Sv-Br	Sb-Sb-Sv-Br	Sb-Tb-Sv-Br	Sb-Tb-Sv-Br	Sb-Sb-Sv-Br	35

Land			Frankreich				
Fahrzeugmarke Modell			Peugeot (Fortsetzung) 309 GL Profil	309 GR Injection	309 XRD	505 GTI Kat.	505 SRD Turbo
1	Karosserie		5 Li 5	5 Li 5	3 Li 5	4 Li 5	4 Li 5
2	Nutzleistung bei Motordrehzahl	kW (PS) min^{-1}	47 (64) 5600	76 (104) 6250	47 (64) 4600	84 (115) 5000	66 (90) 4150
3	Max. Drehmoment bei Motordrehzahl	Nm min^{-1}	108 2800	129 4000	118 2070	174 3500	204 2000
4	Höchstgeschwindigkeit	km/h	165	185	160	178	170
5	Beschleunigung von 0 auf 100 km/h	s	14,8	11,1	15,3	11,9	14,0
6	Leergewicht	kg	870	930	930	1265	1340
7	Zul. Gesamtgewicht	kg	1290	1350	1370	1715	1820
8	Leistungsgewicht	kg/kW	18,5	12,2	19,8	15,1	20,3
9	Kraftstoffverbrauch	l/100 km	4,8/6,3/8,3	6,2/8,1/9,2	4,4/5,9/7,0	7,9/9,9/12,5	5,8/8,5/8,4
10	Kraftstoffart		Super bleifrei	Super bleifrei	Diesel	Normal bleifr.	Diesel
11	Tankinhalt	l	55	55	55	70	70
12	Hubraum	cm^3	1294	1580	1905	2165	2498
13	Bohrung/Hub	mm	76,7/70,0	83,0/73,0	83,0/88,0	88,0/89,0	94,0/90,0
14	Verdichtungsverhältnis		9,5	9,8	23,5	8,8	21,0
15	Hubraumleistung	kW/l	36,3	48,1	24,7	38,8	26,4
16	Motorbauform		q 4 R	q 4 R	q 4 R	lä 4 R	lä 4 R
17	Gemischaufbereitung		Vergaser	L-Jetronic	EP/V	L-Jetronic	EP/V, AT
18	Generator	V/A	14/55	14/55	14/55	14/55	14/72
19	Batterie	V/Ah	12/33	12/33	12/50	12/60	12/90
20	Antriebsanordnung		v-v	v-v	v-v	v-h	v-h
21	Getriebe- übersetzung	1./2. Gang 3./4. Gang 5. Gang	3,308/1,883 1,280/0,969 0,757	3,308/1,883 1,280/0,969 0,757	3,251/1,850 1,280/0,969 0,757	3,592/2,088 1,368/1,000 0,823	3,862/2,183 1,445/1,000 0,844
22	Achsübersetzung		4,063	3,814	3,828	3,889	3,308
23	Gangschaltung		5 K	5 K	5 K	5 K (4 A)	5 K
24	Kühlung		W 6	W 7,5	W 8,5	W 7,5	W 10
25	Fahrzeuglänge	mm	4051	4051	4051	4580	4580
26	Fahrzeugbreite	mm	1628	1628	1628	1740	1740
27	Fahrzeughöhe	mm	1380	1380	1380	1452	1452
28	Radstand	mm	2469	2469	2469	2740	2740
29	Spurweite vorn/hinten	mm	1408/1376	1408/1376	1408/1376	1480/1440	1480/1440
30	Wendekreisdurchmesser	m	11,1	11,1	11,1	11,3	11,3
31	Bodenfreiheit	mm	130	130	130	120	120
32	Radaufhängung vorn		Ql-F	Ql-F	Ql-F	Ql-F	Ql-F
33	Radaufhängung hinten		Ea-Ll-Tfq	Ea-Ll-Tfq	Ea-Ll-Tfq	Ea-Sl-Sf	Ea-Sl-Sf
34	Reifen		145 SR 13	175/65 HR 14	165/70 SR 13	185/70 TR 14	185/70 TR 14
35	Bremssystem		Sb-Tb-Sv-Br	Sb-Tb-Sv-Br	Sb-Tb-Sv-Br	Sb-Sb-Sv-Br	Sb-Tb-Sv-Br

Abkürzungen, Erläuterungen s. S. 648/649.

Renault

R 4 GTL	R 5 TL	R 5 GTL	R 9 GTD	R 11 TXE	R 21 TXE Kat.	R 21 GTD	
5 Li 4	3/5 Li 5	3/5 Li 5	4 Li 5	3/5 Li 5	4 Li 5	4 Li 5	1
25 (34) 4000	33 (45) 5250	43 (59) 5250	40 (55) 4800	65 (89) 5500	79 (108) 5000	49 (67) 4500	2
72 2500	79 2500	100 3000	100 2250	135 3500	170 3500	124 2250	3
120	143	158	146	179	192	164	4
							5
22,4	16,0	14,0	16,0	10,7	9,9	15,6	
720	760/775	760/775	908	903/923	1145	1085	6
1120	1170/1185	1170/1185	1340	1335/1355	1545	1535	7
28,8	23,0	17,7	22,7	13,9	14,5	22,2	8
5,4/–/6,3	4,6/5,9/6,5	4,4/6,2/6,9	4,4/6,3/6,4	5,2/6,9/9,2	6,6/8,3/11,8	4,6/6,0/7,9	9
Super bleifrei	Super	Normal bleifrei	Diesel	Super	Normal bleifr.	Diesel	10
34	43	43	47	47	67	67	11
1108	1108	1397	1595	1721	2165	2068	12
70,0/72,0	70,0/72,0	76,0/77,0	78,0/83,5	81,0/83,5	88,0/89,0	86,0/89,0	13
9,5	9,5	9,25	21,0	10,0	10,0	21,5	14
22,6	29,8	30,8	25,1	37,8	36,5	23,7	15
lä 4 R	q 4 R	q 4 R	q 4 R	q 4 R	lä 4 R	lä 4 R	16
Vergaser	Vergaser	Vergaser	EP/V	Vergaser[1])	EI	EP/V	17
14/40	14/50	14/50	14/50	14/60	14/60	14/60	18
12/28	12/35	12/35	12/65	12/35	12/50	12/65	19
v-v	v-v	v-v	v-v	v-v	v-v	v-v	20
3,85/2,24 1,46/1,03	3,727/2,053 1,320/0,903	3,727/2,053 1,320/0,967 0,794	3,727/2,053 1,320/0,967 0,794	3,727/2,053 1,320/0,967 0,794	4,091/2,176 1,409/1,030 0,861	4,091/2,176 1,409/1,030 0,861	21
3,1	3,294	3,294	3,867	3,563	3,444	3,222	22
4 Sc	4 K (5 K)	5 K	5 K	5 K	5 K	5 K	23
W 5,9	W 5,5	W 5,5	W 6,7	W 6,5	W 7,4	W 7,5	24
3668	3590/3650	3590/3650	4132	4047	4465	4462	25
1485	1580	1580	1666	1666	1715	1715	26
1550	1390	1390	1410	1405	1415	1415	27
2401	2400/2460	2400/2460	2483	2483	2659	2659	28
1280/1244	1320/1290	1320/1290	1400/1357	1400/1357	1429/1402	1429/1402	29
10,0	10,3/11,1	10,3/11,1	10,75	10,8	11,28	11,28	30
175	120	120	120	120	120	120	31
Ql-Tfl	DQl-F	DQl-F	DQl-F	DQl-F	DQl-F	DQl-F	32
Ea-Ll-Tfq	Ea-Ll-Tfq	Ea-Ll-Tfq	Ea-Ll-Tfq	Ea-Ll-Tfq	Ea-Ll-Tfq	Ea-Ll-Tfq	33
145 SR 13	145/70 SR 13	155/70 SR 13	175/70 SR 13	175/70 SR 13	185/65 HR 14	175/70 TR 13	34
Sb-Tb-Br	Sb-Tb-Sv-Br	Sb-Tb-Sv-Br	Sb-Tb-Sv-Br	Sb-Tb-Sv-Br	Sb-Tb-Sv-Br	Sb-Tb-Sv-Br	35

[1]) Elektronisch geregelt.

Land			Frankreich			Großbritannien[2])	
Fahrzeugmarke Modell			**Renault** (Fortsetzung) R 25 V 6 Inj. Kat.	R 25 Turbo D	Alpine V 6 turbo	**Austin** Mini Mayfair	MG Metro
1	Karosserie		5 Li 5	5 Li 5	2 Co 4	2 Li 4	3 Li 5
2	Nutzleistung bei Motordrehzahl	kW (PS) min^{-1}	100 (136) 5500	63 (86) 4250	147 (200) 5750	31 (42) 5250	51 (70) 6000
3	Max. Drehmoment bei Motordrehzahl	Nm min^{-1}	215 2500	181 2000	285 2500	67 2500	96 3900
4	Höchstgeschwindigkeit	km/h	200	172	250	132	163
5	Beschleunigung von 0 auf 100 km/h	s	10,0	13,1	7,0	18,7	12,5
6	Leergewicht	kg	1345	1227	1180	630	810
7	Zul. Gesamtgewicht	kg	1745	1685	1550	1000	1225
8	Leistungsgewicht	kg/kW	13,5	19,5	8,0	20,3	15,9
9	Kraftstoffverbrauch	l/100 km	8,0/9,9/17,6	5,0/6,9/8,4	6,4/8,1/12,8	4,7/6,4/6,2	5,1/6,7/8,1
10	Kraftstoffart		Normal bleifr.	Diesel	Super	Super	Super
11	Tankinhalt	l	72	72	72	34	35
12	Hubraum	cm^3	2849	2068	2458	998	1275
13	Bohrung/Hub	mm	91,0/73,0	86,0/89,0	91,0/63,0	64,6/76,2	70,61/81,28
14	Verdichtungsverhältnis		8,8	21,0	8,6	10,3	10,5
15	Hubraumleistung	kW/l	35,1	30,5	59,8	31,1	40,1
16	Motorbauform		lä 6 V	lä 4 R	lä 6 V	q 4 R	q 4 R
17	Gemischaufbereitung		K-Jetronic	EP/V, AT	EI, AT	Vergaser	Vergaser
18	Generator	V/A	14/90	14/70	14/90	14/34	14/45
19	Batterie	V/Ah	12/50	12/65	12/50	12/30	12/40
20	Antriebsanordnung		v-v	v-v	h-h	v-v	v-v
21	Getriebe- übersetzung	1./2. Gang 3./4. Gang 5. Gang	3,364/2,059 1,381/0,964 0,756	4,091/2,176 1,409/1,971 0,784	3,364/2,059 1,381/0,964 0,756	3,647/2,185 1,425/1,000	3,647/2,185 1,425/1,000
22	Achsübersetzung		3,89	3,556	3,444	3,11	3,44
23	Gangschaltung		5 K (3 A)	5 K	5 K	4 K (4 A)	4 K (4 A)
24	Kühlung		W 9,3	W 7,2	W 15	W 3,6	W 4,9
25	Fahrzeuglänge	mm	4623	4623	4330	3071	3404
26	Fahrzeugbreite	mm	1772	1772	1754	1440	1546
27	Fahrzeughöhe	mm	1405	1405	1197	1351	1376
28	Radstand	mm	2718	2718	2339	2035	2251
29	Spurweite vorn/hinten	mm	1492/1476	1492/1476	1493/1462	1265/1215	1302/1295
30	Wendekreisdurchmesser	m	13,2	11,6	12,2	8,7	10,7
31	Bodenfreiheit	mm	120	120	130	150	110
32	Radaufhängung vorn		DQl-Ql-F	DQl-Ql-F	DQl-Sf	Ql-Gf	Ql-Hf
33	Radaufhängung hinten		Ea-Ql-Ll-Sf	Ea-Ql-Ll-Sf	DQl-Sf	Ea-Ll-Gf	Ea-Ll-Hf-Sf
34	Reifen		195/60 HR 15	195/60 HR 15	[1])	145/70 SR 12	160/65 R 315
35	Bremssystem		Sb-Sb-Sv-ABS	Sb-Tb-Sv-Br	Sb-Sb-Sv-Br	Sb-Tb	Sb-Tb-Sv-Br

Abkürzungen, Erläuterungen s. S. 648/649.

[1]) Vorn 195/50 VR 15, hinten 225/50 VR 15.

Maestro MG 2.0 EFi	Montego MG 2.0 Turbo	**Daimler** 3.6 Kat.	**Jaguar** XJS V 12 Coupé	**Rolls Royce** Silver Spirit	**Rover** 216 Vitesse	 825 Sterling (Kat.)	
5 Li 5	4 Li 5	4 Li 5	2 Co 4	4 Li 5	4 Li 5	4 Li 5	1
83 (113) 5500	110 (150) 5100	136 (185) 4750	217 (295) 5500		75 (102) 6000	110 (150) 5800	2
178 2800	224 3500	300 3700	435 3250		135 3500	207 4500	3
185	205	206	241	193	177	205	4
	7,3		7,6		9,9		5
1015	1106	1718	1760	2245	945	1375	6
1440	1560	2190	2110	2700	1400	1850	7
12,2	10,1	12,6	8,1		12,6	12,5	8
5,9/8,1/9,9	6,5/9,2/10,0	8,8/10,6/16,9	10,0/12,5/18,0	15,6/17,5/23,6	5,2/6,8/8,1	7,4/9,4/14,7	9
Super	Super	Normal bleifrei	Super	Super	Super	Super bleifrei	10
54	50,5	89	90	108	46	68	11
1994	1994	3590	5343	6750	1598	2494	12
84,5/89,0	84,5/89,0	91,0/92,0	90,0/70,0	104,1/99,1	76,2/87,5	84,0/75,0	13
9,0	8,5	8,1	12,5	9,0	9,56	9,0	14
41,5	55,2	37,9	40,6		46,9	44,1	15
q 4 R	q 4 R	lä 6 R	lä 12 V	lä 8 V	q 4 R	q 6 V	16
El	Vergaser, AT	El, La	El	K-Jetronic	El	El, La	17
14/55	14/55	14/60	14/60	14/108	14/65	14/80	18
12/40	12/44	12/68	12/68	12/68	12/45	12/60	19
v-v	v-v	v-h	v-h	v-h	v-v	v-v	20
2,71/1,89 1,33/1,04 0,852	2,923/1,750 1,222/0,935 0,764	3,573/2,056 1,391/1,000 0,760	2,5/1,5 1,0/–	2,5/1,5 1,0/–	3,250/1,750 1,142/0,848 0,648	2,647/1,464 0,971/0,682	21
3,65	3,647	3,54	2,88	2,69	3,937	4,2	22
5 K	5 K	5 K (4 A)	3 A M	3 A M	5 K (4 A)	4 A M	23
W 6,5	W 6,5	W 11,6	W 21,3	W 18	W 6,5	W 8	24
4049	4468	4988	4765	5270	4160	4693	25
1687	1710	1798	1795	1885	1635	1730	26
1429	1418	1358	1261	1485	1389	1400	27
2507	2571	2870	2591	3060	2450	2759	28
1481/1455	1485/1459	1500/1498	1490/1505	1535/1535	1400/1415	1489/1450	29
10,3	10,8	12,9	12,6	11,7	9,5	11,1	30
150	155	130	140	165	165	145	31
Ql-F	Ql-F	DQu-Sf	DQl-Sf	DQl-Sf	Ql-Tf-Db	DQu-F	32
Vla-Ll-F	Vla-Ll-F	Ea-Ql-Sf	Ea-Ql-Ll-Sf	Ea-Sl-Sf	Sa-Ll-Sf-P	Ea-Ql-Ll-Sf	33
175/65 HR 14	190/65 R 365	220/65 VR 390 TD	215/70 VR 15	235/70 HR 15	175/65 HR 14	195/65 VR 15	34
Sb-Tb-Sv-Br	Sb-Tb-Sv-Br	Sb-Sb-Sv-ABS	Sb-Sb-Sv-Br	Sb-Sb-Sv-ABS	Sb-Tb-Sv-Br	Sb-Sb-Sv-ABS	35

[2]) Ford siehe Ford-Modelle BR Deutschland.
Vauxhall siehe vergleichbare Opel-Modelle (BR Deutschland):
Nova → Corsa, Astra/Belmont → Kadett, Cavalier → Ascona, Carlton → Omega.

	Land		Italien				
	Fahrzeugmarke Modell		**Alfa Romeo** Alfa 33 1.3	Alfa 33 1.7 Quadrif. Verde	Alfa 75 1.8	Alfa 75 2.0 Twin Spark	Spider 2.0
1	Karosserie		5 Li 5	5 Li 5	4 Li 5	4 Li 5	2 Ca 2
2	Nutzleistung bei Motordrehzahl	kW (PS) min^{-1}	55 (75) 6000	84 (114) 6000	85 (115) 5300	109 (148) 5800	94 (128) 5400
3	Max. Drehmoment bei Motordrehzahl	Nm min^{-1}	113 3500	155 4000	167 4000	186 4000	178 4000
4	Höchstgeschwindigkeit	km/h	165	196	188	200	193
5	Beschleunigung von 0 auf 100 km/h	s	11,5	9,0	9,5	8,2	9,0
6	Leergewicht	kg	890	910	1060	1120	1040
7	Zul. Gesamtgewicht	kg	1335	1335	1485	1545	1360
8	Leistungsgewicht	kg/kW	16,2	10,8	12,5	10,3	11,1
9	Kraftstoffverbrauch	l/100 km	5,8/8,0/10,0	5,9/8,2/11,4	7,0/9,2/12,0	6,0/8,4/9,9	6,6/8,6/13,3
10	Kraftstoffart		Super	Super	Super	Super	Super
11	Tankinhalt	l	50	50	49	49	51
12	Hubraum	cm^3	1351	1717	1779	1962	1962
13	Bohrung/Hub	mm	80,0/67,2	87,0/72,2	80,0/88,5	84,0/88,5	84,0/88,5
14	Verdichtungsverhältnis		9,0	9,5	9,0	10,0	9,0
15	Hubraumleistung	kW/l	40,7	48,9	47,8	55,6	47,9
16	Motorbauform		4 Bx	4 Bx	lä 4 R	lä 4 R	lä 4 R
17	Gemischaufbereitung		Vergaser	2 Vergaser	2 Vergaser	Motronic	2 Vergaser
18	Generator	V/A	14/45	14/65	14/45	14/65	14/45
19	Batterie	V/Ah	12/45	12/45	12/50	12/55	12/50
20	Antriebsanordnung		v-v	v-v	v-h	v-h	v-h
21	Getriebe- übersetzung	1./2. Gang 3./4. Gang 5. Gang	3,143/1,864 1,323/1,027 0,854	3,143/1,864 1,323/1,027 0,854	2,875/1,720 1,226/0,946 0,780	2,875/1,720 1,226/0,946 0,780	3,30/1,99 1,35/1,00 0,79
22	Achsübersetzung		4,11	3,7	4,3	4,1	4,1
23	Gangschaltung		5 K	5 K	5 K	5 K	5 K
24	Kühlung		W 7,3	W 7,3	W 8	W 8	W 7,5
25	Fahrzeuglänge	mm	4015	4015	4330	4330	4247
26	Fahrzeugbreite	mm	1612	1612	1660	1660	1630
27	Fahrzeughöhe	mm	1345	1345	1350	1350	1290
28	Radstand	mm	2465	2465	2510	2510	2250
29	Spurweite vorn/hinten	mm	1365/1365	1365/1365	1396/1382	1396/1382	1324/1274
30	Wendekreisdurchmesser	m	10,4	10,4	11,5	11,5	10,7
31	Bodenfreiheit	mm	120	120	120	120	125
32	Radaufhängung vorn		Ql-F	Ql-F	DQl-Ql-Tfl	DQl-Ql-Tfl	DQl-Ql-Sf
33	Radaufhängung hinten		Sa-Wa-P-Sf	Sa-Wa-P-Sf	De-Wa-Sf	De-Wa-Sf	Sa-DQl-Ll-Sf
34	Reifen		165/70 SR 13	185/60 HR 14	185/70 HR 13	195/60 VR 14	185/70 HR 14
35	Bremssystem		Sb-Tb-Sv	Sb-Tb-Sv	Sb-Sb-Sv	Sb-Sb-Sv	Sb-Sb-Sv

Abkürzungen, Erläuterungen s. S. 648/649.

Ferrari Testarossa	FIAT 126 FSM	Panda 750 L	Uno 45 fire	Uno turbo i.e. Kat.	Uno 60 Diesel	Ritmo 75 CL i.e. Kat.	
2 Co 2	2 Li 4	3 Li 5	3/5 Li 5	3 Li 5	3/5 Li 5	5 Li 5	1
287 (390) 6300	17 (23) 4500	25 (34) 5250	32 (44) 5000	74 (100) 6000	44 (60) 4500	55 (75) 5500	2
490 4500	41,1 3000	57 3000	76 2750	142 3500	103 3000	108 3000	3
290	105	125	145	190	155	160	4
5,8	47	23,0	16,4	8,3	14,5	13,0	5
1505	600	700	720	845	800/810	895	6
1860	920	1150	1200	1280	1250	1400	7
5,2	35,3	28,0	22,5	11,4	18,2	16,3	8
9,9/11,8/23,7	5,2/ – /7,0	5,0/ – /6,2	4,9/6,4/6,7	5,8/7,8/9,2	4,0/5,7/5,4	5,9/7,8/9,4	9
Super	Normal	Normal bleifrei	Normal bleifr.	Super bleifrei	Diesel	Normal bleifr.	10
115	21	40	40	50	40	53	11
4942	652	769	999	1301	1698	1499	12
82,0/78,0	77,0/70,0	65,0/58,0	70,0/64,9	80,5/63,9	82,6/79,2	86,4/63,9	13
9,2	7,5	9,4	9,0	7,7	20,0	8,5	14
58,1	26,1	32,5	32,0	56,9	25,9	36,7	15
lä 12 Zyl.	lä 2 R	q 4 R	q 4 R	q 4 R	q 4 R	q 4 R	16
K-Jetronic	Vergaser	Vergaser	Vergaser	LE-Jetr., AT	EP/V	L-Jetronic, La	17
14/120	14/33	14/45	14/45	14/65	14/55	14/55	18
12/66	12/34	12/30	12/30	12/45	12/55	12/45	19
Mm-h	h-h	v-v	v-v	v-v	v-v	v-v	20
3,140/2,014 1,526/1,167 0,875	3,250/2,067 1,300/0,872	3,909/2,056 1,344/0,978	3,909/2,056 1,344/0,978	4,091/2,235 1,469/1,043 0,863	3,909/2,055 1,342/0,964 0,831	4,091/2,235 1,469/1,043 0,827	21
3,214	4,875	4,231	3,733	3,588	4,071	3,588	22
5 K	4 K	4 K (5 K)	4 K (5 K)	5 K	5 K	5 K	23
W 20	Luft	W 5,2	W 4,6	W 6,5	W 8,9	W 7	24
4485	3107	3408	3644	3644	3644	3993	25
1975	1382	1494	1555	1565	1555	1650	26
1130	1335	1420	1432	1415	1432	1420	27
2550	1840	2159	2362	2362	2362	2451	28
1520/1660	1142/1203	1263/1265	1340/1300	1336/1309	1340/1300	1399/1386	29
12,0	8,6	10,5	10,1	10,5	10,1	10,8	30
	125	130	150	130	150	145	31
DQl-Sf	DQl-Qf	Ql-F	Ql-F	Ql-F	Ql-F	Ql-F	32
Ea-DQl-Sf	Ea-DQl-Sf	Om-Ll-Sf	Vla-Sf	Vla-Sf	Vla-Sf	Ea-DQl-Qf	33
[1])	135 SR 12	135 SR 13	135 R 13 68 S	175/60 R 13 76 H	155/70 R 13 72 S	165/70 R 13 76 S	34
Sb-Sb-Sv	Tb-Tb	Sb-Tb-Sv-Br	Sb-Tb-Sv-Br	Sb-Sb-Sv-Br	Sb-Tb-Sv-Br	Sb-Tb-Sv-Br	35

[1]) Vorn 225/50 VR 16, hinten 255/50 VR 16.

Land			Italien				
Fahrzeugmarke Modell			FIAT (Fortsetzung) Ritmo Diesel	Regata Diesel Super	Croma i.e. Kat.	Croma Turbo D	Lamborghini Countach S quattrovalvole
1	Karosserie		3/5 Li 5	4 Li 5	5 Li 5	5 Li 5	2 Co 2
2	Nutzleistung bei Motordrehzahl	kW (PS) min^{-1}	44 (60) 4500	48 (65) 4600	83 (113) 5600	74 (100) 4100	334 (455) 7000
3	Max. Drehmoment bei Motordrehzahl	Nm min^{-1}	103 3000	119 2000	157 4000	217 2300	500 5200
4	Höchstgeschwindigkeit	km/h	150	155	191	185	295
5	Beschleunigung von 0 auf 100 km/h	s	17,5	16,0	10,4	11,9	5,0
6	Leergewicht	kg	915/930	1050	1175	1240	1490
7	Zul. Gesamtgewicht	kg	1400	1580	1675	1740	1680
8	Leistungsgewicht	kg/kW	20,8	21,9	14,2	16,8	4,5
9	Kraftstoffverbrauch	l/100 km	5,1/7,0/6,3	4,5/6,5/7,2	6,5/8,5/10,0	5,2/6,9/8,5	12,3/14,3/22,2
10	Kraftstoffart		Diesel	Diesel	Normal bleifr.	Diesel	Super
11	Tankinhalt	l	55	55	70	70	2 × 60
12	Hubraum	cm^3	1698	1929	1995	2445	5167
13	Bohrung/Hub	mm	82,6/79,2	82,6/90,0	84,0/90,0	93,0/90,0	85,5/75,0
14	Verdichtungsverhältnis		20,0	21,0	9,75	22,0	9,5
15	Hubraumleistung	kW/l	25,9	24,9	41,6	30,3	64,8
16	Motorbauform		q 4 R	q 4 R	q 4 R	q 4 R	lä 12 V
17	Gemischaufbereitung		EP/V	EP/V	LE-Jetr., La	EP/V, AT	6 Vergaser
18	Generator	V/A	14/55	14/55	14/65	14/65	14/85
19	Batterie	V/Ah	12/60	12/60	12/45	12/70	12/55
20	Antriebsanordnung		v-v	v-v	v-v	v-v	Mm-h
21	Getriebe- übersetzung	1./2. Gang 3./4. Gang 5. Gang	4,091/2,235 1,469/1,043 0,863	4,091/2,235 1,469/1,043 0,827	3,750/2,235 1,379/0,976 0,814	3,750/2,235 1,379/0,976 0,761	2,232/1,625 1,086/0,858 0,707
22	Achsübersetzung		3,765	3,588	3,421	3,19	4,09
23	Gangschaltung		5 K	5 K	5 K	5 K	5 K
24	Kühlung		W 7,5	W 7,5	W 9	W 9	W 17
25	Fahrzeuglänge	mm	3993	4267	4495	4495	4200
26	Fahrzeugbreite	mm	1663	1650	1736	1736	2000
27	Fahrzeughöhe	mm	1420	1445	1430	1430	1070
28	Radstand	mm	2451	2455	2660	2660	2500
29	Spurweite vorn/hinten	mm	1388/1386	1400/1390	1482/1472	1482/1472	1535/1605
30	Wendekreisdurchmesser	m	10,8	11,3	11,7	11,7	13,0
31	Bodenfreiheit	mm	145	145	140	140	105
32	Radaufhängung vorn		Ql-F	Ql-F	DQl-F	DQl-F	DQl-Sf
33	Radaufhängung hinten		Ea-DQl-Qf	Ea-DQl-Qf	Ea-Ql-F	Ea-Ql-F	Ea-Ql-Ll-Sf
34	Reifen		155 R 13 78 S	165/65 SR 14	175/70 R 14 82 H	185/65 R 14 85 T	[1])
35	Bremssystem		Sb-Tb-Sv-Br	Sb-Tb-Sv-Br	Sb-Sb-Sv-Br	Sb-Sb-Sv-Br	Sb-Sb-Sv

Abkürzungen, Erläuterungen s. S. 648/649.

Lancia Y 10 fire	Y 10 turbo	Delta 1300	Prisma turbo ds	Thema i.e.	Thema turbo i.e.	**Maserati** Biturbo 420	
3 Li 5	3 Li 5	5 Li 5	4 Li 5	4 Li 5	4 Li 5	4 Li 5	1
32 (44) 5000	62 (85) 5750	55 (75) 5800	59 (80) 4200	88 (120) 5250	122 (165) 5500	132 (180) 6000	2
76 2750	123 2750	104 3400	172 2400	167 3300	255/285²) 2500/2750²)	253 4400	3
143	180	163	170	195	218	215	4
							5
16,2	9,5	14,3	12,9	9,7	7,2	6,1	
760	800	950	1060	1120	1150	1275	6
1160	1200	1400	1510	1620	1650	1730	7
23,8	12,9	17,3	18,0	12,7	9,4	9,7	8
4,6/6,3/6,8	5,8/8,4/8,6	5,5/7,4/8,7	4,6/6,4/6,5	6,4/8,4/9,6	6,4/8,4/9,9	ca. 9 ... 17	9
Normal bleifrei	Super	Super	Diesel	Super	Super	Super	10
47	47	55	57	64	64	80	11
999	1049	1302	1929	1995	1995	1996	12
70,0/64,9	76,0/57,8	86,4/55,5	82,6/90,0	84,0/90,0	84,0/90,0	82,0/63,0	13
9,0	7,0	9,5	20,0	9,8	8,0	7,8	14
32,0	59,1	42,2	30,6	44,1	60,8	66,3	15
q 4 R	q 4 R	q 4 R	q 4 R	q 4 R	q 4 R	lä 6 V	16
Vergaser	Vergaser, AT	Vergaser	EP/V, AT	LE-Jetronic	LE-Jetr., AT	Vergaser, 2 AT	17
14/45	14/45	14/55	14/65	14/65	14/65	14/65	18
12/30	12/40	12/40	12/70	12/45	12/45	12/60	19
v-v	v-v	v-v	v-v	v-v	v-v	v-h	20
3,909/2,055 1,344/0,978 0,780	3,909/2,055 1,344/0,978 0,836	4,091/2,235 1,469/1,043 0,863	3,583/2,235 1,524/1,154 0,838	3,750/2,235 1,518/1,132 0,928	3,750/2,235 1,518/1,132 0,928	3,42/2,08 1,39/1,00 0,87	21
3,733	4,077	3,765	3,048	3,421	2,95	3,73	22
5 K	5 K	5 K	5 K	5 K (3 A)	5 K	5 K (3 A)	23
W 4,6	W 4,6	W 6	W 7	W 9	W 9,6	W 12	24
3392	3392	3895	4180	4590	4590	4155	25
1507	1507	1620	1620	1758	1758	1715	26
1420	1420	1365	1385	1415	1415	1305	27
2160	2160	2475	2475	2660	2660	2515	28
1280/1280	1280/1280	1400/1400	1402/1400	1490/1480	1490/1480	1420/1430	29
10,1	10,4	11,6	11,4	11,7	11,7	11,7	30
160	160	145	145	140	140	125	31
Ql-F	Ql-F	DQl-F	DQl-F	DQl-F	DQl-F	Ql-F	32
Om-Ll-Sf	Om-Ll-Sf	Ea-DQu-Ll-F	Ea-DQu-Ll-F	Ea-Ql-F	Ea-Ql-F	Ea-Sl-Sf	33
135 R 13 69 S	155/70 R 13 75 H	165/70 R 13 76 S	165/65 R 14 78 T	175/70 R 14 82 H	195/60 VR 14	195/60 HR 14	34
Sb-Tb-Sv	Sb-Tb-Sv	Sb-Tb-Sv-Br	Sb-Tb-Sv-Br	Sb-Sb-Sv-Br	Sb-Sb-Sv-Br	Sb-Sb-Sv	35

¹) Vorn 225/50 VR 15, hinten 345/35 VR 15.
²) Bei eingeschaltetem Overboost.

Land			Japan				
Fahrzeugmarke Modell			Honda Civic 1.5 GL	CRX 1.6i-16	Accord EX 2.0i Kat. Aero Deck	Accord EX 2.0i	Legend V6 L Kat.
1	Karosserie		3 Li 5	3 Co 2+2	3 Co 5	4 Li 5	4 Li 5
2	Nutzleistung bei Motordrehzahl	kW (PS) min^{-1}	63 (85) 6000	92 (125) 6500	85 (115) 5500	90 (122) 5500	110 (150) 5800
3	Max. Drehmoment bei Motordrehzahl	Nm min^{-1}	126 3500	140 5500	161 3500	166 5000	207 4500
4	Höchstgeschwindigkeit	km/h	172	202	186	195	203
5	Beschleunigung von 0 auf 100 km/h	s	9,9	8,1		9,0	8,9
6	Leergewicht	kg	856	895	1115	1105	1350
7	Zul. Gesamtgewicht	kg	1270	1270	1660	1660	1850
8	Leistungsgewicht	kg/kW	13,6	9,7	13,1	12,3	12,3
9	Kraftstoffverbrauch	l/100 km	5,2/6,8/8,2	5,4/7,1/7,7	6,9/8,7/10,5	6,1/7,9/10,1	7,3/9,3/12,1
10	Kraftstoffart		Normal bleifr.	Super	Normal bleifr.	Super	Normal bleifr.
11	Tankinhalt	l	46	41	60	60	68
12	Hubraum	cm^3	1488	1590	1955	1955	2494
13	Bohrung/Hub	mm	74,0/86,5	75,0/90,0	82,7/91,0	82,7/91,0	84,0/75,0
14	Verdichtungsverhältnis		8,7	9,3	8,8	9,4	9,0
15	Hubraumleistung	kW/l	42,3	57,9	43,8	46,0	44,1
16	Motorbauform		q 4 R	q 4 R	q 4 R	q 4 R	q 6 V
17	Gemischaufbereitung		Vergaser	EI	EI, La	EI	EI, La
18	Generator	V/A	14/55	14/60	14/65	14/65	14/70
19	Batterie	V/Ah	12/47	12/47	12/47	12/47	12/54
20	Antriebsanordnung		v-v	v-v	v-v	v-v	v-v
21	Getriebe- übersetzung	1./2. Gang 3./4. Gang 5. Gang	2,916/1,764 1,192/0,866 0,718	3,181/1,944 1,347/1,033 0,878	3,181/1,842 1,250/0,937 0,771	3,181/1,842 1,250/0,937 0,771	2,923/1,789 1,222/0,909 0,702
22	Achsübersetzung		4,266	3,866	4,066	4,066	4,2
23	Gangschaltung		5 K (4 A)	5 K	5 K (4 A)	5 K (4 A)	5 K (4 A)
24	Kühlung		W 5,1	W 5,9	W 6,2	W 6,2	W 8,1
25	Fahrzeuglänge	mm	3810	3755	4335	4535	4810
26	Fahrzeugbreite	mm	1635	1630	1695	1695	1735
27	Fahrzeughöhe	mm	1340	1290	1335	1355	1390
28	Radstand	mm	2380	2200	2600	2600	2760
29	Spurweite vorn/hinten	mm	1400/1415	1400/1415	1480/1475	1480/1475	1490/1450
30	Wendekreisdurchmesser	m	9,2	8,8	11,2	11,2	11,2
31	Bodenfreiheit	mm	165	150	160	160	150
32	Radaufhängung vorn		Ql-Db-Tfl	Ql-Db-Tfl	DQu-Ac-F	DQu-Ac-F	Ql-Sl-F
33	Radaufhängung hinten		Sa-Ll-P-F	Sa-Ll-P-F	Ea-DQu-Ac-F	Ea-DQu-Ac-F	Ea-Ql-Ll-Db-Sf
34	Reifen		165/70 SR 13	185/60 VR 14	185/70 HR 13	185/70 HR 13	205/60 VR 15
35	Bremssystem		Sb-Tb-Sv	Sb-Sb-Sv-Br	Sb-Sb-Sv-Br	Sb-Sb-Sv-Br	Sb-Sb-Sv-Br

Abkürzungen, Erläuterungen s. S. 648/649.

Prelude EX 2.0i-16	**Mazda** 323 LX 1.3	323 4WD GTX 1.6i-16V Turbo	626 GLX 2.0i Kat.	626 Diesel	929 GLX 3.0i V6	RX-7	
2 Co 4	4 Li 5	3 Li 5	5 Li 5	4 Li 5	4 Li 5	3 Co 2+2	1
101 (137) 6000	44 (60) 5600	110 (150) 6000	68 (92) 5000	46 (62) 4650	140 (190) 5500	110 (150) 6500	2
170 5000	94 3400	190 5000	153 2500	116 2750	255 4200	182 3000	3
202	145	205	173	150	220	210	4
8,3		8,3				8,0	5
1060	865	1100	1095	1095	1460	1205	6
1535	1450	1650	1720	1720	2040	1700	7
10,5	19,7	10,0	16,1	23,8	10,4	11,0	8
7,4/8,4/10,1	5,6/7,7/8,1	7,6/9,8/11,1	6,1/8,2/–	4,7/6,7/7,1	8,1/9,9/15,9	8,4/11,3/17,1	9
Super	Normal bleifrei	Super	Normal bleifrei	Diesel	Super bleifrei	Normal	10
60	45	53	60	60	75	63	11
1958	1296	1598	1998	1998	3,0 l	2 × 654[1])	12
81,0/95,0	77,0/69,6	78,0/83,6	86,0/86,0	86,0/86,0			13
9,5	9,2	7,9	8,6	23,0	10,0	9,4	14
51,6	34,0	68,8	34,0	23,4	46,7	42,0	15
q 4 R	q 4 R	q 4 R	q 4 R	q 4 R	lä 6 V	2 Km	16
El	Vergaser	L-Jetronic, AT	L-Jetronic, La	EP/V	El	L-Jetronic	17
14/65	14/50	14/65	14/60	14/60	14/60	14/50	18
12/47	12/50	12/60	12/60	12/80	12/50	12/50	19
v-v	v-v	v-v + h	v-v	v-v	v-h	v-h	20
3,166/1,857 1,259/0,967 0,794	3,416/1,842 1,290/0,918 0,775	3,307/1,833 1,233/0,970 0,795	3,307/1,833 1,310/1,030 0,837	3,307/1,833 1,233/0,914 0,755		3,475/2,002 1,366/1,000 0,785	21
4,066	4,105	4,105	3,85	3,85		4,3	22
5 K (4 A)	5 K (3 A)	5 K	5 K (3 A)	5 K	5 K (4 A)	5 K	23
W 6	W 5,5	W 5,2	W 7	W 8,5	W 9,7	W 8,7	24
4295	4195	3990	4430	4430	4885	4290	25
1690	1645	1645	1690	1690	1725	1690	26
1295	1390	1385	1365	1395	1425	1265	27
2450	2400	2400	2510	2510	2710	2430	28
1470/1470	1390/1450	1400/1425	1430/1425	1430/1425	1440/1450	1450/1440	29
10,2	10,1	10,1	11,0	11,0	11,6	10,6	30
160	150	150	150	150	170	150	31
DQu-F	DQl-F	DQl-F	DQl-F	DQl-F	Ql-F	Ql-F	32
Ea-Ql-Ll-F	Ea-DQu-Ll-F	Ea-DQu-Ll-F	Ea-DQu-Ll-F	Ea-DQu-Ll-F	Ea-Ql-Ll-F	Ea-Sl-F	33
195/60 HR 14	155 SR 13	185/60 VR 14	185/70 HR 14	165 SR 13	205/60 VR 15	205/60 VR 15	34
Sb-Sb-Sv-Br	Sb-Tb-Sv-Br	Sb-Sb-Sv-Br	Sb-Tb-Sv-Br	Sb-Tb-Sv-Br	Sb-Sb-Sv-ABS	Sb-Sb-Sv-Br	35

[1]) Kammervolumen, Hubraumäquivalent 2616 cm^3.

Land			Japan				
Fahrzeugmarke Modell			Mitsubishi Colt 1500 GLX Kat.	Lancer GL Diesel	Galant 2400 GLS Kat.	Space Wagon 1800 GLX	Starion
1	Karosserie		3/5 Li 5	4 Li 5	4 Li 5	5 KoLi 7	3 Co 2+2
2	Nutzleistung bei Motordrehzahl	kW (PS) min^{-1}	51 (70) 5500	44 (60) 4500	82 (112) 5000	66 (90) 5500	132 (180) 6000
3	Max. Drehmoment bei Motordrehzahl	Nm min^{-1}	115 3500	113 3000	187 4000	138 3500	290 3500
4	Höchstgeschwindigkeit	km/h	153	145	181	163	230
5	Beschleunigung von 0 auf 100 km/h	s	14,3	15,4	10,7	11,6	7,9
6	Leergewicht	kg	905	965	1170	1080	1250
7	Zul. Gesamtgewicht	kg	1340	1400	1660	1690	1665
8	Leistungsgewicht	kg/kW	17,7	21,9	14,3	16,4	9,5
9	Kraftstoffverbrauch	l/100 km	5,4/7,8/8,4	4,6/6,6/6,8	7,7/8,7/12,5	6,4/8,5/10,8	7,2/9,5/12,8
10	Kraftstoffart		Normal bleifr.	Diesel	Normal bleifr.	Super	Super
11	Tankinhalt	l	45	45	60	50	75
12	Hubraum	cm^3	1468	1795	2351	1755	1997
13	Bohrung/Hub	mm	75,5/82,0	80,6/88,0	86,5/100,0	80,6/86,0	85,0/88,0
14	Verdichtungsverhältnis		9,4	21,5	8,5	9,5	7,6
15	Hubraumleistung	kW/l	34,8	24,5	34,9	37,6	66,1
16	Motorbauform		q 4 R	q 4 R	q 4 R	q 4 R	lä 4 R
17	Gemischaufbereitung		Vergaser[1]), La	EP/V	El, La	Vergaser	El, AT
18	Generator	V/A	14/55	14/55	14/65	14/55	14/65
19	Batterie	V/Ah	12/60	12/80	12/60	12/60	12/65
20	Antriebsanordnung		v-v	v-v	v-v	v-v	v-h
21	Getriebe-übersetzung	1./2. Gang 3./4. Gang 5. Gang	3,363/1,947 1,285/0,939 0,777	3,363/1,947 1,285/0,939 0,777	3,166/1,833 1,240/0,866 0,731	4,226/2,365 1,467/1,105 0,855	3,369/2,035 1,360/1,000 0,856
22	Achsübersetzung		4,021	3,412	4,021	3,47	3,545
23	Gangschaltung		5 K (3 A)	5 K	5 K (4 A)	5 K (3 A)	5 K
24	Kühlung		W 5,7	W 6,7	W 7	W 6,7	W 7,2
25	Fahrzeuglänge	mm	3965	4210	4560	4295	4430
26	Fahrzeugbreite	mm	1635	1635	1695	1640	1705
27	Fahrzeughöhe	mm	1360	1360	1385	1525	1315
28	Radstand	mm	2380	2380	2600	2625	2435
29	Spurweite vorn/hinten	mm	1410/1340	1410/1340	1445/1405	1410/1375	1395/1400
30	Wendekreisdurchmesser	m	10,7	10,7	11,8	11,4	9,6
31	Bodenfreiheit	mm	155	155	155	150	160
32	Radaufhängung vorn		Ql-F	Ql-F	DQl-F	Ql-F	Ql-F
33	Radaufhängung hinten		Ea-Ll-Sf	Ea-Ll-Sf	Vla-F-P	Ea-Ls-Sf	Ea-DQl-F
34	Reifen		155 SR 13	155 SR 13	185/70 R 14 86 T	185/70 R 13 84 R	215/60 VR 15
35	Bremssystem		Sb-Tb-Sv-Br	Sb-Tb-Sv-Br	Sb-Sb-Sv-Br	Sb-Tb-Sv-Br	Sb-Sb-Sv-As

Abkürzungen, Erläuterungen s. S. 648/649.

Nissan (Datsun) Micra GL	Sunny SLX Diesel	Sunny 1.6 SLX Kat.	Bluebird SLX	Silvia Turbo Kat.	300 ZX Turbo Kat.	**Subaru** 1800 Sedan 4 WD	
3 Li 5	3/5 Li 5	4 Li 5	5 Li 5	2 Co 4	2 Co 2+2	4 Li 5	1
37 (50) 6000	40 (54) 4800	54 (73) 5000	75 (102) 5200	90 (122) 5200	149 (203) 5200	66 (90) 5600	2
72 3600	104 2800	129 2800	160 3600	184 3200	309 3600	137 3600	3
142	151	160	176	201	230	170	4
15,9	18,1	14,0	12,5	9,8	7,9	–	5
700	1033	984	1220	1245	1480	1075	6
1100	1510	1415	1720	1675	1810	1615	7
18,9	25,8	18,2	16,3	13,8	9,9	16,3	8
4,8/6,5/6,6	4,6/6,5/6,5	5,6/8,0/9,6	6,6/8,5/11,0	7,1/9,5/9,9	8,0/9,9/14,6	6,8/9,2/9,5	9
Normal bleifrei	Diesel	Normal bleifrei	Super	Normal bleifr.	Super bleifrei	Normal	10
40	50	50	60	53	77	60	11
998	1681	1597	1974	1809	2960	1781	12
68,0/68,8	80,0/83,6	76,0/88,0	84,5/88,0	83,0/83,6	87,0/83,0	92,0/67,0	13
9,5	21,8	9,4	9,4	8,0	7,4	9,0	14
37,1	23,8	33,8	38,0	49,8	50,3	37,1	15
q 4 R	q 4 R	q 4 R	q 4 R	lä 4 R	lä 6 V	4 Bx	16
Vergaser	EP/V	ZE, La	Vergaser	LH-Jetr., La, AT	LH-Jetr., La, AT	Vergaser	17
14/40	14/50	14/50	14/60	14/60	14/70	14/50	18
12/45	12/80	12/60	12/60	12/60	12/60	12/45	19
v-v	v-v	v-v	v-v	v-h	v-h	v-v + h³)	20
3,41/1,96 1,32/1,03 0,85	3,33/1,95 1,29/0,90 0,76	3,33/1,95 1,29/0,90 0,76	3,29/1,85 1,21/0,91 0,80	3,59/2,06 1,36/1,00 0,82	3,35/2,06 1,38/1,00 0,78	3,545/1,947 1,366/0,972 0,780	21
3,81	3,789	4,167	4,17	3,7	3,55	3,7	22
5 K (3 A)	5 K	5 K (3 A)	5 K (3 A + O)	5 K	5 K	5 K (3 A + O)	23
W 4	W 5	W 5,1	W 6,8	W 8	W 11	W 5	24
3760	4030	4215	4365	4460	4540	4370	25
1560	1640	1640	1690	1670	1725	1660	26
1395	1380	1380	1395	1330	1310	1425	27
2300	2430	2430	2550	2425	2520	2465	28
1345/1330	1435/1430	1435/1430	1460/1460	1400/1425	1455/1475	1410/1425	29
10,0	10,6	10,2	11,0	11,1	10,6	9,6	30
175	150	150	150	150	150	180	31
DQI-F	DQI-F	DQI-F	QI-F	QI-F	QI-F	QI-F	32
Sa-LI-SI-F	Ea-DQu-F	Ea-DQu-F	Ea-QI-LI-F	Ea-SI-Sf	Ea-SI-Sf	Ea-DQI-F	33
155 SR 12	175/70 SR 13	175/70 SR 13	185/70 HR 14	195/60 R 15 86 H	²)	175/70 SR 13	34
Sb-Tb-Sv-Br	Sb-Tb-Sv-Br	Sb-Tb-Sv-Br	Sb-Tb-Sv-Br	Sb-Sb-Sv-Br	Sb-Sb-Sv-ABS	Sb-Tb-Sv-Br	35

¹) Elektronisch geregelt.
²) Vorn 205/55 VR 16, hinten 225/50 VR 16.
³) Zuschaltbarer Hinterradantrieb.

	Land		Japan				
	Fahrzeugmarke Modell		Toyota Corolla 1.3 SR Compact Kat.	Carina II D Liftback	Carina II GLi	Camry GLi Kat.	Supra 3.0-24V
1	Karosserie		3/5 Li 5	5 Li 5	4 Li 5	4 Li 5	3 Co 4
2	Nutzleistung bei Motordrehzahl	kW (PS) min^{-1}	54,5 (74) 6200	51 (69) 4600	74 (101) 5200	89 (121) 5600	150 (204) 6000
3	Max. Drehmoment bei Motordrehzahl	Nm min^{-1}	103 4200	128 2600	155 4000	176 4400	254 4800
4	Höchstgeschwindigkeit	km/h	160	160	175	192	220
5	Beschleunigung von 0 auf 100 km/h	s	14,1	15,9	11,2	9,7	8,2
6	Leergewicht	kg	870/890	1085	1038	1205	1590
7	Zul. Gesamtgewicht	kg	1385	1530	1520	1720	2070
8	Leistungsgewicht	kg/kW	16,0	21,3	14,0	13,5	10,6
9	Kraftstoffverbrauch	l/100 km	5,1/7,2/7,4	4,4/6,3/7,0	5,5/7,5/9,2	6,0/7,9/8,9	7,7/9,5/13,1
10	Kraftstoffart		Normal bleifr.	Diesel	Super	Normal bleifr.	Super bleifr.
11	Tankinhalt	l	50	55	55	60	70
12	Hubraum	cm^3	1295	1974	1832	1998	2954
13	Bohrung/Hub	mm	73,0/77,4	86,0/85,0	80,5/90,0	86,0/86,0	83,0/91,0
14	Verdichtungsverhältnis		9,5	23,0	9,0	9,3	9,2
15	Hubraumleistung	kW/l	42,1	25,8	40,4	44,5	50,8
16	Motorbauform		q 4 R	q 4 R	q 4 R	q 4 R	lä 6 R
17	Gemischaufbereitung		Vergaser	EP/V	EI	L-Jetronic, La	L-Jetronic
18	Generator	V/A	14/45	14/55	14/50	14/60	14/60
19	Batterie	V/Ah	12/40	12/80	12/40	12/60	12/70
20	Antriebsanordnung		v-v	v-v	v-v	v-v	v-h
21	Getriebe- übersetzung	1./2. Gang 3./4. Gang 5. Gang	3,545/1,905 1,310/0,969 0,815	3,538/2,041 1,322/0,945 0,731	3,538/2,041 1,322/0,945 0,731	3,285/2,041 1,322/1,028 0,820	3,285/1,894 1,275/1,000 0,783
22	Achsübersetzung		4,058	3,736	3,736	3,944	3,909
23	Gangschaltung		5 K (3 A)	5 K	5 K	5 K (4 A)	5 K
24	Kühlung		W 4,9	W 7,3	W 7	W 6,5	W 8,1
25	Fahrzeuglänge	mm	3970	4360	4390	4520	4630
26	Fahrzeugbreite	mm	1635	1670	1670	1710	1745
27	Fahrzeughöhe	mm	1385	1365	1365	1440	1310
28	Radstand	mm	2430	2515	2515	2600	2595
29	Spurweite vorn/hinten	mm	1425/1405	1425/1435	1425/1435	1475/1475	1485/1480
30	Wendekreisdurchmesser	m	10,1	10,0	10,0	10,6	
31	Bodenfreiheit	mm	160	160	160	170	150
32	Radaufhängung vorn		Ql-F	Ql-F	Ql-F	Ql-F	DQu-F
33	Radaufhängung hinten		Ea-DQu-Ll-F	Ea-DQu-Ll-F	Ea-DQu-Ll-F	Ea-DQu-Ll-F	Ea-DQu-F
34	Reifen		155 SR 13	165 SR 13	175/70 HR 13	185/70 HR 14	225/50 VR 16
35	Bremssystem		Sb-Tb-Sv-Br	Sb-Tb-Sv-Br	Sb-Tb-Sv-Br	Sb-Tb-Sv-Br	Sb-Sb-Sv-ABS

Abkürzungen, Erläuterungen s. S. 648/649.

Schweden

Saab 900 i	 9000 Turbo 16 Kat.	**Volvo** 340 DL	 360 GLE	 740 GL Kat.	 760 GLE Turbo Intercooler	 760 GLE Turbo Diesel Interc.	
2/4 Li 5	5 Li 5	5 Li 5	4 Li 5	4 Li 5	4 Li 5	4 Li 5	1
85 (115) 5500	118 (160) 5500	50 (68) 5500	82 (111) 6000	83 (113) 5400	134 (182) 5800	85 (115) 4800	2
167 3000	255 3000	103 3000	153 4200	185 2750	260 3400	225 2400	3
175	210	150	180	175	200	175	4
12,0	8,9	15,5	11,0	12,0	8,5	10,5	5
1165–1290	1325–1395	985	1093	1290	1370	1420	6
1640–1720	1810–1870	1430	1550	1800	1840	1900	7
13,7	11,2	19,7	13,3	15,5	10,2	16,7	8
6,9/9,9/13,4	6,5/8,6/12,2	5,3/7,5/10,1	6,1/8,2/12,3	6,6/8,9/11,3	7,0/9,2/13,0	5,6/7,9/9,2	9
Super bleifrei	N/S bleifrei	Super bleifrei	Normal bleifrei	Normal bleifr.	Super	Diesel	10
63	68	45	57	82	82	82	11
1985	1985	1397	1986	2316	2316	2383	12
90,0/78,0	90,0/78,0	76,0/77,0	88,9/80,0	96,0/80,0	96,0/80,0	76,5/86,4	13
9,5	9,0	9,25	9,2	9,8	9,0	23,0	14
42,8	59,4	35,8	41,3	35,8	57,8	33,6	15
lä 4 R	q 4 R	lä 4 R	lä 4 R	lä 4 R	lä 4 R	lä 6 R	16
K-Jetronic	LH-Jetr., La, AT	Vergaser	LE-Jetronic	LH-Jetronic, La	Motronic, AT	EP/V, AT	17
14/70	14/80	14/50	14/55	14/70	14/70	14/70	18
12/60	12/60	12/36	12/55	12/55	12/55	12/88	19
v-v	v-v	v-h	v-h	v-h	v-h	v-h	20
4,533/2,562 1,720/1,236 1,000	3,31/1,76 1,17/0,86 0,68	3,71/2,16 1,37/1,00	3,71/2,16 1,37/1,00 0,83	4,03/2,16 1,37/1,00 0,79²)	4,03/2,16 1,37/1,00 0,79²)	4,03/2,16 1,37/1,00 0,79²)	21
3,083	4,21	3,64	3,64	3,54	3,54	3,54	22
5 K (3 A)	5 K	4 K (5 K/A¹)	5 K	4 K + O (4 A)	4 K + O (4 A)	4 K + O (4 A)	23
W 10	W 9	W 5,3	W 8	W 9,3	W 9,5	W 10,9	24
4680	4620	4320	4435	4785	4785	4785	25
1690	1764	1660	1660	1750	1760	1760	26
1420	1430	1392	1392	1410	1410	1410	27
2517	2672	2395	2395	2770	2770	2770	28
1430/1440	1522/1492	1370/1400	1370/1400	1470/1460	1470/1460	1470/1460	29
10,3	10,9	9,35	9,35	9,9	9,9	9,9	30
140	150	135	135	105	105	105	31
DQI-Sf	QI-F	QI-F	QI-F	QI-F	QI-F	QI-F	32
Sa-LI-P-Sf	Sa-LI-P-Sf	De-Lf	De-Lf	Sa-LI-Sf	Sa-LI-Sf	Sa-LI-Sf	33
185/65 TR 15	205/55 VR 15	175/70 SR 13	175/70 HR 13	195/65 HR 15	195/60 HR 15	185/65 TR 15	34
Sb-Sb-Sv	Sb-Sb-Sv	Sb-Tb-Sv	Sb-Tb-Sv	Sb-Sb-Sv	Sb-Sb-Sv-ABS	Sb-Sb-Sv-ABS	35

¹) Stufenloses CVT-Getriebe. ²) Overdrive.

Land			USA				
Fahrzeugmarke Modell			**Buick** Le Sabre Limited Sedan	**Cadillac** Seville	**Chevrolet** Camaro Sport Coupé	**Chrysler** New Yorker	**Dodge** Daytona Turbo Z
1	Karosserie		4 Li 6	4 Li 5	3 Co 4	4 Li 6	3 Co 4
2	Nutzleistung bei Motordrehzahl	kW (PS) min^{-1}	112 (152) 4400	97 (132) 4200	101 (137) 4900	74 (101) 4800	109 (148) 5200
3	Max. Drehmoment bei Motordrehzahl	Nm min^{-1}	271 2000	271 2200	217 3900	180 2800	231 3600
4	Höchstgeschwindigkeit¹)	km/h	ca. 190	ca. 180	ca. 170	ca. 165	ca. 190
5	Beschleunigung von 0 auf 100 km/h¹)	s					
6	Leergewicht	kg	1480	1565	1390	1250	1275
7	Zul. Gesamtgewicht¹)	kg					
8	Leistungsgewicht	kg/kW	13,2	16,1	13,8	16,9	11,7
9	Kraftstoffverbrauch¹)	l/100 km	ca. 10 ... 17	ca. 11 ... 16	ca. 10 ... 15	ca. 10 ... 15	ca. 9 ... 16
10	Kraftstoffart		Normal bleifr.	Normal bleifr.	Normal bleifr.	Normal bleifr.	Normal bleifr.
11	Tankinhalt	l	68	68	61	53	53
12	Hubraum	cm^3	3791	4087	2838	2501	2213
13	Bohrung/Hub	mm	96,52/86,36	88,0/84,0	88,9/76,2	87,5/104,0	87,5/92,0
14	Verdichtungsverhältnis		8,5	9,0	8,9	9,0	8,1
15	Hubraumleistung	kW/l	29,5	23,8	35,6	29,7	49,3
16	Motorbauform		q 6 V	q 8 V	lä 6 V	q 4 R	q 4 R
17	Gemischaufbereitung		El	Ze	El	Ze	El, AT
18	Generator	V/A	14/144	14/120	14/66	14/90	14/90
19	Batterie	V/Ah	12/69	12/45	12/45	12/60	12/65
20	Antriebsanordnung		v-v	v-v	v-h	v-v	v-v
21	Getriebe- übersetzung	1./2. Gang 3./4. Gang 5. Gang	2,92/1,57 1,00/0,70²)	2,92/1,57 1,00/0,70²)	4,03/2,37 1,50/1,00 0,76	2,69/1,55 1,00/–	3,29/2,08 1,45/1,04 0,72
22	Achsübersetzung		2,73 (2,97)	2,97	3,42	3,02	2,51
23	Gangschaltung		3 A + O-Le	3 A + O-M	5 K (3 A + O)	3 A-Le	5 K (3 A)
24	Kühlung		W 12,6	W 11,4	W 11,7	W 8,5	W 8,5
25	Fahrzeuglänge	mm	5005	4780	4875	4755	4555
26	Fahrzeugbreite	mm	1840	1810	1850	1725	1760
27	Fahrzeughöhe	mm	1380	1365	1280	1350	1275
28	Radstand	mm	2815	2745	2565	2625	2465
29	Spurweite vorn/hinten	mm	1530/1520	1520/1520	1525/1550	1465/1455	1465/1465
30	Wendekreisdurchmesser	m	12,0	12,9	12,0	11,9	11,3
31	Bodenfreiheit	mm	160	150	130	125	110
32	Radaufhängung vorn		DQl-F	Ql-Ll-F	DQl-Db-Sf	DQl-F	DQl-F
33	Radaufhängung hinten		Ea-DQl-Db-Sf	Ea-Ql-Db-Qf	Sa-Ll-P-Sf	Sa-Ll-P-Sf	Sa-Ll-Sf
34	Reifen		205/75 R 14	205/75 R 14	215/65 R 14	P 185/75 R 14	205/60 R 15
35	Bremssystem		Sb-Tb-Sv	Sb-Sb-Sv	Sb-Tb-Sv	Sb-Tb-Sv	Sb-Sb-Sv

Abkürzungen, Erläuterungen s. S. 648/649.

Ford Mustang	 LTD Crown Victoria	**Lincoln** Town Car	**Mercury** Lynx L/GL	**Oldsmobile** Custom Cruiser Wagon	**Plymouth** Reliant	**Pontiac** Bonneville	
2/3 Co 4	4 Li 6	4 Li 6	3/5 Li 4	5 Ko 6	2/4 Li 6	4 Li 6	1
168 (228) 4200	134 (183) 3600	112 (152) 3200	67 (91) 4600	104 (142) 3600	72 (98) 5200	112 (152) 4400	2
407 3200	387 2400	366 2000	144 3400	326 1600	166 3200	271 2000	3
ca. 210	ca. 195	ca. 185	ca. 165	ca. 170	ca. 165	ca. 190	4
							5
1360/1385	1747	1840	990/1025	1880	1075/1090	1500	6
							7
8,1	13,0	16,4	14,8	18,1	14,9	13,4	8
ca. 12 ... 20	ca. 15 ... 22	ca. 12 ... 20	ca. 7 ... 12	ca. 12 ... 19	ca. 8 ... 13	ca. 10 ... 16	9
Normal bleifrei	Normal bleifr.	Normal bleifr.	Normal bleifr.	Normal bleifr.	Normal bleifr.	Normal bleifr.	10
58	76	68	49	83	53	68	11
4942	5766	4942	1859	5033	2213	3791	12
101,6/76,2	101,6/88,9	101,6/76,2	82,0/88,0	96,52/85,98	87,5/92,0	96,52/86,36	13
9,2	8,3	8,9	9,0	8,0	9,5	8,5	14
33,9	23,3	22,6	36,0	20,8	32,6	29,5	15
lä 8 V	lä 8 V	lä 8 V	q 4 R	lä 8 V	q 4 R	q 6 V	16
El	Vergaser	El	Ze	Vergaser	Ze	El	17
14/65	14/100	14/60	14/60	14/78	14/90	14/108	18
12/58	12/71	12/71	12/48	12/54	12/66	12/54	19
v-h	v-h	v-h	v-v	v-h	v-v	v-v	20
3,35/1,93 1,29/1,00 0,68	2,40/1,47 1,00/0,67[2])	2,40/1,47 1,00/0,67[2])	3,21/1,81 1,15/0,78	2,74/1,57 1,00/0,67[2])	3,29/2,08 1,45/1,04 0,72	2,92/1,57 1,00/0,70[2])	21
2,73 (3,08)	2,73	3,08 (3,27)	2,85 (3,52)	2,73 (3,08)	2,51	2,73 (2,93)	22
5 K (3 A + O)	3 A + O-Le	3 A + O-Le	4 K (5 K/3 A)	3 A + O-Le	5 K (3 A)	3 A + O-Le	23
W 13,3	W 14	W 12,6	W 6,2	W 14,8	W 8,5	W 12,4	24
4565	5360	5565	4240	5595	4535	5050	25
1755	1970	1985	1675	2030	1725	1830	26
1325	1405	1420	1360	1490	1350	1410	27
2555	2900	2980	2395	2945	2550	2815	28
1440/1450	1580/1575	1580/1575	1390/1420	1580/1630	1460/1455	1530/1520	29
11,4	13,1	13,4	11,0	13,0	11,3	12,0	30
115	130	140	130	170	120	160	31
DQl-Ql-Sf	DQl-Sf	DQl-Sf	Ql-F	DQl-Ql-Sf	DQl-F	DQl-F	32
Sa-Ll-Sl-Sf	Sa-Ll-Sl-Sf	Sa-Ll-Sl-Sf	Ea-Ql-Db-Sf	Sa-Ll-Sl-Sf	Sa-Ll-P-Sf	Ea-DQl-Db-Sf	33
225/60 VR 15	205/75 R 15	P 215/70 R 15	175 SR 13	225/75 R 15	P 175/80 R 13	205/75 R 14	34
Sb-Tb-Sv	Sb-Tb-Sv	Sb-Tb-Sv	Sb-Tb-Sv	Sb-Tb-Sv	Sb-Tb-Sv	Sb-Tb-Sv	35

[1]) Keine Herstellerangabe.

[2]) Overdrive.

Straßenverkehrsrecht

In der Bundesrepublik Deutschland ist das Verhalten im Straßenverkehr geregelt durch
- die Straßenverkehrsordnung (StVO),
- die Zulassung von Personen und Fahrzeugen durch die Straßenverkehrs-Zulassungsordnung (StVZO),
- die Haftpflicht durch das Straßenverkehrsgesetz (StVG),
- die Haftpflichtversicherung durch das Pflichtversicherungs-Gesetz (PflversG),
- die Strafbestimmungen durch das StVG in Verbindung mit dem Strafgesetzbuch (StGB).

In der Folge werden nur die wichtigsten Bestimmungen des Straßenverkehrsrechts aufgeführt, die für das Fahrzeug von Bedeutung sind.

Ladung (§ 22 StVO)
Nach hinten hinausragende Ladungen sind zu kennzeichnen
tags durch rote Fahne oder hellrotes, quer zur Fahrtrichtung pendelnd aufgehängtes Schild oder hellroten Zylinder, mindestens 30 cm hoch, 35 cm Durchmesser;
nachts durch rote Leuchte nicht höher als 1,5 m über der Fahrbahn und roten Rückstrahler nicht höher als 90 cm über der Fahrbahn.

Seitlich hinausragende Ladungen sind bei Dämmerung, Dunkelheit oder schlechten Sichtverhältnissen zu kennzeichnen durch
weiße Leuchte nach vorne,
rote Leuchte nach hinten, die seitlich höchstens 40 cm vom Rand der Ladung und höchstens 1,5 m über der Fahrbahn anzubringen ist, wenn die Ladung seitlich mehr als 40 cm über Begrenzungs- und Schlußleuchten hinausragt.

Betriebserlaubnis für Fahrzeugteile (§ 22 StVZO)
Die Betriebserlaubnis kann gesondert für Teile erteilt werden, die eine technische Einheit am Fahrzeug bilden und auf vorgeschriebene Weise ein- oder ausgebaut werden. Bei serienmäßig gefertigten Teilen genügt die einmalige Abnahme und das Prüfzeichen auf jedem Teil; die Sonderteile müssen im Kraftfahrzeugbrief vermerkt sein.

Bei Fahrzeugteilen, die nicht zu einem genehmigten Typ gehören, ist ein Sachverständigen-Gutachten erforderlich, das in den Fahrzeugbrief einzutragen ist, sofern es sich nicht negativ äußert. Unter dem Gutachten ist der Vermerk der Zulassungsstelle „Betriebserlaubnis erteilt" einzutragen; ebenso gehört ein kurzer Vermerk in den Fahrzeugschein.

Nicht eingetragene Sonderteile am Fahrzeug können zum Erlöschen der Betriebserlaubnis für das gesamte Fahrzeug führen.

Zulässige Höchstgeschwindigkeit (§ 3 und § 18 StVO)

Fahrzeugart	Innerhalb geschlossener Ortschaften	Außerhalb geschlossener Ortschaften	Auf Autobahnen und autobahnähnlichen Straßen
Pkw und andere Kraftfahrzeuge bis 2,8 t zulässigem Gesamtgewicht	50 km/h	100 km/h	130 km/h[1])
Nutzfahrzeuge über 2,8 t bis 7,5 t, Pkw mit Anhänger, Lkw bis 2,8 t mit Anhänger, Omnibusse	50 km/h	80 km/h	80 km/h
Nutzfahrzeuge über 7,5 t, Lkw über 2,8 t mit Anhänger	50 km/h	80 km/h	80 km/h
Omnibusse mit stehenden Fahrgästen	50 km/h	60 km/h	–

[1]) Empfohlene, nicht vorgeschriebene Richtgeschwindigkeit.

Bauartgenehmigung für Fahrzeugteile (§ 22a StVZO)
Folgende Einrichtungen, gleichgültig ob sie an zulassungspflichtigen oder zulassungsfreien Fahrzeugen verwendet werden, müssen in amtlich genehmigter Bauart ausgeführt sein:
1. Heizungen, ausgenommen elektrische und Kühlwasser-betriebene,
2. Gleitschutzeinrichtungen und Schneeketten,
3. Scheiben aus Sicherheitsglas,
4. Auflaufbremsen,
5 Verbindungen zwischen Fahrzeugen,
6. Scheinwerfer (Fern- und Abblend-),
7. Begrenzungsleuchten,
8. Nebelscheinwerfer,
9. Schluß- und Bremsleuchten,
10. Warndreieck und Warnleuchten,
11. Fahrtrichtungsanzeiger,
12. Sicherheitsgurte.
Fahrzeugteile in amtlich genehmigter Bauart müssen mit Prüfzeichen versehen sein. Einrichtungen, die zur Erprobung im Straßenverkehr verwendet werden, sind nicht genehmigungspflichtig, wenn der Führer des Fahrzeugs eine entsprechende amtliche Bescheinigung hat. Mit amtlichem Prüfzeichen darf ein Fahrzeugteil nur versehen sein, wenn es der Bauartgenehmigung in jedem Punkt entspricht.

Meldepflicht der Eigentümer und Halter von Kraftfahrzeugen (§ 27 StVZO)
Die Angaben in Fahrzeugbrief und -schein müssen ständig den tatsächlichen Verhältnissen entsprechen; Änderungen sind der Zulassungsstelle unverzüglich zu melden. Diese Verpflichtung besteht, bis die Behörde Kenntnis von der meldepflichtigen Tatsache erhalten hat.

Wird der Standort des Fahrzeugs für mehr als drei Monate in einen anderen Zulassungsbezirk verlegt, so ist unverzüglich ein neues Kennzeichen zu beantragen. Ist die Verlegung voraussichtlich nur vorübergehend, genügt eine Anzeige an die Zulassungsstelle, die das amtliche Kennzeichen zugeteilt hat. Bei der Fahrzeugveräußerung muß der Verkäufer der Zulassungsstelle unverzüglich die Anschrift des Erwerbers anzeigen sowie dessen Empfangsbestätigung für die Fahrzeugpapiere beilegen. Der Erwerber muß unverzüglich die Ausfertigung eines neuen Fahrzeugscheines und gegebenenfalls neuer Kennzeichen beantragen.

Kommt der Erwerber dieser Verpflichtung nicht nach, kann die Zulassungsstelle den Betrieb des Fahrzeugs im öffentlichen Verkehr untersagen, bis die Pflicht erfüllt ist.

Wird ein Fahrzeug für mehr als ein Jahr aus dem Verkehr gezogen, hat der Halter dies der Zulassungsstelle unter Vorlage der Papiere anzuzeigen und das amtliche Kennzeichen entstempeln zu lassen, es sei denn, daß die Zulassungsstelle eine Frist bewilligt. Soll ein endgültig — das heißt mehr als ein Jahr — aus dem Verkehr gezogenes Fahrzeug wieder zugelassen werden, so wird von der Zulassungsstelle ein neuer Brief angefertigt.

Untersuchung der Kraftfahrzeuge und Anhänger (§ 29 StVZO)
Die Fahrzeughalter müssen ihre Fahrzeuge auf ihre Kosten im regelmäßigen Abstand kontrollieren lassen. Der Monat, in dem das Fahrzeug spätestens zur Hauptuntersuchung angemeldet werden muß, ist durch eine Prüfplakette nachzuweisen. Sie ist von der Zulassungsstelle oder vom Sachverständigen zuzuweisen, wenn keine Bedenken gegen die Vorschriftsmäßigkeit des Fahrzeugs bestehen. Das Datum der Anmeldefrist für die nächste Hauptuntersuchung wird auch im Fahrzeugschein vermerkt.

Die Prüfplakette wird mit dem Ablauf von zwei Monaten nach dem angegebenen Monat ungültig. Weist das Fahrzeug keine gültige Prüfplakette auf, kann die Zulassungsstelle den Betrieb des Fahrzeugs im öffentlichen Verkehr untersagen oder beschränken.

Motorleistung (§ 35 StVZO)
Motorleistung bei Omnibussen, Lkw, Sattelkraftfahrzeugen und Zügen mindestens 4,4 kW/t des zulässigen Gesamtgewichts. Gilt nicht für Elektrofahrzeuge und Kraftfahrzeuge mit bauartbedingter Höchstgeschwindigkeit unter 25 km/h.

Sitze, Sicherheitsgurte, Rückhaltesysteme (§ 35a StVZO)
In Personen- und Lastkraftwagen mit einem zulässigen Gesamtgewicht von nicht mehr als 2,8 t müssen die unmittelbar hinter der Windschutzscheibe befindlichen Außensitze mit Dreipunktgurten, die übrigen Sitze mindestens mit Zweipunktgurten ausgerüstet sein.

Bereifung und Laufflächen
(§ 36 StVZO)
Kraftfahrzeuge und Anhänger müssen mit Luftreifen versehen sein, die am ganzen Umfang und auf der ganzen Breite der Lauffläche Profilrillen oder Einschnitte von mindestens 1 mm Tiefe aufweisen.

Personenwagen und Kraftfahrzeuge mit einem zulässigen Gesamtgewicht von nicht mehr als 2,8 t und einer bauartbestimmten Höchstgeschwindigkeit von mehr als 40 km/h und ihre Anhänger dürfen entweder nur mit Diagonal- oder nur mit Radialreifen ausgerüstet sein; im Zug gilt dies nur für das jeweilige Einzelfahrzeug. Dies gilt nicht für Anhänger hinter Kraftfahrzeugen, die mit einer Geschwindigkeit von nicht mehr als 25 km/h gefahren werden.

Gleitschutzeinrichtungen und Schneeketten (§ 37 StVZO)
Einrichtungen, die das Fahren auf schneebedeckter oder vereister Fahrbahn ermöglichen (Schneeketten), dürfen die Fahrbahn nicht beschädigen und müssen die Lauffläche des Reifens so umspannen, daß bei jeder Radstellung ein Teil der Kette die Fahrbahn berührt.

Scheiben und Scheibenwischer
(§ 40 StVZO)
Sämtliche Scheiben — ausgenommen sind Spiegel und Abdeckscheiben an Beleuchtungseinrichtungen und Instrumenten — müssen aus Sicherheitsglas bestehen, dessen Bruchstücke keine ernstlichen Verletzungen verursachen können. Sicherheitsglas ist typprüfpflichtig.

Windschutzscheiben müssen mit selbsttätig wirkenden Scheibenwischern versehen sein, deren Wirkungsbereich so zu bemessen ist, daß ein ausreichendes Blickfeld für den Fahrer geschaffen wird. Die Ausrüstung mit Scheibenwaschanlage ist nicht Vorschrift, aber Standard.

Bremsen (§ 41 StVZO)
s. S. 502 Bremsausrüstung.

Anhängelast hinter Kraftfahrzeugen
(§ 42 StVZO)
Die von Krafträdern, Pkw und Lkw gezogene Anhängelast darf weder das zulässige Gesamtgewicht noch den vom Hersteller angegebenen Wert übersteigen.

Zulässige Maße und Gewichte (§§ 32 und 34 StVZO)

Fahrzeugart	Breite m	Höhe m	Länge m	Gewicht t
Einzelfahrzeuge, ausgenommen Sattelanhänger	2,5[1])	4,0	12,0	16,0
Einzelfahrzeuge mit mehr als zwei Achsen, ausgenommen Sattelanhänger	2,5[1])	4,0	12,0	22,0
Sattelkraftfahrzeuge	2,5	4,0	15,5	38,0
Kraftomnibusse, die als Gelenkbusse ausgebildet sind	2,5	4,0	18,0	28,0
Züge	2,5	4,0	18,0	38,0
Achslast: Einzelachse 10,0 t, Doppelachse 16,0 t[2])				

[1]) Land- und forstwirtschaftliche Arbeitsgeräte 3 m. [2]) ausgenommen Saarland.

Pkw-Anhänger ohne ausreichende Bremse dürfen nur von Fahrzeugen mit Allradbremse gezogen werden. Einachsige Anhänger ohne eigene Bremse dürfen mit Ladung höchstens die Hälfte des um 75 kg erhöhten Leergewichts des Zugfahrzeugs, aber nicht mehr als 750 kg, wiegen.

Stützeinrichtungen und Stützlast (§ 44 StVZO)
Einachsige Anhänger müssen eine höhenverstellbare Stützeinrichtung haben, sofern die Stützlast bei gleichmäßiger Lastverteilung mehr als 50 kg beträgt. Dies gilt nicht für Anhänger hinter Kraftfahrzeugen mit zum Anheben geeignetem Kraftheber.

Bei einachsigen Pkw-Anhängern darf die vom Zugfahrzeug aufzunehmende Mindeststützlast nicht weniger als 4 % der jeweiligen Anhängelast betragen, braucht aber nicht mehr als 25 kg zu betragen. Weder die für Anhängekupplung und Zugeinrichtung noch die vom Hersteller des Zugfahrzeugs angegebene zulässige Stützlast dürfen überschritten werden. Auf die Stützlast muß an gut sichtbarer Stelle hingewiesen werden; sowohl am Zugfahrzeug als auch am Anhänger.

Kraftstoffbehälter (§ 45 StVZO)
Kraftstoffbehälter müssen korrosionsfest und bei doppeltem Betriebsüberdruck dicht sein. Auftretender Überdruck muß durch geeignete Öffnungen, Sicherheitsventile oder dergleichen selbsttätig entweichen. Kraftstoff darf aus dem Füllverschluß oder den Druckausgleich-Einrichtungen auch bei Schräglage, Kurvenfahrt oder Stößen nicht ausfließen.

Kraftstoffbehälter müssen so vom Motor getrennt sein, daß auch bei Unfällen eine Entzündung nicht zu erwarten ist. Gilt nicht für Krafträder und Zugmaschinen mit offenem Führersitz.

Bei Kraftomnibussen dürfen Kraftstoffbehälter weder im Fahrgast- noch im Führerraum liegen und dürfen bei einem Brand die Ausstiege nicht unmittelbar gefährden. Sie müssen seitlich oder unter dem Fußboden mit mindestens 500 mm Abstand zu den Türöffnungen untergebracht sein. Kann dieses Maß nicht eingehalten werden, ist ein entsprechender Teil des Behälters mit Ausnahme der Unterseite durch eine Blechwand abzuschirmen.

Kraftstoffleitungen (§ 46 StVZO)
Kraftstoffleitungen dürfen durch Fahrzeugverwindung, Motorbewegung und dergleichen nicht nachteilig beeinflußt werden.

Als Kraftstoffleitungen können fugenlose, elastische Metallschläuche oder kraftstoffeste Schläuche aus schwer brennbaren Stoffen eingebaut werden und müssen gegen mechanische Beschädigungen geschützt sein.

Alle kraftstofführenden Teile müssen gegen betriebsstörende Wärme geschützt und so angeordnet sein, daß abtropfender oder verdunstender Kraftstoff sich weder ansammeln noch an heißen Teilen oder an elektrischen Geräten entzünden kann.

Bei Kraftomnibussen dürfen Kraftstoffleitungen nicht im Fahrgast- oder Führerraum liegen, und der Kraftstoff darf weder durch Schwerkraft noch durch Überdruck im Kraftstoffbehälter gefördert werden.

Abgassonderuntersuchung (ASU) in der Bundesrepublik Deutschland (§ 47 StVZO)
In einer jährlich durchzuführenden Abgassonderuntersuchung (ASU) muß von einer autorisierten Werkstatt bzw. einer amtlich anerkannten Überwachungsorganisation geprüft werden, ob Leerlauf-CO, Leerlaufdrehzahl, Zündzeitpunkt und Schließwinkel den Herstellerangaben entsprechen. Die korrekte Einstellung wird durch eine Prüfplakette bescheinigt.

Die Anlagen XXII, XXIV und XXV legen Anforderungen, Testbedingungen und Grenzwerte für bedingt schadstoffarme Fahrzeuge fest.

Kraftfahrzeuge müssen folgenden Vorschriften der ECE-Regelung 15/04 genügen:

Prüfung Typ I: Abgasverhalten bei verschiedenen Betriebszuständen.
(Europatest mit Grenzwerten s. S. 443)

Prüfung Typ II: Kohlenmonoxidemission bei Leerlauf. Der Gehalt an Kohlenmonoxid der bei Leerlauf emittierten Auspuffgase darf 1,2 Volumenprozent nicht übersteigen.

Prüfung Typ III: Gasemission aus dem Kurbelgehäuse. Die Kohlenwasserstoffmenge in den vom Motor aus dem Kurbelgehäuse nicht wieder angesaugten Gasen muß 0% der vom Motor verbrauchten Kraftstoffmasse betragen.

Geräuschentwicklung (§ 49 StVZO)
Kraftfahrzeuge und Anhänger dürfen nicht mehr Geräusch entwickeln, als nach dem jeweiligen Stand der Technik unvermeidbar ist. Als Stand der Technik gelten EG-Normen für Fahrzeuge mit mindestens vier Rädern und einer Bauartgeschwindigkeit von mehr als 25 km/h.

Ausgenommen sind Ackerschlepper und Arbeitsmaschinen. Fahr- und Standgeräusch sind unter genau festgelegten Bedingungen zu messen. Die Grenzwerte der folgenden Tabelle dürfen nicht überschritten werden.

Für Kraftfahrzeuge, die mit einer Motorbremse ausgerüstet sind, gelten bei eingeschalteter Motorbremse um 2 dB(A) höhere Grenzwerte.

Besteht Anlaß zur Annahme, daß die Geräuschentwicklung des Fahrzeugs dieses Maß übersteigt, ist der Führer auf Weisung verpflichtet, die Geräuschentwicklung durch ein Meßgerät feststellen zu lassen; jedoch nur, wenn die Meßstelle nicht mehr als 6 km entfernt liegt. Die Kosten der Messung trägt der Fahrzeughalter, sofern eine Überschreitung des Grenzwertes vorliegt.

Lichttechnische Einrichtungen
(§ 49a StVZO) s. S. 576.

Geräuschgrenzwerte für Kraftfahrzeuge

Fahrzeuggruppe	dB(A)
1. Fahrzeuge für Personenbeförderung mit höchstens 9 Sitzplätzen einschließlich Führersitz	80
2. Fahrzeuge für Personenbeförderung mit mehr als neun Sitzplätzen einschließlich Führersitz mit einem amtlich zulässigen Gesamtgewicht bis zu 3,5 t	81
3. Fahrzeuge für Güterbeförderung mit einem amtlich zulässigen Gesamtgewicht bis zu 3,5 t	81
4. Fahrzeuge für Personenbeförderung mit mehr als neun Sitzplätzen einschließlich Führersitz mit einem amtlich zulässigen Gesamtgewicht über 3,5 t	82
5. Fahrzeuge für Güterbeförderung mit einem amtlich zulässigen Gesamtgewicht über 3,5 t	86
6. Fahrzeuge zur Personenbeförderung mit mehr als neun Sitzplätzen einschließlich Führersitz mit einer Leistung von 148 kW oder mehr	85
7. Fahrzeuge für Güterbeförderung mit einer Leistung von 148 kW oder mehr und mit einem amtlich zulässigen Gesamtgewicht über 12 t	88
8. Zugmaschinen in land- und forstwirtschaftlichen Betrieben und Arbeitsmaschinen	
a) Zulässiges Gesamtgewicht bis zu 1,5 t	85
b) Zulässiges Gesamtgewicht über 1,5 t	89
9. Krafträder bis 80 cm^3	78
Krafträder bis 125 cm^3	80
Krafträder bis 350 cm^3	83
Krafträder bis 500 cm^3	85
Krafträder über 500 cm^3	86
10. Leichtkrafträder ab 1. 10. 83	75
11. Fahrräder mit Hilfsmotor	
a) mit Bauartgeschwindigkeit über 25 km/h	72
b) mit Bauartgeschwindigkeit bis 25 km/h	70

Einrichtungen für Schallzeichen (§ 55 StVZO)
Kraftfahrzeuge müssen mindestens eine Einrichtung zur Abgabe von Schallzeichen haben, die gefährdete Verkehrsteilnehmer aufmerksam macht, ohne sie zu erschrecken und andere mehr als unvermeidbar zu belästigen. Sind mehrere Einrichtungen vorhanden, darf jeweils nur eine betätigt werden, ohne eine Folge von Klängen verschiedener Grundfrequenzen zu ermöglichen. Hupen und Hörner müssen einen reinen Klang mit gleichbleibender Grundfrequenz erzeugen (auch harmonischen Akkord). Die Lautstärke darf in 7 m Entfernung vom Anbringungsort am Fahrzeug und 500 mm bis 1500 mm über der Fahrbahn nirgends 104 DIN-Phon übersteigen.

Warnvorrichtungen mit einer Folge verschieden hoher Töne dürfen nur an Behörden- und Einsatzfahrzeugen für Notfälle vorhanden sein.

Funkentstörung (§ 55a StVZO)
Die Zündanlagen von Otto-Motoren in Kraftfahrzeugen müssen funkentstört sein. Diese Vorschrift ist erfüllt, wenn Fernentstörung nach VDE 0879 vorgenommen wurde. Ist ein Autoradiogerät fest eingebaut und kann bei laufendem Motor im UKW-Bereich störungsfrei betrieben werden, so gilt das Fahrzeug als entstört.

Rückspiegel (§ 56 StVZO)
Kraftfahrzeuge müssen Rückspiegel haben, die dem Fahrer das Beobachten der für ihn wichtigen rückwärtigen Verkehrsvorgänge ermöglichen. Erforderlich sind Innen- und Außenspiegel bei allen Kraftfahrzeugen außer Krafträdern und anderen Zugmaschinen als Straßenzugmaschinen mit Führerhaus. Ist die Beobachtung des rückwärtigen Verkehrs durch Innenspiegel nicht oder nur bei entladenem Fahrzeug möglich, sind zwei Außenspiegel erforderlich. Rückspiegel sind bei Fahrzeugen mit Bauartgeschwindigkeit unter 25 km/h nicht vorgeschrieben.

Geschwindigkeitsmesser und Wegstreckenzähler (§ 57 StVZO)
Kraftfahrzeuge müssen mit einem im Blickfeld des Führers liegenden Geschwindigkeitsmesser ausgerüstet sein, der mit einem Wegstreckenzähler verbunden sein kann. Dies gilt nicht für Fahrzeuge mit Bauartgeschwindigkeit unter 25 km/h sowie für Kraftfahrzeuge, die mit Fahrtschreibern ausgerüstet sind. Der Anzeigebereich muß mindestens die bauartbestimmte Höchstgeschwindigkeit enthalten.

Die Anzeige der Geräte darf bei Geschwindigkeitsmessern ab der 50 km/h-Anzeige bis zu +7% des Skalenendwerts abweichen; bei Wegstreckenzählern ±4%.

Fahrtschreiber und Kontrollgerät (§ 57a StVZO)
Mit einem eichfähigen Fahrtschreiber sind auszurüsten:
1. Kraftfahrzeuge mit einem zulässigen Gesamtgewicht von 3,5 t und darüber,
2. Zugmaschinen mit einer Motorleistung von 40 kW und darüber, sofern sie nicht ausschließlich für land- und forstwirtschaftliche Zwecke eingesetzt werden,
3. Kraftfahrzeuge zur Personenbeförderung mit mehr als 8 Fahrgastplätzen.

Dies gilt nicht für Fahrzeuge mit bauartbestimmter Höchstgeschwindigkeit unter 25 km/h und nicht für Fahrzeuge der Bundeswehr.

Der Fahrtschreiber muß während der Fahrt ununterbrochen in Betrieb sein und auch die Haltezeiten aufzeichnen.

Fahrtschreiber sowie alle Verbindungen der Übertragungseinrichtungen müssen plombiert sein.

Ausgestaltung und Anbringung der amtlichen Kennzeichen (§ 60 StVZO)
Unterscheidungszeichen und Erkennungsnummer der amtlichen Kennzeichen sind in schwarzer Schrift auf weißem Grund; steuerfreie Kraftfahrzeuge grün auf weißem Grund.

Die Kennzeichen dürfen weder spiegeln noch verdeckt oder verschmutzt sein. Das hintere Kennzeichen darf bis zu einem Winkel von 30 Grad in Fahrtrichtung geneigt sein; an schrägen Außenwänden können an Stelle jedes vorderen und hinteren Kennzeichens je 2 Kennzeichen beiderseits an jedem Ende des Fahrzeugs angebracht sein.

Bei allen Fahrzeugen mit Ausnahme von Elektrokarren und ihren Anhängern darf der untere Rand des vorderen Kennzeichens nicht weniger als 200 mm, der des hinteren Kennzeichens nicht weniger als 300 mm – bei Kraftrollern nicht weniger als 200 mm – über der Fahrbahn liegen. Die Kennzeichen dürfen die Bodenfreiheit des Fahrzeugs nicht verringern.

Hintere Kennzeichen müssen eine Beleuchtungseinrichtung haben, die das ganze Kennzeichen je nach Fahrzeugkategorie auf 20 bzw. 25 m lesbar macht.

Außer dem amtlichen Kennzeichen darf das Nationalitätszeichen „D" angebracht werden. Alle anderen Einrichtungen, die zu Verwechslungen mit amtlichen Kennzeichen Anlaß geben, dürfen an Kraftfahrzeugen und ihren Anhängern nicht angebracht werden.

Maße der amtlichen Kennzeichen

Fahrzeugart	Maximalmaße Höhe x Breite mm x mm
Kleinkrafträder ohne Geschwindigkeitsbegrenzung, Elektrokarren bis 20 km/h, Ackerschlepper bis 30 km/h, zugehörige Anhänger	130 x 240
Andere Krafträder, Kleinstkraftwagen	200 x 280
Andere Kraftfahrzeuge und Anhänger	110 x 520 oder 200 x 340
Kleinkrafträder bis 40 km/h, Fahrräder mit Hilfsmotor, Krankenfahrstühle a) Versicherungskennzeichen b) Amtliches Kennzeichen (wenn Halter von Versicherungspflicht befreit)	 130 x 105,5 116 x 140

Kleinkrafträder und Fahrräder mit Hilfsmotor
Hubraum des Motors bis 50 cm³. Es gelten die normalen Vorschriften für einspurige Kraftfahrzeuge mit gewissen Änderungen.
1. Kleinkrafträder ohne Geschwindigkeitsbegrenzung: Führerscheinklasse 4; Scheinwerfer für Fern- und Abblendlicht; Fernlicht mindestens 16 lx in 25 m Entfernung; Fahrtrichtungsanzeiger zulässig, Betriebserlaubnis erforderlich.
2. Kleinkrafträder bis 40 km/h und Fahrräder mit Hilfsmotor zwischen 25 und 40 km/h: Führerscheinklasse 4: Scheinwerfer nur für Abblendlicht, Glühlampe T 15 W nach DIN 72601, Blatt 8; Fahrtrichtungsanzeiger zulässig. Betriebserlaubnis erforderlich.
3. Fahrräder mit Hilfsmotor bis 25 km/h: kein Führerschein. Motordrehzahl nicht über 4800 min^{-1}, sonst wie 2.

Anhänger hinter Fahrrädern mit Hilfsmotor werden wie Fahrrad-Anhänger behandelt, sofern das Zugfahrzeug 25 km/h nicht überschreitet. Für Anhänger an anderen Kleinkrafträdern ist eine Betriebserlaubnis erforderlich.

Alphabete und Zahlen

Deutsches Alphabet

Fraktur

𝔄	𝔞	a	𝔍	𝔧	j	𝔖	ſ 𝔰	s
𝔅	𝔟	b	𝔎	𝔨	k	𝔗	𝔱	t
ℭ	𝔠	c	𝔏	𝔩	l	𝔘	𝔲	u
𝔇	𝔡	d	𝔐	𝔪	m	𝔙	𝔳	v
𝔈	𝔢	e	𝔑	𝔫	n	𝔚	𝔴	w
𝔉	𝔣	f	𝔒	𝔬	o	𝔛	𝔵	x
𝔊	𝔤	g	𝔓	𝔭	p	𝔜	𝔶	y
ℌ	𝔥	h	𝔔	𝔮	q	ℨ	𝔷	z
ℑ	𝔦	i	ℜ	𝔯	r			

Alphabet mit Buchstabierwörtern

deutsch

A	= Anton	P	= Paula
B	= Berta	Q	= Quelle
C	= Cäsar	R	= Richard
D	= Dora	S	= Samuel
E	= Emil	T	= Theodor
F	= Friedrich	U	= Ulrich
G	= Gustav	V	= Viktor
H	= Heinrich	W	= Wilhelm
I	= Ida	X	= Xanthippe
J	= Julius	Y	= Ypsilon
K	= Kaufmann	Z	= Zeppelin
L	= Ludwig	Ä	= Ärger
M	= Martha	Ö	= Ökonom
N	= Nordpol	Sch	= Schule
O	= Otto	Ch	= Charlotte

international

A	= Amsterdam	N	= New York
B	= Baltimore	O	= Oslo
C	= Casablanca	P	= Paris
D	= Danmark	Q	= Quebec
E	= Edison	R	= Roma
F	= Florida	S	= Santiago
G	= Gallipoli	T	= Tripolis
H	= Habanna	U	= Uppsala
I	= Italia	V	= Valencia
J	= Jerusalem	W	= Washington
K	= Kilogramm	X	= Xanthippe
L	= Liverpool	Y	= Yokohama
M	= Madagaskar	Z	= Zürich

Griechisches Alphabet

Buchstabe	Name	Buchstabe	Name
Α α	Alpha	Ν ν	Ny
Β β	Beta	Ξ ξ	Xi
Γ γ	Gamma	Ο ο	Omikron
Δ δ	Delta	Π π	Pi
Ε ε	Epsilon	Ρ ϱ	Rho
Ζ ζ	Zeta	Σ σ ς	Sigma
Η η	Eta	Τ τ	Tau
Θ ϑ	Theta	Υ υ	Ypsilon
Ι ι	Jota	Φ φ	Phi
Κ ϰ	Kappa	Χ χ	Chi
Λ λ	Lambda	Ψ ψ	Psi
Μ μ	My	Ω ω	Omega

Russisches Alphabet

Buchstabe	Aussprache	Buchstabe	Aussprache
А а	a	Р р	r
Б б	b	С с	ss
В в	w	Т т	t
Г г	g	У у	u
Д д	d	Ф ф	f
Е е	je	Х х	ch
Ё ё	jo	Ц ц	z
Ж ж	sch (weich)	Ч ч	tsch
З з	s	Ш ш	sch (hart)
И и	i	Щ щ	schtsch
Й й	i (kurz)	Ъ ъ	Härtezeichen
К к	k	Ы ы	ü
Л л	l	Ь ь	Weichheitsz.
М м	m	Э э	ä
Н н	n	Ю ю	ju
О о	o	Я я	ja
П п	p		

Römische Zahlen

I	1	XXX	30
II	2	XL	40
III	3	L	50
IV	4	LX	60
V	5	LXX	70
VI	6	LXXX	80
VII	7	XC	90
VIII	8	C	100
IX	9	CC	200
X	10	CD	400
XI	11	D	500
XX	20	DC	600
XXI	21	M	1000
XXIX	29	MCMLXXXVI	1986

Stichwortverzeichnis

A

B

C

D

E

F

L

M

P

Q

R

S

T

U

V

W

Das leicht verständliche Fachbuch

Mit der stürmischen Entwicklung der Autoelektrik und Autoelektronik hat die Ausrüstung des Ottomotors in den letzten Jahren wesentliche Veränderungen erfahren. Moderne Motorkomponenten können einerseits eine Vielzahl von Anforderungen erfüllen und ermöglichen andererseits durch ein Zusammenwirken untereinander eine gemeinsame Optimierung und einen Verbund des Motormanagements.
Das Fachbuch soll dem Informationsbedürfnis eines großen Leserkreises auf diesem Gebiet gerecht werden. Es vermittelt eine umfassende Information über die aktuelle Technik der elektrischen und elektronischen Motorsysteme. Der an Kraftfahrzeugtechnik interessierte Leser erhält damit eine ausführliche, leicht verständliche Beschreibung der wichtigsten Komponenten des Ottomotors.

Aus dem Inhalt:
Ottomotor
Stromversorgung
Starterbatterie
Generatoren
Startanlagen
Zündsysteme (SZ, TZ-K, TZ-H, TZ-I, EZ, VZ, HKZ)
Zündkerzen
Funkentstörung
Benzineinspritzung (K-, KE-, L-, L3-, LH-, Mono-Jetronic, Motronic)
Abgastechnik
Schaltzeichen und Schaltpläne

Format 22,9 cm × 16,2 cm,
350 Seiten,
viele Abbildungen.

ISBN 3-18-419106-0

Vertrieb: VDI-Verlag
Postfach 1139
4000 Düsseldorf 1
oder über den örtlichen Buchhandel